제3판

로스쿨환경법

김 홍 균

홍 문 사

제 3 판 머리말

어김없이 방학이 왔다. 나는 기다렸다는 듯이 미루어 두었던 개정 작업을 시작하였다. Corona 19로 달리 할 것도 마땅치 않았다. 기본적으로 변호사 시험범위와 관련한 법이 많지 않은 데다가 개정 내용이 많지 않은 것을 알고 있었기 때문에 개정 작업은 만만해 보였다. 새로운 판례가 많지 않은 것도 마음을 한결 가볍게 하였다.

막상 작업을 시작하려니 만만치 않은 장벽이 나타났다. 고민은 개정 범위를 어떻게 할 것인가에서부터 시작되었다. 학생들이 읽어보기도 전에 책의 두께에 상당히 부담을 느낀다는 것을 언젠가부터 알게 되었다. 그렇다면 어떻게 할 것인가. 결론은 대폭 줄이는 수밖에 없다는 것이었다. 우선 장별로 말미에 붙어 있는 연구문제를 삭제하기로 하였다. 시험에 잘 나오지 않는 국가배상, 헌법소원, 손실보상 등 구제법 분야는 지웠다 살렸다를 반복하다가 실무에서의 중요성을 생각해서 살려두기로 하였다. 환경구제법이라는 학교수업의 편의도 고려하였다. 수준을 어떻게 할 것인가도 고민거리였다. 그동안 배우고 들은 내용을 추가하다가는 당장 시험공부하기 바쁜 학생들에게 괜한 부담만 주겠다는 생각을 하고는 지웠다. 이렇게 썼다 지웠다를 반복하다가 평범한 책은 쓰지 않겠다는 초창기 결심이 떠올랐다. 그래 책이 좀 두꺼우면 어떠랴. "지금 굴복하면 나중에 더 크게 굴복하리라"는 경구를 생각했던 것도 같다.

결국 마음이 아팠지만 연구문제만을 삭제하는 것으로 귀착되었다(지금으로서는 기약할 수 없지만 환경구제법이라는 책을 쓰게 되면 삭제된 연구문제는 거기에서 재탄생할 것이다). 결국 책의 페이지는 크게 줄어들지 않았다. 약간의 타협을 하였는데, 나의 자존심과 완벽주의의 두께가 이 정도라는 생각이 들었다. 머리말을 쓰다가 중언부언하는지 보려고 지난 번 머리말을 읽어 보았는데, 어찌 이럴 수가 있는가. 그때 자꾸 버려야 하는데 차마 버리지 못하는 집착이 있다면서 내 욕심으로 책을 쓴 셈이라고 자책하였는데, 이번에도 반복하고 말았으니. 사정이 이러하니 싱거운 책이 아니었으면 하는 바람은 나의 욕심에 그칠 것이다. 어김없이 봄이 올 것이다. 이 책이 누군가에게 봄이 된다면 얼마나 좋을까.

2022년 1월

명덕재에서 저자

제2판 머리말

아무튼 독자들에게 감사를 드릴 수밖에 없다. 이번 개정판을 내게 된 것도 순전히 독자들의 성원에 힘입은 바가 크다는 것을 부인할 수 없다. 처음 책 내는 것을 망설일 때에도, 책을 내고 난 이후에도 독자를 생각하였다. 그 독자의 대부분은 로스쿨 학생이라고 할 수 있다. 책 이름도 '로스쿨환경법'이 아닌가.

이 책은 기본적으로 변호사시험을 염두에 둔 수험서에 가깝다. 그러나 환경구제 분야를 깊고 광범위하게 다루려고 하고 있다는 점에서 실무서의 성격도 분명 가지고 있다. 그리고 연구문제를 다수 담고 있다는 점에서 연구서의 성격도 가지고 있다고 할 수 있다. 말하자면 이 책은 수험서, 실무서와 연구서의 세 경계에서 줄타기를 하고 있는 셈이다. 독자들은 각자의 위치에서 자신에게 맞는 필요한 부분을 선택해서 보면 될 것이다. 예컨대, 수험자들은 연구문제는 건너뛰고, 환경구제 부분에서는 변호사시험에 종종 나오는 행정쟁송(특히, 취소소송 중 원고적격), 손해배상청구, 유지청구 등을 집중해서 보면 될 것이다. 실무자들에게는 판례를 중심으로 한 공·사법상 구제 부분(제10장, 제11장)을 권한다. 연구자들은 각 장 뒷부분에 있는 연구문제를 눈여겨보았으면 한다.

언제부턴가 방학이면 연례행사처럼 책 개정작업으로 바쁘게 보내고 있는데, 끊임없는 법 제·개정과 판례는 어김없이 나를 궁지에 몰아넣곤 한다. 그나마 변호사시험 관련법의 개정이 생각보다 소폭에 그치고, 새로운 판례도 많지 않은 것이 여간 다행인 것이 아니다. 이는 보통 때와 달리 추운 한겨울에 서둘러 책을 내게 된 한 원인이 되었다. 해가 갈수록 다사다난을 절감한다. 많은 생각이 교차한다. 자꾸 버려야 하는데 차마 버리지 못하는 집착이 그 중의 하나다. 언젠가 버려질 테지만 이번 개정판에서 연구문제 부분은 일단 살려두기로 하였다. 결과적으로 내 욕심으로 책을 쓴 셈이다.

2019년 1월
명덕재에서 저자

머 리 말

또 책 얘기를 해야 하겠다. 이 책은 로스쿨 학생들을 위한 책이다. 간단히 말하면 환경법 변호사시험 범위인 9개 법만을 다루기 때문이다. 이 책을 내는 데에는 크게 마음에 걸리는 것이 있었다. 그 첫 번째가 50여개의 법률을 다루고 있는 환경법 책이 이미 있는데 또 책이냐는 것이었다. 이제 변호를 해 보자. 학생들로부터 기존 환경법 책이 너무 두껍다는 불만을 많이 들었다. 내가 보기에도 그건 맞는 말이었다. 고민이 시작되었다. 9개 법만이 환경법의 전부라고 할 수 없는 일인데 9개 법으로 국한한다는 것이 자꾸 마음을 불편하게 하였다. 어느 날 문득 환경구제 분야를 더하는 것이 어떨까 생각이 들었다. 마음이 조금 편해졌다. 여기에는 평소 환경구제법을 써야겠다는 생각이 은영 중 반영되었을 것이다. 변호사시험에 환경구제 분야가 매년 심심치 않게 출제되는 것도 무시할 수 없었다. 덧붙여 연구문제를 두어 빈자리를 두었다. 어떤 문제에 대해서는 구체적이고 명징한 답을 사실 나는 알지 못한다. 생각해 보고 여백을 채워보라는 뜻이다. 아무쪼록 싱겁고 미지근한 책이 아니기를 바랄 뿐이다.

변호랄까 변명이랄까 하다 보니 정작 내 얘기를 못했다. 생각은 간단히, 행동은 신속히. 내 평소의 생활 방식이다. 나름대로 내 인생에 크게 도움이 되었다. 이번 책 문제도 그랬다. 그런데 문제는 그렇기 때문에 가끔은 실패로, 가끔은 원점으로 돌아가는 일이 있었다. 아무래도 생활 방식에 '책임은 철저히'를 추가해야 하겠다. 운명의 힘은 사실 대단하다. 순응할 경우에는 태우고, 거스를 경우에는 끌고 가기 때문이다. 먹고 사는 일이 쉽지 않다는 생각이 들어 달리 사는 법이 없을까 기웃거리다가도, 나도 모르게 책을 만지작거리는 것을 보면 분명히 그렇다. 나는 현재 시골 작은 마을의 조용한 집에서 살고 있는데 벌써 5년이 되어 가고 있다. 시끌벅적한 서울을 벗어나 사는 것도 운명이라면 운명일 것이다. 어디에 있든 여전히 책에 구속을 받는 것을 지독한 운명이라고 해 두자. 봄바람 한 줄기가 불어왔다. "바람이 나를 지나게 하라." 하늘을 보니 구름이 지나가고 있다. 당연히 아름다웠다. 바람이 봄을 부르고 있다. 이 책이 시험을 앞둔 여러 분의 봄이 된다면 얼마나 좋을까!

2016년 2월

명덕재에서 저자

차　례

제 1 장　환경정책기본법

제 2 장 환경영향평가

제 3 장 자연환경의 보전

제 4 장　대기환경보전법

제 5 장 물환경보전법

제 6 장 소음 · 진동관리법

제 7 장 폐기물관리법

제10장 환경오염피해에 대한 공법상 구제

제11장 환경오염피해에 대한 사법상 구제

제 1 장　환경정책기본법

「환경정책기본법」은 환경관계법의 헌법과 같은 지위를 갖는 법으로서, 개별 환경법을 총괄하는 개별 환경법들의 모법, 기본법적 성격을 갖는다. 동법은 "환경정책에 관한 다른 법령 등을 제정하거나 개정하는 경우에는 이 법의 목적과 기본이념에 부합하도록 하여야 한다"고 밝힘으로써(제6조의2), 이를 분명히 하고 있다. 이 법은 헌법상 규정한 환경권 및 환경보전의무의 구체적 실현을 위해 헌법과 개별 환경법을 연계시켜주고, 개별 환경법들을 조정·통합하는 작용을 하는데, 국가환경정책의 기본 철학·이념과 방향을 제시하고 있다.

「환경정책기본법」은 기본법·정책법의 성격을 가지기 때문에 규제법이나 대책법·집행법으로서의 규정보다 선언적·프로그램적 성격의 규정을 두고 있다. 주요 내용에는 환경정책을 수행함에 있어서 기본이념 및 원칙의 천명, 국가의 책무, 환경기준의 설정 및 유지, 환경보전계획의 수립 및 시행, 경제적 유인수단의 강구, 특별종합대책의 수립 등 기본적 시책, 환경오염피해에 대한 원인자의 무과실책임 등에 관한 규정이 있다. 기본적으로 동법에 있는 규정들은 구체적 효력이 인정되지 않고 있다. 그러나 환경오염피해에 대한 무과실책임 규정 등은 그 구체적 효력이 인정되고 있다.

환경정책을 수행하기 위해 다수의 법률이 제정·운영되고 있는 상황에서 통합·조정의 기능을 하는 기본법과 개별 정책분야별로 개별적인 집행법을 구분하여 운용할 필요성은 있다고 할 것이다. 이러한 점에서 「환경정책기본법」은 중요한 의미를 갖는다. 개별 환경법을 운용하는 부서는 「환경정책기본법」을 존중하고 동법에 따른 조정을 받아야 하며, 개별 환경법을 기본법의 정신에 모순·충돌되지 않도록 시행하여야 한다. 그러나 「환경정책기본법」의 잦은 개정은 기본법의 취지를 무색케 하며, 기본법의 무용론으로 연결될 수 있다.

한편, 「환경정책기본법」에 제한적이지만 구체적 효력이 인정되는 규정이 있는 것은 동법이 과연 진정한 기본법인가를 의심케 하고 있다. 이러한 규정이 기본법의 성격이 강한 동법에 규정되어 있는 것은 바람직한 입법형식이 아니므로 차제에 관련 집행법으로 이동하거나 별도의 법 제정을 고려하여야 할 것이다. 원인자 책임의 원칙과 달리 지속가능한 개발의 원칙, 사전배려의 원칙 등은 중요한 환경법 원칙임에도 불구하고 직접적인 규정을 두고 있지 않은데, 기본법의 취지에 맞게 이들 원칙을 명시하여 환경정책 및 입법의 방향을 분명히 제시하여야 한다. 유전자변형물질, 내분비계장애물질(환경호르몬), 전자파, 조망 등 새로운 오염물질에 대한 규제 근거도 마련하여 새롭고 다양한 환경문제에 적극 대처할 수 있는 기반을 마련하여야 할 것이다.

Ⅰ. 목적, 기본이념, 원칙 등

1. 목적 및 기본이념

동법은 "환경보전에 관한 국민의 권리 · 의무와 국가의 책무를 명확히 하고 환경정책의 기본 사항을 정하여 환경오염과 환경훼손을 예방하고 환경을 적정하고 지속가능하게 관리 · 보전함으로써 모든 국민이 건강하고 쾌적한 삶을 누릴 수 있도록 함을 목적"으로 하고 있다(제1조). 이 목적 조항은 환경정책의 방향을 제시하고 환경법 해석의 중요한 기준이 된다.

또한 "환경의 질적인 향상과 그 보전을 통한 쾌적한 환경의 조성 및 이를 통한 인간과 환경 간의 조화와 균형의 유지는 국민의 건강과 문화적인 생활의 향유 및 국토의 보전과 항구적인 국가발전에 반드시 필요한 요소임에 비추어 국가, 지방자치단체, 사업자 및 국민은 환경을 보다 양호한 상태로 유지 · 조성하도록 노력하고, 환경을 이용하는 모든 행위를 할 때에는 환경보전을 우선적으로 고려하며, 기후변화 등 지구환경상의 위해를 예방하기 위하여 공동으로 노력함으로써 현 세대의 국민이 그 혜택을 널리 누릴 수 있게 함과 동시에 미래의 세대에게 그 혜택이 계승될 수 있도록 함"을 기본이념으로 내세우고 있다(제2조 제1항).

이는 환경보전의 우선적 고려, 환경상 위해의 예방, 공동의 노력 그리고 세대간의 형평을 강조하고 있다는 점에서 사전예방의 원칙, 협동의 원칙, 지속가능한 개발의 원칙 등을 수용하고 있는 것으로 이해된다.

나아가 환경정책 결정과정에의 실질적 참여 보장, 환경정보에의 접근 보장, 환경적 혜택과 부담의 공평한 분배, 환경오염피해 구제의 공정성 확보 등을 통한 '환경정의' 실현의 중요성을 강조하고 있다(동조 제2항).

2. 당사자의 책무

동법은 국가 및 지방자치단체의 환경보전계획 수립 및 시행(제4조 제1항), 환경보전계획 수립 시 국토계획과의 연계방안 강구(동조 제3항), 사업자의 환경보전시책에의 참여와 협력(제5조) 등과 같이 당사자별로 구분하여 그 책무를 지우고 있다. 이는 환경문제를 해결하기 위하여 당사자들이 서로 협동하여야 한다는 이른바, 협동의 원칙의 구체적 표현이다.

특히 동법은 모든 국민은 건강하고 쾌적한 환경에서 생활할 권리를 가진다고 선언하면서[1] 다른 한편으로는 모든 국민은 국가 및 지방자치단체의 환경보전시책에 협력하여야 하며, 일상생활에서 발생하는 환경오염과 환경훼손을 줄이고, 국토 및 자연환경의 보전을 위하여 노력하여야 할 의무가 있음을 강조하고 있다(제6조).

3. 오염원인자 책임원칙과 수익자 부담원칙

동법은 원인자 책임원칙을 명시적으로 규정하고 있는데, 즉 자기의 행위 또는 사업활동으로 환경오염 또는 환경훼손의 원인을 발생시킨 자는 그 오염·훼손을 방지하고 오염·훼손된 환경을 회복·복원할 책임을 지며, 환경오염 또는 환경훼손으로 인한 피해의 구제에 드는 비용을 부담함을 원칙으로 한다(제7조). 한편 국가 및 지방자치단체는 환경보전을 위한 사업으로 현저한 이익을 얻는 자에게 그 이익의 범위에서 해당 환경보전을 위한 사업 비용의 전부 또는 일부를 부담하게 할 수 있도록 하는, 이른바 수익자 부담원칙을 규정하고 있다(제7조의2).

4. 환경오염 등의 사전예방

동법은 사전예방을 기본이념으로 내세우면서 당사자별로 환경오염 등의 사전예방을 위한 노력을 촉구하고 있다. 먼저, 국가 및 지방자치단체는 환경오염물질 및 환경오염원의 원천적인 감소를 통한 사전예방적 오염관리에 우선적인 노력을 기울여야 하며, 사업자로 하여금 환경오염을 예방하기 위하여 스스로 노력

1) 이 규정은 헌법 제35조의 환경권 조항과 유사한데, 헌법 규정과 달리 환경침해에 대한 방어적 권리의 측면과 보다 나은 환경에서 생활할 수 있는 적극적인 권리(사회적 권리)의 측면 등을 모두 아우르는 개념임을 명시적으로 밝히고 있지 않는 것은 아쉬운 점으로 남는다.

하도록 촉진하기 위한 시책을 마련하여야 한다(제8조 제1항). 환경영향을 최소화하기 위하여는 사업자가 제품의 설계단계에서부터 제품의 사용 · 폐기에 이르기까지 사전예방의 노력을 기울이는 것이 중요하다. 이러한 인식하에 동법은 사업자로 하여금 제품의 제조 · 판매 · 유통 및 폐기 등 사업활동의 모든 과정에서 환경오염이 적은 원료를 사용하고 공정을 개선하며, 자원의 절약과 재활용의 촉진 등을 통하여 오염물질의 배출을 원천적으로 줄이고, 제품의 사용 및 폐기로 인하여 환경에 미치는 해로운 영향을 최소화하도록 노력할 것을 촉구하고 있다(동조 제2항). 또한, 국가, 지방자치단체 및 사업자는 행정계획이나 개발사업에 따른 국토 및 자연환경의 훼손을 예방하기 위하여 해당 행정계획 또는 개발사업이 환경에 미치는 해로운 영향을 최소화하도록 노력하여야 한다(동조 제3항).

5. 환경과 경제의 통합적 고려 등

환경문제와 경제문제는 서로 밀접하게 관련되어 있는데, 이들을 서로 어떻게 조화시킬 것인지가 중요한 과제로 대두되고 있다. 동법은 정부는 환경과 경제를 통합적으로 평가할 수 있는 방법을 개발하여 각종 정책을 수립할 때에 이를 활용하여야 하며, 환경용량[2]의 범위에서 산업간, 지역간, 사업간 협의에 의하여 환경에 미치는 해로운 영향을 최소화하도록 지원하여야 한다(제9조)고 규정하여 지속가능한 개발원칙의 한 내용을 반영하고 있다.

6. 자원 등의 절약 및 순환적 사용 촉진

국가 및 지방자치단체는 자원과 에너지를 절약하고 자원의 재사용 · 재활용 등 자원의 순환적 사용을 촉진하는 데 필요한 시책을 마련하여야 한다(제10조 제1항). 이에 따라 「자원의 절약과 재활용촉진에 관한 법률」, 「건설폐기물의 재활용촉진에 관한 법률」 등이 제정되어 구체적인 시책이 마련 · 시행되고 있다. 한편, 사업자는 경제활동을 할 때 이러한 국가 및 지방자치단체의 시책에 협력하여야 한다(동조 제2항).

---

2) '환경용량'이란 개념은 2002. 12. 30. 개정 법에서 처음으로 도입된 것으로 "일정한 지역에서 환경오염 또는 환경훼손에 대하여 환경이 스스로 수용 · 정화 및 복원하여 환경의 질을 유지할 수 있는 한계"를 의미한다(제3조 제7호). 환경용량이란 개념은 총량관리의 전제가 되는 것으로 오염의 지역적, 거시적, 종합적 관리를 가능케 하는 단초를 이룬다.

Ⅱ. 환경기준의 설정 · 유지

1. 환경기준의 의의

'환경기준'이란 국민의 건강을 보호하고 쾌적한 환경을 조성하기 위하여 국가가 달성하고 유지하는 것이 바람직한 환경상의 조건 또는 질적인 수준을 말한다(제3조 제8호).[3] 환경기준은 국가 또는 일정지역 내에서 환경개선 노력을 통하여 달성하려는 환경목표라고 할 수 있는데, 「환경정책기본법」은 국가로 하여금 생태계 또는 인간의 건강에 미치는 영향 등을 고려하여 환경기준을 설정하도록 하고, 환경여건의 변화에 따라 그 적정성이 유지되도록 하고 있다(제12조 제1항). 특별시 · 광역시 · 특별자치시 · 도 · 특별자치도는 해당 지역의 환경적 특수성을 고려하여 필요하다고 인정할 때에는 해당 시 · 도의 조례로 환경기준보다 확대 · 강화된 별도의 지역환경기준을 설정 또는 변경할 수 있다(동조 제3항).

2. 환경기준의 설정

가. 설 정

환경기준을 설정할 때 중요한 고려요소는 사람의 건강과 생태계이다(제12조 제1항). 원칙론적으로 사람의 건강을 보호하기 위한 기준은 사회적 비용을 고려하지 않고 설정되어야 하는 엄격한 것이고 환경을 보전하기 위한 기준은 비용을 고려할 여지가 있는 것이다.[4] 「환경정책기본법」은 "국민이 건강하고 쾌적한 삶

---

3) 환경기준을 설정하는 데 지배하는 원칙을 편의상 허용원칙과 쾌적원칙으로 구분할 때 우리나라의 환경기준 정의는 규범력이 떨어지는 쾌적원칙을 받아들이고 있는 것으로 보인다. 그러나 실제 시행령에서 정하고 있는 기준은 양자가 혼재되어 있다. 채영근, "환경정책기본법상의 환경기준의 소고", 환경법연구 제38권 제3호, 2016. 11, 365면 이하. 일반적으로 환경기준이란 "쾌적한 환경을 보전하고 사람의 건강을 보호하기 위하여 국가가 달성하고 유지하여야 할 환경상의 조건을 수치화한 것"으로 이해되고 있다. 홍준형, 환경법, 1994, 85면; 전병성, "우리나라 환경법의 발전과 환경정책기본법의 제정", 환경법연구 제14집, 1992, 96면; 천병태 · 김명길, 환경법론, 1997, 133면; 송동수, "환경기준의 유형구분과 법적 성질", 환경법연구 제23권 제1호, 2001, 36면; 조은래, 환경법, 세창출판사, 2003, 140면; 고영훈, 환경법, 법문사, 2000, 68면.

4) 미국 「대기정화법(CAA)」상 대기환경기준에는 두 가지 유형이 있는데 1차 기준(primary standard)과 2차 기준(secondary standard)이 그것이다. 1차 기준은 공중의 건강(public health)을 보호하기 위한 기준으로서(CAA § 109(b)(1)), 비용을 고려하지 아니하고 설정된다(*Lead Industries Assn. v. EPA*, 647 F.2d 1130, 1180 (D.C. Cir. 1980)). 1차 기준은 민

을 누릴 수 있도록 함"을 그 목적으로 하고 있으므로 위 두 가지 기준을 모두 포함하는 것으로 이해된다.[5] 실제로 환경기준의 설정 대상물질과 수준은 오염의 현황, 환경 및 인체에 미치는 영향, 경제적 · 사회적 여건 등을 고려하여 정하게 되는데, 일반적으로 세계보건기구(WHO)의 권장기준을 참고하여 설정하고 있다.

나. 설정의 법형식

동법은 환경기준을 '대통령령'으로 정하도록 하고 있는데(제12조 제2항), 이는 환경행정의 전문성, 기술성, 동태성, 유연성 등을 고려한 것으로 이해된다. 한편, 지역환경기준의 설정은 조례로 이루어진다(동조 제3항). 지방자치단체가 조례로 지역환경기준을 설정하는 것이 지방자치단체의 자치사무(고유사무)인지 위임사무인지 논란이 되고 있다. 지역환경기준은 지역의 특수성과 환경의 질적 수준에 대한 주민의 욕구를 수렴하여 환경기준을 정할 수 있도록 하려는 데 그 취지가 있으므로 지방자치단체가 법령의 범위 안에서 자기의 책임으로 결정하는 자치사무라고 보는 것이 타당하다.[6]

지역환경기준의 설정 권한이 특별시장 · 광역시장 · 도지사 · 특별자치도지사 등 광역자치단체의 장에게만 주어져 있고, 시장과 군수와 같은 기초자치단체의 장이 지역환경기준을 설정할 수 없는 것은 하나의 한계로 지적될 수 있다.[7] 동법 규정에 충실할 경우 지방의회가 아닌 특별시 · 광역시 · 도 · 특별자치도가 조례로 지역환경기준을 설정할 수 있는 것으로 볼 수 있는데, 조례 제정권이 지방자치단체의 최고의결기관인 지방의회에 있다는 점에서(「지방자치법」 제39조 제1항 제1호) 입법상의 오류라고 생각한다.

다. 기준의 적정성

「환경정책기본법」은 정부에게 "환경 여건의 변화에 따라 환경기준의 적정성

감한 자를 보호하기 위하여 안전을 위한 적절한 경계(adequate margin of safety)의 설정을 허용함으로써, 보통인이 아닌 가장 위험에 처한 자까지를 보호대상으로 하고 있다. 한편, 2차 기준은 공공의 복리(public welfare)를 보호하기 위한 기준으로서(CAA § 109(b)(2)), 일반적으로 비용-편익 분석을 통하여 설정된다. 공공의 복리에 대한 영향은 토양환경, 수질환경, 농작물, 동 · 식물, 기온, 조망(visibility), 기후, 재산손실, 교통에 대한 위험, 경제적 가치, 개인의 평안과 안녕 등에 대한 영향이 포함된다(CAA § 302(h)). 김홍균, "한국과 미국의 대기환경정책 비교", 환경법연구 제22권, 2000, 403면 참조.

5) 조은래(각주 3), 144면.
6) 천병태 · 김명길(각주 3), 139면.
7) 조은래(각주 3), 148면.

이 유지되도록 하여야 한다"는 의무를 부과하고 있는데, 여기에서 적정성은 환경기준이 제시하고 있는 수치가 기술적 · 과학적으로 가능해야 할 뿐만 아니라 기술 · 비용관계에서도 비례성이 있어야 하는 것으로 이해된다.[8)]

라. 구체적 환경기준

환경기준 설정분야는 대기, 소음, 수질 및 수생태계 등 3개 분야로서, 대기분야는 아황산가스(SO_2), 일산화탄소(CO), 이산화질소(NO_2), 미세먼지(PM-10), 미세먼지(PM-2.5), 오존(O_3), 납(Pb), 벤젠 등 8개 항목에 대하여, 소음분야는 항공기소음, 철도소음 및 건설작업장 소음을 제외한 소음을 대상으로 하며, 수질 및 수생태계분야는 하천, 호소, 지하수, 해역 등 4개 항목으로 구분하여 환경기준을 설정하고 있다(시행령 제2조, 별표 1). 이러한 기준은 성과기준(performance standard)으로서,[9)] 농도기준의 성격을 갖는다.

(1) 대기환경기준

시행령에서는 아황산가스(SO_2), 이산화질소(NO_2), 미세먼지(PM-10) 등 8개 항목에 대하여 그 기준을 설정하고 있다. 대기환경기준 항목을 연간평균치(장기기준)와 시간평균치(단기기준)로 구분하여 기준을 적용하고 있는데, 이와 같이 단기기준을 규정하는 이유는 짧은 시간이라도 일시적으로 대기오염도가 높을 경우 인체나 생태계에 큰 피해를 줄 수 있기 때문이다. 구체적인 기준치는 다음과 같다.

항목	기준	측정방법
아황산가스 (SO_2)	· 연간평균치 0.02ppm 이하 · 24시간평균치 0.05ppm 이하 · 1시간평균치 0.15ppm 이하	자외선형광법 (Pulse U.V. Fluorescence Method)
일산화탄소 (CO)	· 8시간평균치 9ppm 이하 · 1시간평균치 25ppm 이하	비분산적외선분석법 (Non-Dispersive Infrared Method)

8) 송동수(각주 3), 48면.

9) 기준은 크게 기술기준(technology standard)과 성과기준(performance standard)로 구분될 수 있는데, 기술기준이 환경오염의 방지 · 제거 등을 위한 기술과 관련한 기준이라면 성과기준은 피규제자가 궁극적으로 달성하고 유지해야 하는 목표치로서, 그 달성 방법은 기업이나 개인에게 일임되어 있는 기준이다. 홍준형(각주 3), 162면. 성과기준에는 농도기준, 질기준(quality standard)과 총량기준이 있다.

이산화질소 (NO_2)	· 연간평균치 0.03ppm 이하 · 24시간평균치 0.06ppm 이하 · 1시간평균치 0.10ppm 이하	화학발광법 (Chemiluminescent Method)
미세먼지 (PM-10)	· 연간평균치 50㎍/㎥ 이하 · 24시간평균치 100㎍/㎥ 이하	베타선흡수법 (β-Ray Absorption Method)
미세먼지 (PM-2.5)	· 연간평균치 15㎍/㎥ 이하 · 24시간평균치 35㎍/㎥ 이하	중량농도법 또는 이에 준하는 자동측정법
오존 (O_3)	· 8시간평균치 0.06ppm 이하 · 1시간평균치 0.1ppm 이하	자외선광도법 (U.V Photometric Method)
납 (Pb)	· 연간평균치 0.5㎍/㎥ 이하	원자흡광광도법 (Atomic Absorption Spectrophotometry)
벤젠	· 연간평균치 5㎍/㎥ 이하	가스크로마토그래프법 (Gas Chromatography)

(2) 소음환경기준

소음환경기준은 일반지역과 도로변지역으로 구분하며 이를 다시 소음으로부터 보호를 받아야 할 시설을 기준으로 '가' 내지 '라'지역으로 구분하고 각 대상지역별로 낮과 밤으로 구분하여 정하고 있다. 소음환경기준에서 '낮'은 오전 6시부터 오후 10시까지이며, '밤'은 오후 10시부터 오전 6시까지인데, 그 특성상 '밤'에 보다 엄격한 기준이 적용된다. 구체적인 기준치는 다음과 같다.

(단위: Leq dB(A))

지역구분	적용대상지역	기 준	
		낮(06:00-22:00)	밤(22:00-06:00)
일반지역	"가"지역	50	40
	"나"지역	55	45
	"다"지역	65	55
	"라"지역	70	65

도로변지역	"가" 및 "나"지역	65	55
	"다"지역	70	60
	"라"지역	75	70

* 항공기소음, 철도소음 및 건설작업소음에는 적용하지 않음.

** 지역구분별 적용 대상지역 구분

가. "가"지역: 녹지지역, 보전관리지역, 농림지역 및 자연환경보전지역, 종합병원 · 학교 · 공공도서관의 부지경계로부터 50미터 이내의 지역

나. "나"지역: 생산관리지역, 일반주거지역 및 준주거지역

다. "다"지역: 상업지역 및 계획관리지역, 준공업지역

라. "라"지역: 전용공업지역 및 일반공업지역

(3) 수질 및 수생태계환경기준

수질 및 수생태계환경기준은 하천, 호소, 지하수, 해역 등 수역별로 설정되어 있는데 구체적으로 사람의 건강보호 기준과 생활환경 기준으로 구분되어 있다. 사람의 건강보호 기준으로는 카드뮴(Cd), 비소(As), 시안(CN), 수은(Hg), 유기인, 포리크로리네이티드비페닐(PCB), 연(Pb), 6가크롬(Cr), 음이온계면활성제(ABS) 등 20개의 항목으로, 생활환경 기준으로는 수소이온농도(pH), 생물화학적산소요구량(BOD), 화학적산소요구량(COD), 부유물질량(SS), 용존산소량(DO), 대장균균수(MPN), 총질소(T-N), 총인(T-P) 등의 항목으로 구분하고 있다. 또한 등급별로는 하천, 호소에 7개 등급(매우 좋음부터 매우 나쁨까지)으로 구분하여 기준을 차등 설정하고 있다.

(가) 하 천

1) 사람의 건강보호 기준

항 목	기준값(mg/L)
카드뮴(Cd)	0.005 이하
비소(As)	0.05 이하
시안(CN)	검출되어서는 안 됨(검출한계 0.01)
수은(Hg)	검출되어서는 안 됨(검출한계 0.001)
유기인	검출되어서는 안 됨(검출한계 0.0005)
폴리크로리네이티드비페닐(PCB)	검출되어서는 안 됨(검출한계 0.0005)
납(Pb)	0.05 이하
6가크롬(Cr6+)	0.05 이하
음이온계면활성제(ABS)	0.5 이하
사염화탄소	0.004 이하

1,2-디클로로에탄	0.03 이하
테트라클로로에틸렌(PCE)	0.04 이하
디클로로메탄	0.02 이하
벤젠	0.01 이하
클로로포름	0.08 이하
디에틸헥실프탈레이트(DEHP)	0.008 이하
안티몬	0.02 이하
1,4-다이옥세인	0.05 이하
포름알데히드	0.5 이하
헥사클로로벤젠	0.00004 이하

2) 생활환경 기준[10)]

등급		상태 (캐릭터)	기준							대장균군 (군수/100mL)	
			수소 이온 농도 (pH)	생물 화학적 산소 요구량 (BOD) (mg/L)	화학적 산소 요구량 (COD) (mg/L)	총유기 탄소량 (TOC) (mg/L)	부유 물질량 (SS) (mg/L)	용존 산소량 (DO) (mg/L)	총인 (T-P) (mg/L)	총 대장균군	분원성 대장균군
매우 좋음	Ia		6.5~8.5	1 이하	2 이하	2 이하	25 이하	7.5 이상	0.02 이하	50 이하	10 이하
좋음	Ib		6.5~8.5	2 이하	4 이하	3 이하	25 이하	5.0 이상	0.04 이하	500 이하	100 이하
약간 좋음	II		6.5~8.5	3 이하	5 이하	4 이하	25 이하	5.0 이상	0.1 이하	1,000 이하	200 이하
보통	III		6.5~8.5	5 이하	7 이하	5 이하	25 이하	5.0 이상	0.2 이하	5,000 이하	1,000 이하
약간 나쁨	IV	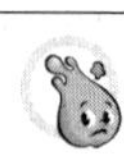	6.0~8.5	8 이하	9 이하	6 이하	100 이하	2.0 이상	0.3 이하	-	-
나쁨	V		6.0~8.5	10 이하	11 이하	8 이하	쓰레기 등이 떠 있지 않을 것	2.0 이상	0.5 이하	-	-
매우 나쁨	VI			10 초과	11 초과	8 초과		2.0 미만	0.5 초과	-	-

(나) 호 소

1) 사람의 건강보호 기준

하천의 사람의 건강보호 기준과 같다.

2) 생활환경 기준[11]

등급		상태 (캐릭터)	기 준									
			수소 이온 농도 (pH)	화학적 산소 요구량 (COD) (mg/L)	총유기 탄소량 (TOC) (mg/L)	부유 물질량 (SS) (mg/L)	용존 산소량 (DO) (mg/L)	총인 (T-P) (mg/L)	총질소 (T-N) (mg/L)	클로로 필-a (Chl-a) (mg/m³)	대장균군 (군수/100mL) 총 대장균군	대장균군 (군수/100mL) 분원성 대장균군
매우 좋음	Ia		6.5~8.5	2 이하	2 이하	1 이하	7.5 이상	0.01 이하	0.2 이하	5 이하	50 이하	10 이하
좋음	Ib		6.5~8.5	3 이하	3 이하	5 이하	5.0 이상	0.02 이하	0.3 이하	9 이하	500 이하	100 이하
약간 좋음	II		6.5~8.5	4 이하	4 이하	5 이하	5.0 이상	0.03 이하	0.4 이하	14 이하	1,000 이하	200 이하
보통	III		6.5~8.5	5 이하	5 이하	15 이하	5.0 이상	0.05 이하	0.6 이하	20 이하	5,000 이하	1,000 이하
약간 나쁨	IV		6.0~8.5	8 이하	6 이하	15 이하	2.0 이상	0.10 이하	1.0 이하	35 이하	-	-
나쁨	V		6.0~8.5	10 이하	8 이하	쓰레기 등이 떠 있지 않을 것	2.0 이상	0.15 이하	1.5 이하	70 이하	-	-
매우 나쁨	VI			10 초과	8 초과		2.0 미만	0.15 초과	1.5 초과	70 초과	-	-

(다) 지 하 수

지하수 환경기준 항목 및 수질기준은 「먹는물관리법」 제5조 및 「수도법」

10) 2006. 12. 4. 개정 시행령은 수질 및 수생태계 등급을 종전의 I 내지 V까지 숫자만으로 표현하던 등급을 '매우 좋음', '좋음', '약간 좋음' 등 서술형 명칭을 가미하고, 전체 5등급에서 7등급으로 보다 세분화하였다. 2009. 7. 7. 개정 시행령은 기후변화 등으로 증가하고 있는 조류와 화학적산소요구량(COD) 관리강화를 위해 하천환경기준에 화학적산소요구량(COD) 및 총인(TP)을 추가하였다.

11) 종전 최상등급(I등급)인 COD 1 이하 기준을 2 이하로 하향 조정함으로써, 그 동안 1등급 호소 수질이라는 목표달성을 위해 기울인 노력과 예산이 퇴색된 느낌이다. 이는 해당 지역 및 주민들에게 개발유인으로 작용하고, 수질오염총량제의 시행에도 반발 논리로 작용할 가능성이 있다.

제26조에 따라 환경부령으로 정하는 수질기준을 적용한다.

(라) 해 역

시행령에서는 차등적인 수질기준을 "생활환경", "생태기반 해수수질 기준", "해양생태계 보호기준"과 "사람의 건강보호"로 구분하여 보다 과학적이고 현실에 맞도록 조정하고 있다.

1) 생활환경

항 목	수소이온농도 (pH)	총대장균군 (총대장균군수/100mL)	용매 추출유분 (mg/L)
기 준	6.5 ~ 8.5	1,000 이하	0.01 이하

2) 생태기반 해수수질 기준

등급	수질평가 지수값(Water Quality Index)
Ⅰ(매우 좋음)	23 이하
Ⅱ(좋음)	24 ~ 33
Ⅲ(보통)	34 ~ 46
Ⅳ(나쁨)	47 ~ 59
Ⅴ(아주 나쁨)	60 이상

3) 해양생태계 보호기준 (단위: μg/L)

중금속류	구리	납	아연	비소	카드뮴	크롬(6가)
단기 기준	3.0	7.6	34	9.4	19	200
장기 기준	1.2	1.6	11	3.4	2.2	2.8

4) 사람의 건강보호

등 급	항 목	기준(mg/L)
전 수역	6가크롬(Cr6+)	0.05
	비소(As)	0.05
	카드뮴(Cd)	0.01
	납(Pb)	0.05
	아연(Zn)	0.1
	구리(Cu)	0.02
	시안(CN)	0.01
	수은(Hg)	0.0005
	폴리로클리네이티드비페닐(PCB)	0.0005
	다이아지논	0.02
	파라티온	0.06
	말라티온	0.25
	1.1.1-트리클로로에탄	0.1

	테트라클로로에틸렌	0.01
	트리클로로에틸렌	0.03
	디클로로메탄	0.02
	벤젠	0.01
	페놀	0.005
	음이온계면활성제(ABS)	0.5

3. 환경기준 등의 공표

동법은 국민의 알권리 보장 차원에서 환경부장관으로 하여금 환경기준 및 설정근거를 공표하도록 하고 있다(제6조의2).

4. 환경기준의 평가

환경기준이 국민의 생명 및 생태계에 직접적인 영향을 미치는 중요한 지표라는 점을 고려하여 동법은 환경부장관은 5년의 범위 내에서 주기적으로 환경기준을 평가하고 그 결과를 국회에 보고하도록 근거 규정을 두고 있다(제12조의3).

5. 환경기준의 유지

동법은 국가 및 지방자치단체에게 환경기준의 유지를 위하여 적절한 조치를 취할 의무를 부과하고 있다. 즉 국가 및 지방자치단체는 환경에 관련되는 법령을 제정 또는 개정하거나 행정계획의 수립 또는 사업의 집행을 할 때에는 환경기준이 적절히 유지되도록 다음 사항을 고려하여야 한다: ① 환경 악화의 예방 및 그 요인의 제거; ② 환경오염지역의 원상회복; ③ 새로운 과학기술의 사용으로 인한 환경오염 및 환경훼손의 예방; ④ 환경오염방지를 위한 재원의 적정 배분(제13조 제1항).

적정한 환경기준을 설정 · 유지하기 위해서는 정확하고 계속적인 환경상태의 조사 · 평가가 필요하다. 이를 위하여 동법은 국가 및 지방자치단체로 하여금 ① 자연환경 및 생활환경 현황, ② 환경오염 및 환경훼손 실태, ③ 환경오염원 및 환경훼손 요인, ④ 환경의 질의 변화, ⑤ 그 밖에 국가환경종합계획등의 수립 · 시행에 필요한 시항 등을 상시 조사 · 평가하도록 하고 있으며(제22조 제1항), 이러한 조사 · 평가를 적정하게 시행하기 위한 연구 · 감시 · 측정 · 시험 및 분석체제를 유지하도록 하고 있다(동조 제2항). 이에 따라 개별 환경법에서는 오염실태의 상시측정 및 측정망설치의무를 규정하고 있다(「대기환경보전법」 제3조, 「물환경보전법」 제9조).

[1] 헌재 2017. 12. 28. 선고 2016헌마45 결정

환경정책기본법상 소음환경기준은 환경행정에서 정책목표로서 설정된 기준이므로 법적 구속력이 없고, 마찬가지로 실외소음 기준만을 규정하고 있다. 따라서 이 사건은 입법자가 사업장의 실내소음에 관하여 어떠한 입법적 규율을 하였는데 그 내용이 불완전 · 불충분한 경우라기보다는, 애당초 모든 사업장의 실내소음을 규제하는 기준에 관한 입법적 규율 자체를 전혀 하지 않은 경우이므로, 그 실질이 진정입법부작위를 다투는 것이라 할 것이다.[12)]

6. 법적 성질

가. 대국민적 구속력

환경기준은 환경행정상의 목표를 나타내는 지표에 불과하고 직접 국민의 구체적인 권리 · 의무를 규정하는 법규로서의 성질을 갖지는 않는다고 이해된다.[13)] 이에 따르면 환경기준은 환경기준의 유지를 위하여 정부에 대한 구속력이 있을 뿐이고, 일반국민을 수범자로 하지 아니하고, 국민에 대하여 직접적인 구속력을 갖지 못한다. 이러한 점에서 국민(사업자)에게 규제기준으로 작용하는 배출허용기준과 구별된다.[14)]

---

12) 청구인들이 독서실의 실내소음 규제기준을 따로 규정하지 않았다며 「환경정책기본법」 제12조 제2항, 「소음 · 진동관리법」 제21조 제2항, 「소음 · 진동관리법 시행규칙」 제20조 제3항 [별표 8] 1. 생활소음규제기준들의 위헌성을 부진정입법부작위의 형태로 다투고 있지만, 이는 입법자가 사업장의 실내소음에 관하여 어떠한 입법적 규율을 하였는데 그 내용이 불완전 · 불충분한 경우라기보다는, 애당초 모든 사업장의 실내소음을 규제하는 기준에 관한 입법적 규율 자체를 전혀 하지 않은 경우이므로 그 실질이 진정입법부작위를 다투는 것이라 한 사례.

13) 천병태 · 김명길(각주 3), 134면; 이상규, 환경법론, 법문사, 1998, 59면; 이상돈 · 이창환, 환경법, 이진출판사, 2003, 102면; 박균성 · 함태성, 환경법, 박영사, 2015, 237면; 조은래(각주 3), 140면; 송동수(각주 3), 43면.

14) 「환경정책기본법」상의 환경기준이 행정목표인 기준이라면 일반적으로 개별 환경관계법에서 발견되는 환경기준, 예컨대, 배출허용기준(「대기환경보전법」 제16조, 「물환경보전법」 제32조)은 「환경정책기본법」상의 환경기준을 달성하기 위하여 사업장이나 시설 단위의 개별적 오염물질을 통제하기 위한 규제기준이 된다는 점에서, 양자는 목적과 수단의 관계에 있다 할 수 있다. 구체적으로 환경기준이 ① 행정목표 내지 지향점에 불과한 것으로서 법적 구속력을 갖지

일정한 지역의 환경이 환경기준을 초과하여 악화되더라도 환경기준 자체가 당연히 환경규제의 근거로 작용할 수는 없다. 이러한 경우에 행정청은 총량규제의 실시와 같은 적절한 조치를 취하거나[15] 행정지도와 같은 방식으로 오염원에게 오염행위의 금지 · 제한을 요청할 수는 있으나[16] 환경기준 자체를 근거로 직접 환경규제를 할 수는 없다.

나. 처 분 성

환경기준은 국민의 권리 · 의무에 직접적으로 일정한 법적 효력을 갖지 않으므로 환경기준의 설정행위는 항고소송의 대상이 되는 처분성을 갖지 않는다.[17] 그 결과 환경기준 자체에 대하여 행정소송을 제기하여 다툴 수는 없다. 다만, 환경기준이 구체적이고 개별적인 사안에 적용되어 이루어진 행정청의 처분에 대하여 행정소송을 제기하여 그 효력을 다툴 수 있음은 물론이다.

다. 국가의 환경기준 유지의무와 손해배상

환경기준은 국가에 대한 구속력이 있다. 그 결과 국가가 환경기준을 유지할 의무를 준수하지 못하였을 경우에는 손해배상청구를 당할 가능성이 있다. 그러나 그 구속력과 관련하여 환경기준이 행정청에게 이를 달성하여야 할 법적 의무를 부과하는 것은 아니라는 견해[18]나 행정조직 내부에서의 행정의 지침이 되는 데 그친다는 견해[19]에 따르면 손해배상청구가 부인될 가능성이 많다. 「환경정책기본법」이 환경보전시책의 기본이념과 방향을 제시하는 정책법의 성격이 강하다는 점도 그 가능성을 높이고 있다. 최근에 법원은 그 논리는 달리하고 있지만 손해배상청구를 부인한 바 있다(판례 [2]). 법원은 환경기준이 국민 일반의 건강을 보호하여 공공 일반의 전체적인 이익을 도모하기 위한 것이지, 국민 개개인의 안전과 이익을 직접적으로 보호하기 위한 것이 아니라는 것을 그 논거로 하였다.[20]

않으며(처분성 불인정), ② 국가 또는 지방자치단체를 수범자로 하여, ③ 기준이 준수되지 않는 경우에도 처벌의 대상이 되지 않으며, ④ 그 법적 형식이 대통령령이라면, 배출허용기준은 ① 법적 구속력을 갖는 규제기준이며, ② 사업장의 경영자 또는 관리자를 수범자로 하여, ③ 위반 시 처벌의 대상이 되며, ④ 법적 형식이 환경부령이다.

15) 이상규(각주 13), 59면.

16) 천병태 · 김명길(각주 3), 135면.

17) 천병태 · 김명길(앞의 책), 136면; 홍준형(각주 3), 170면; 김동희, 행정법 I, 박영사, 1999, 642면.

18) 천병태 · 김명길(앞의 책), 137면; 고영훈(각주 3), 70면.

19) 이상규(각주 13), 59면.

[2] 낙동강 물 사건: 대법원 2001. 10. 23. 선고 99다36280 판결

일반적으로 국가 또는 지방자치단체(아래에서는 '국가 등'이라고 한다)가 권한을 행사할 때에는 국민에 대한 손해를 방지하여야 하고, 국민의 안전을 배려하여야 하며, 국가 등의 소속 공무원이 전적으로 또는 부수적으로라도 국민 개개인의 안전과 이익을 보호하기 위하여 법령에서 정한 직무상의 의무에 위반하여 국민에게 손해를 가하면 상당인과관계가 인정되는 범위 안에서 국가 등이 배상책임을 부담한다. 그러나 공무원이 직무를 수행하면서 그 근거되는 법령의 규정에 따라 구체적으로 의무를 부여받았어도 그것이 국민의 이익과는 관계없이 순전히 행정기관 내부의 질서를 유지하기 위한 것이거나, 또는 국민의 이익과 관련된 것이라도 직접 국민 개개인의 이익을 위한 것이 아니라 전체적으로 공공 일반의 이익을 도모하기 위한 것이라면 그 의무에 위반하여 국민에게 손해를 가하여도 국가 등은 배상책임을 부담하지 아니한다(대법원 1993. 2. 12. 선고 91다43466 판결, 1998. 5. 8. 선고 97다36613 판결, 2000. 6. 9. 선고 98다55949 판결 등 참조).

이 사건에서 원고들은, 헌법 제10조, 제35조, 환경정책기본법, 수질환경보전법, 수도법과 그 시행령 등의 관련 규정에 따라 피고들은 상수원으로 사용되는 하천수를 환경정책기본법시행령 제2조 [별표 1]에서 정한 상수원수 3급 이상의 수질이 유지되게 하여 그 기준에 미달한 상수원수로 생산한 수돗물이 공급되지 아니하도록 하고, 또한 수돗물 공급자인 피고 부산광역시는 상수원수 2급에 미달하는 상수원수를 취수하여 수돗물을 생산할 경우에는 고도의 정수처리를 하여야 함에도 불구하고, 피고들이 이러한 의무에 위반하여 수질기준에 미달하는 낙동강 하천수를 취수하여 수돗물을 생산 · 공급하거나, 상수원수 2급에 미달하는 하천수를 일반적 정수처리 후 수돗물을 생산 · 공급함으로써, 이를 마신 원고들이 정신적 고통을 입었으므로, 피고들은 불법행위책임을 부담하여야 한다고 주장한다.

그런데 상수원수의 수질을 환경기준에 따라 유지하도록 규정하고 있는 관련 법령의 취지 · 목적 · 내용과 그 법령에 따라 국가 등이 부담하는 의무의 성질 등을 고려할 때, 피고들에게 일정한 기준에 따라 상수원수의 수질을 유지하여야 할 의무를 부과하고 있는 법령의 규정은 국민들에게 양질의 수돗물이 공급되게 함으로써 국민 일반의 건강을 보호하여 공공 일반의 전체적인 이익을 도모하기 위한 것이지, 국민 개개인의 안전과 이익을 직접적으로 보호하기 위한 규정이 아니다. 따라서 원고들에게 공급된 수돗물의 상수원의 수질이 수질기준에 미달한 경우가 있고, 이로 말미암아 원고들이 법령에 정하여진 수질기준에

20) 부작위로 인한 국가배상의 경우와 관련하여 직무상 의무의 '사익보호성'이 필요하다는 입장에서는 이를 사익보호성을 부정하는 것으로 이해하고 있다. 홍정선, 행정법원론(상), 박영사, 2007, 607 내지 609면.

미달한 상수원수로 생산된 수돗물을 마심으로써 건강상의 위해 발생에 대한 염려 등에 따른 정신적 고통을 받았다고 하더라도, 이러한 사정만으로는 피고들이 원고들에게 손해배상책임을 부담하지 아니한다.

또한, 상수원수 2급에 미달하는 상수원수는 고도의 정수처리 후 사용하여야 한다는 환경정책기본법령상의 의무 역시 위에서 본 수질기준 유지의무와 같은 성질의 것이므로, 피고 부산광역시가 상수원수의 수질기준에 미달하는 낙동강 하천수를 취수하거나 상수원수 3급 이하의 하천수를 취수하여 고도의 정수처리가 아닌 일반적 정수처리 후 수돗물을 생산 · 공급하였다고 하더라도, 그렇게 공급된 수돗물이 음용수 기준에 적합하고 몸에 해로운 물질이 포함되어 있지 아니한 이상, 피고 부산광역시의 위와 같은 수돗물 생산 · 공급행위가 원고들에 대한 불법행위가 되지 아니한다.[21)]

7. 기 능

환경기준은 특히 다음과 같은 경우에는 구체적, 직접적 효력을 가지면서 중요한 환경보전수단으로 기능한다.

가. 위법성, 피해 정도 등의 판단기준

환경기준은 손해배상청구나 유지청구소송에서 가해행위의 위법성이나 구체적인 피해 정도를 판단하는 중요한 요소로 작용한다. 물론 환경기준은 실체법상 일반 국민의 사법상 권리의무를 발생시키는 효력 규정이 아닌 환경행정에 있어서 정책과 규제 등을 위한 일종의 공법상 기준이므로, 그 기준의 위반이 곧바로 위법한 것으로 되지는 아니하나 민사법상 위반 여부를 판단하는 중요한 하나의 기준이 된다. 실제로 환경기준은 수인한도를 판단하는 데 절대적인 요소가 될 수는 없으나 중요한 기능을 하고 있다(판례 [3], [4] 참조).[22)]

---

21) 부산지역 환경운동단체회원 등 100명이 국가와 부산광역시를 상대로 낙동강 등 상수원 수질오염으로 인해 환경권이 침해당했으므로 원고 1인당 100만원씩 모두 1억원의 손해배상을 지급해 줄 것을 구한 사건에서 국가 또는 지방자치단체가 법령이 정하는 상수원수 수질기준 유지의무를 다하지 못하고, 법령이 정하는 고도의 정수처리방법이 아닌 일반적 정수처리방법으로 수돗물을 생산 · 공급하였다는 사유만으로 그 수돗물을 마신 개인에 대하여 손해배상책임을 부담하지 않는다면서 원고들의 청구를 부인한 사례.

22) 예컨대, 법원은 이른바, '김포공항 사건'에서 소음도 85WECPNL(「환경정책기본법」상의 소음환경기준 중 공업지역 주간 소음도인 70dB(≒83WECPNL)보다 높은 수치)를 원고들의 수인한도기준으로 인정하였으며(대법원 2005. 1. 27. 선고 2003다49566 판결), '매향리사격장 사건'에서 「환경정책기본법」상 주거지역 환경소음기준인 50dB 내지 65dB을 수인한도를 판단함에 있어서 중요한 판단기준으로 고려하였다(대법원 2004. 3. 12. 선고 2002다14242

[3] 도로소음과 분양회사의 불법행위책임(소극): 대법원 2008. 8. 21. 선고 2008다9358 판결

차량이 통행하는 도로에서 유입되는 소음 때문에 인근 주택의 거주자에게 사회통념상 일반적으로 수인할 정도를 넘어서는 침해가 있는지 여부는, 주택법 등에서 제시하는 주택건설기준보다는 환경정책기본법 등에서 설정하고 있는 환경기준을 우선적으로 고려하여 판단하여야 한다.[23)]

[4] 도로소음과 '참을 한도': 대법원 2015. 9. 24. 선고 2011다91784 판결

공법상 기준으로서 환경정책기본법의 환경기준은 국민의 건강을 보호하고 쾌적한 환경을 조성하기 위하여 유지되는 것이 바람직한 기준, 즉 환경행정에서 정책목표로 설정된 기준인 점, 위 환경기준은 도로법이나 도로교통법에 규정된 도로의 종류와 등급, 차로의 수, 도로와 주거의 선후관계를 고려하지 아니한 채 오로지 적용 대상지역에 따라 일정한 기준을 정하고 있을 뿐이어서 모든 상황의 도로에 구체적인 규제의 기준으로 적용될 수 있는 것으로 보기 어려운 점, 2층 이상의 건물에 미치는 도로교통소음이 환경정책기본법의 환경기준을 준수하였는지는 소음 · 진동공정시험기준(환경부고시 제2010-142호)에 규정된 측정방법에 따라 소음피해지점에서 소음원 방향으로 창문 · 출입문 또는 건물벽 밖의 0.5~1m 떨어진 지점에서 측정된 실외소음에 의해 판정하도록 되어 있으나, 공동주택에 거주하는 사람들에 대하여는 일상생활이 실제 이루어지는 실내에서 측정된 소음도에 따라 '참을 한도' 초과 여부를 판단함이 타당한 점 등을 고려하면, 도로변 지역의 소음에 관한 환경정책기본법의 소음환경기준을 초과하는 도로소음이 있다고 하여 바로 민사상 '참을 한도'를 넘는 위법한 침해행위가 있다고 단정할 수 없다.

이른바 도로소음으로 인한 생활방해를 원인으로 제기된 사건에서 공동주택에 거주하는 사람들이 참을 한도를 넘는 생활방해를 받고 있는지는 특별한 사정이 없는 한 일상생활이 실제 주로 이루어지는 장소인 거실에서 도로 등

판결). 그 밖에 대법원 2007. 6. 15. 선고 2004다37904 판결(고속도로로부터 발생하는 소음이 피해 주민들 주택을 기준으로 일정 한도를 초과하여 유입되지 않도록 하라는 취지의 유지청구가 적법하다고 한 사례) 참조.

23) 도로에서 유입되는 소음 때문에 인근 주택의 거주자가 사회통념상 수인한도를 넘는 생활이익의 침해를 당한 경우, 그 주택의 분양회사에게 도로 설치 · 관리상의 하자로 인한 불법행위책임을 물을 수 없다고 한 사례. 그러나 이 사안에서 법원은 도로에서 유입되는 소음 때문에 인근 주택의 거주자에게 사회통념상 수인한도를 넘는 생활이익의 침해가 발생하였다면서 도로의 설치 · 관리자에 대하여 「국가배상법」 제5조 제1항에 따라 배상책임을 인정하였다. 법원은 교통소음과 관련하여 도로의 설치 · 관리자에 대하여 「주택법」 등에서 정하는 주택건설기준보다 「환경정책기본법」 등에서 설정하고 있는 환경기준을 우선하여 적용함으로서 책임을 강화시키고 있다.

소음원에 면한 방향의 모든 창호를 개방한 상태로 측정한 소음도가 환경정책기본법상 소음환경기준 등을 초과하는지에 따라 판단하는 것이 타당하다.[24)]

* 동지: 대법원 2015. 10. 15. 선고 2013다89433 판결; 대법원 2016. 11. 25. 선고 2014다57846 판결.

나. 환경보전목표의 설정 시 참고기준

「환경영향평가법」은 환경보전목표를 설정하는 경우 참고할 기준 중의 하나로 환경기준을 들고 있다(제5조).

다. 환경영향평가 등의 실시요건

「환경정책기본법」은 관계 행정기관의 장으로 하여금 "환경기준의 적정성 유지" 및 자연환경의 보전을 위하여 환경에 영향을 미치는 계획 및 개발사업이 환경적으로 지속가능하게 수립 · 시행될 수 있도록 전략환경영향평가, 환경영향평가 등을 실시하도록 하고 있는데(제41조), 이 경우 환경기준의 유지는 환경영향평가 등의 한 요건을 구성하게 된다. 또한 환경기준은 전략환경영향평가와 환경영향평가 시 평가항목 등을 결정할 때 고려 사항이 된다(「환경영향평가법」 제11조 제4항, 제24조 제5항).

라. 대기오염경보의 근거

「대기환경보전법」상 시 · 도지사는 대기오염도가 「환경정책기본법」상의 대기환경기준을 초과하여 주민의 건강 · 재산이나 동 · 식물의 생육에 중대한 위해를 가져올 우려가 있다고 인정되는 때에는 당해 지역에 대하여 대기오염경보를 발령할 수 있는데(제8조 제1항), 이 경우 대기환경기준은 대기오염경보의 근거로 작용하는 것이다.

---

24) 사안에서는 환경기준이 구체적인 규제의 기준으로 적용될 수 있는 것으로 보기 어렵다는 점을 지적하면서 "소음환경기준을 초과하는 도로소음이 있다고 하여 바로 민사상 '참을 한도'를 넘는 위법한 침해행위가 있다고 단정할 수 없다"고 판시함으로써 소음환경기준이 아니라 교통소음관리기준을 적용해야 할 것 같은 결론을 암시하고 있다. 교통소음이 문제될 경우 구체적 타당성이 보다 높은 관리기준을 적용하는 것이 보다 합리적인 결론에 도달할 수 있기 때문이다. 그러나 이러한 결론은 성급한 것으로 드러나고 있다. 환송심판결에서는 교통소음관리기준이 아니라 여전히 소음환경기준의 초과 여부를 다루고 있기 때문이다. 대구고법 2016. 6. 15. 선고 2015나2998 판결. 환송심판결에서는 소음환경기준을 훨씬 초과하고 있기는 하나 실내소음도에 관한 자료가 제출되지 않은 점 등을 지적하면서 원고의 청구를 배척하고 있다.

마. 엄격한 배출허용기준의 근거

「대기환경보전법」, 「물환경보전법」은 특별시 · 광역시 · 도 또는 특별자치도가 「환경정책기본법」 제12조 제3항의 규정에 의한 지역환경기준의 유지가 곤란하다고 인정되는 경우 조례로 일반적인 배출허용기준보다 엄격한 배출허용기준을 정할 수 있도록 하고 있다(「대기환경보전법」 제16조 제3항, 「물환경보전법」 제32조 제3항). 한편, 시 · 도지사는 지역환경기준의 유지가 곤란하다고 인정하는 경우 조례로 일반적인 방류수수질기준보다 엄격한 기준을 적용할 수 있다(「가축분뇨의 관리 및 이용에 관한 법률」 제13조 제3항). 이때 (지역)환경기준은 엄격한 배출허용기준(또는 방류수수질기준)의 설정 근거로 기능한다.

바. 총량규제의 근거

「대기환경보전법」은 오염상태가 환경기준을 초과하여 주민의 건강 · 재산이나 동 · 식물의 생육에 중대한 위해를 가져올 우려가 있다고 인정하는 구역 또는 특별대책지역 중 사업장이 밀집되어 있는 구역의 경우에는 당해 구역 안의 사업장에 대하여 배출되는 오염물질을 총량으로 규제할 수 있도록 하는 등 총량규제 방식의 도입 가능성을 규정하고 있는데(제22조), 이때 환경기준은 중요한 총량규제 근거로 작용하게 된다.

사. 배출시설 등의 설치제한의 근거

환경부장관은 배출시설로부터 배출되는 대기 · 수질오염물질로 인하여 환경기준의 유지가 곤란하거나 주민의 건강 · 재산, 동 · 식물의 생육에 심각한 위해를 끼칠 우려가 있다고 인정되는 경우에는 대통령령이 정하는 바에 따라 배출시설의 설치를 제한할 수 있다(「대기환경보전법」 제23조 제6항, 「물환경보전법」 제33조 제5항). 시장 · 군수 · 구청장은 환경기준을 초과한 지역에 대하여 일정한 구역을 지정하여 가축의 사육을 제한할 수 있다(「가축분뇨의 관리 및 이용에 관한 법률」 제8조 제1항). 이 경우 환경기준은 배출시설의 설치제한, 가축사육의 제한 등의 근거로 작용하게 된다.

8. 문 제 점

환경기준을 설정함에 있어서 이해관계인의 참여 및 주민의 의견수렴의 기회가 주어지지 않고 있다는 점은 문제점으로 지적될 수 있다.[25] 「행정절차법」상의 입법예고절차(제44조)를 통해 주민참여가 이루어질 수 있으나 절차적 통제를 충실히 하기 위해 의견수렴절차를 확보하는 방안이 고려되어야 할 것이다. 환경기준은 환경행정의 목표기준이 되는 것에서 나아가 실질적으로는 국민생활에 영향을 미치고 있기 때문에 이해관계인에게 환경기준의 설정과 관련하여 정보를 충분히 제공하고 참여기회를 법적으로 보장할 필요가 있다.[26]

환경기준은 기본적으로 농도기준이다. 이러한 농도기준방식은 오염원의 규모와 배출량의 다소에 관계없이 일률적인 규제기준을 적용함으로써 발생하는 비경제성, 비형평성 그리고 환경용량을 초과하는 오염물질의 다량 배출 및 축적에 대해서 규제가 힘들다는 문제점이 발견된다. 이에 따라 총량기준이나 질(quality)기준(예컨대, 수영할 수 있는 수질, 낚시할 수 있는 수질) 등에 대하여도 관심을 기울일 필요가 있다.

Ⅲ. 환경계획의 수립 등

1. 환경계획의 수립

환경관리를 종합적, 체계적, 계획적으로 추진하기 위해서는 기본 목표, 시책, 정책을 시행하기 위한 각종 수단 등을 감안한 기본계획이 필요하다. 이에 「환경정책기본법」은 국가에게 환경오염 및 환경훼손과 그 위해를 예방하고 환경을 적정하게 관리·보전하기 위하여 환경계획을 수립하여 시행할 책무를 부과하고 있다(제4조 제1항). 또한 동법은 국민에게 국토 및 자연환경의 보전을 위하여 노력하여야 할 의무를 부과하면서(제6조), 국가·지방자치단체 및 사업자에게 행정계획이나 개발사업에 따른 국토 및 자연환경의 훼손을 예방하기 위하여 해당 행정계획 또는 개발사업이 환경에 미치는 해로운 영향을 최소화하도록 노력하여야 할 의무를 부과하고 있다(제8조 제3항). 이는 국토 및 자연환경의 훼손을 사전에 예방하려는 차원에서 이루어진 국가환경정책의 선언인 것이다.

이에 따라 국가차원에서 20년마다 국가환경종합계획(제14조)이, 지방자치단체 차원에서 시·도 환경계획(제18조)과 시·군·구 환경계획(제19조)이 수립·

25) 홍준형(각주 3), 538면.
26) 이상규(각주 13), 60면.

시행되고 있다. 특기할 것은 동법은 국가환경종합계획 등을 수립·변경하는 경우 공청회 등을 열어 국민, 관계 전문가 등의 의견을 수렴하도록 하고, 국가환경종합계획 등이 수립되거나 변경된 경우 이를 인터넷 홈페이지 등을 통하여 공개하도록 하여 투명성을 높이고 있다(제20조).

2. 개발계획·사업의 환경적 고려

개발에 따른 환경오염 또는 환경훼손을 최소화화기 위하여는 개발계획을 수립하거나 개발사업을 시행함에 있어 환경계획을 고려하여야 한다. 이는 '선계획 후개발원칙'의 고수를 의미한다. 이러한 인식하에 「환경정책기본법」은 국가 및 지방자치단체의 장으로 하여금 토지의 이용 또는 개발에 관한 계획을 수립하는 때에는 국가환경종합계획, 시·도환경계획 및 시·군·구환경계획과 해당 지역의 환경용량을 고려하도록 하고(제21조 제1항), 관계 중앙행정기관의 장, 시·도지사 및 시장·군수·구청장으로 하여금 토지의 이용 또는 개발에 관한 사업의 허가 등을 하는 경우에 국가환경종합계획 등을 고려하도록 하고 있다(동조 제2항). 개발계획·사업의 환경적 고려는 환경영향평가제도에 의해서도 이루어진다.

3. 환경친화적 계획기법 등의 작성·보급

정부는 환경에 영향을 미치는 행정계획 및 개발사업이 환경적으로 건전하고 지속가능하게 계획되어 수립·시행될 수 있도록 환경친화적인 계획기법 및 토지이용·개발기준을 작성·보급할 수 있다(제23조).

Ⅳ. 환경보전 특별종합대책

1. 특별대책지역의 지정

동법은 특별대책지역의 지정 요건 및 절차를 정하고 있다. 즉 환경부장관은 환경오염·환경훼손 또는 자연생태계의 변화가 현저하거나 현저하게 될 우려가 있는 지역과 환경기준을 자주 초과하는 지역을 관계 중앙행정기관의 장 및 시·도지사와 협의하여 환경보전을 위한 특별대책지역으로 지정·고시하고, 해당 지역의 환경보전을 위한 특별종합대책을 수립하여 관할 시·도지사에게 이를 시행하게 할 수 있다(제38조 제1항). 지정 요건은 자연생태계의 변화 등 매우 엄격하고 포괄적이다. 이에 따라 현재 울산·미포 국가공업단지 및 온산 국가공업단지(1986. 3. 지정), 여천 국가공업단지(1996. 9. 지정) 등이 대기보전특별대책지역으로, 팔당·대청호 상수원지역(1990. 7. 지정)이 수질보전특별대책지역[27]으로 지정되어 있다.

2. 행위제한

또한 동법은 “환경부장관은 특별대책지역의 환경개선을 위하여 특히 필요한 경우에는 대통령령으로 정하는 바에 따라 그 지역에서 토지 이용과 시설 설치를 제한할 수 있다(동조 제2항)”고 규정하여 특별대책지역에서의 특정 행위를 제한할 수 있도록 하고 있다. 이에 따라 환경부장관은 특별대책지역에서 ① 환경기준을 초과하게 되어 주민의 건강·재산이나 생물의 생육에 중대한 위해를 가져올 우려가 있다고 인정되는 경우, ② 자연생태계가 심하게 파괴될 우려가 있다고 인정되는 경우, ③ 토양 또는 수역이 특정유해물질에 의하여 심하게 오염된 경우에는 해당 특별대책지역에서의 토지이용과 시설설치를 제한할 수 있다(시행령 제13조).

특별대책지역 내에서는 토지이용과 시설설치의 제한 등이 수반되는데, 이러한 제한은 환경부 고시에 의해 이루어지고 있다. 예컨대, 환경부 고시[28]에 의거한 팔당·대청호 상수원 수질보전 특별대책의 기본방침은 수질을 매우좋음(Ia)등급 수질로 개선·유지하는 것을 목표로 상수원 수질에 영향을 크게 미치는 시설은 상수원보전의 측면에서 특별관리하며 재산권 행사의 제한은 최소화하고, 특별종합대책의 구체적 집행계획은 지역주민의 의사를 반영하여 관할 광역시장 또는 도지사가 수립할 수 있도록 하는 것이다.

규제대상은 오수배출시설, 폐수배출시설, 특정수질유해물질배출시설, 폐기물 매립 및 재활용시설, 가축분뇨배출시설, 골프장, 광물채굴 및 채석, 묘지 등이고, 주된 규제내용은 신규 입지의 금지이다. 특히 폐수배출시설의 경우와 관련해서는 1일 폐수배출량이 200㎥ 이상의 폐수배출시설의 I권역 입지를 허용하지 아니하

---

27) 팔당호상수원수질보전 특별대책지역은 경기도 남양주시, 여주군, 광주시, 가평군, 양평군, 용인시 등 7개 시 51개 읍·면·동으로 면적은 2,102㎢에 이른다. 대청호 특별대책지역은 대전광역시 동구 일부와 충청북도 청원군, 보은군, 옥천군 등 3개 군 11개 읍·면으로 지정면적은 713㎢이다.

28) ‘팔당·대청호 상수원 수질보전 특별대책지역 지정’(환경부고시 제90-16호) 참조.

며, II권역에는 폐수를 BOD 30mg/L 이하로 처리한 후 방류하거나 공공하수처리시설에 유입시켜 처리하는 경우에 한하여 허용한다. 또한 I권역에서 건축연면적 400㎡ 이상의 숙박업 · 식품접객업 또는 건축연면적 800㎡ 이상의 오수배출시설, 가축분뇨배출시설, 양식어업, 유선 · 도선사업, 천연잔디로 조성된 골프코스 등의 신규입지 및 면허를 허용하지 않는다.

3. 엄격한 배출허용기준 및 총량규제

특별대책지역에서는 개별법상 일반배출허용기준보다 엄격한 배출허용기준을 정하도록 하고(「대기환경보전법」 제16조 제5항, 「물환경보전법」 제32조 제5항), 이 지역 안의 사업장에 대하여는 총량규제를 할 수 있도록 하고 있다(「대기환경보전법」 제22조). 특별대책지역에 대하여는 특별한 규제가 뒤따른다. 예컨대, 특별대책지역에서 휘발성유기화합물(Volatile Organic Compounds: VOCs)을 배출하는 시설로서 대통령령으로 정하는 시설(석유정제 및 석유화학제품제조업, 저유소, 주유소, 세탁시설)을 설치하려는 자는 환경부령으로 정하는 바에 따라 환경부장관 또는 시 · 도지사에게 신고하여야 하고(「대기환경보전법」 제44조 제1항, 시행령 제45조), 휘발성유기화합물의 배출을 억제하거나 방지하는 시설을 설치하는 등 휘발성유기화합물의 배출로 인한 대기환경상의 피해가 없도록 조치하여야 한다(동조 제3항).

4. 평　　가

특별대책지역제도와 관련해서는 우선 다른 지역 · 지구 등(예컨대, 상수원보호구역, 자연보전권역, 개발제한구역, 수변구역)과 중첩적으로 지정되어 해당 지역주민들이 규제 내용을 정확히 파악하기가 힘들고, 중복 규제로 인하여 관련 법률들간의 상충과 소관 부처의 중복 및 책임소재의 불분명 등의 문제가 발생하고 있다는 점을 지적할 수 있다. 환경부 고시로 재산권 침해를 수반하는 행위제한을 가하는 것은 입법권의 지나친 위임이며, 법형식상의 일반 원칙에 어긋난다. 유인보다는 규제가 중심이며, 그 규제가 규모 · 면적 중심인 것은 제도의 성공을 방해하고 있다. 주민의견 수렴절차, 손실보상, 주민지원 등의 입법적 미비도 비판의 대상이 되고 있다.

V. 환경영향평가

「환경정책기본법」은 난개발을 방지하고 환경친화적인 개발을 유도한다는 차원에서, 환경영향평가제도 등에 대한 근거 규정을 마련하고 있다. 즉 국가로 하여금 환경기준의 적정성을 유지하고 자연환경을 보전하기 위하여 환경에 미치는 계획 및 개발사업이 환경적으로 지속가능하게 수립·시행될 수 있도록 전략환경영향평가, 환경영향평가, 소규모 환경영향평가를 실시하도록 하고 있다(제41조)(환경영향평가제도 등에 대하여 자세한 내용은 제2장 참조).

Ⅵ. 피해구제

국가 및 지방자치단체는 환경오염 또는 환경훼손으로 인한 피해를 원활히 구제하기 위하여 필요한 시책을 마련하여야 한다(제43조). 2014년 12월 환경오염피해에 대한 충실하고 신속한 구제를 위해 제정된 「환경오염피해 배상책임 및 구제에 관한 법률」은 그 일환이라고 할 수 있다. 또한 「환경정책기본법」은 환경오염의 피해에 대한 무과실책임 규정을 두면서, 환경오염 피해에 대한 구제를 위한 강력한 실현의지를 보여주고 있다: 환경오염 또는 환경훼손으로 피해가 발생한 경우에는 해당 환경오염 또는 환경훼손의 원인자가 그 피해를 배상하여야 한다(제44조 제1항).

원론적으로 환경법규를 환경오염의 발생을 사전에 방지하려는 규제법규와 오염피해를 사후에 복구하려는 구제법규로 구분한다고 할 경우, 구제법규의 중심을 이루는 동법 제44조 제1항은 그 중요성이 사뭇 크다 할 수 있다. 특히 이 규정상의 책임은 행위책임으로서 「환경오염피해 배상책임 및 구제에 관한 법률」상의 시설책임을 보완하는 성격을 갖는다. 더욱이 환경피해와 관련한 구제규정이 「토양환경보전법」 제10조의3을 제외하고는 다른 개별 환경법규에 없음을 고려할 경우 더욱 그러하다. 논란이 예상되지만 「환경정책기본법」상 원인자의 무과실책임 규정은 구체적 효력을 갖는 규정이다. 물론 헌법에서 구체적 효력을 갖는 규정을 두지 말라는 법이 없는 것과 같이 「환경정책기본법」에 이러한 규정을 두지 말라는 법은 없다. 그러나 프로그램적 성격을 갖는 「환경정책기본법」에 구체적 규정을 두는 것이 바람직한 입법이 아님은 분명하다. 환경피해에 대한 구제와 관련하여 상당히 중요한 기능을 담당하는 책임 규정이 「환경정책기본법」에 위치하고 있는 것은 동 규정의 구체적 효력을 부인하는 입장에 유력한 빌미를 제공하고 있다.

동법 제44조에 따른 원인자의 무과실책임에 대하여는 구체적 효력이 인정될 수 없다는 견해가 엄연히 존재할 뿐만 아니라 구체적 효력을 인정하더라도 책임범위 및 책임자 범위 등과 관련하여 논란의 여지가 있어, 이 규정에 대한 개정을 포함한 입법적 검토가 이루어져야 할 것이다. 이 규정은 환경책임 체계의 전반과 맞물리는 규정이기 때문에 입법적 검토가 이루어질 경우에는 책임체계 전반에 대한 검토도 함께 이루어져야 한다.

1. 원인자의 무과실책임

최근에는 환경피해에 대하여 고의·과실이 없다고 하더라도 배상 책임을 지우는 경향이 뚜렷해지고 있는데 우리나라의 환경 관련 실정법에서도 이 같은 규정을 다수 담고 있다. 예컨대, 「원자력손해배상법」 제3조 제1항에서는 "원자로의 운전 등으로 인하여 원자력손해가 생긴 때" 원자력사업자에게, 「유류오염손해배상보장법」 제5조 제1항에서는 "유류오염손해가 발생하였을 때" 사고 당시의 선박소유자에게 무과실책임을 지우고 있고, 「광업법」 제75조에서는 광해에 대하여 무과실책임을 규정하고 있으며, 「수산업법」 제80조에서는 "산업시설이나 그 밖의 사업장의 건설 또는 조업, 선박 또는 「해양환경관리법」 제2조 제17호에 따른 해양시설과 해저광구의 개발 등에 의한 수질오염으로 인하여 면허 받은 어업에 피해가 발생한 때" 오염발생시설의 경영자에게 무과실책임을 지우고 있다.

「환경정책기본법」상 원인자의 무과실책임도 같은 맥락으로 이해될 수 있다. 이 규정의 의미를 보다 정확히 이해하기 위해서는 해당 규정의 입법 역사를 살펴볼 필요가 있다. 이 규정의 시초는 1977. 12. 31. 공포된 구 '환경보전법' 제60조 제1항으로 거슬러 올라간다. 동 규정은 "사업장등에서 발생되는 오염물질로 인하여 사람의 생명 또는 신체에 피해가 발생한 때에는 당해 사업자는 그 피해를 배상하여야 한다"라고 규정하고, 같은 조 제3항은 "제1항의 규정에 의한 피해의 배상에 관하여 이 법에 규정한 것을 제외하고는 민법의 규정에 의한다. 다만, 민법 이외의 법률에 다른 규정이 있을 때에는 그 규정에 의한다"라고 규정하였다. 그 후 1990. 8. 1. 공포된 「환경정책기본법」은 위 '환경보전법'상의 "생명 또는 신체"라는 제한과 민법과의 연계규정을 없애고, 제31조 제1항에서 "사업장등에서 발생되는 환경오염으로 인하여 피해가 발생한 때에는 당해 사업자는 그 피해를 배상하여야 한다"라고 규정하여 환경오염의 피해에 대한 '사업자'의 무과실책임을 인정하였다. 2011. 7. 28. 개정된 「환경정책기본법」은 제44조에서 '사업장등'과 '사업자' 등의 요건을 삭제하고 '원인자' 개념으로 대체하면서, 환경피해에 대한 '원인자'의 무과실책임을 인정하기에 이르렀다. 이와 같은 입법과정에 비추어 볼 때 책임 주체, 범위는 확대되어 왔다고 할 수 있다.

위와 같은 규정들은 위험책임의 법리를 실정화한 것으로, 환경오염 피해자는 가해자의 고의 내지 과실을 입증할 필요 없이 손해배상을 받을 수 있으므로, 그 만큼 환경피해 구제는 충실해질 것이다. 위와 같은 무과실책임 규정이 적용되는 경우에는 책임 유무를 가리기 위하여 가해자의 고의 내지 과실의 유무를 살피는 것이 의미가 없을 것이다. 그러나 고의 내지 과실의 존재가 위법성 여부나 유지청구의 인정 여부를 판단하는 데 중요한 판단기준으로 작용하므로 그 범위 내에서는 여전히 의미를 갖는다.

2. 구체적 효력(적극)

「환경정책기본법」 제44조의 규정이 구체적인 효력이 있어 과연 그 적용범위 내의 모든 환경피해에 대해 무과실책임을 인정할 수 있을 것인가에 대하여는 논란이 있을 수 있다. 모든 환경피해에 대해 무과실책임을 인정한다 함은 환경피해소송을 민법 제750조에 근거한 과실책임으로 이해해온 기존의 학계나 실무계의 입장에서 볼 때 일대 방향 전환을 의미하는 것으로 그 해석에 신중을 기하지 아니할 수 없다. 혹자는 구성요건과 효과의 비구체성, 「환경정책기본법」이 민법의 특별법으로서의 성격을 갖지 않는다는 점 등을 근거로 위 「환경정책기본법」 제44조 제1항(원인자의 무과실책임)의 구체적 효력을 부인하고, 위 규정이 방침규정에 불과한 것으로 볼 가능성이 있다. 원인자의 무과실책임 규정보다도 그 요건이 제한적이고, 책임주체가 비교적 한정적이던 종전의 '사업자'의 무과실책임 규정에 대하여도 구체적 효력을 인정하지 않던 견해가 있었다는 점에서 그 가능성을 배제할 수 없다.[29]

29) 종전의 「환경정책기본법」상 사업자의 무과실책임 규정(제31조)의 구체적 효력을 부인한 견해는 이은영, 채권각론, 박영사, 1993, 714면. 「환경정책기본법」의 입법취지나 규정들의 내용을 볼 때 사업자의 무과실책임 규정이 국민에게 손해배상청구권을 취득하게 하는 효력규정으로 보기 어렵고, 공법상 환경기준에 대한 규제와 환경정책의 지표를 제시하는 행정법규라고 보는 것이 타당하다는 취지에서 구체적인 효력을 부인하는 견해가 있다. 손윤하, 환경침해와 민사소송, 청림출판, 2005, 66면, 318면 참조.

그러나 「환경정책기본법」 제44조 제1항은 위험책임원리를 근거로 환경오염피해 구제와 관련한 특수한 법리를 규정한 책임규정으로서, 구체적 효력이 있는 규정으로 못 볼 바 없다. 앞서 살펴 본 바와 같이 해당 규정의 연혁을 살펴볼 때 책임주체와 범위 등이 확대되어 온 점, 구체성이 떨어지는 요건에 대한 해석은 판례나 학설을 통해 해결할 수 있다는 점, 원인자 불명의 경우에 원인자들의 공동불법행위책임을 규정하고 있는 것으로 이해되는 제44조 제2항의 규정이 동조 제1항의 구체적 효력을 전제하여야 성립할 수 있다는 점, 개별 환경법에 환경오염피해와 관련한 어떠한 책임 및 구제 규정이 없는 상황에서는 위 규정의 구체적 효력을 쉽게 부인하여서는 안 된다는 점 등을 고려할 때 그 구체적 효력은 인정된다고 할 것이다.[30] 이렇게 해석할 경우, 위 규정의 요건에 해당되는 환경오염피해를 입은 자는 환경오염 또는 환경훼손의 원인자에게 무과실책임을 지울 수 있을 것이다. 판례도 구체적 효력을 인정하고 있다(판례 [5], [6]).[31]

[5] 환경정책기본법 제44조 제1항의 구체적 효력: 대법원 2017. 2. 15. 선고 2015다23321 판결

이 사건 소음 · 진동이 1차적으로는 열차로부터 발생하지만, 열차의 운행에는 철로가 필수적이고 소음과 진동이 철로를 통해서 생긴다. 이 사건 철로를 통한 열차 운행으로 소음 · 진동이 생긴 경우에 피고 공단과 피고 공사는 구 환경정책기본법 제31조 1항의 사업자와 환경정책기본법 제44조 제1항에서 정한 오염원인자에 해당하여 그 손해를 배상할 책임이 있다.[32]

---

30) 종전의 「환경정책기본법」상 사업자의 무과실책임 규정(제31조)의 구체적 효력을 긍정하는 견해는 이상규(각주 13), 242면; 오석락, 환경소송의 제문제, 삼영사, 1996, 77면; 이경춘, "소음과 환경소송", 환경법의 제문제(하), 재판자료 제95집, 법원도서관, 2002, 186면; 서희원, 환경소송, 북피디닷컴, 2004, 214면; 전경운, "환경침해피해의 사법상 구제원리", 환경법연구 제25권 제2호, 2003, 384 내지 385면; 조은래, "환경소송상의 입증문제에 대한 소고", 환경법연구 제28권 제3호, 2006, 331면. 위험책임의 규정을 특별 입법에 의한 제한적 열거보다는 한정적으로 환경오염의 위험분야를 일반조항 형식으로 하는 것이 합리적이므로 「환경정책기본법」의 민사책임 규정은 합리성이 있다. 안법영, "환경오염 사고와 위험책임", 환경오염의 법적 구제와 개선책, 소화, 1996, 316 내지 317면. 이러한 견해들이 개정된 원인자의 무과실책임 규정에 대하여도 동일한 입장을 유지할 것인지 단정할 수 없으나 기본적으로 구제의 충실화를 도모하려는 해석론이라는 점에서 구체적 효력을 인정할 가능성이 많다고 생각한다.

31) 인천지법 2013. 12. 24. 선고 2011가합24254 판결; 부산지법 2014. 5. 15. 선고 2013가합2514 판결; 서울고법 2015. 4. 30. 선고 2014나2007924 판결(도로 건설공사에 따른 소음 · 진동으로 인해 발생한 원고가 인근 목장에서 사육 중이던 소들의 유량 감소, 유질 저하, 유산 · 사산, 수태율 저하 등 피해에 대하여 도로 건설공사의 시행자인 국가가 손해를 배상할 의무가 있다고 한 사례), 대법원 2020. 6. 25. 선고 2019다292026, 292033, 292040 판결.

3. 요 건

가. 환경오염의 원인자

책임주체는 환경오염 또는 환경훼손의 '원인자'이다. '원인자'는 자기의 행위 또는 사업활동으로 환경오염 또는 환경훼손의 원인을 발생시킨 자이다(제7조). 원인자의 행위가 영리행위일 것을 요구하지는 않는다고 해석된다. 그러나 구체적인 경우 '원인자'에 해당하는지를 판단하는 것은 쉽지 않을 것이다. 그 범위가 워낙 포괄적이고 광범위해서 원인자의 무과실책임이 자칫 누구나의 책임으로 변질될 가능성마저 있다. 「물환경보전법」(제48조의2 제1항), 「토양환경보전법」(제10조의4, 제11조 제3항, 제15조) 등에서는 원인자라는 용어를 사용하고 있지만 이는 책임주체를 판단하는 하나의 참고 기준 내지 요소일 뿐 「환경정책기본법」상 원인자의 무과실책임 규정을 해석함에 완선한 기순을 제공하지는 않는다. 개별 환경법에서의 처리자(「폐기물관리법」 제48조), 행위자, 사업자 등의 개념도 이와 크게 다르지 않다. 결국 원인자인지 여하는 사안별로 사실관계에 기초하여 판단할 문제이다. 이러한 점에서 무과실책임 규정은 상당히 모호한 규정이고, 이는 구체적 효력을 부인하는 유력한 근거로 작용할 가능성이 있다. 책임주체가 종전의 '사업자'에서 '원인자'로 그 범위가 확대되었으나 아이러니하게도 책임주체의 확대가 구체적 효력을 부인하는 빌미를 제공할 가능성이 있는 것이다.

무과실책임을 지는 '원인자'에 대한 별도의 개념규정을 두고 있지 않는 한 구체적인 경우에는 논란이 계속될 것이다. 그 범위도 무한정 확대될 가능성이 있다. 자칫 환경오염피해에 해당하기만 하면 무과실책임을 진다는 극단적인 상황도 배제할 수 없다. 구제범위를 확대하려는 시도는 실효성과 현실성 양 측면에서 공격을 받을 수 있다. 종전에 '사업장등'이나 '사업자'의 해석을 둘러싼 논쟁[33]은 이제는 '원인자'가 누구냐의 문제를 둘러싸고 재현될 가능성이 많다. 이

32) 철도를 건설하여 열차를 통행함으로써 발생한 소음 · 진동으로 인해 발생한 인근 농장에서 사육 중이던 한우들의 유 · 사산, 성장지연, 수태율 저하 피해에 대하여 철로의 건설과 관리를 맡은 한국철도시설공단과 열차사업을 운영하고 있는 한국철도공사가 손해를 배상할 의무가 있다고 한 사례. 법원은 피고 공단을 철로의 설치 · 관리자로 보고 분명한 근거는 제시하지 않은 채 「환경정책기본법」 제44조와 함께 민법 제758조에 따른 책임도 명시하고 있다.

33) '사업장등'이라 함은 오염물질의 배출시설이 설치되어 있는 공장, 사업장, 기타 모든 설비를 말한다. 사업장에 한하지 않고, 자동차나 증기, 하수 · 폐수 · 분뇨종말처리장 또는 방지시설업소, 사업장폐기물처리업소 등도 이에 포함되는 것으로 해석된다. 구연창, 환경보전법, 삼영사, 1981, 446면; 전경운, "환경정책기본법 제31조에 의한 무과실책임의 문제점과 개정방향 –환

와 관련하여 법원은 '원인자'가 자기의 행위 또는 사업활동을 위하여 자기의 영향을 받는 사람의 행위나 물건으로 환경오염을 야기한 자라는 입장을 취하고 있다.34) 책임주체인 '원인자'를 폭넓고 유연하게 해석할 경우에는 무과실책임을 지는지 여부를 판단하는 관건은 그 피해가 환경오염피해인지 여하가 될 가능성이 많다.

[6] 대법원 2018. 9. 13. 선고 2016다35802 판결

환경정책기본법 제44조 제1항은 민법의 불법행위 규정에 대한 특별 규정으로서(대법원 2008. 9. 11. 선고 2006다50338 판결 등 참조), 환경오염 또는 환경훼손의 피해자가 그 원인을 발생시킨 자(이하 '원인자'라 한다)에게 손해배상을 청구할 수 있는 근거규정이다. 위에서 본 규정 내용과 체계에 비추어 보면, 환경오염 또는 환경훼손으로 인한 책임이 인정되는 경우는 사업장에서 발생되는 것에 한정되지 않고, 원인자는 사업자인지와 관계없이 그로 인한 피해에 대하여 환경정책기본법 제44조 제1항에 따라 귀책사유를 묻지 않고 배상할 의무가 있다(대법원 2017. 2. 15. 선고 2015다23321 판결 등 참조).

방사능에 오염된 고철은 원자력안전법 등의 법령에 따라 처리되어야 하고 유통되어서는 안 된다. 사업활동 등을 하던 중 고철을 방사능에 오염시킨 자는 원인자로서 관련 법령에 따라 고철을 처리함으로써 오염된 환경을 회복·복원할 책임을 진다. 이러한 조치를 취하지 않고 방사능에 오염된 고철을 타인에게 매도하는 등으로 유통시킴으로써 거래 상대방이나 전전 취득한 자가 방사능오염으로 피해를 입게 되면 그 원인자는 방사능오염 사실을 모르고 유통시켰더라도 환경정책기본법 제44조 제1항에 따라 피해자에게 피해를 배상할 의무가 있다.35)

경정책기본법의 개정안 제44조와 관련하여-", 환경법연구 제31권 제2호, 2009. 8, 330면. 그러나 자동차나 중기가 '사업장등'에 포함한다는 뚜렷한 근거는 제시하고 있지 않다. 여기에 대하여 '사업장' 요건은 사업성과 고정성이 있는 시설로 제한하여야 한다고 하면서 경작지와 목장·어장·해양폐기물처리장 등은 시설에 해당하지 않고, 자가용은 사업성을 흠결하고, 자동차·선박 등은 고정성을 흠결하여 사업장에 해당하지 않는다는 견해가 있다. 이승우, "공해무과실책임입법에 관한 고찰", 환경법연구 제29권 제1호, 2007. 4, 271면. 고속도로, 철도, 공항시설 등이 그 용도에 따른 사용 자체에 필연적으로 환경침해가 수반된다는 이유로 '사업장등'에 해당한다고 하면서도 일반도로는 '사업장등'에서 제외하고 있는 견해가 있는데(이경춘[각주 30], 187면), 고속도로와 일반도로를 구분하는 기준이 불분명하다.

34) 대법원 2017. 2. 15. 선고 2015다23321 판결(판례 [5]).

35) 방사능에 오염된 고철을 타인에게 매도하는 등으로 유통시킴으로써 거래 상대방이나 전전 취득한 자가 방사능오염으로 피해를 입게 되면 그 원인자는 방사능오염 사실을 모르고 유통시켰더라도 「환경정책기본법」 제44조 제1항에 따라 피해자에게 피해를 배상할 의무가 있다고 한 사례.

나. '환경피해'가 발생할 것

구 '환경보전법'상의 '생명 또는 신체'라는 제한이 없어짐에 따라 「환경정책기본법」상의 '환경오염 또는 환경훼손으로 인한 피해'란 사업장등에서의 활동으로 인해 발생한 사람의 생명 또는 신체 등 인적 손해는 물론이고 물적 손해를 포함한다 할 것이다.[36] 그러나 구체적인 경우에 피해범위를 어디까지로 정할지는 쉬운 일이 아니다. 특히 소유권 침해 등 개인적 이익의 침해가 수반되지 않는 자연자원 자체의 피해를 책임범위로 인정할 것인지에 대하여는 논란이 있을 수 있다.[37] 피해의 발생이 그 요건일 뿐 피해의 정도는 불문한다. 다만 이는 위법성 판단의 한 요소가 될 것이다.

참고적으로 「환경정책기본법」 에서는 '환경오염'을 "사업활동 및 그 밖의 사람의 활동에 의하여 발생하는 대기오염, 수질오염, 토양오염, 해양오염, 방사능오염, 소음 · 진동, 악취, 일조방해, 인공조명에 의한 빛공해 등으로서 사람의 건강이나 환경에 피해를 주는 상태"라고 정의하고 있다. 이러한 정의는 매체의 오염이나 물리적 현상에 기초한 분류라고 할 수 있다(제3조 제4호). 한편, '환경훼손'을 '환경오염'과 구별하여 "야생동식물의 남획 및 그 서식지의 파괴, 생태계질서의 교란, 자연경관의 훼손, 표토의 유실 등으로 자연환경의 본래적 기능에 중대한 손상을 주는 상태"라고 정의하고 있다(동조 제5호). 이러한 개념 정의에 따르면 인체 및 생활환경에 악영향(피해)을 미치는 요인은 환경오염으로, 자연환경에 악영향을 미치는 요인은 환경훼손으로 이해할 수 있다. 동법은 '환경오염'이나 '환경훼손'의 원인을 예시적인 형태로 규정하고 있기 때문에 경우에 따라 그 판단이 어려울 수 있다. 예컨대, 전자파, 유전자변형물질, 화학물질이 함유된 제품, 빛, 증기, 열 등으로 인한 피해를 환경오염피해라고 할 수 있는가? 현재로서 그 해답은 생각만큼

---

36) '환경오염 또는 환경훼손으로 인한 피해'를 무엇으로 할 것인지를 정하는 것은 구제의 범위를 명확히 한다는 점에서 중요한 것이다. 이러한 관점에서 현행 「환경정책기본법」에서 '환경오염'과 '환경훼손'에 대한 정의만을 두고 정작 중요한 의미를 갖게 되는 환경오염 또는 환경훼손으로 인한 '피해'에 대한 개념 정의를 두고 있지 아니한 것은 불충분한 입법이라고 할 수 있다. 그러나 한편으로는 환경오염(또는 환경훼손)으로 인한 피해란 시대에 따라 변할 수 있는 상대적인 개념인 것으로 이를 명확히 한다는 것 자체가 불가능한 것일 수 있다.

37) 미국의 「종합환경대응보상책임법(CERCLA)」과 「유류오염법(OPA)」은 자연자원의 침해에 대한 고려를 하고 있다. 즉 「종합환경대응보상책임법」상 책임자는 자연자원의 손상, 파괴, 상실(이를 평가하는 합리적인 비용을 포함)에 대한 피해에 대하여 책임을 진다. 42 U.S.C. § 9607(a)(1-4)(C). 「유류오염법」은 자연자원의 손상, 파괴, 상실뿐만 아니라 이용의 상실과 피해를 평가하는 데 소요되는 합리적인 비용도 자연자원에 대한 피해로 보고 있다. 33 U.S.C. § 2702(b)(2)(A).

간단치 않을 것이다.

[7] 온배수 배출과 환경오염: 대법원 2003. 6. 27. 선고 2001다734 판결

환경정책기본법 제3조 제4호는 "환경오염이라 함은 사업활동 기타 사람의 활동에 따라 발생되는 대기오염, 수질오염, 토양오염, 해양오염, 방사능오염, 소음·진동, 악취 등으로서 사람의 건강이나 환경에 피해를 주는 상태를 말한다"고 규정하고 있으므로, 원전냉각수순환 시 발생되는 온배수의 배출은 사람의 활동에 의하여 자연환경에 영향을 주는 수질오염 또는 해양오염으로서 환경오염에 해당한다.

한편 원심은 " (…) 피고는 환경오염 피해에 대한 무과실 책임을 규정한 환경정책기본법 제31조 제1항에 의하여 그 사업장인 울진원전에서 발생된 환경오염의 하나인 온배수의 배출로 인한 소외 회사의 피해를 배상할 의무가 있다"라고 판시하였는바, 이는 피고가 방류한 온배수로 인하여 자연수온이 상승되고 이에 따라 이 사건 집단폐사에 이르렀음을 밝힌 것으로, 온배수가 환경오염원에 해당함을 분명히 설시한 것이라고 볼 수 있으므로 원심에 이유불비의 위법이 있다고 볼 수 없다.

한편, 「환경분쟁조정법」은 제2조에서 '환경피해'를 "사업활동, 그 밖에 사람의 활동에 의하여 발생하였거나 발생이 예상되는 대기오염, 수질오염, 토양오염, 해양오염, 소음·진동, 악취, 자연생태계 파괴, 일조 방해, 통풍 방해, 조망 저해, 인공조명에 의한 빛공해, 지하수 수위 또는 이동경로의 변화, 그 밖에 대통령령으로 정하는 원인[38]으로 인한 건강상·재산상·정신상의 피해를 말한다"고 정의하고 있다. 환경피해의 원인을 열거하는 이러한 개념정의는 「환경정책기본법」에서 말하는 환경오염(훼손)피해의 원인과 일치하지 않기 때문에 「환경정책기본법」 제44조의 '환경오염(훼손)피해' 요건을 해석하는 데 완전한 기준을 제공하지 못한다. 즉 「환경정책기본법」에서는 '환경오염(훼손)피해'에 대한 별도의 개념 정의가 없기 때문에 환경피해의 확정이 어려울 수 있다. 「환경정책기본법」에서 구체적으로 열거하고 있는 환경오염·훼손 내용은 예시적인 의미를 가질 뿐이며, 해석에 따라 그 범위는 크게 확대될 수 있다.

38) 여기에는 진동이 그 원인 중의 하나가 되는 지반침하(광물 채굴로 인한 지반침하를 제외)가 포함된다(동법 시행령 제2조).

4. 평 가

위 무과실책임 조항에 규정된 '환경오염 또는 환경훼손으로 인한 피해'나 '원인자'가 구체적으로 무엇을 의미하는지에 대하여 별도의 개념 규정이 없는 등 구체성이 결여되어 있어, 책임주체, 피해범위 · 정도 등을 둘러싸고 혼란이 예상된다. 그러나 구체성이 떨어진다는 것이 실체적 효력을 부인하는 근거가 될 수 없다. 그 의미 해석은 판례나 해석론으로 해결해 나가면 되기 때문이다. 손해배상책임의 일반적인 규정인 민법 제750조상의 구성요건인 '고의 · 과실', '위법성' 등도 판례나 해석론으로 상당 부분 해결해 온 것을 부인할 수 없는 것이다. 그러나 그 요건의 구체성이 종전보다도 약화된 상황에서 구체적 효력 인정 여하를 둘러싼 논란은 치열해질 것으로 보인다.[39] 법원은 종전 사업자의 무과실책임 규정에 대하여 구체저 효력을 인정하였는바(판례 [8] 내지 [10]),[40] 책임 주체와 범위가 이전보다 모호해진 상황에서도 이러한 입장을 고수할지는 미지수다. 이러한 상황에서 비록 구체적 논거는 제시하지 않았지만 「환경정책기본법」 제44조 제1항의 구체적 효력을 인정하고 있는 최근 판결은 주목받을 만하다(판례 [5]). 원인자의 무과실책임 규정이 적용되는 경우에도 배상책임을 인정하기 위해서는 수인한도론에 입각한 위법성이 요구된다(판례 [8]).[41]

[8] 구 환경정책기본법 제31조 제1항의 구체적 효력: 대법원 2001. 2. 9. 선고 99다55434 판결

환경정책기본법 제31조 제1항 및 제3조 제1호, 제3호, 제4호에 의하면, 사업

---

39) 「환경정책기본법」 제44조의 구체적 효력을 인정하는 견해는 박균성 · 함태성(각주 13), 153면. 이에 반해 그 법적 성질이 정책선언적 규정에 불과하다면서 구체적 효력을 부인하는 견해는 전경운, "환경오염피해구제를 위한 민사법제의 개선방안 및 대안모색", 환경법연구 제36권 제1호, 2014. 4, 151 내지 152면.

40) 그 밖에 구체적 효력을 인정한 판례는 대구고법 1990. 1. 12. 선고 88나3049 판결(이는 구 「환경정책기본법」 제31조 제1항의 모태가 되는 환경보전법 제60조 제1항에 대하여 구체적 효력을 인정하고 있음); 대법원 2003. 6. 27. 선고 2001다734 판결(판례 [7]); 대법원 2011. 11. 10. 선고 2010다98863 판결; 대법원 2013. 10. 24. 선고 2013다10383 판결; 대법원 2014. 8. 20. 선고 2012다60466 판결 등 참조.

41) 대법원 2011. 11. 10. 선고 2010다98863 판결; 대법원 2013. 10. 24. 선고 2013다10383 판결(무안공항 사건, 청계만에서 어업에 종사하여 온 원고들이 대한민국 등을 상대로 무한국제공항 건설로 일대 해역이 오염됨에 따라 어업생산량이 감소하는 손해를 입었다고 주장하면서 공동불법행위 또는 구 「환경정책기본법」 제31조 제1항에 따른 손해배상을 구한 사안에서 원고들의 청구를 기각한 사례).

> 장등에서 발생되는 환경오염으로 인하여 피해가 발생한 경우에는 당해 사업자는 귀책사유가 없더라도 그 피해를 배상하여야 하고, 위 환경오염에는 소음 · 진동으로 사람의 건강이나 환경에 피해를 주는 것도 포함되므로, 피해자들의 손해에 대하여 사업자는 그 귀책사유가 없더라도 특별한 사정이 없는 한 이를 배상할 의무가 있다.[42]

법원은 손해배상책임의 대상을 거래 상대방에 제한하지 않고 전전취득한 제3자로 확대하여 인정하고 있으며, 오염사실을 모르고 유통시킨 경우에도 적용하므로(판례 [6]), 원인자가 손해배상책임을 지는 대상 및 가능성은 상당히 넓다고 할 수 있다. 나아가 배상책임한도를 규정하고 있지 않아 책임범위도 무한정 넓어질 수 있다.

한편, 명문으로 천재지변, 전쟁, 제3자의 행위 등을 면책조항으로 두고 있지 아니하여 이러한 불가항력적 사유에 기한 환경오염의 경우에도 해당 원인자가 책임을 져야 하는가 하는 의문이 제기될 수 있으며,[43] 누적적 손해나 격지손해에 대하여도 무과실책임을 인정할 것인가 하는 어려운 문제가 있다.[44]

원인자의 무과실책임의 요건인 '원인자'와 '환경오염(환경훼손)피해'는 물론 논란의 여지는 있겠지만 해석하기에 따라 무한정 넓어질 수 있고, 그 결과 이를 충족하기가 비교적 쉽다고 할 수 있다. 그렇다면 이제 환경소송의 승패는 과실 여부가 아니라 인과관계의 입증에 크게 달려있다고 할 수 있다.

---

42) 고속도로의 확장으로 인하여 소음 · 진동이 증가하여 인근 양돈업자가 양돈업을 폐업하게 된 사안에서, 양돈업에 대한 침해의 정도가 사회통념상 일반적으로 수인할 정도를 넘어선 것으로 보아 한국도로공사의 손해배상책임을 인정한 사례. 이 판결은 고속도로를 구 「환경정책기본법」 제31조 제1항상의 '사업장등'으로 이해하고 있는바, 이와 같은 법원의 태도에 대해서 의문을 제기하는 견해는 전경운, "위법침해로 인한 위법성판단과 환경정책기본법 제31조의 효력", 민사법학 제22호, 2002. 9, 453면.

43) 불가항력에 의한 환경침해의 경우는 위법성을 인정할 수 없기 때문에 환경을 불법적으로 침해하였다고 할 수 없으므로 무과실책임의 원칙은 불가항력에 의하여 발생한 손해에 대하여는 적용되지 아니한다는 견해가 있다. 조홍식, "토양환경침해에 관한 법적 책임", 환경법연구 제20권, 1998, 308면; 이경춘(각주 30), 190면. 이에 반해 불가항력에 의해 발생한 손해에 대한 규정이 없으므로 불가항력에 의한 손해도 배상되어야 한다는 견해가 있다. 전경운(각주 28), 385면. 불가항력적 사유에 대하여도 절대적으로 책임을 지는 절대책임(absolute liability)과의 관계가 불분명하고, 고의 · 과실과 위법성을 1원적으로 파악하는 견해도 있으므로 논란을 불식하기 위하여는 입법적인 해결이 필요하다.

44) 유지태, "환경책임법 입법론", 공법연구 제20집, 1992, 316면.

5. 불법행위책임 규정과의 관계

「환경정책기본법」의 규정은 손해의 책임과 발생에 관한 입증책임을 환경오염을 발생시키는 자에게 지우는 것으로서 민법 제750조에 대한 특별규정이라고 보아야 하므로 환경오염으로 인한 손해배상사건에 관하여는 그 피해자가 위 법률의 적용을 구하는 주장을 하였는지 여부를 가리지 아니하고 민법상의 손해배상 규정에 우선하여 적용하여야 할 것이다(법조경합, 판례 [9], [10]).

[9] 환경정책기본법에 의한 손해배상책임과 민법상의 불법행위책임과의 관계: 인천지법 2004.10.22. 선고 2002가단23361 판결(확정)

이 사건 폐사는 피고 회사가 2002. 5. 24.부터 덤프트럭 등을 집중 투입하여 이 사건 양식장 앞의 야적장에 적치된 토사를 위 양식장 3호지 앞 도로를 통하여 대량 운반하면서 발생한 소음과 진동으로 인하여 발생하였다고 봄이 상당하므로(그 직접적인 원인은 소음과 진동 때문에 3호지 내 숭어의 집단 요동현상이 일어나 아랫물과 윗물이 뒤집어지고 흙탕물이 생겨 용존산소량이 부족해지고 수질이 급격히 악화된 데 있었다고 보여진다), 피고들은 환경오염 피해에 대한 무과실책임을 규정한 환경정책기본법 제31조 제1항에 의하여 그 사업장인 위 토사반출현장에서 발생한 환경오염의 하나인 소음·진동으로 인한 원고의 피해를 배상할 의무가 있다 할 것이다(원고는 민법 제750조의 일반 불법행위법을 근거로 피고들에게 손해배상을 구하나, 위 환경정책기본법의 규정은 손해의 책임과 발생에 관한 입증책임을 환경오염을 발생시키는 사업자에게 지우는 것으로서 민법 제750조에 대한 특별규정이라고 보아야 하므로 환경오염으로 인한 손해배상사건에 관하여는 그 피해자가 위 법률의 적용을 구하는 주장을 하였는지 여부를 가리지 아니하고 민법상의 손해배상 규정에 우선하여 적용하여야 할 것이다[대법원 1967. 9. 26. 선고 67다1695 판결 참조]).[45)]

[10] 환경정책기본법상 무과실책임 규정과 석명의무: 대법원 2008.9.11. 선고 2006다50338 판결

환경정책기본법 제31조 제1항은 불법행위에 관한 민법 규정의 특별 규정이라고 할 것이므로 환경오염으로 인하여 손해를 입은 자가 환경정책기본법에 의하여 손해배상을 주장하지 않았다고 하더라도 법원은 민법에 우선하여 환경정책기본법을 적용하여야 하지만, 이 사건 원심 변론종결 당시까지 당사자

45) 양식장 인근 야적장에 적치된 토사를 덤프트럭으로 반출하는 과정에서 발생한 소음과 진동으로 인하여 위 양식장에서 양식 중인 숭어가 집단 폐사한 사안에서, 사업자에게 구 「환경정책기본법」 제31조 제1항에 의한 손해배상책임을 인정한 사례.

사이에는 건축주인 피고 1 주식회사가 위 지하 터파기 및 흙막이 공사의 도급 또는 지시에 관하여 중대한 과실이 있거나, 원심공동피고 주식회사를 구체적으로 지휘 · 감독함에 따른 사용자 책임이 있는지 여부에 대하여만 다투어졌을 뿐, 피고 1 주식회사가 환경정책기본법 제31조 제1항에 의한 책임을 지는지 여부에 대하여는 당사자 사이에 전혀 쟁점이 된 바가 없었고 원심도 그에 대하여 피고 1 주식회사에 의견진술의 기회를 주거나 석명권을 행사한 바 없음을 알 수 있다.[46)]

6. 민법 제758조 규정(공작물책임)과의 관계

양자의 관계는 피해자의 입장에서 「환경정책기본법」 제44조에 따른 '원인자'를 밝히는 것보다 공작물의 '설치자'임을 소명 · 입증하는 것이 쉬울 수 있는 점, 「환경정책기본법」 제44조가 행위책임이라면 공작물책임은 상태책임에 가까운 점, 1차적 책임자인 점유자의 경우 주의를 해태하지 않았음을 입증함으로써 면책 가능성이 있는 점, 법조경합설을 취할 경우 공작물로 인한 특수한 환경침해에 대하여 책임을 인정하는 규정 및 그 동안의 해석을 무용지물로 만들 수 있다는 점 등을 고려할 때 청구권경합으로 보는 것이 타당해 보인다. 법원은 양자의 관계를 밝히지 아니한 채 민법 제758조에 따른 책임도 명시함으로써, 일응 청구권경합임을 뒷받침하고 있다.[47)]

7. 「토양환경보전법」상의 무과실책임 규정과의 관계

환경오염피해가 「원자력손해배상법」, 「유류오염손해배상보장법」, 「광업법」, 「수산업법」 등 무과실책임 규정이 적용되는 피해일 경우에는 마땅히 당해 법 규정이 적용된다 할 것이므로 「환경정책기본법」의 위 조항이 중요한 의미를 갖는 경우는 개별 환경법에 환경오염피해와 관련한 어떠한 책임 또는 구제 규정이 없는

46) 사안에서 소음 · 진동이 지반의 부동침하, 건물의 변위 · 균열 등의 피해를 야기하였을 것으로 짐작되나 구체적으로 어떠한 환경오염이 있었는지, 그 환경오염과 피해사이에 인과관계가 있는지에 대하여 명확한 언급이 없어 다소 미흡한 부분이 있다. 위광하, "사업장 등에서 발생되는 소음 · 진동 피해와 환경정책기본법상의 손해배상책임", 환경판례백선, 박영사, 2019, 55면.

47) 대법원 2017. 2. 15. 선고 2015다23321 판결(판례 [5]). 이와 관련해서 법조경합이라는 견해도 있다. 이영창, "민사소송을 통한 환경오염피해 구제의 현실과 한계", 환경오염 피해구제의 실효성 확보방안, 한국환경법학회 제117회 학술대회 자료집, 2014. 3. 8, 87면.

경우일 것이다. 이러한 관점에서 「토양환경보전법」상의 토양오염피해에 대한 무과실책임과의 관계를 살펴보는 것은 중요한 작업이다.

「토양환경보전법」상의 토양오염피해에 대한 무과실책임은 개별 환경법에서 무과실책임을 인정하고 있는 유일한 규정인데, 과연 「환경정책기본법」에 대하여 특별법적 지위를 갖는가에 대하여 논란이 제기될 수 있다. 「토양환경보전법」은 제10조의3 제1항에서 "토양오염으로 인하여 피해가 발생하였을 때에는 해당 오염원인자는 그 피해를 배상하고 오염토양을 정화하여야 한다"라고 규정함으로써, 해당 토양오염원인자에게 토양오염의 피해에 대한 무과실책임을 인정하고 있다.

토양오염인지 여부가 문제되어 「토양환경보전법」 제10조의3의 적용 여부가 쟁점이 되는 경우에, 원고는 동 규정에 의하지 않고 「환경정책기본법」 제44조에 기한 손해배상을 청구할 수 있다고 해석된다(청구권경합).[48] 그러나 「토양환경보전법」은 환경오염의 피해 원인을 '토양오염'[49]에 국한하고, '토양오염물질'[50]을 한정하고 있기 때문에 원고는 실질적인 구제범위가 넓은 「환경정책기본법」 제44조 규정을 선택하여 원인자에게 무과실책임을 물을 가능성이 많아 보인다. 그러나 「토양환경보전법」 제10조의3은 피해자로 하여금 손해배상뿐만 아니라 '정화' 책임도 물을 수 있도록 하기 때문에 정화를 위한 구제수단으로 여전히 의미가 있다고 할 수 있다. 그러나 피해자가 흔히 손해배상의 전 단계로 정화를 포함한 정상복구를 요구하고, 그것이 여의치 않을 경우에 손해배상을 청구할 가능성이 많기 때문에 「토양환경보전법」상의 무과실책임 규정은 상당 부분 의미가 퇴색되었다고 할 수 있다.

8. 공동불법행위책임

민법 제760조 제1항은 "수인이 공동의 불법행위로 타인에게 손해를 가한 때에는 연대하여 그 손해를 배상할 책임이 있다"라고 규정하고 있는바, 위 공동불

48) 조홍식(각주 43), 307면.

49) '토양오염'이란 "사업활동이나 그 밖의 사람의 활동에 의하여 토양이 오염되는 것으로서 사람의 건강 · 재산이나 환경에 피해를 주는 상태를 말한다(동법 제2조 제1호)." 사람의 활동을 전제로 한 개념이기 때문에 환경에 피해를 주는 활동 자체에 전혀 개입하지 아니한 사람을 포섭하지 못한다. 조홍식(각주 43), 301면.

50) '토양오염물질'이라 함은 토양오염의 원인이 되는 물질로서 환경부령이 정하는 것을 말하는데, 「토양환경보전법」 시행규칙은 카드뮴, 구리, 비소, 수은, 납, 6가크롬, 유기인화합물, PCB, 페놀류, 시안화합물 등 21개 물질로 제한하고 있다(동법 제2조 제2호, 동법 시행규칙 제1조의2).

법행위책임을 지우기 위해서는 공동행위자 각각의 행위가 독립하여 불법행위의 요건을 갖추고 있으면서 객관적으로 관련되고 공동으로 위법하게 피해자에게 손해를 가하여야 한다.[51] 나아가 동법은 "공동 아닌 수인의 행위 중 어느 자의 행위가 그 손해를 가한 것인지를 알 수 없는 때에도 전항과 같다(동조 제2항)"고 규정함으로써, 가해자 불명의 공동불법행위책임을 인정하고 있다.

그러나 환경오염 피해의 경우에는 피해의 만성적·누적적 성격 때문에 이러한 요건을 충족하는지 규명하기가 쉬운 것이 아니다. 이러한 점 때문에 환경오염 피해의 경우에 공동불법행위에 대한 특수한 법리가 요구되는데, 「환경정책기본법」 제44조 제2항의 "원인자가 둘 이상인 경우에 어느 원인자에 의하여 제1항에 따른 피해가 발생한 것인지를 알 수 없을 때에는 각 원인자가 연대하여 배상하여야 한다"라는 규정은 이러한 요구에 부응하는 것이다.[52] 동법은 민법과 달리 공동불법행위 규정을 두지 않고 여러 사람의 행위가 경합하여 손해가 발생한 경우 인과관계가 불명하더라도 연대책임을 지울 수 있도록 하고 있다. 이 규정을 객관적 관련공동성이 없는 경우에도 개개의 행위와 환경오염 사이에, 그리고 환경오염과 피해 사이에 인과관계가 인정되는 경우에는 연대책임을 인정할 수 있다고 이해할 경우[53] 민법 제760조보다 강화된 형태를 규정하고 있는 셈이다.

공동불법행위자의 책임은 부진정연대책임이라고 이해되고 있다.[54] 따라서 공동불법행위가 인정되면 피해자는 가해자 가운데 임의의 1인에 대하여 피해액 전부의 배상을 청구하거나, 모든 가해자에 대하여 피해액 전부의 배상을 청구할 수 있다. 공동불법행위자인 가해자 사이의 내부적 분담부분은 각자의 오염물질 배출정도, 즉 관여도에 따라 결정되며,[55] 책임을 면하기 위하여는 환경 피해에 기여하지 아니하였음을 입증하여야 한다. 법원은 공장들에서 배출된 각종 유해가스

---

51) 대법원 2006. 1. 26. 선고 2005다47014, 47021, 47038 판결; 대법원 2000. 4. 11. 선고 99다41749 판결; 대법원 1996. 5. 14. 선고 95다45767 판결; 대법원 1994. 11. 25. 선고 94다35671 판결; 대법원 1993. 1. 26. 선고 92다4871 판결; 1989. 5. 23. 선고 87다카2723 판결; 대법원 1988. 4. 12. 선고 87다카2951 판결; 곽윤직, 채권각론, 1995, 766면. 이에 반해 공동불법행위가 성립하기 위해서는 가해자들 사이에 공모 내지 공동의 인식, 즉 주관적 공동이 있어야 한다는 견해가 있다. 이은영(각주 29), 612 내지 613면.

52) 「토양환경보전법」 제10조의3 제2항의 "오염원인자가 둘 이상인 경우에 어느 오염원인자에 의하여 제1항의 피해가 발생한 것인지를 알 수 없을 때에는 각 오염원인자가 연대하여 배상하고 정화하여야 한다"라는 규정도 같은 맥락으로 이해할 수 있다.

53) 조홍식, 환경법원론, 박영사, 2019, 772면.

54) 대법원 1995. 10. 12. 선고 93다31078 판결; 대법원 1983. 5. 24. 선고 83다카208 결정; 곽윤직(앞의 책), 766면, 769면.

55) 이은영(각주 29), 716면.

및 분진 등 오염물질로 인하여 발생된 피해에 대하여 공장주들에게 공동불법행위책임을 물음으로써 공동불법행위책임 법리를 충실히 적용하고 있다.[56]

위와 같은 공동불법행위책임 법리는 피해자 보호라는 관점에서 환영할 만한 것이나 경우에 따라서는 오염물질을 소량 배출한 자도 엄격한 연대책임을 지게 되는 결과 영세사업자에게 지나치게 가혹한 결과를 초래할 가능성이 있다. 이와 같은 불합리를 극복하기 위하여는 미국에서 판례로써 인정되고 있는 시장점유율 책임이론(market share theory),[57] 일본 「대기오염방지법」상 책임경감 규정[58] 등을 눈여겨볼 필요가 있다.

Ⅶ. 환경보전을 위한 기타 시책

그 밖에 동법은 환경보전을 위한 기본적 시책으로 환경상태의 조사(제22조), 환경정보의 보급(제24조), 환경보전에 관한 교육(제25조), 국제협력 및 지구환경보전(제27조), 국제환경협력센터의 지정(제27조의2)[59], 환경과학기술의 진흥(제28조), 환경보전시설의 설치 · 관리(제29조), 환경보전을 위한 규제(제30조),[60] 배출

56) 대구고법 1987. 1. 16. 선고 85나111 판결(피고들 공장에서 배출되는 아황산가스와 불화수소가스가 인근 토지 및 농작물에 피해를 주어 폐농상태에 이르게 한 사례); 대법원 1991. 7. 26. 선고 90다카26607, 26614 판결(온산공단 사건, 공단 소재 공장들에서 배출된 유해가스 및 분진으로 인하여 초래된 공단 주변 주민들의 생활환경 침해 및 발병 가능한 만성적인 신체건강상의 장애로 인한 정신적 고통에 대하여 공장주들에게 공동불법행위자로서 위자료 지급의무가 있다고 본 사례); 서울고법 2015. 4. 30. 선고 2014나2007924 판결; 대법원 2017. 2. 15. 선고 2015다23321 판결(판례 [5]).

57) 시장점유율 책임이론이란 공동피고들이 원고에게 발생한 손해에 대하여 책임 없음을 입증하지 못하는 한 공동피고들 각자에게 총생산품시장 판매에 대한 각자의 시장점유율에 상응하는 비율의 책임을 지우는 이론이다. *Sindell v. Abbott Laboratories*, 607 F.2d 924 (Cal. 1980). 그러나 이 이론은 원인물질과 손해 간의 인과관계의 입증을 완화하는 것이 아니고, 피고의 특정을 완화하는 것이라는 점에서 일정한 한계가 발견된다.

58) 일본 「大氣汚染防止法」은 민법 제719조 제1항에 의해 부담하는 연대책임에 대한 특칙으로 손해 발생의 원인이 되는 정도가 현저하게 적은 사업자가 있는 경우 법원이 그 사업자의 손해배상액을 정함에 있어 그 사정을 참작할 수 있다고 규정함으로써(제25조의2), 기여도가 적은 사업자의 책임을 경감할 수 있도록 하고 있다.

59) 제27조는 국가 및 지방자치단체가 지구의 환경을 보전하기 위하여 국제협력에 적극 참여하여야 한다고 규정하고 있을 뿐 구체적인 추진기관에 대한 근거규정을 두고 있지 않아 국제환경문제 협력에 체계적으로 대응할 수 없는 한계가 있다는 지적이 있었다. 이에 2019. 11. 26. 개정 법에서는 국제환경협력센터의 지정 근거를 마련함으로써 국제환경문제에 대하여 체계적이고 적극적으로 대응할 수 있도록 하고 있다.

60) 정부는 환경보전을 위하여 대기오염 · 수질오염 · 토양오염 또는 해양오염의 원인이 되는 물

허용기준의 예고(제31조), 경제적 유인수단의 활용(제32조), 유해화학물질의 관리(제33조), 방사성 물질에 의한 환경오염의 방지(제34조), 과학기술의 위해성 평가(제35조), 환경성 질환에 대한 대책(제36조), 환경친화성의 제고(제37조), 영향권별 환경관리(제39조),[61] 자연환경의 보전(제40조), 분쟁조정(제42조), 환경개선특별회계의 설치(제45조 내지 제53조), 법제 및 재정상의 조치(제54조 내지 제57조), 환경정책위원회의 설치(제58조) 등에 대하여 규정하고 있다.

질의 배출, 소음 · 진동 · 악취의 발생, 폐기물의 처리, 일조의 침해 및 자연환경의 훼손에 대하여 필요한 규제를 하여야 한다(제30조 제1항). 여기에서 대기오염 등은 예시에 불과하기 때문에 정부에게는 전자파 침해, 경관 침해, 유전자변형물질(GMO) 및 내분비계장애물질(환경호르몬) 피해 등에 대해서도 필요한 규제를 하여야 할 일반적 의무가 있다. 나아가 동법은 환경오염물질 배출시설 사업장에 대한 통합 출입 · 검사(동조 제2항), 법령 위반 사실의 공표(동조 제3항)에 관한 법적 근거를 두고 있다.

61) 이에 따라 환경부장관은 대기오염의 영향권, 수질오염의 수계 및 생태계 권역 등에 따라 영향권별 환경관리지역을 중권역 및 대권역으로 구분하여 지정할 수 있는데(시행령 제14조), 유역환경청장과 환경부장관은 각자 중권역관리계획, 대권역관리계획 및 대책을 수립하여야 한다(시행령 제15조).

제 2 장 환경영향평가

환경영향평가제도가 환경의 오염 및 훼손이 심각해지고 국토가 난개발로 신음하는 상황을 타개할 수 있는 유력한 대안이 되고 있다. 우리나라 국토는 급격한 산업화와 개발의 여파로 빚어진 환경파괴로 신음하고 있다. 농경지 및 산지의 무분별한 개발 등으로 녹지 면적 및 야생 동 · 식물의 서식공간이 축소되는 등 생태계 보전기능은 저하되고 있다. 국립공원, 습지, 백두대간 등 생태적으로 중요한 지역 역시 골프장, 도로, 댐, 리조트 시설 등이 들어서면서 훼손되고 있다. 국토개발과 보전을 둘러싼 갈등은 첨예화되면서 재산권, 환경권, 개발권 등을 둘러싼 이해관계자들간의 대립과 갈등 역시 심화되고 있다. 이와 같이 우리의 자연환경 및 국토가 무분별하게 파괴 · 훼손되고, 이를 둘러싼 갈등이 심화되기에 이른 데에는 국토보전을 위해 마련된 여러 법 · 제도가 그 동안 제대로 그 기능을 수행하지 못하였기 때문이다. 이러한 반성은 우리에게 그 동안 국토보전을 위한 법 · 제도를 운영하면서 경험한 문제점을 되돌아보게 하고, 개선해 나가야 하는 과제를 주고 있다.

환경영향평가제도는 환경적인 악영향을 사전에 예측 · 분석하고 그 대응방안을 모색한다는 점에서 지속가능한 발전을 위한 필수적인 제도이다. 그러나 현재 이 제도에 대한 평가는 그리 후한 편이 아니다. 이 제도는 사전예방의 원칙과 지속가능한 개발의 원칙을 구현하는 주요한 수단으로 그 유효성을 보편적으로 인정받고 있지만 그 시행으로 인하여 우리의 국토가 효과적으로 보전되었다고 평가하는 사람들은 많지 않다. 오히려 개발에 면죄부만 주었을 뿐이라는 따가운 평가가 앞서고 있다. 여기에는 환경영향평가제도가 개발계획의 수립, 개발사업의 시행과정에서 적극적으로 개발에 제동을 걸기보다는 개발계획의 시행을 전제로 한 사업규모의 축소나 사업시행에 따른 환경영향저감 방안을 제시하는 소극적 역할로 만족한 측면을 무시할 수 없다. 사법부가 소극적인 사법심사를 통해 스스로 그 역할을 축소한 것도 일조하였다. 이들 제도는 대상범위의 제한, 실효성 확보수단의 미흡 등의 이유로 국토의 난개발을 막는 데 한계점을 드러내고 있는 형상이다. 이에 따라 이들 제도에 대한 개선이 필요하다는 주장이 끊임없이 제기되고 있다.

Ⅰ. 일　반

1. 개　념

환경영향평가제도는 행정계획, 개발사업이 환경에 미칠 영향을 미리 파악하고, 건전하고 지속가능한 개발이 되도록 함으로써 건강하고 쾌적한 환경을 유지 · 조성함을 목적으로 환경에 영향을 미치는 각종 정책, 계획, 개발사업을 수립 · 시행함에 있어 개발활동으로 인한 환경상의 변화를 사전에 예측, 분석, 평가하고 환경에 미칠 부정적인 영향을 규명하여 그 저감 및 제어를 위한 방안을 강구하는 제도로 이해할 수 있다. 「환경정책기본법」은 "국가는 환경기준의 적정성을 유지하고 자연환경을 보전하기 위하여 환경에 영향을 미치는 계획 및 개발사업이 환경적으로 지속가능하게 수립 · 시행될 수 있도록 전략환경영향평가, 환경영향평가, 소규모 환경영향평가를 실시하여야 한다"고 규정하고(제41조), 「환경영향평가법」은 환경에 영향을 미치는 계획 또는 사업을 수립 · 시행할 때에 해당 계획과 사업이 환경에 미치는 영향을 미리 예측 · 평가하고 환경보전방안 등을 마련하도록 하여 친환경적이고 지속가능한 발전과 건강하고 쾌적한 국민생활을 도모함을 목적으로 한다고 명시함으로써(제1조), 환경영향평가제도가 행정계획, 개발사업으로 인하여 환경에 미치는 현저한 영향을 회피시키는 방안을 강구, 환경보전에 기여케 하려는 데에 목적이 있음을 분명히 하고 있다.

2. 의　의

이 제도는 행정계획, 개발사업으로 인한 환경적인 악영향을 사전에 예측 · 분석하고, 그 영향을 회피하는 방안을 선택 · 모색한다는 점에서, 환경법의 기본원칙인 사전예방 · 사전배려의 원칙을 구현하는 제도라 할 수 있다. 아울러 행정계획, 개발사업이 환경에 미치는 영향을 미리 파악하고, 건전하고 지속가능한 개발이 되도록 한다는 점에서 지속가능한 개발의 원칙과 밀접한 관련이 있다. 또한 환경영향평가는 계획과정의 일환으로 이해할 수 있으며, 그 과정에서 의사결정권자의 의사결정을 지원하는 역할도 한다. 이는 사업의 경제성, 기술성 외에 환경성까지 검토함으로써, 궁극적으로 환경보전 대책을 강구하고, 환경친화적 개발을 유도한다는 점에서 환경오염의 사전예방, 관리 규제수단으로서 중요한 역할을 수행하게 된다. 나아가 협의 내용에 대한 확인 및 사후관리 등을 통하여 사전규제의 기능도 수행한다. 이는 다른 나라에서는 찾아보기 힘든 우리나라 환경영향평가제도의 큰 특징이라고 할 수 있다.

환경영향평가제도의 시작은 미국이 1969년 「국가환경정책법(National Environmental Policy Act: NEPA)」[1]에서 처음 도입·시행한 것에서 비롯되었다고 알려지고 있다. 현재는 이 제도가 환경오염의 사전예방 내지 관리수단으로서 중요한 기능을 하고 있다는 점이 넓게 인식되면서 캐나다(1973년), 호주와 독일(1974년) 등 100여개 국가가 이 제도를 도입, 시행하고 있다.[2]

환경영향평가와 관련한 법제도 분야만큼 진화를 거듭하고, 그 변화가 급속하고 폭넓게 이루어진 예가 드물 것이다. 우리나라에서는 1977년 제정된 '환경보전법' 제5조에 행정기관이 시행하는 도시개발, 산업입지의 조성, 에너지개발 등에 대한 협의 근거를 마련함으로써 처음 도입되었다. 1990년에는 「환경정책기본법」이 새로이 제정되면서 환경영향평가에 관한 사항이 동법에 포함되고, 이 때에 주민의견 수렴 및 사후관리제도가 처음 도입되면서 환경영향평가제도가 크게 발전하게 되었다. 1993년에는 그 동안 지적되어 온 문제점을 개선·보완한다는 차원에서 독립법으로서의 '환경영향평가법'이 제정되었는데, 이는 우리나라 환경영향평가제도의 큰 전환점을 이루었다.

종전에 개별법상, 그리고 그 주관부서를 중심으로 다른 법률에 의하여 각각 시행되고 있던 환경영향평가, 교통영향평가, 인구영향평가, 재해영향평가 등 각종 영향평가제도를 통합운영할 필요성이 대두되면서 종전의 '환경영향평가법'을 폐지하고 이를 대체하는 「환경·교통·재해등에 관한 영향평가법」(이른바, 통합영향평가법)이 1999년 12월 31일에 제정되어 2001년 1월 1일부터 시행되었다. 통합영향평가법의 제정으로 비용의 과다 지출, 절차의 중복, 사업 착수의 지연 등에서 오는 낭비와 비능률 등이 해소될 것으로 기대되었으나 그 기대는 시행과정에서 허구임이 드러났다. 오히려 성격이 다른 평가제도를 통합·운영하여 오면서 평가제도 상호간의 중복, 각종 영향평가서 작성에 과다한 시간·비용·인력이 소요되는 등의 문제점이 제기되었다. 이에 따라 그 문제점을 개선하기 위하여 2008년 3월 28일 통합영향평가법을 폐지하고, 「환경영향평가법」으로 법명을 변경하고, 동법에서 교통·재해·인구영향평가제도를 분리하고 환경영향평

---

1) NEPA § 101, 42 U.S.C. § 4331.

2) 환경부, 환경백서, 2002, 95면. 전세계적으로 70% 이상의 국가가 환경영향평가제도를 도입·시행하는 것으로 알려지고 있다. Kevin R. Gray, *International Environmental Impact Assessment*, 11 Colo. J. Int'l Envtl. L. & Pol'y 83, 89 (2000).

가제도만을 규정하기에 이르렀다.[3)]

2011년에는 또 다른 변신이 이뤄졌다. 즉 이전에는 환경에 영향을 미치는 행정계획과 소규모 개발사업에 대하여 「환경정책기본법」에 따른 사전환경성검토를 실시하고, 대규모 개발사업에 대하여는 「환경영향평가법」에 따른 환경영향평가를 실시하였으나, 같은 목적의 평가제도가 각각 다른 법률에 규정되어 있어 평가절차가 복잡하고 일부 절차의 중복으로 협의기간이 장기화되는 등의 문제점이 나타남에 따라, 이들 2원화되어 있는 환경영향평가제도를 하나의 법률에 통합 · 규정하여 평가절차를 합리적으로 개선하고, 환경영향평가제도의 체계성과 효율성을 높인다는 차원에서 사전환경성검토제도를 「환경영향평가법」에 수용하는 개정이 이루어진 것이다. 이에 따르면 환경영향평가제도는 전략환경영향평가, 환경영향평가 및 소규모 환경영향평가로 구분되는데(이들을 모두 통칭할 경우에는 '환경영향평가등'), 종전의 사전환경성검토 대상 중 행정계획은 전략환경영향평가를, 소규모 개발사업은 소규모 환경영향평가를 받도록 하고 있다.

이와 같이 환경영향평가제도가 도입된 이래 지속적으로 제도를 보완, 발전시켜 왔으나 여전히 미흡한 부분이 나타나고 있다. 대표적인 것이 대상의 협소, 시기의 부적절, 평가범위의 제한, 절차의 지연, 주민의견 수렴절차의 미흡, 실효성 확보의 미흡 등이다.

우리나라는 다른 국가에 비해 비교적 일찍 환경영향평가제도를 도입 · 시행하였다고 할 수 있다. 그 동안 숨가쁘게 관련 법의 개정이 이루어지면서 환경영향평가제도는 복잡한 체계를 갖추게 되었다. 당초 절차적인 성격에서 출발한 환경영향평가제도는 시행 과정에서 실체적 · 집행적 성격이 가미되면서 다른 나라와 사뭇 다른 독특한 제도로 발전하고 있다.

그동안 환경영향평가제도를 도입 · 시행하는 과정에서 많은 시행착오를 거쳤으며, 그 공 · 과에 대한 논란이 그치지 않고 있다. 그 논란의 중심에는 이 제도들이 환경오염의 사전예방이라는 역할을 제대로 수행하지 못하고 있다는 비

3) 환경 · 교통 · 재해 · 인구에 관한 영향평가가 각기 다른 법률에 근거하여 별도로 시행되면서 절차가 중복되고 사업자에게 경제적 부담을 주게 되어 「행정규제기본법」에 의한 규제정비계획에 따라 각종 평가제도를 통합하고 평가절차를 통일하고 영향평가서 작성을 단일화하기 위하여 '환경 · 교통 · 재해등에 관한 영향평가법'이 제정되었다가 동법의 제정 이유와 유사하게 평가제도 상호간의 중복, 각종 영향평가서 작성의 부담 등의 이유로 「환경영향평가법」으로 환원한 것은 아이러니라고 할 수 있다. 이는 '환경 · 교통 · 재해등에 관한 영향평가법'이 통합영향평가법이라고는 하지만 각종 평가제도의 성격이 다르고 실제 운영에 있어서 평가분야별 협의를 여전히 각 소관부서에서 담당하도록 하는 등 진정한 통합이 이루어지지 아니한 것이었기 때문에 어느 정도 예상되었던 것이다.

판이 자리하고 있다. 환경오염의 사전예방, 관리 규제수단으로서 중요한 역할을 수행하고 있다는 환경영향평가제도가 도입 · 시행되고 있음에도 불구하고 국토환경은 심각하게 훼손되었고 국토의 난개발 또는 막개발은 멈출줄 모르고 진행되고 있다. 환경영향평가제도에 대해서는 이 제도가 효율적으로 작동하여 국토환경이 그나마 보전되었다는 평가도 있지만 개발의 면죄부, 사업의 합리화로 전락하면서 환경오염의 사전예방과 지속가능한 개발이라는 역할 · 기능을 제대로 수행하지 못하였다는 평가가 나오고 있는 것도 현실이다. 이러한 부정적 평가는 환경영향평가가 개발사업을 시행하는 과정에서 명확한 환경지침 내지 가이드라인으로 기능하지 못하고, 개발사업의 시행을 전제로 한 사업규모의 부분적 축소나 사업시행에 따른 환경영향저감 방안을 제시하는 정도로 자기역할을 부당하게 축소한 데에 기인한다. 이는 새만금 간척사업, 경부고속철도 건설사업, 서울외곽순환도로 사패산터널 건설사업, 경인운하 건설사업, 4대강 사업 등 대형 국책사업을 추진하는 과정에서 어김없이 불거져 나온 환경논란을 겪으면서 확신으로 바뀌고 있다. 이러한 시점에서 절차의 간소화, 주민의견 수렴의 활성화, 실효성의 확보 등 제도개선을 위한 대안이 쏟아지고 있다. 그러나 어느 한가지의 단편적인 처방만으로 문제해결을 하기에는 그 문제가 너무 복잡하고 본질적이라는 데에 고민이 있다.

3. 국가 등의 책무

「환경영향평가법」은 국가, 지방자치단체 및 사업자에게 정책이나 계획을 수립 · 시행하거나 사업을 시행할 때에 환경오염과 환경훼손을 최소화하기 위하여 필요한 방안을 마련할 의무를 부과하고 있다(제3조).

4. 기본원칙

환경영향평가등은 다음의 기본원칙에 따라 실시되어야 한다: ① 환경영향평가등은 보전과 개발이 조화와 균형을 이루는 지속가능한 발전이 되도록 할 것; ② 환경보전방안 및 그 대안은 과학적으로 조사 · 예측된 결과를 근거로 하여 경제적 · 기술적으로 실행할 수 있는 범위에서 마련되어야 할 것; ③ 환경영향평가등의 대상이 되는 계획 또는 사업에 대하여 충분한 정보 제공 등을 함으로써 환경영향평가등의 과정에 주민 등이 원활하게 참여할 수 있도록 노력하여야 할 것; ④ 환경영향평가등의 결과는 지역주민 및 의사결정권자가 이해할 수 있도록 간결하고 평이하게 작성되어야 할 것; ⑤ 환경영향평가등은 계획 또는 사업이 특정 지역 또는 시기에 집중될 경우에는 이에 대한 누적적 영향을 고려하여 실시되어야 할 것; ⑥ 환경영향평가등은 계획 또는 사업으로 인한 환경적 위해가 어린이, 노인, 임산부, 저소득층 등 환경유해인자의 노출에 민감한 집단에게 미치는 사회·경제적 영향을 고려하여 실시되어야 할 것(제4조).

5. 환경보전목표의 설정

환경영향평가등을 하려는 자는 다음의 기준, 계획 또는 사업의 성격, 토지이용 및 환경 현황, 계획 또는 사업이 환경에 미치는 영향의 정도, 평가 당시의 과학적·기술적 수준 및 경제적 상황 등을 고려하여 환경보전목표를 설정하고 이를 토대로 환경영향평가등을 실시하여야 한다: ① 「환경정책기본법」 제12조에 따른 환경기준; ② 「자연환경보전법」 제2조 제14호에 따른 생태·자연도; ③ 「대기환경보전법」, 「물환경보전법」 등에 따른 지역별 오염총량기준; ④ 그 밖에 관계 법률에서 환경보전을 위하여 설정한 기준(제5조). 이는 환경기준 등이 환경영향평가등을 수행함에 있어서 참고해야 할 중요한 기준이 된다는 것을 의미한다.

6. 환경영향평가등의 대상지역

환경영향평가등은 계획의 수립이나 사업의 시행으로 영향을 받게 되는 지역으로서 환경영향을 과학적으로 예측·분석한 자료에 따라 그 범위가 설정된 지역에 대하여 실시하여야 한다(제6조).

7. 환경영향평가분야 및 평가항목

환경영향평가등은 계획의 수립이나 사업의 시행으로 영향을 받게 될 자연환경, 생활환경, 사회·경제 환경 등의 분야(환경영향평가분야)에 대하여 실시하여야 한다(제7조).

Ⅱ. 전략환경영향평가

1. 의 의

'전략환경영향평가'라 함은 "환경에 영향을 미치는 계획을 수립할 때에 환경보전계획과의 부합 여부 확인 및 대안의 설정·분석 등을 통하여 환경적 측면에서 해당 계획의 적정성 및 입지의 타당성 등을 검토하여 국토의 지속가능한 발전을 도모하는 것"을 말한다(제2조 제1호). 계획의 적정성에는 계획의 환경목표와의 부합성, 계획의 건전성 및 지속가능성, 계획의 일관성 등이, 입지의 타당성에는 자연환경에 미치는 영향, 생활환경에 미치는 영향 등이 포함될 수 있다.

결국 전략환경영향평가는 국토환경에 영향을 미치는 각종 행정계획을 수립·시행함에 있어 계획의 초기단계에서 계획의 적정성, 규모의 타당성, 수변환경과의 조화 등 환경에 미치는 영향을 사전에 검토하도록 함으로써 환경친화적인 개발을 유도하고자 하는 제도이다. 이 제도의 궁극적인 목적은 행정계획단계부터 환경성을 검토함으로써 환경에의 영향을 최소화하고자 한다는 점에서 환경적으로 건전하고 지속가능한 개발을 실현하는 것이다.

환경은 한번 훼손되면 원상회복이 사실상 불가능하고, 그 복원을 위한 시간과 비용이 엄청나게 소요된다. 이는 결국 사후감독 및 구제로는 일정한 한계가 있을 수밖에 없고, 사전에 환경오염 및 훼손을 막는 예방수단이 강구되어야 함을 의미한다. 이러한 점에서 대표적인 사전예방환경정책수단이라고 할 수 있는 전략환경영향평가(SEA)[4]에 대한 관심은 증가하고 있다. 각종 계획이나 개발사업의 초기단계에서부터 환경성검토를 제대로 하지 아니할 경우, 사후 감독이나 오염처리기술이 아무리 잘 발전하더라도 이는 사후처리대책에 불과한 것으로 근본적인 해결책이 될 수 없는 것이다. 특히 최근의 개발에 대한 수요 급증과 이로 인한 국토의 난개발 또는 막개발은 사회적으로 개발과 보전의 조화에 관심을 갖도록 하고 있으며, 이를 도모하고자 하는 전략환경영향평가의 중요성은 아무리 강조해도 지나침이 없다.

---

4) 전략환경평가는 정책(Policy), 계획(Plan), 프로그램(Program)에 대하여 환경적 영향을 사전에 검토하고 이를 토대로 환경적 측면을 고려한 정책이나 계획이 수립될 수 있도록 의견이나 대안을 제시하는 제도이다. 송영일 외 4, 사전환경성검토제도의 개선방안, 한국환경정책·평가연구원, 2002. 12, 26면. 개인적으로는 전략환경평가라는 표현보다는 전통적인 환경영향평가의 상위단계에서 이루어지는 영향평가라는 점과 일반 국민의 이해를 쉽게 할 수 있나는 점에서 '상위단계에서의 환경영향평가'라는 표현이 적절하다고 생각한다.

≪전략환경영향평가 및 환경영향평가≫

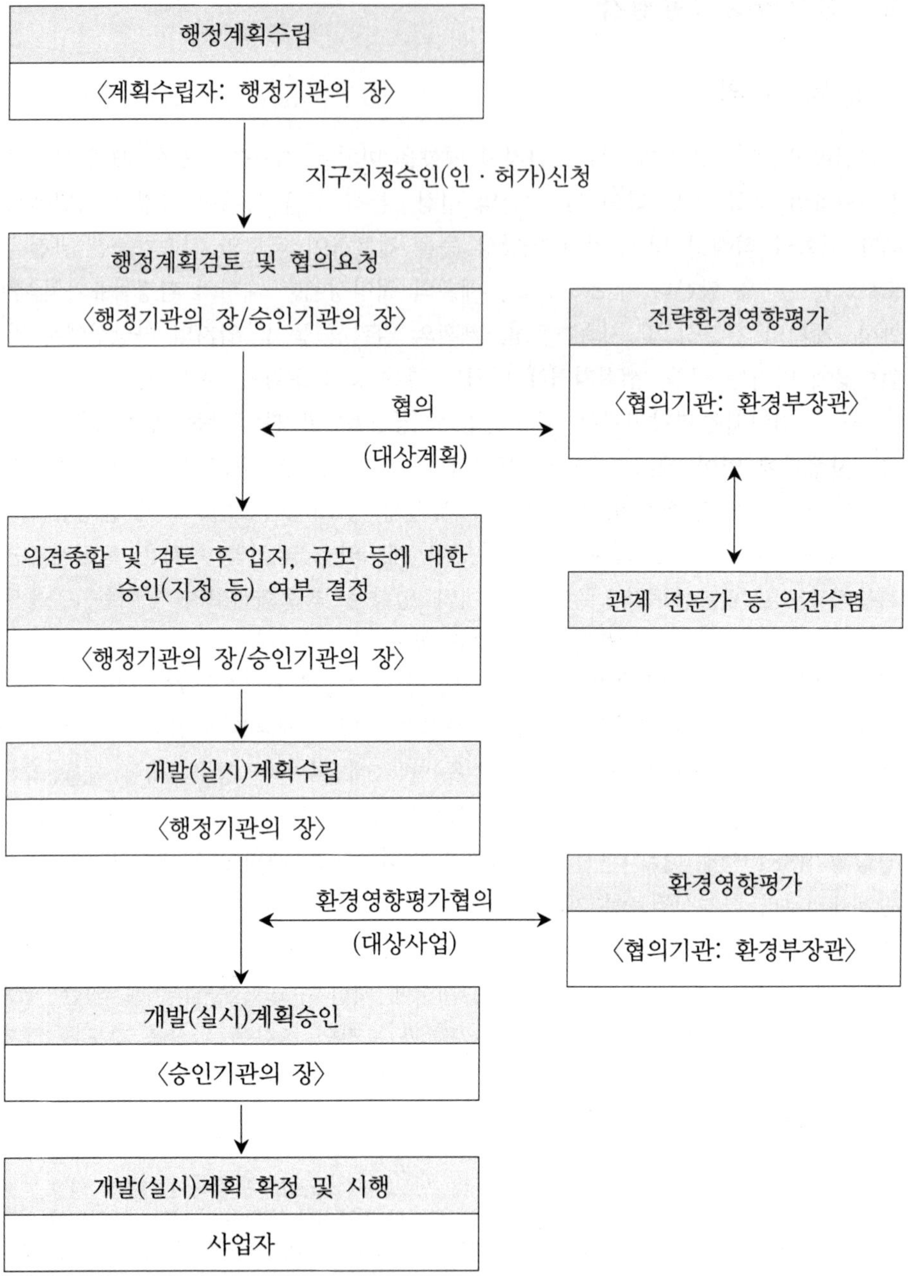

전략환경영향평가는 크게 환경에 미치는 영향을 사전에 고려·검토한다는 점에서 환경영향평가와 유사하나 다음과 같은 점에서 구별되고 있다. 즉 환경영향평가제도가 ① 대규모의 개발사업에 대하여 ② 계획이 확정된 후 사업실시단계(주로 실시계획단계)에서 ③ 개발사업의 시행으로 인한 환경오염저감대책을 중점적으로 검토하는 것인 데 반하여, 전략환경영향평가는 ① 계획에 대하여 ② 계획이 확정·시행되기 이전 단계에서 ③ 입지나 개발계획의 필요성, 적정성, 타당성 등을 중심으로 환경적인 측면에서 이를 사전에 검토하기 위한 것이다.

환경영향평가는 흔히 타당성조사와 병행하여 실시하지 아니하고 계획이 확정된 후 사업실시단계에서 오염의 저감방안을 중점적으로 검토하고 있어 환경친화적인 개발을 유도하는 데에는 일정한 한계가 있을 수밖에 없다. 계획의 적정성, 입지의 타당성 검토가 이루어질 때부터 환경성이 고려되지 않고, 계획이 확정된 이후에 사업실시단계에서 비로소 환경영향평가를 하고 그 과정에서 사업이 취소되는 것은 사회적으로 엄청난 비용과 시간의 손실을 초래하게 된다. 사업의 취소는 그나마 다행인데, 더 큰 문제는 환경에 영향이 있음에도 사업이 강행됨으로써, 환경친화적인 개발이 아닌 무분별한 개발이 횡행할 가능성이 있다는 것이다. 우리는 그 동안의 국토 난개발 현장에서 이러한 가능성을 수없이 확인하였다. 전략환경영향평가는 이러한 환경영향평가의 한계를 보완·극복하는 유용한 수단이 될 수 있다. 말하자면, 전략환경영향평가와 환경영향평가는 그 목적, 시기 등에서 서로 보완하는 관계에 있다고 할 수 있다.

≪전략환경영향평가 및 환경영향평가≫

구 분	전략환경영향평가	환경영향평가	소규모 환경영향평가
주 체	행정기관의 장	사업자	사업자
대 상	행정계획	대규모 개발사업 (78개 단위사업)	소규모 개발사업 (생태·경관보전지역, 자연보전지역, 습지보호지역 등)
시 기	계획의 확정· 시행 이전	실시계획단계	사업 승인 전
검토 대상	적정성, 타당성	환경오염저감대책	환경오염저감대책

2. 주 체

전략환경영향평가를 실시하는 주체는 평가 대상계획을 수립하려는 행정기관의 장이다. 동법은 대상계획을 수립하려는 행정기관의 장이 스스로 전략환경영향평가서를 작성하도록 하되, 전문적인 평가서가 작성될 수 있도록 하기 위하여 환경영향평가업자로 하여금 그 작성을 대행할 수도 있게 하고 있다(제53조 제1항).

3. 전략환경영향평가대상

전략환경영향평가대상은 행정계획이다. 이는 환경영향평가대상이 개발사업인 것과 구별되는 것이다. 최근에는 정책, 프로그램 등에 대한 환경영향평가의 중요성이 부각되고 있는데, 이러한 상위단계에서의 환경영향평가는 고려하고 있지 않다고 할 수 있다. 「환경정책기본법」 제13조는 환경기준이 적절히 유지되도록 환경에 관계되는 법령의 제 · 개정, 행정계획의 수립 또는 사업의 집행을 할 때 환경에 대한 영향을 고려하도록 규정함으로써, 환경성 고려대상에 행정계획 및 개발사업뿐만 아니라 관계 '법령'도 포함하고 있다. 그러나 전략환경영향평가대상에는 관계 법령이 포함되어 있지 않아 법령의 제정이나 개정을 함에 있어 환경성검토가 불가능하며 그 결과 환경에 대한 영향의 고려가 미흡할 수밖에 없다.

가. 대상계획

전략환경영향평가를 하여야 하는 대상은,

① 도시의 개발에 관한 계획
② 산업입지 및 산업단지의 조성에 관한 계획
③ 에너지 개발에 관한 계획
④ 항만의 건설에 관한 계획
⑤ 도로의 건설에 관한 계획
⑥ 수자원의 개발에 관한 계획
⑦ 철도(도시철도를 포함)의 건설에 관한 계획
⑧ 공항의 건설에 관한 계획
⑨ 하천의 이용 및 개발에 관한 계획
⑩ 개간 및 공유수면의 매립에 관한 계획

⑪ 관광단지의 개발에 관한 계획

⑫ 산지의 개발에 관한 계획

⑬ 특정 지역의 개발에 관한 계획

⑭ 체육시설 · 폐기물 처리시설 · 국방 · 군사시설의 설치에 관한 계획

⑮ 토석 · 모래 · 자갈 · 광물 등의 채취에 관한 계획

⑯ 환경에 영향을 미치는 시설로서 대통령령으로 정하는 시설의 설치에 관한 계획[5]이다(제9조 제1항).

구체적으로 환경에 영향을 미치는 115개 행정계획(정책계획 32개, 개발기본계획 83개)이 여기에 해당된다(시행령 제7조 제2항, 별표 2).

나. 대상계획의 종류

대상계획의 구체적인 종류는 대통령령으로 정한다(제9조 제3항). 대상계획은 그 계획의 성격 등을 고려하여 정책계획과 개발기본계획으로 구분되는데, '정책계획'은 국토의 전 지역이나 일부 지역을 대상으로 개발 및 보전 등에 관한 기본방향이나 지침 등을 일반적으로 제시하는 계획[6]을, '개발기본계획'은 국토의 일부 지역을 대상으로 하는 계획으로서 다음 각 목의 어느 하나에 해당하는 계획을 의미한다: ① 구체적인 개발구역의 지정에 관한 계획; ② 개별 법령에서 실시계획 등을 수립하기 전에 수립하도록 하는 계획으로서 실시계획 등의 기준이 되는 계획도시의 개발에 관한 계획산업입지 및 산업단지의 조성에 관한 계획(동조 제2항).[7][8] 이와 같은 구분 실익은 의견수렴절차의 요부에 있다. 즉 정책계획에는 전략환경영향평가서 초안의 작성, 주민 등의 의견수렴절차가 요구되지 않은 반면,[9] 개발기본계획에는 이러한 절차가 환경영향평가 수준으로 요구되고 있다. 정책계획에까지 주민의견 수렴절차를 요구하는 것은 효율성과 현실성 측면에서 문제가 될 수 있다.

---

5) "대통령령으로 정하는 시설의 설치에 관한 계획"이란 「가축분뇨의 관리 및 이용에 관한 법률」 제5조에 따른 가축분뇨관리 기본계획을 말한다(시행령 제7조 제1항).

6) 예컨대, 연안정비기본계획, 수자원장기종합계획, 관광개발기본계획 등이 여기에 포함될 수 있다.

7) 예컨대, 댐건설기본계획, 하천기본계획, 각종 용도구역의 지정 등이 여기에 포함될 수 있다.

8) 행정계획의 유형별 분류에 대하여 자세한 내용은 송영일 외 7, 전략환경평가제도 도입에 관한 연구, 환경부, 2003. 12, 112 내지 124면 참조.

9) 다만, 정책계획을 수립하려는 행정기관의 장은 협의를 요청할 때 해당 계획의 전략환경영향평가서에 대한 행정예고를 「행정절차법」에 따라 실시하여야 한다(제15조의2).

다. 예　외

다음의 계획에 대하여는 전략환경영향평가를 실시하지 아니할 수 있다: ① 국방부장관이 군사상 고도의 기밀보호가 필요하거나 군사작전의 긴급한 수행을 위하여 필요하다고 인정하여 환경부장관과 협의한 계획; ② 국가정보원장이 국가안보를 위하여 고도의 기밀보호가 필요하다고 인정하여 환경부장관과 협의한 계획(제10조).

라. 대상계획의 결정 절차

동법은 행정기관의 장이 환경부장관과 협의하여 전략환경영향평가 대상계획에 대하여 주기적으로 평가하여, 갱신하도록 하고 있다(제10조의2 제1항). 환경영향의 중대성, 다른 계획 또는 개발사업 등에 미치는 영향 등을 고려하여 대상계획을 결정(Screening)하지 않고 대상계획을 법에서 일괄해서 정하고 있는 방식은 행정낭비를 발생할 수 있다. 이러한 점을 고려하여 동법은 계획수립기관에게 주기적으로 대상계획에 대하여 전략환경영향평가 실시 여부를 결정할 수 있도록 함으로써, 계획수립기관의 장에게 제한적으로 스크리닝 권한을 부여하고 있다고 할 수 있다. 그러나 계획수립기관과 협의기관 간에 해당 계획의 전략환경영향평가의 실시 여부를 둘러싸고 갈등이 있는 상황에서, 비록 주기적으로 일괄해서 스크리닝을 하고, 환경부장관의 협의를 거치도록 하고 있지만(동조 제2항), 계획수립기관이 스크리닝 권한을 갖게 되는 경우 전략환경영향평가 실시 여부는 소극적으로 흐를 가능성이 있다고 예상된다. 계획수립기관이 주기적 갱신을 한다고 하지만 대상계획의 추가보다는 제외 가능성이 높아 보인다. 환경부장관은 전략환경영향평가가 필요하다고 판단되면 해당 계획에 대한 전략환경영향평가 실시를 요청할 수 있으나(동조 제3항) 요청 자체가 의무적이지 않고 요청을 받은 행정기관의 장이 이에 따를 의무가 규정되어 있지 않기 때문에 기속력은 약하다고 할 수 있다.

한편, 동법은 전략환경영향평가 대상계획의 중복평가 실시를 방지한다는 차원에서 전략환경영향평가 대상계획 중 다른 계획에서 실시한 전략환경영향평가와 내용이 중복되는 등 동일한 평가가 시행된 것으로 볼 수 있는 계획에 대하여는 해당 계획에 대한 전략환경영향평가를 생략(Tiering)할 수 있도록 하고 있다(동조 제4항).

4. 평가서 제출시기 및 협의요청시기

전략환경영향평가 시기는 해당 계획을 수립·확정하기 전까지이다. 시행령에서는 대상 계획별로 협의요청 시기를 구체적으로 정하고 있다(제7조 제2항, 별표 2). 일반적으로 전략환경영향평가는 최초의 입지 및 기본계획 구상단계에서 시행된다. 이에 반하여 환경영향평가는 대부분의 입지 및 기본계획이 확정된 이후의 하위단계인 실시계획 단계에서 시행된다. 다시 말하면 환경영향평가가 사업 결정 이후에 실시되는 데 반해 전략환경영향평가는 사업 결정 이전에 사업시행 여부를 판단하기 위하여 실시된다.

5. 협의 요청기관 및 협의기관

협의기관의 장은 환경부장관이다. 승인등을 받지 아니하여도 되는 전략환경영향평가 대상계획을 수립하려는 행정기관의 장은 해당 계획을 확정하기 전에 전략환경영향평가서를 작성하여 환경부장관에게 협의를 요청하여야 한다. 승인등을 받아야 하는 전략환경영향평가 대상계획을 수립하는 행정기관의 장은 전략환경영향평가서를 작성하여 승인기관의 장에게 제출하여야 하며, 승인기관의 장은 해당 계획에 대하여 승인등을 하기 전에 환경부장관에게 협의를 요청하여야 한다(제16조).

6. 평가 항목 및 범위 등의 결정

전략환경영향평가 대상계획을 수립하려는 행정기관의 장은 전략환경영향평가를 실시하기 전에 평가준비서를 작성하여 환경영향평가협의회[10]의 심의를 거쳐 다음의 사항(전략환경영향평가항목등)을 결정하여야 한다: ① 전략환경영향평가 대상지역; ② 토지이용구상안; ③ 대안; ④ 평가 항목·범위·방법 등(제11조 제1

10) 동법은 환경부장관, 계획 수립기관의 장, 계획 또는 사업에 대하여 승인등을 하는 기관의 장(승인기관의 장) 및 승인등을 받지 아니하여도 되는 사업자로 하여금 주민대표, 시민단체 등 민간전문가가 포함되는 환경영향평가협의회를 구성·운영하도록 하고 있다. 환경영향평가협의회는 평가 항목·범위 등의 결정에 관한 사항, 환경영향평가 협의 내용의 조정에 관한 사항, 약식절차에 의한 환경영향평가 실시 여부에 관한 사항, 의견수렴 내용과 협의 내용의 조정에 관한 사항, 그 밖에 원활한 환경영향평가등을 위하여 필요한 사항으로서 대통령령으로 정하는 사항 등 폭 넓은 범위의 사항에 대하여 심의하게 되는데(제8조), 이는 환경영향평가 출발단계에서부터 효율적인 환경영향평가가 이루어지도록 한다는 중요한 의미가 있다.

항). 행정기관 외의 자가 제안하여 수립되는 전략환경영향평가 대상계획의 경우에는 전략환경영향평가 대상계획을 제안하는 자가 평가준비서를 작성하여 전략환경영향평가 대상계획을 수립하는 행정기관의 장에게 전략환경영향평가항목등을 결정하여 줄 것을 요청하여야 한다(동조 제2항). 이 경우 요청을 받은 행정기관의 장은 대통령령으로 정하는 기간 내에 환경영향평가협의회의 심의를 거쳐 전략환경영향평가 대상계획을 제안하는 자에게 그 결과를 통보하여야 한다(동조 제3항). 이와 같이 전략환경영향평가항목등의 결정을 의무화하고 있는 것은 평가의 효율화, 내실화를 기한다는 점에서 바람직하다. 다만 그 결정 주체가 환경부장관이 아니고 대상계획을 수립하는 행정기관의 장이라는 점에서 한계가 나타날 수 있다.

전략환경영향평가 대상계획을 수립하려는 행정기관의 장은 전략환경영향평가항목등을 결정할 때에는 다음의 사항을 고려하여야 한다: ① 해당 계획의 성격; ② 상위계획 등 관련 계획과의 부합성, ③ 해당 지역 및 주변 지역의 입지 여건, 토지이용 현황 및 환경 특성; ④ 계절적 특성 변화(환경적 · 생태적으로 가치가 큰 지역); ⑤ 그 밖에 환경기준 유지 등과 관련된 사항(동조 제4항). 나아가 동법은 결정된 평가항목등을 공개하고 주민의견을 듣도록 하고 있다(동조 제5항). 그러나 전략환경영향평가항목등에 환경영향평가항목이 모두 포함되는 경우에는 공개를 생략할 수 있도록 함으로써, 중복된 환경영향평가절차를 간소화하고 있다.

7. 약식전략환경영향평가

전략환경영향평가 대상계획을 수립하려는 행정기관의 장은 해당 계획이 입지 등 구체적인 사항을 정하고 있지 않거나 정량적인 평가가 불가능한 경우 등에는 계획내용의 적정성을 중심으로 정성평가를 하는 약식전략환경영향평가 실시를 결정할 수 있다(제11조의2).

8. 절　　차

가. 평가서 초안의 작성 · 제출

개발기본계획을 수립하는 행정기관의 장은 결정된 전략환경영향평가항목등에 맞추어 전략환경영향평가서 초안을 작성한 후 제13조에 따라 주민 등의 의견을 수렴하여야 한다. 다만, 행정기관 외의 자가 제안하여 수립되는 개발기본계획의 경우에는 개발기본계획을 제안하는 자가 전략환경영향평가서 초안을 작성하여 개발기본계획을 수립하는 행정기관의 장에게 제출하여야 한다. 한편, 개발기본계획을 수립하는 행정기관의 장은 전략환경영향평가서 초안을 환경부장관, 승인기관의 장(승인등을 받아야 하는 계획만 해당), 그 밖에 대통령령으로 정하는 관계 행정기관의 장에게 제출하여 의견을 들어야 한다(제12조).

나. 의견 수렴

한 정책이 개발과 보전을 조화시키기 위해서는 정책결정단계에서 환경성이 충분히 고려되어야 한다. 계획단계에서부터, 다양한 방면으로부터 폭넓은 의견이 제시되고 이러한 의견이 많이 고려·수용될수록 그 정책은 투명성, 공개성, 민주성, 지속성을 유지하게 된다. 또한 여러 각도에서 주민의견을 수렴하는 것은 심도 있는 환경성 검토를 통하여 난개발을 예방할 수 있으며, 이해관계자들간의 갈등문제를 조기에 발견·조정·해소함으로써 궁극적으로는 지속가능한 개발을 유도하게 된다. 이러한 관점에서 다양한 주민의견의 수렴은 제도의 성공적인 운영을 담보하게 된다. 이러한 차원에서 동법은 주민 등의 의견수렴절차를 마련하고 있다.

주민의견 수렴절차의 핵심적인 내용은 설명회 또는 공청회의 개최라 할 수 있는데, 특기할 점은 동법이 일정한 경우 주민의 요구에 의한 공청회 개최를 의무화하고, 주민이 아닌 자의 의견을 듣고 이를 평가서 내용에 반영하도록 하고 있다는 것이다. 즉 개발기본계획을 수립하려는 행정기관의 장은 개발기본계획에 대한 전략환경영향평가서 초안을 공고·공람하고 설명회를 개최하여 해당 평가 대상지역 주민의 의견을 들어야 한다. 다만, 대통령령으로 정하는 범위의 주민이 공청회의 개최를 요구하면 공청회를 개최하여야 한다. 또한 개발기본계획을 수립하려는 행정기관의 장은 개발기본계획이 생태계의 보전가치가 큰 지역, 환경훼손 또는 자연생태계의 변화가 현저하거나 현저하게 될 우려가 있는 지역 등으로서 대통령령으로 정하는 지역을 포함하는 경우에는 관계 전문가 등 평가 대상지역의 주민이 아닌 자의 의견도 들어야 한다(제13조 제2항). 주민등의 의견수렴 결과와 반영 여부는 공개되어야 한다(동조 제4항). 또한 동법은 공개한 의견의 수렴 절차에 흠이 존재하는 등 환경부령으로 정하는 사유가 있으면 의견 재수렴 절차를 거치도록 하고 있다(제15조). 이러한 제도적 장치를 통해 개발사업 추진과정에서의 공사중단 및 대규모 설계 변경 등에 따른 사회적 갈등 및 비용지출 문제가 상당 부분 해소될 수 있는 기초가 마련되었다고 할 수 있다. 그러나 실제 운영과정에서 실질적인 의견수렴이 이루어져, 사회적 갈등이 조기에 해소될지는 두고 볼 일이다.

특기할 것은 동법은 "개발기본계획을 수립하려는 행정기관의 장은 다른 법령에 따른 의견수렴절차에서 전략환경영향평가서 초안에 대한 의견을 수렴한 경우에는 제13조에 따른 의견수렴절차를 거치지 아니할 수 있다."고 규정하고 있다는 것이다. 이는 절차의 중복 방지, 절차의 간소화를 염두에 둔 것으로 이해된다.

다. 전략환경영향평가서의 작성 및 협의 요청

승인등을 받지 아니하여도 되는 전략환경영향평가 대상계획을 수립하려는 행정기관의 장은 해당 계획을 확정하기 전에 전략환경영향평가서를 작성하여 환경부장관에게 협의를 요청하여야 한다. 한편, 승인등을 받아야 하는 전략환경영향평가 대상계획을 수립하는 행정기관의 장은 전략환경영향평가서를 작성하여 승인기관의 장에게 제출하여야 하며, 승인기관의 장은 해당 계획에 대하여 승인등을 하기 전에 환경부장관에게 협의를 요청하여야 한다(제16조).

해당 행정계획에 대하여 전략환경영향을 제대로 검토하기 위하여는 관련 자료가 충분히 제시되어야 한다. 이러한 관점에서 평가서가 담고 있어야 할 내용을 구체화하는 것은 중요하다. 시행령에서는 평가서의 내용, 제출방법 등을 구체적으로 정하고 있다(제21조, 제22조).

라. 검 토

환경부장관은 협의를 요청받은 경우에는 주민의견 수렴절차 등의 이행 여부 및 전략환경영향평가서의 내용 등을 검토하여야 한다(제17조 제1항). 환경부장관은 전략환경영향평가서의 검토를 위하여 필요하면 한국환경연구원(KEI) 등 전략환경영향평가에 필요한 전문성을 갖춘 기관으로서 대통령령으로 정하는 기관 또는 관계 전문가의 의견을 듣거나 현지조사를 의뢰할 수 있고, 관계 행정기관의 장에게 관련 자료의 제출을 요청할 수 있다(동조 제2항). 한편, 환경부장관은 검토한 결과 전략환경영향평가서를 보완할 필요가 있는 등 대통령령으로 정하는 사유가 있는 경우에는 전략환경영향평가 대상계획을 수립하려는 행정기관의 장(승인등을 받아야 하는 계획의 경우에는 승인기관의 장)에게 전략환경영향평가서의 보완을 요청하거나 보완을 전략환경영향평가 대상계획을 제안하는 자 등에게 요구할 것을 요청할 수 있다. 이 경우 보완 요청은 두 차례만 할 수 있다(동조 제3항). 환경부장관은 보완 요청을 하였음에도 불구하고 요청한 내용의 중요한 사항이 누락되는 등 전략환경영향평가서가 적정하게 작성되지 아니하여 협의를 진행할 수 없다고 판단하는 경우, 전략환경영향평가서가 거짓으로 작성되었다고 판단하는 경우에는 전략환경영향평가서를 반려할 수 있다(동조 제4항).

동법은 환경부장관이 전략환경영향평가 대상계획의 재검토를 통보할 수 있는 근거를 마련하여 전략환경영향평가의 실효성을 제고하고 있다. 즉 환경부장관은 다음의 어느 하나에 해당하는 경우에는 해당 전략환경영향평가 대상계획의 규모 · 내용 · 시행시기 등을 재검토할 것을 주관 행정기관의 장에게 통보할 수 있다: ① 해당 전략환경영향평가 대상계획을 축소 · 조정하더라도 그 계획의 추진으로 환경훼손 또는 자연생태계의 변화가 현저하거나 현저하게 될 우려가 있는 경우; ② 해당 전략환경영향평가 대상계획이 국가환경정책에 부합하지 아니하거나 생태적으로 보전가치가 높은 지역을 심각하게 훼손할 우려가 있는 경우(동조 제5항).

마. 협의 내용의 통보

환경부장관은 협의를 요청받은 날부터 대통령령으로 정하는 기간 이내에 대상계획을 수립하려는 행정기관의 장(승인등을 받아야 하는 계획의 경우에는 승인기관의 장)에게 협의 내용을 통보하여야 한다. 다만, 부득이한 사정이 있을 때에는 그 기간을 연장할 수 있다(제18조 제1항). 협의 내용은 실무상 크게 동의, 부동의, 조건부 동의로 이루어지는데, 그 구별기준은 분명치 아니하다. 한편, 환경부장관은 다음의 어느 하나에 해당하는 경우에는 해당 계획에 관련 내용을 반영할 것을 조건으로 주관 행정기관의 장에게 협의 내용을 통보할 수 있다: ① 보완할 사항이 경미한 경우; ② 해당 계획을 수립 · 결정하기 전에 보완이 가능한 경우(동조 제2항). 이는 일정한 경우 평가서의 보완을 요청하는 대신에 사후보완을 조건으로 협의절차를 완료할 수 있는, 말하자면 조건부협의제도로서, 보완의 내용이 경미하거나 사후 보완이 가능한 경우에는 보완협의, 이에 따른 절차 이행, 협의 내용 통보 등의 절차를 거치는 대신에 조건부협의를 하게 함으로써 절차를 간소화하고 전략환경영향평가 기간을 단축하려는 것으로 이해된다.

9. 재 협 의

전략환경영향평가를 실시함에 있어서 해당 계획이 변경된 경우에는 새롭게 제기되는 환경문제를 반영하여 협의기관의 장과 협의를 다시 하도록 하여야 한다. 이러한 제도적 장치는 협의결과와 다르게 해당 계획이 변질되는 사례가 발생되는 것을 막을 수 있다는 점에서 큰 의미가 있다. 이에 따르면, 개발기본계획을 수립하는 행정기관의 장은 협의한 개발기본계획을 변경하는 경우로서 다음의 어느 하나에 해당하는 경우에는 전략환경영향평가를 다시 하여야 한다: ① 개발기본계획 대상지역을 대통령령으로 정하는 일정 규모 이상으로 증가시키는 경우; ② 협의 내용에서 원형대로 보전하거나 제외하도록 한 지역을 대통령령으로 정하는 규모 이상으로 개발하거나 그 위치를 변경하는 경우(제20조 제1항). 재협의를 해야 하는 경우를 일정한 규모 이상 해당 사업의 계획이 변경된 경우로 제한하는 것은 경제성 등을 고려한 것으로 이해된다. 그러나 동법은 전략환경영향평가 대상계획이 환경부장관과 협의를 거쳐 확정된 후 취소 또는 실효된 경우 또는 환경부장관과 협의를 거친 후 지연 중인 경우로서 대통령령으로 정하는 기간 이내에 해당 계획의 승인 등을 추진하려는 경우에는 재협의를 생략할 수 있도록 함으로써(동조 제2항), 절차의 간소화를 고려하고 있다.

한편, 주관 행정기관의 장은 협의한 기본개발계획에 대하여 제20조 각 호에 해당하지 아니하는 변경을 하려는 경우로서 대통령령으로 정하는 사항을 변경하려는 경우, 협의한 정책계획을 변경하려는 경우로서 대통령령으로 정하는 사항을 변경하려는 경우에는 미리 환경부장관과 변경 내용에 대하여 협의를 하여야 한다(제21조).

10. 실효성 확보

동법은 협의 내용을 통보받은 주관 행정기관의 장에게 이를 해당 계획에 반영하기 위하여 필요한 조치를 하거나 전략환경영향평가 대상계획을 제안하는 자 등에게 필요한 조치를 할 것을 요구하며, 그 조치결과 또는 조치계획을 환경부장관에게 통보할 의무를 부과하고 있다(제19조 제1항). 동법은 주관 행정기관의 장으로 하여금 협의 내용을 해당 계획에 반영하기 곤란한 특별한 사유가 있을 때에는 대통령령으로 정하는 바에 따라 환경부장관과 협의한 후 해당 계획을 승인하거나 확정하도록 하고, 전략환경영향평가 대상계획을 수립하는 자로 하여금 조치결과 및 조치계획을 성실히 이행하도록 함으로써(동조 제2항 · 제3항), 그 실효성을 확보하려고 하고 있다.

그러나 전반적으로 협의 요청의 누락, 협의 내용의 미반영, 협의 내용의 불이행, 전략환경영향평가서의 부실 또는 허위작성 등에 대한 실효성을 확보하기 위한 법적 수단은 미흡하다고 할 수 있다. 이는 미협의 사례의 빈번, 전략환경영향평가서의 부실작성 등으로 이어질 수 있다. 행정기관에 대한 마땅한 통제수단이 없는 것도 문제를 어렵게 하고 있다. 예컨대, 주관 행정기관의 장이 협의 내용을 반영하지 아니한 경우 과연 어떠한 통제수단이 동원될 수 있을까? 언론을 통한 공표, 관계 공무원에 대한 직무감사, 주무 상급기관의 시정요청 등만으로는 유효한 통제를 할 수 없다는 한계가 있다. 이에 환경부장관이 주관 행정기관의 장에게 계획의 취소, 변경 등 필요한 조치를 요구할 수 있도록 하여 실효성을 제고하는 것을 검토할 필요가 있다.

주관 행정기관의 장은 협의 내용을 해당 계획에 반영하기 곤란한 '특별한 사유가 있을 때'에는 환경부장관과 협의한 후 해당 계획을 승인하거나 확정하도록 하여야 하는데(제19조 제2항), 이 경우 '특별한 사유'에 대한 개념 정의가 없기 때문에 주관 행정기관의 장은 자의적으로 그리고 폭넓게 해석하면서, 위 의무사항을 회피할 가능성이 있다.

한편, 협의의 성질을 자문에 불과하다면서 "관계 중앙행정기관의 장과 협의를 하라는 의미는 그의 자문을 구하라는 것이지 그 의견을 따라 처분을 하라는 의미는 아니라 할 것이므로 이러한 협의를 거치지 아니하였다고 하더라도 이는 해당 처분을 취소할 수 있는 원인이 되는 하자 정도에 불과하고 당연무효가 되는 하자에 해당하지 아니한다"는 판례[11]의 입장에 따를 경우에는 그 실효성을 확보하기가 여간 어려운 것이 아니다.

Ⅲ. 환경영향평가

1. 주 체

환경영향평가의 실시(환경영향평가서의 작성) 주체는 환경영향평가 대상사업을 하려는 자, 즉 사업자이다(제22조). 동법은 사업자가 스스로 환경영향평가서를 작성하도록 하되, 전문적인 환경영향평가서가 작성될 수 있도록 하기 위하여 환경영향평가업자로 하여금 그 작성을 대행할 수 있도록 하고 있다(제53조 제1항). 이 법은 환경영향평가업자에 의한 평가의 공정성과 신뢰성을 확보하기 위하여 환경영향평가업의 등록(제54조), 결격사유(제55조), 준수사항(제56조)[12], 업무의 폐업

11) 대법원 2000. 10. 13. 선고 99두653 판결; 부산고법 2007. 6. 29. 선고 2006누5540 판결.

(제57조), 등록취소 및 영업정지(제58조), 평가 대행비용의 산정기준(제62조) 등에 관하여 규정하고 있다.

환경영향평가업자에 의해 작성되는 평가서 등 각종 사항에 대하여는 환경영향평가의 주체, 즉 사업자에게 전적인 책임이 있다. 해당 사업을 시행하려는 사업자가 평가서 작성주체인 상황에서는 실질적이고 객관적인 평가가 이루어지기 어렵다. 이는 환경영향평가가 공정하게 이루어지지 않을 가능성과 평가서가 사업을 강행하기 위한 합리화 문서로 전락할 가능성을 제기하는 것이다.

동법은 환경영향평가업을 창설하여 사업자에게 환경영향평가업자로 하여금 환경영향평가를 대행할 수 있도록 하는 길을 열어 놓고 있다. 문제는 현실적으로 환경영향평가업자가 사업자에 종속될 가능성이 많다는 것이다. 이는 환경영향평가업자의 독립성 결여로 이어지면서 환경영향평가의 객관성과 공정성의 확보를 어렵게 한다. 이러한 점을 고려할 때 자격증을 취득한 환경영향평가사로 하여금 환경 현황 조사, 환경영향 예측·분석, 환경보전방안의 설정 및 대안 평가 등을 통하여 환경영향평가서를 작성하도록 하도록 하고(제63조), 환경영향평가와 관련하여 최종 총괄, 조정 및 책임을 지도록 한 것은 의미있다고 생각한다.

2. 평가대상

가. 대상사업

환경영향평가를 실시하여야 하는 사업(대상사업)은,

① 도시의 개발사업
② 산업입지 및 산업단지의 조성사업
③ 에너지 개발사업
④ 항만의 건설사업
⑤ 도로의 건설사업
⑥ 수자원의 개발
⑦ 철도(도시철도를 포함)의 건설사업
⑧ 공항의 건설사업

12) 특히 환경영향평가등을 하려는 자와 환경영향평가업자는 환경영향평가서등과 그 작성의 기초가 되는 자료를 거짓으로 또는 부실하게 작성하여서는 아니 되는데(제53조 제2항, 제56조 제1항 제2호), 시행규칙에서는 그 거짓 또는 부실 작성에 대한 판단기준을 제시하고 있다(시행규칙 제23조, 별표 2).

⑨ 하천의 이용 및 개발사업

⑩ 개간 및 공유수면의 매립사업

⑪ 관광단지의 개발사업

⑫ 산지의 개발사업

⑬ 특정지역의 개발사업

⑭ 체육시설 · 폐기물 처리시설 · 국방 · 군사 시설의 설치사업

⑮ 토석 · 모래 · 자갈 · 광물 등의 채취사업

⑯ 환경에 영향을 미치는 시설로서 대통령령으로 정하는 시설의 설치사업이다(제22조).

동법이 명시하고 있는 이들 대상사업은 환경오염 및 훼손이 우려되는 사업, 환경적으로 예민한 지역에서의 사업, 장기적 · 복합적인 환경영향이 예상되는 사업 등으로 요약할 수 있다.

동법은 이와 같이 대상사업을 특정하고 있는데, 이는 평가 대상을 "인간의 환경 질에 중대한 영향을 미치는 입법이나 주요 연방행위(major federal actions significantly affecting the quality of the human environment)"와 같이 포괄적으로 정하고 있는 미국의 경우와 비교된다.[13]

나. 대상사업의 범위

환경영향평가 대상사업의 구체적인 범위는 대통령령으로 정하는데,[14] 동법 시행령은 개발사업을 위주로 78개 단위사업을 대상사업으로 정하고 있다. 대상사업의 범위는 아래 ≪표≫와 같이 환경영향평가 대상사업에 따라 다른데, 일반적으로 대규모 사업이 해당된다(시행령 제31조 제2항, 별표 3 참조). 대상사업에 해당 해당하는지 여부는 해당 사업의 형식적인 명칭보다 실질을 보고 판단하여야 한다(판례 [1]).

---

13) NEPA § 102(c). 법령에서 대상사업을 특정하는 것은 불필요한 논란을 방지할 수 있다는 장점이 있으나 유연성이 떨어진다는 단점이 있다.

14) 현행법은 대상사업의 개략적인 형태만 법률에서 규정하고 그 구체적인 종류와 규모를 대통령령에 위임하고 있으며, 평가서의 내용과 작성 방법 등도 대통령령에 위임하고 있다. 이와 같이 시행령, 시행규칙에 포함되어 있는 내용은 가능한 한 상위 법에서 다루어야 할 것이다. 참고로 독일 「환경영향평가법」과 일본 「환경영향평가법」에서는 우리나라와 달리, 환경영향평가 대상사업을 시행령이 아닌 법에서 구체적으로 규정하고 있다.

≪대상사업의 범위≫

대상사업	대상사업의 범위
1. 도시개발 (12개)	· 정비사업, 대지조성사업, 택지개발사업 · 국민임대주택단지조성사업, 학교설치공사: 30만㎡ · 혁신도시개발사업: 25만㎡ · 공동집배송센터조성사업, 여객자동차터미널설치공사, 물류터미널개발사업 · 물류단지개발사업, 마을정비구역조성사업: 20만㎡ · 도시계획시설사업: 운하, 유통업무설비(20만㎡), 주차장시설(20만㎡), 시장(15만㎡) · 공공하수처리시설 · 개인하수처리시설: 10만㎥/일
2. 산업입지 (7개)	· 산업단지개발사업, 단지조성사업, 자유무역지역지정, 공장설립, 공업용지조성사업, 산업기술단지조성사업, 연구개발특구조성사업: 15만㎡
3. 에너지개발 (7개)	· 에너지개발을 목적으로 하는 해저광업 · 에너지개발을 목적으로 하는 광업: 30만㎡ · 전원개발사업: 발전소(1만㎾, 댐 · 저수지 건설 수반 시 3천㎾, 풍력 · 연료전지발전소 10만㎾), 지상송전선로(345kV, 10㎞), 옥외변전소(765kV), 회처리장(30만㎡), 저탄장(5만㎡) · 전기설비설치사업: 발전소(1만㎾, 댐 · 저수지 건설 수반 시 3천㎾, 공장용지 안의 자가용 발전설비 3만㎾, 태양열 · 풍력 · 연료전지발전소 10만㎾), 지상송전선로(345kV, 10㎞), 옥외변전소(765kV), 회처리장(30만㎡), 저탄장(5만㎡) · 송유관 중 저유시설 설치공사, 석유사업자의 저유시설 또는 석유비축시설의 설치공사, 가스사업의 설치공사: 10만kL
4. 항만건설 (5개)	· 어항시설 또는 어항개발사업: 외곽시설(300m), 계류시설, 기타 어항시설(15만㎡), 공유수면매립 수반 시 3만㎡ · 항만시설 건설사업: 외곽시설(300m), 계류시설, 기타 항만시설, 공유수면매립 수반 시 3만㎡ · 항만에서의 준설사업: 준설면적 10만㎡ 또는 준설량 20만㎥ (항로 · 정박지 등 유지, 오염물질 제거 목적의 준설 제외)
5. 도로건설	· 도로 신설: 4㎞(도시지역 폭 25m) · 도로 확장: 10㎞(2차로 이상) · 신설+확장: $\frac{\text{신설구간 길이의 합}}{4\text{km}} + \frac{\text{확장구간 길이의 합}}{10\text{km}} \geq 1$ · 도시지역+비도시지역: $\frac{\text{비도시구간 길이의 합}}{4\text{km}} + \frac{\text{도시구간 길이의 합}}{4\text{km}} \geq 1$
6. 수자원개발 (3개)	· 댐 건설공사, 하구언의 설치공사, 저수지 · 보(洑) · 유지(溜池)의 조성: 만수면적 200만㎡ 또는 총저수용량 2천만㎥

7. 철도건설 (3개)	· 철도(공장 내 전용철도 제외) 건설사업, 도시철도 건설사업, 고속철도 건설사업: 길이 4km 또는 면적 10만m² · 삭도사업: 길이 2km, 궤도 길이 4km 또는 궤도용지 면적(궤도시설의 면적 포함) 10만m²
8. 공항건설	· 공항개발사업: 비행장 신설, 활주로 건설(500m), 기타 공항개발사업(20만m²)
9. 하천이용개발	· 하천구역 · 홍수관리구역에서의 하천공사: 10km
10. 매립 · 개간 (2개)	· 공유수면매립사업: 지정항만 · 신항만 또는 자연환경보전지역 내 3만m², 기타 지역 30만m² · 간척 또는 개간사업: 100만m²
11. 관광단지 (6개)	· 관광사업, 관광지 및 관광단지 조성사업, 온천원보호지구에서의 온천개발사업: 30만m² · 공원사업: 조성면적 또는 공원집단시설지구면적 10만m² · 유원지, 공원시설 설치사업: 시설면적 10만m²
12. 산지개발 (2개)	· 산지에서 시행되는 사업: 묘지 또는 봉안시설 설치(25만m²), 초지조성(30만m²), 기타(20만m²) · 임도설치사업: 노선 길이 8km, 1등급 권역에서의 임도설치사업
13. 특정지역개발 (9개)	· 1~12, 14~17의 대상사업의 범위에 해당되는 사업 중 지역균형개발및지방중소기업육성에관한법률에 따라 시행되는 사업 · 지역종합개발사업: 20만m² · 주한미군시설사업, 국제화계획지구의 개발사업, 평택시개발사업, 행정중심복합도시의 건설사업, 경제자유구역의 개발사업, 기업도시개발사업, 신공항건설사업
14. 체육시설 (5개)	· 체육시설설치공사, 경륜 또는 경정시설 설치사업, 경마장 설치사업: 25만m² · 청소년수련시설 건설사업, 청소년수련지구 조성사업: 30만m²
15. 폐기물 · 분뇨 처리시설 (2개)	· 폐기물처리시설 설치사업: 매립시설(조성면적 30만m² 또는 매립용적 330만m³, 지정폐기물 처리시설의 경우 조성면적 5만m² 또는 매립용적 25만m³), 소각시설(100t/1일) · 분뇨처리시설, 가축분뇨처리시설, 폐기물처리시설 중 중간처분시설 또는 재활용시설로서 음식물류 폐기물의 처리시설의 설치
16. 국방 · 군사시설 (3개)	· 국방 · 군사시설사업: 33만m²(골프장의 경우 26만m²) · 군사기지 안에서 시행되는 사업: 비행장 신설, 활주로 신설(500m), 기타 시설(20만m²) · 해군기지 안에서 시행되는 사업: 15만m²(공유수면매립 수반시 3만m²)

17. 토석등 채취 (7개)	· 하천구역 · 홍수관리구역에서의 토석 · 암석 · 모래 · 자갈 · 광물 채취사업: 상수원보호구역(2만㎡), 상수원보호구역에서 유수거리 5㎞ 이내의 상류(5만㎡) · 산지에서의 토석 · 광물채취사업: 10만㎡ · 해안에서의 광물채취: 강원 · 경북(2만㎡), 기타(3만㎡) · 골재채취: 채취예정지 면적 25만㎡ 또는 채취량 50만㎥ · 해안에서의 골재채취: 채취면적 25만㎡ 또는 채취량 50만㎥ · 채석단지의 지정, 골재채취단지의 지정

[1] 행정처분효력집행정지: 서울고법 2006. 9. 11. 선고 2006루122 결정(확정)

1. 대지조성사업해당 여부

주택법 제2조 제1호에 의하면 주택이란 건축물과 그 부속토지를 의미하고, 주택법 제16조에서 사업계획승인을 받아야 하는 사업으로 '주택건설사업'과 '대지조성사업'을 구분하고는 있으나, 주택법 시행령 제15조 제5항에 의하면 주택건설사업에는 '주택건설에 필요한 대지조성공사를 우선 시행하고자 하는 경우'도 포함되는 것으로 하면서, 그러한 경우에는 주택건설사업계획 승인신청시 대지조성공사설계도서를 함께 제출하도록 규정하고 있는 점에 비추어, 대지조성을 수반하는 주택건설사업은 대지조성사업으로서의 성질도 함께 가지고 있는 것이라 하겠다.

그런데 이 사건 사업지의 상당부분이 아직 대지가 아니어서, 보조참가인들이 사업계획승인을 받으면서 대지조성에 필요한 농지전용허가 등도 함께 받은 사실이 인정된다. 따라서 이 사건 사업은 비록 그 명칭은 주택건설사업이지만 대지조성사업으로서의 성질도 아울러 가지고 있으므로, 위 환경영향평가 법령에서 정한 환경영향평가 대상사업에 해당된다.

2. 환경영향평가대상규모(사업면적 30만㎡ 이상) 여부

환경영향평가법 시행령 [별표 1] 비고 제4. 나.항에 의하면 '사업의 승인 당시에 평가대상사업에 해당되나 평가대상규모 미만이어서 영향평가를 실시하지 아니한 사업이 동일영향권역에서 (…) 당해 사업규모가 신규로 승인이 된 사업규모와의 합이 평가대상규모에 이른 때'에는 '그 사업 전체에 대하여 영향평가를 실시하여야 한다'고 규정되어 있다. 그런데 환경영향평가법의 입법취지와 위 규정의 문언 등에 비추어 보면, 동일영향권역에서 시행되는 동종의 사업들에 대해서는 사업자가 동일한지를 불문하고 전체적으로 하나의 사업으로 보아 각 사업의 규모를 합산하여 환경영향평가 대상 여부를 결정하여야 한다고 해석된다.

이 사건 사업과 종전에 승인이 된 주택건설사업들은 모두 동일 영향권역 내에 있다고 보이고, 그 각 사업규모를 합하면 30만㎡를 초과한다.

그렇다면, 이 사건 사업은 환경영향평가를 받아야 하는 대상사업 · 규모에 해당한다(판례 [13]과 동일 판례).15)

[2] 대법원 2008. 11. 13. 선고 2007두19317 판결

국토의 계획 및 이용에 관한 법률(이하 '국토계획법'이라 한다) 제2조, 제43조, 제87조, 제88조에 의하면, 도로와 같은 기반시설을 설치하고자 하는 때에는 그 시설의 종류 · 명칭 · 위치 · 규모 등을 미리 도시관리계획으로 결정하여야 하고, 도시계획시설사업, 즉 도시관리계획으로 결정된 기반시설인 도시계획시설을 설치 · 정비 또는 개량하는 사업의 시행자는 당해 사업에 관한 실시계획을 작성하여 인가를 받은 후 그 사업을 시행하여야 하며, 사업의 효율적인 추진을 위하여 필요하다고 인정되는 때에는 사업시행대상지역을 2 이상으로 분할하여 사업을 시행할 수 있다. 한편, 환경 · 교통 · 재해 등에 관한 영향평가법(이하 '환경등영향평가법'이라 한다) 제2조, 제5조, 제17조, 제20조, 제21조에 의하면, 환경영향평가를 실시하여야 하는 사업의 사업자가 그 사업을 시행하고자 하는 때에는 환경영향평가서를 작성하여 대상사업 또는 그 사업계획에 대한 승인이나 인가 등을 행하는 기관의 장에게 제출하여야 하고, 승인 등을 행하는 기관의 장은 관계 중앙행정기관의 장 등에게 위 평가서에 대한 협의를 요청한 후 사업자로 하여금 그 협의 내용에 따른 필요한 조치를 하도록 하고, 사업계획 등에 대하여 승인 등을 하고자 하는 때에는 협의 내용이 사업계획 등에 반영되었는지의 여부를 확인하여야 한다. 그리고 환경등영향평가법 제4조 제3항, 제17조 제4항은 환경영향평가를 실시하여야 하는 사업의 범위와 환경영향평가서의 제출시기 및 협의요청시기는 대통령령으로 정하도록 규정하고 있는바, 구 환경등영향평가법 시행령(2006. 2. 3. 개정 전) 제2조 제3항, [별표 1] 제1호 (마)목은 환경영향평가 대상사업으로 국토계획법에 의하여 4km 이상의 도로를 신설하는 사업 중 일정한 경우를 규정하면서, 평가서 제출시기 또는 협의요청시기에 관하여 위 사입의 경우 국토계획법 제88조 제2항의 규정에 의한 실시계획의 인가 전이라고 규정하고 있으며, 위 [별표 1] 비고 제1호는 환경영향평가 대상사업의 범위 중 사업의 규모는 평가서 제출시기 또는 협의요청시기란 중 '인가 · 허가 · 승인 등을 받고자 하는 사업의 규모'를 말한다고 규정하고 있다.

위와 같은 규정들을 종합해 보면, 국토계획법에 의한 도시계획시설사업으로 도로를 건설하는 경우 그 사업이 4㎞ 이상의 도로를 신설하는 사업으로서 환경영향평가 대상에 해당하는지 여부는 인가를 받고자 하는 실시계획상의 사업

15) 해당 사업이 환경영향평가대상 규모에 해당한다고 판단하면서 그 평가를 거치지 않은 채 이루어진 처분이 위법하다고 한 사례. 이 판례에서 법원은 총량적 · 누적적 영향평가를 법해석을 통해 인정하였다고 할 수 있다.

의 규모에 따라 결정된다고 봄이 상당하며, 이는 위 사업이 국토계획법 제87조에 따라 분할되어 시행되는 경우에도 마찬가지라 할 것이다.

평가 대상사업을 특정하는 현 체제에서는 상당한 환경영향이 예상되는 사업이지만 미처 대상사업으로 지정되지 아니한 사업이나 규모 미만의 사업에 대하여 환경영향평가가 이루어지지 않을 가능성이 있게 된다. 대상사업이 규모 위주로 선정되어 있어 소규모 사업이지만 환경에 예민한 사업이 영향평가대상에서 제외될 수 있으며, 개별적으로는 환경에 미치는 영향이 적지만 집중 개발됨으로써 환경용량이 초과되는 경우가 영향평가대상에서 제외되는 불합리한 경우가 나타날 수 있다. 또한 사업자로 하여금 규모 제한을 회피하는 토막치기(segmentation)수법과 같이 환경영향평가를 무색케 하는 편법을 동원할 소지를 주고 있다.

난개발을 막고 환경의 오염 및 훼손을 방지하고자 하는 환경영향평가제도의 취지를 살리기 위해서는 대상사업의 범위를 광범위하게 할 필요가 있다. 대상사업의 범위 확대는 현행법에서와 같이 대상사업을 특정하는 체제를 고수하는 경우 대상사업의 추가를 의미한다. 토막치기와 같이 환경영향평가를 무력화하는 편법이 허용되지 않도록 하기 위해서는 이와 관련한 규정을 법에 명시할 필요가 있다.[16] 편법으로 이루어지는 토막치기를 막기 위해서는 밀접하게 관련이 있는 행위(connected actions), 누적적 행위(cumulative actions), 유사한 행위(similar actions) 등에 대하여 하나의 환경영향평가서에서 모두 고려하도록 할 필요가 있다.[17]

---

16) 「국가환경정책법(NEPA)」절차를 회피할 목적으로 이루어지는 토막치기는 금지된다. *City of Rochester v. United States Postal Service*, 541 F.2d 967 (2d Cir. 1976); *Alpine Lakes Protection Society v. Schlapfer*, 518 F.2d 1089 (9th Cir. 1975); *Appalachian Mountain Club v. Brenegar*, 394 F.Supp. 105 (D. N. H. 1975). 당해 행위가 보다 상위단계에서 이루어지는 사업에 대한 (공무원의) 의사결정에 "직접적(direct)"이면서 "중대한(substantial)" 영향을 미칠 가능성이 있는 경우 허용될 수 없는 토막치기에 해당된다. State of North Carolina v. City of Virginia Beach, 951 F.2d 596 (4th Cir. 1991).

17) 미국 환경질위원회(CEQ) 규정에 따르면 밀접하게 관련이 있는 행위(connected actions), 누적적 행위(cumulative actions), 유사한 행위(similar actions)를 같은 환경영향평가서에서 함께 평가하도록 하고 있다. '밀접하게 관련이 있는 행위(connected actions)'에는 ① 환경영향평가서를 요구하는 다른 행위를 자동적으로 유발하는 행위; ② 다른 행위가 이전에 또는 동시에 이루어지지 않으면 시행할 수 없거나 시행되지 않는 행위; ③ 대규모 행위의 비독립적인 구성부분으로서, 그 정당성을 위해서는 대규모의 행위에 의존하는 행위 등이 포함된다. '누적적 행위'는 제안된 다른 행위와 함께 고려해 보았을 때 누적적으로 중대한 영향을 미치기 때문에 같은 환경영향평가서에서 검토되어야 하는 행위를 말한다. '유사한 행위'란 합리적으로 예측 가능한 또는 제안된 다른 행위와 함께 고려해 보았을 때 공통된 시기 또는 지

평가 대상사업을 특정하는 현 체제는 환경영향평가의 경직성을 야기한다. 이러한 문제를 완화하기 위한 방안으로는 먼저 대상사업의 기준을 규모 위주에서 탈피하여 인구수, 해당 사업이 환경에 미치는 영향 등 다양한 기준을 고려할 필요가 있다. 행위(정책, 사업 등)별로 구체적인 환경영향을 사전 검토 · 심사하여 평가대상 여부를 결정하는 방식(스크리닝, Screening)[18]의 도입도 생각해 볼 수 있는데, 미국에서와 같이 평가대상을 포괄적으로 정하지 아니하고 대상사업을 구체적으로 특정하여 대상사업에 대하여 환경영향평가의 시행을 의무화하는 현 체제(positive list 방식)를 고수하고 있는 한 이러한 방식의 도입은 현실성이 없다고 보인다. 그러나 일정 규모 미만의 사업에 대하여 환경영향평가를 시행할 것인지 여부를 의무적이 아닌 승인기관장등이 개별적으로 판단토록 하는 방법은 고려할 만하다.[19]

한편 동법은 시방사치난체의 석극석인 환경관리노력에 의하여 개발사업의 확대에 따른 환경영향을 최소화하도록 한다는 차원에서 대상사업의 범위를 시 · 도의 조례로 확대할 수 있는 가능성을 열어 놓고 있다. 즉 특별시 · 광역시 · 도 · 특별자치도 또는 인구 50만 이상의 시는 환경영향평가 대상사업의 종류 및 범위에 해당하지 아니하는 사업으로서 대통령령으로 정하는 범위에 해당하는 사업에 대하여 지역 특성 등을 고려하여 환경영향평가를 실시할 필요가 있다고 인정하면 해당 시 · 도의 조례로 정하는 바에 따라 그 사업을 시행하는 자로 하여금 환경영향평가를 실시하게 할 수 있다(제42조 제1항).

형 등과 같이 그들의 환경적 영향을 함께 평가할 수 있는 기초를 제공하는 유사성을 가지고 있는 행위이다. 40 C.F.R. § 1508.25(a).

18) 미국에서는 먼저 환경평가(Environmental Assessment)를 거쳐, 문제의 사업이 인간환경에 중대한 영향을 미칠 것인지 여부를 결정하는데, 일단 중대한 영향을 미친다고 판단되면 환경영향평가서(Environmental Impact Statement)의 작성이 요구되고, 그렇지 아니할 경우에는 FONSI(Finding of No Significant Impact) 절차가 진행되어 환경영향평가서의 작성이 요구되지 아니한다. 40 C.F.R. § 1501.4(c), (e).

19) 일본 「환경영향평가법」은 규모가 크고 환경에 큰 영향을 미칠 우려가 있는 사업을 "제1종 사업"으로 정하고, 환경영향평가 절차를 반드시 거치도록 하고 있으며, "제1종 사업"에 준하는 규모의 사업을 "제2종 사업"으로 정하고, 환경영향평가 절차를 행할지 여부를 개별적으로 판단하도록 하고 있다(제2조 제2항, 제3항). 그러나 이러한 방식은 선택적으로 환경영향평가를 시행하도록 한 대상사업(예컨대, 제2종 사업)을 사실상 의무적인 대상사업으로 할 가능성이 있다.

[3] 연접개발과 총량적 · 누적적 영향평가: 대법원 2006. 12. 22. 선고 2006두14001 판결

사전환경성검토 대상면적 미만으로 이미 허가를 받은 개발사업지역과 연접한 지역에 추가로 개발사업을 하고자 하는 경우(연접개발)의 사전환경성검토협의 대상사업 해당 여부와 관련하여 기존 개발사업과 추가 개발사업 사이에 그 사업주체나 사업시기가 동일한 경우에만 협의 대상사업에 해당한다고 볼 수 있는지에 관하여 살펴보면, 법문의 문리적 해석상 반드시 동일 사업자가 추가로 허가를 받아 개발하는 경우에 한정하여 적용된다고 해석할 근거가 없는 점, '사전환경성검토협의' 제도는 '환경기준의 적정성 유지' 및 '자연환경의 보전' 등을 위하여 환경에 영향을 미치는 행정계획 및 개발사업을 그 대상으로 하고 있는 점, 연접개발의 경우를 규정한 (환경정책기본법 시행령 제7조 제1항, 별표 2 '사전환경성검토협의대상 및 협의시기'의) 비고 제7항은 소규모 개발사업의 누적적 환경영향의 발생에 대비한 사전 검토, 즉 개별 단위사업이 사전환경성검토협의 대상사업이 아니라 하더라도 각 사업이 한 곳에 집중하게 되면 총량적 · 누적적으로 그 지역의 환경용량을 초과하여 환경에 악영향을 초래할 우려가 있다면 이를 사전에 검토하여 그 불합리를 방지하고자 함에 그 취지가 있는 것으로 보이므로, 사업주체가 동일인인 경우에 한정하여 이를 적용한다면 그 규범적 실효성이 크게 떨어질 것으로 예상되는 점 등의 각 사정에 비추어 볼 때, 위 연접개발에 관하여 규정한 비고 제7항은 사업주체가 동일한 경우는 물론 사업주체나 사업시기를 달리하는 경우에도 그 적용이 있다고 해석함이 상당하다(대법원 1999. 12. 10. 선고 87두2881 판결, 대법원 2005. 10. 27. 선고 2005두7600 판결, 대법원 2006. 11. 23. 선고 2006두13954 판결 등 참조)(판례 [14]와 동일 판례).[20]

---

20) 「국토의 계획 및 이용에 관한 법률」상의 농림지역에서 순차적으로 연접하여 설립되는 5개 공장의 사업계획 총면적은 31,006㎡에 이르나, 각자의 면적은 모두 사전환경성검토 최소 대상면적인 7,500㎡ 미만인 사안에서, 기존 개발사업자와 추가개발사업자가 동일한 경우는 물론이고 사업주체나 사업시기를 달리하는 경우에도 총면적이 7,500㎡ 이상인 경우에는 사전환경성검토 대상이라고 한 사례. 이는 소규모 개발사업이 한 곳에 집중되면서 초래될 총량적 · 누적적 환경상의 악영향을 방지할 필요성이 있다는 점을 고려한 것으로서, 사전환경성검토를 회피할 목적으로 형식상 사업주체를 달리하여 사업계획면적을 분할하여 사업을 시행하던 종전 관행에 제동을 걸었다고 할 수 있다. 이 사안은 종전의 사전환경성검토와 관련한 것이지만 환경영향평가에도 그대로 적용될 수 있을 것이다. 사안에서 법원은 사업주체를 달리하는 경우에도 그 적용이 있다고 하였으나 2015. 12. 30. 개정 시행령에서 "사업자가 같은 경우만 해당한다"는 문구가 추가됨으로써(비고 제4항 제4호 참조), 사업주체가 다른 경우에는 그 적용이 없다고 해야 할 것이다.

다. 예 외

다음의 사업에 대하여는 환경영향평가를 실시하지 아니한다:

①「재난 및 안전관리기본법」 제37조에 따른 응급조치를 위한 사업;

② 국방부장관이 군사상 고도의 기밀보호가 필요하거나 군사작전의 긴급한 수행을 위하여 필요하다고 인정하여 환경부장관과 협의한 사업;

③ 국가정보원장이 국가안보를 위하여 고도의 기밀보호가 필요하다고 인정하여 환경부장관과 협의한 사업(제23조).

3. 평가서 제출시기 및 협의요청시기

동법은 환경영향평가 대상사업별로 평가서의 제출 및 협의요청시기를 달리 정하고 있는데 대부분 실시계획의 인가(승인)전으로 되어 있다(시행령 별표 3 참조). 시행령에 정해진 제출시기 또는 협의요청시기는 해당 사업이 환경영향평가 대상에 해당하는지 여부를 결정하는 대상사업의 범위 중 사업의 규모를 판단하는 시점으로 작용한다.[21]

[4] 제주 해군기지 사건: 대법원 2012. 7. 5. 선고 2011두19239 판결

[다수의견] 환경영향평가법의 위임에 따라 환경영향평가 대상사업 또는 사업계획에 대한 환경영향평가서 제출시기를 규정하고 있는 구 환경영향평가법 시행령(2010. 2. 4. 개정 전) 제23조 [별표 1] 제16호 (가)목에서 정한 '기본설계의 승인 전'은 문언 그대로 구 건설기술관리법 시행령(2009. 11. 26. 개정 전) 제38조의9에서 정한 '기본설계'의 승인 전을 의미한다고 해석하는 것이 타당하고, 그렇게 보는 것이 환경영향평가법의 위임 범위를 벗어나는 것도 아니다.

[대법관 전수안, 대법관 이상훈의 반대의견] 구 국방·군사시설 사업에 관한 법률(2009. 1. 30. 개정 전, 이하 '구 국방사업법'이라 한다)에 따른 국방·군사시설 사업의 경우 환경영향평가법 제16조 제1항의 '사업계획 등에 대한 승인 등'은 구 국방사업법 제4조 제1항의 '실시계획의 승인'을 의미한다고 보아야 한다. 환경영향평가법 제16조 제1항은 구 국방사업법상 국방·군사시설사업에 대한 실시계획 승인을 받기 전에 환경영향평가서를 제출하도록 규정하면서 그 범위 내에서 구체적인 제출시기를 대통령령에 위임한 것인데, 구 환경영향평가법 시행령 제23조 [별표 1] 제16호 (가)목은 이와 같은 위임 범위를 벗어나 실시계획의

21) 대법원 2008. 11. 13. 선고 2007두19317 판결(판례 [2]).

승인이 이루어진 후 실제 공사가 진행되는 과정의 하나로 보이는 '기본설계의 승인 전'까지 환경영향평가서를 제출하도록 규정하고 있으므로, 이는 근거가 되는 상위법률에 위반되는 무효인 규정이다.22)

4. 환경영향평가 항목 및 범위 결정

동법은 환경영향평가 대상사업의 시행으로 영향을 받게 될 자연환경, 생활환경, 사회 · 경제 등의 분야에 대하여 실시하도록 하며, 분야별 환경영향평가의 세부 평가항목을 대통령령으로 정하도록 위임하고 있다(제7조). 이에 따라 시행령에서는 6개 분야(대기환경, 수환경, 토지환경, 자연생태환경, 생활환경, 사회 · 경제환경)에 걸쳐 21개 항목을 정하고 있다(시행령 제2조, 별표 1). 이와 같이 평가항목이 정하여진 상황에서 그 필요성이 없거나 적은 경우에도 전 항목에 걸쳐 일률적으로 평가를 하여야 한다면 환경영향평가의 효율성이 떨어질 수밖에 없다. 예컨대, 어느 지역에서 시행하는지 여부를 불문하고 도로건설을 하는 경우 일률적으로 같은 평가항목에 대하여 평가하도록 하는 것은 효율적이고 내실있는 평가를 방해할 수 있다. 산림지역에서 하는 경우와 도시지역에서 하는 경우를 달리 취급하여 전자의 경우에는 녹지훼손, 동 · 식물에 미치는 영향 등을 집중적으로 검토하고, 후자의 경우에는 소음영향, 인구, 교육문제 등에 대하여 집중적으로 평가하는 것이 평가의 내실화에 부합할 것이다.

평가항목을 일률적으로 정하고, 간략하게 평가가 가능한 항목이나 평가가 불필요한 항목까지 평가를 하도록 하는 것은 불필요한 시간과 비용의 낭비를 초래할 수 있다. 평가항목 전부에 대하여 동일한 수준으로 평가를 실시하는, 말하자면 '선택과 집중'이 없는 상태에서는 평가의 비효율성이 야기될 수밖에 없는 것이다. 이에 대상사업별로 사업의 유형 및 특성, 입지여건 등을 고려하여 환경에 미치는 영향이 큰 평가항목에 대하여는 중점적으로 평가하여 작성하고 기타 항목에 대하여는 평가를 하지 아니하거나 필요한 범위 내에서 현황만을 조사하는 식의 평가방식의 필요성이 제기된다.

---

22) 실시계획이 승인된 단계, 즉 사업이 확정된 단계에서의 환경영향평가가 무의미하다는 점을 들어 소수의견처럼 실시계획 승인 이전에서 이루어지는 것이 타당하다는 견해는 송동수, "환경영향평가의 하자와 사법심사", 환경법연구 제34권 제3호, 2012. 11, 58면. 이 사건 이후 시행 시기는 다음과 같이 개정되었다: 「국방 · 군사시설 사업에 관한 법률」 제6조에 따른 국방 · 군사시설사업 실시계획 승인 전.

이러한 점을 감안하여 동법은 평가항목 · 범위 등을 결정하는 이른바, 스코핑(Scoping)[23] 절차를 모든 환경영향평가 대상사업에 대하여 의무화하고 결정된 평가항목 · 범위 등에 따라 환경영향평가를 실시하도록 하고 있다. 이에 따르면, 승인등을 받지 아니하여도 되는 사업자는 환경영향평가를 실시하기 전에 평가준비서를 작성하여 대통령령으로 정하는 기간 내에 환경영향평가협의회의 심의를 거쳐 환경영향평가 대상지역, 환경보전방안의 대안, 평가 항목 · 범위 · 방법 등(환경영향평가항목등)을 결정하여야 한다(제24조 제1항). 승인등을 받아야 하는 사업자는 환경영향평가를 실시하기 전에 평가준비서를 작성하여 승인기관의 장에게 환경영향평가항목등을 정하여 줄 것을 요청하여야 한다(동조 제2항).

환경부장관은 다음의 어느 하나에 해당하는 요청을 받은 경우에는 환경영향평가항목등을 결정할 수 있다: ① 승인등을 받지 아니하여도 되는 사업자가 필요하다고 인정하여 환경영향평가항목등을 정하여 줄 것을 요청한 경우; ② 승인등을 받아야 하는 사업자가 환경영향평가협의회의 심의를 거치기 곤란한 부득이한 사유가 있거나 특별히 전문성이 요구된다고 판단하여 승인기관을 거쳐 환경영향평가항목등을 정하여 줄 것을 요청한 경우(동조 제3항). 요청을 받은 승인기관의 장이나 환경부장관은 대통령령으로 정하는 기간 내에 환경영향평가협의회의 심의를 거쳐 환경영향평가항목등을 결정하여 사업자에게 통보하여야 한다(동조 제4항). 나아가 동법은 환경영향평가 대상사업에 대한 평가항목 · 범위등을 결정할 때 환경적 · 생태적으로 가치가 큰 지역에 대한 계절적 특성 변화 등을 고려하도록 하고, 결정된 평가항목 · 범위 등을 공개하고 주민의견을 듣도록 하고 있다(동조 제5항 · 제7항). 한편, 동법은 전략환경영향평가항목등에 환경영향평가항목등이 포함되어 결정된 경우로서 환경부장관과 전략환경영향평가에 대하여 협의하였을 때에는 환경영향평가항목등의 결정 절차를 거치지 아니할 수 있도록 함으로써(동조 제6항), 절차 간소화와 사업자 편의를 도모하고 있다.

환경영향평가항목등의 결정은 결정된 평가항목 · 범위등 이외의 평가항목 · 범위등에 대해서는 환경영향평가의무가 면제될 수 있는 반면 결정된 평가항목 · 범위등에 대하여 허위 · 부실의 평가서 작성이 이루어진 경우 그 책임을 면하기 어렵게 되었다는 것을 의미한다. 말하자면 '선택과 집중'을 통해 환경영향평가의 내실화, 실효성을 제고할 수 있게 된 것이다.

---

23) 미국에서 활용되고 있는 스코핑이란 제기된 행위와 관련한 중요한 쟁점을 규명하고, 환경영향평가서에서 다루어질 쟁점의 범위를 정하기 위해 조기에 이루어지는 공개적인 과정이다. 40 C.F.R. § 1501. 7.

이로써, 모든 항목에 대하여 동일한 수준으로 평가를 실시하면서 발생되는 비효율성과 경직성이 상당부분 감소될 것으로 보이며, 부실조사 및 부실작성도 상당부분 개선될 것으로 예상된다. 환경영향평가 시 여러 항목 중에서 관련되는 항목 및 범위를 한정함으로써 환경영향평가에 소요되는 노력과 비용을 절감할 수 있고, 환경영향평가의 기간이 단축되는 효과도 기대된다. 그러나 환경부장관에 대한 요청이 의무적이지 않고, 평가항목 · 범위의 결정 주체가 원칙적으로 환경부장관이 아니라 승인기관의 장이라는 점에서 그 실효성에 의문이 제기된다. 이에 환경부장관에 대한 요청을 의무화하고, 결정 주체를 환경부장관으로 하여 이 제도를 활성화할 필요가 있다. 평가항목 · 범위의 결정 주체를 환경부장관으로 하고 평가항목 · 범위 결정절차를 획일적으로 의무화하는 것이 부담스러울 경우에는 원칙적으로 결정 주체를 승인기관의 장으로 하되 일정 규모 이상의 대상사업에 한해서만 의무화하는 것을 검토할 수 있을 것이다.

또 하나 지적할 점은 동법이 환경영향평가항목등의 결정 대상 중의 하나로 환경보전방안의 대안을 들고, 평가서에는 당해 사업으로 인하여 불가피하게 발생하는 환경 악영향, 그 저감방안, 대안 설정 및 평가 등을 포함하도록 하고 있는바(시행령 제46조, 제34조 제1항 제6호), 구체적인 대안 설정의 범위, 방법 등이 마련되어 있지 않아 실효성에 의문이 제기된다는 것이다.[24] 법원은 대안을 검토하지 않은 점을 크게 문제 삼지 않는 것으로 보인다.[25] 비시행(no action)이라는 대안제시를 의무화하고 있지 않은 점도 문제이다. 경우에 따라서는 저감방안을 일체 제시할 수 없는 경우도 예상할 수 있는바, 이러한 경우는 사업을 하지 않는 것이 대안이 되는 것이다. 그럼에도 불구하고 대안제시를 생략하거나 형식적으로 하면서 사업을 강행하는 것은 환경영향평가제도의 본질을 왜곡할 수 있는 것이다.[26]

---

24) 환경부장관의 고시(「환경영향평가서등 작성 등에 관한 규정」)에 따르면 '대안'이란 해당사업의 시행으로 인하여 환경에 미치는 영향을 저감 또는 방지할 수 있는 모든 합리적인 방안으로서 규모, 사업지역 경계, 토지이용계획, 시기, 공법, 기타의 저감방안 등 조건이 다른 여러 가지 안을 말한다. 단, 전략환경영향평가를 거치지 않은 사업의 경우에는 입지를 대안으로 둘 수 있다(제2조 제5호). 나아가 동 규정은 저감방안은 환경현황 및 영향의 예측 · 분석 · 평가 등의 내용을 토대로 합리적이고 구체적인 내용으로 수립되어야 하며, 가능한 둘 이상의 대안을 비교하여 그 장 · 단점을 객관적으로 기술하여야 하고, 최종적으로 사업 시행 시 이행할 저감방안을 선정 · 제시하되, 그 선정사유를 명시하여야 한다고 규정하고 있다(제12조).

25) 대법원 2001. 6. 29. 선고 99두9902 판결(판례 [18]) 참조.

26) 현행 제도하에서 대안비교는 적절한 대안이 있는 경우에만 하도록 되어 있다. 이러한 이유로 많은 평가서는 대안 설정과 평가를 생략하거나 지엽적, 기술적인 대안만을 비교하는 것으로

대안의 검토는 합리적(rational)이고 실행가능한 모든 대안에 대하여 구체적으로 이루어져야 한다.[27] 현실적으로는 대안제시가 아예 없거나 형식적인 대안제시에 그치는 경우가 있다. 형식적인 대안제시는 환경영향평가의 부실 내지 형해화(形骸化)를 의미한다. 이러한 문제를 개선하기 위해서는 대안비교, 특히 비시행대안(no action alternative)의 검토를 의무화할 필요가 있다.[28] 복수안의 작성을 의무화하는 것도 생각해 볼 수 있다.

누적영향평가가 제대로 이루어지지 않는 것도 영향평가제도의 기능, 역할을 반감하고 있다. 장소적으로 개발사업들이 집중되거나 시기적으로 기존 개발사업에 연하여 다른 개발사업이 이루어지는 경우 등에 누적적 영향을 고려하지 않고 개별사업 중심의 평가만을 고집할 경우에는 환경훼손과 난개발은 심화되고 일정 지역에서의 개발과 보전을 둘러싼 갈등은 증폭될 수밖에 없다. 특히 일정한 지역에서 다양한 개발사업이 집중되어 난개발이 진행되고 있거나 진행될 우려가 있는 경우, 시기를 달리하여 기존 개발사업지구에 연하여 다른 개발사업지구가 지정되어 개발이 이루어지면서 환경훼손이 심각한 경우 등에 대하여는 누적영향평가의 필요성이 크다. 누적영향평가의 실효성을 확보하기 위해서는 누적적·총량적 영향평가를 의무화할 필요가 있다. 누적영향평가의 기법을 개발하고, 정보·자료의 축적·공유·제공·지원을 가능케 하는 시설 및 체계의 설치·확립도 중요하다.

5. 환경영향평가 대상지역

환경영향평가는 환경영향평가 대상사업의 시행으로 인하여 환경영향을 받게

그치고 있다. 대부분의 평가서는 모범답안을 만든 후 오답을 대안으로 제시하고, 모범답안이 불가피성을 정당화하는 형태로 대안비교를 하고 있다. 이러한 문제를 개선하기 위해서는 대안비교, 특히 비시행대안(no action alternative)의 검토를 의무화할 필요가 있다. 구도완, "지속가능한 발전을 위한 환경영향평가: 사회·경제환경분야를 중심으로", 환경포럼, 제2권 제17호, 한국환경정책·평가연구원, 1998. 9. 24, 5면. 절차법적 차원에서 대안의 평가에 대하여 상세한 규정은 두자는 견해가 있다. 이비안, "환경영향평가제도에서 대안의 검토 필요성: 합리적 대안과 부작위 대안", 환경법연구 제32권 제1호, 2010. 4, 376면, 393면.

27) 대법원 2011. 4. 21. 선고 2010무111 전원합의체 결정. 미국 법원과 환경질위원회(CEQ)는 검토되어야 하는 대안과 관련하여 '합리성 원칙(rule of reason)'을 적용하고 있다. *NRDC v. Morton*, 148 U.S. App. D.C. 5, 458 F.2d 827, 836 (D.C. Cir. 1972); *Vermont Yankee Nuclear Power Corp. v. NRDC*, 435 U.S. 519, 98 S.Ct. 1197, 55 L.Ed.2d 460 (1978); 40 C.F.R. § 1502.14.

28) 구도완(각주 26), 5면. 참고적으로 미국의 경우 환경질위원회(Council on Environmental Quality) 규정은 환경영향평가를 하는 공무원으로 하여금 비시행대안을 검토하도록 하고 있다. 40 C.F.R. § 1502.14.

되는 지역으로서 환경영향을 과학적으로 예측·분석한 자료에 따라 범위가 설정된 지역에 대하여 실시하여야 한다(제6조). 승인등을 받지 아니하여도 되는 사업의 경우에는, 환경영향평가협의회의 심의를 거치지만(제8조), 환경영향평가 대상지역의 범위를 결정하는 주체는 사업자(그 결정을 환경부장관에게 요청한 경우에는 환경부장관)이다. 승인등을 받아야 하는 사업의 경우에는 승인기관의 장(승인기관을 거쳐 그 결정을 환경부장관에게 요청한 경우에는 환경부장관)이다. 환경영향평가 대상지역의 설정은 환경영향평가가 실시되는 지역적 한계를 정하고, 주민의견 수렴절차를 수행함에 있어 주민의견 수렴대상을 정하는 데 의미가 있으며, 권리구제 차원에서 원고적격을 판단하는 근거로서도 중요한 의미를 갖게 된다. 법원은 환경영향평가 대상지역 안의 주민에게 항고소송(취소소송)의 원고적격을 인정하고 있는 추세이다.[29]

6. 평가서의 내용

시행령에서는 평가서에 포함되어야 할 사항을 정하고 있다(시행령 제46조 제1항). 한편, 각 사항별 작성방법과 그 밖에 평가서 작성에 필요한 사항은 환경부장관이 정하여 고시하도록 되어 있다(동조 제2항). 이에 따라 환경영향평가서의 본문에 포함되어야 할 내용이 환경부 고시인 '환경영향평가서작성등에관한규정'(환경부 고시 제1997-95호)에 자세히 규정되어 있다.

7. 환경영향평가절차

가. 평가준비서의 작성

사업자는 환경영향평가 대상지역, 환경보전방안의 대안, 평가 항목·범위·방법 등(환경영향평가항목등)을 결정하기 위하여 환경영향평가를 실시하기 전에 평가준비서를 작성하여야 한다(제24조). 이는 그 출발단계부터 철저한 준비를 하도록 하여 효율적이고 내실있는 환경영향평가가 이루어지도록 하기 위한 조치로 이해된다.

---

29) 대법원 1998. 9. 22. 선고 97누19571 판결(판례 [10]); 대법원 1998. 4. 24. 선고 97누3286 판결; 대법원 1998. 9. 4. 선고 97누19588 판결(영광원자력발전소 사건) 참조.

나. 주민의 의견수렴

동법은 대상사업에 대한 주민이해를 돕고, 내용을 공개하여 공정한 평가가 이루어지도록 주민의견 수렴절차를 도입하고 있다. 환경영향평가서의 초안의 작성 및 주민 등의 의견수렴절차에 관하여는 전략환경영향평가에 적용되는 규정(제12조부터 제13조)이 준용된다. 그 결과 환경영향평가서초안의 작성, 제출, 공고·공람, 설명회 또는 공청회의 개최,30) 주민이 아닌 자의 의견 반영31) 등이 그대로 적용된다. 그러나 개발기본계획의 수립단계에서 전략환경영향평가서 초안의 작성 및 의견수렴절차를 거친 경우로서 일정한 요건에 해당하는 경우32) 협의기관의 장과의 협의를 거쳐 환경영향평가서 초안의 작성 및 의견수렴절차를 거치지 아니할 수 있도록 하고 있다(제25조 제5항).

[5] 의견수렴(공청회): 대법원 2009. 4. 23. 선고 2007두13159 판결

구 환경영향평가법 시행령 제9조 제4항은 "공청회가 사업자가 책임질 수 없는 사유로 2회에 걸쳐 개최되지 못하거나 개최는 되었으나 정상적으로 진행되지 못한 경우에는 공청회를 생략할 수 있다. 이 경우 사업자는 공청회를 생략하게 된 사유와 공청회시 의견을 제출하고자 한 자의 의견제출의 시기 및 방법 등에 관한 사항을 제2항의 규정을 준용하여 공고하고, 다른 방법으로 주민의 의견을 듣도록 노력하여야 한다"고 규정하고 있다.

위 규정은 천재지변이나 사업을 반대하는 세력에 의한 공청회의 개최 또는 진행 방해 등 사업자가 책임질 수 없는 사유로 인해 공청회를 개최 또는 진행하는 것이 불가능할 경우에는 공청회를 생략하고, 다른 방법으로 주민의 의견을 들을 수 있도록 하는 데 그 취지가 있다. 그러므로 1회의 공청회가 개최 또는 정상 진행되지 못한 경우에도 공청회가 개최 또는 진행되지 못한 사유 등에 비추어 차후의 공청회 역시 개최 또는 정상 진행되지 못할 것이 확실한 경우에는 위 규정의 취지에 비추어 반드시 2회 공청회를 개최할 필요는 없다.

---

30) 원칙적으로 사업자는 주민의견의 수렴을 위하여 설명회나 공청회, 그 밖의 다른 의견수렴방법을 선택하여 실시할 수 있으며, 반드시 공청회를 개최하여야 하는 것은 아니다. 이는 사업의 종류나 규모를 불문하고 일률적이고 획일적인 방식을 강제하는 것보다는 사업의 특성에 따라 유연한 의견수렴방법을 선택하도록 하는 것이 보다 효율적이라는 인식에 기한 것으로 생각된다. 그 결과 사업자로서는 공청회보다는 상대적으로 절차가 까다롭지 아니한 설명회를 선택할 가능성이 높다. 그러나 대통령령으로 정하는 범위(30명 이상)의 주민의 요구가 있으면 반드시 공청회를 개최하여야 한다(제13조 제1항 단서, 시행령 제16조 제1항, 제40조 제1항).

31) 자연공원, 습지보호지역 등 생태계의 보전가치가 큰 지역에서 시행하는 국민적 관심대상이 되는 사업에 대하여는 의견수렴 대상자가 '주민이 아닌 자'에게까지 확대된다. 즉 사업자는 생태계의 보전가치가 큰 지역으로서 대통령령으로 정하는 지역을 포함하는 지역에서 환경영

의견수렴 후 사업이 일정 규모 이상으로 확대된다든지 소각시설 등이 추가되는 경우에는 기존의 주민의견 수렴의 기초가 변경되어 주민들의 의견이 달라질 수 있으므로 의견수렴을 다시 하는 것이 필요하고, 그렇게 하는 것이 환경영향평가 후 실제 사업의 추진에도 도움이 될 것이다. 이에 동법은 사업자로 하여금 의견수렴절차를 거친 후 협의 내용을 통보받기 전까지 환경영향평가 대상사업의 변경 등 대통령령으로 정하는 중요한 사항을 변경하는 경우에는 평가서초안의 작성과 의견수렴을 다시 하도록 하고 있다(제26조 제1항). 또한 공개한 의견의 수렴 절차에 흠이 존재하는 등 환경부령으로 정하는 사유가 있으면 의견 재수렴 절차를 거치도록 하고 있다(동조 제2항).

주민의견 수렴절차와 관련하여 미흡한 부분이 발견되고 있다. 그 동안 수차례의 법개정을 통하여 일정한 경우 공청회의 개최가 의무화되고, 자연공원, 습지보호지역 등 생태계의 보전가치가 큰 지역에서 시행하는 사업의 경우에는 의견수렴 대상자를 주민이 아닌 자에게까지 확대하고, 평가항목 및 범위등의 심의 시 주민 등의 의견을 들을 수 있도록 하며, 평가서초안에 기초한 설명회 또는 공청회가 개최된 이후 사업계획이 변경된 경우 의견재수렴을 하도록 하는 등 큰 진전이 있어 온 것은 사실이다. 그러나 타당성 또는 기본계획단계가 아니라 평가서초안 작성단계에서 비로소 의견수렴절차가 진행된다는 점, 의견수렴 대상자가 사업의 시행으로 영향을 받게 되는 평가 대상지역 주민으로 한정하고 있는 점,[33] 제한적인 경우를 제외하고는 환경단체 또는 시민단체의 참여가 제한되고 있는 점, 군사상 기밀보호나 영업비밀 보호 등의 이유로 제출자의 요청에 따라 평가서초안의 공개가 제한될 수 있는 점(제66조) 등 절차상 미흡한 부분이 있는 것도 사실이다.

주민의견 수렴절차는 평가의 공정성, 투명성, 신뢰성을 담보하고 대상사업

향평가 대상사업을 시행하려는 경우에는 주민의 의견 외에 전문가 등 평가 대상지역의 주민이 아닌 자의 의견도 듣고 이를 평가서의 내용에 포함시켜야 한다(제13조 제2항, 제25조 제2항). '주민이 아닌 자'란 이 규정에 따라 대통령으로 정하는 지역의 주민만이 아니라 환경단체, 시민단체 등 해당 지역주민 외의 자를 포함하는 것으로 이해된다. 홍준형, 환경법, 박영사, 2005, 224면.

32) 이는 ① 전략환경영향평가서의 협의 내용을 통보받은 날부터 3년이 지나지 아니한 경우; ② 협의 내용보다 사업규모가 30퍼센트 이상 증가되지 아니한 경우; ③ 협의 내용보다 사업규모가 제22조 제2항에 따라 대통령령으로 정하는 환경영향평가 대상사업의 최소 사업규모 이상 증가되지 아니한 경우; ④ 폐기물소각시설, 폐기물매립시설, 공공하수처리시설, 공공폐수처리시설 등 주민의 생활환경에 미치는 영향이 큰 시설의 입지가 추가되지 아니한 경우에 모두 해당하는 경우를 말한다.

33) 석인선, "환경영향평가절차상 주민참여", 환경법연구 제30권 제2호, 2008. 8, 458면 참조.

의 시행을 함에 있어 발생될 수 있는 사업자와 지역주민의 상반된 이해관계를 조정하는 등 중요한 기능을 수행하게 되면서 동 제도의 성공을 위한 중요하고 핵심적인 요소가 되고 있다. 이러한 관점에서 타당성 또는 기본계획단계부터 의견수렴절차의 진행, 의견수렴 대상자의 범위 확대,[34] 의견수렴절차에 환경단체 및 민간단체의 참여, 환경영향평가협의회에 주민 · 환경단체 · 민간단체의 활발한 참여, 평가서 작성 · 제출 이후의 주민의견 수렴절차의 마련과 같은 주민의견 수렴절차를 활성화하는 제도적 보완이 모색되어야 할 것이다.[35]

현실적으로는 평가서초안 자체가 부실하게 작성되어 주민의견 수렴절차가 형식적으로 흐를 가능성이 상존하고 있으며, 주민들이 평가서초안이 공람되고 있는지조차 모르는 경우가 많고 알게 된 경우에도 공람기간이 짧고, 그 내용이 고도로 전문적이어서 사업내용을 충분히 이해하고 의견을 제시하는 것이 어려운 경우가 많다. 주민들이 의견을 제시하는 경우에도 자료와 정보의 부족 때문에 그 의견이 제대로 반영되지 않는 경우가 많다. 일부 이해관계자들의 의견이 전체 의견인양 제시되어 반영될 우려도 있다.

환경영향평가제도가 본래 취지에 부합하기 위하여는 주민의견 수렴절차가 형식적이고 소극적으로 이루어져서는 안 된다. 이에 주민의견의 수렴이 실질적으로 이루어질 수 있는 제도적 장치가 고안되어야 할 필요가 있다. 우선 평가서초안이 부실하게 작성된 경우에는 의견수렴이 형식적으로 이루어질 수밖에 없기 때문에 결국 충실한 의견수렴을 위해서는 평가서초안이 적정하게 만들어졌는지에 대한 통제가 선결되어야 할 것이다. 이를 위해서는 환경영향평가협의회 등을 활용하여 평가서초안이 의견수렴을 할 수 있을 정도로 제대로 만들어졌는지 확인하는 과정이 필요하다고 생각된다. 평가서초안의 내용을 비전문가가 이해할 수 있을 정도로 쉬운 내용으로 주민들에게 설명해 주어야 한다는 설명의무조항을 평가서초안의 필수적 내용으로 추가한다거나,[36] 실질적인 정보의 충분한 공개, 여론조사와 같은 주민의견 수렴방법의 개발, 의견수렴범위의 결정 등 주민의견을 폭넓게 수렴하고 충실히 반영하기 위한 구체적이고 세부적인 절차가 제도적으로 뒷받침되어야 한다.

---

34) 석인선(앞의 글), 458면 참조.
35) 구도완(각주 26), 6면.
36) 홍준형(각주 31), 231면.

다. 평가서 제출 및 협의요청

일반적인 경우 사업자는 사업의 승인기관에게 평가서를 제출하고, 승인기관은 환경부장관에게 평가서의 협의를 요청하게 된다.

(1) 평가서 작성 및 제출

승인등을 받지 아니하여도 되는 사업자는 제1항에 따라 환경부장관에게 협의를 요청할 경우 환경영향평가서를 작성하여야 하며, 승인등을 받아야 하는 사업자는 환경영향평가서를 작성하여 승인기관의 장에게 제출[37]하여야 한다(제27조 제2항).

(2) 협의요청

승인등을 받지 아니하여도 되는 사업자 또는 승인기관의 장(승인기관장등)은 환경영향평가 대상사업에 대한 승인등을 하거나 환경영향평가 대상사업을 확정하기 전에 환경부장관에게 협의를 요청하여야 한다. 이 경우 승인기관의 장은 환경영향평가서에 대한 의견을 첨부할 수 있다(제27조 제2항). 협의기관의 장은 환경부장관이 된다. 협의요청의 주체는 사업자가 아닌 승인기관의 장인데, 이는 사업승인 시 협의 내용이 사업계획 등에 충실히 반영될 수 있도록 하는 역할을 하게 된다.

(3) 시　　기

동법 시행령에서는 대상사업별로 평가서의 제출 시기와 협의요청 시기를 구체적으로 정하고 있다(시행령 제31조 제1항, 별표 3). 그 시기가 공항개발사업, 매립 등과 같이 공사시행의 고시 또는 면허단계도 있지만 원칙적으로 실시계획 승인 전으로 되어있다. 사업자로부터 평가서를 제출받은 승인기관의 장은 평가서를 제출받은 날부터 10일 이내에 환경부장관에게 평가서에 대한 협의를 요청하여야 한다(시행령 제47조 제3항).

(4) 평가서 등의 공개

특히 동법에서는 환경부장관으로 하여금 다른 법령에 따라 공개가 제한되는 경우 외에는 제70조 제3항에 따른 환경영향평가와 관련된 정보지원시스템 등을 이용하여 주민 등이 평가서초안뿐만 아니라 최종 평가서, 사후환경영향조사서 등 환경영향평가 관련 서류를 열람할 수 있게 원칙적으로 공개하도록 함으로써(제66

---

37) 환경영향평가서의 '제출'이 수리를 요하는 제출인가라는 질문을 하면서 수리를 요하는 '신고'로 볼 수 있다는 견해는 조홍식, 환경법원론, 박영사, 2019, 381면.

조 제1항), 협의 내용에 대한 투명성과 지역주민의 알권리를 제고하고 있다. 공개행정이 이루어지면 그만큼 환경영향평가제도에 대한 국민의 신뢰는 향상되고, 평가의 공정성과 객관성이 확보될 것이다. 환경영향평가 대상사업에 대한 외부감시는 강화될 뿐만 아니라 사업 추진을 둘러싼 갈등의 소지는 줄어들 것이다. 그러나 그 공개가 의무적이지 않고, 군사상의 기밀 보호, 사업의 영업비밀 등을 이유로 사업자나 승인기관의 장이 전부 또는 일부를 공개하지 아니하도록 요청하는 경우 이를 공개하지 아니할 수 있도록 하고 있기 때문에 일정한 한계가 있다(동조 제2항).

라. 평가서의 보완·검토

환경부장관에게는 환경영향에 관한 최종 검토권한이 있다. 협의요청에 따라 이루어지는 협의 단계는 평가서의 검토를 통하여 환경부의 의견이 반영된다는 점에서 환경영향평가의 핵심절차이다.

(1) 평가서의 보완

일정한 경우 환경부장관에게는 승인기관장등에 대한 사업계획 등의 보완요구권이 부여되고 있다. 즉 평가서가 작성내용·작성방법 등에 따라 작성되지 아니한 경우, 환경영향평가 대상사업의 시행으로 환경에 해로운 영향을 미칠 우려가 있어 사업계획등의 조정이나 보완이 필요하다고 인정하는 경우 등에는 승인기관장등에게 평가서나 사업계획등을 조정하거나 보완할 것을 요청할 수 있다(제28조 제3항). 환경부장관이 사업계획 등의 보완을 요청하지 않거나[38] 수차례의 보완 요청으로 협의기간이 도과된 경우에는 책임 소재를 둘러싸고 분쟁의 소지가 있다. 이에 동법은 보완·조정의 요청은 두 차례만 할 수 있도록 하고, 그 요청에도 불구하고 요청한 내용의 중요한 사항이 누락되는 등 환경영향평가서 또는 해당 사업계획이 적정하게 작성되지 아니하여 협의를 진행할 수 없다고 판단되는 경우, 환경영향평가서가 거짓으로 작성되었다고 판단되는 경우에는 환경영향평가서를 반려할 수 있도록 하고 있다(동조 제4항). 문맥이나 환경영향평가서 내용의 충실을 도모하려는 규정 취지에 비추어 반려된 경우에는 협의 절차가 더 이상 진행될 수 없다고 이해된다.[39] 그 결과 반려는 처분성이 인정된다고 할 수 있다. 보완·조정 요청을 받은 승인기관장등은 특별한 사유가

38) 이순자, 환경법, 법원사, 2012, 177면.
39) 함태성, "환경행정법의 최근 동향과 쟁점 및 과제", 환경법연구 제41권 제1호, 2019. 4, 95면.

없으면 이에 따라야 한다(동조 제3항). 요청할 수 있는 내용으로는 사업계획의 조정, 보완뿐만 아니라 사업의 중지나 원상회복 등이 들어진다.[40] 주민참여를 통한 사회적 합의에 강한 구속력이 주어지기 위해서는 환경부장관의 조정·보완 등 협의 내용에 대하여 주민들도 이의를 제기할 수 있는 제도적 장치가 필요하다는 견해가 있을 수 있으나[41] 주민들에게 이의를 제기할 수 있도록 하기 위해서는 이들에 대한 협의 내용의 통보가 전제되어야 하기 때문에 어려운 점이 있다.

(2) 평가서의 검토

환경부장관은 평가서를 검토할 때 필요하면 환경영향평가에 필요한 전문성을 갖춘 기관으로서 대통령령으로 정하는 기관 또는 관계 전문가의 의견을 듣거나 현지조사를 의뢰할 수 있고, 사업자 또는 승인기관의 장에게 관련 자료의 제출을 요청할 수 있다. 다만, 다음의 자로부터 그 의견을 들어야 한다: ① 한국환경연구원(KEI); ② 해양수산부장관(해양환경에 영향을 미치는 사업으로서 대통령령으로 정하는 사업만 해당)(동조 제2항). 한편 동법은 환경훼손이나 자연생태계의 변화가 현저하게 될 우려 등이 있는 경우 환경부장관이 환경영향평가 대상사업의 재검토를 통보할 수 있는 근거를 마련하여 환경영향평가제도의 실효성을 제고하고 있다(동조 제5항).

환경부장관은 평가서 검토를 위하여 필요한 경우에는 사업자 또는 승인기관의 장에게 관련 자료 등의 제출을 요청할 수 있다(동조 제2항).

마. 협의 내용의 통보

환경부장관은 평가서의 검토가 완료된 때에는 그 결과, 즉 협의 내용을 승인기관장등에게 통보하여야 하며, 협의 내용을 통보받은 승인기관의 장은 이를 지체 없이 사업자에게 통보하여야 하며(제29조 제1항·제3항), 사업자는 협의 내용에 따른 필요한 조치를 하여야 한다. 환경부장관은 사업자의 편의를 위하여 협의를 요청한 날부터 45일 이내에 승인기관장등에게 통보하여야 하나 부득이한 사유로 협의기간을 연장한 경우에는 60일 이내에 통보하여야 한다(동조 제1항, 시행령 제50조). 협의 내용을 주민에게까지 통보할 필요는 없다.

협의 내용은 실무상 크게 동의, 부동의, 조건부 동의로 이루어지는데,[42] 조

40) 홍준형(각주 31), 235면.
41) 홍준형(앞의 책), 248면.

건부 동의가 월등히 많은 것으로 파악되고 있다. 그 구별기준은 분명치 아니하다. 협의 내용의 통보는 승인기관장등에게 하면 족하고 전문가나 주민에게까지 할 것이 요구되지는 않는다. 조건부 동의의 경우에 조건의 충족 여부를 확인하는 것은 큰 의미가 있다. 조건의 이행 여부를 확인하지 아니하는 경우는 사실상 동의와 마찬가지의 의미를 갖게 되기 때문이다. 흔히 조건부 동의를 사실상의 동의로 이해하고 사업을 강행하는 경향이 있는 현실에서는 차제에 조건부 동의 자체를 없애는 것도 고려해 보아야 한다.

한편, 환경부장관은 다음의 어느 하나에 해당하는 경우에는 해당 사업계획 등에 관련 내용을 반영할 것을 조건으로 협의를 마치고 승인기관장등에게 협의 내용을 통보할 수 있다: ① 보완 · 조정하여야 할 사항이 경미한 경우; ② 해당 사업계획등에 대한 승인등을 하거나 해당 사업을 시행하기 전에 보완 · 조정이 가능한 경우(제29조 제4항). 이는 조건부 협의제도로서 협의기간의 지연으로 사업의 시행이 지체되는 것을 막기 위한 입법적 배려라 할 것이다.

바. 협의 내용의 반영 여부에 대한 확인 · 통보

협의 내용의 반영을 승인등의 요건으로 하면 협의 내용의 이행이 확보될 수 있다는 차원에서 동법은 승인기관의 장이 사업계획등에 대하여 승인등을 하려는 때에는 협의 내용이 사업계획등에 반영되었는지 여부를 확인하고, 협의 내용이 반영되지 아니한 때에는 이를 반영하게 하여야 한다고 규정하고 있다(제30조 제1항). 또한 동법은 환경부장관이 협의 내용이 반영되었는지를 확인할 수 있도록 승인기관장등이 사업계획등에 대한 승인등을 하거나 승인등을 받지 아니하여도 되는 사업계획등을 확정하였을 때에는 협의 내용의 반영 결과를 환경부장관에게 통보하도록 하고 있다(동조 제3항).

실질적인 환경영향평가가 이루어지기 위해서는 협의 내용이 사업계획등에 충실히 반영되는 것이 중요한데, 이를 위해서는 승인기관의 장에게 전적으로 맡기기보다는 환경부장관이 그 반영을 요구할 수 있도록 하는 것이 필요하다. 이에 동법은 환경부장관으로 하여금 협의 내용이 반영되지 아니한 경우 승인기관장등에게 협의 내용을 반영하도록 요청할 수 있고, 이 경우 승인기관장등이 '특별한 사유'가 없으면 이에 따르도록 하고 있다(동조 제4항).[43] 협의 내용의 반영 여부

42) 이는 환경부 고시인 '환경영향평가서등에 관한 협의업무 처리규정' 제17조 제3항에 근거하고 있다.

43) 환경부는 "특별한 사유"를 관계 행정기관이 개발계획을 수립 · 확정하거나 또는 개발사업을 승

를 주민이 아는 것은 쉽지 않을 것이다. 이에 주민의 알권리를 보장한다는 차원에서 협의 내용 반영 여부 또는 비반영에 대한 타당한 근거 등에 대해 주민 또는 전문가들이 알 수 있도록 하는 법적·제도적 보완을 검토할 필요가 있다.

[6] '특별한 사유': 대전지법 2009. 7. 15. 선고 2009구합74 판결

이 사건 토지는 대지조성사업 승인을 받아 이미 부지정리공사 및 진입로 공사를 마친 상태여서 토사가 발생할 염려가 없고, 이 사건 공장은 PCM모듈과 SMP모듈을 생산하는 공장으로서 오염물질을 배출하지 않고 조용하여 환경친화적이라는 원고의 주된 주장에 대한 평가는 전혀 반영되어 있지 않다. 그렇다면 이 사건 협의의견은 개발사업에 반영하지 않아도 되는 특별한 사유가 있는 경우에 해당된다고 할 것이므로 피고로서는 이 사건 협의의견을 개발사업에 반영하지 않거나 금강유역환경청장에게 이러한 사실오인 및 평가누락사항에 대한 보완을 요청한 다음 그 보완의견을 토대로 원고의 이 사건 공장신설승인신청에 대한 처분을 하였어야 함에도, 피고가 이 사건 협의의견만을 토대로 원고의 이 사건 공장신설승인신청에 대하여 불승인처분한 것은 재량권을 일탈·남용한 것이다.[44]

사. 협의 내용에 대한 조정 요청

사업자나 승인기관의 장은 통보받은 협의 내용에 대하여 이의가 있으면 대통령령으로 정하는 바에 따라 환경부장관에게 협의 내용을 조정하여 줄 것을 요청할 수 있다. 이 경우 승인등을 받아야 하는 사업자는 승인기관의 장을 거쳐 조정을 요청하여야 한다(제31조 제1항). 이와 같이 조정 요청을 할 수 있는 자는 사업자 또는 승인기관의 장에 한하고 주민은 제외되고 있기 때문에 현재로서는 주민들이 이의를 제기할 수 있는 길은 차단된 상태이다.

조정 요청을 받은 환경부장관은 환경영향평가협의회의 심의를 거쳐 조정 여부를 결정하고 그 결과를 사업자나 승인기관의 장에게 통보하여야 한다(동조 제2항). 이의에 대한 판단을 평가서협의기관의 장에게 맡기고 있는 것은 자신이

인함에 있어 "협의기관이 제시한 협의 내용을 관계 행정기관이 반영하지 못하거나 반영할 수 없는 불가항력적인 사유"로 해석하며, 그 구체적인 예로, ① 다른 법령이 정하고 있는 허용행위 또는 행위제한 규정을 잘못 적용하여 협의 내용을 제시한 경우, ② 천재지변, 홍수·재난 등과 같은 긴급한 상황이 발생되어 협의 내용을 반영할 수 없거나 협의 내용을 반영할 경우, 신속한 복원·복구 등이 불가능하고 또한 오히려 환경영향이 더 클 경우 등을 들고 있다.

44) 금강유역환경청의 협의의견에 따라 원고의 공장신설승인신청을 불승인한다는 내용의 처분이 재량권을 일탈·남용한 것으로서 부적법하다고 한 사례.

내린 결정에 대하여 다시 판단하는 것을 의미하기 때문에 그 결정의 번복을 기대하기 어렵다. 이는 사업자 등의 권리보호에 소홀할 수밖에 없다. 이에 조정요청에 대한 판단을 독립된 제3의 기관이 하도록 하는 것은 중요한 의미가 있다. 이러한 점에서 환경부장관이 독자적으로 결정하지 않고 환경영향평가협의회에 그 타당성을 심의하도록 한 것은 환영할 만한 것이다. 그러나 환경영향평가협의회가 기본적으로 환경부 내의 위원회라는 점에서는 절반의 성공에 불과하다. 승인기관장등은 협의 내용의 조정을 요청하였을 때에는 통보를 받기 전에 그 사업계획 등에 대하여 승인등을 하거나 확정을 하여서는 아니 된다. 다만, 조정 요청과 관련된 내용을 사업계획등에서 제외시키는 경우에는 그러하지 아니하다(동조 제4항).

아. 평가서의 재협의

협의 내용을 통보받은 후 오랜 기간이 경과하고, 환경여건이 변하면 협의 내용의 실효성이나 타당성이 상실 또는 감소될 수밖에 없다. 이러한 문제에 대처하기 위하여 동법은 평가서의 재작성 및 재협의에 관한 규정을 두고 있다. 이에 따르면, 승인등을 받지 않아도 되는 사업자는 사업계획등을 승인하거나 사업계획등을 확정한 후 5년 이내에 사업을 착공하지 아니한 경우, 일정 범위 이상으로 사업규모를 확대하는 경우,[45] 통보받은 협의 내용에서 원형대로 보전하거나 제외하도록 한 지역을 대통령령으로 정하는 규모 이상으로 개발하거나 그 위치를 변경하는 경우, 대통령령으로 정하는 사유[46]가 발생하여 협의 내용에 따라 사업계획 등을 시행하는 것이 맞지 아니하는 경우 평가서를 재작성하여야 하며, 승인등을 받아야 하는 사업자는 재작성된 평가서를 승인기관의 장에게 제출하여야 한다(제32조 제1항). 다만, 사업을 착공하지 아니한 기간 동안 주변 여건이 경미하게 변한 경우로서 승인기관장등이 환경부장관과 협의한 경우에는 그러하지 아니하다(동항 제1호). 승인기관장등은 재작성된 평가서에 대하여 환경부장관에게 재협의를 요청하여야 한다.

한편, 동법은 환경영향평가 대상사업이 환경부장관과 협의를 거쳐 확정되거

---

45) 여기에는 다음의 어느 하나에 해당하는 경우가 포함된다: ① 협의 내용에 반영된 사업 · 시설 규모의 30퍼센트 이상 증가되는 경우; ② 최소 환경영향평가 대상 규모 이상 증가되는 경우; ③ 공사가 7년 이상 중지된 후 재개되는 경우(시행령 제54조 제2항).

46) "대통령령으로 정하는 사유"란 환경영향평가서의 재협의를 하지 아니한 사업자가 그 부지에서 자연환경의 훼손 또는 오염물질의 배출을 발생시키는 행위를 하려는 경우, 공사가 7년 이상 중지된 후 재개되는 경우를 말한다(시행령 제54조 제4항).

나 승인등을 받고 취소 또는 실효된 경우 또는 환경부장관과 협의를 거친 후 지연 중인 경우로서 대통령령으로 정하는 기간 이내에 해당 사업의 승인등을 추진하려는 경우에는 재협의를 생략할 수 있도록 함으로써(동조 제2항), 절차의 간소화를 고려하고 있다.

자. 변경협의

사업자는 사업계획등의 변경으로 협의 내용이 변경되는 경우로서 평가서의 재작성 · 재협의 대상에 해당되지 아니하는 경우에는 사업계획등의 변경에 따른 환경보전방안을 강구하여 이를 변경되는 사업계획등에 반영하여야 한다(제33조 제1항). 승인등을 받아야 하는 사업자는 환경보전방안에 대하여 미리 승인기관의 장의 검토를 받아야 한다(동조 제2항). 승인기관장등은 환경보전방안을 마련하거나 검토할 때에는 대통령령으로 정하는 사유[47]에 해당하면 환경부장관의 의견을 들어야 한다(동조 제3항).

8. 환경영향평가 후의 관리

제도의 기능이 제대로 수행되기 위해서는 환경영향평가과정에서 마련된 환경보전방안 등 협의 내용을 사업자 스스로 충실히 이행하여야 한다. 그러나 현실적으로는 불이행 사례가 많이 발생하고 있는데, 이러한 현실을 인식하고 동법은 사업자로 하여금 협의 내용을 이행하도록 의무화하고 사업승인기관으로 하여금 협의 내용 이행 여부를 관리 · 감독하도록 하고 있다. 이에 따라 승인기관의 장은 사업자의 협의 내용 이행을 확보하기 위해 사업자에게 시정조치, 더 나아가 공사중지명령을 부과한다. 이러한 사후관리는 한마디로 말하면 환경영향

---

47) "대통령령으로 정하는 사유"란 다음의 어느 하나에 해당하는 경우를 말한다: ① 협의기준을 변경하는 경우; ② 사업 · 시설 규모가 협의 내용에 반영된 사업 · 시설 규모의 10퍼센트 이상 증가하는 경우; ③ 건축물이나 그 밖의 공작물의 바닥면적 또는 건축연면적이 협의 내용에 반영된 바닥면적 또는 건축연면적의 30퍼센트 이상 증가하는 경우; ④ 협의 내용에서 원형대로 보전하거나 제외하도록 한 지역의 5퍼센트를 초과하여 토지이용계획을 변경하거나 변경되는 면적이 1만m^2 이상인 경우; ⑤ 협의 내용에 포함된 부지면적의 15퍼센트 이상 토지이용계획을 변경하는 경우; ⑥ 협의 내용 통보 시 사업장 안에 입지를 제한한 건축물 그 밖의 공작물(산업입지 및 산업단지의 조성사업인 경우에는 업종을 포함)에 관한 사항이나 그 밖에 협의 내용의 변경 시 미리 협의기관의 장의 의견을 듣도록 한 사항을 변경하는 경우; ⑦ 통보된 협의 내용에 포함된 공정이나 공법 등의 변경으로 배출되는 오염물질(「대기환경보전법」 제16조 및 「물환경보전법」 제32조에 따라 배출허용기준이 설정된 오염물질을 말함)이 30퍼센트 이상 증가되거나 새로운 오염물질이 배출되는 경우(시행령 제55조 제2항).

평가의 실효성을 확보하기 위한 것이다.

가. 사업자의 의무

(1) 협의 내용의 이행의무

사업자는 사업계획등을 시행할 때 사업계획등에 반영된 협의 내용을 이행하여야 한다(제35조 제1항).

(2) 관리대장의 비치 및 협의 내용관리책임자의 지정

사업자는 협의 내용을 성실히 이행하기 위하여 환경부령으로 정하는 바에 따라 협의 내용을 적은 관리대장에 그 이행 상황을 기록하여 공사현장에 갖추어 두어야 하며, 협의 내용이 적정하게 이행되는지를 관리하기 위하여 협의 내용 관리책임자를 지정하여 승인기관의 장(승인등을 받아야 하는 환경영향평가 대상사업만 해당)과 환경부장관에게 통보하여야 한다(동조 제2항 · 제3항).

동법은 이와 같이 관리책임자를 지정하도록 함으로써, 협의 내용 관리책임을 사업자에게 부과하고 있는데, 흔히 사업자는 사업자 소속직원이 아닌 시공사 소속직원을 관리책임자로 지정함으로써 협의 내용에 대한 종합적인 책임관리를 회피하고 있다. 시행규칙에서 정하고 있는 관리책임자의 자격기준(건설기술자의 현장배치기준)은 완화되어 있고, 관리책임자의 세부적인 준수사항은 규정되어 있지 않으며, 처벌규정은 없다. 이러한 실태는 환경영향평가제도의 실효성을 약화시킨다. 일정한 자격 요건(예컨대, 환경영향평가사)을 갖춘 사업자 소속 직원으로 협의 내용 관리책임자를 지정하도록 하고, 자격기준과 준수사항을 보다 세밀하고 명확히 규정하고 이를 위반한 경우 처벌함으로써 사후관리를 강화할 필요가 있다.

(3) 사후환경영향조사

이미 작성된 환경영향평가서 내용이 개발단계와 이용단계에서 예기치 못한 사항이 발생하고 있는지 여부를 파악하기 위하여 사후환경영향조사제도가 활용되고 있다. 사후환경영향조사라함은 사업시행으로 인하여 발생될 수 있는 환경피해를 방지하고 아울러 당초에 환경영향평가서가 적정하게 실시되었는가를 파악하기 위하여 사업자가 행하는 환경에 대한 조사 · 분석 및 평가행위를 말한다. 이에 따르면, 사업자는 해당 사업을 착공한 후에 그 사업이 주변 환경에 미치는 영향을 조사(사후환경영향조사)하고, 그 결과를 승인기관의 장(승인등을 받아야 하는 환경영향평가 대상사업만 해당)과 환경부장관에게 통보하여야 한다(제36조 제1항). 승인기관의 장과 환경부장관에게 그 결과를 통보하도록 한 것은 이들에게 사후관리 · 감독책임 및 권한이 있다는 점을 감안한 것이다.

사업자는 사후환경영향조사 결과 해당 사업으로 인한 주변 환경의 피해를 방지하기 위하여 조치가 필요한 경우에는 지체 없이 이를 승인기관의 장과 환경부장관에게 통보하고 필요한 조치를 하여야 한다(동조 제2항). 나아가 동법은 환경부장관으로 하여금 사후환경영향조사의 결과 및 조치의 내용 등을 검토하도록 함으로써(동조 제3항), 실효성을 확보하려고 하고 있다. 한편, 동법은 사후환경영향조사의 대상사업 · 조사항목 및 조사기간, 그 밖에 필요한 사항을 환경부령으로 정하도록 위임하고 있다(동조 제5항).

(4) 의무의 승계

사업자가 변경되는 때에는 이와 같은 사업자의 의무는 변경된 사업자에게 승계된다(제38조). 그러므로 사업자가 변경되는 경우에는 변경된 사업자가 협의 내용을 이행하여야 하며, 환경영향평가를 다시 할 필요는 없다.

나. 협의 내용의 관리 · 감독

(1) 승인기관의 감독책임

환경영향평가의 실효성을 확보하기 위하여 승인기관의 장에게는 협의 내용의 이행을 감독할 1차적 책임과 권한이 있다. 즉 승인기관의 장은 승인등을 받아야 하는 사업자가 협의 내용을 이행하는지를 확인하여야 한다(제39조 제1항). 주민들의 협의 내용에 대한 이행 여부 확인은 인정되지 않는다. 승인기관은 사업승인 시 협의 내용이 사업계획에 제대로 반영되었는지 확인하는 데 그치지 아니하고 공사착공 이후에도 협의 내용이 충실히 이행되고 있는지 사업자를 감독할 책임이 있다. 즉 승인기관의 장은 승인등을 받아야 하는 사업자가 협의 내용을 이행하지 아니한 때에는 그 이행에 필요한 조치를 명하여야 한다(제40조 제1항).

(2) 공사중지명령

승인기관의 장은 승인등을 받아야 하는 사업자가 협의 내용의 이행에 필요한 조치명령을 이행하지 아니하여 해당 사업이 환경에 중대한 영향을 미친다고 판단하는 경우에는 그 사업의 전부 또는 일부에 대한 공사중지명령을 하여야 한다(동조 제2항).

(3) 환경부장관의 공사중지요청

환경부장관은 협의 내용의 이행을 감독할 2차적 책임과 권한을 갖는다. 즉 환경부장관은 승인기관의 장과 더불어 사업자에게 협의 내용의 이행에 관련된 자료를 제출하게 하거나 소속 공무원으로 하여금 사업장에 출입하여 조사하게 할 수 있으며(제39조 제2항), 협의 내용에 협의기준[48]에 대한 내용이 포함되어 있으면 협의기준의 준수 여부를 확인하여야 한다(제40조 제3항). 협의 내용의 이행을 관리하기 위하여 필요하다고 인정하는 경우, 사후환경영향조사의 결과 및 조치의 내용 등을 검토한 결과 주변 환경의 피해를 방지하기 위하여 필요하다고 인정하는 경우에는 승인등을 받지 아니하여도 되는 사업자에게 공사중지, 원상복구 또는 그 밖에 필요한 조치를 할 것을 명령하거나, 승인기관의 장에게 공사중지, 원상복구 또는 그 밖에 필요한 조치 명령을 할 것을 요청할 수 있다. 이 경우 승인기관장등은 특별한 사유가 없으면 이에 따라야 한다(동조 제4항). '특별한 사유'가 어떠한 것이지 별도의 규정이 없기 때문에 승인기관장등이 자의적이고 폭넓게 해석하면서 환경부장관의 요청에 응하지 아니할 가능성이 있다. 이에 필요한 조치 또는 의무사항을 회피할 수 있는 여지를 주고 있는 '특별한 사유'에 대한 예시와 제한이 요망된다. 승인기관의 장이 조치명령 또는 공사중지명령을 하거나 사업자가 조치를 한 때에는 지체 없이 그 내용을 환경부장관에게 통보하여야 한다(동조 제5항).

(4) 과 징 금

동법은 원상복구할 것을 명령하여야 하는 경우에 해당하나, 그 원상복구가 주민의 생활, 국민경제, 그 밖에 공익에 현저한 지장을 초래하여 현실적으로 불가능할 경우에는 원상복구를 갈음하여 총 공사비의 3퍼센트 이하의 범위에서

---

48) '협의기준'이란 사업의 시행으로 영향을 받게 되는 지역에서 다음의 어느 하나에 해당하는 기준으로는 「환경정책기본법」 제12조에 따른 환경기준을 유지하기 어렵거나 환경의 악화를 방지할 수 없다고 인정하여 사업자 또는 승인기관의 장이 해당 사업에 적용하기로 환경부장관과 협의한 기준을 말한다: ① 「가축분뇨의 관리 및 이용에 관한 법률」 제13조에 따른 방류수수질기준; ② 「대기환경보전법」 제16조에 따른 배출허용기준; ③ 「물환경보전법」 제12조 제3항에 따른 방류수 수질기준; ④ 「물환경보전법」 제32조에 따른 배출허용기준; ⑤ 「폐기물관리법」 제31조 제1항에 따른 폐기물처리시설의 관리기준; ⑥ 「하수도법」 제7조에 따른 방류수수질기준; ⑦ 「소음 · 진동관리법」 제7조에 따른 소음 · 진동의 배출허용기준; ⑧ 「소음 · 진동관리법」 제26조에 따른 교통소음 · 진동 관리기준; ⑨ 그 밖에 관계 법률에서 환경보전을 위하여 정하고 있는 오염물질의 배출기준(제2조 제5호).

과징금을 부과할 수 있도록 하고 있다(제34조의2).

(5) 사업착공 등의 통보

사업자는 사업을 착공, 준공, 3개월 이상 공사 중지 또는 3개월 이후 공사를 중지한 후 재개하려는 경우에는 승인기관의 장(승인등을 받아야 하는 환경영향평가 대상사업만 해당)과 환경부장관에게 그 내용을 통보하여야 한다(제37조 제1항). 사업착공등을 통보받은 승인기관의 장은 해당 내용을 평가 대상지역 주민에게 대통령령으로 정하는 방법에 따라 공개하여야 한다(동조 제2항).

(6) 사전공사의 금지

동법은 협의 · 재협의 · 변경협의 등의 절차를 거치지 아니하거나 절차가 끝나기 전에 해당 개발사업의 공사를 강행하는 것을 제재하기 위하여 사전공사 시행을 금지하고 그 위반에 대한 벌칙 등의 제재수단을 둠으로써, 실효성을 확보하려고 하고 있다. 즉 사업자는 협의 · 재협의 또는 변경협의의 절차를 거치지 아니하거나 절차가 끝나기 전(공사가 일부 진행되는 과정에서 변경협의의 사유가 발생한 경우에는 변경협의의 절차가 끝나기 전을 말함)에 환경영향평가 대상사업의 공사를 하여서는 아니 된다. 사전공사가 허용되는 공사는 ① 협의를 거쳐 승인등을 받은 지역으로서 재협의나 변경협의의 대상에 포함되지 아니한 지역에서 시행되는 공사, ② 착공을 준비하기 위한 현장사무소 설치 공사 또는 다른 법령에 따른 의무를 이행하기 위한 공사 등 환경부령으로 정하는 경미한 사항에 대한 공사로 제한된다(제34조 제1항). 승인기관의 장은 협의 · 재협의 또는 변경협의의 절차가 끝나기 전에 사업계획등에 대한 승인등을 하여서는 아니 되며, 승인등을 받아야 하는 사업자가 이 규정을 위반하여 공사를 시행하였을 때에는 해당 사업의 전부 또는 일부에 대하여 공사중지를 명하여야 한다(동조 제2항 · 제3항). 승인기관의 장이 협의절차가 끝나기 전에 승인을 한 경우에는 그 승인처분은 위법하고 할 것이다.[49)]

여기에서 협의 절차가 완료되는 시점은 언제를 말하는가? 사업자나 승인기관의 장이 협의 내용을 반영하기 전까지는 협의 절차가 완료되지 않은 것으로 보아야 하는가? 법원은 승인기관의 장이 협의 내용을 반영하지 않겠다고 통보함으로써, 협의 절차가 끝나는 것으로 보고 있다.[50)]

---

49) 박균성 · 함태성, 환경법, 박영사, 2017, 338면.
50) 부산고법 2007. 6. 29. 선고 2006누5540 판결.

환경부장관은 사업자가 제1항을 위반하여 공사를 시행하였을 때에는 승인등을 받지 아니하여도 되는 사업자에게 공사중지, 원상복구 또는 그 밖에 필요한 조치를 할 것을 명령하거나 승인기관의 장에게 공사중지, 원상복구 또는 그 밖에 필요한 조치를 명할 것을 요청할 수 있다. 이 경우 승인기관장등은 특별한 사유가 없으면 이에 따라야 한다(동조 제4항).

사전공사 금지규정을 위반한 경우 승인처분의 위법성을 인정할 수 있는가? 법원은 그 논거가 명확하지 아니하나 소극적인 입장을 취하고 있다(판례 [7]). 사전공사의 금지가 환경영향평가 절차 및 승인의 요건을 구성하지 않는다는 점, 동 규정의 취지가 향후 '실효성의 확보'라는 점 등에 비추어 사전공사 금지규정 위반이 승인처분의 위법성에 영향을 미치지 않는다고 이해된다.51)

[7] 사전공사 시행과 처분의 효력: 대법원 2014. 3. 13. 선고 2012두1006 판결

환경영향평가법 제16조 제1항, 제28조 제1항 본문, 제3항, 제51조 제1호 및 제52조 제2항 제2호의 내용, 형식 및 체계에 비추어 보면, 환경영향평가법 제28조 제1항(현행 제34조 제1항) 본문이 환경영향평가절차가 완료되기 전에 공사시행을 금지하고, 제51조 제1호 및 제52조 제2항 제2호가 그 위반행위에 대하여 형사처벌을 하도록 한 것은 환경영향평가의 결과에 따라 사업계획 등에 대한 승인 여부를 결정하고, 그러한 사업계획 등에 따라 공사를 시행하도록 하여 당해 사업으로 인한 해로운 환경영향을 피하거나 줄이고자 하는 환경영향평가제도의 목적을 달성하기 위한 데에 입법 취지가 있다. 따라서 사업자가 이러한 사전공사시행 금지규정을 위반하였다고 하여 승인기관의 장이 한 사업계획 등에 대한 승인 등의 처분이 위법하게 된다고는 볼 수 없다.

(7) 재 평 가

동법은 개발사업의 시행 당시에는 예측하지 못한 환경영향이 발생하여 주변환경에 중대한 영향을 미치는 것으로 인정하는 사업 등에 대해서는 환경영향을 원점에서 다시 평가하도록 하고 있다. 즉 환경부장관은 ① 해당 사업을 착공한 후에 환경영향평가 협의 당시 예측하지 못한 사정이 발생하여 주변 환경에 중대한 영향을 미치는 경우로서 제36조 제2항 또는 제40조에 따른 조치나 조치

51) 같은 맥락에서 사전공사의 금지가 환경영향평가를 하는 데 있어서 거치는 절차가 아니며, 그 위반이 환경영향평가의 실체를 구성하고 있는 주요 내용이 누락되는 등 환경영향평가가 부실하게 이루어진 경우라고 보기 어렵다는 점에서 사업자가 사전공사 금지규정을 위반하였다는 사실만으로 그 후에 이루어지는 승인처분이 당연히 위법하게 되는 것은 아니라는 견해가 있다. 박균성 · 함태성(각주 49), 337면.

명령으로는 환경보전방안을 마련하기 곤란한 경우, ② 환경영향평가서등과 그 작성의 기초가 되는 자료를 거짓으로 작성한 경우에는 승인기관장등과의 협의를 거쳐 한국환경연구원의 장 또는 관계 전문기관 등의 장에게 재평가를 하도록 요청할 수 있다(제41조 제1항). 재평가는 일단 적법하게 승인된 사업의 환경영향을 다시 평가하는 것으로 사업자에게 지나친 부담을 줄 수 있기 때문에 요건을 협의 당시 예측하지 못한 환경영향으로 인해 발생한 중대한 주변환경 영향으로 한정하고 있다.

재평가는 한국환경연구원의 장 또는 관계 전문기관 등의 장이 하도록 하고 있으며, 환경영향재평가결과에 따라 사업자 또는 관계 행정기관은 환경보전조치를 하게 된다. 즉 한국환경연구원의 장 또는 관계 전문기관 등은 이 규정에 따른 요청을 받은 때에는 해당 사업계획등에 대하여 재평가를 실시하고, 그 결과를 대통령령으로 정하는 기간 이내에 환경부장관과 승인기관장등에게 통보하여야 한다(동조 제2항). 환경부장관이나 승인기관장등은 재평가의 결과를 통보받았을 때에는 재평가 결과에 따라 환경보전을 위하여 사업자에게 필요한 조치를 하게 하거나 다른 행정기관의 장 등에게 필요한 조치명령을 하도록 요청할 수 있다(동조 제3항).

[8] 환경영향평가서 재작성 · 재평가(도롱뇽 사건): 대법원 2006. 6. 2 선고 2004마1148, 2004마1149(병합) 결정

환경영향평가제도는 환경 등에 미치는 영향이 큰 사업에 대한 계획을 수립 · 시행함에 있어서 그 사업이 환경 등에 미칠 영향을 미리 평가 · 검토하여 건전하고 지속가능한 개발이 되도록 함으로써 쾌적하고 안전한 국민생활을 도모함을 목적으로 하는바(환경 · 교통 · 재해 등에 관한 영향평가법 제1조), 피신청인이 국가의 전 지역에서 장기간 이루어지는 고속철도사업을 시행함에 있어서는 위 법에 의한 환경영향평가 절차를 충실히 이행할 뿐 아니라, 환경영향평가 절차를 이행한 후 환경영향평가 시에 고려되지 아니하였던 새로운 사정이 발견되어 그 사업으로 인하여 사업시행구간 관련 토지 소유자들의 환경이익을 침해할 수 있다는 개연성이 나타나고 종전의 환경영향평가만으로는 그와 같은 개연성에 관한 우려를 해소하기에 충분하지 못한 경우에는 새로이 환경영향평가를 실시하거나 그 환경이익의 침해를 예방할 수 있는 적절한 조치를 먼저 행한 후 사업을 시행하도록 함이 상당하고, 위 토지소유자들은 이를 사법상의 권리로 청구할 수 있을 것이다.

그러나 위와 같은 환경영향평가를 통한 권리의 보장은 실체적인 환경이익의 침해를 보호하기 위한 것이므로, 비록 위와 같이 다시 환경영향평가를 함이

> 상당한 새로운 사정들이 발생되었다고 하더라도, 그 새로운 사정들과 소유자들의 환경이익 사이에 구체적인 피해가능성 내지는 연관성을 인정하기 어려운 사정이 소명되는 경우 또는 새로운 환경영향평가 절차 내지는 이에 준하는 조사가 이루어지고 환경이익의 침해를 예방할 수 있는 적절한 방법이 보완되는 등 소유자들의 환경이익이 침해될 수 있다는 개연성이 부정될 만한 사정이 소명되는 경우에는 더 이상 사업시행의 중지를 구할 수는 없다.
>
> (…) 위 신청인들의 주장과 같이 여전히 활성 단층과 관련하여 공사의 안전성 및 지하수 유출 가능성, 무체지늪과 화엄늪 기타 천성산 일원의 여러 습지들 보호 등의 문제가 제기될 수는 있으나, 피신청인은 위 신청인 들이 주장하는 바와 같은 환경침해에 관한 우려를 해소하기 위하여 비록 법령상의 환경영향평가절차는 아니지만 사단법인 대한지질공학회에 의뢰하여 자연변화 정밀조사를 실시하였고, 그 조사결과 및 환경부의 의뢰로 이루어진 한국환경정책·평가연구원 등의 검토의견에 의하면 이 사건 터널 공사가 천성산의 환경에 별다른 영향을 미치지 않는 것으로 조사된 사정 등을 모두 종합하여 보면,
> 현재로서는 이 사건 터널 공사로 인하여 위 신청인들의 환경이익이 침해될 수 있는 개연성에 관한 소명이 부족하다고 인정된다.52)

(8) 평 가

환경영향평가제도의 성공을 위해서는 그 실효성 확보가 필수적이다. 환경영향평가서의 허위작성, 부실작성, 형식적 협의, 협의 내용의 미이행 등 시비가 끊임없이 발생하는 것도 그 실효성 확보에 문제가 있기 때문이다. 그 동안 승인기관의 장의 조치명령과 공사중지명령(제40조), 사전공사의 금지(제34조 제1항), 공사중지명령을 이행하지 아니한 사업자에 대한 처벌, 처벌 대상자(사업자 외에 환경영향평가업자, 환경영향평가사를 포함), 처벌 대상행위의 확대(예컨대, 평가서의 허위작성뿐만 아니라 무단 복제 등에 대한 처벌)와 처벌의 강화(벌금, 과태료 부과금액의 증액), 협의 위반사실의 공표(제66조의2) 등 실효성 확보를 위한 중요한 진전이 있어 온 것은 사실이나 아직까지는 기본적으로 그 실효성의 보

52) 천성산 일대 사찰과 시민단체가 한국철도시설공단을 상대로 전통사찰이 관통하는 길이 13.5㎞의 터널공사와 관련하여 환경적 이익에 대한 침해의 배제 또는 예방으로서 공사착공금지를 구한 사건에서 이를 기각한 사례. 법원은 소유자들이 "환경영향평가를 실시하거나 그 환경이익의 침해를 예방할 수 있는 적절한 조처를 먼저 행한 후 사업을 시행할 것"을 사법상의 권리로 청구할 수 있다고 판시하고 있으나, 사업시행의 중지는 청구할 수 있다고 하더라도, 결정문대로 토지소유자에게 사법상의 권리로서 이를 청구할 수 있는지는 의문이다. 환경영향평가를 실시하는 것이 민법 제214조의 소유물방해예방청구권의 내용을 이룰 수 있는지, 혹은 민법 제217조 제1항의 생활방해 금지를 위한 '적당한 조치'에 해당하는지도 의문이다.

장이 미흡하다고 평가할 수 있다. 평가내용을 지키지 않을 경우 제재수단이 마땅치 않은 점, 대단위사업의 주체인 국가와 지방자치단체에 대한 벌칙 적용이 불가능한 점 등이 그 예이다.

환경영향평가제도가 실질적인 환경파수꾼이 되기 위해서는 명실상부하게 그 실효성을 확보하는 수단이 마련되어야 한다. 환경영향평가업자에 대하여는 형사처벌뿐만 아니라 등록취소, 업무폐업 · 정지(제57조 · 제58조) 등 행정제재가 가능함에도 불구하고 사업자에 대하여는 이러한 제재가 불가능한 점은 형평성 차원에서도 문제가 될 수 있다. 환경영향평가서를 허위 · 부실하게 작성하는 사업자에 대하여는 처벌과 함께 인 · 허가취소, 조업정지 등 행정제재도 고려할 필요가 있다. 승인기관장에게 공사중지명령뿐만 아니라 더 나아가 사업 자체를 취소할 수 있도록 하는 것도 규제수단을 강화한다는 차원에서 생각해 볼 수 있다. 실효성 확보 차원에서 협의 내용에 대한 확인 및 사후관리(monitoring)도 중요하다. 사후관리가 제대로 안 된다는 것은 환경영향평가제도가 제대로 작동되지 않는다는 것을 의미하는 것이다.

≪환경영향평가절차≫

단계	절차	관련 사항
평가서 작성	평가준비서 작성(§ 24①) 〈사업자 → 승인기관/협의기관〉	
	↓ 환경영향평가협의회 심의(§ 24②, ③) 〈승인기관, 환경부장관〉	· 대상지역, 평가항목 · 범위 · 약식평가 대상 여부 등
	↓ 평가서 초안 작성(§ 25①) 〈사 업 자〉	
공고 · 공람, 설명회, 공청회	↓ 주민의견 수렴(§ 25②) 〈사 업 자〉	
	↓ 평가서 작성(§ 27②) 〈사 업 자〉	
협의요청	↓ 평가서 제출(§ 27②) 〈사업자 → 승인기관〉	
	↓ 평가서 협의요청(§ 27①) 〈승인기관 → 환경부장관〉	
협의절차	↓ 평가서 검토(§ 28) 〈환경부장관〉	← 한국환경연구원, 전문가(§ 28②, ③)
	↓ 협의 내용 통보(§ 29) 〈환경부장관 → 승인기관 → 사업자〉	← 조정 요청(§ 31) 〈사업자, 승인기관〉
	↓ 협의 내용 반영확인 · 통보(§ 30) 〈승인기관 → 환경부장관〉	← 재협의(§ 32) 변경협의(§ 33)
협의 내용 관리	↓ 협의 내용 이행(§ 35①) 〈사 업 자〉	← 관리대장 비치 및 관리책임자 지정(§ 35②, ③) 착공등의 통보(§ 37)
	↓ 사후환경영향조사(§ 36) 〈사 업 자〉	
	↓ 협의 내용 관리 · 감독(§ 39) 〈승인기관 및 환경부장관〉	← 공사중지(§ 40②, § 34③) 〈승인기관〉 벌칙(§ 73)
	↓ 재평가(§ 41)	

Ⅳ. 소규모 환경영향평가

동법은 환경적으로 민감한 지역에서의 소규모 개발사업에 대하여 소규모환경영향평가를 실시하도록 하고 있다. 환경영향평가와 구별되는 것은 그 대상사업의 규모가 소규모이며, 이러한 점을 고려하여 환경영향평가 항목 및 범위 결정, 주민의견 수렴, 이의 조정, 사후환경영향조사, 재협의, 재평가 절차 등을 생략하고 있다는 것이다.

1. 평가대상

가. 대상사업

다음 모두에 해당하는 개발사업을 하려는 사업자는 소규모 환경영향평가를 실시하여야 한다: ① 보전이 필요한 지역과 난개발이 우려되어 환경보전을 고려한 계획적 개발이 필요한 지역으로서 대통령령으로 정하는 지역(보전용도지역)[53]에서 시행되는 개발사업; ② 환경영향평가 대상사업의 종류 및 범위에 해당하지 아니하는 개발사업으로서 대통령령으로 정하는 개발사업(제43조 제1항).

[9] 대법원 2020. 7. 23. 선고 2019두31839 판결

환경영향평가법 시행령 제59조 [별표 4] 제1호 (다)목에서 소규모 환경영향평가의 대상으로 정한 '국토의 계획 및 이용에 관한 법률 제6조 제3호에 따른 농림지역의 경우 사업계획 면적이 7,500㎡ 이상인 개발사업'에서 '사업계획 면적'이란 개발사업이 이루어지는 전체 면적으로서, 사업자가 해당 개발사업의 사업계획을 수립·시행하기 위하여 관계 법령상 행정청의 인허가를 받아야 할 필요가 있는 모든 토지 면적의 총합을 의미한다고 봄이 타당하다.[54]

---

53) 여기에는 관리지역, 개발제한구역 등 22개 보전지역이 포함된다.

54) 甲이 「국토의 계획 및 이용에 관한 법률」에 따라 농림지역 및 농업진흥구역으로 지정된 지목이 '답'인 토지 중 7,457㎡ 부분에서 돼지 축사 10개 동을 건축하기 위하여 건축허가를 신청하였고, (…) 위 토지 중 '부지 제외지'(345㎡)와 '목적 외 사용승인허가 예정지'(135㎡)도 축사 자체의 부지는 아니지만 축사의 부속시설이나 진입도로의 부지에 해당하므로, 축사를 건축하는 개발사업은 그 '사업계획 면적'이 적어도 7,937㎡(=7,457㎡+345㎡+135㎡)가 되므로 환경영향평가법 시행령 제59조 [별표 4] 제1호 (다)목에서 정한 소규모 환경영향평가의 대상인 '농림지역에서 사업계획 면적이 7,500㎡ 이상인 개발사업'에 해당하는 것으로 보아야 한다고 한 사례.

나. 예 외

다음의 어느 하나에 해당하는 개발사업은 소규모 환경영향평가 대상에서 제외한다: ①「재난 및 안전관리 기본법」 제37조에 따른 응급조치를 위한 사업; ② 국방부장관이 군사상 고도의 기밀보호가 필요하거나 군사작전의 긴급한 수행을 위하여 필요하다고 인정하여 환경부장관과 협의한 개발사업; ③ 국가정보원장이 국가안보를 위하여 고도의 기밀보호가 필요하다고 인정하여 환경부장관과 협의한 개발사업(제43조 제1항).

2. 평가절차

가. 평가서의 작성 및 협의 요청

승인등을 받아야 하는 사업자는 소규모 환경영향평가 대상사업에 대한 승인등을 받기 전에 소규모 환경영향평가서를 작성하여 승인기관의 장에게 제출하여야 한다(제44조 제1항). 승인기관장등은 소규모 환경영향평가 대상사업에 대한 승인등을 하거나 대상사업을 확정하기 전에 환경부장관에게 소규모 환경영향평가서를 제출하고 소규모 환경영향평가에 대한 협의를 요청하여야 한다(동조 제2항). 한편, 동법은 절차의 간소화와 사업자의 편의를 고려하여 소규모 환경영향평가서의 작성 및 협의요청을 생략할 수 있는 경우를 두고 있다(동조 제3항).

나. 평가서의 검토 및 통보

환경부장관은 협의를 요청받은 경우에는 협의 요청 절차의 적합성과 소규모 환경영향평가서의 내용 등을 검토한 후 협의를 요청받은 날부터 대통령령으로 정하는 기간 이내에 협의 내용을 승인기관장등에게 통보하여야 한다(제45조 제1항). 소규모 환경영향평가서의 검토에 관하여는 제17조 제2항을 준용한다. 이 경우 '전략환경영향평가서'는 '소규모 환경영향평가서'로 본다(동조 제2항). 동법은 원활한 검토를 위해 보완 · 조정 요청, 반려 등을 규정하고 있으며(동조 제3항, 제4항), 환경훼손이나 자연생태계의 변화가 현저하게 될 우려 등이 있는 경우 환경부장관이 소규모 환경영향평가 대상사업의 재검토를 통보할 수 있는 근거를 마련하고 있다(동조 제5항).

3. 평가 후의 관리

가. 협의 내용의 반영

사업자나 승인기관의 장은 협의 내용을 통보받았을 때에는 이를 해당 사업계획에 반영하기 위하여 필요한 조치를 하여야 한다(제46조 제1항).

나. 변경협의

사업자는 소규모 환경영향평가 협의를 마친 후 원형대로 보전하도록 한 지역 또는 개발에서 제외하도록 한 지역을 추가로 개발하는 등 사업계획 등을 변경하는 경우에는 환경보전방안을 마련하여 변경되는 사업계획 등에 반영하여야 한다(제46조의2).

다. 사전공사의 금지

사업자는 협의 절차 또는 변경협의 절차를 거치지 아니하거나 절차가 끝나기 전(공사가 일부 진행되는 과정에서 재협의 또는 변경협의의 사유가 발생한 경우에는 재협의 또는 변경협의의 절차가 끝나기 전을 말함)에 소규모 환경영향평가 대상사업에 관한 공사를 하여서는 아니 되며, 승인기관의 장은 협의 절차 또는 변경협의의 절차가 끝나기 전에 소규모 환경영향평가 대상사업에 대한 승인등을 하여서는 아니 된다(제47조 제1항 · 제2항). 이를 위반하여 공사를 시행한 자에 대하여는 공사중지명령 및 조치명령이 부과된다(동조 제3항).

라. 사업착공 등의 통보

소규모 환경영향평가 대상사업에 대한 사업 착공 등의 통보에 관하여는 제37조를 준용한다(제48조).

마. 협의 내용 이행의 관리감독

사업자는 개발사업을 시행할 때에 그 사업계획에 반영된 협의 내용을 이행하여야 한다(제49조 제1항). 동법은 협의 내용의 관리 차원에서 이행 여부의 확인 · 통보, 자료제출 · 조사 및 조치명령 등과 관련한 근거 규정을 두고, 환경영향평가에서의 관련 규정을 준용하도록 하고 있다(동조 제2항).

V. 환경영향평가등에 관한 특례

동법은 평가서 작성 · 협의에 과다한 시일이 소요되는 등 환경영향평가제도 운영상 나타난 문제점을 해소하기 위해 일정한 경우 전략환경영향평가와 환경영향평가를 통합하여 실시하도록 하고, 환경영향이 적은 사업에 대하여 평가서초안과 평가서를 하나로 한 약식평가서에 의하여 의견수렴과 평가서에 대한 협의를 병행하여 실시하는 약식절차를 도입하고 있다.

1. 환경영향평가등의 통합 실시

동법은 개발기본계획과 환경영향평가 대상사업에 대한 계획을 통합하여 수립하는 경우에는 전략환경영향평가와 환경영향평가를 통합하여 검토하되, 전략환경영향평가 또는 환경영향평가 중 하나만을 실시할 수 있도록 하고 있다(제50조 제1항). 전략환경영향평가 대상계획에 대한 협의시기와 환경영향평가 대상사업에 대한 협의시기가 같은 경우에는 환경영향평가만을 실시할 수 있다. 이 경우 전략환경영향평가항목등을 포함하여 환경영향평가서를 작성하여야 한다(동조 제2항). 이는 근접한 시기에 유사한 내용의 환경성평가를 중복하여 행하는 것을 피하기 위한 것이라고 이해된다.55)

2. 약식평가

가. 대상사업 여부의 결정

사업자는 승인기관의 장 또는 환경부장관에게 환경영향평가항목등을 결정하여 줄 것을 요청할 때에 약식절차에 따라 환경영향평가를 실시할 수 있는지 여부를 결정하여 줄 것을 함께 요청할 수 있다(제51조 제3항). 한편, 승인등을 받지 아니하여도 되는 사업자는 환경영향평가항목등을 결정할 때에 환경영향평가협의회의 심의를 거쳐 약식절차에 따라 환경영향평가를 실시할 수 있는지를 결정한다.

승인기관의 장이나 환경부장관은 요청을 받으면 환경영향평가협의회의 심의

55) 대법원 2009. 4. 23. 선고 2007두13159 판결(사전환경성검토협의의 시기와 환경영향평가의 협의시기가 같은 경우에 해당한다고 한 사례, 판례 [5]) 참조.

를 거쳐 약식절차에 의한 환경영향평가 실시 여부를 결정하고 대통령령으로 정하는 기간 내에 그 결과를 사업자에게 통보하여야 한다(동조 제4항).

나. 협 의

사업자는 환경영향평가 대상사업 중 환경에 미치는 영향이 적은 사업으로서 대통령령으로 정하는 사업에 대하여는 대통령령으로 정하는 환경영향평가서(약식평가서)를 작성하여 주민등의 의견수렴과 협의 요청을 함께 할 수 있다(제51조 제1항).

다. 평가서의 작성 · 제출

승인등을 받지 아니하여도 되는 사업자는 의견수렴절차와 협의절차를 마치면 제출된 의견과 협의 내용 등이 포함된 환경영향평가서를 다시 작성하여야 한다(제52조 제1항). 승인등을 받아야 하는 사업자는 의견수렴절차와 협의절차를 마치면 제출된 의견과 협의 내용 등이 포함된 환경영향평가서를 다시 작성하여 승인기관의 장에게 제출하여야 한다(동조 제2항). 제출된 의견과 협의 내용이 다른 경우에는 환경부장관의 의견을 들어야 한다. 환경부장관은 의견을 통보하려면 대통령령으로 정하는 기간 내에 환경영향평가협의회의 심의를 거쳐 승인기관의 장과 사업자에게 그 의견을 통보하여야 한다(동조 제3항). 승인기관장등은 환경부장관에게 협의 내용의 반영 결과를 통보할 때에 환경영향평가서를 함께 제출하여야 한다(동조 제4항).

Ⅵ. 사법심사

이제 환경영향평가는 환경분쟁과 관련하여 어김없이 등장하는 주제가 되었다. 환경영향평가서의 허위 · 부실 작성, 형식적인 환경영향평가 협의 등 논란은 계속되고 있으며, 그 결과 환경영향평가제도의 실효성은 상당히 약화되어 있는 상황이다. 환경의식, 시민의식이 증대됨에 따라 이러한 문제를 둘러싼 분쟁은 보다 급격히 증대될 것이 예상된다. 이러한 분쟁을 조기에 수습하지 않을 경우 사회갈등은 계속되고, 더욱 첨예화되면서 사회적, 국가적 자원낭비가 초래될 것이 분명하다. 우리는 이러한 결과를 동강댐 건설, 새만금 간척사업, 경부고속철도 건설사업, 서울외곽순환도로 사패산터널 건설사업, 경인운하 건설사업, 4대강 사업,

제주 해군기지사업 등 대형 국책사업을 수행하면서 뼈저리게 경험한 바 있다.

그 동안 환경영향평가가 유명무실하게 이루어지고 형식적으로 운영되었던 데에는 법원에게도 큰 책임이 있다고 생각된다. 법원이 환경영향평가를 둘러싼 사법심사를 함에 있어서 환경영향평가의 절차적 · 실체적 하자 등을 등한시하고 사업승인처분의 위법성을 인정하는 데 소극적인 입장을 견지하는 한 그 실효성을 확보하기란 근본적으로 어려운 것이다. 법원의 안일한 태도는 환경영향평가제도의 실효성을 떨어트리면서 동 제도를 자칫 유명무실하게 만들 수 있다. 이러한 관점에서 환경영향평가제도의 실효성을 확보하기 위한 법원의 역할 내지 사법심사에 대한 방향 전환이 요구되고 있다.

1. 원고적격

가. 법률상 이익이 있는 자

이른바 '법률상 이익구제설'을 취하고 있는 통설, 판례의 입장은 행정소송과 관련하여 처분의 근거가 되는 법규의 보호목적을 기준으로 하여 처분의 근거법규가 공익보호뿐만 아니라 개인의 이익도 보호하고 있다고 판단되는 경우에 원고적격이 있는 것으로 보고 있다.[56] 최근에는 처분의 직접 근거가 되는 법규에서 나아가 처분의 근거가 되는 법규가 원용하고 있는 법규도 처분의 근거법규로 봄으로써, 취소소송의 원고적격을 확대하는 경향이 뚜렷하다. 예컨대, 대법원은 환경영향평가의 대상이 되는 개발사업이 이루어지는 곳의 인근주민이 개발사업의 승인취소를 청구하는 소송에서, "환경영향평가법은 평가의 대상이 되는 개발사업이 환경을 해치지 아니하는 방법으로 시행되도록 함으로써 개발사업과 관련된 환경공익을 보호하려는 데에 그치는 것이 아니라 환경영향평가 대상지역 안의 주민들의 환경침해를 받지 아니하고 쾌적한 환경에서 생활할 수 있는 개별적인 이익까지도 이를 보호하고 있다"고 판시하면서 「환경영향평가법」을 개발사업승인처분의 근거법으로 보고, 개발사업으로 인하여 직접적이고 중대

56) 대법원 1990. 5. 22. 선고 90누813 판결; 대법원 1991. 12. 13. 선고 90누10360 판결; 대법원 1994. 4. 12. 선고 93누24247 판결; 대법원 1995. 2. 28. 선고 94누3964 판결; 대법원 1995. 9. 26. 선고 94누14544 판결; 대법원 1995. 10. 17. 선고 94누14148 판결; 대법원 2002. 10. 25. 선고 2001두4450 판결; 대법원 2004. 8. 16. 선고 2003두2175 판결; 대법원 2006. 3. 16. 선고 2006두330 전원합의체 판결(판례 [11]); 대법원 2006. 7. 28. 선고 2004두6716 판결.

한 환경피해를 입으리라고 예상되는 환경영향평가 대상지역 안의 주민에게 환경영향평가 대상사업을 승인하는 처분의 취소를 구할 원고적격을 인정하고 있다(판례 [10]).[57] 「환경영향평가법」까지도 처분의 근거법규로 보고, 비록 제한적 범위이지만 환경영향평가 대상지역 안의 주민에게까지 취소소송의 원고적격을 확대하고 있는 것이다.

[10] 남대천양수발전소 사건: 대법원 1998. 9. 22. 선고 97누19571 판결

전원(電源)개발사업실시계획승인처분의 근거 법률인 전원개발에관한특례법령, 구 환경보전법령, 구 환경정책기본법령 및 환경영향평가법령 등의 규정 취지는 환경영향평가 대상사업에 해당하는 발전소건설사업이 환경을 해치지 아니하는 방법으로 시행되도록 함으로써 당해 사업과 관련된 환경공익을 보호하려는 데 그치는 것이 아니라 당해 사업으로 인하여 직접적이고 중대한 환경피해를 입으리라고 예상되는 환경영향평가 대상지역 안의 주민들이 전과 비교하여 수인한도를 넘는 환경침해를 받지 아니하고 쾌적한 환경에서 생활할 수 있는 개별적 이익까지도 이를 보호하려는 데에 있으므로, 주민들이 위 승인처분과 관련하여 갖고 있는 위와 같은 환경상 이익은 단순히 환경공익 보호의 결과로서 국민일반이 공통적으로 갖게 되는 추상적 · 평균적 · 일반적 이익에 그치지 아니하고 환경영향평가 대상지역 안의 주민 개개인에 대하여 개별적으로 보호되는 직접적 · 구체적 이익이라고 보아야 하고, 따라서 위 사업으로 인하여 직접적이고 중대한 환경침해를 받게 되리라고 예상되는 환경영향평가 대상지역 안의 주민에게는 위 승인처분의 취소를 구할 원고적격이 있다. (…) 환경영향평가 대상지역 밖의 주민, 일반 국민, 산악인, 사진가, 학자, 환경보호단체 등이 환경상 이익이나 전원개발사업구역 밖의 주민 등의 재산상 이익에 대하여는 위 (가)항의 근거 법률에 이를 그들의 개별적 · 직접적 · 구체적 이익으로 보호하려는 내용 및 취지를 가지는 규정을 두고 있지 아니하므로, 이들에게는 이와 같은 이익 침해를 이유로 전원개발사업실시계획승인처분의 취소를 구할 원고적격이 없다.

나. 주민이 아닌 자

「환경영향평가법」은 환경영향평가 대상사업이 생태계의 보전가치가 큰 지역

---

57) 같은 취지의 판결은 대법원 1998. 4. 24. 선고 97누3286 판결; 대법원 1998. 9. 4. 선고 97누19588 판결(영광원자력발전소 사건); 대법원 1998. 10. 20. 선고 97누5503 판결; 대법원 2001. 7. 27. 선고 99두2970 판결(용화온천 사건); 대법원 2001. 7. 27. 선고 99두5092 판결(용화온천 사건); 대법원 2004. 12. 9. 선고 2003두12073 판결(판례 [19]); 대법원 2005. 5. 12. 선고 2004두14229 판결.

으로서 대통령령으로 정하는 지역을 포함하는 경우에는 주민의 의견 외에 관계 전문가 등 평가 대상지역의 주민이 아닌 자의 의견을 듣고 이를 평가서의 내용에 포함시키도록 하고 있는데(제25조 제2항, 제13조 제2항), 의견수렴의 대상이 되는 '주민이 아닌 자'에게 당해 대상사업의 승인처분을 다툴 수 있는 원고적격을 인정할 수 있는지 여부가 문제될 수 있다. 명시적인 규정이 있는 상태에서, 이 조항의 취지를 적극적으로 해석하면 '주민이 아닌 자'에게도 원고적격을 인정할 수 있을 것이나 원고적격을 좁게 해석하는 판례의 경향에 비추어 현실적으로 부인될 가능성이 많아 보인다.[58)]

다. 환경영향평가 대상지역 안의 주민

환경영향평가 대상지역은 행정소송에서 원고적격의 인정 여부를 가르는 결정적인 단서이다. 환경영향평가 대상지역이란 환경영향평가협의회의 심의를 거치지만(제11조 제1항, 제24조 제1항), 환경영향평가를 실시하는 주체인 사업자(또는 환경영향평가업자)가 스스로 환경영향평가가 필요하다고 설정한 지역이다. 문제는 원고적격을 판단함에 있어 법원이 사업자가 설정한 환경영향평가 대상지역에 구속되어 판단하여야 하는지 아니면 독자적으로 판단하여야 하는지이다. 환경영향평가 대상지역이 사업자가 환경영향평가가 필요하다고 정한 지역에 불과하므로 법원이 사업자가 설정한 환경영향평가 대상지역에 구애됨이 없이 소송자료와 증거자료 등을 종합적으로 검토하여 해당 사업으로 인하여 영향을 받게 되는 지역 안의 주민인지 여부를 판단하여야 할 것이다.[59)]

판례 [9]에서 보듯이 법원은 환경영향평가 대상지역의 안과 밖을 구분하여 환경영향평가 대상지역 안의 주민에게만 원고적격을 인정하여 왔는데, 이러한 법원의 태도는 아래와 같은 이유로 부당하다. 즉 환경영향평가 대상지역이란 환경영향평가협의회의 심의를 거치지만, 환경영향평가를 실시하는 주체인 사업자(또는 환경영향평가업자)가 스스로 환경영향평가가 필요하다고 설정한 지역이다. 흔히는 이 지역 안의 주민이 그 밖에 거주하는 주민보다 직접적이고 중대한 환경피해를 입을 가능성이 높다고 할 수 있으나, 그렇다고 환경영향평가 대상지역

58) 이 조항의 취지를 '주민이 아닌 자'에게 수인한도를 넘는 환경침해를 받지 아니하고 쾌적한 환경에서 생활할 수 있는 개별적 이익까지도 이를 보호하려는 데에 있다고 볼 수 있는지는 의심스럽다면서 이들의 원고적격을 부인하는 견해가 있다. 홍준형(각주 31), 387면. 문언의 강조점이 "주민이 아닌 자"가 아니라 "관계 전문가"라면서 원고적격을 부인하는 견해는 조홍식(각주 37), 378면.

59) 김향기, "행정소송의 원고적격에 관한 연구", 환경법연구 제31권 제2호, 2009. 8, 252면.

밖에 거주하는 주민이 직접적이고 중대한 환경피해를 입을 우려가 없다고 단정할 수는 없다. 환경상 상당한 영향이 예상되는 지역을 환경영향평가 대상지역의 안팎을 기준으로 하여 일도양단식으로 명확하게 구분할 수는 없다. 다시 말하면 이러한 피해가 예상되는 지역과 환경영향평가 대상지역이 일치하지 않을 가능성이 상존하는 것이다. 물론 환경영향평가 대상지역 안의 주민이 그 밖에 거주하는 주민보다 직접적이고 중대한 환경피해를 입을 가능성이 높다는 점에서 환경영향평가 대상지역이라는 물리적 기준은 입증의 부담을 완화시키는 중요한 역할을 할 것으로 보인다.

결론적으로 원고적격을 인정함에 있어서 환경영향평가 대상지역의 안팎을 칼로 자르듯이 획일적으로 구분하여 환경영향평가 대상지역 안의 주민에게만 원고적격을 인정하고 그 밖에 거주하는 주민에게는 원고적격을 인정하지 않는 것은 부당한 결과를 초래할 수 있다. 따라서 비록 환경영향평가 대상지역 밖에 거주하더라도 직접적이고 중대한 환경피해를 입을 것이 예상된다는 점을 주장·입증하는 자에게는 원고적격을 인정하여야 할 것이다. 최근 새만금 사건(판례 [11]), 4대강 사건[60]등에서 대법원은 이러한 입장을 확인하고 있다. 이 때 법원은 원고가 처분 전과 비교하여 수인한도를 넘는 환경피해를 받거나 받을 우려가 있다는 것을 입증함으로써 원고적격을 인정받을 수 있다고 밝히고 있는데, 원고적격을 인정받을 수 있는 원고를 수인한도를 넘는 환경침해를 받거나 받을 우려가 있는 주민으로 제한하는 것은 남소의 가능성을 염두에 둔 것으로 보인다.

[11] 새만금 사건: 대법원 2006. 3. 16. 선고 2006두330 전원합의체 판결

공유수면매립면허처분과 농지개량사업시행인가처분의 근거 법규 또는 관련 법규가 되는 구 공유수면매립법(1997. 4. 10. 개정 전), 구 농촌근대화촉진법(1994. 12. 22. 개정 전), 구 환경보전법(1990. 8. 1. 폐지 전), 구 환경보전법 시행령(1991. 2. 2. 폐지 전), 구 환경정책기본법(1993. 6. 11. 개정 전), 구 환경정책기본법 시행령(1992. 8. 22. 개정 전)의 각 관련 규정의 취지는, 공유수면매립과 농지개량사업시행으로 인하여 직접적이고 중대한 환경피해를 입으리라고 예상되는 환경영향평가 대상지역 안의 주민들이 전과 비교하여 수인한도를 넘는 환경침해를 받지 아니하고 쾌적한 환경에서 생활할 수 있는 개별적 이익까지도 이를 보호하려는 데에 있다고 할 것이므로, 위 주민들이 공유수면매립면

60) 대법원 2015. 12. 10. 선고 2012두6322 판결(4대강 사건).

> 허처분 등과 관련하여 갖고 있는 위와 같은 환경상의 이익은 주민 개개인에 대하여 개별적으로 보호되는 직접적 · 구체적 이익으로서 그들에 대하여는 특단의 사정이 없는 한 환경상의 이익에 대한 침해 또는 침해우려가 있는 것으로 사실상 추정되어 공유수면매립면허처분 등의 무효확인을 구할 원고적격이 인정된다고 할 것이다.
>
> 한편, 환경영향평가 대상지역 밖의 주민이라 할지라도 공유수면매립면허처분 등으로 인하여 그 처분 전과 비교하여 수인한도를 넘는 환경피해를 받거나 받을 우려가 있는 경우에는, 공유수면매립면허처분 등으로 인하여 환경상 이익에 대한 침해 또는 침해우려가 있다는 것을 입증함으로써 그 처분 등의 무효확인을 구할 원고적격을 인정받을 수 있다고 할 것이다.[61)]

법원은 원고적격 인정의 실질적 근거로 "환경상의 이익에 대한 침해 또는 침해우려"를 들면서도, 환경영향평가 대상지역이 설정된 경우 이 대상지역 안의 주민들에게 이러한 피해가 발생하였다고 '사실상 추정'함으로써, 입증의 부담을 완화해주고 있다. 이러한 입장은 종전에 획일적으로 환경영향평가 대상지역의 안팎을 구별하여 대상지역 안에 거주하는 주민들에게만 원고적격을 인정하여 오던 태도에서 진일보한 것이라고 평가할 수 있다. 이러한 법원의 전향적 입장은 "환경상의 이익에 대한 침해 또는 침해우려"를 입증하는 것이 쉽지 않다는 점, 최근 원고적격 인정을 확대할 필요가 있다는 공감대가 확산되고 있다는 점 등에 비추어 타당한 결론이라고 생각한다.

다만 법원이 '수인한도를 넘는 환경피해'를 극히 제한적으로 인정할 경우에는 사실상 환경영향평가 대상지역 밖의 주민이 원고적격을 인정받기가 쉽지 않을 것이다. '수인한도를 넘는 환경피해'인지 여부는 본안에서 판단할 문제가 아닌가 하는 의문도 제기된다.[62)] 환경영향평가 대상지역 밖의 주민에게도 원고적격의 길을 열어준다는 점에서 원고적격 인정 여부를 판단할 경우에 '수인한도를 넘는 환경

---

61) 그러나 이 사건에서 대법원은 143명의 원고를 제외한 나머지 원고들에 대하여 원고들이 거주하는 지역이 환경영향평가 대상지역도 아닌데다가 원고들이 공유수면매립면허처분 등으로 인하여 그 처분 전과 비교하여 수인한도를 넘는 환경피해를 받거나 받을 우려가 있다는 점을 입증하지 못하고 있으며, 원고들이 이 사건 처분의 관련 법규상의 권리를 가진 자 또는 이해관계인에 해당한다고 인정할 자료가 없다는 이유로 원고적격을 부인하였다.

62) 법원이 수인한도를 넘는 환경상 이익의 침해 시 원고적격을 인정함으로써, 민사상의 권리를 기반으로 한 이익을 법적 이익으로 인정하고 있다고 이해하는 견해(이홍훈, "환경오염피해 구제와 법원의 역할 －환경권의 해석에 있어－", 환경법연구 제38권 제2호, 2016, 6면)도 원고적격의 판단 시 수인한도를 언급하는 것이 타당한지 의문을 제기하는 입장이라고 할 수 있다.

피해'인지 여부에 대한 판단 기준은 완화되어야 할 것이다. 나아가 법원은 원고적격의 인정 여부를 가르는 중요한 요소로 '환경상 이익'의 침해 여부를 추가하고 있다(판례 [12]). 주목할 점은 판례 [12]에서 법원은 추정이 깨진다는 등 직설적이고 분명한 표현을 쓰고 있지 않았으나 환경상 이익의 침해가 '사실상 추정'되는 환경영향평가 대상지역(영향권)의 주민이라도 환경상 이익을 향유하지 않는 경우에는 결국 원고적격을 인정받기 어렵다는 점에서 다른 차원에서 사실상 추정이 깨지는 경우를 예시한 것으로 이해할 수 있을 것이다.

[12] 제주 풍력발전소 사건: 대법원 2009. 9. 24. 선고 2009두2825 판결

환경상 이익에 대한 침해 또는 침해 우려가 있는 것으로 사실상 추정되어 원고적격이 인정되는 사람에는 환경상 침해를 받으리라고 예상되는 영향권 내의 주민들을 비롯하여 그 영향권 내에서 농작물을 경작하는 등 현실적으로 환경상 이익을 향유하는 사람도 포함된다. 그러나 단지 그 영향권 내의 건물·토지를 소유하거나 환경상 이익을 일시적으로 향유하는 데 그치는 사람은 포함되지 않는다(판례 [22]와 동일 판례).63)

라. 환경영향평가 대상사업인지 여부를 다투는 소송에서의 원고적격

해당 사업이 환경영향평가 대상사업임에도 환경영향평가가 실시되지 아니한 경우, 인근 주민들이 환경영향평가가 실시되었다면 자신들이 환경영향평가 대상지역 안의 주민들에 해당되었을 것이라면서 원고적격이 있다고 주장할 수 있는지가 문제될 수 있다. 이러한 문제는 법령해석의 착오 또는 이른바, '토막치기' 등으로 환경영향평가를 생략 내지 회피하는 사안에서 흔히 발생할 수 있다. 이 문

---

63) 파기환송심에서 법원은 원고들이 사전환경성검토협의 대상지역의 주민들이라고는 할 수 없다고 판단하고 나아가 영향권 내에서 현실적으로 환경상 이익을 향유하고 있는지와 관련해서 검토하였다. 법원은 원고들이 사업부지에 인접하여 토지를 임차, 소유하고 있는 사실은 인정되나 원고 ○○○은 위 승마장에서 관광객들에게 요금을 받고 말을 태워 주는 영업을 주로 하면서, 사업부지에 인접한 목초지를 매년 임대차기간을 1년으로 정하고 임차하여 축사 등은 설치하지 아니한 채 말을 방목하면서 사육하고 있는 사실, 풍력발전단지 조성공사 진행과정에서 발생된 소음 등으로 인하여 원고 ○○○의 경주마 사육에 별다른 손실은 발생하지 아니한 사실, 나머지 원고들은 제주도 밖에 거주하거나 사업부지로부터 직선거리로 약 22~31㎞ 떨어진 곳에서 거주하는 자로서 그들이 소유하는 토지에서 농작물을 직접 경작하기 어렵고 실제로 경작해오지도 않은 사실 등을 인정한 후 원고들이 이 사건 처분으로 인하여 수인한도를 넘는 직접적이고 중대한 환경피해를 입을 우려가 없거나, 환경상 이익을 일시적으로 향유하는 데 그친다고 봄이 상당하다면서 원고들의 소를 각하하였다. 광주고법 2009. 12. 4. 선고 2009누1951 판결.

제는 원고적격 인정의 실질적 징표로 작용하는 "환경상의 이익에 대한 침해 또는 침해우려"를 입증하는 것이 쉽지 않은 현실에서 중요한 의미를 갖는다. 최근 새만금 사건(판례 [11])에 비추어 볼 때 환경영향평가가 실시되었다면 당연히 환경영향평가 대상지역이 설정될 것이고, 따라서 그 지역 내에 거주하는 주민이라는 사실만 밝혀지면 "환경상의 이익에 대한 침해 또는 침해우려"가 있다고 사실상 '추정'될 것이다.

문제는 환경영향평가가 실시되지 않아 환경영향평가 대상지역이 설정되지 않은 경우이다. 환경영향평가 대상지역 안의 주민에게 환경상의 이익에 대한 침해 또는 침해우려가 있는 것으로 사실상 추정해 주는 것은 환경영향평가 대상지역 안의 주민들이 직접적이고 중대한 환경피해를 입을 가능성이 높다는 점을 고려하여 입증의 부담을 덜어주기 위한 것이라고 이해된다. 그런데, 법령해석의 착오 또는 토막치기 등 환경영향평가 시행자의 위법 · 부당한 행위가 개재되어 환경영향평가 자체가 실시되지 않은 경우에 인근 주민들에게 입증의 부담을 환경영향평가가 실시된 경우보다 오히려 무겁게 하는 것은 불합리하다. 따라서 해당 사업이 환경영향평가 대상사업임에도 불구하고 환경영향평가가 실시되지 아니한 경우에는, 인근 주민들은 환경영향평가가 실시되었다면 자신들이 환경영향평가 대상지역 안의 주민들에 해당되었을 것이라면서 원고적격이 있다고 주장할 수 있으며, 법원은 여러 가지 사정을 종합 검토하여 인근 주민들이 환경영향평가 대상지역 안의 주민들에 해당할 '개연성'이 있고, 나아가 원고적격이 인정된다고 판단하는 것이 타당할 것이다. 이러한 맥락에서 다음 판결은 타당한 결론에 도달한 것으로 이해된다(판례 [13], [14]).

[13] 행정처분효력집행정지: 서울고법 2006. 9. 11. 선고 2006루122 결정(확정)

이 사건 주택건설사업계획승인처분의 근거법규 또는 관련법규가 되는 주택법 및 환경 · 교통 · 재해등에관한영향평가법, 같은 법 시행령의 각 관련규정의 내용을 종합하면, 일정규모 이상의 대지조성을 수반하는 주택건설사업 시행으로 인하여 직접적이고 중대한 환경피해를 입으리라고 예상되는 환경영향평가 대상지역 안의 주민들이 주택건설사업계획승인처분 등과 관련하여 갖고 있는 환경상의 이익은 주민 개개인에게 개별적으로 부여되는 직접적 · 구체적 이익으로서, 그들에 대하여는 특단의 사정이 없는 한 환경상의 이익에 대한 침해 또는 침해우려가 있는 것으로 사실상 추정되고, 따라서 위 주민들은 위 처분의 취소를 구할 원고적격이 있다.

그런데 이 사건에서 신청인들이 이 사건 사업지와 극히 인접한, 즉 그로부터 대략 100여 m 떨어진 ○○아파트 단지의 주민들임은 앞서 본 바와 같다. 그리고 2001. 10.경 이 사건 사업지 일원의 ○○취락지구 개발계획에 따른 사전환경성검토 당시에도 환경성검토 대상지역을 각 평가항목별로 작게는 300m, 크게는 용인시 지역으로 설정한 바 있다. 그렇다면, 신청인들은 이 사건 사업에 관한 환경영향평가 대상지역 범위 안의 주민들에 해당한다.

결국, 이 사건 사업의 환경영향평가 대상지역에 거주하는 신청인들은 환경영향평가 관련 법령에 의하여 법률상 보호되는 이익을 가지고 있고, 이 사건 처분의 취소소송을 제기할 원고적격도 있다(판례 [1]과 동일 판례).64)

[14] 사전환경성검토대상지역과 원고적격: 대법원 2006. 12. 22. 선고 2006두14001 판결

기록에 의하면 원고들이 거주하는 ○○아파트의 부지와 이 사건 각 임야의 경계를 기준으로 가장 가까운 거리는 71m에 불과하고, 실제 공장시설과 가장 근접한 ○○아파트 제104동의 각 직선거리 및 사거리 역시 최소 144m 내지 최대 301m에 불과한 사실 또한 알 수 있으므로, 비록 피고 주장의 반대 사정, 즉 각 공장 부지에서 ○○아파트가 육안으로 보이지 아니하는 점, 공장 부지가 아파트 바로 위쪽이 아닌 다른 능선 쪽에 위치하고 있는 점, 피고 시내에 참가인들의 공장과 같은 동종업체가 다수 있는 점 등의 사정을 참작한다 하더라도, 위와 같은 지형적 사실에 앞에서 살핀 참가인들의 각 공장 업종, 그리고 최근 이루어지고 있는 사전환경성검토협의 대상지역의 통상적 범위 등의 사정을 더하여 보면, 원고들이 거주하는 ○○아파트는 사전환경성검토협의 대상지역 내에 포함될 개연성이 충분하다고 할 것이다.

그렇다면, 위 사전환경성검토협의 대상지역 내에 포함될 개연성이 충분하다고 보이는 주민들인 원고들에 대하여는 그 환경상 이익에 대한 침해 또는 침해 우려가 있는 것으로 추정할 수 있고 이는 법률상 보호되는 이익에 해당한다고 해석함이 상당하다(판례 [3]과 동일 판례).65)

---

64) 환경영향평가를 실시하여야 함에도 그 절차를 거치지 않았다고 판단하면서 해당 사업지와 인접한 주민들에게 원고적격을 인정한 사례.

65) 사전환경성검토가 실시되지 아니한 사안에서, 사전환경성검토대상지역 내에 포함될 개연성이 충분하다고 보이는 주민들에게 원고적격을 인정한 사례. 이 사안은 종전의 사전환경성검토와 관련한 것이지만 환경영향평가의 경우에도 유효할 것이다.

2. 처 분 성

항고소송의 대상이 될 수 있는 것은 행정청의 '처분'이다. 행정소송법은 '처분'을 "행정청이 행하는 구체적 사실에 관한 법집행으로서의 공권력의 행사 또는 그 거부와 그밖에 이에 준하는 행정작용 및 행정심판에 대한 재결"이라고 정의하고 있다(제2조 제1항 제1호). 항고소송의 대상이 되는 행정청의 처분이 무엇을 의미하는지에 대하여는 실체법상의 행위를 의미한다는 견해와,[66] 실체법상의 행정행위에 국한하지 아니하고 권력적 사실행위, 공권력 행사로서의 실체를 가지고 있지는 아니하나 실질적으로 국민에게 계속적으로 사실상의 지배력을 미치는 행정작용(형식적 행정행위)을 포함하는 것으로 이해하는 견해가 있다.[67]

법원은 "행정청의 공법상의 행위로서 특정 사항에 대하여 법규에 의한 권리의 설정 또는 의무의 부담을 명하거나 기타 법률상 효과를 발생하게 하는 등 '국민의 권리의무에 직접 관계가 있는 행위'[68] 또는 '국민의 구체적인 권리의무에 직접적 변동을 초래하는 행위'[69]를 가리키는 것"이라고 함으로써, 국민의 권리의무에 대한 직접관련성 여부를 기준으로 하여 그 처분성 여부를 판단하고 있다.[70]

환경영향평가 실시 후에 이루어지는 사업승인행위의 처분성은 쉽게 인정될 수 있다. 문제는 사업승인 이전에 이루어지는 환경영향평가행위 자체, 이에 기한 승인기관과의 사이에 이루어지는 협의, 재평가 등이 처분에 해당하는가이다. 이러한 행위의 처분성이 인정될 경우 이해 당사자는 사업승인 이전에라도 그 행위의 위법성을 다투어 사업의 속행 또는 진척을 저지할 수 있을 것이다. 사업이 이미 상당히 진척되어 있는 경우에도 그 처분의 위법성을 다툴 수 있을 것이나 현실적으로는 처분 등을 취소하는 것이 현저히 공공복리에 적합하지 아니하다는 이유로 사정판결을 받기 쉬울 것이다.[71]

---

66) 홍정선, 행정법원론(상), 박영사, 1994, 690면; 유지태, 행정법신론, 신영사, 1998, 507면; 김성수, 행정법(I), 법문사, 1998, 766면.

67) 김남진, 행정법(I), 법문사, 1997, 785 내지 786면; 김동희, 행정법(I), 박영사, 1999, 637 내지 639면; 석종현, 행정법강의(I), 삼영사, 1998, 697면; 김철용, 행정법(I), 박영사, 2006, 625면.

68) 대법원 1983. 2. 22. 선고 81누283 판결; 대법원 1984. 2. 14. 선고 82누370 판결; 대법원 1996. 3. 22. 선고 96누433 판결.

69) 대법원 1993. 10. 26. 선고 93누6331 판결; 대법원 1995. 7. 28. 선고 94누10832 판결; 대법원 1995. 11. 21. 선고 95누9099 판결.

70) 박균성, 환경법, 박영사, 2004, 216면.

71) 조홍식, "환경구제법 소고", 환경법연구 제21권, 1999, 151 내지 152면.

가. 환경영향평가행위

환경영향평가서의 작성주체는 사업자 혹은 환경영향평가업자로 되어 있어서 환경영향평가행위는 행정청이 공권력의 주체가 되어 행하는 행정작용이 아니므로 환경영향평가행위 자체는 행정쟁송의 대상이 되는 처분이 되지 아니한다.

나. 협　　의

'협의'의 처분성 인정 여부에 대한 판단은 협의의 성질을 어떻게 볼 것인지가 중요한 기준이 될 것이다. 협의는 대상사업자나 일반국민에게 효력을 미치지 아니하므로 처분이 아니라는 견해가 있을 수 있으나, 법에서 협의를 의무 사항으로 규정하고 있는 점, 협의 내용을 이행하기 위한 절차 · 수단(협의 내용의 반영 · 이행, 조치명령, 사전공사 시행금지)이 있는 점, 협의가 동의까지를 요구하지는 않는다고 하더라도 단순히 자문을 구하라거나[72] 협조요청을 구하라는 의미는 아닌 점, 그 의견을 따라 처분을 하라는 의미가 강한 공권력의 행사라는 점, 쌍방간의 의사의 조정이 아닌 환경부장관의 일방적인 심사라는 점,[73] 협의 내용에 불복이 있는 경우에 대한 절차(조정 요청)가 있는 점, 사실상 승인의 요건으로 작용한다는 점 등에 비추어서 행정쟁송의 대상이 되는 처분이라고 볼 여지가 있다.[74]

---

72) 비록 환경영향평가에서의 협의는 아니지만 종전의 사전환경성검토 협의상의 '협의'를 두고 법원은 그 협의의 법적 성질을 '자문'으로 보고 있다. 대법원 2000. 10. 13. 선고 99두653 판결; 부산고법 2007. 6. 29. 선고 2006누5540 판결(물금취수장 사건). 그러나 이 사안에서 문제가 된 것은 종전의 사전환경성검토제도상의 '협의'인바, 그 협의가 부처간 협의의 성질을 가지고 있기 때문에 법원이 환경영향평가상의 협의의 법적 성질을 '자문'으로 보고 있다고 단정하기는 어려울 것이다. 추후 법원의 판단이 필요한 부분이다.

73) 협의란 환경부장관이 평가서를 검토하여 사업계획이 환경영향을 초래할 위험이 있는 때에는 사업계획의 조정, 보완 등 필요한 요청을 할 수 있는 제도이므로 이 법에서의 협의는 쌍방간의 의사의 조정이 아닌 환경부장관의 일방적인 심사라고 보아야 한다. 천병태 · 김명길, 환경법론, 삼영사, 1997, 157면; 조현권, 환경법 -이론과 실무-, 법률문화원, 1999, 246면.

74) 협의의 처분성이 인정된다는 견해는 강현호, 환경법, 신론사, 2011, 125면; 이순자, "환경영향평가상의 협의에 대한 고찰", 환경법연구 제34권 제3호, 2012, 95면(다만, 승인 등을 받지 않아도 되는 사업자가 요청하는 협의의 경우는 제외); 조홍식(각주 37), 389면. 그러나 협의가 대외적 구속력을 갖지 않는 행정기관 내부행위라는 점에 초점을 맞추면 처분이라고 볼 수 없는 면이 있다. 한편, 처분의 성질을 갖는다고 하더라도 환경부장관의 협의의견을 직접적으로 다툴 실익은 적어 보인다. 정작 문제가 되는 것은 환경부장관의 협의의견이 아니라 승인기관이 협의 내용을 반영하지 않는 경우이기 때문이다. 이와 관련하여 환경영향평가상의 협의란 쌍방간의 의사의 조정이 아닌 환경부장관의 일방적인 심사를 의미한다고 하면서도 그 협의는 사업시행허가를 위한 여러 절차 중의 한 절차에 불과하기 때문에 협의 내용 자체를 다투는 것보다는 사업시행 자체를 다투는 것이 타당하다는 견해가 있다. 조현권(앞의 책), 255면.

최근 중앙행정심판위원회가 이른바, 설악산 케이블카 사건(결정 [15])에서 협의의 처분성을 인정하는 재결을 한 것은 주목할 만하다.

[15] 설악산 케이블카 사건: 중앙행심위 2020. 12. 29. 결정 2019-24212 재결

기록에 의하면 원고들이 거주하는 ○○아파트의 부지와 이 사건 각 임야의 경계를 기준으로 가장 가까운 거리는 71m에 불과하고, 실제 공장시설과 가장 근접한 ○○아파트 제104동의 각 직선거리 및 사거리 역시 최소 144m 내지 최대 301m에 불과한 사실 또한 알 수 있으므로, 비록 피고 주장의 반대 사정, 즉 각 공장 부지에서 ○○아파트가 육안으로 보이지 아니하는 점, 공장 부지가 아파트 바로 위쪽이 아닌 다른 능선 쪽에 위치하고 있는 점, 피고 시내에 참가인들의 공장과 같은 동종업체가 다수 있는 점 등의 사정을 참작한다 하더라도, 위와 같은 지형적 사실에 앞에서 살핀 참가인들의 각 공장 업종, 그리고 최근 이루어지고 있는 사전환경성검토협의 대상지역의 통상적 범위 등의 사정을 더하여 보면, 원고들이 거주하는 ○○아파트는 사전환경성검토협의 대상지역 내에 포함될 개연성이 충분하다고 할 것이다.

그렇다면, 위 사전환경성검토협의 대상지역 내에 포함될 개연성이 충분하다고 보이는 주민들인 원고들에 대하여는 그 환경상 이익에 대한 침해 또는 침해 우려가 있는 것으로 추정할 수 있고 이는 법률상 보호되는 이익에 해당한다고 해석함이 상당하다.[75)]

다. 통 보

환경부장관이 승인기관의 장에 한 협의 내용의 통보와 승인기관의 장이 사업자에게 한 협의 내용의 통보는 단순한 관념의 통지, 사실의 통지가 아니라 '국민의 권리의무에 직접 관계가 있는 행위' 또는 '국민의 구체적인 권리의무에 직접적 변동을 초래하는 행위'이므로 처분성이 인정될 수 있을 것이다.[76)]

3. 환경영향평가상의 하자

사업승인처분에 위법이 있는 경우 그 처분의 취소가 가능한 것은 당연하다. 그 결과 환경영향평가 대상사업임에도 불구하고 환경영향평가를 하지 아니한 경

75) 사전환경성검토가 실시되지 아니한 사안에서, 사전환경성검토대상지역 내에 포함될 개연성이 충분하다고 보이는 주민들에게 원고적격을 인정한 사례. 이 사안은 종전의 사전환경성검토와 관련한 것이지만 환경영향평가의 경우에도 유효할 것이다.

76) 조홍식(각주 37), 382면.

우는 물론이고(판례 [1]), 환경영향평가의 결과를 정당하게 고려하지 아니하고 사업승인을 한 경우에는 사업승인처분의 위법이 다투어질 수 있을 것이다.77) 하자는 편의상 실체적 하자와 절차적 하자로 구분할 수 있으나 이를 엄격히 구분하기 어려운 측면이 있으며, 법원은 이를 크게 구분하지 아니하고 판단하고 있다(판례 [16], [17], [20]).

[16] 신고리원자력 1, 2호기 사건: 부산지법 2006.4.13. 선고 2005구합1153 판결

참가인이 이 사건 사업에 관한 환경영향평가서 작성을 위한 설명회 및 공청회에 일부 주민들의 참가 · 출입을 제한하거나 참가 주민들의 이견 등으로 공청회 절차가 정상적으로 진행되지 않고, 또 최종 환경영향평가내용에서도 심층배수방식을 위한 시설의 구체화된 최적조건과 해저교란의 최소화 방안 등 환경부장관이 추가 수립하라는 협의내용이 포함되지 않은 사실은 알 수 있으나, 원자력발전사업에 관해 이해관계가 대립할 수밖에 없는 지역 주민들의 의견수렴과정과, 환경영향평가는 일종의 예측을 전제로 한 것이어서 그 내용상 한계가 있는 과학적 · 기술적 특성 등을 고려할 때 의견수렴절차 및 영향평가의 내용은 어느 정도 유연하게 평가함이 상당한 점, 위 환경영향평가서에는 환경부장관과의 협의 과정에서 이루어진 5차례 공청회 등의 과정, 주민들의 공술 내용, 공청회 등의 결과 등이 포함되어 있는 점, 환경부장관은 주민들의 공술 내용과 제출된 의견내용을 바탕으로 피고와 참가인에게 환경영향평가의 내용을 3차례에 걸쳐 추가 제출하도록 하는 등 내용보완이 상당 부분 이루어진 점, 위 환경영향평가서에는 기존 원자력발전소에서 사용되는 표층배수로 방식이 아닌 심층배수로 방식의 온배수 확산예측과 그 최적조건에 관한 내용이 포함되어 있고 환경부장관의 최종 협의내용을 반영한 사업계획서가 이 사건 신청 시 제출된 점 등의 여러 사정을 감안하면, 참가인측이 이행한 환경영향평가에 다소 하자가 있다 하더라도 그 부실의 정도가 환경영향평가제도를 둔 입법 취지를 달성할 수 없을 정도에 이른다고 볼 수 없을 뿐만 아니라 이로 인해 이 사건 처분에 재량권을 일탈 · 남용한 위법이 있다고 단정할 수도 없다.

[17] 군산복합화력발전소 사건: 서울행정법원 2010. 4. 23. 선고 2008구합29038 판결 (확정)

군산화력발전소 부지에 건립하는 복합화력발전소 공사계획 인가처분에 군산시주민들을 상대로 한 의견수렴 절차만 이루어지고 환경영향평가 대상지역에 포함되는 서천군 주민들의 의견수렴 절차를 거치지 않고 온배수의 영향에 관한 예

77) 조희종, "환경행정소송", 환경문제연구총서 IX, 대한변호사협회, 2001, 53면.

측의 충실성이 떨어지는 등 환경영향평가의 시행에서 다소 부실하게 이루어진 하자가 있으나, 군산시 주민들에 대한 의견수렴 절차를 거친 점, 환경영향의 평가 항목 대부분의 대상지역이 발전소 주변지역이나 해역으로 설정되어 있어 서천군이 그 범위에 포함되어 있는지 여부가 명백한 것은 아닌 점, 그 부실의 정도가 환경영향평가제도를 둔 입법 취지를 달성할 수 없을 정도이어서 환경영향평가를 하지 않은 것과 다를 바 없을 정도라고 보기 어려운 점 등에 비추어, 그 하자가 중대 · 명백하다고 볼 수 없어 취소사유에 불과하다.

(…) 위 처분을 취소할 경우 전력수급기본계획에 따른 안정적인 전력공급에 차질이 생길 수 있는 점, 상당한 기간 동안 막대한 자금이 투입된 복합화력발전소가 무용지물이 됨으로써 적지 않은 사회적 손실이 예상되는 점 등에 비추어, 위 처분을 취소하는 것이 오히려 현저히 공공복리에 적합하지 않다고 보아 사정판결을 함이 타당하다.

가. 실체적(내용적) 하자

환경영향평가 자체에 하자(실체적 · 내용적 하자)가 있는 경우 사업승인처분의 위법성을 인정할 수 있는가? 예컨대, 승인기관의 장이 부동의 협의의견을 무시하거나 협의 내용을 제대로 반영하지 아니하고 해당 사업을 승인한 경우 그 승인처분이 위법한가? 환경영향평가제도를 둔 입법 목적 · 취지와 사업자와 승인기관의 장에게 협의 내용을 반영하도록 의무화한 관련 규정(제30조 제1항) 등을 종합하여 볼 때 그 승인은 하자가 있는 처분이라 할 것이다.[78] 그러나 법원은 "환경부장관과의 협의를 거친 이상, 환경영향평가서의 내용이 환경영향평가제도를 둔 입법 취지를 달성할 수 없을 정도로 심히 부실하다는 등의 특별한 사정이 없는 한 처분청이 환경부장관의 환경영향평가에 대한 의견에 반하는 처분을 하였다고 하여 그 처분이 위법하다고 할 수는 없다"고 판시하고 있다.[79]

"환경영향평가의 부실 정도가 환경영향평가제도를 둔 입법취지를 달성할 수

78) 사전환경성검토서의 허위 · 부실, 협의 내용의 부실 등이 중대하여 최종 의사결정(허가등 처분)에 중대한 영향을 미쳤을 경우에는 해당 처분의 위법성이 인정되어야 할 것이다. 함태성, 사전환경성검토제도의 법적 과제, 한국법제연구원, 2004. 11, 47면; 송동수, "참여정부의 환경정책 평가와 과제 -환경관련법령의 제 · 개정을 중심으로-", 환경법연구 제27권 제4호, 2005. 12, 98면.

79) 대법원 2001. 7. 27. 선고 99두2970 판결(용화온천 사건, 국립공원 관리청이 국립공원 집단시설지구개발사업과 관련하여 그 시설물기본설계 변경승인처분을 함에 있어서 환경부장관과의 협의를 거친 이상 환경부장관의 환경영향평가에 대한 의견에 반하는 처분을 하였다고 하여 그 처분이 위법하다고 할 수 없다고 한 사례); 대법원 2001. 7. 27. 선고 99두5092 판결(용화온천 사건).

없을 정도이어서 환경영향평가를 하지 아니한 것과 다를 바 없는 정도의 것이 아닌 이상"이라는 표현을 사용하면서 위법성 인정에 소극적인 법원의 태도도 같은 맥락으로 이해된다(판례 [10], [18]).

[18] 정비창 사건: 대법원 2001. 6. 29. 선고 99두9902 판결

구 환경영향평가법(1997. 3. 7. 개정 전) 제4조에서 환경영향평가를 실시하여야 할 사업을 정하고, 그 제16조 내지 제19조에서 대상사업에 대하여 반드시 환경영향평가를 거치도록 한 취지 등에 비추어 보면, 같은 법에서 정한 환경영향평가를 거쳐야 할 대상사업에 대하여 그러한 환경영향평가를 거치지 아니하였음에도 승인 등 처분을 하였다면 그 처분은 위법하다 할 것이나, 그러한 절차를 거쳤다면, 비록 그 환경영향평가의 내용이 다소 부실하다 하더라도, 그 부실의 정도가 환경영향평가제도를 둔 입법 취지를 달성할 수 없을 정도이어서 환경영향평가를 하지 아니한 것과 다를 바 없는 정도의 것이 아닌 이상 그 부실은 당해 승인 등 처분에 재량권 일탈 · 남용의 위법이 있는지 여부를 판단하는 하나의 요소로 됨에 그칠 뿐, 그 부실로 인하여 당연히 당해 승인 등 처분이 위법하게 되는 것이 아니다.[80]

법원은 '특별한 사정'을 언급함으로써 처분의 위법성을 인정할 수 있는 여지를 주고 있다. 그러나 판례에 따를 경우 실제로 사업승인 등 처분의 위법성이 인정되어 그 취소까지 이르기는 극히 어려울 것으로 보인다. 이 같은 사실은 이른바, '새만금 사건', '명지대교 사건', '4대강 사건' 등에서도 확인되었다.[81] 법원에서 적시하고 있는 바와 같이 협의를 거친 경우나, 환경영향평가의 부실 정도가 약한 경우에는 환경영향평가에 대한 의견에 반하는 처분에 대하여도 그 처분의 하자를 다투어 위법성을 인정받을 가능성이 거의 없으며, 환경영향평가의 부실 정도가 아주 심하다는 등 특별한 사정이 있는 경우에만 극히 제한적으로 처분의 취소가 가능하게 되는데, 심각한 부실, 특별한 사정 등의 입증이 쉬운 것이 아니기 때문이다.

환경영향평가서가 허위 · 부실하게 작성된 경우도 문제될 수 있다. 법원은 환

80) 한국고속철도건설공단의 경부고속철도 서울차량기지 정비창 건설사업에 관한 환경영향평가 내용의 부실의 정도가 환경영향평가제도를 둔 입법 취지를 달성할 수 없을 정도이어서 환경영향평가를 하지 아니한 것과 다를 바 없는 정도의 것은 아니라는 이유로 위 사업의 실시계획의 승인처분이 위법하지 아니하다고 한 사례.

81) 대법원 2006. 3. 16. 선고 2006두330 전원합의체 판결(판례 [11]); 부산고법 2006. 6. 19. 선고 2006라64 결정(명지대교 사건); 대법원 2015. 12. 10. 선고 2012두6322 판결(4대강 사건) 참조.

경영향평가서가 부실하게 작성된 경우만을 다루고 있을 뿐 허위작성된 경우에 대하여는 판단하고 있지 아니하고,[82] 부실의 경우에도 그 정도가 심히 부실한 경우에만 그 처분의 위법성을 인정하고 있다. 어떠한 경우에 그 부실이 처분의 위법사유가 되는지를 구체적으로 제시하지도 못하고 있다. 환경영향평가가 심히 부실하다는 판단의 한 기준으로는 "환경영향평가를 하지 아니한 것과 다를 바 없는 정도"를 제시하고 있는바, 이는 지나치게 엄격한 기준으로 생각된다.[83] 이익형량을 함에 있어서 자의적인 판단을 한 경우, 환경요소에 대하여 충분하게, 편견을 갖지 않고 고려·형량하지 아니한 경우, 고의나 중대한 과실·악의로 중요 사실부분을 누락·오인하거나 진실에 반하게 기재한 경우[84] 등도 그 기준으로 제시될 수 있을 것이다. 그러나 무엇보다도 그 허위, 부실 작성이 최종 의사결정에 영향을 미쳤는지 여부가 처분의 위법성 판단에 중요한 요소로 작용하여야 한다고 생각된다.

중요한 점은 환경영향평가 협의 내용이 제대로 반영되었는지 여부, 환경영향평가서의 허위·부실의 여하 및 정도, 최종 의사결정에 영향을 미쳤는지 여부 등을 판단하는 주체는 최종적으로 법원이므로 법원의 인식 여하에 따라서는 결론이 달라질 수 있다는 것이다. 법원 스스로 "환경부장관의 협의를 거친 이상"이라는 의미를 관대하게 해석하는 것은 환경부장관이 검토하였다는 이유로 더 이상의 사법심사는 할 필요가 없다는, 즉 사법부의 심사포기선언과 다름없다.[85] 이러한 법원의 태도는 「환경영향평가법」이 순수한 절차법이라는 편견에 기초한 것으로 보이며,[86] 「환경영향평가법」이 환경영향평가서, 기초자료 등을

---

82) 시행규칙에서는 그 거짓 또는 부실 작성에 대한 판단기준을 제시하고 있으나(시행규칙 제23조, 별표 2) 그 기준이 반드시 명확한 것만은 아니다.

83) 박균성, "환경영향평가의 하자와 사업계획승인처분의 효력", 행정판례연구 Ⅶ, 한국행정판례연구회, 박영사, 2002, 380면.

84) 「환경영향평가법」은 평가서등을 허위로 작성한 자에 대하여는 2년 이하의 징역 또는 2천만원 이하의 벌금(제52조 제1항)에 처하도록 하고 있는 반면, 부실하게 작성한 평가대행자나 사업자에 대하여는 1천만원 이하의 과태료를 부과하도록 하고 있다(제54조 제2항). 이와 같이 동법이 허위작성과 부실작성에 대한 제재 방법 및 정도를 구분하고, 허위작성의 경우를 더 중하게 처벌하고 있다는 점에 비추어 허위작성의 경우에는 그 처분의 위법성이 비교적 쉽게 인정되어야 할 것이다.

85) 조홍식(각주 37), 385면; 이은기, "하자있는 환경영향평가를 거친 행정처분의 판결이유에 관한 재검토 소고 -반복된 판박이 대법원 판시이유에 대한 비판-", 공법연구 제45집 제3호, 2017. 2, 332면. 이러한 법원의 입장은 「환경영향평가법」을 순수 절차법으로 보는 전제에서 발전해 온 것으로 그 전제가 타당하다고 할 수 없어 재검토가 요구된다. 박태현·정남순, "환경영향평가의 적정성에 대한 현행 사법심사 기준의 비판적 검토와 대안 고찰", 환경법과 정책 제6권, 2011. 5, 84면.

허위 · 부실하게 작성한 자에게 벌칙 및 과태료를 부과할 수 있게 하고, 허위 · 부실 작성의 구체적인 기준을 시행규칙(제23조, 별표 2)에서 구체적으로 정하고 있음에도 정작 허위 · 부실 작성의 결과인 환경영향평가에 터 잡은 사업승인처분은 위법하지 않다는 것이므로 법령의 취지나 법감정에 반하는 것이다.[87] 이는 역으로 환경 파수꾼, 환경보호의 최후 보루로서의 사법부의 역할이 그만큼 중요하다는 것을 의미한다. 법원은 누적적 영향평가를 하지 아니한 경우, 환경현황에 대한 조사가 누락된 경우, 대안평가를 적정하게 하지 아니한 경우, 환경저감방안을 충분히 검토하지 아니한 경우 등에 기초하여 이루어진 처분의 위법성 또는 재량권의 일탈 · 남용을 인정하는 데 인색하지 말아야 할 것이다.[88] 이러한 관점에서 소수의견이지만 "합리적이고 실행가능한 모든 대안을 구체적으로 검토하여야 한다"는 점을 밝히면서 대안검토가 불충분하다는 점을 지적한 판결을 눈여겨볼 필요가 있다.[89]

환경영향평가서의 내용이 심히 부실하지 않더라도 재량권의 일탈 · 남용 여부를 별도로 살펴보아야 한다는 취지에서 환경영향평가 내용의 부실 여부 및 그 정도 등에 대하여 법원의 적극적인 심리를 촉구하는 대법원 판결도 큰 의미를 갖는다(판례 [19]). 이러한 판결은 심히 부실하지 않은 부실이 해당 승인 등 처분에 재량권 일탈 · 남용의 위법이 있는지 여부를 판단하는 하나의 요소에 불과하다는 입장이라고 할 수 있다(판례 [18] 참조).

결국 법원은 해당 처분의 위법성 여하를 판단하기 위해서는 부실의 정도가 환경영향평가제도를 둔 입법 취지를 달성할 수 없을 정도에 이르는지 여부뿐만 아니라 이로 인해 해당 처분에 재량권을 일탈 · 남용한 위법이 있는지 여부도 판단하여야 한다는 취지로 판시함으로써(판례 [18], [19]), 2원적 판단기준을 제시하고 있는바, 이와 같이 두 경우로 구분하는 근거 및 타당성은 부족해 보인다.

[19] 납골당 사건: 대법원 2004. 12. 9. 선고 2003두12073 판결

환경영향평가법에 따라 환경영향평가를 거쳐야 할 대상사업에 대하여 처분이 이루어진 경우 법원으로서는 먼저 구 환경영향평가법에 따라 환경영향평가

---

86) 환경영향평가가 순전히 절차도구적 성격을 갖는다는 견해는 김중권, "환경영향평가가 결여된 행정행위의 효력", 환경판례백선, 박영사 2019, 84면.

87) 송동수, "환경영향평가의 하자와 사법심사", 환경법연구 제34권 제3호, 2012. 11, 62면.

88) 박균성 · 함태성(각주 49), 362 내지 363면 참조.

89) 대법원 2011. 4. 21. 선고 2010무111 전원합의체 결정(반대의견).

90) 법원은 부실의 정도가 환경영향평가제도를 둔 입법 취지를 달성할 수 없을 정도에 이르렀

> 절차가 제대로 진행되었는지 여부와 환경영향평가절차가 제대로 진행되었다면 환경영향평가서를 기초로 환경영향평가의 내용이 부실한지 여부를 따져야 할 것이고, 만약 환경영향평가의 내용이 부실하다면 그 부실의 정도가 환경영향평가제도를 둔 입법 취지를 달성할 수 없을 정도이어서 환경영향평가를 하지 아니한 것과 다를 바 없는 정도인지 여부, 그 부실의 정도가 환경영향평가제도를 둔 입법 취지를 달성할 수 없을 정도에 이르지 아니한 경우에는 그 부실로 인하여 당해 처분에 재량권 일탈·남용의 위법이 있는지 여부 등을 심리하여 그 결과에 따라 당해 처분의 적법 여부를 판단하여야 할 것이다.
>
> (…) 위와 같이 1면이나 2면 또는 3면만을 발췌하여 제출한 환경영향평가서의 일부만으로는 이 사건 납골당조성사업이 환경에 미칠 영향이나 환경영향평가 내용의 부실 정도를 파악하기가 곤란하므로, 원심으로서는 석명권을 행사하여 이 사건 환경영향평가서들 전체를 제출하도록 입증을 촉구하고 그 전부를 살펴 환경영향평가 내용의 부실 여부와 부실의 정도 등을 심리한 후 그 결과에 따라 이 사건 처분의 적법 여부와 재량권 일탈·남용 여부 등을 따졌어야 함에도 원심은 환경영향평가에 대한 충분한 심리를 진행하지 아니한 채 이 사건 환경영향평가서들 중 발췌된 일부만을 심리대상으로 삼아 이 사건 납골당조성사업에 대하여는 국토 및 자연의 유지, 환경의 보전 등 이를 허가하지 아니하여야 할 중대한 공익상의 필요가 있다는 이유로 이 사건 처분이 위법하다고 판단하고 말았으니 원심판결에는 석명권 불행사, 심리미진 또는 채증법칙 위배로 인한 사실오인 등으로 인하여 판결 결과에 영향을 미친 위법이 있다.[90]

나. 절차적 하자

절차상의 하자가 실체적 하자의 유무와 관계없이 독립된 위법사유가 될 수 있는지는 논란이 되고 있다.[91] 예컨대, 법에 정해진 절차에 따라 요구되는 주민

는지 그렇지 아니한지에 따라 해당 처분의 위법성 여하를 판단하기 위한 기준을 2원적으로 제시하고 있다. 이와 관련해서 "그 부실의 정도가 환경영향평가제도를 둔 입법 취지를 달성할 수 없을 정도이어서 환경영향평가를 하지 아니한 것과 다를 바 없는 정도의 부실이 아닌 경우"에는 그 부실은 해당 승인 등 처분에 재량권 일탈·남용의 위법이 있는지 여부를 판단하는 하나의 요소로 됨에 그칠 뿐 그 부실로 인하여 당연히 해당 처분이 위법하게 되는 것이 아니라는 취지의 판례의 견해는 그 의미가 매우 모호하며, 환경상 이익을 승인처분 시 충분히 고려하지 않은 위법을 판단함에 있어 환경영향평가의 부실이 하나의 고려사항이 된다는 의미라면 당연한 것을 선언한 것에 불과하다는 비판이 있다. 박균성, "환경영향평가와 사업계획승인의 관계에 관한 연구", 환경법연구 제35권 제2호, 2013. 8, 262면.

91) 행정절차상의 하자가 독립된 위법 사유가 된다는 것이 판례와 다수설의 입장이며, 중요도에 따라 무효 또는 취소사유로 보고 있다. 대법원 2004. 7. 8. 선고 2002두8350 판결; 대법원 2000. 11. 14. 선고 99두5870 판결; 대법원 2006. 6. 30. 선고 2005두14363 판결; 박윤흔, 행정법강의(상), 박영사, 1999, 420면; 박균성, 행정법론, 박영사, 2008, 356면; 홍준형, 행

의 의견제출, 공청회 절차 등이 이루어지지 아니한 경우, 협의가 이루어지지 않은 경우 등과 같이 절차상의 하자가 있는 경우 이에 터잡아 이루어진 승인 등 처분이 위법한 것인지가 문제될 수 있는 것이다. 법원은 절차적 하자에 비교적 관대한 편이다(판례 [16], [17], [20]).

[20] 일동 송전선로 사건: 서울행정법원 2013. 3. 19. 선고 2012구합31311 판결

참가인이 공청회를 개최하기 전에 이 사건 쟁점사업 실시계획의 승인신청을 하였다고 하더라도, 전원개발촉진법 제5조의2 제1항 소정의 '사업시행계획의 열람 및 설명회'를 통하여 주민 등의 의견을 들으려고 조치한 이상 공청회를 미리 개최하지 아니하였다는 이유만으로 같은 조항이 정한 절차를 위반하였다고 보기도 어렵다.

또한, 환경영향평가법 제17조 제3항은 '환경부장관은 전략 환경영향평가서를 검토한 결과 전략 환경영향평가서 또는 계획 등을 보완·조정할 필요가 있는 등 대통령령으로 정하는 사유가 있는 경우에는 전략 환경영향평가 대상계획을 수립하려는 행정기관의 장에게 전략 환경영향평가서 또는 해당 계획의 보완·조정을 요청하거나 보완·조정을 전략 환경영향평가 대상계획을 제안하는 자 등에게 요구할 것을 요청할 수 있다'고 규정하고 있고, 환경영향평가서 작성 등에 관한 규정 제29조는 '사업자 또는 승인기관의 장은 협의 요청된 평가서 등의 내용을 보완하고자 할 때에는 문서로써 그 사유를 밝히고 평가서 등의 내용을 보완할 수 있다. 다만 환경영향평가 협의가 종결된 때에는 평가서 등의 내용을 보완할 수 없다'고 규정하고 있는바, ① 위 관계 법령의 규정을 종합하여 보면, 환경영향평가서는 그 본안이 제출되더라도 환경영향평가 협의가 종결될 때까지는 언제든지 보완·수정이 가능하다고 할 것인데, 참가인이 비록 제2차 공청회가 개최되기 전에 피고에게 환경영향평가서 초안을 본안으로 제출하였지만 그 이후 제출된 주민의견서 등을 일부 반영한 환경영향평가 보완서를 작성하여 제출한 점, ② 환경영향평가 법령에서 정한 환경영향평가를 거쳐야 할 대상 사업에 대하여 그러한 환경영향평가를 거치지 아니하였음에도 승인 등 처분을 하였다면 그 처분이 위법하다 할 것이나, 그러한 절차를 거쳤다면 비록 그 환경영향평가의 내용이 다소 부실하다 하더라도 그 부실의 정도가 환경영향평가 제도를 둔 입법취지를 달성할 수 없을 정도이어서 환경영향평가를 하지 아니한 것과 다를 바 없는 정도의 것이 아닌 이상, 그 부실은 당해 승인 등 처분에 재량권 일탈·남용의 위법이 있는지 여부를 판단하는 하나의 요소가 됨에 그칠 뿐 그 부실로 인하여 당연히 당해 승인 등 처분이 위법하게 되는 것이 아니라 할 것인데(대법원 2006. 3. 16. 선고 2006두330 전원합의체 판결 등 참조), 참가인은 환

정법, 법문사, 2017, 239면.

> 경영향평가서 초안에 대하여 주민설명회와 공청회가 무산된 이후 서면으로나마 주민들의 의견을 수렴하였고 그 결과를 일부 반영하여 환경영향평가 보완서를 작성 · 제출하였으므로, 그와 같이 작성된 환경영향평가가 다소 미흡한 부분이 있다고 하더라도, 그 부실의 정도가 환경영향평가 제도를 둔 입법취지를 달성할 수 없을 정도이어서 환경영향평가를 하지 아니한 것과 다를 바 없는 정도의 것이라고 보기는 어려운 점 등에 비추어 보면, 이 부분에 있어서도 절차상의 하자가 있다고 할 수 없다.[92]

절차의 하자가 승인처분의 위법성에 영향을 미치는지 그 문제해결의 관건은 당해 제도, 절차의 취지, 중요성에 있다고 생각한다.[93] 환경영향평가제도로 돌아와서 공람 · 공고, 주민설명회 등 주민의 의견제출절차 등을 거치도록 법에서 요구하고 있는 것은 사업시행에 있어서 지역주민 등 다수 이해관계인의 의사를 반영하고 그들 상호간의 이익을 합리적으로 조정함으로써 주민의 권리에 대한 부당한 침해를 방지하고 행정의 민주화와 신뢰를 확보하는 데 그 취지가 있다고 할 것이다. 결국 환경영향평가절차의 준수는 내용의 적정성을 담보함으로써, 환경피해의 사전예방 내지 최소화를 가능케 하므로 그 절차가 갖는 중요성을 쉽게 무시해서는 안 될 것이다. 그러한즉 일단 그 절차에 하자가 있는 경우에는 「환경영향평가법」의 목적과 평가제도를 두게 된 취지 등에 비추어 그 절차에 관한 규정은 엄격하게 준수되어야 한다는 짐을 고려하여 처분의 위법성이 적극적으로 인정되어야 할 것이다.[94] 환경영향평가절차가 강행규범의 성질을 가지기 때문에 이를 부실하게 행한 경우 당연히 독립된 위법사유로 보아야 한다는 견해도 같은

---

92) 공청회를 개최하기 전에 환경영향평가서 조안을 본안으로 제출한 사인에서 그 이후 제출된 주민의견서 등을 일부 반영한 환경영향평가 보완서를 작성하여 제출한 점 등을 고려하여 절차상 하자가 없다고 한 사례.

93) 대법원 1988. 5. 24. 선고 87누388 판결(도시계획입안절차에 하자가 있는 행정처분과 공람공고절차를 위배한 도시계획변경결정처분은 위법하다고 한 사례); 대법원 1991. 7. 9. 선고 91누971 판결; 대법원 1990. 11. 9. 선고 90누4129 판결(「식품위생법」 소정의 청문절차를 전혀 거치지 아니하거나 거쳤다고 하여도 그 절차적 요건을 제대로 준수하지 아니하고 한 영업정지 등의 처분이 위법하다고 한 사례) 참조. 이러한 판례에 따르면 절차에 하자가 있는 행정처분은 그 자체로 위법하다고 할 것이다.

94) 대법원 2011. 11. 10. 선고 2010두22832 판결(일동 송전선로 사건, 환경영향평가서 초안에 대하여 주민들에 대한 공람 · 공고 및 설명회 등 의견수렴 절차를 거치지 아니하였다는 이유로 의견수렴 절차를 누락한 구간에 대한 부분에 있어 승인처분이 위법하다고 한 사례). 환경영향평가 절차상의 하자가 무시할 수 있을 정도의 경미한 하자가 아닌 한 환경영향평가의 대상이 된 사업의 허가는 위법하다는 견해가 있다. 박균성, "환경피해의 공법적 구제", 환경법연구 제23권 제1호, 2001, 150면.

맥락으로 이해할 수 있다.[95] 이러한 관점에서 최근 법원이 환경영향평가를 거치지 아니하고 이루어진 사업승인처분이 무효라고 판단한 것은 지극히 타당한 결론이라고 생각한다(판례 [21]).[96]

[21] 도창리사격장 사건: 대법원 2006. 6. 30. 선고 2013다14363 판결

구 환경영향평가법(1999. 12. 31. 법률 제6095호 환경 · 교통 · 재해 등에 관한 영향평가법 부칙 제2조로 폐지) 제1조, 제3조, 제9조, 제16조, 제17조, 제27조 등의 규정 취지는 환경영향평가를 실시하여야 할 사업(이하 '대상사업'이라 한다)이 환경을 해치지 아니하는 방법으로 시행되도록 함으로써 당해 사업과 관련된 환경공익을 보호하려는 데 그치는 것이 아니라, 당해 사업으로 인하여 직접적이고 중대한 환경피해를 입으리라고 예상되는 환경영향평가대상지역 안의 주민들이 전과 비교하여 수인한도를 넘는 환경침해를 받지 아니하고 쾌적한 환경에서 생활할 수 있는 개별적 이익까지도 보호하려는 데에 있는 것이다. 그런데 환경영향평가를 거쳐야 할 대상사업에 대하여 환경영향평가를 거치지 아니하였음에도 불구하고 승인 등 처분이 이루어진다면, 사전에 환경영향평가를 함에 있어 평가대상지역 주민들의 의견을 수렴하고 그 결과를 토대로 하여 환경부장관과의 협의내용을 사업계획에 미리 반영시키는 것 자체가 원천적으로 봉쇄되는바, 이렇게 되면 환경파괴를 미연에 방지하고 쾌적한 환경을 유지 · 조성하기 위하여 환경영향평가제도를 둔 입법 취지를 달성할 수 없게 되는 결과를 초래할 뿐만 아니라 환경영향평가대상지역 안의 주민들의 직접적이고 개별적인 이익을 근본적으로 침해하게 되므로, 이러한 행정처분의 하자는 법규의 중요한 부분을 위반한 중대한 것이고 객관적으로도 명백한 것이라고 하지 않을 수 없어, 이와 같은 행정처분은 당연무효이다.[97]

[22] 제주 풍력발전소 사건: 대법원 2009. 9. 24. 선고 2009두2825 판결

환경정책기본법의 규정 취지는 대상사업이 환경을 해치지 아니하는 방법으로

95) 김성수, 행정법판례평론: 사례 · 해설, 홍문사, 2006, 427면.

96) 대법원 2001. 6. 29. 선고 99두9902 판결(판례 [18]); 대법원 2006. 3. 16. 선고 2006두330 전원합의체 판결(판례 [11]); 서울고법 2010. 9 . 2. 선고 2009누36363 판결(환경영향평가서 초안만을 제출받은 상태에서 협의절차나 주민의견수렴절차를 거치지 아니하고 한 승인처분이 무효에 해당한다고 하면서 당사자의 사정판결 주장을 배척한 사례).

97) 박격포 사격장 인근 주민 244명이 주민의견 수렴과정이나 환경영향평가 없이 마을에 설치된 훈련장의 승인처분의 무효임을 확인해 달라며 국방부장관을 상대로 한 국방군사시설 사업실시계획 승인처분무효확인 청구소송에서 환경영향평가를 거쳐야 할 대상사업에 대하여 환경영향평가를 거치지 아니하였음에도 그 사업실시계획 승인처분을 한 경우, 그 처분이 당연무효라고 하면서 원고들의 청구를 인용한 사례.

시행되도록 함으로써 당해 사업과 관련된 환경공익을 보호하려는 데 그치는 것이 아니라, 당해 사업으로 인하여 직접적이고 중대한 환경피해를 입으리라고 예상되는 사전환경성검토 협의 대상지역 내의 주민들이 전과 비교하여 수인한도를 넘는 환경침해를 받지 아니하고 쾌적한 환경에서 생활할 수 있는 개별적 이익까지도 보호하려는 데에 있다 할 것인데, 사전환경성검토협의를 거쳐야 할 대상사업에 대하여 사전환경성검토협의를 거치지 아니하였음에도 승인 등 처분이 이루어진다면 환경파괴를 미연에 방지하고 쾌적한 환경을 유지 · 조성하기 위하여 사전환경성검토협의 제도를 둔 입법 목적을 달성할 수 없게 되는 결과를 초래할 뿐만 아니라 사전환경성검토협의 대상지역 안의 주민들의 직접적이고 개별적인 이익을 근본적으로 침해하게 되므로, 이러한 행정처분의 하자는 법규의 중요한 부분을 위반한 중대한 것이라고 하지 않을 수 없다. 그러나 앞서 본 바와 같이 구 국토의 계획 및 이용에 관한 법률 제6조, 제36조 제1항에서 규정한 세부용도지역에 따라 사전환경성검토협의 대상이 되는 사업계획면적이 달리 규정되어 있는바, 소외 회사가 피고에게 제출한 개발사업시행승인신청서에는 이 사건 개발사업 부지가 6,418㎡로 기재되어 있어 이 사건 개발사업 부지의 세부용도지역 지정에 따라 사전환경성검토협의 대상 여부가 달라질 수 있었음에도, 이 사건 처분 당시 이 사건 개발사업 부지에 대하여 세부용도지역이 지정되지 않은 상태였고, 이러한 경우 피고로서는 이 사건 개발사업 부지의 이용실태 및 특성, 장래의 토지이용방향 등에 대한 구체적 조사 및 이에 기초한 평가 작업을 거쳐 이 사건 개발사업 부지가 어떠한 세부용도지역의 개념 정의에 부합하는지 여부를 가린 다음 이를 토대로 사전환경성검토협의 여부를 결정하여야 한다는 법리는 이 사건 처분이 있은 후에 비로소 이 사건 대법원판결에 의하여 선언되는 것이므로, 설령 피고가 법의 해석을 잘못한 나머지 이 사건 개발사업이 사전환경성검토협의 대상이 아니라고 보고 그 절차를 생략한 채 이 사건 처분을 하였다고 하더라도, 그 하자가 외형상 객관적으로 명백하다고 할 수는 없다. 따라서 이 사건 처분에 존재하는 위와 같은 하자만으로는 이 사건 처분이 당연무효라고 할 수 없다(판례 [12]와 동일 판례).[98]

특히 협의기관의 장과의 협의를 거치지 않은 경우에 해당 허가 등 처분의 위법성이 인정되는지의 문제는 특히 환경영향평가제도의 중심부분을 이루는 '협의'의 성질을 어떻게 보느냐의 문제와도 관련이 있다. 법에서 협의절차를 둔 기본취지는 행정계획이나 개발사업을 수립 · 시행하기 전에 환경성을 검토하는 과정에

98) 행정청이 사전환경성검토협의를 거쳐야 할 대상사업에 관하여 법의 해석을 잘못한 나머지 세부용도지역이 지정되지 않은 개발사업 부지에 대하여 사전환경성검토협의를 할지 여부를 결정하는 절차를 생략한 채 승인 등의 처분을 한 사안에서, 그 하자가 객관적으로 명백하다고 할 수 없다고 한 사례.

서 환경전문기관인 환경관서의 의견을 들도록 하는 데 있다. 이러한 제도 취지에 잘 부합하기 위해서는 환경관서는 전문적 입장에서 환경오염을 방지 또는 저감하는 방안을 제시하고 일정한 경우에는 조정할 수 있어야 한다. 그러한즉 협의를 단지 형식적으로 거치기만 하는 것으로 이해하는 것은 제도 취지에 어긋나는 것이다. 또한 「환경영향평가법」에서는 "협의를 요청하여야 한다(제27조)", "협의 내용을 통보하여야 한다(제29조)" 등의 규정을 둠으로써, 협의를 의무적인 사항으로 규정하고 있으며, 조치명령(제40조), 사전공사의 금지(제34조) 규정을 두어 그 실효성을 확보하고자 하고 있다. 이러한 제도 취지나 규정 등을 모두어 살펴볼 때 협의를 단지 조언이나 자문을 구하라는 의미로 이해해서는 곤란하다. 이 점은 환경영향평가상의 '협의'가 일반 행정법상의 협의와 크게 구별되는 부분이라 할 것이다. 결국 협의는 허가 등 처분을 하는 관계 행정기관의 장에게 적어도 직무상 구속력 또는 사실상의 구속력을 부여하고 있다고 보아야 하고, 나아가 일정 부분 어느 정도의 법적 구속력까지도 인정되고 있다고 해석하는 것이 타당하다.[99]

서울행정법원은 "관련 행정청이 협의를 얻지 못한 잘못은 단순한 절차 흠결이 아니라 이 사건 인가처분을 위법하게 하는 하자라고 보지 아니할 수 없다"고 판시하면서 해당 인가처분의 취소를 명하였는바(판례 [20]), 절차의 엄격한 준수를 강조한 타당한 결론이라고 생각된다.

[23] 사전환경성검토절차의 하자: 서울행정법원 2003. 12. 24. 선고 2003구합30071 판결

이 사건 인가처분은 그 처분을 하기 전에 피고가 관할지방환경청장과 관할 부대장과 환경정책기본법과 군사시설보호법에 정하여진 사전환경성검토협의 절차와 군사시설보호구역 안이 행정청 허가에 관한 관할부대장의 협의 절차를 제대로 거치지 못한 것이라고 보여진다. 그리고 ① 환경정책기본법상 사전환경성검토협의를 거치도록 하고 있는 것은 개발사업에 따른 환경오염과 환경훼손을 예방하고 환경을 적정하게 관리·보전한다는 취지로 마련되었다고 할 것인데(환경정책기본법 제1조 참조), 피고는 사전환경성검토협의를 전혀 거치지 아니하였다면 환경정책기본법 제27조 제1항에 따라, 인가를 하여서는 아니 될 이 사건 인가처분을 하여 위 조항의 규정을 명시적으로 어겼다는 점, ② 사전환경성검토협의절차를 마치기 전에 시행한 개발사업에 대하여 관할 지방환경청장은 공사중지 등 필요한 조치를 할 것을 요청할 수 있고, 이 경우 관계행정기관의 장은 특별한 사유가 없는 한 이에 응하여야 한다는 환경정책기본법 제27조 제

99) 함태성(각주 78), 44면.

2항의 규정 내용, (…) 등을 모두 감안하여 보면, 피고가 이 사건 인가처분을 하기 전에 필요한 관련 행정청이 협의를 얻지 못한 잘못은 단순한 절차 흠결이 아니라 이 사건 인가처분을 위법하게 하는 하자라고 보지 아니 할 수 없다. 따라서 이 사건 인가처분은 위법하여 취소되어야 한다.[100]

[24] 하자의 치유: 서울고등법원 2010. 9. 2. 선고 2009누36363 판결

하자있는 행정행위의 치유는 행정행위의 성질이나 법치주의의 관점에서 볼 때 원칙적으로 허용될 수 없는 것이고, 예외적으로 행정행위의 무용한 반복을 피하고 당사자의 법적 안정성을 위해 이를 허용하는 때에도 국민의 권리나 이익을 침해하지 않는 범위에서 인정되는바(대법원 2002. 7. 9. 선고 2001두10684 판결 참조), 피고가 원고를 포함한 인근 주민의 의견수렴절차나 평가서에 대한 환경부장관 등과의 협의절차를 거치지 아니한 채 이 사건 처분을 함으로써 환경부장관 등과의 협의내용을 사업계획에 반영시키는 것 자체가 원천적으로 봉쇄되었을 뿐만 아니라 인근 주민의 직접적이고 개별적인 권리나 이익을 근본적으로 침해하였다고 볼 것이므로, 피고가 이 사건 처분 이후에 환경부장관과의 협의를 완료하였다거나 이 사건 사업계획의 목적과 공익상의 요청, 행정행위의 무용한 반복을 피하기 위한 필요성 등을 감안하더라도 그러한 사정만으로 위와 같이 중대하고 명백한 하자가 치유될 수는 없다.

4. 소 결

환경영향평가에 대한 법원의 인식 및 사법심사의 정도 여하는 동 제도의 실효성 문제와 밀접한 관련이 있다. 그 동안 환경영향평가가 유명무실하게 이루어지고 형식적으로 운영되었던 데에는 법원에게 큰 책임이 있다고 생각된다. 법원이 환경영향평가를 둘러싼 사법심사를 함에 있어서 소극적인 입장을 견지하고 안일하게 대처하는 한 그 실효성을 확보하기란 근본적으로 어려운 것이다. 미국 법원은 환경영향평가와 관련한 다양한 절차적 · 실체적 문제에 대해서 광범위하고 적극적으로 개입하여 판단하고 있다.[101] 이에 비해 우리나라 법원은

100) 피고인 고양시장이 도시계획시설사업실시계획인가처분을 하기 전에 관할지방환경청장과 관할 부대장과 「환경정책기본법」과 「군사시설보호법」에 정하여진 사전환경성검토협의 절차와 군사시설보호구역 안이 행정청 허가에 관한 관할부대장의 협의 절차를 거치지 못한 것이 인가처분을 위법하게 하는 하자이므로 인가처분은 위법하여 취소되어야 한다고 판단한 사례.

101) 미국에서는 의사결정자의 의사결정이 「국가환경정책법(NEPA)」 절차에 따라 이루어졌는지, 환경영향평가서(EIS) 작성 자체를 하지 아니한 것이 옳은 것인지 등과 같은 절차적인 문제는 물론이고 환경영향평가서가 제대로 작성되었는지와 같은 실체적인 문제 등에 대해서도

원고적격 여부의 판단에 급급하고 사회적 갈등과 환경문제를 해결하는 데 핵심 단서가 되는 환경영향평가의 절차적 · 실체적 하자를 등한시하고 있는데, 이러한 법원의 태도는 시정되어야 한다. 협의를 거쳤다는 이유만으로 환경영향평가의 허위 · 부실 작성 등 하자문제를 소홀히 하는 것은 오히려 형식적이고 편법적인 평가만을 조장할 뿐이다.

환경영향평가를 둘러싼 법적 판단요구에 대하여 환경보전을 위한 최후의 보루로서 법원의 적극적인 개입이 시대적으로 요구되고 있다. 이러한 관점에서 환경영향평가서 내용 자체에 중대한 하자가 있다거나, 처분청이 협의 내용에 반하는 처분을 한 경우에는 당해 처분을 무효로 본다든지 하는 효력 규정을 두어 법원에 환경영향평가에 대한 적극적인 심사를 촉구하는 것도 고려할 만하다.

치열한 분쟁이 제기되면서 법원이 이러한 절차적, 실체적 문제에 대해서 다양하고, 광범위하고, 적극적으로 개입하여 판단하고 있다. 절차적 문제와 관련한 중요한 사법심사 기준은 자의성(arbitrary and capricious)이며, 실체적 문제와 관련하여 적용되는 중요한 기준은 합리성(rule of reason)이다. 환경영향평가에 대한 미국 법원의 사법심사는 김홍균, "환경영향평가와 사법심사", 법조, 2004. 6, 20 내지 25면 참조.

제3장 자연환경의 보전

국토가 좁고 자연자원이 부족한 상태에서 인구밀도가 높은 우리나라로서는 자연환경에 대한 보전의 필요성은 어느 나라보다도 크다. 우리나라는 산, 강, 도서, 습지, 해안 등 비교적 다양한 자연환경을 보유하고 있다고 할 수 있다. 그러나 그 동안 우리나라의 자연환경에 대한 보전은 등한히 다루어졌으며, 생활환경에 비하여 소홀히 다루어진 감이 있다. 소득이 증대함에 따라 자연환경의 보전 필요성에 대해 눈을 돌리기 시작하였지만 관광 및 레저 등에도 눈을 돌리면서 개발압력은 사라지지 않고 있다. 자연환경에 대한 보전이 등한시 된 데에는 난개발, 막개발, 공급위주의 국토개발, 야생동·식물에 대한 잘못된 관행, 일반 국민들의 인식 수준 등도 문제이지만, 그 보호를 위한 법체계의 미숙을 들 수 있다. 물론 자연환경 보전·관리의 중요성에 대한 인식이 증가되면서 1991년 「자연환경보전법」이 제정된 점은 높이 평가할 수 있다. 그러나 법제정이 이루어진 이후에도 여전히 생태계의 무분별한 파괴, 야생동·식물의 남획, 밀렵, 밀거래가 성행하고 있는 현실을 보면 이를 규율하는 법체계에 문제가 있음을 간파할 수 있다.

「자연환경보전법」은 우리나라 자연환경보전·관리를 위한 근간을 이루는 근거법률로서, 자연환경보전 관련 법의 기본법으로서의 역할을 하고 있다. 이 법은 기본법이 갖고 있는 선언적·프로그램적 규정과 함께 구체적 효력을 갖는 규정도 다수 두고 있다. 말하자면 기본법과 규제법·집행법적 성격이 혼재하고 있다고 할 수 있다.

동법은 목적규정에서도 명시적으로 밝히고 있는 바와 같이 자연환경의 인위적 훼손의 방지, 생태계와 자연경관의 보호를 핵심으로 하고 있으며, 그 밖에 생물다양성의 보전, 자연자산의 관리 등에 대한 고려를 함으로써, 자연환경 전반에 대한 종합적이고 효율적인 관리를 도모하고 있다. 자연환경에는 토양환경도 포함되므로[1] 크게 자연환경보전 관련 법에는 「토양환경보전법」도 포함될 것

---

1) 「환경정책기본법」에서는 '자연환경'을 "지하·지표(해양을 포함) 및 지상의 모든 생물과 이들을 둘러싸고 있는 비생물적인 것을 포함한 자연의 상태(생태계 및 자연경관을 포함)"로 정

이나 이는 편의상 별도의 장(제8장)에서 다루기로 한다.

Ⅰ. 일 반

1. 자연환경보전의 기본원칙

국가와 국민은 자연환경의 보전이 인간의 생존 및 생활의 기본임에 비추어 자연의 질서와 균형이 유지·보전되도록 노력하여야 하는바(「환경정책기본법」 제40조), 「자연환경보전법」은 자연환경보전의 8대 기본원칙을 다음과 같이 명시하고 있다: ① 자연환경은 모든 국민의 자산으로서 공익에 적합하게 보전되고 현재와 장래의 세대를 위하여 지속가능하게 이용되어야 한다; ② 자연환경보전은 국토의 이용과 조화·균형을 이루어야 한다; ③ 자연생태와 자연경관은 인간활동과 자연의 기능 및 생태적 순환이 촉진되도록 보전·관리되어야 한다; ④ 모든 국민이 자연환경보전에 참여하고 자연환경을 건전하게 이용할 수 있는 기회가 증진되어야 한다; ⑤ 자연환경을 이용하거나 개발하는 때에는 생태적 균형이 파괴되거나 그 가치가 저하되지 아니하도록 하여야 한다. 다만, 자연생태와 자연경관이 파괴·훼손되거나 침해되는 때에는 최대한 복원·복구되도록 노력하여야 한다; ⑥ 자연환경보전에 따르는 부담은 공평하게 분담되어야 하며, 자연으로부터 얻어지는 혜택은 지역주민과 이해관계자가 우선하여 누릴 수 있도록 하여야 한다; ⑦ 자연환경보전과 자연의 지속가능한 이용을 위한 국제협력은 증진되어야 한다; ⑧ 자연환경을 복원할 때에는 환경 변화에 대한 적응 및 생태계의 연계성을 고려하고, 축적된 과학적 지식과 정보를 적극적으로 활용하여야 하며, 국가·지방자치단체·지역주민·시민단체·전문가 등 모든 이해관계자의 참여와 협력을 바탕으로 하여야 한다(제3조).

2. 국가·지방자치단체의 책무

국가 및 지방자치단체는 자연환경보전대책의 수립·시행 등 자연환경보전의 1차적, 포괄적 책임을 지게 된다(제4조 제1항).

의하고 있다(제3조 제2호).

3. 사업자의 책무

사업자는 사업활동을 할 때 자연생태 · 자연경관을 우선적으로 고려하고, 사업활동으로부터 비롯되는 자연환경 훼손을 방지하고, 훼손되는 자연환경에 상응하도록 스스로 복원 · 복구하거나 환경부령으로 정하는 생태면적률(개발면적 중에서 생태적 기능 또는 자연순환기능이 있는 토양면적이 차지하는 비율을 말함)을 확보하는 등의 필요한 조치를 하며, 국가 및 지방자치단체의 자연환경보전대책 등에 참여하고 협력하여야 한다(제4조 제2항).

4. 자연환경보전기본방침

동법은 동법의 목적과 자연환경보전의 기본원칙을 실현하기 위하여 환경부장관으로 하여금 자연환경보전기본방침을 수립하도록 하고 있다. 자연환경보전기본방침을 수립하기 전에는 관계 중앙행정기관의 장 및 특별시장 · 광역시장 · 특별자치시장 · 도지사 · 특별자치도지사(시 · 도지사)의 의견을 듣고 중앙환경정책위원회 및 국무회의의 심의를 거쳐야 한다(제6조 제1항). 자연환경보전기본방침에는 자연환경의 체계적 보전 · 관리, 자연의 지속가능한 이용 등의 사항이 포함되어야 한다(동조 제2항).

5. 전국자연환경보전계획

자연환경보전기본방침을 실천하기 위하여 환경부장관은 10년마다 자연환경보전기본계획을 수립하여야 한다(제8조). 자연환경보전기본계획의 수립은 자연환경의 보전 및 관리에 관한 기본방향을 설정하고 주요 사업을 확정하는 등 자연환경의 보전 및 관리를 종합적이고 체계적으로 추진하기 위해 필요한 과정이다. 자연환경보전기본계획을 10년마다 수립하도록 한 것은 국가환경보전을 위한 최상위계획으로 「환경정책기본법」에 따라 20년마다 수립하는 국가환경종합계획과의 연계성을 강화하여 중장기 비전을 설정하여 효율적인 자연환경보전정책을 추진하기 위한 것으로 이해된다. 자연환경보전기본계획은 자연환경부문의 상위계획으로서, 우리나라 자연환경정책의 근간을 이루게 된다.

이 계획에는 자연환경 · 생태계서비스(「생물다양성 보전 및 이용에 관한 법률」

제2조 제10호에 따른 생태계서비스를 말함)의 현황, 전망 및 유지·증진, 자연환경보전에 관한 기본방향 및 보전목표설정 등과 같은 자연환경정책의 핵심적인 요소들을 포함하여야 한다(제9조). 자연환경보전기본계획을 수립·확정하기 위하여는 관계 중앙행정기관의 장과의 협의와 중앙환경정책위원회의 심의가 요구된다(제8조 제2항·제3항). 관계 중앙행정기관의 장 및 시·도지사는 자연환경보전기본방침에 따른 추진방침 또는 실천계획(시·도지사의 경우 실천계획에 한함)을 수립하고 이를 환경부장관에게 통보하여야 하며(제6조 제4항), 환경부장관은 자연환경보전기본계획의 수립에 있어 이를 고려하여야 한다(제8조 제3항).

한편, 동법은 중앙행정기관의 장이 자연환경보전과 직접적인 관계가 있는 주요시책 또는 계획을 수립·시행하고자 할 때 미리 환경부장관과 협의하도록 하고 있는데, 전략환경영향평가를 자연환경 분야에서 구체화한 것이라 할 것이다(제7조 제1항). 같은 맥락에서 환경부장관은 관계 중앙행정기관의 장과 협의하여 각종 개발계획 또는 개발사업을 시행함에 있어 자연환경보전 및 자연의 지속가능한 이용을 위하여 고려하여야 할 지침을 작성하여 활용하도록 할 수 있다(동조 제2항).

Ⅱ. 생태계 보전

최근의 난개발과 무분별한 서식지 파괴·훼손 등은 중요한 생태계를 무차별적으로 파괴하고 있다. 이에 생태계 파괴를 근본적으로 방지하기 위한 생태계 보전 대책이 중요한 과제가 되고 있다.

「자연환경보전법」은 '생태계'를 "식물·동물 및 미생물 군집들과 무생물 환경이 기능적인 단위로 상호작용하는 역동적인 복합체"로 정의하고 있다(제2조 제5호). 이러한 생태계를 보전하기 위하여 우리나라는 생태·경관보전지역, 습지보호지역, 특정도서, 국립·도립·군립공원, 야생생물특별보호구역 등 생태적으로 중요한 지역을 보호구역으로 지정·관리하고 있으며, 환경부를 비롯한 여러 부처에 의해 수행되고 있음은 앞에서 본바와 같다. 생태계보전을 위하여는 흔히 당해 구역 내에서의 일정한 행위제한·금지 등이 사용된다.[2]

2) 「자연환경보전법」 제9조 내지 제17조, 「습지보전법」 제13조, 「자연공원법」 제16조, 제23조, 「독도 등 도서지역의 생태계보전에 관한 특별법」 제8조, 「문화재보호법」 제20조 등 참조.

1. 생태 · 경관보전지역의 관리

각종 개발 · 이용행위의 증가로 인하여 생물의 서식지, 생태계, 경관 등의 훼손이 급격히 진행되고 있다. 이에 「자연환경보전법」은 제2장에서 환경부장관으로 하여금 자연생태 · 자연경관을 특별히 보전할 필요가 있는 지역을 생태 · 경관보전지역으로 지정하여 관리하도록 하고 있다. '생태 · 경관보전지역'이라 함은 "생물다양성이 풍부하여 생태적으로 중요하거나 자연경관이 수려하여 특별히 보전할 가치가 큰 지역으로서 환경부장관이 지정 · 고시하는 지역"을 말한다(제2조 제12호). 생태 · 경관보전지역은 생태계 우수지역, 희귀종 서식지역 또는 자연경관이 수려한 지역 등을 체계적으로 보전하여 생물다양성을 확보하고, 보전가치가 있는 지역의 훼손행위를 예방하려는 것이다.

생태 · 경관보전지역 지정제도는 종전의 생태계보전지역 지정제도를 확대 개편한 것이다. 즉 종전의 생태계보전지역은 생태계 보전에 치중하여 강변, 산간계곡 등 자연경관이 수려한 지역이 제외되는 문제점이 있었는바, 이를 보완하기 위하여 '자연경관'을 포함시켜 생태 · 경관보전지역으로 개선한 것이다.[3] 이에 따라 자연경관이 수려한 지역에 대한 보다 종합적 · 체계적 · 효율적인 관리가 이루어질 것으로 예상된다. 그러나 아직까지 생태 · 경관보전지역은 전국토의 0.2%로 지정 실적이 미미한 실정이다.

가. 대상지역

생태 · 경관보전지역은 다음에 해당하는 지역으로서 자연생태 · 자연경관을 특별히 보전할 필요가 있는 지역이다: ① 자연상태가 원시성을 유지하고 있거나 생물다양성이 풍부하여 보전 및 학술적 연구가치가 큰 지역; ② 지형 또는 지질이 특이하여 학술적 연구 또는 자연경관의 유지를 위하여 보전이 필요한 지역; ③ 다양한 생태계를 대표할 수 있는 지역 또는 생태계의 표본지역; ④ 그 밖에 하천 · 산간계곡 등 자연경관이 수려하여 특별히 보전할 필요가 있는 지역으로서 대통령령이 정하는 지역(제12조 제1항).

---

3) 동법상 '자연경관'이란 "자연환경적 측면에서 시각적 · 심미적인 가치를 가지는 지역 · 지형 및 이에 부속된 자연요소 또는 사물이 복합적으로 어우러진 자연의 경치"를 말한다(제2조 제10호).

나. 지정 및 지정의 해제

생태 · 경관보전지역은 위 대상지역 중에서 당해 지역주민과 이해관계인 및 지방자치단체의 장의 의견을 수렴한 후 관계 중앙행정기관의 장과의 협의 및 중앙환경정책위원회의 심의를 거쳐 정한다(제13조 제1항).[4] 생태 · 경관보전지역 지정의 법 형식은 환경부장관의 고시이다(동조 제3항). 대통령령이 아닌 고시로써 지정하기 때문에 생태 · 경관보전지역의 지정 때마다 대통령령을 개정해야 하는 번거로움을 피할 수 있으나 그 지정에 따라 재산권 행사를 위시한 행위제한이 수반되므로 그 법형식은 시행령 이상의 형식이 바람직하다고 생각한다.

한편, 생태 · 경관보전지역이 군사목적 또는 천재 · 지변 그 밖의 사유로 인하여 생태 · 경관보전지역으로서의 가치를 상실하거나 보전할 필요가 없게 된 경우에는 그 지역을 해제 · 변경할 수 있다(제12조 제3항). 한편, 시 · 도지사는 생태 · 경관보전지역에 준하여 보전할 필요가 있다고 인정되는 지역을 당해 지역주민과 이해관계인 및 시장 · 군수 · 구청장의 의견을 수렴한 후 관할 유역환경청장 또는 지방환경청장 및 관계 행정기관의 장과의 협의를 거쳐 시 · 도환경정책위원회의 심의를 받아 시 · 도생태 · 경관보전지역으로 지정하여 관리할 수 있다(제24조 제1항). 동법은 생태 · 경관보전지역을 지정할 때 지역주민 등 의견을 수렴하도록 규정하고 있으나 주민참여를 위한 구체적 절차를 마련하고 있지 아니하여 그 실효성이 의문시되며, 환경단체의 참여를 고려하고 있지 아니하다.

다. 구 분

환경부장관은 생태 · 경관보전지역의 지속가능한 보전 · 관리를 위하여 생태적 특성, 자연경관 및 지형여건 등을 고려하여 생태 · 경관보전지역을 다음과 같이 구분하여 지정 · 관리할 수 있다:

① 생태 · 경관핵심보전구역(核心區域): 생태계의 구조와 기능의 훼손방지를 위하여 특별한 보호가 필요하거나 자연경관이 수려하여 특별히 보호하고자 하는 지역;

② 생태 · 경관완충보전구역(緩衝區域): 핵심구역의 연접지역으로서 핵심구역의 보호를 위하여 필요한 지역;

---

4) 2015년 말 현재 국가생태 · 경관보전지역으로 낙동강하구, 지리산 심원계곡일대의 극상 원시림, 강원도 대암산의 고층 습원, 경남 창녕의 우포늪, 울주군 무제치늪, 동강유역 등 13개 지역이 지정되어 있으며, 시 · 도 생태 · 경관보전지역은 광양 백운산 등 24개 지역이다. 환경부, 환경백서, 2016, 345면.

③ 생태 · 경관전이보전구역(轉移區域): 핵심구역 또는 완충구역에 둘러싸인 취락지역으로서 지속가능한 보전과 이용을 위하여 필요한 지역(제12조 제2항).

생태 · 경관보전지역을 이와 같이 핵심 · 완충 · 전이구역으로 구분 지정하는 것은 보전상태, 보전가치, 이용 상태 등에 따라 행위제한을 달리함으로써, 보전 필요성이 큰 지역에 대하여 철저한 관리를 하는 한편, 지역주민의 과도한 불편을 줄이고 보전지역의 추가 지정을 활성화하는 등 보전과 이용의 조화를 도모하기 위한 조치라고 이해된다.

라. 보전 수단

(1) 생태 · 경관보전지역의 관리 기본계획

환경부장관은 생태 · 경관보전지역에 대하여 관계 중앙행정기관의 장 및 관할 시 · 도지사와 협의하여 자연생태 · 자연경관과 생물다양성의 보전 · 관리 등의 사항이 포함된 생태 · 경관보전지역관리기본계획을 수립 · 시행하여야 한다(제14조).

(2) 생태 · 경관보전지역에서의 행위제한

생태 · 경관보전지역 지정제도는 생태 · 경관보전지역을 핵심 · 완충 · 전이구역으로 세분화하여 핵심구역은 절대적으로 보전하되, 완충 · 전이구역에서는 주거 · 생계 목적의 건축물 등의 설치, 생태탐방시설의 설치 등을 허용함으로써, 행위제한을 완화하고 있다.

(가) 금지되는 행위

생태 · 경관보전지역 안에서는 다음에 해당하는 자연생태 또는 자연경관의 훼손행위를 하여서는 아니 된다. 다만, 생태 · 경관보전지역 안에 「자연공원법」에 의하여 지정된 공원구역 또는 「문화재보호법」에 의한 문화재(보호구역을 포함)가 포함된 경우에는 「자연공원법」 또는 「문화재보호법」이 정하는 바에 의한다: ① 핵심구역 안에서 야생동 · 식물을 포획 · 채취 · 이식(移植) · 훼손하거나 고사(枯死)시키는 행위 또는 포획하거나 고사시키기 위하여 화약류 · 덫 · 올무 · 그물 · 함정 등을 설치하거나 유독물 · 농약 등을 살포 · 주입(注入)하는 행위; ② 건축물 그 밖의 공작물(건축물등)의 신축 · 증축(생태 · 경관보전지역 지정 당시의 건축연면적의 2배 이상 증축하는 경우에 한함) 및 토지의 형질변경; ③ 하천 · 호소 등의 구조를 변경하거나 수위 또는 수량에 증감을 가져오는 행위; ④ 토석의 채취; ⑤ 그 밖에 자연환경보전에 유해하다고 인정되는 행위로서 대통령령이 정하는 행위[5](제15조 제1항).

그러나 군사목적을 위하여 필요한 경우, 생태 · 경관보전지역 안에 거주하는 주민의 생활양식의 유지 또는 생활향상을 위하여 필요하거나 생태 · 경관보전지역 지정 당시에 실시하던 영농행위를 지속하기 위하여 필요한 행위 등 대통령령이 정하는 행위[6]를 하는 경우, 환경부장관이 당해 지역의 보전에 지장이 없다고 인정하여 환경부령이 정하는 바에 따라 '허가'하는 경우, 환경부장관이 생태 · 경관보전지역을 보호 · 관리하기 위하여 대통령령이 정하는 행위 및 필요한 시설[7]을 설치하는 경우 등 예외적인 경우에는 위 규정이 적용되지 아니한다(제15조 제2항).

(나) 완충 · 전이구역에서 허용되는 행위

완충구역 안에서는 다음의 행위를 할 수 있다: ① 「측량 · 수로조사 및 지적에 관한 법률」에 의한 지목이 대지(생태 · 경관보전지역 지정 이전의 지목이 대지인 경우에 한함)인 토지에서 주거 · 생계 등을 위한 건축물등으로서 대통령령이 정하는 건축물등의 설치; ② 생태탐방 · 생태학습 등을 위하여 대통령령이 정하는 시설의 설치; ③ 「산림자원의 조성 및 관리에 관한 법률」에 의한 산림경영계획과 산림보호 및 산림유전자원보호구역 등의 보전 · 관리를 위하여 시행하는 산림사업; ④ 하천유량 및 지하수 관측시설, 배수로의 설치 또는 이와 유사한 농 · 임 · 수산업에 부수되는 건축물등의 설치; ⑤ 「장사 등에 관한 법률」에 의한 개인묘지의 설치(제15조 제3항).

한편, 전이구역 안에서는 다음의 행위를 할 수 있다: ① 제3항 각호의 행위; ② 전이구역 안에 거주하는 주민의 생활양식의 유지 또는 생활향상 등을 위한 대통령령이 정하는 건축물등의 설치; ③ 생태 · 경관보전지역을 방문하는 사람을 위한 대통령령이 정하는 음식 · 숙박 · 판매시설의 설치; ④ 도로, 상 ·

5) 여기에서 "대통령령이 정하는 행위"라 함은 ① 수면의 매립 · 간척, ② 불을 놓는 행위 등을 말한다(시행령 제11조).

6) "대통령령이 정하는 행위"라 함은 생태 · 경관보전지역 또는 그 인근지역에 거주하는 주민이나 생태 · 경관보전지역 안의 토지 · 공유수면의 소유자 · 점유자 또는 관리인의 행위로서 생태적으로 지속가능하다고 인정되는 농사, 어로행위, 수산물의 채취행위, 버섯 · 산나물 등의 채취행위 그 밖의 이에 준하는 행위를 말한다(시행령 제13조 제1항).

7) "대통령령이 정하는 행위 및 필요한 시설을 설치하는 경우"라 함은 다음의 어느 하나에 해당하는 경우를 말한다: ① 법 제14조의 규정에 따른 관리기본계획에 포함된 시설 등을 설치하는 경우; ② 생태 · 경관보전지역의 생태계 및 자연경관에 대한 정기적인 현황조사 · 학술연구 또는 그 수행에 필요한 관측시설 등을 설치하는 경우; ③ 생태 · 경관보전지역을 보호하고 외부인의 무단출입으로 인한 자연환경의 훼손을 방지하기 위하여 필요하다고 인정되는 시설 등을 설치하는 경우(시행령 제13조 제2항).

하수도 시설 등 지역주민 및 탐방객의 생활편의 등을 위하여 대통령령이 정하는 공공용시설 및 생활편의시설의 설치(동조 제4항).

(3) 개발사업 등 제한

환경부장관은 취약한 자연생태 · 자연경관의 보전을 위하여 특히 필요한 경우에는 대통령령이 정하는 개발사업을 제한하거나 제2항 제3호의 규정에 불구하고 영농행위를 제한할 수 있다(제15조 제5항).

(4) 생태 · 경관보전지역에서의 금지행위

한편, 동법은 생태 · 경관보전지역 안에서 특정수질유해물질, 폐기물 또는 유독물을 버리는 행위, 생태 · 경관보전지역의 보전을 위하여 금지하여야 할 행위로서 풀 · 나무의 채취 및 벌채 등 대통령령이 정하는 행위 등을 금지하되, 다만, 군사목적을 위하여 필요한 경우 등에는 이를 허용하고 있다(제16조).

(5) 출입제한

환경부장관은 자연적 또는 인위적인 요인으로 훼손된 자연환경의 회복을 위한 경우 등 일정한 경우에는 생태 · 경관보전지역의 전부 또는 일부에 대한 출입을 일정 기간 제한하거나 금지할 수 있다(제16조의2).

(6) 행위중지 및 원상회복 명령

환경부장관은 생태 · 경관보전지역 안에서 제15조 제1항의 규정에 위반되는 행위를 한 사람에 대하여 그 행위의 중지를 명하거나 상당한 기간을 정하여 원상회복을 명할 수 있다. 다만, 원상회복이 곤란한 경우에는 대체자연의 조성 등 이에 상응하는 조치를 하도록 명할 수 있다(제17조).

마. 생태 · 경관보전지역의 확보 등

동법은 생태 · 경관보전지역의 확보차원에서 관리전환, 매수, 수용 등에 관한 규정을 두는 한편, 생태 · 경관보전지역의 지정에 따른 주민들의 행위제한, 재산권행사의 제약 등을 완화 내지 배려한다는 차원에서 손실보상, 주민지원 등에 관한 규정을 두고 있다.

(1) 관리전환(管理轉換)

환경부장관은 생태 · 경관보전지역, 생태적 가치가 우수하거나 자연경관이 수려하여 생태 · 경관보전지역으로 지정할 필요가 있다고 인정되는 지역에 소재하는 국유의 토지 · 건축물 그 밖에 그 토지에 정착된 물건이 군사목적 또는 문화재의 보호목적 등으로 사용할 필요가 없게 되는 경우에는 국방부장관 · 문화재청장 등 당해 토지등의 관리권을 보유하고 있는 중앙행정기관의 장에게 「국유재산법」 제2조 제5호에 따른 관리전환(管理轉換)을 요청할 수 있다(제18조 제1항).

(2) 협의매수

환경부장관은 생태 · 경관보전지역 및 자연유보지역의 생태계를 보전하기 위하여 필요한 경우에는 동 지역의 토지 등을 그 소유자와 협의하여 매수할 수 있다(제19조 제1항). 이와 유사한 규정을 두고 있는 「한강수계 상수원수질개선 및 주민지원 등에 관한 법률」이 토지등 소유자에게 매수신청을 할 수 있다고 규정(제7조, 시행령 제5조)하고 있는 것과 달리 매수신청에 관한 규정을 두고 있지 않고 필요성 여부에 관한 판단을 행정청의 재량으로 하고 있다.

이 규정에 의하여 토지등을 매수하는 경우의 매수가격은 「공익사업을 위한 토지 등의 취득 및 보상에 관한 법률」에 의하여 산정한 가격에 의한다(동조 제2항). 종전에는 매수가격을 '지가공시및토지등의평가에관한법률'에 의한 공시지가를 기준으로 평가하도록 하였는데, 여기에 대하여는 생태 · 경관보전지역의 확보가 '구 공공용지의취득및손실보상에관한특례법'이 적용되는 공익사업에 해당하는지, 이에 해당하지 않는 경우라고 하더라도 동법을 적용하여 토지 등을 취득할 수 있는지 문제가 논란이 있어왔다. 이러한 논란을 잠재우기 위하여 2004. 2. 4. 개정 「자연환경보전법」은 생태 · 경관보전지역의 용도로 토지등을 매수하는 것이 「공익사업을 위한 토지 등의 취득 및 보상에 관한 법률」상의 공익사업에 해당한다는 명문규정을 두기에 이르렀다. 그 결과 종전의 공시지가에 연연하지 아니하고 실비 등에 대한 보상이 가능해지면서 종전보다 유연하게 생태 · 경관보전지역의 용도로 토지 등을 매수하는 것이 가능해졌다. 그러나 「공익사업을 위한 토지 등의 취득 및 보상에 관한 법률」상의 협의취득 또는 보상합의의 성질을 법원과 같이 사법상 매매 내지 사법상 계약으로 이해할 경우,[8] 예산 부족 등의 이유로 계약체결이 이루어지지 않을 가능성은 물론이고 계약체결이 이루어지더라도 실질적이고 충분한 보상이 이루어지지 아니할 개연성은 상존하고 있다.

---

8) 대법원 1996. 4. 26. 선고 96다3319 판결; 대법원 1998. 5. 22. 선고 98다2242, 2259 판결; 대법원 1999. 3. 23. 선고 98다48866 판결.

(3) 생태 · 경관보전지역의 주민지원

생태 · 경관보전지역의 지정으로 인한 재산권 행사의 제한, 행위의 제한 등 불편을 겪는 해당 지역의 주민에게 보상대책을 마련하는 것은 형평의 원칙에 부합한다. 이에 동법은 환경부장관으로 하여금 생태 · 경관보전지역에 수질오염 등의 영향을 직접 미칠 수 있는 지역(인접지역)에서 그 지역의 주민이 주택을 증축하는 등의 경우 개인하수처리시설 및 분뇨처리시설을 설치하는 경비의 전부 또는 일부를 지원할 수 있도록 하고 있다(제20조 제1항). 환경부장관은 생태 · 경관보전지역 및 인접지역에 대하여 우선적으로 오수 및 폐수의 처리를 위한 지원방안을 수립하여야 한다. 이 경우 지원에 필요한 조치 및 환경친화적 농 · 임 · 어업의 육성을 위하여 필요한 조치를 하도록 관계 중앙행정기관의 장 또는 당해 지방자치단체의 장에게 요청할 수 있다(동조 제2항).

(4) 생태 · 경관보전지역 주민의 우선 이용

환경부장관은 관계 중앙행정기관의 장 및 지방자치단체의 장과 협의하여 생태 · 경관보전지역의 주민이 당해 생태 · 경관보전지역을 우선하여 이용할 수 있도록 한다. 다만, 토지소유자 등 이해관계인이 있는 경우에는 그와 합의가 이루어진 때에 한한다(제21조 제1항). 지역주민은 당해 생태 · 경관보전지역의 보전을 위하여 노력하여야 한다(동조 제2항).

(5) 손실보상

동법은 제15조 제5항에 의하여 이미 실시하고 있는 개발사업 · 영농행위 등을 할 수 없음에 따라 초래되는 재산상의 손실을 입은 사람으로 하여금 환경부장관 또는 지방자치단체의 장에게 보상을 청구할 수 있도록 함으로써 보상조치를 강구하고 있다(제53조).

바. 평 가

「자연환경보전법」은 생태 · 경관보전지역에서의 행위금지 · 제한, 행위중지, 원상회복명령 등을 규정하고 그 실효성을 확보하기 위하여 위반 시 처벌하도록 하고 있는 등 제도적으로 난개발 억제수단을 마련하고 있으며, 환경부장관이 충분한 생태계 조사를 거쳐 지역주민, 지방자치단체의 장, 이해관계자의 의견을 수렴하여 생태 · 경관보전지역을 지정하고, 보전 등에 관한 관리기본계획을 수립 · 시행하도록 하고 있어 국가적인 차원에서의 종합적인 관리가 가능하다. 한편, 동법은 주민에 대한 지원과 주민의 우선 이용, 재산상 손실을 입은 자에 대한 손실보상(제53조) 등을 보장하도록 규정하고 있는데, 이는 자칫 소외되기 쉬운 지역주민들을 관리의 주체로 끌어들이고, 이들에게 실질적인 지원이 가능하도록 할 것이다.

생태 · 경관보전지역 지정제도는 생태계 보전 및 훼손의 방지, 자연경관의 보호를 위한 유효하고도 중요한 수단으로 작용할 수 있다. 동법은 그 밖에도 국가로 하여금 자연유보지역을 지정하거나 우선보호대상 생태계의 복원대책(제44조), 생태통로의 설치(제45조) 등 필요한 조치를 취하도록 하고 있어 국가는 생태계 보전을 위하여 다양한 보전 · 관리수단을 이용할 수 있다. 동법은 관리전환, 협의매수, 토지수용 등에 대하여 법적 근거를 마련하고 있어 국가는 부지확보를 위하여 이를 활용할 수 있다. 한편, 동법은 생태계보전부담금의 부과 · 징수에 대한 법적 근거를 두고 있는데, 환경부장관은 이 생태계보전부담금을 이용하여 생태 · 경관보전지역의 보전 · 관리에 필요한 재원을 쉽게 마련할 수 있을 것이다. 이는 뒤에서 살펴보는 자연휴식지제도하에서의 이용료보다 서민부담을 줄이면서도 안정적인 재원관리를 가능하게 할 것이다.

결국, 생태 · 경관보전지역은 생태 · 경관보전과 주민보상 및 지원이라는 양측면에서 장기적이고 충실한 것으로 평가된다.[9] 이는 동강유역이 댐 건설계획의 백지화[10] 후 2년여간 생태계보전지역과 자연휴식지 사이를 표류하다가 생태계보전지역으로 2002. 8. 9. 최종 지정된 것으로 이미 입증된 바 있다.

그러나 재산권 행사의 제한이 없는 자연휴식지와 달리 생태 · 경관보전지역에서는 건축물 신 · 증축, 토석채취, 야생동 · 식물 포획 · 채취 등의 행위가 금지

9) 김혜정, "슬픈 동강", 함께 사는 길, 2001. 12, 26 내지 27면 참조; 환경운동연합, "동강유역 '생태계보전지역' 지정방안에 대한 정책 대안", 2002. 3. 21, 18면; 김홍균, "동강의 보전과 인간의 보전", 강원포럼, 2002. 11, 94 내지 96면 참조.

10) 동강댐 건설계획은 1990년 제2차 국토종합개발계획에 다목적댐의 건설계획이 포함됨으로써 구체화되었으며, 1992년 건설교통부와 수자원공사가 그 계획의 타당성을 조사하였다. 동강댐 건설 계획은 1996년 본 궤도에 올라 1996년부터 1997년 건설교통부는 지방자치단체(영월군, 정선군, 평창군)와의 협의 및 공청회를 거쳐 1992년의 타당성 조사 내용을 재검토하였고, 기본계획 및 기본설계를 수행하여 최종 개발규모를 확정하였다. 이에 따르면 동강, 즉 영월군 영월읍 거운리에 홍수조절과 용수확보를 위하여 2001년까지 7억톤 규모의 다목적댐이 건설된다는 것이다. 동강이 가지고 있는 국내 최고 수준의 생태계와 경관은 이 지역에 댐 건설을 반대하는 여론 및 운동으로 이어졌으며, 급기야 2000년 6월 5일 '환경의 날'을 기해 대통령이 댐 건설 백지화를 공식적으로 발표함으로써 그 동안 국가 중요사업으로 추진되었던 동강댐 건설 계획은 완전히 종료되기에 이르렀다. "「환경의 날」 김대통령 영월 동강댐 백지화", 동아일보, 2000. 6. 6. 기사.

되고, 출입이 제한되는 등 생활상 불편이 예상되며, 지정을 위한 주민 동의에 많은 시간과 노력이 소요될 수 있으므로 이러한 문제를 극복하는 것이 동 제도의 성공적인 요소로 작용하게 된다. 동강 생태계보전지역의 지정이 사유지를 제외하고 이루어진 것이 이러한 문제를 잘 보여주고 있다.11) 이러한 관점에서 생태·경관보전지역을 핵심·완충·전이구역으로 세분화, 행위제한을 차등화함으로써, 보전과 이용의 조화를 도모하는 것은 높이 평가할 만하다. 그러나 생태·경관보전지역의 지정에 따른 재산권 침해를 해소·완화하기 위한 보상적 조치는 충분치 않아 보인다.

2. 생물권보전지역의 지원

전세계적으로 보전가치가 있는 생태적으로 뛰어난 지역을 유네스코에서는 생물권보전지역으로 선정하고 있는바, 그 체계적 관리를 위하여 동법은 생물권보전지역에 재정적 지원을 할 수 있도록 법적 근거를 두고 있다(제21조의2).

3. 자연유보지역

동법은 사람의 접근이 어려운 특수한 지역을 자연유보지역으로 지정·관리하도록 함으로써, 생태·경관보전지역 지정제도를 보완하고 있다. 자연유보지역이란 "사람의 접근이 사실상 불가능하여 생태계의 훼손이 방지되고 있는 지역 중 군사상의 목적으로 이용되는 외에는 특별한 용도로 사용되지 아니하는 무인도로서 대통령령이 정하는 지역과 관할권이 대한민국에 속하는 날부터 2년간의 비무장지대"를 말한다(제2조 제13호). 환경부장관은 자연유보지역에 대하여 관계 중앙행정기관의 장 및 관할 시·도지사와 협의하여 생태계의 보전과 자연환경의 지속

---

11) 2002년 8월 9일 강원도 영월·평창·정선군 동강유역이 생태계보전지역으로 지정·고시되었다. 이에 따르면 정선군 동강 상류인 광하교에서 영월군 섭세에 이르는 46㎞구간 중 동강 수면을 포함하여 생태 및 경관적 가치가 뛰어나 특별관리가 시급한 국·공유지 64.97㎢(2천여만평)가 생태계보전지역으로 지정되었다. 당초 환경부는 2002년 상반기까지 국·공유지 80㎢를 지정할 계획이었으나, 그간의 협의과정에서 지역주민, 지자체, 산림청에서 제시한 지정유보지역, 즉 사권(私權)이 설정된 분수림지역(토지: 국가, 나무: 개인), 수계외(分水嶺외곽)지역, 주민생활 밀접지역을 수용하여 우선 일부만을 지정하였다. "동강유역 65㎢ 생태계보전지역 지정", 조선일보, 2002. 8. 6. 기사. 이는 당초 계획 면적 111㎢(국공유지: 80㎢, 사유지: 31㎢)보다는 40%가 줄어든 것이다. "「보전지역 지정」 동강 유역에 신축, 야영 못한다", 조선일보, 2002. 8. 6. 기사.

가능한 이용을 위한 종합계획 또는 방침을 수립하여야 한다(제22조 제1항). 제15조 제1항 · 제2항 · 제5항, 제16조 및 제17조의 규정은 자연유보지역의 행위제한 및 중지명령 등에 관하여 이를 준용한다. 다만, 비무장지대 안에서 남 · 북한간의 합의에 의하여 실시하는 평화적 이용사업과 통일부장관이 환경부장관과 협의하여 실시하는 통일정책관련사업에 대하여는 그러하지 아니하다(동조 제2항).

Ⅲ. 자연경관의 보전

산간계곡, 강변, 해변 등 자연경관이 수려한 지역에 세워지는 건축물 등이 주변경관과 조화되지 아니하고 미관을 훼손하는 문제점이 빈번히 발생하면서 자연경관에 대한 보호대책이 절실히 요구되고 있다. 자연경관은 한번 훼손되면 사실상 복원이 불가능하거나 복원에 오랜 시간과 비용이 소모되기 때문에 자연경관에 대한 치밀하고 체계적인 관리가 필요하다. 2004. 12. 31. 개정 법에서는 개발사업이 자연경관에 미치는 영향 및 보전방안 등을 검토 · 심의하여 인 · 허가시에 고려하도록 하는 자연경관영향 협의제도를 도입하여 그 보호대책을 강화하고 있다.

1. 자연경관의 보전의무

관계 중앙행정기관의 장 및 지방자치단체의 장은 경관적 가치가 높은 해안선 등 주요 경관요소가 훼손되거나 시계가 차단되지 아니하도록 노력하여야 한다. 지방자치단체의 장은 조례가 정하는 바에 따라 각종 사업을 시행함에 있어서 자연경관을 보전할 수 있도록 필요한 조치를 하여야 한다(제27조).

2. 자연경관영향의 협의

동법은 환경부장관으로 하여금 자연경관이 수려한 자연공원, 습지보호지역 등의 주변지역에서의 개발사업에 대하여 전략환경영향평가 및 환경영향평가 협의를 함에 있어 개발사업이 자연경관에 미치는 영향 및 보전방안 등에 대하여 검토하도록 하고 있다. 이에 따르면 관계 행정기관의 장 및 지방자치단체의 장은 다음에 해당하는 개발사업등으로서 전략환경영향평가 대상계획, 환경영향평가 또는 소규모 환경영향평가 대상사업에 해당하는 개발사업등에 대한 인 · 허가등을 하고자 하는 때에는 당해 개발사업등이 자연경관에 미치는 영향 및 보전방안 등을 전략환경영향평가 협의, 환경영향평가 또는 소규모 환경영향평가 협의 내용에 포함하여 환경부장관 또는 지방환경관서의 장과 협의를 하여야 한다: ① 자연공원, 습지보호지역, 생태 · 경관보전지역의 어느 하나에 해당하는 지역으로부터 대통령령이 정하는 거리 이내의 지역에서의 개발사업등; ② 위 ① 외의 개발사업등으로서 자연경관에 미치는 영향이 크다고 판단되어 대통령령이 정하는 개발사업등(제28조 제1항).

3. 자연경관영향 심의

환경부장관 또는 지방환경관서의 장은 제1항의 규정에 의하여 협의를 요청받은 경우에는 당해 개발사업등이 자연경관에 미치는 영향 및 보전방안 등에 대하여 환경부장관은 중앙환경정책위원회의 심의를, 지방환경관서의 장은 자연경관심의위원회의 심의를 거쳐야 한다(제28조 제2항). 지방자치단체의 장은 제1항 각호의 개발사업등으로서 환경영향평가 협의 및 소규모 환경영향평가 협의 대상사업이 아닌 개발사업등과 그 밖에 자연경관에 미치는 영향이 크다고 판단되어 지방자치단체의 조례로 정하는 개발사업등에 대하여 인 · 허가등을 하고자 하는 때에는 환경부령이 정하는 자연경관에 관한 검토기준을 따라야 한다. 다만, 지방도시계획위원회의 심의를 거치는 경우 등 대통령령이 정하는 경우에는 그러하지 아니하다(동조 제3항).

4. 평　　가

90년대 후반 들어 각종 대규모 도시개발사업과 건축규제 완화로 자연경관이 양호한 보전지역의 주변과 산간 계곡, 농촌 들녘, 해변 등의 지역에 택지개발, 도로, 음식점, 러브호텔 등이 무분별하게 들어섬에 따라 자연경관 및 자연스카이라인이 파괴되어 국토환경의 쾌적성이 저하되고 있다. 이러한 상황임에도 현행 환경성검토(전략환경영향평가, 환경영향평가) 시에 자연경관에 대하여 충분한 검토가 이루어지지 못하는 현실을 감안할 때 환경성검토 협의 시에 자연환경에 관한 사항을 포함하여 검토 · 심의하도록 하는 자연경관영향협의 · 심의제도의 도입은 바람직하다고 할 수 있다. 이러한 자연경관영향협의 · 심의제도는 건축물 등의 배치, 높이, 모양 등이 주변의 자연경관과 조화를 이루도록 유도함으로써, 궁극적으로 자연친화적인 개발로 이어질 것으로 기대되고 있다.

동법은 '자연경관'을 "자연환경적 측면에서 시각적 · 심미적인 가치를 가지는 지역 · 지형 및 이에 부속된 자연요소 또는 사물이 복합적으로 어우러진 자연의 경치"라고 정의하고 있으나 자연경관이란 심리적인 상태와 개인적 · 주관적 성향에 따라 많은 영향을 받기 때문에 같은 대상을 보더라도 개개인이 느끼는 정도가 달라 자연경관의 수려한 정도를 객관화하기 어려운 점이 있다. 이러한 점 때문에 자연경관영향협의 · 심의제도의 조기 정착을 위해서는 객관성을 확보하기 위하여 생태적 · 시각적 경관 등을 고려한 보다 구체적인 기준을 마련할 필요가 있다.

Ⅳ. 생물다양성의 보전

생물다양성의 보전 문제 역시 「자연환경보전법」의 주된 과제에 해당한다. '생물다양성'이란 "육상생태계 및 수생생태계(해양생태계를 제외)와 이들의 복합생태계를 포함하는 모든 원천에서 발생한 생물체의 다양성을 말하며, 종내 · 종간 및 생태계의 다양성을 포함"하는(제2조 제7호) 포괄적인 개념이다. 생물다양성의 가치는 무궁무진한 것으로 나타나고 있다. 생물다양성은 왜 중요한가? 그 가치는 윤리적인 것에서부터 경제적인 것에 이르기까지 다양하다. 생물자원은 우리 인간에게 필수적이고 유용한 수단을 제공한다. 식량, 목재, 거주지, 의류, 의약품 등이 대표적인 예이다. 수질정화, 홍수조절, 기후조절, 토양보전 등 간접적인 이용도 빼놓을 수 없다. 최근에는 생명공학 분야에서 놀라운 발전이 이루어지고 있는데, 그 발전은 농업의 번성과 함께 다양성의 경제적 중요성을 크게 일깨우고 있다. 여가적 · 심미적 가치도 생물다양성 보호의 원인으로 들어지고 있다. 생물다양성의 다양한 가치는 인류 복지와 생태계 안정의 기반에 크게 기여하고 있다. 이러한 점에 주목하여 1992년 「생물다양성협약」이 전문에서 "당사국들은 생물다양성의 본래적(intrinsic) 가치와 생물다양성과 그 구성요소들의 생태학적 · 유전적 · 사회적 · 경제적 · 과학적 · 문화교육적 · 여가적 및 미학적인 가치를 인식한다"고 선언한 것은 놀라운 일이 아니다.

이는 우리가 생물다양성을 강하게 보호해야 할 이유이기도 하다. 그러나 현실은 그렇지 않다. 생물다양성의 가치가 소중할수록 보전의 필요성은 높다. 그러나 아이러니하게도 최근 추세는 생물다양성이 감소하고 있으며 그 정도에 가속도가 붙고 있어 생물다양성 감소위기를 고조시키고 있다.

생물다양성 감소의 원인으로는 인구증가와 산업화에 따른 개발의 확대, 오염의 증대, 서식지의 파괴 및 감소, 인간의 야만적 행위, 유전공학의 발전과 선택적 재배 및 사육 등이 들어지고 있다. 생물다양성의 감소는 식량, 산업자원의 고갈, 의약품의 소멸(약품의 80% 이상이 생물 등에서 추출되는 것으로 알려지고 있음), 생태계의 파괴 등을 초래하게 되고 이는 결국 인간의 생존 기반을 위협하게 된다.

최근에는 생물종이 높은 가치를 가지고 있는 자원으로 인식하고 생물자원의 확보를 위한 국가간 경쟁이 치열해지면서 생물종 보전 문제가 복잡해지고 있다. 그 동안 우리나라는 생물자원의 중요성이 도외시되면서 생물자원에 대한 기초자료 부족, 생물자원의 해외 유출, 무분별한 채취 및 밀렵의 성행, 서식지 훼손의 방치 등 관리에 허점이 많았다. 우리나라 재래식물의 상당 부분이 사라지고, 우리나라 작물의 대부분이 외국기관에 보관되어 있으며, 토종식물의 외국 유출이 빈번하게 이루어지는 현실이 이를 단적으로 보여주고 있다.

국제적으로 자연자원에 대한 보전의 초점은 그 동안 특정 야생동 · 식물의 보호에서, 생태계의 보호를 거쳐 생물다양성의 보호로 옮겨져 왔다. 우리나라도 이러한 추세에 크게 벗어나 있지 않다. 그 결과는 동법에 두고 있는 생물다양성 보호 규정이다. 동법은 1973년 「멸종위기에 처한 야생동 · 식물 국제거래에 관한 협약(CITES)」과 1992년 「생물다양성협약」의 가입에 따른 국내법 정비차원에서 생물다양성의 보전을 위한 규정을 1994년 8월 3일 개정 법에서 처음으로 추가하였는데, 자연환경조사(제30조),[12] 생태 · 자연도[13]의 작성 · 활용(제34조), 도시생

12) 자연환경 조사주기는 전국은 5년, 생태 · 자연도 1등급 권역은 2년이다(제30조 제1항 및 제2항). 조사결과는 자연환경종합 지리정보체계 데이터베이스(GIS-DB)와 생물종다양성 데이터베이스로 구축되며, 생태 · 자연도를 작성하여 자연환경보전대책을 수립하거나 생물자원의 효율적 관리체계를 제시하는 데 사용되고 있다. 전국자연환경조사에 대하여는 조사인력이 부족하고, 안정적인 자료확보가 곤란하다는 점, 조사체계가 전국에 걸쳐 제각각이기 때문에 자연자원의 공간적 분포에 대해 전국적 비교가 곤란하다는 점, 포유류, 조류, 양서 · 파충류, 곤충류 등 생물종에 대한 조사에 치중하고 생물종의 서식환경이나 생태계, 생태권역에 대한 조사체계가 명확히 설정되지 못하고 미흡하다는 점, 자료확보가 쉽지 않고, 일반 시민들이 자발적으로 조사활동에 참여하고 조사자료를 검증할 수 있는 체계가 확립되어 있지 못하다는 점, 조사자료를 효과적으로 활용하기 위한 데이터베이스 구축 및 교육 · 홍보가 부족하다는 점 등이 문제점으로 지적되고 있다. 노백호 · 정흥락, "생물다양성 증진을 위한 전국자연환경조사의 발전방안: 선진 외국의 사례검토를 중심으로", 환경정책연구, 한국환경정책 · 평가연구원, 2006, 32 내지 33면.

태현황지도의 작성 · 활용(제34조의2), 생태계 보전대책의 수립 및 국제협력(제35조), 생태계의 연구 · 기술개발(제36조) 등 다양한 수단을 마련하였다.

Ⅴ. 자연자산의 관리

자연환경은 우리를 둘러싼 생활조건이면서 물질적 자산으로서도 작용한다. 「자연환경보전법」은 별도의 장(제4장)에서 이러한 귀중한 자연자산을 효율적으로 관리하기 위한 규정을 두고 있다. 동법은 '자연자산'을 "인간의 생활이나 경제활동에 이용될 수 있는 유형 · 무형의 가치를 가진 자연상태의 생물과 비생물적인 것의 총체"로 정의하고 있다(제2조 제15호).

1. 자연환경 보전 · 이용시설의 설치 · 운영

관계 중앙행정기관의 장 및 지방자치단체의 장은 자연환경보전 및 자연의 건전한 이용을 위하여 자연환경을 보전하거나 훼손을 방지하기 위한 시설, 자연환경보전에 관한 안내시설, 교육 · 홍보시설 등을 설치할 수 있으며, 이러한 시설을 이용하는 사람으로부터 이용료를 징수할 수 있다(제38조 제1항, 제3항).

국가 또는 지방자치단체는 자연환경보전 · 이용시설의 설치를 위하여 필요하다고 인정되는 때에는 자연환경보전 · 이용시설에 필요한 토지 등을 수용 또는 사용할 수 있다(제52조 제1항). 이는 공익사업의 효율적 수행을 통한 공공복리의 증진과 사유 재산권의 적정한 보호를 함께 도모한다는 의미가 있다.

2. 자연휴식지제도

가. 지정 · 관리

「자연환경보전법」은 자연휴식지의 지정 · 관리에 대한 법적 근거를 제공하고 있다. 즉 지방자치단체의 장은 다른 법률에 의하여 공원 · 관광단지 · 자연휴양림 등으로 지정되지 아니한 지역 중에서 생태적 · 경관적 가치 등이 높고 자연탐방 ·

13) '생태 · 자연도'라 함은 "산 · 하천 · 내륙습지 · 호소 · 농지 · 도시 등에 대하여 자연환경을 생태적 가치, 자연성, 경관적 가치 등에 따라 등급화하여 제34조의 규정에 의하여 작성된 지도"를 말한다(제2조 제14호).

생태교육 등을 위하여 활용하기에 적합한 장소를 대통령령이 정하는 바에 따라 자연휴식지로 지정할 수 있다(제39조 제1항). 지방자치단체의 장은 자연휴식지의 효율적 관리를 위하여 자연휴식지를 이용하는 사람으로부터 유지·관리비용 등을 고려하여 조례가 정하는 바에 따라 이용료를 징수할 수 있는데(동조 제2항), 징수한 이용료는 관리인 배치, 쓰레기 처리, 편의시설 설치 등 주민의 복지·증진을 위해 사용될 수 있을 것이다. 자연휴식지의 관리 그 밖에 필요한 사항은 당해 지방자치단체의 조례로 정한다(동조 제3항).

나. 평 가

자연휴식지제도는 주민의 재산권 행사에 제한을 가하지 않고, 지방자치단체장이 관리주체가 되어 지역 사정에 맞게, 그리고 법률이 아닌 조례에 의거하여 비교적 유연하게 행위제한의 방식을 선택할 수 있으며, 이용료를 징수하여 보전·관리에 필요한 재원을 마련할 수 있다는 장점이 있다. 그러나 아래에서 보는 바와 같은 한계점이 발견되고 있다.

즉 자연휴식지는 관리권한이 개발압력을 심하게 받고 있는 지방자치단체에 위임되어 있어 행위를 통제하는 것이 어렵고, 오히려 난개발·유원지화의 합법화를 초래할 가능성이 있다. 지방자치단체의 무분별한 공약사업 추진, 세수증대 유혹, 그리고 감시·견제장치의 부재 등이 국토 난개발의 큰 원인으로 지적되고 있는데, 자연휴식지제도는 지방자치단체에 그 관리권한이 전적으로 위임됨으로써, 주민 또는 지역의 개발욕구가 강할 때는 난개발을 방지하는 것이 근본적으로 힘들어질 것이다. 앞에서 본 바와 같이 동법은 생태·경관보전지역의 보전을 위하여 행위제한의 유형을 구체적으로 나열하고 있다. 이에 반하여 자연휴식지의 보전을 위해서는 지방자체단체의 장이 수립한 자연휴식지관리계획에 일정한 보전방안을 포함하도록 하고 있을 뿐이다. 비록 자연휴식지의 관리 그 밖에 필요한 사항을 조례로 정하도록 하고 있어 지방자치단체의 조례나 규칙으로 일정한 행위제한 사항을 규정할 수 있을 것이나 난개발을 방치 내지 주도해온 지방자치단체의 성격에 비추어 그것이 실효성 있는 난개발 억제수단을 마련할 수 있을지 의문이다.

자연휴식지는 주민지원 및 보상에 관한 법적 근거가 없기 때문에 주민 보상책을 마련하기가 힘들 것이다. 지방자치단체의 열악한 재정자립도를 고려할 경우 관리에 직접 소요되는 비용도 확보하기가 쉽지 않을 것이다. 재원이 충분하지 아니할 경우에는 주민들의 불평·불만의 고조, 지방자치단체의 재정악화, 정치적 부담의 가중으로 이어질 것이다. 동법은 사유지를 자연휴식지로 지정할 경우 해당 토지 소유자의 의견을 듣도록 하고 있으나(제39조 제1항) 사실상 동의가 있어야 지정이 가능하므로 부지를 확보하고 지정하는 데 오랜 기간이 소요될 수 있어 자칫 종합적 관리가 불가능해질 수 있다. 또한, 자연휴식지는 공원 · 관광단지 · 자연휴양림 등으로 지정되지 않은 지역에 대하여 지정하는 보충적 관리방안이므로 결코 장기적인 보전대책이 될 수 없다.

결국, 자연휴식지제도란 주민의 재산권 행사에는 제한을 가하지 않으면서, 탐방객의 취사, 야영, 래프팅 통제 등을 부분적으로 실시하여 탐방객을 적절히 관리하는 소극적인 제도로서, 종합적 · 적극적 · 장기적인 환경보전정책이 될 수 없는 것이다. 그나마 그 관리가 적절히 이루어지지 않을 경우에는 자연이 휴식하는 것이 아니라 사람만 휴식하는 제도로 전락되어 해당 생태계의 희생만을 요구하는 일방적인 정책이 될 가능성이 있다.

≪생태 · 경관보전지역과 자연휴식지의 비교≫

구 분	생태 · 경관보전지역	자연휴식지
지정권자	환경부장관	지방자치단체의 장
지정의 법 형식	고 시	조 례
행위제한	법에 규정 (건축물 신 · 증축 등)	조례로 규정
주민지원 및 보상	법적 근거 있음	법적 근거 없음
재 원	생태계보전부담금	이 용 료

3. 공공용으로 이용되는 자연의 훼손 방지

흔히 공공용으로 이용되는 자연은 자칫 누구의 것도 아니라는 인식 때문에 그 훼손이 방치되기 쉽다. 그러나 공공용으로 이용되는 자연은 다수가 그 이익을 누리고 미래세대에도 절대적으로 넘겨주어야 할 자산이기 때문에 보호의 필요성이 크다. 동법은 이러한 점을 인식하고 공공용으로 이용되는 자연에 대한 특별한 고려를 하고 있다. 즉 지방자치단체의 장은 다음에 해당하는 경우에 생태적 · 경관적 가치 등의 훼손을 방지하기 위하여 당해 지방자치단체의 조례가 정하는 바에 따라 입목의 벌채 또는 토지의 형질변경을 제한하거나 출입 · 취사 · 야영행위

를 제한할 수 있다: ① 해수욕장 등 공공용으로 이용되고 있는 장소에 인접한 숲으로서 훼손되는 경우 공공용으로 이용되는 장소의 가치가 크게 감소되거나 상실되는 경우; ② 도로 또는 철도변에 있는 숲·거목 등으로서 훼손되는 경우 경관적 가치가 크게 상실되는 경우; ③ 그 밖에 ① 또는 ②에 준하는 경우로서 대통령령이 정하는 기준에 해당하는 경우(제40조).

4. 생태관광의 육성

동법은 생태관광(ecotourism)의 육성에도 관심을 가지고 있다. 즉, 환경부장관은 생태관광을 육성하기 위하여 문화체육관광부장관과 협의하여 환경적으로 보전가치가 있고 생태계 보호의 중요성을 체험·교육할 수 있는 지역(생태관광지역)을 지정하고, 생태관광지역을 관할하는 지방자치단체에 대하여 재정적 지원을 할 수 있으며, 문화체육관광부장관 및 지방자치단체의 장과 협조하여 생태관광에 필요한 교육, 생태관광자원의 조사·발굴 및 국민의 건전한 이용을 위한 시설의 설치·관리를 위한 계획을 수립·시행하거나 지방자치단체의 장에게 권고할 수 있으며, 그 관리·운영에 필요한 비용을 지원할 수 있다(제41조).

5. 생태마을의 지정

환경부장관 또는 지방자치단체의 장은 생태·경관보전지역 안의 마을 또는 생태·경관보전지역 밖의 지역으로서 생태적 기능과 수려한 자연경관을 보유하고 있는 마을에 해당하는 마을을 생태마을로 지정하여 자연생태 및 자연경관의 보전을 도모하고, 수민편의시설의 설치 및 소득증대방안의 마련 등 지역주민에 대한 지원을 강화하고 있다(제42조).[14]

6. 도시의 생태적 건전성 향상

동법은 도시의 생태적 건전성 향상과 관련한 규정을 두고 있다. 이에 따르면 국가 또는 지방자치단체는 도시의 생태적 건전성을 높이기 위하여 도시지역 중 훼손·방치된 지역을 복원하거나 생태·경관보전지역, 생태·자연도 1등급 권역,

14) 생태마을의 지정은 환경부 시책사업으로 2001년부터 추진하여 2015년 현재 95개소가 지정되어 있다. 2016년 환경백서(각주 4), 345면.

습지보호지역, 야생생물보호구역, 자연공원 등이 훼손되지 아니하도록 노력하여야 한다. 환경부장관은 도시의 자연환경보전 및 생태적 건전성 향상 등을 위하여 관계 중앙행정기관의 장과 협의하여 생태축의 설정, 생물다양성의 보전, 자연경관의 보전, 바람통로의 확보, 생태복원 등 자연환경보전 및 생태적 건전성에 관한 지침과 평가지표를 작성하여 관계 행정기관의 장 및 지방자치단체의 장에게 권고할 수 있고, 관계 중앙행정기관의 장 및 지방자치단체의 장에게 물·에너지를 적게 사용하거나 폐기물이 적게 발생하도록 하는 기술 또는 생물다양성을 높이기 위한 생태적 기술의 개발 및 활용과 이를 위한 제도의 개선 등을 권고할 수 있으며, 도시의 생물다양성 증진 등을 위하여 녹지와 소생태계의 조성 등을 관계 중앙행정기관의 장 및 지방자치단체의 장에게 요청할 수 있다(제43조).

7. 도시생태 복원사업

동법은 시·도지사 또는 시장·군수·구청장으로 하여금 도시의 생태계 연속성 유지 또는 생태적 기능의 향상을 위하여 특별히 복원이 필요하다고 인정되는, 도시생태축이 단절·훼손되어 연결·복원이 필요한 지역 등에 대하여 도시생태 복원사업을 할 수 있도록 하고, 도시생태 복원사업을 하는 경우에는 도시생태 복원사업의 명칭·위치 및 면적 등을 포함한 도시생태 복원사업의 계획을 수립하도록 하고 있다(제43조의2).

8. 우선보호대상 생태계의 복원 등

환경부장관은 다음에 해당하는 경우 관계 중앙행정기관의 장 및 시·도지사와 협조하여 해당 생태계의 보호·복원대책을 마련하여 추진할 수 있다: ① 멸종위기야생생물의 주된 서식지 또는 도래지로서 파괴·훼손 또는 단절 등으로 인하여 종의 존속이 위협을 받고 있는 경우; ② 자연성이 특히 높거나 취약한 생태계로서 그 일부가 파괴·훼손되거나 교란되어 있는 경우; ③ 생물다양성이 특히 높거나 특이한 자연으로서 훼손되어 있는 경우(제44조). 이와 같이 동법은 복원의 법적 근거를 두고 있으나 복원의 개념[15]을 위시하여 그 원칙, 주체와 대상, 범

15) 참고적으로 「갯벌 및 그 주변지역의 지속가능한 관리와 복원에 관한 법률」은 '갯벌복원'을 갯벌에 서식하는 생물의 다양성을 증진하기 위하여 개발사업 등의 영향으로 훼손된 갯벌등의 물리적 형태와 생태적 기능을 본래 갯벌등의 상태로 회복·증진시키는 것이라고 정의하

위, 정도, 비용부담, 절차 등이 분명한 것은 아니다.

9. 생태통로의 설치

국가 또는 지방자치단체는 개발사업 등을 시행하거나 인 · 허가 등을 함에 있어서 야생생물의 이동 및 생태적 연속성이 단절되지 아니하도록 생태통로 설치 등의 필요한 조치를 하거나 하게 하여야 하며(제45조 제1항), 야생생물의 이동 및 생태적 연속성이 단절된 지역을 조사 · 연구하여 생태통로가 필요한 지역에 대하여 생태통로 설치계획을 수립 · 시행하여야 한다. 이 경우 생태통로가 필요한 지역에 위치한 도로 및 철도 등의 관리주체에게 생태통로 설치를 요청할 수 있으며 요청을 받은 자는 특별한 사유가 없으면 생태통로를 설치하여야 하다(동조 제2항). 개발사업 시행 과정에서 설치가 의무화되어 있는 생태통루가 야생생물의 이동경로, 생태적 특성 등을 고려하지 않은 채 설치되어 로드킬(road kill)의 원인이 되고 있다는 점에서 동법은 생태통로 설치 시의 사전조사 및 설치 후의 사후관리 절차를 정하고 있다(동조 제3항, 제45조의2).

Ⅵ. 자연환경복원사업

동법은 국가에 자연환경 훼손지에 대한 복원 · 복구 대책을 수립하고 시행할 책무를 부여하고 있으나(제4조 제1항 제4호), 정작 자연환경복원사업의 개념 및 기본원칙, 추진 절차 등에 관한 법적 근거가 없어 자연환경복원의 체계적 추진이 어려운 상황이었다. 이에 2021. 1. 5. 개정 법에서는 이를 제도적으로 보완한다는 차원에서 자연환경복원사업의 정의16)를 위시하여 자연환경복원사업 대상지역의 후보목록 작성, 자연환경복원사업의 시행, 자연환경복원사업계획의 수립, 추진실적의 보고 · 평가 및 유지 · 관리 등 자연환경복원사업의 체계적인 추

고 있다(제2조 제5호).

16) 이에 따르면 '자연환경복원사업'이란 훼손된 자연환경의 구조와 기능을 회복시키는 사업으로서 다음에 해당하는 사업을 말한다: ① 생태 · 경관보전지역에서의 자연생태 · 자연경관과 생물다양성 보전 · 관리를 위한 사업; ② 도시지역 생태계의 연속성 유지 또는 생태계 기능의 향상을 위한 사업; ③ 단절된 생태계의 연결 및 야생동물의 이동을 위하여 생태통로 등을 설치하는 사업; ④ 「습지보전법」 제3조 제3항의 습지보호지역등(내륙습지로 한정)에서의 훼손된 습지를 복원하는 사업; ⑤ 그 밖에 훼손된 자연환경 및 생태계를 복원하기 위한 사업으로서 대통령령으로 정하는 사업(제2조 제19호).

진절차를 마련하고 있다(제45조의3 내지 제45조의6).

Ⅶ. 생태계보전부담금

환경부장관은 자연환경을 생태적 가치가 낮은 지역으로 개발을 유도하고 자연환경 또는 생태계의 훼손을 최소화할 수 있도록 자연환경 또는 생태계에 미치는 영향이 현저하거나 생물다양성의 감소를 초래하는 대규모 개발사업을 하는 사업자에 대하여 생태계보전부담금을 부과 · 징수할 수 있는데, 이는 생태계 · 생물종의 보전 · 복원 사업 등에 필요한 재원으로 사용된다. 2001년 10월 8일부터 도입 · 시행되고 있는 생태계보전부담금제도의 취지를 요약하면 부담금을 부과함으로써 자연환경 또는 생태계를 훼손하는 개발사업에 대한 억제효과를 기대함과 아울러 징수된 부담금을 생태계 및 생물종의 보전 · 복원사업 등에 사용하려는 것이라고 할 수 있다. 생태계보전부담금은 자연환경, 생태계 또는 생물다양성 등에 악영향을 초래하는 개발사업자에 대하여 그 훼손면적을 중요한 기준으로 하여 부과하고 있다는 점에서 오염원인자 책임의 원칙 내지 훼손자 책임의 원칙을 구체화한 제도라 할 것이다. 한편 일정한 개발사업에 대하여 경제적 불이익이라는 소극적 유인을 제공한다는 점에서 경제적 유인제도라 할 것이다.

1. 부과대상사업

구체적으로 생태계보전부담금의 부과대상이 되는 사업은 다음과 같다: ① 전략환경영향평가 대상계획 중 개발면적 3만㎡ 이상인 개발사업으로서 대통령령으로 정하는 사업, ② 환경영향평가 대상사업(시 · 도의 조례에 따른 환경영향평가 대상사업 포함); ③ 「광업법」 제3조 제2호에 따른 광업 중 대통령령이 정하는 규모 이상의 노천탐사 · 채굴사업; ④ 소규모 환경영향평가 대상 개발사업으로 개발면적이 3만㎡ 이상인 사업; ⑤ 그 밖에 생태계에 미치는 영향이 현저하거나 자연자산을 이용하는 사업 중 대통령령이 정하는 사업(제46조 제2항). 다만, 「해양생태계의 보전 및 관리에 관한 법률」 제49조 제2항의 규정에 따른 해양생태계보전부담금의 부과대상이 되는 사업은 제외된다(동항 단서).

2. 부과기준

생태계보전부담금은 생태계의 훼손면적에 단위면적당 부과금액과 지역계수를 곱하여 산정 · 부과한다(제46조 제3항).

생태계의 훼손면적 × 단위면적당 부과금액(300원/㎡) × 지역계수

생태계의 훼손면적은 다음에 해당하는 훼손행위가 발생한 지역의 면적을 말한다: ① 토양의 표토층을 제거 · 굴착 또는 성토하여 토지 형질변경이 이루어지는 행위; ② 식물이 군락을 이루며 서식하는 지역을 제거하거나 파괴하는 행위; ③ 습지 등 생물다양성이 풍부한 지역을 개간 · 준설 · 매립 또는 간척하는 행위(시행령 제37조). 단위면적당 부과금액, 지역계수 및 납부방법 등은 대통령령으로 정하는데, 이 경우 단위면적당 부과금액은 훼손된 생태계의 가치를 기준으로 하고, 지역계수는 자연생태적 가치를 등급화한 생태 · 자연도의 권역 · 지역 및 「국토의 계획 및 이용에 관한 법률」에 따른 토지의 용도를 기준으로 한다(제46조 제6항).

3. 감　　면

감면대상은 한정되어 있다. 즉 생태계의 보전 · 복원 목적의 사업 또는 국방목적의 일정사업에 대하여는 생태계보전부담금을 감면할 수 있는데(동조 제3항 단서), 구체적으로 동법 시행령에서는 「국방 · 군사시설 사업에 관한 법률」 관련 규정에 따른 국방 · 군사시설사업에 대하여 생태계보전부담금을 면제하는 것으로 규정하고 있다(제39조).

4. 부과 · 징수 등

시행령에서는 생태계보전부담금의 부과 · 징수 절차, 감면기준, 재산정, 정산 등에 관하여 자세한 규정을 두고 있다(제38조 내지 제42조). 한편 동법은 체납된 생태계보전부담금의 징수가 불가능한 경우 등에 그 체납액을 결손처분 할 수 있도록 함으로써(제48조의2), 행정력 및 행정비용 낭비의 방지를 도모하고 있다.

5. 반 환

동법은 환경부장관으로 하여금 생태계보전부담금을 납부한 자 또는 생태계보전부담금을 납부한 자로부터 자연환경보전사업의 시행 및 생태계보전부담금의 반환에 관한 동의를 받은 자(자연환경보전사업 대행자)가 환경부장관의 승인을 받아 대체자연의 조성, 생태계의 복원 등 대통령령이 정하는 자연환경보전사업을 시행하는 경우에는 납부한 생태계보전부담금 중 대통령령이 정하는 금액을 돌려줄 수 있도록 규정함으로써(제50조 제1항), 자연환경보전사업을 촉진하기 위한 유인수단을 마련하고 있다.

종전에는 생태계보전부담금을 납부한 자가 자연환경보전사업을 시행한 경우에만 생태계보전부담금을 반환받을 수 있도록 규정하고 있었으나 2007. 5. 17. 개정 법은 자연환경보전사업의 주체 및 부담금 반환대상에 생태계보전부담금을 납부한 자 이외의 자인 자연환경보전사업 대행자까지 확대하였다. 다만 생태계보전부담금을 납부한 자 이외의 자가 자연환경보전사업을 대행하는 경우에는 생태계보전부담금을 납부한 자의 동의를 얻어야 한다.

부담금 반환대상에 대행자를 포함시키게 된 데에는 생태계보전부담금 반환사업이 활성화되어 있지 않다는 문제의식이 크게 작용하였다. 생태계보전부담금 반환사업이 활성화되지 않는 주된 사유로는 생태계 복원사업에 경험과 노하우가 없는 개발사업 시행자가 동 부담금 납부 후 반환사업을 시행하는 경우 별다른 경제적 이득이 없어 반환사업 시행에 관심이 없기 때문이라는 점이 들어지고 있다. 개발사업 시행자만 반환사업을 할 수 있도록 하는 반환사업 시스템으로는 국토의 대규모 생태계복원사업을 체계적으로 시행하는 데에도 일정한 한계가 있을 수밖에 없다. 따라서 경험과 노하우를 보유하고 있는 복원전문기관이 개발사업시행자의 동의를 얻어 자연환경 복원사업에 반환금을 사용함으로써 반환사업을 활성화하고 대규모 자연환경 복원사업 추진을 가능하게 할 필요가 있는 것이다.

6. 용 도

생태계보전부담금 및 가산금이 환경개선특별회계의 세입으로 됨에 따라(제46조 제4항) 생태계보전부담금의 용도는 제한되고 있다. 생태계보전부담금의 교부대상은 사업을 관할하는 시 · 도지사이다. 즉 환경부장관은 시 · 도지사에게 생태계보전부담금 또는 가산금의 징수에 관한 권한을 위임한 경우 징수된 생태계보전부담금 및 가산금의 50%를 당해 사업지역을 관할하는 시 · 도지사에게 교부할 수 있다(제46조 제5항, 시행령 제43조).

동법은 생태계보전부담금 및 위 지방자치단체에 대한 교부금이 생태계의 복원사업 위주로 사용되도록 하고 있는바, 구체적으로 생태계 · 생물종의 보전 · 복원사업, 자연환경복원사업, 생태계 보전을 위한 토지 등의 확보, 생태 · 경관보전지역 등의 토지 등의 매수 등의 용도에 사용하여야 한다(제49조 제1항). 나아가 시 · 도지사에게 교부된 금액이 법정 용도 외에 다른 용도로 사용되었을 경우 환수 또는 감액할 수 있는 근거를 두고 있다(동조 제2항).

7. 평 가

생태계보전부담금제도는 개발사업으로 인한 자연생태계의 훼손을 최소화하고, 자연의 훼손이 불가피한 경우에는 훼손한 면적만큼의 비용을 개발사업자에게 부과 · 징수함으로써 훼손된 자연생태계의 복원사업 등 자연환경보전사업을 하기 위하여 2001년 도입되었다. 자연은 현재세대뿐만 아니라 미래세대도 같이 이용하여야 하는 공동자산이므로 자연의 개발 · 이용으로 발생한 훼손에 대해서는 복원이 이루어져야 한다. 여기에 드는 비용을 마련하려는 것이 바로 생태계보전부담금제도이기 때문에 이 제도는 자연 및 생태계의 보전 나아가 현재와 미래세대 모두를 위한 지속가능한 개발에 기여하는 제도라고 할 수 있다. 자연 및 생태계의 보전 및 복원에 드는 비용을 개발 · 이용을 한 사업자에 부담토록 하는 것은 합리적이고, 형평의 원칙에도 부합한다. 이 제도는 그 훼손면적을 중요한 기준으로 하여 부과하고 있다는 점에서 환경법상의 훼손자(원인자) 책임의 원칙에 부합하는 제도라 할 것이다.

그러나 ㎡당 250원으로 정해져 있는 부과요율은 현실적이지 못하다고 생각한다. 한편, 생태계보전부담금의 용도는 매우 다양한데, 그 수요를 충족하기 위한 세입예산은 미미한 것으로 판단된다.

생태계보전협력 반환사업이 활성화되어 있지 않은 것도 문제로 지적될 수 있다. 이는 징수된 부담금이 환경개선특별회계로 편입되어 대부분 환경부 자체 사업에 사용되고 있는 현실과 무관하지 않다.[17] 또한 개발사업자의 이해와 관심의

17) 구체적으로 생태계보전부담금의 사용실적을 살펴보면 지난 5년간 반환금(14억원)은 부담금

부족, 소규모 반환금으로 보전사업을 시행하기가 어려워 생태계보전부담금 반환 및 자연환경보전사업의 추진이 부진한 실정 등도 생태계보전부담금 반환사업이 부진한 이유로 들 수 있다. 이와 같이 생태계보전부담금 반환사업이 활성화되어 있지 않은 것은 제도의 취지를 반감시키고 있다. 생태계보전부담금이 사용된 사업과 반환사업이 제대로 이루어졌는지를 지속적으로 모니터링하고 사후관리할 수 있는 제도가 마련되어 있지 못한 것도 문제점으로 지적할 수 있다.

징수액(852억원)의 1.6% 수준에 불과한 실정이며, 부담금 징수액의 54%(463억원) 가량을 환경부 자체 사업에 사용하고 있다. 노백호, 자연환경복원 종합대책수립을 위한 연구, 환경부, 2008, 34면.

제 4 장 대기환경보전법

1990년 '환경보전법'에서 개별법규로 분화되어 나온 「대기환경보전법」은 가장 중요한 대기환경 관련 법규이다. 동법은 오염물질을 크게 사업장에서 배출되는 대기오염물질, 생활환경에서 배출되는 대기오염물질, 그리고 자동차 배출가스로 나누어 규제하고 있다. 대기오염물질을 발생시키는 오염원은 다양한데 일반적으로 배출 태양 및 지역성에 따라 점오염원(Point Source), 면(지역)오염원(Area Source), 선오염원(Line Source)으로 구분된다. 점오염원은 발전소 · 대형 공장 · 소각로 등과 같이 하나의 시설이 대량의 오염물질을 배출하는 것을 말하며, 면오염원은 일정 지역 내의 주택이나 소규모 공장과 같이 다수의 소규모 오염원이 밀집하여 오염물질을 배출하는 것을 말하고, 선오염원은 자동차 · 기차 · 비행기 · 선박 등과 같이 이동하면서 오염물질을 연속적으로 배출하는 것을 말한다. 일반적으로 점오염원은 높은 굴뚝에서 배출되기 때문에 그 영향 범위가 넓은 반면, 면오염원과 선오염원은 배출구가 낮아 대기확산이 잘 이루어지지 않는데, 그 결과 오염으로 인한 피해가 직접적이다. 이에 따르면 「대기환경보전법」상 대기오염물질배출시설은 점오염원, 자동차 · 선박 등은 선오염원이라고 할 수 있다. 「대기관리권역의 대기환경개선에 관한 특별법」에 따른 대기관리권역 내의 오염원은 면오염원에 해당한다.

한편, 오염원의 이동성 여부에 따라 단순히 고정오염원(stationary source)과 이동오염원(mobile source)으로 구분할 수 있는데, 점오염원과 면오염원이 고정오염원이라면 선오염원은 이동오염원이라고 할 수 있다. 「대기환경보전법」상의 사업장 및 생활환경상의 대기오염물질 배출규제가 고정오염원에 대한 규제임에 반하여 자동차 배출가스의 규제는 이동오염원에 대한 규제라고 할 것이다.

동법의 규제는 사업장의 대기오염물질 배출규제, 즉 점오염원에 대한 규제가 초점이며, 그 주요한 배출규제 수단으로는 배출허용기준의 설정, 허가, 배출부과금의 부과, 조업정지 등 행정명령, 벌칙의 부과 등이 있다. 기본적인 규제방식으로는 배출허용기준의 설정 등 명령 · 규제방식이나 예외적으로 배출부과금의 부과와 같은 경제적 유인수단이 동원되고 있다.

우리나라 「대기환경보전법」에서 정하고 있는 대기환경 규제수단은 비교적 단순하고 다양하지 않다고 할 수 있다.[1] 국제화 시대에 제대로 대처하고 있지 못하다는 점도 지적할 수 있다. 일부 단편적인 규정이 있기는 하나 산성비, 황사, 지구온난화 문제 등 국제적으로 한창 논란이 되고 있는 문제들을 해결하기에는 미흡하다.

대기오염물질이라는 것은 수질오염물질과 달리 일단 배출되면 대기 중으로 확산되기 때문에 배출원을 추적하는 것이 쉽지 않다. 이러한 대기오염물질의 특징은 대기오염 배출량의 감소를 위하여는 대기오염물질의 배출단계, 배출시설의 입지 단계부터 효율적으로 규제하는 것이 중요하다는 것을 암시한다. 이러한 점에 착안하여 신규오염원에 대한 보다 강력한 규제가 요구된다.[2] 그 동안 청정연료와 저황유공급의 확대, 저공해자동차의 보급 등 각종 대기오염 저감노력에도 불구하고 대기환경이 크게 개선되지 아니하고 체감오염도는 오히려 더 심해지고 있는 것은 대기오염의 측정 방법 등에 기인할 수도 있겠지만 대기환경 개선 및 유지를 위한 투자가 미흡한 것도 한 요인이라고 생각된다.[3]

한편, 우리나라의 「대기환경보전법」은 미국, 일본 등과 달리 대기오염 피해의 구제를 위한 법적 장치를 갖추고 있지 못하므로[4] 일단 대기오염 피해가 발생

---

1) 참고적으로 미국 「대기정화법(CAA)」은 대기환경기준(National Ambient Air Quality Standards: NAAQS), 신규오염원의 이행기준(New Source Performance Standards: NSPS), 대기환경기준을 초과한 지역에 대한 규제 프로그램(Non-Attainment Program), 오존에 대한 대기환경기준 미달성지역에 대한 규제프로그램, 심각한 악화 방지프로그램(Prevention of Significant Deterioration: PSD), 유해대기오염물질의 국가배출기준(NESHAPs), 조망보호 프로그램, 자동차배출가스 규제, 산성비 대책 프로그램(Acid Rain Program), 오존층보호 프로그램 등 매우 다양한 프로그램을 가지고 있다. 미국의 대기환경정책에 대하여 자세한 내용은 김홍균, "한국과 미국의 대기환경정책 비교", 환경법연구 제22권, 2000, 401 내지 416면 참조.

2) 시행규칙에서는 주요 배출시설에 대하여 배출허용기준을 신규 시설과 기존 시설로 구분하여 적용하고 있다(제15조, 별표 8). 신규오염원에 대하여 설치를 위한 허가 조건을 보다 엄격히 하는 것은 단순하면서도 직접적인 효과를 가져 올 것이다. 그러나 신규오염원에 대한 차별적 취급은 자칫 기존 오염원으로 하여금 새로운 기술의 도입이나 기술혁신을 위한 투자를 꺼리고 시설의 현대화에 소극적일 수 있게 하므로 보조금, 세제감면 등의 지원을 통하여 청정기술의 도입 및 투자를 조장하는 것도 중요한 작업이 될 것이다.

3) 2016년도 환경부 예산 5조6,697억원 가운데 대기보전을 위한 예산은 7.4% 정도인 4,215억원에 불과하다. 환경부, 환경백서, 2016, 549면.

4) 미국 「대기정화법(CAA)」은 모든 시민(any citizen)으로 하여금 법규에 정하여진 의무나 명령을 위반한 자(국가를 포함함)에 대하여 직접 소송을 제기할 수 있도록 하는 시민소송제도(citizen suit)를 인정하고 있다. CAA § 304. 일본 「大氣汚染防止法」에 따르면 공장 또는 사업장에서 사업활동에 수반하는 건강피해물질(연기, 특정물질 또는 분진으로, 생활환경에 관련되어 피해를 발생시키는 물질로서 법령에 정한 것 이외의 것)의 대기 중 배출로 인해 사람의

되었을 때 이를 복구하고, 그 피해를 구제해 주는 것이 충실하지 못한 것이 사실이다. 구제의 충실화를 위하여 환경구제 또는 책임 관련규정을 정비 · 체계화하는 것이 앞으로 중대한 과제가 될 것임을 예고케 하는 대목이다. 이러한 관점에서 최근 제정된, 대기오염물질배출시설 등의 사업자에게 무과실책임을 부과하고 있는 「환경오염피해 배상책임 및 구제에 관한 법률」은 주목할 만하다(동법에 대하여 자세한 내용은 제11장 제2절 참조). 특히 무과실책임을 표방하는 동법의 제정과 기존의 「환경정책기본법」 제44조에 따라 대기오염피해 분쟁의 쟁점은 이제 고의 · 과실이 아니라 인과관계 문제로 보다 집중될 수밖에 없을 것이다. 그리고 승패의 관건은 개연성이론 또는 역학적 인과관계론의 적용이라고 할 수 있다.[5]

Ⅰ. 일 반

1. 대기오염물질

대기오염을 유발하는 물질은 매연, 먼지, 악취 등 다양하다. 최근에는 산성비(Acid rain), 황사 등이 중요한 대기오염원으로 등장하면서 새로운 환경문제를 야기하고 있다. 동법은 대기오염물질과 관련하여 대기오염물질, 유해성대기감시물질, 특정대기유해물질 등으로 분류하고 그 관리를 세분화, 체계화하고 하고 있다. 이에 따르면 '대기오염물질'이란 "대기 중에 존재하는 물질 중 제7조에 따른 심사 · 평가 결과 대기오염의 원인으로 인정된 가스 · 입자상물질로서 환경부령으로 정하는 것"을 말하며(제2조 제1호),[6] 환경부령에서는 입자상물질, 황산화물(SOx), 질소산화물(NOx), 탄화수소(HC), 일산화탄소(CO) 등 64개 물질을 대기오염물질로 정하고 있다. '유해성대기감시물질'이란 "대기오염물질 중 제7조에 따른 심사 · 평가 결과 사람의 건강이나 동식물의 생육(生育)에 위해를 끼칠 수

생명 또는 신체에 해를 끼친 경우, 당해 배출에 관련된 사업자는 이로 인해 발생한 손해를 (무과실)배상할 책임이 있다(제25조 제1항).

5) 대법원 1974. 12. 10. 선고 72다1774 판결(한국전력 사건); 대법원 2014. 9. 4. 선고 2011다7437 판결(자동차대기오염 사건); 서울고법 2015. 5. 28. 선고 2014나7300 판결(시멘트공장 분진 사건) 참조.

6) 배출허용기준, 규제대상 오염물질, 허가제와 신고제의 대상범위의 결정을 환경부령 등에 포괄적으로 위임하는 것은 포괄적 위임입법의 금지, 의회 입법의 원칙을 형해화할 가능성이 있다. 홍준형, "한국환경법의 현황과 과제", 제2회 동아시아 행정법학회 발표논문집, 249 내지 250면.

있어 지속적인 측정이나 감시 · 관찰 등이 필요하다고 인정된 물질로서 환경부령으로 정하는 것"을 말한다(동조 제1호의2). 또한 '특정대기유해물질'이란 "유해성대기감시물질 중 제7조에 따른 심사 · 평가 결과 저농도에서도 장기적인 섭취나 노출에 의하여 사람의 건강이나 동식물의 생육에 직접 또는 간접으로 위해를 끼칠 수 있어 대기 배출에 대한 관리가 필요하다고 인정된 물질로서 환경부령으로 정하는 것"을 말하는데(동조 제9호), 시행규칙에서는 35개 물질을 지정하여 엄격히 관리하고 있다.[7)]

2. 상시측정 등

어떠한 정책수단을 강구함에 있어 기본이 되는 출발점은 현황을 정확하게 파악하는 것이다. 이를 토대로 장래 예측되는 여건의 변화를 고려하여 대응방안을 강구할 때 효과적인 정책수단이 마련될 수 있는 것이다. 대기환경정책을 수립함에 있어서도 가장 기본이 되는 것은 대기오염실태를 파악하는 것이다. 대기질의 상태를 측정한 오염측정자료는 대기질 개선대책을 수립하기 위한 기초자료가 되는 것이다. 이러한 관점에서 상시 자동측정망의 설치를 통한 자동감시체계는 대기질 개선을 위한 제도 · 정책을 실시하기 위한 기본적인 요건이라 할 수 있다.

동법은 대기환경정책을 수립 · 시행하기 위한 기본 요건으로서, 환경부장관에게 전국적인 대기오염 및 기후 · 생태계변화 유발물질의 실태를 파악하기 위하여 측정망을 설치하고 대기오염도 등을 상시측정할 것을 명하고 있다(제3조 제1항). 관할 구역 안의 대기오염에 대한 상시측정 업무는 지방자치단체장의 의무인바(제3조 제2항), 지방행정에 있어서 환경행정의 중요성을 제고하고, 지방자치단체의 관할 구역 내 대기질 관리책무를 강화하기 위한 것으로 이해된다. 나아가 동법은 환경위성 관측망의 구축 · 운영을 위한 법적 근거를 두고 있다(제3조의2).

3. 대기오염물질에 대한 심사 · 평가

환경부장관은 대기 중에 존재하는 물질의 위해성을 독성, 생태계에 미치는 영향, 배출량, 「환경정책기본법」 제12조에 따른 환경기준에 대비한 오염도 등의 기준에 따라 심사 · 평가할 수 있다(제7조).

---

7) 이에 비해 미국은 189종을, 일본은 234종을 특정대기유해물질로 지정하고 있다. 송관호, "대기환경보전법상의 휘발성유기화합물질(VOC)의 행정적, 형사적 규제", 법조, 2001. 12, 75면.

4. 대기오염도 예측 · 발표 등

대기오염에 효과적으로 대응하고 적절한 개선정책을 시행하기 위해서는 관련 정보를 신속 · 정확하게 수집하여 대기질에 대한 종합적 관리가 필요하다. 이에 동법은 환경부장관으로 하여금 대기오염도를 예측하고 그 결과를 발표하도록 하고 있다(제7조의2). 나아가 동법은 대기오염예보 및 대기오염 관련 자료의 수집 및 분석 · 평가 등을 담당하는 국가 대기질통합관리센터를 설치 · 운영하도록 하고 있는데(제7조의3), 이는 과학적 분석을 실시하는 국가 차원의 대기질관리 전담조직을 통해 정책 전반을 지원하기 위한 것으로 이해된다.

5. 대기오염경보

현재의 기술 수준이나 과학적 수준의 한계로 인하여 특정한 대기오염 현상을 근본적으로 방지할 수 없을 경우에는 차선책으로 그 영향을 최소화할 필요가 있다. 대기오염경보제란 대기오염의 심각성과 그로 인해 예상되는 피해를 일반 국민들에게 알려 줌으로써 영향을 최소화하려는 제도이다.

대기오염경보의 발령권자는 시 · 도지사인바, 즉 시 · 도지사는 대기오염도가 「환경정책기본법」상의 대기환경기준을 초과하여 주민의 건강 · 재산이나 동 · 식물의 생육에 심각한 위해를 끼칠 우려가 있다고 인정되면 그 지역에 대기오염경보를 발령할 수 있다(제8조 제1항). 시 · 도지사는 대기오염경보가 발령된 지역의 대기오염을 긴급하게 줄일 필요가 있다고 인정하면 기간을 정하여 그 지역에서 자동차의 운행을 제한하거나 사업장의 조업 단축을 명하거나, 그 밖에 필요한 조치를 할 수 있는데(동조 제2항), 이러한 명령을 받은 자는 정당한 사유가 없으면 따라야 한다(동조 제3항).

현재 대기오염발령대상물질로 지정된 것은 오존, 미세먼지(PM-10), 미세먼지(PM-2.5) 등이다(시행규칙 제14조, 별표 7). 환경부는 고농도 오존의 발생을 신속히 국민에 알려 생활환경상의 피해를 최소화하기 위한 오존경보제를 1995년 7월 서울을 시작으로 주요 도시로 확대 · 시행하고 있다.

6. 기후 · 생태계 변화유발물질 배출억제 등

동법은 온실가스 감축 및 기후변화에 적극 대응한다는 차원에서 약간의 규정을 두고 있다. 즉 정부는 기후 · 생태계 변화유발물질[8]의 배출을 줄이기 위하여 국가간에 환경정보와 기술을 교류하는 등 국제적인 노력에 적극 참여하고, 기후 · 생태계 변화유발물질의 배출을 줄이기 위하여 연구 · 개발 · 조사 · 배출저감 및 탄소시장 활용에 관한 사업 등을 추진하여야 한다(제9조). 한편 동법은 「저탄소 녹색성장 기본법」에 따른 국가 기후변화 적응대책의 수립 · 시행을 위하여 환경부장관이 국가 기후변화 적응센터를 지정할 수 있도록 법적 근거를 마련하고, 적응센터 예산지원 사업 범위를 대통령령으로 정하는 사업으로 명확하게 정하고 있다(제9조의2). 또한 환경부장관으로 하여금 기후 · 생태계 변화유발물질의 관리방안을 마련하도록 하고, 특히 냉매를 사용하는 공기조화기를 가동하는 건물 및 시설의 소유자 또는 관리자에게 냉매의 적절한 관리와 회수 · 처리를 의무화하고(제9조의3), 냉매를 제조 또는 수입하는 자에게 냉매의 종류, 양, 판매처 등을 신고하도록 함으로써(제9조의4), 국가적으로 감축 또는 폐기의무가 부과된 물질인 냉매에 대하여 효율적인 관리체계 및 통계 구축을 도모하고 있다.

7. 대기순환 장애의 방지

동법은 특히 도시지역의 대기오염을 효율적으로 관리하기 위하여 관계 중앙행정기관의 장, 지방자치단체의 장 및 사업자로 하여금 각종 개발계획을 수립할 때 계획지역 및 주변지역의 지형, 풍향 · 풍속, 건축물의 배치 · 간격 및 바람통로 등을 고려하여 대기오염물질의 순환에 장애가 발생하지 아니하도록 그 계획을 수립 · 이행하도록 하고 있다(제10조).

8. 대기환경개선종합계획의 수립

환경부장관은 대기오염물질과 온실가스를 줄여 대기환경을 개선하기 위하여 대기오염물질의 배출현황 및 전망, 대기오염물질을 줄이기 위한 목표설정과 이의 달성을 위한 분야별 · 단계별 대책, 온실가스의 농도 변화 현황 및 전망, 대기오염이 국민 건강에 미치는 위해정도와 이를 개선하기 위한 위해수준의 설정에 관

8) '기후 · 생태계변화 유발물질'이라 함은 지구온난화 등으로 생태계의 변화를 가져올 수 있는 기체상물질로서 온실가스와 환경부령으로 정하는 것을 말하는데(제2조 제2호), 이산화탄소, 메탄, 아산화질소, 수소불화탄소, 과불화탄소, 육불화황, 염화불화탄소, 수소염화불화탄소 등이 그것이다(시행규칙 제3조).

한 사항, 유해성대기감시물질의 측정 및 감시 · 관찰에 관한 사항 등이 포함된 대기환경개선종합계획(종합계획)을 10년마다 수립하여 시행하여야 한다(제11조).

온실가스 감축을 위한 기후변화협약이 발효되는 등 국제적 규제와 협력이 강화되고 있는 시점에서 동법이 '온실가스' 개념을 도입하고,9) 종합계획에 온실가스와 관련한 내용을 담고 온실가스를 줄이기 위한 대책을 수립 · 시행하도록 하고 있는 것은 주목할 만하다.

9. 장거리이동대기오염물질피해방지 종합대책의 수립

황사, 먼지 등 국가간에 영향을 미치는 대기오염물질(장거리이동대기오염물질)의 발생 빈도와 그로 인한 사회적 · 경제적 피해가 증가하면서 그 피해를 방지하기 위한 체계적이고 지속적인 대책이 요구되고 있다. 이에 동법에서는 환경부장관으로 하여금 장거리이동대기오염물질피해방지를 위하여 5년마다 관계 중앙행정기관의 장과 협의하고 시 · 도지사의 의견을 들은 후 장거리이동대기오염물질대책위원회의 심의를 거쳐 종합대책을 수립하도록 하고 있으며(제13조), 정부의 국제협력을 강조하고 있다(제15조).

10. 대기오염물질 배출원 및 배출량 조사

동법은 대기오염현상에 대한 과학적 분석과 장래 대기질 예측의 기초자료가 되는 대기오염물질 배출량 조사의 실효성을 높이기 위해 환경부장관에 대하여 전국적인 배출량 조사를 주관하도록 하고, 시 · 도지사 및 지방환경관서의 장에 대하여는 관할 구역 내 배출원 및 배출량 조사를 실시하도록 하고 있다(제17조 제1항, 제2항). 한편 동법은 대기오염물질의 배출원, 배출량 등 각종 정보 및 통계를 검증할 수 있는 체계를 구축할 수 있는 법적 근거를 마련하고 있다(동조 제4항).

9) '온실가스'란 적외선 복사열을 흡수하거나 다시 방출하여 온실효과를 유발하는 대기 중의 가스상태 물질로서 이산화탄소, 메탄, 아산화질소, 수소불화탄소, 과불화탄소, 육불화황을 말한다(제2조 제3호).

Ⅱ. 사업장의 대기오염물질 배출규제

1. 배출허용기준

가. 의 의

「대기환경보전법」은 대기오염물질배출시설[10]에서 배출되는 대기오염물질의 배출허용기준을 환경부령으로 정하도록 하고 있다(제16조 제1항). 배출허용기준은 배출시설별로 정해진 오염물질 배출의 최대허용치 또는 최대허용농도이다. 배출허용기준은 오염물질의 최대 배출허용농도라는 점에서 기술기준이 아닌 성과기준이며, 총량이 아닌 농도에 주안점이 있는 농도기준이다. 배출허용기준은 「환경정책기본법」상 환경기준의 실현을 목표로 하기 때문에 환경기준과 무관한 것이 아니다. 다만, 대기환경기준이 환경목표로서의 기능을 갖는다면 배출허용기준은 이러한 환경기준을 달성하기 위해 준수해야 하는 법적 강제력이 있는 구체적 배출규제기준이 된다. 결국, 배출허용기준은 목표가 되는 환경기준의 설정 정도에 따라 달라지게 되는데, 현실적으로는 현재의 오염물질 배출수준, 자연의 정화능력, 처리기술수준, 경제적 · 사회적 여건, 지역적 사정 등을 감안하여 정하여진다.

나. 종 류

(1) 일반배출허용기준

동법은 배출허용기준의 설정을 환경부령으로 정하도록 하고 있는데, 현재 환경부는 황산화물, 질소산화물, 먼지 등 27개 대기오염물질에 대하여 배출허용기준을 설정하고 있다(시행규칙 제15조, 별표 8). 문제는 배출허용기준이 아무런 내용적 제한이 없이 환경부령에 위임되어 있다는 것인데, 포괄위임입법 금지원칙에 반한다고 생각된다. 그러나 판례는 이를 부인하고 있다.[11] 배출허용기준은 피규제자의 입장에서는 중대한 의미를 갖기 때문에 법에서 최소한의 고려요소, 설정기준을 제시하거나 대략적인 상하한 범위라도 법에서 규정하는 것이 바람직

---

10) 「대기환경보전법」상 '대기오염물질배출시설'이라 함은 대기오염물질을 대기에 배출하는 시설물, 기계, 기구, 그 밖의 물체로서 환경부령으로 정하는 것을 말한다(제2조 제11호). 이에 따라 동법 시행규칙은 제5조(별표 3)에서 구체적으로 배출시설의 범위를 정하고 있다.

11) 헌재 2009. 10. 29. 선고 2008헌바122 결정 참조.

하다. 관련 중앙행정기관을 통해 피규제자들의 입장이 배출허용기준 설정 시 반영될 수 있도록 배출허용기준을 대통령령으로 정하도록 하는 것도 고려해 보아야 한다.

(2) 엄격 · 특별배출허용기준

배출허용기준은 환경부장관이 관계 중앙행정기관의 장과 협의하여 환경부령으로 정하여야 하나(제16조 제2항),[12] 이와 별도로 특별시 · 광역시 · 특별자치시 · 도 · 특별자치도(시 · 도) 또는 대도시(특별시 · 광역시 및 특별자치시를 제외한 인구 50만 이상 시)는 「환경정책기본법」 제12조 제3항에 따른 지역환경기준의 유지가 곤란하다고 인정되거나 「대기관리권역의 대기환경개선에 관한 특별법」에 따른 대기관리권역의 대기질에 대한 개선을 위하여 필요하다고 인정되면 조례로 일반배출허용기준보다 '강화된 배출허용기준'을 정할 수 있다(동조 제3항). 이와 같이 조례로 일반배출허용기준보다 강화된 배출허용기준을 정하여 심각한 대기질을 개선하려는 것은 지방자치단체의 대기환경관리와 관련한 자율성을 높일 수 있다는 점에서 의미있다고 평가된다. 그러나 광역자치단체와 달리 시 · 군 · 구 등 기초자치단체에는 엄격한 배출허용기준을 제정할 권한이 위임되어 있지 않다.

한편, 「대기환경보전법」은 환경부장관으로 하여금 특별대책지역의 대기오염방지를 위하여 필요하다고 인정하면 그 지역에 이미 설치된 배출시설에 대하여 '엄격한 배출허용기준'을 정할 수 있도록 하고, 그 지역에 새로이 설치되는 배출시설에 대하여 '특별배출허용기준'을 정할 수 있도록 함으로써, 산업단지와 같이 대기오염이 심하여 특별대책지역으로 지정된 지역 내의 배출허용기준을 강화하고 있다(동조 제6항).[13]

---

12) 환경부령으로 위임하는 규정이 죄형법정주의에 위반되는지 여부가 문제될 수 있는바, 판례는 부인하고 있다(대법원 1992. 12. 8. 선고 92도407 판결 참조). 환경기준이든 배출허용기준이든 그것이 환경을 규제하는 실질적 기준으로서의 의미를 갖기 위해서는 그 기준의 설정이 단순히 관료적인 판단에 의거하게 하기보다, 어떠한 형태로든, 공공참여가 보장되는 방법에 의거하도록 하는 방안이 필요하다. 김유환, "환경법규에 있어서의 법규실패와 법적 대응", 환경법연구 제16권, 1994, 122면. 위와 같은 맥락에서 행정입법에 관한 절차적 통제가 제대로 이루어지지 않아서 배출허용기준의 설정은 사실상 환경부장관에게 전면 위임된 것과 마찬가지 상황이라는 비판이 제기되고 있다. 이상돈, "환경정책기본법과 환경대책개별법", 사법행정, 1992. 3, 32, 38면. 기준설정에 대한 절차적 통제를 위하여 이해관계인의 참여 및 의견수렴기회를 부여하는 방안이 고려될 수 있다.

13) 산업단지와 같이 오염이 심한 지역이 특별대책지역으로 지정되어 있다. 현재 울산 · 미포 국가공업단지 및 온산 국가공업단지(1986. 3. 지정), 여천 국가공업단지(1996. 9. 지정) 등이 대기보전특별대책지역으로 지정되어 동지역의 배출시설에 대하여는 강화된 배출허용기준이 적용되고 있다. 2016년 환경백서(각주 3), 291면.

다. 법적 성질 및 기능

배출허용기준은 환경기준과 달리 국가는 물론이고 국민에 대하여도 구속력을 갖는다. 국민의 구체적인 권리의무를 규정하는 규제기준으로서 기능하는 것이다. 배출허용기준은 대기오염지표로 작용하면서 규제의 기본, 출발점이 되고 있는데, 이를 초과하여 오염물질을 배출할 경우에는 배출부과금 부과나 개선명령, 조업정지, 폐쇄명령 또는 허가취소 등의 제재를 받게 된다. 배출시설 및 방지시설을 정당한 사유 없이 정상적으로 가동하지 아니하여 배출허용기준을 초과한 오염물질을 배출하는 행위에 대하여는 벌칙이 부과된다(제89조 제3호, 제31조 제5호).

배출허용기준은 위와 같이 규제기준으로서 작용할 뿐만 아니라 환경분쟁에 있어 위법성, 수인한도의 중요한 판단기준으로 작용한다. 이때 잊지 말아야 할 것은 사업자가 배출허용기준을 준수하였다하더라도 피해가 현저하게 커 사회통념상 수인한도를 넘을 경우에는 손해배상책임을 질 수 있다는 것이다(판례 [1]).14) 배출허용기준은 대기질 유지를 공법적인 측면에서 보증하려는 것으로서 특별한 사정이 없는 한 대기질 보호를 위한 최소한도의 기준으로 보아야 하기 때문이다.

[1] 진폐증 사건: 서울민사지법 1989. 1. 12. 선고 88가합2897 판결

발생 분진의 정도가 산업안전보건법에 정한 분진배출허용기준치를 밑돌고 있어서 절대 다수의 주민들에게는 진폐증 등의 심각한 위험을 야기할 정도에는 이르지 않는다 하더라도 보통 정도의 건강상태에 있던 사람이 진폐증이 이환될 정도의 분진이 발생되는 경우 행정규제치 이하의 분진 발생이라 하여 수인의무의 범위 내라고 할 수는 없고 나아가 (피고)공장이 먼저 설립 운영되어 온 후에 주민들이 이주해 왔다 하더라도 이들이 위와 같은 공해를 수인하기로 하고 이주한 것이라고는 말할 수 없는 것이니(오히려 피고로서는 주위가 농경지로 되어 있던 과거와는 달리 주변 상황이 주택가, 상가가 밀집한 지역으로 변모한 이상 여기에 상응하는 조치를 취하여야 할 것이다) 공장을 경영하여 수익하는 기업인 피고가 분진의 발생을 위하여 완벽한 조치를 취하지 못하고 석탄분진을 발생하여 원고에게 진폐증이 걸리게 한 행위는 위법성이 있다고 하지 않을 수 없다.15)

14) 그 밖에 서울민사지법 1992. 10. 13. 선고 92가합4135 판결; 대구고법 1990. 1. 12 선고 88나3049 판결; 대전지법 1995. 2. 8. 선고 93가합3237 판결 참조.

15) 이 사건은 최초의 '진폐증 사건'이라 일컬어지고 있다.

라. 규제방식(농도규제)

배출규제를 질적 기준에 의해 규제하느냐 아니면 양적 기준에 의해 규제하느냐에 따라 농도규제와 총량규제로 구분되는데, 「대기환경보전법」은 기본적으로 배출허용기준의 설정을 통한 농도규제방식을 취하고 있다. 이에 따르면 배출되는 오염물질을 희석하여 배출허용기준 이하로 배출하더라도 특별한 규제가 없게 된다. 이러한 농도규제방식은 그 시행이 용이한 장점이 있으나 배출시설의 규모에 관계없이 일률적인 규제기준을 적용함으로써 발생되는 비경제성 · 비형평성 · 비유연성이 있으며, 배출시설의 신 · 증설에 따른 환경용량을 초과하는 오염물질의 다량 배출 및 축적에 대해서 규제할 방법이 없는 문제점이 발견되고 있다. 말하자면 농도 규제는 오염원이 밀집한 지역(예컨대, 공업단지)에는 지나치게 무력하고 오염원이 희소한 경우에는 지나치게 엄격한 규제가 되고 있다. 배출원으로 하여금 자발적으로 배출저감기술 또는 환경친화기술을 개발 · 도입하도록 유도하는 데에도 한계가 있다. 이에 따라 최근에는 규제방식을 총량규제방식으로 전환할 필요성이 고조되고 있다.[16)]

---

16) 그러나 배출총량을 저감시켰다고 하더라도 배출농도가 배출허용기준을 초과할 때 순간적으로는 주변환경 및 인간에게 큰 악영향을 미치게 되므로 배출허용기준 준수 여부를 규제하는 것은 여전히 필요하다. 총량규제는 우선 지역적 특성상 대기오염물질을 집중적으로 발생시키는 공장밀집지역(공업단지)과 공해유발업종으로 구성되어 대기질이 악화되기 쉬운 지역을 중심으로 이루어져야 한다. 다량배출업소로 구성된 지역에서는 배출권거래제를 위한 시장형성도 가능하여 총량규제가 효율적으로 운영될 수 있다. 임동순 외 2, 대기오염 규제제도의 주요 산업별 영향과 효율적 개선 방안, 산업연구원, 1998. 11, 174면.

≪농도규제와 총량규제 비교≫

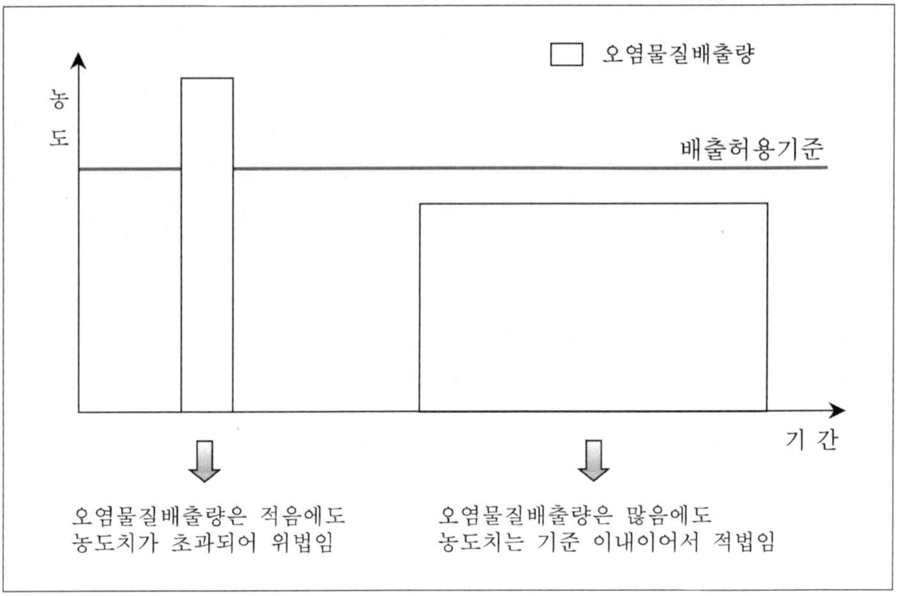

마. 총량규제

총량규제란 일정한 지역 안에서 배출되는 오염부하량과 오염부하량 증가를 총량으로 관리하는 방법이라고 할 수 있다.[17] 이는 배출허용기준과 같이 ppm과 같은 단위당 집중량으로 규제하지 아니하고, 시간 · 일 또는 년 단위로 오염물질의 배출총량을 규제하게 된다. 총량규제는 특정지역에 대한 오염부하량 산정과 이를 기초로 한 사업장별 배출허용량의 할당으로 구체화되는데, 특히 오염원의 수가 많고 규모가 크며 오염물질 배출량이 증가하는 지역, 사업장이 밀집된 지역 등에서 개별 사업장의 배출시설에서 배출되는 오염물질의 배출허용기준(농도기준)을 통한 규제만으로는 환경기준의 달성에 한계가 있을 경우에 그 효용성이 크다.

「환경정책기본법」은 '환경용량'이라는 개념을 도입하고,[18] 「대기환경보전법」

---

17) 홍준형, 환경법, 박영사, 2001, 596면.

18) 2002. 12. 30. 개정 「환경정책기본법」에서는 '환경용량'이라는 개념정의 규정을 신설하였는데, 이에 따르면 '환경용량'이란 "일정한 지역에서 환경오염 또는 환경훼손에 대하여 환경이 스스로 수용, 정화 및 복원하여 환경의 질을 유지할 수 있는 한계"를 의미한다(제3조 제6호). 이러한 환경용량 개념은 일정한 지역 안에서 수인될 수 있는 환경오염 총량을 관리함으로써 복합적인 환경오염에 대하여 거시적, 포괄적 대책을 강구할 수 있도록 하는 사고의 틀

은 대기오염상태가 환경기준을 초과하여 주민의 건강 · 재산이나 동 · 식물의 생육에 중대한 위해를 가져올 우려가 있다고 인정하는 구역 또는 특별대책지역 중 사업장이 밀집되어 있는 구역의 경우에는 그 구역의 사업장에서 배출되는 오염물질을 총량으로 규제할 수 있도록 함으로써 총량규제 방식의 도입을 위한 법적 기초를 마련하고 있다(제22조 제1항). 이러한 총량규제방식은 그 시행의 전제가 되는 지역별 오염부하량 및 해당 배출시설에 대한 구체적 배출허용량의 산정 · 할당이 기술적으로 복잡하고, 관리가 어렵다는 문제점이 있다. 신규오염원의 시장진입을 제한하고, 사업자의 생산을 제한함으로써 산업활동을 위축시킬 가능성도 배제할 수 없다.

「대기환경보전법」은 총량규제의 항목, 방법, 그 밖에 필요한 사항을 환경부령으로 정하도록 하고 있는데(동조 제2항), 이러한 내용들은 시행령 이상의 상위입법에서 정하는 것이 바람직하다. 시행령에서 일반적인 내용 · 범위를 제시하지 아니하고 막연히 시행규칙에서 정하도록 하고 있는 것은 위임입법 금지원칙에 반할 소지가 있으며, 의회입법의 원칙을 무력화할 수 있다.

총량규제는 배출권거래제도의 전제가 되는데, 지역별 배출허용량 및 해당 배출시설에 대한 구체적 배출가능량 산정이 기술적으로 어렵다는 등의 문제점이 제기되면서 아직까지 본격적인 총량규제 방식 및 배출권거래제도는 실시되고 있지 않다.[19]

바. 배출허용기준의 예고

국가는 배출허용기준을 정하거나 변경하고자 할 때에는 특별한 사유가 없는 한 이를 예고하여야 한다(「환경정책기본법」 제31조).

을 제공하고 있다. 김해룡, “환경정책기본법 개정안에 관한 소고”, 환경법연구 제23권 제1호, 2001. 9, 25면.

19) 총량규제가 정착되지 못하는 주된 이유로는 기술적인 기반구축의 미비와 생산활동의 위축 등 경제적 문제를 들 수 있다. 송동수, “환경기준의 유형구분과 법적 성질”, 환경법연구 제23권 제1호, 2001. 9, 47면.

2. 배출시설 및 방지시설의 설치

가. 설치허가 및 신고

(1) 대상시설

배출시설 설치허가 · 신고제도는 오염원으로 하여금 오염물질배출시설과 관련한 정보를 제공하게 하여 배출시설의 설치제한 및 적정 방지시설의 설치여부 확인 등 배출시설에 대한 효율적 관리를 위해 운용되고 있는 제도이다. 이에 따르면 배출시설을 설치하려는 자는 시 · 도지사의 허가를 받거나, 시 · 도지사에게 신고하여야 한다(제23조 제1항). 허가와 신고의 대상범위는 법에서 아무런 기준도 제시되지 아니하고 시행령에 포괄적으로 위임되고 있는데 이는 포괄위임 금지원칙에 배치될 소지가 있다.[20]

현재 특정대기유해물질이 발생되는 배출시설과 특별대책지역에 배출시설을 설치하려는 자는 시 · 도지사의 허가를 받아야 하며, 그 이외의 경우에는 시 · 도지사에게 신고를 하여야 한다(시행령 제11조 제1항 · 제2항).

[2] 대법원 2019. 10. 18. 선고 2018두34497 판결

구 대기환경보전법 시행령(2015. 12. 10. 개정 전) 제11조 제1항 제1호 및 구 국토의 계획 및 이용에 관한 법률 시행령(2015. 12. 10. 개정 전) 제71조 제1항 제19호, [별표 20] 제1호 (자)목 (1) 중 [별표 19] 제2호 (자)목 (1) 부분에 의하면, 특정대기유해물질 배출시설을 설치하기 위해서는 행정청의 허가를 받아야 하는데, 계획관리지역에서는 특정대기유해물질을 배출하는 시설의 설치가 금지되기 때문에 허가를 받을 수 없으므로, 그 범위에서 특정대기유해물질을 배출하는 공장시설을 설치하여 운영하려는 자의 직업수행의 자유, 계획관리지역에서 토지나 건물을 소유하고 있는 자의 재산권이 제한받을 수 있다. 그러나 위 시행령 조항들이 헌법 제37조 제2항의 과잉금지원칙을 위반하였다고 볼 수는 없다.

이와 같이 허가 · 신고제도가 허가대상시설을 극히 제한하고 있다는 점에서 신고제 중심으로 운영되고 있다고 할 수 있다. 허가절차는 특정대기유해물질이 발생되는 배출시설과 특별대책지역에 설치하는 배출시설에만 적용되므로 허가제

---

20) 조홍식 외 2, 우리나라 환경법체계 정비에 관한 연구 I, 한국환경정책 · 평가연구원, 1997. 12, 40면.

도는 그 대상시설이 아닌, 즉 특정대기유해물질이 아닌 오염물질을 발생시키는 배출시설과 배출시설이 아닌 오염원에서 발생되는 오염물질에 대하여는 규제 수단이 될 수 없다. 동법은 배출시설의 설치신고를 받은 경우 환경부령으로 정하는 기간 내에 신고 수리 여부를 신고인에게 통지하도록 하고, 그 기간 내에 신고수리 여부나 처리기간의 연장을 통지하지 아니한 경우에는 신고를 수리한 것으로 간주함으로써(제23조 제5항 및 제6항), '신고'의 법적 성질이 자기완결적 신고가 아니라는 점을 분명히 하고 있다.

한편 동법은 대기오염물질 배출시설의 설치허가 또는 변경허가를 하는 경우 주민건강이나 주변환경의 보호 및 배출시설의 적정관리 등을 위하여 필요한 조건(허가조건)을 붙일 수 있도록 하고 있다(제23조 제9항).[21] 여기서 말하는 허가조건은 행정행위 부관으로서 허가의 주된 내용에 부가하여 그 허가의 상대방에게 작위 · 부작위 · 급부 · 수인 등의 의무를 부과하는 이른바, 부담으로 이해된다. 일반적으로 기속행위나 기속재량행위에는 부관을 붙일 수 없고 가사 부관을 붙였다고 하더라도 무효이다.[22] 그러나 예외적으로 동법에서와 같이 특별한 규정 있는 경우에는 가능하다고 할 것이다. 그 결과 허가조건은 법령에 위배되지 않아야 하고, 허가의 본질적 목적에 위배해서는 안 된다는 부관의 일반적 한계뿐만 아니라 동 규정에서 특별히 요구하는 "시행에 필요한 최소한도의 것"이라는 요건을 지켜야 한다.

대기오염물질배출시설의 설치허가 · 신고를 한 경우에는 폐수배출시설, 소음 · 진동배출시설 등의 설치허가 · 신고도 한 것으로 본다(제24조).

(2) 허가의 성질

대법원은 배출시설 설치허가가 '기속재량행위'라고 보고 있다(판례 [3]). 동법은 허가 기준을(제23조 제7항), 동법 시행령은 허가대상의 배출시설, 허가 신청 시 제출하여야 하는 서류 등을 구체적으로 규정하고 있다(제11조 제1항 · 제3항).

---

21) 허가조건에는 ① 배출구 없이 대기 중에 직접 배출되는 대기오염물질이나 악취, 소음 등을 줄이기 위하여 필요한 조치 사항, ② 배출시설의 배출허용기준 준수 여부 및 방지시설의 적정한 가동 여부를 확인하기 위하여 필요한 조치 사항이 포함될 수 있다(시행령 제11조 제7항).

22) 대법원 1997. 6. 13. 선고 96누12269 판결; 대법원 1995. 6. 13. 선고 94다56883 판결; 대법원 1993. 7. 27. 선고 92누13998 판결; 대법원 1990. 10. 10. 선고 89누4673 판결; 대법원 1988. 4. 27. 선고 87누1106 판결 등 참조.

[3] 배출시설 설치허가: 대법원 2013. 5. 9. 선고 2012두22799 판결

구 대기환경보전법(2011. 7. 21. 개정 전) 제2조 제9호, 제23조 제1항, 제5항, 제6항, 같은 법 시행령(2010. 12. 31. 개정 전) 제11조 제1항 제1호, 제12조, 같은 법 시행규칙 제4조, [별표 2]와 같은 배출시설 설치허가와 설치제한에 관한 규정들의 문언과 그 체제·형식에 따르면 환경부장관은 배출시설 설치허가 신청이 구 대기환경보전법 제23조 제5항에서 정한 허가 기준에 부합하고 구 대기환경보전법 제23조 제6항, 같은 법 시행령 제12조에서 정한 허가제한사유에 해당하지 아니하는 한 원칙적으로 허가를 하여야 한다. 다만 배출시설의 설치는 국민건강이나 환경의 보전에 직접적으로 영향을 미치는 행위라는 점과 대기오염으로 인한 국민건강이나 환경에 관한 위해를 예방하고 대기환경을 적정하고 지속가능하게 관리·보전하여 모든 국민이 건강하고 쾌적한 환경에서 생활할 수 있게 하려는 구 대기환경보전법의 목적(제1조) 등을 고려하면, 환경부장관은 같은 법 시행령 제12조 각 호에서 정한 사유에 준하는 사유로서 환경 기준의 유지가 곤란하거나 주민의 건강·재산, 동식물의 생육에 심각한 위해를 끼칠 우려가 있다고 인정되는 등 중대한 공익상의 필요가 있을 때에는 허가를 거부할 수 있다고 보는 것이 타당하다.[23]

(3) 허가의 효력

(가) 허가의 효력이 미치는 범위

동법 시행규칙에서는 업종별로 배출시설을 특정하고 있으므로 대기오염물질을 배출하는 업종이 다르면 새로운 허가를 받아야 한다.

(나) 무허가 설치행위

허가나 변경허가를 받지 아니하거나 거짓으로 허가나 변경허가를 받아 배출시설을 설치 또는 변경하거나 그 배출시설을 이용하여 조업한 자는 최고 법정형인 7년 이하의 징역 또는 1억원 이하의 벌금에 처한다(제89조 제1호). 무허가 설치행위는 즉시범(상태범)으로서, 공소시효의 기산점은 설치행위 완료시점이며, 배출허용기준을 현실적으로 초과하였는지 여부는 범죄의 성립에 영향이 없다.[24]

무허가배출시설을 이용하여 조업한 행위는 설치행위와는 별개의 범죄가 되므

---

23) 대법원은 명시적으로 기속재량이라는 개념을 사용하지는 않았지만 그동안 채광계획인가(대법원 2002. 10. 11. 선고 2001두151 판결), 산림형질변경허가(대법원 1998. 9. 25. 선고 97누19564 판결) 등에 대하여 기속재량행위라는 개념을 쓰면서 전개한 법리와 동일한 법리를 전개하고 있다는 점에서 배출시설 설치허가를 기속재량행위라고 보고 있다고 할 수 있다. 이에 따르면 산림훼손허가(대법원 1995. 9. 15. 선고 95누6113 판결), 산림형질변경허가(대법원 1997. 9. 12. 선고 97누1228 판결) 등도 마찬가지로 기속재량행위로 이해할 수 있다.

24) 대법원 1987. 10. 26. 선고 87도1869 판결.

로 설치행위에 대한 공소시효가 완료되더라도 조업행위에 대하여는 별도의 범죄로써 처벌할 수 있다. 계속되는 조업행위에 대하여는 포괄일죄가 되는데, 다만 이미 무허가 조업행위로 확정판결을 받은 이후에 그러한 조업행위를 계속하였다면 여기에 대하여는 별개의 죄가 성립한다.[25)]

나. 배출시설의 설치제한

환경부장관 또는 시·도지사는 배출시설로부터 나오는 특정대기유해물질이나 특별대책지역의 배출시설로부터 나오는 대기오염물질로 인하여 ① 환경기준의 유지가 곤란하거나 ② 주민의 건강·재산, 동·식물의 생육에 심각한 위해를 끼칠 우려가 있다고 인정되면 대통령령으로 정하는 바에 따라 특정대기유해물질을 배출하는 배출시설의 설치 또는 특별대책지역에서의 배출시설 설치를 제한할 수 있다(제23조 제8항). 위와 같이 동조항은 배출시설의 설치허기를 제한할 수 있는 경우로 두 가시를 들고 시행령에 배출시설의 설치허가를 제한할 수 있는 사유를 정하도록 위임하고 있는데, 시행령[26)]에 의하여 설치허가 제한사유가 비로소 형성되는 것인가? 아니면 설치허가 제한사유는 법에서 규정하고 있는 위 두 가지 사유이고 시행령에서 정해진 사유는 법에서 정하고 있는 제한사유를 보다 구체화한 사유에 불과한 것인가? 대법원은 시행령에 의하여 설치허가 제한사유가 비로소 형성되는 것으로 보고 있는 것 같다(판례 [3] 참조). 배출시설의 설치제한은 오염물질의 배출량을 감소하고, 결국 오염부하량을 감소하는 효과를 초래할 것이다.

배출시설의 설치제한은 「국토의 계획 및 이용에 관한 법률」,[27)] 「개발제한구

---

25) 대법원 1992. 2. 28. 선고 91도2935 판결 참조.

26) 시행령 제12조에서는 환경부장관 또는 시·도지사가 배출시설의 설치를 제한할 수 있는 경우로 다음 두 가지를 들고 있다: ① 배출시설 설치 지점으로부터 반경 1킬로미터 안의 상주 인구가 2만명 이상인 지역으로서 특정대기유해물질 중 한 가지 종류의 물질을 연간 10톤 이상 배출하거나 두 가지 이상의 물질을 연간 25톤 이상 배출하는 시설을 설치하는 경우; ② 대기오염물질(먼지·황산화물 및 질소산화물만 해당한다)의 발생량 합계가 연간 10톤 이상인 배출시설을 특별대책지역(법 제22조에 따라 총량규제구역으로 지정된 특별대책지역은 제외한다)에 설치하는 경우.

27) 「국토의 계획 및 이용에 관한 법률」은 용도지역을 도시지역, 관리지역, 농림지역, 자연환경보전지역으로 구분하고(제36조), 각 용도지역 안에서 건축물 그 밖의 시설의 용도·종류 및 규모 등을 제한하고 있다(제76조). 동법은 구 '국토이용관리법'상 난개발의 주요인으로 지목되던 준농림지역을 관리지역으로 편입하여 관리하고 있으며, 자연환경·수자원·해안·생태계·상수원 및 문화재의 보전과 수산자원의 보호·육성 등을 위하여 필요한 지역을 자연환경보전지역으로 지정하여 관리토록 하고 있으며(제6조), 환경성검토 및 토지적성평가제(제27

역의 지정 및 관리에 관한 특별조치법」,[28] 「수도권정비계획법」,[29] 「산업집적활성화 및 공장설립에 관한 법률」,[30] 「산업입지 및 개발에 관한 법률」,[31] 「농지법」,[32] 「산림법」[33] 등 다른 법률에 의해서도 이루어지고 있다.

다. 방지시설의 설치 · 운영

「대기환경보전법」은 대기오염물질의 배출시설을 설치하는 자에 대하여 오염원인자 책임의 원칙에 따라 오염방지시설[34]의 설치의무를 부과하고 있다(제26조 제1항). 배출시설을 설치한 자가 지는 방지시설의 설치의무는 배출시설 설치허가에 따르는 법정부담의 성질을 갖는다.[35]

산업단지 그 밖에 사업장이 밀집된 지역의 사업자는 배출시설로부터 배출되는 오염물질의 공동처리를 위한 공동방지시설을 설치할 수 있다. 이 경우 사업장별로 해당 오염물질에 대한 방지시설이 설치된 것으로 보기 때문에 각 사업자는 개별의 방지시설을 설치할 필요가 없다(제29조 제1항). 공동방지시설에 있어서의 배출허용기준은 제16조에 따른 배출허용기준과 다른 기준을 정할 수 있으며, 그 배출허용기준 및 공동방지시설의 설치 · 운영에 관하여 필요한 사항은 환경부령으로 정한다(동조 제3항).

조 제3항), 개발허가제(제56조), 개발밀도관리구역(제66조) 및 기반시설부담구역제도(제67조) 등 기반시설연동제 등의 실시를 위한 근거규정을 둠으로써, 국토의 체계적인 이용 · 개발뿐만 아니라 보전적인 면도 고려하고 있다.

28) 동법에 근거하여 지정된 개발제한구역에서는 지정목적에 위배되는 건축물의 건축 및 용도변경, 공작물의 설치 행위 등이 제한된다(제11조).

29) 동법은 수도권을 과밀억제권역, 성장관리권역, 자연보전권역으로 구분하고(제6조), 각 지역별로 일정한 종류, 규모의 건물 등 시설의 신설 · 증설 · 허가 제한된다(제7조 내지 제9조).

30) 동법상 과밀억제지역, 성장관리지역 및 자연보전지역 안에서는 원칙적으로 500㎡ 이상의 공장을 신설 · 증설 또는 이전하거나 업종을 변경하는 행위를 금지하고 있다(제20조).

31) 동법은 국토교통부장관으로 하여금 산업입지개발에 관한 기본지침을 작성 · 고시하도록 하고 있는데(제5조), 이에 따라 고시된 '산업입지개발지침'에서는 민간 등에 의한 산업단지 지정요청불가지역, 산업단지가 갖추어야 할 요건, 개별공장입지의 선정기준 등을 정하고 있다.

32) 동법은 농지를 효율적으로 이용 · 보전하기 위하여 농업진흥지역을 농업진흥구역과 농업보호구역으로 구분하여 지정할 수 있는데(제30조), 각 지역별로 일정한 토지이용행위가 제한된다(제34조).

33) 동법은 산림의 보전측면에서 이용목적에 따라 보전임지, 준보전임지로 구분하고(제16조), 보전임지의 전용허가(제18조), 전용산림의 용도변경제한(제18조의2), 보전임지의 지목변경제한(제20조) 등 규정을 두고 있다.

34) '대기오염방지시설'이라 함은 대기오염물질배출시설로부터 나오는 대기오염물질을 없애거나 줄이는 시설로서 환경부령으로 정하는 것을 말한다(제2조 제12호).

35) 이상규, 환경법론, 법문사, 1998, 129면.

라. 가동개시 신고

사업자는 배출시설이나 방지시설의 설치를 완료하거나 배출시설의 변경을 완료하여 그 배출시설 및 방지시설을 가동하려면 미리 환경부장관 또는 시 · 도지사에게 가동개시 신고를 하여야 한다(제30조 제1항). 사업자가 배출시설 등의 설치허가를 받은 경우에도 위와 같이 그 시설을 가동하려면 별도로 가동개시 신고를 하도록 하는 것은 사업자에게 불필요한 부담으로 작용할 수 있다.

마. 권리 · 의무의 승계

사업자(비산배출시설 설치 신고를 한 자를 포함)가 배출시설 및 방지시설을 양도하거나 사망한 경우 또는 법인의 합병이 있는 경우에는 그 양수인이나 상속인 또는 합병 후 존속하는 법인이나 합병에 의하여 설립되는 법인은 허가 · 변경허가 · 신고 또는 변경신고에 따른 사업자의 권리 · 의무를 승계한다(제27조 제1항).[36] 배출시설 설치허가는 대물적 처분의 성질을 갖는 것으로 이해된다.[37] 대물적 처분은 시설물의 이전과 함께 자동적으로 이전된다는 것이 통설적 견해 및 판례이다(당연승계설). 이러한 입장에 의할 경우 위 승계규정은 배출시설의 설치허가와 관련하여 확인적 규정에 불과하게 된다.[38] 이 규정에서 말하는 허가에 따른 사업자의 권리 · 의무에는 허가에 따른 조건, 기한, 위반횟수계산과 같은 귀책사유 등이 포함된다.[39] 그러나 배출부과금의 부과는 사업장에만 미치는 순수한 대물적 처분의 성격을 갖는다고 보기 어렵기 때문에 당연히 승계된다고 할 수 없다는 견해가 있다. 즉 배출부과금의 부과는 무허가배출시설에 대해서도 배출부과금이 부과되기 때문에 허가에 따른 사업자의 권리 · 의무에 배출부과금은 포함되지 않는다는 견해가 그것이다.[40] 그러나 이 규정의 취지에 비추어 일단 허가 받은 배출시설의 경우에는 시설의 이전과 함께 배출부과금도 승계된다고 이해된다.[41] 논란을 없애기 위해서는 행정제재처분 효과의 승계 규

---

36) 동법은 경매 등으로 배출시설 및 방지시설을 인수한 경우 신고 등에 따른 권리와 의무를 승계하는 규정을 두고 있지 않다. 이는 「물환경보전법」 제36조 제2항과 대비되는 것이다.

37) 조현권, 환경법 -이론과 실무-, 1999, 220면.

38) 조현권(앞의 책), 223면; 대법원 1975. 3. 11. 선고 74누138 판결; 대법원 1979. 10. 16. 선고 79누175 판결; 대법원 1979. 10. 30. 선고 79누190 판결; 대법원 1986. 7. 22. 선고 86누203 판결.

39) 조현권(앞의 책), 224면.

40) 조현권(앞의 책), 222면.

41) 배출부과금의 부과가 처분 상대방의 주관적 사정을 고려하지 않고 처분 대상인 시설의 객

정을 두는 것을 검토할 필요가 있다.42)

3. 사업자의 의무

가. 배출시설 및 방지시설의 정상운영

「대기환경보전법」은 비정상운영행위의 태양을 예시하여 사업자(공동 방지시설의 대표자를 포함)에게 배출시설 및 방지시설을 정상적으로 운영할 의무를 부과하고 있다. 즉, 사업자는 ① 배출시설을 가동할 때에 방지시설을 가동하지 아니하거나43) 오염도를 낮추기 위하여 배출시설에서 나오는 오염물질에 공기를 섞어 배출하는 행위;44) ② 방지시설을 거치지 아니하고 오염물질을 배출할 수 있는 공기조절장치나 가지배출관 등을 설치하는 행위;45) ③ 부식이나 마모로 인하여 오염물질이 새나가는 배출시설이나 방지시설을 정당한 사유 없이 방치하는 행위; ④ 방지시설에 딸린 기계와 기구류의 고장이나 훼손을 정당한 사유 없이 방치하는 행위;46) ⑤ 그 밖에 배출시설 및 방지시설을 정당한 사유47) 없이 정상적으로 가

관적 사정에 착안하여 이루어진다는 점을 지적하면서 승계를 인정하는 실무관행이 정착되면 양수인은 양수 전에 해당 시설에 부과된 배출부과금이 있는지 여부를 조사하게 됨으로써 결과적으로 양도인의 환경친화적 시설운영을 촉진하는 효과도 갖는다는 견해도 같은 맥락으로 이해된다. 조홍식, 환경법원론, 박영사, 2019, 419면.

42) 예컨대, 「공중위생관리법」에서는 "공중위생영업자가 그 영업을 양도하거나 사망한 때 또는 법인의 합병이 있는 때에는 종전의 영업자에 대하여 제11조 제1항의 위반을 사유로 행한 행정제재처분의 효과는 그 처분기간이 만료된 날부터 1년간 양수인·상속인 또는 합병후 존속하는 법인에 승계된다(제11조의3)"는 행정제재처분 효과의 승계 규정을 두고 있다.

43) 예컨대, 배출시설(분쇄기)을 가동하면서 연결된 방지시설인 여과집진시설을 미가동하여 오염물질이 대기 중에 무단방출되는 경우가 여기에 해당된다.

44) 예컨대, 배출시설에서 발생하는 대기오염물질을 방지시설로 이송하는 배관의 중간에 외부공기가 들어갈 수 있는 시설을 설치하는 경우가 여기에 해당된다.

45) 예컨대, 배출시설에서 발생하는 대기오염물질을 방지시설로 이송하는 배관의 중간에 가지배출관 및 공기조절장치를 설치하여 오염물질이 방지시설로 유입되기 전에 외부로 유출되도록 하는 경우가 여기에 해당된다.

46) 예컨대, 방지시설의 부대설비인 후드, 닥트, 모터 등의 고장 및 부식 등 훼손을 방치하고 있어 방지시설의 효율이 저하되고 있는 경우가 여기에 해당된다.

47) 갑작스런 단전·단수, 오염물질의 부하변동 등 처리상의 문제점으로 부득이하게 배출허용기준을 초과한 경우에는 정당한 사유가 있었다고 인정할 수 있을 것이다. 대검찰청, "환경사범수사편람", 1995, 95면. 구체적으로 정당한 사유에는 구 「대기환경보전법」 시행령 제11조에서 적시하고 있는 다음의 사유가 들어질 수 있을 것이다: ① 배출시설 또는 방지시설을 개선·변경·점검 또는 보수하기 위하여 부득이한 경우; ② 배출시설 또는 방지시설의 주요기계장치 등의 돌발적 사고로 인하여 적정운영을 할 수 없는 경우; ③ 단전·단수로 배출시설 또는 방지시설을 적정운영할 수 없는 경우; ④ 천재·지변, 화재, 그 밖의 불가항력적인 사유로 배출시설 또는 방지시설을 적정운영할 수 없는 경우.

동하지 아니하여 배출허용기준을 초과한 오염물질을 배출하는 행위[48] 등을 하여서는 아니 된다(제31조 제1항).

⑤와 같은 포괄적 규정은 여기에 열거된 행위들이 제한적이 아니라 예시적이라는 것을 의미한다. 한편, 위 ①, ②의 경우에는 배출이 배출허용기준 이하이더라도 범죄가 성립되나 ⑤의 경우에는 배출허용기준의 초과를 범죄구성요건으로 하고 있다. 배출허용기준을 초과한 경우에는 위 ⑤의 위반을 근거로 형사처벌하거나 개선명령(제33조), 조업정지명령(제34조), 폐쇄명령(제38조) 등 행정처분을 내리고 이러한 명령위반에 대하여 비로소 처벌할 수 있다(제89조).

나. 측정기기의 부착

사업자는 배출시설에서 나오는 오염물질이 배출허용기준에 맞는지를 확인하기 위하여 측정기기를 부착하는 등 배출시설 및 방지시설의 적정한 운영에 필요한 조치를 하여야 한다(제32조 제1항). 대기질 개선을 위해서는 대기오염매체의 성질상 배출단계에서의 단속이 관건이 되는바, 이러한 관점에서 굴뚝별로 오염물질의 성분별 배출상태, 공장가동상태 등을 일정 시간대별로 24시간 파악하고 단속의 효율성을 증대시키기 위한 굴뚝자동감시체제(Telemetering System: TMS)를 구축할 필요성이 제기되어 왔다. 그 일환에 따라 1988년 대기오염이 심한 울산 · 온산특별대책지역 사업장을 시작으로 현재 다수의 사업장에 측정기기가 설치 · 운영 중에 있다.[49] 측정기기 부착대상사업장 및 기기의 종류(예컨대, 적산전력계, 굴뚝 자동측정기기) 등은 시행령에서 정하고 있다(제17조).[50] 굴뚝자동감시체제의 구축은 상시 감독을 통한 대기오염방지 내지 저감뿐만 아니라 총량규제실시, 더 나아가 배출권거래제도의 전제가 되는 기간시설 구축이라는 차원에서 그 의미가 크다.

배출시설의 운영 상태에 대한 체계적인 관리와 굴뚝자동측정기에 의한 측정의 신뢰성과 실효성을 높이기 위하여 동법은 측정기기를 부착한 사업자에 대하여 측정기기를 정당한 사유 없이 방치하는 등 일정한 행위를 금지하고 있다(제32조 제3항).

아울러 동법은 측정기기로 측정한 자료의 신뢰도와 정확도를 지속적으로 확보하기 위하여 사업자가 지켜야 할 측정기기의 운영 · 관리기준을 환경부령으로 정

48) 예컨대, 방지시설이 다수일 경우 일부를 가동하지 아니한 경우가 여기에 해당된다.
49) 2015년 말 현재 전국 578개 대형 사업장에서 1,531개의 굴뚝에 측정기기가 설치 · 운영 중에 있다. 2016년 환경백서(각주 3), 294면.
50) 측정기기 부착대상 사업장은 1종부터 3종까지의 사업장이다(시행령 제17조 제5항).

하도록 하고 있으며(동조 제4항), 사업자가 이러한 기준을 지키지 아니할 경우에는 측정기기가 기준에 맞게 운영·관리되도록 필요한 조치를 명할 수 있고(동조 제5항), 조치명령마저 위반할 경우에는 배출시설의 전부 또는 일부에 대하여 조업정지를 명할 수 있도록 하고 있다(동조 제6항). 측정기기 관리대행업의 등록제(제32조의2, 제32조의3)도 측정기기로 측정한 결과의 신뢰도와 정확도를 제고하기 위한 것으로 이해할 수 있다.

다. 자가측정

사업자가 그 배출시설을 운영할 때에는 나오는 오염물질을 자가측정하거나 측정대행업자에게 측정하게 하여 그 결과를 사실대로 기록하고, 환경부령으로 정하는 바에 따라 보존하여야 한다(제39조 제1항). 사업자는 측정대행업자에게 측정을 하게 하려는 경우 다음의 행위를 하여서는 아니 된다: ① 측정결과를 누락하게 하는 행위; ② 거짓으로 측정결과를 작성하게 하는 행위; ③ 정상적인 측정을 방해하는 행위(동조 제2항). 이러한 규정들은 측정값 조작으로 과소 측정되는 등의 문제가 발생하고 있는 상황을 해결하려는 노력의 일환으로 이해할 수 있을 것이다. 충실한 자가측정은 사업자의 배출허용기준 준수를 간접적으로 강제하는 유용한 수단이 될 수 있을 것이며, 궁극적으로는 환경오염의 사전억제·예방 기능을 수행하게 될 것이다. 그러나 자가측정이 기본적으로 사업자의 자율적 의사에 의해 이루어지기 때문에 형식적으로 흐르고, 자가측정의 결과가 규제수단으로 변질될 가능성이 상존하고 있다.

라. 비산배출시설의 설치신고

동법은 굴뚝 등 배출구 없이 대기 중에 직접 배출(비산배출)되는 대기오염물질의 관리방안을 마련하고 있다. 즉 대통령령으로 정하는 업종(20개)에서 비산배출하는 공정 및 설비 등의 시설(비산배출시설)을 설치·운영하려는 자는 환경부장관에게 신고하여야 하고, 시설관리기준을 지켜야 한다(제38조의2 제1항, 제5항). 동법은 비산배출시설의 설치신고를 받은 날부터 10일 이내에 신고 수리 여부를 신고인에게 통지하고, 그 기간 내에 신고수리 여부나 처리기간의 연장을 통지하지 아니한 경우에는 신고를 수리한 것으로 간주하고 있다(동조 제3항, 제4항).

환경부장관은 비산배출시설을 설치·운영하는 자가 비산배출시설의 설치신고를 누락하거나 시설관리기준을 위반하거나 조치명령을 이행하지 않은 경우 6

개월 이내의 기간을 정하여 해당 비산배출시설의 조업정지를 명할 수 있으며(동조 제9항), 조업정지를 명하여야 하는 경우에도 공익에 현저한 지장을 줄 우려가 있는 경우 조업정지처분을 갈음하여 과징금을 부과할 수 있도록 하되, 이러한 과징금 대체가 남용되는 것을 방지하기 위하여 과징금 처분을 받은 날부터 2년이 경과되기 전에는 조업정지처분을 갈음하여 과징금을 부과할 수 없도록 하고 있다(동조 제10항, 제11항).

마. 환경기술인의 임명 · 신고

사업자는 배출시설과 방지시설의 정상적인 운영 · 관리를 위하여 환경기술인을 임명하고, 환경기술인이 그 준수사항을 철저히 이행하도록 감독하여야 하고, 배출시설과 방지시설의 정상적인 운영 · 관리를 위한 환경기술인의 업무를 방해하여서는 아니 되며, 그로부터 업무수행상 필요한 요청을 받은 경우에 정당한 사유가 없으면 이에 응하여야 한다(제40조 제1항 · 제3항 · 제4항). 환경기술인은 그 배출시설과 방지시설에 종사하는 자가 이 법 또는 이 법에 따른 명령에 위반하지 아니하도록 지도 · 감독하고, 배출시설 및 방지시설의 운영결과를 기록 · 보관하여야 하며, 사업장에 상근하는 등 환경부령이 정하는 준수사항을 준수하여야 한다(동조 제2항).

환경기술인은 사업자에 의하여 임명되고 그의 감독을 받게 되어 있고, 사업자의 위반에 대하여는 관여할 수 있는 권한이 없으며, 환경기술인이 지도 · 감독 등에 의하여 법령의 위반에 대하여 통제할 수 있는 인적 대상은 배출시설과 방지시설에 종사하는 자에 한정된다는 점에서 현행법상의 환경기술인에 의한 배출시설과 방지시설에 대한 관리 · 감독에는 일정한 한계가 있다.[51]

4. 사업자의 의무이행 확보수단

가. 개선명령

환경부장관 또는 시 · 도지사는 가동개시신고를 한 후 조업 중인 배출시설에서 배출되는 오염물질의 정도가 배출허용기준을 초과한다고 인정하면 대통령령이 정하는 바에 따라 기간을 정하여 사업자에게 그 오염물질의 정도가 배출허용기준 이하로 내려가도록 필요한 조치를 취할 것을 명할 수 있다(제33조).

---

51) 김연태, "환경법에 있어서 사전배려의 원칙", 법학논집 제34집, 1998. 12, 105면.

나. 조업정지명령

환경부장관 또는 시·도지사는 이러한 개선명령을 받은 자가 개선명령을 이행하지 아니하거나 기간 내에 이행은 하였으나 검사결과 배출허용기준을 계속 초과하면 해당 배출시설의 전부 또는 일부에 대한 조업정지를 명할 수 있다(제34조 제1항). 또한 대기오염으로 인한 주민의 건강상·환경상의 피해가 급박하다고 인정하면 해당 배출시설의 전부 또는 일부에 대하여 조업정지, 그 밖에 필요한 조치를 명할 수 있다(동조 제2항). 이를 위해서는 제1항과 달리 배출허용기준의 초과가 요구되지 않는다. 한편, 제36조와의 관계상 필요한 조치에 폐쇄명령이 포함되는지 논란이 있을 수 있다. 조업정지명령은 사업자를 전과자로 만들지 않으면서도 효과적으로 규제할 수 있다는 점에서 실무상 많이 이용되는 수단으로 알려지고 있다. 앞서 개선명령이 사업자에게 일정한 의무를 부과하는 하명의 성질을 갖는 반면 조업정지명령은 부작위하명의 성질을 갖는다.

명문 규정상으로는 "명할 수 있다"라고 되어 있어 조업정지명령 등이 행정청의 재량에 속한다고 볼 소지가 있으나 주민의 생명, 신체 등에 중대하고 급박한 위험이 존재하는 상황을 요건으로 하고 있다는 점에서 행정청의 재량권은 없어지게 된다고 보아야 한다. 결국 동규정상의 "명할 수 있다"는 "명해야 한다"로 해석하는 것이 합당하며, 이러한 경우 행정권은 발동되어야만 하는 것이다.[52]

한편, 조업정지명령은 측정기기를 부착한 사업자로서 측정기기가 기준에 적합하게 운영·관리되도록 조치명령을 받았음에도 이를 이행하지 아니한 자에게도 해당 배출시설의 전부 또는 일부에 대하여 조업정지를 명할 수 있다(제32조 제6항).

다. 허가의 취소 등

환경부장관 또는 시·도지사는 사업자가 거짓이나 그 밖의 부정한 방법[53]으로 허가·변경허가를 받았거나 신고·변경신고를 한 경우, 제31조 제1항 각 호의 어느 하나에 해당하는 행위를 한 경우 등 20가지 사유에 해당하는 행위를 한 때에는 배출시설의 설치허가 또는 변경허가를 취소하거나 배출시설의 폐쇄를

52) 고영훈, 환경법, 법문사, 2000, 130면; 홍준형(각주 17), 555면.
53) "허위 기타 부정한 방법으로 어업의 면허를 받은 경우"라고 함은 정상적인 절차에 의하여는 어업의 면허를 받을 수 없는 경우임에도 불구하고 위계 기타 사회통념상 부정이라고 인정되는 모든 행위를 사용하여 면허를 받은 경우를 뜻하는 것으로서 적극적 및 소극적 행위를 사용한 경우를 포함한다 할 것이다. 1995. 1. 20. 선고 94누6529 판결.

명하거나 또는 6월 이내의 기간을 정하여 배출시설 조업정지를 명할 수 있다(제36조 제1항 본문).[54] 다만, 거짓이나 그 밖의 부정한 방법으로 허가 · 변경허가를 받은 경우, 조업정지 기간 중에 조업을 한 경우 등 일정한 경우에는 허가의 취소나 폐쇄조치는 행정청의 의무가 된다(동항 단서).

라. 과징금 부과

사회복지시설 및 공동주택의 냉난방시설, 발전소의 발전설비, 집단에너지시설, 의료기관 · 학교 · 제조업의 배출시설 등을 설치 · 운영하는 사업자에 대하여 제36조 제1항에 따라 조업정지를 명하여야 하는 경우로서 그 조업정지가 주민의 생활, 대외적인 신용 · 고용 · 물가 등 국민경제, 그 밖에 공익에 현저한 지장을 초래할 우려가 있다고 인정되는 경우 등 그 밖에 대통령령으로 정하는 경우에는 조업정지 처분을 갈음하여 매출액에 100분의 5를 곱한 금액을 초과하지 아니하는 범위에서 과징금을 부과할 수 있다(제37조).[55] 다만, 매출액이 없거나 매출액 산정이 곤란한 경우에는 과징금 상한이 2억원이고(동조 단서), 방지시설을 설치하지 아니하고 배출시설을 가동한 경우, 30일 이상의 조업정지처분을 받아야 하는 경우 등에는 과징금을 부과할 수 없다(동조 제2항).

조업정지처분을 할 경우 사회 · 경제적으로 큰 파장이 발생하고, 그 집행이 현실적으로 쉽지 않아 자칫 집행결함 내지 집행불능이라는 문제가 발생할 수 있는데, 이 경우 과징금 처분은 그 경계에서 유효한 수단으로 작용할 수 있다. 말하자면 과징금 제도는 환경보전이라는 대의명분을 살리는 한편, 법규위반에 따른 기업 내지 공공시설에 제제가 이루어지는 경우 발생할 수 있는 사회 · 경제적 손실과 혼란을 최소화할 수 있는 현실적 필요성도 고려하는 제도라 할 수 있다. 조업정지처분을 내릴 것인지 조업정지처분을 대신하여 과징금부과처분을 내릴 것인지를 정하는 것은 행정청의 재량사항이다.[56] 한편, 헌법재판소는 이러한 과징금과 행정벌이 이중처벌이 아니라는 입장을 취하고 있다.[57]

---

54) 동조가 들고 있는 사유는 예시적 열거로서 이에 해당하지 않더라도 그에 버금가는 사유로서 대기환경보전을 위해 필요한 경우에는 허가의 취소 등을 명할 수 있는 것으로 본다는 견해가 있다. 조홍식(각주 41), 426면.

55) 이러한 과징금은 불법이익이나 기대이익의 박탈을 수반하는 전형적 과징금(「독점규제 및 공정거래에 관한 법률」 제6조, 「화학물질관리법」 제36조, 「생활화학제품 및 살생물제의 안전관리에 관한 법률」 제38조 참조)과 달리 단속적 차원에서 위반행위자에 대해 금전적 부담을 부과한다는 점에서 '변형된 과징금'이라고 한다.

56) 박균성 · 함태성, 환경법, 박영사, 2004, 371면. 대법원 2008. 2. 15. 선고 2006두4226 판결.

과징금처분에 대하여는 배출허용기준 또는 개선명령의 준수를 금전적 수단으로 대체할 수 있도록 함으로써, 자력이 충분한 사업자가 규제를 회피할 가능성이 있으며, 실제 부과되는 과징금 액수가 조업정지 등의 손실보다 경미할 경우 형평성 논란까지 제기될 수 있다. 과징금 부과 요건이 지나치게 광범위하며 애매하게 규정되어 있다는 점, 실제 부과되는 과징금 액수가 기업이 부담을 느끼지 못할 소액으로 부과될 가능성이 있어 환경법규 위반에 대한 면책 내지는 솜방망이식 처벌에 그칠 수 있다는 점 등에 대해서도 비판이 제기되고 있다.[58]

마. 사용중지 및 폐쇄명령

환경부장관 또는 시·도지사는 허가를 받지 아니하거나 신고를 하지 아니하고 배출시설을 설치하거나 사용하는 자에 대하여 그 배출시설의 사용중지를 명하여야 한다(제38조 본문). 이는 앞서 조업정지명령, 허가의 취소 등이 허가나 신고를 받은 배출시설에 대한 조치라고 한다면 허가나 신고를 받지 않은 배출시설에 대한 조치이다. 허가·신고 없이 배출시설을 설치한 경우 사용중지명령을 의무적으로 부과하도록 하고 있는 것은 뒤에서 보는 바와 같이 이와 같은 경우 별도로 배출부과금을 부과·징수하도록 하고 있는 것과 배치될 수 있고, 제34조상의 조업정지명령과 구별실익이 적고 불필요한 혼란을 야기한다고 생각된다.[59]

한편, 그 배출시설을 개선하거나 방지시설을 설치·개선하더라도 그 배출시설에서 배출되는 오염물질의 정도가 배출허용기준 이하로 내려갈 가능성이 없다고 인정되는 경우 또는 그 설치장소가 다른 법률에 따라 그 배출시설의 설치가 금지된 경우에는 그 배출시설의 폐쇄를 명하여야 한다(제38조 단서).

5. 배출부과금(Effluent Charges)

가. 의 의

제35조는 환경부장관 또는 시·도지사로 하여금 대기오염물질로 인한 대기환경상의 피해를 방지 또는 감소시키기 위하여 대기오염물질을 배출하는 사업자 및 허가·변경허가를 받지 아니하거나 신고·변경신고를 하지 아니하고 배출시설을 설치 또는 변경한 자에 대하여 배출부과금을 부과·징수토록 하고 있다. 배출부

57) 헌재 2003. 7. 24. 선고 2001헌가25 전원재판부 결정.
58) 김인환·전병성, 환경법강의, 홍문관, 2003, 198면.
59) 채우석, "대기오염의 법규제적 동향", 환경법연구 제25권 제1호, 2003. 12. 472면.

과금제도는 경제적 동기를 이용한다는 점에서 경제유인적 규제방식이라고 할 수 있으며, 배출시설의 설치허가, 위법시설에 대한 개선명령, 조업정지, 허가취소, 벌칙의 부과 등과 같은 직접적인 명령 · 규제방식과 대비된다.

나. 성 격

배출부과금제도는 1983년 개정 '환경보전법'에서 처음 도입되었다. 당시에는 배출허용기준의 준수 여부가 중요한 부과기준으로 작용하여 배출허용기준을 초과한 경우에 한하여 배출부과금이 부과되었으므로 직접규제방식이 가미된 형태이었으나 그 후 수차례에 걸쳐 변형되어오면서 현재는 배출허용기준의 준수 여부와 관계없이 배출부과금이 부과됨으로써[60] 오염원인자 책임원칙을 구현하는 중요한 경제유인적 규제수단으로 자리 잡아가고 있다. 그러나 이는 기본부과금의 경우에 해당하는 것이고 초과부과금의 경우에는 위반 정도 및 위반 횟수 등에 따라 배출부과금이 가중 부과되는 구조이기 때문에 규제적 성격이 강하다. 이러한 점에서 배출부과금제도는 명령 · 규제와 경제적 유인을 결합한 변형된 규제방식이라 할 수 있다. 이에 따라 부과대상자인 사업자는 오염농도와 오염총량을 감소시킬 유인을 갖게 된다.[61]

배출부과금은 부담금의 일종으로서, 부담금을 그 성격에 따라 ① 일정한 과제의 수행에 필요한 재정경비를 조성하는 것을 목적으로 한 '재정충당 부담금(재정조달목적 부담금)'과 ② 법상의 명령이나 금지에 의하여 직접 규제하는 대신에 금전의 부담을 지워 간접적으로 일정한 국가목적의 달성을 유도하는 기능을 가진 '유도적 부담금(정책실현목적 부담금)'으로 나눌 경우,[62] 배출부과금은 배출허용기준 이상의 배출을 제한하거나 금지하기 위한 정책적 · 유도적 성격을 갖고 있다는 점에서 유도적 부담금의 성격을 갖고 있나고 할 수 있다.

배출부과금은 사업장의 오염물질 배출을 규제하기 위한 개선명령이나 조업정

60) 기존 배출부과금은 배출허용기준 이상으로 대기오염물질을 배출하였을 경우에 벌과금적인 성격으로 징수되었기 때문에 사업자가 배출허용기준만 준수하면 문제가 없었다. 그 결과 사업자는 오염물질 총량을 저감하려는 노력이 미흡하였고 결과적으로 지역 환경관리가 어려웠다. 이러한 문제점을 해결하기 위해 1995. 12. 29. 개정 「대기환경보전법」에서는 배출허용기준 이내로 배출하는 오염물질에 대하여도 기본부과금을 도입함으로써 농도가 아닌 배출총량에 따라 배출부과금을 부과하도록 하였다.

61) 문현주 외 2, 유연한 산업환경규제체계를 통한 환경성과 개선방안 연구, 한국환경정책 · 평가연구원, 1999. 12, 20면.

62) 헌재 2003. 1. 30. 선고 2002헌바5 결정; 헌재 2003. 12. 18. 선고 2002헌가2 결정; 헌재 2004. 7. 15. 선고 2002헌바42 결정 참조.

지명령 등과 함께 부과될 수 있다. 그 결과 배출허용기준 초과 사업장은 개선명령이나 조업정지명령 등 행정처분을 이행하기 위한 경제적 부담과 동시에 배출부과금의 납부라는 이중의 경제적 부담을 안게 될 가능성이 있다.

다. 부과대상자

환경부장관 또는 시 · 도지사는 대기오염물질을 배출하는 사업자 및 허가 · 변경허가를 받지 아니하거나 신고 · 변경신고를 하지 아니하고 배출시설을 설치 또는 변경한 자에 대하여 배출부과금을 부과한다. 허가 · 신고 없이 배출시설을 설치한 자에게 배출부과금을 부과 · 징수하도록 하는 것은 이와 같은 경우에 사용중지명령을 의무적으로 부과하도록 하고 있는 규정(제38조)과 배치될 수 있다. 허가 · 신고 없이 배출시설을 설치한 경우에는 사용중지명령, 벌칙(제89조) 등의 부과가 논리적으로 타당하다고 생각한다.

라. 종　　류

배출부과금에는 배출허용기준 이하로 배출하는 오염물질의 배출량 및 배출농도 등에 따라 부과하는 기본부과금과 배출허용기준을 초과한 경우에 배출허용기준초과 오염물질배출량 및 배출농도 등에 따라 부과하는 초과부과금이 있다(제35조 제1항 후단).

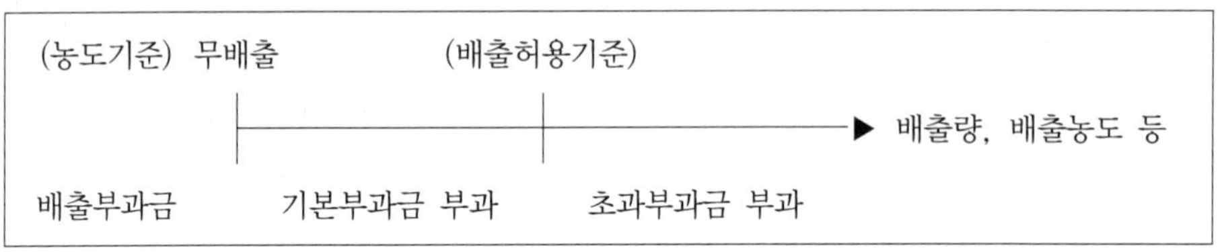

마. 산정방법 및 기준

배출부과금의 산정방법과 산정기준 등 필요한 사항은 대통령령으로 정한다. 다만, 초과부과금은 대통령령으로 정하는 바에 따라 본문의 산정기준을 적용한 금액의 10배의 범위에서 위반횟수에 따라 가중하며, 이 경우 위반횟수는 사업장의 배출구별로 위반행위 시점 이전의 최근 2년을 기준으로 산정한다(동조 제4항).

(1) 기본부과금

기본부과금은 황산화물과 먼지 2종류의 오염물질에 국한하여(시행령 제23조

제1항) 배출허용기준 이하로 배출하는 오염물질배출량에 오염물질 1kg당 부과금액, 연도별 부과금 산정지수, 지역별 부과계수, 농도별 부과계수를 각 곱하여 산정한다(시행령 제28조 제1항).

기본부과금＝배출허용기준 이하로 배출하는 오염물질배출량(기준 이내 배출량) × 오염물질 1kg당 부과금액 × 연도별 부과금 산정지수 × 지역별 부과계수 × 농도별 부과계수

(2) 초과부과금

초과부과금은 황산화물, 암모니아, 황화수소, 이황화탄소, 먼지, 불소화합물, 염화수소, 염소, 시안화수소 등 9종류의 오염물질을 대상으로(시행령 제23조 제2항), 오염물질 1kg당 부과금액, 배출허용기준초과 오염물질배출량, 지역별 부과계수, 연도별 부과금 산정지수 등을 고려하여 산출한다. 초과부과금은 개선계획서를 제출하고 개선하는 경우와 그 외의 경우로 구별하여 부과된다. 부과금의 산정방법 및 기준은 시행령에 구체적으로 규정되어 있다(시행령 제24조 내지 제26조).

① 개선계획서를 제출하고 개선하는 경우

오염물질 1kg당 부과금액 × 배출허용기준초과 오염물질배출량 × 지역별 부과계수 × 연도별 부과금 산정지수

② 그 외의 경우

오염물질 1kg당 부과금액 × 배출허용기준초과 오염물질배출량 × 배출허용기준초과율별 부과계수 × 지역별 부과계수 × 연도별 부과금 산정지수 × 위반 횟수별 부과계수

바. 부과금의 부과면제

다음에 해당하는 자에 대하여는 배출부과금(기본부과금으로 한정)을 부과하지 아니한다: ① 대통령령으로 정하는 연료를 사용하는 배출시설을 운영하는 사업자; ② 대통령령으로 정하는 최적의 방지시설을 설치한 사업자; ③ 대통령령으로 정하는 바에 따라 환경부장관이 국방부장관과 협의하여 정하는 군사시설을 운영하는 자(제35조의2 제1항, 시행령 제32조). '최적의 방지시설(BAT)'을 설치한 사업자에 대하여 부과금이 면제되나 '최적의 방지시설'에 대한 개념 정의가 없어[63] 어떠한 경우에 부과금이 면제되는지 불분명하고, 방지시설의 구분이 세분화되어 있지 않은 상태에서는 설정 자체가 무의미할 수 있다.[64]

사. 부과금의 감면

다음에 해당하는 자에 대하여는 배출부과금을 감면할 수 있다. 이 경우 ②에 따른 사업자에 대한 배출부과금의 감면은 해당 법률에 따라 부담한 처리비용의 금액 이내로 한다: ① 대통령령으로 정하는 배출시설을 운영하는 사업자; ② 다른 법률에 따라 대기오염물질의 처리비용을 부담하는 사업자(제35조의2 제2항). 「대기관리권역의 대기환경개선에 관한 특별법」에서는 총량관리사업자에 대하여 배출부과금을 감면할 수 있는 특례 규정을 두어 총량관리 대상사업장에 대한 유인을 제공하고 있다(동법 제17조 제1항).

아. 배출부과금의 징수

배출부과금을 내야 할 자가 납부 기한까지 내지 아니하면 가산금을 징수한다(제45조 제5항). 가산금에 대하여는 「지방세기본법」 제59조와 제60조를 준용한다(동조 제6항). 배출부과금과 가산금은 「환경정책기본법」에 따른 환경개선특별회계의 세입으로 한다(동조 제7항).

자. 불복절차

위법한 배출부과금부과처분에 대하여는 취소소송 등 행정소송을 통해서 그 구제가 이루어질 수 있을 것이다. 과다 산정된 배출부과금을 납부한 경우에는 부과처분의 위법성을 선결문제로 하여 부당이득금 반환청구의 대상이 될 것이다.

차. 배출부과금의 조정

환경부장관 또는 시 · 도지사는 다음에 해당하는 경우에는 부과금을 다시 산정 · 조정하여 그 차액을 부과하거나 환급하여야 한다: ① 개선기간 만료일 또는 명령이행 완료예정일까지 개선명령, 조업정지명령, 사용중지명령 또는 폐쇄명령을 이행하였거나 이행하지 아니하여 초과부과금 산정의 기초가 되는 오염물질 또는 배출물질의 배출기간이 달라진 경우; ② 초과부과금의 부과 후 오염물질 등의

---

63) 참고적으로 「대기관리권역의 대기환경개선에 관한 특별법」에서는 '최적방지시설'을 "「대기환경보전법」 제2조 제12호에 따른 대기오염방지시설 중 현재 사용되고 있거나 향후 기술발전 가능성을 고려하여 적용 가능한 대기오염물질 저감기술 중 저감효율이 우수하다고 인정되는 시설로서 산업통상자원부장관과 협의하여 환경부령으로 정하는 시설"로 정의하고 있다(제2조 제4호).

64) 공성용, "대기배출시설 관리와 BAT 제도", 환경포럼 제59호, 한국환경정책 · 평가연구원, 2000. 12. 29, 6면.

배출상태가 처음에 측정할 때와 달라졌다고 인정하여 다시 측정한 결과, 오염물질 또는 배출물질의 배출량이 처음에 측정한 배출량과 다른 경우; ③ 사업자가 과실로 확정배출량을 잘못 산정하여 제출하였거나 환경부장관 또는 시 · 도지사가 제30조에 따라 조정한 기준이내배출량이 잘못 조정된 경우(제35조의3, 시행령 제34조).

카. 평 가

배출부과금제도는 경제적 효율성 및 유연성의 확보, 오염원인자 책임원칙의 구현, 배출시설에게 오염물질 배출의 감소에 대한 유인의 제공, 국고수입의 확보 등 많은 장점을 가지고 있다.[65] 그 시행과 관련해서 배출부과금은 오염원인자인 생산시설의 소유자를 정책의 대상으로 삼고 있기 때문에 정책수단과 그 정책대상 간의 연계성이 강하다. 또한 배출부과금의 대상시설물의 경우 정책당국이 이에 대해 필요한 정보를 상당부분 구축하고 있어 이를 수행하는 데 많은 비용이 수반되지 않는다.[66] 이러한 장점들은 이 제도가 상당히 성공적인 제도로 자리잡게 하는 요인이 되었다.

그러나 배출부과금제도는 내용이나 산정절차가 복잡하여 구체적으로 배출부과금의 결정이 어려운 문제가 있으며, 배출부과금(특히 초과부과금) 부과 시 농도를 기준으로 정하여진 배출허용기준을 고려하도록 하고 있으므로 벌과금적 성격이 강하고, 탈법행위의 가능성이 상존하게 된다. 행정력의 한계로 배출허용기준 위반 여부를 적발하는 것이 쉽지 않다. 부과금의 산정이 배출허용기준(농도기준)을 초과하는 정도가 클수록 단위 오염량에 대해 가중되기 때문에 농도 저감유인 효과가 크다고 할 수 있는데, 이러한 구조는 사업자로 하여금 배출량보다 농도희석에 관심을 갖도록 할 수 있다.

기본부과금의 경우에는 부과대상 오염물질(황산화물, 먼지)이 극히 제한되어 있어 다른 오염물질과의 형평성을 결여하고 있을 뿐만 아니라 그 제도적 효과는 미미하다고 생각된다. 특히 황산화물의 경우는 저황연료의 사용, 탈황설비의 보급 등으로 배출총량이 감소하는 추세를 보이고 있어 그 부과가 행정편의와 재원확충 때문이 아닌가 하는 의구심이 생긴다. 미세먼지 대응 차원에서 배출부과금 부과대상 물질에 질소산화물(NOx)을 추가하는 것도 고려할 필요가 있

65) 임동순 외 2(각주 16), 88 내지 89면.

66) 손원익 외 4, 환경오염 저감을 위한 세제 및 관련제도 개선방향, 한국환경기술개발원 · 한국조세연구원, 1996. 11, 92면.

다. 또한 산정방식의 근거로서 기본부과금의 1kg당 부과금액(황산화물 500원, 먼지 770원)과 지역별계수 및 농도별계수가 어떠한 근거에 의하여 산출되었는지 불분명하다.[67] 이러한 문제점은 배출부과금제도가 기업에 준조세 형태로서 재원확보 수단으로만 작용할 가능성을 높이고 있다. 초과부과금의 경우 적용되는 각종 계수에 대해서는 객관성이 확보되어 있지 않고, 행정규제적 측면이 강하다는 비판이 제기되고 있다.[68]

배출부과금의 부과요율은 낮아 경제적 유인수단으로서의 충분한 역할을 기대하기 어려운 실정이다. 부과요율이 낮다는 것은 외부비용의 내재화가 완전히 이루어지지 못하였으므로 오염원인자 책임원칙에 충실하지 못하다는 것을 의미한다. 그 결과 사업자는 오염물질 감소를 위한 노력보다는 배출부과금을 부담하는 편을 선택할 가능성이 있다. 또한 배출부과금은 오염물질을 배출하는 '사업자'에게 부과하는 것이므로 이동오염원을 규제하지 못하는 한계가 있다.

환경규제수단으로서 중요한 기능을 하는 배출부과금은 원칙적으로 배출허용기준초과가 적발된 때 이후를 대상으로 하고 있으므로 적발 이전에 사업자가 불법배출시설, 비밀배출관 등을 통하여 오염물질을 불법배출한 경우 불법배출로 지출이 이루어지지 아니한 처리비용은 그대로 사업자의 이득으로 남을 가능성이 많다. 이러한 불법이득은 사업자에게 불법배출의 동기를 제공하고, 계속적인 불법배출로 이어진다는 문제점이 지적되어 왔다. 이에 「환경범죄 등의 단속 및 가중처벌에 관한 법률」은 이러한 문제점을 보완하여 사업자의 불법이득에 대한 환수규정을 두기에 이르렀다. 즉, 환경부장관은 특정오염물질을 불법배출(제2조 제2호 가목부터 자목까지의 행위만 해당)한 사업자에 대하여 불법배출이익(불법배출한 때부터 적발된 때까지 특정오염물질을 불법배출함으로써 지출하지 아니하게 된 해당 특정오염물질의 처리비용)의 2배 이상 10배 이하에 해당하는 금액과 특정오염물질의 제거 및 원상회복에 드는 비용(정화비용)을 과징금으로 부과 · 징수할 수 있다(제12조 제1항).

또한, 동법은 이와 같이 배출부과금이 불법배출행위에 대한 충분한 제재수단이 되고 있지 못하다는 인식하에 위 불법배출이익을 산정함에 있어 불법배출시설을 설치 · 운영한 날부터 불법배출이 적발된 때까지의 기간에 대하여는 특별한 사유가 없는 한 특정오염물질을 불법 배출한 것으로 추정함으로써(동조 제2항), 불법배출시설설치자 등이 과거에 불법배출행위가 없었다는 등의 특별한 사정을 입증하지 못하는 한 과징금이 부과될 수 있도록 하고 있다.

---

67) 임동순 외 2(각주 16), 107 내지 108면.
68) 임동순 외 2(앞의 책), 109면.

Ⅲ. 생활환경상의 대기오염물질 배출규제

「대기환경보전법」은 사업장에서 배출되는 오염물질과 별도로 일상적인 생활활동의 결과 발생하는 생활환경상의 대기오염물질에 대하여도 배출규제를 하고 있다. 생활활동과 관련하여 발생되는 석유 · 석탄과 같은 화석연료에는 상당량의 황이 함유되어 있는데 그 연소과정에서 아황산가스로 되어 대기 중에 배출되어 산성비 문제 등 대기오염을 유발하게 된다. 이에 따라 대기 중의 이산화황을 저감시키기 위해서는 저황유의 사용확대, 황함유량이 적은 연료 또는 청정연료의 대체 사용 등 사용규제를 할 필요성이 제기되고 있다.[69] 현행법상 생활환경상의 대기오염물질의 규제는 연료, 비산먼지, 휘발성유기화합물 등의 규제로 구분된다.

1. 저황유 연료 등의 사용

동법은 황함유량이 적은 저황유의 사용 강제 또는 공급 확대를 위하여 환경부장관으로 하여금 연료용 유류 및 그 밖의 연료에 대하여 그 종류별로 황의 함유허용기준을 정하고, 황함유기준이 정하여진 연료에 대하여는 그 공급지역과 사용시설의 범위를 정할 수 있도록 하고 있다. 황함유기준이 정하여진 공급지역 또는 사용시설에서 연료를 공급 · 판매하거나 동 지역 또는 시설에서 연료를 사용하려는 자는 황함유기준을 초과하는 연료를 공급 · 판매하거나 이를 사용하여서는 아니 되며, 시 · 도지사는 황함유기준을 초과하는 연료의 공급 · 판매 또는 사용을 금지 또는 제한하거나 필요한 조치를 명할 수 있다(제41조).

69) 석유 · 석탄과 같은 화석연료에는 상당량의 황이 함유되어 있는데 이것이 연소, 특히 고온연소과정에서 아황산가스로 되어 대기 중에 배출된다. 따라서 대기 중의 아황산가스를 저감시키기 위해서는 황함유량이 적은 연료 또는 청정연료로 대체 사용하거나 연료 연소 후 배출가스를 탈황하는 방법이 있다. 이 방안들을 아황산가스저감효과, 경제성, 방지기술의 타당성, 국가경제에 미치는 영향 등 관점에서 보면 보일러용량이 큰 발전소 및 산업체에서는 배연탈황시설을 설치하는 것이 비용효과적인 반면 소규모 사업체에서는 연료 중 황함유량이 적은 저황중유를 사용하여 아황산가스 배출을 줄이는 것이 오염을 사전에 저감할 수 있을 뿐만 아니라 막대한 시설비 투자에 따른 경제적 부담도 완화할 수 있어 바람직하다. 고윤화 · 박광석, "배출권거래제의 도입상 제약요인 및 향후 검토과제", 배출권거래제도 논의 동향과 향후 정책방향, 한국환경정책 · 평가연구원, 1998. 12, 200면.

2. 연료의 제조 · 사용의 규제

환경부장관 또는 시 · 도지사는 연료의 사용으로 인한 대기오염을 방지하기 위하여 특히 필요하다고 인정하는 때에는 관계 중앙행정기관의 장과 협의하여 대통령령으로 정하는 바에 따라 그 연료를 제조 · 판매하거나 사용하는 것을 금지 또는 제한하거나 필요한 조치를 명할 수 있다(제42조).

위 규정에 따라 환경부장관 또는 시 · 도지사는 연료사용으로 인한 대기오염을 방지하기 위하여 환경기준을 초과하거나 초과할 우려가 있는 지역 중에서 환경부장관이 관계 중앙행정기관의 장과 협의하여 고시하는 지역에서 석탄류, 코크스, 땔나무와 숯, 폐합성수지 등 가연성폐기물 등의 고체연료 사용을 규제할 수 있으며(시행령 제42조),[70] 연료사용에 관한 규제조치에도 불구하고 환경기준을 초과하거나 초과할 우려가 있는 지역 중에서 환경부장관이 관계 중앙행정기관의 장과 협의하여 고시하는 지역 및 시설에 대하여는 오염물질이 거의 배출되지 아니하는 액화천연가스(LNG) 및 액화석유가스(LPG) 등 청정연료 외의 연료에 대한 사용 금지를 명할 수 있다(시행령 제43조).[71]

3. 비산먼지의 규제

비산먼지란 일정한 배출구 없이 대기 중에 직접 배출되는 먼지[72]를 의미하는데, 다른 오염물질에 비하여 체감오염도가 큰 특징을 갖는다. 최근에는 비산먼지를 둘러싼 민원이 증가하는 경향이 있다. 동법은 사람의 건강뿐만 아니라 동 · 식물의 생육에 악영향을 미치는 비산먼지의 발생을 규제하기 위하여 비산먼지를 발생시키는 사업으로서 대통령령으로 정하는 사업[73]을 하려는 자로 하여금 특별자

---

70) 2019년 말 현재 서울특별시, 부산, 인천, 대구, 광주, 대전, 울산 등 6개 광역시 지역과 경기도의 수원 등 13개 지역을 고체연료 사용금지지역으로 정하고 있다. 환경부, 환경백서, 2020, 342면.

71) 청정연료사용 의무화는 1988년 9월 서울시의 업무용 보일러 및 인천화력에 사용하는 연료를 액화천연가스(또는 경유)로 대체 사용하도록 의무화한 이래 2019년 말 현재 전국 36개시의 업무용 보일러 및 공동주택, 발전소로 확대하여 적용되고 있다. 2020년 환경백서(앞의 책).

72) '먼지'라 함은 대기 중에 떠다니거나 흩날려 내려오는 입자상물질을 말한다(제2조 제6호).

73) "대통령령으로 정하는 사업"이라 함은 다음의 사업 중 환경부령으로 정하는 사업을 말한다:
1. 시멘트 · 석회 · 플라스터(Plaster) 및 시멘트 관련 제품 제조 및 가공업
2. 비금속물질 채취 · 제조 · 가공업
3. 제1차 금속 제조업
4. 비료 및 사료제품 제조업

치시장 · 특별자치도지사 · 시장 · 군수 · 구청장(자치구의 구청장)에게 신고하고, 비산먼지의 발생을 억제하기 위한 시설을 설치하거나 필요한 조치를 하도록 하고 있다(제43조 제1항). 예컨대, 이송시설 밀폐, 방진망 설치, 세륜 · 세차시설의 확대 등이 그것이다. 신고의 법적 성질은 '수리'를 염두에 두고 있다는 점에서(제43조 제3항) 자기완결적 신고로 볼 수 없다.

[4] 대법원 2016. 12. 15. 선고 2014도8908 판결

구 대기환경보전법(2012. 5. 23. 개정 전) 제43조 제1항 , 제92조 제5호, 제95조, 구 대기환경보전법 시행령(2015. 7. 20. 개정 전) 제44조 제5호, 구 대기환경보전법 시행규칙(2013. 5. 24. 개정 전) 제57조, 제58조 제1항, 제4항의 체계와 내용을 종합하여 보면, 법 제43조 제1항에 의하여 비산먼지 발생 사업을 신고할 의무(신고의무) 및 비산먼지 발생 억제 시설을 설치하거나 필요한 조치를 할 의무(시설조치의무)는 시행령과 시행규칙에서 규정한 사업의 종류 및 대상자에 해당하는 경우에만 인정된다.

그런데 시행령과 시행규칙은, 건설업을 도급에 의하여 시행하는 경우에는 '발주자로부터 최초로 공사를 도급받은 자'(최초수급인)가 비산먼지 발생 사업 신고를 하여야 하고, 신고를 할 때는 시설조치의무의 이행을 위한 사항까지 포함하여 신고하도록 규정하고 있다. 이는 여러 단계의 도급을 거쳐 시행되는 건설공사의 특성을 고려하여, 사업장 내의 비산먼지 배출 공정을 효과적으로 관리 · 통제하고 책임 소재를 명확하게 할 목적으로 하도급에 의하여 공사를 하는 경우에도 비산먼지 배출 신고의무 및 시설조치의무는 최초수급인이 부담하도록 한 것이라고 해석된다. 시행규칙 제58조가 신고의무에 관해서만 의무자가 최초수급인임을 제1항에서 명시하고, 시설조치의무에 관해서는 따로 의무자를 규정하지 않고 단지 제4항에서 시설조치에 관한 기준만을 규정하고 있기는 하지만, 위와 같은 입법 취지로 볼 때 시설조치의무자와 신고의무자를 달리 볼 것은 아니다.[74)]

---

5. 건설업(지반조성공사, 건축물축조 및 토목공사, 조경공사의 경우에 한함)
6. 시멘트 · 석탄 · 토사 등 운송업
7. 운송장비 제조업
8. 저탄시설의 설치가 필요한 사업
9. 고철 · 곡물 · 사료 · 목재 · 광석하역업 또는 보관업
10. 금속제품 제조 · 가공업
11. 폐기물 매립시설 설치 운영 사업(시행령 제44조).

74) 최초수급인으로부터 도급을 받은 하수급인 등이 시설철치의무자가 아니라고 한 사례.

[5] 대법원 2008. 11. 27. 선고 2008도7438 판결

구 대기환경보전법 제28조 제1항(현행 제43조 제1항)을 위반하여 비산먼지의 발생을 억제하기 위한 시설을 설치하지 아니한 자를 처벌하는 구 대기환경보전법 제57조 제4호(현행 제92조 제5호)의 입법 취지와 목적 등을 고려할 때, 비산먼지의 발생을 억제하기 위한 시설을 설치하였으나 이를 가동하지 아니한 자도 위 조항에 위반된다고 봄이 상당하다.

대기오염으로 인한 국민건강 및 환경상의 위해를 예방하고 대기환경을 적정하고 지속가능하게 관리 · 보전함으로써 모든 국민이 건강하고 쾌적한 환경에서 생활할 수 있게 함을 목적으로 한 구 대기환경보전법의 입법 목적이나 제반 관계 규정의 취지 등을 고려하면, 구 대기환경보전법 제28조 제1항에 위반하는 행위 즉, 위 규정에 따른 비산먼지의 발생을 억제하기 위한 시설을 설치하지 아니하거나 필요한 조치를 하지 아니한 자를 처벌하고자 하는 구 대기환경보전법 제57조 제4호의 규정은 고의범은 물론이고, 과실로 인하여 그러한 내용을 인식하지 못하고 위 시설을 설치하지 아니하거나 필요한 조치를 하지 아니한 자도 함께 처벌하는 규정이라고 해석함이 상당하다(대법원 1993. 9. 10. 선고 92도1136 판결 등 참조).[75]

신고를 수리한 특별자치시장 · 특별자치도지사 · 시장 · 군수 · 구청장은 비산먼지의 발생억제를 위한 시설의 설치 또는 필요한 조치를 하지 아니하거나 그 시설이나 조치가 적합하지 아니하다고 인정하는 경우에는 그 사업을 하는 자에게 필요한 시설의 설치나 조치의 이행 또는 개선을 명할 수 있으며, 위 명령을 이행하지 아니하는 자에게는 그 사업의 중지 또는 시설 등의 사용중지 또는 사용제한을 명할 수 있다(동조 제4항 · 제5항).

4. 휘발성유기화합물의 규제

자동차의 수요증가와 유류 및 유기용제의 사용 확대에 따른 휘발성유기화합물[76]의 발생 증가는 이에 대한 규제의 필요성을 제기하게 되었고 그 결과 1995.

---

75) 비산먼지 억제시설을 설치하지 아니한 자 등을 처벌하는 구 「대기환경보전법」 제57조 제4호(현행 제92조 제5호)가 과실범도 처벌하는 규정이라고 한 사례.

76) '휘발성유기화합물'이라 함은 탄화수소류 중 석유화학제품, 유기용제, 그 밖의 물질로서 환경부장관이 관계 중앙행정기관의 장과 협의하여 고시하는 것을 말한다(제2조 제10호). 이에 따라 환경부고시(제2015-181호, "휘발성유기화합물 지정")는 아세트알데히드, 벤젠, 휘발유 등 37개 제품 및 물질을 규제대상으로 정하고 있다. 휘발성유기화합물은 탄화수소화합물의 총칭으로 방향족탄화수소와 지방족탄화수소(Paraffin계와 Olefin계) 등의 일반탄화수소와 질

12. 개정 법에서는 처음으로 이에 대한 규제기준을 마련하였다. 휘발성유기화합물을 규제하고 있는 지역은 특별대책지역, 대기관리전역, 휘발성유기화합물 배출규제 추가지역으로 대별할 수 있으며 지역에 따라 규제대상 등을 조금씩 달리한다.

가. 신 고

다음의 어느 하나에 해당하는 지역에서 휘발성유기화합물질을 배출하는 시설로서 대통령령으로 정하는 시설[77]을 설치하려는 자는 시 · 도지사 또는 대도시 시장에게 신고하여야 한다: ① 특별대책지역; ② 대기관리권역; ③ ① 및 ②의 지역 외에 휘발성유기화합물 배출로 인한 대기오염을 개선할 필요가 있다고 인정되는 지역으로 환경부장관이 관계 중앙행정기관의 장과 협의하여 지정 · 고시하는 지역(휘발성유기화합물 배출규제 추가지역)(제44조 제1항). 신고의 법석 성질은 '수리'를 염두에 두고 있다는 점에서(동조 제3항, 제4항) 자기완결적 신고로 볼 수 없다.

나. 휘발성유기화합물 배출시설에 대한 규제

휘발성유기화합물을 배출하는 시설을 설치하려는 자는 휘발성유기화합물질의 배출을 억제 또는 방지히는 시설을 설치하는 등 그 배출로 인한 대기환경상의 피해가 없도록 조치를 하여야 한다(동조 제5항). 시 · 도지사 또는 대도시 시장은 휘발성유기화합물 배출시설을 설치 · 운영하는 자가 비산배출시설의 설치신고를 누락하거나 휘발성유기화합물의 배출로 인한 대기환경상의 피해가 없도록 조치하지 아니하거나 조치명령을 이행하지 않은 경우 6개월 이내의 기간을 정하여

소, 산소 및 할로겐원소를 포함하는 비균질탄화수소(알데히드, 케톤류) 등으로 분류된다. 휘발성유기화합물은 방향족탄화수소와 할로겐탄화수소와 같이 화합물 자체로도 환경 및 건강에 직접 유해할 뿐만 아니라 지방족탄화수소와 같이 주로 대기중의 광화학 반응을 거쳐 광화학산화물 등의 2차 오염물질을 생성하므로 관리의 시급성이 크다. 휘발성유기화합물이 배출되는 오염원을 보면 대도시지역에서는 자동차와 주유소 등이 주오염원이며 석유화학계통의 오염원이 밀집한 산업단지에서는 제조시설과 유기용제 사용시설 등이 주 배출원이다. 고윤화 · 박광석(각주 69), 202면. 휘발성유기화합물의 배출원은 유기용제 사용분야가 전 배출량의 59.6%로 가장 큰 비중을 차지하고, 생산공정 등에서 발생하는 비율이 그 뒤를 이어 19.9%를 차지하고 있다. 2020년 환경백서(각주 70), 377면.

77) 이에는 석유정제 및 석유화학제품제조를 위한 제조시설 · 저장시설 및 출하시설, 서유소의 저장시설 및 출하시설, 주유소의 저장시설, 세탁시설, 그 밖에 휘발성유기화합물을 배출하는 시설로서 환경부장관이 관계 중앙행정기관의 장과 협의하여 고시하는 시설 등이 포함된다(시행령 제45조 제1항).

해당 시설의 조업정지를 명할 수 있으며(동조 제10항), 조업정지를 명하여야 하는 경우로서 그 조업정지가 공익에 현저한 지장을 줄 우려가 있는 경우에는 조업정지처분을 갈음하여 과징금을 부과할 수 있다(동조 제11항).

다. 도료의 휘발성유기화합물기준 등

동법은 환경친화형 도료(塗料)를 공급하기 위하여 공급 · 판매할 수 있는 도료의 기준을 정할 수 있도록 하는 근거 규정을 두고 있다. 즉 도료에 대한 휘발성유기화합물의 함유기준은 환경부령으로 정하며(제44조의2 제1항), 도료를 제조하거나 공급 · 판매하는 자는 휘발성유기화합물함유기준을 초과하는 도료를 공급하거나 판매하여서는 아니 된다(동조 제2항). 나아가 동법은 도료의 휘발성유기화합물함유기준을 초과한 제품에 대한 공급 · 판매 중지 또는 회수 등 필요한 조치를 명할 수 있는 근거 규정을 두고 있다.

라. 기존 휘발성유기화합물 배출시설에 대한 규제

특별대책지역, 대기관리권역 또는 휘발성유기화합물 배출규제 추가지역으로 지정 · 고시될 당시 그 지역에서 휘발성유기화합물을 배출하는 시설을 운영하고 있는 자는 특별대책지역, 대기관리권역 또는 휘발성유기화합물 배출규제 추가지역으로 지정 · 고시된 날부터 3개월 이내에 신고를 하여야 하며, 특별대책지역, 대기관리권역 또는 휘발성유기화합물 배출규제 추가지역으로 지정 · 고시된 날부터 2년 이내에 휘발성유기화합물의 배출을 억제하거나 방지하는 시설을 설치하는 등 휘발성유기화합물의 배출로 인한 대기환경상의 피해가 없도록 조치하여야 한다(제45조 제1항).

마. 휘발성유기화합물 배출 억제 · 방지시설 검사

동법은 휘발성유기화합물 배출 억제 · 방지시설 검사에 대한 법률적 근거를 마련하고 전문 검사기관에서 검사업무를 수행하도록 하고 있다(제45조의3 제1항). 또한 중소사업자의 경제적 부담 경감과 비규제지역과의 형평성을 감안하여 검사기관에 정부의 재정적 지원을 할 수 있는 근거를 두고 있다(동조 제2항).

Ⅳ. 자동차 · 선박 등의 배출가스 규제

대도시지역 대기오염의 주범으로 지목되고 있는 자동차로 인한 대기오염을 줄이려는 것은 대기환경 정책에서 중요한 부분을 이루고 있다. 일산화탄소, 탄화수소, 질소산화물, 먼지 등 자동차에서 배출되는 배출가스는 대도시 대기오염의 주요 원인으로서, 최근 자동차의 증가[78]에 따라 자동차에서 배출되는 오염물질은 계속 증가하고 있다.[79] 자동차대기오염으로 인한 피해는 그 피해 범위가 광범위하고 재산적 피해와 달리 생명 · 신체에 중대한 영향을 미친다는 점에서 특별히 주목할 필요가 있다. 자동차대기오염을 둘러싼 분쟁이 증가하고 있는 상황에서 대기오염물질의 도달경로나 영향을 분석할 수 있는 기법이 발전하고 그 결과 인과관계 입증이 보다 용이해지면 앞으로 환경분쟁의 주된 한 유형이 될 수 있을 것이다.

[6] 자동차대기오염 사건: 대법원 2014. 9. 4. 선고 2011다7437 판결

역학이란 집단현상으로서의 질병의 발생, 분포, 소멸 등과 이에 미치는 영향을 분석하여 여러 자연적 · 사회적 요인과의 상관관계를 통계적 방법으로 규명하고 그에 의하여 질병의 발생을 방지 · 감소시키는 방법을 발견하려는 학문이다. 역학은 집단현상으로서의 질병에 관한 원인을 조사하여 규명하는 것이고 그 집단에 소속된 개인이 걸린 질병의 원인을 판명하는 것이 아니다. 따라서 어느 위험인자와 어느 질병 사이에 역학적으로 상관관계가 있다고 인정된다 하더라도 그로부터 그 집단에 속한 개인이 걸린 질병의 원인이 무엇인지가 판명되는 것은 아니고, 다만 어느 위험인자에 노출된 집단의 질병 발생률이 그 위험인자에 노출되지 않은 다른 일반 집단의 질병 발생률보다 높은 경우 그 높은 비율의 정도에 따라 그 집단에 속한 개인이 걸린 질병이 그 위험인자로 인하여 발생하였을 가능성이 얼마나 되는지를 추론할 수 있을 뿐이다.

한편 특정 병인에 의하여 발생하고 원인과 결과가 명확히 대응하는 '특이성 질환'과 달리, 이른바 '비특이성 질환'은 그 발생 원인 및 기전이 복잡다기하고, 유전 · 체질 등의 선천적 요인, 음주, 흡연, 연령, 식생활습관, 직업적 · 환경적

---

78) 1970년대 13만대에 불과하던 자동차는 1997년 말 1천만대를 넘어섰으며, 2015년 말 현재 2,099만대에 이르고 있다. 2012년 현재 우리나라의 자동차 밀도는 도로연장(1㎞)당 자동차수가 178대로 미국 38대, 프랑스 77대, 일본 61대에 비하여 높다. 2016년 환경백서(각주 3), 300 내지 301면.

79) 자동차가 급증하면서 오염원 중 자동차가 차지하는 비중은 크게 증가하고 있는데, 오염물질의 종류별로는 전국 대기오염배출량 중 일산화탄소 62.9%, 질소산화물 32.2%, 미세먼지 10.6%, 휘발성유기화합물 7.5%를 차지하고 있다. 2016년 환경백서(앞의 책), 300면.

요인 등 후천적 요인이 복합적으로 작용하여 발생하는 질환이다. 이러한 비특이성 질환의 경우에는 특정 위험인자와 그 비특이성 질환 사이에 역학적으로 상관관계가 있음이 인정된다 하더라도, 그 위험인자에 노출된 개인 또는 집단이 그 외의 다른 위험인자에도 노출되었을 가능성이 항시 존재하는 이상, 그 역학적 상관관계는 그 위험인자에 노출되면 그 질병에 걸릴 위험이 있거나 증가한다는 것을 의미하는 데 그칠 뿐, 그로부터 그 질병에 걸린 원인이 그 위험인자라는 결론이 도출되는 것은 아니다.

따라서 비특이성 질환의 경우에는 특정 위험인자와 비특이성 질환 사이에 역학적 상관관계가 인정된다 하더라도, 어느 개인이 그 위험인자에 노출되었다는 사실과 그 비특이성 질환에 걸렸다는 사실을 증명하는 것만으로 양자 사이의 인과관계를 인정할 만한 개연성이 증명되었다고 볼 수 없다. 이러한 경우에는 그 위험인자에 노출된 집단과 노출되지 않은 다른 일반 집단을 대조하여 역학조사를 한 결과 그 위험인자에 노출된 집단에서 그 비특이성 질환에 걸린 비율이 그 위험인자에 노출되지 않은 집단에서 그 비특이성 질환에 걸린 비율을 상당히 초과한다는 점을 증명하고, 그 집단에 속한 개인이 위험인자에 노출된 시기와 노출 정도, 발병시기, 그 위험인자에 노출되기 전의 건강상태, 생활습관, 질병 상태의 변화, 가족력 등을 추가로 증명하는 등으로 그 위험인자에 의하여 그 비특이성 질환이 유발되었을 개연성이 있다는 점을 증명하여야 한다.[80)]

* 동지: 대법원 2013. 7. 12. 선고 2006다17539 판결(고엽제 사건); 대법원 2014. 4. 10. 선고 2011다22092 판결(담배 사건).

자동차에 의한 오염물질의 배출은 인구 밀집지역 및 도로변 주거지역 등에서 집중적으로 이루어지기 때문에 오염체감도가 높고, 건강에 대한 피해도 직접적이고 클 수밖에 없다. 자동차 중에는 경유자동차의 오염비중이 높은 편이며, 특히 차량대수가 상대적으로 얼마 안 되는 버스나 트럭과 같은 대형경유자동차의 오염비중이 높은 편이다.

일반적으로 자동차 공해를 관리하기 위한 대책으로 저공해 엔진의 개발, 연료의 개선과 같은 발생원 대책, 지하철 및 환승주차장의 설치, 혼잡통행료의 부과,

---

80) 서울에 거주하는 주민이 자동차배출가스 때문에 천식이 발병 또는 악화되었다고 주장하면서 국가와 서울특별시 및 국내 자동차 제조 · 판매회사들을 상대로 대기오염물질의 배출 금지와 손해배상을 청구한 사안에서, 미세먼지나 이산화질소, 이산화황 등의 농도변화와 천식 등 호흡기질환의 발병 또는 악화 사이의 유의미한 상관관계를 인정한 연구 결과들이 다수 존재하고 있는 것은 사실이나 그 역학연구 결과들의 내용에 따르더라도 각 결과에 나타난 상대위험도가 크다고 보기 어려운 점 등을 고려하면 위 역학연구 결과만으로 대기오염물질과 천식 사이의 인과관계를 인정하기 어렵다는 등의 이유로 위 청구를 배척한 원심판단이 정당하다고 한 사례.

버스전용차로제, 교통소통체계의 개선, 교통량 억제 등과 같은 교통환경대책, 그리고 공회전 억제, 차량 10부제, 승용차 덜 타기, 함께 타기 운동의 전개와 같은 대국민 홍보정책 등이 있을 수 있다. 그러나 자동차로 인한 대기오염문제는 에너지 정책, 교통수요, 교통소통 정책 등과 서로 복잡하게 연계되어 있어 그 대책 마련이 쉽지 않은 것이 사실이다.

자동차배출가스로 인한 대기오염을 저감시키기 위해서는 제작차배출기준의 강화, 배출가스 보증기간의 강화, 결함시정제도의 강화, 운행차 배출가스 정기검사의 강화, 자동차 연료의 품질기준의 강화, 대중교통수단의 확충을 통한 자동차 운행의 감소, 교통체계 및 교통수요의 관리개선, 공회전의 방지, 교통량을 줄이기 위한 시민운동 등이 요구된다. 특히 경유자동차가 대기오염의 주범이라는 점을 고려할 때 보다 근본적으로 오염물질의 배출을 줄이기 위한 저공해자동차[81]의 보급 · 확대가 절실하다.

「대기환경보전법」은 크게 제작차 · 운행차에 대한 규제와 자동차연료 등의 규제로 분류하여 자동차 배출가스를 관리하고 있다(제4장). 그러나 동법은 항공기, 기차, 농기계 등 다른 운송기관에 의한 대기오염문제는 다루지 않고 있다. 항공기의 이착륙 및 기차 등의 운행에 따른 대기오염 규제가 어려운 과제로 남아있는 셈이다.

1. 제작자동차에 대한 규제

자동차에서 배출되는 오염물질을 줄이기 위해서는 제작단계부터 환경친화적인 관리가 이루어져야 한다. 오염물질을 적게 배출하는, 다시 말하면 저공해를 추구하는 자동차의 구조 및 설계는 자동차 공해의 성공적인 관리를 위한 관건이 된다. 이와 관련하여 동법은 제작차배출허용기준(제46조), 기술개발 또는 제작에

81) 동법은 '저공해자동차'를 다음의 자동차로서 대통령령으로 정하는 것을 말한다고 정의하고 있다: ① 대기오염물질의 배출이 없는 자동차; ② 제작차의 배출허용기준보다 오염물질을 적게 배출하는 자동차(제2조 제16호). 저공해연료자동차는 기존의 연료에 비하여 자동차 배출가스 저감에 효과가 있는 청정연료(clean fuel)와 대체연료(alternative fuel)를 사용하는 자동차라고 할 수 있는데 LPG, 천연가스 등 가스연료자동차와 전기자동차가 제시되고 있다. 김순호, "'환경부산'을 위한 낙동강 주변도로 교통문제해결", 자동차 대기오염 저감 및 개선방안, 낙동강연구논총, 제2집(2000), 9 내지 10면. 전기자동차는 차량의 운행과정에서는 오염물질을 전혀 배출하지 아니하나 연료를 소비하는 전 과정에서 오염물질을 대량 배출하므로 전기자동차의 보급에는 신중한 대처가 요구된다. 중앙일보, "전기자동차는 과연 무공해차인가?", 1996. 4. 6. 기사 참조.

필요한 지원(제47조), 자동차의 평균배출량 관리제도(제50조의2 및 제50조의3),[82] 제작차에 대한 인증 및 인증표시 · 취소(제48조, 제55조), 제작차배출허용기준 검사(제50조), 결함확인검사 및 결함시정(recall)(제51조), 부품의 결함시정 요구 및 결함보고제도(제52조 · 제53조) 등 규정을 두고 있다.

2. 운행자동차에 대한 규제

자동차의 운행단계에서 발생하는 대기오염을 효율적으로 줄이는 것도 대기질 개선의 중요한 요소가 된다. 아무리 저공해 기술을 사용한 자동차라고 하더라도 그 소유자가 이를 제대로 관리하지 않을 경우에는 오염물질이 다량 배출될 수 있을 것이다. 그렇기 때문에 저공해 성능의 지속적인 유지 · 관리도 중요하다. 세계적으로 자동차 배출가스에 대한 규제가 강화되고 있는 추세에 맞춰 동법에서는 운행차배출허용기준(제57조), 배출가스 관련 부품의 탈거 등 금지(제57조의2), 저공해자동차의 운행(제58조), 저공해자동차의 보급(제58조의2), 저공해자동차 보급실적의 이월 · 거래(제58조의3), 저공해자동차 보급 기여금(제58조의4), 저공해자동차의 구매 · 임차 등(제58조의5 이하), 저공해자동차 관련 정보의 제공(제58조의9), 공회전의 제한(제59조), 배출가스저감장치 등의 인증(제60조), 배출가스저감장치 등의 관리(제60조의2), 배출가스저감장치 등의 저감효율 확인검사(제60조의3), 배출가스저감장치 등의 수시검사(제60조의4), 운행차의 수시점검 · 배출가스 정기검사(제61조, 제62조), 전문정비사업자제도(제68조), 운행차의 개선명령(제70조), 운행정지(제70조의2) 등을 추가하는 등 규제의 강도를 높이고 있다. 온실가스 배출을 줄인다는 차원에서 수소가스를 연료로 사용하는 자동차(수소전기자동차)의 보급을 확대하고 이에 따라 수소충전소 구축을 가속화할 필요가 있다는 차원에서 수소연료공급시설 배치계획의 수립(제58조의10), 수소연료공급시설 설치계획의 승인(제58조의11) 등의 규정을 두고 있는 것도 눈여겨 볼 필요가 있다.

한편, 「환경개선비용 부담법」상 경유를 연료로 사용하는 자동차의 소유자에게

82) 자동차의 평균배출량 관리제도는 제작차 배출허용기준의 하나로서, 자동차제작자는 제작하는 자동차에서 나오는 배출가스를 차종별로 평균한 값(평균배출량)이 평균배출허용기준에 적합하게 자동차를 제작하도록 하고, 평균배출량이 평균배출허용기준 이내인 경우에는 그 차이분을 일정 기간 동안 이월하여 사용할 수 있도록 하며, 평균배출량이 평균배출허용기준을 초과하는 경우에는 그 초과분을 상환하도록 하고 있다.

부과하는 환경개선부담금은 오염원인자 책임원칙을 구현하는 경제적 유인수단으로서, 대기오염규제를 위한 유효한 규제수단으로 작용하고 있다.

3. 자동차연료 · 첨가제 등에 대한 규제

자동차 연료의 품질 향상은 자동차 오염물질의 배출량을 감소시킨다. 이는 자동차연료 자체를 환경친화적인 것으로 함으로써 자동차 공해 비중을 줄일 수 있다는 것을 의미한다. 동법은 자동차연료 · 첨가제[83] 또는 촉매제의 규제를 위한 환경부장관의 검사, 제조 · 판매 또는 사용의 규제 등의 규정을 두고 있다(제74조). 환경부장관의 사전검사를 받도록 한 것은 최근 유가급등으로 사회문제화되고 있는 불법 연료 및 첨가제 등의 대량 유통에 따른 대기오염 악화를 방지하기 위한 자구책이라 할 수 있다.

한편, 환경부장관은 공급 · 판매 또는 사용이 금지되는 자동차연료 또는 첨가제를 제조한 자에 대해서는 그 제조의 중지 및 유통 · 판매 중인 제품의 회수를 명할 수 있으며(제75조 제1항), 자동차연료 또는 첨가제를 공급 · 판매한 자에 대하여는 공급 · 판매의 중지를 명할 수 있다(동조 제2항).

4. 선박의 배출허용기준

동법은 선박의 디젤기관에서 배출되어 육지 · 연안 등에까지 넓게 영향을 미치는 대기오염을 방지하기 위하여 환경부장관으로 하여금 배출허용기준을 설정하도록 하고, 필요한 경우에는 배출허용기준의 준수에 관하여 해양수산부장관에게 대기오염방지설비 등에 대한 검사를 요청할 수 있도록 하고 있다(제76조).

83) '첨가제'라 함은 자동차의 성능을 향상시키거나 배출가스를 줄이기 위하여 자동차의 연료에 첨가하는 탄소와 수소만으로 구성된 물질을 제외한 화학물질로서 다음의 요건을 모두 충족하는 것을 말한다: ① 자동차의 연료에 부피 기준으로 1퍼센트 미만의 비율로 첨가하는 물질. 다만, 「석유 및 석유대체연료 사업법」 제2조 제7호 및 제8호에 따른 석유정제업자 및 석유수출입업자가 자동차 연료인 석유제품을 제조하거나 품질을 보정하는 과정에 첨가하는 물질의 경우에는 그 첨가비율의 제한을 받지 아니한다; ② 「석유 및 석유대체연료 사업법」 제2조 제10호에 따른 유사석유제품에 해당하지 아니하는 물질(제2조 제15호).

V. 자동차 온실가스 배출 관리

1. 자동차 온실가스 배출허용기준

자동차제작자는 「저탄소 녹색성장 기본법」 제47조 제2항에 따라 자동차 온실가스 배출허용기준을 택하여 준수하기로 한 경우 환경부령으로 정하는 자동차에 대한 온실가스 평균배출량이 환경부장관이 정하는 허용기준(온실가스 배출허용기준)에 적합하도록 자동차를 제작 · 판매하여야 한다(제76조의2). 동법은 이와 같이 자동차제작자에게 온실가스 배출허용기준 준수 의무를 부과하고 그 실효성 확보를 위해 이 기준을 준수하지 못한 경우에는 과징금을 부과 · 징수하도록 하고 있다(제76조의6).

2. 자동차 온실가스 배출량의 보고

자동차제작자는 제76조의2에 따른 환경부령으로 정하는 자동차를 판매하고자 하는 경우 환경부장관이 지정하는 시험기관에서 해당 자동차의 온실가스 배출량을 측정하고 그 측정결과를 환경부장관에게 보고하여야 한다(제76조의3).

3. 자동차 온실가스 배출량의 표시

동법은 국민의 알권리 보장과 녹색 소비문화 확산을 위하여 자동차 온실가스 배출량 표시 등에 관한 근거를 마련하고 있다. 즉 자동차제작자는 온실가스를 적게 배출하는 자동차의 사용 · 소비가 촉진될 수 있도록 환경부장관에게 보고한 자동차 온실가스 배출량을 해당 자동차에 표시하여야 한다(제76조의4).

4. 자동차 온실가스 배출허용기준 및 평균에너지소비효율기준의 적용 · 관리

자동차제작자는 자동차 온실가스 배출허용기준 또는 평균에너지소비효율기준(「저탄소 녹색성장 기본법」 제47조 제2항에 따라 산업통상자원부장관이 정하는 평균에너지소비효율기준을 말함) 준수 여부 확인에 필요한 판매실적 등 환경부장관이 정하는 자료를 환경부장관에게 제출하여야 한다(제76조의5 제1항).

자동차제작자는 해당 연도의 온실가스 평균배출량 또는 평균에너지소비효율이 온실가스 배출허용기준 또는 평균에너지소비효율기준 이내인 경우 그 차이분을 다음 연도부터 환경부령으로 정하는 기간 동안 이월하여 사용하거나 자동차제작자간에 거래할 수 있으며, 초과한 경우에는 그 초과분을 다음 연도부터 환경부령으로 정하는 기간 내에 상환할 수 있다(동조 제2항).

5. 냉매의 관리

기후 · 생태계에 변화를 유발할 수 있는 물질인 냉매의 안정적인 관리를 위하여 관리기준의 마련, 냉매사용기기의 관리, 냉매회수업의 등록제 등을 도입하고 있다(제76조의9 이하).

제 5 장 물환경보전법

우리나라 물환경관련 규제법규의 근간은 「물환경보전법」이라 할 수 있다. 동법은 1991년에 제정된 「수질환경보전법」, 2007년에 개정된 「수질 및 수생태계 보전에 관한 법률」을 거쳐 2017년 개정 법률에서 제명이 바뀌어 현재에 이르고 있는바, 제명만으로 볼 때 동법의 관리·규제의 범위가 수질 → 수생태계 → 물환경으로 확대되었음을 알 수 있다. 동법은 물환경을 보전하기 위한 기본법, 일반법으로서의 성질을 갖는다. 그렇기 때문에 다른 법에서 물환경을 규율하는 규정이 없는 경우에는 이 법이 적용된다.

수질오염원은 배출 태양 및 지역성에 따라 점오염원(point source), 비점오염원(non-point source) 그리고 기타수질오염원으로 구분된다. 점오염원이란 오염물질의 배출경로가 특정되어 있는 오염원이며, 비점오염원이란 배출경로가 불특정한 오염원을 말한다. 동법은 '점오염원'을 "폐수배출시설, 하수발생시설, 축사 등으로서 관로·수로 등을 통하여 일정한 지점으로 수질오염물질을 배출하는 배출원"이라고, '비점오염원'을 "도시, 도로, 농지, 산지, 공사장 등으로서 불특정 장소에서 불특정하게 수질오염물질을 배출하는 배출원"이라고 개념 정의하고 있다(제2조 제1호, 제2호). '기타수질오염원'은 점오염원과 비점오염원으로 관리되지 않는 수질오염물질을 배출하는 시설 또는 장소로서 환경부령이 정하는 것을 말한다(동조 제3호). 일반적으로 생활하수, 산업폐수, 가축분뇨 등은 고정배출구가 있다는 점에서 점오염원이라 할 수 있다. 한편, 빗물, 농경지 배출수, 노면배수 등 비점오염원에 대하여는 2005. 3. 31. 구 '수질환경보전법'에서 비로소 다루어지기 시작하였으나 고정배출구가 없기 때문에 그 관리가 쉽지 않다. 특히 소규모 농가로부터의 오염물질 배출은 비점오염원에 가까운 특수한 배출형태를 보이면서 그 관리에 어려움을 주고 있다.

수질오염물질을 발생시키는 오염원은 발생장소 및 형태를 중심으로 생활하수, 산업폐수, 광산폐수, 가축분뇨 등으로 다양하게 구분할 수 있다. 생활하수는 가정·상업지역·공공시설 등 일상적인 과정 및 도시생활과정에서 배출되는 오염물질이 주를 이루고 있으며, 산업폐수는 제품제조·수리·세척 등 산업활동을 하는 제조업 시설에서, 가축분뇨는 축산농가의 가축사육과정에서 배출되는 분(糞)·요(尿)가 주된 오염물질로 작용하고 있다. 동법의 적용 대상은 수질뿐만 아니라 수생태계를 포함하는 광범위한 것이지만 산업폐수를 주된 규율대상으로 하고 있다.[1)]

한편 수질오염물질의 배출과 수질오염피해 간의 인과관계를 밝히는 것이 쉽지 않은바, 실제 수질오염피해 분쟁은 고의·과실, 인과관계가 중요한 쟁점이 되는 사례가 많다. 그리고 그 본질은 개연성이론의 적용이라고 할 수 있다.[2)]

기본적으로 사업장폐수를 규제하는 동법의 체제 및 내용은 「대기환경보전법」상 사업장의 대기오염물질 배출규제와 흡사하므로 여기에서는 「대기환경보전법」에서 다루지 않는 다른 부분(공공수역의 수질보전, 비점오염원의 관리 등)을 중심으로 살펴보기로 한다.

Ⅰ. 일　　반

1. 수질오염물질

수질오염을 유발하는 물질은 다양하다. 「물환경보전법」에서는 '수질오염물질'을 수질오염의 요인이 되는 물질로서 환경부령이 정하는 것이라고 정의하고 있으며(제2조 제7호),[3)] 환경부령에서 구리, 납, 비소, 수은, 시안화합물, 유기물질, 유류, 카드뮴, 페놀류, 황 등 48종을 수질오염물질로 지정하고 있다(시행규칙 제3조, 별표 2). 이러한 수질오염물질 중 사람의 건강·재산이나 동·식물의 생육에 직접 또는 간접으로 위해를 줄 우려가 있는 구리, 납, 비소, 수은(Hg), 시안화합물, 6가크롬화합물, 카드뮴, 페놀류, 폴리크로리네이티드페닐, 벤젠, 클로로폼 등 25종은 특정수질유해물질로 지정되어 엄격히 관리되고 있다(제2조 제8호,

1) 수질오염원 중 가장 큰 비중을 차지하는 오염원으로 알려지고 있는 생활하수는 「하수도법」에서, 가축분뇨는 「가축분뇨의 관리 및 이용에 관한 법률」에서 다루어지고 있다.

2) 대법원 1984. 6. 12. 선고 81다558 판결(진해화학 사건); 대법원 1997. 6. 27. 선고 95다2692 판결(현대자동차 폐수배출 사건); 대법원 2002. 10. 22. 선고 2000다65666 판결(서천화력발전소 사건); 대법원 2004. 11. 26. 선고 2003다2123 판결(여천공단 사건); 대법원 2012. 1. 12. 선고 2009다84608 판결(수도권매립지 침출수처리장 사건) 등 참조.

3) 배출허용기준, 규제대상 오염물질, 허가제와 신고제의 대상범위의 결정을 대통령령에 포괄적 위임하는 것은 포괄위임입법의 금지, 의회 입법의 원칙을 형해화할 가능성이 있다. 홍준형, "한국환경법의 현황과 과제", 제2회 동아시아 행정법학회 발표논문집, 249 내지 250면.

시행규칙 제4조, 별표 3). 수질오염물질은 부영양화, 조화현상, 지하수오염 등에 영향을 미치는 것으로 알려지고 있다.

2. 총량규제

배출허용기준의 설정을 통한 농도규제방식에는 배출시설의 규모에 관계없이 일률적인 규제기준을 적용함으로써 발생되는 비경제성, 배출시설의 증·신설에 따른 환경용량을 초과하는 오염물질의 배출 및 축적에 대해서 규제할 방법이 없는 한계성 등이 발생됨에 따라 최근에는 총량규제방식으로 전환할 필요성이 제기되고 있다. 이에 따라 동법은 환경부장관으로 하여금 ① 수질 및 수생태계의 목표기준 달성 여부를 평가한 결과 그 기준을 달성·유지하지 못한다고 인정되는 수계의 유역에 속하는 지역이나 ② 수질오염으로 주민의 건강·재산이나 수생태계에 중대한 위해를 가져올 우려가 있다고 인정되는 수계의 유역에 속하는 지역에 대하여 수계영향권별로 배출되는 수질오염물질을 총량으로 관리할 수 있도록 하는 총량규제 방식의 도입 가능성을 규정하고 있다(제4조).

총량관리제는 이미 이른바, 4대강수계법에 의거하여 4대강(한강, 낙동강, 영산강·섬진강, 금강) 수계에 대해서 실시되고 있다.[4] 문제는 4대강수계 이외의 수계에서는 수질오염이 심한 경우에도 총량관리를 실시할 수 없는 문제가 발생하였다. 이에 따라 동법은 이들 4대강수계 지역에 대해서는 4대강수계법 규정에 따른다고 밝히는 한편, 4대강 이외의 수계에 대해서도 수질오염 총량관리를 할 수 있는 근거를 마련함으로써 기존의 배출허용기준 중심의 관리체제를 보완하였다. 이로써 4대강수계 이외의 지역으로서 수질오염이 심한 삽교천·안성천·태화강·형산강 지역 등에서도 과학적, 체계적인 수질관리를 통해 실질적인 수질개선이 이루어질 수 있는 기반이 마련되었다. 제4조 이하에서는 4대강 이외의 수계에 대하여 적용할 총량관리의 절차를 구체적으로 규정하고 있다. 그러나 4대강 수계가 제외됨으로써 사실상 그 지류에만 적용된다. 그 절차와 방식은 이미 총량관리제를 실시하고 있는 낙동강, 금강, 영산강·섬진강수계에

---

4) 한강, 낙동강, 영산강·섬진강, 금강 등 주요 수계의 수질을 특별히 관리하기 위한 특별법으로 1999. 2. 8. 「한강수계 상수원수질개선 및 주민지원 등에 관한 법률(한강수계법)」, 2002. 1. 14. 「낙동강수계 물관리 및 주민지원 등에 관한 법률(낙동강수계법)」, 「영산강·섬진강수계 물관리 및 주민지원 등에 관한 법률(영산강수계법)」, 「금강수계 물관리 및 주민지원 등에 관한 법률(금강수계법)」 등이 제정되었는데, 이 법률들(4대강수계법)은 모두 오염총량관리제의 실시 근거를 마련하고 있다.

대한 총량관리방식과 동일하다.

가. 오염총량목표수질의 고시·공고 및 오염총량관리기본방침의 수립

환경부장관은 오염총량관리지역의 수계 이용상황 및 수질상태 등을 고려하여 대통령령으로 정하는 바에 따라 수계구간별로 오염총량관리의 목표가 되는 수질(오염총량목표수질)을 정하여 고시하여야 하며, 오염총량목표수질을 달성·유지하기 위하여 관계 시·도지사 및 관계 기관과의 협의를 거쳐 대통령령으로 정하는 사항을 포함하는 오염총량관리에 관한 기본방침(오염총량관리기본방침)을 수립하여 관계 시·도지사에게 통보하여야 한다(제4조의2).

나. 오염총량관리기본계획의 수립

오염총량관리지역을 관할하는 시·도지사는 오염총량관리기본방침에 따라 지방자치단체별·수계구간별 오염부하량의 할당, 관할 지역에서 배출되는 오염부하량의 총량 및 저감계획 등의 사항이 포함되는 오염총량관리기본계획을 수립하여 환경부장관의 승인을 얻어야 한다(제4조의3). 오염총량관리기본계획은 중앙정부인 환경부의 승인을 받아 시행하게 되는데, 오염총량관리제가 성공적으로 작동하기 위해서는 해당 계획이 성공적으로 수립되어야 할 뿐만 아니라 이에 대한 승인이 엄격하게 이루어져야 한다.

다. 오염총량관리시행계획의 수립·시행

오염총량관리지역 중 오염총량목표수질이 환경부령으로 정하는 바에 따라 달성·유지되지 아니하는 지역을 관할하는 특별시장·광역시장·특별자치시장·특별자치도지사·시장·군수(광역시의 군수를 제외)는 오염총량관리기본계획에 따라 오염총량관리시행계획을 수립하여 환경부장관 또는 시·도지사의 승인을 받은 후 이를 시행하여야 한다. 오염총량관리시행 지방자치단체장은 오염총량관리시행계획에 대한 전년도의 이행사항을 평가하는 보고서를 작성하여 지방환경관서의 장에게 제출하여야 하며, 지방환경관서의 장은 제출받은 보고서를 검토한 후 오염총량관리시행계획의 원활한 이행을 위하여 필요하다고 인정되는 경우에는 오염총량관리시행 지방자치단체장에게 필요한 조치나 대책을 수립·시행하도록 요구할 수 있다. 이 경우 그 오염총량관리시행 지방자치단체장은 특별한 사유가 없으면 이에 따라야 한다(제4조의4).

라. 이행수단

(1) 시설별 오염부하량의 할당

환경부장관은 오염총량목표수질을 달성 · 유지하기 위하여 필요하다고 인정되는 경우에는 방류수수질기준과 배출허용기준을 적용받는 시설 중 대통령령으로 정하는 시설에 대하여 환경부령으로 정하는 바에 따라 최종방류구별 · 단위기간별로 오염부하량을 할당하거나 배출량을 지정할 수 있다(제4조의5 제1항). 오염총량관리시행 지방자치단체장은 오염총량목표수질을 달성 · 유지하기 위하여 필요하다고 인정되는 경우에는 위 시설을 제외한 시설 중 환경부령으로 정하는 시설에 대하여 최종방류구별 · 단위기간별로 오염부하량을 할당하거나 배출량을 지정할 수 있다(동조 제2항).

오염부하량을 할당받거나 배출량을 지정받은 시설을 설치 · 운영하는 자(오염할당사업자등)는 오염부하량 및 배출량을 측정할 수 있는 기기를 부착 · 가동하고 그 측정결과를 사실대로 기록하여 보존하여야 한다(동조 제4항).

(2) 조치명령 등

환경부장관 또는 오염총량관리시행 지방자치단체장은 할당된 오염부하량 또는 지정된 배출량(할당오염부하량등)을 초과하여 배출하는 자에게 수질오염방지시설의 개선 등 필요한 조치를 명령할 수 있으며, 조치명령을 받은 자가 그 명령을 이행하지 아니하거나 이행기간 내에 이행을 하였으나 검사 결과 할당오염부하량등을 계속 초과하는 경우에는 그 시설의 전부 또는 일부에 대하여 6개월 이내의 기간을 정하여 조업정지를 명하거나 시설의 폐쇄를 명할 수 있다. 다만, 수질오염방지시설을 개선하는 등의 조치를 하더라도 할당오염부하량등 이하로 내려갈 가능성이 없다고 인정되는 경우로서 환경부령으로 정하는 경우에는 시설의 폐쇄를 명령하여야 한다(제4조의6).

(3) 오염총량초과과징금

환경부장관 또는 오염총량관리시행 지방자치단체장은 할당오염부하량등을 초과하여 배출한 자로부터 오염총량초과과징금을 부과한다(제4조의7).

(4) 불이행에 대한 제재

관계 행정기관의 장은 지방자치단체별 · 수계구간별로 할당된 오염부하량을 초과하거나 특별한 사유 없이 오염총량관리기본계획 또는 오염총량관리시행계획을 수립 · 시행하지 아니하는 지방자치단체의 관할 구역에서는 관련 법에 따른 도시개발사업의 시행, 산업단지의 개발, 관광지 및 관광단지의 개발 등에 대해서는 승인 · 허가 등을 하여서는 아니 된다(제4조의8 제2항). 환경부장관 또는 관계 중앙행정기관의 장은 관계 행정기관의 장이 이를 위반하거나 오염총량관리시행 지방자치단체장이 제4조의4 제3항에 따른 요구를 특별한 사유 없이 이행하지 아니하는 경우에는 재정적 지원의 중단이나 삭감, 그 밖에 필요한 조치를 할 수 있다(동조 제3항).

(5) 오염총량관리지역 지방자치단체에 대한 지원

국가는 오염총량관리시행계획을 수립 · 시행하는 지방자치단체에 오염총량관리에 필요한 비용의 일부를 지원할 수 있다(제4조의8 제1항).

(6) 오염총량관리를 위한 기관간 협조 및 조사 · 연구반의 운영 등

환경부장관은 오염총량관리의 시행에 필요한 자료를 효율적으로 활용하기 위한 정보체계를 구축하기 위하여 관계 중앙행정기관, 지방자치단체, 공공기관 등 관계 기관의 장에게 필요한 자료를 제출하도록 요청할 수 있으며(제4조의9 제1항), 오염총량관리 대상 오염물질 및 수계구간별 오염총량목표수질의 조정, 오염총량관리의 시행 등에 관한 검토 · 조사 및 연구를 위하여 관계 전문가 등으로 조사 · 연구반을 구성 · 운영할 수 있다(동조 제2항).

마. 평 가

오염총량관리제는 수질오염 부하량의 증가를 억제하며, 수질 농도와 오염량의 상관관계를 규명하여 수질관리 목표를 명시함으로써 수질관리의 과학성을 높이는 계기가 될 것이다. 특히 이 제도가 상수원을 대상으로 하는 경우 상수원 수질개선을 보다 구체적이고 과학적인 프로그램에 입각해 추진하는 것이 가능하며, 궁극적으로 용수의 적절한 공급과 수생태계의 복원에 기여할 것으로 예상된다. 그리고 시장 · 군수에게 수질관리에 대한 책임과 권한을 동시에 부여함으로써 지역 여건에 적합한 수질관리가 가능하게 될 것이다.[5)]

5) 송동수, "수질오염총량관리제와 국토이용관계법령의 조화방안", 환경법연구 제25권 제2호, 2003. 12, 141면.

3. 물환경종합정보망의 구축 · 운영

동법은 환경부장관으로 하여금 상시측정 결과, 수생태계 현황 조사 및 수생태계 건강성 평가 결과, 오염원 조사 결과, 폐수배출시설에서 발생하는 폐수의 오염도 및 배출량 등의 정보에 국민이 쉽게 접근할 수 있도록 국가 물환경종합정보망을 구축 · 운영하여 정보를 제공하도록 함으로서 주민의 자발적 수질보전활동을 유도하도록 하고 있다(제5조).

4. 민간의 수질 및 수생태계 보전활동 지원

동법은 국가 및 지방자치단체로 하여금 지역주민이나 민간단체의 자발적인 수질 및 수생태계 보전활동이나 그 오염 또는 훼손 감시활동을 지원할 수 있도록 법적 근거를 마련하고 있다(제6조).

5. 수질 및 수생태계 연구 · 조사활동 지원

이 법은 국가 또는 지방자치단체가 기업, 대학, 민간단체, 정부출연연구기관 및 국 · 공립 연구기관 등에서 실시하는 수질 및 수생태계에 대한 연구 · 조사활동을 지원할 수 있도록 하는 법적 근거를 두고 있다(제6조의2).

6. 친환경상품에 대한 지원

정부는 물의 사용을 절약하거나 세제 등의 합성화합물 사용을 줄이거나 그 밖에 수질오염물질의 발생을 저감하여 하천 · 호소 등의 수질오염을 예방할 수 있는 제품의 생산자 · 판매자 또는 소비자에게 보조금 등을 지원하거나 기술개발 및 관련 산업을 진흥하기 위한 시책을 마련할 수 있다(제7조).

Ⅱ. 공공수역의 수질보전

동법에는 「대기환경보전법」에는 없는 '공공수역'이라는 개념이 들어와 있다. '공공수역'이라 함은 하천 · 호소 · 항만 · 연안해역 그 밖에 공공용에 사용되는 수역과 이에 접속하여 공공용에 사용되는 환경부령이 정하는 수로를 말하는데(제2조 제9호),[6] 시행규칙에서는 지하수로, 농업용 수로, 하수관로, 운하 등을 포함하고 있다(제5조).[7] 동법은 공공수역의 수질보전을 위하여 수질 및 수생태계 목표기준의 결정 및 평가, 배출 등 행위금지, 수질오염사고의 신고, 상수원의 수질보전을 위한 통행제한, 공공수역의 점용 및 매립에 의한 수질오염방지, 특정 농산물의 경작권고, 낚시행위의 제한, 수질오염경보제, 수계영향권별 수질관리 등 여러 규정을 두고 있다.

1. 수질의 상시측정

상시측정은 수질상태의 종합적이고 정확한 파악을 통해 정책의 효과와 문제점을 분석한 후 정책의 개선 및 대책수립을 위한 기초정보를 확보, 제공한다는 차원에서 중요한 기능을 갖는다. 이러한 견지에서 동법은 환경부장관으로 하여금 전국적인 수질 및 수생태계의 실태를 파악하기 위하여 측정망을 설치하고 수질오염도를 상시측정하고, 하천 · 호소 등의 수질 · 수생태계 현황 및 수생태계 건강성을 전국적으로 조사할 수 있도록 하고 있다(제9조 제1항). 나아가 동법은 측정망 설치계획의 결정 · 고시(제9조의2), 수생태계 현황 조사 및 건강성 평가(제9조의3), 수생태계 현황 조사계획의 수립 · 고시(제9조의4)에 대한 법적 근거를 두고 있다.

2. 수질 및 수생태계 목표기준 결정 및 평가

동법은 환경부장관으로 하여금 하천 · 호소 등의 이용목적, 수질 및 수생태계 현황, 오염원의 현황 및 전망 등을 고려하여 수계영향권별 및 제28조 제1항에

---

6) 하천, 호소, 항만, 연안해역 등에 대해서 관련 법률(예컨대, 「하천법」, 「항만법」 등)의 규정을 인용하지 않고, 그 밖에 공공용으로 사용되는 수역에 대해 정의 규정 등 별도 규정이 없기 때문에 그 적용범위에 대해서는 해석상 논란의 여지가 있을 수 있다. 윤익준, "물환경보전법상 공공수역 관리제도의 문제점 및 개선방안", 환경법연구 제43권 제3호, 2021. 11, 186면, 190면. 「물환경보전법」은 공공수역의 하나인 '하천'을 「하천법」에 따른 하천(국가하천과 지방하천)으로 제한하고 있지 않아 해석상으로 「소하천정비법」상의 '소하천'도 하천으로 볼 수 있고, 그 결과 소하천도 공공수역으로 볼 여지가 있다. 나아가 민법 제231조에 따른 '공유하천'도 '하천'에 해당하므로 공공수역의 범위에 포함될 수 있다.

7) 하수관로를 제외하고 지하수로와 농업용 수로, 운하 등에 대해서도 관련 법률로 제한하거나 별도 규정이 없어 해석상 논란이 제기될 수 있다.

따른 조사 · 측정 대상이 되는 호소별 수질 및 수생태계 목표기준을 결정하여 고시하도록 하고, 목표기준의 달성 여부 등을 평가하여 그 결과를 공개하도록 하고 있다(제10조의2). 이로써 목표기준의 평가방법이 제도화되고 평가결과가 공개되어 행정의 투명성이 높아질 것으로 예상된다.

3. 공공시설의 설치 · 관리

동법은 수질오염방지를 위하여 공공폐수처리시설, 폐기물처리시설 등 공공시설의 설치 필요성을 인식하는 한편, 그로 인한 수질오염 가능성을 염두에 두고 방류수수질기준의 설정, 개선명령 등 규제방안을 마련하고 있다. 또한 이러한 환경기초시설이 갖는 중요성을 감안하여 국토계획과 같은 중요한 공간이용계획에서 그 설치계획을 반영하도록 하고 있다.

가. 공공시설의 설치 · 정비 및 관리

환경부장관은 공공수역의 수질오염방지를 위하여 특히 필요하다고 인정할 때에는 시 · 도지사, 시장 · 군수 · 구청장으로 하여금 관할 구역의 하수관로, 공공폐수처리시설, 공공처리시설 또는 폐기물처리시설 등의 설치 · 정비 등을 하게 할 수 있으며(제12조 제1항), 공공폐수처리시설에서 배출되는 물의 수질이 방류수수질기준을 초과하는 경우에는 해당 시설을 설치 · 운영하는 자에게 그 시설의 개선 등 필요한 조치를 취하게 할 수 있다(동조 제2항). 시설의 개선 등의 조치명령을 위반한 자에게는 벌칙이 부과되는데(제78조 제1호), 조업정지 등 다른 조치를 취하지 않고 미이행만으로 바로 벌칙을 부과하는 것이 적절한지에 대해서는 논란이 있을 수 있다.[8)]

공공폐수처리시설에서 배출되는 물의 방류수수질기준은 관계 중앙행정기관의 장과 협의하여 환경부령으로 정하고, 공공하수처리시설 또는 폐기물처리시설에서 배출되는 물의 수질기준은 「하수도법」 또는 「폐기물관리법」에 따른다(동조 제3항).[9)] 공공폐수처리시설에서 처리된 방류수는 하천, 호소, 연안해역과 같은 공공수역으로 직접 배출되므로 배출허용기준보다 엄격한 기준이 적용되고 있다. 배출

8) 윤익준(각주 6), 200면.
9) 동법 시행규칙에서는 생물화학적산소요구량(BOD), 화학적산소요구량(COD), 부유물질(SS), 총질소(T-N), 총인(T-P), 총대장균수, 생태독성(TU) 등 7개 항목에 걸쳐 방류수수질기준을 정하고 있다(제26조, 별표 10).

허용기준이 개별 배출시설(폐수)에 적용되는 규제기준이라면 방류수수질기준은 공공폐수처리시설과 같은 공공시설(방류수)에 적용되는 기준이라는 점, 배출허용기준이 처리부과금의 기준이 된다면 방류수수질기준은 기본부과금의 부과기준이 된다는 점 등에서 차이가 있다.

나. 국토계획에의 반영

시 · 도지사, 시장 또는 군수는 도종합계획 또는 시군종합계획을 작성하는 경우에는 공공수역의 수질오염방지대책 및 공공하수처리시설 · 분뇨처리시설 등의 설치계획을 당해 종합계획에 반영하여야 한다(제13조).

다. 도시 · 군기본계획에의 반영

특별시장 · 광역시장 · 특별자치시장 · 특별자치도지사 · 시장 또는 군수는 도시기본계획을 수립할 때에는 도종합계획, 지역개발계획에 포함된 공공하수처리시설 · 분뇨처리시설 등의 설치계획을 종합하여 해당 도시 · 군기본계획에 반영하여야 한다(제14조).

4. 투기 등 행위의 금지

동법은 공공수역에서의 투기 등 일정한 행위를 금지하고 있다(제15조 제1항).

가. 요　　건

(1) "누구든지"

여기에서의 금지자는 "누구든지"이다. 폐수배출시설을 설치 · 운영하는 자에 국한하지 아니하므로 일정 규모 미만이어서 배출시설에 해당되지 아니하는 시설을 설치 · 운영하는 자, 기타 수질오염원의 설치 · 관리자(제60조) 등도 여기에 포함될 수 있다. 여기에 배출시설의 설치 또는 변경에 대한 허가를 받은 자(사업자)도 포함되는가? 법원은 소극적으로 해석하고 있다(판례 [1]).[10)]

[1] 인천지법 1997. 1. 16. 선고 96노1932 판결(확정)

관련 각 조문의 문언 및 형량, 조문의 위치, 구 법(1995. 12. 29. 개정 전)과

10) 여기에 대하여 비판적인 견해는 조홍식, 환경법원론, 박영사, 2019, 459면.

> 달리 허가를 받지 아니하고 폐수배출시설을 설치하여 조업하는 행위를 따로 규정하여 형을 가중한 취지 등을 종합하면, 법 제15조 제1항(현행 제38조)은 사업자, 즉 법 제10조 제1항(현행 제35조 제1항)의 규정에 의하여 배출시설의 설치 또는 변경에 대한 허가를 받은 자가 수질오염물질을 배출하는 경우를 규제하는 것이고, 사업자 이외의 자의 행위는 공공수역에 특정수질유해물질등을 배출한 경우에 한하여 법 제56조의3(현행 제15조)의 규제를 받는다고 해석할 것이다.

(2) 정당한 사유 없이

정당한 사유가 있는 경우에는 위법성 조각 이전에 범죄 구성요건이 충족되지 아니한다 할 것이다.[11] 정당한 사유의 해석과 관련하여서는 자의적인 판단이 이루어지고, 처벌 범위가 지나치게 확장될 수 있으므로 이를 특정하는 것이 법적 안정성 차원에서 필요하다.

(3) 금지되는 행위

(가) 공공수역에 특정수질유해물질, 지정폐기물, 석유제품 · 가짜석유제품 · 석유대체연료 및 원유(석유가스를 제외), 유독물질, 농약을 누출 · 유출하거나 버리는 행위

"공공수역에 특정수질유해물질 등을 누출 · 유출하거나 버리는 (경우)"라 함은 공공수역에 직접 누출 · 유출시키거나 버린 경우뿐만 아니라 공공수역이 아닌 곳에 누출 · 유출시키거나 버렸다 할지라도 공공수역으로 들어갈 수 있는 곳에 누출 · 유출시키거나 버렸다면 여기에 해당한다고 보아야 한다.[12] 따라서 하수관로에 버린 경우에도 경우에 따라서는 공공수역에 버린 것으로 될 수 있다. 예컨대, 특정수질유해물질 등을 하수관로를 통하여 흘려 보낸 경우에도 하수관로가 공공폐수처리시설에 연결되고 공공폐수처리시설에서 처리가 가능한 경우라면 특별한 사정이 없는 한 공공수역으로 배출한 것으로 볼 수 없다. 그러나 공공폐수처리시설에서 처리할 수 없는 특정수질유해물질을 하수관로로 배출하는 것은 공공수역으로 배출한 것으로 보아야 한다.[13]

이 규정의 위반과 관련해서는 고의범은 물론이고 과실범도 처벌하는데(제78조 제2호), 특정수질유해물질 등을 누출 · 유출시키거나 버림으로써 성립하고, 배출허

---

11) 이에 대하여는 위법성 조각사유로 보는 견해가 있다. 조현권, 환경법-이론과 실무, 법률문화원, 1999, 482면, 조홍식(앞의 책).
12) 조현권(앞의 책), 483면.
13) 조현권(앞의 책).

용기준을 현실적으로 초과하였는가의 여부는 범죄의 성립에 영향이 없다.

[2] 공공수역에 폐기물을 버리는 행위: 대법원 1990. 9. 14. 선고 90도1348 판결

오래된 빌딩을 부순 벽돌조각, 돌조각, 타일조각, 콘크리이트 덩어리, 나무조각, 비닐조각, 스티로플조각 등의 폐기물은 산업폐기물인 건축물폐재류임이 명백하다. (…) 피고인들이 산업폐기물로 하천을 매립하여 고수부지를 조성하였다고 하더라도, 정당한 사유 없이 공공수역에 산업폐기물을 버리는 행위를 한 이상 환경보전법 제68조 제5호 소정의 '제37조 제1항의 규정에 위반한 자'에 해당한다.

이러한 투기행위는 다른 법에 의해서도 규제되고 있는바 어느 지역에 투기하였는지에 따라 규율하는 법규가 달라질 수 있다. 예컨대, 폐기물을 투기한 지역이 생태 · 경관보전지역, 자연공원, 상수원보호구역, 공원 · 도로 등 시설의 관리자가 폐기물의 수집을 위하여 마련한 장소나 설비 외의 곳(「폐기물관리법」 제63조, 제8조 제1항)인가에 따라 처벌 법규 및 정도가 달라질 수 있다. 동일한 행위가 어디에서 투기하느냐에 따라 처벌이 달라지는 것은 수범자를 혼란에 빠트리고, 양형의 부당, 불균형 등의 문제를 야기할 수 있다.[14]

(나) 공공수역에 분뇨,[15] 가축분뇨, 동물의 사체, 폐기물(「폐기물관리법」에 의한 지정폐기물을 제외) 또는 오니를 버리는 행위

[3] 분뇨를 버리는 행위의 의미: 대법원 1984. 12. 11. 선고 84도1738 판결

환경보전법 제37조 제1항 제2호에서 금지하고 있는 '분뇨를 버리는 행위'라 함은 물리적, 화학적 또는 생물학적 방법에 의하여 분뇨를 안전하게 처리함이 없이 분뇨인 상태 그대로 버리는 것을 말한다.[16]

(다) 하천 · 호소에서 자동차를 세차하는 행위

---

14) 일반법과 특별법적 성격을 고려할 때 폐기물의 불법투기 · 매립에 대해서 「폐기물관리법」을 원칙적으로 적용하고, 자연공원구역이나, 생태 · 경관보전지역, 상수원보호구역 등에 불법투기 · 매립하는 경우에는 「폐기물관리법」에서보다 가중처벌하는 형식이 바람직하나 현행법에서는 「폐기물관리법」의 법정형이 가장 높게 되어 있다.

15) 분뇨에는 가축분뇨가 포함되지 아니한다. 분뇨는 「하수도법」에서, 가축분뇨는 「가축분뇨의 관리 및 이용에 관한 법률」에서 규율하고 있다.

16) 여기서 '분뇨인 상태'라 함은 분뇨 그 자체뿐만 아니라 수질오염으로 인하여 국민건강 및 환경상 위해를 초래할 정도의 분뇨가 함유된 폐수도 포함된다. 대법원 1986. 7. 22. 선고 84도2248 판결; 대법원 2008. 9. 25. 선고 2008도6298 판결.

(라) 공공수역에 환경부령으로 정하는 기준 이상의 토사(土砂)를 유출하거나 버리는 행위[17]

나. 방제조치 및 명령

공공수역에의 투기행위로 인하여 공공수역이 오염되거나 오염될 우려가 있는 경우에는 그 행위자 · 행위자가 소속된 법인 및 그 행위자의 사업주(행위자등)는 당해 물질을 제거하는 등 오염을 방지 · 제거하기 위한 조치(방제조치)를 하여야 한다(제15조 제2항). 동법은 원인행위자 자신은 물론 그 행위자가 소속된 법인 및 그 행위자의 사업주에게 방제조치의 책임을 물을 수 있도록 함으로써, 원인자의 범위를 넓히고 있다. 행위자는 행위책임을, 행위자가 소속된 법인 및 행위자의 사업주는 상태책임을 진다고 할 수 있다.[18] 시 · 도지사는 행위자등이 방제조치를 하지 아니하는 경우에는 그 행위자등에게 방제조치의 이행을 명할 수 있으며, 일정한 경우에는 대집행을 할 수 있다(동조 제3항 · 제4항).

[4] '그 행위자의 사업주'의 의미: 대법원 2011. 12. 13. 선고 2011두2453 판결

수질 및 수생태계 보전에 관한 법률 제15조 제2항(이하 '이 사건 조항'이라 한다)은 같은 조 제1항 제1호 또는 제2호에서 정한 행위로 인하여 공공수역이 오염되거나 오염될 우려가 있는 경우에 '그 행위자의 사업주'가 그 해당 물질을 제거하는 등 오염의 방지 · 제거를 위한 조치를 하여야 함을 규정하고 있는바, 환경정책기본법 제7조가 자기의 행위 또는 사업활동으로 인하여 환경오염 또는 환경훼손의 원인을 야기한 자는 그 오염 · 훼손의 방지와 오염 · 훼손된 환경을 회복 · 복원할 책임을 지며, 환경오염 또는 환경훼손으로 인한 피해의 구제에 소요되는 비용을 부담함을 원칙으로 한다고 규정하고 있는 점 등에 비추어 보면, 이 사건 조항에 규정된 '그 행위자의 사업주'는 자기의 사업활동을 위하여 자기의 영향력 내에 있는 행위자를 이용하는 자로서 그 행위자의 같은 조 제1항 제1호 또는 제2호에서 정한 행위로 인하여 공공수역이 오염되거나 오염될 우려가 있는 경우의 사업자를 가리킨다고 할 것이다. 따라서 자기의 사업활동을 위하여 자기의 영향력 내에 있는 행위자를 이용하는 사업자는, 특별한 사정이 없는 한

---

17) 종전에는 "공공수역에 다량의 토사를 유출시키거나 버려 상수원 또는 하천 · 호소를 현저히 오염되게 하는 행위"를 규정하고 있었는데, 헌법재판소는 이 규정을 위반하여 다량의 토사를 유출하거나 버린 자를 처벌토록 한 벌칙 규정(제78조 제4호)이 '다량', '토사', '현저히' 등 명확하지 않은 처벌 기준을 제시하고 있다면서 죄형법정주의의 명확성 원칙에 반한다고 결정한 바 있다. 헌재 2013. 7. 25. 선고 2011헌가26, 2013헌가14(병합) 결정.

18) 사업주가 선량한 관리자의 주의의무를 해태하지 않은 경우에는 면책을 고려하여야 한다는 견해는 윤익준(각주 6), 201면.

그 행위자가 발생시킨 수질오염에 대하여 '그 행위자의 사업주'로서 이 사건 조항에 따른 방제조치 의무를 부담한다고 보아야 할 것이다.[19]

5. 수질오염사고의 신고

유류 · 유독물 · 농약 또는 특정수질유해물질을 운송 또는 보관 중인 자가 해당 물질로 인하여 수질을 오염시킨 때에는 지체 없이 지방환경관서, 특별자치시 · 도 또는 시 · 군 · 구 등 관계 행정기관에 신고하여야 한다(제16조). 신고의무 불이행에 대해서는 벌칙 등 제재규정을 두고 있지 않다.

6. 방사성물질 등의 유입 여부 조사

환경부장관은 하천 · 호소 등에 대하여 방사성물질 및 방사성폐기물의 유입 여부를 조사하여야 하며, 조사에 필요하면 행정기관, 지방자치단체, 그 밖의 관계 기관의 장에게 협조를 요청할 수 있다(제16조의2). 한편 방사성물질 및 방사성폐기물은 통행제한의 대상인 "상수원을 오염시킬 우려가 있는 물질"에 포함되어 규제되고 있다(제17조 제2항).

7. 수질오염방제센터의 운영

동법은 수질오염사고에 신속하고 효과적으로 대응하고 방제조치의 전문성을 높이기 위해 한국환경공단으로 하여금 수질오염방제센터를 운영(대행)하도록 하고(제16조의3), 수질오염방제센터는 전국 하천의 수질 정보를 실시간으로 수집 · 분석 · 관리하고 수질오염사고 발생 시 이를 신속히 관계 행정기관에 알릴 수 있는 온라인 시스템을 구축 · 운영할 수 있도록 하고 있다(제16조의4).

---

19) 물류창고의 전반적인 자산관리업무를 위탁받은 갑 주식회사가 을 주식회사에 물류창고 지하층 스윙도어 등 설치공사를 도급하였고, 을 회사가 다시 병에게 일부를 하도급하였는데, 병의 작업 중 발생한 화재로 하천이 오염되자 관할 시장이 갑, 을 회사 등에 방제조치 이행명령을 하고, 이행되지 않자 행정대집행을 실시하여 방제작업을 완료한 후 갑 회사에 그에 소용된 비용을 연대하여 납부할 것을 명하는 처분을 한 사안에서, 갑 회사는 자기의 사업활동을 위하여 자기의 영향력 안에 있는 행위자 병을 이용하는 자로서 병이 발생시킨 화재로 공공수역이 오염된 데 대하여 방제조치를 해야 할 사업자에 해당한다고 한 사례.

8. 상수원의 수질보전을 위한 통행제한

폐기물 · 유류 · 유독물 등을 적재한 차량의 전복, 추락사고 등이 잇달으면서 수질오염사고가 빈발함에 따라 동법은 특히 상수원의 수질오염사고를 예방하기 위한 대응책을 마련하였다. 즉 전복, 추락 등 사고 시 상수원을 오염시킬 우려가 있는 물질을 수송하는 자동차를 운행하는 자는 상수원보호구역, 특별대책지역, 수변구역, 상수원에 중대한 오염을 일으킬 수 있어 환경부령이 정하는 지역 또는 그 지역에 인접한 지역 중에서 환경부령이 정하는 도로 · 구간을 통행할 수 없다(제17조 제1항). 여기에서 "상수원을 오염시킬 우려가 있는 물질"이라 함은 특정수질유해물질, 지정폐기물(액체상태의 폐기물 및 환경부령이 정하는 폐기물에 한함), 유류, 유독물, 농약 및 원제, 방사성물질 및 방사성폐기물, 그 밖에 대통령령이 정하는 물질 등을 말한다(동조 제2항).

9. 공공수역의 점용 및 매립에 의한 오염방지

공공수역에 대한 점용 또는 매립을 허가하거나 인가하려는 행정기관은 공공수역의 수질오염을 방지하기 위하여 필요한 조건을 붙일 수 있다. 여기에서의 '허가'는 자연적 자유의 회복이 아니라 새로이 권리를 설정한다는 점에서 강학상 특허의 성질을 갖는 것으로 이해된다. 수질오염의 예방책으로 조건의 부가를 규정하고 있는데, 조건의 내용, 수질오염 방지방법 등에 관하여 필요한 사항은 대통령령으로 정한다(제18조).[20]

10. 특정 농산물의 경작권고 등

시 · 도지사는 하천 · 호소구역에서 농작물을 경작하는 사람에게 경작대상 농작물의 종류 및 경작방식의 변경과 휴경 등을 권고할 수 있으며, 그 권고에 따라 농작물을 경작하거나 휴경함으로 인하여 경작자가 입은 손실에 대하여는 보상할 수 있다(제19조). 권고 규정에 그치기 때문에 실효성을 확보하는 데에는 일정한

20) 공공수역의 수질오염을 방지하기 위해 필요한 조건에는 폐기물은 「폐기물관리법」 제13조(폐기물의 처리기준)에 따라 처리할 것, 공공수역을 폐기물로 매립하려는 경우에는 「폐기물관리법」 제13조에 따른 폐기물처리의 기준 및 방법에 적합하도록 처리한 후 매립할 것 등이 포함되어야 한다(시행령 제22조).

한계가 있다. 나아가 시행령(제23조)에서는 보상 기준을 정하고 있는데, 그 기준이 고시가 되지 않아 실제 보상까지 이루어지는 데에는 어려움이 예상된다.

11. 수질 및 수생태계 보전조치 권고

환경부장관은 측정 · 조사결과 방치할 경우 하천 · 호소 등의 수질 및 수생태계에 중대한 위해를 끼칠 우려가 있다고 판단될 때에는 공공수역을 관리하는 자(수면관리자, 하천관리청 및 특별자치시장 · 특별자치도지사 · 시장 · 군수 · 구청장)에게 수질 및 수생태계 보전을 위하여 필요한 조치를 할 것을 권고할 수 있다(제19조의2).

12. 수변생태구역의 매수 · 조성

동법은 환경부장관과 시 · 도지사로 하여금 하천 · 호소 등의 수질 및 수생태계 보전을 위하여 필요하다고 인정할 때에는 수변습지 및 수변토지(수변생태구역)를 매수하거나 생태적으로 조성 · 관리할 수 있도록 함으로써(제19조의3), 공공수역의 생태적인 관리를 위한 기반을 마련하고 있다. 그러나 수변생태구역의 생태적인 조성 · 관리에 관한 구체적인 방법이나 지침이 마련되어 있지 않아 제도의 효과성 측면에서 미흡한 점이 있다. 나아가 그 협의가 협의매수임에도 불구하고 매수가격의 산정은 일반적인 수용보상의 기준인 공시지가를 기준으로 하고 있어[21] 토지소유자와 갈등이 발생할 여지가 높다.

13. 배출시설 등에 대한 기후변화 취약성 조사 및 권고

환경부장관은 폐수배출시설, 비점오염저감시설, 공공폐수처리시설을 대상으로 기후변화에 대한 시설의 취약성 등을 조사하고, 조사 결과 기후변화에 취약한 시설에 대해서는 시설 개선 등을 권고할 수 있다(제19조의4).

---

21) 토지등의 매수가격은 「부동산 가격공시에 관한 법률」에 따른 공시지가를 기준으로 그 토지의 위치, 형상, 환경 및 이용 상황 등을 고려하여 평가한 금액으로 하되, 둘 이상의 감정평가법인등(「감정평가 및 감정평가사에 관한 법률」 제2조 제4호에 따른 감정평가법인등을 말함)이 평가한 금액을 산술평균한 금액으로 한다(시행령 제26조 제3항).

14. 낚시행위의 제한

특별자치시장 · 특별자치도지사 · 시장 · 군수 · 구청장은 하천(국가하천 및 지방하천을 제외) · 호소의 이용목적 및 수질상황 등을 고려하여 낚시금지구역 또는 낚시제한구역을 지정할 수 있다(제20조 제1항). 낚시제한구역에서 낚시행위를 하려는 사람은 낚시의 방법 · 시기 등 환경부령으로 정하는 사항을 준수하여야 한다(동조 제2항). 낚시행위의 제한은 「하천법」에서도 규정하고 있는데,[22] 동일한 행위 규제가 여러 법률에 따라 규제하고 있다는 점에서 향후 통합이 필요해 보인다.

15. 수질오염경보제

상수원으로 이용되는 호소에 조류(藻類)가 발생할 경우 정수장 여과장치의 기능이 저하되고 일부 남조류의 경우 독성유발 가능성까지 있어, 그 동안 상수원호소를 대상으로 조류예보제를 시범 실시하였다. 그러나 매년 조류예보제의 발령횟수와 발령기간이 증가되고 있는 추세여서 이를 제도화할 필요성이 제기되었다. 이에 2005. 3. 31. 개정 법은 수질오염경보제를 새로이 도입하여 일정한 경우 수질오염경보를 발령하도록 하였다(제21조).

16. 오염된 공공수역에서의 행위제한

환경부장관은 하천 · 호소 등이 오염되어 수산물의 채취 · 포획이나 물놀이, 그 밖에 대통령령으로 정하는 행위를 할 경우 사람의 건강이나 생활에 미치는 피해가 크다고 인정할 때에는 해당 하천 · 호소 등에서 그 행위를 금지 · 제한하거나 자제하도록 안내하는 등 환경부령으로 정하는 조치를 할 것을 시 · 도지사에게 권고할 수 있다(제21조의2 제1항). 권고를 받은 시 · 도지사는 특별한 사유가 없으면 권고에 따른 조치를 하여야 한다(동조 제2항). 환경부장관은 제2항에 따른 시 · 도지사의 조치가 미흡하여 사람의 생명 · 신체에 위험이 발생할 수 있는 경우에는 관계 행정기관과 협의하여 필요한 조치를 할 수 있다(동조 제3항). 이 규정은 직접적이고 실질적인 수질관리라기보다는 각 하천 · 호소 등의 오염

22) 「하천법」 제46조 제6호 나목에 따르면 하천의 이용목적 및 수질상황 등을 고려하여 시 · 도지사가 지정 · 고시하는 지역에서 떡밥 · 어분 등 미끼를 사용하여 하천을 오염시키는 낚시행위는 금지된다.

정도 및 수영 등 물놀이를 하는 경우 국민건강에 미치는 피해 등에 대하여 가장 많은 정보를 가지고 있는 환경부장관이 수영 등 물놀이 행위 등을 자제하도록 안내하는 등의 조치를 취할 것을 권고함으로서 시 · 도지사로 하여금 국민건강 피해를 사전에 예방할 수 있도록 하는 단순한 제도규정이라 할 수 있다.

17. 상수원의 수질개선을 위한 특별조치

환경부장관은 상수원의 수질오염이 다음의 어느 하나에 해당하는 경우에는 수질오염을 발생시키는 오염원에 대하여 오염물질의 배출금지 등 특별조치를 명할 수 있다: ① 상수원의 수질오염으로 먹는 물 수질관리기준(「수도법」 제26조에 따른 수질기준을 말함)의 충족이 어려울 것으로 예상되는 경우; ② 수질관리기준에서 정하고 있지 아니한 오염물질로 인하여 주민의 건강에 중대한 위해를 가져올 우려가 있다고 인정되는 경우(제21조의3).

18. 완충저류시설의 설치 · 관리

동법은 공업지역 또는 산업단지에서 발생하는 유해뮤질 누출 및 수질오염 사고에 신속하게 대응하기 위하여 폐수 발생량 등을 고려하여 일정한 규모의 공업지역 또는 산업단지의 소재지를 관할하는 특별시장 · 광역시장 · 특별자치시장 · 특별자치도지사 · 시장 · 군수(광역시의 군수는 제외)에게 그 공업지역 또는 산업단지에서 배출되는 오수 · 폐수 등을 일시적으로 담아둘 수 있는 완충저류시설을 설치 · 운영하도록 하고 있다(제21조의4).

19. 조류에 의한 피해 예방

동법은 공공수역에서 발생하고 있는 녹조 현상 등으로 인한 피해를 예방하기 위하여 조류(藻類)로 인한 피해를 예방하기 위한 조치를 취할 수 있는 법적 근거를 두고 있다(제21조의5). 피해 예방 조치의 대상은 호소에 그치지 않고 주요 하천 등으로 확대하고 있다.

20. 수계영향권별 수질관리

환경부장관 또는 지방자치단체의 장은 수계영향권별 수질 및 수생태계 보전계획에 따라 수질 · 수생태계 현황 및 수생태계 건강성을 파악하고 적절한 관리대책을 강구하여야 한다(제22조 제1항). 이에 따라 환경부장관은 하천 · 호소 등의 이용목적, 수질 · 수생태계 현황 및 수생태계 건강성, 오염원의 현황 및 전망 등을 고려하여 수계영향권 목표수질을 결정 · 고시하여야 할 뿐만 아니라(제10조의2), 환경부장관 및 시 · 도지사는 수계영향권별로 오염원의 종류 · 수질오염물질 발생량 등을 정기적으로 조사하여야 한다(제23조).

수계영향권은 대권역, 중권역, 소권역으로 구분된다(제22조 제2항).[23] 대권역 수질 및 생태계 보전계획은 환경부장관이, 중권역 수질 및 생태계 보전계획은 유역환경청장 또는 지방환경청장이, 소권역 수질 및 생태계 보전계획은 특별자치시장 · 특별자치도지사 · 시장 · 군수 · 구청장이 각각 수립한다(제24조 내지 제26조).

21. 수생태계 연속성 조사

2017. 1. 17. 개정 법에서는 환경부장관으로 하여금 수생태계 연속성의 단절 · 훼손 여부 등을 파악하기 위하여 수생태계 연속성 조사를 실시할 수 있도록 하고, 수생태계 연속성이 단절되거나 훼손되었을 경우에는 관계 중앙행정기관의 장과 협의하여 수생태계 연속성의 확보에 필요한 조치를 하도록 하고 있다(제22조의2).

22. 환경생태유량의 확보

2017. 1. 17. 개정 법에서는 환경부장관으로 하여금 수생태계 건강성 유지를 위하여 필요한 최소한의 유량(환경생태유량)의 확보를 위하여 하천의 대표 지점에 대한 환경생태유량을 국토교통부장관과 공동으로 정하여 고시할 수 있도록 하고, 하천 등의 유량이 환경생태유량에 현저히 미달하는 경우에는 관계 기관의 장 등에게 협조를 요청할 수 있도록 하고 있다(제22조의3).

환경생태유량과 구별되는 개념으로 하천유지유량이 있다. 「하천법」은 하천

---

23) 정부는 전국을 수계영향권별로 관리하기 위하여 전국수계를 4개 대권역 및 114개 중권역으로 구분하고 있다(환경부 고시 제1991-79호).

유지유량을 "하천수 사용을 고려하여 하천의 정상적인 기능 및 상태를 유지하기 위하여 필요한 최소한의 유량"으로 정의하고 있다(제51조 제1항). 하천유지유량이 물 이용이라는 사람의 활동을 염두에 둔 측면이 강하다면 환경생태유량은 수생태 건강성이라는 생태계 보전 측면을 강조하고 있다고 할 수 있다. 그러나 양 개념은 중복되는 측면이 있다. 하천유지유량을 정하는 경우 환경생태유량을 고려하도록 하고 있으며(「물환경보전법」 제22조의3 제2항), 「하천법」 시행령에서는 기준지점을 지정할 경우 수질을 고려항목으로 제시하고 있다(제59조 제12항 제1호).

표면적으로 환경생태유량이 하천유지유량의 하위 개념이라고 할 여지가 있다.[24] 양자의 관계가 명확치 않은 것은 "수생태 건강성 유지"나 "하천의 정상적인 기능 및 상태의 유지"라는 개념이 불분명하기 때문이다. 또한 하천의 목적용수에 환경개선용수가 포함되어 있는 것과 무관치 않아 보인다.[25] 환경개선용수의 모호함은 그 혼란을 부추기고 있다.[26]

환경개선용수가 자연환경 또는 수생태계의 보호도 염두에 둔 개념이라면 수생태계의 보호 측면에서 발전한 개념이라고 할 수 있는 환경생태유량을 내포한다고 할 수 있다. 환경개선용수가 생활환경을 염두에 둔다고 하더라도[27] 생활

24) 하천유지유량이라는 개념 하에 한경개선용수가 언급되는 것으로 보아 환경개선용수가 환경유지용수의 하위 개념이라고 이해된다. 그러나 환경개선용수와 하천유지용수를 구별함으로써 양자를 병렬적인 개념으로 이해하는 견해도 있다. 권형준, 댐 용수 용도별 이용분야 확대 방안 연구, 한국수자원공사, 2005. 9. 16, 87 내지 88면.

25) 환경개선용수라는 개념은 2007년 개정 「하천법」에 처음 도입되었는데(제50조), 그 개념 정의가 없다. 「댐건설 및 주변지역지원 등에 관한 법률」에서도 댐의 용도로 생활용수, 공업용수, 농업용수, 발전(發電), 홍수 조절, 주운(舟運) 등과 함께 개념 정의가 없이 환경개선용수가 예시되고 있다. 한편 동법 시행규칙은 댐의 용도별로 타당투자액의 세부적인 산출방법으로 환경개선용도에 대해서는 언급이 없이 하천유지용도를 언급하고 있다.

26) 예컨대, 인공시설을 통해 물을 공급받아서 하천을 복원하는 경우(예컨대, 청계천) 그 물을 환경개선용수라고 할 수 있는지 분명치 아니하다. 환경개선용수로 볼 경우 「하천법」에 따른 하천수 사용료와 「댐건설 및 주변지역지원 등에 관한 법률」에 따른 댐용수 사용료가 부과될 여지가 있다. '4대강수계법'상 물이용부담금 부과대상이 되는지도 논란이 제기될 수 있다. 「하천법」 제51조에 근거하여 환경개선용수를 하천유지용수로 볼 경우 부과제외 대상이 된다는 결론에 이르게 될 것이다.

27) 흔히 환경개선용수가 생활환경 내지 사회환경의 개선을 염두에 둔 개념이라는 것이 일반적이다. 권형준(각주 24), 75 내지 76면; 김현준 외 4, 환경생태수리권 및 환경생태유량에 관한 법제연구, 환경부, 2014. 7, 26 내지 29면; 강형식, "수생태 복원 · 관리를 위한 환경생태유량 정책 개선 방향", 물 정책 · 경제 제28호, 2017, 46면. 여기에서 말하는 '환경개선'이란 하천유지유량 이상이 물을 확보하기 위한 취수이거나 하천에서 취수를 해서 다른 하천의 수질이나 친수성을 향상시키기 위한 경우를 말한다는 견해는 이상돈, "우리나라 하천법에서의 하천 유지 유량과 환경개선용수", 중앙법학논문집 제35권 제2호, 2011, 315면.

환경이 자연환경과 완전히 동떨어진 것이라고 할 수 없다. 이러한 접점이 있는 상황에서 가뜩이나 물관리일원화에 따라 환경부장관이 하천유지유량과 환경생태유량 모두에 대해 설정 권한을 갖게 됨에 따라 양자의 통합·조정의 필요성과 타당성은 높다고 보인다. 하천유지유량의 준수로도 환경생태유량의 확보가 안 될 수 있다는 점, 하천유지유량이 가뭄 등으로 충분한 유량확보가 어려워질 경우 수질 및 생태계에 대한 악영향을 막을 수 없는 점, 환경생태유량이 「하천법」상의 하류 이외의 소하천, 건천화된 지류 또는 지천에도 적용된다는 점 등에 비추어 각자의 존재 의의가 있으나 양자의 관계를 재설정하는 등의 방법으로 조화점을 찾을 수 있을 것이다.

23. 국가 물환경관리기본계획의 수립

환경부장관은 공공수역의 물환경을 관리·보전하기 위하여 대통령령으로 정하는 바에 따라 국가 물환경관리기본계획을 10년마다 수립하여야 한다(제23조의2).

24. 수생태계 복원계획의 수립·시행

체계적인 수생태계 복원을 위하여 환경부장관, 시·도지사 또는 시장·군수·구청장은 제9조에 따른 측정·조사 결과 수질 개선이 필요한 지역 또는 수생태계 훼손 정도가 상당하여 수생태계의 복원이 필요한 지역을 대상으로 수생태계 복원계획을 수립하여 시행할 수 있다(제27조의2). 그러나 동법은 복원의 개념, 원칙, 주체, 방법, 절차, 수준, 비용부담 등에 대하여는 정하고 있지 않다.

Ⅲ. 호소의 수질 및 수생태계 보전

호소의 수질오염이 심각하다는 징후가 감지되면서 그 대책을 마련하는 것이 절실해지고 있다. 동법은 제2장 제3절에서 호소의 수질 및 수생태계를 보전하기 위하여 정기적 조사 및 측정(제28조), 양식어업 면허의 제한(제30조), 호소 안의 쓰레기 수거·처리(제31조), 중점관리저수지의 지정(제31조의2) 등 다양한 수단을 마련하고 있다. 이들은 종래 '호소수질관리법'에서 규정하였던 사항이었는데, 2000. 10. 구 '수질환경보전법'에 통합되어 규정된 것이다. 호소수질도 크게 보아

수질에 해당된다는 점에서 규제대상이나 구조, 체계가 유사하여 '수질환경보전법'에의 통합 · 수용은 충분히 예견되었던 것이다. 분산되어 있는 법률을 통합, 단일화하는 것은 국민의 법률에의 접근 및 이해를 쉽게 할 수 있다는 점에서 높게 평가할 만하다.

Ⅳ. 점오염원의 관리

1. 사업장의 폐수배출규제

사업장 폐수는 생활하수에 비하여 고농도의 독성과 오염도를 갖는다. 이러한 사업장 폐수가 제대로 처리되지 아니하고 환경에 배출된다면, 환경뿐만 아니라 인간의 건강에도 치명적인 결과를 초래할 수 있다. 일본에서 대표적인 공해로 알려진 미나마타병,[28] 이따이이따이병[29]의 발병이 대표적인 예이다. 결국 사업장 폐수의 배출규제는 중요한 수질환경정책을 구성하게 되며, 동법의 핵심을 이루고 있다. 동법상 사업장 폐수에 대한 대표적인 배출규제수단으로는 명령 · 규제수단인 배출허용기준의 설정, 배출시설의 설치허가, 조업정지 명령 등 행정처분, 벌칙부과 등과 경제적 유인수단인 배출부과금제도가 있다.

가. 배출허용기준

(1) 기준설정

폐수배출시설에서 배출되는 수질오염물질에 대한 배출허용기준은 환경기준을 달성하기 위하여 사업장이나 시설 단위의 개별적 오염물질을 통제하기 위한 규제

28) 1953년경 구마코토현의 미나마타 어촌에 원인불명의 괴질이 발생하였는데, 그 주된 증상은 손발마비, 언어장애, 시야 협착 등이었다. 일본 후생성은 1968년 미나마타병이 미나마타 만 근처에 있는 질소공장 폐수에서 배출되는 유기수은에 중독되어 발생한 것으로 공식 인정하였다. 당시 미나마타병으로 인해 사망한 사람은 73명에 달했다. 제2의 미나마타병은 미나마타 마을에서 발생한 것만으로 그치지 않고 1965년 니이가타현에서도 발생하였다. 1992년 기준으로 미나마타병 환자로 인정된 사람은 구마모토현과 니이가타현을 합쳐 1,200명 정도에 이르렀다. 구자건, 환경상식 백가지, 현암사, 191 내지 192면 참조.

29) 1910년경 일본 도야마현 진즈강(神通川) 유역 주민들 사이에 팔 · 다리뼈가 부러지고 뼈가 줄면서 키가 작아지는 증상이 나타났다. 심한 통증이 있었으나 당시에는 정확한 원인을 알지 못하였고, '아프다 아프다'는 뜻의 '이따이이따이병'으로 불렸다. 1968년 뒤늦게 강 상류의 광업소에서 배출된 폐수에 포함된 카드뮴이 병의 원인이라는 것이 밝혀졌다. 구자건(앞의 책), 192 내지 193면 참조.

기준이다. 동법은 생물화학적산소요구량(BOD), 화학적산소요구량(COD), 부유물질량(SS) 등 48개 항목에 대하여 배출허용기준을 설정하여 규제의 기본으로 삼고 있는데, 폐수배출량 규모(2천톤/일 기준)에 따라 차등화하고, 지역에 따라 '청정'지역, '가'지역(가장 엄격), '나'지역(보통), 특례지역(완화) 등으로 구분하여 적용하고 있다(제32조 제1항, 시행규칙 제34조, 별표 13). 배출허용기준은 환경부장관이 관계 중앙행정기관의 장과 협의를 거쳐 환경부령으로 정하도록 되어 있다(제32조 제2항). 이와 같이 배출허용기준을 환경부령에 위임한 것은 포괄위임입법 금지원칙에 위반할 소지가 있으나 판례는 이를 부인하고 있다.[30] 기준설정 절차와 관련하여서는 이해관계자나 환경단체 등에 대한 의견수렴절차가 마련되어 있지 아니하고 환경부장관에게 전적으로 그 설정권한이 주어지면서 행정편의적이고 비합리적, 비현실적인 기준이 설정될 가능성이 문제점으로 지적될 수 있다.

(2) 엄격 · 특별배출허용기준

기본적으로 배출허용기준은 전국에 통일적으로 적용되는 기준이다. 그러나 여기에는 두 가지 예외가 있다. 즉 조례로 정하는 지역배출허용기준과 특별대책지역에 설정되는 엄격 · 특별배출허용기준이 그것이다(제32조 제3항 · 제6항). 현재 엄격 · 특별배출허용기준이 적용되는 지역은 팔당, 대청호 상수원수질보전특별대책지역이다.[31] 그러나 폐수무방류배출시설[32]과 환경부령이 정하는 배출시설 중 폐수를 전량 재이용하거나 전량 위탁처리하여 공공수역으로 폐수를 방류하지 아니하는 배출시설에 대하여는 이러한 배출허용기준 관련 규정이 적용되지 않는다(동조 제8항).

---

30) 헌재 2004. 11. 25. 선고 2004헌가15 결정; 헌재 2009. 10. 29. 선고 2008헌바122 결정.

31) 현재 상수원 수질보전을 위해 팔당, 대청호 특별대책지역이 지정되어 있다(환경부고시 제2001-148호, '팔당 · 대청호상수원수질보전특별대책지역지정').

32) 동법상 '폐수무방류배출시설'이란 폐수배출시설에서 발생하는 폐수를 해당 사업장에서 수질오염방지시설을 이용하여 처리하거나 동일 폐수배출시설에 재이용하는 등 공공수역으로 배출하지 아니하는 폐수배출시설을 말한다(제2조 제11호). 2004. 2. 9. 개정 법에서는 폐수무방류배출시설 개념을 새로이 도입하여 배출시설 설치제한지역에 설치할 수 있도록 하되, 상수원 보호에 미칠 수 있는 영향을 고려하여 설치계획서를 제출하도록 하는 등 엄격한 허가절차를 정하고, 폐수를 사업장 밖으로 반출하거나 공공수역으로 배출하는 등 수질오염방지시설을 부적정하게 운영하는 경우와 허가기준 및 허가조건을 위반하는 경우에는 허가취소를 할 수 있도록 하여 사후관리를 엄격히 하고 있다.

나. 배출시설 및 방지시설의 설치 · 운영

(1) 설치허가 및 신고

(가) 대상시설

폐수배출시설을 설치하려는 자는 대통령령으로 정하는 바에 따라 환경부장관의 허가를 받아야한다(제33조 제1항). '폐수배출시설'이란 수질오염물질을 배출하는 시설물 · 기계 · 기구 그 밖의 물체로서 환경부령이 정하는 것[33]을 말한다. 다만 「해양환경관리법」 제2조 제16호 및 제17호에 따른 선박 및 해양시설을 제외한다(제2조 제10호).[34] 이에 따라 환경부령에서는 폐수를 배출하는 공정단위별 82개 시설을 폐수배출시설로 명시하고 있다(시행규칙 제6조, 별표 4).[35]

[5] 폐수배출시설: 창원지법 2015. 9. 16. 선고 2015노315 판결

공소사실에서 '폐수'로 특정된 물은 사업장의 전체 공정 중 '절단'공정에 위치하고, 절단 공정은 플라스마를 철판에 분사하여 절단하는 방식으로 이루어지는데, 이때 발생한 분진은 공기 중으로 흩어지고, 슬러그(Slug, 찌꺼기)는 절단시설 아래에 있는 습식 정반에 모이게 되고, 정반 안에는 물이 약 20cm 고여 있어 절단 공정 시 떨어지는 슬러그를 효율적 · 안정적으로 모을 수 있게 하고 분진을 억제하는 등의 역할을 하는 점 등을 종합하면, 물은 밀폐된 정반에 계

---

33) 동법 시행규칙에 따르면 특정수질유해물질이 포함된 폐수를 배출하는 시설의 경우는 1일 최대 폐수량이 0.01㎥ 이상, 특정수질유해물질이 포함되지 않은 폐수를 배출하는 시설의 경우는 0.1㎥ 이상인 시설이 폐수배출시설에 해당한다(제6조, 별표 4). 여기에서 '1일 최대 폐수량'은 원칙적으로 연중 폐수가 가장 많이 발생되는 날을 기준으로 사업장의 모든 시설에서 배출되는 폐수를 합산하여 산정하고, 위탁처리 · 재이용하거나 폐수배출공정 중의 방지시설에서 처리되는 폐수를 모두 포함하여 산정한다.

34) 구법하에서는 폐수배출시설에 해당되기 위해서 '공공수역'으로의 배출이 요구되었는바, 폐수를 전량 위탁처리함으로써 공공수역에 폐수를 배출하지 아니하는 폐수위탁처리업체의 시설이 여기에서 말하는 폐수배출시설인지에 대하여 논란이 있었다. 2000. 1. 21 개정 법에서는 이러한 논란을 없애기 위하여 '공공수역'이라는 요건을 삭제하였다. 같은 맥락에서 수질오염물질이 포함된 액체를 공공수역에 배출하지 않고 재사용하는 시설이 폐수배출시설에 해당한다고 본 판례가 있다. 대법원 2005. 10. 28. 선고 2003도5192 판결.

35) 예컨대, 동법 시행규칙에서는 병원시설을 배출시설로 정하고 있는데, 다만 수술실, 처치실, 병리실이 없는 병원과 한약을 끓이는 시설이 없는 한약병원을 제외하고 있다. 여기서 논란이 있을 수 있는 것은 조업정지와 같은 행정처분을 할 경우 수술실 등에 대해서만 정지 등 처분할 것인가, 아니면 병원시설 전체에 대하여 처분을 할 것인가이다. 조업정지 등 처분을 할 경우에는 수술실, 처치실, 병리실, 한약을 끓이는 시설에 대해서만 처분할 것이 아니라 병원시설 전체에 대한 처분을 하여야 하는 것으로 이해된다. 조현권(각주 11), 410면, 각주 1. 이에 반해 처분의 대상이 전체시설이 아니라 폐수를 직접 배출하는 특정한 시설로 한정되어야 적용된다는 견해는 조홍식(각주 10), 477면.

> 속 고여 있을 뿐 밖으로 배출되거나 배출될 것이 예정되어 있지 않으며, 폐수가 '배출'되는 것이 아니라 단지 '발생'한다고 볼 수밖에 없는 경우에도 '폐수배출시설'이라고 보아 처벌한다면 건전한 일반상식을 가진 사람이 어떠한 경우 자신의 행위가 처벌받는지 예측하기가 어렵고, 발생된 폐수가 밀폐된 정반에 가두어져 수분은 증발하고 납 등 고체 성분은 정반에 남아 있을 뿐 납 성분이 함유된 폐수가 외부 하천 · 호소 등 공공수역으로 배출되지 않을 것이 명백한 경우에는 그에 대해 허가를 받도록 하지 않는다고 하여 헌법상 환경권과 이를 구체화 · 현실화한 수질 및 수생태계 보전에 관한 법률을 둔 입법 취지와 목적 등에 반한다고 볼 수 없으므로, 위 시설이 같은 법 제75조 제1호에서 정한 '폐수배출시설'에 해당하지 않는다.[36]

동법은 설치허가를 받아야 하는 대상 배출시설을 특정하고 있다.[37] 동법은 이와 같이 허가 대상시설을 극히 제한하고 그 밖의 경우에는 환경부장관에게 신고하도록 함으로써(시행령 제31조 제2항) 실제에 있어서는 허가제가 원칙적 신고제와 다름없이 운영되고 있다. 신고는 그 '수리'를 전제하고 있다는 점에서 자기완결적 신고로 볼 수 없다고 이해된다(시행령 제31조 제6항 참조).

한편, 동법에서는 폐수무방류배출시설을 설치하고자 하는 자로 하여금 환경부장관의 허가를 받도록 하고 있다(제33조 제1항 단서). 또한 폐수무방류배출시설의 경우 상수원보호를 위하여 배출시설 설치제한지역에 설치할 수 있도록 하되, 상수원오염을 대비하여 그 허가절차 등을 엄격히 정하여 폐수무방류배출시설에 대한 사전 · 사후 관리체계를 마련하고 있다(제34조 참조).

(나) 허가의 성질

법에서는 허가기준을 구체적으로 정하고 있고,[38] 시행령은 허가대상의 배출

---

36) 피고인이 관할 관청의 허가 없이 폐수배출시설인 금속가공제품 제조시설을 설치하고 조업하였다고 하여 구 「수질 및 수생태계 보전에 관한 법률」 위반으로 기소된 사안에서, 위 시설이 같은 법 제75조 제1호에서 정한 '폐수배출시설'에 해당하지 않는다는 이유로 무죄를 선고한 사례.

37) 여기에는 특정수질유해물질이 발생되는 배출시설, 특별대책지역에 설치하는 배출시설, 환경부장관이 고시하는 배출시설설치제한지역에 설치하는 배출시설, 상수원보호구역에 설치하거나 그 경계구역으로부터 상류로 유하(流下)거리 10㎞ 이내에 설치하는 배출시설, 상수원보호구역이 지정되지 아니한 지역 중 상수원 취수시설이 있는 지역의 경우에는 취수시설로부터 상류로 유하거리 15㎞ 이내에 설치하는 배출시설, 배출시설설치신고를 한 배출시설로서 원료 · 부원료 · 제조공법 등이 변경되어 특정수질유해물질이 새로이 발생되는 배출시설 등 6개가 포함된다(시행령 제31조 제1항).

38) 허가기준은 ① 배출시설에서 배출되는 오염물질을 배출허용기준 이하로 처리할 수 있을 것, ② 다른 법령에 따른 배출시설의 설치제한에 관한 규정에 위반되지 아니할 것, ③ 폐수무방류

시설, 허가 신청 시 제출하여야 하는 서류 등을 구체적으로 규정(제31조 제5항)하고 있다. 법원은 배출시설 설치허가를 '기속재량행위'라고 보고 있다.[39] 그 결과 허가권자는 법에서 정한 요건을 구비한 때에는 원칙적으로 허가를 하여야 한다. 그러나 환경기준의 유지가 곤란하거나 주민의 건강 · 재산, 동식물의 생육에 심각한 위해를 끼칠 우려가 있다고 인정되는 등 중대한 공익상의 필요가 있을 때에는 허가를 거부할 수 있다고 이해된다.

(다) 허가의 효력

1) 허가의 효력이 미치는 범위

판례는 "오염물질 배출시설의 설치허가를 받고자 하는 경우에 설치할 시설물은 한 가지라도 그 배출오염물질이 여러 가지로서 다르게 분류되는 경우에는 분류된 각 오염물질 배출에 대해서마다 그 설치허가를 받아야 하며 여러 가지 오염물질의 배출 중 한 가지 배출에 대한 허가신청에 기한 그 허가만으로는 허가신청이나 허가되지 아니한 나머지 배출부분에 대하여서까지 그 효력이 미치는 것은 아니라 할 것이다"고 판시하면서 허가의 효력을 엄격히 제한하고 있다.[40]

이에 따르면 별도의 의제규정이 없는 한,[41] 예컨대, 문제의 시설이 폐수배출시설이면서 대기오염물질배출시설에 해당할 경우 폐수의 배출부분에 대해서만 설치허가신청을 하여 그 허가를 받았을 뿐이라면 그 허가가 대기오염물질배출시설에 대한 허가까지 받은 것으로는 되지 않게 된다. 한편, 동법 시행규칙에서는 공정단위별로 폐수배출시설로 특정하고 있으므로(제6조) 폐수를 배출하는 공정단위가 다르면 새로운 허가를 받아야 한다.

2) 무허가 설치행위

허가 또는 변경허가를 받지 아니하거나 거짓으로 허가 또는 변경허가를 받아 배출시설을 설치 또는 변경하거나 그 배출시설을 이용하여 조업한 자는 7년 이하의 징역 또는 5천만원 이하의 벌금에 처한다(제75조 제1호). 이는 동법상 가장 중한 범죄이다. 무허가 설치행위는 상태범으로써, 공소시효의 기산점은 설치행위 완

배출시설을 설치하는 경우에는 폐수가 공공수역으로 유출 · 누출되지 아니하도록 대통령령으로 정하는 시설 전부를 대통령령으로 정하는 기준에 따라 설치할 것 등이다(제33조 제9항).

39) 대법원 2013. 5. 9. 선고 2012두22799 판결.

40) 대법원 1984. 9. 25. 선고 84도1563 판결.

41) 「대기환경보전법」에서는 대기오염물질배출시설의 설치허가 · 신고를 한 경우에는 폐수배출시설의 설치허가 · 신고, 소음 · 진동배출시설의 설치허가 · 신고도 한 것으로 본다는 의제규정을 두고 있다(제24조). 이에 반해 「물환경보전법」에서는 의제 규정을 두고 있지 않다. 그 결과 동법 규정에 따라 폐수배출시설 설치의 허가를 받거나 신고를 한 경우 「대기환경보전법」 규정에 따른 대기오염물질배출시설 설치의 허가 · 신고는 의제되지 않는다고 해석할 수밖에 없을 것이다.

료시점이며, 배출허용기준을 현실적으로 초과하였는가의 여부는 위 범죄의 성립에 아무런 영향이 없다.[42)]

(2) 배출시설의 설치제한

환경부장관은 상수원보호구역의 상류지역, 특별대책지역 및 그 상류지역, 취수시설이 있는 지역 및 그 상류지역의 배출시설로부터 배출되는 수질오염물질로 인하여 환경기준의 유지가 곤란하거나 주민의 건강 · 재산이나 동 · 식물의 생육에 중대한 위해를 가져올 우려가 있다고 인정되는 경우에는 관할 시 · 도지사의 의견을 듣고 관계 중앙행정기관의 장과 협의하여 배출시설의 설치(변경을 포함)를 제한할 수 있다(제33조 제5항).[43)] 다만, 환경부령으로 정하는 특정수질유해물질을 배출하는 배출시설의 경우 배출시설의 설치제한지역에서 폐수무방류배출시설로 하여 이를 설치할 수 있다(동조 제7항). 이러한 배출시설설치제한은 앞서 「환경정책기본법」상의 특별대책지역과 함께 토지의 이용을 규제함으로써 수질오염을 방지하고자 하는 제도이다.

배출시설의 설치제한은 배출시설의 입지를 좌우하는 중요한 요소로 작용하는데, 우리나라는 그 밖에도 배출시설의 설치가 금지되는 수변구역(4대강법수계법), 총량규제가 적용되는 오염총량관리지역(동법), 엄격 · 특별배출허용기준이 적용되는 특별대책지역(「환경정책기본법」) 등이 있어 배출시설의 입지에 큰 영향을 미치고 있다.

(3) 방지시설의 설치 · 운영

(가) 방지시설 설치의무

배출시설 설치허가 · 변경허가를 받은 자 또는 신고 · 변경신고를 한 자(사업자)가 해당 배출시설을 설치하거나 변경할 때에는 그 배출시설로부터 배출되는 수질오염물질이 배출허용기준이하로 배출되게 하기 위한 수질오염방지시설(폐수무방류배출시설의 경우에는 폐수를 배출하지 아니하고 처리할 수 있는 수질오염방지

42) 대법원 1987. 10. 26. 선고 87도1869 판결.

43) 배출시설의 설치를 제한할 수 있는 지역의 범위는 ① 취수시설이 있는 지역; ② 수질보전을 위해 지정 · 고시한 특별대책지역; ③ 「수도법」 제7조의2 제1항에 따라 공장의 설립이 제한되는 지역(특정수질유해물질 배출시설의 경우만 해당); ④ ①부터 ③까지에 해당하는 지역의 상류지역(특정수질유해물질 배출시설의 경우만 해당)이다(시행령 제32조). 이에 따라 1990년 4월부터 팔당호 및 대청호 특별대책지역과 낙동강 물금 · 매리 지역을 배출시설설치허가 제한지역으로 지정고시하여 입지를 제한하고 있고, 1997년 1월부터는 임진강 중상류지역에 대하여도 배출시설설치제한지역으로 지정하여 시행하고 있다.

시설을 말함)[44]을 설치하여야 한다. 다만, 대통령령으로 정하는 기준에 해당하는 배출시설(폐수무방류배출시설을 제외)의 경우에는 그 설치의무가 면제된다(제35조 제1항).

(나) 공동방지시설의 설치

사업자는 배출시설로부터 배출되는 수질오염물질의 공동처리를 위한 공동방지시설을 설치할 수 있다. 이 경우 각 사업자는 사업장별로 해당 수질오염물질에 대한 방지시설을 설치한 것으로 본다(제35조 제4항).

(4) 가동시작 신고

사업자는 배출시설 또는 방지시설의 설치를 완료하거나 배출시설의 변경을 완료하여 그 배출시설 및 방지시설을 가동하려면 미리 환경부장관에게 가동시작 신고를 하여야 한다(제37조 제1항).

(5) 권리 · 의무의 승계

사업자가 배출시설 및 방지시설을 양도하거나 사망한 경우 또는 법인의 합병이 있는 경우에는 그 양수인 · 상속인 또는 합병 후 존속하는 법인이나 합병으로 설립되는 법인은 허가 · 변경허가 · 신고 또는 변경신고에 따른 사업자의 권리 · 의무를 승계한다(제36조).

다. 사업자의 의무

(1) 배출시설 및 방지시설의 정상운영

동법은 비정상운영행위의 태양을 명시하여 사업자에게 배출시설 및 방지시설을 정상적으로 운영할 의무를 부과하고 있다. 즉, 사업자(폐수무방류배출시설의 설치허가 또는 변경허가를 받은 사업자를 제외) 또는 방지시설운영자(제35조 제5항의 규정에 의한 공동방지시설 운영기구의 대표자를 포함)는 다음의 행위를 하여서는 아니 된다: ① 배출시설에서 배출되는 수질오염물질을 방지시설에 유입하지 아니하고 배출하거나 방지시설에 유입하지 아니하고 배출할 수 있는 시설을 설치하는 행위[45]; ② 방지시설에 유입되는 수질오염물질을 최종 방류구를 거치지 아니하고

---

44) '수질오염방지시설'이라 함은 점오염원, 비점오염원 및 기타 수질오염원으로부터 배출되는 수질오염물질을 제거하거나 감소하게 하는 시설로서 환경부령이 정하는 것을 말한다(제2조 제12호).

45) 위탁처리업자에게 전량 위탁처리하는 경우와 같이 방지시설 설치의무가 면제된 경우(제35조 제1항 단서, 시행령 제33조 제2호)에도 배출시설(집수조)에 비밀배출관을 연결하여 무단

배출하거나, 최종 방류구를 거치지 아니하고 배출할 수 있는 시설을 설치하는 행위[46]; ③ 배출시설에서 배출되는 수질오염물질에 공정 중 배출되지 아니하는 물 또는 공정 중 배출되는 오염되지 아니한 물을 섞어 처리하거나, 배출허용기준을 초과하는 수질오염물질이 방지시설의 최종 방류구를 통과하기 전에 오염도를 낮추기 위하여 물을 섞어 배출하는 행위. 다만, 환경부장관이 환경부령으로 정하는 바에 따라 희석하여야만 수질오염물질을 처리할 수 있다고 인정하는 경우와 그 밖에 환경부령으로 정하는 경우는 제외한다; ④ 그 밖에 배출시설 및 방지시설을 정당한 사유 없이[47] 정상적으로 가동하지 아니하여 배출허용기준을 초과한 수질오염물질을 배출하는 행위[48] 등을 하여서는 아니 된다(제38조 제1항).

위 ① 내지 ③의 경우에는 배출이 배출허용기준 이하이더라도 범죄가 성립되나 ④의 경우에는 배출허용기준의 초과를 요건으로 하고 있다. 사업자에게 배출시설 및 방지시설을 정상적으로 운영할 의무가 부과된 것은 배출시설 → 방지시설 → 최종 방류구를 거치는 일반적인 폐수의 순환 · 배출과정에서 배출시설에서 배출되어 방지시설을 거치는 정상적인 폐수처리 공정을 규제 · 관리하는 것이다. 다시 말하면 ① 내지 ③의 경우는 수질오염물질이 배출시설에서 배출되거나 방지시설에 유입될 것을 전제로 이를 위반하는 행위를 규제하는 것이므로

방류한 경우는 방지시설에 유입하지 아니하고 배출할 수 있는 시설을 만든 경우에 해당함과 아울러 배출시설에서 배출되는 오염물질을 방지시설에 유입하지 아니하고 배출한 경우에 해당된다. 대검찰청, 환경사범수사편람, 1995, 139면; 조현권(각주 11), 474면.

46) 배출허용기준 초과 여부를 측정할 수 있는 최종방류구를 통과하는 한 방지시설 중 어느 일부 과정을 거치지 않도록 시설을 설치하거나 미가동 등 정상적인 가동과정을 거치지 아니할 경우는 여기에 해당되지 않으며, 다만 그 배출이 배출허용기준을 초과할 경우에는 동조 제4호 위반이 문제될 수 있을 것이다. 조현권(앞의 책), 474 내지 475면.

47) 갑작스런 단전 · 단수, 오염물질의 부하변동 등 처리상의 문제점으로 부득이하게 배출허용기준을 초과한 경우에는 정당한 사유가 있었다고 인정할 수 있을 것이다. 환경사범수사편람(각주 31), 95면. 구체적으로 정당한 사유에는 구 '수질환경보전법' 시행령 제9조에서 적시하고 있는 다음 사유가 들어질 수 있을 것이다: ① 배출시설 또는 방지시설을 개선 · 변경 또는 보수하기 위하여 부득이한 경우; ② 배출시설 또는 방지시설의 주요기계장치 등의 돌발적 사고로 인하여 적정운영을 할 수 없는 경우; ③ 단전 · 단수로 배출시설 또는 방지시설을 적정운영 할 수 없는 경우; ④ 천재 · 지변, 화재 기타 불가항력적인 사유로 배출시설 또는 방지시설을 적정운영 할 수 없는 경우; ⑤ 오염물질을 생물화학적 방법에 의하여 처리하는 경우 기후변동 또는 이상물질 유입 등으로 인하여 방지시설을 적정운영 할 수 없는 경우. 여기에 대하여 위 ①, ②의 사유를 정당한 사유로 보는 것은 지나치게 관대하다는 주장이 있다. 조홍식(각주 10), 485면.

48) 배출허용기준을 초과한 경우에는 개선명령(제39조), 조업정지명령(제40조), 폐쇄명령(제44조) 등을 내리고 이러한 명령위반에 대하여 처벌(제76조 제3호 · 제4호)하는 방법도 있을 것이다.

배출시설, 방지시설을 거쳐 공장 외부로 배출될 것이 예정된 (공정)폐수와 무관하게 발생한 폐수(수질오염물질)의 경우는 여기에 해당되지 않는다고 할 수 있다(판례 [6] 참조).

[6] 수질오염물질 배출행위: 청주지법 2014. 7. 18. 선고 2014노46 판결

법 제38조 제1항 제2호 전단에서 금지하는 '수질오염물질 배출행위'는 방지시설에 유입되는 수질오염물질을 최종 방류구를 거치지 아니하고 방지시설 안에서 방지시설 밖으로 내보내는 행위를 의미한다고 봄이 타당하고, 이와 달리 방지시설 밖으로 내보낸 수질오염물질을 반드시 공공수역으로 흘러들어가게 하는 행위로 제한할 것은 아니며, 나아가 방지시설의 개선이나 보수 등을 위하여 수질오염물질이 함유된 폐수를 방지시설 밖으로 내보내는 경우라고 하더라도 수질보전법령에 따라 사전에 개선계획서를 제출하고 폐수처리업 등록을 한 자에게 위탁처리하는 등 수질보전법령에 따른 절차를 거쳤다고 볼 만한 사정이 없는 한 달리 볼 것은 아니다.49)

[7] 비정상운영신고와 정상운영할 의무: 대법원 1992. 12. 8. 선고 92도2517 판결

수질오염물질에 대한 배출시설 및 방지시설의 개선 변경이나 고장 또는 수리를 위하여 비정상운영신고를 하였다고 하여도 그 가동을 중단할 필요 없이 기존 시설의 정상운영이 가능한 경우에는 정상운영할 의무가 있고 이를 위반한 때에는 배출시설 및 방지시설을 정당한 사유 없이 정상적으로 가동하지 아니하여 오염물질을 배출하는 행위에 해당되어 벌칙규정(구 수질환경보전법 제56조 제3호)의 적용대상이 될 수 있다.50)

[8] 신분범: 대법원 1997. 5. 28. 선고 97도363 판결

법 제56조의2 제4호가 처단하는 같은 법 제15조 제1항 각 호의 1에 해당하는 행위를 한 자는 위와 같은 신분에 있는 사업자의 행위를 처단하는 규정이라고 보아야하고, 위와 같은 신분을 갖지 않은, 즉 허가·신고 없이 배출시설, 방지시설을 운영한 자의 오염물질 배출행위에는 적용될 수 없다할 것이므로 허가·

49) 공장 팀장인 피고인이 공장 내 유량조정시설에서 수질오염물질을 꺼내어 자루에 담고, 위 자루에서 흘러나온 침출수를 인근 하천으로 연결된 맨홀에 모았다가 다시 위 유량조정시설에 유입시킴으로써 방지시설에 유입되는 수질오염물질을 최종 방류구를 거치지 아니하고 배출하였다고 하여 구 「수질 및 수생태계 보전에 관한 법률」 위반으로 기소된 사안에서, 피고인의 행위가 같은 법 제38조 제1항 제2호 전단에서 금지하는 '수질오염물질 배출행위'에 해당한다고 본 사례.

50) 비정상운영신고를 하였지만 정상운영할 의무가 있다고 판단하여 처벌한 사례.

신고 없이 배출시설, 방지시설을 설치 운영하면서 오염물질을 배출한 자를 수질환경보전법 제56조의2 제4호 위반죄로 처벌할 수 없다.[51)]

[9] 환경부령으로의 위임이 죄형법정주의에 위반 여부(소극): 대법원 1992. 12. 8. 선고 92도407 판결

수질환경보전법 제56조 제3호에서 "배출시설 및 방지시설을 정상운영하지 아니한 자"라 함은, 같은 법 제8조의 규정에 의한 배출허용기준 이하로 오염물질이 배출될 수 있도록 설계 시공되어 적합판정을 받은 배출시설이나 방지시설을 정상적으로 운영하지 아니함으로써 배출허용기준을 초과하여 오염물질을 배출시킨 자를 가리키는 것임이 분명하므로, 같은 법 제56조 제3호가 처벌대상으로 규정하고 있는 행위가 구체적이고 명확하게 규정되어 있지 않다고 볼 수 없을 뿐만 아니라, 지역적 사정과 환경의 질적인 향상 및 그 보전을 위한 여러 가지 여건을 감안하여 정하여야 하는 오염물질의 배출허용기준을 직접 법률에서 모두 규정하지 아니하고 총리령 등으로 정하도록 위임하였다 하여 같은 법 제8조의 규정이 죄형법정주의에 위반된다고 볼 수 없다.[52)]

특히 동법에서는 폐수무방류배출시설의 경우 상수원보호에 미칠 수 있는 영향을 고려하여 일정한 행위를 금지함으로써, 관리를 엄격히 하고 있다(제38조 제2항).

(2) 측정기기 부착

동법은 일정한 폐수배출량 이상의 사업장을 운영하는 사업자, 일정한 처리용량 이상의 공공폐수처리시설 또는 공공하수처리시설을 운영하는 자 등의 측정기기 부착의무(제38조의2), 측정기기 관련 금지행위 및 측정기기 운영 · 관리기준 등을 규정하고 있으며(제38조의3), 나아가 측정기기부착사업자등이 운영 · 관리기준을 준수하지 아니하는 경우 필요한 조치 및 조업정지 명령을 할 수 있도록 하며(제38조의4), 측정기기 전산망 운영, 측정기기 부착 사업자 등에 대한

---

51) 허가 · 신고 없이 배출시설, 방지시설을 설치 운영하면서 오염물질을 배출한자를 구 '수질환경보전법' 제56조의2 제4호 위반죄로 처벌할 수 없다고 한 사례. 동 판결은 이유에서 "논지는 위와 같이 해석할 경우 같은 법 제10조 제1항 내지 제3항 소정의 허가 · 변경허가, 신고 · 변경신고 등을 받지 않고 폐수를 배출하는 경우보다 그와 같은 절차를 거친 사람이 배출하는 경우를 더 무겁게 처벌하는 모순이 생긴다는 것인바, 그와 같은 사정은 법 규정의 미비일 뿐이므로, 입법적으로 해결함은 별론으로 하고, 처벌법규의 구성요건을 유추 · 확대해석할 수는 없다고 해야 할 것이다"라고 적시함으로써, 법 규정의 미비를 지적하고 있으나 무허가(신고) 배출시설의 설치를 가장 무겁게 처벌하고 있다는 점에서 법 규정의 미비는 아니라 할 것이다.

52) 오염물질의 배출허용기준을 직접 법률에서 모두 규정하지 아니하고 총리령 등으로 정하도록 위임한 것이 죄형법정주의에 위반되지 않는다고 한 사례.

기술지원 등의 사항을 규정하고 있다(제38조의5). 한편, 측정기기로 관리의 안정성 및 전문성을 제고하기 위해 측정기기 관리대행업의 등록제가 도입·시행되고 있다(제38조의6 이하).

(3) 자가측정제도

사업자는 그가 운영하는 배출시설 및 방지시설을 적정하게 운영하기 위하여 배출되는 수질오염물질을 스스로 측정하거나 측정대행업자로 하여금 측정하게 할 수 있다(제46조).

(4) 특정수질유해물질 배출량조사 및 공개

동법은 사업자 중 환경부령으로 정하는 자로 하여금 매년 사업장에서 배출되는 특정수질유해물질의 종류, 취급량·배출량 등을 조사하여 그 결과를 환경부장관에게 제출하여야 하고, 환경부장관은 조과결과에 대한 검증을 한 후 그 결과를 사업장별로 공개하여야 한다(제46조의2).

(5) 환경기술인의 임명 및 신고

동법은 배출시설과 방지시설의 정상적인 운영·관리를 위한다는 차원에서 환경기술인에 대한 법적 근거를 마련하고 있다(제47조).

라. 사업자의 의무이행 확보수단

(1) 개선명령

환경부장관은 가동시작 신고를 한 후 조업 중인 배출시설(폐수무방류배출시설을 제외)에서 배출되는 수질오염물질의 정도가 배출허용기준을 초과한다고 인정할 때에는 기간을 정하여 사업자(공동방지시설 운영기구의 대표자를 포함)에게 그 수질오염물질의 정도가 배출허용기준 이하로 내려가도록 필요한 조치를 취할 것을 명할 수 있다(제39조).

(2) 조업정지명령

환경부장관은 위 개선명령을 받은 자가 개선명령을 이행하지 아니하거나 기간 이내에 이행은 하였으나 검사결과가 배출허용기준을 계속 초과할 때에는 해당 배출시설의 전부 또는 일부에 대한 조업정지를 명할 수 있다(제40조).

(3) 조업정지·폐쇄명령 및 허가의 취소

동법은 환경부장관으로 하여금 사업자가 거짓이나 그 밖의 부정한 방법으로 허가 · 변경허가를 받은 경우 등 일정한 경우에는 배출시설의 설치허가 또는 변경허가를 취소하거나 배출시설의 폐쇄 또는 6개월 이내의 조업정지를 명할 수 있도록 함으로써, 사후관리를 엄격히 하도록 하고 있다(제42조).

(4) 과징금처분

동법은 규제완화 차원에서 조업정지명령에 대신하여 과징금을 부과할 수 있는 근거 규정을 두고 있다. 즉 환경부장관은 의료기관의 배출시설, 발전설비, 학교의 배출시설, 제조업의 배출시설 등 일정한 배출시설(폐수무방류배출시설을 제외)을 설치 · 운영하는 사업자에 대하여 조업정지를 명하여야 하는 경우로서 그 조업정지가 주민의 생활, 대외적인 신용 · 고용 · 물가 등 국민경제 또는 그 밖의 공익에 현저한 지장을 줄 우려가 있다고 인정되는 경우에는 조업정지처분을 갈음하여 매출액에 100분의 5를 곱한 금액을 초과하지 아니하는 범위에서 과징금을 부과할 수 있다(제43조 제1항). 그러나 다음의 어느 하나에 해당하는 위반행위에 대해서는 제1항에도 불구하고 조업정지를 명하여야 한다: ① 방지시설(공동방지시설을 포함)을 설치하여야 하는 자가 방지시설을 설치하지 아니하고 배출시설을 가동한 경우; ② 제38조 제1항 각 호의 어느 하나에 해당하는 행위(배출시설 및 방지시설의 비정상운영)를 한 경우로서 30일 이상의 조업정지처분 대상이 되는 경우; ③ 제38조의3 제1항 각 호의 어느 하나에 해당하는 행위(측정기기 관리대행업자의 준수사항 비준수)를 한 경우로서 5일 이상의 조업정지처분 대상이 되는 경우; ④ 개선명령을 이행하지 아니한 경우; ⑤ 과징금 처분을 받은 날부터 2년이 경과되기 전에 조업정지 처분 대상이 되는 경우(동조 제2항).

(5) 위법시설에 대한 폐쇄조치

동법은 일정한 경우 사용중지 및 폐쇄명령의 의무적 부과를 규정하고 있다. 즉 환경부장관은 허가를 받지 아니하거나 신고를 하지 아니하고 배출시설을 설치하거나 사용하는 자에 대하여 당해 배출시설의 사용중지를 명하여야 한다. 다만, 당해 배출시설을 개선하거나 방지시설을 설치 · 개선하더라도 그 배출시설에서 배출되는 수질오염물질의 정도가 배출허용기준 이하로 내려갈 가능성이 없다고 인정되는 경우(폐수무방류배출시설의 경우에는 그 배출시설에서 나오는 폐수가 공공수역으로 배출될 가능성이 있다고 인정되는 경우를 말함) 또는 그 설치장소가 다른 법률의 규정에 의하여 당해 배출시설의 설치가 금지된 장소인 경우에는 그 배출시설의 폐쇄를 명하여야 한다(제44조).

[10] 성질(의무사항): 광주고법 1995. 5. 26. 선고 94구3147 판결

원고가 배출시설 중 일부만을 운영한다 하더라도 이는 허가대상이 되고, 배출시설의 운영으로 인해 대기 및 수질오염을 방지할 중대한 공익상 필요가 있으므로 피고의 무허가 배출시설에 대한 폐쇄명령은 재량사항이 아니고 의무사항이다.

마. 배출부과금(Effluent Charges)

(1) 의 의

동법 제41조는 환경부장관으로 하여금 수질오염물질로 인한 수질오염 및 수생태계 훼손을 방지하거나 감소시키기 위하여 수질오염물질을 배출하는 사업자 또는 허가 · 변경허가를 받지 아니하거나 신고 · 변경신고를 하지 아니하고 배출시설을 설치하거나 변경한 자에게 배출부과금을 부과 · 징수토록 하고 있다. 배출부과금제도는 경제적 동기를 이용하여 오염을 유발하는 자에게 부과한다는 점에서 오염원인자부담원칙을 구현하는 중요한 경제유인적 규제수단이라 할 것이다. 이는 배출시설의 설치허가, 위법시설에 대한 개선명령, 조업정지, 허가취소, 벌칙부과 등과 같은 직접적인 명령 · 규제방식과 구별된다.

배출부과금제도는 1983년 개정 '환경보전법'에서 처음 도입되었다. 당시에는 배출허용기준의 준수 여부가 중요한 부과기준으로 작용하여 배출기준을 초과한 경우에 한하여 배출부과금이 부과되었으므로 직접규제방식이 가미된 형태이었으나, 그 후 수차에 걸쳐 변형되어오면서 현재는 배출허용기준 준수 여부와 관계없이 배출부과금이 부과되고 있다.53) 배출부과금제도는 환경법상 상당히 성공한 제도로 평가받고 있음에도 불구하고 산정절차 및 방식의 복잡성, 부과대상 오염물질의 제한, 낮은 부과요율, 적용대상의 제한 등 문제점이 발견되고 있다.

(2) 부과대상자: 사업자

환경부장관은 오염물질을 배출하는 사업자(공공폐수처리시설, 공공하수처리시설 중 환경부령으로 정하는 시설을 운영하는 자를 포함) 또는 허가 · 변경허가를 받지 아니하거나 신고 · 변경신고를 하지 아니하고 배출시설을 설치 또는 변경한 자에

53) 기존 배출부과금은 배출허용기준 이상으로 대기오염물질을 배출하였을 경우에 벌과금적인 성격으로 징수되었기 때문에 사업자가 배출허용기준만 준수하면 문제가 없었다. 그 결과 사업자는 오염물질 총량을 저감하려는 노력이 미흡하였고 결과적으로 지역 환경관리가 어려웠다. 이러한 문제점을 해결하기 위해 1995. 12. 29. 개정 「대기환경보전법」에서는 배출허용기준 이내로 배출하는 오염물질에 대하여도 배출총량에 따라 배출부과금을 부과하도록 하였다.

대하여 배출부과금을 부과한다(제41조 제1항). 허가 · 신고 없이 배출시설을 설치한 자에게 배출부과금을 부과 · 징수하도록 하는 것은 이와 같은 경우에 사용중지명령을 의무적으로 부과하도록 하고 있는 규정(제44조)과 배치될 수 있다. 허가 · 신고 없이 배출시설을 설치한 경우에는 사용중지명령, 벌칙(제75조, 제76조) 등의 부과가 논리적으로 타당하다고 생각한다.

배출부과금의 부과대상자는 오염물질을 배출하는 '사업자'이므로 배출부과금을 통하여 가정의 생활폐수나 상업시설폐수 등과 같은 환경오염물질을 배출하는 배출원에 대한 규제는 할 수 없다. 배출시설 및 방지시설을 임대차하는 경우에는 임차인은(허가취소의 경우를 제외) 배출부과금 규정을 적용함에 있어 이를 사업자로 본다(제36조 제3항). 사업자에 해당되면, 오염물질을 공공수역에 직접 배출하는 경우는 물론이고, 공공폐수처리시설 등을 통하여 공공수역에 배출하는 경우에도 부과할 수 있다(판례 [12]).

[11] 폐업신고자: 서울고법 1997. 12. 4. 선고 97구8597 판결

폐수배출부과금 부과처분을 할 당시, 원고가 세무서장에게 신고하는 사업자등록에 관하여는 폐업신고를 하였으나, 피고에게 하여야 할 배출시설허가에 관하여는 권리 · 의무승계신고를 하지 아니하여 배출시설 허가 명의자는 여전히 원고로 남아 있었으므로, 피고가 허가기준치를 초과하는 폐수배출과 관련하여 배출시설허가 명의자인 원고에 대하여 배출부과금부과 처분을 한 것은 무효라고 할 수는 없다.[54]

[12] 대법원 2011. 10. 27. 선고 2011두12986 판결

수질 및 수생태계 보전에 관한 법률(이하 '법'이라 한다) 제32조 제1항은 "폐수배출시설(이하 '배출시설'이라 한다)에서 배출되는 수질오염물질의 배출허용기준은 환경부령으로 정한다"고 규정하고 있고, 같은 조 제8항은 "환경부장관은 제48조의 규정에 의한 폐수종말처리시설 또는 하수도법 제2조 제5호의 규정에 의한 하수종말처리시설에 배수설비를 통하여 폐수를 전량 유입하는 배출시설에 대하여는 그 폐수종말처리시설 또는 하수종말처리시설에서 적정하게 처리할 수 있는 항목에 한하여 제1항의 규정에 불구하고 별도의 배출허용기준을 정하여 고시할 수 있다"고 규정하고 있으므로, 폐수종말처리시설 등에 배수설비를 통하여 폐수를 전량 유입하는 배출시설에 대하여도 법 제41조, 법 시행령 제45조 등에 의한 초과배출부과금이 부과될 수 있다.

---

54) 배출시설허가에 관한 권리 · 의무승계신고 없이 세무서에만 폐업신고한 자에 대한 배출부과

공동방지시설에 배출부과금을 부과할 경우에는 복잡한 문제가 발생할 수 있다. 공동방지시설이 법규를 위반하여 부적정하게 운영되었을 때 배출부과금을 이 시설에 폐수를 보내는 다수의 사업자 모두에게 부과하여야 하는지 아니면 공동방지시설의 대표자, 운영기구 등에 부과하여야 하는지 문제가 될 수 있기 때문이다. 판례는 배출부과금은 사업자가 배출한 오염물질처리비용 상당액을 한도로 부과하여야 하는 것이므로, 공동방지시설로부터 기준초과 오염물질 등이 배출되어 배출부과금을 부과하는 경우에도 법령에 특별한 규정이 없는 한 행정청은 각 사업장별로 사용된 원료의 양, 제품생산량, 공정 등에 의하여 각 사업자가 실제로 배출한 오염물질 등의 양을 합리적으로 산정한 다음 각 사업자에게 각자 배출한 오염물질 처리비용에 상당하는 금액만을 부과하여야 한다는 입장이다.[55] 이에 따르면 원칙적으로 공동방지시설의 운영기구인 조합 등에 배출부과금을 부과할 수 없게 된다. 그 결과 배출부과금 등 행정처분을 결정하는 것이 현실적으로 어려운 사례가 발생할 수 있다.

(3) 종 류

배출부과금에는 폐수배출시설(폐수무방류배출시설을 제외)에서 배출되는 폐수 중 오염물질이 배출허용기준 이하로 배출되나 방류수수질기준(제12조 제3항)을 초과하는 경우와 공공폐수처리시설 또는 공공하수처리시설에서 배출되는 폐수 중 오염물질이 방류수수질기준을 초과하는 경우에 오염물질배출량과 배출농도 등에 따라 부과하는 기본부과금과 오염물질이 배출허용기준을 초과하여 배출되는 경우와 공공수역에 배출되는 경우(폐수무방류배출시설에 한함)에 오염물질배출량과 배출농도에 따라 부과하는 초과부과금이 있다(제41조 제1항).

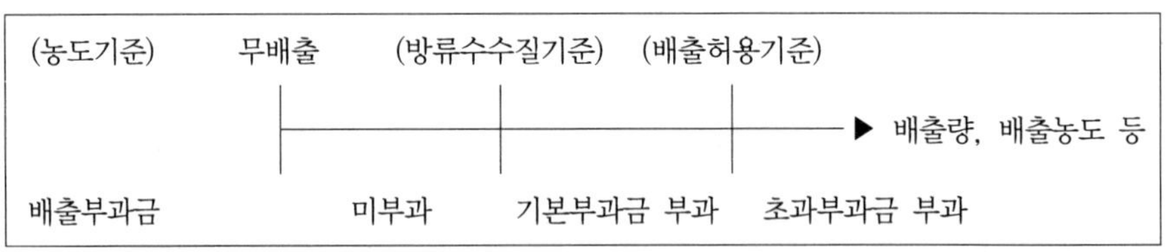

(4) 부과금의 부과근거

법원은 국민에게 의무를 부과하는 배출부과금 부과처분은 법령의 근거하에

금 부과처분이 당연무효가 아니라고 한 사례.

55) 대법원 1994. 5. 10. 선고 93누23763 판결(공동방지시설의 운영기구인 조합에 배출부과금을 부과할 수 없다고 한 사례).

행해져야 하는 것이므로 승인서나 사업자들 상호간의 내부관계를 정한 문서(예컨대, 공동운영규약) 등에 근거하여 배출부과금을 부과할 수 없다는 입장을 고수하여왔다.[56] 그러나 시행규칙에서 사업자 또는 공동방지시설의 대표자로 하여금 공동방지시설을 설치하려는 경우에, "사업장별 폐수배출량 및 수질오염물질 농도를 측정할 수 없을 때의 배출부과금 · 과태료 · 과징금 및 벌금 등에 대한 분담명세를 포함한 공동방지시설의 운영에 관한 규약"을 시 · 도지사에게 제출하도록 하고, 공동방지시설의 운영관리와 관련된 배출부과금의 납부는 '사업자별로 부담비율을 미리 정하여 분담'하도록 규정함으로써(제45조 제1항 제6호), 배출부과금 산정에서의 편의를 통한 용이한 배출부과금 부과를 도모하고 있다. 이에 법원도 전향적인 입장을 보이고 있다(판례 [13]).

[13] 대법원 2017. 11. 29. 선고 2014두13232 판결

구 수질 및 수생태계 보전에 관한 법률(2013. 7. 30. 개정 전) 제35조 제1항, 제4항, 제6항, 수질 및 수생태계 보전에 관한 법률 시행규칙 제45조 제1항 제6호, 제2항의 취지는 폐수배출시설로부터 배출되는 수질오염물질의 공동처리를 위한 공동방지시설을 설치할 경우 각 사업장별 폐수배출량 및 수질오염물질 농도를 정확하게 측정하기가 어려울 수 있으므로, 사업자들이 자율적으로 배출부과금 부담비율을 정할 경우 행정청이 이를 존중하여, 공동방지시설에서 배출된 총 수질오염물질에 대하여 산정한 배출부과금을 사업자들이 정한 부담비율에 따라 각 사업자별로 분담시켜 부과금을 부과할 수 있도록 함으로써, 배출부과금 산정에서의 편의와 적정성을 도모하려는 것으로 볼 수 있다.

따라서 사업자들이 폐수배출시설로부터 배출되는 수질오염물질의 공동처리를 위하여 공동방지시설을 설치하였고, 사업장별 폐수배출량 및 수질오염물질 농도를 측정할 수 없는 경우, 행정청이 사업자들이 제출한 '공동방지시설의 운영에 관한 규약'에서 정해진 '사업장별 배출부과금 부담비율'에 근거하여 각 사업자들에게 배출부과금을 부과하였다면, 그 규약에서 정한 분담기준이 현저히 불합리하다는 등 특별한 사정이 없는 이상, 이러한 배출부과금 부과처분이 위법하다고 볼 수는 없다.

56) 대법원 1996. 3. 22. 선고 95누18000 판결(공동방지시설을 설치한 사업자들 상호간의 내부관계를 정한 것에 불과한 '공동방지시설의 운영에 관한 규약'에 근거하여 배출부과금을 부과할 수 없다고 한 사례); 대구고법 1996. 6. 7. 선고 95구2778 판결(조합운영규약에 근거하여 출자비율에 따른 배출부과금 부과처분이 위법하다고 한 사례); 대구고법 1997. 10. 24. 선고 97구1908 판결(공동방지시설설치승인서상의 오염물질 배출량에 근거한 배출부과금 부과처분이 위법하다고 한 사례).

(5) 배출부과금 부과처분의 성질

배출부과금 부과처분은 법령에 정해진 산정기준에 의거하여 부과하는 기속행위이므로 그 감액은 할 수 없다.[57] 또한 개선명령이나 조업정지명령 등과 같은 행정제재적 명령과 별개의 목적과 법적 근거에 따라 이루어지는 독립처분이다.[58]

(6) 산정방법 및 기준

동법은 배출부과금의 산정방법과 기준을 대통령령에 위임하고 있는데, 이는 포괄위임입법 금지원칙에 위반될 소지가 있다. 그러나 판례는 산정방법과 기준이 전문적 · 과학적인 판단과 탄력적인 규율이 요구되는 영역으로 하위 법령으로의 위임 필요성이 인정된다는 등 이유로 소극적으로 이해하고 있다.[59]

(가) 기본부과금

기본부과금은 유기물질, 부유물질 2종류의 오염물질에 국한하여(시행령 제42조), 배출허용기준 범위 안에서 오염물질배출량과 배출농도를 기준으로 다음과 같이 산출한 금액으로 한다(시행령 제41조).

기본부과금 = 방류수수질기준을 초과한 오염물질배출량(기준이내배출량) × 오염물질 1kg당 부과금액 × 연도별 부과금산정지수 × 사업장별부과계수 × 지역별부과계수 × 방류수수질기준초과율별 부과계수

(나) 초과부과금

초과부과금은 유기물질, 부유물질, 총질소, 총인 등 19종류를 대상으로(시행령 제46조), 개선계획서를 제출한 경우와 제출하지 아니한 경우에 따라 차이를 두고 부과한다. 구체적인 산정방법은 시행령 제45조에 규정되어 있다.

1) 개선계획서를 제출하지 아니한 경우

배출허용기준을 초과한 오염물질배출량에 오염물질 1kg당 부과금액, 배출허용기준초과율별 부과계수, 지역별 부과계수, 연도별 부과금산정지수 및 위반횟수별 부과계수를 곱하여 산출한 금액에 사업장의 규모에 따라 일정한 금액을 더한 금액으로 한다(시행령 제45조 제1항 본문).

---

57) 서울고법 1997. 10. 9. 선고 96구21975 판결(도산 위기에 있는 영세업체에게 과도한 배출부과금 부과처분이 재량권을 남용한 것이라는 원고 주장을 배척한 사례).

58) 부산고법 1996. 4. 17. 선고 94구2640 판결(개선명령이 취소되더라도 배출부과금 부과처분의 효력이 당연히 상실되지 않는다고 한 사례).

59) 대법원 2009. 12. 10. 선고 2009두14705 판결; 헌재 2009. 10. 29. 선고 2008헌바122 결정.

> 배출허용기준초과배출량(기준초과배출량) × 오염물질 1kg당 부과금액 × 연도별 부과금 산정지수 × 지역별부과계수 × 배출허용기준 초과율별 부과계수 × 위반 횟수별 부과계수 + 사업장 규모에 따른 일정 금액

> 기준초과배출량 = 일일기준초과배출량 × 배출기간(시행령 제47조 제1항)

2) 개선계획서를 제출한 경우

사업자가 개선계획서를 제출하고 개선하는 경우에는 사업장의 규모에 따른 일정한 금액을 더하지 아니하고, 배출허용기준초과율별 부과계수와 위반횟수별 부과계수를 적용하지 아니한다(시행령 제45조 제1항 단서).

(7) 산정 방법

배출부과금과 관련한 판례는 비교적 많은데, 특히 배출허용기준초과오염물질배출량과 배출기간 문제에 집중되고 있다. 이는 이들 요소가 배출부과금 산정의 중요한 기준이 되기 때문인 것으로 보인다.

(가) 기준초과배출량

기준초과배출량은 배출허용기준을 초과한 배출량이기 때문에 배출허용기준의 초과여부가 중요한 기준이 되고 있다. 이는 수질오염도검사를 어느 지점에서 어떻게 검사하느냐에 따라 기준초과배출량은 큰 차이가 있을 수 있다는 것을 의미한다. 배출부과금을 부과하기 위한 수질오염도검사에 있어 시료채취지점은 폐수의 성질을 대표할 수 있는 곳(예컨대, 조업 목적 이외의 물이 포함될 가능성이 없는 지점)에서 이루어져야 하며, 현장물의 성질을 대표할 수 있도록 채취하여야 한다.[60]

배출부과금 산정의 기준이 되는 기준초과배출량은 실제 배출된 오염물질량을 기준으로 한다. 그 결과 실제 가동하지 않는 배출시설이 있는 경우에는 그 가동을 전제하여 배출허용기준 초과 오염물질배출량을 산정하여서는 안 된다.[61]

---

60) 시료채취방법 및 지점에 대하여 자세한 내용은 환경사범수사편람(각주 45), 129 내지 133면 참조. "부과금 산정의 기초가 되는 시료를 채취함에 있어 돈사 옆 맨홀 부분에서 시료를 채취함이 정당하다는 더 이상의 주장이나 입증이 없는 이상 그곳에서 채취한 시료의 오염도에 기하여 배출부과금을 산정한 피고의 부과처분은 그 오염도가 위 농장폐수를 대표한다고 할 수 없어 위법하다." 서울고법 1994. 6. 15. 선고 92구37484 판결; 대법원 1990. 5. 11. 선고 90누714 판결(폐수처리장의 최종방류구가 아닌 침전조에서 채취한 시료의 분석결과에 따른 배출부과금 부과처분을 적법하다고 판단한 원심판결에 채증법칙 위반 또는 심리미진의 위법이 있다고 본 사례); 대법원 1992. 12. 11. 선고 92누8989 판결; 서울고법 1997. 12. 10. 선고 97구11418 판결.

(나) 배출기간

1) 실제 가동하였던 기간

배출부과금 산정의 기준이 되는 배출기간의 산정은 사업장을 실제 가동하였던 기간을 기준으로 하여야 하므로 예컨대, 실제 작업일이 아닌 공휴일 등은 그 기간에서 제외된다.

[14] 배출기간의 산정: 서울고법 1994. 6. 23. 선고 93구18114 판결

배출기간을 산정함에 있어, 오염물질 채취일부터 개선명령의 이행완료일까지로 하되, 그 기간 중에서 수질오염검사결과가 검찰에 통보된 날로부터 다시 그 결과가 사업자에게 이첩되기까지의 기간과, 시·군합동점검일로부터 사업자의 개선완료보고일까지의 기간을 공제한 나머지의 기간 중 사업자가 공장을 실제로 가동하였던 기간으로 한 것은 적법하다.

2) 사업자가 개선명령을 받은 이후에 그 명령을 이행한 경우의 배출기간

사업자가 개선명령을 받은 이후에 그 명령을 이행한 때에는 개선을 완료한 날까지를 배출기간으로 하여야 한다. 구체적으로 개선을 완료한 날을 언제로 보아야 하는가? 개선명령을 받은 사업자는 그 명령을 이행한 때 지체 없이 환경부장관에게 보고를 하여야 하므로(제45조 제1항) 개선명령을 받은 경우에는 보고를 함으로써 비로소 개선이 완료되었다고 보아야할 것이다.[62]

「물환경보전법 시행령」 제40조 제2항·제3항의 취지 및 그 규제대상인 오염물질 초과 배출량과 그 부과금 산정의 특성에 비추어 배출허용기준 초과 오염물질의 배출에 따른 개선명령을 받고 이행을 완료한 사업자에 대한 배출부과금의 산정은 사업자가 「물환경보전법 시행령」 제54조에서 정한 조정사유의 발생사실을 들어 그에 필요한 절차를 밟지 아니한 이상 당초 측정된 배출량에 보고한 날을 종기로 한 배출기간을 곱하여 배출부과금을 산정하는 것이 합리적일 것이다.

이행완료 보고만을 늦게 하였음이 증거에 의해 명백히 인정되는 등 특별한 사정이 있는 경우에는 사실상 개선작업을 완료한 날을 배출기간의 종기로 볼 수 있다는 주장이 있을 수 있으나 행정청의 공식적인 개선명령 이행완료확인의

---

61) 대법원 1992. 12. 11. 선고 92누8989 판결(배출시설 허가를 받은 보일러 3대 중 평소 1대만 가동하여 온 경우, 3대 전부를 가동시켜 측정한 배출오염물질을 기준으로 배출부과금을 산정한 것이 위법하다고 한 사례).

62) 대법원 1995. 6. 30. 선고 94누569 판결; 서울고법 1996. 5. 9. 선고 89구7391 판결.

기능적 의의를 상쇄시킬 정도의 상황이 아니라면, 행정청의 공식적 개선명령 이행완료확인이 있어야 개선명령의 이행이 종결된 것으로 보아야 할 것이다. 더욱이 사업자가 법령(「물환경보전법 시행령」 제54조)에서 정한 절차에 따라 개선명령 이행완료예정일 이전의 조기 이행을 원인으로 그 배출기간의 단축을 통한 배출부과금의 조정이 가능함에도 불구하고 개선명령 이행완료예정일 이전에 그러한 절차를 취하지 아니한 경우에는 개선작업을 완료한 날을 배출기간의 종기로 받아들이기는 어렵다 할 것이다(판례 [15]).

[15] 대법원 2009. 12. 10. 선고 2009두14705 판결

구 대기환경보전법(2007. 4. 27. 개정 전) 제19조 등 배출부과금에 관한 법령의 취지 및 그 규제대상인 오염물질 초과 배출량과 그 부과금 산정의 특성에 비추어, 허용기준 초과 오염물질의 배출에 따른 개선명령을 받고 이행을 완료한 사업자에 대한 배출부과금의 산정은 사업자가 구 대기환경보전법 시행령(2007. 11. 15. 전부 개정 전) 제28조 제1항에서 정한 조정사유의 발생사실을 들어 그에 필요한 절차를 밟지 아니한 이상 당초 측정된 배출량에 위 시행령의 규정에 따른 배출기간을 곱하여 배출부과금을 산정하여야 하는 것이고, 그와 같이 산정된 배출부과금의 부과처분이 구 대기환경보전법 제19조 제2항의 규정에 어긋난다고 할 수 없다.[63]

[16] 개선명령의 이행(소극): 서울고법 1996. 12. 18. 선고 96구9067 판결

노후된 목재제재시설 1대를 폐쇄하였다고 하더라도 배출기준초과 오염물질의 배출이 오로지 동제재시설의 가동에 따른 것으로 볼 아무런 자료가 없고, 제재시설의 폐쇄를 전후하여 생산량에 있어서도 현저한 변동이 없었을 경우, 제재시설의 가동 중단만으로 개선명령을 이행한 것이라고 볼 수 없다.[64]

개선을 완료하였다는 부분에 대한 주장, 입증 책임은 사업자에게 있으며,[65] 이러한 입증책임을 다하지 못하였을 경우에 사업자는 환경부장관에게 보고를 한

63) 법정 배출허용기준을 초과하여 대기오염물질을 배출한 사업자에게 시정을 위한 개선명령 후 배출기간을 오염물질 채취일부터 개선명령 이행보고일까지로 하여 배출부과금을 부과한 사안에서, 사업자가 개선명령 이행완료예정일 전에 개선작업을 완료하였음을 이유로 배출금 부과금의 조정절차를 취하지 않았으므로, 사실상 개선작업 완료일이 아니라 구 「대기환경보전법 시행령」(2007. 11. 15. 개정 전) 제18조 제1항 제2호에서 정한 배출기간의 종기를 기준으로 배출부과금을 부과한 위 처분이 적법하다고 한 사례.

64) 노후된 목재제재시설을 폐쇄한 것이 개선명령을 이행한 것으로 볼 수 없다고 한 사례.

65) 광주고법 1995. 10. 19. 선고 92구1567 판결.

날까지의 배출부과금을 부담하여야 할 것이다.66)

3) 사업자가 개선명령을 받지 아니한 상태에서 개선하는 경우의 배출기간

개선명령이 있기 전에 스스로 개선을 완료한 경우에는 사업자가 개선사실을 보고할 법적인 근거가 없다는 점을 고려할 때 장차 있을 개선명령의 내용대로 개선작업을 사실상 완료한 날까지를 배출기간으로 보고 배출부과금을 산정함이 상당하다(판례 [17]).

[17] 개선작업을 사실상 완료한 날: 대법원 1998. 4. 10. 선고 98두1406 판결

개선명령이 있기 전에 스스로 개선을 완료한 경우에는 사업자가 개선사실을 보고할 법적인 근거가 없음에도 불구하고, 그러한 사업자로 하여금 개선명령을 받은 후 개선완료 사실을 보고하도록 하여 그 보고한 날까지를 배출기간으로 한 배출부과금을 부과한다면, 사업자는 실제로 배출허용기준을 초과하는 오염물질을 배출하지 아니한 기간에 대하여도 배출부과금을 부담하게 되는 부당한 결과가 되는 점을 고려하여, 이러한 경우에는 장차 있을 개선명령의 내용대로 개선작업을 사실상 완료한 때까지를 배출기간으로 보아 배출부과금을 산정하여야 한다.

* 동지: 대법원 1995. 6. 30. 선고 94누569 판결; 서울고법 1997. 10. 10. 선고 97구340 판결.

(8) 배출부과금의 감면

배출부과금은 방류수수질기준 이하로 배출하는 사업자(폐수무방류배출시설을 운영하는 사업자를 제외)에 대해서는 부과하지 아니하며, 대통령령으로 정하는 양 이하의 수질오염물질을 배출하는 사업자67) 및 다른 법률에 따라 수질오염물질의 처리비용을 부담한 사업자에 대해서는 부과금을 감면할 수 있다. 이 경우 다른 법률에 따라 처리비용을 부담한 사업자에 대한 부과금의 감면은 그 부담한 처리비용의 금액 이내로 한정한다(제41조 제3항). 감면의 대상은 기본부과금이다(시행

66) "행정청이 사업자에게 개선명령을 한 이전에 사업자가 오염물질에 대한 배출시설 및 방지시설의 개선을 완료하였다는 주장사실을 인정할 증거가 없을 경우, 사업자는 시료채취일부터 이행보고서를 제출한 날까지의 배출부과금을 부담하여야 한다." 서울고법 1996. 5. 2. 선고 95구31210 판결.

67) "대통령령으로 정하는 양 이하의 수질오염물질을 배출하는 사업자"에는 다음 사업자가 포함된다: ① 별표 13에 따른 제5종사업장의 사업자; ② 공공폐수처리시설에 폐수를 유입하는 사업자; ③ 공공하수처리시설에 폐수를 유입하는 사업자; ④ 배출부과금 부과기준일 전 6개월 동안 방류수수질기준을 초과하는 수질오염물질을 배출하지 아니한 사업자; ⑤ 최종방류구에 방류하기 전에 배출시설에서 배출하는 폐수를 재이용하는 사업자(시행령 제52조 제1항).

령 제52조 제2항).

(9) 징 수

배출부과금을 내야 할 자가 정하여진 기한까지 내지 아니한 때에는 가산금을 징수한다(제41조 제4항). 배출부과금 및 가산금은 「환경정책기본법」에 따른 환경개선특별회계의 세입으로 한다(동조 제6항).

환경부장관 또는 시 · 도지사는 배출부과금이나 가산금을 내야 할 자가 정하여진 기한까지 이를 내지 아니하면 국세 또는 지방세 체납처분의 예에 따라 징수한다(동조 제8항).

(10) 불복절차

위법한 배출부과금부과처분에 대하여는 취소소송 등 행정소송을 통해서 그 구제가 이루어질 수 있을 것이다. 과다 산정된 배출부과금을 납부한 경우에는 부과처분의 위법성을 선결문제로 하여 부당이득금 반환청구의 대상이 될 것이다.

(11) 배출부과금의 조정

환경부장관은 다음에 해당하는 경우에는 부과금을 다시 산정하여 조정하되, 이미 납부한 금액과 조정된 금액에 차이가 있을 때에는 그 차액을 다시 부과하거나 환급하여야 한다.

① 개선(가동중시 · 선량위탁처리를 포함한나)기간 만료일 · 명령이행완료예정일 · 허가취소일 또는 위반행위 중지일까지 개선 · 명령의 이행 또는 위반행위의 중지가 완료되지 아니하거나 그 기간에 개선 · 명령의 이행 또는 위반행위의 중지가 완료되어 초과부과금 산정의 기초가 되는 오염물질의 배출기간이 달라지게 된 경우(시행령 제54조 제1항 제1호)

이 사유로 초과부과금을 조정하는 경우의 초과부과금 산정을 위한 오염물질 또는 배출물질의 배출기간은 개선계획서를 제출한 경우에는 환경부령으로 정하는 개선완료일, 개선명령 · 조업정지명령 · 사용중지명령 · 폐쇄명령을 받은 경우에는 명령이행의 보고를 한 날(법 제45조 제2항에 따른 개선완료상태가 확인된 경우에 한함)까지, 그 밖의 경우에는 위반행위의 중지일 또는 허가취소일까지로 한다(시행령 제54조 제2항). 개선명령 이행완료 예정일 이전의 조기 이행을 원인으로 그 배출기간의 단축을 통한 배출부과금의 조정이 가능함에도 불구하고 그러한 절차를 취하지 않은 한 배출기간의 종기는 사실상 개선작업을 완료한 날이 아니라 개선완료 보고일이다.[68)]

[18] 개선기간 만료일까지 공사가 완료되지 않은 경우(소극): 대법원 1992. 12. 22. 선고 92누2998 판결

구 환경보전법 시행령(1991. 2. 2. 폐지) 제17조의13 제1항 제1호(현행 제54조 제1항 제1호)는 같은 시행령 제17조의9 제1항 제1호 또는 제2호의 규정에 의한 개선기간 만료일 등까지 개선 등이 완료되지 않음으로써 그 기간만료 후의 연장된 배출기간에 대하여 부과금을 추가부과할 경우와 이와 반대로 개선기간 만료 전에 개선 등이 완료됨으로써 단축된 배출기간에 대하여 이미 부과한 부과금을 감액할 경우에 관한 조정규정이므로, 공사기간 내에 공사를 완료하지 않았다면 공사가 완료된 후 오염물질의 배출상태가 개선되었다거나 방지시설이 정상으로 가동되었다는 사유를 들어 위 제1호 소정의 조정사유에 해당한다고 할 수 없다.69)

개선명령이 발하여지기 전에 스스로 장차 있을 개선명령의 내용대로 개선작업을 미리 완료하고 이를 보고하는 경우가 위 부과금 조정사유에 해당하는지에 대하여 대법원은 적극적으로 이해하고 있다(판례 [19] 참조).

[19] 대법원 1991. 3. 22. 선고 90누4372 판결

배출부과금 조정사유의 하나를 규정하고 있는 구 환경보전법 시행령 제17조의13 제1항 제1호 규정 중의 '개선명령의 이행완료예정일 내에 명령의 이행이 완료되어 부과금산정의 기초가 되는 오염물질 또는 배출물질의 배출기간이 달라지게 되는 경우' 가운데 개선명령이 발하여지기 전에 장차 있을 개선명령의 내용대로 개선작업을 미리 완료하고 이를 보고하는 경우를 제외시킬 이유는 없다고 할 것이므로 원고 공장의 수질오염방지시설이 피고 도지사의 개선명령이 있기 전에 원고의 개선작업으로 말미암아 정상가동되었고 같은 날 이 사실이 피고에게 보고까지 되었다면 이는 위 시행령 제17조의13 제1항 제1호(현행 제54조 제1항 제1호)의 배출부과금 조정사유에 해당한다.70)

② 초과부과금의 부과 후 오염물질의 배출상태가 처음 측정할 때와 달라졌다고 인정하여 다시 점검한 결과 오염물질의 배출량이 처음 측정한 배출량과 다른 경우(시행령 제54조 제1항 제2호)

68) 대법원 2009. 12. 10. 선고 2009두14705 판결.
69) 오염물질 배출시설에 대한 개선기간 만료일까지 공사가 완료되지 않은 경우 공사완료 후 오염물질의 배출상태가 개선되었다거나 방지시설이 정상가동되는 사유가 배출부과금 조정사유에 해당하지 않는다고 한 사례.
70) 개선명령이 있기 전에 원고의 개선작업으로 공장의 수질오염방지시설이 정상가동 되고 이 사실이 보고까지 된 경우 배출부과금 조정사유에 해당한다고 한 사례.

이 사유로 초과부과금을 조정하는 경우에는 재점검일 이후의 기간에 대하여만 다시 측정한 배출량을 기초로 산정한다(시행령 제54조 제3항).

[20] 환경관리공단의 검사결과 다른 측정치가 있었다는 사실(소극): 대법원 1993. 7. 16. 선고 93누814 판결

배출부과금 부과권자가 구 환경보전법(1990. 8. 1. 폐지) 제24조의 규정에 의하여 관계 공무원에게 검사시킨 결과라고 볼 수 없는 환경관리공단의 검사 결과 다른 측정치가 있었다는 사실만으로는 같은 법 시행령(1991. 2. 2. 폐지) 제17의13 제1항 제2호 소정의 조정사유에 해당한다고 볼 수 없고, 그와 같은 다른 측정치가 있다는 자료를 부과권자에게 제시하거나 부과권자가 스스로 그와 같은 자료를 입수함으로써 오염물질의 배출상태가 당초의 측정 시와 달라졌다고 인정하여 그에 따라 재점검을 하였다든지, 그와 같은 자료가 부과권자에게 제시되었음에도 불구하고, 부과권자가 합리적 이유 없이 재점검을 실시하지 않았다든지 하는 경우라야만 위 조정사유에 해당한다.

[21] 측정대행자의 오염도 검사결과(적극): 대법원 1995. 12. 15. 선고 94누5380 판결

구 수질환경보전법(1993. 12. 27. 개정 전) 제22조, 제44조 및 구 수질환경보전법 시행규칙(1993. 7. 31. 개정 전) 제51조 내지 제57조는 측정대행자제도를 두고, 측정대행자가 갖추어야 할 기술능력, 시설 및 장비, 그 지정절차, 정수관리 등에 관하여 구체적으로 규정하면서, 측정대행자에게 측정결과의 기록 및 그 보존의무를 지우고, 그 준수사항 및 결격사유, 그 지정의 취소에 관하여 규정하는 등 환경처장관이 측정대행자의 지정에서부터 이를 엄격하게 규제, 감독하고 있는 점에 비추어 볼 때, 구 수질환경보전법 시행령(1993. 6. 9. 개정 전)제14조 제1항 제1호 소정의 부과금조정을 위한 오염물질 또는 배출물질의 배출기간이 달라지게 된 경우를 판단하는 자료로써 빈드시 같은 법 시행규칙 제25조 제2항 각 호 소정의 검사기관의 오염도 검사결과만에 한정되는 것은 아니고 오염물질의 시료채취 및 그 분석방법 등에 있어 신빙성이 인정되는 한 측정대행자의 오염도 검사결과에 의하여도 가능하다고 할 것이다.

[22] 사업자의 객관적인 자료제시(적극): 대법원 1993. 3. 9. 선고 92누9395 판결

구 환경보전법 시행령(1991. 2. 2. 폐지) 제17조의13 제1항 제2호가 배출부과금을 다시 산정하여 조정할 사유의 하나로 '배출부과금의 부과 후 오염물질 등의 배출상태가 당초의 측정 시와 달라졌다고 인징하여 다시 점김한 결과 오염물질 또는 배출물질의 배출량이 당초에 측정한 배출량과 다른 경우'를 들고 있으므로 사업자가 오염물질 등의 배출량이 당초에 측정한 것보다 감소되었음을 뒷받침할만한 객관적인 자료 등을 제시하면서 재점검을 요구하였음에도 불구하고 정당한 사유도 없이 다시 점검을 하지 않았다면, 당초의 배출부과금부과처분은 위 조항 소정의 부과금의 조정을 거치지 아니한 위법한 처분이라고 볼 여지가 있다.

③ 사업자가 제44조 제1항에 따라 제출한 확정배출량의 산정에 착오가 있거나 환경부장관이 제50조에 따라 조정한 기준이내배출량이 잘못 조정된 경우(시행령 제54조 제1항 제3호)

이 사유로 기본부과금을 조정하는 경우에는 배출시설의 설치허가 · 변경허가를 신청하거나 신고 · 변경신고를 하였을 때에 제출한 자료, 배출시설 및 방지시설 운영기록부, 법 제68조에 따른 검사결과 등을 기초로 하여 산정한다(시행령 제54조 제5항).

(12) 권리 · 의무의 승계

동법은 제36조에서 사업자가 배출시설 및 방지시설을 양도하거나 사망한 경우 또는 법인의 합병이 있는 경우에는 그 양수인 · 상속인 또는 합병 후 존속하는 법인이나 합병에 의하여 설립되는 법인은 허가 · 변경허가 · 신고 또는 변경신고에 따른 사업자의 권리 · 의무를 승계하도록 규정함으로써, 관리의 공백과 책임소재 불분명에 따른 분쟁의 발생을 예방하고 있다. 문제는 "허가등에 따른 사업자의 권리 · 의무"에 배출부과금이 포함되는가이다. "허가등에 따른 사업자의 권리 · 의무"를 허가등에 붙여진 조건으로 이해하고, 배출부과금의 부과를 대인적 하명으로 이해하면서, 배출부과금 부과는 양수, 상속, 합병 등의 이유로 양수인, 피상속인, 합병 후 존속하는 법인 등에 당연히 승계되지 않는다는 견해가 있다.[71] 그러나 "허가등에 따른 사업자의 권리 · 의무"를 '허가등에 따른 효력'으로 이해하고, 배출부과금 납부와 같은 공법상의 의무가 여기에 포함된다고 이해하는 것이 합리적인 해석이라고 생각한다. 논란을 없애기 위해서 배출부과금에 관한 권리 · 의무의 승계나 행정제재 처분의 효과의 승계(「식품위생법」 제78조 참조) 등 명시적인 규정을 두는 것을 입법적으로 검토할 필요가 있다.

(13) 불법배출이익의 환수

한편, 환경규제수단으로서 중요한 기능을 하는 배출부과금은 원칙적으로 배

71) 조현권(각주 11), 222면, 224면, 452면.

출허용기준초과가 적발된 때 이후를 대상으로 하고 있으므로 적발 이전에 사업자가 불법배출시설, 비밀배출관 등을 통하여 오염물질을 불법배출한 경우 불법배출로 지출이 이루어지지 아니한 처리비용은 그대로 사업자의 이득으로 남을 가능성이 많다. 이러한 불법이득은 사업자에게 불법배출의 동기를 제공하고, 계속적인 불법배출로 이어진다는 문제점이 지적되어 왔다. 이에 「환경범죄 등의 단속 및 가중처벌에 관한 법률」은 이러한 문제점을 보완하여 사업자의 불법이득에 대한 환수규정을 두기에 이르렀다. 즉 환경부장관은 특정오염물질을 불법배출(제2조 제2호 가목부터 아목까지의 행위만 해당)한 사업자에 대하여 불법배출이익(불법배출한 때부터 적발된 때까지 특정오염물질을 불법배출함으로써 지출하지 아니하게 된 해당 특정오염물질의 처리비용)의 2배 이상 10배 이하에 해당하는 금액과 특정오염물질의 제거 및 원상회복에 드는 비용(정화비용)을 과징금으로 부과 · 징수할 수 있다(제12조 제1항).

또한, 동법은 이와 같이 배출부과금이 불법배출행위에 대한 충분한 제재수단이 되고 있지 못하다는 인식하에 위 불법배출이익을 계산할 때에는 불법배출시설을 설치 · 운영한 날부터 불법배출이 적발된 때까지의 기간에 대하여는 특별한 사유가 없으면 특정오염물질을 불법배출한 것으로 추정함으로써(동조 제2항), 불법배출시설설치자 등이 과거에 불법배출행위가 없었다는 등의 특별한 사정을 입증하지 못하는 한 과징금이 부과될 수 있도록 하고 있다.

2. 공공폐수처리시설의 관리

가. 공공폐수처리시설의 설치

국가 · 지방자치단체 및 한국환경공단은 수질오염이 악화되어 환경기준을 유지하기가 곤란하거나 물환경 보전에 필요하다고 인정되는 지역의 각 사업장에서 배출되는 오염물질을 공동으로 처리하여 배출하기 위하여 공공폐수처리시설을 설치 · 운영할 수 있으며, 국가와 지방자치단체는 다음의 어느 하나에 해당하는 자에게 공공폐수처리시설을 설치하거나 운영하게 할 수 있다: ① 한국환경공단; ② 산업단지개발사업의 시행자; ③ 「사회기반시설에 대한 민간투자법」에 따른 사업시행자; ④ ① 내지 ③에 해당하는 자에 준하는 공공폐수처리시설의 설치 · 운영 능력을 가진 자로서 대통령령으로 정하는 자(제48조 제1항).

이에 따라 산업단지, 농공단지 지역에서는 주로 공공폐수처리시설을 설치하여 폐수를 처리하고 있으며, 그 밖의 개별 사업장에서는 자체적인 폐수방지시설을 설치하여 처리하고 있다. 공공폐수처리시설도 일종의 공동방지시설이라 할 수 있는데, 공동방지시설과 다른 점이 있다면 공동방지시설은 사업자들이 임의로 설치 · 운영하는 것인데 비하여, 공공폐수처리시설은 국가 및 지방자치단체 또는 법률이 정한 자가 설치 · 운영하고 공공폐수처리구역 안에 배출시설을 설치하고자 하는 자 및 폐수를 배출하고자 하는 자는 해당 사업장에서 배출되는 폐수를 반드시 공공폐수처리시설에 유입시켜야 한다는 점에 차이가 있다.

사업자 또는 그 밖에 수질오염의 원인을 직접 야기한 자(원인자)는 공공폐수처리시설의 설치 · 운영에 필요한 비용의 전부 또는 일부를 부담하여야 한다(제48조 제1항). 이는 오염원인자 책임원칙을 고려한 것으로 이해된다. 비용 부담의 대상자를 수질오염의 원인을 "직접 야기한 자"로 하고 있는데, 구체적으로 직접적인지 여부를 판단하는 것은 쉽지 않을 것이다.

나. 공공폐수처리시설 설치 부담금

동법은 공공폐수처리시설의 설치 부담금에 대한 부과 · 징수 규정을 마련하고, 원인자에게 부과되는 부담금은 오염물질의 배출 정도 등을 기준으로 하여 정하도록 하고 있다. 이 부담금은 공과금의 일종으로서 공공폐수처리시설의 설치사업의 시행을 위한 투자재원을 조달하는 것을 그 목적으로 하고 있다.

(1) 부담금의 부과 · 징수

공공폐수처리시설을 설치 · 운영하는 자(시행자)는 그 시설의 설치에 소요되는 비용의 전부 또는 일부에 충당하기 위하여 원인자로부터 공공폐수처리시설 설치 부담금을 부과 · 징수할 수 있다(제48조의2 제1항). 공공폐수처리시설 설치 부담금의 총액은 시행자가 해당 시설의 설치와 관련하여 지출하는 금액을 초과하여서는 아니 된다(동조 제2항). 배출부과금과의 관계와 관련해서 법원은 공공폐수처리시설 등에 배수설비를 통하여 폐수를 전량 유입하는 배출시설에 대하여도 (초과)배출부과금이 부과될 수 있다고 보고 있다.[72]

(2) 공공폐수처리시설 사용료의 부과 · 징수

시행자는 공공폐수처리시설의 운영에 드는 비용의 전부 또는 일부를 충당하기 위하여 원인자로부터 공공폐수처리시설의 사용료를 부과 · 징수할 수 있다(제

72) 대법원 2011. 10. 27. 선고 2011두12986 판결.

48조의3).

(3) 공공폐수처리시설 기본계획

환경부장관은 공공폐수처리시설을 설치(변경을 포함)할 때에는 기본계획을 수립하여야 하며, 시행자(환경부장관은 제외)가 공공폐수처리시설을 설치(변경을 포함)하려는 경우에는 공공폐수처리시설 기본계획을 수립하여 환경부장관의 승인을 받아야 한다(제49조 제1항 · 제2항). 기본계획의 승인을 받은 후 공공폐수처리시설을 설치하려는 자는 그 기본설계 및 실시설계에 승인 내용을 반영하여야 한다(동조 제5항).

(4) 비용부담계획

환경부장관이 기본계획을 수립하였을 때에는 대통령령으로 정하는 바에 따라 해당 사업에 드는 비용부담에 관한 계획(비용부담계획)을 수립하고 원인자에게 통지하여야 한다(제49조의2 제1항). 시행자가 공공폐수처리시설 기본계획의 승인을 받았을 때에는 비용부담계획을 수립하여 환경부장관의 승인을 받아야 한다(동조 제2항).

(5) 권리 · 의무의 승계

공공폐수처리시설 설치 부담금의 징수대상이 되는 공장 또는 사업장 등을 양수한 자는 당사자간에 특별한 약정이 없으면 양수 전에 이 법에 따라 양도자에게 발생한 공공폐수처리시설 설치 부담금에 관한 권리 · 의무를 승계한다(제49조의3).

[23] 대법원 2013. 2. 14. 선고 2011두12672 판결

관계 법령의 규정과 그 입법 취지, 그리고 수질 및 수생태계 보전에 관한 법률 제36조 제1항과 제2항이 배출시설 등을 양도 · 양수한 경우와 경매 절차에 따라 배출시설 등을 인수한 경우를 구분하여 규정하고 있는데, 동일한 법령에서 사용한 용어는 특별한 사정이 없는 한 동일하게 해석 · 적용하여야 하는 점 등을 원심이 설시한 사정들에 보태어 보면, 수질 및 수생태계 보전에 관한 법률 제49조의3이 정한 '공장 또는 사업장 등을 양수한 자'에 경매를 통하여 공장 또는 사업장 등의 소유권을 이전받은 사람은 포함되지 않는다.[73]

---

73) 관할 시장이 부동산임의경매절차에서 두부류를 제조, 가공하는 공장을 경락받아 소유권을 이전한 주식회사에 종전 사업자가 체납한 공공폐수처리시설 설치 부담금을 부과한 사안에서, 법 제49조의3이 정한 '공장 또는 사업장 등을 양수한 자'에 경매를 통하여 공장 또는 사업장 등의 소유권을 이전받은 사람은 포함되지 않는다고 한 사례.

(6) 수용 및 사용

동법은 시행자가 공공폐수처리시설 설치에 필요한 토지 · 건물 또는 그 토지에 정착된 물건이나 토지 · 건물 또는 물건에 관한 소유권 외의 권리를 수용하거나 사용할 수 있도록 하고 있다(제49조의4).

(7) 강제징수

동법은 시행자로 하여금 공공폐수처리시설 설치 부담금을 내야 할 자가 납부기한까지 내지 아니하는 경우 가산금 부과 및 강제징수할 수 있도록 하고 있다(제49조의6).

다. 공공폐수처리시설의 운영 · 관리

공공폐수처리시설을 운영하는 자는 강우 · 사고 또는 처리공법상 필요한 경우 등 환경부령으로 정하는 정당한 사유 없이 다음에 해당하는 행위를 하여서는 아니 된다: ① 폐수관로로 유입된 수질오염물질을 공공폐수처리시설에 유입하지 아니하고 배출하거나 공공폐수처리시설에 유입시키지 아니하고 배출할 수 있는 시설을 설치하는 행위; ② 공공폐수처리시설에 유입된 오염물질을 최종 방류구를 거치지 아니하고 배출하거나 최종 방류구를 거치지 아니하고 배출할 수 있는 시설을 설치하는 행위; ③ 공공폐수처리시설에 유입된 오염물질에 오염되지 아니한 물을 섞어 처리하거나 방류수수질기준을 초과하는 오염물질이 공공폐수처리시설의 최종 방류구를 통과하기 전에 오염도를 낮추기 위하여 물을 섞어 배출하는 행위(제50조 제1항). 동법은 여기에 해당하는 행위를 한 자를 폐수배출시설의 경우와 마찬가지로 5년 이하의 징역 또는 3천만원 이하의 벌금에 처하도록 함으로써(제76조), 폐수배출시설과의 형평성을 유지하고 있다.

공공폐수처리시설을 운영하는 자는 환경부령으로 정하는 유지 · 관리기준에 따라 그 시설을 적정하게 운영하여야 한다. 환경부장관은 공공폐수처리시설이 이 기준에 맞지 아니하게 운영 · 관리되고 있다고 인정할 때에는 1년의 범위에서 조치기간을 정하여 해당 시설을 운영하는 자에게 그 시설의 개선 등 필요한 조치를 할 것을 명할 수 있다(동조 제2항, 제4항, 시행령 제70조).

라. 기술진단

동법은 시행자로 하여금 5년마다 해당 공공폐수처리시설에 대하여 기술진단을 하고, 그 결과 관리상태가 적정하지 아니한 때에는 개선계획 수립 및 시행 등 필요한 조치를 하도록 의무화하고 있다(제50조의2).

마. 배수설비의 설치

시행자는 사업장의 폐수를 공공폐수처리시설로 유입시키기 위하여 폐수관로를 설치·관리하여야 한다. 공공폐수처리구역에서 배출시설을 설치하려는 자 및 폐수를 배출하려는 자 중 대통령령으로 정하는 자[74]는 해당 사업장에서 배출되는 폐수를 폐수관로로 유입시켜야 하며, 이에 필요한 배수관 등 배수설비를 설치하여야 한다(제51조 제1항).

Ⅴ. 비점오염원(non-point source)의 관리

비점오염원은 도시·농지·산지·도로·공사장 등에서 불특정하게 오염물질을 발생시키는 장소 또는 지역을 의미한다. 주요 원인물질로는 농지에 살포된 비료 및 농약, 토양침식물, 축사유출물, 교통오염물질, 도시지역의 먼지와 쓰레기, 자연동·식물의 잔여물, 대기오염물질의 강하물 등이 있다. 이러한 물질들은 지표면에 퇴적되어 있다가 강우 시 한꺼번에 하천과 호소로 유입되어 물고기의 집단폐사를 유발하는 등 하천생태계를 파괴시키고 수질을 오염시키는 주원인으로 지목되어 왔다. 비점오염물질 발생은 강수·바람 등을 통해 지표유출수를 통해 유출되거나 직접 수계에 유입된다. 비점오염물질은 일반적으로 강우 시 유출되기 때문에 일간·계절간 배출량 변화가 크고 예측과 정량화가 어려우며, 인위적 조절이 어려운 기상조건·지질·지형 등에 영향을 많이 받는 특성을 지니고 있다. 또한 희석·확산되면서 넓은 지역으로 배출되며, 차집이 곤란하고 강우 등 영향을 받아 처리 효율이 일정치 않다.

비점오염원의 4대강수계에 대한 오염부하는 2012년경 생물화학적산소요구량(BOD)을 기준으로 전체 오염원의 66% 정도에 달할 정도로 수질에 미치는 영향이 큰 것으로 파악되고 있으며, 그 비중은 지속적으로 증가하고 있다.[75] 그럼에도 불구하고 비점오염물질의 배출지점이 불특정하고, 기상조건, 지질, 지형 등에 영향을 많이 받는다는 등 이유로 그 관리를 소홀히 한 측면이 많이 있었다. 그

74) "대통령령으로 정하는 자"라 함은 그 공공폐수처리시설에서 처리하는 수질오염물질을 배출하기 위하여 방류수수질기준을 초과하여 폐수를 배출하려는 자를 말한다(시행령 제71조).

75) 환경부, 환경백서, 2018, 250면.

간의 물관리대책은 수집 · 처리가 용이하며 처리효율이 높은 산업폐수 · 생활하수 등 점오염원 관리를 위주로 추진해 왔다. 그러나 배출허용기준의 강화, 환경기초시설의 확충, 각종 수질대책의 수립 · 시행 등이 이루어졌음에도 불구하고 수질 개선은 쉽게 이루어지지 않고 있다. 비점오염원의 관리차원에서 그 동안 수변구역의 지정, 수변녹지의 조성, 습지정화시설의 설치, 자연정화방법에 의한 질소 · 인 제거시설의 설치, 도시지역에 저류지의 건설, 하천부지에서의 농약 및 비료 사용제한, 가축분뇨의 자원화 촉진, 장마 전 대청소 실시 등 다각적인 노력이 있었음에도 불구하고 비점오염원의 오염부하량은 계속해서 증가하고 있다. 비점오염원에 대한 체계적인 관리 없이는 물관리 목표의 달성은 고사하고 획기적인 수질을 개선하는 데, 큰 한계가 있음이 판명된 것이다.

급기야 2005. 3. 31. 개정 법은 수질보전계획에 점오염원, 비점오염원 및 기타 수질오염원의 분포현황과 오염원별 수질오염물질 발생량을 포함하고 수질오염 예방 및 저감대책을 마련하도록 하는 한편(제24조 내지 제26조), 비점오염물질의 배출량이 많은 사업장으로 하여금 오염저감시설을 설치토록 하며, 시 · 도별로 관리를 위한 시행계획을 수립하고 오염이 심각한 지역을 비점오염원관리지역으로 지정하여 관리하도록 하는 등 비점오염원 관리대책을 법제화하였다. 이로써, 그 동안 상대적으로 소홀히 다루어졌던 비점오염원이 본격적으로 다루어지기 시작하였다. 비점오염원은 강우 시 노면배수, 농경지 배출수 등과 같이 불특정한 배출경로를 가지고 있어 배출기준을 정하지 않고 있다. 이는 점오염원에 대해서 오염물질 배출기준을 정하고 있는 것과 대비된다.

1. 비점오염원의 설치신고 등

다음에 해당하는 자는 환경부장관에게 신고하여야 한다: ① 대통령령으로 정하는 규모 이상의 도시의 개발, 산업단지의 조성[76] 그 밖에 비점오염원에 의한 오염을 유발하는 사업으로서 대통령령으로 정하는 사업[77]을 하려는 자; ② 대통령령으로 정하는 규모 이상의 사업장[78]에 제철시설, 섬유염색시설, 그 밖에 대통

76) 도시의 개발 및 산업단지의 조성 사업은 「환경영향평가법 시행령」 별표 3의 제1호 및 제2호에 해당하는 사업으로 한다(시행령 제72조 제1항). 그 결과 사실상 개발사업의 대부분이 비점오염원 설치신고 대상이 된다.

77) "대통령령으로 정하는 사업"이라 함은 「환경영향평가법 시행령」 별표 3의 제3호부터 제17호까지에 해당하는 사업을 말한다(시행령 제72조 제2항).

78) "대통령령으로 정하는 규모 이상의 사업장"이란 부지면적이 1만㎡ 이상인 사업장을 말한다

령령으로 정하는 폐수배출시설[79]을 설치하는 자; ③ 사업이 재개되거나 사업장이 증설되는 등 대통령령으로 정하는 경우가 발생하여 ① 또는 ②에 해당되는 자(제53조 제1항). 신고는 비점오염원 규제의 핵심인데, 공공수역에 큰 영향을 미치는 비점오염원의 관리를 강화한다는 차원에서 비점오염원 설치신고제도를 확대할 필요가 있다.

한편 위 규정에 따라 신고 또는 변경신고를 한 자(비점오염원설치신고사업자)는 환경부령이 정하는 시점까지 환경부령으로 정하는 기준에 따라 비점오염저감시설[80]을 설치하여야 한다. 다만, 다음에 해당하는 경우 비점오염저감시설을 설치하지 아니할 수 있다: ① 사업장의 강우유출수(降雨流出水, stormwater)[81]의 오염도가 항상 배출허용기준 이하인 경우로서 대통령령으로 정하는 바에 따라 환경부장관이 인정하는 경우; ② 완충저류시설에 유입하여 강우유출수를 처리하는 경우; ③ 하나의 부지에 제1항 각 호에 해당하는 자가 둘 이상인 경우로서 환경부령으로 정하는 바에 따라 비점오염원을 적정하게 관리할 수 있다고 환경부장관이 인정하는 경우(동조 제3항).

비점오염원 설치신고의 초점은, 비점오염저감시설의 설치면제 요건과 관련하여 강우유출수가 중요한 요소로 작용하고 있다는 점에서, 비점오염물질 자체보다는 비점오염물질이 포함되어 있을 가능성이 있는 강우유출수의 규제에 있어 보인다. 문제는 규제 대상 업종이 제한적이고 해당 업종 및 강우유출수의 배출 규제와 비점오염물질의 배출감소라는 정책 간의 연계성이 분명치 않다는 것이다. 그 결과 형평성 논란도 제기될 수 있다. 또한 면제요건과 관련해서는 강우유출수의 오염도는 사업장 조성 후에나 가능한 것이고, '항상'이라는 요건을 충족하는 것이 사실상 어렵다는 점에서 명확성과 타당성이 떨어진다는 비판

(시행령 제72조 제3항).

79) "대통령령으로 정하는 폐수배출시설"이라 함은 「통계법」 제22조에 따른 표준분류 중 다음의 업종에 해당하는 사업장에 설치하는 폐수배출시설을 말한다: ① 목재 및 나무제품 제조업; ② 펄프 · 종이 및 종이제품 제조업; ③ 코크스 · 석유정제품 및 핵연료 제조업; ④ 화합물 및 화학제품 제조업; ⑤ 고무 및 플라스틱제품 제조업; ⑥ 비금속광물제품 제조업; ⑦ 제1차 금속산업; ⑧ 석탄, 원유 및 우라늄 광업; ⑨ 금속 광업; ⑩ 비금속광물 광업(연료용은 제외); ⑪ 음 · 식료품 제조업; ⑫ 전기업, 가스업 및 증기업; ⑬ 도매업 및 상품 중개업; ⑭ 하수처리업, 폐기물처리업 및 청소 관련 서비스업(시행령 제72조 제4항).

80) '비점오염저감시설'이라 함은 수질오염방지시설 중 비점오염원으로부터 배출되는 수질오염물질을 제거하거나 감소하게 하는 시설로서 환경부령이 정하는 것을 말한다(제2조 제12의2호).

81) '강우유출수'란 비점오염원의 수질오염물질이 섞여 유출되는 빗물 또는 눈 녹은 물 등을 말한다(제2조 제5호).

이 제기될 수 있다.

비점오염원설치신고사업자가 사업을 하거나 시설을 설치 · 운영할 때에는 다음의 사항을 지켜야 한다: ① 비점오염저감계획서의 내용을 이행할 것; ② 비점오염저감시설을 설치기준에 맞게 유지하는 등 환경부령으로 정하는 바에 따라 관리 · 운영할 것; ③ 그 밖에 비점오염원을 적정하게 관리하기 위하여 환경부령으로 정하는 사항(동조 제4항). 환경부장관은 위 준수사항을 지키지 아니한 자에 대해서는 기간을 정하여 비점오염저감계획의 이행 또는 비점오염저감시설의 설치 · 개선을 명할 수 있다(동조 제5항). 이를 위반한 경우에는 벌칙이 부과되고 있으나(제78조 제13호) 앞서 준수사항을 지키지 않은 것에 대한 직접적인 벌칙 규정이 없어 그만큼 실효성이 떨어진다고 할 수 있다.

2. 상수원의 수질보전을 위한 비점오염저감시설 설치

동법은 상수원과 관련 있는 지역의 수질관리를 위하여 상수원보호구역, 특별대책지역, 수변구역 등 인근 도로에 비점오염저감시설의 설치를 의무화하고 있다(제53조의2).

3. 종합대책의 수립

환경부장관은 비점오염원의 종합적인 관리를 위하여 비점오염원 관리 종합대책을 관계 중앙행정기관의 장 및 시 · 도지사와 협의하여 5년마다 수립하여야 한다(제53조의3 제1항).

4. 관리지역의 지정 등

환경부장관은 비점오염원에서 유출되는 강우유출수로 인하여 하천 · 호소 등의 이용목적, 주민의 건강 · 재산이나 자연생태계에 중대한 위해가 발생하거나 발생할 우려가 있는 지역에 대하여는 관할 시 · 도지사와 협의하여 비점오염원 관리지역(관리지역)으로 지정할 수 있다(제54조 제1항).[82] 시 · 도지사는 관할 구

82) 시행령에서는 관리지역의 지정기준 및 절차를 정하고 있다(제76조). 현재 소양호, 도암호, 임하호 유역과 광주광역시, 수원시, 새만금 유역 및 골지천유역 등 9개소가 관리지역으로 지정되어 있다. 2018년 환경백서(각주 75) 304면.

역 중 비점오염원의 관리가 필요하다고 인정되는 지역에 대해서는 환경부장관에게 관리지역으로의 지정을 요청할 수 있다(동조 제2항). 관리지역 지정은 시·도지사의 지정요청서의 제출에 따라 환경부장관이 검토 후 고시하는 방식인데(시행령 제76조 제3항), 검토 기한이 정해져 있지 않아 자칫 관리지역 미지정 또는 지연을 초래할 가능성이 있고 이는 지방자치단체의 지정 의지 및 추진 동력을 약화시키는 요인으로 작용할 수 있다.

5. 관리대책의 수립

환경부장관은 관리지역을 지정·고시하였을 때에는 관리목표, 관리대상 수질오염물질의 종류 및 발생량, 관리대상 수질오염물질의 발생 예방 및 저감방안 등을 포함하는 비점오염원관리대책을 관계 중앙행정기관의 장 및 시·도지사와 협의하여 수립하여야 한다(제55조 제1항).

6. 시행계획의 수립

시·도지사는 환경부장관으로부터 관리대책의 통보를 받았을 때에는 관리지역의 개발현황 및 개발계획 등의 사항이 포함된 관리대책의 시행을 위한 계획(시행계획)을 수립하여 환경부장관의 승인을 얻어 시행하여야 한다(제56조 제1항).

7. 예산 등의 지원

환경부장관은 시행계획의 수립·시행에 필요한 경비의 전부 또는 일부를 예산의 범위에서 지원할 수 있다(제57조).

8. 농약잔류허용기준

환경부장관은 수질 또는 토양의 오염을 방지하기 위하여 필요하다고 인정할 때에는 수질 또는 토양의 농약잔류허용기준을 정할 수 있다(제58조 제1항). 환경부장관은 수질 또는 토양 중에 농약잔류량이 위 기준을 초과하거나 초과할 우려가 있다고 인정할 때에는 농약의 제조 금지·변경 또는 그 제품의 수거·폐기 등 필요한 조치를 관계 행정기관의 장에게 요청할 수 있다. 이 경우 관계 행정기관의 장은 특별한 사유가 없으면 이에 따라야 한다(동조 제2항).

9. 고랭지 경작지에 대한 경작방법 권고

특별자치도지사 · 시장 · 군수 · 구청장은 공공수역의 수질 및 수생태계 보전을 위하여 환경부령으로 정하는 해발고도 이상에 위치한 농경지 중 환경부령으로 정하는 경사도 이상의 농경지를 경작하는 사람에게 경작방식의 변경, 농약 · 비료의 사용량 저감, 휴경 등을 권고할 수 있다(제59조 제1항). 특별자치도지사 · 시장 · 군수 · 구청장은 위 권고에 따라 농작물을 경작하거나 휴경함으로 인하여 경작자가 입은 손실에 대해서는 대통령령으로 정하는 바에 따라 보상할 수 있다(동조 제2항).

Ⅵ. 기타 수질오염원의 관리

1. 기타 수질오염원의 설치신고

기타 수질오염원[83]을 설치 또는 관리하려는 자는 환경부장관에게 신고하여야 한다(제60조 제1항). 기타 수질오염원은 폐수배출시설이 아니므로 폐수배출시설임을 전제로 하는 배출부과금, 과징금, 배출허용기준 등의 규정은 적용되지 아니한다. 다만 권리 · 의무의 승계(제36조), 위법시설에 대한 폐쇄조치(제44조) 등은 준용된다(제60조 제9항).

기타 수질오염원을 설치 · 관리하는 자는 환경부령으로 정하는 바에 따라 수질오염물질의 배출을 방지 · 억제하기 위한 시설을 설치하는 등 필요한 조치를 하여야 하며, 환경부장관은 이러한 시설이나 조치가 적합하지 아니하다고 인정할 때에는 기간을 정하여 개선명령을 할 수 있고, 개선명령을 위반한 때에는 조업을 정지시키거나 해당 기타 수질오염원의 폐쇄를 명할 수 있다(동조 제6항 내지 제8항).

---

83) '기타 수질오염원'이라 함은 점오염원 및 비점오염원으로 관리되지 아니하는 수질오염물질을 배출하는 시설 또는 장소로서 환경부령이 정하는 것을 말한다(제2조 제3호). 동법 시행규칙에서는 수산물 양식시설, 골프장, 운수장비 정비 또는 폐차장시설, 농 · 축 · 수산물 단순가공시설, 사진처리 또는 X-Ray시설, 금은판매점의 세공시설 또는 안경점 등을 명시하고 있다(제2조, 별표 1).

2. 골프장의 농약사용 제한

골프장을 설치 · 관리하는 자는 골프장의 잔디 및 수목 등에 「농약관리법」 제2조 제1호에 따른 농약 중 맹독성 또는 고독성이 있는 것으로서 대통령령이 정하는 농약[84]을 사용하여서는 아니 된다. 다만, 수목의 해충 · 전염병 등의 방제를 위하여 관할 행정기관의 장이 불가피하다고 인정하는 경우에는 그러하지 아니하다(제61조 제1항). 동법은 이러한 골프장의 농약사용 제한 규정의 실효성을 제고하기 위하여 환경부장관으로 하여금 환경부령으로 정하는 바에 따라 골프장에 대하여 맹 · 고독성 농약의 사용 여부를 확인하도록 하고 있다(동조 제2항).

3. 물놀이형 수경시설의 신고 및 관리

동법은 물놀이형 수경시설[85]로서 국가 · 지방자치단체, 그 밖에 대통령령으로 정하는 공공기관이 설치 · 운영하는 물놀이형 수경시설과 공공보건의료 수행기관, 관광지 및 관광단지, 도시공원, 체육시설, 어린이놀이시설 등에 설치된 수경시설에 대해 환경부장관 또는 시 · 도지사에게 신고하고, 수질 기준 및 관리 기준을 지키도록 하고 의무화하고 있다(제61조의2).

Ⅶ. 폐수처리업

동법은 폐수의 수탁처리를 위한 영업(폐수처리업)을 창설하고 이와 관련하여 허가(제62조), 폐수처리업의 시설검사(제62조의2), 허가의 취소(제64조), 권리 · 의무의 승계(제65조), 과징금 처분(제66조) 등에 관하여 규정함으로써, 무자격자의 부실처리를 방지하고 있다.

---

84) "대통령령이 정하는 농약"이라 함은 「농약관리법 시행령」 별표 1 제1호에 따른 맹독성 및 고독성 농약을 말한다(시행령 제78조).

85) '물놀이형 수경(水景)시설'이란 수돗물, 지하수 등을 인위적으로 저장 및 순환하여 이용하는 분수, 연못, 폭포, 실개천 등의 인공시설물 중 일반인에게 개방되어 이용자의 신체와 직접 접촉하여 물놀이를 하도록 설치하는 시설을 말한다(제2조 제19호).

제6장 소음 · 진동관리법

중앙환경분쟁조정위원회의 전체 분쟁조정 건수 중 소음 · 진동 관련 분쟁 건수가 대부분을 차지할 정도로 소음 · 진동으로 인한 피해가 심각해지고 있다.[1] 그러나 우리나라의 소음 · 진동에 대한 대처는 소홀한 것이 사실이고, 일반 국민의 인식도 매우 낮은 편이라 할 수 있다.

일상생활에서 경험하는 소리의 유형은 구분을 하는 것 자체가 무의미할 정도로 다양하다. 그 소리 중 일상생활을 하는 데 어려움을 주는 소음은 산업화 이후로 가속화되어 현재 중요한 환경문제의 하나로 대두되고 있다. 소음은 필연적으로 진동을 수반하는데, 이제 소음 · 진동은 인간의 삶의 질에 대한 욕구가 점차 높아지는 추세에 따라 공장, 사업장, 자동차, 항공기, 철도 등으로부터 무차별 발생하고 있다. 또한 주 · 야간과 지역을 가리지 아니하고 일반적인 문제로 대두되었고, 그로 인한 불편과 재산 · 건강피해는 점점 심각해지고 있다. 소음 · 진동문제가 민원의 상당 부분을 차지하고 있다는 점은 그 영향을 무시할 수 없으며, 아울러 이에 대한 규제 및 그 피해구제를 소홀히 하여서는 안 된다는 사실을 알려주고 있다. 지속적인 소음 · 진동의 발생은 모든 국민의 조용하고 평온한 환경에서의 생활을 침해하고 있다. 이제 건강하고 쾌적한 생활환경을 보장받기 위하여 소음 · 진동과 전쟁이라도 선포하여야 할 때인 것이다.

소음 · 진동에 대한 규제는 1979년 '환경보전법'이 제정되면서 비로소 시작되었고, 다른 오염물질에 비하여 비교적 늦게 이루어졌다. 동법 제4장은 불과 3개 조항(제33조 내지 제35조)으로 이루어졌는데, 시 · 도지사에 의한 소음규제지역의 지정 및 그 소음규제지역 내에서의 소음규제기준과 특정공사의 사전신고에 관하여 정하는 데 그쳤다. 그 후 소음 · 진동문제는 1981년 '환경보전법' 개정을 거쳐 1990년 '소음 · 진동규제법'이 제정되면서 본격적으로 다루어지기 시작하였다. 2009. 6. 9. 개정 법은 소음 · 진동이 규제가 아닌 관리의 대상임을 명확히 한다

1) 2015년 중앙환경분쟁조정위원회에서 처리한 210건의 분쟁조정사건 중 소음 · 진동 사건이 177건인 84%로 대부분이고, 일조 사건이 13건, 대기오염 사건이 10건을 차지하고 있다. 환경부, 환경백서, 2016, 199면.

는 차원에서 법률의 제명을 「소음 · 진동관리법」으로 변경하였다.

「소음 · 진동관리법」은 소음 · 진동관리의 주된 대상을 공장소음 · 진동, 생활소음 · 진동, 교통소음 · 진동, 항공기 소음으로 하고 있으며, 규제 권한을 지방자치단체장에게 주고 있는데, 공장소음 · 진동을 제외하고는 그 규제 내용이 상당히 미흡하다. 한편, 소음 · 진동문제는 주관적 측면이 있어서 그 규제 및 관리가 쉽지 않을 뿐만 아니라 무형성, 국지성, 한시성 등의 특성을 가지고 있기 때문에 구제 또한 쉬운 것이 아니다. 소음 · 진동 피해는 대기 · 수질오염 피해 등에 비하여 상대적으로 발생원과 피해 사이의 인과관계 입증이 비교적 쉽기 때문에 소송 등 분쟁해결 과정에서는 주로 수인한도 문제나 피해(특히 위자료) 산정과 관련하여 다툼이 집중되고 있다. 수인한도 문제는 공법상 기준의 초과 여부를 중심으로 한 이른바, 수인한도론의 적용에 초점이 맞추어져 있다.

Ⅰ. 일 반

1. 소음 · 진동의 개념

「환경정책기본법」 제3조는 대기오염, 수질오염, 악취 등과 함께 소음 · 진동을 독립된 환경오염으로 정의하고 있다. 「소음 · 진동관리법」은 '소음'을 "기계 · 기구 · 시설, 그 밖의 물체의 사용 또는 공동주택 등 환경부령으로 정하는 장소에서 사람의 활동으로 인하여 발생하는 강한 소리"라고, '진동'을 "기계 · 기구 · 시설, 그 밖의 물체의 사용으로 인하여 발생하는 강한 흔들림"이라고 매우 모호하게 정의하고 있다(제2조 제1호, 제2호). 소음, 진동에 대하여 굳이 재정의하자면 소음은 "통상적인 수인한도를 넘어 사람에게 불쾌감을 야기하는 음질 또는 음량의 소리"로, 진동은 "삶의 통상적인 안온을 해치는 정도의 흔들림"이라고 정의할 수 있다.[2] 소음 · 진동은 기본적으로 고전음악을 감상중인 사람이 트로트나 헤비메탈음악이 소음이라고 생각하는 것처럼 주관적인 요소가 강한 것으로, 객관적인 측정방법, 기준 등이 제시되지 않는 상황에서는 소음 · 진동에 해당하는지 여부를 쉽게 판단할 수가 없다.

소음 · 진동은 악취와 마찬가지로 법관이 일정한 가치판단에 의하여 내릴 수 있는 규범적인 개념이 아니므로 소음인가 여부를 판정함에 있어서는 법규가 정

2) 이상규, 환경법론, 법문사, 1998, 168면.

하는 기준치의 측정방법에 의하지 아니하고서 막연하게 함부로 판정하여서는 안 된다.[3]

2. 영 향

소음은 불쾌감, 수면장애, 작업능률 저하, 대화장애, 학습방해, 생리기능 장애, 청력장애, 불안, 초조, 스트레스, 분노 등의 정서방해 등을 유발한다.[4] 그 결과 사람이 일정한 수준 이상의 소음에 장기간 노출된 경우, 만성적인 불안감, 집중력 저하, 잦은 신경질 등의 정신적인 고통을 입게 되고, 회화방해, 전화통화방해, 라디오 시청장해, 독서방해나 사고중단, 수면방해 등 일상생활을 정상적으로 영위하는 데에 많은 지장이 있게 되며, 그 정도가 심한 경우 난청이나 이명 등 신체적인 이상이 나타날 가능성이 있다. 한편, 진동은 건물의 균열 등과 같은 물적 영향뿐만 아니라 요통, 소화기계 등의 이상, 만성피로 등 인체에 대하여도 영향을 미친다.

3. 특 성

소음·진동은 다른 환경오염 현상에 비하여 ① 가시적·물질적인 것이 아니라는 무형성(無形性), ② 소음·진동의 정도에 따라 발원지로부터 일정한 범위의 지역에 국한하여 영향을 미친다는 국지성(局地性), ③ 그 원인행위가 존속하는 시간적 범위 안에서만 존속하고, 발생행위가 종료됨으로써 소음·진동도 없어지는 한시성(限時性), ④ 그 위치나 시간대 등에 따라 다른 영향을 미치는 상대성(相對性) 등의 특성이 있다.[5] 이러한 특성이 법적으로 의미를 갖는 것은 소음·진동의 발생원·시간대·위치별로 규제기준을 설정하고 이를 적절히 규제하는 것이 어려울 뿐만 아니라 그 피해에 대한 인과관계의 규명을 어렵게 하고 있다는 데 있다.[6]

---

3) 대법원 1989. 1. 31. 선고 88도1650 판결.
4) 박영민, "환경소음의 영향과 관리체계 개선방안", 환경포럼, 한국환경정책·평가연구원, 2001. 9, 2 내지 3면.
5) 이상규(각주 2), 169면. 소음·진동피해가 정서불안, 강박관념, 불면증 등과 같이 주로 정신적인 면을 띠고, 그 피해가 완만히 나타난다는 점을 특성으로 꼽기도 하나 이는 다른 환경오염 피해 일반에 나타나고 있기 때문에 굳이 소음·진동에 국한하는 특성으로 볼 필요는 없다고 본다.
6) 이상규(앞의 책), 170면.

4. 소음 · 진동 환경 보전을 위한 조치

우선 동법은 소음 · 진동의 효과적 관리를 위해 환경부장관 등에게 소음 · 진동관리 계획을 수립 · 시행하도록 하고 있다(제2조의3). 효과적인 소음저감대책을 수립하기 위해서는 자동측정망 등을 설치하여 신뢰성 있는 측정자료를 확보할 필요가 있다. 이에 동법은 환경부장관으로 하여금 전국적인 소음 · 진동의 실태를 파악하기 위하여, 특별시장 · 광역시장 · 도지사 또는 특별자치도지사(시 · 도지사)로 하여금 해당 관할 구역의 소음 · 진동 실태를 파악하기 위하여 측정망을 설치하여 상시측정하도록 하고 있다(제3조). 나아가 동법은 국가가 시 · 도지사가 결정 · 고시한 측정망 설치계획이 목표 기간에 달성될 수 있도록 필요한 재정적 · 기술적 지원을 할 수 있는 법적 근거를 두고 있다(제4조 제3항). 재정이 취약한 지방자치단체가 소음 · 진동을 24시간 자동측정하는 자동측정망을 설치하는 것은 쉽지 않다는 점에서 국가의 위 지원 근거 규정은 중요한 의미를 갖는다.

한편, 환경부장관 또는 시 · 도지사는 교통기관 등으로부터 발생하는 소음을 적정하게 관리하기 위하여 필요한 경우에는 환경부령으로 정하는 바에 따라 일정 지역의 소음의 분포 등을 표시한 소음지도(騷音地圖)를 작성할 수 있다(제4조의2). 소음지도는 도로와 교통량 등 소음유발 변수에 대한 컴퓨터 모델링에 의해 만들어진 동음선이나 색을 이용하여 시각화시켜 소음에 대한 영향을 좀더 쉽게 파악하고 평가할 수 있는 도구이다. 소음지도는 대도시로의 인구집중, 교통량 증가 등으로 소음에 의한 피해가 심각해지고 있고, 소음의 발생원인 및 분포가 다양한 양상을 보이고 있는 상황을 반영하여 도시계획단계에서부터 소음피해를 최소화할 수 있는 친환경적 도시설계와 지역특성에 맞는 소음 저감대책 수립 등에 활용할 수 있도록 하는 유용한 도구라는 점에서 그 법적 근거를 마련하는 것은 의미가 있다고 할 것이다.

Ⅱ. 공장의 소음 · 진동 관리

동법은 공장의 소음 · 진동 관리와 관련하여 비교적 상세한 규정을 두고 있다. 동법에서의 공장은 「산업집적활성화 및 공장설립에 관한 법률」 제2조 제1호의 공장을 말한다. 다만, 「도시계획법」 제12조 제1항에 따라 결정된 공항시설 안의 항공기 정비공장을 제외한다(제2조 제7호).

공장의 소음 · 진동 배출원은 고정오염원을 이루면서 일단 설치되면 자동차, 기차, 항공기 등과 같은 이동오염원과 달리 쉽게 없어지지 아니하므로 배출원 자체에 대한 관리, 그것도 초기단계에서의 관리가 중요하다.

1. 배출허용기준

소음 · 진동배출시설을 설치한 공장에서 나오는 소음 · 진동의 배출허용기준은 환경부령으로 정한다(제7조 제1항). 구체적으로 동법 시행규칙은 소음의 경우는 대상소음도에서 소정의 보정치를 가감한 평가소음도가 50dB(A) 이하, 진동의 경우는 대상진동레벨에서 소정의 보정치를 가감한 평가진동레벨이 60dB(V)이하로 그 배출허용기준을 정하고 있다(제8조, 별표 5 참조). 이러한 배출허용기준의 설정은 「환경정책기본법」에서 정하고 있는 환경기준을 달성하기 위한 규제 수단으로서, 이 기준은 각 배출시설이 소음 · 진동을 배출할 때 지켜야 하는 최대 배출허용치이다.

≪공장소음 · 진동의 배출허용기준≫

1. 공장소음 배출허용기준 [단위: dB(A)]

대상 지역	시간대별		
	낮 (06:00~18:00)	저녁 (18:00~24:00)	밤 (24:00~06:00)
가. 도시지역 중 전용주거지역 · 녹지지역, 관리지역 중 취락지구 · 주거개발진흥지구 및 관광 · 휴양개발진흥지구, 자연환경보전지역 중 수산자원보호구역 외의 지역	50 이하	45 이하	40 이하
나. 도시지역 중 일반주거지역 및 준주거지역	55 이하	50 이하	45 이하
다. 농림지역, 자연환경보전지역 중 수산자원보호구역, 관리지역 중 가목과 라목을 제외한 그 밖의 지역	60 이하	55 이하	50 이하
라. 도시지역 중 상업지역 · 준공업지역, 관리지역 중 산업개발진흥지구	65 이하	60 이하	55 이하
마. 도시지역 중 일반공업지역 및 전용공업지역	70 이하	65 이하	60 이하

2. 공장진동 배출허용기준

[단위: dB(V)]

대상 지역	시간대별	
	낮 (06:00~22:00)	밤 (22:00~06:00)
가. 도시지역 중 전용주거지역 · 녹지지역, 관리지역 중 취락지구 · 주거개발진흥지구 및 관광 · 휴양개발진흥지구, 자연환경보전지역 중 수산자원보호구역 외의 지역	60 이하	55 이하
나. 도시지역 중 일반주거지역 · 준주거지역, 농림지역, 자연환경보전지역 중 수산자원보호구역, 관리지역 중 가목과 다목을 제외한 그 밖의 지역	65 이하	60 이하
다. 도시지역 중 상업지역 · 준공업지역, 관리지역 중 산업개발진흥지구	70 이하	65 이하
라. 도시지역 중 일반공업지역 및 전용공업지역	75 이하	70 이하

[1] 공장소음과 수인한도: 서울동부지법 2004. 7. 22. 선고 2002가합371 판결

(1) 공장을 운영하는 자가 그 공장을 가동하는 과정에서 소음 · 진동 · 악취 · 분진을 발생시킴으로써 인접 토지의 거주자에게 사회통념상 수인할 수 있는 한도를 넘는 신체적 · 정신적 손해를 가한 경우 그 침해행위는 사법상 위법한 가해행위로서 불법행위가 되는데, 그 경우 사회통념상 수인할 수 있는 한도를 넘었는지 여부는 그 지역의 환경과 소음 등에 관한 공법적 규제기준, 피침해자의 생활상황, 침해행위의 태양과 침해의 정도, 사회적 유용성, 가해자의 침해방지대책에 관한 태도 등을 종합적으로 고려하여 결정하여야 한다.

(2) 위 인정 사실에 의하면, 피고는 2000. 4.경부터 구조적으로 취약한 시멘블록조 스레트지붕으로 축조된 건물에서 피고 공장을 운영하면서 그 공장 내에 설치된 기계를 작동하여 소음 · 진동규제법과 대기환경보전법의 각 규제기준을 초과하는 소음 · 악취를 발생시켰고, 그에 따라 행정청으로부터 개선명령 등을 받았음에도 불구하고 계속 피고공장을 운영하면서 위 가처분결정이 집행될 때까지 소음 · 악취를 발생시켜 왔으며(다만, 수인한도를 넘는 진동이 발생하였다는 주장사실과 피고가 위 가처분결정 이후에도 기계를 작동하였다는 주장사실들은 인정할 증거가 없다), 그와 같은 침해행위로 인하여 블록담장을 경계로 약 1m 떨어져 있는 인접 토지에서 원고 주택을 소유하고 거주하는 원고 등이 주거생활의 안정을 방해받아 집안에서 휴식과 숙면을 취할 수 없었고, 병원에서 치료를 받는 등 신체적 · 정신적 손해를 입었다고 할 것이다.

(3) 그런데 앞서 인정한 바와 같이 피고 공장이 위치한 곳은 준공업지역이고, 원고가 피고 공장과 인접한 곳에 대지를 취득한 후 원고 주택을 신축하였으며, 원고 등의 민원에 의하여 피고가 악취방지시설 및 방음시설 등을 설치하는 등 나름대로 노력을 한 점, 소음 등의 금지를 위하여 지나치게 피고 공장 내에서의 기계의 작동을 금지시킬 경우 피고가 입게 될 피해가 작지 아니한 것으로 보이는 점 등을 종합하여 볼 때, 매일 05:00~22:00의 17시간 동안에 이루어진 피고의 위 침해행위는 상린관계에 따라 원고 등이 수인하여야 할 통상의 범위 내에 속하는 것이어서 원고 등으로서는 이를 인용할 의무가 있다고 할 것이므로, 결국 피고의 위 침해행위 중 위 시간 동안을 제외하고 원고 등이 일상생활을 영위함에 필요한 최소한의 휴식을 위한 시간인 매일 22:00~다음날 05:00의 7시간(이하 '인용시간'이라고 한다) 동안 소음 · 악취를 발생시킨 행위만이 사회통념상 수인할 수 있는 한도를 넘는 위법한 가해행위로서 원고에 대한 불법행위가 된다고 할 것이다.(…)

나아가 앞서 인정한 바와 같이 원 · 피고 사이에 2000. 9. 4.~2001. 4. 26. 13차례에 걸쳐 분쟁이 있었고, 이 사건 소송 중에도 여전히 피고가 피고 공장을 야간에 가동하였는지에 관하여 다투어지고 있었던 점 등 변론에 나타난 모든 사정들을 참작하여 볼 때, 피고에 대하여 위 금지를 명하는 채무명의가 성립하더라도 피고가 이를 단기간 내에 위반할 개연성이 있고, 또한 이 판결절차에서도 간접강제에 관한 민사집행법 제261조에 의하여 피고에게 명할 적정한 배상액을 산정하는 것이 가능하다고 인정되므로, 피고가 장차 앞서 인정한 금지의무에 위반하는 행위를 한 때에는 그에 따른 간접강제로서 위반일 1일당 300,000원의 비율에 의한 배상금을 원고에게 지급할 것을 명하기로 한다.

한편 이미 지어진 공장 주변으로 주거지가 확장되면서 지역주민들의 소음 관련 민원이 끊임없이 제기되고 있어 이에 대한 대책이 필요한 실정이다. 이에 시 · 도와 대도시로 하여금 조례로 공장 소음 · 진동 배출허용기준보다 강화된 기준을 정할 수 있도록 하고, 이 경우 주민 등 이해관계자의 의견을 미리 듣도록 하고 있다(동조 제3항 · 제4항).

2. 배출시설의 설치 신고 및 허가

배출시설을 설치하려는 자는 대통령령으로 정하는 바에 따라 특별자치시장 · 특별자치도지사 또는 시장 · 군수 · 구청장에게 신고하여야 한다. 신고의 법적 성질은 '수리'를 염두에 두고 있다는 점에서(동조 제4항) 자기완결적 신고로 볼 수 없다. 다만, 학교 또는 종합병원의 주변 등 대통령령으로 정하는 지역은 특별자치시장 · 특별자치도지사 또는 시장 · 군수 · 구청장의 허가를 받아야 한다(제8조 제1항). 여기에는 종합병원, 도서관, 학교, 공공주택, 주거지역, 노인전문병원, 어린이집 등이 포함된다(시행령 제2조 제2항). 법령에서는 허가기준을 따로 정하고 있지 않다. 허가의 성질과 관련해서도 논란이 있을 수 있다. 허가가 권리를 설정하는 행위라고 할 수 없는 점, 법령에서 허가기준을 따로 정하고 있지 않으나 허가를 받으려는 자가 제출해야 할 자료(배출시설의 설치명세서 및 배치도 등)를 비교적 자세히 제시하고 있는 점, 주민의 건강 등에 심각한 위해를 끼칠 우려가 있다고 인정되는 등의 중대한 공익상의 필요가 있다면 그 허가를 거부할 수 있다고 보아야 한다는 점 등에 비추어 '기속재량행위'에 해당한다고 이해된다. 소정의 신고 등을 하지 아니하고 배출시설을 설치 · 운영하는 경우에는 뒤에서 보는 바와 같이 사용중지 또는 폐쇄명령의 대상이 된다.

3. 방지시설의 설치 · 운영

가. 설치의무

배출시설의 설치 또는 변경에 대한 신고를 하거나 허가를 받은 자(사업자)가 그 배출시설을 설치하거나 변경하려면 그 공장으로부터 나오는 소음 · 진동을 배출허용기준이하로 배출되게 하기 위하여 소음 · 진동방지시설(방지시설)을 설치하여야 한다(제9조).

나. 의무의 면제

다음에 해당하는 경우에는 방지시설의 설치의무가 면제된다: ① 특별자치시장 · 특별자치도지사 또는 시장 · 군수 · 구청장이 그 배출시설의 기능 · 공정 또는 공장의 부지여건상 소음 · 진동이 항상 배출허용기준 이하로 배출된다고 인정하는 경우; ② 소음 · 진동이 배출허용기준을 초과하여 배출되더라도 생활환경에 피해를 줄 우려가 없다고 환경부령으로 정하는 경우(제9조 단서).

다. 설계시공

방지시설의 설치 또는 변경은 사업자 스스로가 설계 · 시공을 하거나 「환경기술 및 환경산업 지원법」 제15조에 따른 환경전문공사업자에게 설계 · 시공을 하도록 하여야 한다(제11조).

라. 공동방지시설의 설치

지식산업센터의 사업자나 공장이 밀집된 지역의 사업자는 공장에서 배출되는 소음 · 진동을 공동으로 방지하기 위하여 공동방지시설을 설치할 수 있다. 이 경우 각 사업자는 공장별로 그 공장의 소음 · 진동에 대한 방지시설을 설치한 것으로 본다(제12조 제1항).

4. 권리 · 의무의 승계

사업자가 배출시설 및 방지시설을 양도하거나 사망한 경우 또는 법인의 합병이 있는 경우에는 그 양수인 · 상속인 또는 합병 후 존속하는 법인이나 합병에 의하여 설립되는 법인은 신고 · 허가 또는 변경신고에 따른 사업자의 권리 · 의무를 승계한다(제10조 제1항). 「민사집행법」에 따른 경매, 「채무자 회생 및 파산에 관한 법률」에 따른 환가나 「국세징수법」 · 「관세법」 또는 「지방세법」에 따른 압류재산의 매각, 그 밖에 이에 준하는 절차에 따라 사업자의 배출시설 및 방지시설을 인수한 자는 신고 · 허가 또는 변경신고에 따른 종전 사업자의 권리 · 의무를 승계한다(동조 제2항). 제1항과 제2항은 그 적용대상을 모두 배출시설 및 방지시설로 하고 있어 구별실익이 적어 보이는데, 추후에 제1항은 사업의 양도, 제2항은 배출시설 및 방지시실(재산)의 인수로 함으로써 양지를 구별하는 것도 입법적으로 검토할 필요가 있다. 한편 제50조에서는 행정처분 효과 승계 규정을 두고 있는데, 제10조상의 권리 · 의무의 승계가 공법상의 권리 · 의무의 승계로 이해되고(대법원 2002. 10. 22. 선고 2002다46331 판결 참조) 결국 행정처분의 효과가 공법상의 권리 · 의무의 승계에 포함될 수 있다는 점에서 제10조와 제50조는 중복되는 측면이 강하다고 할 수 있다.

5. 사업자의 의무

가. 배출허용기준의 준수의무

사업자는 배출시설 또는 방지시설의 설치 또는 변경을 끝내고 배출시설을 가동한 때에는 환경부령으로 정하는 기간 이내에 공장에서 배출되는 소음 · 진동이 제7조 또는 제12조 제2항에 따른 소음 · 진동 배출허용기준 이하로 처리될 수 있도록 하여야 한다(제14조).

나. 환경기술인의 임명

동법은 배출시설과 방지시설의 정상적인 운영 · 관리를 위한다는 차원에서 환경기술인에 대한 법적 근거를 두고 있다(제19조).

6. 사업자의 의무이행 확보수단

가. 허가시설에 대한 행정처분

(1) 개선명령

조업 중인 공장에서 배출되는 소음 · 진동의 정도가 배출허용기준을 초과하면 특별자치시장 · 특별자치도지사 또는 시장 · 군수 · 구청장은 기간을 정하여 사업자에게 그 소음 · 진동의 정도가 배출허용기준 이하로 내려가는 데에 필요한 조치(개선명령)를 명할 수 있다(제15조).

(2) 조업정지명령

특별자치시장 · 특별자치도지사 또는 시장 · 군수 · 구청장은 개선명령을 받은 자가 이를 이행하지 아니하거나 기간 내에 이행은 하였으나 배출허용기준을 계속 초과할 때에는 그 배출시설의 전부 또는 일부에 조업정지를 명할 수 있다(제16조 제1항). 개선명령이 사업자에게 일정한 의무를 부과하는 하명의 성질을 갖는 데 비하여 조업정지 명령은 부작위를 명하는 하명의 성질을 갖는다. 또한, 특별자치시장 · 특별자치도지사 또는 시장 · 군수 · 구청장은 소음 · 진동으로 건강상의 위해와 생활환경의 피해가 급박하다고 인정하면 즉시 해당 배출시설에 대하여 조업시간의 제한 · 조업정지, 그 밖에 필요한 조치를 명할 수 있다(동조 제2항). 이와 관련해서는 조치명령을 위해 배출허용기준 초과 여부를 요건으로 하지 않는다고 이해되나 정작 언제 피해의 급박성이 인정될 것이지 분명치 않아 논란이 제기될 수 있다.

(3) 허가취소

특별자치시장 · 특별자치도지사 또는 시장 · 군수 · 구청장은 사업자가 변경신고를 하지 아니한 경우 등 일정한 경우에는 배출시설의 설치허가 취소(신고대상시설의 경우에는 배출시설의 폐쇄명령을 말함)를 하거나 6개월 이내의 기간을 정하여 조업정지를 명할 수 있다. 다만, 거짓이나 그 밖의 부정한 방법으로 허가를 받았거나 신고 또는 변경신고를 한 경우에는 배출시설의 설치허가를 취소하거나 폐쇄를 명하여야 한다(제17조).

나. 무허가시설에 대한 행정처분(사용중지 또는 폐쇄명령)

특별자치시장 · 특별자치도지사 또는 시장 · 군수 · 구청장은 신고를 하지 아니하거나 허가를 받지 아니하고 배출시설을 설치하거나 운영하는 자에게 그 배출시설의 사용중지를 명하여야 한다. 다만, 그 배출시설을 개선하거나 방지시설을 설치 · 개선하더라도 그 공장에서 나오는 소음 · 진동의 정도가 배출허용기준 이하로 내려갈 가능성이 없거나 다른 법률에 따라 그 배출시설의 설치가 금지되는 장소이면 그 배출시설의 폐쇄를 명하여야 한다(제18조).

다. 각종명령의 이행보고 및 확인

이러한 조치명령 · 개선명령 · 조업정지명령 또는 사용중지명령 등을 받은 사업자는 그 명령을 이행한 경우에는 지체 없이 이를 보고하여야 한다(제20조).

Ⅲ. 생활소음 · 진동 관리

소음과 진동은 공장에서뿐만 아니라 우리 일상생활에서도 많이 발생한다. 생활소음 · 진동은 확성기, 소규모 공장, 건설공사장, 유흥업소, 음악기기 등 우리의 생활환경에 다양한 형태로 분포되어 있는 배출원에 기인한다. 생활소음 · 진동피해에 따른 민원이 소음 전체 민원에서 압도적인 부분[7]을 차지할 정도로 그 피해가 증가하고 있으며, 주변 생활환경은 악화되고 있다. 국민의 건강하고 쾌적한 생활환경의 조성을 위해서는 생활소음 · 진동에 대한 관리가 요구되고 있다.

1. 사업장 및 공사장 등 소음 · 진동 규제

특별자치시장 · 특별자치도지사 또는 시장 · 군수 · 구청장은 주민의 조용하고 평온한 생활환경을 유지하기 위하여 사업장 및 공사장 등에서 발생되는 생활소음 · 진동(산업단지나 그 밖에 환경부령으로 정하는 지역[8]에서 발생하는 소음 · 진동

7) 2014년 현재 생활소음 민원(89,827건)이 환경분야 전체 민원의 45.9% 정도를 차지하고 있다. 2016년 환경백서(각주 1), 199면.

8) “환경부령으로 정하는 지역”이라 함은 다음의 지역을 말한다: ①「산업입지 및 개발에 관한 법률」 제2조 제5호에 따른 산업단지; ②「국토의 계획 및 이용에 관한 법률 시행령」 제30조에 따른 전용공업지역; ③「자유무역지역의 지정 및 운영에 관한 법률」 제4조에 따라 지정된

은 제외)을 규제하여야 한다(제21조 제1항). 구체적인 규제조치는 규제대상과 규제기준의 설정으로 나타난다.

[2] 공사장 소음과 입증책임 · 입증방법의 완화: 서울중앙지법 2009. 8. 26. 선고 2008가합72566 판결(확정)

소음을 이유로 하는 사건에서 원고들은 일반적인 손해배상 청구사건에서 이루어지고 있는 수준의 입증에 거의 실패하고 있는데, 그렇다면 과연 이러한 사건에서도 원고들이 일반적인 사건에서와 같은 정도로 입증하여야 하는 것인가가 문제된다.

입증책임이나 입증방법을 일반적인 경우와 달리하는 것은 당사자들의 이해관계에 커다란 영향을 미치므로 매우 신중하게 결정되어야 할 문제이다. 그러나 소음을 이유로 한 사건의 경우, 위와 같은 배려를 하여야 할 충분한 이유가 있다. 즉, 쾌적한 환경에서 생활할 주민들의 권리는 한 차원 높은 가치로서(대법원 1996. 7. 12. 선고 95누11665 판결 참고) 그것과 다른 권리 또는 이익이 충돌할 경우 특별한 사정이 없는 한 주민들의 권리가 더 존중되어야 한다. 이러한 점은 구조적으로 일반적인 입증이 어려운 경우에도 마찬가지로 적용되어야 함은 물론이다. (…) 이상과 같은 이유로 이 사건과 같은 유형의 사건에서는 원고에게 요구되는 입증의 정도를 상당한 정도 완화되어야 하고, 수인한도 초과 여부를 인정함에 있어 원래의 소음을 정확하게 측정하지 못한 경우라 하더라도, 다른 방법에 의하여 수인한도 초과의 점을 합리적으로 추정할 수 있다면, 그 추정 결과를 그대로 인정할 수 있다. 이러한 논리가 소음을 매개로 한 모든 사건에 적용될 수 있는 것은 아니다.

(…) 이러한 점을 종합하면, 피해자가 공사 현장에서 상당한 크기의 소음이 일정 기간 이상 빈번하게 발생하였다는 사정 및 당해 공사 현장으로부터 상당한 거리 이내에 거주하고 있어 거리에 따른 소음 감쇠를 고려하더라도 상당한 소음이 측정 가능할 것으로 예측된다는 사정 등을 입증하면 수인한도를 초과하는 피해가 발생하였다고 인정할 수 있고, 피고측에서 그 위법성을 제거하려면, 당해 공사 현장에서 발생한 소음이 상당한 정도가 아니었다는 점(예를 들어 사용된 장비가 일정 정도의 소음을 발생시키지 않는 제품인 점을 입증할 수 있을 것이다)이나 거리감쇠 이외에도 소음 저감 장치를 사용하여 수음자의 위치에서의 소음이 상당한 크기 이내가 되었다는 점 또는 기타의 사정으로 위에서 본 추정을 저지할 만한 사정을 주장 · 입증하여야 한다.[9]

자유무역지역; ④ 생활소음 · 진동이 발생하는 공장 · 사업장 또는 공사장의 부지경계선으로부터 직선거리 300㎡ 이내에 주택, 운동 · 휴양시설 등이 없는 지역(시행규칙 제20조 제1항).

9) 공사장 소음 입증의 어려움, 입증책임이나 입증방법을 일반적인 경우와 달리하여야 할 필요성이 있는 점 등을 이유로 원고에게 요구되는 입증의 정도가 상당한 정도 완화되어야 하고,

2. 생활소음 · 진동규제기준

생활소음 · 진동의 규제대상 및 규제기준은 환경부령으로 정하는데(동조 제2항), 동법 시행규칙은 대상지역, 소음원 종류, 시간대에 따라 달리 설정하고 있다(제20조 제3항, 별표 8).

[3] 공연장 소음과 수인한도(원칙적 적극): 서울고법 2008.5.22. 선고 2007나78588 판결(상고)

가수의 공연장은 상당한 정도의 소음 발생이 충분히 예견되는 장소이고, 이러한 공연에 참석하는 관객으로서는 당연히 그러한 정도의 소음을 예상하고 감내하겠다는 의사를 가지는 것이므로, 통상의 공연장에서의 소음과는 차별화될 정도의 큰 소음으로, 일반인이 예상하기 힘든 고도의 음향이 돌발적으로 발생한 것이 아닌 이상 어느 정도의 소음은 수인한도 내에 포함된다.10)

≪생활소음 · 진동의 규제기준≫

1. 생활소음 규제기준 [단위: dB(A)]

대상 지역	소음원 \ 시간대별		아침, 저녁 (05:00~07:00, 18:00~22:00)	주간 (07:00~18:00)	야간 (22:00~05:00)
가. 주거지역, 녹지지역, 관리지역 중 취락지구 · 주거개발진흥지구 및 관광 · 휴양개발진흥지구, 자연환경보전지역, 그 밖의 지역에 있는 학교 · 종합병원 · 공공도서관	확성기	옥외 실치	60이하	65 이하	60 이하
		옥내에서 옥외로 소음이 나오는 경우	50 이하	55 이하	45 이하
	공장*		50 이하	55 이하	45 이하
	사업장	동일 건물	45 이하	50 이하	40 이하
		기타	50 이하	55 이하	45 이하
	공사장		60 이하	65 이하	50 이하

수인한도 초과 여부를 인정함에 있어 원래의 소음을 정확하게 측정하지 못한 경우라 하더라도, 다른 방법에 의하여 수인한도 초과의 점을 합리적으로 추정할 수 있다면, 그 추정결과를 그대로 인정할 수 있다고 하면서 건설사에 배상책임이 있다고 한 사례.

10) 가수의 공연장에 참석한 관객이 비정상적인 음향으로 청력이 손상되었다고 주장하며 공연담당자 등을 상대로 손해배상을 청구한 사안에서, 수인한도를 벗어난 소음이라고 볼 수 없다는 이유로 불법행위의 성립을 인정하지 아니한 사례.

<table>
<tr><td rowspan="7">나. 그 밖의 지역</td><td rowspan="2">확성기</td><td>옥외 설치</td><td>65 이하</td><td>70 이하</td><td>60 이하</td></tr>
<tr><td>옥내에서 옥외로 소음이 나오는 경우</td><td>60 이하</td><td>65 이하</td><td>55 이하</td></tr>
<tr><td colspan="2">공장</td><td>60 이하</td><td>65 이하</td><td>55 이하</td></tr>
<tr><td rowspan="2">사업장</td><td>동일 건물</td><td>50 이하</td><td>55 이하</td><td>45 이하</td></tr>
<tr><td>기타</td><td>60 이하</td><td>65 이하</td><td>55 이하</td></tr>
<tr><td colspan="2">공사장</td><td>65 이하</td><td>70 이하</td><td>50 이하</td></tr>
</table>

2. 생활진동 규제기준 [단위: dB(V)]

시간대별 / 대상 지역	주간 (06:00~22:00)	심야 (22:00~06:00)
가. 주거지역, 녹지지역, 관리지역 중 취락지구·주거개발진흥지구 및 관광·휴양개발진흥지구, 자연환경보전지역, 그 밖의 지역에 소재한 학교·종합병원·공공도서관	65 이하	60 이하
나. 그 밖의 지역	70 이하	65 이하

* 배출시설이 설치되지 아니한 공장을 의미함(시행규칙 제20조 제2항)

[4] 수원지법 2009. 8. 19. 선고 2008구합10813 판결

이 사건 나이트클럽에 개폐식 지붕이 설치되는 목적이 단순히 일시적으로 하늘을 볼 수 있게 하거나 환기를 위하여서라고 보기는 어렵고, 이 사건 나이트클럽의 영업 중에 개폐됨으로써 이용자의 유흥을 위하여 설치되는 것으로 지붕이 개폐되면서 나이트클럽의 방송과 음악 연주소리, 이용자들의 환호성 소리가 밖으로 새어나올 것은 분명해 보이는 점, 위와 같이 지붕이 개방되어 허용기준을 초과하는 소음이 외부에 노출되는 회수와 시간 등도 영업자의 임의적 운영에 맡겨져 있는 점 등에 비추어 위 개폐식 지붕이 설치되는 경우 관광진흥법령과 식품위생법령의 '방음장치'를 갖추었다고 보기 어렵다(참가인은 이 사건 신청 내용대로 지붕공사가 완공되면 완벽한 방음장치를 갖추게 된다고 주장하나, 이를 인정할 증거가 없다).

또한, 위 인정사실에 의하면, 이 사건 나이트클럽의 지붕이 열리는 경우 소음·진동규제법에서 정하고 있는 사업장의 야간소음한도를 초과할 가능성이 상당히 높을 뿐만 아니라 위와 같은 소음이 발생하는 시간이 인근 주민들이 숙면을 취하는 심야인 점 등을 감안하면, 이 사건 주상복합아파트 주민들의 주거생활에 상당한 지장을 초래할 것이 분명해 보이고, 이는 수인할 수 있는 한도를 넘어서는 것이라고 판단되므로, 이를 사후적으로 규제하기 보다는 사전적으로 예방함이 타당하다 할 것이다.

3. 층간소음기준

최근에 주거지역 내나 아파트 등에서의 근린소음, 층간소음 등이 분쟁이 심한 소음원으로 대두되고 있다. 아파트 층간소음문제로 인해 이웃들간에 다툼과 법적 분쟁이 일어나고[11] 심각한 경우 폭력과 살인까지 발생한다는 소식이 끊이지 않고 있다. 이러한 점을 인식하고 동법은 소음의 정의에 공동주택 소음을 추가하고(제2조 제1호), 공동주택의 소음기준과 입주민간 갈등 조정 및 상담 지원 등을 규정하고 있다. 이에 따르면 환경부장관과 국토교통부장관은 공동으로 공동주택에서 발생되는 층간소음(인접한 세대간 소음을 포함)으로 인한 입주자 및 사용자의 피해를 최소화하고 발생된 피해에 관한 분쟁을 해결하기 위하여 층간소음기준을 정하여야 한다(제21조의2 제1항). 층간소음의 피해 예방 및 분쟁 해결을 위하여 필요한 경우 환경부장관은 대통령령으로 정하는 바에 따라 전문기관으로 하여금 층간소음의 측정, 피해사례의 조사 · 상담 및 피해조정지원을 실시하도록 할 수 있다(동조 제2항).

2014. 6. 3. 국토교통부와 환경부 공동부령으로 아파트나 연립주택, 다세대주택 공동주택에서 지켜야 할 생활소음의 최저기준을 담은 '공동주택 층간소음의 범위와 기준에 관한 규칙'이 제정되었다. 이에 따르면 소음은 직접충격 소음(아이들 뛰는 소리, 망치질)과 공기전달 소음(피아노, TV)으로 구분된다. 직접충격 소음은 1분 동안 소음측정기로 측정한 소음의 평균치(1분 등가소음도)로 층간소음의 기준을 정하고 있다. 주간(오전 6시~오후 10시) 43dB, 야간 38dB이 기준이다. 무거운 물건이 떨어져 순간적으로 센 소음이 날 수 있기 때문에 최고소음도(1시간에 3번 이상 소음이 날 경우) 기준도 별도로 정하고 있는데, 주간 57dB, 야간 52dB이 기준이다. 공기전달 소음은 텔레비전이나 악기 연주로 다소 길게 이어지는 경

---

11) 부산지법 2008. 11. 18. 선고 2008가단8030 판결(판례 [5]), 서울지법 2000. 12. 12. 선고 98가합23596 판결(판례 [6]), 서울중앙지법 2010. 9. 8. 선고 2009가합53944 판결(판례 [8]); 대법원 2008. 6. 26. 선고 2005다56193 판결; 서울고법 2011. 11. 3. 선고 2010나96579 판결; 대전지법 2014. 2. 10. 선고 2013가소59099 판결.

우가 많아 5분 동안 측정한 평균치(5분 등가소음도)로 기준을 정하고 있는데, 주간 45dB, 야간 40dB을 넘지 않아야 한다. 연립주택, 빌라 등 아파트 이외의 공동주택과 2005년 6월 30일 이전에 사업 승인을 받은 아파트에는 여기에 5dB씩 더 완화해 적용된다.

≪층간소음의 기준≫[12)]

층간소음의 구분		층간소음의 기준[단위: dB(A)]	
		주간 (06:00~22:00)	야간 (22:00~06:00)
1. 제2조 제1호에 따른 직접충격 소음	1분간 등가소음도 (Leq)	43	38
	최고소음도 (Lmax)	57	52
2. 제2조 제2호에 따른 공기전달 소음	5분간 등가소음도 (Leq)	45	40

[5] 부산지법 2008.11.18. 선고 2008가단8030 판결

원고는 아파트 단지를 시공하면서 피고가 거주하는 아파트의 위층인 5OO의 통상적인 바닥충격음을 충분히 차단하여 404호에 거주하는 피고의 일상생활에 피해를 입히지 않아야 함에도 불구하고, 5OO의 바닥충격음을 충분히 차단할 수 있는 차음시설을 하지 않음으로 인하여 피고에게 수면장애, 신경증, 위궤양, 스트레스, 기타 일상생활의 불편 등 참을 수 있는 한도를 넘는 고통에 시달리게 하였는바, 공법상의 기준을 충족한 것만으로 침해행위를 적법하다고 할 수 있는 것은 아닌 점, 2003. 4. 22. 개정되기 이전의 주택건설관련 법령은 층간 바닥충격음을 충분히 차단할 수 있는 구조로 하여야 한다고 되어 있어 단순한 훈시규정이나 정책적 규정이 아니라 의무적 규정으로 되어 있는 점, 개정 이후의 주택건설 관련 법령은 공동주택 바닥충격음 차단성능기준을 중량충격음 50dB, 경량충격음 58dB로 정하고 있는데 이런 구체적인 기준이 정해져 있다 하더라도 개별 사안에서 획일적으로 적용될 수는 없는 점, 피고가 거주하는 아파트와 같이 위층, 아래층, 좌측, 우측이 모두 공동주택(한쪽은 복도)으로 둘러싸인 밀폐되고 제한된 주거공간의 경우 충격음 그 자체보다 거기에서 파생되는 진동소음이 아주 중요한 요소가 된다고 할 것인데, 5OO의 바닥충격음은 중량충격음이 평균 54.5dB(거실 52dB, 안방 57dB), 경량충격음이 평균 57.5dB(거실 59dB, 안방 56dB)로 이미 구체적인 기준을 어느 정도 초과한 점 및 여기에 추가하여 파생

12) 「공동주택 층간소음의 범위와 기준에 관한 규칙」 제3조.

되는 진동소음과 이를 몸으로 느끼는 상태, 주관적 감정까지 고려하면 수인한도를 초과하였다고 볼 수 있다.[13)]

[6] 서울지법 2000. 12. 12. 선고 98가합23596 판결

아파트 등 집합건물 내부의 소음을 규제하는 법률이 따로 없더라도 분양자는 분양계약에 따라 사회경제적 여건과 기술적 제약 아래서 수분양자가 최소한의 쾌적한 생활을 유지하여 분양계약의 목적을 달성할 수 있도록 할 의무가 있으므로, 건물의 구조적 하자로 인하여 소음이 발생하거나 발생한 소음이 적절한 수준으로 차단되지 않는다면 분양자가 담보책임을 지는 하자로 보아야 한다.[14)]

[7] 하자담보책임의 발생 판단 기준: 대법원 2008. 6. 26. 선고 2005다56193 판결

공동주택의 바닥충격음에 관한 규제에 관하여 2003. 4. 22. 개정되기 전의 주택건설기준등에관한규정(개정 전 규정) 제14조 제3항에서는 공동주택의 바닥은 각 층간의 바닥충격음을 충분히 차단할 수 있는 구조로 하여야 한다고 규정하고 있었는데, 2003. 4. 22. 개정된 주택건설기준등에관한규정(개정 규정) 제14조 제3항[15)]에서는 공동주택의 바닥은 각 층간의 바닥충격음이 경량충격음(비교적 가볍고 딱딱한 충격에 의한 바닥충격음을 말한다)은 58데시벨 이하, 중량충격음(비교적 무겁고 부드러운 충격에 의한 바닥충격음을 말한다)은 50데시벨 이하가 되도록 하여야 한다고 규정하고 있다.

그런데, 개정 전 규정에서 말하는 '각 층간의 바닥충격음을 충분히 차단할 수 있는 구조'를 판단함에 있어서 개정 규정의 기준이 그 판단자료가 될 수 있는지 여부에 관하여 보건대, 개정 규정 부칙 제1조 단서에서는 제14조의 개정 규정 중 경량충격음에 관한 규정은 공포 후 1년이 경과한 날부터 시행하고, 중량충격음에 관한 규정은 2005. 7. 1.부터 시행한다고 규정하고 있으며, 부칙 제2조에서는 제14조의 개정 규정은 동 규정의 시행 후 주택법 제33조에 의한 사업계획의 승인을 신청하는 주택건설사업부터 이를 적용한다고 하여 개정 규정의 적용시기를 분명히 하고 있는 점, 2005. 6. 30. 개정된 주택건설기준등에관한규정에서는 개정 규정과 같은 기준에 따르거나 건설교통부장관이 정하여 고시하는 표준바닥구조가 되도록 하는 것 중 어느 하나를 선택할 수 있도록 규정하고 있는 점, 이 ㅇㅇ아파트 건축 당시의 건축 현황이나 기술 수

13) 아파트 시공자에게 아래층 거주자가 위층 바닥충격음으로 인하여 입게 된 손해에 대하여 배상책임을 인정한 사례. 그러나 손해배상을 인정하는 권원이 하자담보책임인지 불법행위책임인지 분명치 않다.

14) 767세대 주민들이 아파트를 신축하여 분양한 서울시 도시개발공사와 시공회사를 상대로 화장실 급 · 배수 소음에 대한 하자보수와 정신적 피해배상금을 청구한 사건에 대해, 하자보수 공사비로 세대당 18만 내지 36만여원씩 총 2억4,500만원을 배상하도록 한 사례.

준이 개정 규정 시행 당시의 그것과 동일하다고 볼 수 없는 점 등에 비추어 보면, 개정 규정이 개정 규정 시행 전에 사업승인을 받은 공동주택에 그대로 적용될 수는 없다 할 것이다.

그러므로 개정 전 규정의 기준에 부합하는지 여부를 판단함에 있어서도 개정 규정이 일응 참작사유가 될 수 있을 뿐 개정 규정에 의하여서만 판단될 수는 없는 것이고, 개정 규정과 아울러 이 ○○아파트 건축 당시의 공동주택들의 건축현황이나 바닥충격음의 정도, 당시의 기술 수준, 개정 규정의 기준설정 경위 등 여러 사정들이 종합적으로 고려되어 판단되어야 할 것이다.

[8] 층간소음과 분양회사의 하자담보책임(적극): 서울중앙지법 2010. 9. 8. 선고 2009가합53944 판결

아파트와 같이 위층의 바닥이 아래층의 천장이 되는 공동주택에서는 구조적으로 위층에서 발생하는 모든 생활소음이 아래층에 전달되는 것을 완전히 차단하기가 어렵고, 거주자들이 이웃 간에 소음으로 인한 피해가 발생하지 않도록 주의를 기울여야 하겠지만, 공동주택이라 하더라도 실내에서 천천히 걷는다거나, 주방 싱크대에서 칼과 도마 등을 이용하여 요리를 한다거나, 욕실에서 샤워기를 이용하여 샤워를 하거나 변기의 물을 내린다거나, 보통의 성량으로 대화를 나눈다든가 하는 정도의 기본적인 일상생활에서 발생하는 소음 정도는 완전하지는 않다 하더라도 상당한 정도로 차단될 것이 당연히 요구되고, 이에 반하여 위와 같이 기본적인 일상생활에서 발생하는 소리가 아래층에 상당 부분 그대로 전달되어 아래층에 거주하는 사람들의 수인한도를 넘어 정상적인 주거생활을 영위하는데 방해가 된다면 이와 같은 공동주택을 건축하여 분양한 자는 집합건물의 소유 및 관리에 관한 법률 제9조 제1항, 민법 제671조 제2항에 의하여 수분양자의 청구에 따라 위와 같은 하자를 보수하거나 이에 갈음하여 또는 보수와 함께 손해배상을 할 의무가 있다.

4. 특정공사의 사전신고

생활소음 · 진동이 발생하는 공사로서 일정 규모 이상의 건축물 해체공사, 토목건설공사 등 환경부령으로 정하는 특정공사를 시행하려는 자는 환경부령으로 정하는 바에 따라 관할 특별자치시장 · 특별자치도지사 또는 시장 · 군수 · 구청장에게 신고하여야 한다(제22조 제1항). 신고의 법적 성질은 '수리'를 염두에 두고

15) 개정 규정은 대한주택공사주택도시연구원이 2001. 12. 발표한 '공동주택 바닥충격음차단성능 기준설정연구' 결과를 반영한 것인데, 위 연구는 필요최소한의 층간소음기준으로서 경량충격음은 58dB, 중량충격음은 50dB을 제시하였다.

있다는 점에서(동조 제3항 · 제4항) 자기완결적 신고로 볼 수 없다. 동법은 특정 공사를 시행하려는 자로 하여금 환경부령으로 정하는 기준에 적합한 방음시설을 설치한 후 공사를 시작하고, 공사로 발생하는 소음 · 진동을 줄이기 위한 저감대책을 수립 · 시행하도록 하고 있다(동조 제5항). 공사장 방음시설의 사전설치를 의무화한 것은 공사장 인근 주민이 공사로 인한 소음 · 진동피해에 쉽게 노출되어 민원이 증가하고 있는 현실을 고려한 것으로 이해된다.

5. 공사장 소음측정기기의 설치 권고

특별자치시장 · 특별자치도지사 또는 시장 · 군수 · 구청장은 공사장에서 발생하는 소음을 적정하게 관리하기 위하여 필요한 경우에는 공사를 시행하는 자에게 소음측정기기를 설치하도록 권고할 수 있다(제22조의2). 이러한 권고는 공사 시행자의 자발적인 소음저감노력을 유도함으로써 공사장 소음으로 인한 민원 및 분쟁을 완화할 수 있다는 의미가 있다.

6. 방음 · 방진시설의 설치 등 조치명령

특별자치시장 · 특별자치도지사 또는 시장 · 군수 · 구청장은 생활소음 · 진동이 생활소음 · 진동규제기준을 초과하면 소음 · 진동을 발생시키는 자에 대하여 작업시간의 조정, 소음 · 진동발생행위의 분산 · 중지, 방음 · 방진시설의 설치, 소음이 적게 발생하는 건설기계의 사용 등 필요한 조치를 명할 수 있으며(제23조 제1항), 이러한 조치명령을 받은 자가 이를 이행하지 아니하거나 이행하였더라도 규제기준을 초과한 경우에는 해당 규제대상의 사용금지, 해당 공사의 중지 또는 폐쇄를 명할 수 있다(동조 제4항).

[9] 대법원 2004. 3. 12. 선고 2002도2298 판결

소음 · 진동규제법 제26조 제1항은 "시 · 도지사는 생활소음 · 진동이 제23조 제2항의 규정에 의한 규제기준을 초과하는 경우에는 소음 · 진동을 발생하는 자에 대하여 작업시간의 조정 (…) 등 필요한 조치를 명할 수 있다"고 규정하고, 위 법 제59조는 "법 제26조 제1항의 규정에 의한 작업시간의 조정 등의 명령을 위반한 자는 6월 이하의 징역 또는 200만원 이하의 벌금에 처한다"고 규정하고 있으며, 한편 기록에 의하면, 피고인 1은 이 사건 고소음장비를 사용한 토류판

> 설치공사로 인하여 위 법 소정의 규제기준을 초과하는 소음을 야기시켜 관할관청으로부터 위 고소음장비를 사용하는 작업에 대하여 2000. 6. 28.부터 그 소음이 규제기준 이내로 될 때까지 작업시간을 08:00~10:00까지로 제한하여야 하는 작업시간조정명령을 받은 사실을 인정할 수 있는바, 위 법규정과 위 작업시간조정명령의 구체적인 내용을 종합하여 보면, 위 명령은 위 고소음장비를 사용하는 작업 자체를 위 조정명령상의 작업시간 이내로 제한한 것이며 위 명령을 받은 자가 임의로 위 고소음장비의 사용으로 발생하는 소음이 위 법 소정의 규제기준 이내가 되었다고 판단하여 그 작업시간을 변경할 수 없는 것이다.

7. 이동소음의 규제

특별자치시장 · 특별자치도지사 또는 시장 · 군수 · 구청장은 이동소음의 원인을 야기하는 기계 · 기구(이동소음원)로 인한 소음을 규제할 필요가 있다고 인정되는 지역을 이동소음규제지역으로 지정하여 이동소음원의 사용을 금지하거나 사용시간 등을 제한할 수 있다(제24조 제1항). 이 규정에 따른 이동소음원의 종류[16] · 규제방법 · 규제에 필요한 사항은 환경부령으로 정한다(동조 제2항).

8. 폭약의 사용으로 인한 소음 · 진동의 방지

특별자치시장 · 특별자치도지사 또는 시장 · 군수 · 구청장은 폭약의 사용으로 인한 소음 · 진동피해를 방지할 필요가 있다고 인정하면 지방경찰청장에게 「총포 · 도검 · 화약류 등 단속법」에 따라 폭약을 사용하는 자에게 그 사용의 규제에 필요한 조치를 하여 줄 것을 요청할 수 있다. 이 경우 지방경찰청장은 특별한 사유가 없으면 그 요청에 따라야 한다(제25조).

---

16) 이동소음원의 종류는 다음과 같다:
① 이동하며 영업이나 홍보를 하기 위하여 사용하는 확성기;
② 행락객이 사용하는 음향기계 및 기구;
③ 소음방지장치가 비정상이거나 음향장치를 부착하여 운행하는 이륜자동차;
④ 그 밖에 환경부장관이 고요하고 편안한 생활환경을 조성하기 위하여 필요하다고 인정하여 지정 · 고시하는 기계 및 기구(시행규칙 제23조 제1항).

Ⅳ. 교통소음 · 진동 관리

자동차, 기차, 지하철 등 교통수단의 발전과 차량의 급증은 그로 인한 교통소음, 진동을 일상화하였고, 그 피해는 심각한 수준에 이르고 있다. 이 때문에 동법은 교통소음과 진동을 관리하기 위한 몇 가지 규정을 두고 있는데, 교통소음 · 진동의 관리기준 설정, 교통소음 · 진동관리지역의 지정, 방음 · 방진시설의 설치 등이 그것이다.

1. 소음 · 진동의 관리기준

교통기관에서 발생하는 소음 · 진동의 관리기준은 환경부령으로 정한다. 이 경우 환경부장관은 미리 관세 중앙행성기관의 장과 교통소음 · 진동 관리기준 및 시행시기 등 필요한 사항을 협의하여야 한다(제25조).[17] 동법 시행규칙에서는 대상지역과 시간대(주간, 야간)에 따라 그 한도 및 시행시기를 달리 정하고 있다(제25조, 별표 12 참조). 그 기준은 「환경정책기본법」상의 소음환경기준보다 완화되어 설정되어 있다.

≪교통소음 · 진동의 관리기준≫

1. 도로

대상 지역	구분	한도	
		주간 (06:00~22:00)	야간 (22:00~06:00)
주거지역, 녹지지역, 관리지역 중 취락지구 · 주거개발진흥지구 및 관광 · 휴양개발진흥지구, 자연환경보전지역, 학교 · 병원 · 공공도서관 및 입소규모 100명 이상의 노인의료복지시설 · 영유아보육시설의 부지 경계선으로부터 50미터 이내 지역	소음 (LeqdB(A))	68	58
	진동 (dB(V))	65	60
상업지역, 공업지역, 농림지역, 생산관리지역 및 관리지역 중 산업 · 유통개발진흥지구, 미고시지역	소음 (LeqdB(A))	73	63
	진동 (dB(V))	70	65

17) 교통소음 · 진동의 관리기준은 종전에 도로와 철도 등의 피해를 받는 자에게 대책이 필요하다고 판단되는 수준을 의미하는 '교통소음 · 진동의 한도'를 대체하는 개념이다.

2. 철도

대상 지역	구분	한도	
		주간 (06:00~22:00)	야간 (22:00~06:00)
주거지역, 녹지지역, 관리지역 중 취락지구·주거개발진흥지구 및 관광·휴양개발진흥지구, 자연환경보전지역, 학교·병원·공공도서관 및 입소규모 100명 이상의 노인의료복지시설·영유아보육시설의 부지 경계선으로부터 50미터 이내 지역	소음 (LeqdB(A))	70	60
	진동 (dB(V))	65	60
상업지역, 공업지역, 농림지역, 생산관리지역 및 관리지역 중 산업·유통개발진흥지구, 미고시지역	소음 (LeqdB(A))	75	65
	진동 (dB(V))	70	65

특기할 점은 도로소음과 관련해서는 교통소음·진동관리기준 외에도 다음 표에서 보는 바와 같이 적용대상에 따라 여러 기준이 적용될 수 있다는 점이다.

≪도로소음에 관한 공법상 기준≫

[단위: dB(V)]

근거 법령	환경정책기본법	소음·진동관리법	주택건설기준 등에 관한 규정
적용대상	도로변 일반주거지역	교통소음·진동 관리지역	공동주택
주간 실외소음도	65	68	1~5층 65
야간 실외소음도	55	58	
실내소음도	규정 없음	규정 없음	6층 이상 45

2. 교통소음·진동관리지역의 지정

특별시장·광역시장·특별자치시장·특별자치도지사 또는 시장·군수는 교통기관에서 발생하는 소음·진동이 교통소음·진동관리기준을 초과하거나 초과할 우려가 있는 경우에는 해당 지역을 교통소음·진동관리지역으로 지정할 수 있다(제27조 제1항). 교통소음·진동관리지역의 지정은 해당 지방자치단체장의 재량사항으로 되어 있다. 환경부장관은 교통소음 · 진동의 관리가 필요하다고 인정하는 지역을 교통소음 · 진동관리지역으로 지정하여 줄 것을 특별시장 · 광역시장 · 특별자치시장 · 특별자치도지사 또는 시장 · 군수에게 요청할 수 있다. 그러나 그 요청에도 불구하고 교통소음 · 진동규제지역으로 지정하는 것이 해당 지방자치단체장의 재량사항이기 때문에 지정 자체가 이루어지지 않을 가능성이 상존하고 있다. 이에 동법은 이 경우 특별시장 · 광역시장 · 특별자치시장 · 특별자치도지사 또는 시장 · 군수로 하여금 특별한 사유가 없으면 그 요청에 따르도록 함으로써(동조 제2항), 그 실효성을 확보하고자 하고 있다.

3. 자동차 운행의 규제

「도로교통법」에 의하여 자동차 운행에 대하여 제한을 가할 수 있는 권한은 경찰관서이다. 그렇기 때문에 특별자치시장 · 특별자치도지사 또는 시장 · 군수 · 구청장은 교통소음 · 진동관리지역을 통행하는 자동차를 운행하는 자에게 속도의 제한 · 우회 등 필요한 조치를 하여 줄 것을 지방경찰청장에게 요청할 수 있다. 필요한 조치에는 경음기의 사용제한도 고려하여야 할 것이다. 이 경우 지방경찰청장은 특별한 사유가 없으면 지체 없이 그 요청에 따라야 한다(제28조). 여기에서 특별한 사유란 자동차 운행에 대한 제한을 가함으로써 교통질서와 안전의 유지에 현저한 지장을 초래하는 것과 같이 그 요청을 받아들일 수 없게 하는 현저한 사유를 말한다 할 것이다.[18]

4. 방음 · 방진시설의 설치

특별시장 · 광역시장 · 특별자치시장 · 특별자치도지사 또는 시장 · 군수는 교통소음 · 진동관리지역에서 자동차 전용도로 · 고속도로 및 철도로부터 발생하는 소음 · 진동이 관리기준을 초과하여 주민의 조용하고 평온한 생활환경이 침해된다고 인정하면 스스로 방음 · 방진시설을 설치하거나 해당 시설관리기관의 장에게 방음 · 방진시설의 설치 등 필요한 조치를 할 것을 요청할 수 있다. 요청을 받은 해당 시설관리기관의 장은 특별한 사유가 없으면 그 요청에 따라야 한다(제29조 제1항). 해당 시설관리기관의 장에게 요청할 수 있는 '필요한 조치'가 어떠한 것이 있는지, 제28조에 따라 지방경찰청장에게 요청할 수 있는 '필요한 조치'와 어떠

18) 이상규(각주 2), 177면.

한 차이가 있는지 논란이 있을 수 있다.[19]

5. 자동차소음의 규제

자동차의 급격한 증가는 자동차소음을 급증시키고 있다. 자동차소음을 없애기 위해서는 그 제작단계에서부터 소음이 없도록 제작되는 것이 중요하고, 일단 제작된 후에는 현실적으로 소음문제를 발생시키는 운행차에 대한 관리가 필요하다. 동법은 제작자동차의 소음규제를 위하여 제작차 소음허용기준(제30조),[20] 제작차에 대한 인증 및 취소(제31조, 제34조),[21] 제작차의 소음검사(제33조) 등을 규정하는 한편, 운행차의 소음규제를 위하여 운행차 소음허용기준(제35조), 운행차의 수시점검(제36조), 운행차의 정기검사(제37조), 개선명령(제38조) 등에 관하여 규정하고 있다.

한편 동법은 자동차용 타이어에서 발생하는 소음을 줄이고 저소음 타이어의 생산 및 보급을 촉진함으로써 교통소음으로 인한 피해를 최소화하기 위하여 자동차용 타이어를 제작 또는 수입하려는 자는 제작 또는 수입하는 자동차용 타이어에서 나오는 소음(타이어 소음도)이 타이어 소음허용기준에 적합하게 제작 또는 수입하도록 하고(제34조의2 제1항), 해당 자동차용 타이어가 소음허용기준에 적합한지를 확인하기 위하여 타이어 소음도를 스스로 측정하거나 환경부령으로 정하는 시험기관에 의뢰하여 측정하고 그 결과를 환경부장관에게 신고하도록 하며(동조 제2항), 환경부장관은 자동차용 타이어가 타이어 소음허용기준을 초과하는 경우에는 그 시정을 명할 수 있도록 하고 있다(제34조의3).[22]

6. 교통소음 · 진동피해의 구제

교통소음 · 진동문제는 교통소음 · 진동을 직접 야기하는 해당 교통수단마다의 소음 · 진동 정도를 측정하기가 쉽지 않고, 손해와의 개별적 인과관계를 입증

---

19) 채우석, "소음 · 진동에 관한 법적 규제", 환경법연구 제27권 제2호, 2005. 9, 354면.

20) 제작차 소음허용기준은 경자동차, 승용자동차, 소형화물승용차, 화물자동차, 이륜자동차 등 자동차의 종류별로 가속주행소음, 배기소음, 경적소음별로 구분하여 설정되고 있다(시행규칙 제29조, 별표 13).

21) 여기에서의 인증은 자동차 운행으로 발생하는 소음이 운행차 소음허용기준을 유지하기 위한 예방조치인데, 일종의 확인행위로서의 성질을 갖는다. 이상규(각주 2), 179면.

22) 동 규정은 자동차 유형에 따른 구분에 따라 2020년부터 정해진 시기 이후 장착되는 자동차용 타이어부터 적용된다(부칙 제2조).

하는 것이 쉽지 않으며, 문제의 교통소음·진동이 공공 일반의 이익에 공하는 도로, 시설 등 장소에서 발생하고 있다는 특성이 있다. 이는 공장, 사업장, 공사장 등에서 발생하는 소음·진동과 다소 차이가 있는 부분이다.

이러한 특성은 교통소음·진동에 대한 피해배상과 관련해서 교통소음·진동의 직접 발생자인 해당 교통수단의 소유자나 운행자를 피고로 하기보다는 관련 교통시설을 설치·관리하는 국가나 지방자치단체를 피고로 할 필요성을 높이고 있다. 교통소음·진동 피해와 관련하여 영조물의 설치·관리상의 하자에 터잡은 국가배상책임(국가배상법 제5조)이나 공작물의 설치·보존상의 하자에 터잡은 공작물책임(민법 제758조)을 동원하는 것은 이러한 필요성의 산물이라 할 수 있다 (판례 [10] 내지 [12]).

[10] 교통소음과 분양회사의 도로 설치·관리상의 하자로 인한 불법행위책임(소극): 대법원 2008. 8. 21. 선고 2008다9358 판결

1. 차량이 통행하는 도로에서 유입되는 소음 때문에 인근 주택의 거주자에게 사회통념상 일반적으로 수인할 정도를 넘어서는 침해가 있는지 여부는, 주택법 등에서 제시하는 주택건설기준보다는 환경정책기본법 등에서 설정하고 있는 환경기준을 우선적으로 고려하여 판단하여야 한다.

2. 도로에서 유입되는 소음 때문에 인근 주택의 거주자에게 사회통념상 수인한도를 넘는 생활이익의 침해가 발생하였다고 하더라도, 그 주택을 건축하여 분양한 분양회사는 도로의 설치·관리자가 아니고 그 주택의 건축으로 인하여 소음이 발생하였다고 볼 수도 없으므로, 주택의 거주자들이 분양회사를 상대로 소음 때문에 발생한 생활이익의 침해를 원인으로 하는 불법행위책임을 물을 수는 없다. 다만 분양회사는 주택의 공급 당시에 주택법상의 주택건설기준 등 그 주택이 거래상 통상 소음 방지를 위하여 갖추어야 할 시설이나 품질을 갖추지 못한 경우에 집합건물의 소유 및 관리에 관한 법률 제9조 또는 민법 제580조의 담보책임을 부담하거나, 수분양자와의 분양계약에서 소음 방지 시설이나 조치에 관하여 특약이 있는 경우에 그에 따른 책임을 부담하거나, 또는 분양회사가 수분양자에게 분양하는 주택의 소음 상황 등에 관한 정보를 은폐하거나 부정확한 정보를 제공하는 등 신의칙상의 부수의무를 게을리한 경우에 그 책임을 부담할 뿐이다.[23]

---

23) 도로에서 유입되는 소음 때문에 인근 주택의 거주자가 사회통념상 수인한도를 넘는 생활이익의 침해를 당한 경우, 그 주택의 분양회사에게 도로 설치·관리상의 하자로 인한 불법행위책임을 물을 수 없다고 한 사례. 그러나 이 사안에서 법원은 지방자치단체에게는 도로 설치·관리상의 하자에 대하여 책임을 물었다. 결과적으로 법원은 교통소음과 관련하여 도로의 설치·관리자에 대하여는 「주택법」 등에서 정하는 주택건설기준보다 「환경정책기본법」 등에

[11] 도로소음과 '참을 한도': 대법원 2015. 9. 24. 선고 2011다91784 판결

① 이 사건 고속도로는 이미 1970. 7.경 왕복 4차로로 개설된 도로로 1998. 3.경 왕복 8차로로 확장하는 내용의 '확장공사구간 지정결정'이 고시되었는데, 그 후인 1998. 5. 6.이 ○○아파트가 위치한 '○○○○ 2지구 택지개발사업지구'가 택지개발예정지구로 지정되어 1999. 7. 30.부터 2004. 12. 31.까지 택지개발사업이 시행된 점, ② 위 고속도로 확장공사는 1998. 4.경부터 2003. 12.경까지 시행되었는데, 이 ○○아파트는 고속도로 확장공사가 거의 완성되었을 무렵인 2003. 10.경 착공되어 2005. 12.경에야 준공된 점, ③ 도시화 · 산업화 및 이로 인한 주거의 과밀화로 인하여 도시에 거주하는 대부분의 거주자는 어느 정도의 소음이 존재하는 상황에서 특정 장소에 거주를 시작하게 될 것인데, 거주자가 고요하고 평온한 상태에서 쾌적한 일상생활을 누릴 수 있는 생활이익은 원칙적으로 그가 거주를 시작한 때 그 장소에서의 소음도를 기초로 형성되기 시작하는 것이고, 피고들이 이 ○○아파트에 거주할 당시 이 사건 고속도로로 인하여 일정한 정도의 도로소음의 발생과 증가를 알았거나 알 수 있었던 것으로 보이는 점, ④ 원심은 제1심 감정인이 소음 · 진동공정시험방법에 규정된 측정방법에 따라 소음측정기의 마이크로폰을 이 ○○아파트 베란다 창문으로부터 0.5 ~ 1m 돌출시켜 이 사건 고속도로 방향으로 설치하여 측정한 소음도 및 이에 기초하여 산정한 실외소음도를 그대로 받아들여 원고의 방음대책이행의무를 인정하였으나, 피고들이 거주하는 이 ○○아파트 101동의 7층 이상 세대, 102동의 5층 이상 세대에서 위 실외소음도를 피고들이 일상생활을 주로 하는 지점의 소음도로 보기는 어렵고, 피고들의 일상생활이 실제 주로 이루어지는 장소인 거실에서 도로 등 소음원에 면한 방향의 모든 창호를 개방한 상태로 측정한 소음도를 기준으로 환경정책기본법상 소음환경기준 등을 초과하는지 여부를 판단하는 것이 타당한 점, ⑤ 공동주택에 거주하는 사람들의 생활이익이 중요함은 물론이지만, 자동차 교통망의 중요한 축을 이루고 있는 이 사건 고속도로는 국민경제 전반의 기반을 공고히 하고, 전체 국민 생활의 질을 향상시키는 등 그 공공성과 사회적 가치가 매우 클 뿐만 아니라, 국가를 대신하여 고속국도를 관리하는 주체인 원고로서는 동등한 피해상황에 있는 국민 전체를 기준으로 도로소음 방지조치의 내용을 결정할 수밖에 없고, 따라서 그 방지조치도 기술적 · 경제적으로 한계를 지닐 수밖에 없으므로, 방지청구의 당부를 판단함에 있어서 청구가 허용될 경우 그로 인해 당사자들이 받게 될 영향을 비교 · 교량해야 함에도, 원심은 원고가 부담해야 할 방음대책 이행의무의 구체적인 내용을 전혀 특정하지 않았고, 원고의 방음대책 이행의무가 피고들과 이 사건 고속도로의 이용자들에게 미칠 이익 · 불이익에 대한 비교 · 교량을 행하지 아니한 결과, 원심이

서 설정하고 있는 환경기준을 우선하여 적용함으로서 책임을 강화시켰으며, 주택을 분양한 회사에 대하여는 주택의 공급 당시 주택건설기준을 적용하였다.

인정한 65데시벨(dB)이하 소음도를 달성하기 위해서는 어떠한 조치나 공사가 필요한지, 그에 소요될 시간과 비용은 어떠한지, 고속도로의 정상적인 통행에 지장이 없는지 등을 전혀 알 수 없는 점 등의 사정을 알 수 있다.

이와 같은 사정들을 앞에서 본 법리에 따라 살펴보면, 이 사건 청구에서 원심 판시와 같은 사정만으로 바로 '참을 한도'를 넘는 생활방해가 인정되어 원고에게 방음대책 이행의무가 인정된다고 단정하기 어렵다.24)

[12] 교통소음과 위법성 판단 요건(사회발전에 따른 자연스러운 변화): 서울중앙지법 2008.12.17. 선고 2007가합51029 판결(확정)

도로소음으로 인하여 피침해자들이 민사상의 손해배상을 청구하기 위해서는 그 소음발생 또는 강도의 변화가 사회발전에 따른 자연스러운 변화에 해당되지 않는 것이어야 하는데, 여기서 말하는 사회발전에 따른 자연스러운 변화에 해당되려면 다음과 같은 각 요건이 충족되어야 한다. 즉, 아래의 요건 중 하나라도 갖추지 못하면 여기서 말하는 자연스러운 변화라 할 수 없다.

① 침해적 요소의 내용이 자연스러운 것이어야 한다. 여기에서의 자연스러움이란 통상 예측 가능하며 이례성을 보이지 아니함을 의미한다. 따라서 이례성을 보이지 않는 도로나 항로의 개설 · 개량으로 인하여 새로 발생한 기능적 하자나 그 변화는 그것이 아래의 각 요건을 충족하는 한 민사상 손해배상책임의 대상이 될 수 없다. 개설이나 개량 자체는 이례적인 것이 아니라 하더라도, 그 결과 발생하는 소음 또는 그 소음의 증가 정도가 비정상적으로 크다면, 자연스러운 것이라 할 수 없다.

② 사회 전체와 관련된, 사회 전체를 위한 작용이어야 한다. 사경제주체 사이에 각자의 경제적 이익을 위한 경우에는 그로 인한 사업의 범위가 아무리 넓더라도 사회발전에 따른 자연스러운 변화라고 할 수 없다. 침해적 요소로 인하여 불특정 다수에게 이익이 되는 것이라야 한다. 특정인에게만 이익을 주는 것은 공공행정작용이라 하더라도 여기서 말하는 자연스러운 변화에 해당된다고 할 수 없다.

③ 침해적 요소가 초래하는 불편함이 특정인에게 집중되는 것이어서는 아니된다. 여기서 말하는 특정인에게의 집중이란 단순히 피침해자가 특정될 수 있음을 의미하는 것이 아니라, 특정 피침해자에게만 특수하게 적용되는 것임을 의미한다. 즉, 침해적 요소로 인한 불편함은 동일한 상황에 처하면 누구에게나 평등하게 가해지는 것이어야 비로소 그러한 불편함을 유발하는 침해적 요소가 여기

24) 도로소음으로 인한 생활방해를 원인으로 제기된 사건에서 공동주택에 거주하는 사람들이 참을 한도를 넘는 생활방해를 받고 있는지는 특별한 사정이 없는 한 일상생활이 실제 주로 이루어지는 장소인 거실에서 도로 등 소음원에 면한 방향의 모든 창호를 개방한 상태로 측정한 소음도가 「환경정책기본법」상 소음환경기준 등을 초과하는지에 따라 판단하는 것이 타당하다고 한 사례.

서 말하는 자연스러운 것이라 할 수 있다.

따라서 피침해자들은 그 소음발생 또는 강도의 변화가 피침해자들의 거주 형태를 비롯한 생활이익의 형성과정, 도로의 구조 및 주변상황, 나아가 피침해자들 및 도로가 속해 있는 지역사회의 변화추이 등에 비추어 위에서 말하는 자연스러운 변화에 해당되지 아니함을 주장 · 입증하여야 한다.[25)]

[13] 도로소음과 '참을 한도': 대법원 2015. 10. 15. 선고 2013다89433 판결

도로는 현대생활에서 필수불가결한 시설로서 지역 간 교통과 균형개발 및 국가의 산업경제활동에 큰 편익을 제공하고, 도시개발사업도 주변의 정비된 도로망 건설을 필수적인 요소로 하여 이루어지고 있는 점, 자동차 교통이 교통의 많은 부분을 차지하고 있고, 도시화 · 산업화에 따른 주거의 과밀화가 진행되고 있는 현실에서 일정한 정도의 도로소음의 발생과 증가는 사회발전에 따른 필연적인 변화에 속하는 점, 국가를 대신하여 고속국도를 관리하는 주체는 동등한 피해상황에 있는 국민 전체를 기준으로 도로소음 방지조치의 내용을 결정할 수밖에 없고, 따라서 그 방지조치도 기술적 · 경제적으로 한계를 지닐 수밖에 없는 점 등도 충분히 고려하여야 한다. 특히 고속국도는 자동차 전용의 고속교통에 공용되는 도로로서 도로소음의 정도가 일반 도로보다 높은 반면 자동차 교통망의 중요한 축을 이루고 있고, 당해 지역경제뿐 아니라 국민경제 전반의 기반을 공고히 하며 전체 국민 생활의 질을 향상시키는 데 중요한 역할을 담당하고 있으므로, 이미 운영 중이거나 운영이 예정된 고속국도에 근접하여 주거를 시작한 경우의 '참을 한도' 초과 여부는 보다 엄격히 판단하여야 할 것이다.

판례는 소음도 측정방법과 관련해서 실내 측정방법을 고수하고 있다(판례 [11]). 이와 관련해서 비판적 견해로 환경기준에 따른 실외측정방법은 객관성과 획일성을 담보하는 방법인 반면, 판례가 요구하는 실내 측정방법은 상대적이고 개별적이라는 점을 지적하면서, 객관적이고 획일적으로 정해지는 공법상의 환경기준을 구체적인 상황에서 유연하게 판단할 필요가 있는 것과 소음도 측정을

25) 아파트 주민 590여명이 서울시와 한국철도시설공단을 상대로 입주 이후 차량 및 철도 통행량이 증가함으로써 수인한도를 넘는 소음피해를 입었다고 주장하면서 정신적 손해에 대한 배상을 청구한 사안에서 차량 통행량이 늘어 도로상에 현재 존재하는 소음이 기능적 하자에 속한다고 하더라도 소음증가치가 과다한 것이라 보기도 어려울 뿐더러 그러한 변화가 사회발전에 따른 자연스러운 변화에 해당하지 않는다는 점에 대한 주장 · 입증이 없다면서 원고들의 청구를 배척한 사례. 이 판결과 관련하여 "사회발전에 따른 자연스러운 변화"는 궁극적으로 '소음의 정도'로 귀결되고 부수적으로 '지역성'과도 관련이 있으므로 그 요소에 기존의 수인한도 판단요소와 구별하여 독자적 지위를 인정할 필요성이 없다는 견해가 있다. 구재균, "교통소음과 법적 대응", 환경법연구 제32권 제1호, 2010. 4, 169면.

구체적 상황(예컨대, 개별적인 주거 형태에 따라 거실에서 주로 생활하는 경우)에서 유연하게 판단하는 것과는 별개의 문제로서, 측정방법의 객관성, 동일성을 유지하면서 측정 소음도의 평가에 있어서 구체적 타당성을 도모할 필요가 있다는 견해가 있다.[26] 판례에 따르면 생활방식이나 주거형태가 다른 경우(예컨대, 단독주택)에 측정방법이 달리 적용됨으로써 해당 거주자들을 차별하는 결과를 초래할 수 있다. 보다 중요한 것은 현행 환경기준이 실외소음도를 적용하여 설정되어 있는데, 판례와 같이 실내소음도를 요구할 경우에는 정해진 기준보다 10dB 이상 낮게 새로이 설정해야하는 문제가 발생하며, 피해구제는 그만큼 어려워지게 된다고 할 수 있다.

한편 교통소음피해를 유발하는 시설이 영조물이고 법원이 영조물의 하자와 관련해서 기능적 하자 개념을 도입하고 수인한도론을 적용하고 있기 때문에 교통소음피해 사건은 고의 · 과실이 아니라 수인한도의 초과 여부가 주로 문제가 되고 있다. 도로에 대하여 국가 또는 지방자치단체에 대해 책임을 묻는 경우에는 민법 제758조가 아니라 「국가배상법」 제5조에 따른 영조물로서의 책임이 문제가 될 것인 바, 이러한 두 법적 근거는 해당 공작물의 소유자 또는 관리자가 누구인가에 의한 차이일 뿐, 원칙적으로 동일한 법리가 적용되어야 할 것이다. 판례는 영조물의 설치 · 관리상의 '하자'와 관련하여 물적 하자뿐만 아니라 기능적 하자(내지 작용상 하자)를 포함하며,[27] 나아가 기능적 하자의 판단 시 수인한도론을 확장 · 적용하고 있다. 그 판단 요소는 위법성의 판단 요소와 유사하다 (판례 [12], [14]).

[14] 교통소음과 수인한도: 대구고법 2011. 9. 21. 선고 2010나4845 판결

원고가 설치 · 관리하고 있는 이 사건 고속도로와 인근 지방도로에서 발생하는 소음으로 인하여 이 사건 아파트 거주자들인 피고들이 일정한 소음공해에 시달리고 있는 사정은 앞에서 본 바와 같은바, 위 소음공해가 피고들의 수인한도를 넘는 위법한 것이어서 이 사건 고속도로의 설치 · 관리상에 하자가 있는지에 관하여 보건대, 위 인정 사실 및 인용 증거들에 의하여 인정되는 사정들 즉, ① 비록 이 사건 고속도로의 확장공사가 아파트 신축공사보다 먼저 시

---

26) 최창렬, "도로소음으로 인한 환경침해의 유시청구권 -대법원 2015. 9. 24. 선고 2011다91784 판결을 중심으로-", 환경법연구 제38권 제3호, 2016. 11, 350 내지 351면.

27) 대법원 2005. 1. 27. 선고 2003다49566 판결(김포공항 사건, 판례 [16]), 대법원 2004. 3. 12. 선고 2002다14242 판결(매향리사격장 사건) 참조.

작되어 피고들이 입주하기 전에 위 확장공사가 완료되기는 하였으나, 위 확장공사의 완료전에 이미 이 사건 아파트 부지에 관한 택지개발사업이 준공되었을 뿐만 아니라 위 아파트 신축공사가 시작되었으므로, 원고는 위 확장공사 완료 전에 이 사건 아파트의 완공 상황을 예상한 방음대책을 수립할 수 있었던 점, ② 피고들이 위 완료된 이후에 이 사건 아파트 101, 102동에 입주하였다고 하여, 위 고속도로에서 유입되는 소음으로 인한 피해를 모두 용인하였다고 볼 수는 없는 점, ③ 원고로서는 이 사건 고속도로의 확장공사 후 교통량 증가와 차량 속도 개선 등으로 인한 인근 주민들의 소음 피해를 충분히 예상할 수 있었고, 실제 교통량이 지속적으로 증가하고 있는 점, ④ 위와 같은 교통량 및 차량 속도를 기준으로 볼 때, 이 사건 아파트에 유입되는 소음의 대부분은 이 사건 고속도로에서 발생하는 교통소음인 것으로 보이는 점, ⑤ 이 사건 아파트는 국토의 계획 및 이용에 관한 법률에서 정한 제3종 일반주거지역에 속하여 있고, 소음 · 진동규제법 등에서 정한 교통소음 · 진동 규제지역에 포함되어 있다는 자료도 없으므로, 환경정책기본법 등에서 정한 일반주거지역의 소음환경기준인 낮(06:00~22:00) 65 dB, 밤(22:00~06:00) 55dB을 기준으로 수인한도를 판단함이 상당한 점, ⑥ 그런데 구미시의 2006. 9. 6.자 측정 소음도, 2007. 3. 9.자 측정 소음도, 대구지방환경청의 2007. 3. 26.자, 3. 27.자, 4. 23.자 각 측정 소음도 및 제1심감정인의 2009. 11. 3.자, 11. 4.자 측정 소음도 모두가 위 기준을 초과하고 있는 점[위 각 측정 소음도는 교통소음 · 진동 규제지역의 소음한도(주거지역)인 주간(06:00~22:00) 68dB, 야간(22:00~06:00) 58dB의 기준조차 초과하고 있다] 등의 사정을 위 법리에 비추어 살펴보면, 이 사건 고속도로의 공공성이나 아파트 입주 전에 고속도로 확장공사가 먼저 완료된 점을 고려하더라도, 이 사건 아파트의 소음과 관련하여 65dB을 초과하는 소음이 발생하는 경우에는 통상의 수인한도를 넘는 것으로서 위법하다고 할 것이므로, 이 사건 고속도로는 피고들의 수인한도를 초과하는 소음을 유발하는 설치 · 관리상의 하자가 존재한다고 할 것이고, 그 설치 · 관리자인 원고는 피고들에 대하여 이 사건 고속도로에서 유입하는 소음을 수인한도 내로 저감시킬 방음대책을 이행할 의무가 있다고 할 것이다.[28)]

도로소음과 관련하여 아파트를 분양하여 건축하여 분양한 분양회사의 책임은 원칙적으로 부인되나 건축물에 하자가 있는 경우, 당사자간에 분양회사가

---

28) 고속도로의 공공성이나 아파트 입주 전에 고속도로가 완료된 점을 고려하더라도, 아파트 소음과 관련하여 65dB을 초과하는 소음이 발생하는 것은 통상의 수인한도를 넘어 위법하므로, 위 고속도로는 입주민들의 수인한도를 초과하는 소음을 유발하는 설치 · 관리상의 하자가 존재한다고 할 것이어서, 그 설치 · 관리자인 한국도로공사는 입주민들에 대해 고속도로에서 유입하는 소음을 수인한도 내로 저감시킬 방음대책을 이행할 의무가 있다고 한 사례.

책임을 지기로 하는 특약이 있는 경우, 건축물에 대한 소음 상황 등에 관한 정보를 은폐하거나 부정확한 정보를 제공하는 등 신의칙상의 부수적 의무를 게을리한 있는 경우 등에는 예외적으로 인정되는 경우가 있다(판례 [10], [15]).

[15] 부산지법 2006.12.21. 선고 2003가합23819 판결

이 사건 도로 등에서 차량통행 등으로 발생하는 소음으로 인하여 제1피고들이 입은 침해가 수인한도를 넘는 점, 원고 ○○○건설은 이 사건 도로 등 옆에 이 사건 아파트를 건축 · 분양한 자로서, 부산 사상구청으로부터 이 사건 아파트에 대한 사용승인을 받을 당시의 이 사건 아파트의 소음도는 64.7dB(A)로서 주택건설기준등에관한규정인 65dB(A)는 충족하였으나 이후 이 사건 도로의 교통량이 증가함에 따라 이 사건 아파트의 소음도가 증가하리라는 것을 예상하였거나 충분히 예상가능하였던 데다가(그리하여 원고 ○○○건설로서도 이 사건 도로에 반터널식 방음벽을 설치하기 위한 사업계획서를 제출하였을 터이다), 이 사건 아파트에 대한 사용승인을 받을 당시 부산 사상구청에 이 사건 아파트에 주민들이 입주한 후 이 사건 도로 등과 관련한 소음민원이 발생할 경우에는 원고 ○○○건설에서 모든 책임을 지고 그 민원을 해결한다는 내용의 각서를 제출하였던 점 등을 종합하면, 제1피고들이 소유 및 거주하는 이 사건 아파트는 매매목적물로서 거래상 통상 갖추어야 하거나 당사자 사이의 특약에 의하여 보유하여야 할 품질이나 성질을 갖추지 못한 것으로 볼 수 있거나 또는 이 사건 도로 등 옆에 이 사건 아파트를 건축 · 부양한 원고 ○○○건설로서는 이 사건 도로 등에서 차량통행 등으로 발생하는 소음에 대한 방음대책을 강구하는 등으로 이 사건 아파트의 소유자들 및 그 가족들로서 이에 거주하는 제1피고들로 하여금 사회통념상일반적으로 인정되는 수인한도를 넘지 않는 환경조건 속에서 생활할 수 있도록 이 사건 아파트의 상태를 유지할 신의칙상의 부수적 의무가 있음에도 이를 게을리 한 것으로 볼 수 있으므로, 원고 ○○○건설도 제1피고들에 대하여 이 사건 도로 등에서 차량통행 등으로 발생하는 소음으로 인한 손해를 배상할 책임이 있거나 방음벽 등을 설치하는 등으로 그 소음을 수인한도 내로 저감시킬 방음대책을 강구할 의무가 있다 할 것이다(다만, 앞에서 본 바와 같이 피고 ○○○은 현재 이 사건 아파트 ○○○동○○○○호의 소유자가 아니고, 집합건물의소유및관리에관한법률 제9조에 의한 하자담보추급권이 현재의 집합건물의 소유자에게 귀속되는 법리 등을 감안하면, 원고 ○○○건설의 피고 ○○○에 대한 이 사건 도로 등에서 차량통행 등으로 발생하는 소음으로 인한 손해배상 기타 채무는 존재하지 않는다고 할 것이다).

V. 항공기 소음의 관리

항공기 소음은 금속성 고주파음으로 상공에서 다량으로 발생하는 충격음이므로 다른 소음원에 비하여 피해지역이 광범위하다. 동법은 항공기 소음의 관리에 대하여는 소극적인 태도를 취함으로써, 전반적으로 항공기 소음·진동에 관한 관리가 미흡한 상태이다. 환경부장관은 항공기 소음이 대통령령으로 정하는 항공기 소음의 한도[29]를 초과하여 공항 주변의 생활환경이 매우 손상된다고 인정하면 관계 기관의 장에게 방음시설의 설치나 그 밖에 항공기 소음의 방지에 필요한 조치를 요청할 수 있다(제39조 제1항). 동조 제3항에 따르면 제1항에 따른 조치는 항공기 소음 관리에 관한 다른 법률이 있으면 그 법률로 정하는 바에 따르도록 하고 있다. 그 대표적인 법률이 「항공안전법」(제19조 제2호)이다.

「소음·진동관리법」 시행령 제9조 제1항은 항공기소음한도를 공항주변 인근지역은 90웨클(WECPNL), 그 밖의 지역은 75웨클(WECPNL)로 정하고, 동조 제2항, 시행규칙 제49조는 공항주변 인근지역과 그 밖의 지역을 소음피해지역과 소음피해예상지역으로 구분하고 있다. 한편 「공항소음 방지 및 소음피해지역 지원에 관한 법률」 제5조 제1항, 동법 시행령 제2조 제1항, 시행규칙 제3조는 소음대책지역의 구역별 예상 소음영향도 기준을 ① 제1종 구역: 소음영향도(WECPNL) 95 이상, ② 제2종 구역: 소음영향도(WECPNL) 90 이상 95 미만, ③ 제3종 구역: 소음영향도(WECPNL) 75 이상 90 미만으로 하고 제3종 구역을 지구별로 세분화하고 있다.

---

29) 항공기 소음의 한도는 흔히 항공기소음영향도(Weighted Equivalent Continuous Perceived Noise Level: WECPNL)로 정해진다. 이는 항공기의 소음이 하루에도 시간대별로 달라지는 점, 같은 크기의 소음이라도 상황이나 시간에 따라 개인이 느끼는 강도가 다른 점 등을 감안하여 한 지역에서 1일 수회 그 소음도를 측정한 다음, 시간대에 따라 가중치를 부여하여 계산한 소음영향도의 단위이다. WECPNL 수치는 dB 수치에 비하여 평균 13 정도 높다고 파악되고 있다. WECPNL 수치는 민간항공기에 적용되는 방식이므로 민간항공기와 출력, 운항형태 등이 다른 군항항공기의 경우에까지 무조건적으로 적용하는 것은 문제가 있다는 견해가 있다. 2017. 9. 17. 개정 법(2023. 1. 1. 시행)에서는 가중등가소음도(LdendB(A)로 변경하였다.

≪항공기 소음의 규제기준≫

<table>
<tr><th>「소음 · 진동관리법」상 구분</th><th>「공항소음 방지 및 소음피해지역 지원에 관한 법률」상 구분</th><th colspan="2">구 역</th><th>소음영향도 (WECPNL)</th></tr>
<tr><td rowspan="2">공항 인근 지역</td><td rowspan="2">소음대책지역</td><td colspan="2">제1종</td><td>95 이상</td></tr>
<tr><td colspan="2">제2종</td><td>90 이상 95 미만</td></tr>
<tr><td rowspan="3">그 밖의 지역</td><td rowspan="3">소음대책지역</td><td rowspan="3">제3종</td><td>가지구</td><td>85 이상 90 미만</td></tr>
<tr><td>나지구</td><td>80 이상 85 미만</td></tr>
<tr><td>다지구</td><td>75 이상 80 미만</td></tr>
</table>

일반적인 항공기 소음대책으로는 크게 소음 발생원 대책, 공항주변 대책이 있으며, 소음 발생원 대책으로는 저소음 항공기의 도입, 이 · 착륙 방식 및 절차의 개선, 야간비행제한 등이, 공항주변 대책으로는 완충녹지 조성, 이주비 지원, 주택방음공사의 보조, TV 수신장애 대책보조, 순회건강진단 등이 있다. 특히 공항소음을 방지하고 소음대책지역의 공항소음대책사업 및 주민지원사업을 효율적으로 추진하기 위하여 2010년 3월 22일 「공항소음 방지 및 소음대책지역 지원에 관한 법률」이 제정되었다.

항공기 소음 피해와 관련하여서는 영조물의 설치 · 관리상의 하자에 터잡은 국가배상책임 여하가 크게 다투어지고 있다. 이는 개별 항공사별로 항공기를 특정하여 그 운항에 따른 수인한도를 넘는 소음 발생 사실을 입증하는 것이 매우 어렵다는 것과 무관하지 않다. 실무상으로는 인과관계 입증의 곤란으로 생활방해를 이유로 한 위자료 청구 소송이 대부분이다. 판례는 영조물의 설치 · 관리상의 '하자' 개념을 확장하여 영조물을 구성하는 물적 시설 그 자체에 있는 물리적 · 외형적 흠결뿐만 아니라, 영조물의 이용과 관련하여 이용자 또는 제3자에게 사회통념상 수인할 것이 기대되는 한도를 넘는 피해를 입히는 경우도 영조물의 하자로 보고 있다(판례 [16] 참조).30)

30) 같은 취지의 판결은 서울지법 2004. 1. 27. 선고 2002가합33132 판결(군산비행장 사건); 서울중앙지법 2008. 1. 22. 선고 2004가합106508 판결(청주공항 사건); 서울남부지법 2009. 10. 9. 선고 2006가합14470 판결(김포공항 사건); 대법원 2010. 11. 25. 선고 2007다20112 판결(서산비행장 사건); 대법원 2010. 11. 25. 선고 2007다74560 판결(대구비행장 사건); 대법원 2010. 12. 23. 선고 2009다10928 판결(평택비행장 사건); 대법원 2015. 10. 15. 선고 2013다23914 판결(광주비행장 사건, 판례 [17]) 참조.

[16] 김포공항 사건: 대법원 2005. 1. 27. 선고 2003다49566 판결

가. 국가배상법 제5조 제1항에 정하여진 '영조물의 설치 또는 관리의 하자'라 함은 공공의 목적에 공여된 영조물이 그 용도에 따라 갖추어야 할 안전성을 갖추지 못한 상태에 있음을 말하고(대법원 2002. 8. 23. 선고 2002다9158 판결 참조), 여기서 안전성을 갖추지 못한 상태, 즉 타인에게 위해를 끼칠 위험성이 있는 상태라 함은 당해 영조물을 구성하는 물적 시설 그 자체에 있는 물리적·외형적 흠결이나 불비로 인하여 그 이용자에게 위해를 끼칠 위험성이 있는 경우뿐만 아니라, 그 영조물이 공공의 목적에 이용됨에 있어 그 이용상태 및 정도가 일정한 한도를 초과하여 제3자에게 사회통념상 수인할 것이 기대되는 한도를 넘는 피해를 입히는 경우까지 포함된다고 보아야 할 것이다(대법원 2004. 3. 12. 선고 2002다14242 판결 참조). 그리고 수인한도의 기준을 결정함에 있어서는 일반적으로 침해되는 권리나 이익의 성질과 침해의 정도뿐만 아니라 침해행위가 갖는 공공성의 내용과 정도, 그 지역환경의 특수성, 공법적인 규제에 의하여 확보하려는 환경기준, 침해를 방지 또는 경감시키거나 손해를 회피할 방안의 유무 및 그 난이 정도 등 여러 사정을 종합적으로 고려하여 구체적 사건에 따라 개별적으로 결정하여야 할 것이다.

원심판결 이유에 의하면, 원심은 설령 피고가 김포공항을 설치·관리함에 있어 항공법령에 따른 항공기 소음기준 및 소음대책을 준수하려는 노력을 경주하였다고 하더라도, 김포공항이 항공기 운항이라는 공공의 목적에 이용됨에 있어 그와 관련하여 배출하는 소음 등의 침해가 인근 주민인 선정자들에게 통상의 수인한도를 넘는 피해를 발생하게 하였다면 김포공항의 설치·관리상에 하자가 있다고 보아야 할 것이라고 전제한 다음, 그 판시와 같은 여러 사정을 종합적으로 고려하면 이 사건 김포공항 주변지역의 소음과 관련하여서는 항공법 시행규칙 제271조상의 공항소음피해예상지역(제3종구역)으로 분류되는 지역 중 85 WECPNL[31] 이상의 소음이 발생하는 경우에는 사회생활상 통상의 수인한도를 넘는 것으로서 위법성을 띠는 것으로 봄이 상당하다고 할 것인데, 이 사건 선정자들의 거주지역이 이에 해당하므로 김포공항을 설치·관리하는 국가는 이에 대하여 손해를 배상할 책임이 있다고 판단하였다.

김포공항과 그 주변지역이 국내의 다른 민간공항이나 군용공항과 구별되는 특성을 기록에 비추어 살펴보면 원심이 구체적 사건인 김포공항 주변지역에 설정한 수인한도의 기준을 그 판시와 같이 정하고 이에 기하여 김포공항을 설치·관리하는 국가의 손해배상책임을 인정한 판단은 위 법리에 따른 것으로서 수긍이 가고, 거기에 상고이유에서 주장하는 바와 같이 영조물 설치·관리상의 하자에 관한 법리오해, 소음피해로 인한 수인한도에 관한 법리오해 등의 위법이 있다고 할 수 없다.

나. 소음 등을 포함한 공해 등의 위험지역으로 이주하여 들어가서 거주하는 경우와 같이 위험의 존재를 인식하면서 그로 인한 피해를 용인하며 접근한 것으로 볼 수 있는 경우에, 그 피해가 직접 생명이나 신체에 관련된 것이 아니라 정신적 고통이나 생활방해의 정도에 그치고 그 침해행위에 고도의 공공성이 인정되는 때에는, 위험에 접근한 후 실제로 입은 피해 정도가 위험에 접근할 당시에 인식하고 있었던 위험의 정도를 초과하는 것이거나 위험에 접근한 후에 그 위험이 특별히 증대하였다는 등의 특별한 사정이 없는 한 가해자의 면책을 인정하여야 하는 경우도 있을 수 있을 것이나(대법원 2004. 3. 12. 선고 2002다14242 판결 참조), 일반인이 공해 등의 위험지역으로 이주하여 거주하는 경우라고 하더라도 위험에 접근할 당시에 그러한 위험이 존재하는 사실을 정확하게 알 수 없는 경우가 많고, 그 밖에 위험에 접근하게 된 경위와 동기 등의 여러 가지 사정을 종합하여 그와 같은 위험의 존재를 인식하면서 굳이 위험으로 인한 피해를 용인하였다고 볼 수 없는 경우에는 손해배상액의 산정에 있어 형평의 원칙상 과실상계에 준하여 감액사유로 고려하는 것이 상당하다.

원심판결 이유에 의하면, 원심은 서울지방항공청장이 김포공항 주변에 대하여 소음피해지역 및 소음피해예상지역을 분류하여 지정 · 고시한 1993. 6. 21. 이후에 자신들의 주거지에 전입한 일부 선정자들이 항공기 소음으로 인한 피해를 인식하였거나 과실로 인식하지 못한 것만 가지고 소음으로 인한 피해를 용인하였다고 보기는 어렵고, 또한 그것만으로 피고의 위법한 침해행위가 위법하지 않게 된다거나 책임이 소멸한다고는 볼 수 없으며, 다만 손해배상액의 산정에 있어서 형평의 원칙상 위자료의 감액사유로 고려함이 상당하다고 판단하여 이 부분 피고의 면책주장도 배척하였다.

기록과 앞서 본 법리에 비추어 살펴보면, 원심의 판단은 정당한 것으로 수긍이 가고, 거기에 상고이유에서 주장하는 바와 같이 손해배상책임의 면제에 관한 법리오해 등의 위법이 있다고 할 수 없다.[32)]

---

31) 이는 「환경정책기본법」상의 환경소음기준 중 공업지역의 주간 소음도인 70dB(83WECPNL)보다 높은 수치이다. 판례상 소음의 정도가 수인한도를 판단하는 중요한 기준이 되고 있는데, 판례마다 다소 다르다. 예컨대, 충주비행장 사건(서울중앙지법 2006. 10. 31. 선고 2005가합56815 판결), 김포공항 사건(대법원 2005. 1. 27. 선고 2003다49566 판결, 판례 [16]), 대구비행장 사건(대법원 2010. 11. 25. 선고 2007다74560 판결), 광주비행장 사건(대법원 2015. 10. 15. 선고 2013다23914 판결, 판례 [17])에서는 85 WECPNL을, 청주공항 사건(서울중앙지법 2008. 1. 22. 선고 2004가합106508 판결), 김포공항 사건(서울남부지법 2009. 10. 9. 선고 2006가합14470 판결), 평택비행장 사건(대법원 2010. 12. 23. 선고 2009다10928 판결), 대법원 2010. 11. 25. 선고 2007다20112 판결, 군산비행장 사건(서울지법 2004. 1. 27. 선고 2002가합33132 판결)에서는 80 WECPNL을 수인한도 기준으로 보았다.

32) 김포공항 주변에 거주하는 주민들이 항공기들이 배출하는 소음, 배기가스, 진동 등으로 인하여 수면, 대화, 전화통화, TV · 라디오시청, 독서 등을 방해받고 있을 뿐 아니라 집중력 감소, 작업능률 및 학습능률의 저하, 긴장 및 불안감 발생 등의 정신적 고통을 입었다고 주장하

[17] 광주비행장 사건: 대법원 2015. 10. 15. 선고 2013다23914 판결

대법원은 비행장 주변지역의 항공기소음을 원인으로 한 손해배상 사건에서 농촌지역에 위치한 서산공군비행장, 충주공군비행장, 군산공군비행장, 평택공군비행장의 경우 그 주변지역의 소음도가 80웨클(WECPNL) 이상인 경우 사회생활상 통상의 수인한도를 넘어 위법하다고 본 반면, 도시지역에 위치한 대구공군비행장이나 김포공항의 경우 그 주변지역의 소음도가 85웨클(WECPNL) 이상인 경우 사회생활상 통상의 수인한도를 넘어 위법하다고 보았다. 이는 비행장 주변지역이 당초 비행장이 개설되었을 때와는 달리 그 후 점차 도시화되어 인구가 밀집되는 등 도시지역으로서의 지역적, 환경적 특성이 있는 경우에는 농촌지역과 비교하여 통상 배경소음이 높다고 할 것이고, 배경소음이 낮은 농촌지역의 경우 도시지역과 비교하여 동일한 소음에 대하여 더 큰 불쾌감을 느낀다고 알려져 있으며 농촌지역 주민들의 옥외 활동의 비중이 높다는 사정 등을 고려한 것이라고 할 것이다.[33)]

한편 「소음 · 진동관리법」은 방음시설의 설치나 그 밖에 항공기 소음의 방지에 필요한 조치를 요청할 수 있는 공항을 대통령령에 위임하고 있는데(제39조 제2항), 동법 시행령에서는 「공항시설법」 제2조 제3호에 따른 공항과 공항개발사업시행자가 새로이 건설하는 공항을 언급하면서 「군사기지 및 군사시설 보호법」에 따른 항공작전기지를 겸하는 공항을 제외하고 있다(제9조 제3항, 「공항소음 방지 및 소음대책지역 지원에 관한 법률」 제2조 제4호). 결국 「소음 · 진동관리법」은 군비행장을 제외하고 민간공항만을 대상으로 하고 있으며, 군비행장 소음피해에 대한 손실보상이나 소음방지대책 등에 관하여는 아무런 규정이 없는 상황이다.

Ⅵ. 기　　타

그 밖에 동법은 확인검사대행자의 등록(제41조 이하), 소음발생건설기계의 소

면서 「국가배상법」 제5조와 민법 제758조를 근거로 국가와 한국공항공사를 상대로 제기한 손해배상청구사건에서, 법원이 인근 주민들이 입은 피해가 사회통념상 수인한도를 넘는 것으로 김포공항의 설치 · 관리에 하자가 있다고 판단하면서 피고들의 배상의무를 인정한 사례.

33) 광주공군비행장 주변에 입주한 군인, 군무원 및 가족들이 국가를 상대로 항공기 소음 피해에 대한 손해배상을 구한 사안에서, 광주공군비행장 주변의 소음피해가 소음도 80웨클(WECPNL) 이상인 경우 사회생활상 통상의 수인한도를 넘어 위법하다고 본 원심판단에 법리오해의 위법이 있다고 한 사례.

음도 검사 및 소음도표지 의무화(제44조 제1항), 소음발생건설기계소음 관리기준(동조 제2항),[34] 가전제품 저소음 표지(제44조의2),[35] 철도차량에 대한 소음기준 권고(제45조의2), 휴대용음향기기의 최대음량기준(제45조의3),[36] 등을 규정하고 있다. 특히 건설기계에 대한 소음도표시 의무화는 저소음 건설기계의 사용 및 개발을 촉진함으로써 공사현장에서의 소음을 줄일 것으로 보인다.

34) 소음발생건설기계의 소음 발생이 심각하다는 점을 고려하여 동법은 소음발생건설기계에서 발생하는 소음의 관리기준을 정하고, 소음도 검사 결과 관리기준을 초과한 자에게 소음을 줄이는 장치의 부착 등 필요한 조치를 명할 수 있으며, 조치명령을 받은 자가 이를 이행하지 아니하거나 이행하였더라도 관리기준을 초과한 경우에는 해당 소음발생건설기계의 제작 · 수입 또는 판매 · 사용의 금지를 명할 수 있도록 하고 있다.

35) 2013. 3. 22. 개정 법은 소비자에게 가전제품의 저소음에 대한 정보를 제공하고 저소음 가전제품의 생산 · 보급을 촉진하기 위하여 저소음표지를 붙일 수 있도록 하는 가전제품 저소음표시제를 도입하고 있으며(44조의2 제1항), 저소음표지를 붙이려는 자는 환경부장관이 실시하는 소음도 검사를 받아 저소음기준에 적합한 경우에는 저소음표지를 가전제품에 붙일 수 있다(동조 제2항).

36) 휴대용음향기기 사용으로 인한 사용자의 소음성난청(騷音性難聽) 등 소음피해를 방지하기 위해 휴대용음향기기 최고음량기준 의무제를 도입하고 있다. 이에 따르면 환경부장관은 환경부령으로 휴대용음향기기에 대한 최대음량기준을 정하여야 하고(제45조의3 제1항), 휴대용음향기기를 제조 · 수입하려는 자는 이 기준에 적합한 휴대용음향기기를 제조하거나 수입하여야 하며(동조 제2항), 해당 제품을 판매하기 전에 소음도 검사를 받아야 한다(동조 제3항).

제 7 장 폐기물관리법

폐기물은 인류가 지구상에 탄생한 이후 지금까지 계속 발생하고 있다. 폐기물이란 인류의 생산 및 소비 활동의 필연적 결과물인 것이다. 산업화 · 도시화로 인한 인구집중으로 폐기물이 대량으로 배출되고 있으며, 특히 유해폐기물의 배출량이 계속해서 증가하고 있다. 사회구조와 생활방식이 대량생산 및 대량소비 형태로 변화하면서 과다한 포장, 음식물쓰레기의 과다배출, 과소비 및 중고용품의 투기 등으로 많은 폐기물 문제가 발생하고 있다. 소득수준의 향상과 편의성을 추구하는 소비문화는 1회용품의 사용을 부추기면서 자원낭비와 환경오염문제를 가속화하고 있다. 폐기물의 다량배출과 유해성 · 난분해성은 자연의 자정작용만으로는 해결될 수 없는 사회문제를 제기하고 있다. 곳곳에서 분출하고 있는 님비(NIMBY) 현상 내지 지역이기주의는 폐기물 문제를 더욱 어렵게 하고 있다.

인구가 적은 농경중심의 사회에서는 폐기물이 발생되어도 자연의 자정작용으로 자연적으로 소화 · 흡수되어 문제가 없었다. 이는 폐기물 문제를 해결하는 데 큰 시사를 주고 있다. 폐기물의 양적 감량과 함께 질적 감량을 위한 대책이 요구되는 것이다. 폐기물 문제의 근본 원인은 대량생산 및 대량소비라 할 것인바, 폐기물 문제를 근본적으로 해결하기 위해서는 그 연결고리를 차단할 필요성이 있다. 이는 결국 앞으로의 사회가 낭비적인 소비사회를 추구하는 것이 아니라 자원의 절약 및 폐기물 발생을 억제하는 사회, 즉 자원순환형 사회로 나아가야 한다는 것을 의미한다. 이 점은 우리나라의 환경정책으로서, 이미 「환경정책기본법」에서도 명백히 밝히고 있다. 즉 국가 및 지방자치단체는 자원과 에너지를 절약하고 자원의 재사용 · 재활용 등 자원의 순환적 사용을 촉진하는 데 필요한 시책을 마련하여야 한다(제10조). 특히 좁은 국토에 비해 인구밀도가 높은 우리나라의 현실은 자원순환형 사회의 구축을 강력하게 요구하고 있다.

1986년, 폐기물을 적정하게 처리하여 자연환경 및 생활환경을 청결히 함으로써 환경보전과 국민생활의 질적 향상에 이바지함을 목적으로 「폐기물관리법」이 제정되었다. 동법은 종래의 '환경보전법'과 '오물청소법'으로 나누어져 관리되고 있던 폐기물 관련 규정을 통합, 보완한 것이다. 「폐기물관리법」의 제정은 「환경정책기본법」과 개별 환경법들이 만들어지기 시작한 1990년대 이전에 이루어진 것으로 분법화의 단초를 제공하였다.

현행 「폐기물관리법」은 폐기물의 발생을 최대한 억제하고 발생한 폐기물을 친환경적으로 처리함으로써 환경보전과 국민생활의 질적 향상에 이바지함을 목적으로 하고(제1조), 사업장폐기물을 중심으로 폐기물의 친환경적 처리에 관한 사항을 주로 규정하고 있다.

폐기물은 폐기물관리의 기본이 되는 「폐기물관리법」을 위시하여 자원 재활용을 촉진하기 위한 「자원의 절약과 재활용촉진에 관한 법률」, 「건설폐기물의 재활용촉진에 관한 법률」, 「전기 · 전자제품 및 자동차의 자원순환에 관한 법률」, 폐기물처리시설의 입지선정절차 및 주변지역 지원 등에 관한 사항을 다루는 「폐기물처리시설 설치촉진 및 주변지역지원 등에 관한 법률」, 폐기물의 수출 · 입을 통제하는, 이른바 「바젤협약」의 국내 시행을 위한 「폐기물의 국가간 이동 및 처리에 관한 법률」, 자원순환을 촉진하는 사업을 효율적으로 수행할 수 있는 공단의 조직 · 운영 · 재원 및 사업에 관한 사항을 포함하고 있는 「한국환경공단법」, 수도권매립지 관리의 효율성을 제고하기 위한 「수도권매립지의 설립 및 운영에 관한 법률」 등에 의해 관리되고 있다.

이들 법은 장기적인 폐기물 정책하에 체계적으로 제정 또는 개정되지 못하고 대체로 새롭게 제기되는 문제의 해결을 위하여 제정 또는 개정되었다고 볼 수 있어 체계적인 폐기물관리 · 규제법이 되지 못하고 있다. 그 결과 복잡하고 난해한 법체제가 탄생하였다. 말하자면 '법률의 홍수' 사태가 발생한 셈이다. 물론 각각의 법 목적에 따라서 사회적인 필요에 따라 유연하게 대처할 수 있다는 장점이 있기는 하나, 법령이 흩어져 있다 보니 폐기물에 관한 규율이 통일적이지 못하고 전체구조를 파악하기 어렵다는 결점이 있다.

최근에 세계적으로 단순한 폐기물 관리 차원에서 자원순환의 단계로 나아가고, 자원순환형 사회를 추구하고 있다는 차원에서 차제에 자원순환형 사회에 부합하는 법체계를 구축하여야 한다는 주장이 설득력을 얻고 있다.[1)] 그 동안 우리

1) 참고로 일본에서는 2000년 「循環型社會形成基本推進法」이, 독일에서는 1994년 「순환관리 및 폐기물법(Kreislaufwirtschafts und Abfallrecht)」(현행 「순환경제의 촉진 및 폐기물의 환경친화적 관리 보장을 위한 법률」)이 제정되었다. 자원순환사회기본법을 새로이 제정하고 이를 모법으로 하여 폐자원안전처리와재활용사업촉진법, 산업계폐자원관리법, 생활계폐자원관리법, 폐자원처리시설안전설치와주민합의법 등으로 구성되는 새로운 법률 체계를 만들 필요가 있다는 견해는 오용선, "자원순환형 폐기물 관리의 법적 · 제도적 체계 설계", 환경법연구 제28권 제1호, 2006. 5, 315 내지 325면. 그 밖에 자원순환형 폐기물 관리법제에 대한 내용은

나라는 폐기물 관리방식에 있어서 감량 → 재활용 → 처리(소각 · 매립)의 순으로 우선순위를 둔 정책을 고수하여 왔다고 할 수 있다. 그러나 최근에는 '자원순환'이라는 개념이 강조되면서 효율적 생산 · 소비 → 물질재활용 → 에너지회수 → 처리선진화 등으로 정책 패러다임을 전환하고 있다. 종전 폐기물 정책의 핵심 개념이 '폐기물'이라면 새로운 정책 방향의 핵심은 '자원'이라고 할 수 있다.[2] 이러한 정책 방향에 부합하면서 자원순환에 초점을 맞추는 법이 바로 2016년 5월에 제정된 「자원순환기본법」이라고 할 수 있다.

Ⅰ. 일 반

1. 폐기물이란?

「폐기물관리법」은 폐기물의 관리 및 규제와 관련하여 일반법의 성질을 갖는다. 따라서 폐기물에 관한 사항은 다른 법률에 특별한 규정이 없는 한 동법이 적용된다. 여기에서 폐기물 개념은 「폐기물관리법」의 적용을 위한 출발점이 되는데, 동법은 '폐기물'을 "쓰레기 · 연소재 · 오니 · 폐유 · 폐산 · 폐알카리 · 동물의 사체 등으로서 사람의 생활이나 사업활동에 필요하지 아니하게 된 물질"로 정의하고 있다(제2조 제1호). 이와 같은 폐기물 정의에는 자원순환형 사회에 부합하는, '자원'이라는 개념을 찾아 볼 수 없다. 쓰레기[3] · 연소재 등은 하나의 예시에 불과하고 "사람의 생활이나 사업활동에 필요하지 아니하게 된 물질"이 바로 폐기물이다.

이와 같이 동법은 폐기물의 표시로 '필요성'을 제시하고 있는데, 문제는 생활이나 사업활동에 필요하지 않다는 것을 누가, 어떻게 판단할 것인가이다. 이

박수혁 외 2, "한국 폐기물법과 정책의 추진방향에 관한 연구", 환경법연구 제23권 제2호, 2001. 12, 296 내지 311면; 함태성, 자원순환형사회의 확립을 위한 폐기물 관련 법제의 개선방안연구, 한국법제연구원, 2005. 11, 71면 이하; 전재경, "폐기물과 순환자원의 법적 개념의 변화와 적용", 환경법연구 제30권 제3호, 2008. 11, 611면 이하; 정훈, "폐기물 관련 법체계와 자원순환기본법의 제정필요성", 환경법연구 제31권 제2호, 2009. 8, 115면 이하; 조성규, "폐기물 관리법제의 법적 문제", 행정법연구 제27호, 2010, 66면 이하 참조.

2) 환경부, 환경백서, 2016, 416면.

3) 폐기물의 개념 가운데 중심적 위치를 갖는 쓰레기에 대해서 동법은 정의하지 않고 있다. 쓰레기의 사전적 의미는 먼지나 티끌 또는 그 밖의 못쓰게 되어 버린 잡된 물건을 통틀어 일컫는 말이다. 대한민국 나라말 사전, YBM Si-sa, 2003.

와 관련하여서는 당사자의 주관적인 의사를 기준으로 하여야 한다는 견해가 있을 수 있으나,[4] 이러한 견해는 자칫 폐기물 개념을 상대화할 수 있으므로 폐기물 여부는 객관적인 기준으로 판단하여야 할 것이다. 즉 객관적으로 사용가치가 없다고 사회통념상 승인되는 경우에 폐기물로 보는 것이 타당하다. 이와 같은 해석이 환경보호라는 「폐기물관리법」의 입법취지에 부합한다 할 것이다.[5] 다만 버리는 자나 사용하는 자의 주관적인 사정은 폐기물인지 여부를 판단하는 데 하나의 고려요소로 작용할 것이다. 판례는 주관적 의사와 물건의 객관적 성상 등을 함께 고려하고 있으나(종합판단설) 구체적인 경우 폐기물인지 여부를 판단하는 것이 쉬운 것은 아닐 것이다(판례 [1] 내지 [3] 참조). 이와 같은 관점에서 폐기물에 대한 구체적인 예시와 명확한 개념 정의가 필요하다고 생각된다. 참고로 독일 「순환경제의 촉진 및 폐기물의 환경친화적 관리 보장을 위한 법률」 제3조에서는 폐기물을 "점유자가 처리하거나 처리하려고 하는 것이거나 또는 점유자가 처리하여야만 하는 모든 물질 또는 물건"으로 보고 있는데, 이러한 개념 정의는 폐기물 개념을 보다 명확화 · 객관화 · 확대하고 있다는 점에서 시사하는 바가 크다.[6]

[1] 사업활동에 필요하지 아니하게 된 물질(소극): 대법원 2001. 12. 24. 선고 2001도4506 판결

경쟁입찰을 통하여 축산업협동조합과 1년 단위로 부산물판매계약을 체결하고 조합에게 보증금을 예치하고 돼지지육의 중량에 따른 단가를 정하여 계속적으로 공급받아 돼지가죽에서 기름을 제거하고 염장처리하는 등의 방법으로 가공한 후 가죽공장에 원자재로 납품하였다면 그 돼지가죽은 조합 공판장에서 상업적으로 매각하고 있으므로 이에 비추어 본 조합의 의사와 그 물건의 성상 등을 감안하면 이를 두고 사업활동에 필요하지 않게 된 폐기된 물질에 해당한다고 볼 수는 없다.[7]

---

4) 「폐기물관리법」상의 폐기물개념은 주관적 폐기물개념을 원칙으로 하고 객관적 개념에 의해 보충되고 있다는 견해가 있다. 홍준형, 환경법, 박영사, 2005, 914 내지 916면; 조현권, 환경법 –이론과 실무–, 법률문화원, 1999, 588면, 각주 3; 조홍식, 환경법원론, 박영사, 2019, 617면. 보다 넓게 폐기물은 배출자의 의사에 의해 버린 것이거나 버리고자 하는 것뿐만 아니라 환경과 사람의 건강의 보호라는 관점에서 사회통념상 사람의 생활이나 사업활동에 필요하지 않게 된 것을 포함한다는 견해도 있다. 박균성 · 함태성, 환경법, 박영사, 2015, 507 내지 508면. 폐기물 개념을 주관적 폐기물과 객관적 폐기물 개념으로 구분할 경우 지정폐기물은 객관적 폐기물 개념에 따른 것이라 할 것이다.

5) 김천수, "폐기물을 재활용하는 경우에 있어, 폐기물의 기준", 대법원판례해설, 재판연구관세미나자료 제43호, 2002, 771면.

6) 김광수, "독일의 폐기물법 개정이 우리나라 폐기물 정책에 주는 시사점", 환경법연구 제23권 제2호, 2001, 218 내지 219면.

7) 돼지를 도축하는 과정에서 발생한 돼지가죽이 폐기물관리법 제2조 제1호 소정의 폐기물에 해

[2] 유출된 비료(적극): 대법원 2009. 1. 30. 선고 2008도8971 판결

구 폐기물관리법(2007. 4. 11. 전부 개정된 것) 제2조 제1호는 폐기물을 '쓰레기 · 연소재 · 오니 · 폐유 · 폐산 · 폐알칼리 · 동물의 사체 등으로서 사람의 생활이나 사업활동에 필요하지 아니하게 된 물질'로 정의하고 있는바, 폐기물의 발생을 최대한 억제하고 발생한 폐기물을 적정하게 처리하여 환경보전과 국민생활의 질적 향상에 이바지하는 것을 목적으로 하는 구 폐기물관리법의 취지에 비추어 볼 때, 위 액체비료가 본래 위 공장의 원료로서 보관하던 것이라 하더라도 그것이 일단 저장탱크로부터 유출되어 더 이상 위 생산목적에 사용하기 어렵게 된 이상은 사람의 생활이나 사업활동에 필요하지 아니하게 된 물질로서 폐기물에 해당한다고 보아야 할 것이다.[8]

제품의 생산과정에서 부수적으로 발생한 물질 또는 폐기된 물질이 타 공정의 원료로 이용될 수 있는 경우 이를 폐기물로 보아야 할 것인지가 문제될 수 있다. 「폐기물관리법」은 폐기물일 것을 재활용의 전제로서 요구하고, 재활용을 폐기물 처리의 일종으로 파악하고 있으므로(제2조 제7호) 재활용이 가능하다고 하여 폐기물이 아니라고 단정할 수 없다.[9] 법원도 당해 사업장에서 폐기된 물질이 재활용 원료로 공급된다는 사정만으로 폐기물의 성질을 상실한다고 볼 것은 아니라고 판단하고 있다.[10] 결국 재활용될 수 있는 물질도 성상이 변경되지 아니하여 「폐기물관리법」상의 폐기물 개념에 부합할 경우에는 폐기물로 보아야 할 것이다.[11]

당하지 않는다고 한 사례. 그 밖에 폐기물 인정에 소극적인 판례는 대법원 1992. 2. 14. 선고 91도792 판결(식용에 사용하려는 살아 있는 토끼가 폐기물에 해당되지 않는다고 한 사례).

8) 빗물 등이 들어올 수 없도록 하는 차단시설을 설치하지 않은 채 공장 내부에 액체비료를 보관하던 중 물이 새면서 보관 중이던 아미노산발효부산비료 및 침출수 등이 빗물과 함께 공장 밖으로 배출되어 인근 농경지를 오염시킨 사안에서, 위 액체비료를 「폐기물관리법」상 폐기물로 보고 비료생산업체를 운영하는 피고인이 법령이 정하는 기준 및 방법에 따라 처리하지 않았다고 유죄 취지로 판단한 사례.

9) 조현권, "환경사범 유형연구", 환경범죄수사과정교재, 2003, 157면.

10) 대법원 2001. 6. 1. 선고 2001도70 판결(돼지기름 등 돈지를 배출하여 폐기물처리업체에 위탁처리하면서 이를 신고하지 아니한 사안에서 유죄를 인정한 사례); 대법원 2002. 12. 26. 선고 2002도3116 판결; 대법원 2003. 2. 28. 선고 2002도6081 판결(판례 [4]); 대법원 2010. 9. 30. 선고 2009두6681 판결(골재 제조업, 폐기물중간처분업 등을 영위하는 갑 회사가 건설현장에서 발생하는 토사를 공급받아 세척시설을 이용하여 모래와 흙으로 분리한 후 흙을 인근지역 농민인 을에게 공급하자, 행정청이 위 흙은 「폐기물관리법」상 산업용 폐기물에 해당하고 갑이 법에서 정한 폐기물재활용 신고절차를 이행하지 않고 폐기물을 처리하였다는 이유로 갑에 대해서 '불법배출 폐기물 적정처리'를, 을에 대해서 '폐기물 반입지 원상복구'를 내용으로 하는 조치명령을 내린 사안에서, 그 처분이 재량권의 범위를 현저히 일탈 · 남용하여 위법한 처분으로 볼 수 없다고 판단한 사례, 판례 [6]) 참조.

11) 박균성 · 함태성(각주 4), 418면.

[3] 재생골재(소극): 부산지법 2008. 10. 8. 선고 2007구합5258 판결

구 폐기물관리법 시행규칙(2007. 12. 31. 개정되기 전의 것) 제12조는 "폐기물 재활용신고자가 무기성 오니를 재활용하려면 60일 이내에 처리하여야 한다"고 규정하고 있고, 구 폐기물관리법(2007. 1. 3. 개정되기 전의 것) 제2조 제1호는 "'폐기물'이란 쓰레기, 연소재, 오니, 폐유, 폐산, 폐알칼리 및 동물의 사체 등으로서 사람의 생활이나 사업활동에 필요하지 아니하게 된 물질을 말한다"고 규정하고 있으며, 제6호는 "'처리' 란 폐기물의 소각 · 중화 · 파쇄 · 고형화 등의 중간처리(제7호에 따른 재활용을 포함)와 매립하거나 해역으로 배출하는 등의 최종처리를 말한다"고 규정하고 있고, 제7호는 "'재활용'이란 폐기물을 재사용 · 재생이용하거나 재사용 · 재생이용할 수 있는 상태로 만드는 활동 또는 환경부령으로 정하는 기준에 따라 폐기물로부터 「에너지기본법」 제2조 제1호에 따른 에너지를 회수하는 활동을 말한다"고 규정하고 있다.

위 각 규정의 의미를 문리적으로 살펴보면, 폐기물 처리의 개념에는 폐기물의 재활용이 포함되고, 폐기물 재활용이라 함은 폐기물을 직접 재사용 · 재생이용하는 경우뿐만 아니라 폐기물을 재사용 · 재생이용할 수 있는 상태로 만드는 행위도 포함하는 것이 분명하므로, 폐기물을 재사용 · 재생이용 할 수 있는 상태로 만들기만 하면 이미 폐기물을 처리한 것으로 볼 수 있다.

그런데 앞에서 본 바와 같이 원고는 피고에게 폐기물(점토점결폐주물사, 광재, 무기성오니)에 일반토사류 또는 건설폐재류를 재활용한 토사류를 50% 이상 혼합하여 재활용 제품인 재생골재(성토재)를 만드는 것을 내용으로 하는 폐기물재활용신고를 하였는바, 원고가 그와 같은 방법으로 재생골재(성토재)를 만드는 행위는 구 폐기물관리법 제2조 제7호에서 규정한 폐기물을 재사용 · 재생이용 할 수 있는 상태로 만드는 활동에 해당하여 그러한 행위만으로도 이미 폐기물을 처리한 것에 해당하므로, 위 재생골재(성토재)는 폐기물에 해당하지 않는다.

그렇다면, 위 재생골재(성토재)가 폐기물임을 전제로 이루어진 이 사건 제2차 조치이행명령은 폐기물관리법에 규정된 재활용의 개념에 대한 해석을 그르쳐 처분의 대상이 되는 법률관계가 없는 사람에 대하여 이루어진 위법한 처분으로서 그 하자가 중대할 뿐만 아니라, 앞서 본 폐기물관리법상의 각 규정의 의미는 문리적으로 분명하여 그 해석에 다툼의 여지가 있다고는 보여지지 아니하므로 그 하자가 객관적으로 명백한 경우에 해당하여 당연무효이다.

그렇다면 언제까지 폐기물로 보아야 하는가? 다시 말하면 언제 폐기물로서의 속성을 잃는가? 재사용되거나 재활용될 수 있는 물질에 대한 광범위한 규제는 자칫 산업군에 의한 재활용 행위를 위축시킬 가능성이 있다. 이러한 문제 해결을 위해서는 폐기물에 대한 규제와 사업자의 진실한 재활용을 촉진하기 위한 동기부여를 합리적으로 조정하는 명확한 지침이 요구되는데, 동법은 이에 대해 침묵하고 있다. 다만 법원은 폐기물을 재활용하는 경우 폐기물의 속성이 상실되는 시점으로 객관적으로 사람의 생활이나 사업활동에 필요하다고 사회통념상 승인될 정도에 이른 시점을 제시하고 있는데,[12] 구체적인 경우 그 판단은 어려울 수밖에 없다. 법원은 폐기물로서의 속성이 상실되는 시점을 판단하는 중요한 요소로 가공과정, 성상의 변경, 원료물질로 전환 등을 들고 있다(판례 [4], [5] 참조).

[4] 폐기물(적극): 대법원 2003. 2. 28. 선고 2002도6081 판결

원심은 그 채용증거들을 종합하여, 피고인이 피고인 경영의 공장 옆 부지에 매립한 이 사건 물질은 폐기물중간처리업을 영위하는 피고인이 사업장폐기물 배출자들과의 사이에 체결한 폐수처리오니 처리계약 내지 일반폐기물 재활용 계약에 따라 수거한 오니인데, 피고인 경영 공장에서 생산되는 물품인 비료 및 암반녹화식생토는 산업폐기물배출업자들로부터 수거한 오니를 공장 내에 야적하고 톱밥 및 발효제를 배합한 후 약 1주일간의 발효과정과 건조과정을 거쳐 선별된 것임에 반하여, 이 사건 물질은 폐기물배출업자들로부터 수거한 오니 그 자체이거나 혹은 오니에 흙을 섞은 것에 불과하고, 이를 비료 또는 암반녹화식생토로 만들기 위한 공정인 톱밥 및 발효제와 배합한 후 발효 · 건조시키는 공정을 거치지 않은 것인 사실을 인정한 다음, 비록 이 사건 물질이 장차 피고인에 의하여 피고인 경영의 공장에서 비료 내지 암반녹화식생토로 만들어지는 원료로 사용될 것이라는 사정만으로는 그 성상이 변경된 것으로 볼 수 없어 아직 폐기물로서의 속성을 상실하지 않았으므로 이 사건 물질은 여전히 폐기물에 해당한다고 판단하였는바, 위에서 본 법리 및 기록에 비추어 관계 증거를 살펴보면, 이와 같은 원심의 사실인정과 판단은 정당하고 거기에 상고이유에서 주장하는 바와 같이 채증법칙을 위배하여 사실을 오인하거나, 폐기물관리법에 있어서의 폐기물에 관한 법리를 오해한 위법이 있다고 할 수 없다.

[5] 폐기물(적극): 대법원 2012. 4. 13. 선고 2010도16314 판결

피고인 이○○가 실질적으로 운영하던 피고인 주식회사 ○○○○와 제1심 공동피고인 주식회사 ○○○○의 각 사업장에 야적되어 있던 이 사건 물질은 파쇄와 탈수의 과정을 거쳐 어느 정도 수분이 제거된 음식물류 폐기물에다가

---

12) 대법원 2002. 12. 26. 선고 2002도3116 판결; 대법원 2008. 6. 12. 선고 2008도3108 판결 (닭털, 계분, 왕겨 등의 발효 혼합물을 폐기물이 아닌 퇴비의 원료로 본 사례).

가축분뇨와 톱밥 등을 혼합하여 부산물비료를 제조하는 진행과정 중에 있었을 뿐이고 가공과정을 거쳐 부산물비료의 제조를 위한 원료물질로 바뀐 상태에는 이르지 아니하였음을 전제로 이를 구 폐기물관리법상 폐기물에 해당한다고 보아, 피고인들에 대한 이 사건 폐기물관리법 위반의 공소사실을 유죄로 인정하였다.

또한 위 야적된 물질에 빗물이 섞여 각 사업장 밖으로 유출된 액체에 대하여도 그것이 사람의 생활이나 사업활동에 사용하기 어려운 상태에 있는 이상 폐기물에 해당된다고 보고, 피고인 이○○에게 위 폐기물이 위 각 사업장 밖으로 유출되어 인근의 공공수역에 유입되도록 한 데 대한 고의가 있음을 전제로, 피고인들에 대한 이 사건 '수질 및 수생태계보전에 관한 법률' 위반의 공소사실을 유죄로 인정하였다.

앞서 본 법리와 기록에 비추어 살펴보면, 원심의 위와 같은 판단은 정당한 것으로 수긍할 수 있고, 거기에 상고이유의 주장과 같이 구 폐기물관리법에서 정한 폐기물에 관한 법리나 '수질 및 수생태계보전에 관한 법률' 위반의 고의에 관한 법리를 오해하는 등의 위법이 있다고 할 수 없다.

「폐기물관리법」에서는 폐기물의 개념 표지로 필요성만을 제시하고 있을 뿐 폐기물 개념이 명확하지 아니한데, 그 결과 적용단계에서 혼란이 예상되고 불필요한 소송이 유발될 수 있다. 이러한 상황은 결국 폐기물 처리의 효율적인 시행과 준수를 저해하게 된다. 이러한 문제를 해결하기 위해서는 폐기물 개념을 분명히 할 필요가 있다. 그 개념 정의는 가능한 한 객관적 기준을 사용하여야 한다. 이러한 관점에서 비교적 객관적 기준을 제시하고 있는 독일의 폐기물 개념[13] 등이 크게 참고가 될 것이다.

오염된 토양, 해양오염퇴적물 등을 「폐기물관리법」상 폐기물로 보아야 하는지 논란이 있을 수 있다. 이러한 논의의 실익은 오염된 토양, 수저오염퇴적물 등에 관하여 「토양환경보전법」, 「해양폐기물 및 해양오염퇴적물 관리법」상의 규제가 불가능할 경우[14]에 「폐기물관리법」에 의한 규제가 가능한지 여부에 모아진다. 이

13) 독일 「순환경제의 촉진 및 폐기물의 친환경적 관리 보장을 위한 법률」은 폐기물의 개념을 점유자가 물건에 대한 사실상의 지배권을 포기하는 것을 의미하는 "처리한 사실"이 있는 경우, 객관적인 기준에 의하여 판단하여 "처리의사"가 인정되는 경우 그리고 점유자가 "처리하여야 하는 의무"를 부담하는 경우의 3가지 유형으로 나누어 정의하고, 폐기물의 군을 나누어 구체적으로 예시 · 열거하고 있는데(제3조 제1항) 이러한 개념 정의는 폐기물의 해당 여부, 폐기물과 동법의 적용을 받지 않는 경제재 내지 원재료의 구분을 명확히 하고 있다는 점에서 평가할 만하다. 김연태. "폐기물의 개념 및 분류 · 처리체계 -독일의 순환관리 및 폐기물법을 중심으로-", 환경법연구 제25권 제1호, 2003, 172 내지 177면, 205면.

러한 논의는 오염된 토양의 정화과정에서 발생한 토양오염물질의 처리문제와 깊은 관련이 있는데, 현행 「토양환경보전법」에서는 특별한 규정을 두고 있지 않아 어떻게 해결하여야 하는지 문제가 될 수 있다.

현실적으로는 오염토양이 폐기물로 취급되어 처리되는 경우가 많은 것으로 알려지고 있다. 사실상 폐기물과 오염토양을 분리하는 것이 곤란하고, 폐기물의 처리를 택하는 쪽이 오염토양의 정화를 택하는 쪽보다 용이하고 비용이나 시간 등의 측면에서 유리하기 때문이다. 「토양환경보전법」에 따라 오염토양으로 처리할 경우에는 토양정밀조사, 오염토양 정화, 정화검증 등 복잡한 절차를 거쳐야 하고 그에 따라 많은 비용이 소요될 가능성이 크다. 건설공사의 특성상 폐기물과 오염토양의 분류 등에 소요되는 기간 동안 공사를 중지함으로 인해 비용손실이 발생할 수 있다는 점도 폐기물 처리 쪽을 택하는 유인으로 작용할 수 있다. 규제자의 입장에서는 폐기물의 위법 처리에 대해 보다 과중한 처벌이 가능하나는 규제의 편의도 있다.

오염된 토양 자체는 폐기물이 아니나, 오염된 토양을 파내어 처리하는 경우에는 폐기물에 해당한다는 견해가 있으며,[15] 원칙적으로 오염된 토양은 지하에 방치되어 있든 지상으로 옮겨졌든 폐기물로 보지 않되, 예외적으로 불법매립·투기된 폐기물로 인하여 직접 오염된 토양에 한하여 폐기물로 보아야 한다는 견해가 있다.[16] 원래 위치로부터의 분리 여부,[17] 오염 여부에 의해 폐기물에 해당하는지 여부가 결정된다고 볼 것은 아니라고 생각된다. 이는 폐기물에 해당하는지 여부를 판단하기 위한 하나의 요소일 뿐이다. 대법원도 "단지 오염되지 않았다거나 유해성이 없다는 이유만으로는 폐기물에 해당하지 않는다고 할 수 없(다)"고 판시한바 있다(판례 [6]).

---

14) 예컨대, 토양오염물질로 지정되지 아니한 물질에 의하여 토양이 오염되어 있는 경우, 토양오염우려기준 및 대책기준이 마련되어 있지 않은 지역(예컨대, 평범한 주거지역)의 토양이 오염되어 있는 경우, 지정된 오염물질로 오염되어 있으나 오염의 정도가 토양오염우려기준 이하일 경우 등이 여기에 해당될 것이다.

15) 조현권(각주 4), 588면.

16) 환경공무원교육원, 토양환경관리법연수교재, 1997, 177면(조홍식, "토양환경침해에 관한 법적 책임", 환경법연구 제20권, 1998, 325면에서 재인용). 이는 환경부의 해석으로, 이에 따르면 지하저장시설로부터 연료 또는 원료로 사용되는 유류나 유독물질이 누출되어 토양을 오염시킨 경우 그로 인하여 오염된 토양은 「폐기물관리법」의 적용대상이 아니다. 박상열, "토양오염과 법률문제", 토양환경 제1권 제1호, 1996. 9, 6면.

17) 토양의 분리 여부가 폐기물 여부를 판단함에 중요한 기준이지만 절대적 기준이 아니라는 견해는 박종원, "오염토양과 폐기물의 구별과 그 처리책임", 환경법과 정책 제8권, 2012. 5, 121면.

[6] 대법원 2010. 9. 30. 선고 2009두6681 판결

원심은, ① 폐기물관리법 제2조 제1호 에 규정된 '오니' 등은 폐기물의 종류를 한정한 것이 아니라, 이를 예시한 것임이 조문상 분명하고, ② 폐기물관리법이 사업장폐기물 중 주변 환경을 오염시킬 수 있거나 인체에 위해를 줄 수 있는 일반폐기물로 규정하고 있는 점에서 볼 때 단지 오염되지 않았다거나 유해성이 없다는 이유만으로는 폐기물에 해당하지 않는다고 할 수 없으며, ③ 원고 1 주식회사 스스로 사업장폐기물배출자 신고를 하면서 자신의 사업장에서 발생하는 폐기물의 종류를 '무기성 오니'라고 표시하였으며, 피고도 원고 1 주식회사가 자진 신고한 바에 따라 원고 1 주식회사의 사업장에서 배출한 이 사건 흙을 '무기성 오니'라 호칭하여 이 사건 처분을 한 것으로 보이고, ④ 이 사건 흙은 모래 및 골재를 생산하는 원고 정선산업의 사업목적상 객관적으로 사업 활동에 더 이상 필요하지 아니하게 된 물질임이 분명하다는 이유로, 원고 1 주식회사의 사업장 내에서 발생한 이 사건 흙이 오니가 아니라 이토(泥土)라 하더라도 폐기물관리법 제2조 제1호가 규정하고 있는 폐기물에 해당한다고 한 다음, 이 사건 흙이 거래가 된 것은 원고 1 주식회사의 폐기물처리비용 절감과 농민들의 객토비용 절감이라는 경제적 이해관계가 합치한 결과이지 이 사건 흙 자체가 일반적으로 농업용 흙으로 거래될 만한 경제적 가치를 가졌기 때문이 아니고, 이 사건 흙이 농업용 객토로 사용하기에 유리한 점이 있다는 사정만으로 농업용 재료로 바뀌어 폐기물로서의 속성을 상실하였다고 볼 수는 없다고 판단하였다.

앞서 본 법리 및 관련 법령의 규정에 비추어 기록을 살펴보면, 원심이 위와 같이 판단한 것은 정당하고, 거기에 상고이유에서 주장하는 바와 같이 폐기물의 속성을 상실하였는지, 적법한 재활용인지 여부 등에 관한 심리미진, 채증법칙 위배로 인한 사실오인, 폐기물관리법상의 오니나 폐기물의 개념 등에 관한 법리 오해의 잘못이 없다.

법원은 오염 여부를 불문하고 준설토사를 폐기물로 보고 있다.[18] 그러나 한편으로는 오염토양이 폐기물에 해당하지 아니하고 「토양환경보전법」의 적용대상이라고 함으로써(판례 [7]), 혼란을 부추기고 있다. 판례 [7]과 준설토사를 폐기물로 본 판례는 그 대상이 토양 또는 흙이라는 점에서 유사하다고 할 것이나, 폐기물에 해당한다고 볼 것인지 여부에 대한 판단은 정반대로 내려졌다. 두 사건의 차이점은, 첫 번째 사건(판례 [7])에서의 토양은 대법원이 판시한 것처럼 다른 오염물질에 의한 '오염의 대상'이었던 데 반하여, 두 번째 사건에서의 흙

18) 대법원 2006. 5. 11. 선고 2006도631 판결(횡배수관 관로공사를 시행한 후 발생하는 토사가 폐기물에 해당하고, 피고인들이 설령 유실된 고속도로의 법면 보수공사에 사용하려 하였다 하더라도 폐기물로서의 성질을 상실하지 않는다고 한 사례).

은 '처리의 대상'이었다는 점을 들 수 있을 것이다. 그러나 첫 번째 사건에서도 오염된 토양은 오염의 대상인 동시에 정화 또는 처리의 대상이 되며, 이 경우 두 번째 사건에서의 흙과 실질적인 차이를 발견하기 어렵다고 생각된다. 따라서 위에서 살펴본 토양 또는 흙의 폐기물성에 대한 대법원의 최근 판례들은 서로 모순되거나 다소 명확하지 않은 측면이 있음을 부인하기 어렵다고 할 것이다.[19]

[7] 오염토양(소극): 대법원 2011. 5. 26. 선고 2008도2907 판결

구 폐기물관리법(2007. 4. 11. 개정 전)과 구 폐기물관리법 시행령(2007. 9. 6. 개정 전), 건설폐기물의 재활용촉진에 관한 법률과 그 시행령 및 토양환경보전법의 각 규정을 종합하면, 토양은 폐기물 기타 오염물질에 의하여 오염될 수 있는 대상일 뿐 오염토양이라 하여 동산으로서 '물질'인 폐기물에 해당한다고 할 수 없고, 나아가 오염토양은 법령상 절차에 따른 정화 대상이 될 뿐 법령상 금지되거나 그와 배치되는 개념인 투기나 폐기 대상이 된다고 할 수 없다. 따라서 오염토양 자체의 규율에 관하여는 '사람의 생활이나 사업 활동에 필요하지 아니하게 된 물질'의 처리를 목적으로 하는 구 폐기물관리법에서 처리를 위한 별도의 근거 규정을 두고 있지 아니한 이상 구 폐기물관리법의 규정은 성질상 적용될 수 없고, 이는 오염토양이 구 폐기물관리법상의 폐기물이나 구성요소인 오염물질과 섞인 상태로 되어 있다거나 그 부분 오염토양이 정화작업 등의 목적으로 해당 부지에서 반출되어 동산인 '물질'의 상태를 일시 갖추게 되었더라도 마찬가지이다.

법논리적으로 토양과 해당 오염물질의 분리가 불가능하다고 전제할 때 문제의 토양이 토양오염물질로 오염된 경우에는 오염토양으로, 토양오염물질 이외의 물질로 오염된 경우에는 폐기물로 보는 것이 타당할 것이다. 문제는 토양이 대개의 경우 토양오염물질로만 오염되어 있지 않고, 해당 오염물질을 토양과 분리하는 것이 쉽지 않다는 데서 발생한다. 원론적으로 오염된 토양을 폐기물로 보아야 할지, 토양으로 보아야 할지는 오염물질과 토양과의 분리가능성, 오염물질의 주성분이 토양오염물질인지 여하, 오염물질로 인해 토양으로서의 기능을 상실하였는지 여하 등을 종합적으로 고려하여 판단해야 할 것이다. 그러나 막상 그 판단은 쉽지 않을 것이다.

편의상 오염도가 우려기준을 초과한 오염토양은 「토양환경보전법」, 그렇지

19) 황계영, 폐기물 관리 법제에 관한 연구 -폐기물의 개념 및 분류를 중심으로-, 서울대학교 박사학위논문, 2015. 2, 217면; 조홍식(각주 4), 623면.

않은 경우는 「폐기물관리법」으로 규율하는 것을 생각해 볼 수 있으나 혼재되어 분리가 불가능한 경우도 있어 규제 · 관리가 쉽지 않다. 오염된 토양을 폐기물로 이해할 경우에는 「폐기물관리법」상의 처리기준 및 방법에 의하여야 할 것이다. 그러나 이러한 논리적 귀결은 자칫 오염된 토양을 정화하는 유인을 상당부분 감소시킬 우려가 있다. 또한 자연상태의 토사는 물론이고 준설토사도 토양이라고 볼 여지가 있고,[20] 준설물질 중에 상당 부분이 토사라고 하더라도 폐기물 성격의 오니, 중금속, 유기물질 등 다양한 물질이 발생하기 때문에 모든 준설물질이 토양이라는 등식은 성립되지 않으며, 이러한 물질을 분리하는 것이 쉽지 않다. 이러한 점을 고려할 때 차제에 별도의 특별법(예컨대, 가칭 '준설물질관리법')을 제정하여 준설물질을 일괄해서 효율적으로 관리 · 규제하거나 「토양환경보전법」에 관련 규정을 두어 그 처리방법을 제시하는 것이 바람직할 것이다. 「폐기물관리법」 제3조의 적용범위에 관한 조항에 토양에 관한 예외규정을 신설하여 「토양환경보전법」에 따라 토양정화의 대상이 되는 우려기준을 초과하는 토양은 「폐기물관리법」의 적용대상에서 제외되는 것으로 규정하되, 그 이외의 오염토양은 「폐기물관리법」에 의한 폐기물로 관리할 수 있음을 명시하여 혼란을 잠재우는 것도 하나의 대안이 될 수 있다.[21]

한편, 동법은 방사성물질, 용기에 들어 있지 아니한 기체상태의 물질, 폐수, 하수 · 분뇨 및 가축분뇨, 동물장묘시설에서 처리되는 동물의 사체 등에 대하여 적용을 배제하고 있으며(제3조 제1항), 폐기물의 해역배출에 관하여는 별도로 「해양폐기물 및 해양오염퇴적물 관리법」이 적용된다(동조 제2항). 방사성폐기물 관리에 대하여는 「방사성폐기물 관리법」이 적용된다.

2. 폐기물의 분류

「폐기물관리법」은 발생원을 기준으로[22] 폐기물을 생활폐기물과 사업장폐기

20) 「해양폐기물 및 해양오염퇴적물 관리법」은 준설토사를 물 밑에서 파낸 토사를 말한다고 정의하면서 매립, 고립 등의 방법으로 배출할 수 있는 폐기물의 일종으로 보고 있다(시행령 제5조 제1호). 퇴적물은 오물 또는 오염원이라는 인식 하에 준설토사가 오염도에 상관없이 폐기물로 규정되어 있는 셈이다.

21) 박종원(각주 17), 119면; 박균성 · 함태성(각주 4), 510면; 황계영(각주 21), 227면.

22) 그러나 사업장에서 발생되는 폐기물이 기계적으로 모두 사업장폐기물이 되는 것이 아니라 유해성을 띠거나 일정한 배출량 이상인 경우에 한하여 사업장폐기물로 분류되고 그 외의 경우에는 생활폐기물로 분류된다는 점에서 「폐기물관리법」상의 폐기물 분류는 엄격하게 발생원에 따른 구분을 하고 있지 않다고 할 수 있다. 김연태(각주 13), 168면. 또한 현행 폐기물 분

물로 구분하고 그 관리체계를 달리하고 있다. '사업장폐기물'이라 함은 오염물질 배출시설을 설치·운영하는 사업장, 공공폐수처리시설을 설치·운영하는 사업장, 공공하수처리시설을 설치·운영하는 사업장, 분뇨처리시설을 설치·운영하는 사업장, 가축분뇨공공처리시설을 설치·운영하는 사업장, 폐기물처리시설을 설치·운영하는 사업장, 지정폐기물을 배출하는 사업장, 폐기물을 1일 평균 300 kg 이상 배출하는 사업장, 「건설산업기본법」 제2조 제4호에 따른 건설공사로 폐기물을 5톤 이상(공사를 착공한 때부터 마칠 때까지 발생되는 폐기물 양을 말함) 배출하는 사업장, 일련의 공사 또는 작업으로 폐기물을 5톤 이상 배출하는 사업장에서 발생되는 폐기물을 말한다(제2조 제3호, 시행령 제2조).[23] '생활폐기물'이라 함은 사업장폐기물 외의 폐기물을 말한다(동조 제2호). 사업활동에 수반하여 발생된 폐기물이라도 동법에 의하여 사업장폐기물로 열거된 것이 아니면 모두 생활폐기물이 된다. 예컨대, 발생량 1회 5톤 미만의 건설폐기물은 생활폐기물이 되는 것이다. 생활폐기물과 사업장폐기물은 처리책임자, 처리기준·방법, 배출자 신고의무 유무, 벌칙 등에서 차이가 있게 된다.[24]

[8] 대법원 2013. 8. 22. 선고 2012도7446 판결

폐기물배출 사업장을 규정한 시행령 제2조 중 제9호는 폐기물을 지속적으로 배출하는 제7호의 사업장이나 건설공사 폐기물을 배출하는 제8호의 사업장 이외에 일시적 또는 일회적으로 폐기물을 5t 이상 배출하는 시설 등을 포괄적으로 규율하기 위한 규정이라 할 것이므로, 그 시설의 성격상 본래부터 폐기물을 발생시키는 사업장이 아니라도 이에 해당한다고 보아야 한다. 또한, 위 규정에서 말하는 '일련의 작업' 역시 전체적으로 서로 관련된 목적과 계획 아래 행하여지는 업무수행 과정 등 사실적 행위를 모두 포함하는 의미라고 할

류체계는 사업장폐기물 중 성상에 따라 사업장생활폐기물 개념을 인정하고 있는데, 즉 지정폐기물과 건설폐기물을 제외한 사업장일반폐기물 중 성상이 생활폐기물과 유사한 폐기물은 사업장생활계폐기물로 구분된다.

23) 그 대부분은 공공폐수처리시설, 공공하수처리시설, 분뇨처리시설, 폐기물처리시설 등 폐기물의 배출이 당연히 예정되어 있는 사업장이고(제1호 내지 제6호), 본래의 기능이 폐기물배출시설이 아닌 사업장으로는, 1일 평균 300kg 이상의 폐기물을 배출하는 사업장(제7호), 5t 이상의 폐기물을 배출하는 건설사업장(제8호)이 있고, 마지막으로 '일련의 공사(제8호에 따른 건설공사 제외) 또는 작업으로 폐기물을 5t 이상 배출하는 사업장'(제9호)이 포함되어 있다.

24) 사업장폐기물의 처리책임자는 배출자로서, 배출자에게는 배출에 따른 신고의무가 있게 된다. 이에 반하여 생활폐기물의 처리책임자는 지방자치단체로서, 배출자에게 배출 신고의무는 없다. 또한, 사업장폐기물의 무단 투기·매립 시 벌금형과 징역형이 병과됨에 반하여(제63조), 생활폐기물의 경우는 과태료가 부과된다(제68조 제3항 제1호).

> 것이어서, 그 형태나 내용에 아무런 제한이 없고 다만 규정 자체의 문언상 건축 등으로 인한 '공사'만이 제외될 뿐이라고 할 것이다.[25)]

한편 사업장폐기물은 다시 지정폐기물, 건설폐기물 및 사업장일반폐기물로 분류된다. 동법은 사업장폐기물 중 폐유 · 폐산 등 주변환경을 오염시킬 수 있거나 의료폐기물[26)] 등 인체에 위해를 줄 수 있는 해로운 물질을 지정폐기물[27)]로 정하여(제2조 제4호, 시행령 제3조, 별표 1) 사업장일반폐기물보다 엄격히 규제하고 있으며, 건설폐기물[28)]을 별도로 구분하여 특별히 규제하고 있다. 사업장일반폐기물은 사업장폐기물로서 지정폐기물과 건설폐기물을 제외한 폐기물을 말하는 것으로서 다시 사업장배출시설계폐기물과 사업장생활계폐기물로 세분된다.[29)] 사업장배출시설계폐기물은 배출시설의 운영과 관련하여 사업장에서 배출되는 폐기

---

25) ○○농협 저온저장고에서 '썩은 무'를 치우는 등 저온저장고를 정리하는 행위는 시행령 제2조 제9호에서 말하는 '일련의 작업'에 해당하고, 따라서 저온저장고는 위 썩은 무의 처리에 관하여 '일련의 작업으로 폐기물을 5t 이상 배출하는 사업장'에 해당한다고 본 사례.

26) '의료폐기물'이란 보건 · 의료기관, 동물병원, 시험 · 검사기관 등에서 배출되는 폐기물 중 인체에 감염 등 위해를 줄 우려가 있는 폐기물과 인체 조직 등 적출물, 실험 동물의 사체 등 보건 · 환경보호상 특별한 관리가 필요하다고 인정되는 폐기물로서 대통령령으로 정하는 폐기물을 말한다(제2조 제5호). 동법 시행령에서는 의료폐기물로 격리의료폐기물, 위해의료폐기물(조직물류폐기물, 병리계폐기물, 손상성폐기물, 생물 · 화학폐기물, 혈액오염폐기물), 일반의료폐기물을 들고 있다(시행령 제4조, 별표 2).

27) 1995년 개정 전의 특정폐기물에 해당한다. 지정폐기물에는 특정시설에서 발생되는 폐기물, 부식성폐기물, 유해물질함유폐기물, 폐유기용제 등 12가지 종류가 있다(시행령 제3조, 별표 1). 동법에서는 지정폐기물의 기준으로 '주변환경 오염가능성'과 '인체 위해가능성'이라는 모호한 기준을 제시하면서 구체적으로는 대통령령에서 여기에 해당하는 물질을 열거하고 있는데, 실제로는 시행규칙(제2조), 고시 등을 종합적으로 살펴보아야 비로소 어떤 물질이 지정폐기물에 해당하는지를 알 수 있어 수범자의 입장에서 지정폐기물 여부를 판단하는 것이 어렵다고 할 수 있다. 또한 지정폐기물과 다른 폐기물이 혼합된 경우나 지정폐기물로부터 파생된 물질을 어떻게 분류할 것인지 등에 대한 명확한 규정이 없어 법 적용 시 혼란이 발생할 수 있다. 조홍식(각주 4), 633면.

28) 「건설폐기물의 재활용촉진에 관한 법률」에서는 건설폐기물을 "「건설산업기본법」 제2조 제4호에 해당하는 건설공사로 인하여 공사를 착공하는 때로부터 완료하는 때까지 건설현장에서 발생되는 5톤 이상의 폐기물로서 대통령령이 정하는 것"으로 정의하고 있다(제2조 제1호).

29) 사업장배출시설계폐기물과 사업장생활계폐기물 개념은 시행규칙(제28조 제4항, 별표 7 참조)에서 사용하고 있는 개념인데, 그 구별실익은 사업장일반폐기물의 수집 · 운반업의 업무범위와 관련이 있다. 헌재 2002. 8. 29. 선고 2001헌마159 전원재판부 결정(사업장 일반폐기물의 수집 · 운반업의 업무범위에서 사업장생활계폐기물을 제외함으로써 그 업무범위를 사업장배출시설계폐기물만의 수집 · 운반으로 축소한 시행규칙이 신뢰보호의 원칙에 반하지 않는다고 한 사례) 참조. 어떠한 종류의 폐기물로 분류되는가에 따라서 처리책임자, 처리에 필요한 비용과 그 부담주체, 처리기준 · 방법, 처리절차 및 처리시설 등이 달라지게 된다.

물(예를 들면 폐석고, 폐석회, 폐금속류, 폐흡착제, 폐흡수제, 연소 뒤에 남은 재, 분진, 폐주물사, 오니, 폐고무류, 폐섬유류 등으로서 유해물질을 법에서 정하는 기준 이하로 함유하고 있는 폐기물 등)을 말하고, 사업장생활계폐기물은 폐기물을 1일 평균 300kg 이상 배출하는 사업장(주로 상가 · 백화점 및 대형빌딩 등)과 지정폐기물과 건설폐기물을 배출하는 사업장에서 배출되는 사업장일반폐기물을 말하며, 주로 폐지류, 폐목재류, 폐합성수지류, 음식물쓰레기 등이 이에 해당하고 성상이 생활폐기물과 유사한 폐기물이다.30)

[9] 건설폐기물: 대법원 1990. 9. 14. 선고 90도1348 판결

① 오래된 빌딩을 부순 벽돌조각, 돌조각, 타일조각, 콘크리이트 덩어리, 나무조각, 비닐조각, 스티로플조각 등의 폐기물은 산업폐기물인 건축물폐재류임이 명백하다.

② 피고인들이 처리한 건축물폐재류 중에 8할 가량의 사토가 섞여 있었다고 하더라도, 피고인들이 업으로 처리한 건축물폐재류의 배출량이 1일 평균 50킬로그램을 초과한 이상, 피고인들이 폐기물관리법 제43조 제1항 제6호 소정의 허가를 받지 아니하고 산업폐기물의 처리를 업으로 한 자에 해당 하는 것이므로 원심이 피고인들이 처리한 건축물폐재류의 배출량을 정확하게 특정하지 아니하였다고 하여 원심판결에 심리미진, 사실오인 또는 폐기물관리법에 관한 법리오해의 위법이 있다고 볼 수 없다.

③ 피고인들이 산업폐기물로 하천을 매립하여 고수부지를 조성하였다고 하더라도, 정당한 사유 없이 공공수역에 산업폐기물을 버리는 행위를 한 이상 환경보전법 제68조 제5호 소정의 '제37조 제1항의 규정에 위반한 자'에 해당한다.

30) 사업장생활계폐기물은 성상이 가정에서 배출되는 생활폐기물과 동일 내지 유사하고 그 중 음식물 · 채소류 등 가연성폐기물이 약 56%를 차지하고 있다. 이에 반하여 사업장배출시설계폐기물은 광재류(鑛滓類), 소각 후에 남은 재, 폐주물사(廢鑄物沙), 폐석회(廢石灰) 등 불연성폐기물이 대부분을 차지하고 그 최종처리방법도 생활폐기물과 전혀 다르다. 즉 사업장배출시설계폐기물은 대부분 이를 재활용하거나 매립하는 반면, 사업장생활계폐기물은 가연성 폐기물이 56%를 차지하기 때문에 대부분 소각처리하고 있는 실정이다. 이와 같이 최종처리과정이 달라야 되는 특성을 감안할 때 사업장생활계폐기물과 사업장배출시설계폐기물을 구별하여 수집 · 운반토록 할 필요가 있는 것이다. 헌재 2002. 8. 29. 선고 2001헌마159 전원재판부 결정.

≪폐기물의 분류≫

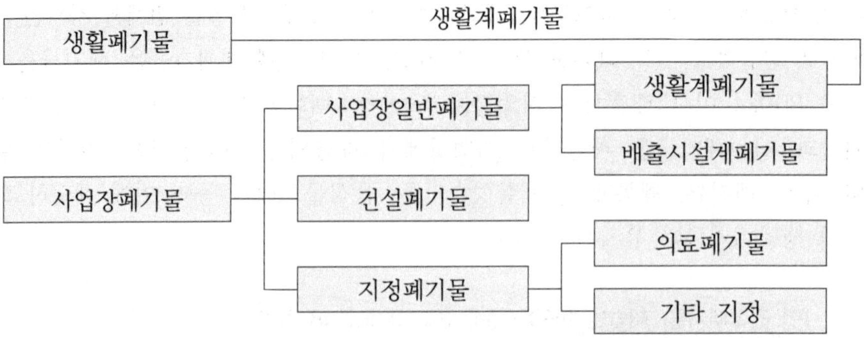

이러한 폐기물 분류방법에 대하여는 다음과 같은 비판이 제기되고 있다. 먼저 사업장폐기물의 1차적 처리책임자는 배출자인데, 사업장에서 배출됨에도 불구하고 유해하지 아니하고 일정한 배출량 이하이기 때문에 생활폐기물로 분류되는 폐기물의 경우에는 사업자가 아닌 지방자치단체가 그 처리책임자가 된다. 이는 사업자로서 자신이 배출한 폐기물에 대한 처리책임을 면하게 된다는 것을 의미하므로 오염원인자 책임원칙에 반하게 된다. 또한 현재 지방자치단체가 부과하는 쓰레기 수거료가 실제 처리비용에 훨씬 못 미치는 상황하에서는 사업자 자신이 배출하는 폐기물을 일부 공공비용으로 처리한다는 것을 의미하므로 형평성의 관점에서도 문제가 있게 된다.[31)]

한편, 일반 가정생활에서 배출되는 폐기물 중에는 폐건전지나 폐형광등 등과 같이 환경이나 건강에 유해한데도 발생원이 사업장이 아니라는 이유로 생활폐기물로 분류되고 다른 일반폐기물과 함께 처리되고 있다는 것이다. 이러한 분류방법의 문제점을 해소하기 위해서는 발생원과 유해성을 복합적 기준으로 폐기물을 분류·체계화하여 규제를 차별화하는 것이 필요하다.[32)]

3. 폐기물 관리의 기본원칙

동법은 폐기물 관리의 6대 기본원칙을 선언하고 있다: ① 사업자는 제품의 생산방식 등을 개선하여 폐기물의 발생을 최대한 억제하고, 발생한 폐기물을 스

31) 김연태(각주 13), 168면.
32) 김연태, "폐기물처리의 책임체계에 대한 고찰", 고려법학 제37호, 고려대학교 법학연구소, 2001, 226면.

스로 재활용함으로써 폐기물의 배출을 최소화하여야 한다; ② 누구든지 폐기물을 배출하는 경우에는 주변 환경이나 주민의 건강에 위해를 끼치지 아니하도록 사전에 적절한 조치를 하여야 한다; ③ 폐기물은 그 처리과정에서 양과 유해성(有害性)을 줄이도록 하는 등 환경보전과 국민건강보호에 적합하게 처리되어야 한다; ④ 폐기물로 인하여 환경오염을 일으킨 자는 오염된 환경을 복원할 책임을 지며, 오염으로 인한 피해의 구제에 드는 비용을 부담하여야 한다; ⑤ 국내에서 발생한 폐기물은 가능하면 국내에서 처리되어야 하고, 폐기물의 수입은 되도록 억제되어야 한다; ⑥ 폐기물은 소각, 매립 등의 처분을 하기보다는 우선적으로 재활용함으로써 자원생산성의 향상에 이바지하도록 하여야 한다(제3조의2).

4. 폐기물의 관리책무

가. 국가 및 지방자치단체의 책무

동법은 기초자치단체장에게 관할 구역에서 발생하는 폐기물에 대한 1차적 관리책임을 부과하고 있으며(제4조 제1항 · 제2항), 특히 지정폐기물에 대해서는 국가에게 관리책임을 지우고 있다(동조 제3항).

나. 광역관리

환경부장관, 시 · 도지사 또는 시장 · 군수 · 구청장은 2 이상의 시 · 도 또는 시 · 군 · 구에서 발생되는 폐기물을 광역적으로 처리할 필요가 있다고 인정되면 광역폐기물처리시설(지정폐기물공공처리시설을 포함)을 단독 또는 공동으로 설치 · 운영할 수 있으며(제5조 제1항), 그 설치 또는 운영을 한국환경공단 등에게 위탁할 수 있다(제5조 제2항, 시행규칙 제5조). 이에 따라 수도권에서 발생하는 생활폐기물은 환경부 산하기관인 수도권매립지관리공사가 관리하는 수도권매립지에서 매립되고 있다. 특별시와 광역시에서의 생활폐기물의 처리책임을 기초자치단체인 시 · 군 · 구에 지우면서도(제14조) 환경부 및 특별시와 광역시가 광역적 관리를 할 수 있게 한 것은 생활폐기물의 처리책임을 모호하게 하는 문제가 있다. 한편, 동법은 폐기물처리시설을 설치 · 운영하는 기관이 반입수수료를 받을 수 있는 근거규정을 두고 있는데(제6조), 반입수수료는 폐기물의 처리에 소요되는 비용을 보전하는 것도 있지만 폐기물의 반입과 더 나아가 폐기물 발생의 억제 · 감소를 유도하는 경제적 유인의 기능을 하게 된다.

다. 국민의 책무

헌법은 "국가와 국민은 환경보전을 위하여 노력하여야 한다"고 규정함으로써(제35조 제1항 후단), 환경법의 기본원칙을 이루는 이른바 '협동의 원칙'의 이념적 기초를 제공하고 있다. 이러한 '환경보전을 위하여 노력할 국민의 의무'는 「환경정책기본법」상의 국가 및 지방자치단체의 책무(제4조), 사업자의 책무(제5조)에 이은 국민의 권리와 의무 규정(제6조)으로 이어지고 있으며, 「폐기물관리법」에도 폐기물의 감량화와 자원화, 토지 · 건물의 청결유지를 위하여 노력하여야 할 의무 등으로 반영되고 있다(제7조). 이러한 규정은 구체적 효력이 있는 것은 아니고 국가의 폐기물관리정책을 수립 · 시행함에 있어서 방향을 제시하는 이른바, 선언규정으로서의 의미를 갖게 된다.

5. 폐기물의 투기금지

누구든지 특별자치시장 · 특별자치도지사, 시장 · 군수 · 구청장이나 공원 · 도로 등 시설의 관리자가 폐기물의 수집을 위하여 마련한 장소나 설비 외의 장소에 폐기물을 버리거나, 특별자치시, 특별자치도, 시 · 군 · 구의 조례로 정하는 방법 또는 공원 · 도로 등 시설의 관리자가 지정한 방법을 따르지 아니하고 생활폐기물을 버려서는 아니 되며(제8조 제1항)[33], 허가 또는 승인을 받거나 신고한 폐기물처리시설이 아닌 곳에서 폐기물을 매립하거나 소각하여서는 아니 된다(동조 제2항).

[10] 대법원 2006. 1. 26. 선고 2005도7281 판결

구 폐기물관리법(2002. 1. 26. 개정 전) 제7조 제2항(현행 제8조 제2항)에서 '법에 의하여 허가를 받은 매립시설'이라 함은 허가권자로부터 허가를 받은 위치 및 면적, 규모, 형태의 당해 시설을 의미하는 것이므로, 허가를 받은 매립시설이라도 변경허가를 받음이 없이 제방을 증 · 개축하거나 기타의 방법으로 매립면적을 확장하여 매립용량을 증가시켰다면, 그 확장된 부분은 위 법조항에서 말하는 적법한 매립시설에 포함될 수 없다 할 것이고, 폐기물 처리업자가 허가 없이 제방을 증 · 개축하는 등의 방법으로 매립면적을 불법 확장하여

---

33) 이 규정은 사실상 생활폐기물에만 적용되는 규정이다. 사업장폐기물과 관련해서는 현재 시장 · 군수 · 구청장이나 공원 · 도로 등 시설의 관리자가 폐기물의 수집을 위하여 마련한 장소 또는 설비가 없기 때문이다.

매립용량을 증가시키는 행위를 한 경우에는 그 행정절차 위반 자체를 이유로 같은 법 제60조 제4호에 의하여 처벌되는 것이 당연하고, 그와 같은 행위를 한 자가 더 나아가 그 확장된 부분 즉 허가받은 매립시설 외의 곳에 폐기물을 매립한 경우에는 같은 법 제60조 제4호에 의해 처벌되는 죄 외에 같은 법 제58조의2에 의해 처벌되는 죄도 성립되어 양죄가 실체적 경합관계에 있는 것으로 보아야 할 것이다.

이 규정에 위반하여 사업장폐기물을 버리거나[34] 매립[35]·소각한 자는 7년 이하의 징역 또는 5천만원 이하의 벌금에 처한다.[36] 이 경우 징역형과 벌금형은 이를 병과할 수 있다(제63조). 이는 동법상의 법정형 중 가장 중한 형이다.

[11] 대법원 2013. 5. 24. 선고 2011도9549 판결

폐기물관리법 제63조는 같은 법 제8조 제2항을 위반하여 사업장폐기물을 매립한 자를 7년 이하의 징역이나 5천만 원 이하의 벌금에 처하도록 규정하고 있는데(다만 징역형과 벌금형은 병과할 수 있다), 폐기물관리법 제8조 제2항은 "누구든지 이 법에 따라 허가 또는 승인을 받거나 신고한 폐기물처리시설이 아닌 곳에서 폐기물을 매립하거나 소각하여서는 아니 된다."고 규정하고 있어 폐기물을 어느 곳에 매립하는지에 따라 범죄의 성립 여부가 달라질 뿐만 아니라, 매립은 그 자체로 매립장소와 불가분의 관계에 있다고 볼 수 있고, 매립장소에 따라 해당 지역이나 주민에게 미치는 영향이 상당하며, 매립장소 변경 시 범의의 갱신이 이루어질 수 있다는 점을 고려할 때, 폐기물관리법 제8조 제2항 위반죄에서 매립장소는 포괄일죄 여부를 판단하는 중요한 기준이 된다. 그리고 폐기물의 매립과 관련하여 범의의 단일성과 계속성이 인정되는지를 판단하기 위해서는 위와 같은 폐기물 매립장소에 더하여 매립의 경위와 기간, 방법, 도구 등은 물론 폐기물위탁처리업체와의 거래경위나 거래방식이 어떠하고 거기에 변경이 있는지 등을 함께 고려하여야 한다.

---

34) "산업폐기물로 하천을 매립하여 고수부지를 조성하는 행위가 환경보전상의 정당한 사유 없이 공공수역에 산업폐기물을 버리는 행위에 해당한다." 대법원 1990. 9. 14. 선고 90도1348 판결(판례 [9]).

35) "폐기물중간처리업자가 자신이 경영하는 공장 옆 부지에 수거한 오니를 적치하고 그 위에 흙을 덮은 후 나무를 심은 행위는 폐기물관리법상 금지되는 '매립'에 해당한다." 대법원 2003. 2. 28. 선고 2002도6081 판결(판례 [4]). 동 판결은 '매립'을 버린다는 의사를 가지고 이루어지는 것으로 한정적으로 해석할 수 없다고 판단하였다.

36) 한편, 이 규정에 위반하여 생활폐기물을 버리거나 매립한 자는 100만원 이하의 과태료에 처한다(제68조 제3항 제1호).

한편, 특별자치시장 · 특별자치도지사, 시장 · 군수 · 구청장은 토지 · 건물의 소유자 · 점유자 또는 관리자가 제7조 제2항의 규정에 따라 청결을 유지하지 아니하면 지방자치단체의 조례에 따라 필요한 조치를 명할 수 있다(제8조 제3항). 이 규정은 그 요건이 모호하고 내용이나 절차가 규정되어 있지 않는 등 불명확한 측면이 있지만 폐기물 제거를 위한 조치명령의 근거로 사용될 수 있을 것이다.

[12] 대법원 2020. 6. 25. 선고 2019두39048 판결

폐기물관리법 제8조 제3항에 따른 조치명령과 폐기물관리법 제48조에 따른 조치명령은 규율의 대상, 처분의 상대방과 요건, 위반 시의 효과 등이 서로 다른 별개의 제도이다. 따라서 폐기물관리법 제8조 제3항에서 말하는 '필요한 조치'에는 토지소유자 등이 폐기물관리법 제7조 제2항에 따른 토지의 청결유지의무를 다하지 못하여 환경상의 위해가 발생할 경우 토지상에 적치 또는 방치된 폐기물의 제거를 명하는 조치도 포함된다고 해석하여야 한다.

6. 폐기물처리기준

폐기물을 처리하려는 자는 대통령령으로 정하는 기준과 방법을 따라야 한다(제13조). 처리기준 일체를 시행령(제7조)[37]에 위임하고 있는 것은 포괄위임 금지의 원칙에 반할 소지가 있다.[38] 여기에서 '처리'란 폐기물의 수집, 운반, 보관, 재활용, 처분을 말하며(제2조 제5호의3) '처분'이란 폐기물의 소각 · 중화 · 파쇄 · 고형화 등의 중간처분과 매립하거나 해역으로 배출하는 등의 최종처분을 말한다(제2조 제6호). 처리기준은 해당 폐기물이 사업장폐기물인지 생활폐기물인지를 불

37) 시행령 제7조는 폐기물의 처리기준 및 방법과 관련하여 폐기물의 종류와 성질 · 상태별로 재활용 가능성 여부, 가연성이나 불연성 여부 등에 따라 구분하여 수집 · 운반 · 보관할 것, 수집 · 운반 · 보관의 과정에서 폐기물이 흩날리거나 누출되지 아니하도록 하고, 침출수(沈出水)가 유출되지 아니하도록 하며, 침출수가 생기는 경우에는 환경부령으로 정하는 바에 따라 처리할 것, 해당 폐기물을 적정하게 처분, 재활용 또는 보관할 수 있는 장소 외의 장소로 운반하지 아니할 것, 폐기물 처분시설 또는 재활용시설에서 처리할 것, 폐기물을 처분 또는 재활용하는 자가 폐기물을 보관하는 경우에는 그 폐기물 처분시설 또는 재활용시설과 같은 사업장에 있는 보관시설에 보관할 것, 폐기물을 매립하는 경우에는 침출수와 가스의 유출로 인한 주변환경의 오염을 방지하기 위하여 차수시설(遮水施設), 집수시설(集水施設), 침출수 유량조정조(流量調整槽), 침출수 처리시설을 갖추고, 가스 소각시설이나 발전 · 연료화 처리시설을 갖춘 매립시설에서 처분할 것, 재활용이 가능한 폐기물은 재활용하도록 할 것 등을 규정하고 있다. 이 중에는 구체성이 떨어져 적용 및 벌칙이나 과태료 부과 과정에서 논란이 예상되는 내용도 다수 있다.

38) 박균성, "폐기물 관련 법령의 기본구조", 환경법연구 제26권 제2호, 2004. 6, 180면; 조홍식(각주 4), 637면.

문하고 적용된다. "폐기물을 처리하려는 자"에는 폐기물처리업자도 포함된다고 해석된다.

[13] 폐기물을 처리한 자의 의미: 대법원 1998. 9. 8. 선고 97도2214 판결

① 폐기물관리법 제12조, 제60조 제1호, 같은 법 시행령 제6조, 같은 법 시행규칙 제6조 제1항 [별표 4]의 각 규정에 의하면, 생활폐기물을 처리하고자 하는 자도 위 [별표 4]의 기준 및 방법에 따라 폐기물을 처리하여야 한다.

② 폐기물관리법 제60조 제1호는 같은 법 제12조를 위반하여 폐기물을 처리한 자를 처벌하도록 규정하고 있고, 위 조항에서 '폐기물을 처리한 자'에는 다른 사람으로 하여금 폐기물을 처리하게 한 경우도 포함된다.39)

[14] 대법원 2020. 5. 14. 선고 2019두63515 판결

폐기물관리법 제2조의2, 제13조 제1항, 제13조의2 제1항 제4호, 제5호, 제27조 제2항 제2호, 폐기물관리법 시행규칙 제4조의2 제1항 [별표 4] 제2호, 제2항 [별표 4의 2] 제3호 (나)목의 1), 2), 제3항 [별표 4의3] 제2호, 제14조의3 제1항 [별표 5의3] 제1호 (다)목, 제2호 (다)목 2) 가), '유기성오니 등을 토지개량제 및 매립시설 복토 용도로의 재활용 방법에 관한 규정'(2016. 12. 30. 환경부고시 제2016-259호) 제2조 제1호, 제3호, 제7조 제2항, 제3항의 내용을 종합하면, 폐수처리오니에 생물학적 처리과정을 거쳐 '부숙토'를 만들어 매립시설 복토재 또는 토양개량제를 생산하는 것은 폐기물관리법령이 허용하는 폐수처리오니의 재활용 방법에 해당한다. 그러나 폐수처리오니로 '비탈면 녹화토'를 생산하는 것은 폐기물관리법령이 정한 재활용 기준을 위반하는 것이다. 나아가 폐기물처리업자가 폐수처리오니에 생물학적 처리과정을 거쳐 일단 매립시설 복토재 또는 토양개량제로 사용할 수 있는 부숙토를 생산하였더라도 이를 다시 제3자에게 제공하여 그로 하여금 부숙토를 원료로 폐수처리오니의 재활용 용도로 허용되지 않은 생산 품목인 비탈면 녹화토를 최종적으로 생산하게 하였다면, 이것 역시 폐기물처리업자가 폐기물관리법령이 정한 재활용 기준을 위반한 것이라고 보아야 한다.

처리기준과 방법에 맞지 않게 처리되는 경우에는 조치명령(제48조)이 내려질 수 있고, 이를 위반하여 폐기물을 매립한 자에게는 3년 이하의 징역 또는 2천만

39) 물류센터 및 대리점을 통하여 소비자에게 신제품을 판매하면서 수거한 냉장고, 세탁기 등의 폐가전제품을 무허가 폐가전제품처리업체를 경영하는 자로 하여금 분쇄, 소각 등의 방법으로 중간처리하게 한 피고인들을 폐기물을 처리한 자로 보아 처벌한 사례.

원 이하의 벌금이 부과된다(제65조 제1호). 위 처리기준에 위반하여 폐기물을 수집, 운반, 보관, 또는 처리하여 '주변환경을 오염시킨 자'(제66조 제1호의 경우를 제외)는 2년 이하의 징역 또는 1천만원 이하의 벌금에 처한다(제66조 제1호).[40)] 여기에서 범죄 구성요건의 핵심이 되는 "대통령령으로 정하는 기준과 방법"을 전적으로 대통령에 위임한 것이 죄형법정주의와 이에서 파생되는 명확성 원칙 및 포괄위임입법 금지원칙에 위배되는지 여부에 대해 논란이 있을 수 있다.[41)]

[15] "주변환경을 오염시킨 자": 대법원 2005. 12. 8. 선고 2004도4150 판결

환경정책기본법은 제3조 제3호에서 '환경오염'이라 함은 사업 활동 기타 사람의 활동에 따라 발생하는 대기오염, 수질오염, 토양오염, 해양오염, 방사능오염, 소음·진동, 악취, 일조방해 등으로서 사람의 건강이나 환경에 피해를 주는 상태를 말한다고 규정하는 한편, 제10조에서 정부는 국민의 건강을 보호하고 쾌적한 환경을 조성하기 위하여 환경기준을 설정하여야 하고 그 환경기준은 대통령령으로 정한다고 규정하고 있고, 그 위임을 받은 법 시행령 [별표 1] '환경기준'에서 대기, 소음, 수질의 항목별 기준을 규정하고 있으며, 대기환경보전법, 수질환경보전법, 토양환경보전법, 해양오염방지법 및 각 시행규칙 등에서는 대기, 수질, 토양, 해양 등의 오염물질을 구체적으로 규정하고 있으므로, 폐기물을 그 보관·처리 등의 기준 및 방법에 위반하여 보관·처리함으로써 주변 환경을 오염시켰다고 인정하여 폐기물관리법 제61조 제1호 위반행위로 처벌하기 위하여는, 폐기물의 보관·처리 등 기준 및 방법에 위반한 보관·처리행위로 인하여 위와 같은 환경 관련 법령이 규정하고 있는 오염물질이 배출되거나 그로 인하여 사람의 건강이나 환경에 피해를 주는 정도에 이르러야 할 것이고, 이에 이르지 못한 경우라면 폐기물관리법 제63조 제1항 제1호에 의하여 과태료에 처할 수 있을 뿐 제61조 제1호에 의하여 처벌할 수는 없다.

* 동지: 대법원 2017. 11. 14. 선고 2017도7492 판결.[42)]

---

40) 흔히 폐기물의 처리개념에는 매립을 포함하고 있으나 여기에서의 처리에는 매립이 제외된다고 보아야 한다. 매립은 동법 제65조 제1호로 의율하면 되기 때문이다. "주변환경의 오염"을 범죄 구성요건으로 하기 때문에 동 규정에 의한 처벌은 쉬운 것이 아니라고 생각된다.

41) 헌법재판소는 위임의 필요성, 수범자의 예측 가능성 등에 비추어 죄형법정주의 및 포괄위임입법 금지원칙에 위배되지 않는다고 판단한 바 있다. 헌재 2010. 5. 27. 선고 2009헌바183 결정 참조.

42) 지하수 검사정(檢査井, 폐기물의 매립으로 침출수가 발생하는 경우 매립시설 주변에 지하수 오염 여부를 확인할 수 있는 시설)에서 오염물질이 검출되지 않았더라도, 매립장 하부 토양과 지하수가 오염되어 지하수 배제정(排除井, 매립시설 주변으로 흐르는 지하수를 모아 지하수가 매립시설로 유입되는 것을 막는 시설)에서 오염물질이 검출되었으므로 폐기물관리법 제66조 제13호에서 정한 주변환경 오염에 해당한다고 판단한 사례.

7. 폐기물의 재활용 원칙 및 준수사항

종전에는 폐기물을 재활용하려는 자는 정해진 용도 또는 방법을 따라야 한다고 규정하고 시행규칙에서는 '폐기물의 재활용 기준 및 방법'을 폐기물의 종류별로 매우 상세하게 규정하였기 때문에, 새로운 재활용 방법이 개발된 경우에도 여기에 해당되지 않으면 적법한 재활용으로 인정받을 수 없는 문제가 있었다. 이러한 규제방식에 대하여 재활용을 위축하는 결과를 초래한다는 비판이 있었다. 이에 2015. 7. 20 개정 법은 폐기물의 재활용을 활성화하고, 그 과정에서 발생하는 환경오염을 사전에 예방하기 위하여 재활용의 원칙 및 준수사항을 새로 설정하고 이를 위반하지 아니하는 경우에는 재활용이 가능하도록 원칙적으로 모든 재활용 방법을 허용하되 환경적으로 위해가 우려되는 등 예외적 경우에 한하여 재활용을 제한하는 방식의 규제로 전환하였다.

즉 누구든지 다음 각 호를 위반하지 아니하는 경우에는 폐기물을 재활용할 수 있다: ① 비산먼지, 악취가 발생하거나 휘발성유기화합물, 대기오염물질 등이 배출되어 생활환경에 위해를 미치지 아니할 것; ② 침출수(浸出水)나 중금속 등 유해물질이 유출되어 토양, 수생태계 또는 지하수를 오염시키지 아니할 것; ③ 소음 또는 진동이 발생하여 사람에게 피해를 주지 아니할 것; ④ 중금속 등 유해물질을 제거하거나 안정화하여 재활용제품이나 원료로 사용하는 과정에서 사람이나 환경에 위해를 미치지 아니하도록 하는 등 대통령령으로 정하는 사항을 준수할 것; ⑤ 그 밖에 환경부령으로 정하는 재활용의 기준을 준수할 것(제13조의2 제1항). 그러나 제1항에도 불구하고 다음의 어느 하나에 해당하는 폐기물은 재활용을 금지하거나 제한한다: ① 폐석면; ② 폴리클로리네이티드비페닐(PCBs)을 환경부령으로 정하는 농도 이상 함유하는 폐기물; ③ 의료폐기물(태반은 제외); ④ 폐유독물 등 인체나 환경에 미치는 위해가 매우 높을 것으로 우려되는 폐기물 중 대통령령으로 정하는 폐기물(동조 제2항).

8. 재활용 시 환경성평가

동법은 일정 규모 이상의 폐기물을 토양 · 지하수 · 지표수 등에 접촉시켜 복토재 · 성토재 · 도로기층재 등 환경부령으로 정하는 용도 또는 방법으로 재활용하려는 경우와 폐기물 재활용의 원칙 및 준수사항을 정하지 아니한 폐기물을 재활용하려는 경우에는 '재활용환경성평가'를 거쳐 환경부장관으로부터 폐기물을 재활용할 수 있는지에 대한 승인을 받도록 하고(제13조의3), 환경부장관으로 하여금 재활용환경성평가기관을 지정하도록 하고 있다(제13조의4). 재활용환경성평가는 폐기물 재활용의 원칙과 준수사항에서 규정하고 있지 않은 재활용의 건강이나 환경에 미치는 영향, 재활용기술의 적합성 등을 평가하여 재활용을 허용하는 역할 및 기능을 한다.

9. 재활용 제품 또는 물질에 관한 유해성기준

동법은 폐기물을 재활용하여 만든 제품 또는 물질에 대한 유해성기준을 설정하여 유해성기준에 적합하지 아니한 제품 또는 물질의 제조 또는 유통을 금지하고, 위반한 자에 대하여 해당 제품 또는 물질의 회수, 파기 등 필요한 조치를 명할 수 있도록 하고 있다(제13조의5).

Ⅱ. 생활폐기물에 대한 규제

「폐기물관리법」에서는 생활폐기물의 규제와 관련한 규정이 많지 아니한데, 이는 생활폐기물의 처리책임의 주체가 지방자치단체로서, 지방자치단체의 조례로도 규제가 가능하기 때문이다. 생활폐기물의 처리와 관련하여 중요한 의미를 갖는 제도로는 쓰레기종량제와 음식물류 폐기물에 대한 관리가 있다. 우리나라의 경우 쓰레기종량제의 전국적인 실시와 감량정책에 힘입어 생활폐기물의 발생량은 1990년대에 들어 점차 감소하여 일정수준을 보이고 있다.

1. 생활폐기물의 처리 의무자

생활폐기물의 1차적 처리 책임자는 지방자치단체이다. 즉 특별자치시장 · 특별자치도지사, 시장 · 군수 · 구청장은 관할 구역에서 배출되는 생활폐기물을 처리하여야 한다(제14조 제1항). 동법은 특별자치시장 · 특별자치도지사, 시장 · 군수 · 구청장이 해당 지방자치단체의 조례로 정하는 바에 따라 대통령령으로 정하는 자에게 처리를 대행하게 할 수 있도록 하고(동조 제2항), 대행 시 발생할 수 있는 독점구조로 인한 부작용의 최소화 등을 위하여 중앙정부의 관리감독(대행계약 해지, 계약대상 제외 등)을 강화하고 있다(동조 제8항).

[16] 대법원 2020. 11. 2. 선고 2019두60394 판결

폐기물관리법 제14조 제8항 제6호, 제7호에 따른 대행계약 해지 및 계약대상 제외 처분 제도는 지방자치단체의 장으로 하여금 계약상대방의 채무불이행과 직접적인 관련이 없는 사유가 발생한 경우에도 대행계약의 적정성, 공정성과 성실한 이행 확보라는 공익 달성을 위하여 일방적으로 계약을 해지하고 그 대행자를 일정 기간 계약대상에서 제외하도록 하려는 것이다(대법원 2018. 12. 28.자 2018무685 결정 참조).

'생활폐기물 수집 · 운반 대행계약과 관련하여' 저지른 범죄행위에 해당하는지 여부는 폐기물관리법의 내용과 체계, 폐기물관리법 제14조 제8항의 입법취지, 대행계약 해지 및 계약대상 제외처분 제도의 목적, 생활폐기물 수집 · 운반 업무의 성격 및 국민생활에 미치는 영향의 정도 등을 종합하여 판단하여야 하고, 해당 범죄행위가 대행계약체결 또는 이행에 즈음하여 저질러지고 범행결과 대행자 또는 대행법인의 재정건전성을 해하거나 청렴성을 훼손하기에 이른다면, 대행계약의 적정성, 공정성과 성실한 이행을 해할 염려가 있어 계약대상으로 삼는 것이 부적절하게 되므로 이에 해당하게 된다.

한편, 위 규정에도 불구하고 제46조 제1항에 따라 폐기물처리 신고를 한 자는 폐지, 고철, 폐식용유 등 일정한 생활폐기물을 수집 · 운반 또는 재활용할 수 있다(동조 제3항). 동법은 이와 같이 생활폐기물의 처리를 기본적으로 (기초)지방자치단체의 책임으로 하면서 한편으로는 폐기물의 광역처리를 위한 근거 규정을 두고 있다(제5조 제1항). 그 결과 처리 권한의 중복이 발생할 수 있는데, 이는 자칫 처리 책임주체의 불명확과 처리 책임체계의 혼란을 초래할 수 있다.[43]

2. 음식물류 폐기물, 생활계 유해폐기물 처리계획의 수립 등

동법은 지방자치단체의 장으로 하여금 음식물류 폐기물(농산물류 · 수산물류 · 축산물류 폐기물을 포함), 생활계 유해폐기물(생활폐기물 중 질병 유발 및 신체 손상 등 인간의 건강과 주변환경에 피해를 유발할 수 있는 폐기물)의 적정 처리를 위한 계획을 수립 · 시행하고, 매년 추진 성과를 평가하도록 하고 있다(제14조의3, 제14조의4).

---

43) 폐기물의 광역처리는 해당 지방자치단체간의 협력(조합의 구성)을 통하여 실현하는 것이 바람직하며, 국가 또는 광역자치단체가 직접 개입하는 것이 이론상 타당하지 않다는 견해가 있다. 박균성 · 함태성(각주 4), 524 내지 525면.

3. 생활폐기물 수집·운반 관련 안전기준

환경부장관은 안전사고 예방을 위하여 수집·운반차량과 안전장비의 기준 및 작업안전수칙 등 생활폐기물을 수집·운반하는 자가 준수하여야 할 안전기준을 마련하고 매년 안전점검 및 실태조사를 실시하여야 한다(제14조의5).

4. 생활폐기물 배출자의 의무

생활폐기물이 배출되는 토지나 건물의 소유자·점유자 또는 관리자, 즉 생활폐기물배출자는 관할 특별자치시, 특별자치도, 시·군·구의 조례로 정하는 바에 따라 생활환경 보전상 지장이 없는 방법으로 그 폐기물을 스스로 처리하거나 양을 줄여서 배출하여야 하며(제15조 제1항), 생활폐기물배출자는 스스로 처리할 수 없는 생활폐기물의 분리·보관에 필요한 보관시설을 설치하고, 그 생활폐기물을 종류별, 성질·상태별로 분리하여 보관하여야 하며, 폐기물의 위탁 처리실적 등을 특별자치시장, 특별자치도지사, 시장·군수·구청장에게 신고하여야 한다(동조 제2항, 제3항).

오염원인자 책임원칙에 따라 폐기물의 처리책임은 배출자가 져야 하겠지만 동법은 생활폐기물에 대한 처리책임을 기초자치단체에게 부과하고 있다. 따라서 생활폐기물의 효율적 처리를 위해서 그 배출자에게 일정한 범위 내에서 처리책임을 부과하고 분리보관 등 일정한 의무를 부과하는 것은 자연스럽다 할 것이다. 이러한 처리책임 내지 처리협조의무는 협동의 원칙에도 부합하는 것이다.

5. 쓰레기종량제

가. 의 의

동법은 쓰레기종량제에 대한 일반적 근거규정을 두고 있다. 즉 특별자치시장·특별자치도지사, 시장·군수·구청장은 생활폐기물을 처리할 때에는 배출되는 생활폐기물의 종류, 양 등에 따라 수수료를 징수할 수 있다. 이 경우 수수료는 해당 지방자치단체의 조례로 정하는 바에 따라 쓰레기종량제 봉투 또는 폐기물임을 표시하는 표지 등을 판매하는 방법으로 징수한다(제14조 제5항).

쓰레기종량제란 폐기물 배출량(쓰레기종량제 봉투 사용량)에 비례하여 배출자에게 폐기물 처리비용을 부담하도록 하는 제도이다. 1995년 1월 1일부터 전국적으로 시행된 이 제도는 오염원인자 책임원칙에 기해 배출자가 폐기물을 버리는 만큼 비용을 부담하도록 함으로써, 배출자 스스로 폐기물 발생을 근본적으로 줄이고 재활용 가능한 품목도 최대한 분리배출하도록 하고 있다. 이 제도는 폐기물 배출량에 따라 폐기물 처리비용을 부담하도록 한다는 점에서 경제적 유인수단이라고 할 수 있다.

나. 내 용

이 제도에 의하면 생활폐기물은 특별자치시 · 특별자치도, 시 · 군 · 구에서 제작 · 판매하는 규격봉투에 담아 배출하여야 하며,[44] 봉투 가격은 폐기물 처리비용과 지방자치단체의 재정능력을 고려하여 해당 지방자치단체의 조례로 정하여 운영하고 있다. 이에 따르면 연탄재와 재활용품(종이, 고철, 캔, 병, 플라스틱 등)은 규격봉투에 담시 않고 지정된 정기 수거일에 지정된 장소에 배출하거나 지방자치단체의 여건에 따라 조례에서 정하는 별도의 방법에 따라 배출하면 무료로 수거하며, 폐가구 · 폐가전제품 등 대형폐기물은 별도의 수수료를 부담하여 처리하도록 하고 있다.

깨진 유리와 같이 종량제 봉투에 담기 어려운 폐기물은 지방자치단체가 제작 · 판매하는 별도의 전용 포대나 마대 등에 담아 배출하고, 집수리 등으로 일시에 다량 발생하는 폐기물은 대형폐기물에 준하여 배출 · 처리하는 한편, 골목길 · 공원청소 등으로 수거한 폐기물은 지방자치단체에서 무료로 지급하는 공공용 봉투를 사용하여야 한다.

초기에는 생활폐기물에 대해서만 종량제를 시행하였으나 현재는 사업장일반폐기물중 생활폐기물과 성상이 유사하여 생활폐기물의 기준 및 방법으로 수집 · 운반 · 보관 · 처리할 수 있는 폐기물에 대하여도 확대 적용하고 있으며, 시행에 필요한 사항은 '쓰레기 수수료 종량제 시행지침'으로 정하여 운용하고 있다.[45]

다. 평 가

쓰레기종량제는 폐기물의 감량과 재활용량의 증가,[46] 폐기물 처리비용의

44) 특별자치시장 · 특별자치도지사, 시장 · 군수 · 구청장은 조례로 정하는 바에 따라 종량제 봉투 등의 제작 · 유통 · 판매를 대행하게 할 수 있다(제14조 제7항).
45) 쓰레기종량제의 주요한 내용에 대하여는 2016년 환경백서(각주 2), 423면 이하.
46) 1994년 1인당 1일 생활폐기물 발생량이 1.3kg에서 종량제의 시행으로 1.0kg으로 감량되어 유

감소,[47] 폐기물 처리방법의 개선,[48] 폐기물 수거 · 관리행정서비스의 향상,[49] 재활용산업과 기술의 발전, 환경의식의 고양 등의 성과를 얻은 것으로 분석되고 있다.

그러나 이와 같은 가시적인 효과 이면에는 시행과정에서 무단투기 및 불법소각의 증가, 종량제 봉투의 가격 · 재질[50] · 강도 등에 대한 시민의 불만, 대형폐기물 배출수단의 제약, 종량제 봉투 안에 버려지는 1회용 비닐봉투의 증가, 재활용시스템의 미비로 인한 적환장에 폐기물의 적체, 종량제 봉투의 불법 제작 · 유통 · 판매 등 문제점이 발견되면서 그에 대한 대책이 민원해소 및 제도의 성공을 위해 요구되고 있다.[51]

지되다가, 2008년부터는 더욱 감소되어 2013년에는 0.95㎏으로 감소된 것으로 나타나고 있다. 이렇게 감소한 데에는 쓰레기종량제의 실시를 무시할 수 없다. 2016년 환경백서(앞의 책), 411면. 여기에 대해서 폐기물 발생량이 감소한 것은 생활방식의 변화에 따른 연탄재와 음식물 폐기물의 감소에 기인하는 바가 크며, 재활용량의 증가는 재활용되어 실제로 다른 제품으로 만들어진 것을 재활용으로 보지 않고 재활용품으로 분리 · 수거만 되면 재활용된 것으로 보기 때문이라는 비판적 시각이 있다. "쓰레기종량제: 그 후 10년", 중앙일보, 2005. 1. 4. 기사.

47) 쓰레기종량제로 인한 경제적 이득은 폐기물 감소에 따른 처리비 절감액 7조1567억원과 재활용품 판매수익 증가 9695억원 등 총 8조1262억원에 이르는 것으로 추정되고 있다. "쓰레기종량제: 그 후 10년"(앞의 기사).

48) 생활폐기물 매립처리비율은 지속적으로 낮아지는 반면 소각 비율은 꾸준히 증가하는 추세를 보인다. 또한 폐자원에너지화 정책에 따라 단순 재활용되던 폐기물이 소각 등 에너지화 처리로 전환됨에 따라 재활용비율이 2009년 이후 감소되는 양상을 보이며, 2011년부터는 59.1%를 유지하고 있다. 이러한 결과는 그 간 쓰레기종량제 실시, 재활용정책 및 폐자원에너지화 등 정책에 힘입은 입은 것이고 폐기물처리구조가 단순 매립 위주에서 폐자원을 선순환시키는 자원순환형으로 전환되고 있음을 보여준다. 2016 환경백서(각주 2), 411면.

49) 환경부, 환경백서, 2001, 605면.

50) 썩지 않는 봉투를 줄이기 위해 생분해성 봉투가 도입되었으나 생분해성 봉투의 높은 생산비 및 판매가격으로 인하여 그 보급이 지지부진한 상태이다. 2003년 10억장의 종량제 봉투가 판매되었으나 생분해성 봉투는 369만장(0.4%)에 불과하다. "쓰레기종량제: 그 후 10년"(각주 46).

51) 이러한 시행상의 문제점을 개선하기 위해서는 봉투재질 · 구조의 개선(두께 보강, 불투명한 재질의 사용, 음식물폐기물 전용봉투 규격의 소형위주 제작, 묶는 끈의 길이와 폭의 길이 연장), 종량제 봉투 환불과 교환절차의 개선, 종량제 대상 대형폐기물의 품목 확대와 배출절차의 간소화, 1회용 비닐봉투 분리수거체계의 구축, 재사용 종량제 봉투의 사용, 농촌지역 폐기물수거의 집중수거방식으로의 전환, 농촌 지역에 마을단위종량제의 도입 및 농기계 폐윤활유 수거체계의 구축, 폐기물 투기신고 포상금제의 도입 등 다양한 개선책이 제시되고 있다. 환경부, 환경백서, 2005, 594 내지 595면 참조. 시민 불편의 최소화 차원에서 일반 주택가에서 재활용 수거함을 비치하여 편리한 시간에 배출하도록 하는 방안, 분리배출을 유도하기 위하여 수거처리 비용의 30% 수준에 불과한 종량제 봉투가격의 인상, 큰 봉투에 재활용품까지 담아 배출하는 사례를 줄이기 위한 봉투 가격의 누진제 등도 검토할 필요가 있다. "쓰레기종량제: 그 후 10년"(각주 46). 종량제봉투를 불법 제작 · 유통 · 판매한 자에 대한 벌칙 규정의 신설도 고려해 보아야 한다. 송동수, "종량제봉투의 불법유통 방지를 위한 폐기물관리법과 조례의

6. 음식물류 폐기물 감량화

음식물류 폐기물은 생활폐기물의 상당부분[52]을 차지하고 있기 때문에 음식물류 폐기물의 감량은 생활폐기물 발생량의 감소 및 폐기물 문제를 해결하기 위한 중요한 과제가 되고 있다. 문제는 아직까지 음식물류 폐기물의 발생량을 감소시키기 위한 뚜렷한 대책이 제시되지 못하고 있다는 것이다.

음식물류 폐기물이 발생량이 많고 그 처리 비용이 막대하므로 음식물류 폐기물로 인한 경제적 낭비를 줄이기 위해 체계적인 관리가 요구되고 있다. 이를 위해서는 음식물류 폐기물 발생 이후의 처리 및 자원화보다는 음식물쓰레기 종량제 등 사전적으로 음식물류 폐기물의 발생을 억제, 감량화하는 것이 중요하다. 「폐기물관리법」에서는 음식물류 폐기물 문제를 해결하기 위해 음식물류 폐기물에 대한 수수료 부과, 지방자치단체장의 음식물류 폐기물 발생 억제 계획 수립 및 평가, 음식물류 폐기물 다량 배출자 관리 규정 등을 두고 있다. 음식물류 폐기물 문제는 다른 관련법에서도 다루고 있는데, 예컨대 「폐기물처리시설 설치촉진 및 주변지역지원 등에 관한 법률」에서는 산업단지 · 공장, 관광지 · 관광단지의 경우 음식물폐기물 자원화시설 설치를 의무화하고 있다(동법 제5조, 시행령 제3조 제2항). 「사료관리법」에서는 유 · 무상 판매 여부와 관계없이 사료제조업으로 등록하도록 하여 불량사료의 유통을 차단하고 있다(제8조). 그러나 음식물류 폐기물 문제는 관습과 문화, 인식 등과 밀접하게 관련을 가지고 있기 때문에 이러한 단편적인 노력으로 해결될 성질이 아니라는 데 고민이 있다.

퇴비화, 소멸화, 사료화 등이 음식물류 폐기물 감량방법으로 거론되고 있으나[53] 어느 방법도 명쾌한 대안이 되고 있지 못하다.[54] 주로 음식물과 마당에

개선방안", 환경법연구 제31권 제2호, 2009. 8, 305면.

52) 2014년 음식물폐기물 발생량은 하루 13,222톤으로 생활폐기물 발생량의 26.5%를 차지하고 있다. 2016년 환경백서(각주 2), 425면.

53) 동법 시행규칙 제14조, 별표 5, 제2호 참조. 2014년 음식물쓰레기 발생량(13,221톤/일)의 97% 정도가 사료 · 퇴비 등으로 재활용되었다. 2016년 환경백서(각주 2), 443면.

54) 미국의 많은 주(州)와 지역 정부는 매각과 소각의 대체 방법으로서, 다양한 형태의 퇴비화 방안을 고려하고 있다. 많은 주에서는 마당에 널려 있는 폐기물의 매각 금지를 실시하고 있는데, 예컨대, 위스콘신 주 폐기물법은 상당 기간 내에 분해되지 아니하는 봉지(bags)를 퇴비화가 가능한 다른 폐기물과 함께 사용될 수 없도록 하고 있다. WIS. STAT. § 159.08 (1994). 오하이오 주 관련법은 퇴비화를 위한 물질의 투기를 금지하는 질 기준(quality standards)을 정하고 이에 부합되지 아니하는 물질의 투기를 금지하고 있다. OHIO REV. CODE § 3734.028 (1996). 미주리 주는 퇴비화된 물질의 정부 구매를 강조하고 있다. MO. REV. STAT. § 34.031(1) (1996).

널려있는 폐기물 영역에서 이루어지는 재활용의 한 형태인 퇴비화 · 사료화(composting)는 온실, 정원, 토양침식방지 등에 사용될 수 있는 부식토, 유기물질 등을 생산하는 유익한 활동으로서, 매립장에서 최종 처리되는 유기성 폐기물의 양을 줄이는 중요한 역할을 하고 있다.[55] 음식물류 폐기물의 양이 생활폐기물의 4분의 1을 차지하고 있는 상황에서 퇴비화 · 사료화는 생활폐기물의 발생량을 줄이기 위한 중요한 정책으로 각광받고 있다. 그러나 퇴비화 · 사료화 정책은 다음과 같은 몇 가지 장애에 부딪치면서 한계를 드러내고 있다. 즉 퇴비화 · 사료화를 통한 최종 제품이 상대적으로 적은 질소, 인을 함유하고 있기 때문에 농부들은 흔히 다른 상업적 비료를 더 선호하고 있다.[56] 퇴비화 · 사료화 과정은 음식물류 폐기물 등을 보관 · 저장하기 위하여 큰 부지를 요구하고 있으며, 악취를 발생하며, 곤충, 벌레를 끌어들이면서 건강, 위생문제를 야기한다. 이러한 문제들은 퇴비화 · 사료화시설의 입지를 제한하는 요인으로 작용한다.[57]

가. 음식물쓰레기 종량제 및 수수료

음식물쓰레기 종량제하에서 지방자치단체장은 음식물류 폐기물의 배출량에 따라 산출한 금액을 부과하는 방법으로 수수료를 징수할 수 있다(제14조 제5항).[58] 발생량에 따라 수수료를 산정하는 방식은 음식물류 폐기물의 발생을 억제하는 방향으로 경제적 유인이 작용하여 그 발생량을 감소시킬 수 있을 것이다. 나아가 동법은 음식물류 폐기물 처리 수수료를 환경부장관이 구축 · 운영하는 전자정보처리프로그램(제45조 제2항)을 이용하여 부과 · 징수할 수 있도록 하고 있다(동조 제6항). 지방자치단체가 수수료 부과 · 징수를 위하여 환경부가 운영하는 전자정보처리시스템에 연계토록 하는 것은 예산절감과 함께 체계적인 배출량 관리를

---

55) James T. O'reily, *After the Applause Ends: Examining the Legal Issues in Municipal Solid Waste Disposal and Recycling*, 41 Fed. B. News & J. 106, 109 (1994).

56) 생산된 비료 및 사료의 품질이 낮아 사용이 기피되고 상품화되지 못하는 점을 혹자는 다음과 같이 압축적으로 지적하고 있다. "애써 생산한 퇴비와 사료의 사용이 크게 부진하고 그 결과 그것이 함부로 방치되거나 다시 매립장으로 보내지게 된다는 사실인데, 이 역시 공공연한 비밀이 되었다." 홍욱희, 위기의 환경주의 오류의 환경정책, 지성사, 2006, 303면.

57) Oliver S. Owen and Daniel D. Chiras, *National Resource Conservation: Management Approach* 344, 408 (1996).

58) 2014년 1월부터는 전국적으로 종량제가 시행되어 총 145개 지방자치단체 중 공동주택 기준으로 144개소가 시행중이며, 특히, 2012년부터는 RFID기반 음식물류 폐기물 종량제 방식을 본격적으로 도입 · 추진하여 2015년말 현재 총 146개 시 · 구지역 중 119개 지역에서 RFID 방식을 시행 중이다. 2016년 환경백서(각주 2), 426면.

유도할 수 있을 것이다.

나. 음식물류 폐기물 발생 억제 계획 수립 및 평가

음식물류 폐기물의 발생 및 처리는 음식 문화 등 지방자치단체의 여건에 따라 다를 수밖에 없기 때문에 발생량을 줄이고 적정하게 처리하기 위해서는 그 관리 책임이 있는 해당 지방자치단체의 역할과 노력이 매우 중요하다. 이에 동법은 지방자치단체에 음식물류 폐기물 발생 억제 계획을 수립 · 시행하도록 하고, 매년 그 추진성과를 평가하도록 함으로써(제14조의3), 폐기물 감량을 위한 지방자치단체의 노력을 어느 정도 강제하고 있다. 그러나 지방자치단체가 수립한 계획을 스스로 평가하도록 하고 있기 때문에 그 실효성은 약하다고 할 수 있다.

다. 음식물류 폐기물 다량 배출자 관리

음식물류 폐기물을 다량으로 배출하는 자로서 대통령령으로 정하는 자는 음식물류 폐기물의 발생 억제 및 적정 처리를 위하여 관할 특별자치시, 특별자치도, 시 · 군 · 구의 조례로 정하는 사항을 준수하여야 한다(제15조의2 제1항). 그러나 다량 배출자의 준수 사항이 해당 지방자치단체의 조례에 따라 다를 수 있기 때문에 동일 사업자가 각각 다른 규정을 적용받을 가능성이 있다. 동법은 식품접객업소 등 음식물류 폐기물을 다량으로 배출하는 자에 대한 관리를 강화하고 음식물류 폐기물 처리의 효율성을 높이기 위하여 음식물류 폐기물 다량배출 사업자로 하여금 특별자치시장, 특별자치도지사, 시장 · 군수 · 구청장에게 음식물류 폐기물 발생 억제 및 처리 계획을 신고하도록 하고(동조 제2항), 음식물류 폐기물을 처리하는 경우에는 직접 수집 · 운반 · 재활용하거나 폐기물 재활용업의 허가를 받은 자 등에게 위탁하여 수집 · 운반 · 재활용하도록 하고 있다(동조 제3항).

7. 협약의 체결

시 · 도지사나 시장 · 군수 · 구청장은 폐기물의 발생 억제 및 처리를 위하여 관할 구역에서 폐기물을 배출하는 자 또는 이들로 구성된 단체와 협약을 체결할 수 있으며(제16조 제1항), 해당 지방자치단체와 협약을 체결한 자에게 그 협약의 이행에 필요한 지원을 할 수 있다(동조 제3항).

Ⅲ. 사업장폐기물에 대한 규제

우리나라의 경우 쓰레기종량제의 전국적인 실시로 생활폐기물의 발생량은 1990년대에 들어 점차 감소하여 일정수준을 보이고 있으나, 사업장폐기물의 발생량은 연평균 약 10%씩 증가하는 추세에 있다. 특히 사업장폐기물은 그 유독성으로 인하여 환경 및 인체에 미치는 영향이 커 문제가 심각하다.

폐기물의 불법투기, 불법처리와 폐기물 방치는 수질과 토양 등의 심각한 오염을 초래할 뿐만 아니라 이를 정화하기 위해서는 엄청난 사회적 비용을 요구한다. 폐기물 불법처리와 방치는 환경의 중요성에 대한 인식 부족과 경제적 이유 등에 기인한다고 할 수 있으나 이를 규제하는 장치와 환경오염 피해에 대한 법적 · 제도적 구제장치의 미비도 무시할 수 없는 원인을 제공한다. 이러한 인식하에 「폐기물관리법」은 폐기물의 불법처리나 방치를 막기 위하여 다양한 형태의 규제수단을 마련하고 규제를 강화하고 있다.

1. 사업장폐기물의 배출규제

「폐기물관리법」은 생활폐기물보다 사업장폐기물의 관리에 관하여 보다 많은 규정을 두고 있다. 동법은 사업장폐기물의 처리책임을 배출자에게 지우고 있다. 이는 생활폐기물의 경우 처리책임자를 지방자치단체로 하고 있는 것과 구분된다. 이에 따라 배출자 · 처리자에게는 신고, 적정처리, 처리의무의 승계 등의 의무가 주어지며, 지정폐기물의 경우에는 보다 강화된 규제가 뒤따른다.

가. 배출신고

지정폐기물 외의 사업장폐기물[폐지 및 고철(비철금속을 포함)을 제외]을 배출하는 자로서 일정한 자는 사업장폐기물의 종류와 발생량 등을 특별자치시장 · 특별자치도지사, 시장 · 군수 · 구청장에게 신고[59]하여야 한다(제17조 제2항, 시행규

59) 동법은 처리기간(20일) 내에 신고의 수리가 이루어지지 않은 경우 신고의 수리가 이루어진 것으로 간주함으로써(제17조 제3항, 제4항), 행정의 투명성을 제고하고 신속한 처리를 도모하고 있다. 이러한 규정은 폐기물처리업의 변경신고(제25조 제3항), 전용용기 제조업의 변경신고(제25조의2 제3항), 폐기물처리시설의 설치 신고 · 변경신고(제29조 제6항), 폐기물처리업 · 폐기물처리시설의 설치승인 등의 권리 · 의무의 승계 신고(제33조 제6항), 폐기물처리업 등의 휴업 · 폐업 또는 재개업 신고(제37조 제3항), 폐기물처리 신고(제46조 제4항), 폐기물

칙 제18조 제1항). 배출신고위반죄는 계속범이 아니라, 사업개시일 또는 실제로 폐기물을 배출하기 시작한 날부터 신고를 아니함으로써 곧바로 범죄가 완성된다(즉시범).[60]

나. 배출자의 의무

사업장폐기물을 배출하는 사업자는 사업장에서 지정폐기물로 분류될 수 있는 폐기물에 대해서는 폐기물분석전문기관에 의뢰하여 지정폐기물에 해당되는지를 미리 확인하여야 하고, 사업장에서 발생하는 모든 폐기물을 폐기물의 처리 기준과 방법 및 폐기물의 재활용 원칙 및 준수사항에 적합하게 처리하여야 하며, 생산공정에서는 폐기물감량화시설[61]의 설치, 기술개발 및 재활용 등의 방법으로 사업장폐기물의 발생을 최대한으로 억제하여야 한다. 또한 동법은 사업장폐기물 배출자가 폐기물의 처리를 위탁하려면 환경부령으로 정하는 위탁 · 수탁의 기준 및 절차를 따라야 하며, 해당 폐기물의 처리 기준과 방법 또는 폐기물의 재활용 원칙 및 준수사항에 맞게 이루어지고 있는지를 확인하는 등 필요한 조치를 취하도록 하고 있다(제17조 제1항).

다. 사업장폐기물의 감량지침 준수

사업장폐기물 감량화제도에 따라 사업장폐기물배출자는 사업장에서 발생하는 모든 폐기물을 폐기물의 처리 기준과 방법 및 폐기물의 재활용 원칙 및 준수사항에 적합하게 처리하여야 하며, 생산 공정에서는 폐기물감량화시설의 설치, 기술개발 및 재활용 등의 방법으로 사업장폐기물의 발생을 최대한으로 억제하여야 한다(동법 제17조 제1항). 이에 따라 대통령령으로 정하는 업종 및 규모[62] 이상의 사업장폐기물배출자는 사업장폐기물의 발생 억제를 위하여 환경부장관과 관계 중앙행정기관의 장이 환경부령으로 정하는 기본 방침과 절차에 따라 통합하여 고시하는 지침을 지켜야 하는데(동조 제5항), 이를 구체화하기 위하

처리시설의 폐쇄신고(제50조 제3항) 등에도 그대로 적용된다.

60) 대법원 2001. 12. 24. 선고 2001도4506 판결(판례 [1]).

61) '폐기물감량화시설'이란 생산공정에서 발생하는 폐기물의 양을 줄이고, 사업장 내 재활용을 통하여 폐기물 배출을 최소화하는 시설로서 대통령령으로 정하는 시설을 말한다(제2조 제9호).

62) 폐기물 발생 억제 지침 준수의무 대상 배출자는 「통계법」 제22조에 따른 한국표준산업분류의 중분류 업종 중 식료품 제조업, 음료 제조업, 섬유제품 제조업 등 18개 업종으로 최근 3년간의 연평균 배출량을 기준으로 지정폐기물을 100톤 이상 배출하거나 지정폐기물 외의 폐기물을 1천톤 이상 배출하는 자이다(시행령 제9조 별표 5).

여 환경부 고시로 '사업장폐기물 감량화지침'(환경부고시 제2001-184호)이 공포 · 시행되고 있다.

라. 사업장폐기물과 관련한 권리 · 의무의 승계

(1) 의 의

사업양도, 사망, 합병 등 일정한 경우에는 종종 책임주체를 둘러싸고 분쟁이 발생하고 있다. 이는 사업장폐기물배출자의 사업양도, 사망 등의 경우에도 크게 다르지 않아 분쟁의 여지가 상존하고 있다. 문제의 심각성은 책임소재의 불분명이 자칫 폐기물의 방치를 초래할 수 있다는 것이다. 환경오염피해는 장기간에 걸쳐 지속적으로 이루어지고 한번 오염되면 이를 복구하는 데 상당한 기간이 소요되고, 그 결과 사업자가 바뀌는 경우 피해배상을 소구하는 것이 어려워지기 때문에 책임승계의 문제가 중요한 문제가 될 수 있다. 이에 동법은 일정한 경우 권리 · 의무의 승계 규정을 두어 양도 · 상속 · 법인 합병 등에 의하여 사업을 승계하는 경우 양수인 · 상속인 · 합병법인 등 승계받은 자가 폐기물 처리의무도 자동 승계하도록 하였다. 경매와 같은 원시취득의 경우에도 경락인 등에게 사업장폐기물 처리책임을 승계시키고 있는 것은 주목할 필요가 있다.

즉 동법 제17조 제8항은 "사업장폐기물배출자가 그 사업을 양도하거나 사망한 경우 또는 법인이 합병한 경우에는 그 양수인 · 상속인 또는 합병 후 존속하는 법인이나 합병에 의하여 설립되는 법인은 그 사업장폐기물과 관련한 권리와 의무를 승계한다"고, 동조 제9항은 "「민사집행법」에 따른 경매, 「채무자 회생 및 파산에 관한 법률」에 따른 환가(換價)나 「국세징수법」 · 「관세법」 또는 「지방세기본법」에 따른 압류재산의 매각, 그 밖에 이에 준하는 절차에 따라 사업장폐기물배출자의 사업장 전부 또는 일부를 인수한 자는 그 사업장폐기물과 관련한 권리와 의무를 승계한다"고 규정함으로써 사업장의 양수인, 상속인 등에게 사업장폐기물의 처리의무를 승계시키고 있다. 주의할 것은 사업장폐기물과 관련한 권리 · 의무 승계가 제8항의 경우(양수)에는 '사업'을 대상으로 함에 비해 제9항의 경우(경매 등)에는 사업을 구성하는 '재산'만, 그것도 '일부'를 인수해도 승계될 수 있다.[63] "사업장폐기물과 관련한 권리와 의무"에는 불법처리 폐기물

---

63) 이러한 비형평성을 고려할 때 제17조 제8항의 적용범위를 '재산' 양도 시까지도 포함하도록 개정할 필요성이 있다는 견해는 이비안, "폐기물처리시설 관련 판례 검토", 환경법연구 제40권 제2호, 2018. 8, 27면.

에 대한 처리의무가 포함되므로[64] 위 승계규정은 사업장에 방치된 폐기물의 처리문제를 해결하는 데 중요한 기능을 할 수 있다.

양수인(또는 인수인)이 승계한다고 할 경우 양도인(또는 인도인)의 책임은 소멸하는가? 동규정의 취지가 자칫 발생할 수 있는 책임 공백을 막기 위하여 행정 편의에 따라 양수인(또는 인수인)에게도 책임을 물을 수 있다는 것일 뿐이라고 이해되므로 양도인(또는 인도인)의 책임(병존적 책임)은 여전히 살아있다고 보아야 할 것이다. 사업장 내에 폐기물을 방치한 자가 사업장을 양도만 하면 방치 폐기물의 처리책임을 면한다고 보는 것은 부당하기 때문이다.[65] 동법은 "종전 사업장폐기물배출자의 이 법에 따른 의무 위반으로 인한 법적 책임은 제8항 또는 제9항에 따른 권리 · 의무 승계에도 불구하고 소멸하지 아니한다"고 규정함으로써(동조 제10항), 이를 확인하고 있다. 주의할 것은 위 승계규정에 따라 해당 인수자가 사업장폐기물배출자의 공법상 권리 · 의무를 승계하지만, 이로써 사업장폐기물배출자의 사법상 권리 · 의무까지 당연히 승계되는 것은 아니라는 것이다(판례 [17]).

[17] 권리 · 의무의 승계효과: 대법원 2002. 10. 22. 선고 2002다46331 판결

폐기물관리법 제24조 제5항 후문에 의하면, 민사집행법(구 민사소송법)에 의한 경매, 파산법에 의한 환가나 국세징수법 · 관세법 또는 지방세법에 의한 압류재산의 매각 기타 이에 준하는 절차에 따라 사업장폐기물배출자의 사업을 인수한 자는 당해 사업장폐기물과 관련한 권리 · 의무를 승계한다고 규정되어 있는바, 폐기물관리법이 폐기물을 적정하게 처리하여 자연환경 및 생활환경을 청결히 함으로써 환경보전과 국민생활의 질적 향상에 이바지함을 목적으로 하고(제1조), 환경정책기본법 제7조 및 폐기물관리법 제24조 제1항, 제25조가 오염원인자 책임원칙을 규정하고 있는 점에 비추어 보면, 위 승계규정은 방치되는 폐기물의 발생을 예방하기 위하여 오염원인자 책임원칙을 확장한 것으로서 위와 같은 인수자가 사업장폐기물배출자의 공법상 권리 · 의무를 승계한다는 취지일 뿐이고, 이로써 사업장폐기물배출자의 사법상 권리 · 의무까지 당연히 승계되는 것은 아니라고 보아야 한다.

---

64) 같은 맥락에서 승계되는 권리 · 의무는 「폐기물관리법」상의 권리와 의무이기 때문에 양수인은 양도인의 행위로 인해 생긴 상태를 통제하기 위해 발하여지는 조치명령(제48조)의 대상이 될 수 있다. 조홍식, "폐기물관리법상 사업장폐기물 배출사업자의 법적 책임", 환경법연구 제26권 제2호, 2004. 6, 270면.

65) 박균성, "산업폐기물처리책임체계의 재검토", 산업폐기물관리법령 및 제도 비교세미나, 2001. 6. 22, 42면.

원심이 확정한 사실관계 및 기록에 의하면, 원고는 염료 및 계면활성제 제조 판매업 등을 목적으로 하는 회사이고, 피고(변경 전 상호, ○○실업 주식회사)는 염료·안료 제조업 및 판매업 등을 목적으로 하는 회사인 사실, 공장저당법에 의하여 근저당권이 설정되어 있던 피고 소유의 이 사건 공장 대지와 건물 및 기계기구에 대하여 일괄경매가 실시된 결과, 원고가 2000. 9. 4. 이를 낙찰받아 대금을 완납함으로써 그 소유권을 취득한 사실, 그런데 이 사건 공장 대지 중 원심판결의 도면 ①, ②, ③ 표시 부분 각 지상에는 피고가 염료 및 안료를 생산하는 과정에서 배출한 사업장폐기물인 폐수처리 오니(汚泥) 1,500t(이하 '이 사건 폐기물'이라 한다)이 폐기물관리법에 따라 처리 되지 아니한 채 500kg 단위의 점보백에 포장된 상태로 적치되어 있는 사실을 알 수 있는바, 사정이 이러하다면, 이 사건 폐기물의 배출자인 피고는 이 사건 폐기물을 독립된 물건의 형태로 원고 소유의 이 사건 공장 대지 위에 적치함으로써 원고의 소유권을 방해하고 있음이 분명하므로, 특별한 사정이 없는 한 위 방해배제를 구하는 원고에 대하여 이 사건 폐기물을 취거하고 그 부분 대지를 인도할 의무가 있으며, 이 사건 공장 대지와 건물 및 기계기구를 일괄하여 취득한 원고가 위 승계규정에 따라 이 사건 폐기물에 관한 피고의 지위를 승계함으로써 행정청에 대하여 공법상 의무를 부담한다 하더라도, 위와 같은 피고의 사법상 취거 및 인도 의무에 무슨 변동이 생기는 것은 아니다.[66]

(2) 내 용

사업자가 상인이기 때문에 책임승계의 문제는 우선 상법의 적용을 받게 된다. 상법에서는 영업양수인이 영업양도인의 상호를 계속 사용하는 경우에 양도인의 영업이 지속되는 듯한 외관을 창출한 데 대한 책임을 물어 양도인의 채무에 대하여 책임을 지도록 하고 있다(동법 제42조 제1항). 이 책임은 영업양수에 대한 책임이 아니고 영업양도의 사실에 대한 채권자의 선의를 보호하자는 것이므로 양도 당시에 이미 존재하는 영업상의 채권이면 다 보호받는다고 이해된다.[67] 따라서 거래상의 채권뿐만 아니라 불법행위, 부당이득으로 인한 채권도 그 대상이 되며,[68] 양수인은 환경법상의 책임(예컨대, 폐기물처리책임)에 대하여도 책임을 부담하게 된다.

---

66) 공장 대지와 건물 및 기계기구를 일괄경매로 취득한 현 소유자의 전 소유자에 대한 사업장 폐기물의 취거 및 대지 인도 청구를 인용한 사례.

67) 이철송, 상법총칙·상행위, 박영사, 1996, 256면.

68) 채무는 여전히 양도인에 속하고, 양수인은 단지 자기가 창출한 외관에 따른 책임을 질 뿐이므로 양도인과 양수인은 채권자에 대하여 부진정연대채무의 관계에 서게 된다. 이철송(앞의 책), 258면.

그러나 상법의 위 규정은 환경책임의 추구에 일정한 한계가 있다. 즉 양수인이 영업양도를 받은 후 양도인의 채무에 대하여 지체 없이 책임이 없음을 등기하는 경우에는 모든 채무자에 대하여, 양도·양수인이 지체 없이 채권자에 대하여 그 뜻을 통지한 경우에는 그 통지를 받은 제3자에 대하여 책임을 지지 아니한다(동조 제2항). 또한 양수 사업자가 상호를 속용하지 아니하는 경우에는 위 규정에 따른 책임을 물을 수 없고 오염의 원인이 있는 양도인에 대해서만 책임을 물을 수밖에 없어서 승계의 의미가 없어진다. 위와 같은 한계점은 여러 개별 환경법에서 정하고 있는 사업자의 책임승계 규정에 의하여 다소 극복될 수 있다. 「폐기물관리법」의 책임승계 규정이 좋은 예이다.[69]

동 조항의 해석과 관련하여서는 실무상 배출시설에 대한 허가 등을 받을 때 당국으로부터 부과받은 의무사항 등을 양수 이후에도 똑같이 준수할 의무가 있다는 정도의 의미로 해석하고, 배출시설의 양도인이 행한 양도시점 이전의 배출행위에 대하여까지 양수인에게 책임을 지우는 것으로는 이해되지 않는다는 견해가 있다.[70] 그러나 원칙적으로 영업의 동일성이 인정되는 경우 양수인은 양도인의 책임을 부담한다고 적극적으로 해석하여야 할 것이다.[71] 이 때 동일성의 판단은 종래의 영업조직의 전부 또는 중요한 일부가 유지되며 같은 기능을 할 수 있느냐에 의하여 판단되어야 한다.[72] 동일성을 결정하는 데 있어 고려할 사항으로는 동일한 고용인, 동일한 감독자, 동일한 장소, 동일한 생산시설, 동일한 제품, 동일한 영업, 동일한 상호, 자산의 계속성, 양도기업과의 일체성 등이 제시될 수 있다.

합병된 기업의 기존 채무를 포괄적으로 인수하는 합병과 달리 회사법상 한 회사가 다른 회사의 자산을 전부 또는 상당부분 인수하는 경우 위 양수인이 양도인의 기존 책임이나 채무를 당연히 인수하지는 아니한다. 이러한 원칙을 악용하여 사업양수인이 사업양도인의 책임을 부담하지 않기 위해 많이 사용되는 거래행위가 자산인수라 할 수 있다. 참고적으로 미국 법원은 자산인수의 경우에도 양수인이 양도인의 책임을 인수할 수 있다는 예외적인 경우를 인정하여 왔다. 예를 들어, 당사자간에 책임을 인수한다고 약정을 하는 경우(assumption of liability), 회사법이 요구하는 합병절차를 밟지 아니하였으나 사실상 합병에 상당하는 기업

---

69) 이와 유사한 규정은 「먹는물관리법」(제25조 제1항·제2항), 「지하수법」(제24조 제2항), 「화학물질관리법」(제37조 제2항) 등에서도 발견되고 있다.

70) 황창식, "기업의 인수·합병과 토양오염", 환경문제연구총서 IX, 대한변호사협회, 2001, 134 내지 135면.

71) 조홍식(각주 4), 654면.

72) 대법원 1989. 12. 26. 선고 88다카10128 판결; 이철송(각주 66), 241면.

통합이 있는 경우(de facto merger), 거래대금을 지불하지 않고 사기행위(fraud)로 회사를 인수한 경우, 단순히 기업형태만 바꾸고 동일한 주주 · 이사 · 임원을 가지고 동일한 영업을 하는 경우(mere continuation) 등이 그것이다.[73)]

한편 폐기물처리업자 등이 사업장폐기물을 배출하는 경우로서 그 사업을 양도하는 경우에는 제33조(허가 등에 따른 권리 · 의무의 승계)와 별도로 동조항에 따라 사업장폐기물과 관련한 권리 · 의무를 승계하는지 논란이 제기될 수 있다.

(3) 평 가

환경법규상의 책임 승계규정은 무엇보다도 책임자를 양수인, 상속인 등으로 확대함으로써, 구제 가능성을 확대한다. 또한 사업장을 인수하려는 자로 하여금 사업장 내의 폐기물의 상태와 폐기물에 의한 토양의 오염상태 등에 대한 조사를 유도하고, 그 결과 불법처리 또는 방치된 폐기물을 발견할 가능성을 높인다.

그러나 사업양도가 구체적으로 무엇을 의미하는지, 사업장만을 매입한 자가 여기에서 말하는 사업의 양수인이 될 수 있는지 등에 대하여 논란이 있을 수 있다. 논란을 막기 위해 입법적으로 이를 분명히 할 필요가 있다. 양수인 등이 불측의 손해를 볼 수 있다는 문제도 있다. 이러한 관점에서 양수인에게 그 책임을 면할 수 있는 길을 열어 줄 필요가 있다.[74)] 차제에 사업양도의 개념 내지 범위도 분명히 할 필요가 있다. 「토양환경보전법」에서는 토양오염관리대상시설을 합병 · 상속이나 '그 밖의 사유'로 정화책임자의 권리 · 의무를 '포괄적'으로 승계한 자를 정화책임자로 규정함으로써 이 문제를 해결하고 있다(동법 10조의4 제1항 제3호). 그러나 여기에도 '그 밖의 사유'가 어떠한 경우인지, 어느 경우에 '포괄적' 승계가 있었는지가 여전히 문제로 남는다.

처리의무 승계 규정의 시행 전에 사업을 양수한 승계인이 조치명령(제48조) 등의 대상자가 될 수 있는가도 어려운 문제를 제기한다. 이는 소급책임의 인정 여하의 문제이다. 소급 적용은 헌법상 보장된 재산권의 박탈을 초래하므로 위헌의 소지가 많다고 생각된다. 그러나 해당 규정이 사실 또는 법률관계가 아직 종료되지 않은 문제를 다루며, 정책의 변경이 아니라 지식이나 평가의 변경에 따라 이루어진, 이른바 '부진정 소급' 규정으로 이해하고 소급 적용이 가능하다는 견해

---

73) William B. Johnson, *Liability of Parent or Successor Corporation, or Corporate Shareholders, in Action Pursuant to Comprehensive Environmental Response, Compensation, and Liability Act,* 121 American Law Reports 173 (1997).

74) 강현호, 환경법, 신론사, 2011, 567면.

도 만만치 않다.[75)]

2. 사업장폐기물의 처리규제

가. 배출자 책임의 원칙

동법은 사업장폐기물배출자로 하여금 사업장에서 발생하는 폐기물을 스스로 처리하도록 하고 있다. 즉 폐기물의 유해성과 관계없이 사업장폐기물의 처리책임자는 원칙적으로 배출사업자 자신이다(제18조 제1항). 그러나 폐기물처리업의 허가를 받은 자 등 일정한 자에게 위탁하여 처리할 수도 있다(동조 단서).

[18] 폐기물배출자란?: 인천지법 1997. 5. 23. 선고 96노1318 판결

구 폐기물관리법(1995. 8. 4. 개정 전)상의 폐기물 배출자라 함은 폐기물을 직접 발생시킨 자를 말하는 것으로서 각종 건축 및 토목공사에서 공작물의 제거 등에 따라 건축폐재류를 발생시키는 경우에는 그러한 공사행위를 직접 한 자가 배출자가 되고, 따라서 건설업법상의 적합한 도급 및 하도급 관계에 있어서는 수급인(시공자) 또는 최종 하수급인이 일반폐기물 다량배출자의 지위를 갖게 된다고 보아야 하므로, 수급받은 건축물 철거공사 중 일정량 이상의 건축폐기물을 배출한 자는 같은 법 제14조 및 같은 법 시행령 제6조 제1호에서 규정하고 있는 일반폐기물 다량배출자로서 비록 그 철거공사의 도급금액 중에 폐기물의 처리비용이 포함되어 있다고 하더라도 폐기물의 처리만을 위탁받아 전문적으로 처리하는 처리업자의 경우와는 달리 폐기물 처리를 영업으로 하기 위한 별도의 허가 없이도 건물철거공사 중 나오는 건축폐기물을 스스로 처리하는 것이 허용된다.[76)]

[19] 대법원 2009. 2. 12. 선고 2007도5372 판결

구 폐기물관리법(2007. 1. 3. 개정 전) 제60조 제2호(현행 제65조제11호)는 "법 제25조 제1항(현행 제18조 제1항)을 위반하여 사업장폐기물을 처리한 자"를 처벌하도록 규정하고 있고, 법 제25조 제1항은 "사업장폐기물배출자는 그의 사업장에서 발생하는 폐기물을 스스로 처리하거나 제26조 제3항의 규정에 의한 폐기물처리업의 허가를 받은 자, 제44조의2의 규정에 의하여 다른 사람의 폐기물을 재활용하는 자, 제4조 또는 제5조의 규정에 의한 폐기물처리시설을 설치 · 운영하는 자 또는 해양오염방지법 제18조의 규정에 의하여 폐기물해

75) 조홍식(각주 64), 282면.
76) 수급받은 건축물 철거공사과정에서 배출되는 건설폐기물을 배출하는 경우 제26조상의 처리업 허가를 요하지 않는다는 사례.

양배출업의 등록을 한 자에게 위탁하여 처리하여야 한다."고 규정하고 있으며, 법 제24조 제1항 제3호(현행 제17조 제1항 제3호)는 "제25조 제1항의 규정에 따라 폐기물의 수집 · 운반 · 처리를 위탁하는 경우에 사업장폐기물배출자는 수탁자가 제12조(현행 제13조)의 규정에 의한 기준에 적합하게 폐기물을 수집 · 운반 · 처리할 능력이 있는지를 환경부령이 정하는 바에 따라 확인한 후 위탁하여야 한다. 다만, 제4조 또는 제5조의 규정에 의한 폐기물처리시설을 설치 · 운영하는 자에게 위탁하는 경우에는 그러하지 아니하다."라고 규정하고 있다. 한편, 법 제12조는 "누구든지 폐기물을 수집 · 운반 · 보관 · 처리하고자 하는 자는 대통령령이 정하는 기준 및 방법에 의하여야 한다."고 규정하고 있는바, 이러한 제반 규정들을 종합적으로 고려하여 보면, 법 제60조 제2호는 사업장폐기물배출자가 그의 사업장에서 발생하는 폐기물을 스스로 처리하지 않고 위탁처리하는 경우에 법 제25조 제1항에 규정된 자 이외의 자에게 위탁하여 처리한 행위를 처벌대상으로 하고 있다고 볼 것이다.

이 부분 공소사실은 피고인이 위 사업소 소장인 원심공동피고인 1과 공모하여 위 사업소에서 발생한 사업장폐기물을 스스로 처리하면서 이를 부적정한 방법으로 처리하였다는 취지인바, 이러한 경우라면 그 행위가 법 제60조 제1호 또는 법 제61조 제1호에 의하여 처벌될 수 있는 여지가 있음은 별론으로 하고 법 제60조 제2호에 의하여 처벌될 수는 없다고 보아야 한다.

동법은 특히 폐기물 위탁처리의 경우 폐기물 처리가격의 최고액 또는 최저액을 고시하여(제24조) 사업장폐기물배출자로 하여금 최저액보다 낮은 가격으로 폐기물처리를 위탁하지 못하도록 하고 있다(제18조 제2항). 폐기물처리에 있어서 최저수수료 제도를 도입한 것은 적정처리비용 이하의 덤핑가격으로 폐기물을 수탁한 후 부적정 처리하는 것을 막기 위한 것이다. 그러나 여기에 대하여는 다양한 폐기물 종류별로 적정처리 가격을 설정하는 것이 현실적으로 용이하지 않으며, 최저가격제도가 처리업체의 연구개발 의욕 저하 등 처리업체간 건전한 경쟁을 저해할 소지가 있을 수 있다는 비판이 제기될 수 있다. 이러한 문제점을 해결하기 위해서는 폐기물의 특성상 덤핑에 의한 부적정 처리가능성이 높은 품목에 대해서만 제한적 · 임의적으로 시행하는 것을 고려할 필요가 있다.

현행 법은 이와 같이 사업자보다 전문적인 폐기물처리위탁업자로 하여금 폐기물을 처리토록 하는 폐기물처리의 위탁제도를 두고 있는데, 이는 폐기물의 안전처리, 환경오염의 방지 또는 개선을 위해 바람직하다고 생각된다.[77] 이 때 위

77) 배출자 책임원칙에 대하여는 폐기물배출자는 폐기물처리에 전문성을 갖고 있지 않고 적정한 폐기물처리시설을 확보하지 못하는 경우가 많으므로 적정한 폐기물처리가 될 수 없는 경우가

탁처리업자에 대한 충실한 사전 · 사후 통제는 위탁제도의 성공을 위해 필수적이다. 이러한 관점에서 폐기물처리의 위탁제도를 평가할 경우 현행법상 위탁처리업자가 새로이 시장진입하는 데 있어서 그 통제가 불충분하고, 사후 통제도 구체적이지 못하고 단편적이어서 적정한 처리를 보장하는 데에는 미흡하다고 할 것이다. 동법은 사업장폐기물배출자의 자가처리와 위탁처리를 선택적으로 하고 있을 뿐 사업자가 스스로 처리할 수도 없고 위탁처리를 거부하는 경우에 대하여는 규정하고 있지 아니한바, 이러한 경우 적정한 폐기물처리를 보장하기 위하여 공적 처리주체에 의해 처리되도록 할 필요가 있다.[78)]

나. 사업장폐기물의 전자인계 · 인수제도

동법은 사업장폐기물의 인계 · 인수를 전자정보프로그램에 입력하는 방식으로 하도록 함으로써 처리승명을 투명화 · 간소화하고 있다. 처리증명의 투명화는 폐기물의 불법투기와 불법처리의 가능성을 막을 것으로 기대된다. 이에 따르면 환경부령으로 정하는 사업장폐기물을 배출, 수집 · 운반, 재활용 또는 처분하는 자는 그 폐기물을 배출, 수집 · 운반, 재활용 또는 처분할 때마다 폐기물의 인계 · 인수에 관한 사항과 계량값, 위치정보, 영상정보 등 폐기물 처리 현장정보를 제45조 제2항에 따른 전자정보처리프로그램에 입력하여야 한다(제18조 제3항). 전자정보프로그램에 입력해야 하는 정보는 비교적 많다고 할 수 있는데, 이는 폐기물 관리를 강화한다는 의미가 있다. 환경부장관은 입력된 폐기물 인계 · 인수 내용을 해당 폐기물을 배출하는 자, 수집 · 운반하는 자, 재활용하는 자 또는 처분하는 자가 확인 · 출력할 수 있도록 하여야 하며, 그 배출자, 수집 · 운반자, 재활용자 또는 처분자를 관할하는 시장 · 군수 · 구청장 또는 시 · 도지사가 그 폐기물의 배출, 수집 · 운반, 재활용 및 처분 과정을 검색 · 확인할 수 있도록 하여야 한다(동조 제4항).

또한 환경부령으로 정하는 사업장폐기물을 운반하는 자는 운반 중에 전자정보처리프로그램에 입력된 폐기물 인계 · 인수 내용을 확인할 수 있도록 인계번

많고, 배출자가 스스로 처리하는 경우에 폐기물이 사업장 내에 방치되거나 불법처리 또는 불법투기될 가능성이 많아질 뿐만 아니라 재활용이 가능함에도 단순 매립 또는 소각되는 등 단순처분이 우선적으로 행해질 가능성이 많으므로 폐기물배출자가 폐기물을 스스로 처리하는 것은 폐기물의 적정처리라는 관점에서 제한되어야 한다는 견해가 있다. 박균성, “폐기물의 불법처리 및 방치에 대한 법적 규제”, 국제법무연구, 경희대학교 국제법무대학원, 10 내지 11면, 조현권(각주 4), 589면; 김연태(각주 13), 229면.

78) 김연태(앞의 글), 230면.

호를 숙지하여야 하며, 관계 행정기관이나 그 소속 공무원이 요구하는 때에는 이를 알려주어야 한다(제19조 제1항). 한편, 폐기물을 수탁하여 처리하는 자는 영업정지 · 휴업 · 폐업 또는 폐기물처리시설의 사용정지 등의 사유로 환경부령으로 정하는 사업장폐기물을 처리할 수 없는 경우에는 지체 없이 그 사실을 사업장폐기물의 처리를 위탁한 배출자에게 통보하여야 한다(동조 제2항).

사업장폐기물의 전자인계 · 인수제도는 종전의 폐기물전표제도79)를 포기하는 대신에 그 절차를 간소화하고, 폐기물 인계 · 인수의 전산화를 전면적으로 도입하는 것이다. 이에 따라 종전에 지정폐기물에 대하여 다른 사업장폐기물보다 엄격하게 처리증명을 요구하고 있던 것은 폐지되었다. 이는 폐기물 인계 · 인수의 전산화에 따라 폐기물의 배출 · 운반 · 처리 절차가 투명하게 관리될 수 있으므로 별도로 지정폐기물에 대한 강화된 처리 증명을 요구하는 것이 불필요하다는 인식에 기초한다.

그러나 환경부령으로 정하는 지정폐기물을 배출하는 사업자는 그 지정폐기물을 처리하기 전에 다음의 서류를 환경부장관에게 제출하여 확인을 받아야 한다: ① 폐기물처리계획서; ② 폐기물분석전문기관이 작성한 폐기물분석결과서; ③ 지정폐기물의 처리를 위탁하는 경우에는 수탁처리자의 수탁확인서(제17조 제3항). 이는 지정폐기물의 처리경로를 고정화함으로써, 불법처리를 사전에 차단하기 위한 것이다. 사업장폐기물 중 특히 중금속 등 유해물질이 다량 들어있어 유해성이 큰 지정폐기물은 그 구성물의 특성상 환경과 인간에 큰 위해를 줄 수 있기 때문에 지정폐기물의 발생에서부터 안전하게 운반되고 무해하게 최종처리될 때까지 그 처리경로를 효율적이고 적절하게 감시하고 통제할 수 있는 제도적 장치가 요구되는바, 관련 서류의 제출과 확인절차는 이러한 요구에 부응하는 것이라고 할 수 있다.

---

79) 불법투기와 불법처리의 가능성에 대비하여 1999. 2. 8. 개정 「폐기물관리법」은 사업장폐기물의 배출자, 처리자, 운반자간의 처리경로를 투명하게 추적하여 확인이 가능하도록 하는 '폐기물전표제도'를 도입하였다. 폐기물전표제도는 폐기물의 불법투기와 불법처리의 가능성을 미리 막기 위한 것으로 폐기물의 배출단계부터 최종처리단계까지 폐기물의 처리경로 및 적법처리 여부를 추적 · 감시하고 부적절한 처리가 있는 경우 이에 적절히 대응하기 위한 제도이다. 그러나 이러한 방식은 사업자에게는 비용 및 업무 부담이 크고, 또 감독기관은 최종처리자가 그 인계서를 관할 기관에 제출하여 확인할 수 있는 상태가 되기 전까지는 폐기물의 적법처리를 감시하기 어려운 점이 있었다. 이에 2007. 8. 3. 개정 법은 폐기물 인계 · 인수를 전자정보처리프로그램에 입력하는 방식으로 변경하기에 이르렀다. 이러한 방식은 전자정보처리프로그램에 접속하여 입력만 하면 되므로 기업의 업무부담은 그만큼 완화되고, 감독기관 등이 폐기물의 인계 · 인수에 관한 사항을 실시간 확인할 수 있어서 폐기물처리의 투명성을 확보할 수 있을 것으로 기대된다.

한편, 인계·인수의 전산화 차원에서 동법은 폐기물 인계·인수 내용이 입력된 기록을 관리할 수 있는 전산처리기구의 설치·운영을 의무화하고(제45조 제1항), 사업장폐기물배출자 등이 폐기물 관련 업무를 전자정보처리프로그램을 이용하여 입력하면 해당 업무를 이행한 것으로 간주하도록 하고 있다(동조 제3항). 이는 폐기물 관련 업무를 일종의 전자문서교환(Electronioc Data Interchange: EDI) 방식에 의해 보고·제출할 수 있도록 하고 그 법적 효력을 인정함으로써 전자인계·인수제도를 효율화·간소화하려는 것이다.

폐기물의 이동경로를 추적·감시하기 위하여 폐기물인계·인수절차를 수작업으로 한다는 것은 효율성이 떨어지고, 사업자에게 큰 부담이 될 뿐만 아니라 전국적으로 수만 개에 이르는 업소에 대해 폐기물의 적법처리 여부를 신속하게 파악하기 어려운 점이 있을 것이다. 전체 대상업소가 많고 그 수도 증가추세에 있어 그만큼 사회적 비용도 커질 것이다. 이에 따라 폐기물의 배출에서 최종처리까지의 전 과정을 적정·투명하게 관리하기 위하여 배출자, 운반자, 처리자, 행정기관 사이에 유통되는 폐기물인계서를 인터넷상에서 전자정보의 형태로 처리하여 인·허가 정보와 인계정보를 취합·대조·분석할 수 있는 사업장폐기물의 전자인계·인수제도는 그 효용성이 크다고 생각한다.

다. 사업장폐기물의 공동처리

환경부령으로 정하는 2 이상의 사업장폐기물배출자는 각각의 사업장에서 발생하는 폐기물을 환경부령으로 정하는 바에 따라 공동으로 수집·운반, 재활용 또는 처분할 수 있다. 이 경우 사업장폐기물배출자는 공동운영기구를 설치하고 그 중 1명을 공동운영기구의 대표자로 선정하여야 하며, 폐기물처리시설을 공동으로 설치·운영할 수 있다(제18조 제5항).

라. 배출자에 대한 폐기물 처리명령

환경부장관 또는 시·도지사는 사업장폐기물배출자가 폐기물의 처리 기준과 방법으로 정한 보관기간을 초과하여 폐기물을 보관하는 경우에는 사업장폐기물배출자에게 기간을 정하여 폐기물의 처리를 명할 수 있으며, 처리명령을 하였음에도 불구하고 처리되지 아니한 폐기물이 있으면 제17조 제8항 또는 제9항에 따라 권리와 의무를 승계한 자에게 기간을 정하여 폐기물의 처리를 명할 수 있다(제39조의2).

마. 유해성 정보자료의 작성 · 제공

안전사고 발생가능성이 높은 환경부령으로 정하는 특정 사업장폐기물을 배출하려는 자는 해당 폐기물에 대한 유해성 정보자료를 작성하여 그 자료를 처리자에게 제공해야 하고, 폐기물배출자와 처리자는 해당 자료를 사업장폐기물의 수집 · 운반차량, 보관장소 및 처리시설 등에 게시 · 비치하여야 한다(제18조의2). 이러한 규정은 사업장폐기물로 인한 폭발, 화재 등이 안전사고가 발생한 때 신속 대응을 제고할 것이다.

3. 폐기물분석전문기관

동법은 폐기물에 관한 시험 · 분석 업무를 전문적으로 수행하기 위하여 폐기물분석전문기관을 지정하고, 그 전문성과 공공성을 확보하기 위하여 준수사항, 평가, 지정의 취소 등을 도입하여 관리를 강화하고 있다(제17조의2 내지 제17조의5).

4. 사업자의 폐기물 회수조치

폐기물의 회수 및 재활용이 제대로 이루어지려면 무엇보다 배출단계에서부터의 여건조성이 중요하다. 동법은 사업자에게 폐기물의 회수 및 처리가 용이하도록 할 의무를 부과함으로써, 이에 부응하고 있다.

가. 사업자의 재료, 용기, 제품폐기물 회수 및 처리방법

사업자는 제품의 제조 · 가공 · 수입 또는 판매 등을 할 때에 그 제조 · 가공 · 수입 또는 판매 등에 사용되는 재료 · 용기 · 제품 등이 폐기물이 되는 경우 그 회수 및 처리가 쉽도록 하여야 한다(제47조 제1항). 이는 생산자에게 폐기물의 회수 및 재활용의 의무를 부과하는 '생산자책임 재활용제도'의 일환으로 이해된다. 이에 따라 생산자는 제품의 설계 및 제조과정에서부터 폐기물의 감량 및 재활용을 고려하게 되어 폐기물의 원천적인 감량 및 재활용에 크게 기여할 수 있을 것이다. 사업자는 이러한 재료 · 용기 · 제품 등이 대기오염물질, 수질오염물질, 유독물 중 환경부령으로 정하는 물질을 함유하고 있거나 다량으로 제조 · 가공 · 수입 또는 판매되어 폐기물이 되는 경우 환경부장관이 고시하는 폐기물의 회수 및 처리방법에 따라 회수 · 처리하여야 한다(동조 제2항).

나. 회수권고 및 명령

환경부장관은 사업자가 회수 · 처리방법에 따라 회수 · 처리하지 아니하면 기간을 정하여 그 회수와 처리에 필요한 조치를 할 것을 권고할 수 있으며, 이에 따라 권고를 받은 자가 권고사항을 이행하지 아니하면 해당 폐기물의 회수와 적정한 처리 등에 필요한 조치를 명할 수 있다(동조 제3항 · 제4항).

5. 폐기물처리에 대한 조치명령

최근 재활용업체 사업장 등에 폐기물을 반입한 후 무단으로 방치하거나, 임대부지 및 창고 등에 폐기물을 불법으로 투기하고 도피하는 등 폐기물을 법령의 기준에 부합하지 않게 처리하는 사례가 빈번하게 발생하고 있다. 이에 부적정처리폐기물을 보다 신속 · 정확하게 처리함으로써 환경오염과 주민건강 피해 등을 최소화할 필요가 있다. 이러한 인식하에 동법은 환경부장관, 시 · 도지사 또는 시장 · 군수 · 구청장으로 하여금 부적정처리폐기물(폐기물처리기준과 방법 또는 폐기물의 재활용 원칙 및 준수사항에 맞지 아니하게 처리되거나 제8조 제1항 또는 제2항을 위반하여 버려지거나 매립되는 폐기물)이 발생하면 조치명령대상자에게 기간을 정하여 폐기물의 처리방법 변경, 폐기물의 처리 또는 반입 정지 등 필요한 조치를 명할 수 있도록 하고 있다(제48조). 2019. 11. 26. 개정 법은 조치명령대상자의 범위를 대폭 확대하였다. 헌법재판소는 이들이 부담하는 책임의 성질을 연대책임으로 이해하는 듯하나,[80] 명문 규정이 없고 입법자의 의도가 분명치 않아 섣불리 단정할 수 없다.[81] 이러한 조치명령은 방치폐기물 문제를 해결하기 위한 유효한 수단으로 작용한다.

---

80) 당사자가 "다른 사람에게 자기 소유의 토지 사용을 허용한 경우"에 관한 부분이 재산권 및 사적 자치권을 침해한다고 주장하면서 헌법소원심판청구를 제기한 사안에서 헌법재판소는 토지소유자가 지는 책임은 '보충적'이라고 적시한 바 있다. 헌재 2010. 5. 27. 선고 2007헌바53 결정.

81) 여기에 대해 공법상 책임에 관한 규정으로서 환경법(예컨대, 「환경정책기본법」 제44조 제2항, 토양환경보전법 제10조의3 제2항)상 연대책임 원칙이 적용될 수 없다는 견해는 같은 맥락으로 이해된다. 조홍식 · 이경호, "환경법상 연대책임원칙의 사정(射程) –폐기물관리법상 처리책임을 글감으로 하여–", 서울대학교 법학, 2021. 6, 145면.

가. 조치명령대상자

(1) 발 생 자

부적정처리폐기물을 발생시킨 자는 조치명령대상자가 된다. 이는 오염원인자 책임원칙에 비추어 당연한 것이다. '처리'란 폐기물의 수집, 운반, 보관, 재활용, 처분을 말하며(제2조 제5호의3), '처분'이란 "폐기물의 소각(燒却)·중화(中和)·파쇄(破碎)·고형화(固形化) 등의 중간처분과 매립하거나 해역(海域)으로 배출하는 등의 최종처분을 말한다(동조 제6호).

여기에서 처리(매립)행위의 입증책임 및 정도가 문제될 수 있다. 판례는 「폐기물관리법」의 적용을 부인하기 위하여는 "매립사실을 부인하는 측에서 제3자가 매립한 것이라거나 그 밖의 다른 원인으로 폐기물이 매립된 것이라는 입증을 적극적으로 하여야 할 것이다"고 판시함으로써,[82] 기본적으로 발생자(처리자)에게 입증책임을 돌리고 있다.

[20] 대법원 2020. 2. 6. 선고 2019두43474 판결

원고가 직접 자신의 사업장 내에 적치되어 있던 토사를 매립한 것은 아니지만, 성토업자들로 하여금 이 토사를 원고의 사업장 밖으로 반출하여 이 토사를 매립하게 한 이상, 폐기물관리법 제48조 제1항 제1호에서 조치명령의 상대방으로 정한 '폐기물을 처리한 자'에 해당한다고 보아야 한다.[83]

(2) 폐기물처리시설의 설치 또는 운영을 위탁한 자

부적정처리폐기물이 처리된 폐기물처리시설의 설치 또는 운영을 수탁자에게 위탁한 자는 조치명령의 대상자가 된다.

(3) 배 출 자

부적정처리폐기물의 처리를 위탁한 음식물류 폐기물 배출자 또는 사업장폐기물배출자는 조치명령대상자가 된다. 다만, 폐기물의 처리를 위탁한 자가 제15

82) 서울지법 1998. 10. 15. 선고 98가합40690 판결(일반적으로 폐기물 매립행위가 은밀하게 이루어지기 때문에 구체적인 행위의 일시나 방법 등은 대개의 경우 매립에 직접 관여한 자만이 알 수 있을 뿐이고, 그 기간 또한 특정하기 어렵다는 특수성이 있으므로, 관리인이 있는 어떤 토지에서 매립된 폐기물이 발견된 경우에는 폐기물이 그 토지의 관리, 이용방법과 관련하여 발생한 것이라는 정도의 입증으로 충분하다고 한 사례).

83) 문제의 토사 매립이 「건설폐기물의 재활용촉진에 관한 법률 시행령」 제4조 제1항 제3호 각목에서 정한 예외사유에 해당하지 않아 「폐기물관리법」 제8조 제2항 위반에 해당하는 이상, 「폐기물관리법」 제48조 제1호에 따라 조치명령의 대상이 된다고 한 사례.

조의2 제3항 · 제5항, 제17조 제1항 제3호 또는 제18조의2 제3항에 따른 의무를 위반하거나 그 밖의 귀책사유가 있다고 인정되는 경우로 한정된다. 이는 적법한 위탁이 이루어진 경우에는 특별한 사정이 없는 한 배출자에게 부적정폐기물에 대한 책임을 물을 수 없다는 것을 의미한다. 여기서 주목할 것은 귀책사유가 있는 경우에는 조치명령대상자가 될 수 있다는 것인데, 예컨대, 배출자가 폐기물처리과정이 폐기물의 처리 기준과 방법에 맞게 이루어지는 있는지를 확인하지 않고 폐기물 처리를 위탁하는 등 귀책사유가 있다고 인정될 경우 조치명령대상자가 될 수 있을 것이다.

이와 같이 배출자에게 책임을 묻는 이유로는 다음과 같은 것을 들 수 있다: 「폐기물관리법」상 폐기물배출자는 자신이 배출한 폐기물을 처리할 책임이 있으므로(제18조 제1항), 폐기물처리의 위탁계약만으로 폐기물배출자의 배출폐기물처리책임이 면제되는 것으로 해석하여서는 안 된다; 위탁처리는 폐기물배출자의 폐기물처리책임을 이행하는 하나의 방법이 될 뿐이며, 위탁계약은 배출자와 처리업자 사이에 처리의무의 이전 효과는 있을지 몰라도 국가에 대한 법정의무인 배출자의 처리의무를 면제하는 것은 아니라고 보아야 한다; 또한 폐기물배출자는 폐기물의 처리를 위탁한 경우에도 자신의 폐기물이 적정하게 처리되는지를 확인할 책임을 부담하며 이 확인 · 감시의무를 소홀히 한 경우에는 책임을 져야 한다; 뿐만 아니라 폐기물배출자는 폐기물처리 위탁계약을 통하여 처리업자에 의한 폐기물의 처리에 일정한 지배력 내지 영향력을 미치므로 처리업자의 불법처리에 대하여 배출자도 처리책임을 부담하도록 하는 것이 타당하다; 폐기물배출자는 폐기물처리에 의해 이익을 보고 있는 자이므로 수익자부담의 원칙에 비추어, 폐기물배출자를 이행조치명령의 대상자로 하는 것이 타당하다; 폐기물의 처리가 위탁된 경우 폐기물이 불법처리될 위험성이 있으므로 배출자가 그 불법처리의 위험에 대하여 책임을 져야 한다는 위험책임의 원칙에 비추어 폐기물배출자를 이행조치명령의 대상자로 하는 것이 타당하다; 불법처리자에게 자력이 없는 경우 국가나 지방자치단체가 불법폐기물에 대한 조치를 취하여야 하는데, 이는 국민 또는 주민 전체의 부담으로 되어 타당하지 않으며 처리책임자를 확보하여 처리책임자에게 처리책임을 지울 필요성이 있다.[84]

84) 박균성(각주 65), 31면 내지 32면. 여기에 대하여 불법행위를 한 자에 대하여 책임을 물어야지 불법행위를 하지 않은 자에 대하여 책임을 지도록 하는 것은 책임의 원칙에 반하고, 폐기물처리계약에 의해 폐기물배출자는 폐기물처리의무를 면하는 것이 되며 폐기물배출자는 폐기물의 불법처리에 대하여 책임이 있는 자가 아니므로 허가받은 처리업자에게 위탁하였는데

(4) 배출, 수집 · 운반, 보관, 재활용 및 처분과정에 관여한 자

부적정처리폐기물의 발생부터 최종처분에 이르기까지 배출, 수집 · 운반, 보관, 재활용 및 처분과정에 관여한 자는 조치명령대상자가 된다. 이는 부적정처리폐기물과 관련한 인과관계 연속에 참여한 모든 자에게 폭넓은 책임을 묻는 것이라고 이해된다. 그러나 특히 '관여'의 해석 여하에 따라 자칫 누구나의 책임으로 작용할 가능성을 배제할 수 없다.

(5) 전자정보처리프로그램 위반자

동법은 부적정처리폐기물과 관련하여 폐기물 인계 · 인수에 관한 사항과 폐기물처리현장정보를 전자정보처리프로그램에 입력하지 아니하거나 거짓으로 입력한 자도 폐기물 관리를 강화한다는 차원에서 조치명령의 대상자로 하고 있다.

(6) 부적정처리폐기물의 발생 원인이 된 행위에 관여한 자

조치명령의 대상자에는 제1호부터 제5호까지의 규정 중 어느 하나에 해당하는 자에 대하여 부적정처리폐기물의 발생 원인이 된 행위를 할 것을 요구 · 의뢰 · 교사한 자 또는 그 행위에 협력한 자 등 광범위하게 포함된다.

(7) 권리 · 의무를 승계한 자

제1호부터 제6호까지의 사업장폐기물배출자에 대하여 제17조 제8항 또는 제9항에 따라 권리 · 의무를 승계한 자와 제1호부터 제6호까지의 폐기물처리업자, 폐기물처리시설의 설치자 또는 폐기물처리 신고자에 대하여 제33조 제1항부터 제3항까지에 따라 권리 · 의무를 승계한 자는 조치명령의 대상자가 된다.

(8) 토지의 소유자

(가) 토지의 소유자

「폐기물관리법」은 일정한 경우 '소유자'에게도 조치명령을 할 수 있도록 하였다. 즉 제48조 제9호에서 토지소유자의 경우에는 부적정처리폐기물을 "직접 처리하거나 다른 사람에게 자기 소유의 토지 사용을 허용한 경우"에 한하여 자신의 토지 내에 있는 폐기물의 처리책임을 인정하고 있다. 이에 따라 방치된 폐기물에

도 폐기물배출자가 책임을 부담하도록 하는 것은 책임의 원칙에 반하므로 타당하지 않다는 주장이 있을 수 있다. 그러나 「폐기물관리법」상 배출자는 자신이 배출한 폐기물에 대한 처리책임을 지는 것이며, 폐기물배출자가 스스로 처리하지 않고 위탁처리하는 경우 위탁하였다는 것만으로 처리책임을 면할 수는 없으며, 폐기물배출자의 처리책임은 공법상의 의무로서, 사인 상호간의 사법상 계약에 의해 면제될 수 없다고 보아야 한다. 박균성(각주 65), 33면.

대하여 직접적으로 원인을 제공한 자(임차인) 외에도 토지를 임대한 자(임대인)도 방치폐기물에 대한 처리책임을 질 가능성이 많다.85) 부적정처리의 예방 및 조치명령의 실효성을 확보한다는 차원에서 다른 사람에게 폐기물의 투기 또는 매립을 허용하였는지 여부를 떠나 해당 토지소유자를 부적정처리된 폐기물에 대한 조치명령의 대상자로 이해하여야 할 것이다(판례 [21]). 이 경우 토지소유자는 해당 토지로부터 야기되는 위해에 대하여 상태책임을 지게 될 것이다.

[21] 소유자의 의미: 부산고법 2003. 10. 24. 선고 2003누2731 판결(확정)

원고가 이 사건 토지의 매매 당시 위 박○○ 등에게 재활용품 재생자재의 적치만을 승낙하였을 뿐, 산업폐기물 등을 버리는 것까지 승낙하거나 묵인한 바는 없는 사실은 인정되나, 그렇다 하더라도 폐기물관리법 제45조 제1항 제3호에서 폐기물처리에 대한 조치명령의 상대방으로 규정하고 있는 '다른 사람에게 자기 소유의 토지 사용을 허용한 경우 폐기물이 버려지거나 매립된 토지의 소유자'란 그 법문의 해석상 용도를 불문하고 타인에게 자신의 토지의 사용을 허용한 경우를 모두 포함한다고 해석함이 상당하고, 달리 이를 폐기물의 투기나 매립을 위한 토지사용을 허용한 소유자에 한정되는 것으로 해석할 아무런 근거가 없으므로, 그러한 한정해석을 전제로 한 원고의 위 주장도 받아들일 수 없다.86)

(나) 양수한 토지소유자

종전 토지소유자로부터 당해 토시 사용을 허용받아 폐기물을 버리거나 매립한 후 그 토지를 양수한 토지소유자도 조치명령의 대상자가 되는지 문제가 될 수 있다. 부적정처리폐기물을 발생시킨 경우 앞서 발생자로서의 책임을 지는 것은 별론으로 하고, 원칙적으로 소유자로서의 책임은 지지 않는다고 해석된다.

85) 이와 같이 직접적인 오염원인자(임차인) 외에도 토지소유자에게 폐기물 처리책임을 확장하여 인정하는 것이 과잉금지원칙을 위반할 수 있다는 논란이 있으나 헌법재판소는 이를 일축하고 있다. 헌재 2010. 5. 27. 선고 2007헌바53 결정. 여기에 대해서는 과잉금지원칙상 상태책임을 지는 소유자에게 그 책임은 무제한적이어서는 안 되고 면책이나 감경 등 합리적인 조정이 될 수 있는 규정이 있어야 한다는 주장이 있다. 이기춘, "자기 소유 토지 사용을 허락한 자의 건설폐기물법상 책임 부과의 위헌성", 환경판례백선, 박영사, 2019, 295면.

86) 토지상에 재활용품 재생자재의 적치를 위한 토지의 사용을 허용한 소유자가 폐기물처리에 대한 조치명령의 상대방에 해당한다고 한 사례. 여기에 대해 과잉금지 원칙을 고려하여 "다른 사람에게 자기 소유의 토지 사용을 허용한 토지의 소유자"를 해석함에 있어, 애초에 토지소유자와 임차인간에 합의한 토지용도와 달리 임차인이 임의로 폐기물을 토지에 투기한 경우 임차인의 폐기물 투기에 선의·무과실인 토지소유자를 제외하는 방향으로 해석할 필요가 있다는 견해가 있다. 정지영, "토지소유자에 대한 폐기물처리 등 조치명령", 환경판례백선, 박영사, 2019, 283면.

토지를 양수한 자에게 종전 토지소유자가 지는 책임(이는 토지소유자로서 지는 상태책임이 아니라 자신의 토지 위에서 폐기물의 처리를 허용한 행위에 근거하여 인정되는 책임임)을 인수하도록 하는 것은 선의의 토지취득자에게 불측의 손해를 주며, 토지거래 시 추가로 토양환경평가를 하여야 하는 부담을 가져올 수 있으므로 양수한 토지소유자에게 위 제9호를 유추 적용하여 획일적으로 책임을 묻는 것은 타당하지 않다고 판단된다. 그러나 토지의 매수가격이 폐기물이 매립되어 있는 것을 고려하여 낮게 책정된 경우와 같이 특별한 경우에는 토지의 양수인이 양도인의 폐기물처리책임도 인수한 것으로 볼 수 있을 것이다.[87)]

(다) 대주(貸主)

단순한 대주가 여기에서 말하는 조치명령의 대상자가 될 수 있는지 대하여는 분명하지 아니하다. 법원은 이른바, '화선키메탈 사건'에서 관리를 하면서 실제 폐기물 배출까지 하였을 경우 담보권자인 대주도 조치명령의 대상자가 될 수 있음을 밝히면서, 제48조 제1호상의 발생자의 개념을 넓게 해석하였다(판례 [22]).[88)]

[22] 화선키메탈 사건: 대법원 1997. 8. 22. 선고 95누17724 판결

[사실관계]

화선키메탈 주식회사(소외 회사)는 1979. 8. 설립되어 도산할 때까지 약 12년 동안 비철금속제련공장을 가동하면서 납, 주석, 안티몬을 생산하였는데, 생산과정에서 발생되는 특정폐기물을 제3자에게 위탁하여 처리하였다. 부도 당시 소외 회사의 공장용지에는 수탁업체가 수거해 가지 않은 광재류 및 폐밧데리케이스 등 약 4,200㎥의 특정폐기물이 방치되어 있었다. 1992. 1.경 언론은 위 소외 회사의 공장용지 지하에 다량의 특정폐기물이 매립되어 있어 인근 상수원이 오염되어 있다고 보도하였다.

원고인 서울은행은 이 사건 공장용지 및 그 지상 공장건물 등에 관하여 근저당권 설정등기를 경료한 후, 위 소외 회사에게 금14억원을 대출해 주었는데, 1991. 12.경 위 회사가 도산하기에 이르렀다. 이에 서울은행은 즉시 경비용역업체에 공장경비를 의뢰하는 한편, 종업원들에 대한 미지급 임금 및 퇴직금 지급에 필요한 재원을 마련하기 위해 종업원들과 협의하여 약 10개월 동안

87) 박균성(각주 65), 34 내지 35면.

88) 사안에서 원고에 대하여 1994. 8.에 한 처분의 근거 법조문이 불분명한데, 사안에 적용된 구법(1995. 8. 4. 개정 전) 제25조 제5항(현행 유사한 규정이 없음) 또는 제45조(현행 제48조와 유사함)가 일응 근거 조문이 될 수 있을 것이다. 현행 법에서는 경매 등으로 사업장을 인수한 자의 책임승계 규정(제17조 제9항, 이 규정은 2007. 8. 3. 개정 법에서 신설되었음)이 처분의 적용 법조가 될 수 있을 것이다.

공장을 일부 가동하였는데, 그 가동과 원료에 대한 관리부실로 폐기물이 추가로 발생되었다. 서울은행은 이 사건 공장용지 및 그 지상 공장건물에 관하여 근정당권 실행을 위한 경매신청을 하였으나, 원매자가 없어 4차례나 유찰되었고, 결국 서울은행이 최저경락가격의 40% 정도 밖에 되지 않는 가격으로 1993. 5.경 이 사건 부동산을 경락받기에 이르렀다.

관할 대구지방환경관리청은 서울은행이 소외 회사 소유이던 이 사건 공장용지 및 그 지상건물 등을 경락받음으로써 폐기물관리법상 폐기물처리책임을 승계하였다고 보고 1994. 8. 서울은행에 대하여 폐기물처리명령을 내렸는바, 이에 대하여 서울은행은 특정폐기물배출자가 아닌 자에게 내려진 위 명령이 위법하다는 이유로 피고인 대구지방환경관리청장을 상대로 1994. 12. 대구고등법원에 폐기물처리명령취소청구소송을 제기하였다.

[판결요지]

1995. 10. 27. 대구고등법원은 "원고(서울은행)는 여러 가지 사실에 비추어 이 사건 부동산에 특정폐기물이 야적 또는 매립된 사실을 알면서도 이를 경락받았다고 보여질 뿐 아니라, 소외 회사의 부도 후 이를 관리해 오면서 그 종업원들과 협의하여 공장을 일부 가동하고 그 원료에 대한 관리부실로 폐기물을 발생케 하였으므로, 원고는 소외 회사의 **승계인** 겸 특정폐기물 배출자로서 그 특정폐기물을 처리할 의무가 있다 할 것이니, 원고에 대하여 그 처리를 명한 이 사건 처분이 위법하다고는 할 수 없다(강조는 저자)"고 판시하면서 원고인 서울은행에 대하여 패소판결을 내렸다(대구고등법원 1995. 10. 27. 선고 94구5572 판결).

서울은행은 대구고등법원의 위 판결에 불복, 1995. 11.경 대법원에 상고하였는바, 대법원은 "기록과 관련 법령에 비추어 보면, 원심이 원고가 소외 회사에 대하여 금 14억원을 대출한 후 그에 상당하는 소외 회사 소유이던 이 사건 공장용지 및 그 지상 공장건물 등에 관하여 근저당권 설정등기를 경료한 후, 소외 회사가 부도나자 근저당권 실행을 위한 경매를 신청하여 공장에 납, 주석 등 이 사건 특정폐기물 중 일부가 야적, 매립, 방치되어 있는 상태에 있는 공장용지 등을 경락받았으며, 나아가 소외 회사의 부도 후 공장을 관리하여 오면서 종업원과 협의하여 공장을 일부 가동하고 원료에 대한 관리를 소홀히 함으로 말미암아 이 사건 특정폐기물 중 일부를 배출하여 공장에 야적, 방치하였으며, 그로 인하여 인근 상수원 등에 중대한 위해가 발생할 우려가 있다고 사실을 인정한 다음, 원고가 이 사건 특정폐기물의 처리를 한 자에 해당한다는 취지의 전제하에, 피고가 위와 같은 위해 발생의 방지를 위하여 원고에게 이 사건 특정폐기물처리에 대한 조치명령을 한 것은 적법하다고 판단한 것은 정당하다"고 판시하면서 서울은행의 상고를 기각하였다.

이 사건에 관하여 대법원과 원심(대구고등법원) 판결은, 인정한 사실관계에 폐기물관리법의 관련 규정이 어떻게 적용되는지 분명한 설명을 하지 아니한 채 서울은행에 처리책임을 묻고 있다. 대구고등법원 및 대법원의 위 판결은 토지매수 이전에 발생되어 불법처리 내지 방치된 폐기물과 관련하여 토지의 매수인에게 그 폐기물을 처리할 책임을 물은 선도적 판결이다. 대구고등법원 및 대법원이 서울은행에 대하여 책임을 물음에 있어서 명시적으로 내세운 근거는 서울은행이 이 사건 부동산에 대한 소유권을 취득할 당시 특정폐기물이 야적, 방치되어 있다는 사실을 알았다는 점과, 서울은행이 이 사건 부동산에 대한 소유권을 취득한 이후에 공장을 가동하면서 추가로 특정폐기물을 배출하였다는 점이다. 다만 차이가 있다면 고등법원은 승계인 겸 특정폐기물의 직접 배출자로서, 대법원은 특정폐기물의 처리를 한 자로서 서울은행에 그 특정폐기물을 처리할 의무가 있다고 판시하고 있다는 것이다.

고등법원 판결에서와 같이 승계인 책임을 인정한다고 할 경우 토지매입 시 특정폐기물의 존재를 알고 있었다는 것만으로 그에 대한 처리책임을 승계한다고 보아야 할 이론적 근거에 대한 설명이 어렵고, 폐기물 처리에 대한 공법상 책임이 토지매수 시점에 특정폐기물의 존재를 알고 있었다는 양수인의 주관적 사정에 좌우되게 되는데, 그 이론적 근거가 빈약하다. 경락의 경우에 책임이 승계되는지도 의문이다. 한편, 대법원 판결에서와 같이 소유권 취득 후 특정폐기물을 추가로 발생시켰다고 하면서 처리자 책임을 인정할 경우 소유권 취득 후 특정폐기물을 추가로 배출하였다고 하여 그 이전에 발생한 특정폐기물에 대하여까지 책임을 지울 수 있는 근거에 대한 설명이 어렵다.

이러한 점을 의식해서인지 판결문에는 명시적으로 설시되지 아니하였지만, 이 사건 부동산이 오염되어 있다는 사실이 경락가격에 반영되어 서울은행이 최저경락가격의 40%에 불과한 저렴한 가격으로 매수하였으므로, 매수인인 서울은행이 오염정화비용을 부담하도록 하는 것이 형평에 부합한다는 생각도 작용하였을 것으로 보인다는 견해가 있으나[89] 이는 그 근거가 불명확하다는 또 다른 주장에 다름 아니다.

그러나 위 대법원 판결은 논리적 근거가 명쾌하지 아니함에도 불구하고 토지양수인이 토지상의 폐기물 처리책임을 부담할 수 있다는 점을 밝힘으로써, 토지의 양도, 양수관계에 큰 영향을 끼칠 수 있는 판결로 평가될 수 있다. 주목할

89) 송영일 외 8, 한국에서의 기업구조조정과 환경정책, 한국환경정책 · 평가연구원, 2000, 126 내지 127면.

점은 위 판결에 따라 토지매수인에게 토지 거래 시 대상 토지의 지상 또는 지하에 폐기물이 야적, 매립, 방치되어 있는지 여부를 확인할 필요성이 생기는 등 토지거래가 이전보다 어려워졌다는 것이다.

나. 조치명령의 요건

조치명령은 부적정처리폐기물이 발생하는 경우에 인정된다. 부적정처리폐기물은 "(폐기물의 처리)기준과 방법 또는 폐기물의 재활용 원칙 및 준수사항에 맞지 아니하게 처리한 경우"에 인정된다. 폐기물처리자에게 고의나 과실이 있을 것을 요하지 않는다. 또한 "제8조 제1항 또는 제2항을 위반하여 버려지거나 매립된 경우(불법처리)"에도 조치명령이 발동될 수 있다.[90] 종전에는 조치명령이 인정되기 위해서 불법처리를 하여 "생활환경보전상 중대한 위해가 발생하거나 발생할 우려"가 있어야 하였으나[91] 1999. 2. 8. 개정 법은 이 요건을 삭제하였다. 이에 따라 불법처리의 결과 '중대한' 위해가 발생하거나 발생할 우려가 있는지 여부를 떠나 조치명령을 발동할 수 있으며,[92] '생활환경'뿐만 아니라 생물, 생태계 등 자연환경에 대한 위해에 대하여도 조치명령을 발할 수 있다고 해석된다. 이는 불법처리를 하면 환경을 침해할 가능성이 높으므로 구체적인 위해발생 여부를 떠나 조치명령을 발할 수 있는 것으로 이해된다.

폐기물 배출의 정도가 심하여 주민의 환경권 또는 환경이익에 대한 중대한 침해가 있는데도 불구하고 행정청이 필요한 조치를 일절 취하지 않는 경우에는 재량의 수축 내지 소멸이 인정될 여지가 많을 것이므로 상황에 따라서는 폐기물처리에 대한 조치명령의 발동은 행정청의 의무로 될 수 있다.

다. 조치명령의 내용

조치명령의 내용으로 동법은 처리방법 변경, 폐기물의 처리 또는 반입 정지 등을 예시하고 있는바, 필요한 조치에는 폐기물처리시설의 개선 등 방지조치, 불법처리된 폐기물의 제거 등 시정과 오염된 지하수 · 지표수 또는 토양의 정화조치 등이 광범위하게 포함된다 할 것이다.[93] 그러나 이와 같이 해석을 통해 조

---

90) 규정상 소각은 제외된다고 해석되는데 입법의 불비나 흠결로 보인다.

91) 앞서 화선키메탈 사건(판례 [22])에서 법원은 상수원 등에 '중대한' 위해가 발생할 우려가 있다는 사실을 인정한 바 있다.

92) 미국은 유해물질이 환경에 배출되거나 배출의 중대한 위협이 있을 때, 공중건강이나 복지에 대한 절박하고 실질적인 위험을 야기할 수 있는 오염물질의 환경 내 배출 또는 중대한 배출 위협이 있을 때 복구 및 제거조치가 취해진다. CERCLA § 104(a).

치명령의 내용을 정하는 것은 법적 안정성을 해칠 수 있으므로 차제에 정화사업의 종류, 기준, 방법, 절차 등에 대하여 보다 구체화할 필요가 있다.[94]

라. 실효성 확보수단

조치명령을 이행하지 아니한 자에 대하여는 3년 이하의 징역이나 2천만원 이하의 벌금에 처하게 된다(제65조 제10호). 그런데 환경범죄가 주로 기업 또는 사업자에 의해 자행되며, 실무상으로 징역형이 아닌 벌금형이 주로 부과되고 있는 점을 고려할 때 벌금형의 상한이 2천만원인 것은 그 실효성을 확보하는 데 미흡하다고 할 수 있다.

조치명령의 실효성을 확보한다는 차원에서 동법은 환경부장관 등으로 하여금 조치명령대상자가 폐기물을 부적정하게 처리함으로써 얻은 부적정처리이익의 3배 이하에 해당하는 금액과 폐기물의 제거 및 원상회복에 드는 비용을 과징금으로 부과할 수 있도록 하고 있다(제48조의5). 특기할 점은 토지소유자를 과징금 부과대상에서 제외하고 있는데, 이는 자칫 토지소유자에게 지나치게 무거운 책임을 지울 수 있다는 점을 고려한 것으로 보인다.

한편, 조치명령을 이행하지 아니한 폐기물처리업자에 대하여는 처리업 허가를 취소하거나 6개월 이내의 기간을 정하여 영업의 전부 또는 일부의 정지를 명할 수 있는데(제27조 제2항), 이는 어디까지나 간접적인 의무이행 수단이다.

흔히 조치명령의 내용을 이행하는 데 막대한 비용이 들어갈 수 있으며, 불법처리를 함으로써 지출되지 아니한 비용은 고스란히 불법이득으로 남을 가능성이 많으며, 이러한 이득은 계속적인 불법처리의 유인으로 작용한다는 점을 고려할 때 불법이득을 환수하는 것이 중요하다. 조치명령의 이행을 강제하기 위하여 이행강제금제도의 도입도 고려할 필요가 있다.[95]

---

93) 「폐기물관리법」에 따른 조치명령의 내용으로 토양정화조치까지 명하는 것은 수범자에게 불측의 손해를 초래할 수 있을 뿐만 아니라, 법적 안정성을 훼손하는 결과를 초래할 수 있으며, 오염토양의 정화에 관해서는 「토양환경보전법」에서 정화책임주체와 정화의 방법이나 기준 등을 따로 정하고 있음을 고려할 때, 토양정화조치명령은 「토양환경보전법」에 근거해서만 발동될 수 있는 것으로 보아야 한다는 견해가 있다. 박종원(각주 17), 109면; 조홍식(각주 4), 651면.

94) 조홍식(각주 64), 271면. 나아가 폐기물 처리를 위탁한 폐기물배출자에 대한 조치명령은 직접 불법처리한 자에 대한 조치명령과 구분되어야 한다고 하면서 구체적으로 배출사업자가 배출한 폐기물과 상당인과관계에 있는 지장(支障)에 한정하여야 한다고 주장하고 있다. 조홍식(앞의 글), 300면.

95) 박균성(각주 74), 23면. 참고적으로 「건축법」은 위법 건축물에 대하여 이행강제수단으로 대

마. 대 집 행

기본적으로 불법처리된 폐기물에 대한 처리는 법에 명시된 처리책임자가 행하여야 한다. 그러나 급박한 경우 또는 처리책임자가 조치를 취하기 어려운 경우 등에는 공익 차원에서 관계 행정청이 조치를 취하지 않을 수 없다. 동법은 환경부장관, 시 · 도지사 또는 시장, 군수, 구청장(대집행기관)으로 하여금 부적정처리폐기물을 발생시킨 자 등이 제48조에 따른 조치명령을 이행하지 아니하면 「행정대집행법」에 따라 대집행을 하고 그 비용을 조치명령을 받은 자로부터 징수할 수 있도록 하고 있다(제49조 제1항). 한편 동법은 명령대상자를 대집행기관이 확인할 수 없는 경우, 명령대상자를 대집행기관이 확인하였으나 명령을 이행할 능력이 없다고 인정되는 경우 등 명령을 내리지 아니하고 대집행을 바로 할 수 있는 근거를 마련하고 있다(동조 제2항).

「폐기물관리법」 제49조는 일정한 경우 대집행을 '할 수 있다'고 규정하고 있다. 따라서 대집행의 요건이 충족된 경우에도 행정청은 대집행을 할 것인지 여부에 대하여 재량적 판단을 할 수 있다. 이러한 대집행의 재량성과 관련해서는 가능한 한 불확정 개념을 줄여나가야 할 것이다. 의무의 불이행을 방치하는 것이 생명 · 신체에 대한 중대한 침해를 야기하는 것과 같은 예외적인 경우에는 대집행을 '할 수 있다'는 재량은 '하여야 한다'는 의무로 해석되어야 한다.

대집행에 관하여 불복이 있는 자는 행정심판 및 행정소송을 제기할 수 있는데, 정작 문제는 조치명령을 받은 자에게 충분한 자력이 없는 경우라 할 수 있다. 예컨대, 기업이 폐기물을 방치한 상태에서 파산하거나 사업장을 양도한 경우, 공익상의 이유로 정부가 우선 정부비용으로 그 폐기물을 처리하였음에도 후에 그 비용을 책임자로부터 징수받지 못할 수 있기 때문이다. 정부비용이 결국 국민의 세금으로 충당된다는 점에서 정부비용의 지출은 오염원인자 책임원칙에 반한다 할 수 있다. 이러한 관점에서 방치폐기물의 처리이행을 보증하는 제도의 필요성이 제기되는 것이다.

집행(제74조)과 더불어 이행강제금(제69조의2 제1항)을 인정하고 있다. 미국 「자원보전회수법(RCRA)」상 법 규정을 위반한 자에 대하여는 $25,000 이하의 민사벌(civil penalty)이 부과된다. § 2008(a), (g). 한편, 미국 환경보호청(EPA)은, 소송을 제기하지 않고, 동법 위반에 대하여 행정벌(administrative penalty)을 부과할 수 있다. 이에 따르면 법 준수를 위해 내린 명령을 위반한 경우에는 하루에 $25,000 이하의 행정벌이 부과된다. § 2008(a)~(c).

6. 방치폐기물에 대한 규제

1997년 말의 외환위기는 우리에게 종전에 경험하지 못하였던 새로운 사회적 문제를 경험하게 만들었다. 방치폐기물 문제도 그 중의 하나다. 폐기물의 처리를 업으로 하는 많은 폐기물처리업자들과 폐기물배출사업자가 경영난으로 부도가 났고, 이에 따라 많은 폐기물이 무단 방치되거나 불법 매립되었다. 토양과 하천에 방치된 각종 폐기물은 인체와 환경에 심각한 위험을 야기하였으며, 하천과 지하수를 오염시키고 토양에 흡수되어 자연생태계를 파괴하였다. 이러한 상황은 외환위기사태 이후에도 크게 변하지 않았다. 부도난 폐기물처리업소 등에서 방치된 폐기물의 상당부분이 오랫동안 처리되지 않고 방치되었기 때문이다.[96] 과거에 불법처리되었던 폐기물이 지금에서야 발견되는 사례도 보고되고 있다. 방치된 폐기물은 미관상의 문제도 있지만 폐기물의 유출이나 침출수로 인한 환경 및 건강피해가 우려되고 있다. 폐기물의 방치는 이와 같이 주변환경의 오염과 주민건강에 위해를 초래함에도 불구하고 책임소재의 규명 및 책임추구가 쉽지 않아 문제 해결을 어렵게 하고 있다.

기업이 정상적으로 운영이 되면 법적인 규제로 인하여 폐기물의 정상적인 처리가 이루어질 수 있지만 기업이 도산하거나 부실하게 되면 폐기물의 방치가 이루어질 가능성이 많다. 우리나라는 외환위기 이후 이러한 현실을 절실히 경험하였다. 방치폐기물이 발생하는 주된 이유를 좀 더 자세히 살펴보면 첫째, 폐기물처리업소가 경영이 악화될수록 자금확보를 위하여 처리능력 등을 고려하지 않고 폐기물을 무분별하게 수탁하게 되어 그 후 부도가 나면 이를 그대로 방치하기 때문이며, 둘째, 폐기물배출업소가 폐기물을 처리업소에 위탁하여 처리하지 않고 업소 내에 보관하다가 부도가 나면 이를 방치하기 때문인 것으로 분석되고 있다.[97]

방치된 폐기물이 처리되기까지는 오랜 시간이 소요됨에도 불구하고 방치폐기물에 대해서 적절히 대응할 수 없는 중요한 이유는 폐기물 처리에 관한 근거법인 「폐기물관리법」이 사업장폐기물 처리의무자를 기본적으로 폐기물배출자로 하고 있는 것을 들 수 있다. 그 결과 폐기물을 배출한 사업자가 도산한 경우에는 그 책임을 부담할 재정적 능력이 없기 때문에 현실적으로 집행이 어려울 수밖에

---

96) 2014년 말 현재 3,111천톤의 방치폐기물이 발생하였으며, 이 중 96.8%가 처리되었다. 2016년 환경백서(각주 2), 458면.

97) 환경부, 환경백서, 2002, 590면.

없으며, 방치폐기물에 대해서 채권자인 은행 등은 회사의 소유권자가 아니라는 이유로 이에 대한 책임을 부인할 가능성이 많으며, 환경당국은 예산부족과 구상권의 문제 등 법규정이 제대로 정립되어 있지 않다는 이유로 개입을 꺼리고 있다. 국가나 지방자치단체가 이러한 경우를 대비해서 마련해 둔 기금 내지 예산은 없거나 부족하기 때문에 전국에 걸쳐 있는 방치폐기물을 직접 처리하는 것은 불가능하다. 물론 폐기물처리업자의 방치폐기물에 대하여 관할 행정기관이 대집행을 하고, 그 비용을 원인자로부터 징수할 수는 있으나 원인자는 대부분 경제적 무능력자이어서 비용의 징수가 사실상 불가능한 경우가 많다. 또한 이러한 처리 방식은 국민의 세금으로 처리하는 꼴이 되어 오염원인자 책임원칙에도 반하고, 궁극적으로는 국가가 처리를 할 것이라는 그릇된 인식을 유발함으로써 방치를 조장할 가능성도 있다.

종전의 「폐기물관리법」에서는 사업장폐기물처리업자가 폐기물을 적정하게 처리할 능력이 없어 방치할 경우 주변환경을 오염시키고 주민건강에 위해를 주는 등 환경상의 위해가 발생할 소지가 많은데도 근원적인 제도적 대책이 없는 실정이었다. 이러한 상황을 시정하기 위해 1999. 2. 8. 개정 법은 방치폐기물과 관련한 규정을 다수 도입하였다. 방치폐기물의 처리이행을 보증하기 위한 '방치폐기물처리 보증제도'가 이때 도입된 대표적인 제도이다. 또한 일반사업장의 경우 일정한 경우 처리의무를 '자동승계'하도록 하는 규정을 두어 책임소재를 명백히 하였다.[98] 한편, 동법은 환경부장관으로 하여금 일정한 자에게 조치명령을 할 수 있도록 하고 있는데, 이는 방치폐기물의 제거 · 처리를 포함할 수 있다는 점에서 방치폐기물에 대한 강력하고 유효한 규제수단이 되고 있다.

그 밖에도 직 · 간접적으로 방치폐기물의 발생을 억제 · 규제하는 수단으로는 폐기물의 투기금지(제8조), 사업장폐기물배출자의 배출신고의무(제17조 제2항), 사업장폐기물의 처리책임(제18조 제1항), 사업장폐기물의 전자인계 · 인수제도(제18조 제3항 · 제4항, 제19조) 등을 들 수 있다.

가. 방치폐기물이란?

방치폐기물이란 넓게는 폐기물배출업자나 폐기물처리업자가 조업중단, 경영부실, 도산 등 이유로 폐기물을 정상적으로 처리하지 않고 방치한 폐기물이라고

98) 2003. 12. 31. 제정된 「건설폐기물의 재활용촉진에 관한 법률」에서도 약간의 변형을 가하여 방치폐기물처리 보증제도와 방치폐기물 처리책임의 승계규정을 두고 있다.

할 수 있다. 「폐기물관리법」에서는 방치폐기물에 대한 일반적인 개념 정의를 하고 있지 않고 방치폐기물처리 보증제도와 관련하여 간접적으로 좁게 정의하고 있다.[99] 즉 방치폐기물처리 보증제도상 '방치폐기물'이란, 동법 제40조 제2항에 의하면 환경부장관 또는 시 · 도지사는 폐기물처리업자나 폐기물처리 신고자가 대통령령으로 정하는 기간을 초과하여 휴업을 하거나 폐업 등으로 조업을 중단(허가취소 · 영업정지 또는 폐쇄명령 · 처리금지명령에 따른 조업 중단은 제외)하면 기간을 정하여 그 폐기물처리업자나 폐기물처리 신고자(또는 제33조 제1항 또는 제2항에 따라 권리 · 의무를 승계한자)에게 그가 보관하고 있는 폐기물의 처리를 명할 수 있는데, 이러한 명령을 받은 자가 그 명령을 이행하지 아니하고 보관하고 있는 폐기물을 의미한다(제40조 제4항).[100]

나. 방치폐기물처리 보증제도

오염원인자 책임원칙상 방치폐기물을 발생시킨 폐기물처리업자 등이 당해 방치폐기물의 처리책임을 지는 것은 당연하다. 이러한 취지에서 1999. 2. 8. 개정법은 방치폐기물처리 보증제도를 도입하였다. 이에 따르면 사업장폐기물을 대상으로 하는 폐기물처리업자와 폐기물처리 신고자(제46조)는 폐기물처리업 허가를 받거나 폐기물처리 신고를 한 후 영업 시작 전까지 폐기물처리공제조합에 분담금 납부, 폐기물의 처리를 보증하는 보험 가입 중 하나에 해당하는 조치를 취하여야 한다(제40조 제1항).

방치폐기물처리 보증제도의 의무대상자는 '폐기물처리업자'와 '폐기물처리 신고자'이다. 동법은 규제 완화 차원에서 폐기물처리 신고자 중 폐기물의 종류, 유가성, 폐기물의 방치 가능성 등을 고려하여 방치의 우려가 없는 경우에는 이행보증 대상에서 제외할 수 있도록 하고 있다(제40조 제1항 단서). 폐기물처리업자가 아닌 폐기물배출자에 불과한 경우에는 이행보증 대상이 되지 않는다. 이들은 공제조합 가입과 보험 가입의 두 가지 방법 중 택일하여 방치폐기물의 처리이행을 보증하여야 한다.[101] 종전에는 이행보증금의 예치도 방치폐기물처리 보증의

---

99) 여기에서는 편의상 기본적으로는 방치폐기물 개념을 넓은 의미로 이해하되, 방치폐기물처리 보증제도에 대한 설명부분에서는 좁은 의미로 사용하기로 한다.

100) 「건설폐기물의 재활용촉진에 관한 법률」은 방치폐기물을 "수집 · 운반업자 또는 중간처리업자가 부도 또는 허가취소 등으로 인하여 건설폐기물을 적정처리하지 아니하고, 당해 사업장에 방치해 놓은 폐기물로서 대통령령이 정하는 것"이라고 정의하고 있다(제2조 제6호).

101) 「건설폐기물의 재활용촉진에 관한 법률」도 이와 유사한 규정을 두고 있다. 즉 건설폐기물처리업자는 제21조 제4항의 규정에 의한 허가를 받은 후, 그 사용을 개시하기 위한 신고를 하

한 방법이었으나 2007. 8. 3. 개정 법에서 삭제하였다. 개정 법에서 보증금의 예치를 삭제한 것은 그 활용이 유명무실하였다는 그 동안의 경험을 고려한 것으로 보인다.[102] 가입시기는 영업 시작 전이다.[103]

환경부장관 또는 시 · 도지사는 폐기물처리업자가 위와 같이 방치폐기물의 처리이행을 보증하지 아니한 경우에는 폐기물처리업 허가를 취소하여야 한다(제27조 제1항).

(1) 폐기물처리의 보증

동법은 방치폐기물의 처리를 담보하기 위한 폐기물처리의 보증 방법으로 다음 두 가지를 들고 있다.

(가) 폐기물처리공제조합에 분담금 납부

폐기물처리업자 등이 공제조합을 결성하여 공제조합에의 분담금 납부로 재원을 마련하도록 하고 조합원의 방치폐기물에 대하여 조합이 공제사업형태로 처리하는 것이다. 이에 따르면 폐기물처리업자와 폐기물처리 신고자는 방치폐기물의 처리이행을 보증하기 위하여 폐기물처리공제조합을 설립할 수 있으며(제41조 제1항), 조합원은 공제사업을 하는 데에 필요한 분담금을 조합에 납부하여야 한다(제43조 제1항).

(나) 보험가입

폐기물처리업자 등은 보험사업자와 방치폐기물의 처리이행을 보증하는 보험계약을 체결할 수 있다. 처리이행보증보험의 가입기간은 1년 이상 연 단위로 하되, 처리이행보증보험에 최초로 가입할 때에는 가입기간을 다음해 12월 31일까지로 한다(시행령 제18조 제1항 · 제2항). 처리이행보증보험에 가입하는 자는 보험사업자로부터 환경부장관 또는 시 · 도지사가 보험금을 수령할 수 있도록 보험계

기 전까지 대통령령이 정하는 바에 따라 다음에 해당하는 방치폐기물처리이행보증 조치를 취하여야 한다: ① 제47조의 규정에 의한 공제조합에의 분담금 납부; ② 방치폐기물의 처리를 보증하는 보증보험 가입(제42조).

102) 2003년경 동 제도에 가입한 사업자 중 보증보험에 가입한 사업자는 전체의 73.1%로 가장 많은 비중을 차지하였으며, 공제조합에 분담금을 납부한 사업자는 25%, 보증금을 예치한 자는 1.9%에 불과하였다. 한국산업폐기물처리공제조합, "방치폐기물 이행보증제도 운용현황(Ⅱ)", 폐기물처리 제78호, 2003. 3. 1, 44면.

103) 종전에는 폐기물처리업 허가를 받은 날로부터 2개월 이내에 위 방법 중 하나를 선택하도록 하고 있었는바, 2개월 이내에 휴 · 폐업이나 부도 등 영업상의 변동이 발생하면서 발생할 수 있는 방치폐기물 문제에 대하여는 제대로 대처할 수 없는 문제가 발생하였다. 이에 2003. 5. 29. 개정 법은 방치폐기물처리 보증제도에 가입하는 시기를 '영업 시작 전'까지로 정하여 방치폐기물 처리책임을 강화하였다.

약을 체결하여야 한다(동조 제3항).

처리이행보증보험의 보험금액의 산출기준은 폐기물의 종류별 처리단가에 허용보관량을 곱한 금액의 1.5배로 한다. 다만, 허용보관량을 초과한 초과보관량에 대한 처리이행보증보험의 보험금액은 폐기물의 종류별 처리단가에 초과보관량을 곱한 금액의 3배로 한다(시행령 제21조).

(2) 방치폐기물의 처리

환경부장관 또는 시 · 도지사는 폐기물처리업자 또는 폐기물처리 신고자가 대통령령으로 정하는 기간을 초과하여 휴업을 하거나 폐업 등으로 조업을 중단(허가취소 · 영업정지 또는 폐쇄명령 · 처리금지명령에 따른 조업 중단은 제외)하면 기간을 정하여 그 폐기물처리업자 또는 폐기물처리 신고자에게 그가 보관하고 있는 폐기물의 처리를 명할 수 있다(제40조 제2항).[104] 방치폐기물이 발생할 가능성, 긴급성 등을 고려할 때 '영업허가의 취소'의 경우를 제외시킬 이유는 없다고 보이나, 명문상 허가취소의 경우는 제외된다. 다만, 허가취소 등의 경우 환경부장관 또는 시 · 도지사는 제39조의3에 따라 처리명령을 내려야 한다.

환경부장관 또는 시 · 도지사는 폐기물처리업자나 폐기물처리 신고자에게 처리명령을 하였음에도 불구하고 처리되지 아니한 폐기물이 있으면 제33조 제1항부터 제3항까지에 따라 권리 · 의무를 승계한 자에게 기간을 정하여 폐기물의 처리를 명할 수 있다(제40조 제3항). 환경부장관 또는 시 · 도지사는 위 명령을 받은 자가 그 명령을 이행하지 아니하면 그가 보관하고 있는 방치폐기물의 처리에 관하여 다음의 조치를 할 수 있다: ① 폐기물처리공제조합에 분담금을 납부한 경우에는 폐기물처리공제조합에 대한 방치폐기물의 처리명령; ② 폐기물의 처리를 보증하는 보험에 가입한 경우에는 방치폐기물의 처리와 보험사업자에게서 보험금 수령(제40조 제4항). 이에 따르면 방치폐기물처리 명령은 그 대상자의 관점에서 볼 때, 기본적으로 방치행위자 → 승계인 → 공제조합(또는 보험사업자)의 순서로 이루어지게 된다. 말하자면 방치폐기물 처리와 관련해서 '보충책임'을 지우는 셈이다. 이와 관련해서 방치폐기물의 신속한 처리를 위해 공동책임을 지도록 하는 것도 입법적으로 검토할 필요가 있다.

---

104) 「건설폐기물의 재활용촉진에 관한 법률」은 시 · 도지사로 하여금 동법 제42조의 규정에 의한 이행보증 조치를 취한 자가 다음에 해당하는 경우에는 기간을 정하여 당해 건설폐기물 처리업자에게 그가 방치해 놓은 방치폐기물의 처리를 명하도록 하고 있다: ① 부도 또는 허가취소로 인하여 영업활동이 중단된 경우; ② 그 밖에 불가피한 사유로 인하여 90일 이상 조업을 중단한 경우(제43조).

특히 폐기물처리공제조합에 처리를 명할 수 있는 방치폐기물의 처리량은 다음과 같다: ① 폐기물처리업자가 방치한 폐기물의 경우에는 그 폐기물처리업자의 폐기물 허용보관량의 1.5배 이내; ② 폐기물재활용신고자가 방치한 폐기물의 경우에는 그 폐기물처리 신고자의 폐기물 보관량의 1.5배 이내(시행령 제23조 제1항).[105] 환경부장관 또는 시 · 도지사는 폐기물처리공제조합에 방치폐기물의 처리를 명하려면 주변환경의 오염우려정도와 방치폐기물의 처리량 등을 고려하여 2개월의 범위에서 그 처리기간을 정하여야 한다(동조 제2항). 처리명령 대상 폐기물은 조합원의 영업대상 폐기물로 제한되지 않으며, 조합원이 방치한 폐기물이면 그 종류 여하를 불문한다.[106]

(3) 평 가

방치폐기물처리 보증제도는 폐기물처리업자가 자력이 없어 사업장 내에 방치된 폐기물이 처리되지 못하는 것을 막기 위하여 1999. 2. 8. 개정 법에서 새로이 신설된 제도이다. 그러나 이 제도는 다음과 같은 문제점을 내포하고 있다. 즉 이 제도는 제도가 도입되기 전에 이미 발생한 폐기물방치에 대한 구제수단을 제공하고 있지 아니하다. 또한 폐기물처리업자와 폐기물처리 신고자에게만 적용되고, 그 외 발생자(예컨대, 폐기물배출자)에 대하여는 책임을 물을 수 없는 한계를 갖고 있다. 이는 방치폐기물의 배출량이나 업체 수 등에서 폐기물배출자의 비중이 크다는 점을 고려할 때 제도의 실효성을 크게 떨어트리는 부분이라 할 수 있다.[107] 이에 방치폐기물처리 보증제도의 의무대상자에 폐기물배출사업자를 포함

105) 종전에 방치폐기물처리 보증제도의 실제 운용에 있어서 책임대상이나 범위와 관련하여 불공평의 문제가 제기되었다. 예컨대, 보증보험의 경우 처리업자가 환경부장관 또는 시 · 도지사의 폐기물처리 명령을 이행하지 않은 경우 보험사는 보험가입금액 한도 내에서 환경부장관 또는 시 · 도지사에게 보험금을 지급한 후 구상권을 행사하기 때문에 사실상 유한책임(보험증서 기재한도)을 지는 데 반하여, 공제조합의 경우에는 사업장 내의 모든 방치폐기물(허용보관량+초과보관량)에 대하여 처리책임을 져 사실상 무한책임을 진다는 지적이 그것이었다. 강만옥, "방치폐기물 이행보증제도의 개선방안", 환경포럼 제79호, 한국환경정책 · 평가연구원, 2002. 12. 26, 6면. 이에 2004. 2. 17. 개정 시행령에서는 공제조합의 처리범위를 제한하여 처리이행보증 기관간의 책임범위를 둘러싼 불공평 문제를 개선하였다.

106) 대법원 2006. 5. 26. 선고 2004두4574 판결(폐기물처리공제조합에게 조합원의 영업대상폐기물이 아닌 방치폐기물에 대하여도 구 「폐기물관리법」 제43조의2 제3항 제1호의 방치폐기물 처리명령을 할 수 있다고 한 사례).

107) 방치폐기물을 발생시키는 가장 주된 원인을 배출업체가 제공하는데, 배출업체의 경우 전체 방치폐기물량의 76%(1998), 73%(1999), 64%(2000), 42%(2001)를 차지하고 있다. 한국산업폐기물처리공제조합, "방치폐기물 발생현황 및 처리계획(Ⅱ)", 폐기물처리 제88호, 2004. 1. 1, 56면.

시킬 필요가 있다.

실제 제도운영 측면에서도 다음과 같은 문제점이 제기될 수 있다. 첫째, 폐기물처리업자 등이 공제조합 분담금이나 보증보험 보험료를 적게 내기 위해서 허용보관량, 처리단가 등을 축소할 가능성이 있다. 허용보관량, 처리단가 등의 축소는 당장 분담금이나 보험료 부담을 줄일 수 있으나 폐기물처리업자 등으로 하여금 분담금이나 보험료의 납부 후 덤핑, 저가 수주로 허용보관량을 훨씬 초과하여 적치하는 행위를 유발할 수 있다. 둘째, 공제조합에의 분담금 납부의 경우에는 조합의 운영부실, 수지악화, 처리비용의 상승 등으로 조합의 부도 문제가 발생할 수 있다. 셋째, 보험가입의 경우에는 보험사가 가입자에게 연대보증을 요구하면서 순수한 의미의 보험으로 보기 어려운 형태로 운영되고 있다. 즉 일부 보증보험사에 의해 방치폐기물처리와 관련하여 개발된 보험상품은 보험계약자를 사업장폐기물을 대상으로 하는 폐기물처리업자, 피보험자를 지정폐기물의 경우에는 환경부장관, 일반사업장폐기물의 경우에는 시 · 도지사로 하고 있는데, 보험계약 시 흔히 타 사업자 또는 개인의 연대보증을 요구하고 있다. 이와 같은 보험상품은 폐기물처리업자의 관점에서는 공제조합의 가입에 비해 경제적 부담이 작을 수 있다는 장점이 있지만, 업자간 연대보증 또는 맞보증으로 연쇄도산 등의 문제가 발생할 수 있다.[108] 이는 방치폐기물의 발생을 방지할 목적으로 이루어진 보험가입이 오히려 방치폐기물의 발생을 부추길 수 있다는 것을 의미한다.

이러한 제도 운영상의 문제점을 해소하기 위해서는 허용보관량이나 처리단가를 고의로 축소하는 행위에 대한 관리 및 단속의 강화(예컨대, 과태료 금액의 증가, 공제조합이나 보험가입 시 허용보관량에 대한 현지조사 및 확인, 폐기물 반입정지, 영업정지, 허가취소 등 행정처분의 강화), 처리단가의 현실화, 보험가입 시 연대보증의 제한 등을 고려하여야 할 것이다.

다. 처리의무의 승계

앞에서 본 바와 같이 제17조 제8항 · 제9항에서 규정하고 있는 처리의무 승계 규정은 사업장에 방치된 폐기물의 처리문제를 해결하는 데 중요한 기능을 할 수 있다.

---

108) 송영일 외 8(각주 90), 42 내지 43면.

라. 조치명령

동법상의 조치명령(제48조)이 방치폐기물 문제를 해결하는 데 있어 중요한 역할을 할 수 있으며, 조치명령 대상자의 범위가 확대되어 일정한 경우에는 '소유자'에게도 조치명령을 할 수 있다는 점 등은 이미 설명한 바와 같다.

마. 처리명령 등

동법은 폐기물처리업자 또는 폐기물처리 신고자가 그 영업을 휴업·폐업하려는 경우 보관하는 폐기물을 전부 처리하도록 하고 있다(제37조). 폐기물처리업자 등에 대한 처리명령(제39조의3), 배출자에 대한 폐기물 처리명령(제39조의2), 반입정지명령(제47조의2) 등도 방치폐기물에 대한 억제 기능을 할 것이다.

바. 벌칙·과태료

벌칙 또는 과태료의 부과는 방치폐기물을 규제하는 최후의 수단이다. 동법은 폐기물의 투기 금지 규정(제8조)에 위반하여 사업장폐기물을 버리거나 매립한 자, 허가를 받지 아니하고 폐기물처리업을 한 자, 사업장폐기물의 처리 규정(제18조)에 위반하여 사업장폐기물을 처리한 자, 조치명령(제48조)을 이행하지 아니한 자, 배출신고의무 규정(제17조 제2항)에 따라 신고를 하지 아니하거나 허위로 신고를 한 자 등에 대하여 법에 정하여진 형벌을 부과하도록 하고(제63조 내지 제66조), 처리명령(제40조 제3항 제1호)을 이행하지 아니한 자 등에 대하여는 과태료에 처하도록 하고 있다(제68조).

사. 기금의 조성

「폐기물관리법」은 방치폐기물의 처리를 확실히 하기 위해 방치폐기물처리보증제도, 처리의무승계, 조치명령, 처리명령 등 규정을 두고 있다. 이러한 규정들은 방치폐기물의 발생 억제, 규제를 위한 중요한 기초를 제공하고 있으나 여러 가지 한계가 있으므로 보다 근본적인 대책이 요청된다. 그 중 대표적인 것으로 기금(fund)의 조성을 생각해 볼 수 있다.

방치폐기물의 발생은 폐기물처리업자를 비롯한 폐기물배출사업자의 파산이 주된 원인이다. 폐기물을 배출한 사업자가 파산한 경우에는 재정적 능력이 없기 때문에 현실적으로 사업자 스스로가 방치폐기물을 처리할 수 없으며, 결국 국가가 이를 처리하여야 한다. 이와 같은 상황은 방치폐기물의 원인자가 불명인 경우에도 마찬가지이다. 그러나 국가가 이러한 경우를 대비해서 마련해 둔 예산은 많지 않기 때문에 국가가 전국에 걸쳐 있는 수많은 방치폐기물을 직접 처리하는 것은 역부족이며, 설령 국가가 직접 처리를 하였다고 하더라도 사후에 그 비용을 배출사업자에게 구상하는 것이 현실적으로 어렵다. 기금의 조성은 이러한 문제를 해결하는 중요한 방안이 될 수 있다. 이때 대상자, 조성절차, 용도 등을 명확히 함으로써, 기금을 투명하고 효율적으로 운영하는 것이 무엇보다 중요하다.

기금의 조성에 있어서 가장 문제가 되는 것은 누구로부터 얼마만큼의 기금을 출연받을 것인가이다. 일반적으로 방치폐기물의 처리책임자 및 원인자로부터 조성되어야 할 것이다. 따라서 폐기물배출자 내지는 폐기물처리업자가 기금출연의 주된 주체가 되어야 한다. 출연 정도 및 비율을 정함에 있어서는 해당 출연자의 폐기물 불법처리에 대한 책임의 정도가 중요하게 고려되어야 할 것이다. 참고적으로 미국의 슈퍼펀드(Superfund)법으로 잘 알려진 「종합환경대응보상책임법(CERCLA)」상 오염부지를 정화하기 위해 소요되는 재원, 즉 슈퍼펀드[109]는 상당 부분이 석유 · 정유회사에 대한 세금 부과로 조달되고 있다.[110]

아. 소 결

우리나라는 1997년 말의 외환위기 이후 방치폐기물로 인한 사회적 혼란을 경험하였다. 많은 폐기물처리업자와 폐기물배출사업자들의 부도는 폐기물의 무단 방치로 이어졌고, 이는 토양오염, 지하수오염 등 심각한 환경문제를 초래하였다. 오염원인자를 규명하기도 쉽지 않았고, 설령 오염원인자를 규명하였더라도 원인자의 부도 또는 재정 악화로 현실적으로 책임을 묻는 것이 쉽지 않았다. 이러한 상황은 방치폐기물을 막기 위한 근본적인 조치를 요구하였다. 이에 따라 1999. 2. 8. 개정 「폐기물관리법」은 방치폐기물처리 보증제도, 처리의무의 승계, 폐기물처리에 대한 조치명령 등 규정을 두기에 이르렀다.

그러나 이러한 규정들은 기본적으로 외환위기라는 국가재앙에 대증요법적으

109) 미 의회는 당초 5년간의 집행을 위하여 16억 달러를 배정하였다가 보다 적극적인 오염지역 정화를 위하여 1986년 85억달러로 증액하였다.

110) 슈퍼펀드의 78%가 화학, 정유회사의 세금으로 충당된다. EPA 540-K-96/004 Office of Solid Waste and Emergency Response, *EPA Superfund Today, Focus on Cleanup Costs* (June 1996). 구체적으로 석유 · 화학회사가 41억5천만 달러로 대부분을 조달하고, 연방의 일반세수입에서 12억5천만 달러, 이자에서 3억 달러, 정화비용의 구상으로 3억 달러가 조달되고 있다. 이창환, 유해폐기물 오염지역의 정화에 관한 공법상 책임: Superfund Act를 중심으로, 중앙대 박사학위논문, 1998, 120 내지 121면.

로 대처한 측면이 많다. '화선키메탈 사건'으로 대표되는 법원의 판결(판례 [17])도 여기에서 자유롭지 못하다. 관련 규정이 급하게 만들어지면서 명쾌하게 규정하지 못한 부분은 앞으로 잠재적 분쟁당사자간에 불필요한 분쟁을 야기할 가능성이 있다. 특히 책임자 및 책임범위를 둘러싼 논란은 치열해질 것으로 예상된다. 권리 · 의무의 승계규정과 관련하여 양수인이 책임지는 경우 및 그 책임 범위, 자산인수와 관련하여 어떠한 경우에 양수인이 책임지는지, 조치명령의 대상자에 대주(貸主)가 포함되는지 등이 대표적인 예이다.

한편, 이미 발생한 폐기물방치에 대한 구제수단이 마련되어 있지 않은 점, 방치폐기물처리 보증제도의 적용대상에서 방치폐기물 발생에 크게 기여하는 폐기물배출사업자를 배제하고 있는 점, 방치폐기물처리 보증제도의 실제 운영과정에서 나타나는 문제점(예컨대, 공제조합의 부실 운영, 폐기물처리업자 등의 허용보관량 허위축소, 연대보증을 조건으로 하는 보증보험의 운용), 폐기물처리에 대한 조치명령의 실효성 확보가 미흡한 점 등은 관련 제도를 약화시키고 있다. 이에 관련 규정 및 제도의 보완 · 정비가 요구되고 있다. 여기에는 기금의 조성, 폐기물배출자에 대한 방치폐기물 보증제도의 적용, 허용보관량 허위축소 등에 대한 단속의 강화, 처리단가의 현실화, 보험가입 시 연대보증이나 맞보증의 제한, 조치명령 위반자에 대한 벌칙의 강화 등이 포함된다.

Ⅳ. 폐기물처리업에 대한 규제

1. 종 류

폐기물처리업은 ① 폐기물을 수집하여 재활용 또는 처분장소로 운반하거나 폐기물을 수출하기 위하여 수집 · 운반하는 영업을 하는 폐기물수집 · 운반업,[111] ② 폐기물중간처분시설을 갖추고 폐기물을 소각처분, 기계적 처분, 화학적 처분, 생물학적 처분, 그 밖에 환경부장관이 폐기물을 안전하게 중간처분할 수 있다고

111) 폐기물수집 · 운반업자가 사업장폐기물의 배출자로부터 운반은 물론이고 그 처분까지 일괄수탁할 수 있는지 논란이 있다. 이러한 논의는 동법이 폐기물처리를 사업자 스스로 하는 것을 원칙으로 하되 폐기물처리업의 허가를 받은 자에 위탁하여 처리할 수 있도록 하면서(제18조 제1항), 폐기물처리업의 허가를 받은 자에 폐기물수집 · 운반업자를 포함하고 있기 때문에 발생한다. 폐기물수집 · 운반업자와 처분업자를 구별하고 있는 현행법하에서는 폐기물수집 · 운반업자가 수탁처분을 할 수 없다고 보는 것이 합리적인 해석이라고 생각한다.

인정하여 고시하는 방법으로 중간처분하는 영업을 하는 폐기물중간처분업,[112] ③ 폐기물최종처분시설을 갖추고 폐기물을 매립 등(해역배출은 제외)의 방법에 의하여 최종처분하는 영업을 하는 폐기물최종처분업, ④ 폐기물처분시설을 갖추고 폐기물을 중간처분과 최종처분을 함께 하는 영업을 하는 폐기물종합처분업, ⑤ 폐기물 재활용시설을 갖추고 중간가공 폐기물을 만드는 영업을 하는 폐기물중간재활용업, ⑥ 폐기물 재활용시설을 갖추고 중간가공 폐기물을 제13조의2에 따른 폐기물의 재활용 원칙 및 준수사항에 따라 재활용하는 영업을 하는 폐기물최종재활용업, ⑦ 폐기물 재활용시설을 갖추고 중간재활용업과 최종재활용업을 함께하는 영업으로 구분된다(제25조 제5항).

2. 허　가

가. 허가권자

폐기물의 수집 · 운반, 재활용 또는 처분을 업으로 하려는 자는 환경부령으로 정하는 기준에 따른 시설 · 장비 및 기술능력을 갖추어 업종, 영업대상 폐기물 및 처리분야별로 지정폐기물을 대상으로 하는 경우에는 환경부장관의, 그 밖의 폐기물을 대상으로 하는 경우에는 시 · 도지사의 허가를 받아야 한다(제25조 제3항). 지정폐기물 처리업의 경우 환경부장관의 허가를 요구하는 것은 지정폐기물의 관리 및 처리에 대한 국가의 책무(제4조 제3항)에 부응하는 것으로 볼 수 있다.

[23] 대법원 2019. 8. 14. 선고 2019도3653 판결

폐기물관리법 제64조 제6호에서 정하고 있는 "거짓이나 그 밖의 부정한 방법으로 제25조 제3항에 따른 폐기물처리업 허가를 받은 자"란 폐기물처리업 허가를 신규취득하는 과정에서 부정한 방법을 동원한 자만을 가리키는 것이지, 이미 허가를 받은 기존의 폐기물처리업을 양수하여 그 권리 · 의무의 승계를 신고하는 자까지 포함하는 것이라고 볼 수는 없다.

---

112) "폐산업폐기물인 폐유를 다른 사업자 등으로부터 수거한 다음 주물공장 등에 판매하여 연료로 사용케 한 행위는 특단의 사정이 없는 한 폐기물관리법 제23조 제2항에 규정된 산업폐기물의 이용을 목적으로 한 처리행위에 해당함은 모르되 같은 법 제24조 제1항에 규정된 산업폐기물처리업을 한 것으로 보기는 어렵다." 대법원 1991. 3. 12. 선고 91도30 판결.

나. 절 차

(1) 적합통보제도

폐기물의 수집 · 운반, 재활용 또는 처분을 업으로 하려는 자는 환경부령으로 정하는 바에 따라 폐기물처리사업계획서를, 지정폐기물을 대상으로 하는 경우에는 환경부장관에게, 그 밖의 폐기물을 대상으로 하는 경우에는 시 · 도지사에게 제출하여야 한다(제25조 제1항). 환경부장관이나 시 · 도지사는 제출된 폐기물처리사업계획서를 다음의 사항에 관하여 검토한 후 그 적합 여부를 폐기물처리사업계획서를 제출한 자에게 통보하여야 한다: ① 결격사유에 해당하는지 여부; ② 폐기물처리시설의 입지 등이 다른 법률에 저촉되는지 여부; ③ 폐기물처리사업계획서상의 시설 · 장비와 기술능력이 허가기준에 맞는지 여부; ④ 폐기물처리시설의 설치 · 운영으로 상수원보호구역의 수질이 악화되거나 환경기준의 유지가 곤란하게 되는 등 사람의 건강이나 주변 환경에 영향을 미치는지 여부(동조 제2항). 폐기물처리사업계획서의 검토사항을 구체적으로 법률에서 규정한 것은 재량권 행사의 범위와 기준을 보다 구체적이고 명확하게 정함으로써 폐기물처리업 허가의 사전결정절차로서 중요한 의미를 가지는 폐기물처리사업계획서 적합 여부의 통보에 관한 행정작용의 투명성과 적법성을 제고하고 그 결과 행정처분에 대한 이해관계자의 순응률을 제고할 것이다.

[24] 대법원 2011. 11. 10. 선고 2011두12283 판결

[1] 법의 입법목적과 규정사항, 폐기물처리업 허가의 성격, 사업계획서적합통보제도의 취지와 함께 폐기물의 원활하고 적정한 처리라는 공익을 책임지고 실현하기 위한 행정의 합목적성 등을 종합하여 볼 때, 폐기물처리사업계획서의 적합 여부를 심사함에 있어서 법 제25조 제2항 각 호에서 열거된 사항을 검토한 결과 이에 저촉되거나 문제되는 사항이 없다고 하더라도 폐기물의 수집 · 운반 · 처리에 관한 안정적이고 효율적인 책임행정의 이행 등 공익을 해칠 우려가 있다고 인정되는 경우에는 이를 이유로 사업계획서의 부적합통보를 할 수 있다고 볼 것이다.

[2] 원심이 구 폐기물관리법(2010. 7. 23. 개정 전) 제25조 제2항 각 호의 사유를 제한적인 것으로 보아 여기에 열거된 사항 외의 것을 사유로 한 위 처분에 대하여 곧바로 적법한 처분사유가 없다고 본 것은 적절하지 않지만, 부가적으로 관할 구청장이 甲회사나 다른 업체에 신규로 생활폐기물수집 · 운반업을 허가한다면 일시적으로 시설의 공급과잉현상이 나타나 기존 업체에 어느 정도의 손해 발생이 예상되나 이로 인하여 업체 난립 및 과당경쟁으로 기존

> 생활폐기물수집 · 운반 질서가 파괴될 정도에 이른다고 할 수 없고, 처분 당시 기존 업체의 1일 생활폐기물수집 · 운반능력이 대상 영업구역의 1일 생활폐기물배출량을 훨씬 능가하게 된 데에는 기존 업체가 폐기물의 수집 · 운반차량을 대폭 늘린 데에도 원인이 있으므로 이를 고려하지 않은 채 기존 업체의 생활폐기물수집 · 운반능력이 생활폐기물배출량보다 많다며 신규 업체의 시장진입을 허용하지 아니하는 것은 사실상 기존 업체에 독점적 대행권을 유지하는 결과가 된다는 등의 이유로 위 처분이 재량권을 일탈 · 남용하여 위법하다고 본 것은 정당하다.[113)]

폐기물처리업의 허가에 앞서 사업계획서에 대한 적합통보제도를 두고 있는 것은 폐기물처리업을 하고자 하는 자가 스스로 시설 등을 설치하여 허가신청을 하였다가 허가단계에서 그 사업계획이 부적정하다고 판명되어 불허가되면 허가신청인이 막대한 경제적 · 시간적 손실을 입게 되므로, 이를 방지하는 동시에 허가관청으로 하여금 미리 사업계획서를 심사하여 그 적정 · 부적정통보 처분을 하도록 하고, 나중에 허가단계에서는 나머지 허가요건만을 심사하여 신속하게 허가업무를 처리하는 데 그 취지가 있다(다단계적 행정절차).

폐기물처리업의 허가를 받기 위하여는 먼저 사업계획서를 제출하여 허가권자로부터 사업계획에 대한 적합통보를 받아야 하고, 그 적합통보를 받은 자만이 일정 기간 내에 시설, 장비, 기술능력, 자본금을 갖추어 허가신청을 할 수 있으므로, 결국 부적합통보는 허가신청 자체를 제한하는 등 개인의 권리 내지 법률상의 이익을 개별적이고 구체적으로 규제하고 있어 행정소송의 대상이 되는 행정처분에 해당한다.[114)] 적합 여부에 대한 판단은 재량사항이다(판례 [24], [25]).[115)] 그

---

113) 甲주식회사가 제출한 생활폐기물수집 · 운반업을 위한 폐기물처리사업계획서에 대하여, 관할 구청장이 기존 업체가 보유하고 있는 인력과 장비로 충분한 처리가 이루어지고 있어서 별도의 신규허가가 어렵다는 사유로 부적합통보를 한 사안에서, 처분이 재량권을 일탈 · 남용하여 위법하다고 본 원심판단을 정당하다고 한 사례.

114) 대법원 1998. 4. 28. 선고 97누21086 판결. 허가의 전단계로 사업계획서를 제출하여 검토를 받도록 시행규칙에 구체적으로 규정하고 있고, 부적정통보는 허가신청 자체를 배제하는 법적 효과(허가신청 차단효과)를 가져올 뿐만 아니라 그 부적정통보는 행정청의 상대방에 대한 의사표시로서 행정처분으로서의 외관을 갖추고 있기 때문에 부적정통보는 행정처분에 해당한다. 권은민, "폐기물처리업 허가권자가 한 '부적정통보'의 법적 성질", 행정판례연구 Ⅵ, 한국행정판례연구회, 서울대학교출판부, 2001, 135 내지 136면.

115) 대법원 2019. 12. 24. 선고 2019두45579 판결; 대법원 2020. 7. 23. 선고 2020두36007 판결. "폐기물처리업 허가와 관련된 법령들의 체제 또는 문언을 살펴보면 이들 규정들은 폐기물처리업 허가를 받기 위한 최소한도의 요건을 규정해 두고는 있으나, 사업계획 적정 여부에 대하여는 일률적으로 확정하여 규정하는 형식을 취하지 아니하여 그 사업의 적정 여부에 대

결과 “행정청은 폐기물처리 사업계획서의 적합 여부를 심사함에 있어서 「폐기물관리법」 제25조 제2항 각 호에서 열거된 사항을 검토한 결과 이에 저촉되거나 문제되는 사항이 없다고 하더라도 폐기물의 수집 · 운반 · 처리에 관한 안정적이고 효율적인 책임행정의 이행 등 공익을 해칠 우려가 있다고 인정되는 경우에는 이를 이유로 사업계획서의 부적합 통보를 할 수 있다고 보아야 할 것이다.”[116]

[25] 대법원 2004. 5. 28. 선고 2004두961 판결

폐기물처리업 허가와 관련된 법령들의 체제 또는 문언을 살펴보면 이들 규정들은 폐기물처리업 허가를 받기 위한 최소한도의 요건을 규정해 두고는 있으나, 사업계획 적정 여부에 대하여는 일률적으로 확정하여 규정하는 형식을 취하지 아니하여 그 사업의 적정 여부에 대하여 재량의 여지를 남겨 두고 있다 할 것이고, 이러한 경우 사업계획 적정 여부 통보를 위하여 필요한 기준을 정하는 것도 역시 행정청의 재량에 속하는 것이므로, 그 설정된 기준이 객관적으로 합리적이 아니라거나 타당하지 않다고 볼 만한 다른 특별한 사정이 없는 이상 행정청의 의사는 가능한 한 존중되어야 할 것이다(대법원 1998. 2. 13. 선고 97누13061 판결, 1998. 4. 28. 선고 97누21086 판결 등 참조). 그러나 그 설정된 기준이 객관적으로 합리적이 아니라거나 타당하지 않다고 보이는 경우 또는 그러한 기준을 설정하지 않은 채 구체적이고 합리적인 이유의 제시 없이 사업계획의 부적정 통보를 하거나 사업계획서를 반려하는 경우에까지 단지 행정청의 재량에 속하는 사항이라는 이유만으로 그 행정청의 의사를 존중하여야 하는 것은 아니고, 이러한 경우의 처분은 재량권을 남용하거나 그 범위를 일탈한 조치로서 위법하다고 할 것이다(대법원 2000. 9. 26. 선고 2000두5319 판결 참조).[117]

하여 재량의 여지를 남겨 두고 있다 할 것이고, 이러한 경우 사업계획 적정 여부 통보를 위하여 필요한 기준을 정하는 것도 역시 행정청의 재량에 속하는 것이므로, 그 설정된 기준이 객관적으로 합리적이 아니라거나 타당하지 않다고 볼 만한 다른 특별한 사정이 없는 이상 행정청의 의사는 가능한 한 존중되어야 할 것이나, 그 설정된 기준이 객관적으로 합리적이 아니라거나 타당하지 않다고 보이는 경우 또는 그러한 기준을 설정하지 않은 채 구체적이고 합리적인 이유의 제시 없이 사업계획의 부적정 통보를 하거나 사업계획서를 반려하는 경우에까지 단지 행정청의 재량에 속하는 사항이라는 이유만으로 그 행정청의 의사를 존중하여야 하는 것은 아니고, 이러한 경우의 처분은 재량권을 남용하거나 그 범위를 일탈한 조치로서 위법하다.” 대법원 1998. 4. 28. 선고 97누21086 판결.

116) 대법원 2013. 10. 31 선고 2013두10731 판결.

117) 구체적이고 합리적인 이유의 제시없이 사업계획의 부적정 통보를 하거나 사업계획서를 반려하는 경우가 재량권의 일탈 · 남용에 해당하여 위법하다고 한 사례.

(2) 허　가

폐기물처리업을 하고자 하는 자는 그 허가를 받아야 한다. 동법은 업종과 영업내용을 엄격히 구분하고 있으므로 허가는 업종별로 요한다. 즉 업종이 다르면 새로운 허가를 받아야 한다.[118] 폐기물처리업의 허가는 그 법적성질이 설권행위인 특허에 해당하고 재량행위라고 할 것이다.[119] 그러나 그 허가로 인하여 국토 및 자연의 유지와 환경의 보전 등에 중대한 악영향이 있을 때에는 허가를 거부하여야 할 것이다.[120] 한편, 폐기물처리업을 하고자 하는 자는 적법한 시설을 갖추어야 허가를 받을 수 있으므로 시설입지가 금지되거나 시설에 대한 준공검사가 불가능한 경우에는 물론이고, 적법한 시설 · 장비 · 기술능력이 구비되기 전에는 허가를 받을 수 없다.[121] 이러한 점을 고려할 때 허가는 대물적 허가 내지는 대물적 요소가 강한 혼합적 허가의 성격을 갖는다(판례 [26]).

[26] 허가의 성질(혼합적 허가): 대법원 2008. 4. 11. 선고 2007두17113 판결

법 제1조, 제26조, 제28조, 제32조, 제42조, 제60조, 시행규칙 제17조, 제18조, 제43조의 각 규정에 의하면, 폐기물의 발생을 최대한 억제하고 발생된 폐기물을 적정하게 처리함으로써 환경보전과 국민생활의 질적 향상에 이바지하기 위하여 폐기물중간처리업을 하고자 하는 자는 환경부령이 정하는 기준에 의한 소각시설, 보관시설 및 장비와 기술능력을 갖추어 허가를 받아야 하고, 폐기물처

---

118) "피고인이 비록 일반폐기물 수집 · 운반업 허가를 받았다고 하더라도 일반폐기물 최종처리업 허가를 받지 아니한 이상 피고인이 판시와 같이 폐기물인 '오니'를 매립함으로써 일반폐기물 최종처리업에 해당하는 행위를 하였다면, 이는 허가 없이 일반폐기물 최종처리업을 한 것으로 구 폐기물관리법 제17조 제1항, 제59조 제1호에 해당한다." 대법원 1997. 9. 9. 선고 97도1575 판결. "폐기물중간처리업 허가를 받은 피고인이 그 전문처리분야인 폐기물의 재활용처리는 하지 않고 폐기물중간처리방법 중의 하나인 소각처리만을 하였다고 하여 이를 허가를 받지 않고 폐기물처리업을 한 경우에 해당한다고 볼 수 없다." 대법원 2004. 10. 28. 선고 2004도1529 판결.

119) 조현권(각주 4), 597면. 박균성 · 함태성(각주 4), 541면; 조홍식(각주 4), 662면; 대법원 1998. 5. 8. 선고 98두4061 판결(폐기물처리업에 대하여 관할 관청의 사전 적정통보를 받고 막대한 비용을 들여 허가요건을 갖춘 다음 허가신청을 하였음에도 청소업자의 난립으로 효율적인 청소업무의 수행에 지장이 있다는 이유로 한 불허가처분이 신뢰보호의 원칙에 반하여 재량권을 남용한 위법한 처분이라고 본 사례) 참조.

120) 대법원 1997. 9. 12. 선고 97누1228 판결; 대법원 1995. 9. 15. 선고 95누6113 판결; 대법원 1993. 5. 27. 선고 93누4854 판결; 대법원 2001. 1. 19. 선고 2000두8547 판결; 대법원 2000. 7. 7. 선고 99두66 판결; 대법원 1993. 4. 23. 선고 92누7726 판결 참조.

121) 조현권(각주 4), 594면. 대법원 1999. 3. 9. 선고 98두19070 판결(「식품위생법」상 영업허가를 받기 위한 물적 시설요건을 갖추었으나 그 물적 시설이 건축 관련 법규에 위반되는 경우, 영업허가를 받을 수 없다고 한 사례) 참조.

> 리시설을 신설·변경하거나 소재지를 변경하는 경우에는 폐기물중간처리업의 변경허가를 받아야 하며, 이러한 허가를 받지 아니한 자에 대하여는 벌칙을 두고 있고, 환경부령이 정하는 기준에 의한 시설·장비 및 기술능력에 미달하게 된 때에는 그 허가를 취소하도록 하고 있으며, 폐기물중간처리업자가 그 영업을 휴업·폐업 또는 재개업하는 때에는 20일 이내에 신고하게 하는 등 행정통제를 엄격하게 하고 있고, 폐기물중간처리업을 양도한 경우 등에는 폐기물중간처리업자의 지위를 승계하도록 하고 있는바, 위 각 규정을 종합하면, 폐기물중간처리업 허가는 폐기물처리를 위한 시설·장비 및 기술능력 등 객관적 요소를 주된 대상으로 하는 대물적 허가 내지는 대물적 요소가 강한 혼합적 허가(대인적 요소로는, 법 제27조에서 법에 위반하여 형을 받거나 폐기물중간처리업의 허가가 취소된 후 2년이 경과되지 아니한 자 등에 대하여 허가를 금하고 있는 것 등을 들 수 있다)로서, 그 영업장의 소재지 및 시설·장비 등은 폐기물중간처리업 허가의 대상을 이루는 중요한 요소라 할 것이다(대법원 1986. 9. 23. 선고 85누577 판결 등 참조).[122]

다. 허가의 제한 및 부관 등

환경부장관 또는 시·도지사는 허가를 할 때에는 주민생활의 편익, 주변 환경보호 및 폐기물처리업의 효율적 관리 등을 위하여 필요한 조건을 붙일 수 있다(제25조 제7항). 한편, 환경부장관 또는 시·도지사는 생활폐기물의 수집·운반업에 한하여(사업장폐기물처리업은 불포함) 영업구역을 제한하는 조건을 붙일 수 있는데(동항 단서), 이는 생활폐기물의 수집·운반업을 제외한 모든 폐기물처리업의 영업구역 제한을 철폐하는 것을 의미한다. 이와 같이 영업구역의 제한을 철폐하게 된 데에는 소지역 할거주의 및 지역이기주의의 철폐, 영세화로 인한 폐기물 부적정처리의 방지, 시설용량이 남아도는 지역과 시설부족 지역의 존재로 인한 비효율성, 비경제성의 탈피, 부족한 지역에서 타 지역 처리시설을 이용할 수 없게 되면서 발생하는 처리비용 증가요인의 제거, 폐기물의 국제적 교역추세에의 부응 등 필요성이 고려되었다. 영업구역제한의 철폐는 자칫 관리감독의 곤란, 업체간의 과다경쟁, 덤핑처리로 인한 오염의 가중 등 문제를 야기할 수 있으나 이러한 문제는 사업장폐기물의 전자인계·인수제도를 통한 철저한 감독으로 보완될 수 있을 것이다.[123]

---

122) 폐기물중간처리업 허가를 받은 사람이 영업장 소재지 토지와 폐기물처리설을 모두 양도하여 영업 자체가 불가능하게 되었다면, 관할 관청은 구 「폐기물관리법」 제28조 제4호에 따라 그 허가를 취소할 수 있고 그 경우 휴업신고를 할 수 없다고 한 사례.

123) 조현권(각주 4), 595면.

[27] 대법원 2020. 5. 14. 선고 2019도1118 판결

폐기물처리업자가 지켜야 할 준수사항으로 폐기물의 보관장소를 규정한 폐기물관리법 제25조 제9항 제1호의 '적정한 보관장소'는 같은 법 시행규칙의 규정에 의하여 승인이나 변경승인을 받은 임시보관시설과 임시보관장소, 그리고 보관 대상 폐기물을 처분 또는 재활용할 시설이 있는 사업장 내에 위치한 것으로서 폐기물처리업허가 또는 변경허가를 받은 보관시설에 한정된다.124)

[28] 대법원 2020. 6. 11. 선고 2019두49359 판결

폐기물관리법 제25조 제1항, 제2항, 제3항, 제11항, 제27조 제2항 제10호, 제65조 제14호, 구 폐기물관리법 시행규칙(2018. 12. 31. 개정 전) 제29조 제1항 제2호 (마)목의 규정 문언과 내용, 체계 등을 관련 법리에 비추어 살펴보면, 구 시행규칙 제29조 제1항 제2호 (마)목에서 변경허가사항으로 정한 '처분용량의 변경'이란 폐기물 중간처분업(소각 전문)의 경우 소각시설을 물리적으로 증설하는 경우를 의미하고, 소각시설의 증설 없이 단순히 소각시설의 가동시간을 늘리는 등의 방법으로 소각량을 늘리는 행위는 이에 포함되지 않는다.

라. 이행확보

동법은 그 밖에 허가제도의 이행을 확보하기 위하여 결격사유(제26조), 허가의 취소(제27조), 과징금 처분(제28조), 벌칙(제64조) 규정을 두고 있다.

[29] 영업정지처분의 요건: 대법원 2010. 11. 11. 선고 2010두14794 판결

폐기물관리법 제30조 제1항, 제2항, 제3항, 같은 법 제27조 제2항, 제3항 조항들의 문언 내용, 위 법 제30조 제1항, 제2항은 폐기물처리시설 설치 당시의 검사의무 내지 정기 검사의무를 규정한 것이고, 위 법 제30조 제3항은 검사를 받았지만 적합 판정을 받지 않은 폐기물처리시설의 사용을 금지한 것으로서 명백히 다른 성격의 규정인 점, 위 법 제30조 제1항, 제2항을 위반하여 폐기물처리시설의 검사를 받지 않았을 뿐만 아니라 이를 사용한 경우에만 위 법 제27조 제2항 제11호에 따른 영업정지 등 행정처분의 대상이 될 수 있다고 본다면, 위 법 제30조 제1항, 제2항에서 규정하는 검사의무를 위반한 경우에도 그 자체로는 아무런 행정처분을 내릴 수 없게 되어 부당한 점 등을 종합하여 보면, 위법

124) 같은 맥락에서 "폐기물관리법 제25조 제9항 제1호의 '허가받은 사업장 내 보관시설'은 허가를 받은 폐기물처리업자 자신의 사업장 내 보관시설을 의미하는 것으로, 제3자가 허가를 받은 사업장은 그 '사업장'에 포함되지 않는다고 할 것이다."는 판례는 대법원 2020. 9. 3. 선고 2020도7929 판결.

제30조 제1항, 제2항을 위반하여 폐기물처리시설에 대한 검사를 받지 않은 이상 위 법 제27조 제2항 제11호에 따른 영업정지 등 행정처분의 대상이 될 수 있고, 위 행정처분을 위하여 검사를 받지 않은 폐기물처리시설을 사용할 것까지 요건으로 하는 것은 아니다.125)

3. 폐기물처리업자의 의무

폐기물처리업자는 다른 사람에게 자기의 성명이나 상호를 사용하여 폐기물을 처리하게 하거나 그 허가증을 다른 사람에게 빌려주어서는 아니 된다(제25조 제8항). 또한 ① 폐기물을 허가받은 사업장 내 보관시설이나 승인받은 임시보관시설 등 적정한 장소에 보관하고, ② 환경부령으로 정하는 양 또는 기간을 초과하여 폐기물을 보관하지 말아야 하며, ③ 지신의 처리시설에서 처리가 어렵거나 처리능력을 초과하는 경우에는 폐기물의 처리를 위탁받지 말아야 하며, ④ 보관·매립 중인 폐기물에 대하여 영상정보처리기기의 설치·관리 및 영상정보의 수집·보관 등 환경부령으로 정하는 화재예방조치를 하여야 하며(폐기물 수집·운반업을 하는 자는 제외), ⑤ 처리명령, 반입정지명령 또는 조치명령 등 처분이 내려진 장소로 폐기물을 운반하지 않아야 하며, ⑥ 그 밖에 폐기물 처리 계약시 계약서 작성·보관 등 환경부령으로 정하는 준수사항을 지켜야 한다(동조 제9항). 특히 동법은 의료폐기물의 수집·운반 또는 처분을 업으로 하고자 하는 자로 하여금 다른 폐기물과 분리하여 별도로 수집·운반 또는 처분하는 시설·장비 및 사업장을 설치·운영하도록 함으로써(동조 제10항), 의료폐기물과 다른 폐기물을 분리하여 처리하도록 하고 있다. 이는 의료폐기물로 인한 감염요인을 차단하기 위한 입법적 고려로 이해된다.

125) 음식물 폐기물처리시설 중 사료화시설에 대하여 설치 및 정기검사를 받지 않은 폐기물중간처리업자에게 영업정지 처분을 한 사안에서, 「폐기물관리법」 제30조 제1항·제2항 을 위반하여 폐기물처리시설에 대한 검사를 받지 않은 이상 그 시설을 사용하지 않았다고 하더라도 위 법 제27조 제2항 제11호 에 따른 영업정지 등 행정처분의 대상이 될 수 있음에도, 사료화시설에 대하여 검사를 받지 않은 것만으로는 「폐기물관리법」 제27조 제2항 제11호 에 따른 영업정지 등 행정처분의 대상이 될 수 없고 그 시설을 사용하였어야 영업정지 등 행정처분의 대상이 될 수 있다고 전제한 후, 폐기물중간처리업자가 사료화시설을 사용하였음을 인정할 증거가 부족하다고 보아 위 처분이 위법하다고 본 원심판결에 법리를 오해한 위법이 있다고 한 사례.

[30] 처리능력: 대법원 2002. 6. 28. 선고 2000두8967 판결

폐기물관리법령에서 말하는 "처리능력"이란, 물적 시설의 경우에 있어서는 "허가된 매립용량"을 의미하는 것이 아니라, "당해 매립시설 자체에 의하여 처리할 수 있는 능력"을 의미하는 것이라고 봄이 상당하므로, 허가된 매립시설로써 허가된 매립용량만큼 매립할 수 없다면, 허가된 매립시설에 의하여 매립할 수 있는 용량만큼 매립할 수 있을 뿐이고, 허가된 매립시설에 대한 변경허가 등을 받지 않고도 당초 허가된 매립용량만큼 매립할 수 있는 것은 아니다.[126)]

4. 전용용기제조업

동법은 의료폐기물 전용용기(專用容器)[127)] 제조업자에 대한 등록제를 도입하여 불량 전용용기를 제조하여 판매한 경우 등 등록을 취소함으로써 의료폐기물 처리에 만전을 기하고 있다(제25조의2, 제27조의2).

5. 폐기물처리업의 적합성확인

동법은 폐기물처리업자로 하여금 업종별 적합성확인의 유효기간이 경과할 때마다 폐기물처리업을 계속 수행할 수 있는 적합성을 갖추었음을 확인받도록 하고 있다(제25조의3).

6. 의료폐기물 처리

동법은 의료폐기물의 처리에 관한 특례를 정하고 있다. 즉 환경부장관은 의료폐기물 중간처분 또는 종합처분을 업으로 하는 자의 시설 · 장비 또는 사업장의 부족으로 의료폐기물의 원활한 처분이 어려워 국민건강 및 환경에 위해를 끼칠 우려가 있는 경우 환경오염이나 인체 위해도가 낮은 의료폐기물로서 대통령령으로 정하는 의료폐기물에 한정하여 이를 지정폐기물 중간처분 또는 종합처분을 업으로 하는 자에게 처분하게 할 수 있다(제25조의4).

---

126) 허가된 매립시설로써 허가된 매립용량만큼 매립할 수 없는 경우에는 매립시설에 대한 변경허가 등을 받아야 당초 허가된 매립용량만큼 매립할 수 있다고 한 사례. 이 사건은 처리기준(현행 제13조) 위반 여하가 문제된 것이었으나 폐기물처리업자의 의무에도 유추적용될 수 있을 것이다.

127) '의료폐기물 전용용기'란 의료폐기물로 인한 감염 등의 위해 방지를 위하여 의료폐기물을 넣어 수집 · 운반 또는 보관에 사용하는 용기를 말한다(제2조 제5호의2).

7. 허가 등에 따른 권리 · 의무의 승계

"폐기물처리업자, 제29조에 따른 폐기물처리시설의 설치승인을 받거나 신고를 한 자, 폐기물처리 신고자 또는 전용용기 제조업자(폐기물처리업자등)로부터 폐기물처리업, 폐기물처리시설, 제46조 제1항에 따른 시설 또는 전용용기 제조업(폐기물처리업등)을 양수하거나 「민사집행법」에 따른 경매, 「채무자 회생 및 파산에 관한 법률」에 따른 환가(換價)나 「국세징수법」·「관세법」 또는 「지방세징수법」에 따른 압류재산의 매각, 그 밖에 이에 준하는 절차에 따라 인수하는 경우에 해당 양수인 또는 인수인은 환경부장관 또는 시 · 도지사의 허가를 받아야 한다. 이 경우 허가를 받은 양수인 또는 인수인은 폐기물처리업등의 허가 · 승인 · 등록 또는 신고에 따른 권리 · 의무를 승계한다(제33조 제1항)."[128] 이는 이전의 대상이 '사업'이 아니라 그를 구성하는 '재산'의 경우에도 권리 · 의무의 승계를 하도록 하는 규정이라고 할 수 있다.

동규정은 영업양도뿐만 아니라 경매 등 절차를 통해 폐기물처리업자로부터 폐기물처리시설을 인수한 경우에도 사업자 지위의 승계를 인정하고 있다고 할 수 있는데, 영업양도가 없음에도 위와 같이 경매 등 절차를 통해 폐기물처리업자로부터 폐기물처리시설을 인수한 경우에 특례를 인정한 것은 영업양도에 해당하지 않더라도 경매 등 절차에 따라 폐기물처리시설의 소유권이 이전되어 영업주체가 변경되는 때에도 폐기물처리업의 허가와 관련하여 형성된 폐기물처리업자에 대한 공법상의 관리체계를 유지하게 하기 위하여 영업양도에 준하는 법률효과를 부여하려는 것을 그 입법취지로 한다고 볼 수 있다.[129]

이러한 규정이 폐기물처리시설을 인수한 경우에도 사업자 지위를 승계토록 한다는 점에서 제17조 제9항과의 구별실익이 있는지 논란이 될 수 있는데, 법원은 제17조 제9항과 달리 폐기물처리시설 중 '일부'만을 인수한 경우는 문언에 포함시키고 있지 않다는 점을 강조하면서 동조항은 방치되는 사업장폐기물의 발생을 예방하기 위하여 오염원인자 책임원칙을 확장한 특별규정이지만, 제33조 제1항은 폐기물처리업 허가에 따른 권리 · 의무, 즉 사업자 지위의 승계에 관한 규정으로 그 취지와 성격을 달리 한다고 밝히고 있다.[130]

---

128) 이와 유사한 규정은 「대기환경보전법」(제27조), 「물환경보전법」(제36조 제1항), 「환경영향평가법」(제38조 제1항), 「환경오염시설의 통합관리에 관한 법률」 제11조, 「소음 · 진동관리법」 제10조, 「먹는물관리법」 제25조, 「토양환경보전법」 제23조의12 등에서도 발견되고 있다.

129) 대법원 2021. 8. 26 선고 2019다226548 판결(판례 [31]).

나아가 동법은 합병, 사망 등과 관련한 사업자 지위의 승계 규정을 두고 있다(제33조 제2항 · 제3항).

이러한 규정은 일종의 지위승계규정으로서 사업장폐기물배출자의 사업양도가 아니라 '폐기물처리업 등의 양도' 등 주체변경이 있는 경우 자칫 발생할 수 있는 관리의 공백과 관리책임의 소재가 불분명해지면서 발생하는 분쟁을 예방하고 폐기물처리업이나 폐기물처리시설이 제대로 가동되지 않는 결과를 방지하기 위한 것으로 이해된다.

[31] 대법원 2021. 8. 26. 선고 2019다226548 판결

폐기물관리법령의 입법취지 등에 비추어, 구 폐기물관리법 제33조 제2항에서 정한 폐기물처리시설이라고 하더라도 이를 구성하는 일부 시설이 노후화되거나 철거 또는 소재불명되는 등으로 남은 시설로는 본래 용도에 따른 기능을 상실하여 이를 이용해서 종전 폐기물처리업을 영위할 수 없는 정도에 이르렀고, 폐기물처리업의 영업 실질이 남아 있지 않게 된 경우에는 그 시설은 더는 위 조항에서 정한 폐기물처리시설에 해당한다고 볼 수 없다. 따라서 이러한 시설이 경매 등 절차에 따라 매각된다고 하더라도 구 폐기물관리법 제33조 제2항은 적용되지 않으므로 그 시설을 매수한 사람은 기존 폐기물처리업자의 허가에 따른 권리 · 의무를 승계한다고 볼 수 없다.

권리 · 의무 승계규정(제33조)은 표면상으로는 당해 "사업장폐기물과 관련한 권리 · 의무"를 승계하는 것이 아니라 "허가 · 승인 또는 신고에 따른 권리 · 의무"를 승계한다는 점에서 처리의무 승계규정(제17조 제8항)과 구별된다.[131] 처리의무 승계규정과 제33조상의 권리 · 의무 승계규정은 적용 대상(전자는 사업장폐기물 배출자, 후자는 폐기물처리업자)에서 차이가 있으며, 앞서 처리의무 승계규정이 "사업장폐기물과 관련한"이라는 제한적 문구를 사용함으로써, 적용범위가 보다 제한적이라는 것을 알 수 있다. 문제는 명문규정이 없어서 "허가 등에 따른 권리 · 의무"가 무엇을 의미하는지 분명치 아니하다는 것이다. 그 의미와 관련해서 허가에 붙여진 조건을 의미한다고 해석하는 견해가 있으나[132] 이는 "권리 ·

130) 대법원 2021. 8. 26 선고 2019다226548 판결.

131) 제33조의 승계대상 권리 · 의무에는 폐기물처리업이나 폐기물처리시설을 가동하는 기간 중 배출된 사업장폐기물 관련 권리 · 의무의 승계를 포함하는 것으로 해석될 여지가 있으나 그렇게 해석할 경우 제17조는 독자적 의의를 상실한다. 이비안(각주 63), 17면.

132) 이러한 입장에서 배출부과금의 부과를 대인적 하명으로 이해하면서, 배출부과금 부과는 양수, 상속, 합병 등의 이유로 양수인, 피상속인, 합병 후 존속하는 법인 등에 당연히 승계되지

의무"를 지나치게 좁게 해석하는 것으로 생각된다. "허가 등에 따른 권리 · 의무"를 '허가에 따른 공법상의 효력'으로 이해하는 것이 문리해석상 보다 자연스럽다고 생각된다.[133] 이는 이와 유사한 규정, 즉 「자연공원법」 제74조, 「생활화학제품 및 살생물제의 안전관리에 관한 법률」 제51조의 "허가 또는 신고로 인하여 발생한 권리 · 의무" 승계규정과 대비하여 볼 때 더 분명해진다. 이와 같이 이해할 경우에는 앞서 처리의무 승계규정과 그 내용이나 효과 등에서 큰 차이가 없다고 생각된다. 이러한 문제는 결국 "허가 등에 따른 권리 · 의무" 자체가 무엇을 의미하는지 분명하지 않기 때문에 발생하는 것이다. 차제에 "허가 등에 따른 권리 · 의무"가 무엇을 의미하는지,[134] 영업상의 지위승계 규정과의 구별점이 무엇인지 분명히 할 필요가 있다. 폐기물처리업자 등이 사업장폐기물을 배출한 경우로써 사업양수가 이루어진 경우에는 제17조 제8항, 폐기물처리시설을 인수한 경우에는 제17조 제9항에 따라 사업장폐기물과 관련한 권리 · 의무가 승계된다고 볼 소지도 있어 중복되는 측면이 있다. 처리의무 승계규정과 실제 적용에서 큰 차이가 없다면 양 규정을 통합하거나 표현을 통일할 필요가 있다고 생각된다. 「소음 · 진동관리법」 제50조, 「토양환경보전법」 제23조의13, 「환경범죄 등의 단속 및 가중처벌에 관한 법률」 제10조, 「먹는물관리법」 제49조, 「화학물질관리법」 제37조 제3항 등과 같이 '행정처분의 승계' 정도로 정리하는 것도 고려할 필요가 있다.

8. 폐기물처리신고

동법은 일정한 재활용자에게 허가가 아닌 신고만을 요구함으로써, 재활용에 대한 유인을 제공하고 있다. 동법은 폐기물처리 신고대상에 포함된 재활용자의

않는다는 견해가 있다. 조현권(각주 4), 222면, 452면. 이러한 입장에서는 대인적 하명의 성격을 갖는 과태료는 승계되지 않는다고 해석될 것이다.

133) 같은 취지의 견해는 강현호, 환경법, 신론사, 2011, 364면. "허가 등에 따른 권리 · 의무"를 '허가 등에 따른 효력'으로 이해할 경우에는 배출부과금 납부와 같은 공법상의 의무가 여기에 포함된다고 이해할 수 있다. 그러나 판례는 부담금의 경우 권리 · 의무의 승계가 제한되는 것으로 보는 것 같다. 대법원 1999. 6. 8. 선고 98두1727 판결(관광진흥개발기금의 부과액 산정에 있어서 카지노업의 양도 · 양수가 있는 경우 양도인의 매출실적이 양수인의 매출액으로 되지 않는다고 한 사례) 참조.

134) 「환경영향평가법」은 사업의 양도로 사업자가 변경되는 경우 협의내용의 이행 등과 사후환경영향조사 등에 관한 의무를 승계한다고 규정함으로써, 승계되는 의무를 비교적 자세히 정하고 있다(제38조 제1항).

범위를 구체적으로 정하고 환경부령으로 정하는 기준에 따른 시설 · 장비를 갖추어 시 · 도지사에게 신고[135]하도록 하고 있다: ① 동 · 식물성 잔재물 등의 폐기물을 자신의 농경지에 퇴비로 사용하는 등의 방법으로 재활용하는 자로서 환경부령으로 정하는 자, ② 폐지, 고철 등 환경부령으로 정하는 폐기물을 수집 · 운반하거나 환경부령으로 정하는 방법으로 재활용하는 자로서 사업장 규모 등이 환경부령으로 정하는 기준에 해당하는 자, ③ 폐타이어, 폐가전제품 등 환경부령으로 정하는 폐기물을 수집 · 운반하는 자(제46조 제1항). 이와 같이 신고 대상이 제한되어 있는 것은 재활용을 위축할 우려가 있다. 위 ①, ②에 따른 폐기물처리 신고자는 폐기물 수집 · 운반업의 허가를 받지 아니하거나 신고를 하지 아니하고 그 재활용 대상 폐기물을 스스로 수집 · 운반할 수 있다(동조 제5항).

[32] 울산지법 2019. 9. 5. 선고 2019구합5452 판결

폐기물관리법 제46조 제1항 제1호에 따라 폐기물 재활용 신고를 하고자 하는 자는 '폐기물처리 신고대상임을 확인할 수 있는 서류'로서 신고대상인 폐기물 재활용이 폐기물관리법 제13조의2 제1항, 제3항의 위임에 따라 폐기물관리법 시행령 제7조의2 및 [별표 4의2], 폐기물관리법 시행규칙 제14조의3 및 [별표 5의3], [별표 5의4] 등이 정하는 폐기물의 재활용 기준과 방법 및 준수사항 등을 충족하는 것임을 확인할 수 있는 서류를 첨부하여야 하는데, 甲 회사가 신고서 제출 당시 폐기물의 재활용 기준과 방법 및 준수사항 등을 충족하는 것임을 확인할 수 있는 서류로서 '폐기물처리 신고대상임을 확인할 수 있는 서류'를 구비하여 제출하였음을 인정하기에 부족하고, 달리 인정할 증거가 없으며, 군수가 신고서에 첨부된 서류들만으로는 폐기물의 재활용 기준과 방법 및 준수사항 등을 충족하는 것인지 여부를 확인하기 어렵거나 내용의 성실성에 의심이 가는 사항들을 구체적으로 특정하여 甲 회사에 2차례에 걸쳐 보완을 요구하였음에도 甲 회사로부터 충분한 서류를 제출받지 못하자 위 처분을 하게 된 것으로서, 위 처분은 적법하다.

동법은 이와 같이 재활용하는 자로서 일정한 경우에 해당하는 자에게 폐기물처리업 허가를 받을 것을 요구하지 아니하고, 시 · 도지사에게 '신고'만 하면 충분하도록 하고 있다. 이에 따라 폐기물재활용의 경우 사업자는 폐기물처리업의 일

135) "특정폐기물재활용처리를 위하여는 폐기물중간처리시설 설치승인을 받아야 함에도 불구하고 특정폐기물재활용신고를 하기 전에 폐기물중간처리시설에 대한 설치승인을 받지 않았다는 사유를 들어 특정폐기물재활용신고서를 반려한 처분은 위법하다 할 수 없다." 대구고법 1997. 9. 5. 선고 96구11656 판결.

종으로서 허가를 받아야 하는 폐기물재활용업(제25조)과 폐기물처리 신고자로 구분되면서 재활용사업에 대한 규제수단이 혼재하며, 구체적인 경우 허가대상인지 신고대상인지 판단이 쉽지 않을 수 있다. 또한 허가를 요하는 폐기물 수집 · 운반업과 신고만으로 족한 폐기물을 수집 · 운반하는 자가 함께 병존함으로써 수집 · 운반업자의 탈법 가능성도 제기된다. 어떠한 경우가 '재활용'에 해당하는지 구체적인 경우 판단하기가 쉽지 않은 것도(판례 [33], [34] 참조) 재활용사업에 대한 체계적인 관리를 어렵게 하고 있다. 재활용 개념의 불명확성은 불필요한 소송을 유발하고, 가장(假裝)의 재활용자가 적법한 재활용을 하였다는 주장을 할 수 있는 여지를 주게 된다. 이러한 혼란스러운 상황은 결국 폐기물 처리의 효율적인 시행과 준수를 저해한다.

[33] 재활용신고: 대법원 1996. 10. 17. 선고 94도2865 전원합의체 판결

구 폐기물관리법(1992. 12. 8. 개정 전) 제31조 제1항, 제2항, 제2조 제8호의 규정상 폐기물을 재활용하고자 하는 자는 재활용 대상품목 및 방법을 적법하게 신고하기만 하면 되고, 그 외에 따로 일반폐기물 또는 특정폐기물 처리업자의 자격을 갖추어야 하는 등의 제한은 없으며, 재활용에는 재이용도 포함되므로 재활용을 위하여 반드시 재처리 단계를 거쳐야 하는 것도 아니다. 따라서 피고인이 재활용신고 내용에 따라 기층복토용 또는 매립용으로 제강 슬래그를 공급하여 그 용도에 사용한 것이라면 이는 재활용신고에 따른 재활용으로 적법하고, 재활용신고와는 별도로 일반폐기물처리업 허가를 받을 필요는 없다.

[34] 재활용신고: 대법원 1997. 11. 28. 선고 97도2031 판결

1995. 8. 4. 개정된 폐기물관리법은 제26조 제2항 제4호에서 폐기물재생처리업을 허가대상인 폐기물처리업의 하나로 신설하였고, 구법 제31조 제1항에 해당하는 신법 제44조의2 제1항은 신고대상을 '다른 사람의 폐기물로서 환경부령이 정하는 폐기물을 원료 · 재료 · 연료 등으로 재생처리(재생처리를 목적으로 하는 수집 · 운반을 포함한다)하고자 하는 자'로 제한하여 규정하게 됨에 따라 폐기물 재생처리를 하고자 하는 자는 경우에 따라서 허가를 받거나 신고를 하여야 하고, 재활용도 중간처리를 거치는 재생처리로 개정되었고, 한편 같은 법 시행규칙 제46조는 건설폐재류를 지정폐기물이 아닌 폐합성수지, 폐합성섬유 등과 함께 신법 제44조의2 제1항 소정의 재생처리신고대상 폐기물로 규정하고 있는바, 건축폐재류를 건축부지 조성공사장에 공급하여 성토용으로 재활용하게 하는 자에게 필요한 것은 신법 제26조 제2항 소정의 '폐기물최종처리업'의 영업허가가 아니라 원칙적으로 신법 제44조의2의 규정에 따라 환경부령이 정하는 시설 · 장

비를 갖춘 신고가 필요할 뿐이다.

한편, 동법은 폐기물처리 신고자로 하여금 환경부령으로 정하는 준수사항을 지키도록 의무를 부여하고(동조 제6항), 일정한 경우[136]에 시설의 폐쇄, 폐기물의 반입금지 등 폐기물처리 금지 등 행정처분을 부과할 수 있도록 함으로써(동조 제7항) 폐기물처리 신고자가 폐기물을 부적정하게 관리하여 방치폐기물이 발생하는 등 부작용이 발생하는 것을 방지하고자 하고 있다. 나아가 폐기물처리 금지에 갈음하여 2천만원 이하의 과징금을 부과할 수 있는 근거 규정을 두고 있는데(제46조의2), 폐기물처리의 금지로 인한 폐해를 방지하기 위하여 폐기물처리 신고제도를 탄력적으로 운용하는 한편, 과징금 처분을 할 수 있는 경우를 한정함으로써 그 남용을 견제하고 있다.

9. 폐기물처리업자 등에 대한 폐기물 처리명령

환경부장관 또는 시 · 도지사는 폐기물처리업자에 대하여 허가취소 또는 영업정지를 명하거나, 폐기물처리 신고자에 대하여 폐쇄명령 또는 처리금지명령을 하려는 경우에는 폐기물처리업자 또는 폐기물처리 신고자에게 기간을 정하여 보관하는 폐기물의 처리를 명하여야 한다(제39조의3).

10. 폐기물의 반입정지명령

환경부장관 또는 시 · 도지사는 폐기물처리업자의 보관용량, 처리실적, 처리능력 등 환경부령으로 정하는 기준을 초과하여 폐기물을 보관하는 경우에는 폐기물처리업자에게 폐기물의 반입정지를 명할 수 있다(제47조의2).

Ⅴ. 폐기물처리시설의 설치 · 관리

동법은 폐기물처리시설[137]이 법이 정한 설치 · 관리기준에 따라 설치 · 관리되

136) 여기에는 ① 폐기물처리 방법 등의 준수사항을 지키지 아니한 경우, ② 폐기물의 처리 기준과 방법 또는 폐기물의 재활용 원칙 및 준수사항을 지키지 아니한 경우, ③ 방치폐기물처리 이행보증조치를 하지 아니한 경우 등이 포함된다(제46조 제7항).

137) 폐기물처리시설은 크게 중간처분시설과 최종처분시설 및 재활용시설로 구분되는데(제2조 제

도록 함으로써, 폐기물의 적정처리를 도모하고 있다. 이와 관련하여 동법은 설치기준(제29조 제1항),[138] 설치 승인(동조 제2항),[139] 사용개시 신고(동조 제4항), 검사(제30조), 폐기물처리시설 감사기관의 지정(제30조의2), 유지 · 관리(제31조),[140] 사후관리이행보증금을 폐기물매립시설의 폐쇄명령 이행 대행비용으로 사용(동조 제6항), 권리 · 의무의 승계(제33조), 기술관리인(제34조) 등에 관하여 규정하고 있다.

[35] 대법원 2009. 2. 12. 선고 2007도5372 판결

이상 규정들(현행 제31조 등)을 종합하여 보면, 폐기물처리시설을 설치 · 운영하는 자가 폐기물을 처리하는 과정에서 수질오염물질 · 특정수질유해물질 또는 침출수를 배출함에 있어, 중간처리시설의 경우에는 매립시설의 침출수처리시설, 자가수질오염방지시설, 폐수종말처리시설, 하수종말처리시설 또는 분뇨처리시설에서 처리하는 오염물질을 그 시설에 이송 · 처리하거나, 관리형 매립시설의 경우에는 다른 매립시실의 침출수처리시설, 사가수실오염방지시설, 폐수종말처리시설, 하수종말처리시설 또는 분뇨처리시설에 처리하는 오염물질을 그 시설에 이송 · 처리하는 때에는 수질오염물질 · 특정수질유해물질 또는 침출수가 수질환경보전법 시행규칙 [별표 5]의 규정에 의한 배출허용기준이나 시행규칙 [별표 8] 제2호 (나)목(2)의 (가)에서 정하는 침출수배출허용기준 이내로 배출되도록 유지 · 관리하지 아니하여도 된다고 보아야 할 것이다. 다만, 그 이송 · 처리하는 시설에서 처리하는 오염물질 외의 오염물질에 대하여는 위와 같은 배출허용기준 이내로 배출되도록 유지 · 관리하여야 할 것이다.[141]

폐기물처리시설의 적절한 유지 · 관리 못지않게 사용종료 또는 폐쇄 후 사후관리를 철저히 하는 것도 중요하다. 이에 동법은 사용종료 또는 폐쇄신고(제50조

8호), 중간처분시설에는 소각시설, 기계적 처분시설, 화학적 처분시설, 생물학적 처분시설 등이 포함되며, 최종처분시설에는 매립시설, 그 밖에 환경부장관이 폐기물을 안전하게 최종처분할 수 있다고 인정하여 고시하는 시설이 포함된다(시행령 제5조, 별표 3).

138) 동법은 설치기준 일체를 환경부령에 위임하고 있는데, 이는 포괄위임 금지의 원칙에 반한다고 할 것이다. 박균성(각주 38), 180면.

139) 동항은 "제25조 제3항에 따른 폐기물처리업의 허가를 받았거나 받으려는 자 외의 자가 폐기물처리시설을 설치하려면 환경부장관의 승인을 받아야 한다."고 규정하여 폐기물처리업자와 폐기물처리시설의 설치 · 운영자를 구별하고 있다.

140) 대법원 2017. 11. 14. 선고 2017도7492 판결(피고인 甲이 피고인 乙주식회사의 전무이사로서 폐기물 매립장의 행정과 운영 · 관리업무를 실제로 담당한 사안에서 폐기물처리시설을 설치 · 운영한 자는 피고인 乙회사이고 피고인 甲은 양벌규정(제67조)에서 정한 행위자라고 한 사례).

141) 위생처리사업소에서 배출허용기준을 초과한 음식물자원화시설처리수를 하수종말처리장으로 배출한 행위가 구 폐기물관리법 제61조 제14호 위반죄에 해당하지 않는다고 한 사례.

제1항), 개선명령(동조 제4항), 사후관리의무(동조 제5항),[142] 정기검사(동조 제6항), 시정명령(동조 제7항), 사후관리이행보증금 등의 사용(동조 제8항), 사후관리이행보증금의 예치(제51조),[143] 사후관리이행보증금의 사전 적립(제52조),[144] 사용종료 또는 폐쇄 후의 토지이용제한(제54조) 규정을 두고 있다.

한편, 해당 지방자치단체별로 폐기물처리시설을 설치 · 운영함에 따라 소규모 시설이 난립하고, 설치 및 운영비용이 과다하게 드는 문제점이 대두되고 있다. 이에 동법은 환경부장관으로 하여금 지방자치단체간의 폐기물 처리사업을 효율적으로 조정하기 위하여 폐기물 처리사업 및 폐기물처리시설의 설치 · 운영 실태 등을 조사 · 평가할 수 있도록 하고, 평가 결과를 토대로 지방자치단체간의 사업을 조정하도록 함으로써(제55조), 폐기물처리시설의 광역화를 유도하고 있다.

142) 종전에는 폐기물처리시설을 설치한자가 그 사용을 끝내거나 폐쇄하려면 환경부장관에게 신고하도록 하고 있는데(제50조 제1항), 사용종료나 폐쇄가 이루어지지 않은 상태에서는 사후관리의무나 사후관리이행보증금등의 사용이 불가능하였다. 이에 2015. 1. 25. 개정 법은 사후관리를 위해 폐쇄명령을 내려 사후관리의무를 부과할 수 있도록 하고(제50조 제3항 제2호), 사후관리이행보증금의 사용이 가능하도록 하였다(동조 제6항).

143) 사후관리 대상인 폐기물을 매립하는 시설이 그 사용종료 또는 폐쇄 후 침출수의 누출 등으로 주민의 건강 또는 재산이나 주변환경에 심각한 위해를 가져올 우려가 있다고 인정하면 그 시설을 설치한 자에게 그 사용종료(폐쇄를 포함) 및 사후관리의 이행을 보증하게 하기 위하여 사후관리 등에 드는 비용의 전부를 「환경정책기본법」에 따른 환경개선특별회계에 예치하게 할 수 있다(제51조 제1항). 폐기물처리시설의 사후관리이행보증금은 부담금의 일종이라 할 것이다(「부담금관리 기본법」 제3조, 별표 참조).

144) 동법은 매립시설 처분용량의 100분의 50을 초과하기 전까지 사후관리이행보증금을 전부 납입토록 함으로써, 폐기물 매립시설의 사후관리를 강화하고 있다.

제 8 장 토양환경의 보전

토양은 물, 공기 등과 더불어 자연 생태계를 구성하는 중요 요소이다. 토양 생태계는 무생물과 생물의 안정된 평형상태를 유지시킬 뿐만 아니라 홍수의 방지, 수원의 함양, 수질의 정화, 오염물질의 정화, 토사 붕괴의 방지, 토양침식의 방지, 지반침하의 방지, 지표 온도 · 습도 변화의 완화, 토양생물의 보호, 식생의 보호 등 기능을 수행한다.[1] 따라서 토양환경의 보전은 사람을 비롯한 지상의 모든 생명체를 보호하고 지하수의 오염 등을 예방하며 자연적 생태기능의 유지확보를 위해 매우 중요하다.

토양의 완충능력(buffering capacity)[2]의 한계 이상으로 토양오염이 이루어질 때 토양오염은 생태계에 피해를 발생시킨다. 토양에 해로운 물질은 여러 경로를 통하여 토양 내에 축적된다. 석유나 유독물 저장시설로부터의 오염물질 유출, 농약 · 비료의 사용, 각종 공장 폐수의 유입, 매연 · 자동차배출가스의 유입, 폐기물의 방치 및 불법처리 등으로 토양오염이 이루어진다. 폐기물에 함유된 각종 유해화학물질과 중금속도 토양오염의 커다란 원인이 된다. 토양오염은 흔히 지하수의 오염을 수반한다. 오염된 토양에 남아있는 오염물질은 지하수나 먹이사슬을 통하여 인체에 피해를 주게 된다.

우리나라에서 토양환경문제는 물이나 대기에 비해 소홀히 다루어졌고, 토양오염 및 이에 따른 지하수오염과 관련하여 법제가 미비한 상태이다.[3] 이는 토양

1) 환경부, 환경백서, 2012, 541면.

2) 토양에 부하되는 각종 오염물질은 과도하지 않을 경우 토양 내에 존재하는 미생물에 의하여 분해되고 소멸되거나, 강우에 의하여 유실되거나, 식물체에 흡수되어 일정기간이 경과할 경우 토양 중에서 없어지는바 이러한 토양의 정화능력을 완충능력이라 한다.

3) 토양오염과 지하수 오염의 불가결한 관련성에 착안하면서, 현행의 「지하수법」과 「토양환경보전법」에서 규율하고 있는 오염방지대책과 그 수단이 크게 차이가 없으므로, 양 법률을 통합하자는 주장이 제기되고 있다. 김해룡, "지하수법과 토양환경보전법의 통합에 관한 고찰", 환경법연구 제26권 제1호, 2004. 4, 85면 이하. 토양환경보전과의 밀접성에 착안하여 「지하수법」 제16조(지하수오염방지명령), 제16조의2(지하수오염유발시설의 오염방지 등), 제16조의3(지하수오염유발시설관리자에 대한 조치), 제16조의4(오염지하수 정화계획의 승인 등), 제18조(수질오염의 측정), 제20조(수질검사) 등의 규정을 「토양환경보전법」에 통합하여 규율하는 것이 무방하다는 견해는 함태성, "지하수의 체계적 보전 · 관리를 위한 입법적 검토", 환경법

오염은 대기나 수질오염과 달리 그 영향이 서서히 나타나고 그 피해도 식량 및 지하수 등을 통하여 간접적으로 일어나는 것에 기인하는 바가 크다. 이와 같이 토양오염은 간접적이고 만성적으로 이루어지기 때문에 그 오염 여부를 인식하기가 힘들고, 오염물질이 토양에 오랜 기간에 걸쳐 누적되면서 이루어지기 때문에 오염행위와 피해발생 간에 상당한 시차가 존재하고, 그 피해는 장기간에 걸쳐 나타난다. 이러한 특징들은 오염물질과 오염간의 인과관계 규명을 어렵게 한다.[4] 또한 일단 오염된 경우에는 원상회복이 곤란하며 일부 회복되는 경우라도 오랜 시간과 많은 비용이 소요된다.[5] 이러한 토양오염의 특성은 토양환경 문제에 대한 규제 · 관리를 어렵게 하는 원인으로 작용하고 있다. 특히 폐기물처리장이나 공장의 부지에 대한 관리는 환경정책의 중요 관심사 중의 하나이지만 제대로 관리되고 있지 않는 실정이다. 토양환경을 보전하기 위해서는 오염된 토양을 찾아 이를 정화해 나가는 것보다 사전에 오염을 방지하는 것이 무엇보다 중요하다.[6]

우리나라는 1977년 제정된 '환경보전법'에서 처음으로 토양오염방지를 위한 약간의 규정을 두었고,[7] 그 후 구 「수질환경보전법」, 「폐기물관리법」, 「농약관리법」 등에서 토양오염규제와 관련된 단편적인 규정을 갖고 있다가 1995년 1월 5일 「토양환경보전법」이 제정되면서 종합적 · 체계적 · 본격적으로 토양보전 · 관리를 할 수 있는 기반이 마련되었다.

「토양환경보전법」은 토양오염으로 인한 국민건강 및 환경상의 위해를 예방하고, 토양생태계의 보전을 위하여 오염된 토양을 정화하는 등 토양을 적정하게 관리 · 보전함으로써 모든 국민이 건강하고 쾌적한 삶을 누릴 수 있게 함을

연구 제32권 제1호, 2010. 4, 497면.

4) 서울중앙지법 2007. 8. 21. 선고 2006가합18858 판결(녹사평역 미군기지 기름유출 사건) 참조. 토양정화자문위원회에서 다루어지는 사건의 대부분이 인과관계문제와 관련된 것으로 알려지고 있다.

5) 2012년 환경백서(각주 1), 541면.

6) 미국의 「종합환경대응보상책임법(CERCLA)」은 유해폐기물의 오염지역의 정화를 위한 종합적인 대응법이다. 「토양환경보전법」도 목적 조항(제1조)에서 "이 법은 토양오염으로 인한 국민건강 및 환경상의 위해를 예방하고, 오염된 토양을 정화하는 등 토양을 적정하게 관리 · 보전함으로써 토양생태계를 보전하고, 자원으로서의 토양가치를 높이며, 모든 국민이 건강하고 쾌적한 삶을 누릴 수 있게 함을 목적으로 한다"라고 규정하여 '오염된 토양의 정화'를 중요한 목적으로 하고 있다.

7) 구 '환경보전법'에서의 토양보전관련 조항은 농경지의 오염방지(제41조), 농산물의 재배제한(제42조), 농약잔류허용기준(제42조의2), 농약 및 농업용수의 사용규제(제60조의2 제5호 및 6호) 등이 있었다.

목적으로 하고 있는바(제1조), 그 목적을 달성하기 위해 토양측정망, 토양오염관리대상시설 관리, 토양오염 방지조치, 토양보전대책지역 지정 · 관리, 오염토양의 정화책임 규정 등을 두고 있다. 그러나 동법은 방사성물질에 의한 토양오염 및 그 방지에 관하여는 적용되지 않으며, 오염된 농지를 「농지법」 제21조에 따른 토양의 개량사업으로 정화하는 경우에는 제15조의3(오염토양의 정화) 및 제15조의6(토양정화의 검증)을 적용하지 아니한다(제3조).

제 1 절 토양오염의 규제

「토양환경보전법」은 오염의 방지뿐만 아니라 오염된 환경의 개선에 관해서도 규정하고 있다. 이와 같이 사전적 관리뿐만 아니라 사후적 관리를 고려하고 있다는 점에서 다른 개별 환경법규들에 비해 진일보한 면이 있다. 즉 「환경정책기본법」과 「환경개선비용 부담법」은 정화책임자에 대하여 환경개선에 소요되는 비용만을 부담하도록 규정하고 있음에 반하여 「토양환경보전법」은 더 나아가 국가가 정화책임자에게 직접 토양오염을 방지하기 위한 토양오염관리대상시설의 개선 또는 이전, 토양오염물질의 사용제한 또는 사용중지, 오염된 토양의 정화 등 필요한 조치를 명할 수 있도록 규정하고(제15조), 토양보전대책지역에서 오염토양개선사업의 전부 또는 일부의 실시를 정화책임자에게 명할 수 있도록 함으로써(제19조), 정화책임자로 하여금 토양오염을 방지 · 제거 · 개선토록 하고 있다.

동법은 토양오염관리대상시설의 관리를 통하여 토양오염을 사전에 방지하는 한편, 특정토양오염관리대상시설이 설치된 토지와 그 주변지역에 대하여 토양관련전문기관이 정기적으로 실시하는 토양오염검사, 그리고 그 밖의 지역에 대하여 환경부장관과 시 · 도지사가 실시하는 상시측정 및 토양오염실태조사 또는 토양정밀조사를 통하여 오염된 토양을 찾아내고 그 중 1단계 기준(우려기준)을 초과하는 지역에 대해서는 더 이상 토양오염이 심화되지 않도록 하기 위하여 오염방지시설의 설치 또는 개선, 오염된 토양의 정화조치, 토양오염관리대상시설의 개선 또는 이전, 토양오염물질의 사용제한 또는 사용중지 등 필요한 조치를 취하고, 2단계 기준(대책기준)을 초과할 정도로 토양오염이 심화되었을 경우에는 정화책임자로 하여금 개선사업을 하도록 명령하거나 시 · 도지사가 정화책임자의 비용으로 개선사업을 실시하도록 규정하고 있다.

Ⅰ. 일　　반

1. 토양오염이란?

「토양환경보전법」은 '토양' 개념을 정의하지 아니한 채 토양오염을 "사업활동이나 그 밖의 사람의 활동에 따라 토양이 오염되는 것으로서 사람의 건강·재산이나 환경에 피해를 주는 상태"로 정의하고 있다(동법 제2조 제1호). 이는 사람의 활동을 전제로 한 개념이기 때문에 환경에 피해를 주는 활동 자체에 전혀 개입하지 아니한 사람을 포섭하지 못한다.[8] 다시 말해 토양오염은 인간활동의 결과로 생겨난 토양오염물질이 토양에 반입됨에 따라 환경적 구성요소(environmental component)로서의 토양의 기능이 소실되는 것을 말한다.[9] 따라서 토양오염의 판단기준은 단순한 오염물질의 축적이나 오염된 상태가 아니라 토양에 축적되는 각 유해물질의 환경에 대한 위해성평가의 결과에 따라 결정된다.[10]

2. 토양오염물질

'토양오염물질'이라 함은 토양오염의 원인이 되는 물질로서 환경부령으로 정하는 것을 말하는데, 동법 시행규칙은 카드뮴, 구리, 비소, 수은, 납, 6가크롬, 유기인화합물, 폴리클로리네이티드페놀(PCB), 페놀류, 시안화합물 등 21개 물질로 제한하고 있다(제2조 제2호, 동법 시행규칙 제1조의2, 별표 1). 현재 우리나라의 토양오염물질의 항목 수는 외국에 비해 수도 부족하고 중금속 위주로 구분되어 있어 향후 다양한 유해물질들이 규제대상에 포함되어야 할 것이다.[11] 또한 각 토

8) 조홍식, "토양환경침해에 관한 법적책임", 환경법연구 제20권, 1998, 301면. 이와 같은 개념 정의가 토양오염의 사후적 측면에만 주목하고 있다면서 토양오염을 "인위적인 오염물질이 토양에 유입되어 토양의 형질과 조성을 변화시키고, 토양구조를 파괴시켜 생물의 생육에 장애를 일으키는 등 토양의 질이 악화되는 것"으로 이해하는 견해가 있다. 최봉석, "토양오염에 대한 법적·정책적 대응의 현황과 과제", 환경법연구 제29권 제1호, 2007. 4, 392면.

9) 조성진, 토양학, 향문사, 1985, 20면 참조.

10) 박용하·이승희, "토양환경보전을 위한 오염방지기준 및 관리대책", 한국환경기술개발원, 1995, 4 내지 5면.

11) 참고적으로 미국 「종합환경대응보상책임법」은 동법 제102조에 의해 지정된 요소, 화합물, 혼합물, 용액 또는 그 외의 물질 또는 그 외의 물질, 「자원보전회수법(RCRA)」상 규제대상이 되는 유해폐기물, 「수질정화법(CWA)」상 규제되는 물질, 「대기정화법(CAA)」상에 열거된 유해대기오염물질, 「유해화학물질관리법(TSCA)」상의 연방정부의 소송제기와 관련된 긴급하고 유해

양오염물질을 개별적으로 측정하여 그 심각성을 판단하는 것은 지극히 형식적이어서 인체와 생태계에 미치는 위험성을 실질적으로 판단할 수 없으므로 오염물질별 측정뿐만 아니라 여러 오염물질이 혼합되어 나타날 수 있는 위해성에 대하여도 고려하여야 한다.[12)]

Ⅱ. 기본 시책

1. 토양보전기본계획의 수립 · 시행

환경부장관은 토양보전을 위하여 10년마다 관계 중앙행정기관의 장과 협의한 후 토양보전에 관한 기본계획을 수립 · 시행하여야 한다(제4조 제1항, 제2항). 기본계획에는 토양보전에 관한 시책방향, 토양오염의 현황 · 진행상황 및 장래예측, 토양오염의 방지에 관한 사항, 그 밖에 토양보전에 관하여 필요한 사항 등이 포함되어야 한다(동조 제3항). 특별시장 · 광역시장 · 도지사 · 특별자치도지사(시 · 도지사)는 기본계획에 따라 관할 구역의 지역토양보전계획(지역계획)을 수립하여 환경부장관의 승인을 받아 시행하여야 한다(동조 제4항).

2. 토양오염기준의 설정

동법은 토양오염정도를 두 가지 기준, 즉 토양오염의 우려기준과 토양오염의 대책기준으로 나누어 규제를 달리하고 있다. 우려기준은 "사람의 건강 · 재산이나 동물 · 식물의 생육에 지장을 줄 우려가 있는 토양오염의 기준"으로서 환경부령으로 정하도록 하고 있다(제4조의2, 시행규칙 제1조의4, 별표 3). 대책기준은 "우려기준을 초과하여 사람의 건강 및 재산과 동 · 식물의 생육에 지장을 주어서 토양오염에 대한 대책이 필요한 토양오염의 기준"으로서 환경부령으로 정하도록 하고 있다(제16조, 시행규칙 제20조, 별표 7).

대책기준은 오염의 정도가 사람의 건강 및 재산과 동 · 식물의 생육에 지장을 주어 토지의 이용중지, 시설의 설치금지 등 규제조치가 필요한 정도의 오염상태

한 화학물질 혹은 혼합물 등 광범위한 물질을 규제대상으로 하고 있다. CERCLA § 101(14). 동법이 규제하는 유해물질의 종류는 800가지가 넘는다. 40 C.F.R. § 302.4.

12) 채영근, "우리나라 토양환경보전법과 그 개정안의 내용과 문제점 -미국의 CERCLA와 비교하며-", 공법연구 제29집 제2호, 2001, 381면.

를 말해 주는 기준인 데 비하여 우려기준은 대책기준의 약 40% 정도로 더 이상 오염이 심화되는 것을 예방하기 위한 오염수준을 가리키는 기준이다.[13] 동법 시행규칙은 토양오염물질에 대하여 지역의 용도에 따라 농경지(1지역), 임야(2지역)와 공장용지(3지역)로 구분하여 우려기준과 대책기준을 설정하고 있다.

≪우려기준≫[14]

[단위: mg/kg]

물질	1지역	2지역	3지역
카드뮴	4	10	60
구리	150	500	2,000
비소	25	50	200
수은	4	10	20
납	200	400	700
6가크롬	5	15	40
아연	300	600	2,000
니켈	100	200	500
불소	400	400	800
유기인화합물	10	10	30
폴리클로리네이티드비페닐	1	4	12
시안	2	2	120
페놀	4	4	20
벤젠	1	1	3
톨루엔	20	20	60
에틸벤젠	50	50	340
크실렌	15	15	45
석유계총탄화수소(TPH)	500	800	2,000
트리클로로에틸렌(TCE)	8	8	40
테트라클로로에틸렌(PCE)	4	4	25
벤조(a)피렌	0.7	2	7

≪대책기준≫[15]

[단위: mg/kg]

물질	1지역	2지역	3지역
카드뮴	12	30	180
구리	450	1,500	6,000
비소	75	150	600
수은	12	30	60

13) 홍준형, 환경법, 박영사, 2005, 885면.
14) 시행규칙 제1조의5, 별표 3.

납	600	1,200	2,100
6가크롬	15	45	120
아연	900	1,800	5,000
니켈	300	600	1,500
불소	800	800	2,000
유기인화합물	–	–	–
폴리클로리네이티드비페닐	3	12	36
시안	5	5	300
페놀	10	10	50
벤젠	3	3	9
톨루엔	60	60	180
에틸벤젠	150	150	1,020
크실렌	45	45	135
석유계총탄화수소(TPH)	2,000	2,400	6,000
트리클로로에틸렌(TCE)	24	24	120
테트라클로로에틸렌(PCE)	12	12	75
벤조(a)피렌	2	6	21

* 1지역: 전 · 답 · 과수원 · 목장용지 · 광천지 · 대(주거의 용도로 사용되는 부지만 해당) · 학교용지 · 구거(溝渠) · 양어장 · 공원 · 사적지 · 묘지인 지역과 어린이 놀이시설 부지

** 2지역: 임야 · 염전 · 대(1지역에 해당하는 부지 외의 모든 대) · 창고용지 · 하천 · 유지 · 수도용지 · 체육용지 · 유원지 · 종교용지 및 잡종지인 지역

*** 3지역: 공장용지 · 주차장 · 주유소용지 · 도로 · 철도용지 · 제방 · 잡종지(2지역에 해당하는 부지 외의 모든 잡종지)인 지역과 국방 · 군사시설 부지

우려기준을 초과하는 지역, 그 밖의 토양오염사고 등으로 인하여 우려기준을 넘을 가능성이 큰 지역에 대해서는 토양오염관리대상시설의 개선 또는 이전, 당해 오염물질의 사용제한 또는 사용중지, 오염된 토양의 정화 등 오염토양 개선조치를 시행하며, 토양오염대책기준을 초과하는 지역에 대하여는 필요 시 토양보전대책지역으로 지정한 후 오염토양개선사업을 시행한다.

3. 정보시스템 구축 · 운영

동법은 환경부장관으로 하여금 토양환경정보 및 자료에 국민이 쉽게 접근할 수 있도록 정보시스템을 구축 · 운영하도록 하고 있다(제4조의3). 이는 상시측정, 토양오염 이력정보, 토양오염실태조사, 토양정밀조사 결과 등을 정보시스템을 구축하여 국민들에게 공개함으로써 국민의 정보접근권을 보장하고 그 이용

15) 시행규칙 제20조, 별표 7.

을 촉진하기 위한 것이라고 이해된다.

4. 토양오염관리대상시설 등 조사

환경부장관은 토양오염관리대상시설의 분포현황 및 토양정밀조사, 오염토양의 정화 또는 오염토양 개선사업의 실시현황을 정기적으로 조사하고, 이를 위하여 관계 기관의 장에게 필요한 자료의 제출을 요청할 수 있다. 이 경우 요청을 받은 관계 기관의 장은 특별한 사유가 없으면 그 요청에 따라야 한다(제4조의4). 토양오염의 원인에 잠재적 개연성이 있는 시설에 대한 현황조사는 토양오염 관련 정책이나 계획수립의 효율적인 수행에 기여할 것이다.

5. 토양오염 이력정보의 작성 · 관리

동법은 환경부장관으로 하여금 토양오염이 발생하였거나 발생할 우려가 있는 토지에 대하여 토지의 용도, 토양오염관리대상시설의 설치현황, 오염 정도, 정화 조치 여부 등 토양오염 이력정보를 작성 · 관리하도록 하고 있다(제4조의5). 구체적으로 토양오염의 발생 또는 발생의 우려가 있는 토지는 상시측정, 토양오염실태조사, 토양정밀조사를 실시한 토지로 국한된다. 토지이력의 관리는 토지 이용 · 오염 · 정화 이력 등을 데이터베이스화하여 토양오염을 상시적으로 관리하는 데 그치지 않고 토지 거래 당사자간의 정화책임을 둘러싼 분쟁을 막는 효과도 가질 것으로 예상된다. 이러한 점을 고려할 때 토양환경평가제도(제10조의2)와 직 · 간접적으로 관련을 갖는다고 할 수 있다.

6. 토양오염조사

전국 토양에 대한 오염실태와 오염추세를 종합적 · 지속적으로 파악하는 것은 토양오염의 사전예방대책의 마련 및 오염토양의 정화 · 복원 등 토양환경정책의 수립을 위한 기초자료를 제공한다는 점에서 중요한 의미를 갖는다. 현재 전국 토양오염조사는 크게 환경부장관이 설치 · 운영하는 측정망(제5조 제1항)과 시 · 도지사 또는 시장 · 군수 · 구청장이 실시하는 토양오염실태조사(동조 제2항)의 두 경로를 통하여 이루어지고 있다.[16] 토양오염실태조사는 오염지역을 적극

16) 측정망은 전국망과 지역망으로 구분하여 운영하고 있는데, 2014년 현재 환경부는 2,000개

발굴하여 정화하기 위한 것으로 매년 조사지점을 달리한다는 점에서 환경부장관이 설치 · 운영하는 측정망과 구별된다. 말하자면 토양오염실태조사체계는 측정망 체계가 갖는 형식성과 경직성을 탈피 · 보완한다고 할 수 있다. 환경부장관, 시 · 도지사 또는 시장 · 군수 · 구청장은 토양보전을 위하여 필요하다고 인정하면 상시측정, 토양오염실태조사의 결과 우려기준을 넘는 지역 등에 대하여 토양정밀조사를 할 수 있다(동조 제4항). 동법은 뒤에서 살펴보는 바와 같이 토양을 오염시킬 가능성이 많고 위해가 심한 물질을 상시 취급하는 시설 등을 토양오염관리대상시설로 지정하여 관리하는 한편, 지정되지 아니한 오염원을 토양오염조사체계를 통해 관리하고 있다.

의 측정망(전국망)을 설치 · 운영하고 있으며, 2,472개 지역에 대한 오염실태조사를 실시하였다. 환경부, 환경백서, 2016, 305면.

≪토양오염조사 관리체계도≫

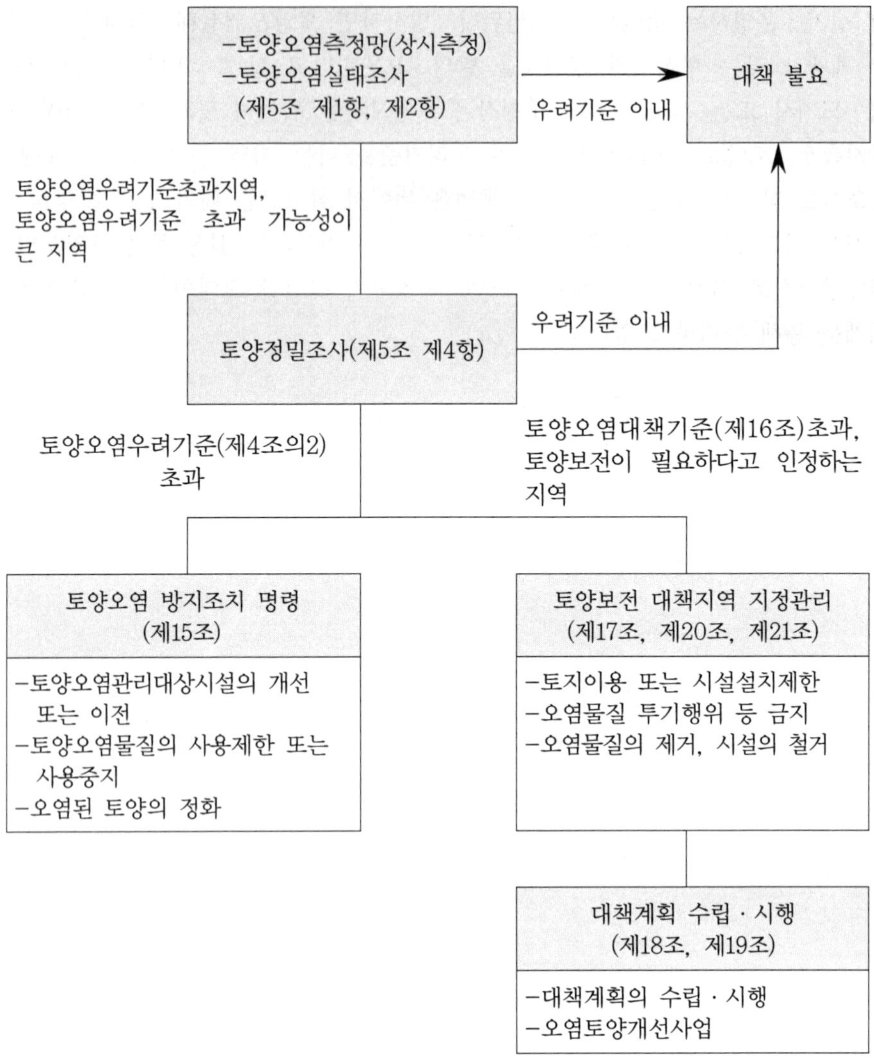

7. 표토의 침식현황 조사

동법은 토양환경에 미치는 영향이 큰 표토(表土) 관리를 강화하기 위하여 환경부장관으로 하여금 상수원보호구역, 수변구역 등에 대하여 표토의 침식현황 및 정도에 대한 조사를 실시하고, 이에 대한 대책을 수립하여 시행하도록 함으로써 표토의 침식으로 인한 토양환경 영향을 최소화할 수 있도록 하고 있다(제6조의2).

「토양환경보전법」의 내용이 기본적으로 오염토양의 정화라는 토양의 질을 보전하려는 소극적인 측면에 치중하고 있다는 점에서 토양의 양을 관리하려는 적극적인 면을 내포하고 있는 이 규정은 주목할 만하다. 그러나 표토 개념과 표토와 토양과의 관계가 불분명하고, 표토의 침식만을 염두에 두고 있으며, 개인의 소유권과 충돌 가능성이 있기 때문에 일정한 한계가 있다. 토양의 기능, 건강성 상실로 인한 토양의 유실에 대한 고려도 필요해 보인다.

8. 국유재산 등에 대한 토양정화

환경부장관은 일정한 경우에는 오염토양을 직접 정화할 수 있는데, 여기에는 국유재산에서 토양오염이 발생한 경우로서 국가가 정화책임자인 경우, 정화책임자를 알 수 없거나 정화책임자가 오염토양을 정화할 수 없는 경우로서 긴급한 토양정화가 필요하여 시 · 도지사 또는 시장 · 군수 · 구청장의 정화 요청이 있는 경우 등이 포함된다(제6조의3 제1항). 이에 따라 환경부장관이 토양정화를 하려는 경우에는 시 · 도지사 또는 시장 · 군수 · 구청장 및 정화책임자와 토양정화의 시기, 면적 및 비용 등에 관하여 미리 협의하여야 하고, 토양정화 등에 소요되는 비용 총액의 100분의 50 이내의 범위에서 토양정화를 요청한 지방자치단체에게 부담하게 할 수 있다(동조 제2항, 시행규칙 제5조의3).

이러한 정화체계하에서 재원이 충분지 않은 지방자치단체로서는 정화비용의 부담을 꺼려 환경부장관에게 토양정화조치를 요청할 유인이 없고, 환경부도 전면에 나서 토양정화조치를 할 이유가 없기 때문에 오염된 토양의 정화는 지지부진해질 가능성이 많다. 결국 현행 「토양환경보전법」은 정화책임자를 알 수 없거나 정화책임자에 의한 토양정화가 곤란하다고 인정하는 경우 국가나 지방자치단체가 오염토양의 정화를 실시할 수 있는 법적 근거를 마련하고 있으나 실제 국가나 지방자치단체에 의한 토양정화가 이루어지는 데에는 한계가 있다고 할 수 있다. 이와 같이 국가나 지방자치단체가 오염토양을 정화하는 데 적극적으로 나서지 못하는 이유에는 재원의 부재, 부족을 무시할 수 없을 것이다.

9. 토양환경평가

동법은 정화책임자로 하여금 토양오염조사를 직접, 그리고 자발적으로 실시하게 할 수 있도록 하며, 토양오염에 대한 배상 · 정화의무와 정화책임 등 법적 책임관계를 명확히 하기 위하여 '토양환경평가'에 관한 규정을 두고 있다. 즉 제10조의2 제1항은 "토양오염관리대상시설, 공장, 국방·군사시설이 설치되어 있거나 설치되어 있었던 부지, 그 밖에 토양오염의 우려가 있는 토지를 양도·양수 또는 임대·임차하는 경우에 양도인·양수인·임대인 또는 임차인은 해당 부지와 그 주변지역, 그 밖에 토양오염의 우려가 있는 토지에 대하여 토양관련전문기관[17]으로부터 토양오염에 관한 평가를 받을 수 있다"라고 규정함으로써, 양도인 또는 양수인 등이 토양환경평가를 자율적으로 실시하도록 하고 있다.

한편, 동조 제2항은 "양수한 자가 양수 당시 같은 항에 따라 토양환경평가를 받고 그 부지 또는 토지의 오염 정도가 우려기준 이하인 것을 확인한 경우에는 토양오염 사실에 대하여 선의이며 과실이 없는 것으로 추정한다"고 규정함으로써, 거래에 관여하는 자들 사이에서 그 책임소재를 분명히 하고 있다. 여기서 '선의'라는 것은 토양오염사실을 몰랐다는 의미의 부지(不知)를 의미하며, 무과실이라는 것은 이 부지에 이르게 된 데에 과실이 없음을 의미한다.[18] 우려기준 이하의 오염 정도 확인은 거래 시 가격 등에 고려되며, 거래 이후에도 재산상 불이익이나 정화책임에 대한 면책의 기초로 사용될 것이다. 그러나 오염 정도가 우려기준 이상임을 확인한 경우에는 양수한 자가 정화책임을 져야할 것이다.

토양환경평가는 정화책임자(제10조의4 제2항에 따른 토지 양수인)의 면책사유가 되는 선의·무과실 여부의 판단과 관련해서 중요한 의미를 갖는다. "우려기준 이하"라는 조건이 붙어 있지만 면책의 가능성을 열어두고 있기 때문이다. 종전에 "토양환경평가를 받아 그 토양오염관리대상시설의 오염 정도가 우려기준 이하인 것을 확인한 경우"를 선의·무과실의 한 예로 보던 것을 '추정'해주는 방식으로 바꾼 것은 허위·부실의 토양환경영향평가와 그에 따른 책임 면제를 막을 수 있다는 점에서 적절한 입법 방식이라고 할 것이다.

토양환경평가제도는 공장부지, 폐광지역 등 토양오염의 우려가 있는 지역에 대한 오염 여부, 범위 등에 대한 적극적인 조사 및 평가와 그 정화를 추진하도록 하며, 토지거래, 영업의 양도·양수, 기업의 인수·합병, 기업의 신용평가 및 금

17) 동법은 토양정밀조사, 토양환경평가 등 업무를 전문적으로 수행할 수 있도록 토양관련전문기관을 두고 토양관련전문기관이 되려는 자는 일정한 시설, 장비 및 기술능력을 갖추어 환경부장관의 지정을 받도록 하고 있으며, 결격사유, 지정취소 등 관련 규정을 두고 있다(제23조의2 이하 참조).

18) 조홍식, 환경법원론, 박영사, 2019, 532면.

융기관의 대출 등 다양한 분야에서 법적 책임의 면제, 자산 손실의 방지 등 환경 리스크를 방지 · 감소하는 유용한 수단으로 작용할 수 있다.[19]

동법상 토양환경평가가 임의적이지만 그 활용이 활발해질 것이라고 생각된다. 환경영향평가가 토지 양수인의 '선의 · 무과실 항변'의 유용한 수단이 되기 때문에 토지 양수인은 자신의 면책을 주장하기 위해서는 토양환경평가를 사실상 수행하여야만 하며, 양도인의 입장에서도 자신의 책임범위 및 정도를 미리 확정하여 둠으로써 거래 후에 혹시 발생될 수 있는 책임을 예방할 필요가 있게 된다. 결국 토양환경평가 결과는 거래 당사자간의 공법상 및 사법상 책임의 한계를 설정하는 중요한 기준이 되기 때문에 동법이 토양환경평가를 비록 의무가 아닌 임의사항으로 하고 있지만 토양환경평가가 토지거래에서 필수적인 과정이 될 가능성이 있다.[20]

토양환경평가를 강제할 필요가 없다는 견해도 있다. 거래 대상 토지의 토양오염 가능성이 거의 없어 평가비용이 불필요한 비용이라고 생각되는 경우와 매도인과 매수인이 계약상 비용부담에 대한 정산 규정을 두는 경우에는 굳이 평가를 하지 아니하여도 무방하다는 것이 그 주된 논거이다.[21] 그러나 토양환경평가의 자율적 실시는 환경오염 여부와 그 범위에 대한 정확한 조사 · 평가를 통한 토양관리제도 강화라는 제도의 취지를 무색케 하는 결과를 초래할 수 있기 때문에 토양환경평가를 의무화할 필요가 있다고 생각한다. 비용의 추가, 토양관련전문기관 및 전문가의 부족 등의 문제[22]로 광범위하게 토양환경평가를 강제하는

---

19) 이러한 평가제도는 미국에서 제일 먼저 제도화되었는데, ASTM(American Society for Testing Materials)에 의해 1997년 규격이 제정되었다. ASTM에서 자율적으로 만든 표준규격은 현재 EU국가를 비롯한 선진국가들과 주요 다국적기업에서 활용되고 있으며, 국제표준화기구(ISO)에서도 이에 대한 표준화를 진행시키고 있다. 신관호, "토양환경평가제도 시행방안", 토양오염평가 및 복원에 관한 세미나 자료집, 2001. 4, 84 내지 85면.

20) 김명용, 토양환경보전법의 개선방안, 한국법제연구원, 2001. 12, 41 내지 42면.

21) 김성균 · 이비안, "낙후산업지역(Brownfield) 개발 관련 입법 동향 분석 및 대안의 모색", 환경법연구 제30권 제1호, 2008. 5, 106면.

22) 우리나라의 토양오염조사기관의 조사능력 및 실태가 신뢰할 만한 수준에 이르지 못하고 있어, 양수 시 오염되지 않은 것으로 나타난 결과 양수하였으나 후에 다시 토지를 매각할 때 다시 토양환경평가를 한 결과 심각한 토양오염이 발견되면 해당 토양오염은 양수인의 소유기간 중의 행위에 의한 것으로 추정되게 되는 모순이 발생하게 된다. 토양오염조사기관의 조사활동에 대한 기준과 방법이 설정되고 이에 대한 관행이 수립되어 널리 받아들여질 때까지는 토양오염조사의 신뢰성이 확보되지 않아 많은 혼란을 초래할 우려가 있다. 채영근(각주 12), 388면. 이러한 실무상의 문제점은 거래당사자들, 특히 양수인으로 하여금 법에서 요구하는 방식보다 더욱 엄격한 정밀조사를 하거나 복수의 토양환경평가의 방식을 취하게 될 가능성이 많아지게 되고 그럴 경우 사회적으로 당초 예상한 것 이상의 거래비용을 야기할 수도 있다. 황창식,

것이 현실적으로 어렵다면 특정오염관리대상시설이 설치되어 있거나 설치되어 있었던 부지에 한하여 강제적으로 실시하도록 할 필요성이 있다.

10. 토양정화공제조합의 설립

특정토양오염관리대상시설의 설치자 · 운영자 및 토양정화업자는 토양오염의 정화를 보증하고, 토양정화에 드는 재원을 확보하기 위하여 환경부장관의 허가를 받아 공제조합을 설립하고, 토양정화를 위한 공제사업 등을 수행할 수 있다(제10조의5 이하).

Ⅲ. 토양오염의 규제

1. 토양오염의 신고

동법은 토양오염에 대한 신속한 대응을 위하여 토양오염물질을 생산 · 운반 · 저장 · 취급 · 가공 또는 처리하는 자로 하여금 그 과정에서 토양오염물질을 누출 · 유출한 때, 토양오염관리대상시설을 소유 · 점유 또는 운영하는 자가 그 소유 · 점유 또는 운영 중인 토양오염관리대상시설에서 토양이 오염된 사실을 발견한 때에는 관할 특별자치시장 · 특별자치도지사 · 시장 · 군수 · 구청장에게 신고하도록 하고 있다(제11조 제1항). 특별자치시장 · 특별자치도지사 · 시장 · 군수 · 구청장은 토양오염 신고를 받거나 토양오염물질이 누출 · 유출된 사실을 발견하거나 그 밖에 토양오염이 발생한 사실을 알게 된 때에는 소속 공무원으로 하여금 해당 토지에 출입하여 오염 원인과 오염도에 관한 조사를 하게 할 수 있다(동조 제2항). 조사를 한 결과 오염도가 우려기준을 넘는 토양(오염토양)에 대하여는 대통령령으로 정하는 바에 따라 기간을 정하여 정화책임자에게 토양관련전문기관에 의한 토양정밀조사의 실시, 오염토양의 정화조치를 할 것을 명할 수 있다(동조 제3항).

"기업의 인수 · 합병과 토양오염", 환경문제연구총서 Ⅸ, 대한변호사협회, 2001, 149면.

2. 오염토양의 정화

급속한 산업화에 따른 부작용으로 중금속 등에 의한 토양오염이 증가함에 따라 그 피해가 커지고 있다. 이러한 문제를 해결하기 위해서는 토양오염의 방지를 위한 대책과 함께 토양정화의 전문성을 제고하고 토양오염에 따른 필요한 대책을 추진할 필요가 있다. 정화기준의 설정, 정화의 위탁, 위해성평가, 토양정화 검증제도 등이 대표적인 예이다.

가. 정화기준

책임당사자의 특정 못지않게 책임범위를 어디까지로 할 것인지를 정하는 것은 정화책임 추구의 실효성 확보차원에서 중요하다. 「토양환경보전법」은 책임범위를 특정하지 아니하고 있어서 피해의 범위에 관한 해석을 둘러싸고 논란이 제기될 수 있다. 특히 종전 법에서는 별도로 정화기준을 설정하고 있지 아니하여서 어느 정도까지 정화하여야 하는지 그 판단이 어려웠다. 더욱이 정화는 오염제거기술에 따라 그 비용도 다를 수밖에 없기 때문에 그 손해액 산정 및 책임정도의 확정은 어려울 수밖에 없다. 결과적으로 동법상의 책임추구는 그 효율성이 저해될 수밖에 없다. 책임범위 또는 정화기준의 설정이 중요한 이유이다. 2004. 12. 31. 개정 법은 오염토양은 대통령령으로 정하는 정화기준 및 정화방법에 따라 정화하여야 한다고 규정함으로써 문제를 해결하였다(제15조의3 제1항). 구체적으로 시행령에서는 정화기준을 '우려기준'으로 하고 있다(시행령 제10조 제1항).[23]

「특정토양오염관리대상시설의 토양오염방지시설 및 오염토양의 정화방법 등에 관한 고시」에 따르면 오염토양을 발생현장으로부터 반출하여 정화하는 경우에 적용하는 정화기준은 토양오염우려기준으로 한다. 이 경우, 오염토양 발생장소의 지역기준과 정화 후 재이용될 장소의 지역기준이 다른 경우에는 "상위 지

---

23) 참고적으로 미국 「종합환경대응보상책임법」상 정화는 국가비상계획(National Contingency Plan: NCP)에 따라야 하는데, 국가비상계획은 환경보호청(EPA), 주(州), 또는 책임당사자가 오염제거사업 또는 정화작업을 수행할 때 따라야 할 절차를 정하고 있다. CERCLA § 105(a), 40 C.F.R. 300. 동법은 정화활동이 국가비상계획에 따라 이루어졌을 때 그 소요된 경비를 대응비용(response costs)으로 인정하여 그에 대한 책임추구가 가능하도록 하고 있다. CERCLA § 107(a)(4). 1986년 '슈퍼펀드 개정 및 재승인법(SARA)'은 미국 환경보호청으로 하여금 정화목표수준을 정하도록 하면서 "적용할 수 있거나 또는 관련된 적절한 기준(Applicable or Relevant and Appropriate Requirements: ARARs)"을 제시하고 있다. CERCLA § 121(d).

역"의 기준을 적용한다(제4조 제2항). 정화조치 명령 당시 해당 토지가 전 · 답(1지역)에 해당하였으나 공장(3지역) 용지로 조성을 마치고 그 용도로 이용되고 있고 가까운 장래에 그와 같이 지목이 변경될 것이 예상되는 경우 오염토양정화 조치를 어느 지역 기준을 적용해서 하여야 하는가? 판례는 3지역 기준을 적용하여야 한다는 입장이다(판례 [1]).

[1] 춘천지법 강릉지원 2015. 7. 16. 선고 2014구합3328 판결

토양오염 우려기준은 사람의 건강 · 재산이나 동물 · 식물의 생육에 지장을 줄 수 있는 토양오염의 정도를 수치화하여 나타낸 것이고 토양오염이 이와 같이 사람 등에 영향을 미치는 정도는 토양의 현재 및 장래의 실제 용도에 따라 다를 것이므로, 토양오염 우려기준을 차등하여 적용할 지역의 구분 및 그 적용은 토양의 실제 용도가 적절히 반영되어야 한다. 한편 지적법상 지목은 토지의 주된 용도에 따라 토지의 종류를 구분한 것이고 토지의 이동이 있을 때 소정의 절차에 따라 변경될 수 있는 것이므로, 지목은 대체로 토지의 현재 및 장래의 실제 용도를 반영하지만 적법한 절차에 따라 그 용도가 바뀌는 과정에 있는 토지에 관하여는 현재 및 장래의 용도를 제대로 반영하지 못한다고 볼 수 있다. 이러한 제반 사정에 더하여 하위규범의 모법합치적 법률해석의 원칙까지 함께 고려하여 보면, 토양오염 우려기준을 토지의 지목에 따라 구분하여 규정한 토양환경보전법 시행규칙 제1조의5 [별표 3]의 적용은 지목이 토지의 현재 및 장래의 주된 용도를 제대로 반영하고 있을 때로 제한되고, 토지가 적법한 절차에 따라 형질이나 용도가 바뀌어 가까운 장래에 지목이 변경될 것임을 충분히 예상할 수 있을 때에는 변경 예정인 지목에 따라 위 규정을 적용함이 타당하다.[24]

나. 위 탁

동법은 토양정화를 전문적으로 수행할 수 있는 토양정화업을 두고, 토양정화업을 하려는 자로 하여금 일정한 시설 · 장비 및 기술인력을 갖추어 환경부장관에게 등록하도록 하며(제23조의7 이하), 오염토양은 토양정화업자에게 위탁하여 정화하도록 하고 있다(제15조의3 제2항 본문).

24) 정화조치 명령 당시 해당 토지가 공장용지로 조성을 마치고 그 용도로 이용되고 있고 가까운 장래에 그와 같이 지목이 변경될 것이 충분히 예상되므로 그 변경 예정인 지목에 따라 3지역 기준을 적용하여 오염토양정화 조치를 명하여야 한다고 한 사례.

다. 정화 방법

오염토양은 대통령령으로 정하는 정화방법에 따라 정화하여야 한다(제15조의3 제1항). 오염토양의 정화방법은 3가지다: ① 미생물이나 식물을 이용한 오염물질의 분해 · 흡수 등 생물학적 처리; ② 오염물질의 차단 · 분리추출 · 세척처리 등 물리 · 화학적 처리; ③ 오염물질의 소각 · 분해 등 열적 처리(시행령 제10조). 구체적인 정화방법은 정화장소, 처리기술별로 고시(「특정토양오염관리대상시설의 토양오염방지시설 및 오염토양의 정화방법 등에 관한 고시」)에 정해져 있다.

오염토양을 정화할 때에는 원칙적으로 오염이 발생한 해당 부지에서 정화하여야 한다. 다만, 부지의 협소 등 환경부령으로 정하는 불가피한 사유[25]로 그 부지에서 오염토양의 정화가 곤란한 경우에는 토양정화업자가 보유한 시설(제23조의7 제1항에 따라 오염토양을 반입하여 정화하기 위하여 등록한 시설)로 반출하여 정화할 수 있다(동조 제3항). 이와 같이 해당 부지 내 처리를 원칙으로 하고 있는 것은 불법투기와 누출 · 유출의 우려, 토양 본래의 식생훼손 우려, 오염토양 반출로 인한 2차 오염 가능성 등을 고려한 것이다. 이에 시행규칙은 반출절차 및 방법 등을 엄격히 정하고 있다(제19조의2). 규정방식이나 동조 제4항(적정통보)의 취지 등에 비추어 환경부령으로 정하는 불가피한 사유가 있더라도 그러한 사유로 "해당 부지에서 오염토양의 정화가 곤란" 여부에 대한 판단은 재량사항이라고 이해된다.

오염토양을 반출하여 정화하려는 자는 오염토양반출정화계획서를 관할 특별자치시장 · 특별자치도지사 · 시장 · 군수 · 구청장에게 제출하여 적정통보를 받아야 한다(제15조의3 제4항). 반출정화 적정 여부에 대한 판단(통보)은 법령에서 반출정화 적정 여부에 대하여 일률적으로 확정하여 규정하지 않고 있어 반출정화의 적정 여부에 대하여 재량의 여지를 두고 있다는 점에서 행정청의 재량사항이라고 할 수 있다. 동법은 오염토양의 반출 · 운반 · 정화 또는 사용 과정을 전산처리

25) 여기에는 ① 「국토의 계획 및 이용에 관한 법률」에 의한 도시지역안의 건설공사 현장 등 환경부장관이 정하여 고시하는 경우; ② 토양오염물질 운송차량의 전복 등 긴급한 사고로 인한 오염토양으로서 즉시 처리하여야 하는 경우; ③ 오염토양의 양이 5세제곱미터 미만으로서 현장에서 정화하는 때에는 정화효율이 현저하게 저하되는 경우; ④ 정화 조치명령을 받은 자가 오염토양 정화공사를 시행하였으나 오염물질의 종류, 오염정도 및 기술적 한계 등으로 최초 조치명령기간 내에 이를 완료하지 못한 경우로서 토양오염조사기관의 정화과정 검증결과 반출하여 정화할 필요가 있다고 인정한 경우; ⑤ 토양정화업자가 오염부지 중 어느 한 곳에 설치한 시설을 이용하여 한꺼번에 정화하는 경우; ⑥ 오염토양을 연구목적으로 이용하려는 경우 등이 포함된다(시행규칙 제19조).

할 수 있는 오염토양 정보시스템을 설치 · 운영하도록 하고(동조 제9항), 오염토양을 반출 · 운반 · 정화 또는 사용(정화된 토양을 최초로 사용하는 것을 말함)하는 과정에서 토양 인수인계서를 오염토양 정보시스템에 입력하도록 하고 있다(동조 제6항). 토양 인수인계서 입력의무자는 적정통보를 받은 자로 국한되고 토양정화업자나 운반자 등은 명문상 제외된다. 오염토양을 정화하는 자는 오염토양에 다른 토양을 섞어서 오염농도를 낮추는 행위, 오염토양을 반출하여 정화하는 경우 등록한 시설의 용량을 초과하여 오염토양을 보관하는 행위 등을 하여서는 아니 된다(동조 제7항).

3. 오염토양의 투기금지

동법은 국민 건강 및 토양 생태계의 보호를 위하여 ① 오염토양을 버리거나 매립하는 행위, ② 보관 · 운반 및 정화 등의 과정에서 오염토양을 누출 · 유출하는 행위, ③ 정화가 완료된 토양을 그 토양에 적용된 것보다 엄격한 우려기준이 적용되는 지역의 토양에 사용하는 행위[26] 등을 금지하고 있다(제15조의4).

4. 위해성평가

정화기간, 방법, 범위 등을 획일적으로 정하고 있는 정화체계를 엄격히 따를 경우 정화책임자가 정화 의지를 갖고 정화실시를 하려고 해도 기술적인 한계 등으로 정화기간 내에 정화목표를 달성하기 어려운 경우가 발생할 수 있다. 이러한 점을 고려하여 동법은 위해성평가를 통해 토지 특성이나 오염물질 종류에 적합한 정화 기간, 방법 등을 합리적으로 적용할 수 있도록 하고 있다. 즉 동법은 정화책임자를 알 수 없거나 정화책임자에 의한 오염토양의 정화가 곤란하여 시 · 도지사 또는 시장 · 군수 · 구청장이 오염토양의 정화를 실시하는 경우 등에는 위해성평가기관으로 하여금 오염물질의 위해성을 평가하게 한 후 오염정도 및 재정적 여건 등에 따라 정화의 범위, 시기 및 수준 등에 반영할 수 있도록 하고 있다(제15조의5 제1항).

26) 이에 따르면 3지역 우려기준으로 정화된 토양의 경우 1지역이나 2지역에 사용될 수 없다. 반대로 1지역 기준을 충족하는 토양은 어떠한 지역에도 자유롭게 사용될 수 있다. 법문상 사용 용도에 대해서는 제한이 없다. 이와 관련해서는 1지역 기준으로 정화된 토양이라도 어느 정도의 오염물질이 존재할 수밖에 없기 때문에 오염되지 않은 토지에 무분별하게 재사용되는 경우 토양환경에 대한 오염부하가 가중될 수 있다는 비판이 제기될 수 있다.

위해성평가는 토양정화의 기준이나 방법을 예외적으로 달리 정하여 적용하는 것이므로 그 실시요건은 다음의 경우로 한정된다: ① 국유재산으로 인하여 우려기준을 넘는 토양오염이 발생하여 토양정화가 필요한 경우로서 국가가 정화책임자로서 토양정화를 하려는 경우; ② 정화책임자를 알 수 없거나 정화책임자에 의한 토양정화가 곤란하여 시·도지사 또는 시장·군수·구청장이 오염토양을 정화하려는 경우; ③ 정화책임자가 존재하지 아니하거나 정화책임자에 의한 오염토양 개선사업의 실시가 곤란하여 특별자치시장·특별자치도지사·시장·군수·구청장이 오염토양 개선사업을 하려는 경우; ④ 자연적인 원인으로 인한 토양오염[27]이라고 대통령령으로 정하는 방법에 따라 입증된 부지의 오염토양을 정화하려는 경우(오염토양을 반출하여 정화하는 경우는 제외); ⑤ 그 밖에 위해성평가를 할 필요가 있는 경우로서 대통령령으로 정하는 경우[28](동조 제2항). 이 중 국가나 지방자치단체 이외의 정화책임자가 위해성평가를 실시할 수 있는 경우는 사실상 ④인 경우로 극히 제한적이다. 이에 위해성평가 대상의 확대를 검토할 필요가 있다. '정화곤란 부지'에 대한 고려가 대표적이다.[29]

실무상 위해성평가가 정화의 면제로 이해되는 경향이 있는데, 환경 또는 환경에 해로운 영향을 예방하려는 제도의 취지를 몰각하는 이러한 왜곡은 경계되어야 한다. 한편, 위해성평가에 대한 수요가 증가함에 따라 제도의 안전장치(예컨대, 평가항목의 확대, 정화시기 연장에 따른 이행보증금의 예치, 저감조치, 행위제한, 모니터링)를 보다 정교히 할 필요가 있다. 나아가 토양정화의 범위, 시기 및 수준 등에 반영하는 데 그치는 소극적인 방식에서 탈피하여 승인제도를 도입하여 환경부장관이 위해성평가를 거쳐 토양정화의 실시 여부를 승인하고 사후에

---

27) "자연적인 원인으로 인한 토양오염"이 무엇을 의미하는지 분명치 않아 보인다. 이는 '토양오염'이 개념정의상 인위적인 활동과 결부되는 개념이기 때문에(제2조 제1호) '자연적인 원인'과 조화될 수 없다는 점과 무관하지 않을 것이다.

28) '대통령령으로 정하는 경우'란 도로, 철도, 건축물 등 시설물 아래의 오염토양(국가, 지방자치단체 또는 공공기관이 정화책임자인 경우로 한정)을 정화하려는 경우로서 환경부장관이 위해성평가가 필요하다고 인정하는 경우를 말한다(시행령 제11조의2 제4항).

29) 정화곤란부지, 즉 ① 중금속, 비소 등의 토양오염물질 또는 윤활유, 다이옥신 등의 정화가 어려운 물질로 오염된 부지, ② 상부에 도로, 철도, 대규모 시설 등이 위치하고 있어 현재 적용 가능한 토양정화기술로 오염물질의 농도를 정화기준 이하로 낮추기 위해서는 시설의 장기간 사용을 중단할 필요가 있는 오염부지, ③ 정화에 따른 정화비용이 해당 토지와 그 지상 시설의 가액 및 그 소유·점유 또는 운영을 통하여 얻었거나 향후 얻을 수 있을 것으로 기대되는 이익을 현저히 초과하는 등의 경제적 부담이 높은 오염부지 등을 위해성평가의 대상에 포함할 필요가 있다. 박용하 외 2, 토양정화 곤란 부지의 최적 관리방안 연구, 한국환경정책·평가연구원, 2016, 97면 이하.

검증을 통해 토양정화의 재실시, 복원 등을 명하는 등 적극적인 방식으로 전환하는 것도 검토할 필요가 있다.

위해성평가 실시자와 지역주민의 상반된 이해관계의 조정, 갈등의 해소 등을 위해 지역주민 등의 의견을 듣도록 하는 것은 위해성평가절차에서 중요한 절차라고 할 수 있다. 이러한 관점에서 원론적으로 조기단계부터 의견수렴절차의 진행, 의견수렴 대상자의 확대, 의견수렴절차에 환경단체 및 민간단체의 참여, 의견수렴 반영 여하에 대한 피드백 등 주민의견수렴절차를 활성화하는 제도적 장치에 대한 모색이 필요해 보인다.

5. 토양정화 검증제도

동법은 토양정화업자가 오염토양을 적정하게 정화하는지에 대한 확인을 위하여 토양오염조사기관으로 하여금 정화과정 및 정화완료에 대한 검증을 하도록 하고 있다(제15조의6).

6. 토양관리단지의 지정

오염지역 밖으로 반출하여 정화하는 오염토양의 효율적인 정화 및 재활용을 위하여 환경부장관은 국유재산 중 환경부장관이 관리청인 토지를 토양관리단지로 지정할 수 있으며 기반시설의 설치 지원 등 토양관리단지의 운영에 필요한 지원을 할 수 있다(제15조의7).

7. 잔류성오염물질 등에 의한 토양오염의 정화

최근 주한 미군기지 반환(예정) 부지에서 다이옥신, 퓨란 등 잔류성오염물질에 의한 토양오염이 확인됨에 따라 신속하고 안전한 정화가 필요하나 토양오염물질로 지정되어 있지 않기 때문에 이와 관련한 정화기준 및 정화방법 자체가 마련되어 있지 않아 반출정화를 포함한 적절한 토양정화가 이뤄지지 않는 것으로 알려지고 있다. 이에 2018. 6. 12. 개정 법은 토양오염이 발생한 해당 부지가 우려기준을 넘는 토양오염물질 외에 잔류성오염물질로도 함께 오염이 발생한 경우, 토양오염정화자로 하여금 오염토양의 정화기준 및 정화방법 등이 포함된 정화계획안을 작성해 해당 지역주민의 의견을 듣도록 함으로써(제15조의8

제1항), 복합적 토양오염에 대처하고 있다.[30] 지역주민의 의견수렴 절차를 두고 있는 것은 오염된 미군기지 반환(예정)이라는 특수한 상황에서 지역주민의 불안감을 해소하고 불필요한 갈등을 최소화하려는 것으로 이해된다. 이에 따르면 정화책임이 있는 자 또는 해당 부지의 관리자(토양오염정화자)는 지역주민의 의견을 반영한 정화계획안에 대하여 환경부장관과의 협의를 거쳐 정화계획을 수립하여야 하고(동조 제2항), 정화계획에 따라 오염된 토양을 정화하는 경우에는 토양정화업자에게 위탁하여 정화하여야 하며, 지정을 받은 토양오염조사기관으로 하여금 정화과정 및 정화완료에 대한 검증을 하게 하여야 한다(동조 제3항).

Ⅳ. 특정토양오염관리대상시설의 규제

동법은 토양오염관리대상시설과 특정토양오염관리대상시설의 관리체계를 2원화하고 특정토양오염관리대상시설에 대한 관리를 강화하고 있다.

1. 특정토양오염관리대상시설

'토양오염관리대상시설'이란 토양오염물질의 생산 · 운반 · 저장 · 취급 · 가공 또는 처리 등으로 토양을 오염시킬 우려가 있는 시설 · 장치 · 건물 · 구축물 및 그 밖에 환경부령으로 정하는 것을 말한다(제2조 제3호). 토양오염관리대상시설을 한정하지 않고 포괄적으로 규정하고 있기 때문에 제련소, 화학공장, 매립 · 소각시설 등 토양오염 가능성이 큰 시설이 토양오염관리대상시설에 포함될 수 있을 것이다. 2014. 3. 24. 개정 법은 종전의 토양오염관리대상시설의 개념 정의에서 토양오염관리대상시설의 부지와 토양오염이 발생한 장소를 제외하고 있다. 이는 토양오염의 원인이 되는 시설(facility)과 토양오염의 결과인 부지 또는 토지를 분리하는 것으로써, 종전에 '토양오염이 발생한 장소'도 토양오염관리대상시설에 포함되었기 때문에 토양오염이 발생된 부지 또는 토지가 토양오염의 원

30) 미군기지 반환(예정) 오염부지의 정화라는 이례적이고 임시적인 상황에 대비하기 위한 것이라고는 하지만 토양오염물질과 잔류성오염물질이 복합된 물질의 법적 성격이나 지위, 그리고 잔류성오염물질의 구성비율 등은 밝히지 않은 채 동법에 따라 정화하도록 하고 있는바, 정합성이나 체계성을 깨트릴 소지가 있다. 차라리 「잔류성유기오염물질 관리법」에서 이를 다루면서 「토양환경보전법」상의 정화기준, 정화방법 등을 준용하도록 하는 것이 어땠을까 하는 아쉬움이 있다.

인이 될 수 있는지와 관계없이 오염 결과만으로 토양오염관리대상시설에 해당하는지 논란이 제기되었는바, 이를 입법적으로 해결한 것이다. 그러나 뒤에서 보는 바와 같이 정화책임자의 범위에는 그 부지나 토양오염이 발생한 장소의 소유자 · 점유자 등이 포함된다. 토양오염물질을 직접 생산 또는 처리하는 시설 등에 한정되지 않기 때문에 토양오염물질을 포함하거나 배출하는 물품 등을 생산 또는 처리하는 시설도 여기에 포함된다.[31]

한편, 동법은 특히 토양오염관리대상시설 중 토양을 현저하게 오염시킬 우려가 있는 토양오염관리대상시설을 '특정토양오염관리대상시설'로 보아 이에 대한 관리를 철저히 함으로써, 토양오염을 사전에 예방하도록 하고 있다. 동법은 환경부령에서 특정토양오염관리대상시설을 정하도록 하고 있는바(제2조 제4호), 여기에는 석유류의 제조 및 저장시설(2만ℓ 이상), 유독물의 제조 및 저장시설, 송유관시설, 기타 위 관리대상시설과 유사한 시설로서 특별히 관리할 필요가 있다고 인정되어 환경부장관이 관계 중앙행정기관의 장과 협의하여 고시하는 시설 등이 포함된다(시행규칙 제1조의3, 별표2).

2. 특정토양오염관리대상시설 설치자의 의무

동법은 특정토양오염관리대상시설에 관한 규정을 두고 이들에 대하여 특별히 관리하고 있다. 예컨대 특정토양오염관리대상시설의 설치자[32]는 시설에 대하여 신고하고(제12조 제1항),[33] 토양오염방지시설을 설치하고(동조 제3항), 정기적으로 토양오염검사(토양오염도 검사 및 누출검사)[34]를 받고 검사 결과를 보존

---

31) 대법원 2010. 2. 11. 선고 2009두20137 판결(택시 차고지로서 세차장 및 정비소를 갖춘 시설을 점유 또는 운영하는 자가 오염원인자에 해당한다고 본 사례).

32) 특정토양오염관리대상시설과 관련한 책임 주체인 설치자 개념에는 운영자가 포함된다(제12조 제3항). 설치자는 당해 시설을 자기의 계산으로 설치한 자를 의미하므로 시설을 타인에게 위임하여 설치한 경우에는 위임자가 설치자이다. 토지를 양수한 사람 또는 특정토양오염관리대상시설을 운영하는 회사를 인수한 사람이 당해 시설의 운영을 포기한 경우에는 설치 또는 운영이라는 요건을 요구하는 규정의 문면에 반하므로 설치자로 볼 수 없다. 조홍식(각주 8), 317 내지 318면.

33) 참고적으로 2014년 말 현재 시 · 도지사에게 신고된 특정토양오염관리대상시설은 모두 22,039개소이며, 이 중 주유소가 14,664개소(66.5%)로 가장 많다. 2016년 환경백서(각주 16), 309면.

34) 토양오염도검사는 토양시료를 채취하여 토양오염물질의 함유정도를 확인하기 위하여 실시하는 검사를 말하며, 누출검사는 지하매설저장시설의 저장물질이 누출되고 있는지 여부와 누출량을 확인하기 위하여 실시하는 검사를 말한다. "특정토양오염유발시설관리지침", 환경부 예규 제2002-1호(2002. 2. 8).

하도록 하고 있다(제13조).

현재 토양오염검사는 대규모 특정토양오염관리대상시설에 대하여 실시하고 있는데, 오염지역의 종합적인 파악에 일정한 한계가 있으므로, 사업장의 종류 또는 규모를 불문하고 일정량 이상의 유해물질 및 유해폐기물이 방치된 것이 밝혀진다면 사업장 및 해당 토지의 소유자 또는 점유자로 하여금 관할 관청에 즉시 신고하도록 할 필요가 있다.[35]

한편, 토양오염방지시설을 설치하지 아니하거나 토양오염검사 결과 우려기준을 넘는 경우 각종 행정제재, 즉 방지시설의 설치 또는 개선, 토양정밀조사의 실시, 정화조치, 사용중지 등이 명하여진다(제14조). 특정토양오염관리대상시설에서 배출되는 오염물질의 정도가 심하여 주민의 환경권 또는 환경이익에 대한 중대한 침해가 있는데도 불구하고 행정청이 필요한 조치를 일체 취하지 않는 경우에는 재량의 수축 내지 소멸이 인정될 여지가 많을 것이므로 상황에 따라서는 토양오염관리대상시설 설치자에 대한 일정한 조치명령의 발동은 행정청의 의무가 될 수 있다.

현재 특정토양오염관리대상시설의 설치 · 운영자가 토양오염에 대하여 전혀 기여한 바가 없고 과거의 설치 · 운영자에 의하여 토양오염이 이루어진 경우에 현재의 설치 · 운영자에게 정화조치명령을 할 수 있는지 문제될 수 있다. 오염원인자 책임원칙을 엄격히 적용하는 입장에서는 현재의 설치 · 운영자를 정화조치명령의 대상자로 할 수 없다고 할 것이나,[36] 오염된 토양의 정화를 중요시하는 입법목적 등을 고려할 경우에는 현재의 설치 · 운영자에게 상태책임을 물을 수 있다고 할 것이다.

---

35) 김명용(각주 20), 152면.

36) 단순히 오염된 토양 위에 토양관리대상시설을 설치 · 운영하고 있다는 것만으로는 책임을 물을 수 없고 적어도 현재의 설치 · 운영자가 당해 토양오염관리대상시설을 설치 · 운영한 이후에도 토양오염물질의 누출이 계속되었던 경우에 한하여 책임을 물을 수 있다고 해석하는 것이 타당하다. 그러나 자신의 설치 · 운영기간 중에 토양오염물질의 누출이 없었다는 점을 입증하는 것이 사실상 불가능하고, 더욱이 연대책임의 원칙이 수평적으로만 아니라 수직적으로도 적용된다고 한다면 토양오염의 원인사실에 대한 입증책임을 현재의 토양오염관리대상시설의 설치 · 운영자가 부담하게 되는데, 그러한 입증이 사실상 불가능한 경우가 대부분이라는 점을 고려하면 동 규정은 실제상 시설자 혹은 소유자책임을 부과하는 것처럼 운영될 수 있으며, 소급책임을 인정하는 결과가 될 것이다. 황창식(각주 22), 129 내지 130면.

≪**특정토양오염관리대상시설 관리 체계도**≫[37]

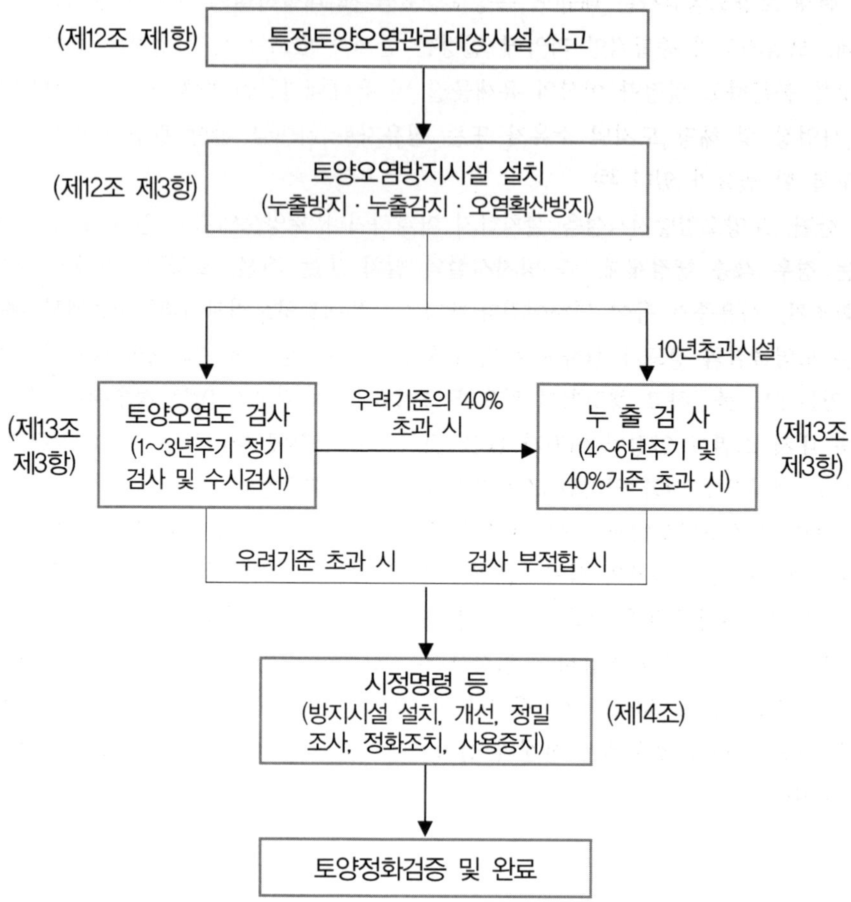

Ⅴ. 토양오염방지조치

시 · 도지사 또는 시장 · 군수 · 구청장은 상시측정 또는 토양오염실태조사의 결과 우려기준을 넘는 지역의 정화책임자에 대하여 토양오염지역의 범위 등을 감안하여 6월의 범위 안에서 그 이행기간을 정하여 토양관련전문기관으로부터 토양정밀조사를 받도록 명할 수 있다(제15조 제1항).

37) 환경부, 환경백서, 2007, 637면.

동법은 토양오염우려기준의 실효성과 정화책임자의 책임 확보를 위하여 시 · 도지사 또는 시장 · 군수 · 구청장에게 토양오염방지조치명령권 등을 부여하고 있다. 즉 상시측정 · 토양오염실태조사 또는 토양정밀조사의 결과 우려기준을 넘는 경우, 시 · 도지사 또는 시장 · 군수 · 구청장은 토양오염물질 및 시설의 종류 · 규모 등을 감안하여 2년의 범위 안에서 그 이행기간을 정하여 정화책임자에게 ① 토양오염관리대상시설의 개선 또는 이전, ② 해당 토양오염물질의 사용제한 또는 사용중지, ③ 오염토양의 정화조치를 실시하도록 명할 수 있다(동조 제3항 본문). 국가도 정화책임자에 해당할 경우 그 대상자가 될 수 있다.[38] 다만, 정화책임자를 알 수 없거나 정화책임자에 의한 토양정화가 곤란하다고 인정하는 경우에는 시 · 도지사 또는 시장 · 군수 · 구청장이 오염토양의 정화를 실시할 수 있다(동항 단서).

그 명령은 처분으로서 기본적으로 행정청과 사인 간의 관계를 규율하는 것이지만 사실상 사인간에 영향을 미치게 된다. 예컨대, 정화조치명령을 받은 자는 구상 등을 통해 제3자에게 배상 및 정화책임을 물을 가능성이 많기 때문이다.

Ⅵ. 토양보전대책지역의 지정 · 관리

1. 지 정

환경부장관은 대책기준을 넘는 지역이나 특별자치시장 · 특별자치도지사 · 시장 · 군수 · 구청장이 관할 구역 중 특히 토양보전이 필요하다고 인정하여 대책지역으로 지정하여 줄 것을 요청하는 지역을 관계 중앙행정기관의 장 및 관할 시 · 도지사와 협의하여 토양보전대책지역으로 지정하여 특별히 관리할 수 있다(제17조 제1항 · 제2항). 다만 환경부장관은 대통령령으로 정하는 경우에 해당하는 지역[39]에 대해서는 반드시 대책지역으로 지정하여 관리하여야 한다(동항 단서). 이는 토양의 오염도가 대책기준을 초과한 지역이나 초과할 우려가 있는 지

38) 서울행정법원 2007. 1. 31. 선고 2006구합21504 판결 참조.

39) "대통령령으로 정하는 경우에 해당하는 지역"이라 함은 다음과 같다: ① 재배작물 중 오염물질함량이 「식품위생법」 제7조의 규정에 의한 중금속잔류허용기준을 초과한 면적이 1만㎡ 이상인 농경지; ② 중금속 · 유류 등 토양오염물질에 의하여 토양 · 지하수 등이 복합적으로 오염되어 사람의 건강에 피해를 주거나 환경상의 위해가 있어 특별한 대책이 필요한 지역(시행령 제12조 제1항).

역을 토양보전대책지역으로 지정하여 토지의 이용, 시설의 설치 등을 제한함으로써 오염의 심화와 확산을 예방하고 오염된 토양에 대하여 개선사업을 시행하여 오염원을 제거하고 오염도를 저하시키려는 일종의 특별대책수단이라 할 수 있다.[40]

오염된 토양의 개선사업은 환경부장관이 토양보전대책지역으로 지정한 지역에 대하여 시행되므로, 토양보전대책지역의 지정 여부와 개선사업의 내용은 해당 토지에 결정적인 영향을 미치게 된다. 현행법은 대책지역의 지정기준 및 절차에 관하여 대통령령에 위임하고 있는데(제17조 제3항),[41] 이러한 사항은 개인의 재산권에 미치는 영향이 크므로 법률에서 그 구체적인 범위를 정하여 개별적으로 위임하는 것이 타당하다고 판단된다.

2. 관 리

동법은 토양보전대책지역의 효율적인 관리 차원에서 대책계획의 수립 · 시행(제18조), 오염토양개선사업의 실시(제19조),[42] 토지이용 또는 시설의 설치제한(제20조), 금지행위(제21조), 대집행(제24조) 등을 규정하고 있다.

---

40) 홍준형(각주 13), 894면.

41) 시행령에서는 토양보전대책지역의 지정기준을 ① 농경지의 경우에는 지표면으로부터 30㎝까지의 토양오염도가 대책기준을 초과하거나 시 · 도지사가 재배작물 중 오염물질함량이 관련 허용기준을 초과하여 대책지역 지정을 요청한 지역일 것, ② 농경지 외의 지역의 경우에는 지표면으로부터 지하수(대수층)면 상부 토양 사이의 토양오염도가 대책기준을 초과한 지역 또는 시 · 도지사가 대책지역 지정을 요청한 지역으로서 인체에 대한 피해가 우려되고 그 면적이 1만㎡ 이상의 지역일 것으로 하고 있다(제12조 제2항).

42) 오염개선사업의 목표기준이 명확하게 설정되어 있지 못하여 어느 정도까지 개선사업을 실시하여야 하는지 그 판단이 어렵다. 대책기준이 하나의 기준으로 작용할 수 있을 것이나 이를 명확히 할 필요가 있다.

제2절 토양오염피해에 대한 책임

종전 토양오염피해에 대한 무과실책임 규정에 대해서는 공법상의 책임이라고 할 수 있는 정화와 함께 배상책임을 언급하고 있었기 때문에 성격이 다른 책임이 한 규정에 있다는 비판과 함께 사법관계도 규율하는 것으로 볼 수 있는지 논란이 있었다.1) 그러나 2014. 3. 24. 개정 법은 정화책임 규정을 배상책임과 구별하여 규정함으로써, 그 논란을 해소하고 있다. 배상책임(제10조의3)은 해당 토양오염을 발생시킨 자에게 토양오염의 피해에 대한 무과실책임을 묻고 있으며, 정화책임(제10조의4)은 일정한 범위의 정화책임자로 하여금 오염토양의 정화, 오염토양 개선사업의 실시 등을 실시하도록 하고 있다. 말하자면 전자가 사법상의 책임이라면 후자는 공법상의 책임이라고 할 수 있다.

한편, 토양오염에 대하여는 불법행위책임인 「토양환경보전법」 제10조의3, 「환경정책기본법」 제44조, 일반 불법행위책임(민법 제750조), 공작물책임(민법 제758조) 등에 기한 손해배상책임과 계약책임인 하자담보책임(민법 제580조), 불완전이행책임 등이 문제될 수 있을 것이다.

Ⅰ. 배상책임

1. 토양오염피해에 대한 무과실책임

「토양환경보전법」은 "토양오염으로 인하여 피해가 발생한 경우 그 오염을 발생시킨 자는 그 피해를 배상하고 오염된 토양을 정화하는 등의 조치를 하여야 한다"고 규정함으로써(제10조의3 제1항 본문), 토양오염의 피해에 대한 무과실책임을 인정하고 있다. 이 규정은 위험책임의 법리를 실정화한 것으로, 토양오염 피

---

1) 구 「토양환경보전법」 제10조의3에 따른 정화책임이 공법상의 위험방지책임(경찰책임)으로 보아야 한다는 견해는 김현준, "토양정화책임 -토양환경보전법 제10조의3에 대한 비판적 검토-", 공법연구 제34집 제1호, 2005. 12, 193면; 조은래, "토양환경보전법상 정화책임의 민사법적 검토", 환경법과 정책 제8권, 2012. 5, 30면. 오염원인자의 정화책임은 공법상의 책임임에 반해 손해배상책임은 사인에 대한 사법상의 책임이라면서 성격이 다른 두 종류의 책임을 한 규정에 두고 있는 것이 입법 기술상 타당하지 않다는 견해는 채영근, "우리나라 토양환경보전법과 그 개정안의 내용과 문제점 -미국의 CERCLA와 비교하며-", 공법연구 제29집 제2호, 2001, 387면.

해자는 가해자의 고의 내지 과실을 입증할 필요 없이 손해배상을 받을 수 있다. 또한 동규정은 피해배상뿐만 아니라 '정화'의무를 규정하고 있는데, 토양오염의 사전예방뿐만 아니라 오염된 토양의 사후적 복구를 도모하고 있다는 점에서 의미가 있다.

가. 요　건

(1) 오염을 발생시킨 자

책임주체는 토양오염을 발생시킨 자이다. 책임 주체를 "오염을 발생시킨 자"로 한 것은 종전에 책임의 주체를 '오염원인자'로 하면서 오염원인자가 구체적으로 누구인지, 오염원인자를 토양오염 발생과 직접적인 관련이 없는 자(예컨대, 토양오염관리대상시설의 소유자, 승계인)로 확대해석할 수 있는지 등 논란이 있었는데, 그 논란을 잠재우려는 입법적 노력이라고 이해된다. 그러나 동법은 '오염을 발생시킨 자'에 대한 별도의 개념규정을 두고 있지 않으며, 보기에 따라 그 범위가 여전히 광범위하고, 불분명한 점이 있어서 구체적인 경우 그 해석을 둘러싸고 논란이 제기될 수 있다.

(2) 토양오염피해

'토양오염'이란 사업활동이나 그 밖의 사람의 활동에 의하여 토양이 오염되는 것으로서 사람의 건강 · 재산이나 환경에 피해를 주는 상태를 말한다(제2조 제1호). 동법이 '토양오염물질'을 "토양오염의 원인이 되는 물질로서 환경부령으로 정하는 것을 말한다"고 정의하고 있음(제2조 제2호)에 비추어 토양오염은 토양오염물질로 인한 오염으로 이해된다. 여기서 "토양오염으로 인한 피해"란 토양오염으로 인하여 직접적인 피해가 발생한 경우만을 의미하는 것인가? 아니면 오염된 토지의 매매가 이루어진 후 거래과정에서 오염 사실이 제대로 반영되지 못함으로써 매수인에게 생겨날 수 있는 재산상 손해(오염 정화비용 상당의 손해)까지도 포함하는가? 법원은 위 조항에서 언급하고 있는 '정화의무'가 민사법적인 의무라고 지적하면서 "위법한 토양오염이 있다고 인정되는 경우라면 이미 재산이나 환경에 피해가 발생한 상태에 이른 것으로 보아 토양오염 유발자는 그 토지의 전전매수인(전득자)인 현재의 소유자에 대하여도 위 조항에 따른 정화의무를 부담한다"고 설명함으로써,[2] "토양오염으로 인한 피해"를 오염 그 자체를 원인으로

2) 대법원 2016. 5. 19. 선고 2009다66549 전원합의체 판결(다수의견에 대한 보충의견, 판례 [8]). 여기에 대하여 소수의견은 위 규정에서 '피해'는 사람의 건강 · 재산이나 환경상의 피해

타인에게 손해가 발생한 경우만으로 국한하지 않고 오염된 토지의 매수인이 지출한 정화비용, 처리비용까지도 포함하는 것으로 넓게 해석하고 있다.3)

나. 책임의 내용

제10조의3 제1항은 손해배상과 오염된 토양의 정화를 그 책임으로 인정하고 있다. 이는 원인자의 과실 여부를 떠나 인정되는 '무과실책임'이다. 여기서 '정화책임'은 앞서 피해 배상책임과 같이 불법행위에 따른 책임이라고 할 수 있으며, 피해배상과 정화의무의 이행은 상호보완적인 관계에 있다.4) 원인자에게 배상과 함께 '오염된 토양'을 정화하는 조치를 구할 수 있는데, '오염된 토양'에 대한 개념 정의가 없어 다소 혼란스러운 부분이 있다. 예컨대, 여기서 말하는 '오염된 토양'이 공법상의 정화책임의 책임범위가 되는 오염도가 우려기준을 초과하는 경우로 보아야 하는가? 제11조 제3항에서는 '오염토양'과 관련해서 "오염도가 우려기준을 넘는 토양"이라고 정의하고 있기 때문에 이러한 정의가 제10조의3에 따른 정화의무에도 유추적용될 수 있다는 견해가 있을 수 있으나 공법상 책임과 사법상 책임을 구별하고 있는 상황에서 공법상 정화책임에 적용되는 이러한 요건이 제10조의3에 따른 사법상 책임에도 그대로 적용될 수 있는지는 의문이다.5)

를 말하는데, 위 '피해'에 매매의 대상이 된 토지 자체의 토양오염이나 오염토양정화비용은 포함되지 않는다고 하고 있다.

3) 그러나 여기에서의 피해는 토양오염으로 인하여 발생한 직접 피해만을 의미하며, 거래로 인하여 매수인에게 발생한 피해는 포함하지 않는다고 보는 것이 합리적인 해석이라고 생각한다. 이는 예컨대, 공작물책임(민법 제758조)의 대상이 되는 피해가 공작물 하자로 인한 직접 피해만을 의미하고 공작물의 거래로 인해 매수인에게 발생한 피해를 염두에 두고 있지 않는 것과 마찬가지 이치이다.

4) 이와 관련해서 제10조의3의 '배상' 부분은 손해배상책임을, '정화' 부분은 동법상의 정화책임을 규정하고 있다는 견해가 있다. 조홍식, 환경법원론, 박영사, 2019, 557면. 그러나 2014. 3. 24. 개정 시 개정이유에서 "토양오염에 따른 사법상의 손해배상책임과 공법상의 토양정화책임 간의 법적 영역을 명확히 구분하도록 함(제10조의3)"을 밝히고 있는 점, 종전에 한 조문에서 배상책임과 같이 다루던 정화책임을 제10조의4에서 별도로 규정하고 있는 점, 제11조 제3항(토양정밀조사), 제15조 제3항(토양오염방지 조치명령) 등과 같은 행정명령의 근거 규정을 두고 있지 않은 점 등을 살펴볼 때 제10조의3은 사법상의 책임으로 이해하는 것이 타당하다. 다만 동조문에서 종전의 "오염토양을 정화하여야 한다"라는 표현 대신에 "오염된 토양을 정화하는 등의 조치를 하여야 한다"라는 유사한 표현을 사용한 것은 불필요한 논란을 제기할 수 있다는 점에서 입법의 부주의라고 할 수 있다.

5) 이른바 대한전선 사건에서 법원은 '토양오염'에 대한 개념 정의(제2조 제1호)를 유추하여 '오염토양'을 "토양오염물질이 축적되어 사람의 건강·재산, 동·식물의 생육에 지장을 주는 토양"이라고 정의하고 있다. 대법원 2011. 5. 26. 선고 2008도2907 판결 참조(이 사안에서는

다. 책임의 면제

동법은 명시적으로 토양오염이 천재지변이나 전쟁, 그 밖의 불가항력으로 인하여 발생한 경우 책임을 묻지 않고 있다(제10조의3 제1항 단서).

2. 복수원인자 책임

수인이 공동으로 오염물질을 배출하여 환경피해를 야기한 경우 과연 누구에 의해 피해가 발생한 것인지를 밝히기란 쉬운 일이 아니다. 이러한 환경피해에 대한 책임소재 규명의 어려움을 해결하기 위하여 「토양환경보전법」 제10조의3 제2항은 「환경정책기본법」 제44조 제2항의 규정 취지와 같은 맥락에서 "토양오염을 발생시킨 자가 둘 이상인 경우에 어느 자에 의하여 제1항의 피해가 발생한 것인지를 알 수 없을 때에는 각자가 연대하여 배상하고 오염된 토양을 정화하는 등의 조치를 하여야 한다"라고 규정하고 있다.

이러한 연대책임규정은 같은 시기에 공간적으로 인접한 2개의 사업장에서 오염물질을 배출하여 토양을 오염시킨 경우에 적용될 것은 분명하지만, 같은 장소에 시간을 달리하여 존재한 복수의 사업장에 의한 토양오염의 경우 또는 2인 이상이 누적적으로 같은 장소의 토양을 오염시킨 경우 관련당사자 모두를 책임자로 볼 수 있는지는 불분명하다. 실제 입증의 여하는 별론으로 하고, 이를 소극적으로 해석할 이유는 없다고 본다.

복수원인자의 연대책임을 인정하는 이유는 토양오염으로 인한 피해는 그 피해의 만성적·누적적 성격 때문에 그 책임소재 규명이 매우 어렵고, 경우에 따라서는 책임분할 자체가 곤란하며, 이미 도산하였거나 지불능력이 없는 자에게 책임을 묻는 것이 현실적으로 의미가 없기 때문이다. 모든 원인자에게 소를 제기하지 않고 상대적으로 부유한 자(deep pocket)에게 비용을 소구할 수 있도록 하는 것이 정화작업의 중요한 요소인 신속성을 확보할 수 있게 한다는 점도 복수원인자에게 연대책임을 묻는 중요한 이유가 될 수 있다.

그러나 연대책임은 부유한 자에게는 아무리 오염억제조치를 취하여도 책임을 지도록 하고 가난한 자에게는 책임추구 가능성을 배제함으로써, 이들 모두에게 도덕적 해이(moral hazard)를 유발하여, 결과적으로 오염억제효과를 반감시키고, 오염 기여도가 적은 자에게 지나친 부담을 줌으로써, 형평의 관념과 오염원

문제의 토양이 우려기준을 초과하고 있기 때문에 그 결론이 달라지지는 않을 것이다).

인자 책임원칙에 반한다는 비판이 제기될 수 있다.

3. 「환경정책기본법」상의 무과실책임과의 관계

「토양환경보전법」상의 토양오염피해에 대한 배상책임 규정은 개별 환경법에서 무과실책임을 인정하고 있는 유일한 규정이다.[6] 이 규정이 「환경정책기본법」상 원인자의 무과실책임 규정, 즉 "환경오염 또는 환경훼손으로 피해가 발생한 경우에는 해당 환경오염 또는 환경훼손의 원인자가 그 피해를 배상하여야 한다(제44조 제1항)"는 규정에 대하여 특별법적 지위를 갖는가에 대하여는 논란이 제기될 수 있다.

「토양환경보전법」은 환경오염의 피해 원인을 '토양오염'에 국한하고, '토양오염물질'을 한정하고 있다. 다시 말하면 토양오염은 「환경정책기본법」 제44조상 환경오염의 한 유형이고, 토양오염을 발생시킨 자는 「환경정책기본법」 제44조상 '원인자'에 포섭될 수 있기 때문에 「토양환경보전법」상 무과실책임 규정의 구제범위는 「환경정책기본법」상 원인자의 무과실책임 규정의 구제범위보다 제한적이라고 할 수 있다. 결국 피해자는 입증부담을 덜기 위하여 「토양환경보전법」 제10조의3 제1항이 적용될 수 있는 경우에도 이 규정에 의하지 않고 구제범위가 보다 넓은 「환경정책기본법」 제44조에 기한 책임을 물을 가능성이 있다. 그러나 「토양환경보전법」 제10조의3은 피해자로 하여금 손해배상뿐만 아니라 '정화'책임도 물을 수 있도록 하기 때문에 정화를 위한 구제수단으로 여전히 의미가 있다고 할 수 있다.

그러나 피해자가 흔히 손해배상의 전 단계로 정화를 포함한 정상 복구를 요구하고, 그것이 여의치 않을 경우에 손해배상을 청구할 가능성이 많기 때문에 「토양환경보전법」상의 무과실책임 규정은 상당 부분 의미가 퇴색되어 있다고 할 수 있다. 더욱이 2014. 12. 31. 제정(2016. 1. 1. 시행)된 「환경오염피해 배상책임 및 구제에 관한 법률」은 「토양환경보전법」상의 무과실책임 조항 자체의 폐지까지 심각하게 고려하도록 하고 있다.[7]

---

6) 토양오염은 일반적 환경피해에 포함시켜 통일적 규율의 대상으로 함에 큰 문제가 없을 것이다. 입법론상 다른 환경오염(예컨대, 수질오염, 대기오염, 지하수오염 등)과 달리 특별히 토양오염만을 특별히 취급할 필요성은 없어 보인다. 일본 「大氣汚染防止法」(제25조 제1항), 「水質汚濁防止法」(제19조 제1항)에서는 일정한 경우 사업자의 무과실책임을 인정하고 있다.

7) 동법은 일정한 대상 시설에 대한 무과실책임, 보험 가입의 의무화, 인과관계 추정, 환경오염피해 보상계정 설치·운용 등 규정을 둠으로써 피해자 구제의 신속성과 충실성을 도모하고

Ⅱ. 정화책임

동법은 일정한 정화책임자에게 토양정밀조사, 오염토양의 정화 또는 오염토양 개선사업의 실시를 하도록 하고 있다. 특히 오염원인자의 범위를 정하고 있던 종전 규정이 헌법불합치 결정을 받음으로써,[8] 2014. 3. 24. 개정 법은 정화책임의 주체로 '정화책임자'라는 용어를 새로이 도입하고, 정화책임자의 범위를 재설정하고, 면책을 확대하는 등 대폭적인 손질을 하였다.

1. 정화책임자

동법은 제10조의4에서 오염토양의 정화 등 책임을 지는 '정화책임자'를 특정하고 있다. 여기에는 ① 토양오염물질의 누출 · 유출 · 투기(投棄) · 방치 또는 그 밖의 행위로 토양오염을 발생시킨 자, ② 토양오염의 발생 당시 토양오염의 원인이 된 토양오염관리대상시설의 소유자 · 점유자 또는 운영자, ③ 합병 · 상속이나 그 밖의 사유로 ① 및 ②에 해당되는 자의 권리 · 의무를 포괄적으로 승계한 자, ④ 토양오염이 발생한 토지를 소유하고 있었거나 현재 소유 또는 점유하고 있는 자가 포함된다(동조 제1항). 다만 ④에 해당하는 토지의 소유자 · 점유자는 선의 · 무과실 등 일정한 경우에는 면책된다(동조 제2항). 이는 ④에 해당하는 토지의 소유자 · 점유자를 제외한 다른 정화책임자에게는 사실상 면책이 인정되지 않는 무과실책임을 인정하는 셈이다. 이 정화책임자 조항은 과거 오염원인자의 범위에 관한 논란을 어느 정도 해결했다는 점에서 의미가 크다. 그러나 구체적인 경우 그 해석을 둘러싼 치열한 논란이 예상되고 있다.

가. 토양오염을 발생시킨 자

동법은 토양오염물질의 누출 · 유출 · 투기(投棄) · 방치[9] 또는 그 밖의 행위[10]

있다. 동법은 토양오염관리대상시설을 적용대상으로 하고 있는바, 토양오염관리대상시설로 인한 토양오염피해에 대한 배상책임의 근거로 굳이 「토양환경보전법」상의 무과실책임 규정을 둘 필요성은 많지 않다고 보인다. 그러나 토양오염관리대상시설 이외의 원인자로 인한 토양오염피해에 대하여, 그리고 배상책임 이외에 '정화'책임도 물을 수 있도록 하고 있다는 점은 여전히 의미를 갖는다고 할 것이다.

8) 헌재 2012. 8. 23. 선고 2010헌바167 결정(마산주유소 사건, 판례 [5]); 헌재 2012. 8. 23. 선고 2010헌바28 결정(부영 사건, 판례 [6]).

9) 토양오염의 원인이 되는 물질을 방치함으로써 토양오염을 유발시킨 자는 토양의 정화책임자

로 토양오염을 발생시킨 자를 정화책임자로 규정하고 있다(동조 제1항 제1호). 이는 토양오염관리대상시설의 소유·점유·운영 여부와 관계없이 토양오염물질을 사용 또는 취급하던 중 토양오염이라는 결과를 야기한 경우 정화책임을 지도록 하고 있는 것이다. 이러한 점에서 '토양오염을 발생시킨 자'가 지는 책임은 '행위책임'이라고 할 수 있다. 그 결과 행위와 토양오염의 발생 사이에 인과관계가 존재하여야 하는데, 주지하는 바와 같이 인과관계를 명확히 밝히는 것은 쉽지 않다.

'오염을 발생시킨 자'의 범위는 상당히 넓다고 할 수 있으며, 다소 모호한 측면도 있다. 이는 '그 밖의 행위'를 어떻게 해석하느냐의 문제와 관련이 있다. 예컨대, 토양오염물질의 발생자로서 그 처리를 위탁한 자를 토양오염을 발생시킨 자로 볼 수 있는지 분명하지 아니하다. 토양오염물질을 발생시킨 자가 그 처리를 위탁한 경우 발생자는 적절한 처리를 위탁하였을 뿐 토양에 누출·유출시키거나 투기·방치하였다고 보기는 어렵다고 볼 수도 있으나, 토양오염물질의 발생은 기업의 운영에 있어서 불가피하고, 당해 기업은 그로 인해 막대한 이윤을 획득하고 있으므로 정화책임자로 보아 책임을 부담케 하는 것이 오염된 토양의 정화를 중요한 목적으로 하는 법 취지에 보다 부합할 것이다.[11] 논란을 없애기 위해서는 입법적으로 이를 분명히 할 필요가 있다.

나. 토양오염관리대상시설의 소유자·점유자·운영자

또한 동법은 토양오염 '발생' 당시 토양오염의 원인이 된 토양오염관리대상시설의 소유자·점유자·운영자를 정화책임자로 명시하고 있다(동항 제2호). 그 결과 토양오염물질을 직접 발생시키지는 않았더라도 토양오염의 '발생' 당시[12] 소유

에 해당한다고 할 것이지만, 이미 오염된 토양을 정화하지 않고 방치하는 행위는 그 행위로 인하여 새로운 토양오염을 유발시키지 않은 이상 토양의 정화책임자에 해당한다고 할 수 없다. 광주지법 2010. 3. 26. 선고 2009노2091 판결.

10) 토양오염물질의 누출, 유출, 투기 없이 단순히 토양의 위치만 이동하는 것(복토)을 토양오염행위로 보아야 하는가? 인과관계 연속에 참여한 자를 광범위하게 정화책임자로 하고 있는 동법의 목적 및 취지에 비추어 "그 밖의 행위"에 해당한다고 보는 것인 합리적인 해석일 것이다.

11) 이에 반해 위탁은 특별한 사정(예컨대 수탁업자와의 공모)이 없는 한 '그 밖의 행위'에 포섭되지 않는다는 견해는 조홍식(각주 4), 571면.

12) '배출'과 오염 '발생' 간에는 시간 차가 있을 수 있으며, 오염원인자 책임원칙에 부합하기 위해서는 발생이라는 표현 대신에 '배출' 또는 '처리' 등의 표현이 보다 적합하다고 생각한다. 참고적으로 미국 「종합환경대응보상책임법(CERCLA)」은 유해물질의 '처분(disposal) 당시'에 시설(부지를 포함)을 소유 또는 운영하였던 자에게 동법상의 책임을 묻고 있다. CERCLA § 107 (a)(1), (2).

자 · 점유자 · 운영자라면 그 책임을 질 수 있다.[13] 앞서 토양오염을 발생시킨 자(동항 제1호)가 지는 책임이 행위책임이라면 소유자 · 점유자 · 운영자가 지는 책임은 토양오염관리대상시설을 지배하고 있다는 사실만으로 인정되는 '상태책임'이라고 할 수 있다.[14] 그러나 '토양오염의 원인이 된'이라는 요건이 충족되어야 하므로, 토양오염을 유발시키는 직접적 행위가 매개되지 않더라도, 토양오염관리대상시설과 토양오염 간의 관련성은 인정되어야 한다(판례 [2]). 이는 토양오염의 발생과 행위와의 직접 관련성을 요구하는 제1호의 오염을 발생 시킨 자와 구별되는 것이다. 실제 토양오염을 발생시킨 자와 토양오염관리대상시설의 소유자 · 점유자 · 운영자는 중복될 가능성이 많으나 이를 굳이 구별해 본다면, 예컨대 송유관에서 기름을 도굴하는 과정에서 기름이 누출된 경우 도굴자는 전자, 송유관 소유자는 후자에 해당될 것이다.

---

13) 2014. 3. 24. 개정 전 "소유 · 점유 또는 운영하고 있는 자"라는 현재형 대신에 "소유자 · 점유자 또는 운영자"라는 표현을 쓰고 있는 점에 주목하면서 제2호가 토양오염의 '발생 당시'를 기준으로 '그 원인을 제공한' 시설의 소유자 · 점유자 또는 운영자를 정화책임자로 하고 있다는 견해가 있다. 박종원, "2014년 개정 「토양환경보전법」에 따른 토양정화책임에 대한 평가와 전망", 환경법연구 제36권 제1호, 2014. 4, 313면. 이러한 견해는, 이 글에서 분명히 밝히고 있지는 않지만, 제2호의 정화책임자에게 소급책임이 인정될 수 있다고 이해하는 것으로 보인다.

14) 조홍식(각주 4), 571면; 헌재 2012. 8. 23. 선고 2010헌바167 결정(마산주유소 사건, 판례 [5]). 제1호에서 '행위책임자'인 '토양오염을 발생시킨 자'에 대하여 별도로 규정하고 있다는 점에서 제2호에서 상태책임자를 정화책임자의 범위에 포함시키려고 한 것이 입법자의 의도라고 해석할 수 있으며, 상태책임을 인정하지 않을 경우에는 토양오염의 장기성 · 누적성 등으로 인해 그 원인자를 발견하기가 쉽지 않은 상황에서 입법 취지가 크게 손상될 수 있다. 그러나 김종대 재판관(소수의견)은 "토양오염관리대상시설의 소유자 · 점유자 · 운영자는 토양오염 발생 당시에 그 원인이 된 토양오염관리대상시설을 사실적으로 지배하고 있으나(이는 기본적으로 소유자 등의 책임이 상태책임임을 인정하는 것으로 이해됨), 토양오염관리대상시설의 양수자 · 인수자는 토양오염관리대상시설을 양수 · 인수하기 이전에는 토양오염의 발생과 전혀 무관하므로, 토양오염 발생에 대한 귀책의 정도가 본질적으로 다르다"고 지적한 바 있다. 마찬가지로, 소유자(제2호)의 책임이 상태책임인지 여하를 분명히 하지 아니한 채, 경찰책임의 법리에 따를 경우 소유자의 책임과 양수인(구법 제10조의4 제3호, 2014. 3. 24. 개정 법에서는 삭제됨)의 책임은 다른 유형의 책임으로 보아야 한다는 견해가 있다. 박종원 · 김현준, 토양정화책임 관련 분쟁사례 분석, 한국법제연구원, 2012. 10, 204면. 기본적으로 상태책임이라고 인정하면서 토양오염 '발생 당시' 토양오염관리대상시설의 소유자 · 점유자 · 운영자를 정화책임자로 하고 있는 점, '운영자'가 포함되어 있는 점 등에 비추어 이들 정화책임자 중에는 행위책임자에 해당하는 자 또는 양자의 성격이 혼재되어 있는 자가 있을 수 있다는 견해도 있다. 김연태, "토양환경보전법상 정화책임자의 범위와 책임의 한계", 고려법학 제77호, 2015. 6, 99면.

[1] 택시 차고지 사건: 대법원 2010. 2. 11. 선고 2009두20137 판결

이 사건 토지에 대한 오염은 이 사건 토지가 택시 차고지로 사용된 1987년경 이래 원고가 점유·사용하고 있는 현재까지 계속되고 있다고 볼 것이므로, 원고는 토양오염의 발생 당시 토양오염의 원인이 된 도양오염관리대상시설을 점유 또는 운영하는 자로서 본 법 제10조의3 제3항 제2호의 오염원인자에 해당한다고 할 것이다.

[2] 소유·점유 또는 운영하고 있는 자: 대법원 2012. 1. 26. 선고 2009다76546 판결

토양환경보전법 제10조의3 제3항(현행 제10조의4) 제1호에서 직접적인 행위로 토양오염을 유발시킨 자를 규정하고 이어서 제2호에서 '토양오염의 원인이 된 토양오염관리대상시설'이라고 규정한 문언적인 해석이나 법 제2조 제3호에서 단지 '토양을 오염시킬 우려가 있는 시설·장치·건물·구축물 및 장소 등'을 '토양오염관리대상시설'로 정의하고 있는 것과 대비하여 볼 때, 법 제10조의3 제3항 제2호는 토양오염관리대상시설을 소유·점유 또는 운영하고 있는 자의 직접적인 행위로 토양오염을 유발시킬 것을 요건으로 하지는 않지만 토양오염관리대상시설이 토양오염의 원인이 될 것을 요건으로 한다고 해석함이 타당하다. 즉 토양오염관리대상시설이라는 유체물(有體物)과의 인과관계가 요구되고 소유·점유 또는 운영하고 있는 자와의 인과관계는 요구되지 않는다.[15)]

여기서의 토양오염관리대상시설의 소유자 등에 당해 시설에 대한 담보권을 보유하면서 운영에 참여한 자가 포함되는지는 분명하지 아니하다. 미국에서도 이를 둘러싼 논란이 지속되고 있다는 점을 감안할 때 입법적 해결이 요망된다. 한편 「신탁법」에 따른 신탁으로 인하여 시설의 소유권이 수탁자인 신탁회사에 이전된 경우 신탁회사는 정화책임자가 될 수 있다.

다. 권리·의무의 승계자

동항 제3호는 "합병·상속이나 그 밖의 사유로 제1호 및 제2호에 해당하는 자의 권리·의무를 포괄적으로 승계한 자"를 규정함으로써, 양수인의 의무승계에 관한 규정을 두고 있다. 그 결과 토양오염의 원인에 기여하지 않더라도 토양오염

15) 갑이 토지소유자 을에게서 토지를 임차하여 주유소를 운영하였는데 인접장소에서 유류에 오염된 토양이 발견되어 토양오염검사(누출검사)를 실시한 결과, 갑의 주유소 유류저장조에 연결된 배관 불량이 원인으로 판명된 사안에서, 갑과 을의 토지임대차관계 등 제반 사정에 비추어 을 소유의 토지와 인접한 토양의 오염 사이에 인과관계가 인정되지 않는다는 이유로, 을에게 피해배상책임을 부담할 수 없다고 한 사례.

을 발생시킨 자(제1호)나 토양오염관리대상시설의 소유자 · 점유자 또는 운영자(제2호)의 지위를 승계한 자가 정화책임을 질 가능성이 높아졌다.

전통적으로 포괄적 승계라는 법률적 효과를 발생하는 것으로 이해되어 온 합병, 상속의 경우에는 동 규정이 특별한 의미를 갖지 않는다. 문제는 '영업양도'와 같은 특수한 경우인데, 해석상 "그 밖의 사유"에 포함되어 일정한 경우에는 그 승계자의 책임이 인정될 수 있을 것이다. 문제의 핵심은 영업양도의 의미가 무엇인지, 어느 경우에 '포괄적' 승계가 있는지 등일 것이다.

원칙적으로 영업의 동일성이 인정되는 경우 양수인은 양도인의 책임을 부담한다 할 것이다. 동일성의 판단은 종래의 영업조직의 전부 또는 중요한 일부가 유지되며 같은 기능을 할 수 있느냐에 의하여 판단되어야 한다.[16] 동일성을 결정하는데 있어 중요한 요소는 주주의 계속성, 이사의 계속성, 임원의 계속성이지만[17] 그 밖에도 동일한 고용인, 동일한 감독자, 동일한 장소, 동일한 생산시설, 동일한 제품, 동일한 영업, 동일한 상호, 자산의 계속성, 양도기업과의 일체성 등이 제시될 수 있을 것이다.

'자산인수'의 경우에는 자산의 상당부분을 인수한 경우라도 원칙적으로 포괄적 승계가 이루어진 것이 아니므로 그 인수자가 양도인의 기존 책임을 승계한다고 할 수는 없을 것이다. 이에 이러한 원칙을 악용하는 거래행위를 제한할 필요성이 제기되는데, 이 때 비록 예외적이지만 자산인수의 경우에도 양수인이 양도인의 책임을 승계할 수 있다는 경우를 인정하여 온 미국 법원의 태도는 참고할 만하다.[18]

16) 대법원 1989. 12. 26. 선고 88다카10128 판결; 이철송, 상법총칙 · 상행위, 박영사, 1996, 241면.

17) 김홍균, "환경법상 책임의 승계", 사법 제29호, 2014. 9, 165면.

18) 참고적으로 미국 법원은 자산인수의 경우에도 양수인이 양도인의 책임을 인수할 수 있다는 예외적인 경우를 인정하여 왔다. 예를 들어, 당사자간에 책임을 인수한다고 약정을 하는 경우(assumption of liability), 회사법이 요구하는 합병절차를 밟지 아니하였으나 사실상 합병에 상당하는 기업통합이 있는 경우(*de facto* merger), 거래대금을 지불하지 않고 사기행위(fraud)로 회사를 인수한 경우, 단순히 기업형태만 바꾸고, 동일한 주주, 이사, 임원을 가지고 동일한 영업을 하는 경우(mere continuation) 등이 그것이다. William B. Johnson, *Liability of Parent or Successor Corporation, or Corporate Shareholders, in Action Pursuant to Comprehensive Environmental Response, Compensation, and Liability Act*, 121 American Law Reports 173 (1997).

라. 토지의 소유자 · 점유자

2014. 3. 24. 개정 법은 "토양오염이 발생한 토지를 소유하고 있었거나 현재 소유 또는 점유하고 있는 자"를 정화책임자로 하고 있다(동항 제4호). 이에 따라 '토지'의 과거 소유자나 현재 소유자 · 점유자가 오염토양의 정화 등 책임을 지게 된다. 이는 토양오염의 원인을 제공하였는지와 관계없이 오염 결과만으로 오염된 토지의 소유자 · 점유자가 정화책임을 질수 있다는 것을 의미한다. 토지의 소유자 · 점유자라는 이름으로 책임을 지기 때문에 '상태책임'으로 이해된다. 이와 같이 상태책임이라는 점에서 앞서 토양오염관리대상시설의 소유자 등의 책임(제2호)과 유사하지만 '시설'책임이 아니라 '토지'책임이라는 점에서 구분된다. 그리고 양자 간의 중요한 구별실익은 뒤에서 살펴보는 면책이 '토지'책임과 관련해서만 적용된다는 것이다.

2. 책임의 내용

정화책임자가 지는 책임의 내용은 제11조 제3항, 제14조 제1항, 제15조 제1항 · 제3항 또는 제19조 제1항에 따른 토양정밀조사, 오염토양의 정화 또는 오염토양 개선사업의 실시(토양정화등)이다.

3. 면　　책

종전에는 토양오염관리대상시설(2014. 3. 24. 개정 전에는 부지와 토양오염이 발생한 장소를 포함하였음)의 양수자가 선의 · 무과실인 경우에만 그 책임을 면할 수 있도록 하였다(구법 제10조의4 단서). 그러나 2014. 3. 24. 개정 법은 신뢰보호의 원칙 또는 과잉금지원칙 위반 상태를 해소한다는 차원에서 넓게 면책을 인정하고 있다. 즉 제10조의4 제1항에도 불구하고 다음의 어느 하나에 해당하는 경우에는 같은 항 제4호('토지'의 소유자 · 점유자)에 따른 정화책임자로 보지 아니한다. 다만, 1996년 1월 6일 이후에 제1항 제1호(토양오염을 발생시킨 자) 또는 제2호(토양오염관리대상시설의 소유자 · 점유자 · 운영자)에 해당하는 자에게 자신이 소유 또는 점유 중인 토지의 사용을 허용한 경우에는 그러하지 아니하다: ① 1996년 1월 5일 이전에 양도 또는 그 밖의 사유로 해당 토지를 소유하지 아니하게 된 경우; ② 해당 토지를 1996년 1월 5일 이전에 양수한 경우; ③ 토양오염이 발생한 토지를 양수할 당시 토양오염 사실에 대하여 선의이며 과실이 없는 경우; ④ 해당 토지를 소유 또는 점유하고 있는 중에 토양오염이 발생한 경우로서 자신이 해당 토양오염 발생에 대하여 귀책사유가 없는 경우(동조 제2항).

이에 따르면 선의 · 무과실 면책은 '토지'의 소유자 · 점유자에게만 인정되고 토양오염을 발생시킨 자, 토양오염관리대상시설의 소유자 · 점유자 · 운영자 등에는 인정되지 않는다. 즉 1996년 1월 6일 이후 해당 토지를 양도하거나 소유하지 아니하게 된 경우에는 면책되지 않는데, 이는 오염이 발생한 토지의 소유자가 해당 토지를 양도하거나 소유권을 포기함으로써 책임으로부터 벗어날 수 있는 불합리한 결과를 막기 위한 것이라고 이해할 수 있다.

기준 시점을 「토양환경보전법」(1995. 1. 5. 제정)의 시행일인 1996년 1월 6일로 하고, 그 이전에 토지를 양도 · 양수한 경우 면책을 하고 있는바, 그 규정 형식은 면책이지만 2014. 3. 24. 개정 법을 기준으로 할 경우에는 토지의 소유자에게 사실상 소급책임(다만, 기준 시점 이전에는 소급효가 제한됨)을 인정하는 것이다. 면책규정 제10조의4 제2항 제1호(소유), 제2호 · 제3호(양수)에서 점유가 누락되어 있는데, 점유자를 정화책임자에서 뺄 이유가 없다는 점에서 입법의 부주의로 보인다.

한편, 단지 토지의 소유자 · 점유자라는 이유만으로 책임을 지게 된다면 이는 책임원칙에 반하고, 형평에 맞지 않는 결과를 초래할 수 있으며, 자칫 투자가 위축되는 예기치 아니한 부작용까지 초래할 우려가 있게 된다. 이러한 점을 고려하여 동법은 토지의 소유자 · 점유자 등을 보호하기 위하여 토지의 양수인이 선의 · 무과실인 경우 그 책임을 면할 수 있도록 하고 있다.

이러한 선의 · 무과실 면책 규정은 미국 「종합환경대응보상책임법(CERCLA)」상의 선의의 소유자(innocent landowner)항변을 도입한 것이다.[19] 그러나 어떠한 경우에 토지 양수인의 선의 · 무과실이 인정되는지에 대하여는 명문규정을 두고 있지 아니하므로 구체적 적용에 있어서는 논란이 예상된다. 기본적으로 선의 · 무과실은 사안별로 판단할 수밖에 없다. 예컨대, 토양환경평가를 받아 그 토지의 오염 정도가 우려기준 이하인 것을 확인하는 경우는 그렇지 않은 경우에 비해 선

19) 미국 「종합환경대응보상책임법」에서는 선의 · 무과실이 아닌 "모든 적절한 조사(all appropriate inquiries)"라는 표현을 사용하고 있다. 이에 따르면 선의의 토지소유자(innocent landowner)는 그 책임을 면하기 위해서 문제의 부지를 매수하기 전에 이전 소유자와 용도 등에 대해 "모든 적절한 조사"를 한 후에, 해당 부지를 매수할 당시 문제의 부지에서 유해물질이 처분되었다는 것을 몰랐거나 모름에 상당한 이유가 있음을 입증해야 한다. CERCLA § 101(35)(A)(i), (B)(i).

의 · 무과실을 인정받기 쉬울 것이다. 향후 논란을 차단하기 위해서 선의 · 무과실이라는 개념보다는 적절한 조치를 취한 경우 면책된다는 표현으로 바꾸고, 적절한 조치를 명확히 하는 것도 고려할 필요가 있다.[20)]

[3] 선의 · 무과실: 창원지법 2008. 12. 18. 선고 2007구합3204 판결(상고)

건설전문업체인 원고로서는 아파트 건설을 위하여 철강공장 부지였던 이 사건 토지를 매수함에 있어 더욱 신중하게 처리하는 것이 통상적일 것임에도, 법 제10조의2 제1항의 토양환경영향평가 등 토양오염실태에 대한 별다른 조사 없이 이 사건 매매계약을 체결한 점, 매수 당시 이 사건 토지 및 그 지상 공장시설의 상태, 원고가 위 매매계약 당시 한국○○과 사이에 이 사건 토지 지상, 지하의 폐기물에 대하여 자신이 책임지기로 약정하는 등 위 매매계약의 약정 내용, 그 밖의 이 사건 토지의 규모, 현황, 형성과정 등에 비추어 보면, 원고는 위 매매계약 당시 설령 이 사건 토지의 토양오염 상태 및 그 정도를 알지 못하였다 하더라도 거기에 과실이 있었다고 봄이 상당하다.[21)]

또한 2014. 3. 24. 개정 법은 "해당 토지를 소유 또는 점유하고 있는 중에 토양오염이 발생한 경우로서 해당 토양오염 발생에 대하여 귀책사유가 없는 경우"에 토지 소유자 또는 점유자는 정화책임자로 보지 아니한다는 규정을 두고 있다(제10조의4 제2항 제4호). 이는 토지의 오염 발생이 인접 부지로부터 이동한(migrated) 오염물질에 의해 초래된 경우와 같은 소극적 형태의 오염 발생에 의해 오히려 피해자라고 할 수 있는 토지의 소유자 및 점유자에게 정화책임을 부과하는 것이 부당하다는 그 동안의 비판을 받아들인 것이라고 할 수 있다.[22)] "귀책

20) 2001년 개정 미국 「종합환경대응보상책임법」(일명 브라운필드법)은 사전 및 사후 의무를 부가하면서 "모든 적절한 조사"의 판단기준을 명확히 함으로써 불명확성을 해소하고자 하고 있다. 즉 동법은 해당 시설을 취득할 당시 혹은 그 이전에 당해 시설의 소유 및 이용 상황에 관한 모든 적절한 조사를 행하였고, 계속적인 유출의 금지, 장래 유출 위협의 방지 등 합리적인 조치(reasonable steps)를 취한 선의의 토지소유자를 면책하도록 하고 있다. 또한 동법은 매수자로 하여금 오염물질에 대한 대응조치를 실시하는 자에 대하여 충분한 협력 · 지원 · 접근을 제공하고, 대응조치와 관련하여 수립된 또는 의존하는 모든 토지이용규제(land use restrictions)에 따르고, 해당 시설에 적용되는 어떤 조직 통제의 효율성과 통합성을 방해하지 않도록 하고 있다. *Id.* § 101(35)(A)(iii).

21) 공장시설 등의 부지만을 양수한 자가 구법 제10조의3 제3항 제3호의 토지오염관리대상시설을 양수한 자에 해당한다고 보고 취한 정화조치명령이 적법하다고 한 사례.

22) 소극적 형태의 오염 발생에 의해 피해자인 토지의 소유자 및 점유자는 토지를 소유 또는 점유하고 있는 중에 토양오염이 발생한 경우로서 자신이 해당 토양오염 발생에 대하여 귀책사유가 없는 경우임을 입증함으로써 책임을 면할 수 있을 것이다. 미국 「종합환경대응보상책임법」은 현재의 소유자 · 운영자뿐만 아니라 과거의 소유자 또는 과거의 운영자도 책임당사자로 하

사유가 없는 경우"를 일반적 의미와 같이 고의 · 과실이 없는 경우로 이해할 경우에는 정화책임자가 지는 책임의 성질을 기본적으로 무과실책임으로 이해하면서 과실이 없는 경우 면책된다는 이상한 결론에 도달한다. 이러한 점을 고려할 때 여기에서 말하는 귀책사유가 없는 경우란 그의 책임으로 돌릴 수 없는 경우나 토양오염 발생에 기여한 바가 없는 경우로 이해하는 것이 합리적이라고 생각한다. 헌법재판소는 제3자의 행위, 법적으로 허용된 행위, 일반 공중에 귀속될 수 있는 원인 등으로 인하여 토양오염이 발생한 경우 등을 그 예로 들고 있다.23)

한편, "소유 · 점유 중에 토양오염이 발생한 경우"에는 토양오염 발생 시점이 소유 · 점유 중인 때는 물론이고 토양오염이 소유 · 점유 이전에 발생하였다고 하더라도 그 오염상황이 제거되지 않고 소유 · 점유하고 있는 현재까지 계속되는 경우가 포함된다고 해석하는 것이 정화책임을 강화하려는 동법의 취지에 부합한다고 생각된다.

이와 같이 2014. 3. 24. 개정 법은 「토양환경보전법」이 시행되기 이전(1996년 1월 5일 이전)에 해당 토지를 소유하지 아니하게 된 자와 양수한 자 등에 대해서는 정화책임을 면제하고 있다. 다만, 1996년 1월 6일 이후에 토양오염을 발생시킨 자 또는 토양오염관리대상시설의 소유자 · 점유자 · 운영자에게 자신이 소유 또는 점유 중인 "토지의 사용을 허용한 경우"에는 책임을 면제하고 있지 않다(제10조의4 제2항). 이는 「토양환경보전법」 시행 이후이므로 동법에 따른 규제를 인식할 수 있었고 해당 토지의 사용을 '허용한' 자로서 정화책임이 부과될 수 있다는 예측이 충분히 가능하였다는 점을 고려한 것으로 보인다. 그러나 1996년 1월 6일 법 시행 당시에는 '오염의 원인을 발생하게 한 자(오염원인자)'에 대하여 토양오염물질의 제거 등 토양오염방지를 위한 조치를 명할 수 있도록 하는 규정만이 있었을 뿐이고(제15조 제1항), 토양오염관리대상시설의 소유자 등에 대하여 정화책임이 부과될 수 있는 근거 규정은 2001. 3. 28. 개정 법(제23조)에서 비로소 도입되었는

고 있는데, 즉, 유해물질의 '처분(disposal) 당시'에 시설(부지를 포함)을 소유 또는 운영하였던 자는 동법상의 책임을 지게 된다. CERCLA § 107(a)(1), (2). '처분'은 배출, 저장, 주입, 덤핑, 유출(spilling), 누출(leaking) 등을 포함하는 개념이다. RCRA § 1004(3). 판례는 이 '처분'에 '소극적인 이동(passive migration)'이 포함되지 않는다고 이해하고 있다. *United States v. CDMG Realty Co.*, 96 F.3d 706 (1996).

23) 헌법재판소 2012. 8. 23. 선고 2010헌바167 결정(마산주유소 사건, 판례 [5]). 귀책사유가 없다는 의미를 소유자 등이 토양오염 발생에 관하여 선의 · 무과실인 경우만으로 국한할 경우에는 자칫 정화책임의 성질을 과실책임으로 회귀시킬 가능성이 있다. 이러한 좁은 해석은 오염된 토양의 신속한 정화를 목적으로 하는 동법의 취지를 형해화할 수 있다. 오해와 혼란을 제거하기 위해서는 귀책사유 대신에 '기여'라는 표현이 보다 적절해 보인다.

바(제15조 제1항), 스스로 토양오염을 발생시킨 것이 아니고, 다른 사람에게 자신이 소유 또는 점유 중인 토지의 사용을 허용한 것에 불과한 자에게도 정화책임이 부과된다는 것이 예측가능하였다고 할 수 있는지 논란이 있을 수 있다. 판례는 적극적인 입장이다(판례 [4]).

[4] 헌재 2016. 11. 24. 선고 2016헌바11 결정

심판대상조항(제10조의4 제2항 단서 중 '자신이 소유 중인 토지의 사용을 허용한 경우'에 관한 부분)은 면책사유에 해당하지 않는 한 신속하고 확실하게 토양오염에 대한 책임자를 특정하고 그에 따른 책임이행을 확보할 수 있도록 정화책임자의 범위를 오염토지의 소유자로 확장하여 이들에게 공법상 무과실의 책임을 부담시키고 있는데, 자력이 있는 것으로 추정되는 토지소유자에게 정화책임 등을 부과하는 것은 입법목적 달성에 적합한 수단이 된다. 토지소유자가 토양오염발생자 등에게 토지의 사용을 허용한 경우에는 해당 토지를 환경적 위험과 결부된 토지이용에 제공함으로써 토양오염의 발생에 관여하거나 위험을 인수한 것이므로, 이 경우의 토지소유자에게 토양오염에 대하여 상태책임을 지우는 것은 정당한 근거가 있고, 토지소유자는 토양오염의 발생이라는 상태에 가장 근접해 있는 자로서 토양오염을 효과적으로 제거할 수 있는 법적·사실적 지위에 있다. 또한, 개정된 토양환경보전법은 토지소유자의 면책범위를 대폭 확대하고 책임을 완화하는 수단을 마련하고 있다. 토양오염의 문제점을 인식하고 토양의 보전과 관리를 종합적·체계적·본격적으로 하기 위하여 구 토양환경보전법이 1995. 1. 5. 제정되고 1996. 1. 6. 시행되었는바, 이러한 법률의 제정과 시행으로 토지소유자 자신이 토양오염 발생에 직접 관여하지 않은 경우에도 공법상의 무과실책임을 부담할 수 있다는 예측이 가능하였다. 심판대상조항이 달성하려고 하는 원활하고 신속한 토양오염정화라는 목적은 일반 공중의 건강, 쾌적한 생활환경의 확보라는 중요한 공익에 직결되어 있는 반면, 1996. 1. 6. 이후에 토양오염발생자 등에게 토지사용을 허용한 토지소유자는 공법상의 무과실책임을 일정한 범위 내에서 부담하지만, 구상권의 행사를 비롯하여 국가의 비용지원 등의 방법으로 사익의 침해를 최소화하기 위한 장치가 마련되어 있다는 점에서, 심판대상조항으로 인하여 얻게 될 공익이 토지소유자가 입게 되는 불이익보다 크다고 할 것이다. 따라서 심판대상조항은 재산권을 침해하지 아니한다.

4. 복수의 정화책임자의 선택

2014. 3. 24. 개정 법은 복수의 정화책임자가 존재하는 경우 정화책임자간 우

선순위를 정하고 있다. 즉 시 · 도지사 또는 시장 · 군수 · 구청장은 토양정화등을 명할 수 있는 정화책임자가 둘 이상인 경우에는 대통령령으로 정하는 바에 따라 해당 토양오염에 대한 각 정화책임자의 귀책정도, 신속하고 원활한 토양정화의 가능성 등을 고려하여 토양정화등을 명하여야 한다(제10조의4 제3항 전문). 그 판단이 곤란한 경우에는 토양정화자문위원회에 자문할 수 있다(동항 후문).[24)]

시행령에서는 다음의 순서에 따라 명하도록 하고 있다: ① 토양오염을 발생시킨 자와 그의 권리 · 의무를 포괄적으로 승계한 자; ② 토양오염관리대상시설의 점유자 또는 운영자와 그의 권리 · 의무를 포괄적으로 승계한 자; ③ 토양오염관리대상시설의 소유자와 그의 권리 · 의무를 포괄적으로 승계한 자; ④ 토양오염이 발생한 토지를 현재 소유 또는 점유하고 있는 자; ⑤ 토양오염이 발생한 토지를 소유하였던 자(시행령 제5조의3 제1항). 이는 행위책임자에게 상태책임자보다 우선하여 정화책임을 부여하는 형태라고 이해할 수 있다. 모법에서는 재량권 행사의 기준 또는 고려요소를 제시하는 데 그치고 있는데, 시행령에서는 정화책임자간 우선순위를 정하고 있다. 시행령에서 '명하여야 한다'고 규정하고 있는 것은 정화책임자들간의 연대책임을 사실상 포기한 것으로 헌법재판소에서 위헌성을 해소한다는 차원에서 제안한 바 있는 '보충책임'을 받아들인 것으로 이해된다.[25)] 정화책임자로 지목되어 토양정화등 명령을 받은 자는 자신이 정화책임자가 아니라는 점 또는 다른 선순위자가 있음을 주장 · 입증함으로써 책임을 면할 수 있을 것이다.

그러나 동법 시행령은 다음의 어느 하나에 해당하는 경우 위 순서 중 후순위의 정화책임자 중 어느 하나에게 선순위의 정화책임자에 앞서 토양정화등을 명할 수 있도록 함으로써 정화책임자의 선택을 행정청의 재량사항으로 하고 있다: ① 선순위의 정화책임자를 주소불명 등으로 확인할 수 없는 경우; ② 선순위의 정화책임자가 후순위의 정화책임자에 비하여 해당 토양오염에 대한 귀책사유가 매우 적은 것으로 판단되는 경우; ③ 선순위의 정화책임자가 부담하여야 하는 정화비용이 본인 소유의 재산가액을 현저히 초과하여 토양정화등을 실시하는 것이 불가

24) 이로써 토양정화자문위원회가 사실상 정화책임자를 정하게 됨에 따라 업무 폭증이 우려된다.

25) 박균성 · 함태성, 환경법, 박영사, 2015, 617면. '연대'라는 문구가 사라졌다고 하더라도 토양정화책임의 성질은 여전히 연대책임이라는 견해는 박종원, "복수의 토양정화책임자와 정화조치명령 대상자의 선택 -2015년 개정 「토양환경보전법 시행령」 제5조의3의 해석과 평가-", 환경법연구 제37권 제2호, 2015. 8. 6면. 행정청의 선택권이 제한된 '연성(軟性) 연대책임'이라는 견해는 조홍식(각주 4), 580면. 박종원 교수는 구상권 인정을 연대책임으로 보아야 하는 중요한 근거로 들고 있으나 연대책임의 본질은 구상권 인정 여하가 아니라 책임부담에 우선순위가 없다는 점이라고 할 수 있다.

능하다고 판단되는 경우; ④ 선순위의 정화책임자가 토양정화등을 실시하는 것에 대하여 후순위의 정화책임자가 이의를 제기하거나 협조하지 아니하는 경우; ⑤ 선순위의 정화책임자를 확인하기 위하여 필요한 조사 또는 그 밖의 조치에 후순위의 정화책임자가 협조하지 아니하는 경우(동조 제2항). 후순위자의 책임을 인정하기 위해서 필요한 예외적 사유(예컨대, 주소불명, 귀책사유가 매우 적은 경우, 본인 소유의 재산가액을 현저히 초과하는 경우)에 대한 입증책임은 규정방식을 고려할 때 후순위자의 책임을 주장하는 측에게 있는 것으로 보아야 할 것이다.[26] 그러한 즉, 후순위의 정화책임자에게 토양정화등 명령을 내리는 경우 주소불명 등 요건에 대한 입증책임은 이를 주장하는 행정청에게 있는 것으로 이해된다.[27]

5. 구 상 권

그 동안 정화책임자가 공법상의 책임이라고 할 수 있는 토양정화등의 조치를 이행한 경우 명문 규정이 없는 상황에서 다른 정화책임자에 대하여 비용상환을 요구할 수 있는지 논란이 있었다. 그 논란을 잠재우는 한편, 정화책임자 조항의 과잉금지원칙 위반을 완화하기 위하여 2014. 3. 24. 개정 법은 구상권 행사에 관한 법적 근거를 두고 있다. 이에 따르면 토양정화등의 명령을 받은 정화책임자가 자신의 비용으로 토양정화등을 한 경우에는 다른 정화책임자의 부담부분에 관하여 구상권을 행사할 수 있다(제10조의4 제4항).

6. 정화비용의 지원

2014. 3. 24. 개정 법은 과잉금지원칙 위반 상태를 해소, 완화하기 위하여 정화비용의 지원에 관한 근거를 두고 있다. 즉 국가 및 지방자치단체는 다음의 어느 하나에 해당하는 경우에는 토양정화등을 하는 데 드는 비용(제10조의4 제4항에 따른 구상권 행사를 통하여 상환받을 수 있는 비용 및 토양정화등으로 인한 해당 토지

26) 전주지법 2018. 8. 31. 선고 2017노1750 판결 참조. 이 사건에서 법원은 1순위 정화책임자로서 정화조치명령을 받은 피고인이 정화조치명령을 이행할 수 없다거나 자신의 귀책사유로 토양오염이 발생한 것이 아니라는 취지의 이의를 제기하지 않았고, 피고인 소유의 재산가액을 확인할 수 있는 객관적인 자료도 제출하지 않은 점 등을 들어 행정청이 재량권을 일탈·남용한 것이라고 보기 어렵다고 판단함으로써 결과적으로 예외적 사유에 대한 입증책임을 1순위 정화책임자에게 부담시키는 결정을 한 바 있다.

27) 박종원(각주 25), 11면.

가액의 상승분에 상당하는 금액은 제외)의 전부 또는 일부를 대통령령으로 정하는 바에 따라 지원할 수 있다:

① 제1항 제1호 · 제2호 또는 제3호의 정화책임자가 토양정화등을 하는 데 드는 비용이 자신의 부담부분을 현저히 초과하거나 해당 토양오염관리대상시설의 소유 · 점유 또는 운영을 통하여 얻었거나 향후 얻을 수 있을 것으로 기대되는 이익을 현저히 초과하는 경우;

② 2001년 12월 31일 이전에 해당 토지를 양수하였거나 양도 또는 그 밖의 사유로 소유하지 아니하게 된 자가 정화책임자로서 토양정화등을 하는 데 드는 비용이 해당 토지의 가액을 초과하는 경우;

③ 2002년 1월 1일 이후에 해당 토지를 양수한 자가 정화책임자로서 토양정화등을 하는 데 드는 비용이 해당 토지의 가액 및 토지의 소유 또는 점유를 통하여 얻었거나 향후 얻을 수 있을 것으로 기대되는 이익을 현저히 초과하는 경우

④ 그 밖에 토양정화등의 비용 지원이 필요한 경우로서 대통령령으로 정하는 경우[28](동조 제5항).

지원과 관련해서 중요한 기준 시점은 「토양환경보전법」상 정화책임 규정이 시행된 2002년 1월 1일이다. 국가의 정화비용 지원은 정화책임자 개인의 부담과 국가의 부담을 절충한 것으로 이를 자세히 들여다보면 사실상 정화비용 지원을 통한 정화책임자의 책임제한이라고 할 수 있다. 이로써 정화책임자 조항의 과잉금지원칙 위반 상태는 일정 부분 해소될 것으로 보인다. 그러나 실무적으로는 지원의 기준으로 작용하게 될 해당 토지의 가액, 기대이익 등의 산정을 둘러싸고 분쟁이 발생할 것으로 예상된다.

7. 토지의 소유자 · 점유자의 협조

토양오염이 발생한 토지를 소유 또는 점유하고 있는 자로서 정화책임자가 아닌 자는 해당 토양오염에 대한 정화책임자가 토양정화등의 명령을 받아 토양

---

28) "대통령령으로 정하는 경우"란 다음의 어느 하나에 해당하는 경우를 말한다: ① 2001년 12월 31일 이전에 해당 토지를 양수하고 2002년 1월 1일 이후에 해당 토지를 양도 또는 그 밖의 사유로 소유하지 아니하게 된 자가 정화책임자로서 토양정화등을 하는 데 드는 비용이 해당 토지의 가액을 초과하는 경우; ② 2002년 1월 1일 이후에 해당 토지를 양수하고 그 이후 해당 토지를 양도 또는 그 밖의 사유로 소유하지 아니하게 된 자가 정화책임자로서 토양정화등을 하는 데 드는 비용이 해당 토지의 가액 및 소유 또는 점유를 통하여 얻은 이익을 현저히 초과하는 경우(시행령 제5조의4 제3항).

정화등을 하려는 경우에는 정당한 사유가 없으면 이에 협조하여야 한다(동조 제6항). 토지소유자 등에게 협조의무를 부과하고 있는 것은 정화책임자의 정화 의지에도 불구하고 토지소유자 등의 비협조로 정화 지연, 오염 방치 등이 초래되는 것을 막기 위한 것으로 이해된다. 동법은 토지소유자 등에게 협조의무를 부과하는 반면에 정화책임자로 하여금 협조로 인하여 토지소유자 등에게 발생한 손실을 보상하도록 하고 있다(동조 제7항).

8. 평 가

2014. 3. 24. 개정 법은 기존 토양오염관리대상시설의 개념 정의에서 부지나 토양오염의 발생 장소를 제외하고 오염원인자를 정화책임자로 용어를 변경하면서, 무엇보다도 토지의 소유자·점유자에 대한 면책범위를 확대하고, 정화조치명령의 우선순위, 구상권, 정화비용의 국가 지원 등을 도입하여 정화책임자의 과중한 정화책임을 완화하고 있다. 이러한 개정 내용은 두말할 것도 없이 헌법재판소의 헌법불합치 결정에서도 지적된 바와 같은 기존 오염원인자 조항의 위헌적 요소를 제거하기 위한 것이다. 이로써 정화책임자 조항의 위헌적 요소는 상당 부분 해소·완화되었다고 할 수 있다. 그러나 「토양환경보전법」상의 정화책임 규정과 관련하여서는 다음과 같은 비판이 제기될 수 있다.

가. 정화책임자의 범위의 불분명

먼저 정화책임자를 구체적으로 특정하고 있기는 하지만 정화책임자가 광범위하고 불분명한 점이 있어서 구체적인 경우 정화책임자의 범위에 관한 해석을 둘러싸고 논란이 제기될 수 있다는 것이다. 또한, 그 적용대상이 토양오염에만 한정되므로, 토양오염에 기인하는 지하수 또는 지표수 등 수질오염에 대한 대처가 미흡하다 할 수 있다. 한편, 기존 토양오염에 대한 책임은 입법적인 해결을 요구하고 있다.[29]

일견 동법상의 정화책임자는 미국 「종합환경대응보상책임법」상의 책임당사자[30]의 범위보다 크게 좁아 보인다. 토양오염물질이 한정됨으로써 적용대상 범위

29) 「토양환경보전법」상 정화책임 규정의 평가에 대하여 자세한 내용은 김홍균, "미국 종합환경대응책임법(CERCLA)상의 책임당사자와 토양환경보전법상의 정화책임자", 환경법연구 제24권 제1호, 2002. 9, 92 내지 99면 참조.

30) 미국 「종합환경대응보상책임법」은 유해폐기물 오염지역에 관해 정화책임을 지는 잠재적 책임

가 제한적이고, 「종합환경대응보상책임법」상의 책임당사자인 토양오염물질의 처리위탁자와 운반자가 누락되어 있는 것이 그 예이다. 그러나 실제 해석 및 적용을 어떻게 하느냐에 따라서는 그 결과는 충분히 달라질 수 있을 것이다.

입법적으로 토양환경 관리의 강화 차원에서 토양오염물질의 확대가 요망된다. 토양오염물질의 처리위탁자와 운반자도 「종합환경대응보상책임법」에서와 같이 일정한 경우에는 책임을 부담하도록 하는 입법적 고려가 필요하다. 미국에서 명문의 규정이 없어 논란이 되고 있는 주주, 임원, 이사,[31] 모회사,[32] 대주(貸主)[33]

당사자(PRPs)로, ① 현재 시설 또는 선박을 소유하고 있는 자와 운영하는 자, ② 유해물질의 처분 당시에 그러한 유해물질이 처분된 시설을 소유하였거나 또는 운영하였던 자, ③ 자기 소유의 유해물질을 다른 당사자가 소유·운영·보관하고 있는 시설에서 처분 또는 처리하기 위하여 계약, 합의를 한 자 또는 유해물질을 그 곳으로 운반하기 위하여 운반자와 계약을 맺은 자, 그리고 ④ 유해물질을 자기가 선택한 처분 또는 처리시설, 소각용 선박 또는 부지로 운반하기 위해 수령 또는 수령하였던 자로 규정하여 광범위하게 인정하고 있다. CERCLA § 107. 법원도 이러한 책임당사자의 범위를 넓게 해석하고 있다. 책임당사자가 부담하는 책임의 성질은 엄격책임, 연대책임, 소급책임이라고 이해되고 있다. 미국 「종합환경대응보상책임법」상 책임당사자에 대하여 자세한 내용은 김홍균(앞의 글), 66 내지 75면.

31) 미국 판례는 주주(stockholder), 관리자(manager), 임원(officer), 이사(director), 회사의 종업원 등도 그들이 직접적으로 시설 통제행위에 개입되어 있거나 오염을 야기한 행위를 방지할 수 있는 지위에 있었던 경우에는 '운영자'로서 책임을 지는 경우가 있다고 판단하고 있다. Susan R. Poulter, *Cleanup and Restoration: Who Should Pay?*, 18 J. Land Resources & Envtl. L. 77, 86 (1998); Linda J. Oswald & Cindy A. Schipani, *CERCLA and the "Erosion" of Traditional Corporate Law Doctrine*, 86 Nw.U. L. Rev. 259 (1992).

32) 미국 법원은 모회사가 자회사의 운영에 실제적으로 참여하고(actually participate) 통제할 경우(*Unites States v. Bestfoods*, 524 U.S. 51 (1998)), 또는 광범위한 통제(pervasive control)를 할 경우 '운영자'로서 책임을 진다고 판시하였다(*United States v. Kayser-Roth Corp.*, 910 F.2d 24, 27~28 (1st Cir. 1990)). 법원은 모회사가 폐기물 처리에 관하여 직접적인 통제를 할 필요까지는 없고 환경문제를 포함하여 자회사의 일반적인 기업 경영을 통제하였다고 할 경우에는 책임이 있는 것으로 보고 있다. *Vermont v. Staco Inc.*, 684 F.Supp. 822, 831~832 (D. Vt. 1988); *United States v. Kayser-Roth Corp.*, 910 F.2d 24 (1st Cir. 1990), *cert. denied*, 498 U.S. 1084 (1991). 폐기물 처리를 통제할 권한을 실제로 행사하지 아니하였다고 하더라도 책임 발생에는 통제할 권한이 있는 것으로 족하다는 입장이 있다. *United States v. Fleet Factors Corp.*, 901 F.2d 1550, 1556 (11th Cir. 1990), *cert. denied*, 498 U.S 1046 (1991). *United States v. Nicolet*, 712 F.Supp. 1193 (E.D.Pa. 1989). 이에 반해 통제할 권한의 유무를 책임 판단의 기준으로 하는 것은 너무 광범위하다고 하면서 책임을 지우기 위해서는 처리 행위와의 실제적인 연결 고리(nexus)를 요구하는 입장도 있다. *United States v. TIC Inv. Corp.*, 68 F.3d 1082 (8th Cir. 1995). 한편, 법인격부인론(piercing the corporate veil)에 의하여 모회사는 예외적인 상황에서 자회사의 소유자로서 책임을 질 수 있는데, 이때 자회사에 대한 통제 정도가 중요한 판단기준이 되고 있다. *In re Acushnet River & New Bedford Harbor*, 675 F.Supp. 22, 30 (D. Mass. 1987); *United States v. Nicolet, Inc.*, 712 F.Supp. 1193, 1202 (E.D. Pa. 1989); *Joslyn Mfg. Co. v. T.L. James & Co.*, 893 F.2d 80, 82 (5th Cir. 1990).

33) 경매절차 등을 통해 담보권을 행사한 금융기관이 「종합환경대응보상책임법」상의 책임을 지게

등의 책임에 대해서도 「토양환경보전법」이 침묵하고 있어 추후에 이를 둘러싼 분쟁이 제기될 것이 예상된다. 이러한 문제는 정책의 우선순위 판단과 사회적 합의를 전제로 하는 것이다. 논란을 잠재우기 위하여서는 이들을 책임당사자에 포함시킬지 입법적으로 해결하여야 할 것인바, 포함시킬 경우에는 "경영이나 운영에 실질적으로 참가하여야 하여야 한다"는 등 그 요건 및 기준을 명확히 확립할 필요가 있다. 동법은 정화책임자의 권리 · 의무를 포괄적으로 승계한 자를 정화책임자로 하고 있는데, 어느 경우에 '포괄적 승계'가 있었는지 논란이 있을 수 있는 등 그 해석 · 적용에 어려움이 예상되면서 그 실효성이 약화되고 있는바, 추후에 이에 대한 입법적 고려가 필요하다.

나. 엄한 책임

엄한 책임은 오염물질의 배출자, 처리자에게 그 관리를 보다 엄격하고 안전하게 할 유인을 제공하고, 책임비율을 분할하기가 어렵거나 책임당사자의 규명이 어려운 경우 또는 책임당사자가 있더라도 파산 등의 이유로 재정능력이 없는 경우 다른 책임당사자에게 책임을 물음으로써, 정부의 예산지출을 덜고, 궁극적으로는 신속한 정화에 충실할 수 있다. 그러나 문제는 그 책임이 지나치게 무겁다

되는가? 대부자책임을 넓게 인정한 것으로 유명한 *Fleet Factors* 사건에서 미국 법원은 담보권자가 회사의 유해물질 처리에 실질적으로 영향력을 행사하지 아니하였다고 하더라도 유해물질의 처리결정에 영향력을 행사할 수 있을 만큼 재정상 운영에 관여(participating in the financial management)하였다면 동법에 의한 책임을 부담한다고 판시하였다. 이러한 법원의 결정은 기존의 대출관행을 상당히 제한하고 복잡하게 만들면서 금융을 비롯한 경제 전반에 큰 영향을 미쳤다. 위 *Fleet Factors* 판결이 대부자의 책임부담을 가중시킨다는 인식이 확산되면서, 1992년 미국 환경보호청(EPA)은 대부자책임을 제한하기 위한 규칙을 제정하기에 이르렀다. 그러나 그 규칙에 대하여는 1994년 *Kelley* 사건에서 환경보호청이 이러한 규칙을 만들 권한이 없다는 이유로 위헌결정이 내려졌다. 환경보호청과 법무성은 그 위헌 판결에도 불구하고 1992년의 동 규칙을 계속하여 사용할 것이라는 성명서(memorandum)를 발표하였으며, *Bancamerica Commercial Corp. and ASARCO Inc. v. Trinity Industries Inc.* 사건에서 법원은 점유를 취득한 채권자는 유해물질의 처리에 대한 결정에 영향력을 행사할 수 있다는 이유만으로 대부자가 책임을 지는 것이 아니라 사업장의 운영에 관여한 정도에 따라 책임을 진다고 판시, 사실상 *Kelley* 판결의 내용을 뒤집음으로써 대부자책임의 기준에 대한 혼란이 가중되었다. 이에 의회는 대부자책임의 범위를 둘러싼 혼란에 종지부를 찍을 필요성을 강하게 인식하게 되었고, 드디어 1996년 「자산보전대부자책임및예금보험보호법(Asset Conservation, Lender Liability, and Deposit Insurance Protection Act: ALDA)」을 제정하기에 이르렀다. 김홍균(각주 29), 70 내지 72면. 동법에 따르면, 대부자가 책임을 지기 위해서는 경영이나 운영에 실질적으로 참가(actually participating)하여야 하며, "단순히 영향력을 행사할 수 있다는 지위(merely having the capacity to influence)"나 "행사되지 아니한 지배권(unexercised right of control)"을 가졌다고 하여 책임을 지지 아니한다. CERCLA § 101(20)(F).

는 데에 있다.[34] 지나치게 무거운 책임은 도리어 책임당사자로 하여금 자포자기 내지 도덕적 해이를 유발함으로써 오염발생의 억제효과를 갖지 못하게 만든다.[35] 이는 다른 한편, 법적인 차원에서 재산권의 본질적인 내용의 침해, 비례원칙 위반 등 위헌성 문제를 촉발할 수 있다.[36]

이러한 이유로 미국 「종합환경대응보상책임법」은 엄격책임(strict liability)을 지우는 대신에 선의의 토지소유자(innocent landowner),[37] 재활용가능자원의 재활용을 목적으로 처리위탁한 유해물질 발생자(arranger)와 운반자(transporter),[38] 선의의 토지구입예정자(bona fide prospective purchaser),[39] 오염부지에 대한 오염 기여도가 적은(110 갤런 이하의 액체성 물질 또는 200파운드 이하의 고형 물질) 배출자(처리위탁자),[40] 도시형 폐기물을 배출하는 주거용 재산 소유자 및 운영자와 소규모 기업,[41] 오염부지에 인접한 부동산 소유자(contiguous owner) 등에게 일정한 경우 책임을 면제하는 규정을 두고 있다.[42] 이러한 규정에도 불구하고 소급책임을 인정하지 않고,[43] 입법이 이루어진 1980년 이전의 행위에 대하여 책임을 묻지 않기로 하자는 움직임이 있으며,[44] 책임한도제를 수용하는 과실책임으로

---

34) 오염부지의 신속한 정화를 목적으로 만들어진 미국 「종합환경대응보상책임법」에 대하여는 정화작업의 지연, 고액의 정화비용 소요, 직접적인 정화와 무관한 거래비용의 과다, 브라운필드 문제, 오염원인자 책임원칙에의 불합치 등 문제점이 제기되고 있다. 김홍균(앞의 글), 87 내지 92면 참조. 그 비판의 초점은 소급책임, 엄격책임, 연대책임으로 정리되는 동법상의 책임이 지나치게 무겁다는 데 모아지고 있다. 과중한 책임과 정화비용의 예측 불가능성이 투자 및 보험시장을 위축하고 있다는 사실도 같은 맥락으로 이해될 수 있다. Michael J. Gergen, *The Failed Promise of the "Polluter Pays" Principle: An Economic Analysis of Landowner Liability for Hazardous Waste,* 69 N.Y.U. L. Rev. 624, 676~680 (1994); Kenneth S. Abraham, *Environmental Liability and the Limits of Insurance,* 88 Colum. L. Rev. 942, 945~949 (1988).

35) 이상돈, "미국의 종합대응책임법(수퍼펀드법)에 대한 최근의 논쟁과 개정 논의", 법학논문집 제24집 제1호, 중앙대학교 법학연구소, 2000, 81면.

36) 조홍식, 소급적 환경책임의 위헌성 -2010헌가77 토양환경보전법 제10조의3 제1항 등 위헌제청사건을 글감으로 하여-, 사법, 2013. 12, 145면 이하.

37) CERCLA § 101(35).

38) *Id.* § 127.

39) *Id.* § 107(r).

40) *Id.* § 107(o).

41) *Id.* § 107(p).

42) *Id.* § 107(q). 엄격책임을 완화하기 위한 이른바, '브라운필드법'에 대하여 자세한 내용은 김홍균, "토양환경보전법 책임체계의 새로운 방향: 브라운필드(Brownfields) 문제", 저스티스, 2009. 4, 258 내지 270면 참조.

43) James E. Satterfield, *A Funny Thing Happened on the Way to the Revolution: The Environmental Record of the 104th Congress,* 27 Envtl L. Rep. 10019, 10028 ~30 (1997).

의 복귀,[45] 「종합환경대응보상책임법」의 완전한 폐지[46] 등 주장이 사그라지지 않고 있다. 「토양환경보전법」상의 책임 규정은 이러한 점을 충분히 고려하지 못하고 만들어졌는데, 추후 개정 시에는 그 문제점과 해결방안을 면밀히 검토하고 보완하여야 할 것이다.

2012년 헌법재판소의 두 사건에 대한 헌법불합치 결정은 그동안 논란이 되어 있던 문제를 일순간에 표면화하였으며, 2014. 3. 24. 법 개정의 기폭제가 되었다. 돌이켜 보면, 이른바 마산주유소 사건(판례 [5])에서는 과잉금지원칙 위반 여하가, 부영 사건(판례 [6])에서는 소급효 문제가 큰 쟁점이었다. 그런데 소급효 문제는 신뢰보호원칙 위반 여하를 다룰 수밖에 없고 그 과정에서 침해의 중한 정도를 따지게 되는데, 이는 과잉금지원칙 위반 여하를 가르기 위한 침해의 최소성과 맥이 닿아 있다. 결국 두 사건은 심판대상 조항과 쟁점의 차이에도 불구하고 오염원인자(현행 정화책임자) 조항이 양수자(2014. 3. 24. 개정 법에서는 삭제됨)와 소유자 등에 너무 과중한 책임을 지운다는 동일한 결론에 도달하고 있다고 볼 수 있다.[47] 나아가 위 헌법재판소 결정들은 모두 위헌적 요소를 제거하려는 가능성을 제기하고 있는데, 그 종착점은 책임완화로 요약할 수 있다. 이러한 문제 인식은 오래 전부터 제기되어 온 것으로[48] 헌법재판소의 친절한 제안을 담고 있는 다음과 같은 결정에 잘 담겨져 있다:

"토양오염관리대상시설의 소유자 · 점유자 · 운영자에게 '토양오염을 유발시킨 자'(구법 제10조의3 제3항 제1호)의 책임에 대한 보충책임을 부담시키는 방법, 토양오염 발생에 관하여 선의 · 무과실이고 그 책임으로 돌릴 수 없는 경우에 한하여 면책하는 방법, 토양오염 발생에 대하여 선의 · 무과실인 토양오염관리대상시

---

44) *Senator Submits Drastically Revised Plan; Parties Would Be Repaid for Pre-1980 Response*, 6 Envtl. Rep. 2263 (Mar. 29, 1996).

45) Michael J. Gergen(각주 34), 683 내지 687면; Kenneth S. Abraham(각주 26).

46) Jerry Taylor, *Salting the Earth - The Case for Repealing Superfund*, Regulation (Cato Institute), Nov. 1996, 10면; 이상돈(각주 35), 79면.

47) 특기할 것은 헌법재판소의 결정 당시 적용 구법(2011. 4. 5. 개정 전)에서는 '토양오염관리대상시설'이라는 개념에 "부지와 토양오염이 발생한 장소(현행 토지)"가 포함되어 있는 상태에서(제2조 제3호) '토양오염관리대상시설의 소유자 · 점유자 · 운영자' 조항(제10조의3 제3항 제2호)과 '토양오염관리대상시설을 양수한 자' 조항(같은 항 제3호)의 위헌 여부가 문제가 되었지만 두 사건 모두 토지소유자가 청구인이라는 점에서 실제로는 '토지의 소유자 · 점유자' 부분과 '토지를 양수한 자' 부분의 위헌 여부가 본질이라고 할 수 있습니다. 이러한 배경은 위헌 상태를 해소한다는 차원에서 이루어진 2014. 3. 24. 개정 법에서 '토지'의 소유자 · 점유자 문제에 초점을 맞추고 있는 것과 무관하지 않다.

48) 김홍균(각주 29), 92면 이하 참조.

설의 소유자 · 점유자 · 운영자의 책임을 당해 토양오염관리대상시설의 시가 범위 내로 제한하거나, 일반적인 책임한도제를 도입하는 방법 등으로 침해를 최소화할 수 있고, 위와 같은 수단들을 도입함으로 인하여 발생할 수 있는 손해배상 및 토양정화 등 책임의 공백 또는 그 책임 이행의 지연 문제는 환경손해보험 및 토양정화기금 등과 같은 제도로 보완될 수 있으며, 구상권의 존재는 이 사건 오염원인자 조항으로 인하여 토양오염관리대상시설의 소유자 · 점유자 · 운영자가 받게 되는 침해를 완화하기에 부족하다(판례 [5])."

[5] 마산주유소 사건: 헌재 2012. 8. 23. 선고 2010헌바167 결정

'토양오염관리대상시설을 소유 · 점유 또는 운영하고 있는 자' 조항(구법 제10조의3 제3항 제2호)은 신속하고 확실하게 토양오염에 대한 책임자를 특정하고 그에 따른 책임이행을 확보할 수 있도록 정화책임자의 범위를 토양오염관리대상시설의 소유자 · 점유자 · 운영자로 확장하여 이들에게 무과실의 책임을 부담시키고 있는데, 이러한 입법목적은 토양환경보전법의 목적에 비추어 정당하다. 한편, 토양오염관리대상시설의 소유자 · 점유자 · 운영자에게 손해배상책임 및 오염토양의 정화책임 등을 부과하는 것은 그러한 입법목적 달성에 적합한 수단이 된다.

그러나 토양오염관리대상시설의 소유자 · 점유자 · 운영자에게 '토양오염을 유발시킨 자'(구법 제10조의3 제3항 제1호, 현행 제10조의4 제1항 제1호)의 책임에 대한보충책임을 부담시키는 방법, 토양오염 발생에 관하여 선의 · 무과실이고 그 책임으로 돌릴 수 없는 경우에 한하여 면책하는 방법, 토양오염 발생에 대하여 선의 · 무과실인 토양오염관리대상시설의 소유자 · 점유자 · 운영자의 책임을 당해 토양오염관리대상시설의 시가 범위 내로 제한하거나, 일반적인 책임한도제를 도입하는 방법 등으로 침해를 최소화할 수 있으므로, 이 정화책임자 조항은 침해의 최소성 원칙에 반한다.

토양오염관리대상시설의 소유자 · 점유자 · 운영자는 사실상 면책이 불가능한 1차적인 무과실 책임을 부담하고, 경우에 따라서는 파산에 이를 정도로 거액에 이르기도 하는 비용을 그 범위의 제한 없이 전부 부담하여야 한다는 점에서, 이 정화책임자 조항으로 인하여 얻게 될 공익보다 토양오염관리대상시설의 소유자 · 점유자 · 운영자가 입게 되는 불이익이 더 클 수도 있다.

나아가, 토양오염관리대상시설의 양수자 · 인수자와는 달리, 토양오염관리대상시설의 소유자 · 점유자 · 운영자에게는 천재 · 지변, 전쟁으로 인한 면책만을 허용하고 다른 면책 사유 또는 책임 제한수단을 전혀 인정하지 않은 것은 합리적인 이유가 있다고 할 수 없다.

따라서 이 사건 정화책임자 조항은 토양오염관리대상시설 소유자 · 점유자 · 운영자의 재산권 및 평등권을 침해한다.

다. 불완전한 소급책임의 인정

소급책임은 자칫 지나친 재산권의 침해를 유발함으로써, 위헌의 소지를 안고 있으며, 법적 안정성과 책임원칙과 형평의 원칙에도 반하므로 쉽게 인정되어서는 곤란하다(해당 규정이 시행되기 이전에 이루어진 토양오염 발생에 대하여 무제한적으로 적용되는 경우를 생각해 보라). 「토양환경보전법」이 구제에만 초점이 있는 책임법이 아니라는 점도 고려하여야 할 것이다. 관련 규정의 제 · 개정이 정책의 변경이 아니라 지식이나 평가의 변경에 따라 이루어진, 이른바 '부진정 소급'의 문제로 보는 입장에서는 소급책임을 인정할 가능성이 많다.[49] 또한 개정 법령이 사실 또는 법률관계가 아직 종료되지 않은 토양오염문제를 다루는 것으로 이해할 경우 (부진정 소급입법) 소급효가 인정될 가능성이 있다.[50] 부영 사건(판례 [6])에서 헌법재판소는 해석을 통해 부진정 소급입법이라는 결론을 도출하고 있다. 그러나 소급효를 인정하는 명시적인 규정이 없고, 입법자의 의도가 없는 상황에서 해석을 통해 문제의 정화책임자 조항을 부진정 소급입법으로 보는 것은 섣부른 결론이라고 생각한다. 그러한 해석이 과연 합리적인 해석인가도 의심이 든다. 결론적으로 정화책임자 규정의 시행(이 규정은 2002. 1. 1.부터 시행됨) 이전의 토양오염관리대상시설의 소유자 등에게 동규정 시행 이전에 이루어진 토양오염에 대하여 책임을 묻는 것은 신중한 검토가 필요하다. 이와 같은 결론은 추론과정은 다르지만 헌법재판소의 최종 결론과 일치한다. 헌법재판소는 과거 오염원인자(현행 정화책임자) 조항이 부진정 소급입법이라고 보았지만 이러한 잠정 결론을 신뢰보호원칙으로 수정하면서, 문제의 "오염원인자 조항이 2002. 1. 1. 이전에 토양오염관리대상시설을 양수한 자를 그 양수 시기의 제한 없이 모두 오염원인자로 간주하여 보호가치 있는 신뢰를 침해하고 있다"고 결정하였기 때문이다.[51]

---

49) 조홍식, "폐기물관리법상 사업장폐기물· 배출사업자의 법적 책임", 환경법연구 제26권 제2호, 2004. 6, 276면, 282면 참조.

50) 판례는 소급입법은 신법이 이미 종료된 사실관계에 작용하는지(과거에 완성된 사실 또는 법률관계를 규율대상으로 하는지), 아니면 과거에 시작되었으나 아직 완성되지 아니하고 현재 진행 중에 있는 사실관계에 작용하는지에 따라 '진정 소급입법'과 '부진정 소급입법'으로 구분되는데, 전자는 헌법적으로 허용되지 않는 것이 원칙이며 특단의 사정이 있는 경우에만 예외적으로 허용될 수 있는 반면, 후자는 원칙적으로 허용되지만 소급효를 요구하는 공익상의 사유와 신뢰보호의 요청 사이의 교량과정에서 신뢰보호의 관점이 입법자의 형성권에 제한을 가하게 된다는 입장이다. 헌재 1997. 6. 26. 선고 96헌바94 결정; 대법원 2003. 3. 10. 선고 97누13818 판결 참조.

51) 2002. 1. 1. 이후 「민사집행법」에 의한 경매절차에 따라 토양오염관리대상시설을 인수한 자를 오염원인자로 간주하여 토양정화책임을 부과하고 이를 위반한 경우 형사처벌하도록 규정

[6] 부영 사건: 헌재 2012. 8. 23. 선고 2010헌바28 결정

[1] 토양오염이 과거에 시작되어 '토양오염관리대상시설을 양수한 자' 조항(구법 제10조의3 제3항 제3호)의 시행 당시 계속되고 있는 상태라면 이는 종료되지 않고 진행과정에 있는 사실에 해당하므로, 이 정화책임자 조항은 부진정 소급입법으로서 종래의 법적상태를 신뢰한 자들에 대한 신뢰보호의 문제를 발생시킬 뿐, 헌법 제13조 제2항이 규정하는 소급입법금지원칙에 위배되지 않는다.

[2] 이 정화책임자 조항은 위 조항 시행 이전의 양수자에게까지 정화책임자의 인적범위를 시적으로 확장하여 토양오염을 신속하고 확실하게 제거 · 예방하고, 그로 인한 손해를 배상한다는 공익을 달성하고자 하는 것이다. 그런데 환경오염책임법제가 정비되기 이전의 토양오염에 대해서는 민법상의 불법행위규정에 의해서만 책임을 부담한다는 데 대한 일반적인 신뢰가 존재하고, 폐기물에 대한 공법적 규제가 시작된 1970년대 이전까지는 자신이 직접 관여하지 않은 토양오염에 대해서 공법상의 책임을 부담할 수 있음을 예측하기 어려웠다. 또, 2002. 1. 1. 이전에 토양오염관리대상시설을 양수한 자에 대해서는 선의이며 무과실인 양수자에 대한 면책규정이 사실상 의미가 없고, 사실상 우선 책임을 추궁당한 양수자가 손해배상 및 토양정화 책임을 무한책임으로서 부담하게 되는 경우도 많다. 이처럼 이 정화책임자 조항은 예측하기 곤란한 중대한 제약을 사후적으로 가하고 있으면서도, 그로 인한 침해를 최소화할 다른 제도적 수단을 마련하고 있지 않으므로, 이 정화책임자 조항이 2002. 1. 1. 이전에 이루어진 토양오염관리대상시설의 양수에 대해서 무제한적으로 적용되는 경우에는 이 정화책임자 조항이 추구하는 공익만으로는 신뢰이익에 대한 침해를 정당화하기 어렵다.

그러나 2002. 1. 1. 이후 토양오염관리대상시설을 양수한 자는 자신이 관여하지 않은 양수 이전의 토양오염에 대해서도 책임을 부담할 수 있다는 사실을 충분히 인식할 수 있고, 토양오염사실에 대한 선의 · 무과실을 입증하여 면책될 수 있으므로, 보호가치 있는 신뢰를 인정하기 어렵다.

한 구 토양환경보전법(2004. 12. 31. 개정 전) 제10조의3 제3항 제4호 중 '2002. 1. 1. 이후 「민사집행법」에 의한 경매절차에 따라 토양오염관리대상시설을 인수한 자'에 관한 부분이 신뢰보호원칙에 위배되는지 여부가 다투어진 사안(헌재 2016. 11. 24 선고 2013헌가19 결정)에서 헌법재판소는 "2002. 1. 1. 이후 토양오염관리대상시설을 인수한 자는 토양오염관리대상시설의 양수자와 마찬가지로 구 토양환경보전법(2001. 3. 28. 개정 전)의 시행으로 오염원인자로 간주되어 자신이 관여하지 않은 인수 이전의 토양오염에 대해서도 책임을 부담할 수 있다는 사실을 충분히 인식할 수 있었고, 토양환경평가제도를 통하여 토양오염사실에 대한 선의 · 무과실을 입증하여 면책될 수 있으므로, 보호가치 있는 신뢰를 인정하기 어렵다"고 판시하였다. 그렇지만 2002. 1. 1. 전의 양수의 경우 "오염원인자 조항(구법 제10조의3 제3항 제3호 중 '토양오염관리대상시설을 양수한 자' 부분)은 예측하기 곤란한 중대한 제약을 사후적으로 가하고 있으면서도, 그로 인한 침해를 최소화할 다른 제도적 수단을 마련하고 있지 않으므로 신뢰이익의 손상 정도가 중대하다"고 판시함으로써 여전히 논란이 제기될 수 있음을 암시하고 있다.

2014. 3. 24. 개정 법에서는 '토지'의 양수자 · 소유자에 대하여 「토양환경보전법」이 처음 시행된 1996년을 제한기준 시점으로 해서 소급책임을 인정하고 있다. 그러나 소급책임 논란은 '토지'의 양수자 · 소유자에게만 발생하는 것이 아니다. 당초 소급효 논란은 "토양오염관리대상시설을 양수한 자(구법 제10조의3 제3항 제3호)" 규정을 둘러싸고 제기된 것이지만(당시에는 토양오염관리대상시설에 시설의 부지가 포함되어 있었음) 헌법재판소의 해석에 따르면 다른 정화책임자 조항 전반으로 번질 가능성도 많다.

예컨대, 토양오염관리대상시설의 소유자 · 점유자 · 운영자 책임 규정(제10조의4 제2호)과 관련해서 소급효가 당연히 인정된다고 단정하기는 어려워 보인다.[52] 설령 문제의 조항이 과거형을 취하고 있다거나 입법 취지가 소급효를 염두에 둔 것이라는 등 이유로 '부진정 소급입법'이라고 하더라도 종래의 법적 상태를 신뢰한 자에 대한 신뢰보호 문제는 여전히 남는다. 문제는 법에서 규정하고 있는 면책(제10조의4 제2항),[53] 구상권(동조 제4항),[54] 비용지원(동조 제5항)[55] 등이 신뢰이익

52) 소급효 인정에 의문을 표하는 견해는 김홍균, "헌법재판소의 헌법불합치 결정 이후: 정화책임자 조항의 위헌성은 제거되었는가?", 환경법연구, 2015. 11, 140면 참조. 소급효를 부인한 판례는 서울행정법원 2021. 9. 17. 선고 2020구합81373 판결(2014. 3. 24. 개정 토양환경보전법은 그 본문과 부칙에서 개정법률의 소급적용에 대한 아무런 규정을 두고 있지 않으므로, 특별한 사정이 없는 한 개정 후 규정이 시행되기 전 이미 토지 및 건물의 소유권을 상실하여 '토양오염관리대상시설의 소유자 · 점유자 또는 운영자'가 아니게 된 원고에게 개정 후 규정을 소급하여 적용할 수는 없다고 한 사례).

53) 개정 법은 토양오염이 발생한 '토지'를 소유하고 있었거나 현재 소유 또는 점유하고 있는 자에 대해서 선의 · 무과실 등 일정한 경우 정화책임을 면제하고 있으나 다른 유형의 정화책임자에 대하여는 면책을 인정하고 있지 않다. 종전 선의 · 무과실의 토양오염관리대상시설의 양수인에 대한 면책 규정(구법 제10조의4 단서)이 삭제됨으로써, 토양오염관리대상시설의 소유자 등의 면책 가능성은 오히려 사라진 측면이 있다. 토양오염관리대상시설의 소유자 등이 지는 책임의 성질이 상태책임이라는 점을 고려할 경우 토양오염관리대상시설의 소유자 등으로 낙인이 찍히는 순간 면책 가능성은 거의 없으며 무제한의 소급책임을 지게 되는 것이다. 마산주유소 사건(판례 [5])에서 다수의견은, 비록 토양오염관리대상시설의 양수자 · 인수자가 부담하는 책임과 비교를 통해서지만, 토양오염관리대상시설의 소유자 등에게 "다른 면책사유 또는 책임제한 수단을 전혀 인정하지 않은 것은 합리적인 이유가 있다고 할 수 없다"고 적절히 지적한 바 있다.

54) 토양오염의 장기성 때문에 다른 정화책임자를 찾을 수 없거나 다른 정화책임자가 무자력인 경우가 많아 사실상 구상권은 의미가 없는 경우가 많고, 구상권 행사의 절차와 책임 분담의 기준이 규정되어 있지 않아 구상권의 실현에 많은 시간과 비용이 소요되므로 구상권의 존재가 승계인이 받게 되는 침해를 완화하기에 부족하다. 헌재 2012. 8. 23. 선고 2010헌바167 결정(마산주유소 사건, 판례 [5]).

55) 개정 법은 과잉금지원칙 위반 상태를 해소한다는 차원에서 국가의 정화비용 지원 근거규정을 두고 있다. 문제의 본질은 비용의 지원이 일부에 그치기 때문에 정화책임자는 여전히 책임을 진다는 것이다. 특히 동법은 토지의 소유자 · 점유자에 대한 지원의 기준 시점을 2002년 1

의 보호에 충분한지 의문이 제기될 수 있다는 것이다. 또한 소급효가 인정되는 것으로 이해할 경우에는 언제 토양오염물질의 누출 등이 있었는지, 언제 토양오염관리대상시설의 소유·점유·운영이 이루어졌는지 관계없이 소급효를 제한하는 규정이 없기 때문에 소급효가 무한정 확대될 수 있는 불합리가 발생할 수 있다.

더 이상의 불필요한 논란을 차단하기 위해서는 정화책임자 조항 전부에 대하여 소급효 여부와 관련한 명시적인 규정을 둘 필요가 있다. 적어도 소급책임을 합리적인 범위로 제한하는 것이 필요하다. 이는 선진 제국의 입법례에서도 흔히 발견되는 입법 조치이다.[56] 그 이유는 간단하다. 예측가능성이 없는 자에게 무한적 소급책임을 지우는 것은 공평하지 않기 때문이다.

소급책임을 적용하지 않거나 시적 범위를 제한할 경우에는 기존 오염에 대한 책임과 책임자의 자력부족의 경우에 발생되는 정화문제 등이 여전히 숙제로 남게 된다. 이에 미국 「종합환경대응보상책임법」에서와 같은 기금의 설치를 고려해 볼 수 있을 것이다.[57] 이때 중요한 것은 기금의 투명한 운영이다. 이러한 관점에서 기금의 도입 시 대상자, 조성절차, 용도[58] 등을 명확히 하는 작업이 필요

월 1일로 하고 있는데, 이는 토양오염관리대상시설의 소유자 등에 대하여 정화책임이 부과될 수 있는 근거 규정이 2001. 3. 28. 개정 법에서 비로소 도입된 것과 무관하지 않을 것이다. 토양오염관리대상시설의 소유자 등에 대하여 정화책임이 부과될 수 있는 근거 규정이 도입되기 전에 토양오염관리대상시설의 소유자 등(특히 동법 시행 전에 양수한 자)에게 정화책임이 부과된다는 것이 예측가능하였다고 할 수 있는지 의문이 있을 수 있다. 한편, 토지 소유자와 달리 토양오염관리대상시설의 소유자 등에게, 선의·무과실 등 면책 가능성이 없는 상태에서, 기대이익의 한도까지 정화비용을 부담하여야 하고, 기대이익을 현저히 초과하는 경우에만 국가의 지원을 받을 수 있다는 가능성만으로는 침해를 최소화한다거나 신뢰이익에 대한 침해를 정당화하기에는 충분치 않다고 할 수 있다.

56) 관련 법에 소급 규정을 두고 있는 국가로는 네덜란드가 대표적이다. 네덜란드는 1987년 이전과 이후 발생 오염으로 구분하여 다른 기준을 적용하고 있는데, 이에 따르면 오염유발자 등은 다음과 같이 세 가지로 방식으로 정화비용을 부담한다: ① 1987년 이후에 발생된 토양오염은 오염책임자가 모두 부담한다; ② 1975년~1987년에 발생된 오염은 과실의 정도, 사건의 시기, 재정적 능력 등을 고려하여 정부가 보조금을 지급한다; ③ 1975년 이전에 발생된 오염은 부지의 용도와 비용효율성을 고려하여 소유자 또는 지방정부가 부담하게 되는데 중앙정부는 정화비용의 1/3(최대 50%)을 보조한다. 박용하·박상열·양재의, "토양오염지역이 책임에 관한 우리나라, 미국, 영국, 독일, 네덜란드, 덴마크 법과 제도의 비교 분석 및 우리나라 정책개선방향", 환경정책연구 제3권 제2호, 2004, 46면. 일본 「土壤汚染對策法」과 독일 「연방토양보호법」 등이 명시적으로 소급책임 여부와 관련해서 명시적인 규정을 두지 않은 것이 우리나라에서도 소급효 여부와 관련한 규정을 둘 필요없다는 논거로 작용해서는 안된다. 이들 국가에서도 논란이 지속되고 있기 때문이다. 독일, 일본에서의 논란에 대해서는 박종원·김현준(각주 14), 124 내지 131면, 156면, 216면 참조.

57) 기금의 필요성, 도입·설계방안에 대하여 자세한 내용은 김홍균, "오염토양정화기금의 도입과 설계", 환경법연구 제41권 제1호, 2019. 4, 187면 이하.

하다. 현실적으로 기금의 설치가 어려울 경우에는 보험제도의 도입도 적극 검토할 필요가 있다.

라. 신속한 정화의 장애

토양오염의 장기성·누적성 등을 고려할 때 신속하고 효율적인 정화를 위해서는 연대책임을 쉽게 포기하여서는 안 될 것이다. 정화책임자간 우선순위를 정함으로써, 정화책임자들간의 연대책임을 사실상 포기하는 시행령의 입법방식은 「토양환경보전법」의 입법취지를 몰각하고 당장의 위헌성 문제를 해소하기 위한 소극적이고 단기적인 처방일 뿐이다.[59] 이러한 입법방식에 대해서 정화책임의 본질이 '연대책임'이고, 정화책임자들간에 구상권을 인정하고 있으며, 후순위에 있는 자가 정화책임으로부터 완전히 자유로워지지 않는다는 등의 이유로 정화책임의 성격이 '연대책임'이라는 견해가 있다.[60] 그러나 연대책임의 본질이 구상권의 인정 여하가 아니라 책임자 가운데 임의의 1인에 대하여 전부의 책임을 묻거나 모든 책임자에게 책임 전부를 물을 수 있다는 점에 있다고 볼 때 정화책임자간 우선순위를 정하고 있는 것은 연대책임의 본질을 크게 벗어나는 것이라고 할 수 있다.

시행령에서 정화책임자간 우선순위를 정하고 있는 것은 연대책임에 따른 정화책임자의 과중한 부담, 오염원인자 책임원칙 및 형평의 원칙의 위반 소지 등을 해소하기 위한 고육책이라고 할 수 있다. 그러나 주소불명 등 일정한 경우 정화책임자의 선택이 행정청의 재량에 의해 이루어지기 때문에 또 다른 분쟁을 야기할 수 있다. 비록 재량권 행사 기준을 정하고 대통령령으로 우선순위를 정하고 있지만 이를 둘러싸고 분쟁이 발생할 가능성도 많다. 선순위자 및 그의 귀책 정도, 이행가능성 등은 쉽게 밝혀지지 않을 수 있으며, 이러한 점들이 모두 밝혀진 다음에

58) 참고적으로 미국의 「종합환경대응보상책임법」은 정화조치에 사용되는 재원인 '슈퍼펀드'의 사용용도를 구체적으로 규정하고 있다. 즉 슈퍼펀드는 유해물질 오염지역에 대한 정부의 대응조치비용의 지급, 기술지원보조금, 유해물질의 배출로 인한 자연자원에 대한 피해의 장·단기 평가비용, 유해물질의 배출로 손상·파괴·손실된 자연자원의 회복이나 복구 내지는 이에 상당하는 등가물의 획득을 위한 연방정부·주정부·인디언부족의 지출비용, 유해물질 배출에 대한 확인·조사 등을 위한 프로그램 비용, § 104(i)에 의한 조치로 발생한 비용, 유해물질 배출에 대한 대응조치와 관련된 피용자의 건강과 안전을 보호하는 프로그램 비용, § 105(d)의 배출평가에 관한 청원에 따라 시설평가를 하는 데 드는 비용, § 104(j)에 의해 부동산이나 부동산이익을 취하는 데 드는 비용, § 160에 의한 조사·개발·증명 비용, 피용자에 대한 교육·훈련보조금, § 109(d)에 의해 승인된 상금, 납독성 연구 등에 사용된다. CERCLA § 111(a),(c).

59) 마찬가지로 이러한 입법방식에 문제를 제기하는 견해는 김연태(각주 14), 107면.

60) 박종원(각주 25), 6면.

비로소 후순위자에게 정화책임을 부과하게 된다면, 오염된 토양의 정화는 지연될 수밖에 없을 것이다. 결국 이러한 논란은 신속한 정화를 막을 수 있다.[61]

정화책임자간 우선순위를 정하는 방식은 향후 정화책임과 관련한 분쟁에서 가장 뜨거운 감자가 될 수 있다. 실제 토양정화자문위원회에서 다루어지는 주된 주제가 정화책임자간 우선순위이다. 정화책임자로 지목된 자는 토양정화 책임을 무한책임으로 부담할 가능성이 많기 때문에 의례히 자신이 선순위의 정화책임자가 아니라는 주장을 할 것이 명약관화하기 때문이다. 그 논란은, 입법방식에 기인하는 바가 크다. 이러한 입법방식은 행정명령에 의해 정화책임자가 정해지는 꼴이기 때문에 책임법적 성격의 체계에 부합하지 않는 측면이 있다. 이는 모법에서 인정하려고 하는 행정청의 재량을 지나치게 제한한다는 측면도 있다.[62]

복수의 정화책임자가 존재하는 경우 관계 행정청으로 하여금 정화책임자를 선택하도록 하고 있는 것은 입법정책적으로 재고할 필요가 있다. 신속하고 확실한 정화를 위해서는 연대책임을 포기하지 않고 행정청이 이행 가능성 등을 고려하여 합리적인 결정(재량)으로 가장 적합한 지위에 있는 자를 선택하도록 하는 것이 바람직하다. 이 경우 복수의 정화책임자들 사이에 발생하는 공평 부담문제는 구상권을 인정함으로써 해결할 수 있을 것이다. 위헌성을 제거하기 위해서는 연대책임의 포기가 아닌 기금의 설치, 면책의 확대, 국가의 비용 지원 등으로 풀어야 할 것이다.

Ⅲ. 일반 불법행위책임

1. 토양오염으로 인하여 직접적인 피해가 발생한 경우

오염된 토양으로 인하여 피해를 입은 자(예컨대, 오염된 토양에서 발생하는 가스를 흡입하거나 오염된 토양이 2차적으로 오염시킨 지하수를 음용한 자)는 직접 토양을 오염시킨 자뿐만 아니라 해당 토지의 현재의 소유자 또는 점유자 등을 상대로 「환경정책기본법」 제44조, 「토양환경보전법」 제10조의3, 민법 제750조 등에 기한 불법행위를 원인으로 한 손해배상청구를 제기할 수 있을 것이다. 이 경우 고

61) 김연태(각주 14), 107면.
62) 박종원(각주 25), 21면.

의·과실, 위법성, 인과관계(개연성), 피해 등 불법행위 일반의 원칙이 적용된다.

특히 현재의 소유자 또는 점유자가 오염된 토지 자체의 양수인의 경우는 다소 논란이 있을 수 있다. 구체적으로 어느 경우에 고의·과실이 존재하는지 판단하기가 어렵기 때문이다. 이와 관련하여 오염된 토지를 매수하거나 오염된 토지를 자산으로 가지고 있는 회사를 인수 합병한 자가 그 매수, 인수 전에 발생한 토양오염으로 인한 피해에 대하여 배상책임을 져야 하는가, 만약 배상책임을 지게 된다면 매수, 인수 시에 있어 어느 정도의 주의의무를 기울여야 그와 같은 책임을 면할 수 있는가 등이 문제될 수 있다.

현재의 소유자 또는 점유자가 토양이 오염된 사실과 그로 인하여 타인에게 피해를 줄 수 있다는 사실을 알았거나 알 수 있었음에도 불구하고 이를 방지하기 위하여 적극적인 조치를 취하지 아니한 경우에는 그 부작위로 인하여 발생한 손해에 대해 책임을 부담할 수 있다고 해석하는 것이 합리적일 것이다.[63] 여기에 대해서는 소유자 또는 매수인의 인식가능성에 근거하여 책임을 인정하는 것은 그 기준 자체가 지나치게 주관적이고 모호하여 거래안정을 해하며, 현행 법체계의 허용범위를 벗어난 해석론이라는 비판이 있다.[64]

[7] 현실적인 손해의 발생: 대법원 2021. 3. 11. 선고 2017다179, 186 판결

불법행위로 인한 손해배상청구권은 현실적으로 손해가 발생한 때에 성립하는 것이고, 현실적으로 손해가 발생하였는지 여부는 사회통념에 비추어 객관적이고 합리적으로 판단하여야 한다(대법원 2003. 4. 8. 선고 2000다53038 판결 등 참조). 만일 이 사건 소송에서 피고들이 이 사건 인접 토지와 이 사건 유류저장소에 대한 각 소유권을 취득한 이후 추가로 원고들 소유의 이 사건 토지에 토양오염을 유발한 사실이 인정될 수 있다면, 피고들은 토양환경보전법 제10조의3 제1항에 따른 오염토양 정화의무를 부담한다고 볼 수 있고, 피고들이 이러한 오염토양 정화의무를 이행하지 않음에 따라 원고들로서는 이 사건 토지 소유권을 완전하게 행사하기 위하여 원고들의 비용으로 오염토양을 정화할 수밖에 없게 되었다고 볼 수 있다. 이런 상황이라면 사회통념상 오염토양 정화비용 상당의 손해가 원고들에게 현실적으로 발생한 것으로 볼 수 있다.

---

63) 조홍식, "토양환경침해에 관한 법적책임", 환경법연구 제20권, 1998, 332 내지 333면.

64) 토지 매수인 또는 소유자의 작위의무의 인정근거를 토양오염의 인식 또는 인식가능성이라는 주관적 요소에 착안하지 않고 공법상의 책임에도 불구하고 그 공법상 책임을 이행하지 않은 결과로 인하여 제3자에게 손해가 발생하였다는, 법령상의 의무에 착안하여 부작위에 의한 불법행위책임을 물을 수 있을 것이다. 황창식, "기업의 인수·합병과 토양오염", 환경문제연구총서 IX, 대한변호사협회, 2001, 139 내지 140면.

2. 오염된 토양의 거래로 인하여 매수인에게 피해가 발생한 경우

오염된 토양의 거래에 따른 거래당사자간의 불법행위책임 여부는 어려운 문제를 제기한다. 예컨대, 매매의 대상이 된 토지 자체의 토양오염이나 오염토양 정화비용 상당의 손해에 대하여 매도인이 매수인에 대하여 불법행위책임을 지는가? 이는 토양오염으로 지하수가 오염되어 그 물을 마신 사람의 건강에 해를 끼친 때나 인접한 타인 소유의 토지를 오염시킨 때와 같이 토양오염으로 인하여 직접적인 피해가 발생한 경우와 구별된다. 원칙적으로 매매과정에서 매도인의 기망 등 위법행위가 있었던 것으로 평가될 수 있는 사정이 있다면, 그리고 그것이 매도인의 고의 또는 과실로 인한 것으로 평가될 수 있다면 매도인은 매수인에 대하여 불법행위책임을 부담할 수 있다. 매수인의 매수 목적, 토양오염 사실에 대한 인식 또는 예견가능성, 이러한 사정이 매매가격의 결정에 고려되었는지 여하 등은 불법행위책임의 한 요건인 손해발생 여부를 판단하는 요소가 된다.

특히 오염토양 유발자가 자신과 직접적 거래관계가 없는 토지의 전전 매수인(전득자)에 대하여 불법행위책임을 지는지 여하는 계약책임과 조화되지 않는 측면이 있어 쉽게 결론을 내리기 어렵다. 법원은, 토양이 오염되어 있음에도 쉽게 드러나지 아니하는 토지 환경오염의 특수성과 손해의 공평한 부담에 착안하면서, 토지 소유자가 토양오염물질을 토양에 누출 · 유출하거나 투기 · 방치함으로써 토양오염을 유발하였음에도 오염토양을 정화하지 않은 상태에서 오염토양이 포함된 토지를 거래에 제공함으로써 유통되게 하거나, 토지에 폐기물을 불법으로 매립하였음에도 처리하지 않은 상태에서 토지를 거래에 제공하는 등으로 유통되게 한 경우, 거래 상대방 및 토지를 전전 취득한 현재의 토지 소유자에 대한 위법행위로서 불법행위가 성립할 수 있다고 보고 있다(판례 [8]).

[8] 기아자동차부지 사건: 대법원 2016. 5. 19. 선고 2009다66549 전원합의체 판결

[다수의견]

헌법 제35조 제1항, 구 환경정책기본법(2011. 7. 21. 개정 전), 구 토양환경보전법(2011. 4. 5. 개정 전) 및 구 폐기물관리법(2007. 1. 19. 개정 전)의 취지와 아울러 토양오염원인자의 피해배상의무 및 오염토양 정화의무, 폐기물 처리의무 등에 관한 관련 규정들과 법리에 비추어 보면, 토지의 소유자라 하더라도 토양오염물질을 토양에 누출 · 유출하거나 투기 · 방치함으로써 토양오염을 유발하였음에도 오염토양을 정화하지 않은 상태에서 오염토양이 포함된 토지를 거래에 제공함으로써 유통되게 하거나, 토지에 폐기물을 불법으로 매립하였음에도 처리하지 않은 상태에서 토지를 거래에 제공하는 등으로 유통되게 하였다면, 다른 특별한 사정이 없는 한 이는 거래의 상대방 및 토지를 전전 취득한 현재의 토지 소유자에 대한 위법행위로서 불법행위가 성립할 수 있다. 그리고 토지를 매수한 현재의 토지 소유자가 오염토양 또는 폐기물이 매립되어 있는 지하까지 토지를 개발·사용하게 된 경우 등과 같이 자신의 토지소유권을 완전하게 행사하기 위하여 오염토양 정화비용이나 폐기물 처리비용을 지출하였거나 지출해야만 하는 상황에 이르렀다거나 구 토양환경보전법에 의하여 관할 행정관청으로부터 조치명령 등을 받음에 따라 마찬가지의 상황에 이르렀다면 위법행위로 인하여 오염토양 정화비용 또는 폐기물 처리비용의 지출이라는 손해의 결과가 현실적으로 발생하였으므로, 토양오염을 유발하거나 폐기물을 매립한 종전 토지 소유자는 오염토양 정화비용 또는 폐기물 처리비용 상당의 손해에 대하여 불법행위자로서 손해배상책임을 진다.

[반대의견]

자신의 토지에 폐기물을 매립하거나 토양을 오염시켜 토지를 유통시킨 경우는 물론 타인의 토지에 그러한 행위를 하여 토지가 유통된 경우라 하더라도, 행위자가 폐기물을 매립한 자 또는 토양오염을 유발시킨 자라는 이유만으로 자신과 직접적인 거래관계가 없는 토지의 전전 매수인에 대한 관계에서 폐기물 처리비용이나 오염정화비용 상당의 손해에 관한 불법행위책임을 부담한다고 볼 수는 없다(판례 [12]와 동일 판례).[65]

Ⅳ. 공작물책임

토양오염관리대상시설이 실치되어 이 시설로부터 오염물질이 배출되는 경우에는 민법 제758조(공작물책임) 규정에 의한 불법행위책임을 물을 수 있을 것이다. 즉 피해자는 "공작물의 설치 또는 보존의 하자로 인하여 타인에게 손해를 가한 때에는 공작물 점유자가 손해를 배상할 책임이 있다. 그러나 점유자가 손해의 방지에 필요한 주의를 해태하지 아니한 때에는 그 소유자가 손해를 배상할 책임이 있다"는 규정에 의거하여, 비교적 쉽게 원인자를 규명함으로써, 점유자 또는 소유자에게 손해배상을 청구할 수 있을 것이다.

---

65) 다수의견이 토양이 오염되어 있음에도 쉽게 드러나지 아니하는 토지 환경오염의 특수성과 손해의 공평한 부담에 착안하고 있다면, 소수의견은 거래 상대방 사이의 이해관계 조정 문제로 보는 입장이라고 할 수 있다.

그러나 공작물책임 규정은 해당 공작물의 점유 혹은 소유기간 동안에 발생한 손해에 대하여만 적용되며, 그 공작물의 점유 혹은 소유시점 이전에 발생한 손해에 대하여 책임을 물을 수 있는 근거가 되지 못한다. 또한 「토양환경보전법」상의 무과실책임 규정이 있는 상황에서 굳이 공작물책임을 물을 현실적인 필요는 많지 않다고 판단된다.[66)]

V. 하자담보책임 등

특히 매매계약이 오염토양을 목적물로 한 경우에는 계약책임의 일종인 하자담보책임(민법 제580조), 불완전이행책임 등이 문제될 수 있을 것이다. 매매의 목적물에 하자가 있는 때에는 매수인은 목적물의 하자로 말미암아 매매의 목적을 달성할 수 없는 경우 계약을 해제하고 아울러 손해배상을 청구할 수 있다(민법 제580조). 그러나 매매의 목적물에 하자가 있는 때에도 매수인이 하자있는 것을 알았거나 과실로 인하여 이를 알지 못한 때에는 그러하지 아니하다(동조 단서). 당사자는 이러한 매도인의 하자담보책임을 배제 또는 경감하거나 가중하는 특약을 할 수 있으나 매매의 목적물에 하자가 있는 것을 매도인 자신이 알고 있음에도 불구하고 이를 매수인에게 통지하지 않은 경우에는 매도인은 그 책임을 면할 수 없다(민법 제584조). 다만 매수인이 그 하자 있음을 알고 있을 때에는 특약은 효력이 있다.[67)] 민법상의 하자담보책임은 하자를 발견한 날로부터 6개월 이내에 행사하여야 한다(민법 제582조).

토지매매가 상인간의 거래로 이루어진 경우에는 상사매매에 대한 하자담보책임의 특칙이 적용되어 매매 당시 하자를 발견할 수 없는 것이라고 하더라도 6개월 이내에 하자를 발견하여 매도인에게 그 통지를 발송하지 아니하면 하자담보책임을 물을 수 없게 될 것이다. 물론 매도인이 이러한 하자를 알고 있었던 경우라면 이러한 특칙이 적용되지 않는다(상법 제69조).

예컨대, 토양의 오염정도가 「토양환경보전법」상의 우려기준 또는 대책기준을 초과하는 경우 매수인이 「토양환경보전법」상의 오염방지조치 또는 개선사업을 행할 의무를 지게 될 가능성이 있으며, 경우에 따라서는 일정기간 토지사용이 제한될 수도 있다는 점에서 매도인이 하자담보책임을 지게 될 가능성이 있게 되는 것

66) 황창식(각주 64), 138면.
67) 곽윤직, 채권각론, 박영사, 1995, 254면.

이다(판례 [9], [10] 참조).[68)]

[9] 채무불이행책임과 하자담보책임: 대법원 2004. 7. 22. 선고 2002다51586 판결

매도인이 성토작업을 기화로 다량의 폐기물을 은밀히 매립하고 그 위에 토사를 덮은 다음 도시계획사업을 시행하는 공공사업시행자와 사이에서 정상적인 토지임을 전제로 협의취득절차를 진행하여 이를 매도함으로써 매수자로 하여금 그 토지의 폐기물처리비용 상당의 손해를 입게 하였다면 매도인은 이른바 불완전이행으로서 채무불이행으로 인한 손해배상책임을 부담하고, 이는 하자 있는 토지의 매매로 인한 민법 제580조 소정의 하자담보책임과 경합적으로 인정된다고 할 것이다.

한편, 피고가 스스로 법령에 의하여 요구되는 정도와 방법에 부합하도록 폐기물을 처리하여 판시 토지를 정상적으로 복구할 것을 기대하기 어려워 원고가 그 처리비용 상당의 손해배상을 구하는 이 사건에서 원고에게 피고가 스스로 폐기물을 처리할 것만을 청구하거나 손해배상청구에 앞서 이러한 청구를 먼저 행사하여야 할 의무는 없는 것이고, 나아가 폐기물처리비용이 매매대금을 초과한다는 사정은 원고의 손해배상청구권 행사에 아무런 장애가 되지 않는다고 할 것이다.[69)]

[10] 매매목적물로서 하자: 수원지법 1996. 10. 24. 선고 95가합17789 판결(확정)

매매의 목적물에 관한 하자 여부는 매매의 경위와 목적 등 매매 당시의 제반 사정을 고려하여 그 목적물이 통상 갖추어야 할 품질 내지 상태를 갖추었는지 여부에 의하여 판단되어야 할 것인바, 주택건설업을 영위하는 자가 그 지상에 고층 아파트를 건축할 목적으로 토지를 매수하고 매도인 또한 매수인의 그와 같은 토지 매수 목적을 잘 알고 있었으며, 그 토지의 과반수를 넘는 부분의 지하에 다량의 일반 폐기물이 매립되어 있어 그 배출 비용으로 일반 토사반출의 경우에 비하여 6배 이상에 달할 정도로 다액의 비용이 소요되고, 당초 매매 당시 그와 같은 사정을 알았더라면 그 추가 배출 비용 상당액을 그 매매대금에서 공

68) 박상열, "토양오염과 법률문제", 토양환경 제1권 제1호, 1996. 9, 7면.

69) 성토작업을 기화로 다량의 폐기물을 은밀히 매립한 토지의 매도인이 협의취득 절차를 통하여 공공사업시행자에게 이를 매도함으로써 매수인에게 토지의 폐기물처리비용 상당의 손해를 입게 한 경우, 채무불이행책임과 하자담보책임이 경합적으로 인정된다고 한 사례. 같은 취지의 판결은 대법원 2021. 4. 8. 선고 2017다202050 판결(甲이 국가로부터 토지를 매수하여 건물을 신축하기 위해 건축허가를 받고 지목을 '전(田)'에서 '대지'로 변경하였는데, 위 토지에서 굴착공사를 하다가 약 1~2m 깊이에서 폐합성수지와 폐콘크리트 등 약 331t의 폐기물이 매립되어 있는 것을 발견하였고, 이를 처리하기 위한 비용을 지출한 사안에서, 토지에 위와 같은 폐기물이 매립되어 있는 것은 매매 목적물이 통상 갖출 것으로 기대되는 품질이나 상태를 갖추지 못한 하자에 해당하므로, 국가는 甲에게 하자담보책임으로 인한 손해배상으로 폐기물 처리비용을 지급할 의무가 있다고 본 원심판결이 정당하다고 한 사례).

제하였으리라고 보여진다면, 그 토지는 매매목적물로서 하자를 가진 것이라고 봄이 상당하다.70)

그러나 구체적으로 어느 정도 오염되면 하자가 있다고 할 수 있는지, 매수인이 오랫동안 공장으로 사용된 토지를 매수하면서 오염조사를 하지 아니한 경우 과실이 있다고 할 수 있는지, 매도인은 토양이나 지하수의 오염사실을 매수인에게 고지하여야 하는지, 매도인이 오염의 의심이 있더라도 차라리 이를 확인하지 아니하고 계약을 체결한 경우 그 책임을 면할 수 있는지 등 해결해야 할 문제가 많다.71) 또한 매매 후 6개월 이내에 토양오염을 발견하는 것이 쉽지 아니하고, 토양오염이 밝혀질 때까지 장시간이 소요될 것으로 보이는데 대하여 하자담보책임의 제척기간이 짧기 때문에 실제로 하자담보책임을 물을 수 없는 경우가 많을 것이다.72) 하자담보책임의 경우 확대손해의 배상이 인정되는지 여부에 대한 논란도 있다.

한편, 매수자로 하여금 정화비용 상당의 손해를 입게 하였다면 매도인은 채무불이행의 일종인 불완전이행(적극적 채권침해)에 기하여 손해배상책임을 부담할 수 있다. 채무불이행으로 인한 손해배상책임은 하자담보책임과 경합적으로 인정된다(판례 [9]). 불완전이행에 기한 책임 추구는 무엇보다도 하자담보책임이 갖는 짧은 제척기간의 한계를 극복할 수 있을 것이다.

70) 아파트 건축 용도로 매수한 토지의 지하에 폐기물이 매립되어 있는 경우, 그 토지에 매매목적물로서의 하자가 있는 것으로 본 사례.

71) 박상열(각주 68), 9면.

72) 대법원 2015. 6. 24. 선고 2013다522 판결(甲 유한회사가 乙 주식회사를 상대로 乙 회사가 유류, 중금속 등으로 오염된 토지를 매도하였다는 이유로 매도인의 하자담보책임 또는 불완전이행으로 인한 손해배상을 구한 사안에서, 甲 회사와 乙 회사의 매매계약은 상인 간의 매매인데 甲 회사가 토지를 인도받아 소유권이전등기를 마친 때로부터 6개월이 훨씬 경과한 후에야 토지에 토양 오염 등의 하자가 있음을 통지하였다는 이유로 하자담보책임에 기한 손해배상청구는 배척하고, 乙 회사가 오염된 토양을 정화하지 않은 채 토지를 인도한 것은 불완전이행에 해당한다는 이유로 오염된 토양을 정화하는 데 필요한 비용 상당의 손해배상책임을 인정한 원심판단이 정당하다고 한 사례) 참조.

제9장 환경분쟁조정법

환경오염으로 인해 피해가 발생한 경우 통상적인 해결방법은 피해당사자가 가해자를 상대로 소송을 제기하여 피해를 배상받는 것이 될 것이다. 즉 피해자인 원고는 민사소송을 통해 가해자의 고의 또는 과실, 피해, 위법성 그리고 원인이 된 행위와 피해 간의 인과관계 등을 입증함으로써 피해를 배상받을 수 있는 것이다. 문제는 이러한 입증이 여간 어려운 것이 아니라는 것이다. 예컨대, 가해자인 기업이 주의의무를 게을리 하였다는 것을 피해자인 주민이 입증한다는 것은 쉬운 것이 아니다. 또한, 환경오염은 피해 범위가 광역적일 뿐더러 상당한 기간에 걸쳐 누적적으로 진행되기 때문에 원인행위와 피해 사이의 인과관계를 입증한다는 것도 어렵다. 더욱이 소송절차는 많은 비용과 시간을 요구하므로 특히 경제력이 약한 피해자가 소송을 제기하는 것 자체는 여간 어려운 것이 아니다. 환경오염피해의 다양성과 분쟁당사자의 다수성은 이 같은 상황을 더욱 복잡하게 하고 있다. 재판부가 환경피해 사건에 대해 전문지식을 갖고 있다고 보기도 어려운 것이 현실이다.

이러한 이유에서 환경오염피해에 있어서는 그 구제의 충실화를 위하여 특수한 법리나 제도의 개발이 절실히 요구되고 있으며, 환경오염피해를 둘러싼 분쟁이 가지는 특수성으로 말미암아 이를 신속하고 효과적으로 처리할 수 있는 소송외적 분쟁처리절차가 설득력을 갖게 된다. 이에 소송 전 단계로써 행정기관이 지니고 있는 전문성과 과학적 지식을 활용하여 분쟁을 신속하게 해결하는 방법을 모색해 볼 수 있는데, 「환경분쟁조정법」상의 환경분쟁조정위원회라는 행정기관을 통한 환경분쟁조정방식이 그것이다. 이러한 점 때문에 환경분쟁조정제도는 행정기관에 의한 대체적 분쟁해결제도(Alternative Dispute Resolution: ADR)[1]의 일종으로서 주목을 받고 있다.

---

1) 대체적 분쟁해결제도는 소송절차에 의한 판결에 의하지 아니하고 법적 분쟁을 해결하는 것을 의미하는데, 화해(Settlement), 협상(Negotiation), 조정(Mediation), 중재(Arbitration) 등이 그 대표적인 예이다. 대체적 분쟁해결제도의 장점으로는 시간과 비용의 절감, 비밀보장 및 사생활보호, 자기결정권의 보장, 감정과 기분의 존중, 유대관계의 유지, 창조적 분쟁해결,

「환경정책기본법」 제43조는 국가 및 지방자치단체로 하여금 환경오염 또는 환경훼손으로 인한 피해를 원활히 구제하기 위하여 필요한 시책을 마련하도록 하고 있으며, 동법 제42조는 "국가 및 지방자치단체는 환경오염 또는 환경훼손으로 인한 분쟁이나 그 밖에 환경관련 분쟁이 발생한 경우에 그 분쟁이 신속하고 공정하게 해결되도록 하기 위하여 필요한 시책을 마련하여야 한다"라고 규정함으로써 「환경분쟁조정법」 및 환경분쟁조정제도의 법적 근거를 제시하고 있다. 「환경분쟁조정법」은 환경분쟁조정제도의 절차 등을 규정함으로써 환경분쟁을 신속·공정하고 효율적으로 해결하여 환경을 보전하고 국민의 건강 및 재산상의 피해를 구제함을 목적으로 하고 있다.

흔히 환경분쟁조정제도는 행정기관의 전문성을 활용하면서도 사법기관에 의한 공평타당한 분쟁해결방식을 추구한다는 점에서 행정상 준사법절차로 이해할 수 있으며, 저렴한 비용[2]과 유연성 있고 간단한 절차를 통한 신속한 분쟁해결, 피해사실 입증에 있어서의 기술적·경제적 부담 경감,[3] 전문성과 과학적인 지식·정보의 충분한 활용, 직권주의를 활용한 증거수집의 용이 등의 장점을 갖고 있다. 이러한 장점은 분쟁조정 신청건수의 증가로 이어지고 있다.

제1절 환경분쟁조정제도

Ⅰ. 기구(환경분쟁조정위원회)와 권한

환경분쟁조정위원회는 환경부에 설치된 중앙환경분쟁조정위원회(중앙조정위

탄력적이고 비정형적인 절차, 선례(판례)로부터의 자유 등을 들 수 있다. 유병현, "ADR의 발전과 법원외 조정의 효력", 법조, 2004. 6, 47면 내지 50면.

2) 분쟁조정신청비용이 민사소송에 비하여 저렴하고(제63조 제2항, 제35조 제1항, 시행령 별표 1 참조), 사실조사 시 출장비, 조사비용 등은 국가가 부담하므로 신청자의 경제적 부담은 상당부분 경감된다(제63조 제1항). 또한 환경분쟁조정의 경우 흔히 변호사의 조력 없이도 절차를 진행할 수 있기 때문에 당사자의 비용 부담은 그만큼 줄어든다.

3) 환경분쟁조정제도의 가장 큰 장점은 당사자의 주장·입증책임의 경감이라고 할 수 있다. 민사소송의 경우에는 변론주의에 따라 당사자가 요건사실에 대해 주장·입증하여야 하는 데 반해, 환경분쟁조정의 경우에는 담당공무원들이 피해의 요건사실을 조사하게 된다. 또한 환경분쟁조정위원회는 정부기관으로서 다른 정부기관으로부터 조사에 필요한 협력도 더 용이하게 받을 수 있을 뿐만 아니라, 별도의 용역사업을 통해 축적해 온 환경분쟁 유형별 인과관계 입증에 대한 전문지식도 사건 처리에 활용할 수 있다. 김형진, "환경분쟁조정법의 제문제", 법조, 2001. 12, 148면.

원회)와 특별시 · 광역시 · 특별자치시 · 도 · 특별자치도(시 · 도)에 설치된 지방환경분쟁조정위원회가 있다. 중앙환경분쟁조정위원회는 위원장 1명을 포함한 30명 이내의 위원(상임위원은 3명 이내)으로 구성되는데(제7조 제1항), 일정한 요건을 갖춘 자 중에서 대통령이 임명 또는 위촉하고, 그 신분을 보장함으로써 독립성을 보장하고 있다(제8조 제1항, 제10조). 중앙환경분쟁조정위원회는 분쟁조정사무 중 ① 분쟁의 재정(제5호에 따른 재정은 제외) 및 중재, ② 국가나 지방자치단체를 당사자로 하는 분쟁의 조정, ③ 2 이상의 시 · 도의 관할 구역에 걸치는 분쟁의 조정, ④ 제30조에 따른 직권조정, ⑤ 원인재정과 원인재정 이후 신청된 분쟁의 조정, ⑥ 관할 지방환경분쟁조정위원회가 스스로 조정하기 곤란하다고 결정하여 이송한 분쟁의 조정 등을 행한다(제6조 제1항, 시행령 제3조).

한편, 지방조정위원회는 위원장 1명을 포함한 20명 이내의 위원(상임위원은 1명을 둘 수 있음)으로 구성되는데(제7조 제2항), 일정한 요건을 갖춘 자 중에서 시 · 도지사가 임명 또는 위촉한다(제8조 제3항). 지방조정위원회는 해당 시 · 도의 관할 구역에서 발생한 분쟁의 조정사무 중 위 중앙조정위원회 관할 사무 외의 사무를 관할한다(제6조 제2항). 재정사무는 일조 방해, 통풍 방해, 조망 저해로 인한 분쟁을 제외하고, 조정 목적의 가액이 1억원 이하인 사무이다(시행령 제3조 제2항).

위원회는 분쟁의 조정을 위하여 필요하다고 인정하는 경우에는 관계 행정기관의 장에게 자료 또는 의견의 제출, 기술적 지식의 제공, 환경오염물질의 측정 및 분석 등 필요한 협조를 요청할 수 있으며, 분쟁의 조정 시에 환경피해의 제거 또는 예방을 위하여 필요하다고 인정하면 관계 행정기관의 장에게 환경피해의 원인을 제공하는 자에 대한 개선명령, 조업정지명령 또는 공사중지명령 등 필요한 행정조치를 하도록 권고할 수 있다(제18조 제1항, 제2항). 위 협조를 요청받거나 권고를 받은 관계 행정기관의 장은 정당한 사유가 없으면 이에 따라야 한다(동조 제3항).

한편, 위원회는 소관 업무의 수행으로 얻게 된 환경보전 및 환경피해방지를 위한 개선대책에 관한 의견을 관계 행정기관의 장에게 통지할 수 있다(제15조의2). 이는 비슷한 환경피해의 발생이나 확산을 예방하기 위하여 환경분쟁조정 신청사건의 처리과정에서 얻게 된 환경피해 방지 등을 위한 개선의견을 관계 행정기관에 통지하여 관계 행정기관으로 하여금 환경보전과 예방과 관련된 정책을 수립할 때 참고로 활용하고, 법령 등에 반영할 수 있도록 하기 위한 것으로 이해된다. 이러한 조치는 환경분쟁조정제도가 단순히 개별 사건의 처리에 그치지 아니하고 거시적이고 궁극적인 환경문제 해결에 기여토록 할 것이다. 그러나 이 경우 '통지'는 단순한 정보제공 차원에서 알려주는 것에 그치므로 관계행정기관이 이를 따를 의무는 없다고 할 것이다.

또한, 동법은 조정신청사건의 상당수가 환경분쟁조정위원회 상정 전에 당사자 간의 합의로 해결되고 있는 실정을 고려하여 당사자 모두가 만족한 결과를 이끌어 내기 위한 환경분쟁조정위원회의 합의 노력을 법률적으로 뒷받침할 수 있는 근거를 마련하고, 궁극적으로 사전합의를 활성화하고자 하고 있다. 즉 위원회는 조정신청을 받으면 당사자에게 피해배상에 관한 합의를 권고할 수 있다(제16조의 2 제1항). 다만 그 권고는 조정절차의 진행에 영향을 미치지 아니한다(동조 제2항).

Ⅱ. 환경분쟁조정대상

「환경분쟁조정법」은 '환경분쟁'을 "환경피해에 대한 다툼과 「환경기술 및 환경산업 지원법」 제2조 제2호에 따른 환경시설의 설치 또는 관리와 관련된 다툼"으로 정의하면서(제2조 제2호)[4], 환경분쟁조정대상이 되는 '환경피해'로 사업활동, 그 밖에 사람의 활동에 의하여 발생하였거나 발생이 예상되는 대기오염, 수질오염, 토양오염, 해양오염, 소음 · 진동, 악취, 자연생태계 파괴, 일조 방해, 통풍 방해, 조망 저해,[5] 인공조명에 의한 빛공해, 지하수 수위 또는 이동경로의 변화,[6] 하천수위의 변화,[7] 진동이 그 원인 중의 하나가 되는 지반침하(광물

4) 「환경기술 및 환경산업 지원법」은 제2조 제2호에서 '환경시설'을 "환경오염물질 등으로 인한 자연환경 및 생활환경에 대한 위해를 사전에 예방 또는 감소하거나 환경오염물질의 적정한 처리 또는 폐기물 등의 재활용을 위한 시설 · 기계 · 기구, 그 밖의 물체로서 환경부령으로 정하는 것을 말한다"라고 광범위하게 정의하면서, 동법 시행규칙 제2조에서 환경오염방지시설, 하수도, 공공폐수처리시설, 가축분뇨처리시설 및 공공처리시설, 재활용시설, 폐기물처리시설, 수도시설 등을 열거하고 있다.

5) 2006. 3. 24. 개정 법은 환경피해의 원인으로 일조 방해, 통풍 방해, 조망 저해를 추가하였다. 또한 정신적 피해를 피해 내용에 추가하여 위자료에 대한 배상이 가능하도록 하였다. '환경피해' 개념 정의와 소관 사무 규정을 종합하여 보면 일조 방해 또는 조망 저해의 경우에는 「건축법」의 적용을 받지 아니하는 구조물에 의한 일조 방해 또는 조망 저해이거나 「건축법」의 적용을 받는 경우에는 다른 분쟁(예컨대, 소음 · 진동)과 '함께' 발생한 일조 방해 또는 조망 저해인 경우에 조정의 대상이 된다. 조홍식, "환경분쟁조정의 법정책 -라즈의 권위와 이론에 의존하여-", 법학 제52권 제3호, 2001. 9, 135면.

6) 지하수 수위 또는 이동경로의 변화와 관련된 분쟁은 공사 또는 작업(「지하수법」에 따른 지하수의 개발 · 이용을 위한 공사 또는 작업은 제외한다)으로 인한 경우에 조정의 대상이 된다

채굴로 인한 지반침하를 제외)로 인한 건강상 · 재산상 · 정신상의 피해를 명시하고 있다(제2조 제1호, 시행령 제2조).

한편, 「폐기물처리시설 설치촉진 및 주변지역지원 등에 관한 법률」은 동법의 적용을 받는 폐기물처리시설의 입지선정문제를 둘러싸고 발생한 폐기물처리설치기관과 인접 지방자치단체장 간에 협의가 이루어지지 아니한 경우 중앙환경분쟁조정위원회에 반드시 조정을 신청하도록 하고 있으며(동법 제9조 제7항), 폐기물처리시설 설치계획에 따른 폐기물처리시설의 설치로 인하여 발생할 것으로 예상되는 피해에 관하여 분쟁이 발생한 경우에 당사자로 하여금 「환경분쟁조정법」에 따른 분쟁의 조정을 신청하는 길을 열어 놓고 있다(동법 제13조 제2항).「공공폐자원관리시설의 설치 · 운영 및 주민지원 등에 관한 특별법」은 공공폐자원관리시설의 설치 · 운영으로 인한 피해에 관하여 분쟁이 발생한 경우 당사자로 하여금 환경분쟁조정위원회에 분쟁의 조정(調整)을 신청할 수 있도록 하고 있다(제17조).

「환경분쟁조정법」은 그 대상에 이미 피해가 발생한 경우뿐만 아니라 피해발생이 예상되는 경우까지를 포함하고,[8] 자연생태계 파괴[9] 등을 포함시킴으로써 비교적 광범위하게 분쟁조정대상을 정하고 있다. 그러나 방사능오염으로 인한 피해, 경관 침해, 전자파 · 유해화학물질 · 환경호르몬(내분비계장애물질) · 유전자변형물질로 인한 피해 등은 명문상 또는 해석상 제외된다.[10]

(제5조 제1호 나목).

7) 2021. 4. 1. 개정 법에서 하천수위의 변화로 인한 피해가 추가됨으로써 집중호우로 피해를 입은 주민들이 신속하고 간편하게 피해구제를 받을 수 있는 길이 열렸다고 할 수 있다. 하천수위의 변화와 관련된 분쟁은 「하천법」 제2조 제3호에 따른 하천시설 또는 「수자원의 조사 · 계획 및 관리에 관한 법률」 제2조 제4호에 따른 수자원시설로 인한 경우에 조정의 대상이 된다(제5조 제1호 다목).

8) 예상되는 피해로 인한 분쟁의 알선 · 조정 또는 재정신청은 사업의 시행자 · 규모 · 위치 · 기간 등을 포함한 사업계획이 관계 법령에 의한 절차에 따라 결정된 후에 할 수 있다(시행령 제9조).

9) 동법은 "자연생태계 파괴로 인한 '재산'에 관한 피해에 관한 다툼"은 분쟁조정의 대상으로 하고 있는바, 자연생태계 파괴가 재산적 손해로 포섭될 수 있는 한도에서 자연자원 또는 생태계 자체에 대한 침해에 대해서도 분쟁조정을 청구할 수 있다고 해석된다. 조홍식(각주 6), 142면. 자연생태계 파괴로 인한 경우를 포함시켜 그 대상을 확대한 것은 바람직하나 환경생태계 파괴 그 자체로 그치지 아니하고 환경생태계 파괴로 인해 건강상, 재산상의 피해까지 발생해야 하기 때문에 실질적으로는 큰 의미가 없다. 이상돈 · 이창환, 환경법, 이진출판사, 1999, 224면.

10) 전창조, "일본의 공해분쟁처리제도", 환경법연구 제13권, 1991, 75면. 구 '환경오염피해분쟁조정법' 제1조는 환경오염으로 인한 피해의 조사와 분쟁조정을 다룬다고 규정함으로써 환경오염피해분쟁조정의 대상을 환경오염으로 하였으며, 「환경정책기본법」은 환경오염을 대기오염, 수질오염, 토양오염, 해양오염, 방사능오염, 소음 · 진동 · 악취 등으로 사람의 건강이나 환경에 피해를 주는 상태로 정의했기 때문에 "… 악취 등"의 해석상 일조권, 전망권 등의 침해,

Ⅲ. 신 청 자

1. 당 사 자

조정은 당사자의 신청에 의해 개시되는데, 조정을 신청하려는 자는 관할 위원회에 알선 · 조정 · 재정 또는 중재신청서를 제출하여야 한다(제16조 제1항). 다수인이 공동으로 조정의 당사자가 되는 때에는 그 중에서 3명 이하의 대표자를 선정할 수 있으며, 위원회는 당사자가 대표자를 선정하지 아니한 경우에 필요하다고 인정할 때에는 당사자들에게 대표자를 선정할 것을 권고할 수 있다(제19조).

2. 대표당사자

동법은 동일한 원인으로 인한 환경피해를 주장하는 자가 다수인, 이른바, 다수인관련분쟁에 대한 배려를 하고 있는데, 즉 다수인에게 같은 원인으로 환경피해가 발생하거나 발생할 우려가 있는 경우에는 그 중의 1명 또는 수인(數人)이 대표당사자로서 조정을 신청할 수 있도록 하고 있다(제46조 제1항). 이는 미국의 집단소송제도(class action)와 맥락을 같이하는 것으로, 다수의 소액피해자에 대한 구제를 손쉽게 하기 위한 것이라 할 수 있다. 한편, 피해자 중의 1명 또는 다수인이 다른 피해자들의 위임 없이 다른 피해자들을 위하여 소송행위를 할 수 있다는 점에서 선정당사자제도와 구별된다.

한편, 동법은 신청의 남용을 방지하기 위하여 조정을 신청하려는 자로 하여금 위원회의 허가를 받도록 하고 있다(동조 제2항). 즉 위원회는 허가신청이 다음의 요건을 모두 충족할 때에는 이를 허가할 수 있다: ① 같은 원인으로 발생하였거나 발생할 우려가 있는 환경피해를 청구원인으로 할 것; ② 공동의 이해관계를 가진 자가 100명 이상이며, 선정대표자에 의한 조정이 현저하게 곤란할 것; ③ 피해배상을 신청하는 경우에는 1명당 피해배상요구액이 500만원 이하일 것; ④ 신청인이 대표하려는 다수인 중 30명 이상이 동의할 것; ⑤ 신청인이 구성원의 이익을 공정하고 적절하게 대표할 수 있을 것(제47조).

미국의 집단소송제도는, 일정한 경우 소의 제기를 알지 못하고 통지를 받지 못한 구성원에게도 재판의 효력이 미치는 관계로[11] 특히 집단의 1명이 원고로서

지반침하, 자장피해가 이에 포함되는 것으로 해석할 수 있었으나 현행법은 그런 여지를 없애 버렸다고 하면서 입법상 실수라고 지적하는 견해가 있다. 이상돈 · 이창환(앞의 책), 224면.

소송을 제기하여 패소하게 되는 경우 구성원의 재판받을 권리를 침해하게 되는 중대한 결함을 갖고 있다. 이에 이들의 재판권을 보호하는 장치가 마련되어야 할 것인바, 「환경분쟁조정법」은 대표당사자의 신청에 의한 조정의 효력이 대표당사자와 제52조에 따라 참가를 신청한 자에게만 미치는 것으로 하면서(제53조), 참가신청을 하지 아니한 자가 그 신청원인 및 신청취지상 동일한 분쟁으로 인정되는 사건에 대하여는 다시 조정을 신청할 수 없도록 할 뿐 별도의 소제기를 제한하고 있지는 아니하다(제54조).

3. 환경단체

동법은 중대한 자연생태계 파괴로 인한 피해가 발생하였거나 발생할 위험이 현지한 경우에는 환경단체로 하여금 위원회의 허가를 받아 분쟁 당사자를 대리하여 위원회에 조정을 신청할 수 있도록 하고 있다. 그러나 환경단체의 대리권 남용을 방지하기 위하여 대리인 적격을 갖는 환경단체를 다음과 같이 정하고 있다: ① 「민법」 제32조에 따라 환경부장관의 허가를 받아 설립된 비영리법인일 것; ② 정관에 따라 환경보호 등 공익의 보호와 증진을 목적으로 하는 단체일 것; ③ 구성원이 100명 이상일 것; ④ 신청일 현재 법인으로서의 자연환경 분야 활동 실적이 2년 이상일 것(제26조 제1항, 시행령 제20조).

환경단체의 조정신청권은 환경분쟁조정제도의 전문성과 실효성을 제고하기 위한 것이나, 분쟁당사자로부터 대리권 수여가 없는 경우에는 의미가 없게 되며, 환경단체에 원고적격을 인정하고 있지 않는 상황에서는 본질적으로 한계가 있을 수밖에 없다.[12)]

4. 직권조정

조정은 원칙적으로 당사자의 신청에 의해 개시된다(제16조 제1항). 그러나 환경오염으로 인한 사람의 생명·신체에 대한 중대한 피해, 제2조 제2호의 환경

11) Federal Rules of Civil Procedure, § 23(c)(3).

12) 남대천양수발전소 사건에서 대법원은 환경영향평가대상지역 밖의 자연을 찾아 즐기거나 연구·보전하려는 산악인, 생물학자, 생태연구가, 사진가, 일반시민, '환경보호단체' 등이 발전소 건설사업승인처분과 관련하여 갖고 있는 환경상 이익은 단순히 환경공익 보호의 결과로 국민 일반이 공통적으로 가지게 되는 추상적·평균적·일반적인 이익에 그치는 이익이라는 취지로 판시하면서 이들의 원고적격을 부인한 바 있다. 대법원 1998. 9. 22. 선고 97누19571 판결.

시설의 설치 또는 관리와 관련된 다툼 등 사회적으로 파급효과가 클 것으로 우려되는 환경분쟁에 대하여는 당사자의 신청이 없는 경우에도 중앙조정위원회의 직권으로 조정절차를 개시할 수 있다(제30조 제1항). 시 · 도지사, 시장 · 군수 · 구청장(자치구의 구청장을 말함) 또는 유역환경청장 · 지방환경청장은 제1항에 따른 직권조정이 필요하다고 판단되는 분쟁에 대해서는 중앙조정위원회에 직권조정을 요청할 수 있다(동조 제2항). 직권으로 개시할 수 있는 것은 조정에 한하며, 직권재정은 당사자의 신청에 의해서만 할 수 있다.

종전에는 중대한 환경피해가 발생하여 이를 방치하면 사회적으로 중대한 영향을 미칠 우려가 있다고 인정되는, 즉 피해규모가 큰 분쟁사건의 경우에만 직권조정을 할 수 있었으나 2008. 3. 개정 법은 “사회적으로 파급효과가 클 것으로 우려되는 환경분쟁”으로 범위를 확대하고, 직권조정의 대상,[13] 조정절차 및 직권조정을 수행하는 사람에 관한 사항을 대통령령으로 정하도록 하고 있다(동조 제2항).

직권조정의 범위를 확대한 것은 환경분쟁조정위원회가 환경피해 사건뿐만 아니라 환경시설 설치 관련 분쟁에 적극 개입하고, 조정전문가를 활용하도록 하여 환경 관련 갈등을 조기에 수습하게 함으로써 사회적 비용을 던다는 측면도 있지만 당사자들의 자발적인 참여를 기본으로 하는 조정제도 본래의 목적 · 취지에 역행하며, 대체적 분쟁해결제도의 일반이론과 조화되지 않는 측면이 있다고 생각된다.

Ⅳ. 신청 및 조정 내용

당사자는 손해배상청구 및 손해배상에 갈음한 원상회복(제41조)뿐만 아니라 환경피해를 예방 또는 방지하기 위한 유지청구를 할 수 있다. 따라서 피해당사자는 조업정지, 작업방법의 개선 및 변경, 공사중지, 방음 · 방진벽의 설치청구 등을 통하여 피해의 예방 및 확산의 방지를 구할 수 있다.

Ⅴ. 분쟁조정제도의 유형

환경분쟁조정(調整)의 유형에는 알선(斡旋), 조정(調停), 재정(裁定), 중재(仲裁)

13) 직권조정의 대상은 다음과 같다: ① 환경피해로 인하여 사람이 사망하거나 신체에 중대한 장애가 발생한 분쟁; ②「환경기술 및 환경산업 지원법」 제2조 제2호에 따른 환경시설의 설치 또는 관리와 관련한 분쟁; ③ 분쟁조정 예정가액이 10억원 이상인 분쟁(시행령 제23조 제1항).

등 4종류가 있는데, 실제 분쟁처리는 주로 재정에 의해 처리되고 있다.[14] 조정사건이 재정에 비해 불균형적으로 적은 것은 상당 수 사건이 위원회에 상정되기도 전에 당사자간의 합의로 해결되기 때문인 점도 있지만, 환경분쟁조정제도가 기본적으로 상호 양보와 타협에 의해 분쟁을 해결하고자 하는 대체적 분쟁해결제도라는 점에 비추어, 조정이 활성화되지 않은 것은 제도 취지에 부합하지 않고 그만큼 환경분쟁조정제도가 왜곡되어 있다고 할 수 있다. 선진적인 형태의 환경분쟁조정제도가 자리잡기 위해서는 재정보다 조정이 활성화되어야 한다.

중앙환경분쟁조정위원회에 신청된 조정사건을 내용별로 보면, 소음 · 진동사건이 상당 부분을 차지하는 등 불균형적으로 이루어지고 있다.[15] 이러한 점에 주목한다면 환경분쟁조정위원회는 '소음 · 진동분쟁조정위원회'라는 비난을 들을 만하다. 이와 같이 특정 분야에 사건이 집중하는 이유는 사실 조사 등에 대한 국가의 예산지원이 편중된다는 점을 무시할 수 없을 것이다.

1. 알 선

알선은 알선위원이 당사자간의 분쟁이 자주적으로 해결되도록 교섭장소의 제공, 자료의 제시 및 쟁점의 정리 등 교섭을 지원하고 촉진함으로써 화해를 유도하여 합의가 원활하게 진행되도록 중개하는 절차를 말한다. 알선은 당사자의 자주성을 존중하고 당사자간의 자주적 해결을 원조함으로써, 분쟁해결을 도모하는 것이므로 본격적인 증거조사는 이루어지지 않는다.

알선은 지방환경분쟁조정위원회의 (전속)관할이다(제6조 제2항). 알선분쟁조정위원회의 위원장은 위원회 위원 중에서 사건마다 3명 이내의 알선위원을 지명한다(제27조). 알선위원은 당사자 양쪽이 주장하는 요짐을 확인하여 사건이 공성하게 해결되도록 노력하여야 한다(제28조). 위원회는 신청서를 받은 때로부

---

14) 2014년 환경분쟁조정위원회에서 처리된 사건은 455건인데, 이 중 재정사건이 294건으로 대부분을 차지하고, 조정사건은 17건에 불과하다. 환경부, 환경백서, 2015, 222면. 총 조정처리에는 중재합의된 것을 포함하고 있기 때문에 신청 사건만을 기준으로 할 경우에는 재정사건 비율이 더 올라갈 가능성이 많다. 이러한 점 때문에 환경분쟁조정제도가 일종의 "환경소액사건에 대한 재정 위주의 사법종속적 분쟁해결서비스"로 흐르고 있다는 지적이 나오고 있다. 홍준형, "환경분쟁조정제도의 실효성 및 실효성 제고방안에 대한 고찰", 환경법연구 제28권 제1호, 2006. 5, 148면.

15) 중앙환경분쟁조정위원회에서 2014년 조정 · 처리한 236건 중 소음 · 진동 사건이 202건인 85%로 대부분이고, 일조가 18건, 대기오염 사건이 5건을 차지하고 있다. 2015년 환경백서(앞의 책), 222면.

터 3개월 내에 그 절차를 완료하여야 하는데, 다만 당사자등의 동의가 있는 경우 등 일정한 경우에는 위원회의 결정으로 기간을 한 차례만 연장할 수 있다(제16조 제6항, 시행령 제12조).

알선은 일정한 경우 중단되는데, 즉 알선위원은 알선으로는 분쟁 해결의 가능성이 없다고 인정할 때에는 알선을 중단할 수 있으며(제29조 제1항), 알선 중인 분쟁에 대하여 조정 · 재정 또는 중재 신청이 있으면 그 알선은 중단된 것으로 본다(동조 제2항). 알선은 합의서의 작성으로 종료되며, 알선에 의하여 당사자간에 성립한 화해계약은 민법상 계약으로서 채무승인의 법률효과가 발생한다. 당사자간에 합의가 이루어지지 아니한 경우에는 조정 · 재정 또는 중재 신청 또는 소송 제기가 가능하다.

2. 조정(調停)

조정은 제3자인 조정위원회가 특정한 분쟁사건에 관하여 양 당사자의 주장을 들어보고 쟁점이 되는 사실을 조사하여 상당한 이유가 있다고 인정되는 경우에는 조정안을 작성하여 당사자간에 일정 기간을 정하여 수락을 권고함으로써 분쟁을 해결하는 절차이다. 조정은 앞서 살펴본 알선과 달리 사실조사가 이루어진다. 즉 조정위원회는 분쟁의 조정을 위하여 필요하다고 인정할 때에는 조정위원회의 위원 또는 심사관으로 하여금 당사자가 점유하고 있는 공장, 사업장 또는 그 밖에 사건과 관련이 있는 장소에 출입하여 관계 문서 또는 물건을 조사 · 열람 또는 복사하도록 하거나 참고인의 진술을 들을 수 있도록 할 수 있다(제32조 제1항).

조정은 3명의 위원으로 구성되는 조정위원회에서 한다(제31조 제1항). 한편, 위원회는 당사자의 조정신청서를 받은 때로부터 9개월 내에 그 절차를 완료하여야 한다. 다만, 당사자등의 동의가 있는 경우 등 일정한 경우에는 위원회의 결정으로 기간을 한 차례만 연장할 수 있다(제16조 제6항, 시행령 제12조). 나아가 동법은 조정의 실효성을 높이기 위해 조정위원회로 하여금 조정기일을 정하여 당사자에게 출석을 요구할 수 있도록 하고(제32조의2 제1항), 신청인이 정해진 조정기일에 2회에 걸쳐 참석하지 아니한 경우에는 해당 조정신청이 취하된 것으로 보고 있다(동조 제2항).

조정위원회는 해당 조정사건에 관하여 당사자간에 합의가 이루어질 가능성이 없다고 인정할 때에는 조정을 하지 아니한다는 결정으로 조정을 종결시킬 수 있으며(제35조 제1항), 위원회의 권고가 있은 후 지정된 기간 내에 당사자로부터 수락한다는 뜻이 통지되지 아니할 때에는 당사자간의 조정은 종결된다(동조 제2항). 또한 조정절차가 진행 중인 분쟁에 대하여 재정 또는 중재 신청이 있으면 그 조정은 종결된다(동조 제3항).

조정은 당사자 간에 합의된 사항을 조서에 적음으로써 성립된다(제33조 제1항). 조정조서는 재판상 화해와 동일한 효력이 있다. 다만, 당사자가 임의로 처분할 수 없는 사항에 관한 것은 그러하지 아니하다(제35조의2). 조정조서에 '재판상 화해'의 효력을 부여한 것은 분쟁조정의 실효성을 확보하기 위한 조치라고 이해된다.[16] 합의가 이루어지지 아니할 경우 당사자는 재정 또는 중재 신청이나 소송을 제기할 수 있다. 한편, 조정위원회는 당사자 간에 합의가 이루어지지 아니한 경우에는 조정에 갈음하는 조정결정을 할 수 있으며, 당사자는 이에 대해 이의신청을 할 수 있다(제33조의2). 조정결정문서 정본을 송달받은 날부터 14일 이내에 이의신청이 없는 조정결정은 재판상 화해와 동일한 효력이 있다(제35조의2).

3. 재 정

재정은 제3자인 재정위원회가 서로 대립하는 당사자간의 분쟁에 대하여 사실조사 및 심문 등의 절차를 거쳐 법률적인 판단(재정결정)으로 분쟁을 해결하는 준사법적 쟁송절차이다. 재정에는 ① 환경피해를 발생시키는 행위와 환경피해 사이의 인과관계 존재 여부를 결정하는 재정(원인재정), ② 환경피해에 대한 분쟁 당사자 간의 손해배상 등의 책임의 존재와 그 범위 등을 결정하는 재정(책임재정)이 있다(제35조의3).[17]

재정은 5명의 위원으로 구성되는 재정위원회에서 한다. 그러나 조정가액이 중앙조정위원회의 경우에는 2억원 이하, 지방조정위원회의 경우에는 5천만원 이하인 분쟁사건의 재정은 3명의 위원으로 구성되는 재정위원회에서 할 수 있

16) 종전에는 조정의 효력과 관련하여 당사자간에 조정조서와 동일한 내용의 합의가 성립된 것으로 보는 것으로 그쳤는데, 그 결과 민사조정과 달리 강제력을 갖지 못하고, 강제집행을 위한 집행권원으로서의 효력이 인정되지 않았다. 이에 2008. 3. 개정 법에서는 '재판상 효력'을 부여함으로써, 구제의 실효성을 높이고 불필요한 소 제기로 발생하는 사회적 비용을 덜고자 하고 있다.

17) 2018. 10. 16. 개정 법은 환경분쟁의 신속한 해결을 도모하기 위하여 책임재정 외에 환경오염피해의 원인을 밝히는 것만을 목적으로 하는 원인재정을 도입하였는데, 이는 일본 「공해분쟁처리법」에 의한 원인재정(제42조)을 거의 그대로 가져온 것이다. 일본 재정제도에 대하여 자세한 내용은 전창조(각주 9), 67면 이하 참조.

다(제36조, 시행령 제26조).

동법은 재정위원회로 하여금 분쟁의 재정을 위하여 필요하다고 인정할 때에는 당사자의 신청에 의하여 또는 직권으로 당사자 또는 참고인에 대한 출석 요구·질문 및 진술 청취, 감정인의 출석 및 감정의 요구, 사건과 관계있는 문서 또는 물건의 열람·복사·제출 요구 및 유치, 사건과 관계있는 장소의 출입·조사 등의 행위를 할 수 있도록 함으로써 사실조사 등에 직권주의를 가미하고 있다(제38조 제1항). 이러한 조사권에 불응하거나 방해하는 자에 대하여는 벌칙 또는 과태료가 부과된다(제65조, 제66조). 또한, 재정위원회는 재정 신청 전에 미리 증거조사를 하지 아니하면 그 증거를 확보하기가 곤란하다고 인정하는 경우에 재정을 신청하려는 자의 신청으로 위 조사행위를 할 수 있으며(제39조 제1항), 환경피해의 복구를 위하여 원상회복이 필요하다고 인정하면 손해배상을 갈음하여 당사자에게 원상회복을 명하는 책임재정을 하여야 한다. 다만, 원상회복에 과다한 비용이 소요되거나 그 밖의 사유로 그 이행이 현저히 곤란하다고 인정하는 경우에는 그러하지 아니하다(제41조).

재정은 당사자의 신청서 제출일로부터 9개월 내에 그 절차를 완료하여야 하는데, 다만, 당사자등의 동의가 있는 경우 등 일정한 경우에는 위원회의 결정으로 기간을 한 차례만 연장할 수 있다(제16조 제6항, 시행령 제12조).

지방조정위원회의 재정위원회가 한 책임재정에 불복하는 당사자는 재정문서의 정본이 당사자에게 송달된 날부터 60일 이내에 중앙조정위원회에 책임재정을 신청할 수 있다(제42조 제1항). 재정위원회가 원인재정을 하여 재정문서의 정본을 송달받은 당사자는 이 법에 따른 알선, 조정, 책임재정 및 중재를 신청할 수 있다(동조 제2항). 재정위원회가 책임재정을 한 경우에 재정문서의 정본이 당사자에게 송달[18]된 날부터 60일 이내에 당사자 양쪽 또는 어느 한쪽으로부터 그 재정의 대상인 환경피해를 원인으로 하는 소송이 제기되지 아니하거나 그 소송이 철회된 경우 또는 제1항에 따른 신청이 되지 아니한 경우에는 그 재정문서는 '재판상 화해'와 동일한 효력이 있다.[19] 다만, 당사자가 임의로 처분할

---

18) 재정문서의 송달은 공시송달의 방법으로는 할 수 없다. 대법원 2016. 4. 15. 선고 2015다201510 판결.

19) 종전에는 재정결과에 민사상 합의로서의 효력이 있을 뿐이라고 이해되었다. 그 결과 가해자가 재정결과를 이행하지 아니할 경우 피해자는 별도의 소제기를 통하여 강제집행을 위한 집행권원을 부여받아야 하였으며, 가해자로서, 재정결과에 불복하는 자는 채무부존재확인의 소 등을 제기함으로써, 재정문서의 효력을 부인할 수 있었다. 이에 분쟁조정의 실효성을 확보하고, 소제기로 인하여 발생하는 사회적 비용을 줄이기 위해 2008. 3. 개정 법에서는 '재판상 효력'

수 없는 사항에 관한 것은 그러하지 아니하다(동조 제3항).

당사자가 책임재정에 불복하여 소송을 제기한 경우 시효의 중단 및 제소기간의 계산에 있어서는 책임재정의 신청을 재판상의 청구로 본다(제44조). 재정이 신청된 사건에 대한 소송이 진행 중일 때에는 수소법원은 재정이 있을 때까지 소송절차를 중지할 수 있으며, 재정위원회는 이 규정에 의한 소송절차의 중지가 없는 경우(원인재정을 하는 경우는 제외)에는 해당 사건의 재정절차를 중지하여야 한다(제45조 제1항, 제2항). 한편, 환경분쟁에 대한 소송과 관련하여 수소법원은 분쟁의 인과관계 여부를 판단하기 위하여 필요한 경우에는 중앙조정위원회에 원인재정을 촉탁할 수 있다. 이 경우 제16조 제1항에 따른 당사자의 신청이 있는 것으로 본다(동조 제4항). 이 밖에도 동법은 재판에 준하는 엄정성을 확보하기 위하여 당사자 심문, 심문의 공개(제37조), 재정문서의 필요적 기재사항(제40조) 등에 관한 규정을 두고 있다.

4. 중 재

2015. 12. 22. 개정 법은 당사자의 합의에 기초한 신속한 분쟁해결 수단인 중재제도를 도입하고 있다. 이는 우리나라 분쟁조정제도의 모델이 된 일본「공해분쟁처리법」에 의한 재정제도를 염두에 둔 것이다. 중재는 분쟁의 당사자 쌍방이 법원에서의 재판을 받을 권리를 포기하고, 분쟁의 해결을 중재위원회에

이 있는 것으로 격상하고, 재정결과에 집행력을 부여하였다. 분쟁의 궁극적인 해결을 통한 환경분쟁조정제도의 실질화를 위하여는 재정문서에 강제집행을 위한 집행권원으로서의 효력을 부여하여야 한다는 견해가 있다. 이상규, "환경오염분쟁조정제도의 법적 성격", 인권과 정의 제219호, 1994. 11, 36면; 이경환, "환경오염피해분쟁조정제도(개선방안을 중심으로)", 저스티스 제25권 제2호, 1992. 12, 253면, 270면; 김민중, "소송이적 방법에 의한 환경오염피해분쟁의 해결제도", 비교사법 제2권 제2호, 1995. 12, 21면. 재정은「국가배상법」상의 배상심의절차와는 달리 준사법적 쟁송의 성질을 띠고 있고 또 불복제소의 기회가 봉쇄되어 있는 것도 아니기 때문에 그 효력을 재판상 화해와 동일한 것으로 강화시킨다고 해도 재판청구권 침해 등 위헌의 문제는 생기지 않는다는 견해도 있다. 홍준형(각주 13), 161 내지 162면. 이에 반해 재판상 화해조서와 같은 효력을 인정하는 것은 권력분립주의, 사법권 독립주의, 국민의 재판받을 권리 등을 침해하는 것으로 위헌의 소지가 있다는 견해가 있다. 김형진(각주 3), 139면. "환경분쟁조정제도는 그 자체로서 사법적인 권리구제제도를 대신할 수도, 대신하여서도 안 되"고 확정판결과 동일한 효력을 부여하는 것은 "실용적 해결을 명분으로 하여, 법률이 정한 법관에 의한 재판을 받을 권리를 사실상 박탈하는 문제를 야기하므로 위헌의 소지를 낳을 수 있"다는 견해도 같은 맥락으로 이해할 수 있다. 유지태, "환경오염피해분쟁조정제도의 비교법적 고찰", 인권과 정의 제219호, 1994. 11, 51면. 또한, 집행분야에 전문성이 약한 위원회 작성의 재정문서는 집행불능의 가능성도 있으므로 재정문서의 효력에 민법상 합의정도의 효력을 인정함이 타당하다는 견해도 있다. 조현권, 환경법 -이론과 실무-, 법률문화원, 1999, 348면.

맡기고 그 판단에 따르겠다는 약속(중재합의)을 함으로써 중재위원회에서 내리는 판정에 의해 분쟁을 최종적으로 해결하는 절차이다.

당사자 사이에 중재합의가 반드시 필요하다는 점, 분쟁을 강행적으로 해결한다는 점에서 당사자 사이의 합의로 이루어지는 임의성이 강한 조정, 재정 등과 구별된다. 한편, 중재는 당사자 사이의 자주적인 분쟁해결이라는 점에서 법원에 의한 일방적, 강행적 분쟁해결 방식인 소송과 구별된다. 또한 중재는 원칙적으로 일회적으로 끝나기 때문에 소송보다 신속하게 분쟁을 해결할 수 있고 소요되는 비용도 저렴하다.

중재는 3명의 위원으로 구성되는 중재위원회에서 한다(제45조의2 제1항). 중재위원회의 위원은 사건마다 위원회 위원 중에서 위원회의 위원장이 지명하되, 당사자가 합의하여 위원을 선정한 경우에는 그 위원을 지명한다(동조 제2항). 중재위원회의 심문, 조사권, 증거보전, 중재의 방식 및 원상회복 등에 관하여는 제37조부터 제41조까지의 규정을 준용한다(제45조의3). 즉 당사자간 중재합의를 근거로, 당사자 일방 또는 쌍방으로부터 신청이 있는 경우 중재위원회는 당사자 및 참고인, 감정인을 심문하는 등으로 다툼의 원인이 되는 사실관계를 탐지하고 중재판정을 한다.

중재와 관련된 절차에 관하여는 이 법에 특별한 규정이 있는 경우를 제외하고는 「중재법」을 준용한다(제45조의4 제2항). 그 결과 중재합의의 대상인 분쟁에 관하여 소가 제기된 경우에 피고가 중재합의가 있다는 항변(抗辯)을 하였을 때에는 법원은 그 소를 각하하여야 한다(「중재법」 제9조). 중재절차는 신청의 취하 또는 중재위원회의 결정에 따라 종료된다. 중재판정은 서면으로 작성하여야 한다(「중재법」 제32조).

중재는 양쪽 당사자 간에 법원의 확정판결과 동일한 효력이 있다(제45조의4). 따라서 당사자는 중재판정에 의하여 확정된 내용에 관하여는 다툴 수 없으며 법원도 이에 반하는 판단을 할 수 없게 된다. 이와 같이 중재가 확정판결과 동일한 효력이 있다고 하지만 집행을 위해서 별도의 법원의 집행결정을 받아야 하기 때문에(「중재법」 제37조), 확정판결과 완전히 동일한 집행력이 인정되고 있지 않다고 할 수 있다.

중재에 대한 불복과 중재의 취소에 관하여는 「중재법」 제36조를 준용한다(제45조의4 제1항). 그 결과 중재판정에 대한 불복은 법원에 중재판정 취소의 소를 제기하는 방법으로만 할 수 있다. 원칙적으로 불복을 할 수 없도록 하는 것은 중재가 중재위원회의 결정에 전적으로 복종한다는 당사자간의 합의가 전제되기 때문이라고 할 수 있다. 「중재법」은 일정한 경우에 중재판정취소의 소를 제기할 수 있는 길을 열어 놓고 있으나 그 요건은 상당히 제한적이다(제36조). 취소사유를 제한적으로 인정하는 것은 불복의 남용으로 인한 폐해를 막기 위한 것이라고 할 수 있다.

이상의 환경분쟁조정절차를 ≪도표≫로 그리면 다음과 같다.

≪환경분쟁조정절차의 흐름도≫20)

20) 환경부, 환경백서, 2003, 162면 참조.

Ⅵ. 위원의 제척 · 기피 · 회피

동법은 환경분쟁사건의 공정성과 신뢰성을 확보하기 위하여 조정절차에 관여하는 위원, 직원 및 관계전문가를 직무집행에서 배제하는 제척 · 기피 · 회피 제도를 두고 있다(제12조).

Ⅶ. 「국가배상법」과의 관계

「국가배상법」을 적용받는 분쟁으로서 「환경분쟁조정법」상의 조정절차를 거친 경우(제34조 및 제35조를 포함한다)에는 「국가배상법」에 의한 배상심의회의 심의 · 의결을 거친 것으로 본다(제62조).

Ⅷ. 평　　가

환경분쟁조정제도는 앞에서 본 바와 같이 분쟁의 신속한 해결, 피해사실 입증에 있어 기술적 · 경제적 부담의 경감, 비용과 시간의 절감, 전문성과 과학적인 지식 · 정보의 활용 등 많은 장점을 가지고 있는 반면, 다음과 같은 문제점 또는 한계를 갖고 있다.

먼저, 개인간의 사법형 분쟁에서 국가나 지방공공단체 등을 직 · 간접의 당사자로 하는 공법형 분쟁으로, 사후구제형 분쟁해결에서 사전예방형 분쟁해결로 분쟁의 형태 및 그 해결방법이 변하고 있는 상황에서[21] 조정의 역할은 강조될 수밖에 없다. 사후구제형에 가까운 재정은 환경피해의 발생이 예상(우려)되는 상황에서 벌어지는 분쟁을 해결하는 데 적절한 방식이 될 수 없고, 개인간의 재산권 분쟁을 넘어서서 환경오염(훼손)에 대한 근본적인 해결책을 강구하는 데 한계가 있을 수 있다.[22] 선진적인 형태의 환경분쟁조정제도가 자리잡기 위해서

---

21) 환경오염분쟁의 형태가 현대에 들어서는 "피해발생 후의 사후대책형으로부터 피해발생 전단계에서 발생할 우려가 있는 공해의 예방이라는 사전예방형"으로, 그리고 "개인간의 민사분쟁형으로부터 국가나 지방공공단체 등을 직간접의 당사자로 하는 공법형 분쟁"으로 변화하고 있다는 분석이 있다. 최철호, "일본의 공해분쟁처리제도", 공법학연구 제5권 제2호, 556 내지 557면.

22) 박태현, "환경분쟁제도의 선진화를 위한 법적 과제", 환경법연구 제30권 제3호, 2008. 11,

는 조정이 강조되어야 한다. 조정은 사전예방형 분쟁해결과 거시적 · 창조적 문제 해결에 보다 적합한, 그리고 대체적 분쟁해결제도의 취지에 보다 적합한 선진적 방식이라고 할 수 있다. 이는 재정에 치우친 환경분쟁조정제도에 대한 전반적인 검토를 요구한다. 조정의 활성화를 위해서는 조정능력을 갖춘 위원회의 구성, 감정기관의 공정한 선정 및 감정비용의 배분 등과 같은 인적 · 물적 자원의 확보가 필요하다.[23)]

종전에는 조정 및 재정결과에 민사상 합의로서의 효력이 있을 뿐, 강제집행을 위한 집행권원으로서의 효력이 부여되어 있지 않았으므로 현실적으로 가해자가 그 합의 내용을 이행하지 않을 경우 새로이 민사소송을 제기해야 하는 본질적인 한계가 있었다.[24)] 이와 같이 당사자가 합의를 준수하지 아니할 경우 그 이행을 강제할 수 없고, 재정결과가 분쟁해결의 궁극적인 수단으로서의 성격을 갖지 못하는 한계 때문에 환경분쟁조정제도는 자칫 민사소송제기를 위한 전 단계로 단지 승소가능성을 예측하는 수단으로만 활용될 소지가 있으며, 오히려 피해구제가 지연되는 결과가 초래될 수 있다는 비판이 있어 왔다.[25)] 이에 구제의 실효성을 확보하고, 소제기로 인하여 발생하는 사회적 비용을 줄이기 위해 2008. 3. 개정 법에서는 '재판상 효력'이 있는 것으로 격상하였다.

그러나 구체적으로 재판상 화해의 효력이 무엇을 의미하는지는 문제가 될 수 있다. 이는 재정결과가 집행력뿐만 아니라 기판력도 가지고 있는가의 문제이기도 하다. 「민사소송법」 제220조는 화해소서에는 확정판결과 같은 효력이 있다고 규정하고, 동법 제461조는 화해조서에 재심사유가 있을 때만 준재심으로 취소를 구할 수 있다고 규정하고 있기 때문에, 통설 · 판례는 화해조서에 집행력뿐만 아니라 기판력도 인정되는 것으로 파악하고 있다.[26)] 대법원은 제461조를 근거로 화해조서에 기판력을 인정한다. 즉 화해조서는 확정판결과 마찬가지로 "재심의 소에 의하여 취소 또는 변경이 없는 한 당사자가 그 화해의 취지에 반하는 주장을 할 수 없다"는 것이므로, 제220조의 확정판결과 같은 효력에

163면 참조.

23) 박태현(앞의 글), 82 내지 83면 참조.

24) 유지태, "환경책임법 연구", 공법연구 제22집 제3호, 1994. 6, 357면; 조현권(각주 18), 348면.

25) 참고적으로 1991년부터 1999년까지 위원회의 조정, 재정 결과에 불복하여 민사소송이 제기된 사건은 총 283건 중 47건으로서 총 처리건수의 16.6%를 차지하고 있다. 김시평 · 이윤섭, 환경분쟁조정판례분석, 한국경제서적, 2000, 23면. 2014년 중앙환경분쟁조정위원회 재정결정에 대한 승복률은 88.6%에 이른다. 2015년 환경백서(각주 13), 223면.

26) 강현중, 민사소송법, 1999, 672면.

는 집행력뿐만 아니라 기판력도 포함된다는 것이다.[27] 결과적으로 조정에 재판상 화해와 같은 효력을 인정하면 결국 기판력이 인정되며, 「민사소송법」 제451조가 규정하고 있는 재심사유가 없는 한 그 취소가 불가능하다.

재판상 화해(또는 재정)에 기판력을 인정하는 것은 입법론, 해석론상 맞지 않을 수 있다.[28] 명시적인 수락이 없는 경우에도 재판상 화해의 효력을 인정하는 것은 위헌의 소지가 있다. 재판상 화해(또는 재정)에 기판력까지 인정하는 것은 기본적으로 당사자의 의사로 종국적 해결이 이루어지는 재정에 제3자의 개입으로 종국적 해결이 이루어지는 판결에 비해 사실상 더 강한 효력을 인정하는 것이고, 자칫 당사자로 하여금 조정의 수락을 꺼리는 요인으로 작용할 가능성이 있다. 따라서 재정에 사기나 강박, 착오 등 의사표시에 흠이 있다고 할 경우와 같이 제한적인 경우에는 그 취소를 구할 수 있도록 입법적으로 보완할 필요가 있다.

보다 본질적인 문제는 '재판상 화해'의 효력이 인정될 정도로 환경분쟁조정제도의 실체적 · 절차적 정당성이 확보되었는가이다. 이 문제는 특히 준사법절차인 재정의 경우에 문제가 될 수 있다. '재판상 화해'의 효력이 인정되기 위해서는 위원회의 조직 · 구성 및 결정절차에서 준사법절차의 합법성 또는 정당성 기준이 충족되어야 할 것이다. 「환경분쟁조정법」은 위원회의 신분보장(제10조), 위원의 제척 · 기피 · 회피제도(제12조), 심문기일 지정 · 통지 및 당사자의 의견진술 보장(제37조 제1항 · 제2항), 원칙적인 공개심문(동조 제3항),[29] 위원 중 판사 · 검사 또는 변호사로 6년 이상 재직한 사람 1명 이상의 포함(제31조, 제36조) 등 규정을 통하여 위원회의 제3자성 · 독립성을 확보하고, 심의절차의 공정

27) 대법원 1962. 2. 15. 선고 4294민상914 전원합의체 판결.

28) 다음과 같은 논거를 들면서 기판력을 인정하는 것이 입법론, 해석론상 맞지 않다는 견해가 있다: ① 판결은 판결정본이 당사자에 송달된 뒤 14일의 불복기간이 있으나 화해는 화해가 성립하면 바로 확정되어 준재심에 의하지 않으면 다툴 수 없다. 그리고 재심사유는 대부분 확정판결에만 적용될 수 있는 것이므로 화해에 흠이 있는 경우 재심의 소를 제기할 수 있는 경우란 극히 예외적이다. ② 화해가 성립할 때 법원은 화해의 구체적인 내용을 심사할 권한이 없다. 따라서 기판력을 인정하여 법원이 심사의 가능성을 아예 차단하는 것은 재판청구권과 관련하여 문제가 있다. ③ 화해의 경우에는 판결과 달리 주문과 이유가 불명하여 기판력이 인정되는 범위가 분명하지 아니하다. ④ 지급명령(「민사소송법」 제474조), 이행권고 결정(「소액사건심판법」 제5조의7) 등에 집행력만 인정되고 기판력이 인정되지 않는 것은 법원이 실체판단을 하지 아니하고 당사자의 의사에 의하여 종국적 분쟁해결의 여부가 결정되기 때문인데, 이는 조정의 경우와 크게 다르지 않다. 유병현(각주 1), 61 내지 62면.

29) 이에 비해 소비자분쟁조정위원회의 경우에는 심문기일의 지정 · 통지, 당사자의 의견진술의 보장, 원칙적인 공개심문 등에 대한 고려가 없어 절차적 정당성이 떨어진다고 할 수 있다.

성 · 신중성을 확보하고자 하고 있다. 그러나 현실적인 한계 등으로 실제 운영에서는 많은 문제점이 노출되고 있다. 분쟁조정이 심사관에게 과도하게 의탁하는 구조라는 점, 명실상부한 임기 보장이 이루어지지 못하다는 점, 위원 정원의 증원에도 불구하고 위원 수(특히, 법률전문가의 수)가 절대적으로 부족하다는 점 등이 대표적인 예이다.[30]

위원회의 중립성 · 독립성이나 심의 절차의 공정성 · 신중성이 사법절차에 준할 정도로 보장되어야 한다. 그 조직 · 구성 및 결정절차의 합법성과 정당성이 강화되기 위해서는 위원회의 결정 과정과 사무국의 사실조사 과정에서 법률전문가의 역할이 강조되어야 한다는 것이다. 이는 점점 복잡 · 다양화하는 분쟁사건에서 보다 충실하고 전문성 있는 심의가 이루어지고, 책임자 · 책임의 성질 · 내용 · 정도 · 피해배상의 산정 등 법률적 판단의 수요가 증가하는 것에 대응하는 것이기도 하다. 이를 위해서는 위원 정원의 확대 및 법률전문가의 수 확대, 상임위원 수의 확대, 분야 별 전문위원회의 구성,[31] 위원장을 법관으로 하는 방안,[32] 사무국 직원 중에 변호사자격을 가진 자를 포함하도록 하는 것 등이 폭넓게 검토되어야 한다.

2015. 12. 22. 개정 법에서 도입된 중재는 분쟁 당사자의 분쟁해결 방식에 선택의 폭을 넓힌다는 측면이 있지만 환경분쟁도 기존 「중재법」에 따른 중재가 가능하다고 할 것이고, 실제 일본에서 그 활용도가 낮은 점,[33] 우리 사회에 일회적 해결을 꺼리고 제3자에 운명을 맡기는 것을 꺼리는 문화가 엄연히 존재하고 있다는 점 등을 고려할 때 향후 중재제도의 활용도가 높을지에 대해서는 낙관할 수 없다. 중재제도가 활성화되기 위해서는 무엇보다도 중재위원회의 공정성과 신뢰성의 담보가 요구된다.

---

30) 환경분쟁조정제도가 준사법적 제도로서의 요건을 충족하고 있다고 보기 어렵다는 견해는 김시철, "환경분쟁조정법에 따른 분쟁해결과 ADR의 일반이론(II)", 환경법연구 제31권 제1호, 2009. 4, 82 내지 86면.

31) 2015. 12. 22. 개정 법에서 중앙조정위원회는 기존 15명에서 30명 이내의 위원으로, 지방조정위원회는 기존 15명에서 20명 이내의 위원으로 구성토록 함으로써(제7조), 환경분쟁조정위원회 위원 정수를 확대하고 있으나 다른 위원회와 비교할 때 여전히 부족하다고 할 수 있다. 참고적으로 「소비자기본법」상 소비자분쟁조정위원회는 50인 이내 위원으로 구성하며, 상임위원은 위원장을 포함한 2인으로 한다(제61조 제1항). 한편, 동법은 조정위원회에 분야별 전문위원회를 둘 수 있도록 하고 있다(동조 제6항).

32) 예컨대, 언론중재위원회의 경우 법관 또는 변호사의 자격이 있는 중재위원이 중재부의 장이 되어 조정을 실시하고 있다(「언론중재 및 피해구제 등에 관한 법률」 제9조).

33) 이경환(각주 18), 271면.

「환경분쟁조정법」상 전자파 · 내분비계장애물질(환경호르몬) · 유전자변형물질 · 유해화학물질 등 피해, 지역지구 지정에 따라 빈번히 발생되는 분쟁 등이 조정대상에서 제외되어 있는 등 조정대상이 제한되어 있는바, 조정의 활성화를 위해서는 이들을 포함하는 조정대상의 확대가 요망된다. 같은 맥락에서 다른 법령에 의하여 발생하는 분쟁(예컨대, 자연공원, 상수원보호구역, 개발제한구역 등 지역지구지정과 관련한 분쟁)도 환경피해와 직 · 간접으로 관련이 있을 때는 조정할 수 있도록 그 대상을 확대할 필요가 있다. 「폐기물처리시설 설치촉진 및 주변지역지원 등에 관한 법률」에 의한 관련규정(동법 제9조 제7항, 제13조 제2항)은 입법적 통일을 기한다는 차원에서 동법에서 다루는 것이 바람직하다고 생각한다. 자연경관의 훼손, 표토의 유실, 배출권 거래 등과 관련한 분쟁도 환경분쟁조정의 대상으로 하는 것을 검토할 필요가 있다.[34)]

한편, 분쟁조정위원회는 분쟁의 조정에 있어서 환경피해의 제거 또는 예방을 위하여 필요하다고 인정하는 경우에는 관계 행정기관의 장에게 환경피해의 원인을 제공하는 자에 대한 개선명령, 조업정지명령 또는 공사중지명령 등 필요한 행정조치를 취하도록 권고할 수 있을 뿐 직접 사업을 중지 내지 금지시키는 등 적극적 조치를 할 수 없으므로(제18조 제2항 참조) 골프장 공사나 댐 건설 등 환경에 크게 영향을 미치는 공사를 궁극적으로 저지하는 데 일정한 한계가 있게 된다. 이에 분쟁조정위원회에 직접적인 공사중지명령 등 조치권을 부여하는 것을 검토할 필요가 있다.

또한 동법은 인과관계의 규명, 담보제공, 당사자의 정보제공 및 열람권 및 배상액 산정기준 등과 관련한 규정을 가지고 있지 않는 등의 문제점을 노출하고 있다. 이러한 문제점들은 그 이용률의 저하로 연결될 것이다. 분쟁해결의 공정성과 실질적인 해결을 보장하기 위한 장치, 예컨대, 인과관계의 입증완화(예컨대, 인과관계 추정), 의무이행 권고, 당사자의 정보제공 및 열람권 등의 도입이 구제의 충실화 차원에서 검토되어야 한다. 환경분쟁조정대상의 확대, 환경단체의 조정신청, 대표당사자에 의한 조정신청 등으로 분쟁조정 신청건수가 양적으로 확대될 것이 분명하므로 이를 효과적으로 해결하기 위한 제도적 보완이 이루어져야 한다. 효율적인 사실조사(예컨대, 공정한 감정을 담보하기 위한 감정기관의 특정), 보다 전문적인 배상액 산정방법의 채택, 합리적인 배상액 산정기준(예컨대, 위자료액의 증가, 소송의 경우와 비슷한 수준의 배상액수 유지)[35)] 등에 대한

34) 김형진(각주 3), 134면 참조.

입법적 배려를 검토함으로써 환경분쟁의 효율화를 기하여야 할 것이다.

한편, 중앙환경분쟁조정위원회의 기능을 확대하는 것도 중요하지만 지방환경분쟁조정위원회의 활성화도 지방자치화시대의 지역환경분쟁을 효과적으로 해결하기 위하여 중요하다.[36] 여기에는 환경분쟁의 성격, 내용, 유형 등을 고려하여 분쟁조정대상을 과감하게 지방조정위원회의 관할로 이양하는 것이 포함될 수 있다. 이와 더불어 환경분쟁조정제도에 대한 적극적이고 광범위한 홍보도 동 제도의 성공을 위한 중요한 작업이라 할 것이다.

---

35) 2015년까지 배상이 결정된 1,742건의 신청금액은 637,759,652천원이며 배상결정액은 57,507,731천원으로 배상률은 약 9.0%에 불과하다. 중앙환경분쟁조정위원회, 2015년 환경분쟁조정사례집, 2016. 7. 18면. 2015년 기준 소음피해 배상수준에 대한 만족도 조사에 의하면 신청인의 배상수준 만족도는 32.1%에 불과하지만 피신청인의 만족도는 77.8%로, 소음피해 배상 신청인과 비신청인 간 만족도가 상당한 불균형을 보이고 있다. 중앙환경분쟁조정위원회, 환경분쟁조정제도에 대한 인지도 및 만족도 조사 결과보고서, 2015. 12. 85면. 이와 같은 현상은 재정결정에 따른 손해배상수준에 대한 신청인의 불만족 내지 배상수준의 현실 미반영에서 기인하는 측면이 적지 않다고 판단된다. 이에 환경분쟁조정위원회의 배상액 산정기준을 보다 현실성 있고 합리적인 수준으로 조정할 필요성이 제기된다. 배상액 현실화 방안에 대하여 자세한 내용은 김홍균 외 13, 2016년도 환경분쟁사건 배상액 현실화 방안 연구, 중앙환경분쟁조정위원회, 2016. 9, 493 내지 497면 참조.

36) 김시평, "우리나라 환경분쟁조정제도의 현황과 발전방향", 환경법연구 제21권, 1999, 98 내지 99면.

제10장 환경오염피해에 대한 공법상 구제

환경법이 다루는 범위는 크게 환경오염의 발생을 사전에 막으려는 환경오염의 규제와 이미 발생된 환경오염에 대하여 이를 구제하려는 환경오염피해의 구제로 나눌 수 있을 것이다. 환경오염은 지속적, 대규모이고 이미 발생된 손해는 원상회복이 거의 불가능하므로 사전에 환경오염이 발생하지 않도록 예방·규제하는 것이 중요하다. 그리고 이에 못지않게 일단 환경피해가 발생되었을 때에는 빠른 시일 내에 원상에 가깝게 복구하는 것이 중요하다. 환경오염 피해자로 하여금 원상회복이나 손해배상을 손쉽게 청구할 수 있도록 제도적으로 보장해준다 함은, 환경피해의 구제에 그 만큼 충실함을 의미할 뿐만 아니라 잠재적 환경오염 원인자로 하여금 환경오염의 발생을 억제케 함으로써 넓은 의미의 환경오염 방지 내지 감소를 의미하게 된다.

환경오염피해의 구제가 사법(司法)의 장에 등장하는 형태는 크게 두 가지이다. 첫 번째는 제3자의 행위에 구체적 권리를 침해당하고 손해를 입은 개인이 그 손해배상 또는 유지청구(留止請求)를 구하는 것이다. 이는 일반 시민의 이해 대립을 법적으로 해결하는 것으로서 일반 민사법 질서가 개입하게 된다. 그 형태는 원고, 피고 모두 일반 시민이 된다.

두 번째는 국가 또는 지방자치단체의 개발행위와 침해행위를 문제삼는 것이다. 여기에서는 행정청의 인·허가권의 행사가 환경이익을 적정하게 고려하면서 이루어졌는지, 개인의 권리침해와 피해가 발생한 경우 국가 또는 지방자치단체가 이를 구제하여야 하는지를 사법적으로 심사하는 것이 주로 문제된다. 그 형태는 행정청의 권력적 행위에 대해 일반 시민이 불복하는 소송으로 일반 시민이 원고, 행정청이 피고가 된다. 전자의 경우가 사법상 구제의 영역이라고 한다면, 후자의 경우는 공법상 구제의 영역이라고 할 수 있다.

국민의 환경의식이 증가되면서 환경분쟁의 해결을 위한 공법상 구제제도의 중요성이 증가하고 있다. 더불어 그 활용도 증가하고 있다. 여기에서는 환경피해에 대한 공법상의 구제제도로 비교적 많이 활용되는 행정쟁송(행정심판·행정소송), 국가배상, 손실보상, 헌법소원 등에 대하여 살펴보고 사법상 구제제도에 대하여는 별도의 장(제11장)에서 다루기로 한다.

제1절 행정쟁송

Ⅰ. 행정심판

환경피해를 입은 자는 행정심판으로 의무이행심판, 취소심판, 무효등확인심판을 제기하여 권리를 구제받을 수 있다. 먼저 취소심판은 행정청의 위법 또는 부당한 처분을 하였을 때 이를 이유로 제척기간 내에서 그 처분의 취소 또는 변경을 구하는 심판이다(「행정심판법」 제5조 제1호). 심판청구는 원칙적으로 처분이 있음을 알게 된 날로부터 90일, 있었던 날로부터 180일 이내에 제기하여야 한다(제27조 제1항, 제3항).

무효등확인심판은 행정청의 처분의 효력 유무 또는 존재 여부에 대한 확인을 구하는 심판으로(「행정심판법」 제5조 제2호) 취소심판과는 달리 청구기간에 대한 규정이 적용되지 않는다(제27조 제7항).

의무이행심판은 행정청의 위법 또는 부당한 거부처분이나, 부작위에 대하여 일정한 처분을 하도록 하는 심판으로(제5조 제3호), 부작위를 대상으로 하는 심판의 청구기간은 제한을 받지 않고 언제든지 청구할 수 있고(제27조 제7항), 거부를 대상으로 하는 심판청구는 제척기간이 적용된다. 따라서 행정청의 개입을 청구하고, 행정청이 위법 또는 부당하게 거부한 경우에는 거부처분이 현실적으로 있음을 알게 된 날로부터 90일, 있었던 날로부터 180일 이내에 심판청구를 하여야 한다.

Ⅱ. 행정소송

행정행위의 처분성, 원고적격, 제소기간 등 소송요건을 둘러싸고 논란이 계속되고 있다. 특히 취소소송에서 제기되는 처분성, 원고적격 문제는 행정소송 영역에서도 가장 혼미한 미로를 형성하고 있다. 「행정소송법」은 행정소송을 항고소송, 당사자소송, 민중소송 그리고 기관소송으로 나누고 있다(제3조). 나아가 동법은 항고소송을 취소소송, 무효등확인소송 및 부작위위법확인소송 등으로 명시하여 구분하고(제4조), 그 절차를 규정하고 있다. 「행정소송법」에 명시되어 있지 아니하는 무명항고소송(예컨대, 의무이행소송, 부작위청구소송)이 인정되는지에 대하여는 다툼이 있는데, 판례는 이를 부인하고 있다.[1] 실무상 환경행정소송의 주류를 이루고 있는 것은 항고소송으로, 그 중에서도 취소소송이 대부분을 차지하고 있다.

행정소송은 기본적으로 국민의 권리를 충실히 구제하자는 데 있는 것이다. 문제는 구체적인 환경분쟁 사안에서 행정소송에서 큰 장애로 등장하는 처분성, 원고적격 등 소송요건을 엄격히 해석, 적용하게 되면 국민의 권리 구제가 차단된다는 것이다. 이와 같은 상황은 당사자를 납득시킬 수 없으며, 궁극적인 분쟁해결책을 제시하지 못하고, 오히려 갈등만 증폭시킬 가능성이 높다. 결론적으로 국민의 권리구제 확대 차원에서 처분성, 원고적격의 확대 필요성이 강하게 제기된다.

환경피해에 대한 충실한 구제를 위해서는 그 중요성의 인식만으로 그쳐서는 안 되고 이를 적극적으로 뒷받침하기 위한 법제도적 장치를 마련하여야 한다. 환경행정은 전통적인 의미의 행정행위 외에도 환경행정계획, 비권력적 행위 등을 통해서 이루어지는 경우가 많고, 이러한 조치들은 흔히 광범위하면서도 직접적이고 중대한 효과를 가질 뿐만 아니라 시급성을 갖는 경우가 많기 때문에 전통적인 소송법원리에 따른 법적 요건들을 엄격하게 요구하는 것이 합리적이지 않을 수 있다. 이에 환경문제를 해결하는 데 타당한 소송법원리가 요구되고 있다. 처분성과 원고적격의 확대 등은 그 한 예에 불과하다. 아울러 기존 제도의 한계를 절감하고 있는 상태에서는 그 한계를 극복하기 위한 법제도의 개선이 요구되고 있다. 기존 제도의 한계를 극복하기 위한 수단으로써, 환경단체의 원고적격 인정, 환경권의 구체적 효력 인정, 미래세대 소송 · 공공신탁이론 · 자연의 권리 소송의 수용 여부 등에 대하여 진지하게 고민해야 할 때인 것이다. 환경파괴가 이미 심각하게 진행되고 있는 상태이기 때문에 소송을 희화화한다거나 현실성이 없다는 등의 이유로 쉽게 무시해서는 안 될 것이다.

1. 취소소송

행정소송을 통해 나타나는 환경분쟁의 특성은 국가나 지방자치단체의 작위 ·

1) 대법원 1997. 9. 30. 선고 97누3200 판결; 대법원 1995. 3. 10. 선고 94누14018 판결; 대법원 1994. 12. 22. 선고 93누21026 판결; 대법원 1992. 2. 11. 선고 91누4126 판결; 대법원 1989. 9. 12. 선고 87누868 판결; 대법원 1989. 5. 23. 선고 88누8135 판결; 대법원 1987. 3. 24. 선고 86누182 판결; 대법원 1986. 8. 19. 선고 86누223 판결.

부작위 · 해태 등으로 인한 환경오염 피해의 구제, 허가 등 처분의 직접 상대방보다는 제3자 내지 주민의 권익구제, 피해의 광범위성 · 피해자의 다수성 등에 기인하는 집단적 이해관계의 구제 등이 중요한 문제로 제기되고 있다는 것이다.[2] 예컨대, 국가나 지방자치단체의 폐기물소각장 설치결정으로 피해를 입은 주민이 국가나 지방자치단체를 상대로 취소를 구하거나 행정청이 환경오염물질 배출시설을 위법 · 부당하게 허가하거나 오염물질배출에 대한 규제조치(개선명령 등)를 위법 · 부당하게 이행하지 아니함으로 인하여 이해관계가 있는 주민이 행정청을 상대로 행정쟁송을 하는 경우 등이 그것이다. 그 동안 인인(隣人)소송 내지 주민소송과 관련한 판례가 다수 형성되기에 이르렀으나 행정행위의 처분성, 원고적격, 제소기간 등 행정소송의 요건을 놓고 논란이 그치지 않고 있다. 이러한 요건들이 크게 문제가 되는 이유는 환경피해 소송이 그 요건을 갖추고 있지 않다는 이유로 본안에는 들어가 보지도 못하고 문전에서 박대되는 상황이 비일비재하게 발생하기 때문이다. 이는 바꿔 말하면 이러한 소송요건이 조금만 완화되어도 소송의 장애가 상당부분 해소될 수 있다는 것을 의미한다. 기존 법 · 제도만으로는 환경보호에 철저할 수 없다는 한계를 절감하고 있는 시점에서, 그 한계를 극복하기 위한 근본적인 사고의 전환이 요구되고 있다.

가. 처 분 성

(1) 공권력의 행사

항고소송의 대상이 될 수 있는 것은 행정청의 '처분'이다. 「행정소송법」은 '처분등'을 "행정청이 행하는 구체적 사실에 관한 법집행으로서의 공권력의 행사 또는 그 거부와 그 밖에 이에 준하는 행정작용 및 행정심판에 대한 재결"이라고 정의하고 있다(제2조 제1항 제1호). 항고소송의 대상이 되는 행정청의 처분이 무엇을 의미하는지에 대하여는 실체법상의 행위를 의미한다는 견해와,[3] 실체법상의 행정행위에 국한하지 아니하고 권력적 사실행위, 공권력 행사로서의 실체를 가지고 있지는 아니하나 실질적으로 국민에게 계속적으로 사실상의 지배력을 미치는 행정작용(형식적 행정행위)을 포함하는 것으로 이해하는 견해가 있다.[4]

---

2) 천병태 · 김명길, 환경법론, 삼영사, 1997, 302 내지 303면.

3) 홍정선, 행정법원론(상), 박영사, 1994, 690면; 유지태, 행정법신론, 신영사, 1998, 507면; 김성수, 행정법(I), 법문사, 1998, 766면.

4) 김남진, 행정법(I), 법문사, 1998, 785 내지 786면; 김동희, 행정법(I), 박영사, 1999, 637 내지 639면; 석종현, 행정법강의(I), 삼영사, 1998, 697면; 김철용, 행정법(I), 박영사, 2006, 625면.

법원은 항고소송의 대상이 되는 행정청의 '처분'을 "행정청의 공법상의 행위로서 특정 사항에 대하여 법규에 의한 권리의 설정 또는 의무의 부담을 명하거나 기타 법률상 효과를 발생하게 하는 등 '국민의 권리의무에 직접 관계가 있는 행위'[5] 또는 '국민의 구체적인 권리의무에 직접적 변동을 초래하는 행위'[6]를 가리키는 것"이라고 함으로써, 국민의 권리의무에 대한 직접관련성 여부를 기준으로 하여 그 처분성 여부를 판단하고 있다.[7]

판례는 특정 개인의 권리 내지 법률상의 이익을 개별적이고 구체적으로 규제하는 효과를 가져오게 하는 도시계획결정,[8] 폐기물처리업허가권자의 부적합통보,[9] 국가배출권할당계획,[10] 배출권 할당,[11] 공장입지조정명령,[12] 단수처분[13] 등에 대하여 행정소송의 대상이 되는 행정청의 처분으로 보고 있다. 이에 반해, 하수도정비기본계획,[14] 행정기관 내부에서의 행위[15]나 알선, 권유, 권고,[16] 사실상의 통지,[17] 일반적, 추상적 법령,[18] 기준지가고시[19] 등과 같이 상대방 또는 기타 관계자들의 법률상 지위에 직접적인 법률적 변동을 일으키지 아니하는 행

---

5) 대법원 1983. 2. 22. 선고 81누283 판결; 대법원 1984. 2. 14. 선고 82누370 판결; 대법원 1996. 3. 22. 선고 96누433 판결; 대법원 2002. 5. 17. 선고 2001두10578 판결.

6) 대법원 1993. 10. 26. 선고 93누6331 판결; 대법원 1995. 7. 28. 선고 94누10832 판결; 대법원 1995. 11. 21. 선고 95누9099 판결; 대법원 2015. 12. 10. 선고 2011두32515 판결('4대강 살리기 마스터플랜'이 행정기관 내부에서 사업의 기본방향을 제시할 계획일 뿐 국민의 권리 · 의무에 직접 영향을 미치는 것이 아니라서 행정처분에 해당하지 않는다고 한 사례, 동지 판례 [48]).

7) 박균성 · 함태성, 환경법, 박영사, 2015, 184면.

8) "도시계획법 제12조 소정의 고시된 도시계획결정은 특정 개인의 권리 내지 법률상의 이익을 개별적이고 구체적으로 규제하는 효과를 가져오게 하는 행정청의 처분이라 할 것이고, 이는 행정소송의 대상이 된다." 대법원 1982. 3. 9. 선고 80누105 판결.

9) 대법원 1998. 4. 28. 선고 97누21086 판결; 대법원 2017. 10. 31. 선고 2017두46783 판결.

10) 서울행정법원 2017. 3. 30. 선고 2014구합74527 판결(국가온실가스 감축목표, 배출허용총량, 배출권 총수량, 예비분, 업종별 할당량 등이 확정되면 대상업종 내 할당대상업체들의 궁극적인 할당량에 직접적이고 구체적인 영향을 미친다면서 처분성을 인정한 사례).

11) 법원은 배출권 할당을 권리를 설정하고 이익을 부여하는 수익적 처분으로 보고 있다. 서울고법 2018. 2. 9. 선고 2017누39763 판결; 서울행정법원 2016. 12. 8. 선고 52330 판결; 서울행정법원 2017. 2. 2. 선고 2015구합55431 판결; 서울행정법원 2017. 2. 2. 선고 2015구합55547 판결.

12) 대법원 1996. 7. 12. 선고 95누11665 판결(판례 [33]).

13) 대법원 1979. 12. 28. 선고 79누218 판결.

14) 대법원 2002. 5. 17. 선고 2001두10578 판결.

15) 대법원 1993. 9. 14. 선고 93누9163 판결; 대법원 1995. 10. 17. 선고 94누14148 판결.

16) 대법원 1996. 3. 22. 선고 96누433 판결; 대법원 1995. 11. 21. 선고 95누9099 판결.

17) 대법원 1983. 2. 22. 선고 81누283 판결; 대법원 1993. 10. 26. 선고 93누6331 판결.

18) 대법원 1987. 3. 24. 선고 86누656 판결.

19) 대법원 1979. 4. 24. 선고 78누242 판결.

위 등은 항고소송의 대상이 되는 행정처분이 아니라고 판단하고 있으며, 사실행위,[20] 확약,[21] 과태료 부과[22] 등에 대하여도 처분성을 인정하고 있지 아니하다.

국민의 권리의무와의 직접관련성을 요구하는 이러한 판례의 입장에 충실할 경우 「폐기물처리시설 설치촉진 및 주변지역지원 등에 관한 법률」 제10조에 따른 폐기물처리시설입지의 결정고시, 상수원수질보호 특별대책지역의 지정고시, 환경관련 지역 · 지구 · 구역 설정행위는 당해 지역 내에 있는 주민의 재산권 행사를 제한하는 효과를 가져오는, 다시 말하면 국민의 권리 · 의무에 직접 관계가 있는 행위이므로 처분성이 인정될 수 있을 것이다. 그러나 환경기준은 특정 개인의 권리 내지 법률상의 이익을 개별적이고 구체적으로 규제하는 효과를 가져오지 않는다는 점에서 그 처분성이 부인된다 할 것이다. 도시계획결정과 같이 국민적 구속력을 갖는 행정계획은 행정처분이라 할 것이지만, 구속력을 갖지 않고 행정기관 내부의 행동지침에 지나지 않는 행정계획은 처분성이 부인될 것이다.[23]

「행정소송법」에서 항고소송의 대상이 되는 것으로 규정하고 있는 처분이 무엇인지에 대하여는 그 동안 학설, 판례를 통해 상당부분 그 의미 해석이 이루어졌음에도 불구하고 구체적인 경우에 그 논란이 그치지 않고 있다. 특히 "이에 준하는 행정작용"의 해석을 둘러싸고는 더욱 그러하다. 형식적 행정행위설의 입장에서는 권력적 사실행위, 행정입법, 행정지도, 행정조사 등을 "이에 준하는 행정작용"의 예로 들고 있다. 문제는 법원이 그 해석에 있어서, 「행정소송법」상의 문구를 무시하고 '국민의 권리 · 의무와의 직접성'을 중요한 요소로 하여 판단하고 있다는 것이다. 위와 같은 판례의 태도는 행정쟁송법의 입법취지를 충분히 고려했다기 보다는 오히려 종래의 이른바, 최협의의 행정행위라는 개념적 틀에 얽매임으로써 "그 밖에 이에 준하는 행정작용"에 처분성을 인정할 수 있는 여지를 지

20) 대법원 1992. 10. 13. 선고 92누2325 판결(건설부장관이 행한 국립공원지정처분에 따라 공원관리청이 행한 경계측량 및 표지의 설치 등의 처분성을 부인한 사례).

21) 대법원 1995. 1. 20. 선고 94누6529 판결.

22) 청주지법 2008. 5. 1. 선고 2007구합431 판결; 대법원 2012. 10. 11. 선고 2011두19369 판결.

23) 청구인들이, 정부가 1999. 7.경 확정 · 발표한 개발제한구역지정과 관련하여 개발제한구역지정의 실효성이 적은 7개 중소도시권에 대하여 이를 해제하고, 개발제한구역지정이 필요한 7개 대도시권에 대하여는 부분조정을 하며, 개발제한구역에서 해제되는 지역에 대하여 그 관리방안을 담고있는 개발제한구역제도개선방안이 청구인들의 환경권, 행복추구권 등을 침해한다는 이유로 이의를 제기한 사건에서, 헌법재판소는 위 개선방안은 개발제한구역의 해제 내지 조정방침을 국민들에게 알리는 정책계획안에 불과한 대외적 효력이 없는 비구속적 행정계획안에 속한다면서 청구인들의 청구를 각하한 바 있다. 헌재 2000. 6. 1. 선고 99헌마538, 543, 544, 545, 546, 549 결정.

나치게 제한하고 있다는 비판을 받을 수 있다. 이와 같은 처분성 개념에 대한 좁은 해석은 본안에 이르기도 전에 당사자의 주장을 배척함으로써 소송의 큰 장애로 작용하게 된다. 이는 결과적으로 국민의 법감정에도 맞지 아니하고 오히려 사회적 갈등을 증폭시킬 가능성이 있다. 문전박대를 당한 당사자는 헌법소원에 의지할 수도 있으나[24] 헌법소원을 통한 구제가 정치적 이유 등으로 쉽지 않은 것이 사실이다.

문리 해석상으로 '국민의 권리 · 의무와의 직접성'을 요구할 논리적 필연성은 없어 보이며, 이는 "그 밖에 이에 준하는 행정작용"의 의미 해석에 있어서 더욱 그러하다. 국민의 권리구제 확대 차원에서 직접성 개념에 집착하지 아니하고, 그 해석을 유연하고 폭넓게 할 필요성이 있는 것이다. 같은 맥락에서 직접성 개념을 포기하고 행정작용 전부를 항고소송의 대상이 되는 것으로 하여야 한다는 견해가 점차 설득력을 얻고 있다.[25]

(2) 거부처분

거부처분에 대하여도 취소소송을 제기할 수 있는데, 이는 뒤에서 살펴보는 부작위법확인소송과 함께 행정개입청구권을 실현하는 중요한 수단이 될 수 있다. 국민의 적극적 신청행위에 대하여 행정청이 그 신청에 따른 행위를 하지 않겠다고 거부한 행위가 항고소송의 대상이 되는 행정처분에 해당하는 것이라고 하려면, 그 신청한 행위가 공권력의 행사 또는 이에 준하는 행정작용이어야 하고, 그 거부행위가 신청인의 법률관계에 어떤 변동을 일으키는 것이어야 하며, 그 국민에게 그 행위발동을 요구할 "법규상 또는 조리상의 신청권"이 있어야 한다(판례 [1] 내지 [3]).[26] 법원은 신청권의 존재를 거부처분취소소송의 소송요건으로 보고 있는데, 이러한 판례의 태도에 대해서는 대상적격과 원고적격을 혼동한 것이라는 비판이 제기되고 있다.[27] 또한 법규상 또는 조리상 권리를 갖고 있느냐의

---

24) 「헌법재판소법」은 헌법소원의 대상을 단순히 "공권력의 행사 또는 불행사"로 규정하고 있다(제68조).

25) 다만 이 경우에는 원고적격 문제에서 구체성, 직접성, 개별성을 요구함으로써 남소를 방지할 필요성이 있을 것이다. 사법적 판단에의 적합성도 남소를 방지하는 제한기준으로 작용할 수 있다. 박정훈, "항고소송의 대상 및 유형", 행정소송법 개정안 공청회 자료집, 2004. 10. 28, 33면.

26) 대법원 1984. 10. 23. 선고 84누227 판결; 대법원 1993. 5. 25. 선고 92누2394 판결; 대법원 1994. 12. 9. 선고 94누8433 판결; 대법원 1994. 1. 28. 선고 93누22029 판결; 대법원 1995. 5. 26. 선고 93누21729 판결; 대법원 2006. 6. 30. 선고 2004두701 판결.

27) 박정훈(각주 25), 13면; 홍정선, 행정법원론(상), 박영사, 2007, 802면.

문제는 소송요건이 아니라 본안의 문제라는 지적도 있다.[28] 결국 이러한 비판들은 처분성의 개념을 부당하게 제한하고 있다는 데에 모아진다. 거부처분취소청구소송에서의 청구인용판결은 행정청에게 재처분의무를 부과한다는 점에서 실질적으로 의무이행소송과 유사한 기능을 하게 된다.

[1] 대법원 2003. 9. 23. 선고 2001두10936 판결

구 폐기물관리법(1999. 2. 8. 개정 전) 제26조, 같은 법 시행규칙(1999. 1. 5. 개정 전) 제17조 등에 의하면 폐기물처리사업계획의 적정통보를 받은 자는 장래 일정한 기간 내에 관계 법령이 규정하는 시설 등을 갖추어 폐기물처리업허가신청을 할 수 있는 법률상 지위에 있다고 할 것인바, 피고로부터 폐기물처리사업계획의 적정통보를 받은 원고가 폐기물처리업허가를 받기 위하여는 이 사건 부동산에 대한 용도지역을 '농림지역 또는 준농림지역'에서 '준도시지역(시설용지지구)'으로 변경하는 국토이용계획변경이 선행되어야 하고, 원고의 위 계획변경신청을 피고가 거부한다면 이는 실질적으로 원고에 대한 폐기물처리업허가신청을 불허하는 결과가 되므로, 원고는 위 국토이용계획변경의 입안 및 결정권자인 피고에 대하여 그 계획변경을 신청할 법규상 또는 조리상 권리를 가진다고 할 것이다.

[2] 새만금 사건(1심): 서울행정법원 2005. 2. 4. 선고 2001구33563 판결

행정소송법상 처분이라 함은 행정청이 행하는 구체적 사실에 관한 법집행으로서의 공권력의 행사 또는 그 거부와 그 밖에 이에 준하는 행정작용을 말하고(행정소송법 제2조 제1항 제1호), 국민의 적극적 행위신청에 대하여 행정청이 그 신청에 따른 행위를 하지 않겠다고 거부한 행위가 항고소송의 대상이 되는 행정처분에 해당하는 것이라고 하려면, 그 신청한 행위가 공권력의 행사 또는 이에 준하는 행정작용이어야 하고, 그 거부행위가 신청인의 법률관계에 어떤 변동을 일으키는 것이어야 하며, 그 국민에게 그 행위발동을 요구할 법규상 또는 조리상의 신청권이 있어야만 한다(대법원 2003. 4. 11. 선고 2001두9929 판결 등 참조).

공유수면매립법 등 관계 법령에 국민이 행정청에 대하여 제3자에 대한 공유수면매립등의 취소 등의 조치를 요구할 수 있다는 취지의 규정이 없고 공유수면매립법 제32조에서 소정의 사유가 있는 경우에 피고 농림부장관 등 처분청이 공유수면매립면허처분 등을 취소·변경하거나 공사의 중지, 물건의 개축 등 필요한 조치를 명할 수 있다고 규정하고 있을 뿐 피고 농림부장관 등에게 그 의무를 규정하고 있지는 않으나, 한편 앞서 본 바와 같이 공유수면매립면허와 관련하여

28) 홍준형, 행정구제법, 한울아카데미, 2001, 544면.

사전적으로는 환경 및 생태계변화, 경제성비교 등을 포함한 매립기본계획을 수립하고, 이에 대한 타당성을 5년마다 검토하여 폐지·변경 등을 하며, 매립면허 부여 결정을 함에 있어 매립기본계획에 적합한 범위 안에서 하도록 하고 있고, 사후적으로는 일정한 사유가 있는 경우 매립면허를 취소·변경할 수 있도록 규정하고 있는데, 공유수면매립기본계획 및 그 범위 안에서 행하여져야 하는 매립면허처분은 장기성·종합성이 요구되는 영역이기는 하나, 공유수면매립은 일단 완료된 후에는 그 원상회복이 불가능하여 그 매립기본계획 및 매립면허처분에 대한 외부의 참여 또는 통제필요성이 절실하다는 점, 특히 환경 및 생태계변화는 그 성격상 위 매립기본계획을 수립할 때나 면허처분을 할 당시 도저히 예측하지 못한 상황으로 진행될 가능성이 높아 당초의 예측을 고정시켜 놓고 계속하여 사업을 진행하게 될 경우 자칫 환경 및 생태계변화에 더 큰 위험을 초래할 가능성을 배제할 수 없는 점, 또한 대규모의 간척사업에서 발생할 수 있는 막대한 환경피해에 관하여 전문성 등을 갖춘 개인이 행정절차에 참여할 필요성이 더욱 절실해지고 있는 현실상황에 있어서, 개인의 환경이익 보호요청을 행정청에 대한 직권발동촉구의 의미로 한정하여 볼 수는 없는 점, 환경 및 생태계의 변화, 기타 사정변경으로 인하여 당초에 예측하지 못한 환경피해를 입을 위험이 있는 개인으로서는 매립면허처분의 취소 등 행정권의 발동으로 위와 같은 환경상의 불이익이 해소될 수 있는데 이를 거부하는 행위는 실질적으로 그 개인의 환경상 이익을 침해하는 결과에 이를 수 있다는 점 등의 여러 사정에 비추어 보면, 적어도 환경영향평가대상지역 내의 주민들에 대하여는 환경상 이익을 보호하기 위하여 행정청에 공유수면매립법 제32조 소정의 취소 등의 처분과 관련한 조리상의 신청권이 있다고 할 것이다.

그렇다면, 이 사건에 있어서, 위와 같은 관계 법령 및 환경영향평가법령들의 취지나 환경영향평가대상지역 안의 주민이 가지는 환경상의 이익 등에 비추어 볼 때, 위 원고들 중 원고 97.은 환경영향평가대상지역 안에 거주하는 주민으로서 피고 농림부장관에게 행정권발동을 요구할 조리상의 신청권이 있다고 할 것이다(판례 [40]과 동일 판례).29)

[3] 매수 거부행위의 처분성 여하(적극): 대법원 2009. 9. 10. 선고 2007두20638 판결

국민의 적극적 신청행위에 대하여 행정청이 그 신청에 따른 행위를 하지 않겠다고 거부한 행위가 항고소송의 대상이 되는 행정처분에 해당하는 것이라고 하려면, 그 신청한 행위가 공권력의 행사 또는 이에 준하는 행정작용이어야 하

29) 원고들이 「공유수면매립법」 등 소정의 취소사유가 발생하였음을 들어 피고 농림부장관에게 공유수면매립면허 및 시행인가처분을 취소하여 줄 것을 신청하였고 이에 대하여 피고 농림부장관은 민원에 대한 회신으로 위 취소신청을 거부하였는바, 이 취소신청거부가 이 사건에서 항고소송의 대상인 거부처분을 이루고 있다.

고, 그 거부행위가 신청인의 법률관계에 어떤 변동을 일으키는 것이어야 하며, 그 국민에게 그 행위발동을 요구할 법규상 또는 조리상의 신청권이 있어야 한다(대법원 1998. 7. 10. 선고 96누14036판결, 대법원 2007. 10. 11. 선고 2007두1316판결 등 참조). 그리고 거부처분의 처분성을 인정하기 위한 전제요건이 되는 신청권의 존부는 구체적 사건에서 신청인이 누구인가를 고려하지 않고 관계 법규의 해석에 의하여 일반 국민에게 그러한 신청권을 인정하고 있는가를 살펴 추상적으로 결정되는 것이고, 신청인이 그 신청에 따른 단순한 응답을 받을 권리를 넘어서 신청의 인용이라는 만족적 결과를 얻을 권리를 의미하는 것은 아니라고 할 것이므로, 국민이 어떤 신청을 한 경우에 그 신청의 근거가 된 조항의 해석상 행정발동에 대한 개인의 신청권을 인정하고 있다고 보이면 그 거부행위는 항고소송의 대상이 되는 처분으로 보아야 할 것이고, 구체적으로 그 신청이 인용될 수 있는가 하는 점은 본안에서 판단하여야 할 사항이다(대법원 1996. 6. 11. 선고 95누12460판결 참조).

그런데 구 금강수계 물관리 및 주민지원 등에 관한 법률(2007. 12. 27. 개정 전, 이하 '법'이라 한다) 제8조 제1항, 제2항, 구 법 시행령(2008. 12. 24.개정 전) 제9조 제1항 내지 제3항은, 금강수계 중 상수원 수질보전을 위하여 필요한 지역의 토지 등을 국가에 매도하고자 하는 자는 유역환경청장 등에게 일정한 서류를 제출하여 매수신청을 하고 유역환경청장 등은 매수우선순위에 따라 그 매수 여부를 결정하여 토지 등의 소유자에게 이를 통보하여야 하며, 그 매수가격은 공익사업을 위한 토지 등의 취득 및 보상에 관한 법률의 예에 의하여 산정하여야 한다고 규정하고 있는바, 앞서 본 법리와 위와 같은 관계 규정의 내용 및 법 제8조의 토지 등의 매수제도는 환경침해적인 토지이용을 예방하여 상수원의 수질개선을 도모함과 아울러 상수원지역의 토지이용규제로 인한 토지 등의 소유자의 재산권 침해에 대해 보상하려는 것을 목적으로 하는 것으로서 손실보상을 대체하는 성격도 있는 점, 위 규정에 따른 매수신청에 대하여 유역환경청장 등이 매수거절의 결정을 할 경우 토지 등의 소유자로서는 재산권에 대한 제한을 피할 수 없게 되는데, 위 매수거절을 항고소송의 대상이 되는 행정처분으로 보지 않는다면 달리 이에 대하여는 다툴 방법이 없게 되는 점 등에 비추어 보면, 유역환경청장 등의 매수 거부행위는 공권력의 행사 또는 이에 준하는 행정작용으로서 항고소송의 대상이 되는 행정처분에 해당한다고 봄이 상당하다.[30]

(3) 소 결

잘못된 환경기준, 환경계획으로 인하여 회복이 안 되는 심각한 환경피해가 예

30) 금강수계 중 상수원 수질보전을 위하여 필요한 지역의 토지 등의 소유자가 국가에 그 토지 등을 매도하기 위하여 매수신청을 하였으나 유역환경청장이 이를 거절한 사안에서, 그 매수 거부행위가 항고소송의 대상이 되는 행정처분에 해당한다고 한 사례.

상되어 이를 사전에 방지할 필요성이 큼에도 불구하고 국민의 권리 · 의무와의 직접 관련성이 없다는 이유로 처분성이 인정되지 않는 사례[31]가 빈번하게 발생하는 현실을 고려할 때 처분 개념을 보다 탄력적으로 이해할 필요가 있다. 그 동안 「행정소송법」에서 항고소송의 대상이 되는 것으로 규정하고 있는 '처분'에 대하여 학설이나 판례 모두 일관성 없는 해석을 해옴으로써 극도의 혼란이 발생하고 있다. 이제는 사안별 판단으로 치닫는 경향까지 보이고 있다. 법원은 '처분'의 개념을 해석함에 있어서 그 논리적 필연성이 없음에도 '국민의 권리 · 의무와의 직접성'을 요구하고, 거부행위의 처분성을 인정하기 위하여 "법규상 또는 조리상 권리"를 부가함으로써 혼란을 가중하고 있다. 권리구제의 충실화 차원에서 그 해석을 유연하고 폭넓게 할 필요성이 있으며, 차제에 미국에서와 같이 '행정청의 행위(agency action)' 일체에 대하여 소송의 길을 여는 방안을 포함하여 당사자가 가능한 한 본안에서 다툴 수 있도록 하는 실질적 분쟁해결 방안을 검토할 필요가 있다.[32]

나. 원고적격

(1) 법률상 이익구제설

「행정소송법」 제12조는 "취소소송은 처분 등의 취소를 구할 법률상 이익이 있는 자가 제기할 수 있다"라고 규정하고 있으므로, 항고소송에 있어서 소를 제기할 수 있는 자격(원고적격)이 인정되기 위하여는 위 규정상의 "법률상 이익이 있는 자"이어야 한다. 동법에서 말하는 '법률상 이익'이 '법이 실체법적으로 보호하고 있는 이익'만을 의미하는 것인지(법률상 이익구제설),[33] '법이 보호할 가치가

---

31) 이른바, 새만금 사건에서 원고들은 2001. 5. 25. 국무총리의 새만금간척종합개발사업에 대한 정부조치계획 및 같은 해 8. 6. 농림부장관의 위 정부조치계획에 대한 세부실천계획의 취소를 구하였는바, 1심 법원(서울행정법원)은 위 정부조치계획이 (새만금)사업에 관한 국무총리의 관계부처에 대한 지휘 · 감독권의 행사의 일환으로 행해진 것으로, 당초 농림부장관의 새만금사업을 변경시키거나 그 사업을 대체하는 것이 아니라, 동 사업을 계획대로 계속 시행하되, 다만, 환경친화적인 개발이 되도록 관계 부처에 보완대책을 수립 · 추진하라는 것을 내용으로 하고 있다는 이유로 그 처분성을 부인하였다. 서울행정법원 2005. 2. 4. 선고 2001구33563 판결(판례 [2]).

32) 2012년 대법원 「행정소송법」 개정(안)의 경우 현행법상의 처분 개념을 그 명칭을 '행정행위 등'으로 하고 "행정청이 행하는 법적, 사실적 행위로서의 공권력의 행사 또는 그 거부와 그 밖에 이에 준하는 행정작용 및 행정심판에 대한 재결"로 정의함으로써, 행정입법 및 사실행위까지를 포함한 거의 모든 행정작용으로 항고소송의 대상을 확대하고, 취소소송을 "행정청의 행위 등을 취소 또는 변경하는 소송"으로 규정하여, 원칙적으로 행정청이 행하는 법적으로 의미 있는 행정작용을 모두 취소소송의 대상으로 포섭하고 있다.

33) 통설과 판례의 입장인 '법률상 이익구제설'은 '법률상 이익'을 법률상 보호되는 이익이라고 본

있는 이익'을 의미하는지(보호가치 이익구제설)를 둘러싸고[34] 논란이 있는 것은 주지의 사실이다. 더 나아가 '법률상 이익'에서 말하는 '법률'이란 단지 실체요건법규만을 의미하는 것인지 아니면 절차요건법규도 포함되는지, 또한 법률상 이익이 헌법상의 환경권 또는 환경이익을 포함하는지에 대하여도 다툼이 계속되고 있다.[35] 특히 환경행정소송의 경우 처분의 직접 상대방의 구제만을 목적으로 하는 주관적 소송구조에서 탈피하여 제3자 내지 주민의 권익을 구제하는 객관적 소송으로의 방향 전환을 모색하여야 한다는 점에서 '법률상 이익' 문제는 환경행정소송에서 난제 중의 난제로 등장하고 있다.

법률상 이익의 개념에 관하여 대법원은 "당해 처분의 근거법규에 의하여 보호되는 개별적 · 직접적 · 구체적인 이익이 있는 경우를 말하고 간접적이거나 사실적, 경제적 이해관계를 가지는 데 불과한 경우는 여기에 해당하지 아니한다"고 판시해 옴으로써, 이른바 '법률상 이익구제설'을 취하고 있다(판례 [5]).[36]

(가) 처분의 근거법규

'법률상 이익구제설'의 입장에서, 최근에는 법률상 보호되는 이익에 처분의 직접 근거가 되는 법규는 물론이고 나아가 당해 처분의 근거법규에 의하여 보호되지는 아니하지만 당해 처분의 조건을 성취하거나 당해 처분의 행정 목적을 달성하기 위한 일련의 관련 처분들의 근거법규에 의하여 명시적으로 보호받는 법률상 이익도 포함하는 경향이 있다.[37] 이에 따르면 처분의 근거가 되는 법규가 원

다. 김동희(각주 4), 625면; 김남진(각주 4), 756면 참조.

34) '보호가치 이익설'은 법률적으로 보호된 이익이 아니라도 실질적으로 보호할 만한 가치있는 구체적인 이익을 침해받은 자에 대하여도 원고적격을 인정하여야 한다는 것이다. 서원우, "현대의 행정소송과 소의 이익: 법률상 보호된 이익설 비판", 고시연구, 1990. 9, 75면 이하; 박재완, "환경행정소송에서의 원고적격", 환경법의 제문제, 재판자료 제94집, 법원도서관, 2002. 6, 193면, 208면 참조.

35) 취소소송은 권리구제의 기능과 함께 행정통제적 기능을 가지고 있으므로 원고적격의 범위에 관한 학설은 법률상 이익구제설과 보호가치 이익구제설에 초점이 맞추어지게 된다. 그런데, 법률상 이익구제설에서 말하는 법이 보호하고 있는 이익이라고 할 때의 법을 처분의 근거법률로 보는 경우에도 근거법률을 처분의 근거법규로 한정하지 않고 관련 법규 · 법 전체 · 헌법 등을 포함하는 법질서 전체로 이해하게 되면 법률상 이익구제설과 보호가치 이익구제설의 구별은 분명치 않게 되고, 그 구별은 상대적인 것이 된다. 김철용(각주 4), 612 내지 613면.

36) '법률상 이익구제설'을 취하고 있는 판결은 대법원 1990. 5. 22. 선고 90누813 판결; 대법원 1991. 12. 13. 선고 90누10360 판결; 대법원 1994. 4. 12. 선고 93누24247 판결; 대법원 1995. 2. 28. 선고 94누3964 판결(판례 [9]); 대법원 1995. 9. 26. 선고 94누14544 판결(판례 [14]); 대법원 1995. 10. 17. 선고 94누14148 판결; 대법원 2002. 10. 25. 선고 2001두4450 판결; 대법원 2006. 3. 16. 선고 2006두330 전원합의체 판결(새만금 사건); 대법원 2006. 7. 28. 선고 2004두6716 판결 참조.

37) 대법원 2004. 8. 16. 선고 2003두2175 판결(판례 [5]); 대법원 2004. 12. 9. 선고 2003두

용하고 있는 법규도 처분의 근거법규로 될 수 있으며 결과적으로 취소소송의 원고적격은 확대된다. 환경영향평가와 관련한 법률까지도 처분의 근거법규로 보고, 비록 제한적 범위이지만 환경영향평가대상지역 안의 주민에게까지 원고적격을 확대하고 있는 것이 그 좋은 예이다.[38] 지역주민이 도시계획결정처분의 취소를 구한 사례에서, 도시계획의 내용이 화장장의 설치에 관한 것일 때에는 '도시계획법' 뿐만 아니라 '매장및묘지등에관한법률'(현행 「장사 등에 관한 법률」)도 처분의 근거법규가 된다는 대법원의 입장도 같은 맥락으로 이해할 수 있다.[39]

[4] 대법원 2005. 5. 12. 선고 2004두14229 판결

환경 · 교통 · 재해등에관한영향평가법(이하 '환경영향평가법'이라 한다), 같은 법 시행령, 구 「폐기물처리시설 설치촉진 및 주변지역지원 등에 관한 법률」(2004.2. 9. 개정 전, 이하 '폐촉법'이라 한다), 같은 법 시행령의 각 관련 규정에 의하면, 폐기물처리시설 설치기관이 1일 처리능력이 100t 이상인 폐기물처리시설을 설치하는 경우에는 폐촉법에 따른 환경상 영향조사 대상에 해당할 뿐만 아니라 환경영향평가법에 따른 환경영향평가 대상사업에도 해당하므로 폐촉법령뿐만 아니라 환경영향평가법령도 위와 같은 폐기물처리시설을 설치하기 위한 폐기물소각시설 설치계획 입지결정 · 고시처분의 근거 법령이 된다고 할 것이고, 따라서 위 폐기물처리시설설치계획입지가 결정 · 고시된 지역 인근에 거주하는 주민들에게 위 처분의 근거 법규인 환경영향평가법 또는 폐촉법에 의하여 보호되는 법률상 이익이 있으면 위 처분의 효력을 다툴 수 있는 원고적격이 있다.[40]

[5] 법률상 보호되는 이익: 대법원 2004. 8. 16. 선고 2003두2175 판결

행정처분의 직접 상대방이 아닌 제3자라 하더라도 당해 행정처분으로 인하여 법률상 보호되는 이익을 침해당한 경우에는 취소소송을 제기하여 그 당부의 판단을 받을 자격이 있다 할 것이나, 여기에서 말하는 법률상 보호되는 이익이라 함은 당해 처분의 근거법규 및 관련법규에 의하여 보호되는 개별적 · 직접적 · 구체적 이익이 있는 경우를 말하고, 다만 공익보호의 결과로 국민 일반이 공통

12073 판결.

38) 대법원 1998. 4. 24. 선고 97누3286 판결; 대법원 1998. 9. 4. 선고 97누19588 판결(판례 [26]); 대법원 2001. 7. 27. 선고 99두2970 판결(판례 [28]); 대법원 2001. 7. 27. 선고 99두5092 판결(용화온천 사건); 서울행정법원 2001. 7. 25. 선고 2000구12811 판결; 대법원 2004. 12. 9. 선고 2003두12073 판결; 대법원 2005. 5. 12. 선고 2004두14229 판결; 대법원 2006. 3. 16. 선고 2006두330 전원합의체 판결(새만금 사건).

39) 대법원 1995. 9. 26. 선고 94누14544 판결(판례 [14]).

적으로 가지는 일반적 · 간접적 · 추상적 이익과 같이 사실적 · 경제적 이해관계를 가지는데 불과한 경우는 여기에 포함되지 아니한다고 할 것이며, 또 당해 처분의 근거법규 및 관련법규에 의하여 보호되는 법률상 이익이라 함은 당해 처분의 근거법규(근거법규가 다른 법규를 인용함으로 인하여 근거법규가 된 경우까지를 아울러 포함한다)의 명문규정에 의하여 보호받는 법률상 이익, 당해 처분의 근거법규에 의하여 보호되지는 아니하나 당해 처분의 행정목적을 달성하기 위한 일련의 단계적인 관련처분들의 근거법규(이하 관련법규라 한다)에 의하여 명시적으로 보호받는 법률상 이익, 당해 처분의 근거법규 또는 관련법규에서 명시적으로 당해 이익을 보호하는 명문의 규정이 없더라도 근거법규 및 관련법규의 합리적 해석상 그 법규에서 행정청을 제약하는 이유가 순수한 공익의 보호만이 아닌 개별적 · 직접적 · 구체적 이익을 보호하는 취지가 포함되어 있다고 해석되는 경우까지를 말한다.

해당 처분의 근거법규에 의하여 보호되는 이익에서 말하는 '근거법규'에는 시행령, 고시, 조례 등도 포함될 수 있다.41)

[6] 레미콘공장 사건: 대법원 2007. 6. 1. 선고 2005두11500 판결

공장설립승인처분의 근거 법규인 '구 공업배치 및 공장설립에 관한 법률'(2002. 12. 30. '산업집적활성화 및 공장설립에 관한 법률'로 개정되기 전) 제8조 제4호에 의하면, 산업자원부장관은 관계 중앙행정기관의 장과 협의하여 환경오염을 일으킬 수 있는 공장의 입지제한에 관한 사항 등을 정하여 이를 고시하여야 하고, 이에 따라 고시된 산업자원부장관의 공장입지기준고시(제1999-147호) 제5조 제2호에서는, 공장을 설치함으로써 인근 주민 또는 농경지, 기타 당해 지역의 생활 및 자연환경을 현저히 해하게 된다고 판단하는 경우 시장 · 군수 · 구청장은 공장의 입지를 제한할 수 있다고 규정하고 있으며, 위와 같은 공장입지기준고시 제5조 제2호는 법규명령으로서의 효력을 가지는 것이므로(대법원 2003. 9. 26. 선고 2003두2274 판결 참조), 환경오염을 일으킬 수

40) 1일 처리능력이 100t 이상인 폐기물처리시설을 설치하기 위한 폐기물처리시설 설치계획 입지결정 · 고시처분의 효력을 다투는 소송에 있어서 인근 주민들의 원고적격을 인정한 사례.

41) 부산고법 2007. 6. 29. 선고 2006누5540 판결(물금취수장 사건, 건설 중인 취수장으로부터 수계상 상류 약 2.7㎞ 지점에서 공장을 설립하고자 하는 신청을 승인한 처분이 적법하지 않다고 한 사례) 참조. 상고심인 대법원 2010. 4. 15. 선고 2007두16127 판결(판례 [20])에서는 해당 조례('김해시 공장건축가능지역 지정에 관한 조례')가 해당 사례에서 공장설립승인처분의 근거 법규 및 관련법규가 될 수 없다고 판단하였다. 그러나 구 '산업집적활성화 및 공장설립에 관한 법률' 및 '국토계획법' 등에 의하여 물금취수장에서 물을 공급받는 부산광역시 또는 양산시에 거주하는 주민들에게 원고적격을 인정하였다.

있는 공장 설치와 관련한 인근 주민의 생활환경상 이익은 이 사건 승인처분의 근거 법규에 의해 보호되는 이익으로 볼 수 있다(판례 [17]과 동일 판례).

또한 처분의 직접 근거가 되는 실체요건법규는 물론이고, 절차요건법규도 포함된다.[42] 이에는 해당 처분의 행정목적을 달성하기 위한 일련의 단계적인 관련 처분들의 근거법규를 포함하며(판례 [5]), 더 나아가 당해 처분의 근거가 되는 법률 및 조문의 취지, 목적도 포함하는 개념이어야 한다.[43] 여기에는 넓게 헌법도 포함될 수 있을 것이라는 견해가 있다.[44] 헌법재판소는 헌법상의 기본권이 취소를 구할 자격이 인정되기 위한 요건, 즉 '법률상 보호되는 이익'이 될 수 있다고 판단한 바 있다(판례 [7]).

[7] 병마개 사건: 헌재 1998. 4. 30. 선고 97헌마141 결정

설사 국세청장의 지정행위의 근거규범인 이 사건 조항들이 단지 공익만을 추구할 뿐 청구인 개인의 이익을 보호하려는 것이 아니라는 이유로 청구인에게 취소소송을 제기할 법률상 이익을 부정한다고 하더라도, 국세청장의 지정행위는 행정청이 병마개 제조업자들 사이에 특혜에 따른 차별을 통하여 사경제 주체간의 경쟁조건에 영향을 미치고 이로써 기업의 경쟁의 자유를 제한하는 것임이 명백한 경우에는 국세청장의 지정행위로 말미암아 기업의 경쟁의 자유를 제한받게 된 자들은 적어도 보충적으로 기본권에 의한 보호가 필요하다. 따라서 일반법규에서 경쟁자를 보호하는 규정을 별도로 두고 있지 않은 경우에도 기본권인 경쟁의 자유가 바로 행정청의 지정행위의 취소를 구할 법률상의 이익이 된다 할 것이다.[45]

(나) 법률상 이익: 개별적 · 직접적 · 구체적 이익

판례는 처분의 근거가 되는 법규의 보호목적을 기준으로 하여 처분의 근거법규가 공익보호뿐만 아니라 개인의 이익도 보호하고 있다고 판단되는 경우에 원고

42) 서울고법 2006. 9. 11. 선고 2006루122 결정. 당해 처분을 내리는 과정에 개입된 '관련 법률'을 법률상 이익 여부를 판단하는 근거 법률로 해석하여야 한다는 견해가 있다. 조홍식, "환경구제법 소고", 환경법연구 제21권, 1999, 153면.

43) 서울행정법원 2001. 7. 25. 선고 2000구12811 판결.

44) 신보성, "환경분쟁과 주민의 당사자 적격에 관한 고찰", 중앙법학 제2호, 2000, 164면, 170면; 김향기, "행정소송의 원고적격에 관한 연구", 환경법연구 제31권 제2호, 2009. 8, 241면.

45) 기본권인 경쟁의 자유가 행정청의 지정행위의 취소를 구할 법률상의 이익이 된다고 하면서 청구인이 침해되었다고 주장하는 기본권을 효율적으로 구제할 수 있는 권리구제절차라 할 수 있는 행정소송절차를 거치지 아니하고 제기된 헌법소원 심판청구가 보충성 요건이 결여되어 부적법하다고 한 사례.

적격이 있는 것으로 보고 있는데(사익보호성), 그 결과 공익보호의 결과로 국민일반이 공통적으로 가지는 추상적, 평균적, 일반적인 이익과 같은 것은 여기에서 말하는 법률상 이익에 포함되지 않게 된다(판례 [8] 내지 [10]).

통설과 판례의 입장인 '법률상 이익구제설'은 행정처분의 직접 상대방이 아닌 제3자의 원고적격 여부를 판단함에 있어서 주관적 공권의 성립 여부를 그 기준으로 삼고 있는데, 여기서 공권은 행정청의 특정 의무를 규정하는 객관적인 법규범이 존재하고 그 법규범이 공익뿐만 아니라 사익의 보호도 의도하고 있는 경우에 비로소 인정된다고 이해하고 있다.

[8] 인근주민의 문화재를 향유할 이익(소극): 대법원 1992. 9. 22. 선고 91누13212 판결

문화재는 문화재의 지정이나 그 보호구역으로 지정이 있음으로써 유적의 보존 관리 등이 법적으로 확보되어 지역주민이나 국민일반 또는 학술연구자가 이를 활용하고 그로 인한 이익을 얻는 것이지만, 그 지정은 문화재를 보존하여 이를 활용함으로써 국민의 문화적 향상을 도모함과 아울러 인류문화의 발전에 기여한다고 하는 목적을 위하여 행해지는 것이지, 그 이익이 일반국민이나 인근주민의 문화재를 향유할 구체적이고도 법률적인 이익이라고 할 수는 없다.[46]

[9] 공장입지지정승인처분취소와 원고적격(소극): 대법원 1995. 2. 28. 선고 94누3964 판결

공장의 설립을 위한 입지지정승인의 근거가 되는 법률인 공업배치및공장설립에관한법률 및 같은 법 제18조에 의하여 입지지정승인의 기준 등으로 적용되는 산업입지및개발에관한법률의 관계 규정들은 산업입지의 원활한 공급과 공업의 합리적 배치를 유도하고, 공장의 원활한 설립을 지원하며, 공업입지 및 공업단지의 체계적 관리를 실현함으로써 지속적인 공업발전 및 균형 있는 지역발전을 통하여 국민경제의 건전한 발전에 이바지함을 목적으로 하고 있어, 그 내용에 비추어 볼 때 콘크리트제조업종의 공장입지지정승인처분이 취소됨으로 인하여 그 공장설립예정지에 인접한 마을과 주위 토지 및 그 지상의 묘소가 분진, 소음, 수질오염 등의 해를 입을 우려에서 벗어나는 것과 같은 이익은 그 입지지정승인처분의 근거법률에 의하여 보호되는 직접적이고 구체적인 이익이라고 할 수 없고, 그 공장입지지정승인처분이 건축된 공장의 가동으로 인하여 발생할 공해의 발생까지 정당화하는 것은 아니며 이는 별도의 법률의 규제를 받게 되므로, 서울에 거주하며 그 공장설립예정지에 인접한 곳에 2필지의 토지를 공유하여 그 지상에 선대의 묘 4기를 두고 있는 자나 공장설립예정지로부터 약 500m 떨

46) 일반국민 또는 주민이 문화재를 향유할 이익이 구체적이고 법률적인 이익이 아니라고 한 사례.

어진 곳에서 살고 있는 주민 등은 그 지정승인처분의 취소를 구할 원고적격이 없다.47)

[10] 생태 · 자연도 등급변경과 원고적격(소극): 대법원 2014. 2. 21. 선고 2011다29052 판결

생태 · 자연도의 작성 및 등급변경의 근거가 되는 구 자연환경보전법(2011. 7. 28. 개정 전) 제34조 제1항 및 그 시행령 제27조 제1, 2항에 의하면, 생태 · 자연도는 토지이용 및 개발계획의 수립이나 시행에 활용하여 자연환경을 체계적으로 보전 · 관리하기 위한 것일 뿐, 1등급 권역의 인근 주민들이 가지는 생활상 이익을 직접적이고 구체적으로 보호하기 위한 것이 아님이 명백하고, 1등급 권역의 인근 주민들이 가지는 이익은 환경보호라는 공공의 이익이 달성됨에 따라 반사적으로 얻게 되는 이익에 불과하므로, 인근 주민에 불과한 원고는 피고 환경부장관이 이 사건 지역의 생태 · 자연도 등급권역을 1등급에서 일부는 2등급으로, 일부는 3등급으로 변경한 결정의 무효확인을 구할 원고적격이 없다.48)

[11] 대법원 2012. 7. 5. 선고 2011두13187 판결

① 절대보전지역의 해제는 소유권에 가한 제한을 해제하는 처분에 해당하는 것으로 그 자체로 인근 주민의 생활환경에 영향을 주는 사업의 시행이나 시설의 설치를 내포하고 있는 것이 아닌 점, ② 「구 제주특별자치도 설치 및 국제자유도시 조성을 위한 특별법(2009. 10. 9. 개정 전)」 및 「구 제주특별자치도 보전지역 관리에 관한 조례(2010. 1. 6. 개정 전)」에 따라 절대보전지역으로 지정되어 보호되는 대상은 인근 주민의 주거 및 생활환경 등이 아니라 제주의 지하수 · 생태계 · 경관 그 자체인 점, ③ 위 조례 제3조 제1항은 절대보전지역의 지정 및 변경에는 주민들의 의견을 듣도록 하고 있으나 보전지역을 축소하는 경우에는 예외로 한다고 규정함으로써 그 절차에서도 절대보전지역 지정으로 인하여 환경상 혜택을 받는 주민들이 아니라 권리의 제한을 받게 되는 주

47) 공장설립지지정승인처분이 취소됨으로 인하여 그 공장설립예정지에 인접한 마을과 주위 토지 및 그 지상의 묘소가 분진, 소음, 수질오염 등의 해를 입을 우려에서 벗어나는 것과 같은 이익은 법률상 이익이라고 할 수 없다고 한 사례.

48) 환경부장관이 생태 · 자연도 1등급으로 지정되었던 지역을 2등급 또는 3등급으로 변경하는 내용의 생태 · 자연도 수정 · 보완을 고시하자, 인근 주민이 생태 · 자연도 등급변경처분의 무효 확인을 청구한 사안에서, 무효 확인을 구할 원고적격이 없다고 한 사례. 여기에 대하여 관련법령으로서 생태 · 자연도 작성지침 중 특히 제3자에게 이의신청권을 부여하고 있는 제16조 제1항을 지적하면서 원고적격을 인정할 수 있다는 견해가 있다. 강현호, "생태 · 자연도 및 그 등급변경 변경과 원고적격", 환경판례백선, 박영사, 2019, 357면.

민들을 주된 보호의 대상으로 하고 있는 점 등에 비추어 보면, 이 사건 처분 대상인 ○○시 ○○동 해안변지역 105,295㎡가 절대보전지역으로 유지됨으로써 원고들이 가지는 주거 및 생활환경상 이익은 그 지역의 경관 등이 보호됨으로써 반사적으로 누리는 것일 뿐 근거 법규 또는 관련 법규에 의하여 보호되는 개별적 · 직접적 · 구체적 이익이라고 할 수 없다.49)

[12] 대법원 2006. 7. 28. 선고 2004두6716 판결

구 오수 · 분뇨 및 축산폐수의 처리에 관한 법률(2002. 12. 26. 개정 전, 이하 '법'이라 한다)과 같은 법 시행령(2003. 7. 25. 개정 전, 이하 '시행령'이라 한다)의 관계 규정에 의하면, 분뇨(오수처리시설 및 단독정화조의 청소과정에서 발생하는 오니 중 탈수되지 아니한 것을 포함한다) 및 축산폐수(이하 위 분뇨와 축산폐수를 '분뇨등'이라 한다)의 수집 · 운반 등은 시장 · 군수 · 구청장(이하 '시장' 등이라 한다)의 업무이고, 시장 등은 이를 스스로 처리하거나 당해 지방자치단체의 조례가 정하는 바에 따라 법 제35조의 규정에 의한 분뇨등 관련 영업자인 분뇨등 수집 · 운반업자 및 정화조청소업자 등에게 영업을 허가하여 그 수집 · 운반 등을 대행하게 할 수 있는 것으로서 분뇨등의 수집 · 운반 등은 공익성이 강하게 요청되는 사업에 해당하는 점, 위 분뇨등 관련 영업의 허가를 받기 위한요건으로서 시행령에서 시설 · 장비 및 기술능력 등에 관한 최소한도를 정해 두었을 뿐 그 영업이 분뇨의 수집 · 운반대행에 적정한지의 여부에 대하여는 일률적으로 확정하여 규정하는 형식을 취하지 아니함으로써 그 적정 여부에 대하여 재량의 여지를 남겨두고 있으므로, 시장 등은 분뇨등 수집 · 운반업 및 정화조청소업에 대한 허가 여부를 결정함에 있어서 분뇨등의 수집 · 운반대행이 적정하게 이루어질 수 있도록 시행령에 규정된 허가요건 이외에 분뇨등의 처리계획, 관할 구역 안에서의 현재 및 장래의 분뇨등의 발생량, 현재의 분뇨등의 처리상황 등을 고려할 수 있는 점, 당해 지방자치단체 내의 분뇨등의 발생량에 비하여 기존 분뇨등 수집 · 운반업 및 정화조청소업에 종사하는 업체의 시설이 과다하여 신규허가를 한다면 업체간의 과당경쟁 및 무계획적인 수집 · 운반으로 인하여 분뇨등의 수집 · 운반에 관한 안정적이고 효율적인 책임행정의 이행이 불가능하게 될 것으로 예상되고, 또한 법 제35조 제3항에 의하여 영업구역 등 조건을 붙이더라도 이를 해결할 수 없는 상태라고 판단되면 분뇨등 수집 · 운반업 및 정화조청소업의 신규허가를 제한할 수 있다고 보이는 점, 위와 같이 법과 시행령의 관계 규정이 당해 지방자치단체 내의 분뇨등의 발생

---

49) 국방부 민 · 군복합형 관광미항(제주해군기지) 사업 시행을 위한 해군본부의 요청에 따라 제주특별자치도지사가 절대보전지역이던 서귀포시 강정동 해안변지역에 관하여 절대보존지역을 변경(축소)한 사안에서, 원고들의 원고적격이 없다고 한 사례.

량에 비하여 기존 업체의 시설이 과다한 경우 일정한 범위 내에서 분뇨등 수집 · 운반업 및 정화조청소업에 대한 허가를 제한할 수 있도록 하고 있는 것은 분뇨등을 적정하게 처리하여 자연환경과 생활환경을 청결히 하고 수질오염을 감소시킴으로써 국민보건의 향상과 환경보전에 이바지한다는 공익목적을 달성하고자 함과 동시에 업자간의 과당경쟁으로 인한 경영의 불합리를 미리 방지하자는 데 그 목적이 있는 점 등 제반 사정에 비추어 보면, 업종을 분뇨등 수집 · 운반업 및 정화조청소업으로 하여 분뇨등 관련 영업허가를 받아 영업을 하고 있는 기존업자의 이익은 단순한 사실상의 반사적 이익이 아니고 법률상 보호되는 이익이라고 해석된다.50)

[13] 서울고법 2018. 5. 4. 선고 2017누38760 판결

배출권거래법 등 관계 규정으로부터 인정할 수 있는 다음과 같은 근거와 사정 등을 종합하여 보면, 비록 원고들이 이 사건 할당처분의 직접 상대방이 아니라 하더라도 원고들의 경우 위 할당처분으로 인하여 법률상 보호되는 이익을 침해당하였다 할 것이므로, 원고들에게 이 사건 할당처분의 취소를 구할 원고적격이 인정된다.

가) 배출권거래법 제5조 제1항 제1호, 제4호, 구 배출권거래법 시행령 제12조 제1항, 제2항의 규정과 그에 따라 피고가 작성한 배출권 할당계획에 의하면, 피고가 저탄소 녹색성장 기본법(이하 '녹색성장법'이라 한다) 제42조에 따른 국가 온실가스 배출전망(BAU : Business As Usual)과 감축 목표를 설정하여 국가의 온실가스 배출허용총량과 이행연도별 배출권 총수량을 우선 결정하고, 그 배출권 총수량의 범위 내에서 각 업종별로 배출권 수량을 결정하며, 그 범위 내에서 업종 내의 업체별 배출권 수량을 결정하게 되어 있고(Top-down 방식), 같은 업종으로 분류된 업체들이 피고로부터 인정받은 배출량의 합으로 업종별 총배출량이 결정되는 구조(Bottom-up 방식)가 아니다.

나) 현재와 같은 업종별 · 입체별 배출량 할당 방식(Top-down 방식)에 의하면, 같은 업종으로 분류된 할당대상업체들이 피고로부터 예상 배출량으로 인정받은 값의 합이 업종별로 할당된 배출권 총수량을 초과할 경우, 각 할당대상 업체들은 자신이 피고로부터 인정받은 배출량보다 적은 양으로 배출권을 할당받을 수밖에 없다.

다) 위와 같은 경우 업체별 할당량을 산정할 때 조정계수(업종별 할당량을 업종 내 모든 할당대상업체의 할당 신청량 중 인정량의 총합으로 나눈 계수)를 사용하는데 같은 업종 내 다른 할당대상업체의 인정량의 변경에 따라 조정계수

50) 기존의 업자가 경업자에 대한 면허나 인 · 허가 등 수익적 행정처분의 취소를 구할 원고적격이 있다고 한 사례.

또한 변경되기 때문에, 한 할당대상업체의 인정량은 같은 업종 내 다른 모든 할당대상업체에 대한 할당량 결정에 직접적인 영향을 미친다(즉 한 할당대상업체의 인정량 일부가 취소되면, 그 자체만으로 조정계수가 높아져 같은 업종 내 다른 모든 할당대상업체의 할당량이 증가하게 된다).

라) 배출권거래법 제19조, 제33조 제1항 등에 의하면, 할당대상업체는 할당받은 배출권을 매매나 그 밖의 방법으로 거래할 수 있고, 할당대상업체가 제출한 배출권이 실제 배출량보다 적은 경우 그 부족한 부분에 대하여 1KAU당 10만 원의 범위에서 해당 이행연도의 배출권 평균 시장가격의 3배 이하의 과징금 등 행정제재를 받을 수 있다. 따라서 이 사건 할당처분이 유지되는 경우 원고들은 과징금 등 행정제재를 받을 수 있으므로, 이 사건 할당 처분의 취소 여부는 원고들의 향후 법률관계에 영향을 미친다.

마) 앞에서 본 바와 같이 이 사건 할당 처분의 전부 또는 일부가 취소될 때 그 취소분은 배출권 예비분을 위한 거래계정으로 이전되고, 이 사건 할당 처분이 취소되어 이전된 예비분을 원고들에게 소급하여 추가 할당하도록 하는 명시적인 규정이 없기는 하다. 그러나 원고들이 이 사건 할당 처분의 위법을 이유로 취소 판결을 받는 경우 이 사건 할당 처분에 의하여 발생된 위법상태를 원상으로 회복시키는 것이 불가능하다고 단정할 수는 없다.[51)]

바) 2차 계획기간(2018년~2020년)의 배출권 할당은 2차 계획기간의 기준연도(2014년~2016년)의 각 업체별 배출량에 기초하여 이루어진다. 그런데 2차 계획기간의 기준연도 중 2015년과 2016년도는 1차 계획기간(2015년~2017년)에 포함되고, 2차 계획기간의 기준연도에 포함되는 2015년과 2016년도의 배출량은 피고로부터 할당받은 할당량에 의해 영향을 받는다고 보아야 한다. 따라서 이 사건 할당 처분의 취소와 2차 계획기간의 배출권 할당이 전혀 무관하다고 볼 수 없다.[52)]

실제로 어떤 권리가 당해 처분의 근거법규에 의하여 보호되고 있는지 여부가

---

51) 주무관청은 신규진입자에 대한 배출권 할당 및 시장 안정화 조치를 위한 배출권 추가 할당 등을 위하여 계획기간의 총 배출권의 일정 비율을 배출권 예비분으로 보유하여야 하고(배출권거래법 제18조), 정부는 배출권 예비분의 수량 및 배분기준에 관한 사항을 포함한 국가배출권 할당계획을 수립하여야 한다(배출권거래법 제5조). 위 배출권거래법에 따라 주무관청은 국가 배출권 할당계획을 수립하였는데 그 할당계획에 따른 예비분의 용도에는 배출권의 사전할당 등에 대한 이의신청 결과에 따른 할당량의 조정이 포함되어 있다. 할당대상업체의 이의신청 결과에 따라 사전 할당량의 조정이 가능한 점에 비추어 볼 때, 이 사건 할당 처분에 대한 취소청구에 따른 할당량 조정도 이에 준하여 할당량의 조정이 가능하다고 볼 여지가 있다.

52) 같은 업종으로 분류된 할당대상업체들인 원고들이 그들과 같은 업종으로 분류된 피고보조참가인에게 과다하게 이루어진 온실가스 배출권 할당처분에 대한 취소와 원고들에게 이루어진 할당 거부처분에 대한 취소를 구한 사안에서 원고들의 청구를 인정한 사례.

명백한 경우는 드물다. 특히 환경법규의 목적은 궁극적으로 환경보호를 통한 국민의 생명 내지 건강의 보호에 있으므로 이러한 국민이 받는 이익을 쉽게 공익이 보호됨에 따라 얻어지는 반사적 이익으로 단정하는 것은 옳지 않다 할 것이다. 당해 처분의 근거법규가 개인의 이익도 보호하고 있는지 여부는 명문규정이 없더라도 처분의 직접 근거법규 및 관련 법규 등 법체계 전체를 종합적으로 고려하여 합목적적으로 판단하여야 할 것이다. 이는 결국 구체적인 사건에 있어서 처분의 상대방이 아닌 제3자에게 원고적격이 인정되는지 여부는 처분의 근거법규(관련 법규 포함) 등의 취지, 목적, 그 처분으로 침해되는 이익의 내용, 성질, 태양 등을 종합하여 개별적으로 판단되어야 한다는 것을 의미한다. 이러한 관점에서 이른바 공설화장장 사건(판례 [14])에서 상수원보호구역 설정의 근거가 되는 「수도법」 관련 규정의 보호 목적이 상수원의 확보와 수질보전뿐이라는 대법원의 견해는 쉽게 찬성하기 어렵다. 상수원의 확보와 수질보전의 궁극적인 목적은 수요자인 국민의 환경권을 보호하는 것이므로 「수도법」 관련 규정이 지역주민의 양질의 급수를 받을 이익을 보호하고 있다고 합목적적으로 해석할 수 있기 때문이다.[53)]

[14] 공설화장장 사건-상수원보호구역 설정과 원고적격(소극): 대법원 1995. 9. 26. 선고 94누14544 판결

상수원보호구역 설정의 근거가 되는 수도법 제5조 제1항 및 동 시행령 제7조 제1항이 보호하고자 하는 것은 상수원의 확보와 수질보전일 뿐이고, 그 상수원에서 급수를 받고 있는 지역주민들이 가지는 상수원의 오염을 막아 양질의 급수를 받을 이익은 직접적이고 구체적으로는 보호하고 있지 않음이 명백하여 위 지역주민들이 가지는 이익은 상수원의 확보와 수질보호라는 공공의 이익이 달성됨에 따라 반사적으로 얻게 되는 이익에 불과하므로 지역주민들에 불과한 원고들에게는 위 상수원보호구역변경처분의 취소를 구할 법률상의 이익이 없다.[54)]

---

53) 김성수, 행정법판례평론: 사례 · 해설, 홍문사, 2006, 425면. 「수도법」과 동법 시행령에서 보호하고자 하는 상수원의 확보와 수질보전이 지역주민이 양질의 급수를 받을 이익과 구분될 수 있는지 의문스럽다면서 주민에게 양질의 급수를 하기 위함이라는 문언이 관련법령에 명시적으로 드러나 있지 않더라도 상수원의 확보와 수질보전이 목적하는 바를 고려하여 보면 주민들이 양질의 급수를 받을 이익은 법률에 의하여 보호되는 법률상 이익이라고 해석하는 것이 타당하다는 견해가 있다. 진재용, "상수원보호구역변경처분등취소", 환경판례백선, 박영사, 2019, 350면.

54) 부산광역시가 종래 상수원보호구역으로 지정된 구역 내 부지에 공설화장장을 설치하기 위하여 해당 부지를 상수원보호구역에서 제외시키는 상수원보호구역변경처분을 한 것에 대하여 지역주민들이 그 처분의 취소를 구한 사건에서 원고들에게 상수원보호구역변경처분의 취소를 구할 법률상 이익이 없다고 판단한 사례.

피해자에 대한 권리구제의 충실화 차원에서 법원은 가능한 한 처분법규의 보호목적이 공익뿐만 아니라 개인의 이익도 보호하고 있다고 넓게 해석하는 방향으로 나아가야 할 것이다.[55] 이러한 관점에서 배출시설의 설치자 및 사업자에 대한 의무규정(예컨대, 「대기환경보전법」 제23조, 제26조상의 설치허가 및 방지시설 설치의무, 「토양환경보전법」 제12조 제3항상의 토양오염방지시설의 설치의무, 「폐기물관리법」 제48조상의 폐기물처리시설에 대한 조치명령 등)을 제3자 보호규범으로 보고 배출허용기준을 초과하는 오염물질을 배출하는 시설에 대해서 인근주민이 허가취소를 구하는 소송을 제기할 수 있다고 이해하는 견해가 설득력을 갖게 된다.[56]

(다) 법률상 이익의 침해 우려

원고적격이 인정되기 위해서는 해당 처분의 근거법규 또는 관련 법규에서 개인의 구체적, 직접적인 법률상 이익을 보호하여야 할 뿐만 아니라, 나아가 그 보호의 인적 범위에 있어서 해당 행정처분의 취소를 구하는 자가 그 행정처분으로 인하여 위 근거법규 또는 관련 법규에 의해 보호되는 구체적, 직접적인 법률상 이익을 침해당할 가능성이 있는 자에 해당함이 인정되어야 할 것이다(다만 실제로 법률상 이익을 침해당하였는가의 여부는 본안에서 판단할 사항이라 할 것이다). 즉 해당 처분의 취소를 구하는 자에게 원고적격이 인정되기 위해서는, 그 대전제로서 해당 처분의 근거법규 및 관련 법규의 명문 규정 또는 합리적 해석에 의하여 개인적, 구체적 이익이 보호됨이 인정되어야 할 뿐만 아니라, 법규의 명문 규정 또는 합리적 해석을 바탕으로 사회통념에 비추어 볼 때 당해 처분의 근거 법규 및 관련 법규에 의하여 보호되는 자 자신의 개인적, 구체적 이익이 당해 처분에 의하여 직접적으로 침해당할 가능성이 있다는 점 또한 아울러 밝혀야만 할 것이다.[57]

55) 이른바, '연탄공장 사건'에서 대법원은 "주거지역 내에 거주하는 사람이 '주거의 안녕과 생활환경을 보호' 받을 이익은 단순한 반사적 이익이나 사실상의 이익이 아니라 바로 법률에 의하여 보호되는 이익이라고 할 것이다"고 판시하면서 구 '도시계획법'상 주거지역에 설치할 수 없는 연탄공장 건축허가처분에 대한 지역주민의 원고적격을 인정한 바 있다. 대법원 1975. 5. 13. 선고 73누96, 73누97 판결. 이에 비해 관련 규정의 엄격한 해석을 통해 지역주민에게 상수원보호구역변경처분의 취소를 구할 원고적격이 없다고 판단한 대법원의 입장(판례 [14])은 원고적격을 좁게 인정하는 전통적인 해석론으로 복귀한 듯한 인상을 준다.

56) 이상돈 · 이창환, 환경법, 이진출판사, 1999, 311면.

57) 서울행정법원 2001. 3. 31. 선고 2000구7222 판결.

[15] 단체의 원고적격(소극): 광주고법 2007. 4. 26. 선고 2003누1270 판결

원고 창포만 간척지 대책위원회와 원고 도대어촌계는 자신들의 환경상의 이익이 침해되었음을 이유로 이 사건 소를 제기하였고, 이 사건 개발계획변경결정 및 사업계획변경승인의 직접 상대방이 아님이 명백한바, 이러한 경우 환경상의 이익은 주민 개개인에 대하여 개별적 · 구체적으로 인정되는 것이므로, 자연인이 아닌 원고 창포만 간척지 대책위원회와 원고 도대어촌계는 이 사건 소를 제기할 원고적격이 없다고 할 것이다.[58)]

[16] 성모트라피스트 수녀원 사건: 대법원 2012. 6. 28. 선고 2010두2005 판결

원고 수녀원은 수도원 설치 운영 및 수도자 양성 등을 목적으로 설립된 재단법인으로서, 공유수면매립 승인처분의 매립목적을 당초의 택지조성에서 조선시설용지로 변경하는 내용의 이 사건 처분으로 인하여 원고 수녀원에 소속된 수녀 등이 전과 비교하여 수인한도를 넘는 환경침해를 받지 아니하고 쾌적한 환경에서 생활할 수 있는 환경상 이익을 침해받는다고 하더라도 이를 가리켜 곧바로 원고 수녀원의 법률상 이익이 침해된다고 볼 수 없고, 자연인이 아닌 원고 수녀원은 쾌적한 환경에서 생활할 수 있는 이익을 향수할 수 있는 주체도 아니므로 이 사건 처분으로 인하여 위와 같은 생활상의 이익이 직접적으로 침해되는 관계에 있다고 볼 수도 없다.[59)]

처분의 근거법규 및 관련 법규에서 환경상의 영향을 받으리라고 예상되는 영향권의 범위를 구체적으로 규정하여 놓은 경우, 그 범위 내의 주민들은 특단의 사정이 없는 한 환경상 이익에 대한 침해 또는 침해우려가 있는 것으로 '사실상 추정'되어 당해 처분의 취소나 무효확인을 구할 원고적격이 있다고 보아야 할 것이다(판례 [17] 내지 [19] 참조). 환경영향평가대상지역 안의 주민들에 대하여는 특단의 사정이 없는 한 환경상의 이익에 대한 침해 또는 침해우려가 있는 것으로 사실상 추정되어 원고적격이 비교적 쉽게 인정되는 경우가 그 좋은 예이다.[60)]

---

58) 환경상 이익은 주민 개개인에 대하여 개별적 · 구체적으로 인정되는 것이므로 자연인이 아닌 지역 어촌계 등의 단체는 그 행정처분의 취소를 구할 원고적격이 없다고 한 사례.

59) 재단법인 갑 수녀원이, 매립목적을 택지조성에서 조선시설용지로 변경하는 내용의 공유수면 매립목적 변경 승인처분으로 인하여 법률상 보호되는 환경상 이익을 침해받았다면서 행정청을 상대로 처분의 무효 확인을 구하는 소송을 제기한 사안에서, 갑 수녀원에는 처분이 무효 확인을 구할 원고적격이 없다고 한 사례.

60) 대법원 2006. 3. 16. 선고 2006두330 전원합의체 판결(새만금 사건); 대법원 2006. 12. 22. 선고 2006두14001 판결; 대법원 2009. 9. 24. 선고 2009두2825 판결 참조.

[17] 대법원 2007. 6. 1. 선고 2005두11500 판결

행정처분의 근거 법규 또는 관련 법규에 그 처분으로써 이루어지는 행위나 사업으로 인하여 환경상 이익의 침해를 받으리라고 예상되는 영향권의 범위가 규정되어 있는 경우에는, 그 영향권 내의 주민들에 대하여는 당해 처분으로 인하여 직접적이고 중대한 환경피해가 발생할 수 있음을 예상할 수 있고, 이와 같은 환경상 이익은 주민 개개인에 대하여 개별적으로 보호되는 직접적 · 구체적 이익으로서 그들에 대하여는 특단의 사정이 없는 한 환경상 이익에 대한 침해 또는 침해 우려가 있는 것으로 사실상 추정되어 원고적격이 인정되는 것이고, 그 영향권 밖의 주민들은 당해 처분으로 그 처분 전과 비교하여 수인한도를 넘는 환경피해를 받거나 받을 우려가 있다는 자신의 환경상 이익에 대한 침해 또는 침해 우려가 있음을 입증하여야만 비로소 원고적격이 인정되는 것이다(대법원 2006. 3. 16. 선고 2006두330 전원합의체 판결, 2006. 12. 22. 선고 2006두14001 판결 등 참조)(판례 [6]과 동일 판례).

[18] 대법원 2005. 3. 11. 선고 2003두13489 판결

구 폐기물처리시설설치촉진및주변지역지원등에관한법률(2002. 2. 4. 개정 전) 및 같은 법 시행령의 관계 규정의 취지는 처리능력이 1일 50t인 소각시설을 설치하는 사업으로 인하여 직접적이고 중대한 환경상의 침해를 받으리라고 예상되는 직접영향권 내에 있는 주민들이나 폐기물소각시설의 부지경계선으로부터 300m 이내의 간접영향권 내에 있는 주민들이 사업 시행 전과 비교하여 수인한도를 넘는 환경피해를 받지 아니하고 쾌적한 환경에서 생활할 수 있는 개별적인 이익까지도 이를 보호하려는 데에 있다 할 것이므로, 위 주민들이 소각시설입지지역결정 · 고시와 관련하여 갖는 위와 같은 환경상의 이익은 주민 개개인에 대하여 개별적으로 보호되는 직접적 · 구체적 이익으로서 그들에 대하여는 특단의 사정이 없는 한 환경상의 이익에 대한 침해 또는 침해우려가 있는 것으로 사실상 추정되어 폐기물 소각시설의 입지지역을 결정 · 고시한 처분의무효확인을 구할 원고적격이 인정된다고 할 것이고, 한편 폐기물소각시설의 부지경계선으로부터 300m 밖에 거주하는 주민들도 위와 같은 소각시설 설치사업으로 인하여 사업 시행 전과 비교하여 수인한도를 넘는 환경피해를 받거나 받을 우려가 있음에도 폐기물처리시설 설치기관이 주변영향지역으로 지정 · 고시하지 않는 경우 같은 법 제17조 제3항 제2호 단서 규정에 따라 당해 폐기물처리시설의 설치 · 운영으로 인하여 환경상 이익에 대한 침해 또는 침해우려가 있다는 것을 입증함으로써 그 처분의 무효확인을 구할 원고적격을 인정받을 수 있다.[61]

61) 폐기물처리시설 설치기관이 주변영향지역으로 지정 · 고시하지 아니한 경우, 폐기물처리시설의 부지경계선으로부터 최소 900m 이상 떨어진 지역에 거주하는 주민이 폐기물처리시설의

[19] 대법원 2011. 9. 8. 선고 2009두6766 판결

구 장사 등에 관한 법률(2007. 5. 25.개정 전)제14조 제3항, 구 장사 등에 관한 법률 시행령(2008. 5. 26. 개정 전) 제13조 제1항 [별표 3]에서 납골묘, 납골탑, 가족 또는 종중·문중 납골당 등 사설납골시설의 설치장소에 제한을 둔 것은, 이러한 사설납골시설을 인가가 밀집한 지역 인근에 설치하지 못하게 함으로써 주민들의 쾌적한 주거, 경관, 보건위생 등 생활환경상의 개별적 이익을 직접적·구체적으로 보호하려는 데 취지가 있으므로, 이러한 납골시설 설치장소에서 500m 내에 20호 이상의 인가가 밀집한 지역에 거주하는 주민들은 납골당 설치에 대하여 환경상 이익 침해를 받거나 받을 우려가 있는 것으로 사실상 추정된다. 다만 사설납골시설 중 종교단체 및 재단법인이 설치하는 납골당에 대하여는 그와 같은 설치 장소를 제한하는 규정을 명시적으로 두고 있지 않지만, 종교단체나 재단법인이 설치한 납골당이라 하여 납골당으로서 성질이 가족 또는 종중, 문중 납골당과 다르다고 할 수 없고, 인근 주민들이 납골당에 대하여 가지는 쾌적한 주거, 경관, 보건위생 등 생활환경상의 이익에 차이가 난다고 볼 수 없다. 따라서 납골당 설치장소에서 500m 내에 20호 이상의 인가가 밀집한 지역에 거주하는 주민들에게는 납골당이 누구에 의하여 설치되는지를 따질 필요 없이 납골당 설치에 대하여 환경 이익 침해 또는 침해 우려가 있는 것으로 사실상 추정되어 원고적격이 인정된다고 보는 것이 타당하다.[62)]

권리구제의 충실화 차원에서 침해환경오염피해의 광역성, 대규모성 등을 고려할 때 피해의 영향권을 가능한 한 넓게 인정하여 원고적격의 범위를 넓히려는 시도는 중요한 의미를 갖는다(판례 [20] 참조).

[20] 물금취수장 사건: 대법원 2010. 4. 15. 선고 2007두16127 판결

이 사건 공장설립승인처분의 근거 법규 및 관련 법규인 구 산업집적활성화 및 공장설립에 관한 법률(2005. 8. 4. 개정 전) 제8조 제4호가 산업자원부장관으로 하여금 관계 중앙행정기관의 장과 협의하여 '환경오염을 일으킬 수 있는 공장의 입지제한에 관한 사항'을 정하여 고시하도록 규정하고 있고, 이에 따른 산

설치·운영으로 인하여 환경상 이익에 대한 침해 또는 침해우려가 있다는 점을 입증하지 못하였다는 이유로 폐기물소각시설의 입지지역을 결정·고시하는 처분의 무효확인을 구할 원고적격이 없다고 한 사례.

62) 납골당 설치장소에서 500m 내에 20호 이상의 인가가 밀집한 지역에 거주하는 주민들의 경우, 납골당이 누구에 의하여 설치되는지와 관계없이 납골당 설치에 대하여 환경 이익 침해 또는 침해 우려가 있는 것으로 사실상 추정되어 원고적격이 인정된다고 한 사례.

업자원부 장관의 공장입지기준고시(제2004-98호) 제5조 제1호가 '상수원 등 용수이용에 현저한 영향을 미치는 지역의 상류'를 환경오염을 일으킬 수 있는 공장의 입지제한지역으로 정할 수 있다고 규정하고, 국토의 계획 및 이용에 관한 법률 제58조 제3항의 위임에 따른 같은 법 시행령(2006. 8. 17. 개정 전) 제56조 제1항 [별표 1] 제1호 (라)목 (2)가 '개발행위로 인하여 당해 지역 및 그 주변 지역에 수질오염에 의한 환경오염이 발생할 우려가 없을 것'을 개발사업의 허가기준으로 규정하고 있는 취지는, 공장설립승인처분과 그 후속절차에 따라 공장이 설립되어 가동됨으로써 그 배출수 등으로 인한 수질오염 등으로 직접적이고도 중대한 환경상 피해를 입을 것으로 예상되는 주민들이 환경상 침해를 받지 아니한 채 물을 마시거나 용수를 이용하며 쾌적하고 안전하게 생활할 수 있는 개별적 이익까지도 구체적 · 직접적으로 보호하려는 데 있다고 할 것이다. 따라서 수돗물을 공급받아 이를 마시거나 이용하는 주민들로서는 위 근거 법규 및 관련 법규가 환경상 이익의 침해를 받지 않은 채 깨끗한 수돗물을 마시거나 이용할 수 있는 자신들의 생활환경상의 개별적 이익을 직접적 · 구체적으로 보호하고 있음을 증명하여 원고적격을 인정받을 수 있다.

원심이 적법하게 채택한 증거와 기록에 의하여 알 수 있는 다음과 같은 사정들, 즉 이 사건 공장 설립 예정지인 김해시 상동면 매리 산 140-40토지를 비롯한 그 일대 토지(이하 '이 사건 신청지'라 한다) 주변의 하천수는 소감천을 통해 낙동강에 합류하게 되는데, 상수원인 물금취수장은 소감천이 흘러 내려 낙동강 본류와 합류하는 지점에 근접하여 위치하고 있는 점, 이 사건 공장 설립에 따라 사전환경성검토협의를 위해 제출된 검토서에 물금취수장이 주요보호 대상 시설물의 하나로 기재되어 있고, 이 사건 공장설립으로 인한 수질오염 등이 물금취수장에 미치는 영향이 분석되어 있는 점, 사전환경성검토협의를 한 낙동강유역환경청장은 이 사건 공장설립이 물금취수장에 미치는 영향 등을 이유로 '이 사건 신청지를 대상부지로 하는 공장설립은 바람직하지 않다'는 협의의견을 제시한 점 등을 종합하여 보면, 물금취수장은 이 사건 공장설립으로 인하여 그 근거 법규 및 관련 법규가 개별적 · 구체적 · 직접적인 환경상 이익으로서 보호하고 있는 '상수원 등 용수이용에 현저한 영향을 미치는 지역'이나 '수질오염에 의한 환경오염이 발생할 우려가 있는 개발행위의 주변 지역'에 위치한다고 볼 여지가 충분하고, 비록 나머지 원고들의 거주지역이 물금취수장으로부터 다소 떨어진 부산광역시 또는 양산시이기는 하나, 수돗물은 수도관 등 급수시설에 의해 공급되는 것이어서 수돗물을 공급받는 주민들이 가지게 되는 수돗물의 수질악화 등으로 인한 환경상 이익의 침해나 침해 우려는 그 거주 지역에 불구하고 그 수돗물을 공급하는 취수시설이 입게 되는 수질오염 등의 피해나 피해 우려와 동일하게 평가될 수 있다고 할 것이다.

따라서 물금취수장에서 취수된 물을 수돗물로 공급받는 나머지 원고들로서는 이 사건 공장설립승인처분의 근거 법규 및 관련 법규에 의하여 개별적 · 구체적 · 직접적으로 보호되는 환경상 이익, 즉 법률상 보호되는 이익이 침해되거나 침해될 우려가 있는 주민으로서 원고적격이 인정될 수 있다고 할 것이다.[63)]

(2) 소 결

원고적격을 엄격하게 적용함으로써, 이것이 환경소송을 제기함에 있어서 커다란 장애요건이 되어서는 곤란하다. 근거법규의 보호목적만을 기준으로 하여 원고적격을 인정하는 것은 원고적격을 지나치게 좁게 인정하는 것이다. 「행정소송법」에서 원고적격의 기준으로 제시하는 '법률상 이익'에 반드시 처분의 '직접' 근거가 되는 법규가 인정하는 이익만이라고 그 요건을 제한할 논리적 필연성은 없어 보인다. '법률상 이익'을 관계 법률, 나아가 환경권 등 기본권을 통하여 보호되는 이익으로 탄력적으로 확대할 필요가 있다.[64)] 근거법규의 보호목적만을 기준으로 하여 원고적격을 인정하여야 한다고 하더라도 구체적인 경우에 근거규정을 공익뿐만 아니라 구체적인 개인의 이익까지 보호하고 있다는 등 유연하게 해석하는 노력이 요망된다. 이러한 관점에서 미국 법원의 원고적격과 관련한 관대한 입장은 시사하는 바가 크다.[65)]

구체적인 경우 국민이 받는 이익이 당해 처분의 근거법규에 의하여 보호되고 있는지 여부는 반드시 명쾌한 것이 아니다. 특히 환경법규는 궁극적으로 환경보호를 통한 국민의 생명 내지 긴깅의 보호에 있으므로 이러한 국민이 받는 이익을 쉽게 공익보호에 따른 반사적 이익으로 단정하는 것은 옳지 않다 할 것이다. 당

---

63) 김해시장이 낙동강에 합류하는 하천수주변의 토지에 구 「산업집적활성화 및 공장설립에 관한 법률」 제13조에 따라 공장설립을 승인하는 처분을 한 사안에서, 공장설립으로 수질오염 등이 발생할 우려가 있는 취수장에서 물을 공급받는 부산광역시 또는 양산시에 거주하는 주민들도 위 처분의 근거 법규 및 관련 법규에 의하여 법률상 보호되는 이익이 침해되거나 침해될 우려가 있는 주민으로서 원고적격이 인정된다고 한 사례.

64) 2012년 법무부 「행정소송법」 개정(안)은 취소소송의 원고적격을 처분등의 취소를 구할 "법적 이익이 있는 자"로 하고 있는바, 얼핏 보면 종래 표현("법률상 이익이 있는 자")과 큰 차이가 없어 보이나 원고적격의 범위를 넓히려는 학설과 판례의 동향을 고려할 경우 원고적격을 상당히 확대하려는 의지가 엿보인다.

65) 미국 법원은 특히, 원고적격이 인정되기 위한 요건의 하나로 들어지는 사실상의 침해(injury in fact)에 대하여 유연한 태도를 보이고 있는데, 직접적인 인과관계를 찾을 수 없다고 보여지는 사건에서조차 원고적격을 인정하고 있다. *U.S v. SCRAP*, 412 U.S. 669, 93 S.Ct. 2405, 3 L.Ed.2d 254 (1973). 그러나 원고적격을 광범위하게 인정해온 이러한 법원의 태도는 최근 들어서는 후퇴하는 경향이 있다. 김춘환, "*Lujan v. Defenders of Wildlife* 판결의 검토", 환경법연구 제23권 제2호, 2001. 12, 237면.

해 처분의 근거법규가 개인의 이익도 보호하고 있는지 여부는 처분의 직접 근거 법규 및 관련 법규 등 법체계 전체를 종합적으로 고려하여 합목적적으로 판단하여야 할 것이다. 이러한 관점에서 처분의 근거법규를 처분의 직접 근거가 되는 법규에서 처분과 관련한 관련 법규(예컨대, 「환경영향평가법」)를 포함하는 것으로 이해하고, 원고적격을 확대하는 법원의 최근 경향은 주목할 만하다.

(3) 원고적격의 확대

(가) 환 경 권

환경권을 구체적 권리로 인정하고 있지 아니하는 입장[66]에서는 환경권 침해를 직접 근거로 하여 소를 제기하는 것이 어렵다고 할 것이나, 환경권을 구체적 권리로 인정하는 견해에 따를 경우에는 처분의 근거법규가 원고들의 개인 이익을 보호하고 있지 못하다고 하더라도 원고들이 별도로 갖고 있는 환경권 또는 환경이익의 침해를 근거로 소제기가 가능하다고 할 것이다.[67] 결국 환경권의 구체적 효력을 인정하는 것은 원고적격의 확대와 밀접한 관련을 갖게 된다.

(나) 환경단체

대법원은 환경단체의 원고적격을 부인하고 있다. 예컨대, 이른바 '남대천양수발전소 사건'에서 대법원은 환경영향평가대상지역 밖의 자연을 찾아 즐기거나 연구·보전하려는 산악인, 생물학자, 생태연구가, 사진가, 일반시민, 환경보호단체

---

66) 천병태·김명길, 환경법론, 삼영사, 1997, 275면; 윤철홍, "환경이익침해에 관한 사법적 구제", 비교사법 제7권 제1호, 2000. 6, 538면; 문광섭, "환경침해에 대한 유지청구", 환경법의 제문제, 재판자료 제94집, 2002. 6, 300면; 김재호, "환경오염 피해에 대한 법적 구제 -사법적 측면을 중심으로-", 천봉석종현박사 화갑논문집, 현대 공법이론의 제문제, 2003, 636면; 손윤하, 환경침해와 민사소송, 청림출판, 2005, 369면. 생명, 신체 등에 대한 직접적인 피해가 없는 경우에도 단순히 환경의 보전을 위하여 환경권에 기하여 유지청구를 하는 것까지 허용된다고 할 수 없다. 윤진수, "환경권 침해를 이유로 하는 유지청구의 허용여부", 판례월보, 1996. 12, 41면. 대법원 1995. 5. 23. 선고 94마2218 결정(청담공원 사건); 대법원 1995. 9. 15. 선고 95다23378 판결(부산대 사건); 대법원 1997. 7. 22. 선고 96다56153 판결(봉은사 사건); 대법원 1999. 7. 27 선고 98다47528 판결; 대법원 2001. 10. 23. 선고 99다36280 판결(낙동강 물 사건); 대법원 2006. 3. 16. 선고 2006두330 전원합의체 판결(새만금 사건); 대법원 2006. 6. 2. 선고 2004마1148, 1149 결정(도롱뇽 사건).

67) 헌법이나 「환경정책기본법」에 명문규정을 두고 있다는 점, 현재 70여 개의 환경관계법이 존재하고 있다는 점, 이러한 법률들이 환경권의 내용과 행사방법을 나름대로 제시하고 있다는 점, 환경권의 제한 법리로 작용하는 "법령의 규정취지와 조리"의 합리적 해석이 가능하다는 점 등에 비추어 환경권에 대하여 충분히 구체적 효력을 인정할 수 있다고 생각된다. 김홍균, "환경권의 구체적 효력", 변호사, 서울지방변호사회, 2004. 1, 78 내지 89면 참조. 그러나 현재까지의 대법원은 환경권의 구체적 권리성을 부인하고 있다. 대법원 1995. 9. 15. 선고 95다23378 판결(부산대 사건); 대법원 1997. 7. 22. 선고 96다56153 판결(봉은사 사건) 등 참조.

등이 발전소건설사업승인처분과 관련하여 갖고 있는 환경상 이익은 단순히 환경공익 보호의 결과로 국민 일반이 공통적으로 가지게 되는 추상적 · 평균적 · 일반적인 이익에 그치는 이익이라는 취지로 판시하면서 이들의 원고적격을 부인한 바 있다.[68] 이러한 입장은 우리나라가 자신의 권리가 침해당한 자에게만 소를 제기할 수 있도록 하는, 이른바 주관적 소송체제를 취하고 있는 한 쉽게 바뀌지 않을 것이다.

[21] 황금박쥐 사건: 청주지법 2008. 11. 13. 선고 2007구합1212 판결(확정)

환경단체나 환경영향평가대상지역 외의 주민들에게 일정한 기준에 따라 원고적격을 부여하는 단체소송제도가 도입되는 등 별도의 입법적인 조치가 행하여지지 않는 이상, 이들에게 공익적 목적만을 위해 소를 제기할 법률상 이익을 인정할 수 없다.

이는 환경단체에 대해서도 비교적 쉽게 원고적격을 인정하고 있는 미국 법원의 입장과 대비된다.[69] 환경피해의 광범위성과 집단성은 환경단체로 하여금 환경이익을 보호하기 위하여 단체소송을 제기할 필요성을 증가시키고 있다. 이에 일정한 요건하에서 환경단체에게 원고적격을 인정하는 법을 제정할 필요성이 있다는 견해는 눈여겨볼 필요가 있다.[70]

---

68) 대법원 1998. 9. 22. 선고 97누19571 판결(남대천양수발전소 사건).

69) *Hunt v. Washington Apple Adv. Comm'n*, 432 U.S. 333 (1977); *Foundation on Economic Trends v. Watkins*, 731 F.Supp. 530 (D.D.C. 1990).

70) 박균성, "환경피해의 공법적 구제", 환경법연구 제23권 제1호, 2001. 9, 161면. 참고로 독일 「연방환경 및 경관보호법」 제59조 제1항은 다음과 같은 일정한 환경단체에 대하여 원고적격을 인정하고 있다: ① 정관의 규정에 따라 일시적이 아닌 항구적으로 환경 및 경관보호의 목적을 촉진할 것; ② 적어도 한 주(州) 이상의 영역에서 활동할 것; ③ 승인 당시 적어도 제1호의 목적에 따라 활동기간이 3년 이상일 것; ④ 자신의 업무를 정당한 방법으로 수행할 수 있을 것(여기에는 단체의 기존 활동의 범위와 방법, 구성원 및 업적 등이 고려되어야 한다); ⑤ 법인세법 제5조 제1항 제9호의 규정에 따라 공익활동을 이유로 법인세의 면제대상일 것; ⑥ 단체의 목적을 지지하는 모든 사람들에게 총회에서 표결권을 가질 수 있도록 가입이 보장될 것(단체의 회원 전원이 법인이고 그 대부분이 위의 요건을 충족시키는 경우에는 위 요건을 반드시 충족하여야 하는 것은 아니다). Bundesnaturschutzgesetz, § 59. 연방 환경부 또는 주(州)는 위 요건을 충족하는 단체를 승인하여야 하는데, 승인된 환경단체는 절차참여권(의견표명권 및 전문가 감정에 대한 열람권)을 갖으며, 절차참여에 하자가 있거나 절차참여가 결여된 경우 (절차)참여소송을 제기할 수 있다. 또한, 제58조 내지 제61조에서는 「자연보호법」상 해제에 관한 소송, 계획확정절차에 관한 소송, 공중참여가 있는 계획허가절차에 관한 소송 등 본격적인 단체소송이라고 할 수 있는 이른바, 이타적(利他的) 단체소송을 규정하고 있다. 한편, 2006년 제정된 「환경구제법(Umwelt-Rechtsbehelfsgesetz)」은 종래 '자연'환경법 영역에 국한되었던 단체소송을 '일반'환경법 영역으로 적용 영역을 넓혔다. 김현준, "독일 환경법상 단체소송의 새

현행 「환경분쟁조정법」은 중대한 자연생태계파괴로 인한 피해가 발생하였거나 발생할 위험이 현저한 경우에는 환경단체로 하여금 위원회의 허가를 받아 분쟁당사자를 대리하여 위원회에 조정을 신청할 수 있도록 하는 한편, 환경단체의 대리권 남용을 방지하기 위하여 대리인 적격을 갖는 환경단체를 다음과 같이 정하고 있다: ① 민법 제32조의 규정에 의하여 환경부장관의 허가를 받아 설립된 비영리법인일 것; ② 정관에 의하여 환경보호등 공익의 보호와 증진을 목적으로 하는 단체일 것; ③ 구성원이 100인 이상일 것; ④ 신청일 현재 법인으로서의 자연환경분야 활동실적이 2년 이상일 것(제26조 제1항, 동법 시행령 제20조).

이와 같이 환경단체에 부여된 조정신청권은 환경분쟁조정제도의 전문성과 실효성을 제고하기 위한 것이나, 분쟁당사자로부터의 대리권 수여가 없는 경우에는 의미가 없게 되며, 환경단체에 원고적격을 인정하고 있지 않는 상황에서는 본질적으로 한계가 있을 수밖에 없다.

(다) 미래세대

미래세대를 고려한 국내법 규정(예컨대, 「환경정책기본법」 제2조, 「자연환경보전법」 제3조, 「야생생물 보호 및 관리에 관한 법률」 제3조 제1항) 또는 국제기구의 선언 및 국제협약 등에 근거하여 미래세대의 환경권,[71] 미래세대에의 다양한 동·식물계에 대한 권리, 풍요로운 자연에서 생활할 권리, 인간에 의해 인위적으로 조작·변화되지 않은 자연유산을 향유할 권리, 깨끗한 공기·대기에서 살아갈 권리, 건강하고 풍요로운 물에 대한 권리, 한번 파괴되면 재생이 불가능한 자원에 대하여 현세대가 충분히 보전·이용할 것을 요구할 수 있는 권리, 건강을 위협하거나 또는 감시하고 관리하는 데 지나친 비용이 드는 전세대의 제조물과 사업으로부터 자유로울 미래세대의 권리, 전세대가 창조한 문화와 만날 권리, 자결권 등의 침해를 이유로 행정처분의 처분 당시 미성년자였거나 아직 태어나지 아니하였던 자가 소를 제기할 수 있는가가 논란이 되고 있다. 국제적으로는 미래세

로운 전개", 환경법연구 제29권 제2호, 2007. 8, 31면 이하; 독일 환경구제법에 관하여 자세한 내용은 김현준, "환경책임 및 환경소송의 법체계 -한·독 비교법적 검토를 중심으로-", 사법 제26호, 2013. 12, 26면 이하. 2007. 5. 10. 제정된 독일의 「환경손해의 방지 및 정화에 관한 법률(Umweltschadensgesetz)」은 일정한 단체의 절차참여권, 행정개입발의권과 관할 행정청의 결정 또는 부작위에 대한 법적 구제청구권 등에 관하여 규정하고 있다. 김연태, "환경공익의 침해에 대한 행정의 책임과 그에 대한 소송 -환경단체 소송에 대한 독일의 입법례를 중심으로-", 고려법학 제90호, 2018, 182면.

71) 미래세대의 환경권에 대하여 자세한 내용은 고문현, "미래세대의 환경권", 공법연구 제31집 제4호, 2003. 5, 174면 이하 참조.

대에게 원고적격을 인정한 사례도 있으나,[72] 우리나라의 경우 원고적격의 판단기준을 근거법규의 보호목적에 두고 있는 한 처분의 근거법규에 해당되기 힘든 국제기구의 선언 또는 국제조약에 근거하여서는 미래세대들에게 법률상 보호되는 이익이 있다고 인정하기 힘들 것이다. 또한 국내법규의 관련 규정은 실체적 효력이 아닌 선언적 효력만이 있다는 이유로 원고적격이 부인될 소지가 많은 것이 현실이다.

(라) 공공신탁(public trust)이론

미국에서 자연자원의 보전에 강력한 무기가 되고 있는 것 중에 '공공신탁이론'이라는 것이 있다. 공공신탁이론의 내용과 범위에 대하여는 논란이 있으나 일반적으로 중요한 자연자원에 대하여는 일반 국민의 공적 이익을 위하여 그 소유자에게 신탁되어 있다고 보고, 소유자는 공공수탁자(trustee)로서 이를 보전, 보호하여야 할 의무를 부담하는 것으로 이해되고 있다.[73] 이에 따르면 예컨내, 갯벌이 중대한 생태적 가치를 가지고 있는 것으로 인식되어 생태계 파괴를 방지해야 하는 등 공적 이익이 절대적으로 보호되어야 한다고 인정되면 소유자인 국가는 갯벌의 공공수탁자로서 일반 대중을 위하여 이를 보전, 보호할 의무를 부담하게 되는 것이다.

동 이론은 흔히 로마법에 그 기원을 두고 있는 것으로 알려지고 있으며, 미국에서는 19세기부터 법원의 판례를 통하여 발전되어 왔다. 판례 초창기에는 항행(navigation), 통상(commerce), 어로행위(fishing)에 초점이 맞추어져 있었지만 변화하는 환경조건과 증가하는 공중이익에 부합하여 수영, 입욕, 사냥, 보우팅(boating), 여가적 행위, 경관, 청정한 대기, 생태적 가치 등 공중 이익을 보호하기 위하여 그 보호 범위를 넓히고 있다. 적용되는 영역도 항행가능성을 고집하지 아니하고, 수역, 하상, 호안 등에서 나아가 공원, 갯벌, 수자원, 고기 · 새 등 야생동물 등으로 확장되고 있다.[74] 이러한 공공신탁이론의 법리는 현재 각 주(州)의

72) *Minors Oposa v. Secretary of the Department of Environment and Natural Resources*, 33 I.L.M. 173, 185 (1994).

73) 조홍식, "공공신탁이론과 한국에서의 적용가능성", 법조, 1999. 5, 42면.

74) 공공신탁이론의 적용 영역에 대하여 자세한 내용은 김홍균, "환경행정소송과 공법상 구제", 인권과 정의, 2003. 5, 141면; 한귀현, 미국환경법의 이론과 실제, 도서출판 동남기획, 2001, 151 내지 157면 참조. 한편, Sax 교수는 동 이론이 대기오염, 살충제 살포, 시설로의 진입도로 신정, 정부의 허가를 요하는 사유지상에서의 탐광, 습지매립 등을 둘러싼 분쟁에 적용되어야 한다고 주장한 바 있다. Joseph L. Sax, *The Public Trust Doctrine in Natural Resource Law: Effective Judicial Intervention*, 68 Mich. L. Rev. 471, 556~557 (1970).

헌법 또는 법률에 수용되고 있다.75)

이러한 공공신탁이론이 인정되면 행정처분의 직접 상대방이 아닌 일반 국민도 동 이론에 의하여 원고적격이 인정될 수 있는 여지가 있게 된다. 그러나 헌법이나 법률 등 실정법에 명시적 또는 묵시적으로 국가의 수탁자로서의 의무를 인정할 만한 근거가 발견되고 있지 않은 상태에서는 공공신탁이론의 적극적인 인정은 곤란하다고 보인다.76)

(마) 자연의 권리

원고적격의 확대 필요성에 대한 인식은 동·식물의 권리를 인정해야 한다는 주장으로 이어지고 있으며,77) 인간이 아닌 나무, 동물, 강 등 자연자원 그 자체에도 원고적격이 인정될 수 있다는 견해로까지 발전하고 있다. 이에 따르면 자연에는 그 자체로서 고유한 가치가 있으며, 그 이익을 대변하기 위하여 사람 또는 단체가 이들을 대신하여 소송을 제기할 수 있다는 것이다.78)

---

75) R.I. CONST, art. I, § 17(1843, amended 1986); ALASKA CONST. art. VIII, § 3; Michigan Environmental Protection Act of 1970(MEPA), M.C.L.A. § 691.1202; Oregon Water Code, OR. REV. STAT. § 537.332, § 537.455(5)(f)(1987): 조홍식(각주 73), 34 내지 35면; 한귀현(앞의 책), 148 내지 151면 참조.

76) 다만 공공신탁이론을 받아들이는 현실적 대안으로는 동 이론이 갖는 유연성과 포괄성 등을 고려할 때 법률(예컨대, 「환경정책기본법」)보다는 헌법에 명문 규정을 두는 것이 바람직하다고 보인다. 조홍식(각주 73), 43면 참조.

77) 자연의 권리 주체성에 대하여 자세한 내용은 홍성방, "자연의 권리 주체성", 환경보호의 법적 문제, 서강대학교 출판부, 2001, 6면 이하; 강재규, "'자연의 권리' 소송", 공법연구 제29집 제1호, 2000. 11, 487면 이하 참조.

78) Stone 교수는 이미 30여년 전에 강, 나무, 동물 등과 같은 자연자원에도 고유한 가치가 있음을 인식하고, 이들에게 법적 권리의 소지자로서 원고적격이 인정되어야 하고, 보호자(guardian)가 지정되어 이들의 이익을 대변하여야 한다고 주장하였다. Christopher D. Stone, *Should Trees Have Standing? Toward Legal Rights for Natural Objects*, 45 S. Cal. L. Rev. 450, 456, 464 (1972). 이러한 주장은 환경단체인 원고 Sierra Club이, Walt Disney사가 Minneral King 계곡에 거대한 휴양소를 건설하려는 계획을 승인한 산림당국(Forest Service)의 조치에 대하여 다투는 이른바, '*Sierra Club* 사건'에서 반대의견을 개진한 Douglas 대법관에 의해서도 수용되었는데, Douglas 판사는 자연의 생태적 균형(nature's ecological equilibrium)에 대한 공중의 관심은 환경대상(자연자원)에게 그들 자신의 보전을 위하여 원고적격이 인정될 것을 요구한다면서 동 사건을 Sierra Club 대 Morton이 아닌 Minneral King 대 Morton으로 이름 붙이는 것이 보다 적절하다고 하였다. *Sierra Club v. Morton*, 405 U.S. 727, 92 S.Ct. 1361, 31 L.Ed.2d 636 (1972). 최근에는 같은 맥락에서 Francione 교수가 이러한 주장을 뒷받침하고 있다. 그에 의하면 동물을 재산으로 인식하는 사고는 동물의 소송능력을 부인하는 결과를 초래하였는데, 만일 동물의 이익을 양도할 수 없는 동물 자체의 고유한 이익으로 이해할 경우에는 새로운 법적 구조에 의하여 보호되어야 한다고 하면서, 이러한 새로운 법적 구조는 동물에게 원고적격이 인정될 것을 요구하고, 사람(예컨대, 경찰)이 그 이익을 대신 주장할 수 있도록 할 것을 요구한다는 것이다. Gary L. Francione, *Animal Rights and Animal Welfare*, 48

현재까지 우리나라 법원은 자연의 권리 개념을 부인하나(판례 [18] 내지 [20] 참조), 이 개념은 원고적격, 더 나아가 소송구조를 인간 중심에서 자연 중심으로 전환하는 사고를 포함하게 되면서,79) 기존 인간 중심의 소송구조가 가지고 있는 한계를 극복하는 하나의 대안으로 떠오르고 있다. 인간에서 자연 중심으로의 사고 전환은 자연에 대한 이해 방법과 정도를 달리 하게 만들 것이다.

역사가 노예, 흑인, 여성 등 당시에는 생각할 수 없었던 대상에 권리를 부여해 왔고, 현행법상 심신상실자, 태아, 회사, 지방자치단체, 국가 등 의지 내지 의사가 없는 실체에 대하여도 의사능력이 있는 것으로 의제하면서까지 법적 권리를 인정하고 있는 상황에서 이러한 논의를 전혀 터무니없는 것으로만 보아서는 안 될 것이다. 인간에게 피해가 발생하여야만 그 피해를 구제할 수 있고, 그것도 법인격을 가지고 있는 자만이 소제기가 가능한, 인간을 중심으로 하는 현행법 체제에서 당장 자연의 권리주체성을 인정하기는 어렵겠지만,80) 입법론상으로는 원고적격의 확대차원에서 충분히 논의될 수 있을 것이다. 우리나라와 같이 정부의 부작위에 대하여 강제하는 기능을 갖는 의무이행소송이나 시민소송(citizen suit) 제도가 구비되어 있지 못한 상태에서는 자연 그 자체를 보호하기 위한 제도적 장치를 마련한다는 것이 큰 의미를 갖게 될 것이다.81)

Rutgers L. Rev. 397, 461~62 (1996). 외국의 자연의 권리 소송 사례에 대하여 자세한 내용은 강재규, "자연의 권리", 환경법연구 제30권 제3호, 2008. 11, 54면 이하 참조.

79) Tribe 교수는 지나치게 인간의 요구와 이해에 중심을 둔 현대 환경법을 비판하면서 인간의 이해관계를 떠나 동 · 식물의 생명과 아름다운 대상물 자체에의 의무를 강조하는 환경주의적 접근방법을 강조하였다. Laurence H. Tribe, *Ways Not to Think About Plastic Trees: New Foundations for Environmental Law*, 83 Yale L.J. 1315, 1341~43 (1974).

80) 여기에 대하여 현행법의 해석에 의하더라도 자연에게 권리능력을 인정할 수 있다는 견해가 있다. 그 논거로는 민법은 인간의 권리능력만을 규정하고 있을 뿐이고 자연의 권리능력에 대하여는 침묵을 지키고 있는데, 이는 입법의 불비라는 점, 자연도 이익의 귀속 주체가 될 수 있는 점, 「생물다양성협약」, 「야생생물 보호 및 관리에 관한 법률」 등의 관련규정이 생물다양성이라는 이익을 인정하고 있는 점 등을 들고 있다. 신용빈, "자연의 권리에 관한 고찰: 도롱뇽의 당사자능력을 인정할 것인가", 환경소송의 제문제, 사법발전재단, 2011, 346면.

81) 자연 또는 자연물의 당사자능력을 인정하기 위해서는 「민사소송법」에 제52조(법인이 아닌 사단 등의 당사자능력)와 같은 조항을 신설하거나 환경관련 특별법에 별도의 조항을 마련하는 입법적 해결이 필요할 것이다. 한삼인 · 강홍균, "자연의 권리 소송에 관한 고찰, 법학연구 제24집, 2006, 469면. 원고적격이 인정되는 대상 자연과 그 후견인 자격은 법률로 정해 남소의 위험을 차단할 필요가 있다. 환경 자체의 피해에 대한 산정방법도 논란이 있을 것이다.

[22] 도롱뇽 사건(1심): 울산지법 2004. 4. 8. 선고 2003카합982 판결

민사상의 가처분은 그 가처분에 의해 보전될 권리관계가 존재하여야 하고, 그 권리관계는 민사소송에 의하여 보호를 받을 자격이 있어야 하는 것인바, 우리 민사소송법 제51조는 당사자능력에 관하여 민법과 그 밖의 법률에 따르도록 정하고 있고, 같은 법 제52조는 대표자나 관리인이 있는 경우 법인 아닌 사단이나 재단에 대하여도 소송상의 당사자능력을 인정하고 있으나, 자연물인 도롱뇽 또는 그를 포함한 자연 그 자체에 대하여는 현행법의 해석상 그 당사자능력을 인정할 만한 근거를 찾을 수 없다. 그렇다면, 신청인 '도롱뇽'의 이 사건 가처분 신청은 부적합하다.[82]

[23] 군산복합화력발전소 사건: 서울행정법원 2010. 4. 23. 선고 2008구합29038 판결

검은머리물떼새는 자연물이고, 비록 자연물에 대한 보호의 필요성이 크다고는 하나 자연 내지 자연물 자체에 대하여 당사자능력을 인정하고 있는 현행 법률이 없으며, 이를 인정하는 관습법도 존재하지 않으므로, 복합화력발전소 공사계획 인가처분에 대한 검은머리물떼새의 취소 또는 무효확인을 구하는 소는 당사자적격을 인정할 수 없어 부적법하다.

다. 협의의 소의 이익

취소소송의 본안판결을 하기 위해서는 권리보호의 필요성(협의의 소의 이익)이 인정되어야 한다. 전통적인 행정소송이론은 회복되는 이익을 좁게 보아 처분에 의하여 침해된 권리가 회복되어야 하며, 단지 부수적인 이익만이 회복되는 데 그치는 경우에는 소의 이익을 인정하지 않았다. 따라서 처분이 취소되거나 철회된 경우에는 처분의 효력이 이미 존재하지 않으므로 처분의 효력을 부인할 필요성이 없다고 하고, 권리의 회복이 기간의 경과 등에 의하여 법률상 불가능하거나 집행의 완료 등에 의하여 사실상 불가능한 경우에는 이미 권리는 회복될 수 없으므로 처분의 취소를 구할 실익이 없다고 하였다.

---

82) 경부고속철도 터널 공사로 인해 터널공사구간인 천성산에 서식하는 도롱뇽의 생존환경 및 천성산의 자연환경 파괴를 막기 위하여 자연 내지 자연물의 고유의 가치의 대변자인 환경단체가 그 사법적 담당자로서, 도롱뇽 또는 위 도롱뇽을 비롯한 자연 그 자체를 신청인으로 하여 공사착공의 금지를 구한 사건에서 법원이 신청인에게 당사자능력이 없음을 근거로 각하한 사례. 이 사건은 가처분사건으로 원고적격이 문제되지는 않지만 결국 권리능력이 없어 소송 당사자능력이 없다는 것이므로 이 사건이 행정소송으로 비화할 경우 원고적격이 부정된다는 결론에 도달하게 될 것이다. 이 사건에 대한 평석은 오정후, "환경권 침해에 터잡은 가처분 사건의 소송요건", 환경법연구 제29권 제2호, 2007. 8, 237면 이하 참조.

그러나 이러한 입장은 오늘날 국민의 권리구제의 요청에 부응할 수 없게 되어, 비록 권리의 회복이 불가능하게 되었다 하더라도 아직 처분의 취소에 의하여 어떠한 법률상 이익이 회복될 가능성이 있는 경우에는 그것이 비록 부수적인 이익일지라도 소의 이익을 인정하는 것이 일반적인 경향이다. 그리하여 「행정소송법」 제12조는 "처분 등의 효과가 기간의 경과, 처분 등의 집행 그 밖의 사유로 인하여 소멸된 뒤에도 그 처분 등의 취소로 인하여 회복되는 법률상 이익이 있는 자의 경우에는 또한 같다"고 규정하여 이러한 입장을 명문으로 받아들이고 있다. 다만 소의 이익으로 회복되는 이익은 법률상 이익이어야 한다.

[24] 소음 · 진동배출시설허가취소처분등취소: 대법원 2002. 1. 11. 선고 2000두2457 판결

소음 · 진동배출시설에 대한 설치허가가 취소된 후 그 배출시설이 어떠한 경위로든 철거되어 다시 복구 등을 통하여 배출시설을 가동할 수 없는 상태라면 이는 배출시설 설치허가의 대상이 되지 아니하므로 외형상 설치허가취소행위가 잔존하고 있다고 하여도 특단의 사정이 없는 한 이제 와서 굳이 위 처분의 취소를 구할 법률상의 이익이 없다.[83)]

[25] 대법원 2006. 6. 22. 선고 2003두1684 전원합의체 판결

제재적 행정처분이 그 처분에서 정한 제재기간의 경과로 인하여 그 효과가 소멸되었으나, 부령인 시행규칙 또는 지방자치단체의 규칙(이하 이들을 '규칙'이라고 한다)의 형식으로 정한 처분기준에서 제재적 행정처분(이하 '선행처분'이라고 한다)을 받은 것을 가중사유나 전제요건으로 삼아 장래의 제재적 행정처분(이하 '후행처분'이라고 한다)을 하도록 정하고 있는 경우, 제재적 행정처분의 가중사유나 전제요건에 관한 규정이 법령이 아니라 규칙의 형식으로 되어 있다고 하더라도, 그러한 규칙이 법령에 근거를 두고 있는 이상 그 법적 성질이 대외적 · 일반적 구속력을 갖는 법규명령인지 여부와는 상관없이, 관할 행정청이나 담당공무원은 이를 준수할 의무가 있으므로 이들이 그 규칙에 정해진 바에 따라 행정작용을 할 것이 당연히 예견되고, 그 결과 행정작용의 상대방인 국민으로서는 그 규칙의 영향을 받을 수밖에 없다. 따라서 그러한 규칙이 정한 바에 따라 선행처분을 받은 상대방이 그 처분의 존재로 인하여 장래에 받을 불이익, 즉 후행처분의 위험은 구체적이고 현실적인 것이므로, 상대방에게는 선행처분의 취소소송을 통하여 그 불이익을 제거할 필요가 있다. 또한, 나

83) 소음 · 진동배출시설에 대한 설치허가가 취소된 후 그 배출시설이 철거된 경우, 위 취소처분의 취소를 구할 소의 이익이 없다고 한 사례.

> 중에 후행처분에 대한 취소소송에서 선행처분의 사실관계나 위법 등을 다툴 수 있는 여지가 남아 있다고 하더라도, 이러한 사정은 후행처분이 이루어지기 전에 이를 방지하기 위하여 직접 선행처분의 위법을 다투는 취소소송을 제기할 필요성을 부정할 이유가 되지 못한다. 그러한 쟁송방법을 막는 것은 여러 가지 불합리한 결과를 초래하여 권리구제의 실효성을 저해할 수 있기 때문이다. 오히려 앞서 본 바와 같이 행정청으로서는 선행처분이 적법함을 전제로 후행처분을 할 것이 당연히 예견되므로, 이러한 선행처분으로 인한 불이익을 선행처분 자체에 대한 소송에서 사전에 제거할 수 있도록 해 주는 것이 상대방의 법률상 지위에 대한 불안을 해소하는 데 가장 유효적절한 수단이 된다고 할 것이고, 또한 그 소송을 통하여 선행처분의 사실관계 및 위법 여부가 조속히 확정됨으로써 이와 관련된 장래의 행정작용의 적법성을 보장함과 동시에 국민생활의 안정을 도모할 수 있다. 이상의 여러 사정과 아울러, 국민의 재판청구권을 보장한 헌법 제27조 제1항 의 취지와 행정처분으로 인한 권익침해를 효과적으로 구제하려는 행정소송법의 목적 등에 비추어 행정처분의 존재로 인하여 국민의 권익이 실제로 침해되고 있는 경우는 물론이고 권익침해의 구체적·현실적 위험이 있는 경우에도 이를 구제하는 소송이 허용되어야 한다는 요청을 고려하면, 규칙이 정한 바에 따라 선행처분을 가중사유 또는 전제요건으로 하는 후행처분을 받을 우려가 현실적으로 존재하는 경우에는, 선행처분을 받은 상대방은 비록 그 처분에서 정한 제재기간이 경과하였다 하더라도 그 처분의 취소소송을 통하여 그러한 불이익을 제거할 권리보호의 필요성이 충분히 인정된다고 할 것이므로, 선행처분의 취소를 구할 법률상 이익이 있다고 보아야 한다.[84)]

다만 환경행정소송에서 소의 이익의 경우는 일반 행정소송의 경우와 다른 문제가 있다. 즉 전통적인 행정소송이론에 따르면, 일반적으로 일련의 행정과정을 거쳐 행정처분이 단계적으로 이루어지는 경우에는 최종단계에서의 행정처분에 의하여 당사자의 권리의무가 구체적이고 최종적으로 결정되기 때문에 그 단계에서 소를 제기하는 것이 원칙으로 되어 있다. 따라서 환경행정소송에 있어서 분쟁의 성숙성이 조기에 인정되지 않기 때문에 최종적인 단계에서 허가 등의 취소를 다투는 소송을 제기하는 종래의 수단으로는 주변의 개발이 진척되어 거의 기정사실화되어버린 상황이라 처분을 취소하여도 기정사실의 복구가 법률상 또

84) 환경영향평가대행업무 정지처분을 받은 환경영향평가대행업자가 업무정지처분기간 중 환경영향평가대행계약을 신규로 체결하고 그 대행업무를 한 사안에서, 업무정지처분기간 경과 후에도 '환경·교통·재해 등에 관한 영향평가법 시행규칙'의 규정에 따른 후행처분을 받지 않기 위하여 위 업무정지처분의 취소를 구할 법률상 이익이 있다고 한 사례.

는 사실상 불가능한 경우가 일반적이다. 이러한 경우에는 취소판결로써도 구제의 실효를 거둘 수 없기 때문에 소의 이익은 소멸하게 된다. 그러나 환경상의 이익은 재산적인 이익과는 달리 일단 파괴되면 회복이 매우 곤란하기 때문에 개발계획의 초기단계부터 환경문제가 해소될 수 있는 절차가 필요하다. 따라서 피해의 구제뿐만 아니라 환경보전을 목표로 하는 환경행정소송에 있어서는 처분성에 관한 전통적인 소송이론을 수정하여 가능한 한 조기에 분쟁의 성숙성을 인정하여야 할 것이다.85)

[26] 영광 원자력발전소 사건: 대법원 1998. 9. 4. 선고 97누19588 판결

원자력법 제11조 제3항 소정의 부지사전승인제도는 원자로 및 관계 시설을 건설하고자 하는 자가 그 계획 중인 건설부지가 원자력법에 의하여 원자로 및 관계 시설의 부지로 적법한지 여부 및 굴착공사 등 일정한 범위의 공사(이하 '사전공사'라 한다)를 할 수 있는지 여부에 대하여 건설허가 전에 미리 승인을 받는 제도로서, 원자로 및 관계 시설의 건설에는 장기간의 준비 · 공사가 필요하기 때문에 필요한 모든 준비를 갖추어 건설허가신청을 하였다가 부지의 부적법성을 이유로 불허가될 경우 그 불이익이 매우 크고 또한 원자로 및 관계 시설 건설의 이와 같은 특성상 미리 사전공사를 할 필요가 있을 수도 있어 건설허가 전에 미리 그 부지의 적법성 및 사전공사의 허용 여부에 대한 승인을 받을 수 있게 함으로써 그의 경제적 · 시간적 부담을 덜어 주고 유효 · 적절한 건설공사를 행할 수 있도록 배려하려는 데 그 취지가 있다고 할 것이므로, 원자로 및 관계 시설의 부지사전승인처분은 그 자체로서 건설부지를 확정하고 사전공사를 허용하는 법률효과를 지닌 독립한 행정처분이기는 하지만, 건설허가 전에 신청자의 편의를 위하여 미리 그 건설허가의 일부 요건을 심사하여 행하는 사전적 부분 건설허가처분의 성격을 갖고 있는 것이어서 나중에 건설허가처분이 있게 되면 그 건설허가처분에 흡수되어 독립된 존재가치를 상실함으로써 그 건설허가처분만이 쟁송의 대상이 되는 것이므로, 부지사전승인처분의 취소를 구하는 소는 소의 이익을 잃게 되고, 따라서 부지사전승인처분의 위법성은 나중에 내려진 건설허가처분의 취소를 구하는 소송에서 이를 다투면 된다.86)

85) 천병태 · 김명길(각주 2), 317 내지 318면.

86) 원자로 건설의 최종단계인 건설허가처분이 나고 개발이 진척된 상태에서는 그 취소를 구하는 것이 사실상 또는 법률상 불가능할 수 있다. 또한 방사성물질에 의한 피해가 발생할 경우 사실상 회복이 불가능하다는 원자로 시설의 중대한 위험성 때문에 계획단계부터 신중한 절차가 필요하다. 따라서 사전승인처분은 그 자체로 건설부지를 확정하고 사전 공사를 허용하는 법률효과를 지닌 독립된 행정처분의 성격을 가지고 있고, 취소에 의해 회복해야 할 법률상의 이익이 존재하므로 사전승인처분에 대해서도 소의 이익을 인정하여야 할 것이다. 서희원, 환경소송, 북피디닷컴, 2004, 144 내지 145면.

라. 제소기간

취소소송은 처분등이 있음을 안 날로부터 90일 이내에 제기하여야 한다(「행정소송법」 제20조 제1항). 이 제소기간은 불변기간인데(동조 제3항), 다만 "당사자가 책임질 수 없는 사유"로 인하여 이를 준수할 수 없었던 경우에는 동법 제8조에 의하여 준용되는 「민사소송법」 제173조 제1항에 의하여 그 사유가 없어진 날부터 2주 이내에 게을리한 제소행위를 추완할 수 있다고 할 것이다. 여기서 "당사자가 책임질 수 없는 사유"란 당사자가 그 소송행위를 하기 위하여 일반적으로 하여야 할 주의를 다하였음에도 불구하고 그 기간을 준수할 수 없었던 사유를 말한다.[87]

한편, 처분등이 있은 날부터 1년을 경과하면 이를 제기하지 못한다(동조 제2항). 다만, 정당한 사유가 있는 때에는 그러하지 아니하다(동항 단서). "정당한 사유"란 불확정 개념으로서 「민사소송법」 제173조의 당사자가 책임질 수 없는 사유나 「행정심판법」 제27조 제2항 소정의 "천재지변 · 전쟁 · 사변 그 밖의 불가항력적인 사유"보다는 넓은 개념이라고 풀이되나, 그 존부는 사안에 따라 개별적, 구체적으로 판단하여야 하되, 당해 소송청구에 상당한 지장이 있다는 것이 객관적으로 명백한 경우이어야 한다.[88]

이러한 단기의 제소기간 요건을 피하기 위하여 무효확인소송 또는 거부처분에 대한 취소소송 등을 생각해 볼 수 있다. 처분에 내재하는 하자가 중대하고도 명백한 하자인 경우 제기되는 무효확인소송의 경우에는 단기제소기간이나 행정심판전치주의가 적용되지 않는다. 그러나 무효확인소송은 중대하고도 명백한 하자를 입증하는 어려움이, 거부처분취소소송과 관련해서는 국민이 행정청에 대하여 신청에 따른 행정행위를 해 줄 것을 요구할 수 있는 법규상 또는 조리상 권리의 존재를 입증하는 데 어려움이 있다.[89] 이러한 어려움을 극복하기 위한 방법으로 이른바, '미래세대 소송'을 고려해 볼 수 있을 것이다. 예컨대, 처분 당시 원고들이 너무 어리거나 태어나기도 전이어서 당해 처분이 있었던 사실을 몰랐고, 소를 제기할 무렵에야 비로소 알게 된 것이 제소기간을 지키지 못한 데 정당한 사유가

87) 대법원 2001. 5. 8. 선고 2000두6916 판결; 대법원 1998. 10. 2. 선고 97다50152 판결; 대법원 1987. 3. 10. 선고 86다카2224 판결.

88) 대법원 1991. 6. 18. 선고 90누6521 판결.

89) 법원은 "행정청이 국민으로부터 신청을 받고서 한 거부행위가 행정처분이 되기 위하여는 국민이 행정청에 대하여 신청에 따른 행정행위를 해 줄 것을 요구할 수 있는 법규상 또는 조리상 권리가 있어야 한다"고 판시하고 있다. 대법원 1984. 10. 23. 선고 84누227 판결; 대법원 1993. 5. 25. 선고 92누2394 판결; 대법원 1994. 12. 9. 선고 94누8433 판결; 대법원 1994. 1. 28. 선고 93누22029 판결; 대법원 1995. 5. 26. 선고 93누21729 판결.

있다고 할 수 있는지 문제될 수 있는 것이다. 행정소송과 관련하여 제소기간의 무한한 확장을 허용하게 되면 자칫 행정처분의 효력을 신속히 확정하여 행정법관계의 안정성을 확보하기 위하여 둔 제소기간의 입법취지가 몰각되는 결과가 초래될 수 있을 것이다. 미래세대 소송을 허용할 경우에는 기간의 도과라는 불이익을 회피하기 위하여 처분 당시 아직 어리거나 태어나지도 아니한 자식들을 내세워 당해 처분의 효력을 다투는 이른바, '대물림소송'을 허용하는 결과가 초래될 수도 있으므로 그 허용에 신중을 기하여야 할 것이다.

마. 위 법 성

(1) 재량행위

행정행위는 다양한 이해관계의 조정이나 타협, 고도의 전문적 · 기술적 판단이 요구되기 때문에 재량권이 광범위하게 부여될 수밖에 없다. 그리고 이와 같이 행정청에 재량권이 주어진 사항에 관하여는 법원은 행정청의 판단을 존중하여야 할 것이므로 그 판단의 옳고 그름을 판단하는 것은 바람직하지 않다. 즉 행정행위가 객관적으로 합리적이지 않거나 타당하지 않다고 볼 만한 다른 특별한 사정이 없는 한 행정청의 의사는 가능한 한 존중되어야 한다. 이 같은 사정은 환경행정의 경우에도 그대로 적용된다. 어쩌면 경제적, 사회적, 기술적, 과학적 여건에 크게 영향을 받는 환경행정의 특성상 타 행정에서보다도 폭넓은 재량이 인정될 여지가 많다.

「행정소송법」 제27조에서는 "행정청의 재량에 속하는 처분이라도 재량권의 한계를 넘거나 그 남용이 있는 때에는 법원은 이를 취소할 수 있다"고 규정하여, 재량행위라 하더라도 일정한 범위 내에서 사법심사의 대상이 되는 것으로 하고 있다. 이와 같이 재량행위도 사법심사로부터 자유롭지 않기 때문에 행정소송의 대상이 되는지 여부를 가리기 위하여 기속행위와 재량행위를 구별할 필요는 없다. 그러나 형식상 기속행위의 경우에는 처분청이 재량권을 잘못 행사하였는지를 가릴 필요가 없고, 재량행위인 경우에는 처분청이 재량권을 잘못 행사하였는지를 가릴 필요가 있다는 차이가 있게 된다.

취소소송과 관련하여 당사자나 법원은 먼저 문제의 처분이 기속행위인지 재량행위인지를 판단하게 되는데, 많은 환경행정처분이 재량행위에 해당하기 때문에 환경행정소송의 상당부분은 그 처분이 재량권을 일탈하였거나 남용이 있었는지 여부에 집중되고 있다. 이 때 그 판단기준이 무엇인지 논란이 있을 수밖에 없다. 흔히 환경행정소송에서는 당해 처분으로 얻게 되는 사익(예컨대, 재산권)과 침해되는 이익(예컨대, 환경이익) 간의 이익교량을 둘러싸고 이해관계자간에 첨예한 대립이 지속되고 있어 문제를 어렵게 하고 있다. 관련 법규에 환경을 고려하는 내용의 규정이 없는 경우에도 침해되는 환경이익을 고려하여야 하는가의 문제, 재량이 수축·소멸하여 행정의 자유가 의무로 되는 경우가 언제인지 등의 문제도 쉬운 문제가 아니다.

(가) 기속행위와의 구별기준

1) 법 규정이 명확한 경우

기속행위와 재량행위와의 구별기준은 무엇인가? 기속행위와 재량행위의 구별은 일차적으로 법 규정의 표현에서 그 단서를 찾을 수 있다. 즉 법 규정이 "…하여야 한다" 또는 "…한다" 등의 형식을 취하는 경우, 그에 의거한 행정행위는 기속행위이다. 그러나 법 규정이 "…할 수 있다"는 형식을 취하는 경우에는 그에 의거한 행정행위를 재량행위라고 이해할 수 있다.

환경정책의 기본 방향을 제시하는 「환경정책기본법」이 환경보호를 위한 재량규정을 두는 것은 자연스럽다. 동법이 프로그램적 성격을 가지고 있다는 점을 고려하면 더욱 그러하다. 예컨대, 특별대책지역의 지정기준인 "환경오염·환경훼손 또는 자연생태계의 변화가 현저하거나 현저하게 될 우려가 있는 지역(「환경정책기본법」 제38조 제1항)"이 그 대표적인 것이다. 개별 환경법에서도 광범위한 재량규정을 두고 있는데, 예컨대, 총량규제의 근거인 "환경기준을 초과하여 주민의 건강·재산이나 동·식물의 생육에 중대한 위해를 가져올 우려가 있다고 인정되는 구역(「대기환경보전법」 제22조 제1항)", 배출시설의 설치제한의 기준인 "환경기준의 유지가 곤란하거나 주민의 건강·재산, 동·식물의 생육에 중대한 위해를 가져올 우려가 있다고 인정되는 경우(「물환경보전법」 제33조 제5항, 「대기환경보전법」 제23조 제6항)", 개선명령의 발동 근거인 "배출허용기준을 초과한다고 인정하는 때(「물환경보전법」 제39조, 「대기환경보전법」 제33조)", 폐기물매립시설의 사용종료 또는 폐쇄 후의 토지이용제한의 기준인 "주민의 건강 또는 재산이나 주변환경에 심각한 위해를 가져올 우려가 있다고 인정되는 경우(「폐기물관리법」 제54조)", 지도 및 개선명령의 기준인 "환경보전이나 국민보건에 중대한 위해를 끼칠 우려가 있다고 인정하는 때(「먹는물관리법」 제45조)", 습지보호지역의 지정기준인 "특별히 보전할 가치가 있는 지역(「습지보전법」 제8조)" 등이 그 좋은 예이다.

2) 법 규정이 불명확한 경우

이와 같이 규정 자체가 객관적으로 재량성을 요구하고 있는 경우는 그 판단이 비교적 쉽다. 그러나 그것이 명백하지 아니한 경우는 문제의 행정행위가 기속행위인지 재량행위인지 여부에 대한 판단이 용이한 것이 아니다. 어느 행정행위가 기속행위인지 재량행위인지의 여부를 일률적으로 규정지을 수는 없다. 다만, 원칙론적으로 그 구분은 당해 처분의 근거가 된 법규의 체재·형식과 그 문언, 당해 행위가 속하는 행정 분야의 주된 목적과 특성, 당해 행위 자체의 개별적 성질과 유형 등에 따라 개별적으로 판단하여야 한다(판례 [27] 참조).

[27] 기속행위와 재량행위의 구분과 사법심사 방식: 대법원 2001. 2. 9. 선고 98두17593 판결

행정행위가 그 재량성의 유무 및 범위와 관련하여 이른바 기속행위 내지 기속재량행위와 재량행위 내지 자유재량행위로 구분된다고 할 때, 그 구분은 당해 행위의 근거가 된 법규의 체재·형식과 그 문언, 당해 행위가 속하는 행정 분야의 주된 목적과 특성, 당해 행위 자체의 개별적 성질과 유형 등을 모두 고려하여 판단하여야 하고, 이렇게 구분되는 양자에 대한 사법심사는, 전자의 경우 그 법규에 대한 원칙적인 기속성으로 인하여 법원이 사실인정과 관련 법규의 해석·적용을 통하여 일정한 결론을 도출한 후 그 결론에 비추어 행정청이 한 판단의 적법 여부를 독자의 입장에서 판정하는 방식에 의하게 되나, 후자의 경우 행정청의 재량에 기한 공익판단의 여지를 감안하여 법원은 독자의 결론을 도출함이 없이 당해 행위에 재량권의 일탈·남용이 있는지 여부만을 심사하게 되고, 이러한 재량권의 일탈·남용 여부에 대한 심사는 사실오인, 비례·평등의 원칙 위배, 당해 행위의 목적 위반이나 동기의 부정 유무 등을 그 판단 대상으로 한다.

* 동지: 대법원 1998. 4. 28. 선고 97누21086 판결; 대법원 1997. 12. 26. 선고 97누15418 판결; 대법원 1997. 7. 14. 선고 2004두6181 판결.

3) 구체적 적용

판례는 분뇨관련 영업허가,90) 채광계획인가,91) 폐기물처리업 허가권자의 부적합통보처분,92) 개발제한구역지정처분,93) 공원계획,94) 공원사업시행허가(판례

90) 광주고법 1996. 2. 1. 선고 94구3581 판결; 대법원 2000. 6. 13. 선고 99두2857 판결; 대법원 2006. 7. 28. 선고 2004두6716 판결.

91) 대법원 1993. 5. 27. 선고 92누19477 판결.

92) 대법원 1998. 4. 28. 선고 97누21086 판결; 대법원 2004. 5. 28. 선고 2004두961 판결(판례 [30]); 대법원 2017. 10. 31. 선고 2017두46783 판결.

[28]), 관광지조성사업시행허가,[95] 하천부지점용허가,[96] 하천수 사용허가,[97] 산림훼손허가,[98] 개발제한구역 안에서의 토지형질변경 및 공작물 설치 허가,[99] 개발제한구역 내의 건축물의 용도변경 · 건축허가,[100] 공유수면의 점 · 사용 허가,[101] 국제적 멸종위기종의 용도변경승인[102], 총량관리사업장 설치허가,[103] 배출부하량의 할당[104] 등이 재량행위에 속하는 것으로 판단하고 있다. 이에 반하여 배출부과금부과처분,[105] 광천음료수제조업허가[106] 등은 기속행위로 보고 있다.

한편, 법원은 '기속재량행위'라는 개념을 전개하면서 채광계획인가,[107] 산림형질변경허가,[108] 산림훼손허가, 배출시설 설치허가,[109] 주택건설사업계획 승인허

93) 대법원 1997. 6. 24. 선고 96누1313 판결; 서울고법 1996. 5. 23. 선고 95구28726 판결.
94) 대법원 1996. 11. 29. 선고 96누8567 판결.
95) 대법원 2001. 7. 27. 선고 99두8589 판결(문장대온천 사건, 판례 [31]).
96) 대법원 1991. 10. 11. 선고 90누8688 판결.
97) 대법원 2018. 12. 27. 선고 2014두11601 판결.
98) 서울고법 1992. 4. 1. 선고 91구8366 판결.
99) 대법원 2004. 7. 22. 선고 2003두7606 판결(판례 [32]); 대구고법 1996. 6. 21. 선고 95구7209 판결.
100) 대법원 2001. 2. 9. 선고 98두17593 판결(용도변경, 판례 [27]); 대법원 2003. 3. 28. 선고 2002두11905 판결(건축허가); 대법원 2005. 2. 17. 선고 2004두12438 판결(건축허가).
101) 대법원 2004. 5. 28. 선고 2002두5061 판결.
102) 대법원 2011. 1. 27. 선고 2010두23033 판결.
103) 대법원 2013. 5. 9. 선고 2012두22799 판결.
104) 청주지법 2014. 1. 27. 선고 2013구합937 판결.
105) 서울고법 1997. 10. 9. 선고 96구21975 판결.
106) 대법원 1993. 2. 12. 선고 92누5959 판결.
107) 대법원 2002. 10. 11. 선고 2001두151 판결. "채광계획이 중대한 공익에 배치된다고 할 때에는 인가를 거부할 수 있고, 채광계획을 불인가 하는 경우에는 정당한 사유가 제시되어야 하며 자의적으로 불인가를 하여서는 아니 될 것이므로 채광계획인가는 기속재량행위에 속하는 것으로 보아야 할 것"이라고 하였다.
108) 대법원 1998. 9. 25. 선고 97누19564 판결. "원심은 산림법(1994. 12. 22. 법률 제4816호로 개정된 것) 부칙 제9조 제1항, 제2항에 의한 형질변경허가 등 산림의 용도변경에 필요한 처분을 기속행위가 아닌 기속재량행위로 보았는바…이러한 원심 판단은 정당하고…원심이 인정한 바와 같은 상수원 오염의 우려가 크다는 사유만으로도 형질변경을 불허하여야 할 충분한 이유가 된다 할 것이고, 수질오염의 정도 등에 관하여 반드시 수치에 근거한 일정한 기준을 정하여 놓고 형질변경의 허가 · 불허가를 결정하여야 하는 것은 아니므로…이를 이유로 한 이 사건 형질변경 불허 처분이 적법하다고 한 원심판결은 정당하다."
109) 대법원 1995. 9. 15. 대법원 2013. 5. 9. 선고 95누6113(산림훼손허가), 대법원 1997. 9. 12. 선고 97누1228 판결(산림형질변경허가, 판례 [38]), 대법원 2013. 5. 9. 선고 2012두22799 판결(배출시설 설치허가). 대법원은 이 사건들에서 명시적으로 기속재량이라는 개념을 사용하지는 않았지만 그동안 채광계획인가(대법원 2002. 10. 11. 선고 2001두151 판결) 등에서 기속재량행위라는 개념을 쓰면서 전개한 법리와 동일한 법리를 전개하고 있다는 점에서 설치허가를 기속재량행위로 보고 있다고 할 수 있다.

가[110] 등이 여기에 해당한다고 보고 있다.

[28] 용화온천 사건: 대법원 2001. 7. 27. 선고 99두2970 판결

자연공원사업의 시행은 국토 및 자연의 유지와 환경의 보전에 영향을 미치는 행위로서 그 공원시설기본설계 및 변경설계의 승인 여부는 사업장소의 현상과 위치 및 주위의 상황, 사업시행의 시기 및 주체의 적정성, 사업계획에 나타난 사업의 내용, 규모, 방법과 그것이 자연 및 환경에 미치는 영향 등을 종합적으로 고려하여 결정하여야 하는 일종의 재량행위에 속한다고 할 것이고, 위와 같은 재량행위에 대한 법원의 사법심사는 당해 행위가 사실오인, 비례·평등의 원칙 위배, 당해 행위의 목적 위반이나 부정한 동기 등에 근거하여 이루어짐으로써 재량권을 일탈·남용한 위법이 있는지 여부만을 심사하게 되는 것이나, 법원의 심사결과 행정청의 재량행위가 사실오인 등에 근거한 것이라고 인정된다면 이는 재량권을 일탈·남용한 것으로서 위법하여 그 취소를 면치 못한다.

* 동지: 대법원 1998. 12. 8. 선고 98두13553 판결; 대법원 2001. 7. 27. 선고 99두5092 판결(용화온천 사건).

(나) 한 계

1) 재량의 일탈과 남용

행정청의 재량에 속하는 처분이라도 재량권의 한계를 넘거나 그 남용이 있는 경우에는 사법심사의 대상이 된다(「행정소송법」 제27조). 그 결과 환경법상 흔히 동원되는 조업정지처분 등의 위법성 여부를 판단함에 있어서 재량권의 일탈 또는 남용 여부는 중요한 쟁점이 되고 있다. 원칙적으로 재량권의 범위를 일탈 또는 남용하였는지의 여부는 처분사유인 위반행위의 내용과 그에 의한 공익침해의 정도 및 해당 처분에 의하여 달성하려는 공익목적을 그 처분으로 인하여 입게 될 상대방의 불이익과 비교·교량하여 판단하여야 하나, 구체적인 경우 그 판단이 쉬운 것은 아니다.[111] 처분이 재량권을 일탈·남용하였다는 사정은 처분의 효력

110) 대법원 2007. 5. 10. 선고 2005두13315 판결(비오톱 맵 사건).

111) 대법원 1992. 4. 14. 선고 91누9251 판결(배출시설이전명령불이행을 이유로 배출시설설치허가를 취소한 것이 구 '환경보전법'의 취지와 공익상의 요청 등에 비추어 볼 때 정당하여 위 처분이 재량권을 남용하였거나 재량권의 범위를 일탈한 것이라고 할 수 없다고 한 사례); 부산고법 1996. 10. 17. 선고 96구990 판결(폐수처리에 필요하지 아니한 배관설치로 인해 받은 3개월의 영업정지처분이 적법하다고 본 사례); 서울고법 1997. 7. 23. 선고 96구28709 판결(비밀배출구 설치에 따른 영업정지 처분에 대하여 재량권의 일탈을 부인한 사례); 서울고법 1997. 6. 4. 선고 96구44497 판결(가지배관 설치에 따른 조업정지처분이 재량권의 일탈·남용이라고 본 사례) 참조.

을 다투는 자가 주장・증명하여야 한다(판례 [29]).[112]

[29] 대법원 2020. 7. 23. 선고 2020두36007 판결

처분이 재량권을 일탈・남용하였다는 사정은 처분의 효력을 다투는 자가 주장・증명하여야 한다. 행정청이 폐기물처리사업계획서 부적합 통보를 하면서 처분서에 불확정개념으로 규정된 법령상의 허가기준 등을 충족하지 못하였다는 취지만을 간략히 기재하였다면, 부적합 통보에 대한 취소소송절차에서 행정청은 처분을 하게 된 판단근거나 자료 등을 제시하여 구체적 불허가사유를 분명히 하여야 한다. 이러한 경우 재량행위인 폐기물처리사업계획서 부적합 통보의 효력을 다투는 원고로서는 행정청이 제시한 구체적인 불허가사유에 관한 판단과 근거에 재량권 일탈・남용의 위법이 있음을 밝히기 위하여 소송절차에서 추가적인 주장을 하고 자료를 제출할 필요가 있다.

2) 판단기준

행정청의 재량행위의 기준이 객관적으로 합리적이 아니라거나 타당하지 않다고 보이는 경우 또는 그러한 기준을 설정하지 않은 채 구체적이고 합리적인 이유의 제시 없이 처분을 하는 경우 그러한 처분은 재량권을 남용하거나 그 범위를 일탈한 것으로서 위법하다.

[30] 대법원 2004. 5. 28. 선고 2004두961 판결

(사업계획 적정 여부 통보를 위하여 설정된) 기준이 객관적으로 합리적이 아니라거나 타당하지 않다고 보이는 경우 또는 그러한 기준을 설정하지 않은 채 구체적이고 합리적인 이유의 제시 없이 사업계획의 부적정 통보를 하거나 사업계획서를 반려하는 경우에까지 단지 행정청의 재량에 속하는 사항이라는 이유만으로 그 행정청의 의사를 존중하여야 하는 것은 아니고, 이러한 경우의 처분은 재량권을 남용하거나 그 범위를 일탈한 조치로서 위법하다고 할 것이다(대법원 2000. 9. 26. 선고 2000두5319 판결 참조).[113]

재량권의 한계를 넘거나 그 남용이 있는지 여부를 판단할 경우 사실오인, 목적위반, 신뢰보호의 원칙・비례의 원칙・형평의 원칙 등의 위반이 중요한 기준으로 등장하게 된다.[114]

---

112) 대법원 2019. 12. 24 선고 2019두45579 판결; 대법원 2021. 6. 30. 선고 2021두35681 판결.

113) 구체적이고 합리적인 이유의 제시없이 사업계획의 부적정 통보를 하거나 사업계획서를 반려하는 경우가 재량권의 일탈・남용에 해당하여 위법하다고 한 사례.

[31] 문장대온천 사건(사실오인): 대법원 2001. 7. 27. 선고 99두8589 판결

관광지조성사업시행 허가처분에 오수처리시설의 설치 등을 조건으로 하였으나 산화법과 트렌치공법 등에 의한 오수처리시설이 설치된다 하더라도 그 효능이 불확실하여 위 관광지에서 배출될 오수가 확실하게 정화 처리될 수 없게 되고, 이로 인하여 위 관광지에 인접한 신월천 등의 수질이 오염됨으로써 인근에 거주하는 원고들의 식수나 농업용수, 생활용수 등도 오염되어 원고들이 현재 누리고 있는 환경이익 등이 침해되거나 침해될 우려가 있고, 이와 같은 환경이익의 침해는 위 관광지의 개발 전과 비교하여 사회통념상 수인한도를 넘는다고 보여지며, 원고들의 이러한 환경상의 이익은 이 사건 처분으로 인하여 참가인이나 행락객들이 가지는 영업상의 이익 또는 여가생활향유라는 이익보다 훨씬 우월하다 할 것인데, 그럼에도 피고가 이 사건 관광지의 개발로 인하여 야기될 환경적 위해 발생을 고려하지 않은 채 위 공법 등에 의한 오수처리시설로 위 관광지로부터 배출될 오수를 정화 처리할 수 있다고 하여 이 사건 처분을 한 것은, 합리적인 사실인정을 결한 것으로서 사회통념상 현저하게 타당성을 잃었다고 판단되고, 따라서 위와 같은 사실오인 등에 기초한 이 사건 처분은 재량권을 일탈·남용한 것으로서 위법하다 할 것이다.

[32] 목적위반: 대법원 2004. 7. 22. 선고 2003두7606 판결

이 사건 임야 위에서 자라고 있는 입목들은 애초 개간허가 이후 모두 벌채되었다가 경기도가 국비 및 도비를 들여 식재와 추비를 실시하여 관리해 온 것으로 비록 경제적 가치가 별로 없으나 입목도가 90% 이상에 이를 만큼 울창한 숲을 이루어 공설운동장, 실내체육관 등 공원시설과 조화를 이루면서 인근 아파트와 주택단지 주민들의 휴식처로 이용되고 있는 점, 이 사건 임야에 원고가 신청한 바에 따라 택지를 조성하는 경우 전체 43,482㎡ 중 38,389㎡에 이르는 임목지역에서 6,300그루의 수목을 벌체하고 해발 78.5m, 약 12도의 경사도를 가진 이 사건 임야에서 115,225㎥의 토석을 채취하는 등 대규모의 형질변경이 불가피하여 양호한 임상을 지닌 이 사건 임야는 물론 인근의 산림지역에 심각한 영향을 줄 것으로 보이는 점 등을 알 수 있는바, 개발제한구역의 지정 목적이 도시의 무질서한 확산을 방지하고 도시 주변의 자연환경을 보전하여 도시민의 건전한 생활환경을 확보하기 위한 데에 있음을 감안할 때, 위 각 신청에 대한 거부처분은 그 사유 면에서 사실오인 또는 목적 위반이 있다고 할 수가 없는

114) 김남진(각주 4), 232 내지 233면; 석종현(각주 4), 220 내지 222면; 김철용(각주 4), 217면. 대법원 1998. 11. 13. 선고 98두7343 판결; 대법원 1997. 11. 11. 선고 97누11966 판결; 서울행정법원 2000. 1. 7. 선고 99구2791 판결(가야산 골프장 사건), 대법원 2006. 6. 9. 선고 2004두46 판결 등 참조.

한편, 원고로서는 법시행령 제21조 제1항 소정의 조정신고를 통하여 개발제한구역의 지정 목적에 위반되지 않는 범위에서 택지를 조성할 수 있음에 비추어 보면 원심이 들고 있는 위와 같은 사정을 모두 고려하더라도 위 각 신청에 대한 거부처분이 비례·평등의 원칙에 위배된 것이라고 하기 어렵고, 달리 이를 인정할 만한 뚜렷한 자료가 보이지 아니한다.[115)]

[33] 한 차원 높은 가치와 신뢰보호의 원칙: 대법원 1996. 7. 12. 선고 95누11665 판결

위와 같은(헌법 제35조 제1항, 환경정책기본법 제4조, 제6조, 공업배치및공장설립에관한법률 제8조 제4호 등) 각종 법률의 규정취지에 비추어 볼 때 지방자치단체로서는 주민들이 쾌적한 환경에서 살 수 있도록 하여야 할 책무가 있으며, 이 사건에 있어서와 같이 그 관할 구역에 공장을 설치하려는 자가 있는 경우에 이와 같이 쾌적한 환경에서 생활할 권리를 가지는 주민들에게 위해를 가할 우려가 있다고 판단되면 당연히 공업배치법 제9조의 규정에 따라 위 2항에서 본 바와 같은 공장입지의 변경의 권고를 할 수 있다고 할 것이고, 이에 불응하는 자에게 공장입지의 변경 또는 공장설립계획의 조정을 명할 수 있다고 할 것이며, 한편 이 사건 공장설립을 하면 환경에 현저한 위해를 가할 우려가 있고 그러한 사정이 있음에도 불구하고 공장설립을 허가하는 것이 공업배치법 제8조와 이 규정에 따른 통상산업부 고시에 위반된다면, 설사 관할 지방자치단체가 토지거래허가 시에 이러한 사정을 간과하고 토지거래허가를 하였다고 하더라도 쾌적한 환경에서 생활할 주민들의 권리라는 한 차원 높은 가치를 보호하기 위한 위와 같은 조정명령을 신뢰보호의 원칙을 들어 위법하다고 할 수도 없는 것이다. (사실관계) 따라서 원심판결이 판시하고 있는 바와 같이 이 사건 레미콘제조공장 설립 신청지가 경기 김포군 양촌면 양곡 3, 4리 주거지역에 인접한 지역으로서 최단거리 40m부터 50m지점 근방에 6호의 주택이 있고, 반경 400m 이내에 있는 양능마을 104호의 주택에 470여 주민이 살고 있으며, 인근 양곡리 153의 2, 3에 포도밭과 전작포가 있고, 북쪽 200m부터는 양질의 답과 12필지 5,000여 평의 포도밭이 밀집되어 있으며, 진입로변의 양곡리 산 20 임야에는 한때 4,000평의 표고버섯 재배지가 있었고, 양곡리 609의 1에는 주산제약회사의 공장이, 북쪽 50m의 양곡리 156에는 전자부품 제조업의 주식회사 화인컴 공장이 각 위치하고 있으며, 신청지와 연결되는 누신·양곡간 352호 지방도로는 편도 1차선으로 레미콘 차량의 통행시 교통장애가 유발될 것으로 우려되고 지방도로에서 진출입하는 진입로가 협소하여 레미콘 차량의 통행이 곤란할 뿐만 아니라 이 사건 레미콘공장에서 지하수를 1일 200톤 채수하는 것으로 되어 있는 사실

---

115) 개발제한구역 내에서의 토지형질변경 등의 허가신청에 대한 거부처분이 재량권의 일탈·남용이 아니라고 한 사례.

이 인정된다면, 원고가 위에서 본 원심 판시와 같은 공해방지시설을 갖춘다고 하더라도 이 사건 공장용지는 마을 및 농경지와 인접하여 있어서 레미콘공장 가동과 레미콘 운송차량 통행으로 인한 소음, 분진, 진동의 발생, 지하수의 고갈, 오폐수의 배출과 그로 인한 지하수의 오염 및 레미콘 운송 시의 교통혼잡 등으로 인한 환경오염으로 인근 주민과 농경지에 위해를 가할 우려가 충분하다고 할 것이므로 이는 통상산업부 고시에서 적시하는 오염물질배출 등으로 인한 현저한 환경위해가 발생되리라고 예상되는 경우에 해당한다고 할 것이고, 따라서 피고의 이 사건 공장입지 조정명령은 적법하다고 하지 않을 수 없다.

[34] 신뢰보호의 원칙이 적용되기 위한 요건과 비례의 원칙: 대법원 1998.5.8. 선고 98두4061 판결

일반적으로 행정상의 법률관계 있어서 행정청의 행위에 대하여 신뢰보호의 원칙이 적용되기 위하여는, 첫째 행정청이 개인에 대하여 신뢰의 대상이 되는 공적인 견해표명을 하여야 하고, 둘째 행정청의 견해표명이 정당하다고 신뢰한 데에 대하여 그 개인에게 귀책사유가 없어야 하며, 셋째 그 개인이 그 견해표명을 신뢰하고 이에 어떠한 행위를 하였어야 하고, 넷째 행정청이 위 견해표명에 반하는 처분을 함으로써 그 견해표명을 신뢰한 개인의 이익이 침해되는 결과가 초래되어야 하며(대법원 1997. 9. 12. 선고 96누18380 판결 등 참조), 어떠한 행정처분이 이러한 요건을 충족할 때에는, 공익 또는 제3자의 정당한 이익을 현저히 해할 우려가 있는 경우가 아닌 한, 신뢰보호의 원칙에 반하는 행위로서 위법하게 된다고 할 것이다. (…)

원고는 그 설립단계에서 피고로부터 이 사건 사업계획에 관하여 적정통보를 받고 법정 허가요건을 구비하기만 하면 폐기물수집·운반업 허가를 하여 주는 것을 신뢰한 나머지 상당한 자금과 노력을 투자하여 법정 허가요건을 갖추어 허가신청을 하게 된 것인데 이 사건 처분으로 말미암아 거액을 들여 구비한 장비·사무실 등을 오랜 기간 동안 사용하지 못한 채 방치하는 등 상당한 재산상 손해를 입게 되었다 할 것이므로, 이 사건 처분은 피고의 적정통보에 대한 원고의 신뢰를 저버린 행위로서 신뢰보호의 원칙에 반한다 할 것이고, 또한 이 사건 처분으로 인하여 피고가 달성하려는 '생활폐기물의 적정하고도 안정적인 처리'라는 공익과 원고가 입게 될 불이익을 비교·형량할 때, 생활폐기물 발생량의 변화 및 처리능력, 위 사업계획서 적정통보를 전후하여 14개 업체가 생활폐기물 수집·운반업을 위한 사업계획서를 제출하였다는 사정만으로는 업체의 난립 및 과당경쟁으로 기존 청소질서가 파괴되어 안정적이고 효율적인 책임청소행정의 이행이 불가능함으로써 공익을 해할 것이라는 점을 인정하기 어려울 뿐만 아니라 이 사건 처분을 통하여 피고가 달성하려는 공익은 위 허가가 가능하리라고 믿은 원고가 입게 될 불이익보다도 더 크다고 보기도 어려우며, 위 김○○가

> 부산교통공단에 재직하면서 원고의 대표이사를 겸하고 있는 점은 관계 법령에서 정하는 생활폐기물 수집 · 운반업 허가제한사유 이외의 사유로서 공익상 필요와도 무관하므로 이 사건 처분은 결국 신뢰보호의 원칙 및 비례의 원칙에 반한 것으로서 재량권을 남용한 위법한 처분이라고 판단하였는바, 원심의 이러한 판단은 기록 및 앞서 본 법리에 비추어 수긍이 가고, 거기에 소론과 같은 신뢰보호의 원칙 및 재량권 남용에 관한 법리오인 내지 심리미진의 위법이 있다고 할 수 없다.116)

3) 비교형량

환경관련 소송에서는 흔히 당해 처분으로 얻게 되는 사익 또는 공익으로서의 개발이익과 침해되는 이익으로서의 환경이익이 충돌되고 있다. 이러한 문제 해결을 위해서는 이익 형량(교량)의 원칙이 동원되는데, 즉 당해 행정처분으로 얻게 되는 이익과 그로 말미암아 침해되는 이익을 비교형량하였을 때 침해되는 이익이 월등히 클 경우 그 처분은 위법을 면치 못하게 되는 것이다. 최근 환경의식이 향상되는 것에 부응하여 법원은 환경보호라는 이익을 중요한 이익으로 고려하고 있다.

주민들의 환경상의 이익이 공원사업시행허가 및 관광지 조성사업시행 허가처분으로 인하여 그 사업자나 행락객들이 가지는 영업상의 이익 또는 여가생활향유라는 이익보다 훨씬 우월하다는 이유로 그 허가처분에 위법이 있다고 한 사례(문장대온천 사건),117) 주택건설사업을 시행하려고 하는 당해 임야가 일반 주거지역에 속하더라도 풍치 · 미관이 수려한 국립공원 내의 산림보호라는 공익목적을 위하여 주택건설사업계획 사전결정 신청을 반려할 수 있다고 한 사례,118) 도시계획 용도지역을 일반주거지역에서 전용주거지역으로 변경한 처분에 재량권 남용의 위법이 없다고 한 사례,119) 산림을 보전함으로써 얻는 국토 및 자연환경의 보호 등 공공의 이익이 산림훼손을 금함으로써 그 소유자가 입게 되는 이익보다 월등하다는 이유로 산림훼손허가를 거부한 처분이 정당하다는 사례,120) 산림형질변경신청

---

116) 폐기물처리업에 대하여 관할 관청의 사전 적정통보를 받고 막대한 비용을 들여 허가요건을 갖춘 다음 허가신청을 하였음에도 청소업자의 난립으로 효율적인 청소업무의 수행에 지장이 있다는 이유로 한 불허가처분이 신뢰보호의 원칙에 반하여 재량권을 남용한 위법한 처분이라고 본 사례.

117) 대법원 2001. 7. 27. 선고 99두8589 판결(문장대온천 사건, 판례 [31]); 대법원 2001. 7. 27. 선고 99두5092 판결(용화온천 사건) 참조.

118) 대법원 1997. 11. 11. 선고 97누11966 판결.

119) 대법원 1995. 12. 22. 선고 95누3831 판결.

120) 서울고법 1992. 4. 1. 선고 91구8366 판결.

불허사유로서 국토 및 자연의 유지와 환경의 보전 등 중대한 공익상의 필요가 있다고 한 사례,121) 택시운송사업자의 차고지와 운송부대시설을 증설하는 내용의 자동차운송사업계획변경인가 신청에 대하여 교통행정 및 주거환경 등의 공익을 이유로 한 거부처분이 재량권의 남용이 아니라고 한 사례,122) 주변의 자연경관을 보전할 가치가 있고 주민의 식수오염 등 공해 발생의 우려가 있음을 이유로 한 채광계획변경불인가처분이 적법하다고 한 사례,123) 자연경관이 훼손될 우려가 있다는 이유로 간벌 등의 협의신청을 반려한 것이 정당하다는 사례,124) 국토 및 자연의 유지와 환경의 보전 등 중대한 공익상 필요가 있다는 이유로 입목굴채 허가를 거부한 사례,125) 고층아파트를 건축하는 내용의 사업계획 승인신청을 국토 및 자연의 유지와 환경의 보존 등 중대한 공익상의 필요를 이유로 거부한 것이 재량권의 일탈 · 남용이 아니라고 한 사례,126) 폐기물처리업을 위한 국토이용계획변경신청을 폐기물처리시설이 들어설 경우 수질오염 등으로 인근 주민들의 생활환경에 피해를 줄 우려가 있다는 등의 공익상의 이유를 들어 거부한 처분이 재량권의 일탈 · 남용이 아니라고 한 사례,127) 산림훼손허가신청 대상토지의 현상과 위치 및 주위의 상황 등을 고려하여 국토 및 자연의 유지와 환경의 보전 등 중대한 공익상 필요가 있다고 인정될 때에는 (주택건설사업계획승인)허가를 거부할 수 있고, 그 경우 법규에 명문의 근거가 없더라도 거부처분을 할 수 있다고 한 사례(비오톱 맵 사건),128) 악취, 소음, 토양오염, 비산먼지 등 환경오염 발생 우려를 이유로 건축허가신청이 개발행위허가기준을 충족하지 못하였다고 보아 이를 반려한 처분에 비례의 원칙 위반 등 재량권을 일탈 · 남용한 위법이 있다고 단정하기 어렵다고 한 사례129) 등이 이를 확인해주고 있다.

[35] 대법원 2008. 9. 11. 선고 2006두7577 판결

이 사건 인가처분의 대상이 된 등록번호 제11930호 광업권은 1963. 3. 26. 처

121) 대법원 1997. 9. 12. 선고 97누1228 판결(판례 [38]).
122) 대법원 2000. 5. 26. 선고 98두6500 판결.
123) 대법원 2000. 4. 25. 선고 98두6555 판결.
124) 대법원 1989. 12. 26. 선고 88누11018 판결.
125) 대법원 2001. 11. 30. 선고 2001두5866 판결.
126) 대법원 2002. 6. 14. 선고 2000두10663 판결.
127) 대법원 2005. 4. 28. 선고 2004두8828 판결.
128) 대법원 2007. 5. 10. 선고 2005두13315 판결(비오톱 맵 사건).
129) 대법원 2017. 3. 15. 선고 2016두55490 판결.

음 채광계획인가가 된 이래로 그 동안 생산실적이 보고된 바가 없고, 등록번호 제69419호 및 제69420호 광업권도 1997. 12. 11. 등록된 이래 사업을 개시하지 않아 각 광업권의 취소 사유가 있다. 이 사건 광산의 광체의 품위는 지극히 제한된 범위 내에서 고시된 기준이나 채광계획상의 평균품위를 충족하여 채굴할 수 있는 금, 은의 양이 극히 소량이거나 경제적 가치가 미미한 수준에 불과하여 광물자원의 합리적 개발이라는 광산개발의 본래의 목적을 달성하는 것이 현저히 곤란해 보인다. 반면에, 토양환경분야 전문가들로 구성된 한국지하수토양환경학회는 이 사건 광산의 갱도를 완전히 굴착할 경우 그 지하수위가 갱도에서 가까운 지역은 약 25m, 떨어진 지역은 약 5m 정도 하강될 것으로 예측하고 있고, 실제로도 이 사건 광산에 인접한 무극광산의 개발로 인근 지역의 지하수가 고갈되고 지반이 침하하는 피해가 발생하였으며, 참가인이 일부 굴진을 하자 갱도입구에 가까운 지역의 일부 가옥에 균열이 가는 현상이 발생하였다. 이러한 사정에 더하여 이 사건 광산에서 본격적으로 광석채굴을 시작하는 경우에는 다른 광산에서 나타난 바와 마찬가지로 1차적으로 지하수, 지표수 및 토양에 산성폐수 및 중금속으로 인한 오염이 나타나고, 2차적으로 농작물에 대한 피해 및 인근 주민들의 건강에 현저한 위험을 줄 개연성이 있는데, 이 사건 광산의 광체품위에 비추어 채광량에 비해 훨씬 많은 폐석과 광미가 발생할 것으로 예상되는 점 등을 감안하면, 이 사건 광산의 개발로 얻어지는 사회 · 경제적 이익에 비하여 환경 보전 등 공익 침해의 우려가 현저하다고 보여짐에도 불구하고, 이 사건 인가처분을 한 데에는 그 재량권을 일탈 · 남용한 위법이 있다고 할 수 있다.

환경보호는 특히 그 중요성의 인식 여하 및 사고의 전환에 따라서 결과가 크게 달라질 수 있는 영역이다. 이러한 이유 때문에 환경이익이 "한 차원 높은 가치"(판례 [33], [36]), "영업상의 이익 또는 여가생활 향유라는 이익보다 훨씬 우월한 이익",[130] "토지소유권을 행사하는 경제적 자유보다 우선하는 지위"[131]라거나 "환경권을 재산권이나 영업의 자유보다 우위에 있는 기본권"으로 인식하면서 관련 규정을 "합목적적"으로 해석하는 법원이나 헌법재판소의 전향적인 자세는 신선하고 고무적이다(판례 [37] 참조). 이러한 고무적인 상황이 환경권의 구체적 권리를 인정하는 방향으로까지 결실을 맺을지는 의문이나 환경이익을 강조하는

130) 대법원 2001. 7. 27. 선고 99두8589 판결(문장대온천 사건, 판례 [31]); 대법원 2001. 7. 27. 선고 99두5092 판결(용화온천 사건).

131) "모든 국민이 건강하고 쾌적한 환경에서 생활할 수 있는 환경권(헌법 제35조)은 인간의 존엄과 가치 · 행복추구권의 실현에 기초가 되는 기본권이므로 사유재산권인 토지소유권을 행사하는 경제적 자유보다 우선하는 지위에 있다." 헌재 1998. 12. 24. 선고 89헌마214, 97헌바78 결정, 재판관 이영모의 반대의견.

판결을 양산할 것임은 분명하다.

[36] 한 차원 높은 가치와 입증책임 · 입증방법의 완화: 서울중앙지법 2009. 8. 26. 선고 2008가합72566 판결(확정)

입증책임이나 입증방법을 일반적인 경우와 달리하는 것은 당사자들의 이해관계에 커다란 영향을 미치므로 매우 신중하게 결정되어야 할 문제이다. 그러나 소음을 이유로 한 사건의 경우, 위와 같은 배려를 하여야 할 충분한 이유가 있다. 즉 쾌적한 환경에서 생활할 주민들의 권리는 한 차원 높은 가치로서(대법원 1996. 7. 12. 선고 95누11665 판결 참고) 그것과 다른 권리 또는 이익이 충돌할 경우 특별한 사정이 없는 한 주민들의 권리가 더 존중되어야 한다. 이러한 점은 구조적으로 일반적인 입증이 어려운 경우에도 마찬가지로 적용되어야 함은 물론이다.[132]

[37] 러브호텔 사건: 대법원 1999. 8. 19. 선고 98두1857 전원합의체 판결

[다수의견]

구건축법(1997. 12. 13. 개정 전) 제8조 제1항, 제3항, 구 국토이용관리법(1997. 12. 13. 개정 전) 제15조 제1항 제4호, 같은 법 시행령(1997. 9. 11. 개정 전) 제14조 제1항의 각 규정에 의하면, 준농림지역 안으로서 지방자치단체의 조례가 정하는 지역에서 식품위생법 소정의 식품접객업, 공중위생법 소정의 숙박업 등을 영위하기 위한 시설 중 지방자치단체의 조례가 정하는 시설의 건축을 제한할 수 있는바, 이러한 관계 법령의 규정을 종합하여 보면, 지방자치단체의 조례에 의하여 준농림지역 내의 건축제한지역이라는 구체적인 취시의 지정 · 고시가 행하여지지 아니하였다 하더라도, 조례에서 정하는 기준에 맞는 지역에 해당하는 경우에는 숙박시설의 건축을 제한할 수 있다고 할 것이고, 그러한 기준에 해당함에도 불구하고 무조건 숙박시설 등의 건축허가를 하여야 하는 것은 아니라고 할 것이며, 조례에서 정한 요건에 저촉되지 아니하는 경우에 비로소 건축허가를 할 수 있는 것으로 보아야 할 것이다. 부연하면, 그러한 구체적인 지역의 지정 · 고시 여부는 숙박시설 등 건축허가 여부를 결정하는 요건이 된다고 볼 수 없다고 할 것이다.

[보충의견]

우리는 오늘날 일상생활의 곳곳에서 환경오염이 생존 그 자체를 위협하는 절박한 현실에 살고 있다. 환경문제는 우리가 감당하여야 할 '성장의 부수비용'이

---

132) 공사장 소음 입증의 어려움, 입증책임이나 입증방법을 일반적인 경우와 달리하여야 할 필요성이 있는 점 등을 이유로 원고에게 요구되는 입증의 정도가 상당한 정도 완화되어야 한다고 하면서 아파트 옆 공사장의 소음 피해 정도를 명확하게 입증하지 못해도 건설사에 배상책임이 있다고 한 사례.

아니라 생존의 불가결한 조건이 된 지 이미 오래이며, 우리가 생활환경 및 자연환경을 그 침해 및 훼손으로부터 보호하고, 나아가 모든 국민에게 건강하고 쾌적한 환경을 보장하여 인간다운 생활을 영위할 수 있도록 해주어야 한다는 것은 시대적 요청이다.

우리 헌법은 이러한 인식에 근거하여 제35조 제1항에서 "모든 국민은 건강하고 쾌적한 환경에서 생활할 권리를 가지며, 국가와 국민은 환경보전을 위하여 노력하여야 한다"고 규정하여 환경권을 헌법상의 기본권으로 명시함과 동시에 국가와 국민에게 환경보전을 위하여 노력할 의무를 부과하고 있으며, 환경정책기본법은 환경권에 관한 헌법이념에 근거하여, 환경보전을 위하여 노력하여야 할 국민의 권리·의무와 국가의 책무를 구체적으로 정하는 한편(제1조, 제4조, 제5조, 제6조), 국가·지방자치단체·사업자 및 국민은 환경을 이용하는 모든 행위를 할 때에는 환경보전을 우선적으로 고려하여야 하는 것으로 규정하여(제2조), 환경권이 개인의 재산권이나 영업의 자유보다 우위에 있는 권리라고 볼 수 있는 근거를 제공하고 있는 것이다.

이와 같이 환경권이 헌법상의 기본권으로 보장되는 권리로서 재산권이나 영업의 자유보다 우위에 있는 권리로까지 해석될 수 있고, 환경의 보전이 국가나 지방자치단체의 의무임과 동시에 국민의 의무이기도 하다면, 환경의 보전을 위하여 특정한 행위를 제한하는 취지의 법규의 의미내용을 해석함에 있어서도 그 해석은 어디까지나 환경보전에 관한 헌법과 환경관련 법률의 이념에 합치되는 범위 안에서 **합목적적**으로 행하여져야 하는 것이지 이를 도외시한 채, 법규의 형식적인 자구나 그것이 국민의 자유와 권리를 제한하는 규정이라는 점에 집착하여 환경보전의 이념을 저해하는 방향으로 이를 해석하여서는 아니 되는 것이다(강조는 저자).

이러한 관점에서 볼 때 국토이용관리법(이하 '법'이라고 한다) 제15조 제1항 제4호가 용도지역으로 지정된 지역 내에서의 행위제한에 관하여 규정하면서, 준농림지역의 경우 "환경오염의 우려가 있거나 부지가 일정 규모 이상인 공장·건축물·공작물 기타의 시설의 설치 등 대통령령이 정하는 토지이용행위는 이를 할 수 없다"고 규정하고, 법 시행령 제14조 제1항 제4호(1997. 9. 11. 개정 전)가 제한대상이 되는 '대통령령이 정하는 토지이용행위'의 하나로 '지방자치단체의 조례가 정하는 지역에서의 공중위생법의 규정에 의한 숙박업 등의 시설 중 지방자치단체의 조례가 정하는 시설의 설치행위'를 규정한 것을 가지고, '지방자치단체가 조례에 의하여 행위제한구역과 제한대상행위의 범위를 구체적으로 특정하여 지정하지 아니하면 환경오염의 우려가 있는 숙박업 등의 시설 설치행위라 하더라도 제한 없이 허용하여야 한다'는 취지로 해석할 수는 없다.

위 규정은 어디까지나 '환경오염의 우려가 있는 숙박업 등의 시설 설치행위에 관한 한 이를 원칙적으로 허용하지 아니하되 다만, 지방자치단체가 조례로 행위

제한구역과 제한대상행위의 범위를 정한 경우 그 범위에 포함되지 아니하는 행위는 예외적으로 허용한다'는 취지에 불과하다. 즉 환경오염의 우려가 있는 숙박업 등의 시설 설치행위를 원칙적으로 제한하되, 지방자치단체에 대하여 그 원칙의 예외를 설정할 수 있는 권한을 부여한다는 취지에 지나지 않는 것이다.

지방자치단체가 환경오염의 우려가 있는 행위를 제한하는 지역을 조례로 구체적으로 지정하지 않고 있다는 사유만으로 환경오염의 우려가 있는 행위가 무제한적으로 허용된다고 보는 것은, 환경권을 재산권이나 영업의 자유보다 우위에 있는 기본권으로 보장하면서, 환경보전을 국가나 지방자치단체의 의무인 동시에 그에 의하여 자유와 권리가 제한되는 국민 자신의 의무이기도 한 것으로 규정하고 있는 헌법과 환경관련 법률의 이념에 어긋나는 해석이다. (…)

지난날 우리 대법원은 환경훼손의 우려가 있다며 농촌지역의 숙박시설에 대한 건축허가신청을 반려한 행정청의 반려처분취소 청구사건에서 '주변의 자연환경과 주민의 생활환경을 훼손할 우려가 있다는 사유는 건축허가를 불허할만한 사유가 되지 못한다'는 견해를 피력한 나머지(대법원 1995. 12. 12. 선고 95누9051 판결, 1996. 1. 26. 선고 95누5479 판결, 1996. 2. 13. 선고 95누16981 판결 등), 국민과 행정기관으로 하여금 환경보전에 대한 법원의 태도에 관하여 의구심을 갖게 하는 결과를 초래하였으며, 그 결과 지방자치단체의 이른바 러브호텔 등의 무분별한 허가로 이어지고, 이러한 러브호텔의 난립은 한강변 등 농촌지역의 자연환경과 생활환경이 심각하게 훼손되는 결과로 나타나게 되었음은 주지의 사실이다.

이는 법원이 위와 같은 헌법 및 환경관련 법률의 정신을 외면한 채 법규의 자구에만 얽매인 법운용을 한 결과라는 점을 부정할 수 없을 것이다. 원래 법규의 규범적인 의미내용은 그 문언을 문법구조대로 해석하는 것이 원칙일 것이나, 그러한 해석이 전체 법질서와의 관련에서 평가모순을 초래하는 경우에는 형식적인 자구해석만을 고집하여서는 아니 되고, 가능한 어의와 의미관련의 범위 안에서 그러한 모순을 피할 수 있는 방법으로 합목직직으로 해석되어야 하며, 그러한 해석은 필요하기도 할 뿐 아니라 법규의 해석 · 적용과 함께 법형성의 기능까지 동시에 담당하고 있는 법원의 임무이기도 한 것이다.

[반대의견 1]

준농림지역이라는 용도지역의 지정과 그 지역 내에서의 행위제한에 관하여 국토이용관리법과 그 시행령은 단지 그 일반적 기준과 유형만을 규정하고, 구체적인 준농림지역의 지정은 건설교통부장관의 결정고시라는 행정처분에 의하도록 규정함과 아울러 그와 같이 지정된 준농림지역에서의 행위제한도 각각의 지역이 토지와 하천 등의 자연적 환경이나 주민의 주업 등 산업현황을 달리하는 점을 감안하여 그러한 지역적 특성을 상세하게 파악하고 있는 지방자치단체로 하여금 당해 지역 내에서의 환경보전과 산업발전에 관한 전체적인 계획과의 연계 아래 구체적인 행위제한구역과 제한대상행위를 자치법규로써 정하도록 위임한 것이라고 할 것이어서, 구 건축법(1997. 12. 13. 개정 전) 제8조 제3항이 건축허가와 관련하여 인용하고 있는 구 국토이용관리법(1997. 12. 13. 개정 전) 제15조에 따른 준농림지역에서의 행위제한도 결국은 지방자치단체의 조례라는 자치법규가 정한 바에 따라 그 구체적 내용이 정하여진다고 할 것인데, 지방자치단체의 조례 자체에서는 일반적인 기준만을 제시한 채 구체적인 제한지역과 제한대상시설의 범위 등은 다시 시장의 지정 · 고시에 의하여 정하도록 규정하고 있는 경우, 이러한 시장의 지정 · 고시에 의하여 구체적인 제한지역과 제한대상시설의 범위가 정하여지지 아니하였다면 비록 조례가 적용되는 준농림지역이라고 하더라도 구체적인 행위제한의 법적 효력이 아직 발생하지 아니하였다고 할 것이어서, 이상태에서는 조례나 그 근거가 된 구 국토이용관리법 제15조 제1항 제4호 및 같은 법 시행령 제14조 제1항 제4호의 규정을 들어 건축법상의 건축허가를 거부할 수는 없다고 봄이 타당하다.

[반대의견 2]

건축법 소정의 건축허가권자는 건축허가신청이 국토이용관리법 등의 관계 법규에서 정한 제한에 배치되지 않는 이상 당연히 건축허가를 하여야 하는바, 구 국토이용관리법(1997. 12. 13. 개정 전) 제15조 제1항 제4호 및 같은 법 시행령(1997. 9. 11. 개정 전) 제14조 제1항 제4호의 규정의 위임에 의한 지방자치단체의 조례가 적용되는 준농림지역이라고 하더라도 조례의 규정에 따라 구체적인 제한지역과 제한대상시설의 범위가 정하여지지 않는 한 조례에 규정한 제한지역 지정 · 고시에 관한 일반적인 기준만을 들어 건축법상의 건축허가를 거부할 수는 없다고 할 것이다. 그러나 원심의 인정 사실에 비추어 건축허가거부처분이 위법하다고 하여 이를 취소하는 것은 현저히 공공복리에 적합하지 아니하다고 보이므로 행정소송법 제28조 제1항에 의하여 사정판결을 할 사유가 있다고 인정된다.[133]

4) 환경이익

처분의 근거법령이 환경을 고려할 것을 규정하고 있는 경우 이익형량 시 환경이익을 고려해야 하는 것은 의심의 여지가 없다. 문제는 환경을 고려하는 내용의 규정이 없는 경우에도 침해되는 환경이익을 고려하여야 하는가이다. 헌법상

133) 구 '국토이용관리법' 시행령의 위임에 따른 준농림지역내의 숙박시설 설치 등 토지이용행위 제한에 관한 조례에 의하여 행위제한지역과 제한대상행위를 구체적으로 지정하지 아니한 경우에도 그 지정에 관하여 조례가 정한 기준에 해당하는 경우 건축허가를 거부할 수 있다고 한 사례. 법원은 환경보호 내지 환경오염 방지라는 이념을 중시하고, 법규의 '합목적적' 해석을 통하여 준농림지역 안에서의 숙박시설설치를 제한함으로써, 결과적으로 지방자치단체의 개발압력에 제동을 걸었다.

환경권을 인정하고 있고, 국가에게 환경보전을 위하여 노력하여야 하고(헌법 제35조 제1항), 환경을 이용하는 모든 행위를 할 때에는 환경보전을 우선적으로 고려하며, 환경오염 및 환경훼손과 그 위해를 예방하고 환경을 적정하게 관리·보전할 책무가 있다(「환경정책기본법」 제2조, 제4조)는 점에 비추어 환경이익을 적극적으로 고려하여야 할 것이다. 판례도 일정한 경우에는 법규에 명문의 규정이 없는 경우에도 환경이익을 고려하도록 하고 있다(판례 [38]).134)

[38] 산림형질변경허가신청반려처분취소: 대법원 1997. 9. 12. 선고 97누1228 판결

산림훼손행위는 국토의 유지와 환경의 보전에 직접적으로 영향을 미치는 행위이므로 법령이 규정하는 산림훼손 금지 또는 제한지역에 해당하는 경우는 물론 금지 또는 제한지역에 해당하지 않더라도 허가관청은 산림훼손허가신청 대상토지의 현상과 위치 및 주위의 상황 등을 고려하여 국토 및 자연의 유지와 환경의 보전 등 중대한 공익상 필요가 있다고 인정될 때에는 허가를 거부할 수 있고, 그 경우 법규에 명문의 근거가 없더라도 거부처분을 할 수 있으며, 산림훼손허가를 함에 있어서 고려하여야 할 공익침해의 정도, 예컨대 자연경관훼손 정도, 소음·분진의 정도, 수질오염의 정도 등에 관하여 반드시 수치에 근거한 일정한 기준을 정하여 놓고 허가·불허가 여부를 결정하여야 하는 것은 아니고, 산림훼손을 필요로 하는 사업계획에 나타난 사업의 내용, 규모, 방법과 그것이 환경에 미치는 영향 등 제반 사정을 종합하여 사회관념상 공익침해의 우려가 현저하다고 인정되는 경우에 불허가할 수 있다.135)

5) 재량권 0으로의 수축

예외적인 상황에서는 재량이 수축, 소멸하여 행정의 자유가 의무로 되는 경우가 있을 수 있다는 것이 학설, 판례의 경향인데, 이러한 이론을 흔히 '재량권의 0으로의 수축이론'이라고 한다. 예외적인 상황으로는 사람의 생명, 신체 및 재산 등에 중대하고 급박한 위험이 존재하고, 그러한 위험이 행정권의 발동에 의해 제거될 수 있는 것으로 판단되며, 피해자의 개인적인 노력으로는 권익침해의 방지가 충분하게 이루어질 수 없다고 인정되는 경우 등이 들어지고 있다.136) '재량권

134) 그 밖에 대법원 2000. 7. 7. 선고 99두66 판결; 대법원 1993. 4. 23. 선고 92누7726 판결.
135) 대법원 2006. 3. 24. 선고 2005두4854 판결(토지형질변경); 대법원 2003. 6. 10. 선고 2002두12861 판결(농지전용행위); 대법원 2002. 10. 25. 선고 2002두6651 판결(산림형질변경); 대법원 2001. 1. 19. 선고 2000두8547 판결; 대법원 2000. 5. 12. 선고 98두15382 판결(농지전용행위); 대법원 1995. 9. 15. 선고 95누6113 판결; 대법원 1993. 5. 27. 선고 93누4854 판결; 대법원 2007. 6. 15. 선고 2005두9736 판결.
136) 박균성(각주 70), 154면.

의 0으로의 수축이론'을 명시적으로 인정한 법원 판례는 없으나 헌법재판소의 결정 중에는 이 이론을 인용한 사례가 있다(판례 [39]).

[39] 재량권 0으로의 수축: 헌재 2007. 10. 25. 선고 2006헌마869 결정

경찰권의 행사 여부는 원칙적으로 재량처분으로 인정되고 있으나, 목전의 상황이 매우 중대하고 긴박한 것이거나, 그로 인하여 국민의 중대한 법익이 침해될 우려가 있는 경우에는, 재량권이 영으로 수축하여 경찰권을 발동할 의무가 있다. 따라서 사람이 바다에서 조난을 당하여 인명이 경각에 달린 경우에 해양경찰관으로서는 그 직무상 즉시 출동하여 인명을 구조할 의무가 있다.

예컨대, 「대기환경보전법」에서는 "환경부장관은 대기오염으로 주민의 건강상·환경상의 피해가 급박하다고 인정하면 환경부령으로 정하는 바에 따라 즉시 그 배출시설에 대하여 조업시간의 제한이나 조업정지, 그 밖에 필요한 조치를 명할 수 있다"고 규정하고 있는데(제34조 제2항), 명문 규정상으로는 "명할 수 있다"라고 되어 있어 조업정지명령 등이 행정청(환경부장관)의 재량에 속한다고 볼 소지가 있으나 주민의 생명, 신체 등에 중대하고 급박한 위험이 존재하는 상황을 요건으로 하고 있다는 점에서 행정청의 재량권은 없어지게 된다고 보아야 한다. 결국 동 규정상의 "명할 수 있다"는 '명해야 한다'로 해석하는 것이 합당하며, 이러한 경우 행정권은 발동되어야만 하는 것이다.[137]

한편, 배출시설에서 배출되는 오염물질의 정도가 심하여 주민의 환경권 또는 환경이익에 대한 중대한 침해가 있는데도 불구하고 행정청이 필요한 조치를 일체 취하지 않는 경우에는 재량의 수축 내지 소멸이 인정될 여지가 많을 것이므로 상황에 따라서 폐기물처리에 대한 조치명령(「폐기물관리법」 제48조), 대집행(동법 제49조), 특정토양오염관리대상시설 설치자에 대한 정화 조치명령(「토양환경보전법」 제14조) 등의 발동은 행정청의 의무로 될 수 있다.

이와 같이 재량권이 0으로 수축되는 경우 피해자는 행정청구개입권[138]에 터잡아 의무이행심판, 거부처분취소소송(판례 [40] 참조), 부작위위법확인소송 등을 통해서 이를 다툴 수 있게 된다. '재량권 0으로의 수축이론'은 현실적으로 항고소송에서보다 국가배상청구소송에서 큰 의미를 갖게 되는데, 재량권이 0으로 수축되는

137) 고영훈, 환경법, 법문사, 2000, 130면; 홍준형(각주 28), 600면.

138) 행정개입청구권이 인정되기 위해서는 ① 행정청에게 개입의무가 있어야 하고, ② 행정권의 발동에 관한 법규가 공익뿐만 아니라 개인의 이익도 보호하여야 한다(사익보호성). 박균성·함태성(각주 7), 213면.

경우에도 행정청이 아무런 조치를 취하지 아니하고 수수방관하였고, 그 결과 피해자에게 손해가 발생한 경우, 피해자는 국가배상청구소송을 제기하여 그 손해를 구제받을 수 있을 것이다.[139)]

[40] 새만금 사건(1심): 서울행정법원 2005. 2. 4. 선고 2001구33563 판결

공유수면매립법 제32조에서는 각호의 사유가 있는 경우에 농림부장관이 공유수면매립면허처분 등의 취소·변경 등 조치를 명할 수 있다고 규정하고 있을 뿐 그 의무를 규정하고 있지는 않으므로 통상의 경우 농림부장관은 재량에 의하여 취소 등 행정권을 발동할 수 있을 것이나 행정소송법 제27조에 따라 그 재량권행사에 있어 일탈·남용하지 않아야 할 의무가 있는바, 공유수면매립법 등 관계 법령의 규정내용 및 취지 등에 비추어 보면, 당초의 공유수면매립기본계획 내용을 근본적으로 번복하게 되는 결과를 초래하는 사항이 매립면허처분 이후에 발생하거나 발견될 경우에는 공유수면매립법 제32조의 규정형식에 불구하고 행정청으로서는 재량권의 일탈이나 남용이 없는 적법한 처분을 하여야 할 의무가 있다고 할 것이고, 특히 사후의 사정변경 등으로 대규모의 환경피해를 초래할 위험이 있는 상황에서 당초의 공유수면매립면허처분 및 이에 따른 후속행위로 인하여 실질적으로 그 영향범위 내에 거주하는 주민들의 환경상 이익을 침해하는 결과에 이를 수 있는 예외적인 경우에 있어서, 그 주민들로부터 행정권의 발동을 요구받은 행정청으로서는 당초 공유수면매립면허처분 등의 취소·변경 등 필요한 처분을 할 의무가 있다고 할 것이다.

이 사건에 있어서, 앞서 본 사업목적상의 문제 등은 사업목적, 수질관리, 경제성평가 등의 사정이 실제와 달리 정하여졌거나 처분 이후 실질적으로 변경된 것으로 볼 수밖에 없는 것들로서, 그로 인하여 새만금사업의 당초 사업목적 달성이 어려워지는 것은 물론 갯벌과 주변 해양환경이 파괴될 뿐만 아니라 환경영향평가대상지역 안의 주민을 포함한 국민에게 회복 불가능할 정도로 중대하고 급박한 환경적·생태적·경제적 위험성을 초래할 것으로 예상되고 있는바, 이와 같은 예외적인 경우에 있어서는 공유수면매립면허 등의 취소·변경 등 행정

139) "긴급구호권한과 같은 경찰관의 조치권한은 일반적으로 경찰관의 전문적 판단에 기한 합리적인 재량에 위임되어 있는 것이나, 그렇다고 하더라도 구체적 상황하에서 경찰관에게 그러한 조치권한을 부여한 취지와 목적에 비추어 볼 때 그 불행사가 현저하게 불합리하다고 인정되는 경우에는, 그러한 불행사는 법령에 위반하는 행위에 해당하게 되어 국가배상법상의 다른 요건이 충족되는 한, 국가는 그로 인하여 피해를 입은 자에 대하여 국가배상책임을 부담한다." 대법원 1996. 10. 25. 선고 95다45927 판결. '재량권 0으로의 수축이론'을 명시적으로 인정하고 있지는 않지만 1. 21. 사태 시 무장공비에 의해 생명을 위협받고 있는 청년의 동거인이 인근 파출소에 구원을 요청(3차례 신고)했음에도 불구하고 경찰이 즉시 출동하지 않았음으로 인해 청년이 사망한 사건에서 국가배상책임 인정한 사례(대법원 1971. 4. 6. 선고 71다124 판결)는 같은 맥락으로 이해될 수 있을 것이다.

권발동이 반드시 필요한 것으로 보인다.

위와 같은 상황에서 환경영향평가대상지역 안에 거주하는 주민인 원고로부터 행정권 발동요구를 받은 피고 농림부장관으로서는 이 사건 공유수면매립면허 및 시행인가처분의 취소·변경 등 필요한 처분을 하여야 할 의무가 있음에도 새만금사업의 사업목적, 수질관리, 경제성평가 등의 사정이 사후적으로 전혀 변경되지 않았다는 전제하에 필요한 처분을 하지 아니한 채 이 사건 거부처분에 이르렀으니, 이는 하자 없는 재량권을 행사하여야 할 의무를 저버리고 재량권 일탈·남용의 결과에 이른 것으로서 위법하다고 할 것이다(판례 [2]와 동일 판례).

(2) 수익적 행정처분의 취소

행정청의 허가, 면허, 인가, 특허 등과 같이 상대방에게 어떤 이익을 생기게 하는 소위 수익적 행정처분을 취소(철회)하거나 중지시키는 경우에는 이미 부여된 기득권을 침해하는 것이 되므로 비록 취소(철회) 등의 사유가 있다고 하더라도 그 취소권(철회권) 등의 행사는 기득권의 침해를 정당화할 만한 중대한 공익상의 필요 또는 제3자의 이익보호의 필요가 있는 때에 한하여 상대방이 받는 불이익과 비교·교량한 후 공익상의 필요가 당사자가 입을 불이익을 정당화할 만큼 강한 경우에 한하여 취소(철회)할 수 있다.[140] 공익상의 필요에는 보안림의 보전,[141] 자연훼손의 방지[142] 등 환경상의 이익이 포함된다.[143]

---

140) 대법원 1992. 4. 14. 선고 91누9251 판결; 대법원 1995. 11. 7 선고 95누2081 판결; 대법원 1992. 7. 24. 선고 92누3311 판결.

141) "보안림지정해제처분에 따라 골프장 건설사업계획을 승인받아 이를 추진하여, 그 보안림지정해제처분이 취소되면 상당한 손해를 입게 되겠지만 저수지의 수원함양을 위한 제1종수원함양보안림을 보전하여야 할 공익상의 필요가 위 처분의 취소로 인한 신뢰의 이익이나 그 취소로 인하여 입게 될 불이익 등을 정당화할 만큼 강한 경우에 해당하고, 인근 마을의 주민들로부터 위 골프장 건설사업을 반대하지 아니한다는 내용의 주민동의를 얻었다는 등의 사유가 있다고 하여 달리 볼 것은 아니다." 대법원 1995. 11. 7 선고 95누2081 판결.

142) "휴양콘도미니엄의 사업승인과 허가를 받은 후 그 사업을 추진해 온 수허가자로서는 위 승인과 허가가 취소되면 상당한 손해를 입게 되겠지만 그 지역이 자연보전권역에 속하므로, 자연훼손을 방지하여야 할 공익상의 필요가 위 승인과 허가를 받음으로 인한 신뢰의 이익이나 그 취소로 인하여 입게 될 불이익 또는 형평의 원칙 등을 정당화할 만큼 강한 경우에 해당한다." 대법원 1992. 7. 24. 선고 92누3311 판결.

143) "배출시설을 이전하기 위하여 다른 곳에다가 공장부지를 매수하고 공장신축에 착수하여 거의 완공된 상태이고 배출시설설치허가가 취소되면 공장을 가동하지 못하게 되어 회사가 도산하게 되며 종업원들이 실직하게 되는 등 사정이 있다 하더라도 이전기한으로부터 6년 이상이 지나도록 더구나 16회 가량의 이전촉구를 받고서도 배출시설을 이전하지 아니한 점과 한편으로는 모든 국민이 건강하고 쾌적한 환경에서 생활할 수 있게 함을 목적으로 제정된 구 환경보전법(1990. 8. 1. 폐지)의 취지와 공익상의 요청 등에 비추어 볼 때 위 이전명령에 위반하였다는 이유로 위 취소처분에 이른 것은 정당하고 달리 위 처분이 재량권을 남용하였거나 재량

[41] 수익적 행정행위의 철회 요건: 대법원 2005. 4. 29. 선고 2004두11954 판결

이른바 수익적 행정행위의 철회는 그 처분 당시 별다른 하자가 없었음에도 불구하고 사후적으로 그 효력을 상실케 하는 행정행위이므로, 법령에 명시적인 규정이 있거나 행정행위의 부관으로 그 철회권이 유보되어 있는 등의 경우가 아니라면, 원래의 행정행위를 존속시킬 필요가 없게 된 사정변경이 생겼거나 또는 중대한 공익상의 필요가 발생한 경우 등의 예외적인 경우에만 허용된다고 할 것이다.

원심판결 이유에 의하면, 원심은 가사 원고가 이 사건 특약을 은폐하여 이 사건 적정통보를 받은 것이 아니라고 하더라도, 원고는 김제교육청으로부터 건물 등을 신축할 계획 아래 이 사건 폐교부지를 매수하면서 인근 주민의 정서를 감안하여 공해유발시설을 설치하지 않기로 약정한 점, 시골초등학교의 폐교부지에 공해유발시설을 설치하는 것은 위 학교출신 동문들 및 그 지역 주민들의 정서에 반하는 점, 폐교재산을 교육용 시설 기타 건전한 용도로 활용하도록 촉진함으로써 국민의 평생교육기회를 확충하고 개인의 자아실현과 국가 및 지역사회의 발전에 기여함을 목적으로 하는 폐교재산활용법이 1999. 8. 31. 법률 제6005호로 제정되어 그로부터 3개월 후부터 시행된 점, 이 사건 폐교부지 인근의 많은 주민들이 이 사건 폐기물처리사업의 시행을 반대하고 있는 점, 원고가 이 사건 적정통보를 신뢰하고 새로운 투자를 하였다는 자료가 제출되지 않은 점 등에 비추어 보면, 이 사건 처분으로 인하여 원고가 입게 될 기득권과 신뢰보호 및 법률생활안정의 침해 등 불이익보다는 이 사건 처분을 하여야 할 공익상 필요가 더욱 크다고 할 것이어서, 이 점에서도 이 사건 처분은 재량권을 남용하거나 재량권의 범위를 일탈하였다고 보기 어렵다고 판단하였다. 원심의 위와 같은 판단은 피고의 이 사건 적정통보에 위법사유나 부당한 사유가 있다고 볼 수 없다고 하더라도, 위와 같은 제반 사정에 비추어 보면 이 사건 처분은 이른바 수익적 행정행위의 철회로서의 요건을 갖춘 것이어서 적법하다고 판단한 것으로 보인다.

그러나 관계 법령과 기록에 비추어 살펴보면, 원심이 들고 있는 위와 같은 사유들은 모두 이 사건 적정통보 당시 존재했던 사정들에 불과하여 위와 같은 사정만으로는 이 사건 적정통보의 효력을 사후적으로 상실케 할 만한 사정변경이 생겼다거나 또는 중대한 공익상의 필요가 발생하였다고 보기는 부족하고, 달리 이를 인정할 만한 사정도 보이지 않는다. 그럼에도 불구하고, 원심은 이 사건 처분이 이른바 수익적 행정행위의 철회로서의 요건을 갖춘 것이어서 적법하다고 판단하였으니, 원심판결에는 수익적 행정행위의 철회요건에 관한 법리를 오해하여 판결에 영향을 미친 위법이 있다고 할 것이다.[144]

권의 범위를 일탈한 것이라고 할 수 없다." 대법원 1992. 4. 14. 선고 91누9251 판결.

144) 폐기물처리사업계획에 대한 적정통보의 철회가 허용되는 예외적인 경우에 해당하지 않는다고 한 사례.

바. 사정판결

행정처분이 위법한 경우에는 이를 취소하는 것이 원칙이나 그 위법한 처분을 취소 · 변경함이 도리어 현저히 공공복리에 적합하지 않는 경우, 「행정소송법」 제28조에 의하여 예외적으로 위법한 행정처분의 취소를 허용하지 아니하는 사정판결을 할 수 있다. 또한, 그 요건인 현저히 공공복리에 적합하지 아니한 경우에 해당하는지 여부를 판단함에 있어서는 위법 · 부당한 행정처분을 취소 · 변경하여야 할 필요와 그 취소 · 변경으로 인하여 발생할 수 있는 공공복리에 반하는 사태 등을 비교 · 교량하여 그 적용 여부를 판단하여야 한다.[145)]

사정판결은 해당 처분을 취소하지 않으나 그 처분이 위법하다는 것을 판결문에 명시함으로써 해당 사업의 추진 및 반복에 경종을 울린다는 의미를 갖는다. 해당 처분의 위법성을 인정하면서도 처분의 취소를 부인한다는 점에서 법원은 사정판결의 요건인 "현저히 공공복리에 적합하지 아니한 경우"를 쉽게 허용해서는 안 될 것이다. 이를 광범위하게 인정할 경우에는 사정판결이 환경문제 등의 이유로 당초 사업 시작 자체가 잘못되었음에도 불구하고 오히려 사업이 거의 완공단계에 있다는 등의 이유로 자칫 사업의 계속 추진을 합리화하는 수단으로 변질될 수 있다. 이러한 본말의 전도는 대규모 국책사업의 경우에 더욱 경계되어야 하는데, 새만금 사업, 4대강 사업 등에서도 어김없이 등장하였다.

사정판결은 행정의 공익성에 착안한 제도이지만 남용되는 경우 자칫 재판제도의 목적인 적법성의 확보가 불가능해질 수 있다. 더욱이 법원이 실체 판단에서 행정에 광범위한 재량을 인정하고 있는 상황에서 추가하여 사정판결이 인정되고 있다는 점에 비추어 그 행사에 신중을 기할 것이 요구된다.

[42] 서울고법 2010. 9. 2. 선고 2009누36363 판결

피고는 이 사건 처분 이후에 환경영향평가서에 대한 주민설명회를 개최하여 주민의 의견을 수렴하고 이를 반영한 평가서를 작성하여 환경부장관과 평가서에 대한 협의를 완료하는 등 환경영향평가를 모두 이행하였으므로 이에 기초하여 이 사건 처분과는 별개로 새로운 사업실시계획승인처분절차를 밟는 것이 어렵다거나 그다지 많은 시일이 소요될 것으로 보이지 않는 점, 이사건 처분을 함에 있어 환경영향평가를 이행하지 아니한 절차상 하자는 원고의 직접적

145) 대법원 2001. 1. 19. 선고 99두9674 판결; 대법원 1997. 11. 11. 선고 95누4902, 4919 판결 참조.

이고 개별적인 이익을 근본적으로 침해하는 것으로 중대한 법규위반일 뿐만 아니라 하자있는 처분에 기하여 이 사건 이전사업이 상당 부분 진척되었다는 이유만으로 사정판결을 할 경우 환경파괴를 미연에 방지하고 쾌적한 환경을 유지 · 조성하기 위하여 환경영향평가제도를 둔 입법취지를 몰각시키는 결과가 초래되는 점 등에 비추어 보면 피고가 주장하는 사유만으로는 이 사건 처분을 취소하는 것이 현저히 공공복리에 적합하지 아니하다고 인정하는 때에 해당한다고 볼 수 없다.146)

[43] 4대강 사건: 부산고법 2012. 2. 10. 선고 2011누228 판결

첫째, 대규모 국책사업인 4대강 마스터플랜에 따른 낙동강 살리기 사업(이 사건 사업)은 이미 대부분의 공정이 90% 이상 완료되어 이를 원상회복한다는 것은 사실상 불가능한 상태이다. 보의 설치는 거의 100% 완성되었고, 준설 역시 대부분 구간에서 완료된 상황에서 이를 원래대로 원상회복한다는 조치(특히 준설의 경우)는 국가 재정의 효율성 측면에서는 물론이거니와 기술적 · 환경침해적 측면에서도 오히려 심각한 문제를 야기시킬 것으로 예상되는바, 만약 이런 원상회복을 위한 계획이 수립되어 추진된다면, 이에 대하여 환경상 이익 등의 침해를 이유로 그 위법성에 대한 논란이 제기되는 역설적인 상황도 벌어질 수 있다.

둘째, 이 사건 사업은 용수확보, 홍수예방, 친수공간확보 등의 목적에서 국토 전반의 주요 국가하천을 대상으로 진행되는 일련의 사업인데, 그 중 제소기간이 도과되어 위법성을 다툴 수 없는 공구들에 대한 처분을 제외한 채 나머지 일부 공구에 대한 처분만을 취소하는 것은 이 사건 사업의 계속적 유지를 위하여 매년 투입되는 유지관리비를 감안하더라도 도리어 전체 사업을 위해 이미 투입된 예산의 효율성을 현저히 침해하는 결과를 초래하게 된다.

셋째, 이 사건 사업의 집행을 위하여 광범위한 토지에 대한 수용절차가 이미 완료되는 등 기왕의 처분을 토대로 다수의 이해관계인들과 새로운 법률관계가 이미 형성되었는바, 뒤늦게 이를 취소한다면 기존에 형성된 법률관계에 엄청난 혼란이 발생할 것이 우려된다.

넷째, 이 사건 각 처분(이 사건 사업과 관련하여 국토해양부장관, 부산지방국토관리청장 등이 한 공구별 하천공사 시행계획(변경) 고시처분 등)이 그 수립절차 관련 법률에 위반된다고 평가되기는 하나 그 사업 자체 목적의 정당성, 필요성을 부인할 수는 없고, 이 사건 사업에 투입된 재정의 효율성은 차치하더라도 재정사업의 효과(홍수예방, 수자원확보, 지역균형발전, 경기부양, 수변지역 개발,

146) 환경영향평가서 초안만을 제출받은 상태에서 협의절차나 주민의견수렴절차를 거치지 아니하고 한 승인처분이 무효에 해당한다고 하면서 당사자의 사정판결 주장을 배척한 사례.

수생태계 복원 및 레저공간 활용 등)는 결코 무시될 수 없으므로, 완성단계에 있는 사업을 원점으로 되돌리는 것보다는 지금이라도 이미 구축된 강 살리기 사업의 성과물들을 현명하게 유지, 관리하고 그 주변발전계획을 철저히 수립·활용한다면, 국민들의 삶의 질을 한 차원 높일 수 있는 시설로서 후세에 물려줄 성과로 이어질 수 있고, 아울러 이 사건 사업 시행으로 인하여 직접적인 피해가 예상되는 일부 농민들에 대한 철저한 보상이 마련될 수 있을 것으로 기대할 수 있다.

다섯째, 위와 같은 혼란 등 공공복리에 반하는 사태를 방지하기 위하여 굳이 이 사건 각 처분을 취소하여 이를 토대로 하여 형성된 법률관계의 효력을 전면적으로 부정하기보다는, 그 효력을 유지하되 다만 이 판결의 주문에서 처분이 위법함을 명시하는 것이 공공의 복리에 반하는 결과를 방지함과 동시에 법률이 정한 절차를 준수하지 않은 행정작용에 대한 사법적 통제의 필요성을 동시에 충족할 수 있는 적절한 방법이라고 판단된다. 위와 같은 여러 사정들에 비추어 볼 때, 이 사건 각 처분에는 행정소송법 제28조에 의하여 사정판결을 할 사유가 충분하다.[147)]

2. 무효등확인소송

무효등확인소송은 행정청의 처분 등의 효력 유무 또는 존재 여부를 확인하는 소송이다(「행정소송법」 제4조 제2호). 그 결과 행정청의 처분 등으로 환경침해를 입은 자는 행정처분의 위법성이 중대하고 명백하여 행정처분의 효력이 처음부터 완전히 부인될 정도인 경우 무효확인소송을 제기할 수 있다.

하자 있는 행정처분이 당연무효가 되기 위하여는 그 하자가 법규의 중요한 부분을 위반한 중대한 것으로서 객관적으로 명백한 것이어야 하고, 하자가 중대하고 명백한 것인지 여부를 판별함에 있어서는 그 법규의 목적, 의미, 기능 등을 목적론적으로 고찰함과 동시에 구체적 사안 자체의 특수성에 관하여도 합리적으로 고찰함을 요한다.[148)] 행정행위의 내용이 사회통념에 비추어 실현불가능하다고

---

147) 보의 설치, 준설 등의 사업에 대하여 예비타당성 조사를 거치지 아니한 것이 「국가재정법」 제38조 제1항을 위반하였으나 위법한 처분을 취소 · 변경함이 도리어 현저히 공공의 복리에 적합하지 않는다고 보아 사정판결을 한 사례. 여기에 대해서는 4대강 사업이 이루어지기 위해서는 「국가재정법」에서 요구하는 예비타당성 및 타당성조사가 합법적으로 선행되어야만 한다는 점을 도외시하는 판결이라는 비판이 있다. 소병천, "4대강 사업(낙동강)", 환경판례백선, 박영사, 2019, 116면.

148) 대법원 1995. 7. 11. 선고 94누4615 전원합의체 판결; 대법원 1995. 8. 22. 선고 94누5694 판결; 대법원 1996. 2. 9. 선고 95누4414 판결; 대법원 2002. 2. 8. 선고 2000두4057 판결; 2005. 6. 24. 선고 2004두10968 판결 등 참조. 「폐기물처리시설 설치촉진 및 주변지역지원

판단되는 경우에는 당해 행정행위가 무효가 되기 때문에 이러한 경우에도 무효확인소송을 제기할 수 있다고 하여야 할 것이다.

[44] 중대하고 명백한 하자: 대법원 2004. 7. 22. 선고 2002두10704 판결

폐기물처리시설 설치계획에 대한 승인권자는 구 폐기물처리시설설치촉진및주변지역지원등에관한법률(1997. 8. 28. 개정 전) 제10조 제2항의 규정에 의하여 환경부장관이며, 이러한 설치승인권한을 환경관리청장에게 위임할 수 있는 근거도 없으므로, 환경관리청장의 폐기물처리시설 설치승인처분은 권한 없는 기관에 의한 행정처분으로서 그 하자가 중대하고 명백하여 당연무효라고 할 것이다.149)

[45] 사실관계의 오인의 경우 하자의 명백성 판단 기준: 울산지법 2005. 7. 6. 선고 2005가합509 판결

하수도 사용료 부과처분에 중대한 하자가 있다고 하더라도 그 하자가 객관적으로 명백하지 않다면 그 부과처분을 당연무효라고 할 수는 없으므로 나아가 위 하자가 객관적으로 명백한지 여부에 관하여 보건대, 사실관계를 오인하고 한 행정처분의 하자가 명백하다고 하기 위하여는 그 사실관계를 오인한 근거가 된 자료가 외형상 상태성을 결여하거나 또는 객관적으로 그 성립이나 내용의 진정을 인정할 수 없는 것임이 명백한 경우라야 할 것이고 사실관계를 정확히 조사하여야만 비로소 그 하자 유무가 밝혀질 수 있는 경우라면 이러한 하자는 외관상 명백하다고 할 수는 없는바(대법원 1992. 4. 28. 선고 91누6863 판결 참조), 이 사건의 경우를 보면, 원고의 사업장 소재지가 하수도법상의 배수구역 내에 있는 점, 원고가 상수도를 사용함에도 불구하고 공공하수도 유입제외허가를 받지 아니한 점(공공하수도 유입제외허가 제도가 생기기 이전에는 하수도 사용료를 부과받고도 남부사업소장에게 이의를 제기하거나 공공하수도를 사용하지 않은 사실을 통지하지 아니한 점), 원고가 1993.경부터 약 12년간 위 하수도 사용료 부과처분을 받고도 이 사건에 이르기까지 남부사업소장에 대하여 아무런 이의를 제기하지 아니한 채 하수도 사용료를 계속하여 납부하여 온 점 등에 비추어 보면, 사실관계를 오인하고 한 위 하수도 사용료 부과처분의 하자 유무를 밝히기 위하여

등에 관한 법률」상의 폐기물처리시설 입지선정위원회가 중립적이고 공정한 입장에서 주민들의 이익을 대변할 수 있는 전문가 2명 없이 구성되었을 뿐만 아니라 해당 지역주민의 대다수가 폐기물처리시설의 설치를 원한다는 사유만으로 별다른 이유 없이 입지타당성 조사를 관계 전문가의 검토의견서로 갈음하기로 의결한 경우, 그 의결에 터 잡아 이루어진 폐기물처리시설 입지의 결정 · 고시처분의 하자는 중대 · 명백하다고 한 사례도 있다. 춘천지법 2004. 12. 16. 선고 2003구합1576 판결(확정).

149) 설치승인권한이 없는 행정청이 한 폐기물처리시설 설치승인처분이 당연무효라고 한 사례.

는 하수도 사용 여부에 관한 사실관계의 조사가 필요하다고 할 것이어서 위 하수도 사용료 부과처분의 하자가 외관상 명백하다고 할 수 없다.

그러나 앞서 본 바와 같이 원고의 사업장 소재지 인근에서 자체 폐수배출시설 및 수질오염 방지시설을 설치하여 공장의 폐수 등 하수를 모아 정화한 다음 이를 고사천, 용금천 등의 하천 또는 바다로 배출하던 에스케이 주식회사가 남부사업소장을 상대로 제기한 하수도 사용료 부과처분 취소소송에서 대법원이 2003. 6. 24. 고사천 등 위 하천들이 피고에 의하여 관리되고 있는 하수도라고 인정하기 어려우므로 결국 위 하천들은 공공용물인 공공하수도에 해당한다고 할 수 없다고 판단한 후 에스케이 주식회사가 위 각 폐수처리장에서 생긴 하수를 공공하수도에 의하여 배출한 바 없는 이상 하수도 사용료의 납부의무가 없다고 판단하여 남부사업소장의 상고를 기각(대법원 2003. 6. 24. 선고 2001두8865 판결 참조)한 이후에는 남부사업소장으로서는 더 이상 이와 유사한 사실관계에 있는 사업장에 대하여 하수도 사용료 부과처분을 내려서는 안 된다는 사실이 명백해졌다 할 것이고, 따라서 적어도 이 사건 부과처분 중 2003. 6. 24. 이후의 부과처분은 객관적으로 그 성립이나 내용의 진정을 인정할 수 없는 것임이 명백하게 되었다 할 것이어서, 이 부분 부과처분은 당연무효라고 봄이 상당하다.[150)]

[46] 대법원 2007. 4. 12. 선고 2006두20150 판결

폐기물처리시설설치촉진및주변지역지원등에관한법률(폐촉법) 시행령이 입지선정위원회의 구성방법에 관하여 시장·군수·구청장이 선정하는 2인과 주민대표가 추천한 2인의 전문가들을 참여시키도록 한 입법 취지는, 전문적인 식견을 갖춘 전문가로 하여금 폐기물처리시설 설치에 따라 예상되는 여러 문제점들을 사전에 심도 있고 공정하게 검토하여 이를 구체적으로 제시하게 함으로써, 전체 주민의 이익과 의사를 대변하도록 하여 주민 참여를 보다 실질적인 것이 되도록 하고, 지방자치단체의 전횡이나 소수 주민대표의 경솔한 결정으로 인한 주민의 권리에 대한 부당한 침해를 방지하여 행정의 민주화와 신뢰를 회복하는 데 있다 할 것이므로, 이러한 취지에 비추어 입지선정위원회에 전문가 4인, 특히 주민대표가 추천한 전문가 2인의 참여는 필요불가결한 요소라고 할 것이므로, 이 사건에서 적용법령을 그르쳐 폐촉법 시행령에 의한 구성방법에 따라 입지선정위원회를 구성하지 않은 채 임의의 입지선정위원회를 구성하면서 군수와 주민대표가 선정, 추천한 각 2인의 전문가를 포함시키지 않은 하자는 중대한 것이고 객관적으로도 명백하다고 보아야 하고, 따라서 이 사건 처분의 하자는 무효사유에 해

150) 공공하수도를 사용하지 않았음에도 불구하고 하수도를 사용하는 것으로 사실관계를 오인하여 한 하수도 사용료 부과처분은 그 하자가 중대하나 하자의 유무를 판단하기 위하여 하수도 사용 여부에 관한 사실관계의 조사가 필요하므로 외관상 명백하다고 할 수 없다고 한 사례.

당한다.[151]

[47] 도창리 사격장 사건: 대법원 2006. 6. 30. 선고 2005두14363 판결

구 환경영향평가법(1999. 폐지 전)이 일정 대상사업에 대하여 반드시 환경영향평가를 거치도록 규정한 취지는, 단지 대상사업이 환경을 해치지 아니 하는 방법으로 시행되도록 함으로써 당해 사업과 관련된 환경공익을 보호하려는데 그치는 것이 아니라, 당해 사업으로 인하여 직접적이고 중대한 환경피해를 입으리라고 예상되는 환경영향평가대상지역 안의 주민들이 전과 비교하여 수인한도를 넘는 환경침해를 받지 아니 하고 쾌적한 환경에서 생활할 수 있는 개별적 이익까지도 보호하려는 데에 있는 것이다. 그런데 환경영향평가를 거쳐야 할 대상사업에 대하여 환경영향평가를 거치지 아니 하였음에도 불구하고 승인 등 처분이 이루어진다면, 사전에 환경영향평가를 함에 있어 평가대상지역 주민들의 의견을 수렴하고 그 결과를 토대로 하여 환경부장관과의 협의내용을 사업계획에 미리 반영시키는 것 자체가 원천적으로 봉쇄되는바, 이렇게 되면 환경파괴를 미연에 방지하고 쾌적한 환경을 유지 · 조성하기 위하여 환경영향평가제도를 둔 입법취지를 달성할 수 없게 되는 결과를 초래할 뿐만 아니라 환경영향평가대상지역 안의 주민들의 직접적이고 개별적인 이익을 근본적으로 침해하게 되므로, 이러한 행정처분의 하자는 법규의 중요한 부분을 위반한 중대한 것이고 객관적으로도 명백한 것이라고 하지 않을 수 없어, 이와 같은 행정처분은 당연무효이다.[152]

무효등확인소송의 경우 제소기간의 제한은 없다(제38조 참조). 종종 당사자는 제소기간의 제한을 피하기 위하여 취소소송이 아닌 무효확인소송을 선택하는 경우가 있으나 처분에 내재하는 하자가 중대하고 명백하다는 것을 입증하는 것은 여간 어려운 것이 아니다. 이 같은 사실은 이른바, '세만금 사건'에서도 확인되었다.[153]

151) 법령에 의한 구성방법에 따라 입지선정위원회를 구성하지 않은 채 임의의 입지선정위원회를 구성하면서 군수와 주민대표가 선정, 추천한 각 2인의 전문가를 포함시키지 않은 하자는 중대 · 명백하다고 판단한 사례. 280인으로 입지선정위원회를 구성함으로써 과연 법령의 입법취지, 위원회의 역할 등에 맞는 위원회가 구성된 것인지에 대한 의문이 제기될 정도로 그 하자는 중대하다고 할 수 있다.

152) 박격포 사격장 인근 주민 244명이 주민의견 수렴과정이나 환경영향평가 없이 마을에 설치된 훈련장의 승인처분의 무효임을 확인해 달라며 국방부장관을 상대로 한 국방군사시설 사업실시계획 승인처분무효확인 청구소송에서 환경영향평가를 거쳐야 할 대상사업에 대하여 환경영향평가를 거치지 아니 하였음에도 그 사업실시계획 승인처분을 한 경우, 그 처분이 당연무효라고 하면서 원고들의 청구를 인용한 사례.

153) 대법원 2006. 3. 16. 선고 2006두330 전원합의체 판결(새만금 사건) 참조.

3. 부작위위법확인소송

행정청의 부작위에 위법성이 있는 경우에는 행정청의 부작위가 위법하다는 것을 확인하는 부작위위법확인소송을 제기할 수 있다(동법 제4조 제3호). 부작위위법확인의 소는 행정청이 당사자의 법규상 또는 조리상의 권리에 기한 신청에 대하여 상당한 기간 내에 신청을 인용하는 적극적 처분 또는 각하하거나 기각하는 등의 소극적 처분을 하여야 할 법률상 응답의무가 있음에도 불구하고 이를 하지 아니하는 경우 부작위가 위법하다는 것을 확인함으로써 행정청의 응답을 신속하게 하여 부작위 또는 무응답이라고 하는 소극적 위법상태를 제거하는 것을 목적으로 하는 제도이다. 예컨대, 당사자가 행정청의 행정개입을 청구하고, 이에 대하여 행정청의 재량권이 기속재량이거나 0으로 수축되는 일정한 경우에 행정청의 부작위가 있다면, 그 부작위에 대한 위법확인청구소송이 가능하다 할 것이다.

부작위위법확인소송은 처분의 신청을 한 자로서 부작위의 위법의 확인을 구할 법률상 이익이 있는 자만이 제기할 수 있으며(동법 제36조), 이를 통하여 구하는 행정청의 응답행위는 「행정소송법」 제2조 제1항 제1호 소정의 처분에 관한 것이라야 하므로 당사자가 행정청에 대하여 어떠한 행정행위를 하여 줄 것을 신청하지 아니하였거나 신청을 하였더라도 당사자가 행정청에 대하여 그러한 행정행위를 하여 줄 것을 요구할 수 있는 법규상 또는 조리상 권리를 갖고 있지 아니하든지 또는 행정청이 당사자의 신청에 대하여 거부처분을 한 경우에는 원고적격이 없거나 항고소송의 대상인 위법한 부작위가 있다고 볼 수 없어 그 부작위위법확인의 소는 부적법하다.[154)]

부작위위법확인소송은 부작위등이 있음을 안 날로부터 90일 이내에 제기하여야 한다(동법 제38조, 제20조). 부작위위법확인소송을 통하여 부작위의 위법성이 확인될 경우 행정청은 처분을 해야 하는데, 그 처분은 신청인의 요구를 수용하는 처분이 되거나 부인하는 거부처분이 될 것이다. 거부처분에 불복하는 경우에는 또 다른 취소소송을 제기해야 할 것이다.

---

154) 대법원 1990. 9. 25. 선고 89누4758 판결; 대법원 1993. 4. 23. 선고 92누17099 판결; 대법원 1992. 10. 27. 선고 92누5867 판결; 대법원 1996. 5. 14. 선고 96누1634 판결; 대법원 1991. 11. 8. 선고 90누9391 판결; 대법원 1990. 5. 25. 선고 89누5768 판결; 대법원 1993. 4. 23. 선고 92누17099 판결; 대법원 2000. 2. 25. 선고 99두11455 판결.

Ⅲ. 환경행정쟁송과 가구제(假救濟)

1. 가구제의 의의

행정쟁송이 판결로 확정되기까지 많은 시일이 걸릴 수 있으며, 경우에 따라서는 오랜 시일 후 승소하여도 권리구제의 목적을 달성할 수 없는 경우가 있는데, 이러한 경우에는 판결 이전이라도 임시적인 조치를 취하여 권리를 보호할 필요성이 있다. 이러한 문제인식에 기초하여 가구제(잠정적 권리보호)가 문제되고 있다. 가구제란 본안판결이 확정되기 전에 계쟁 처분의 집행이나 절차의 속행으로 인하여 생길 회복하기 어려운 손해를 방지하기 위하여 임시의 효력관계나 지위를 정함으로써 잠정적으로 구제를 도모하는 것을 말한다. 이를 통해 피해자는 회복하기 어려운 피해가 기정사실화되는 것을 막고 본안판결의 실효성을 확보하여 효과적인 권리구제를 보장받을 수 있게 된다.

가구제는 환경행정쟁송의 경우 중요성이 커지고 있다. 예컨대, 개발사업의 승인이 위법하다고 행정쟁송을 제기하더라도 쟁송의 계속 중에 개발사업이 진행된 경우에는 자칫 처분의 취소를 구하는 의미가 상실되어 해당 소가 각하되거나, 각하를 면하여 취소판결을 받았다고 하더라도 개발사업이 기정사실화 되어 환경보전의 목적은 사실상 달성하기 어렵게 될 것이다. 이에 원고는 승인등 해당 처분의 집행정지를 구하여 본안판결이 이루어질 때까지 개발사업의 진행을 막을 필요가 있는 것이다. 그러나 가구제는 자칫 신속한 행정목적의 실현을 저해할 가능성을 내포하고 있어 피해자 권리구제와의 조화가 중요한 쟁점이 되고 있다. 가구제 수단으로는 흔히 집행정지와 가처분이 문제되고 있다.

2. 집행정지

가. 집행부정지 원칙

행정쟁송법은 행정심판청구가 제기되거나 취소소송이 제기되더라도 그것이 처분 등의 효력이나 그 집행 또는 절차의 속행에 영향을 미치지 않는다는 이른바, 집행부정지 원칙을 규정하고 있다(「행정심판법」 제30조 제1항, 「행정소송법」 제23조 제1항). 다만, 예외적으로 일정한 경우 집행정지를 허용하고 있다.

나. 요 건

집행정지의 요건은 적극적 요건과 소극적 요건으로 구분할 수 있다. 적극적 요건으로는 ① 본안이 계속 중일 것, ② 처분 등이 존재할 것,[155] ③ 회복하기 어려운 손해를 예방하기 위한 것일 것, ④ 긴급한 필요가 있을 것(「행정심판법」 제30조 제2항, 「행정소송법」 제23조 제2항), 소극적 요건으로는 집행정지가 공공복리에 중대한 영향을 미칠 우려가 없을 것(「행정심판법」 제30조 제3항, 「행정소송법」 제23조 제3항), 본안청구의 이유 없음이 명백하지 않을 것이라는 요건이 필요하다.

[48] 집행정지 요건: 대법원 2011. 4. 21. 선고 2010무111 전원합의체 결정

행정소송법 제23조 제2항에서 정하고 있는 효력정지 요건인 '회복하기 어려운 손해'라 함은 특별한 사정이 없는 한 금전으로 보상할 수 없는 손해로서 이는 금전보상이 불가능한 경우 내지는 금전보상으로는 사회관념상 행정처분을 받은 당사자가 참고 견딜 수 없거나 또는 참고 견디기가 현저히 곤란한 경우의 유형, 무형의 손해를 일컫는다(대법원 1986. 3. 21.자 86두5 결정, 대법원 2003. 4. 25.자 2003 무2 결정 등 참조). 그리고 '처분 등이나 그 집행 또는 절차의 속행으로 의하여 생길 회복하기 어려운 손해를 예방하기 위하여 긴급한 필요'가 있는지 여부는 처분의 성질과 태양 및 내용, 처분상대방이 입는 손해의 성질 · 내용 및 정도, 원상회복 · 금전배상의 방법 및 난이 등은 물론 본안청구의 승소가능성의 정도 등을 종합적으로 고려하여 구체적 · 개별적으로 판단하여야 한다(대법원 2004. 5. 12.자 2003 무41 결정 등 참조).

원심은 이 사건 사업구간에 편입되는 팔당지역 농지 대부분이 국가 소유의 하천부지이고, 유기농업에 종사하는 재항고인들 대부분은 국가로부터 하천점용허가를 받아 경작을 해 온 점, 위 점용허가의 부관에 따라 허가를 한 행정청은 공익상 또는 법령이 정하는 바에 의하거나 하천정비사업을 시행하는 경우 허가변경 · 취소 등을 할 수 있는 점, 팔당지역 3개 시 · 군의 총 유기농지 면적은 약 600만㎡인데, 그 중 이 사건 사업에 편입되는 면적이 약 18만㎡로 전체의 약 3%에 불과한 점, 수용으로 인한 권리의 상실에 대해서는 '공익사업을 위한 토지 등의 취득 및 보상에 관한 법률' 등의 관계 법령에 따라 손실보상을 하게 되어 있는 점 등에 비추어 보면, 재항고인들 중 환경영향평가대상지역 및 근접 지역에 거주 하

155) 집행정지는 침해적 처분을 전제로 그 효력이나 집행 등을 일시 정지시키는 소극적 · 현상유지적인 구제수단일 뿐 적극적으로 수익처분을 명하거나 명한 것과 동일한 상태를 창출하는 것과 같은 기능을 수행할 수 없기 때문에 거부처분이나 부작위에 대한 유효적절한 구제수단이 될 수는 없다. 이러한 기능적 한계를 인식하고 통설, 판례는 거부처분에 대한 집행정지를 부인하고 있다. 대법원 1992. 2. 13. 선고 91두47 판결 참조.

거나 소유권 기타 권리를 가지고 있는 사람들이 이 사건 사업으로 인하여 토지소유권 기타 권리를 수용당하고 이로 인하여 정착지를 떠나 타지로 이주를 해야 하며 더 이상 농사를 지을 수 없게 되고 팔당지역의 유기농업이 사실상 해체될 위기에 처하게 된다고 하더라도 그러한 손해는 금전으로 보상할 수 있는 손해일 뿐 아니라, 사회관념상 금전보상으로는 참고 견디기가 어렵거나 현저히 곤란한 경우의 유·무형의 손해에 해당한다고 보기 어렵다고 판단하였다.

앞서 본 법리에 비추어 보면, 원심의 이 같은 판단은 정당한 것으로 수긍이 가고, 거기에 재항고이유로 주장하는 것과 같은 '회복하기 어려운 손해'에 관한 법리오해 등의 위법이 없다.[156)]

[49] 대법원 2011. 4. 21. 선고 2010무111 전원합의체 결정(반대의견)

이 사건 하천공사시행계획 등은 형량에 흠이 있다고 볼 여지가 많은 점, 상대방들이 이 사건 하천공사시행계획 등을 입안·결정하는 과정에서 관련 이익을 정당하게 비교·교량하지 아니한 탓에 상대방들의 예측이 빗나가 이 사건 사업의 시행으로 수질오염 등이 발생할 경우, 이 사건 사업지역 인근에 거주하거나 한강을 상수원으로 삼는 재항고인들의 생명이나 건강이 침해될 것이고, 이러한 피해는 금전으로 보상할 수 없는 점, 일단 수질이 오염되는 등 자연환경이 훼손되면 이를 회복하기가 극히 어려울 것으로 보이는 점, 따라서 상대방들로 하여금 관련 이익을 정당하게 비교·교량하였음을 본안사건에서 충분히 해명하거나, 그 해명을 하지 못할 경우 관련 이익을 정당하게 비교·교량하여 이 사건 사업의 시행 여부를 다시 결정하도록 할 필요가 있는 점 등을 종합적으로 고려하면, 이 사건 하천공사시행계획 등으로 인하여 생길 회복하기 어려운 손해를 예방하기 위하여 긴급한 필요가 있다고 인정할 수 있으며, 집행정지 장애사유로서의 '공공복리에 중대한 영향을 미칠 우려' 요건에 대한 주장·소명책임을 부담하는 행정청인 상대방들의 소명이 없거나 부족한 이상, 이 사건 하천공사시행계획 등의 효력을 정지함이 타당하다.

다. 환경쟁송에서의 의미

집행부정지의 원칙은 재산상의 쟁송에 있어서는 처분이 집행되어도 사후의 조정이 불가능하지 않기 때문에 계쟁 중에 처분의 집행을 인정하더라도 반드시

156) 국토해양부 등에서 발표한 '4대강 살리기 마스터플랜'에 따른 '한강 살리기 사업' 구간 인근에 거주하는 주민들이 각 공구별 사업실시계획승인처분에 대한 효력정지를 신청한 사안에서, 토지 소유권 수용 등으로 인한 손해는 「행정소송법」 제23조 제2항의 효력정지 요건인 금전으로 보상할 수 없거나 사회관념상 금전보상으로는 참고 견디기 어렵거나 현저히 곤란한 경우의 유·무형 손해에 해당하지 않는다고 한 사례.

불합리한 것은 아니지만, 환경의 보전을 구하는 분쟁에 있어서는 환경파괴의 회복의 어려움, 지역적 광범위성, 잠재적 피해의 심대성으로 인하여 안이하게 처분의 집행을 인정하는 것은 적절하다고 할 수 없다. 실무상 처분의 집행정지를 인정한 사례는 많지 않다. 인정된 경우에도 문제가 있을 수 있다. 예컨대 1심에서 집행정지가 인정되었지만 국가 등이 항고하고 상고심에서까지 다툼이 계속되는 경우를 들 수 있다. 이러한 경우 집행이 정지되지 않고 그 사이에 처분의 효력이나 절차가 속행될 수 있기 때문에 설령 종국적으로 집행정지가 인정되더라도 사실상 피해회복이 돌이킬 수 없는 상황이 되는 제도상의 문제가 노출될 수 있다.

환경행정쟁송에서는 원고 개개인이 입는 건강이나 재산상의 피해가 개별적으로 보면 그다지 구체성을 갖는 것은 아니라고 하더라도, 특히 자연적으로 광범하고도 중대한 영향을 미친다고 인정될 때에는 환경파괴 및 환경피해를 일으키는 개발사업 등을 집행정지에 의하여 저지하여야 할 것이다. 이에 집행정지 요건을 완화하고,[157] 그 적용을 좀 더 유연하게 할 필요가 있다. 즉 자연환경에 광범한 영향을 미치는 처분에 대한 환경행정쟁송은 개인의 재산을 둘러싼 개별 분쟁이 아닌 지역의 환경을 둘러싼 집단적 분쟁이기 때문에 집행부정지의 원칙을 바꾸어 오히려 집행정지를 원칙화하여 행정청측이 개발행위의 긴급성에 관하여 특별한 공익상의 필요가 있음을 구체적으로 소명하지 않는 한, 집행정지를 인정하는 방향으로 운용하는 것이 바람직할 것이다.[158]

3. 가 처 분

가처분이란 금전 이외의 급부를 목적으로 하는 청구권의 집행을 보전하거나 다툼이 있는 법률관계에 관하여 임시의 지위를 보전하는 것을 내용으로 하는 가구제 수단이다. 행정쟁송법은 집행정지와 달리 가처분에 관한 규정을 두고 있지 않다. 집행정지는 처분 등의 집행 또는 절차의 속행을 일시 정지시키는 소극적 기능을 수행할 뿐, 일정한 처분을 행정청에 명하거나 처분이 행해지기 전에 해당 처분을 정지시키는 것과 같은 적극적 기능을 갖지 못해 일정한 한계가 있다. 실무상으로

157) 2012년 법무부 「행정소송법」 개정(안)은 집행정지 요건을 "중대한 손해를 예방하기 위하여 긴급한 필요가 있다고 인정할 때"로 완화하고 있다.

158) 천병태, 김명길(각주 2), 323 내지 324면; 조은래, 환경법, 세종출판사, 2003, 284 내지 285면; 우성만, "수질오염, 해양오염과 환경소송", 환경법의 제문제(하), 재판자료 제95집, 법원도서관, 2002, 94면.

는 집행정지를 행정청의 적극적, 침해적 처분에 대해서만 인정함으로써 수익적 처분을 구하는 자에게는 사실상 사전적 권리구제 수단이 인정되지 않고 있다. 이러한 한계는 가처분에 대한 관심을 증가시키고 있다. 문제는 가처분에 대한 명문 규정이 없다는 것이다.[159] 그 결과 「민사소송법」상의 가처분제도를 행정소송에 준용할 수 있는가에 관하여 견해가 갈리고 있다. 판례는 소극적인 입장에 있다.[160]

---

159) 2012년 법무부 「행정소송법」 개정(안)은 "다툼의 대상에 관하여 현상이 바뀌면 당사자가 권리를 실행하지 못하거나 그 권리를 실행하는 것이 매우 곤란할 염려가 있어 다툼의 대상에 관한 현상을 유지할 긴급한 필요가 있는 경우" 및 "다툼이 있는 법률관계에 관하여 당사자의 중대한 손해를 피하거나 급박한 위험을 피하기 위하여 임시의 지위를 정하여야 할 긴급할 필요가 있는 경우"에는 본안이 계속되어 있는 법원이 당사자의 신청에 따라 가처분을 할 수 있도록 현행법에 없는 가처분제도를 신설하고 있다.

160) 대법원 1992. 7. 6. 선고 92마54 판결.

제 2 절　국가배상

환경오염피해가 공무원의 위법한 행위로 발생하거나 국가나 지방자치단체가 설치 · 운영하는 배출시설이나 폐기물처리시설등에 의하여 종종 발생할 수 있다는 점에서 국가의 국가배상 책임 가능성은 상존하고 있다. 그리고 그 가능성은 환경에 대한 국민의식이 높아지고 국가나 지방자치단체에 대한 국민의 요구가 커지면서 현실화하고 있다. 우리는 이를 '낙동강 물 사건', '김포공항 사건', '매향리사격장 사건' 등에서 확인한 바 있다.

그 동안 손해배상소송의 책임 주체는 주로 사인이었다. 그러나 최근에는 국가나 지방자치단체의 책임을 정면으로 거론하는 사례가 늘고 있다. 여기에는 국민의 의식 수준이 향상된 것도 있지만 국가나 지방자치단체가 직 · 간접적으로 환경오염피해에 관여하고 있다는 점도 무시할 수 없다. 그러나 아직까지 법원은 국가배상에 대하여 소극적인 입장을 취하거나 구체적인 배상액에서 국민의 요구에 크게 부응하고 있지 못하다. 이는 또 다른 갈등의 요소로 작용하고 있다.

국가배상청구소송은 "행정청의 처분등을 원인으로 하는 법률관계에 관한 소송 그 밖에 공법상 법률관계에 관한 소송", 즉 당사자소송(「행정소송법」 제3조 제2호)의 형태로 제기되어야 할 것이다. 그러나 민사소송의 형태로 사인과 함께 국가나 지방자치단체를 공동 피고로 하는 소송도 심심치 않게 발견된다. 국가배상청구소송은 환경피해를 구제하는 기능이 주가 되지만 환경행정의 위법을 추궁 · 억제하는 수단으로도 작용한다.

Ⅰ. 공무원의 불법행위로 인한 손해배상

「국가배상법」 제2조는 국가 또는 지방자치단체로 하여금 공무원이 그 직무를 집행함에 당하여 고의 또는 과실로 법령에 위반하여 타인에게 손해를 가한 때 그 손해를 배상하도록 하고 있다. 이에 따라 공무원이 위법하게 배출시설(또는 폐기물처리시설)의 설치를 허가(또는 승인)해 주었는데, 당해 시설로부터 오염물질이 배출되어 환경오염피해가 발생한 경우, 공무원이 고의 또는 과실로 법에 위반하여 개발사업을 승인(허가, 인가, 결정 등 포함)함으로써 환경오염피해가 발생한 경우, 국가나 지방자치단체가 배출시설을 위법하게 설치 · 운영함으로써 직접 환경오염피해를 야기한 경우 등에 피해자는 국가 또는 지방단체를 상대로 동법 규정에 의한 손해배상을 청구할 수 있을 것이다.

환경피해와 관련하여 볼 때 국가배상책임문제는 규제 · 감독의무 또는 권한을 갖고 있는 국가나 지방자치단체가 그 의무 · 권한을 충분히 행사하지 아니하거나(해태), 수수방관하는 경우(부작위)에도 제기될 수 있다. 예컨대, 법령규정상 규제조치가 행정청의 의무인 경우(예컨대, 「대기환경보전법」 제38조, 「물환경보전법」 제44조상의 위법시설에 대한 폐쇄조치) 또는 원래 행정청의 재량사항이었던 규제조치가 재량권 0으로의 수축으로 행정청의 의무가 되는 경우에, 행정청이 환경규제조치를 이행하지 않음으로 인하여 환경피해를 입은 피해자는 국가 또는 지방자치단체에 대하여 위법한 부작위로 인한 손해배상을 청구할 수 있을 것이다. 판례는 예외적인 상황에서 행정권의 불행사로 발생한 생명, 신체에 대한 피해에 대하여 국가배싱책임을 인정하고 있다.[1)]

국가배생책임의 요건 중 가장 논란이 심한 것은 위법성을 의미하는 "법령에 위반하여"가 무엇을 의미하는지, 그 판단하는 방법은 무엇인지 등이다. 공무원의 부작위에 위법성이 인정되기 위하여는 그 전제로서 당해 공무원에게 개별적이고도 구체적인 작위의무가 인정되어야 한다. 이러한 작위의무는 법령에 명문의 규정이 있거나 법령의 해석상 당연히 인정되는 '법령상의 작위의무'와 행정권의 행사가 자유재량에 위임되어 있으나 그 불행사가 현저히 합리성을 결여하여 사회적 타당성이 없는 경우에 인정되는 '조리상의 작위의무'로 나눌 수 있을 것이다. 조리상의 작위의무는 피해자의 생명, 신체, 재산 등에 대하여 급박한 위험이 있는데 공무원이 쉽게 권한을 행사함으로써 그 위험을 유효적절하게 피할 수 있는 경우에 인정될 수 있다.[2)]

이와 관련해서 법원은 "'법령에 위반하여'라고 하는 것이 엄격하게 형식적

---

1) 1. 21. 사태 시 무장공비에 의해 생명을 위협받고 있는 청년의 동거인이 인근 파출소에 구원을 요청(3차례 신고)했음에도 불구하고 경찰이 즉시 출동하지 않았음으로 인해 청년이 사망한 사건에서 국가배상책임 인정한 사례(대법원 1971. 4. 6. 선고 71다124 판결)가 있는 반면, 정신질환자인 세입자에 의해 살해당한 집주인의 유족이 정신질환자의 평소 행동에 대한 사법경찰관리의 수사 미개시 및 긴급구호권 불행사를 이유로 제기한 국가배상청구를 배척한 사례(대법원 1996. 10. 25. 선고 95다45927 판결)도 있다.

2) 서울민사지법 1993. 7. 2. 선고 91가합42895 판결(국가 또는 지방자치단체가 오 · 하수방지시설을 하시 아니한 결과 하천의 수실이 악화되고 그 하천수가 바다로 유입된 탓에 바다에서 양식되고 있던 조개 등이 폐사하였다 하여도 국가 또는 지방자치단체에게 오 · 하수방지시설을 할 구체적이고 개별적인 법령상의 작위의무나 조리상의 작위의무가 현실적으로 발생하였다고 볼 수 없으므로 「국가배상법」 제2조에 의한 책임이 없다고 본 사례) 참조.

의미의 법령에 명시적으로 공무원의 작위의무가 규정되어 있는데도 이를 위반하는 경우만을 의미하는 것은 아니고, 국민의 생명, 신체, 재산 등에 대하여 절박하고 중대한 위험상태가 발생하였다거나 발생할 우려가 있어서 국민의 생명, 신체, 재산 등을 보호하는 것을 본래적 사명으로 하는 국가가 초법규적, 일차적으로 그 위험배제에 나서지 아니하면 국민의 생명, 신체, 재산 등을 보호할 수 없는 경우에는 형식적 의미의 법령에 근거가 없더라도 국가나 관련 공무원에 대하여 이러한 위험을 배제할 작위의무를 인정할 수 있을 것이다"라고 판시하고 있다(판례 [1], [3]).[3)]

[1] 가습기살균제 사건: 서울중앙지법 2016. 11. 15. 선고 2014가합563032 판결

공무원의 부작위로 인한 국가배상책임을 인정하기 위하여는 공무원의 작위로 인한 국가배상책임을 인정하는 경우와 마찬가지로 '공무원이 그 직무를 집행함에 당하여 고의 또는 과실로 법령에 위반하여 타인에게 손해를 가한 때'라고 하는 국가배상법 제2조 제1항의 요건이 충족되어야 할 것인바, 여기서 '법령에 위반하여'라고 하는 것이 엄격하게 형식적 의미의 법령에 명시적으로 공무원의 작위의무가 규정되어 있는데도 이를 위반하는 경우만을 의미하는 것은 아니고, 국민의 생명, 신체, 재산 등에 대하여 절박하고 중대한 위험상태가 발생하였다거나 발생할 우려가 있어서 국민의 생명, 신체, 재산 등을 보호하는 것을 본래적 사명으로 하는 국가가 초법규적, 일차적으로 그 위험배제에 나서지 아니하면 국민의 생명, 신체, 재산 등을 보호할 수 없는 경우에는 형식적 의미의 법령에 근거가 없더라도 국가나 관련 공무원에 대하여 이러한 위험을 배제할 작위의무를 인정할 수 있을 것이나, 그와 같은 절박하고 중대한 위험상태가 발생하였거나 발생할 우려가 있는 경우가 아닌 한, 원칙적으로 공무원이 관련 법령대로만 직무를 수행하였다면 그와 같은 공무원의 부작위를 가지고 '고의 또는 과실로 법령에 위반'하였다고 할 수는 없을 것이므로, 공무원의 부작위로 인한 국가배상책임을 인정할 것인지 여부가 문제되는 경우에 관련 공무원에 대하여 작위의무를 명하는 법령의 규정이 없다면 공무원의 부작위로 인하여 침해된 국민의 법적 또는 국민에게 발생한 손해가 어느 정도 심각하고 절박한 것인지, 관련 공무원이 그와 같은 결과를 예견하여 그 결과를 회피하기 위한 조치를 취할 수 있는 가능성이 있는지 등을 종합적으로 고려하여 판단하여야 한다(대법원 2001. 4. 24.선고 2000다57856 판결 등 참조).[4)]

---

3) 대법원 1998. 10. 13. 선고 98다18520 판결; 대법원 2001. 4. 24 선고 2000다57856 판결; 서울중앙지법 2015. 1. 29. 선고 2012가합4515 판결(가습기살균제 사건).

4) 같은 취지의 판결은 대법원 1998. 10. 13. 선고 98다18520 판결; 대법원 2005. 6. 10. 선고 2002다53995 판결 참조.

[2] 미니컵 젤리 사건: 대법원 2010. 9. 9. 선고 2008다77795 판결

사고 발생 전에 미니컵 젤리에 대한 세계 각국의 규제 내용이 주로 곤약 등 미니컵 젤리의 성분과 용기의 규격에 대한 규제에 머물러 있었고, 대한민국 정부도 그 수준에 맞추어 미니컵 젤리의 기준과 규격, 표시 등을 규제하는 조치를 취하여 위 사고 발생 전까지 미니컵 젤리와 관련한 질식사고가 발생하지 않았던 점 등에 비추어, 비록 당시의 과학수준상 미니컵 젤리의 성분에 대하여 허위신고를 하더라도 그 진위를 가려내기 어려웠고, 위 사고 발생 후 시험 등을 통하여 그러한 허위신고의 가능성이 확인되고 곤약 등을 제외한 다른 성분을 함유한 미니컵 젤리로 인한 질식의 위험성이 드러났다고 하더라도, 위 사고 발생 무렵 식품의약품안전청장 및 관계 공무원이 그러한 위험성을 인식하거나 예견하기 어려웠던 점 등 여러 사정을 고려하여 보면, 식품의약품안전청장 및 관계 공무원이 위 사고 발생 시까지 구 식품위생법(2005. 1. 27. 개정 전)상의 규제 권한을 행사하여 미니컵 젤리의 수입·유통 등을 금지하거나 그 기준과 규격, 표시 등을 강화하고 그에 필요한 검사 등을 실시하는 조치를 취하지 않은 것이 현저하게 합리성을 잃어 사회적 타당성이 없다거나 객관적 정당성을 상실하여 위법하다고 할 수 있을 정도에까지 이르렀다고 보기 어렵고, 그 권한 불행사에 과실이 있다고 할 수도 없다.5)

부작위로 인한 국가배상책임을 인정하기 위해서는 공무원의 부작위로 인하여 침해된 국민의 법익 또는 국민에게 발생한 손해의 잠재적·추상적 위험만으로는 부족하고 '심각하고 절박한 위험'이 있어야 하며, 관련 공무원이 그와 같은 결과를 예견하여 그 결과를 회피하기 위한 조치를 취할 수 있는 가능성이 있어야 한다(판례 [3]).6) 그러나 법원은 그 기준을 엄격히 적용하는 경향이 있어서 이를 충족하기가 쉽지 않다. 그 결과 원칙적으로 공무원이 관련 법령에서 정하여진 대로 직무를 수행하였다면 그와 같은 공무원의 부작위를 가지고 '고의 또는 과실로 법령에 위반'하였다고 할 수 없다는 결론에 이르게 된다.

---

5) 어린이가 '미니컵 젤리'를 먹다가 질식하여 사망한 사안에서, 식품의약품안전청장 등이 그 사고 발생 시까지 구 식품위생법상의 규제권한을 행사하여 미니컵 젤리의 수입·유통 등을 금지하거나 그 기준과 규격, 표시 등을 강화하고 그에 필요한 검사 등을 실시하는 조치를 취하지 않은 것이 현저하게 합리성을 잃어 사회적 타당성이 없다거나 객관적 정당성을 상실하여 위법하다고 할 수 있을 정도에까지 이르렀다고 보기 어렵고, 그 권한 불행사에 과실이 있다고 할 수도 없다고 한 사례.

6) 대법원 2008. 10. 9. 선고 2007다40031 판결; 대법원 2009. 9. 24. 선고 2006다82649 판결; 대법원 2021. 8. 26. 선고 2019다226548 판결.

[3] 베이비파우더 사건: 서울중앙지법 2010. 6. 22. 선고 2009가합120431 판결

공무원의 부작위로 인한 국가배상책임을 인정하기 위하여는 작위에 의한 경우와 마찬가지로 국가배상법 제2조 제1항의 요건, 즉 "공무원이 직무를 집행하면서 고의 또는 과실로 법령을 위반하여 타인에게 손해를 입힌 때"라는 요건이 충족되어야 하는바, 여기서 '법령을 위반하여'라고 하는 것은 형식적 의미의 법령에 작위의무가 명시되어 있지 않더라도 '국민의 생명 · 신체 · 재산 등에 대하여 절박하고 중대한 위험상태가 발생하였거나 발생할 우려'가 있어서 국민의 생명 등을 보호하는 것을 본래적 사명으로 하는 국가가 일차적으로 그 위험 배제에 나서지 아니하면 이를 보호할 수 없는 때에 국가나 관련 공무원에 대하여 인정되는 작위의무를 위반한 경우도 포함되어야 할 것이나, 그와 같은 절박하고 중대한 위험상태가 발생하였거나 발생할 우려가 있는 경우가 아닌 한, 원칙적으로 공무원의 부작위를 가리켜 '고의 또는 과실로 법령을 위반'하였다고 할 수는 없는 것이다(대법원 1998. 10. 13. 선고 98다18520판결, 대법원 2008. 10. 9. 선고 2007다40031판결 등 참조). 이 사건으로 돌아와, 과연 피고 대한민국이 베이비파우더의 주원료인 탈크에 있어서 그 제조, 사용업체들에 대하여 석면함유 여부에 관한 검사의무 및 그 검출 기준을 규정하지 아니한 부작위가 국가배상책임을 구성하는지 여부를 살피건대, 우선 석면이 1급 발암물질로 분류되는 위험물질인 점, 일본, 유럽, 미국 등 선진국에서 이미 탈크에 대한 석면 규제 기준을 마련하여 규제하여 온 점은 앞서 본 바와 같으나, 한편 앞서 본 석면에 대한 연구결과들에 의하면 석면이 유해성이 있는 것은 사실이나 베이비파우더에 의하여 소량 노출되어도 암을 일으킬 수 있다는 것은 과장된 것으로서 정상인의 폐에서도 석면이 일정량 검출되고 있으며, 석면으로 인한 신체변화가 장기적으로 일정량 이상에 노출될 경우 발생하는 점에 비추어 볼 때, 베이비파우더에 짧은 기간 노출되는 수준이라면 폐암, 석면폐증 등 중병의 발병 가능성은 낮고, 다만 악성중피종은 상대적으로 저농도, 단기간의 노출로도 발생 가능하나, 그 발병률도 100만 명 당 1내지 2명 수준으로 극미하며 이들 중 대부분도 직업적 노출로 인한 발병으로 환경에 의해 석면에 노출된 이들의 발병률은 상대적으로 적은 것으로 보고되고 있는 점 또한 앞서 본 바와 같다. 그렇다면 석면이 함유된 베이비파우더에 의한 노출의 경우 향후 그 유해성이 아직 확실하게 과학적, 의학적으로 검증되었다고 보기 어렵고, 여기에 건축현장 및 지하철 등 일상생활에서도 불가피하게 어느 정도의 석면에 노출될 수밖에 없는 점(을나9, 10, 11호증의 각 기재에 의하면, 환경부의 2009.3.경 석면함유 건축물 철거 작업장 주변 공기 중 석면 농도 검사결과 석면의 농도가 최저 0.0134fiber/cc에서 최대 0.66559fiber/cc에 이르렀고, 환경운동연합 시민환경연구소의 2009.2.3.자 연구결과에 따르면 서초역 근방 공기에서는 액티놀라이트석면이 약 0.1% 검출되었으며, 방배역과 한성대입구역 공기에서는 트레몰라이트석면이 각 약 0.3~0.5% 검출된 사실을 인정할 수 있다), 석면의 유해성은 노출량, 노출경로, 노출기간 등에 따라 차이가 있게 되는데, 원고들이 베이비파우더를 얼마나 장기간, 어떤 방법으로 사용했는지에 관한 주장 · 입증이 없는 이 사건에서는 베이비파우더를 사용한 영 · 유아들의 질병의 발병 가능성이 얼마나 증가했는지 여부를 과학적으로 가늠하기 어려운 점 등까지 더해보면, 피고 대한민국이 탈크에 대한 직접적인 석면규제기준을 마련하지 아니함으로써 원고들의 '생명 · 신체 · 재산 등에 대하여 절박하고 중대한 위험상태가 발생하였거나 발생할 우려'가 있다고 단정하기 어렵다. 또한, 부작위로 인한 국가배상책임을 인정하기 위하여는 관련 공무원이 그와 같은 결과를 예견하여 그 결과를 회피하기 위한 조치를 취할 수 있는 가능성이 있었어야 할 것인데(대법원 2008. 10. 9. 선고 2007다40031판결, 대법원 2009. 9. 24. 선고 2006다82649판결 등 참조), 앞서 본 증거들만으로는 피고 대한민국이 베이비파우더의 주원료인 탈크에 석면이 함유되어 있어 베이비파우더에도 석면이 함유되어 있다는 사실을 알았거나 알 수 있었다는 점을 인정하기에 부족하고(2004년 식약청에서 타에 의뢰한 기능성화장품의 안정성 평가 연구결과 탈크는 외국에서 사용이 금지되거나 문제시된 원료로 위 원료에 대한 안전성 재평가가 이루어져야 한다는 내용의 보고가 있었던 점은 앞서 본 바와 같으나, 위 2004년도 연구는 '화장품'의 원료로서의 탈크에 대한 조사로서 의약외품인 베이비파우더와는 직접적 관련이 없었고, 탈크에 석면이 함유되어 있을 수 있어 위험하다는 점에 대하여는 전혀 언급이 없었으며, 다른 나라에서 탈크의 석면함유 여부를 규제하고 있었다는 사정만으로 피고 대한민국이 당연히 그 위험성을 알 수 있었다고 단정하기는 곤란하다), 현대사회에서는 산업 및 기술의 발전에 따라 수많은 제품들이 제조되고 있는바 그 제품들 중 유해물질이 일부 함유될 가능성도 함께 증가할 수밖에 없으므로, 국가가 이를 사전에 규제함으로써 국민의 건강을 보호하고 안전한 물품을 선택할 권리를 보장하여야 할 의무가 더욱 중요해진다 할 것이나, 그렇다고 하여 국가가 유해물질을 일부 함유한 제품에 대하여 그 유해물질 포함 여부를 미리 알지 못하여 그 제품에 대해 일일이 사전예방적 규제기준을 마련하지 못했다는 이유만으로, 더욱이 이 사건과 같이 그로 인한 신체적, 재산적 피해가 구체화되지 아니한 상태에서, 일반 소비자들이 국가에 대해 정신적 손해배상책임을 청구할 수 있다고 보기는 어렵다(이 사건에서 피고 대한민국은 석면 검출 실험 결과가 나온 당일 문제 품목에 대하여 회수 및 폐기명령을 내리고, 바로 다음날 탈크에 대한 석면규제기준을 마련하는 등 신속한 사후조치를 취하였다). 그러므로 원고들의 피고 대한민국에 대한 국가배상청구 부분은 더 나아가 볼 필요 없이 이유 없다.

[4] 서울중앙지법 2015. 1. 29. 선고 2012가합4515 판결

국가에게 국민의 생명 · 신체를 안전하게 보호할 책임이 있고, 유해물질로부터 국민들을 보호하기 위해 이에 대한 안전관리대책을 수립할 책임이 있다고 하더라도 유해물질의 정의나 기준이 유동적인 데다가 그에 대한 연구가 계속 되고 있으므로, 그 당시의 기술수준, 사회적 인식 등 구체적인 데다가 그에 대한 연구가 계속되고 있으므로, 그 당시의 기술수준, 사회적 인식 등 구체적인 상황을 기준으로 삼아야 하고, 나중에 결과적으로 보았을 때 국가의 관련 조치가 적정, 충분하지 못한 것으로 판명되었다는 것만 가지고 함부로 공무원의 부작위를 들어 고의 또는 과실로 법령에 위반하였다고 속단하여서는 아니 된다.

한편, 공무원이 고의 또는 과실로 그에게 부과된 직무상 의무를 위반하였을 경우라고 하더라도 국가는 그러한 직무상의 의무 위반과 피해자가 입은 손해 사이에 상당인과관계가 인정되는 범위 내에서만 배상책임을 지는 것이고, 이 경우 상당인과관계가 인정되기 위하여는 공무원에게 부과된 직무상 의무의 내용이 단순히 공공 일반의 이익을 위한 것이거나 행정기관 내부의 질서를 규율하기 위한 것이 아니고 전적으로 또는 부수적으로 사회구성원 개인의 안전과 이익을 보호하기 위하여 설정된 것이어야 한다(직무상 의무의 사익보호성).[7] 예컨대, 환경기준이 유지되지 않는 경우 국가 등의 의무 위반으로 보아 발생한 손해에 대하여 국가배상책임을 인정할 수 있는가? 법원은 그 기준이 국민 일반의 건강을 보호하여 공공 일반의 전체적인 이익을 도모하기 위한 것이지, 국민 개개인의 안전과 이익을 직접적으로 보호하기 위한 것이 아니라는 것을 논거로 국가배상책임을 부인하였다.[8]

Ⅱ. 영조물의 설치·관리상의 하자로 인한 손해배상

영조물의 설치 또는 관리의 하자로 인하여 손해가 발생한 경우 「국가배상법」

---

7) 판례는 상당인과관계설의 입장에서 사익보호성을 요구한다. 대법원 2003. 4. 25. 선고 2001다59842 판결; 대법원 2007. 12. 27. 선고 2005다62747 판결; 대법원 2010. 9. 9. 선고 2008다77795 판결(미니컵 젤리 사건, 판례 [2]). 이와 관련하여 직무상 의무를 위반한 행위는 당해 직무상 의무의 사익보호성 여부와 관계없이 모두 위법으로 보아야 하기 때문에 직무상 의무의 사익보호성을 국가배상책임의 요건으로 보는 것은 타당하지 않다는 견해가 있다. 박균성·함태성, 환경법, 박영사, 2012, 202면.

8) 대법원 2001. 10. 23. 선고 99다36280 판결(낙동강 물 사건). '사익보호성'을 「국가배상법」 제2조 제1항에서 말하는 직무의 문제로 보면서 이 사건을 직무상 의무의 사익보호성을 부정한 판례로 이해하는 견해가 있다. 홍정선, 행정법원론(상), 박영사, 2007, 607 내지 609면.

제5조에 의하여 국가 또는 지방자치단체는 그 손해를 배상하여야 한다. 국가나 지방자치단체가 설치 · 운영하는 배출시설이나 폐기물처리시설, 도로 등에 의하여 종종 환경오염피해가 발생할 수 있다는 점에서 동 규정은 큰 의미를 갖게 된다. 이 규정은 특히 침해를 유발하는 행위자를 특정하기 어려워 피침해자를 구제하기 어려운 경우에 유효한 수단이 될 수 있다. 여기에는 입증책임과 관련해서 피해자가 일반 불법행위로 인한 손해배상을 청구하기보다 영조물의 설치 · 관리상의 하자로 인한 손해배상을 청구하는 것이 보다 쉽다는 점이 작용한다. 이는 도로 운전자 개개인의 고의 · 과실과 피해 기여도 등을 개별적, 구체적으로 입증하는 것보다 국가나 지방자치단체가 설치 · 관리하는 영조물인 도로의 하자를 입증하는 것이 훨씬 용이할 것이라는 점을 상기하면 쉽게 이해될 것이다. 이러한 점에서 철도 · 도로 · 항만 · 항공 등 교통수단에서 발생하는 소음으로 인한 피해배상은 물론이고 국가나 지방자치단체가 설치 · 운영하는 시설에서 배출되는 석면으로 인한 피해 구제 등 그 동안 구제의 사각지대에 놓여있던 피해의 구제를 위해 유력한 대안이 될 수 있다.

「국가배상법」상의 영조물의 설치 · 관리상의 하자로 인한 책임은 무과실책임이고, 민법 제758조 소정의 공작물의 점유자의 책임과는 달리 면책사유도 규정되어 있지 않으므로, 국가 또는 지방자치단체는 영조물의 설치 · 관리상의 하자로 인하여 타인에게 손해를 가한 경우에 그 손해의 방지에 필요한 주의를 해태하지 아니하였다 하여 면책을 주장할 수 없다. 문제는 영조물의 설치 · 관리상의 하자가 어떤 것이냐 하는 해석의 문제인데, 판례는 "영조물의 설치 · 관리상의 하자라 함은 영조물의 설치 및 관리에 불완전한 점이 있어 이 때문에 영조물 자체가 통상 갖추어야 할 (객관적) 안전성을 갖추지 못한 상태에 있는 것을 말하는 것이다"라고 판시하고 있다.[9] 이에 따르면 객관적으로 보아 통상의 안전성만 갖추고 있으면 하자가 없다고 보아야 하며 완전무결한 안전성을 갖추고 있어야만 그 설치 및 관리에 하자가 없는 것이 아니다(객관설). 그러나 구체적인 판단은 용이한 것이 아니다.

법원은 '하자'를 물적 하자뿐만 아니라 '기능적 하자(내지 작용상 하자)'를 포함하는 개념으로 이해하고 있으며, 나아가 수인한도론을 '기능적 하자' 판단의 영역으로 끌어들이고 있다.[10] 이에 따르면 안전성을 갖추지 못한 상태, 즉 타인에

9) 대법원 1994. 11. 22. 선고 94다32924 판결; 대법원 1967. 2. 21. 선고 66다1723 판결.

10) 이와 관련하여 하자의 개념에 '기능적 하자'를 포섭함으로써, "민법 또는 「국가배상법」상의 공작물 또는 영조물책임의 범위를 지나치게 확대하고 있다는 비판을 하면서 이는 수인한도와

게 위해를 끼칠 위험성이 있는 상태라 함은 당해 영조물을 구성하는 물적 시설 그 자체에 있는 물리적 · 외형적 흠결이나 불비로 인하여 그 이용자에게 위해를 끼칠 위험성이 있는 경우뿐만 아니라, 그 영조물이 공공의 목적에 이용됨에 있어 그 이용상태 및 정도가 일정한 한도를 초과하여 제3자에게 사회통념상 수인할 것이 기대되는 한도를 넘는 피해를 입히는 경우까지 포함된다고 보아야 할 것이다(판례 [5], [6]).[11] 그 결과 기능상 하자가 있는지 여부에 대한 판단 요소는 위법성(수인한도)의 판단 요소와 유사하다. 또한, 법원은 영조물 관리상의 의무위반도 「국가배상법」 제5조의 영조물의 설치 · 관리상의 하자의 유무를 판단하는 요소로 보고 있다.[12]

[5] 매향리사격장 사건: 대법원 2004. 3. 12. 선고 2002다14242 판결

국가배상법 제5조 제1항에 정하여진 '영조물의 설치 또는 관리의 하자'라 함은 공공의 목적에 공여된 영조물이 그 용도에 따라 갖추어야 할 안전성을 갖추지 못한 상태에 있음을 말하고(대법원 2002. 8. 23. 선고 2002다9158 판결 참조), 여기서 안전성을 갖추지 못한 상태, 즉 타인에게 위해를 끼칠 위험성이 있는 상태라 함은 당해 영조물을 구성하는 물적 시설 그 자체에 있는 물리적 · 외형적 흠결이나 불비로 인하여 그 이용자에게 위해를 끼칠 위험성이 있는 경우뿐만 아

위법성의 존재를 별개의 성립요건으로 규정하고 있는 현행법 체제에 반하는 것으로 수인한도를 초과하는 피해가 있으면 하자와 함께 위법성까지도 인정하는 결과를 낳는다"는 견해가 있다. 안경희, "항공기 소음으로 인한 민사책임", 환경법연구 제33권 제2호, 2011. 8, 256면; 채영근, "항공기소음피해에 대한 국가배상판결에 대한 고찰", 항공우주법학회지 제20권 제1호, 2005. 6, 한국항공우주법학회, 242면.

11) 대법원 2005. 1. 27. 선고 2003다49566 판결(김포공항 사건); 대법원 2010. 12. 23. 선고 2009다10928 판결(평택비행장 사건) 참조.

12) 법원은 승용차 운전자가 편도 2차선의 국도를 진행하다가 반대차선 진행차량의 바퀴에 튕기어 승용차 앞유리창을 뚫고 들어온 쇠파이프에 맞아 사망한 사안에서, "도로의 설치 또는 관리의 하자는 도로의 위치 등 장소적인 조건, 도로의 구조, 교통량, 사고 시에 있어서의 교통사정 등 도로의 이용상황과 그 본래의 이용목적 등 제반 사정과 물적 결함의 위치, 형상 등을 종합적으로 고려하여 사회통념에 따라 구체적으로 판단하여야 할 것인바, 도로의 설치 후 제3자의 행위에 의하여 그 본래 목적인 통행상의 안전에 결함이 발생한 경우에는 도로에 그와 같은 결함이 있다는 것만으로 성급하게 도로의 보존상 하자를 인정하여서는 안 되고, 당해 도로의 구조, 장소적 환경과 이용상황 등 제반 사정을 종합하여 그와 같은 결함을 제거하여 원상으로 복구할 수 있는데도 이를 방치한 것인지 여부를 개별적, 구체적으로 심리하여 하자의 유무를 판단하여야 한다"고 판시하고 쇠파이프가 위 도로에 떨어져 있었다면 일단 도로의 관리에 하자가 있는 것으로 볼 수 있으나, 피고가 관리하는 넓은 국도상을 짧은 간격으로 일일이 순찰하면서 낙하물(쇠파이프)을 제거하는 것이 현실적으로 불가능하다고 하면서 국가의 손해배상책임을 부정하였다. 대법원 1997. 4. 22. 선고 97다3194 판결.

13) 매향리사격장 주변에 거주하는 14명의 주민들이 매향리 사격장에서 발생하는 소음 등으로

니라 그 영조물이 공공의 목적에 이용됨에 있어 그 이용상태 및 정도가 일정한 한도를 초과하여 제3자에게 사회통념상 참을 수 없는 피해를 입히는 경우까지 포함된다고 보아야 할 것이고, 사회통념상 참을 수 있는 피해인지의 여부는 그 영조물의 공공성, 피해의 내용과 정도, 이를 방지하기 위하여 노력한 정도 등을 종합적으로 고려하여 판단하여야 할 것이다.

원심은, 그 채용 증거들을 종합하여 1951. 미국 공군에 의하여 경기 화성군 우정면 매향리 소재 농섬을 중심으로 만들어지기 시작하여 1980.까지 그 일대 해상과 매향리 해안지역에 설치된 매향리 사격장은 해상사격장과 육상사격장으로 이루어져 있고, 미국 공군의 전투기와 공격용 헬리콥터 등이 그 사격장에서 통상 주말과 공휴일을 제외하고 한 달 평균 20일 가량 오전 9시부터 오후 10시까지 사이에 매일 10회 이상 그리고 매회 20분 이상씩 폭탄 투하와 기관총 사격 훈련 등을 실시하고 있는 사실, 이러한 훈련에 따르는 항공기 소음과 폭탄 파열음 및 오폭사고 등으로 원고들을 포함하여 매향리 사격장 부근에 거주하는 주민들에게 계속하여 피해가 발생하자 미국 공군은 1989.부터 육상사격장에서의 폭탄투하훈련을 중단하였으나, 그 뒤 인도주의실천의사협의회나 사단법인 시민환경연구소 등이 매향리 사격장 부근 마을에서 소음을 측정한 결과 사격훈련이 실시될 때 약 90dB 이상 최고 133.7dB까지의 소음이 발생하는 것으로 측정되었고, 1997. 국방부에서 작성한 매향리 일대 주민들의 청원에 대한 검토보고서에도 매향리 사격장의 운영으로 인하여 90dB 내지 120dB의 소음이 발생하는 것으로 조사된 사실, 또 제1심 감정인 장재연이 1998. 8.부터 1999. 3.까지 사이에 18일 동안 매향리 사격장에 가까운 원고들의 거주지역 중 대표적인 측정지점 7곳을 선택하여 소음을 측정하고 그 결과를 등가소음수준으로 평가한 바에 따르면 그 지역의 1일 평균소음은 70.2dB, 최고 1시간 평균소음은 73.8dB, 최고 1분간 평균소음은 120.9dB 내지 132.9dB이며 사격훈련이 없는 경우의 배경소음은 평균 50dB 정도인 사실, 한편 미국 공군이 육상사격장에서의 폭탄투히훈련을 중단한 뒤에도 해상사격장에서의 오폭이나 육상사격장에서의 유탄 등으로 원고들 거주지역의 주민들이 다치거나 집이 손상되는 사고가 계속하여 발생하자 미국 공군은 2000. 8. 18.부터 육상사격장에서의 기관총사격을 중지하는 한편, 해상사격장에서의 실탄 사격을 중단하고 연습탄에 의한 사격만을 하고 있으며 전투기의 선회 항로도 매향리 일대 상공에서 해상지역으로 변경한 사실 등을 인정한 다음, 그와 같은 사실관계에 기초하여, 매향리 사격장이 국가안보를 위하여 고도의 공익성을 가진 시설이지만 원고들이 거주하는 농어촌지역과 충분한 완충지대를 두지 아니하고 설치되어 주거지역 상공으로 전투기 등이 낮은 고도로 비행하면서 폭탄 투하와 기관총 사격 훈련 등을 실시함으로써 환경정책기본법상 주거지역 환경소음기준인 50dB 내지 65dB을 훨씬 넘는 날카롭고 충격적인 소음이 주말이나 공휴일을 제외하고 매일 발생하여 원고들이 신체적 · 정신적으로 피해를 입었고, 텔레비전 시청이나 전화통화 및 일상대화 또는 자녀교육 등 일상생활에 커다란 방해를 받고 있는데도 불구하고, 미국 공군이 2000. 8. 18. 사격훈련 방법을 변경할 때까지 원고들의 피해를 줄이기 위한 노력을 충분히 하지 아니한 점 등에 비추어 볼 때, 2000. 8. 18. 이전까지 매향리 사격장에서 발생하는 소음 등으로 인하여 원고들이 입은 피해는 사회생활상 통상 참을 수 있는 정도를 넘는 것이므로 매향리 사격장의 설치 또는 관리에 하자가 있었다고 보아야 하고, 따라서 피고는 대한민국과 아메리카 합중국 간의 상호방위조약 제4조에 의한 시설과 구역 및 대한민국에서의 합중국 군대의 지위에 관한 협정의 시행에 관한 민사특별법 제2조 제2항, 국가배상법 제5조 제1항에 따라 원고들이 입은 손해를 배상할 책임이 있다고 판단하였다.

기록에 비추어 살펴보면, 원심의 증거취사와 사실인정은 수긍할 수 있으며, 앞서 본 법리에 비추어 보면, 매향리 사격장의 이용에 따르는 피해 정도가 인근 주민들인 원고들의 수인한도를 넘어서는 것이어서 영조물의 설치 · 관리에 하자가 있다고 함이 상당하므로 같은 취지의 원심의 판단은 정당하여 수긍할 수 있고, 거기에 피고가 상고이유로 주장하는 바와 같은 소음발생의 정도에 관한 채증법칙 위배의 위법이나 국가배상법 제5조 제1항의 해석 적용에 관한 법령위반의 위법이 없다.[13)]

[6] 교통소음과 수인한도: 대법원 2008. 8. 21. 선고 2008다9358 판결

국가배상법 제5조 제1항에 정하여진 '영조물의 설치 또는 관리의 하자'라 함은 공공의 목적에 공여된 영조물이 그 용도에 따라 갖추어야 할 안전성을 갖추지 못한 상태에 있음을 말하고, 안전성을 갖추지 못한 상태, 즉 타인에게 위해를 끼칠 위험성이 있는 상태라 함은 당해 영조물을 구성하는 물적 시설 그 자체에 있는 물리적 · 외형적 흠결이나 불비로 인하여 그 이용자에게 위해를 끼칠 위험성이 있는 경우뿐만 아니라, 그 영조물이 공공의 목적에 이용됨에 있어 그 이용상태 및 정도가 일정한 한도를 초과하여 제3자에게 사회통념상 수인할 것이 기대되는 한도를 넘는 피해를 입히는 경우까지 포함된다고 보아야 한다(대법원 2004. 3. 12. 선고 2002다14242 판결 등 참조). 그리고 수인한도의 기준을 결정함에 있어서는 일반적으로 침해되는 권리나 이익의 성질과 침해의 정도뿐만 아니라 침해행위가 갖는 공공성의 내용과 정도, 그 지역환경의 특수성, 공법적인 규제에 의하여 확보하려는 환경기준, 침해를 방지 또는 경감시키거나 손해를 회

신체적, 정신적 피해 및 생활방해 등 피해를 입었다고 주장하면서 국가배상법 제5조 제1항을 근거로 국가를 상대로 제기한 손해배상청구사건에서 국가의 배상의무를 인정한 사례. 매향리 사격장 사건은 항공기 소음도 문제였지만 사격장에서 발생하는 폭탄 파열음 등이 더 문제가 된 사건이이라는 점에서 순수하게 항공기 소음만이 문제된 김포공항 소음사건과 대비된다.

14) 「환경정책기본법」이 요구하는 도로변 주거지역의 야간 소음기준(55dB)을 훨씬 초과함으로

> 피할 방안의 유무 및 그 난이 정도 등 여러 사정을 종합적으로 고려하여 구체적 사건에 따라 개별적으로 결정하여야 하는바(대법원 2005. 1. 27. 선고 2003다49566 판결 등 참조), 특히 차량이 통행하는 도로에서 유입되는 소음으로 인하여 인근 공동주택의 거주자에게 사회통념상 일반적으로 수인할 정도를 넘어서는 침해가 있는지 여부는 주택법 등에서 제시하는 주택건설기준보다는 환경정책기본법 등에서 설정하고 있는 환경기준을 우선적으로 고려하여 판단하여야 한다.
> 원심판결 이유에 의하면, 원심은, 이 사건 도로의 하루 통행 차량이 약 86,361대에 이르는 등 공공도로인 점과 피고들이 이 사건 도로가 개통된 이후에 건축된 이 사건 아파트에 입주한 점 등을 감안하더라도, 피고들이 거주하는 세대의 야간 등가소음도가 65dB 이상으로 환경정책기본법이 요구하는 도로변 주거지역의 야간 소음기준(55dB)을 훨씬 초과함으로써 피고들에게 통상의 수인한도를 넘는 피해를 발생하게 하였다면 원고 부산광역시의 이 사건 도로 설치 · 관리상에 하자가 있다고 판단하였는바, 앞서 본 법리에 비추어 보면 원심의 위와 같은 판단은 정당한 것으로서 수긍이 가고, 거기에 상고이유에서 주장하는 바와 같이 공공영조물 설치 · 관리상의 하자에 관한 법리오해, 소음피해로 인한 수인한도에 관한 법리오해, 심리미진 등의 위법이 있다고 할 수 없다.[14]

영조물의 설치 또는 관리상의 하자로 인한 사고란 영조물의 설치 또는 관리상의 하자가 손해발생의 유일한 원인이 되는 경우만을 말하는 것이 아니고, 다른 자연적 사실이나 제3자의 행위 또는 피해자의 행위와 경합하여 손해가 발생하더라도 영조물의 설치 또는 관리상의 하자가 공동원인의 하나가 되는 이상 그 손해는 영조물의 설치 또는 관리상의 하자에 의하여 발생한 것이라고 해석함이 상당하다.[15]

써 피고들에게 통상의 수인한도를 넘는 피해를 발생하게 하였다면서 원고 부산광역시에게 도로 설치 · 관리상의 하자책임을 인정한 사례.

15) 대법원 1994. 11. 22. 선고 94다32924 판결.

제3절 손실보상

일정한 경우 토지소유자의 불이익을 특별한 희생으로 인정하여 손실보상을 해 주어야 하는 문제는 환경법에서 초미의 관심사로 대두되고 있다. 환경법에서 환경보전을 목적으로 하는 용도구역 · 지구 지정이 일반화되고 있는 상황에서 이에 대한 보상 규정은 미흡하기 때문이다. 이러한 문제는 인근주민의 불신 · 갈등을 초래함으로써, 해당 지역의 효율적인 관리를 저해하기도 한다. 피해 주민에 대하여 입법적 고려를 하는 것은 형평의 관념과 지속가능한 개발 개념에 비추어 바람직한 것이다. 그러나 용도구역 · 지구 지정 등의 공익상의 이유(환경보전)와 재산권 행사의 제한 법리는 어느 정도의 입법적 고려가 바람직한 것인지 구체적인 판단을 어렵게 하고 있다. 이는 사회, 경제적인 여건과 환경권 보호를 어떻게 조화를 이루느냐의 문제와 깊은 관련을 가지고 있다. 이는 조화를 이루어야 하는 양축의 개념이 모두 시대에 따라 변하는 상대적인 개념을 내포하고 있고, 그 내용이 분명하지 않기 때문에 단순한 문제가 아니다. 그러나 분명한 것은 재산권을 침해받고 있는 토지 소유자에게 매수청구권, 지정의 해제, 손실보상 등 입법적 고려를 확대하여야 한다는 것이다.

Ⅰ. 일 반

환경보전이라는 공익을 위해 어느 정도 불가피한 규제라 하더라도 제한을 받는 구체적인 개인으로서는 소유권행사의 제한, 이용의 금지, 물가상승에 대한 기대상실 등 불이익을 입게 되며, 특히 그 불이익이 심해 실질적으로 해당 토지의 소유권 자체의 의미를 상실할 정도에 이를 경우에는 토지소유자의 불이익을 특별한 희생으로 인정하여 손실보상을 해주어야 하는 문제가 발생한다. 헌법 제23조 제3항은 "공공필요에 의한 재산권의 수용, 사용 또는 제한 및 그에 대한 보상은 법률로써 하되 정당한 보상을 지급하여야 한다"고 규정하고 있으며, 토지수용과 관련하여 기본법인 「공익사업을 위한 토지 등의 취득 및 보상에 관한 법률」은 사업시행자로 하여금 토지수용 또는 사용의 개시일까지 관할 토지수용위원회가 재결한 보상금을 지급하도록 하고 있다(제4조 제1항).

손실보상의 문제는 재산권침해 여부와 맞물리면서 매우 복잡하고 해결이 어려운 양상을 보이고 있는데 사유재산권의 침해에도 불구하고 현행법이 이를 합리적으로 보상하는 장치를 제대로 갖추고 있지 못하다는 데 근본적인 원인이 있다. 관련 법상의 보상적 조치가 충분하지 않기 때문에 예컨대, 특별대책지역, 생태·경관보전지역, 습지보호지역, 특정도서 등에서 행위제한을 하는 것이 사회적 제약의 한계를 벗어난 것인지, 그 제한이 수용적 효과를 갖는 것인지, 손실보상 규정을 두지 않은 것이 위헌의 소지는 없는지 논란이 제기될 수 있다.

이러한 문제는 예컨대, 해당 용도지구 또는 용도지역 내 건축물의 신축 제한의 경우에 발생할 수 있다. 지정 당시의 상태에 따른 현상유지적 혹은 현상개량적 사용 이상의 건축행위 외에 신축행위를 허용하지 않는 것은 결과적으로 해당 소유자에게 나대지의 소유를 강요하는 것으로 재산권의 본질적 내용인 사적 유용성을 부인함으로써, 사회적 제약의 범위를 넘어 특별한 희생을 요구한다고 볼 수 있기 때문이다. 사회적 제약의 한계를 넘는 사유재산권의 침해에도 불구하고 그 수용적 효과를 해소하기 위한 장치를 제대로 갖추고 있지 못한 경우에는 위헌의 문제가 발생한다.

[1] 헌재 2003. 4. 24. 선고 99헌바110 전원재판부 결정

[재판관 한대현, 재판관 김영일, 재판관 송인준, 재판관 주선회의 헌법불합치의견]

가. 재산권의 내용과 한계에 관한 규정이자 사회적 구속성을 구체화하는 규정

이처럼 헌법상의 재산권은 토지소유자가 이용가능한 모든 용도로 토지를 사용할 권리나 가장 경제적 또는 효율적으로 사용할 수 있는 권리를 보장하는 것은 아니며, 입법자는 중요한 공익상의 이유로 토지를 일정용도로 사용하는 권리를 제한할 수 있다. 따라서 토지의 개발이나 건축도 합헌적 법률로 정한 재산권의 내용과 한계 내에서만 가능한 것이다.

자연생태계와 자연풍경지의 보호 등을 목적으로 국립공원을 지정하도록 하는 이 사건 법률조항과 이를 근거로 토지사용을 제한하는 구법조항들(법 제16조, 제23조, 제36조)은 입법자가 토지재산권에 관한 권리와 의무를 일반·추상적으로 확정하는, 재산권의 내용과 한계에 관한 규정이면서 동시에 재산권의 사회적 제약을 구체화하는 규정이다. 모든 토지에는 그의 위치, 성질 및 자연과 풍경과의 관계, 즉 토지의 고유상황에서 나오는 재산권의 내재적 한계가 있는데, 토지소유자는 재산권의 행사에 있어서 토지의 이러한 고유한 상황을 고려하여 모든 토지를 그의 위치 및 상황에 적합하도록 사용해야 한다는 사회적 제약을 받으며, 한편 입법자는 토지소유자로 하여금 토지의 상황에 상응하게 재산권을 행사하도록 규율할 수 있다. 따라서 지역의 풍경을 대표하는 수려한 풍경지이기 때문에 공원구역 지정의 요건을 충족시키는 토지에 대하여 자연보존을 목적으로 부과되는 자연공원법상의 현상유지의무나 사용제한은 토지의 위치와 주변환경에 비추어 토지재산권에 내재하는 제한을 구체화한 것으로서 사회적 제약의 한 표현이라고 볼 수 있다.

즉 국립공원 구역의 지정으로 인한 개발가능성의 소멸과 그에 따른 지가의 상대적인 하락이나 지가상승률의 감소는 토지소유자가 감수해야 하는 사회적 제약의 범주에 속하는 것으로 보아야 한다. 구역지정 당시의 상태대로 토지를 사용·수익·처분할 수 있는 이상, 구역지정으로 인한 토지이용의 제한은 원칙적으로 사회적 제약의 범주를 넘지 않기 때문에, 토지이용의 이러한 제한이 부동산시장에서 현실적으로 나타난 결과인 지가의 상대적 하락은 일반국민이 수인해야 하는 사회적 제약으로 보아야 하기 때문이다.

나. 비례의 원칙의 위반 여부

(1) 위에서 본 바와 같이 토지재산권의 강한 사회성·공공성으로 인하여 다른 재산권에 비하여 보다 강한 제한과 의무가 부과될 수 있으나, 토지재산권에 대한 제한입법 역시 다른 기본권에 대한 제한입법과 마찬가지로 과잉금지의 원칙을 준수해야 하고 재산권의 본질적 내용인 사적유용성(私的有用性)과 원칙적인 처분권(處分權)을 부인해서는 안 된다. 토지에 대한 사용제한이 언제 토지재산권의 내재적 한계로서 허용되는 사회적 제약의 범위를 넘어 특별한 재산적 손해를 발생시키는가의 문제를 판단함에 있어서, 다음의 2가지 관점이 유용한 기준을 제공한다(헌재 1998. 12. 24. 89헌마214등, 판례집 10-2, 927, 953-954 참조).

첫째, 토지소유자가 종래 합법적으로 허용된 사용가능성을 이미 현실적으로 행사했는가 하는 점이 중요한 의미를 가진다. 헌법상의 재산권은 무엇보다도, 토지소유자가 종래의 재산권적 법질서가 존속하리라는 신뢰하에서 그의 토지에 가치를 창설한 경우 법질서의 변경에 의하여 토지에 형성된 가치가 갑자기 박탈되거나 절하되는 것으로부터 보호한다. 예컨대 자신의 토지를 농업용으로 사용하기 위하여 토지를 농지로 형성하거나, 대지에 건축물을 설치한 경우 등과 같이 토지소유자가 당시의 법질서를 신뢰하여 그에 부합되게 무엇인가를 실행에 옮겼고 이로써 자본이나 노동을 투입하여 그의 토지를 변화시켰다면, 토지소유자는 법률의 개정이나 토지재산권의 내용을 새로이 규율하는 규정으로부터 보호를 받아야 한다.

이와 같이 기존에 형성된 가치와 상태는 보상 없이는 박탈할 수 없는 재산권적 지위를 가지므로, 일단 합법적으로 설치된 건축물이 법률의 제·개정으로 인하여 사후에 불법적으로 된 경우에도 이미 한번 합법성을 부여받은 건축물은 행정청의 철거명령 등으로부터 보호되어 그 상태의 존속을 주장할 수 있다. 종래 합법적으로 행사된 토지사용권과 그로 인하여 형성된 상태는 이를 변경하려는 입법자에 대하여 계속 그의 존속을 관철할 수 있으며, 따라서 입법자는 보상 없이는 종래의 합법적인 상태나 사용을 제거 또는 금지할 수 없는 것이다. 그러므로 새로운 법규정으로 이미 실현된 토지사용을 배제한다면, 다시 말하여 구역지정 후 토지를 종래 합법적으로 행사된 토지이용의 목적으로도 사용할 수 없는 경우에는 토지재산권의 제한을 단순히 사회적 제약으로 판단할 수 없고 수용적 효과를 인정해야 한다.

둘째, 사용제한으로 인하여 토지소유자에게 법적으로 허용되는 사적 효용을 가져오는 사용방법이 없기 때문에 토지재산권의 사적 효용성이 폐지된 경우에도, 사회적 제약의 한계를 넘는 특별한 재산적 손해가 발생하였다고 보아 수용적 효과를 인정해야 한다.

(2) 앞에서 본 바와 같이, 국립공원구역지정 후 토지를 종래의 목적으로 사용할 수 있는 원칙적인 경우의 토지소유자에게 부과하는 현상태의 유지의무나 변경금지의무는, 토지재산권의 제한을 통하여 실현하고자 하는 공익의 비중과 토지재산권의 침해의 정도를 비교해 볼 때, 토지소유자가 자신의 토지를 원칙적으로 종래 용도대로 사용할 수 있는 한 재산권의 내용과 한계를 비례의 원칙에 부합하게 합헌적으로 규율한 규정이라고 보아야 한다. 그러나 입법자가, 국립공원구역지정 후 토지를 종래의 목적으로도 사용할 수 없거나 토지를 사적으로 사용할 수 있는 방법이 없이 공원구역 내 일부 토지소유자에 대하여 가혹한 부담을 부과하면서 아무런 보상규정을 두지 않은 경우에는 비례의 원칙에 위반되어 당해 토지소유자의 재산권을 과도하게 침해하는 것이라고 할 수 있다.

구체적으로 예를 들면 첫째, '자연보존지구'는 자연경관과 생태계를 그대로 보존하는 것을 주된 목적으로 삼고 있으므로, 토지소유자가 산림을 경제적으로 활용할 수 있는 일체의 행위가 금지된다. 따라서 토지소유자에게 그의 토지가 단지 명목상으로만 귀속되었을 뿐 실제로 사익을 위해서는 전혀 사용할 수 없고 오로지 공익만을 위해서 존재해야 한다면, 사실상 토지와 소유자와의 귀속관계가 단절되어 토지의 사적 효용성이 폐지되었고 이는 곧 국민이 수인해야 하는 사회적 제약의 범위를 넘었다고 할 것이다. 이러한 경우 자연경관을 해치지 않는 범위 내에서 야생식물의 채취 등 부분적으로나마 사적 효용을 가능하게 하는 허가규정을 삽입하고 국가가 허가를 거부하는 경우에는 손실을 보상하는 규정을 마련함으로써 토지소유자의 가혹한 부담을 완화하거나, 아니면 원시적 자연상태대로 보존할 필요성이 있다면 입법자는 토지소유자의 사적 효용성을 배제하는 대신 그에 대한 보상규정을 두어야 할 것이다. 나아가 토지소유자에게 사적 효용성이 소멸한 토지를 계속 보유하도록 하는 것은 경제적으로 무의미하므로, 장기적으로는 국가나 지방자치단체에 대하여 토지의 매수를 청구할 수 있는 권리를 토지소유자에게 부여하는 것이 바람직할 것이다.

둘째, 토지소유자가 공원구역으로 지정되기 전에 영림(營林)을 목적으로 그 당시의 법질서에 따라 조림 · 육림을 통하여 토지상황을 적극적으로 형성한 경우에는 입법자가 보상 없이는 박탈할 수 없는 재산권적 지위를 획득한 것으로 보아야 할 것이다. 마찬가지로 자연보존지구 안의 토지를 이미 농지나 대지로 합법적으로 이용한 경우에도 구역지정으로 인하여 종래의 용도대로 더 이상 사용할 수 없다면 사회적 제약의 한계를 넘는 특별한 재산적 손해가 발생했다고 보아야 한다.

셋째, '자연환경지구' 안에 위치하는 '나대지'의 경우에도 기존 건축물의 증축 · 개축만 허용될 뿐 신축을 할 수 없으므로, 토지관련 공부에 지목이 대지로 되어 있고 지정 당시 이미 나대지로 형성되어 토지의 현상도 지목과 일치한다면, 나대지의 소유자에게는 구역지정으로 인하여 토지의 이용이 사실상 폐지되는 효과가 발생하기 때문에, 토지소유자에게 보상 없이는 박탈할 수 없는 재산권적 지위를 인정해야 한다.

다. 소 결

결론적으로 이 사건 법률조항은 자연공원구역으로 지정된 토지에 대하여 원칙적으로 지정 당시에 행사된 용도대로 사용할 수 있는 한, 이른바 재산권에 내재하는 사회적 제약을 비례의 원칙에 합치하게 합헌적으로 구체화한 규정이라고 할 것이다. 그러나 예외적으로 종래의 용도대로 토지를 사용할 수 없거나 사적 효용의 가능성이 완전히 배제되는 경우에도 아무런 보상 없이 이를 감수하도록 규정하고 있는 한 이러한 부담은 법이 실현하려는 중대한 공익으로도 정당화될 수 없는 과도한 부담이므로, 이러한 한도 내에서 이 사건 법률조항은 비례의 원칙을 위배하여 당해 토지소유자의 재산권을 과도하게 침해하는 위헌적인 규정이다.[1)]

재산권에 대한 제한의 경우에는 과잉금지원칙 내지 비례의 원칙이 적용되어야 하는데, 이를 위해서는 입법목적의 정당성과 방법의 적절성, 최소침해성, 법익균형성 등이 충족되어야 한다(판례 [1], [2]). 특히 법익균형성을 준수하기 위해서는 공익과 사익의 비교형량이 요구되며, 재산권 제한이 사회적 제약의 한계를 초과하는 경우에는 비례성을 회복하기 위한 보상적 조치가 요구된다.

1) 법 제4조는 사유토지를 국립공원으로 지정함에 있어 정당한 보상을 전제로 하지 아니하였고 제43조 제1항은 사유토지에 대한 국립공원지정처분으로 인한 손실보상에 대해 아무런 규정을 두지 아니하였는바, 이들 규정은 헌법 제23조 제1항 및 제37조 제2항의 규정에 위반하여 재산권의 본질적 내용을 침해하였을 뿐만 아니라 헌법 제23조 제3항에서 규정한 정당보상의 원리에도 위반된다는 취지의 위헌심판청구에 대하여 재판관 한대현, 재판관 김영일, 재판관 권성, 재판관 송인준, 재판관 주선회의 의견은 청구인들의 심판청구는 적법하므로 본안에 들어가 심판해야 하고, 그 중 재판관 한대현, 재판관 김영일, 재판관 송인준, 재판관 주선회의 의견은 이 사건 법률조항은 헌법에 합치하지 아니한다는 것이고, 재판관 권성의 의견은 이 사건의 심판대상은 신법 제4조가 되어야 하고 동 조항은 위헌이라는 것이며, 재판관 윤영철, 재판관 하경철, 재판관 김효종, 재판관 김경일의 의견은 이 사건 심판청구는 재판의 전제성이 없어 부적법하므로 각하하여야 한다는 것이었다. 그 결과 헌법재판소는 「헌법재판소법」 제23조 제2항 제1호에 규정된 법률의 위헌결정에 필요한 정족수 6인에 미달한다는 이유로 합헌 결정을 하였다.

[2] 헌재 2006.1.26. 선고 2005헌바18 전원재판부 결정

[다수 의견]

자연환경지구에서 건축행위를 제한하는 것은 자연보존지구의 완충공간으로 보전할 필요가 있는 지역을 자연환경지구로 지정한 취지에 부합하는 것으로 자연생태계와 자연 및 문화경관의 보전 및 지속 가능한 이용을 도모하기 위한 것이므로 그 입법목적의 정당성과 방법의 적절성을 인정할 수 있다. 그리고 자연공원은 그 성격상 보호, 관리와 자연재난으로부터 탐방객의 안전도모가 필수적으로 요구되므로 이를 위해 필요한 경우 공원구역에 대한 출입제한이나 금지 조치를 취할 수 있도록 한 것은 그 입법목적이 정당할 뿐 아니라, 그 방법 역시 적절하다.

또한, 자연환경지구에서 건축물 건축의 가능성이 전면적으로 배제되는 것이 아니라 자연환경지구에서 허용되는 행위의 기준에 부합하는 등 자연공원법 제23조 제2항의 요건을 갖추면 공원관리청의 허가를 받아 증·개축, 재축 및 이축행위를 할 수 있고, 출입의 제한이나 금지는 아무런 제한 없이 이루어질 수 있는 것이 아니라 일정 기간, 일정 지역이라는 시간적, 장소적 제한을 필요로 하므로 이 사건 법률조항들은 최소침해성원칙에도 부합한다.

토지를 종래의 목적으로 사용할 수 있는 경우에 있어서 자연환경지구에 대한 건축행위의 제한이나 공원구역의 출입제한 또는 일시적인 출입금지는 재산권에 내재하는 사회적 제약의 범위 내라 할 것이므로, 이 사건 법률조항들이 실현하고자 하는 공익의 비중과 그로 인하여 발생하는 토지재산권의 침해 사이에 법익균형성이 충족된다 할 것이고, 토지를 종래의 목적으로 사용할 수 없거나 또는 더 이상 법적으로 허용된 토지이용방법이 없어서 실질적으로 사용 및 수익을 전혀 할 수 없는 경우, 즉 자연환경지구 내 토지에서의 건축행위 제한과 공원구역의 출입제한·금지로 인한 재산권 제한이 사회적 제약의 한계를 초과하는 경우에 대하여는 자연공원법이 공원사업에 들어가는 토지와 그 토지에 정착된 물건에 대한 소유권 등 권리의 수용·사용과 이에 대한 손실보상 및 환매권 규정(제22조), 협의에 의한 토지 등의 매수에 관한 규정(제76조), 매수청구권 규정(제77조, 제78조) 등 적절한 보상적 조치를 마련하고 있으므로, 이 사건 법률조항들에 관하여 그를 통하여 달성하려고 하는 공익과 그로 인하여 침해되는 사익 사이에 적절한 균형이 이루어져 있다 할 것이다.

따라서 이 사건 법률조항들은 비례의 원칙에 반하여 청구인의 재산권을 침해한다고 볼 수 없다.

[재판관 권성의 반대의견]

특정 임야에 대한 청구인의 개별 소유권은 자연공원법에 의하여 그 권리행사의 범위가 질적, 양적으로 축소되는 제한을 받는다. 이것은 소유권의 본질에 따른 제한이 아니라 공공의 필요를 충족시키기 위하여 국가가 청구인에게 특별한 희생을 부담시키려 하기 때문에 발생하는 제한이다. 그로써 개별 소유권의 배타성과 전면성은 침해되고 만다. 그러므로 이러한 제한은 헌법 제23조 제3항이 규정하고 있는 재산권의 제한에 해당하고 헌법 제37조 제2항의 제한은 아니다. 따라서 보상을 요하고 보상이 없으면 그 제한 법률은 그대로 위헌이다. 개정 법률이 마련한 보상적 조치들은 정당한 보상 및 완전한 보상의 원칙을 충족하지 못한다. 그러므로 이 사건 법률조항들은 위헌이다.[2)]

Ⅱ. 환경법상 보상규정

현행법상 명문으로 손실보상과 관련한 규정을 두고 있는 경우는 제한적인데, 예컨대, 토지등의 수용 · 사용(「자연환경보전법」 제52조), 개발사업제한 또는 영농행위제한, 자연환경조사로 인한 타인토지에의 출입 등(동법 제53조, 제15조 제5항, 제33조 제1항), 생물다양성관리계약 이행으로 인한 수익 감소자에 대한 실비보상(동법 제37조 제2항), 측정망 설치를 위한 토지 · 건축물 등의 수용 및 사용(「대기환경보전법」 제5조 제2항), 공공하수도에 관한 조사 · 측량 · 공사 또는 유지를 위한 타인의 토지 안의 출입 · 사용 등(「하수도법」 제9조 제1항, 제8조 제1항), 위 시설의 설치를 위한 토지등의 수용 · 사용(동법 제10조 제1항), 특정농산물의 경작권고에 따라 농작물을 경작하거나 휴경함으로 인하여 경작자가 입은 손실(「물환경보전법」 제19조 제2항, 제1항), 상시측정 · 토양오염실태조사를 위한 토지 · 건축물 등의 수용 및 사용(「토양환경보전법」 제7조 제3항), 상시측정 · 토양오염실태조사 등을 위한 타인 토지에의 출입 등(동법 제9조, 제8조), 공원계획의 변경 등에 따른 허가의 취소, 사업의 정지 또는 변경 등으로 인한 손실, 조사 · 측량 기타 공원사업의 시행을 위한 타인의 토지의 출입과 사용(「자연공원법」 제73조, 제30조 제3호 · 제4호, 제32조, 제72조 제1항), 토지 등의 수용 · 사용(「폐기물처리시설 설치촉진 및 주변지역지원 등에 관한 법률」 제14조, 「한강수계 상수원수질개선 및 주민지원 등에 관한 법률」 제14조) 등이 그것이다.

---

2) 자연공원 중 자연환경지구에서의 건축행위 제한에 관하여 규정한 「자연공원법」 제23조 제1항 제1호 중 제23조 제2항 제1호에 의한 제18조 제2항 제2호 적용부분과 자연공원의 출입제한 또는 금지에 관하여 규정한 같은 법 제28조 제1항이 비례의 원칙에 반하지 않는다고 한 사례.

Ⅲ. 보상규정이 없는 경우

정작 문제가 되고 있는 것은 행위제한으로 인한 손실보상 규정 자체를 두고 있지 아니한 경우로,[3] 헌법 제23조상의 재산권보장과 관련하여 위헌의 문제까지 제기될 수 있다. 그러나 토지 소유권의 강한 사회성 · 공공성과 재산권의 제한을 통하여 실현하고자 하는 공익이 강조되면서 재산권 침해에 대한 손실보상은 제한적으로 이루어지고 있다.[4] 원칙적으로 그 제한이 공공복리에 적합한 합리적인 제한으로서, 그로 인한 토지소유자의 불이익이 공공복리를 위하여 감수하지 아니하면 안 될 정도의 것이라고 인정될 경우에는 이에 대하여 손실보상규정을 두지 아니하였다고 하여 헌법 제23조에 위반되는 것이라고 할 수 없으나,[5] 제한으로 말미암아 당해 토지의 이용가능성이 배제되거나 또는 토지소유자가 토지를 종래 허용된 용도대로 사용할 수 없기 때문에 이로 말미암아 현저한 재산적 손실이 발생하는 경우에는 원칙적으로 사회적 제약의 범위를 넘는 수용적 효과를 인정하여 국가나 지방자치단체는 이에 대한 보상을 하여야 한다.[6] 그 결과 건축물의 신축이 제한되는 경우(예컨대, 생태 · 경관보전지역, 자연공원 내 자연환경지구 등에서의 신축 제한) 토지의 사적 효용성이 배제될 수 있기 때문에 위헌 시비가 발생할 가능성이 많다.

손실을 입은 개인은 헌법 제23조 제3항 및 관계 규정의 유추해석을 통하여 손실보상을 청구하거나,[7] 손실보상 규정을 두고 있지 아니한 해당 법이 위헌이라고 하면서 국가 또는 지방자치단체를 상대로 불법행위에 기한 손해배상청구를 할 수 있을 것이다.

공공필요라고는 하지만 불이익을 입고 있는 토지소유자에 대하여 사회가 무신

---

3) 특별대책지역 내에서의 토지이용과 시설설치의 제한(「환경정책기본법」 제38조 제2항), 토지이용 등의 제한, 행위제한(「토양환경보전법」 제20조, 제21조), 사용종료 또는 폐쇄후의 토지이용 제한(「폐기물관리법」 제50조 제1항) 등의 경우에는 그 제한에도 불구하고 보상규정을 두고 있지 않다.

4) 헌재 2003. 4. 24. 선고 99헌바110 결정(판례 [1]); 헌재 2006. 1. 26. 선고 2005헌바18 결정(판례 [2]) 참조.

5) 대법원 1994. 5. 10. 선고 93도2397 판결.

6) 헌재 1999. 10. 21. 선고 97헌바26 결정.

7) 이러한 입장 이른바, 유추적용설이 다수설이라고 할 수 있다. 김남진, 행정법(I), 법문사, 1998, 605면; 석종현, 행정법강의(I), 삼영사, 1998, 545면; 홍정선, 행정법원론(상), 박영사, 2007, 664면. 직접효력설을 취하는 견해는 박균성, 행정법론(상), 박영사, 2008, 738면.

경한 것은 사회정의에 반하는 것으로, 해당 주민의 끊임없는 민원을 유발함에 따라 당해 토지의 효율적인 관리를 불가능하게 하는 것이다. 결국 재산권을 침해받고 있는 소유자에 대한 적극적 배려는 지속가능한 개발을 위해 중요한 것으로, "입법자는 매수청구권이나 수용신청권의 부여, 지정의 해제, 금전적 보상 등 다양한 보상가능성을 통하여 재산권에 대한 가혹한 침해를 보상하여야 한다."[8)]

손실보상방법의 대안으로는 ZSAFED(Zoning by Special Assessment Financial Eminent Domain),[9)] 개발권양도제,[10)] 환매권의 인정, 임대차 · 지상권 설정, 교환, 국 · 공유화 등 다각적인 검토가 요구된다.

[3] 대법원 2018. 12. 27. 선고 2014두11601 판결

① 토지보상법 제76조 제1항은 광업권어업권 및 '물의 사용에 관한 권리'에 대하여 보상하여야 한다고 규정하고 있는데, 그 위임을 받은 토지보상법 시행규칙은 제43조에서 광업권의 평가에 관하여, 제44조에서 어업권의 평가에 관하여 각 규정하고 있을 뿐이고, 토지보상법 및 그 시행령, 시행규칙에 '물의 사용에 관한 권리'의 평가에 관한 규정이 없다. ② 하천법 제50조에 의한 하천수 사용권과 면허어업의 성질상 유사성[허가어업이나 신고어업과는 달리 어

8) 헌재 1999. 10. 21. 선고 97헌바26 결정. 이에 반해 공원구역 내의 사유지에 대해 보상은 필요 없으며, 다만 고통분담차원에서 공원지정의 목적에 반하지 않는 한도 내에서 공원구역 내의 주민들에 대한 지원을 하는 것이 필요하다는 견해가 있다. 이상돈 외 2, "환경보전 관점에서 상수원지역, 국립공원 및 그린벨트지역 법령정비방안", 우리나라 환경법체계 정비에 관한 연구 Ⅱ-환경정책기본법, 상수원보호 및 그린벨트지역 법령정비를 중심으로, 한국환경정책 · 평가연구원, 1998. 12, 287 내지 288면.

9) 이는 용도지정으로 이익을 본 토지소유자에게 수익자 부담금을 징수함으로써 개발 또는 규제로 인하여 손실을 본 토지소유자에게 보상을 하여주는 제도이다.

10) 이는 토지의 소유권과 개발권을 분리하여 개발을 제한할 필요가 있는 지역(송출지역: sending district)의 토지소유자에 대해 해당 토지를 개발하지 못하게 하는 대신, 그에 상당하는 개발권을 부여하여 개발을 유도하는 지역(수용지역: receiving district) 안에서 행사할 수 있도록 하는 것이다. 이에 따라 토지소유자는 개발을 위해 필요한 타인에게 개발권을 양도함으로서, 송출지역에서 발생하는 손실을 보전받게 된다. 개발권양도제에 대하여 자세한 내용은 홍완표, "미국의 TDR에 관한 연구 -환경보전사례와 문제점을 중심으로-", 환경법연구 제20권, 1998, 397면 이하; 김형성 외 3, "환경보전을 위한 토지 이용관계의 합리화 방안", 성균관대학교 비교법연구소, 1998. 5, 291면 이하; 최혁재 · 최수, 토지이용규제 손실보전수단으로서의 개발권양도제 도입 및 활용방안 연구, 국토연구원, 2002, 9 내지 10면; 김상용, 토지법, 법원사, 2004, 217면 이하 참조. 이러한 개발권양도제에 대한 논란은 현행 법제상 토지소유권에서 개발권을 분리하는 것이 가능한가 하는 문제와 토지소유권의 본질적 내용을 침해하는 것인가의 문제로 귀착된다. 헌법상 토지소유권으로부터 개발권 분리가 가능하다고 볼 여지도 있지만 여러 가지 법적 문제점(특히 민사법상의 문제)이 있고, 개발권양도제가 가지는 기본 원리가 탁월하여 포기하기 아깝다는 점 등을 고려하여 전면적인 도입보다는 용적이전의 방식을 제한적으로 활용하자는 견해가 있다. 최혁재 · 최수(앞의 책), 18 내지 22면.

업면허를 받은 자는 어업권원부에 등록함으로써 어업권을 취득하는데(수산업법 제2조 제9호, 제8조, 제16조 제1항), 어업면허는 독점적 배타적으로 어업을 할 수 있는 권리를 설정하여 주는 특허로서의 성격을 가진다(대법원 1999. 5. 14. 선고 98다14030판결, 대법원 2007. 5. 10. 선고 2007다8211 판결 참조)], 면허어업의 손실액 산정 방법과 환원율 등에 비추어 볼 때, 원고의 하천수 사용권에 대한 '물의 사용에 관한 권리'로서의 정당한 보상금액은 토지보상법 시행규칙 제44조(어업권의 평가 등) 제1항이 준용하는 수산업법 시행령 [별표 4](어업보상에 대한 손실액의 산출방법산출기준 등) 중 어업권이 취소되거나 어업면허의 유효기간 연장이 허가되지 않은 경우의 손실보상액 산정 방법과 기준을 유추적용하여 산정함이 타당하다.[11)]

Ⅳ. 사례 연구: 개발제한구역과 손실보상

1. 배 경

개발제한구역(Green Belt)지정에 따른 재산권침해의 위헌 여부를 둘러싸고 논란이 심한 것은 주지의 사실이다. 개발제한구역은 도시의 인구집중으로 도시가 무질서하게 외곽으로 확산되는 것을 방지하기 위하여 도시 바깥에 벨트형태로 지정하여 개발행위를 제한하는 지역을 말한다. 우리나라에서는 1971년 '도시계획법'에 따라 개발제한구역세노가 도입되었다. 1998년 11월 25일 건설교통부는 지정목적이 상실된 일부 지방도시의 개발제한구역을 도시권 평가를 거쳐 전면 해제하고 나머지 지역의 개발제한구역에 대해 환경평가 결과를 토대로 구역을 조정하는 것을 골자로 한 '개발제한구역 제도개선시안'을 발표하였고, 9년 동안 결정을 미루어오던 헌법재판소는 1998년 12월 24일 개발제한구역제도 자체는 합헌이지만 토지를 종래의 목적대로 사용할 수 없는 경우 토지소유자들에

11) 甲주식회사가 한탄강 일대 토지에 수력발전용 댐을 건설하고 한탄강 하천수에 대한 사용허가를 받아 하천수를 이용하여 소수력발전사업을 영위하였는데, 한탄강 홍수조절지댐 건설사업 등의 시행자인 한국수자원공사가 댐 건설에 필요한 위 토지 등을 수용하면서 지장물과 영업손실에 대하여는 보상을 하고 甲회사의 하천수 사용권에 대하여는 별도로 보상금을 지급하지 않자 甲회사가 재결을 거쳐 하천수 사용권에 대한 별도의 보상금을 산정하여 지급해달라는 취지로 보상금증액 소송을 제기한 사안에서, 甲회사의 하천수 사용권에 대한 '물의 사용에 관한 권리'로서의 정당한 보상금액은 어업권이 취소되거나 어업면허의 유효기간연장이 허가되지 않은 경우의 손실보상액 산정 방법과 기준을 유추적용하여 산정하는 것이 타당하다고 본 사례.

대한 보상을 규정하지 않은 구 '도시계획법' 제21조는 위헌이라는 내용의 헌법불합치결정을 하였다(판례 [4]).

[4] 개발제한구역지정의 위헌성: 헌재 1998. 12. 24. 선고 89헌마214, 90헌바16, 97헌바78(병합) 전원재판부 결정

[다수의견]

가. 헌법상의 재산권은 토지소유자가 이용가능한 모든 용도로 토지를 자유로이 최대한 사용할 권리나 가장 경제적 또는 효율적으로 사용할 수 있는 권리를 보장하는 것을 의미하지는 않는다. 입법자는 중요한 공익상의 이유로 토지를 일정 용도로 사용하는 권리를 제한할 수 있다. 따라서 토지의 개발이나 건축은 합헌적 법률로 정한 재산권의 내용과 한계 내에서만 가능한 것일 뿐만 아니라 토지재산권의 강한 사회성 내지는 공공성으로 말미암아 이에 대하여는 다른 재산권에 비하여 보다 강한 제한과 의무가 부과될 수 있다.

나. 개발제한구역을 지정하여 그 안에서는 건축물의 건축 등을 할 수 없도록 하고 있는 도시계획법 제21조는 헌법 제23조 제1항, 제2항에 따라 토지재산권에 관한 권리와 의무를 일반·추상적으로 확정하는 규정으로서 재산권을 형성하는 규정인 동시에 공익적 요청에 따른 재산권의 사회적 제약을 구체화하는 규정인바, 토지재산권은 강한 사회성, 공공성을 지니고 있어 이에 대하여는 다른 재산권에 비하여 보다 강한 제한과 의무를 부과할 수 있으나, 그렇다고 하더라도 다른 기본권을 제한하는 입법과 마찬가지로 비례성원칙을 준수하여야 하고, 재산권의 본질적 내용인 사용·수익권과 처분권을 부인하여서는 아니 된다.

다. 개발제한구역 지정으로 인하여 토지를 종래의 목적으로도 사용할 수 없거나 또는 더 이상 법적으로 허용된 토지이용의 방법이 없기 때문에 실질적으로 토지의 사용·수익의 길이 없는 경우에는 토지소유자가 수인해야 하는 사회적 제약의 한계를 넘는 것으로 보아야 한다.[12)]

라. 개발제한구역의 지정으로 인한 개발가능성의 소멸과 그에 따른 지가의 하락이나 지가상승률의 상대적 감소는 토지소유자가 감수해야 하는 사회적 제약의 범주에 속하는 것으로 보아야 한다. 자신의 토지를 장래에 건축이나 개발목적으로 사용할 수 있으리라는 기대가능성이나 신뢰 및 이에 따른 지가상승의 기회는 원칙적으로 재산권의 보호범위에 속하지 않는다. 구역지정 당시의 상태대로 토지를 사용·수익·처분할 수 있는 이상, 구역지정에 따른 단순한 토지이용의 제한은 원칙적으로 재산권에 내재하는 사회적 제약의 범주를 넘지 않는다.

---

12) 이 사건에서 헌법재판소는 위와 같은 기준에 따라 토지재산권의 내재적 한계로서 허용되는 사회적 제약의 범위를 넘어 감수하라고 할 수 없는 특별한 재산적 손해가 발생하였다고 볼 수 있는 구체적인 예로 ① 나대지의 경우, ② 사정변경으로 인한 용도의 폐지를 들고 있다.

마. 도시계획법 제21조에 의한 재산권의 제한은 개발제한구역으로 지정된 토지를 원칙적으로 지정 당시의 지목과 토지현황에 의한 이용방법에 따라 사용할 수 있는 한, 재산권에 내재하는 사회적 제약을 비례의 원칙에 합치하게 합헌적으로 구체화한 것이라고 할 것이나, 종래의 지목과 토지현황에 의한 이용방법에 따른 토지의 사용도 할 수 없거나 실질적으로 사용·수익을 전혀 할 수 없는 예외적인 경우에도 아무런 보상없이 이를 감수하도록 하고 있는 한, 비례의 원칙에 위반되어 당해 토지소유자의 재산권을 과도하게 침해하는 것으로서 헌법에 위반된다.

바. 도시계획법 제21조에 규정된 개발제한구역제도 그 자체는 원칙적으로 합헌적인 규정인데, 다만 개발제한구역의 지정으로 말미암아 일부 토지소유자에게 사회적 제약의 범위를 넘는 가혹한 부담이 발생하는 예외적인 경우에 대하여 보상규정을 두지 않은 것에 위헌성이 있는 것이고, 보상의 구체적 기준과 방법은 헌법재판소가 결정할 성질의 것이 아니라 광범위한 입법형성권을 가진 입법자가 입법정책적으로 정할 사항이므로, 입법자가 보상입법을 마련함으로써 위헌적인 상태를 제거할 때까지 위 조항을 형식적으로 존속케 하기 위하여 헌법불합치결정을 하는 것인바, 입법자는 되도록 빠른 시일 내에 보상입법을 하여 위헌적 상태를 제거할 의무가 있고, 행정청은 보상입법이 마련되기 전에는 새로 개발제한구역을 지정하여서는 아니 되며, 토지소유자는 보상입법을 기다려 그에 따른 권리행사를 할 수 있을 뿐 개발제한구역의 지정이나 그에 따른 토지재산권의 제한 그 자체의 효력을 다투거나 위 조항에 위반하여 행한 자신들의 행위의 정당성을 주장할 수는 없다.

사. 입법자가 도시계획법 제21조를 통하여 국민의 재산권을 비례의 원칙에 부합하게 합헌적으로 제한하기 위해서는, 수인의 한계를 넘어 가혹한 부담이 발생하는 예외적인 경우에는 이를 완화하는 보상규정을 두어야 한다. 이러한 보상규정은 입법자가 헌법 제23조 제1항 및 제2항에 의하여 재산권의 내용을 구체적으로 형성하고 공공의 이익을 위하여 재산권을 제한하는 과정에서 이를 합헌적으로 규율하기 위하여 두어야 하는 규정이다. 재산권의 침해와 공익 간의 비례성을 다시 회복하기 위한 방법은 헌법상 반드시 금전보상만을 해야 하는 것은 아니다. 입법자는 지정의 해제 또는 토지매수청구권제도와 같이 금전보상에 갈음하거나 기타 손실을 완화할 수 있는 제도를 보완하는 등 여러 가지 다른 방법을 사용할 수 있다.

[재판관 조승형의 반대의견]

다수의견이 취하는 헌법불합치 결정은 헌법 제111조 제1항 제1호 및 제5호, 헌법재판소법 제45조, 제47조 제2항의 명문규정에 반하며, 헌법재판소 결정의 소급효를 원칙적으로 인정하고 있는 독일의 법제와 원칙적으로 장래효를 인정하고 있는 우리의 법제를 혼동하여 독일의 판례를 무비판적으로 잘못 수용한 것이므로 반대하고, 이 사건의 경우는 단순위헌결정을 하여야 한다.

[재판관 이영모의 반대의견]

가. 모든 국민이 건강하고 쾌적한 환경에서 생활할 수 있는 환경권(헌법 제35조)은 인간의 존엄과 가치·행복추구권의 실현에 기초가 되는 기본권이므로 사유재산권인 토지소유권을 행사하는 경제적 자유보다 우선하는 지위에 있다.

나. 도시계획법 제21조는 국가안전보장과 도시의 자연환경·생활환경의 관리·보전에 유해한 결과를 수반하는 환경오염을 미리 예방하기 위한 필요한 규제입법으로 헌법상 정당성을 갖추고 있다. 이 규제입법으로 말미암아 나대지의 이용이 제한되고 사정변경으로 인하여 토지를 사용하는 데 지장이 생겼다고 할지라도 입법목적에 어긋나지 않는 범위 안에서 이를 이용할 수 있는 방법이 있고 또 소유권자의 처분을 제한하는 것도 아니므로, 이와 같은 규제는 성질상 재산권에 내재된 사회적 제약에 불과하다고 보는 것이 상당하다. 법익의 비교형량면에서도 토지소유권자가 입는 불이익보다 국가안전보장과 공공복리에 기여하는 이익이 더 크고, 입법목적 달성을 위한 합리성·필요성을 갖추었으므로 헌법 제37조 제2항 소정의 기본권제한 한계요건을 벗어나는 것도 아니다. 뿐만 아니라 제한구역 내의 다른 토지와 서로 비교하여 보아도 나대지와 사정변경으로 인한 토지의 특성상 재산권의 박탈로 볼 수 있는 정도의 제한을 가한 합리성이 없는 차별취급으로 인정되지 아니하므로 평등원칙을 위반한 것도 아니다.

다. 오늘은 헌법이 규정하고 있는 기본권 중의 하나인 인간의 존엄과 가치·행복추구권의 실현에 기초가 되는 우리들의 환경권(제35조)조항이 헌법재판소의 결정으로 그 모습을 감춘 날이다. “모든 국민은 건강하고 쾌적한 환경에서 생활할 권리를 가지며, 국가와 국민은 환경보전을 위하여 노력하여야 한다. (…)”로 시작되는 환경권을 명시한 글귀는 사유재산권의 보장조항에 밀려 한지(韓紙)에 붓으로 정성껏 쓴 대한민국헌법 원전에만 초라하게 남은 한낱 골동장식품으로 전락하고 말았다. 다수의견이 뚜렷한 이유설명도 없이 위의 헌법조항들(제35조, 제122조)에 대하여는 눈을 감고서 못 본 체하고 또 앞서 본 개발제한구역안의 나대지와 사정변경으로 인한 토지에 대한 이용 방법을 규정한 법시행령과 법시행규칙에 대해서는 입을 굳게 다문 채 헌법위반이라는 결론에 손을 들었기 때문이다.

내가 지금 다수의견측에 하고 싶은 말은 홈즈(Holmes)재판관이 쓴 “판결의 참된 이유는 정책과 사회적 이익을 고려하는 데 있다. 쟁점의 해결이 단지 논리나 누구도 다투지 못할 법의 일반명제에 따라 결론이 나는 것으로 상상하는 것은 무익하다”라고 한 판결이유 중의 한 구절이다. 그는, 법률의 사회적 기능을 인정하는 법학, 사회적·경제적 변화에 따른 ‘시대의 절실한 요구’(the felt necessities of the time)에 기초를 둔 재판이 되어야 한다고 항상 강조하였다.

이에 건설교통부는 헌법재판소의 결정에 따른 보상대상토지 및 보상방법에 대한 보완과 헌법불합치 상태를 제거하기 위한 별도의 법 제정을 추진하여 결국 2000년 1월 28일 「개발제한구역의 지정 및 관리에 관한 특별조치법」을 제정하기에 이르렀다. 이제 개발제한구역은 동법의 규율을 받게 되었다.

동법에 의하여 국토해양부장관은 도시의 무질서한 확산을 방지하고 도시주변의 자연환경을 보전하여 도시민의 건전한 생활환경을 확보하기 위하여 도시의 개발을 제한할 필요가 있거나 국방부장관의 요청이 있어 보안상 도시의 개발을 제한할 필요가 있다고 인정되면 개발제한구역의 지정 및 해제를 도시·군관리계획으로 결정할 수 있다(제3조 제1항).

2. 개발제한구역에서 행위제한

개발제한구역에서는 건축물의 신축 및 용도변경, 공작물의 설치, 토지의 형질변경, 죽목(竹木)의 벌채, 토지의 분할, 물건을 쌓아놓는 행위 또는 「국토의 계획 및 이용에 관한 법률」 제2조 제11호에 따른 도시계획사업의 시행을 할 수 없는 등의 행위제한이 따른다(제12조 제1항 본문).

3. 재산권의 침해 여부

이러한 행위제한은 재산권 침해문제와 맞물리면서 계속해서 그 위헌성 여부가 논란이 되고 있다. 종래 법원은 손실보상의 규정이 없다고 하더라도 개발제한구역 안에 있는 토지의 소유자가 입게 되는 재산상 권리행사의 제한이 공공복리에 적합한 합리적인 제한이라고 보면서 개발제한구역지징의 합헌성을 인정하여 왔다.[13] 이러한 태도는 개발제한구역 내에 거주하는 주민의 재산권침해에 대한 고려를 등한히 하였다는 비판을 불러일으켰다. 급기야 1998년 12월 24일 헌법재판소는 전원재판부 결정을 통해 개발제한구역으로 지정함으로써 당해 토지를 종래의 지목과 토지현황에 의한 이용방법에 따른 토지의 사용도 할 수 없거나 실질적으로 사용·수익을 전혀 할 수 없는 예외적인 경우에도 아무런 보상없이 이를 감수하도록 하고 있는 것은 당해 토지소유자의 재산권을 과도하게 침해하는 것으로 헌법에 위반된다고 판시함으로써, 그 동안 견지해온 입장에 일대 방향 진환을

13) 대법원 1990. 5. 8. 선고 89부2 판결; 서울민사 1996. 6. 28. 선고 94다54511 판결 참조.

하기에 이르렀다(판례 [4]). 그러나 주목할 것은 예외적인 경우에 보상규정을 두고 있지 아니한 것이 문제인 것이지 개발제한구역제도 그 자체는 원칙적으로 합헌적이라는 것이다.

위 헌법재판소의 헌법불합치 결정 후 1년여가 지나 제정된 「개발제한구역의 지정 및 관리에 관한 특별조치법」은 개발제한구역의 지정에 따라 개발제한구역의 토지를 종래의 용도로 사용할 수 없어 그 효용이 현저히 감소된 토지나 그 토지의 사용 및 수익이 사실상 불가능하게 된 토지의 소유자가 해당 토지의 매수를 청구한 경우 국토교통부장관으로 하여금 매수청구를 받은 토지가 일정한 기준에 해당되면 이를 매수하도록 하고 있으며(제17조),[14] 국토해양부장관도 개발제한구역을 지정한 목적을 달성하기 위하여 필요하면 소유자와 협의하여 개발제한구역의 토지와 그 토지의 정착물을 매수할 수 있도록 함으로써(제20조), 개발제한구역의 지정에 따른 행위제한으로 재산권의 침해를 받는 토지소유자의 손실을 보상하기 위한 장치를 마련하고 있다. 한편 동법에서는 개발제한구역 안에서 주민이 집단적으로 거주하는 취락에 대해서도 엄격한 행위규제가 획일적으로 적용됨에 따라 주민생활의 불편을 야기하였다는 반성적 고려에 의하여 개발제한구역 안의 취락지구에 대해서는 건축물의 용도 및 규모 등에 관하여 규제를 완화하는 특례를 인정하고 있다(제15조, 시행령 제26조).

헌법재판소는 위헌의 소지를 없애기 위하여 마련된 이러한 보상적 조치들을 고려하여 개발제한구역 내에서의 행위제한이 토지재산권의 사회적 제약의 범위 내에 있는 것으로 판단해 오고 있다.[15]

4. 개발제한구역 지정의 해제

최근에는 개발제한구역 지정의 해제가 문제가 되고 있다. 기본적으로 개발제한구역의 지정해제와 환경보호는 대립되는 개념이다. 그렇다고 개발제한구역 지

14) 그러나 동법은 국토교통부장관으로 하여금 토지의 매수를 청구받은 날부터 2개월 이내에 매수대상 여부와 매수예상가격 등을 매수청구인에게 알려주고, 5년 이내에 매수계획을 수립하여 그 매수대상토지를 매수하도록 하고 있다(제18조 제1항 · 제2항). 이러한 절차와 기간 그리고 정부의 예산 문제 등은 토지 소유자의 입장에서 볼 때 궁극적으로 국가가 매수할지에 대해 의문을 갖기에 충분하다. 그 기간은 너무 길어 지금의 문제를 장래로 연기하였을 뿐이라고 할 수 있다. 김광수, "환경보호를 위한 토지이용규제와 재산권", 환경법연구 제28권 제2호, 2006. 8, 225면.

15) 헌재 2004. 2. 26. 선고 2001헌바80 결정; 헌재 2004. 11. 25. 선고 2003헌바29 · 54 · 68, 2004헌바7(병합) 결정 참조.

정에 따른 재산권침해를 도외시할 수도 없는 것이다. 결국 문제의 핵심은 개발제한구역제도의 근본 취지를 무의미하게 만드는 정도의 대폭적인 해제는 곤란하다는 것이다. 정치적인 이유 등으로 환경보호 내지 국토보전이라는 공익은 등한히 하고, 미리 편견을 갖고 개발제한구역지정의 완화를 서두르는 태도는 보다 큰 문제를 야기할 수 있다. 정부가 구체적인 방안을 제시하고 있지 않은 상황에서 졸속행정을 우려하며 환경단체들이 심하게 반발하는 이유도 근거가 없는 것이 아니다. 지역주민의 재산권 침해 등 여러 가지 문제점에도 불구하고 그나마 이 정도의 대도시 생활환경을 보전할 수 있었던 것에는 개발제한구역제도가 있었기 때문이라는 사실을 잊어서는 안 된다.

제4절 헌법소원

헌법소원심판을 청구하기 위해서는 다음의 요건을 충족하여야 한다: ① 공권력의 행사 또는 불행사가 존재할 것; ② 공권력의 행사 또는 불행사로 말미암아 헌법상 보장된 자신의 기본권이 직접적이고 현실적으로 침해되었을 것; ③ 다른 법률에 구제절차가 있는 경우에는 그 절차를 모두 마친 후일 것; ④ 권리보호의 필요성이 있을 것. 이른바, 권리구제형 헌법소원은 이와 같이 공권력의 행사 또는 불행사, 침해의 직접성·현재성 등의 요건을 충족하여야 하나 이를 충족하기가 쉽지 않아 심판청구를 할 수 있는 경우가 제한되고, 법원의 재판은 헌법소원심판청구의 대상에서 제외(「헌법재판소법」 제8조 제1항)되고 있기 때문에 헌법소원의 대상이 된다는 것이 쉽지만은 않다.

1. 공권력의 행사 또는 불행사

헌법소원심판은 원칙적으로 헌법에 위반하는 "공권력의 행사 또는 불행사"를 대상으로 한다. 공권력의 행사 또는 불행사라 함은 입법권·집행권·사법권을 행사하는 모든 국가기관의 적극적인 작위행위와 소극적인 부작위행위를 포괄하나 구체적인 경우 환경관련 법령이나 처분에 대하여 그 요건을 충족하기가 쉽지만은 않아, 헌법소원심판청구는 대부분 각하되고 있다(판례 [1] 내지 [3]).

[1] 새만금간척사업에 대한 정부조치계획: 헌재 2003. 1. 30. 선고 2001헌마579 결정

피청구인 국무총리의 2001. 5. 25.자 새만금간척사업에 대한 정부조치계획 및 지시사항시달은 당초 시행 중인 새만금간척종합개발사업에 관한 국무총리의 관계부처에 대한 지휘·감독권의 행사의 일환으로 행해진 것으로, 당초(1991. 11. 16. 사업시행인가가 고시되고 공사 진행 중인) 농림수산부장관의 새만금간척종합개발사업을 변경시키거나 그 사업을 대체하는 것이 아니라, 동 사업을 계획대로 계속 시행하되, 다만, 환경친화적인 개발이 되도록 관계부처에 보완대책을 수립·추진하라는 것을 내용으로 하고 있고, 피청구인 농림부장관의 2001. 8. 6.자 새만금간척사업에 대한 후속 세부실천계획 또한 위 국무총리의 지시사항을 이행한 실천계획을 정한 것으로, 동 사업에 대한 환경친화적인 개발의 이행계획을 내용으로 하고 있으며, 그리고 새만금간척사업에 대한 공사재개행위는 당초 새만금간척사업시행계획에 따라 진행되다 중단된 공사를 재개하는 것에 불과하여, 위 각 행위 자체로 독립하여 새로이 직접 청구인들의 본권을 침해하고 있는 것이 아니므로, 피청구인들의 위 각 행위는 헌법소원심판의 대상이 되는 공권력행사에 해당되지 아니한다고 할 것이다.[1)]

[2] 개발제한구역제도 개선방안의 발표가 공권력의 행사에 해당되는지 여부(소극): 헌재 2006. 6. 1. 선고 99헌마538 결정

가. 이 사건 개선방안의 발표가 공권력의 행사에 해당되는지 여부

(1) 먼저 이 사건 개선방안의 법적 성격을 본다.

이 사건 개선방안은 도시계획법 제21조에 의거 개발제한구역의 지정권한을 가진 피청구인이 개발제한구역의 해제 내지 조정을 위한 일반적인 기준을 제시하는 내용을 담고 있다. 따라서 이 사건 개선방안은 개발제한구역의 운용에 대한 국가의 기본방침을 천명하는 정책계획안이며, 장차 이루어질 개발제한구역의 해제 내지 조정에 대한 정보를 국민들에게 사전에 제공하는 정보제공적 행정계획안이라고 할 수 있다. 따라서 이를 입안한 것은 사실상의 준비행위에 불과하다.

(2) 다음으로 이 사건 개선방안이 어떠한 법적 효력을 가지고 있는지를 본다.

일반적으로 국민적 구속력을 갖는 행정계획(예컨대 도시계획결정)은 행정행위에 해당되지만, 구속력을 갖지 않고 행정기관 내부의 행동지침에 지나지 않는 행정계획은 행정행위가 될 수 없다. 그런데 이 사건 개선방안은 개발제한구역의 해제 내지 조정방침을 국민들에게 알리는 피청구인의 정책계획안에 불과하므로, 대외적 효력이 없는 비구속적 행정계획안에 속한다.

그리고 이 사건 개선방안은 법령의 뒷받침에 의하여 구체화되지 아니한 단계에서의 추상적이고 일반적인 행정기관의 구상과 의지를 담은 행정계획안에 불과하므로, 아직은 지방자치단체에 미치는 대내적 효력도 가지지 아니하는 도시계획업무용 참조자료 내지 대 국민 홍보용 정책자료에 그친다(건교부는 실제로 각 지방자치단체에게 이 사건 개선방안을 홍보자료로 활용하도록 배부하였다).

이와 같이 법령이 아직 개정되지 아니한 현시점에서는 이 개선방안은 법적 효력이 없는 행정계획안이어서 이를 입안한 것은 사실상의 준비행위에 불과하고 이를 발표한 행위는 장차 도시계획결정을 통해 그와 같이 개발제한구역의 해제나 조정을 할 계획임을 미리 알려주는 일종의 사전안내로서 행정기관의 단순한 사실행위일 뿐이라 할 것이다.

(3) 그렇다면 이 사건 개선방안은 비구속적 행정계획안에 불과하므로 공권력행위가 될 수 없으며, 이 사건 개선방안을 발표한 행위도 대내외적 효력이 없는 단순한 사실행위에 불과하므로 공권력의 행사라고 할 수 없다. 청구인들 역시 "이

---

1) 국무총리의 새만금간척사업에 대한 정부조치계획 · 지시사항시달, 농림부장관의 그 후속 세부실천계획 및 새만금간척사업 공사재개행위가 헌법소원의 대상이 되는 공권력 행사에 해당되지 않는다고 한 사례.

사건 발표는 장차 이루어질 개발제한구역해제 또는 재지정 등의 처분을 위한 사실상의 준비행위 또는 사전 발표로서 행정쟁송의 대상이 될 수 있는 행정처분이나 공권력의 행사는 될 수 없다"며 이를 인정하고 있다.

나. 이 사건 개선방안이 예외적으로 헌법소원의 대상이 되는지 여부

그렇지만 이 사건 개선방안이 예외적으로 헌법소원의 대상이 될 수도 있는 것인지 여부를 검토하기로 한다.

(1) 우선 비구속적 행정계획안이 예외적으로 헌법소원의 대상이 되는 경우를 살펴본다.

헌법재판소는 92헌마68등(서울대학교 입시요강발표)의 결정에서, 서울대학교의 "'94학년도 대학입학고사 주요요강'은 교육부가 마련한 대학입시제도 개선안에 따른 것으로서 대학입학방법을 규정한 교육법시행령 규정이 교육부의 개선안을 뒷받침할 수 있는 내용으로 개정될 것을 전제로 하여 제정된 것이고 위 시행령이 아직 개정되지 아니한 현 시점에서는 법적 효력이 없는 행정계획안이어서 이를 제정한 것은 사실상의 준비행위에 불과하고 이를 발표한 행위는 앞으로 그와 같이 시행될 것이니 미리 그에 대비하라는 일종의 사전안내에 불과하지만, 이러한 사실상의 준비행위나 사전안내라도 그 내용이 국민의 기본권에 직접 영향을 끼치는 내용이고 앞으로 법령의 뒷받침에 의하여 그대로 실시될 것이 틀림없을 것으로 예상될 수 있는 것일 때에는 그로 인하여 직접적으로 기본권침해를 받게되는 사람에게는 사실상의 규범작용으로 인한 위험성이 이미 발생하였다고 보아야 할 것"이므로, 서울대학교가 '94학년도 대학입학고사 주요요강'을 제정·발표한 행위는 헌법소원의 대상이 된다고 판시하였다(헌재 1992. 10. 1. 92헌마68등, 판례집 4, 659, 668). 이 사건에서 심판의 대상이 된 '94학년도 대학입학고사 주요 요강'은 고등학교 내신성적 반영비율을 40%로 하고 대학수학능력시험성적 반영비율을 20%로 하며, 대학별 고사의 반영비율을 40%로 하되 인문계열의 경우 국어(논술), 영어, 수학1 등 3과목을 필수과목으로 하고, 한문, 프랑스어, 독일어, 중국어, 에스파냐어 등 5과목을 선택과목으로 정하는 내용을 가지고 있었는데, 일본어를 선택과목에서 제외시키고 있었다.

헌법재판소의 위 결정에 따르면, 비구속적 행정계획안이나 행정지침이라도 국민의 기본권에 직접적으로 영향을 끼치고, 앞으로 법령의 뒷받침에 의하여 그대로 실시될 것이 틀림없을 것으로 예상될 수 있을 때에는, 공권력행위로서 예외적으로 헌법소원의 대상이 된다고 할 것이다.

(2) 이 사건 개선방안이 비구속적 행정계획안이지만 그 내용이 국민의 기본권에 직접적으로 영향을 끼치고, 장차 법령의 뒷받침에 의하여 그대로 실시될 것이 틀림없을 것으로 예상되어 예외적으로 헌법소원이 대상이 될 수 있는지 여부를 살펴본다.

(가) 먼저 개발제한구역의 해제 내지 조정방침을 천명하고 있는 이 사건 개

선방안이 청구인들의 기본권에 직접적으로 영향을 끼치고 있는지 여부를 본다.

이 사건 개선방안은 7개 중소도시권의 경우 지방자치단체별로 환경평가결과를 검증한 후 환경평가 결과 1·2등급 지역은 보전지역으로, 3-5등급 지역은 용도지역으로 지정하는 도시계획결정을 함과 동시에 개발제한구역을 전면적으로 해제하며, 7개 대도시권의 경우에도 지방자치단체별로 환경평가결과를 검증한 후 환경평가 결과 1·2등급 지역은 개발제한구역으로, 3등급 지역은 개발제한구역 또는 도시계획용지로, 그리고 4·5등급 지역은 해제가능지역으로 지정하는 도시계획결정을 통하여 개발제한구역을 부분적으로 해제·조정하는 내용을 담고 있다. 그리고 7개 대도시권의 경우 개발제한구역 내에 위치한 대규모 취락, 산업단지, 구역 경계선이 관통하는 취락 등 불합리한 지역은 도시계획결정을 통하여 우선적으로 해제하도록 하고 있다.

살피건대, 이 사건 개선방안은 7개 중소도시권과 7개 대도시권에서 개발제한구역을 해제하거나 조정하기 위한 일반적인 기준들만을 담고 있을 뿐, 개발제한구역의 해제범위나 해제지역 등이 구체적으로 확정되어 있지 않다. 이 사건 개선방안은 환경평가 결과 3 내지 5등급에 해당되는 개발제한구역이 도시계획결정을 통해서 해제 내지 조정된다는 내용만을 포함하고 있을 뿐, 구체적으로 어느 지역이 해제될 것인지는 전혀 특정하고 있지 않다. 대규모 취락이나 구역 경계선이 관통하는 취락 등에서의 구역해제는 비교적 구체적이라고 볼 수 있지만, 역시 해당지역을 특정하고 있지 않다.

이 사건 개선방안에 따라서 개발제한구역이 해제 내지 조정되는 지역은 앞으로 지방자치단체의 입안 및 의견청취, 관계부처 협의 등을 거쳐 각 개발제한구역별로 도시계획결정이라는 구체적인 행정처분을 통하여 비로소 확정된다. 따라서 관련주민은 해당지역에 대한 도시계획결정이 이루어지기 전에는 어느 지역이 개발제한구역에서 해제될 것인지를 사전에 전혀 알 수 없다.

해당지역 주민들은 개발제한구역을 해제하는 구체적인 도시계획결정이 내려진 이후에야 비로소 법적인 영향을 받게 되고, 경우에 따라서 자신들의 기본권을 침해당할 수 있다.

그렇다면 개발제한구역의 해제나 조정을 하기 위한 추상적이고 일반적인 내용만을 담고 있는 이 사건 개선방안은 청구인들의 기본권에 직접적으로 영향을 끼칠 가능성이 없다고 할 것이다.

(나) 다음으로 이 사건 개선방안이 앞으로 법령의 뒷받침에 의하여 그대로 실시될 것이 틀림없을 것으로 예상되는지 여부를 본다.

이 사건 개선방안의 내용들은 피청구인이 마련한 후속지침들에 반영되었으며, 해당 지방자치단체들은 이 후속지침들에 따라서 관련 절차들을 거친 후 도시계획결정을 하게 된다. 따라서 이 사건 개선방안은 도시계획법령에 의거한 도시계획결정을 통해서 시행될 것이고, 환경평가 결과 4-5등급 지역은 개발제한구역에서 해제될 가능성이 존재한다.

그러나 위에서 본 바와 같이 이 사건 개선방안의 내용이 추상적이고 일반적이어서 이를 구체화하는 과정에서 과연 어느 지역이 4-5등급으로 평가, 분류될 것이며, 여기서 예정하고 있는 4-5등급 지역이 어느 정도로 해제될 것인지, 그리고 어느 지역이 구체적으로 해제될 것인지는 사전에 예상할 수 없다. 또 구체적인 도시계획의 입안이나 결정과정에서 변동의 여지도 상존하고 있다.

그러므로 이 사건 개선방안은 피청구인의 후속 행정지침들에 반영되고 이에 따른 도시계획결정을 통하여 실시될 예정이기는 하지만, 위의 입학고사 주요요강처럼 예고된 내용이 그대로 틀림없이 실시될 것으로 예상할 수는 없다고 할 것이다.

(3) 소 결 론

그렇다면 이 사건 개선방안은 아직 청구인들의 기본권에 직접적으로 영향을 끼친다고 할 수 없고, 장차 도시계획법령에 의거한 도시계획결정을 통하여 그대로 실시될 것이 틀림없다고 예상되는 경우도 아니기 때문에 그 발표가 예외적으로 헌법소원의 대상이 되는 공권력의 행사에도 해당되지 아니한다.[2)]

[3] 행정청의 부작위에 대한 헌법소원 허용요건: 헌재 2005. 9. 29. 선고 2005헌마437 결정

가. 행정권력의 부작위에 대한 헌법소원은 공권력의 주체에게 헌법에서 유래하는 작위의무가 특별히 구체적으로 규정되어 이에 의거하여 기본권의 주체가 행정행위를 청구할 수 있음에도 불구하고 공권력의 주체가 그 의무를 게을리하는 경우에 한하여 허용된다고 할 것이며, 따라서 의무위반의 부작위 때문에 피해를 입었다는 단순한 일반적인 주장만으로는 족하지 않다고 할 것이므로 기본권의 침해없는 행정행위의 단순한 부작위의 경우는 헌법소원으로서 부적법하다.

나. 공원사업시행계획의 전단계로서 단지 구 공원법(1967. 3. 3. 제정되어 1980. 1. 4. 제정된 자연공원법 부칙 제2조의 규정에 의하여 폐지) 제3조 제1항의 규정에 의하여 국립공원의 지정 및 고시, 국립공원계획(용도지구계획상 자연환경지구)으로의 결정 및 고시의 절차까지만 이루어지고 구체적인 공원사업시행계획의 결정 및 고시가 이루어지지 아니한 토지에 대하여는, 관할 행정청(공원관리청)이 이를 수용할 수 있는 법률적 근거가 없을 뿐만 아니라 헌법상 보장된 재산권으로부터 직접 이러한 토지에 대한 수용의무 등이 도출된다고 볼 수도

2) 건설교통부장관이 1999년 7월 22일 구역지정의 실효성이 적은 7개 중소도시권은 개발제한구역을 해제하고 구역지정이 필요한 7개 대도시권은 개발제한구역을 부분조정하는 등의 내용을 담은 '개발제한구역제도개선방안'을 발표한 것이 예외적으로 헌법소원의 대상이 되는 공권력행사에 해당되지 않는다고 한 사례.

없다.

2. 기본권의 침해

헌법소원심판청구는 헌법상 보장된 기본권을 침해받은 자가 청구하여야 한다. 여기에서 기본권을 침해받은 자란 공권력의 행사 또는 불행사로 인하여 자기의 기본권이 현재 그리고 직접적으로 침해받은 자를 의미하며 단순히 간접적, 사실적 또는 경제적인 이해관계가 있을 뿐인 제3자는 이에 해당하지 않는다(판례 [6], [7]).[3] 즉 헌법소원심판청구를 위해서는 기본권침해의 자기관련성 · 직접성 · 현재성이 구비되어야 한다.

[4] 자기관련성(소극): 헌재 2001. 1. 18. 선고 99헌마548 전원재판부 결정

[다수의견]

헌법 제35조에서는 "모든 국민은 건강하고 쾌적한 환경에서 생활할 권리를 가지며, 국가와 국민은 환경보전을 위하여 노력하여야 한다"고 규정하여 환경권을 보장하고 있다. 이를 환경을 구성하는 중요요소 중의 하나인 물과 관련하여 볼 때, 오염에서 해방된 깨끗한 물에 대한 권리는 물론, 인간으로서의 존엄을 유지하기 위하여 필요한 정도의 유량을 공급받을 권리도 이러한 환경권의 한 내용으로 이해할 수 있을 것이다.

그런데 이 사건 법률조항은 수질이나 일정 유량의 물이용 자체와 같은 환경권적 측면을 규율하는 것이 아니라 댐사용권자 또는 댐사용권설정예정자의 댐저수사용료 징수근거와 범위를 규율하고 있다는 점에서 청구인의 주장과는 달리 환경권을 제한하는 규정이라기보다는 재산권을 제한하는 규정으로 봄이 상당하다.

그러므로 청구인이 이 사건 법률조항에 대하여 헌법소원심판을 청구할 수 있기 위해서는 이 사건 법률조항에 의하여 청구인의 재산권이 침해되거나 청구인이 다른 댐의 저수 사용자에 비하여 합리적 이유없이 재산상 불이익취급을 받아야 할 것인바, 기록에 의하면, 이 사건 법률조항에 따라 공사에 대하여 사용료를 납부하여야 할 주체는 청구인과 같은 춘천시민이 아니라 소양취수장의 관리주체인 지방자치단체로서의 춘천시임이 명백하다.

따라서 설령 춘천시가 이 사건 법률조항으로 인하여 물사용료를 부담하게 됨으로써 재정이 악화되고, 그로 인하여 결과적으로 청구인과 같은 춘천시민의 재정부담이 가중된다 하더라도 이는 간접적, 사실적 또는 경제적 불이익에 불과한

3) 헌재 1993. 3. 11. 선고 91헌마233 결정; 헌재 1994. 6. 30. 선고 91헌마162 결정; 헌재 1998. 9. 30. 선고 404 결정; 헌재 1999. 4. 29. 선고 97헌마382 결정 참조.

것이어서 이 사건 법률조항으로 인하여 청구인의 재산권 내지 평등권이 침해되었다고는 보기 어렵다.4)

[반대의견]

법률에 의한 기본권침해를 이유로 하는 헌법소원심판청구의 경우 법률에 의하여 직접 기본권을 침해당한 자가 아닌 제3자의 자기관련성 인정여부의 문제는 입법의 목적, 실질적인 규율대상, 법규정에서의 제한이나 금지가 제3자에게 미치는 효과나 진지성의 정도 및 규범의 직접적인 수규자에 의한 헌법소원의 제기가능성 등을 종합적으로 고려하여 판단해야 한다(헌재 1997. 9. 25. 96헌마133 결정).

위에서 본 공사와 춘천시 간의 물사용료에 대한 다툼은 어떻게 그 시비가 가려질지 알 수 없으나, 만일 재판을 통하여 해결책을 강구한다면 당사자인 춘천시는 신청으로 이 사건 법률조항에 대한 위헌여부의 심판을 제청할 수 있다. 다시 말하면, 법원이 그 신청을 받아들여 헌법재판소에 위헌심판을 제청하거나(헌법재판소법 제41조 제1항) 또는 그 신청을 기각하는 경우에는 구체적인 규범통제수단인 헌법소원심판청구를 할 수 있다(동법 제68조 제2항)(헌재 1994. 4. 28. 89헌마221 결정). 그러나 공사와 춘천시 간의 위의 다툼이 소송으로 해결될 가능성은 불확실할 뿐만 아니라 이 사건 법률조항은 춘천시 외에 댐저수를 사용하는 모든 지방자치단체와 주민들에게 고루 적용되는 조항인 점에 비추어 볼 때에, 실질적인 비용부담 주체인 주민에게도 자기관련성과 직접성을 인정할 수 있는 것이다(헌재 1997. 8. 21. 96헌마48 결정).

[5] 자기관련성(소극): 헌재 2000. 11. 30. 선고 2000헌마79 전원재판부 결정

[다수의견]

충주댐 광역상수도의 정수시설 설치비용을 부담하는 자는 위 상수도의 물을 공급받는 수도사업자인 충주시 등 10여 개 지방자치단체이며, 밀양댐 광역상수도의 경우는 밀양시 등의 지방자치단체임이 명백하고, 따라서 위 충주시, 밀양시에 거주하는 주민들에 불과한 청구인들이 위 법률조항에 의한 비용 부담을 하는 것이 아니며, 달리 심판대상조항(수도법 제52조의2 제1항 단서)이 청구인들에게 직접 적용된다고 볼 자료도 없다. 뿐만 아니라 심판대상조항으로 청구인들에게 영향이 있다 하더라도 이는 모두 위 충주시나 밀양시가 위 정수시설 설치비용을 부담하게 됨으로써 발생하는 시 재정악화에 따라 그 지역 주민들에게 끼쳐지는 간접적, 사실적 또는 경제적 불이익에 불과한 것이어서 이러한 사정만으로는 청구인들의 기본권이 현재, 그리고 직접적으로 침해당한 경우라고 할 수 없다.

---

4) 「댐건설 및 주변지역지원 등에 관한 법률」 제35조(사용료의 수납 등) 제1항으로 인하여 청구인들의 재산권 내지 평등권이 침해되었다고 할 수 없어 기본권침해의 자기관련성을 인정할 수 없다고 한 사례.

[반대의견]

심판대상조항은 상수도의 물을 공급받는 수도사업자(이 사건의 경우, 지방자치단체인 충주시, 밀양시)를 규율 상대방(수규자)으로 삼고 있으나, 그 설치비용은 수도요금으로 주민들에게 전가(轉嫁)하게 되므로, 실질적인 면에서 보면 그 주민들(청구인들)이 심판대상조항의 규율 상대방이다. 또한 심판대상조항은 그 자체에서 설치비용 부담의 법적 의무가 현재·직접적으로 지방자치단체에게 있음을 명시하고 있고, 그 지방자치단체가 위 법률조항에 대한 위헌 여부를 다툴 수 있는지 분명하지 아니하므로, 현재성과 직접성 또한 있다고 보는 것이 합리적인 해석이다. 국회에서 만든 법률이 국민의 권리를 제한하거나 의무를 부담하게 하는 등 기본권을 침해하는 경우 이의 위헌 여부를 심사한다는 것은 헌법의 명령이므로, 위 법률조항을 다수의견처럼 자기관련성, 현재성, 직접성을 부정하여 헌법재판소의 통제범위 외에 둘 것이 아니라 마땅히 본안에 들어가서 그 당부를 판단해 주는 것이 옳다.

[6] 자기관련성(소극): 헌재 2001. 11. 29. 선고 2000헌마462 결정

대한민국과 아메리카 합중국 간의 상호방위조약 제4조에 의한 시설과 구역 및 대한민국에서의 합중국 군대의 지위에 관한 협정(이 사건 협정) 제3조 제1항은 합중국 군대가 공여받은 시설 및 구역에 대한 운영, 경호 및 관리 등 보안조치를 취할 수 있고, 대한민국 정부는 합중국 군대의 출입편의 등을 위하여 필요한 조치를 취하도록 규정하고 있다. 그리고 이 사건 협정 제4조 제1항은 합중국 군대가 사용하던 시설과 구역을 반환할 때, 한미 공동방위의 필요에 따라 설치된 시설과 구역을 원래의 상태로 회복함이 사실상 불가능하므로 합중국 정부가 원상회복해야 할 의무를 지지 아니하며, 이러한 원상회복 대신으로 대한민국 정부에 보상하여야 할 의무를 지지 아니한다고 규정하고 있다. 한편 이 사건 협정 제4조 제2항은 대한민국 정부는 합중국 군대가 시설 및 구역을 개량한 것에 대하여 뿐만 아니라 시설 및 구역에 잔존한 건물 및 공작물에 대하여 합중국 정부에 보상할 의무를 지지 아니한다고 규정함으로써 상호주의 원칙을 적용하고 있다.

이 규정들은 합중국 군대가 공여받은 시설과 구역에 관한 보안조치나 그 반환에 관하여 규율하고 있을 뿐이고 환경에 관한 사항은 전혀 규율하고 있지 않다. 그리고 이 사건 협정 전체를 살펴보더라도 합중국 군대가 공여받은 시설 및 구역을 사용함에 있어서 자연환경이나 인간건강의 보호를 위하여 이행하여야 할 사항에 관하여는 전혀 규율하고 있지 않다.

따라서 이 규정들은 합중국군대에게 그 공여받은 바의 시설과 구역을 오염시킬 수 있는 권한을 부여하거나, 환경오염을 방치한 상태로 시설과 구역을 반환할 수 있도록 규정하는 것이 아닐 뿐만 아니라 이 규정들이 미군속의 독극물방류를 근거지우거나 정당화하는 내용은 더더욱 아니다.

그렇다면 이 규정들은 청구인 자신의 환경권이나 인간다운 생활을 할 권리를 침해할 가능성이 전혀 없으므로 청구인들에게는 기본권침해의 자기관련성이 존재하지 아니한다.[5]

[7] 자기관련성(소극): 헌재 2007. 2. 22. 선고 2003헌마428 결정

헌법소원 청구인은 공권력작용에 대하여 자신이 스스로 법적으로 관련되어야 하며 원칙적으로 기본권을 침해당하고 있는 자만이 헌법소원을 제기할 수 있고, 제3자는 특별한 사정이 없는 한 기본권침해에 직접 관련되었다고 볼 수 없다(헌재 1997. 3. 27. 94헌마277 결정). 그러나 법률에 의한 기본권침해의 경우에 제3자인 청구인의 자기관련성을 인정할 수 있는가의 문제는 무엇보다도 법의 목적 및 실질적인 규율대상, 법규정에서의 제한이나 금지가 제3자에게 미치는 효과나 진지성의 정도 등을 종합적으로 고려하여야 한다(헌재 1997. 9. 25. 96헌마133 결정).

이 사건 심판대상 규정은 식품접객업소에서의 2003. 7. 1.부터 합성수지 도시락 용기의 사용을 금지하는 것으로서 그 직접적인 수범자는 식품접객업주이므로 [별지 1] 청구인들 중 11., 12.와 같은 합성수지 도시락 용기의 생산업자는 원칙적으로 제3자에 불과하며, 또한 합성수지 도시락 용기의 사용제한으로 인하여 입게되는 영업매출의 감소 위험은 직접적, 법률적인 이해관계로 보기는 어렵고 간접적, 사실적 혹은 경제적인 이해관계라고 볼 것이므로 자기관련성을 인정하기 어렵다.

헌법소원에 있어서 기본권 침해의 직접성은 중요한 의미를 가지는데 이는 법령과 국민의 권리·의무 사이에 일정한 집행행위가 매개되는 경우가 많기 때문이다. 기본권의 침해의 직접성이란 집행행위에 의하지 아니하고 법률 그 자체에 의하여 자유의 제한, 의무의 부과, 권리 또는 법적 지위의 박탈이 생긴 경우를 뜻한다.[6] 헌법소원심판의 대상이 될 수 있는 법률은 그 법률에 기한 다른 집행행위를 기다리지 않고 직접 국민의 기본권을 침해하는 법률이어야 하지만 구체적 집행행위가 존재한다고 하여 언제나 반드시 법률 자체에 대한 헌법소원

5) 한강을 식수원 및 생활공간으로 삼고 있는 서울 시민들이, 인체에 치명적인 유해물질인 포름알데히드와 같은 독극물이 용산 미8군 구역 내에서 하수구를 통하여 한강에 무단방류하도록 조장하고 있는 SOFA 관련 규정이 환경권을 침해한다면서 헌법소원을 제기한 사안에서 그 심판청구가 기본권침해의 자기관련성 요건을 충족하지 않다고 한 사례.

6) 헌재 1994. 12. 29. 선고 94헌마201 결정; 헌재 2000. 11. 30. 선고 99헌마190 결정.

심판청구의 적법성이 부정되는 것은 아니고, 예외적으로 집행행위가 존재하는 경우에도 그 집행행위를 대상으로 하는 구제절차가 없거나 구제절차가 있다고 하더라도 권리구제의 기대가능성이 없고 다만 기본권 침해를 당한 자에게 불필요한 우회절차를 강요하는 것밖에 되지 않는 경우로서 당해 법률에 대한 전제관련성이 확실하다고 인정되는 때에는 당해 법률을 헌법소원의 직접대상으로 삼을 수 있다.[7]

한편 헌법재판소는 헌법소원의 적법요건으로 원칙적으로 공권력의 행사 또는 불행사로 인하여 '현재' 권리침해를 받아야 할 것을 요구하되,[8] '장래'에 발생하는 기본권 침해라고 하더라도 "기본권이 침해되리라는 것이 확실히 예상" 되는 경우에는 예외적으로 기본권 침해의 '현재성'을 인정하고 있다.[9]

[8] 부진정인법부작위에 의한 환경권 침해와 과소보호금지원칙: 헌재 2019. 12. 27. 선고 2018헌마730 결정

공직선거법에는 확성장치를 사용함에 있어 자동차에 부착하는 확성장치 및 휴대용 확성장치의 수는 '시 · 도지사선거는 후보자와 구 · 시 · 군 선거연락소마다 각 1대 · 각 1조, 지역구지방의회의원선거 및 자치구 · 시 · 군의 장 선거는 후보자마다 1대 · 1조를 넘을 수 없다'는 규정만 있을 뿐 확성장치의 최고출력 내지 소음 규제기준이 마련되어 있지 아니하다. 기본권의 과소보호금지원칙에 부합하면서 선거운동을 위해 필요한 범위 내에서 합리적인 최고출력 내지 소음 규제기준을 정할 필요가 있다.

공직선거법에는 야간 연설 및 대담을 제한하는 규정만 있다. 그러나 대다수의 직장과 학교는 그 근무 및 학업 시간대를 오전 9시부터 오후 6시까지로 하고 있어 그 전후 시간대의 주거지역에서는 정온한 환경이 더욱더 요구된다. 그러므로 출근 또는 등교 시간대 이전인 오전 6시부터 7시까지, 퇴근 또는 하교 시간대 이후인 오후 7시부터 11시까지에도 확성장치의 사용을 제한할 필요가 있다.

공직선거법에는 주거지역과 같이 정온한 생활환경을 유지할 필요성이 높은 지역에 대한 규제기준이 마련되어 있지 아니하다. 예컨대 소음 · 진동관리법, '집회 및 시위에 관한 법률' 등에서 대상지역 및 시간대별로 구체적인 소음기준을 정한 것과 같이, 공직선거법에서도 이에 준하는 규정을 둘 수 있다.

따라서 심판대상조항이 선거운동의 자유를 감안하여 선거운동을 위한 확성

7) 헌재 1992. 4. 14. 선고 90헌마82 결정.
8) 헌재 1989. 7. 21. 선고 89헌마12 결정.
9) 헌재 1994. 12. 29. 선고 94헌마201 결정; 헌재 2015. 3. 26. 선고 2014헌마372 결정.

장치를 허용할 공익적 필요성이 인정된다고 하더라도 정온한 생활환경이 보장되어야 할 주거지역에서 출근 또는 등교 이전 및 퇴근 또는 하교 이후 시간대에 확성장치의 최고출력 내지 소음을 제한하는 등 사용시간과 사용지역에 따른 수인한도 내에서 확성장치의 최고출력 내지 소음 규제기준에 관한 규정을 두지 아니한 것은, 국민이 건강하고 쾌적하게 생활할 수 있는 양호한 주거환경을 위하여 노력하여야 할 국가의 의무를 부과한 헌법 제35조 제3항에 비추어 보면, 적절하고 효율적인 최소한의 보호조치를 취하지 아니하여 국가의 기본권 보호의무를 과소하게 이행한 것으로서, 청구인의 건강하고 쾌적한 환경에서 생활할 권리를 침해하므로 헌법에 위반된다.10)

3. 보 충 성

행정쟁송, 국가배상, 손실보상 등 권리구제수단을 통해서도 환경침해에 대한 구제가 이루어지지 않은 경우에는 헌법소원의 제기를 검토해 볼 수 있다. 헌법소원심판은 다른 권리구제수단을 다 거치고 난 후(「헌법재판소법」 제68조 제1항 단서)와 위헌법률심판의 제청신청이 기각된 경우(동법 제68조 제2항)에야 그 청구가 가능하다. 전자의 경우 청구기간은 그 사유가 있음을 안 날로부터 90일, 그 사유가 있은 날로부터 1년 이내이며(동법 제69조 제1항), 후자의 경우에는 위헌법률심판의 제청신청이 기각된 날로부터 30일이다(동조 제2항).

[9] 헌법소원의 보충성: 헌재 1991. 6. 3. 선고 89헌마46 전원재판부 결정

헌법소원은 다른 법률에 구제절차가 있는 경우에는 그 절차를 모두 거친 후에 비로소 제기할 수 있는 것인바, 개발제한구역지정행위에 대하여는 행정심판 및 행정소송 등을 제기할 수 있으므로 청구인으로서는 우선 그러한 구제절차를 거친 후에 헌법소원심판을 청구하여야 한다.

이와 같이 헌법소원심판은 다른 법률에 구제절차가 있는 경우에는 그 절차를 모두 거친 후가 아니면 청구할 수 없는데(보충성의 원칙), "헌법소원심판청구인이 그의 불이익으로 돌릴 수 없는 정당한 이유 있는 착오로 전심절차를 밟지 않은 경우 또는 전심절차로 권리가 구제될 가능성이 거의 없거나 권리구제절차가 허용

10) 「공직선거법」 제79조 제3항 제2호 중 '시 · 도지사 선거' 부분, 같은 항 제3호 및 216조 제1항(심판대상조항)이 청구인의 건강하고 쾌적한 환경에서 생활할 권리를 침해하여 위헌이라고 하면서 선례인 헌재 2008. 7. 31. 선고 2006헌마711 결정을 결정 취지와 저촉되는 범위 안에서 변경하기로 한 사례.

되는지의 여부가 객관적으로 불확실하여 전심절차이행의 기대가능성이 없을 때에는" 그 예외가 인정된다.[11] 이른바, 헌법소원심판의 보충성에 대해서는 항고소송의 대상에서 제외되는 행정작용에 대해서(예컨대, 권력적 사실행위와 행정입법 등) '보충성의 비적용' 이론에 의거하여 폭넓은 예외가 인정되고 있다.[12] 예컨대, 집행행위 없이도 법률 또는 명령이 규정 그 자체로 기본권을 침해하는 경우에는 일반법원에 법령의 효력을 직접 다투는 것을 소송물로 하여 구제를 구할 수 있는 절차가 없으므로 보충성의 원칙의 예외가 인정되어 다른 구제절차를 거치지 않고 직접 헌법소원심판을 청구할 수 있다고 이해된다.[13]

[10] 헌재 2003. 12. 18. 선고 2001헌마754 결정

[1] 이 사건 감사는 피청구인이 폐기물관리법 제43조 제1항(현행 제39조 제1항)에 따라 폐기물의 적정 처리 여부 등을 확인하기 위한 목적으로 청구인들의 의사에 상관없이 일방적으로 행하는 사실적 업무행위이고, 청구인들이 이를 거부 · 방해하거나 기피하는 경우에는 과태료에 처해지는 점으로 볼 때 청구인들도 이를 수인해야 할 법적 의무가 있다. 그렇다면 이 사건 감사는 피청구인이 우월적 지위에서 일방적으로 강제하는 권력적 사실행위라 할 것이고 이는 헌법소원의 대상이 되는 헌법소원의 대상이 되는 헌법재판소법 제68조 제1항 의 '공권력의 행사'에 해당된다.

[2] 권력적 사실행위가 행정처분의 준비단계로서 행하여지거나 행정처분과 결합된 경우(合成的 行政行爲)에는 행정처분에 흡수 · 통합되어 불가분의 관계에 있다할 것이므로 행정처분만이 취소소송의 대상이 되고, 처분과 분리하여 따로 권력적 사실행위를 다툴 실익은 없다. 그러나 권력적 사실행위가 항상 행정처분의 준비행위로 행하여지거나 행정처분과 결합되는 것은 아니므로 그

11) 헌재 1989. 9. 4 선고 88헌마22 결정; 헌재 1997. 11. 27. 선고 94헌마60 결정; 헌재 1998. 10. 29. 선고 98헌마4 결정.

12) 헌재 1992. 10. 1. 선고 92헌마68 결정; 헌재 1993. 7. 29. 선고 89헌마31 결정; 헌재 1999. 6. 24. 선고 97헌마315 결정; 헌재 2001. 7. 19. 선고 2000헌마546 결정; 헌재 2002. 7. 18. 선고 2000헌마327 결정(이상 권력적 사실행위); 헌재 1993. 5. 13. 선고 92헌마80 결정; 헌재 1995. 2. 23. 선고 90헌가214 결정; 헌재 1996. 2. 29. 선고 94헌마13 결정; 헌재 1997. 3. 27. 선고 93헌마159 결정; 헌재 1999. 12. 23. 선고 98헌마363 결정; 헌재 2000. 6. 29. 선고 98헌마36 결정; 헌재 2000. 12. 8. 선고 2000헌사471 결정; 헌재 2001. 11. 29. 선고 99헌마494 결정; 헌재 2002. 4. 25. 선고 2002헌사129 결정(이상 행정입법).

13) 헌재 1999. 11. 25. 선고 98헌마55 결정. "입법작용도 공권력의 행사인 이상 법률에 대한 헌법소원도 가능한 것이나 모든 법률이 다 헌법소원의 대상이 되는 것이 아니고 그 법률이 별노의 구체적 집행행위를 기다리지 않고 직접적으로 그리고 현재적으로 심판청구인의 기본권을 침해하고 있는 경우에 한정됨을 원칙으로 한다." 헌재 1991. 6. 3. 선고 89헌마46 전원재판부 결정(판례 [9]).

러한 사실행위에 대하여는 다툴 실익이 있다할 것임에도 법원의 판례에 따르면 일반쟁송 절차로는 다툴 수 없음이 분명하다. 이 사건 감사는 행정처분의 준비단계로서 행하여지거나 처분과 결합된 바 없다. 그렇다면, 이 사건 감사는 행정소송의 대상이 되는 행정행위로 볼 수 없어 법원에 의한 권리구제절차를 밟을 것을 기대하는 것이 곤란하므로 보충성의 원칙의 예외로서 소원의 제기가 가능하다.[14)]

4. 권리보호의 이익

헌법소원은 국민의 침해된 기본권을 구제하는 제도이므로 그 제도의 목적상 당연히 권리보호의 이익이 있는 경우라야 제기할 수 있다. 따라서 심판청구 당시 권리보호의 이익이 인정되더라도 심판계속 중에 생긴 사정변경으로 권리보호의 이익이 소멸 또는 제거된 경우에는 원칙적으로 심판청구는 부적법하게 된다. 다만, 그 침해행위의 헌법적 해명(解明)이 중요한 의미를 가지는 경우이거나 그 침해행위의 일반적 · 개연적인 반복위험성(反復危險性)이 있는 경우 등과 같이 특별한 사정이 있는 경우 예외적으로 심판의 이익이 있다.[15)]

14) 행정소송의 대상이 되지 않는 권력적 사실행위(현장조사, 자료제출요구 등의 감사)에 대하여 사전구제절차를 거치지 않고 제기한 헌법소원이 보충성 원칙의 예외에 해당하여 적법하다고 한 사례.

15) 헌재 1991. 7. 8. 선고 89헌마181 결정.

제11장 환경오염피해에 대한 사법상 구제

환경오염 피해에 대한 철저한 구제는 환경오염에 대한 규제만큼이나 당위성을 갖는다. 우리나라처럼 구제보다는 규제에 치중하고 그 규제도 완비되지 아니한 상태에서는 사법구제(司法救濟)의 중요성이 자못 크다고 할 수 있다. 이러한 관점에서 사법구제의 실효성을 위한 제반 노력은 상당한 의미가 있다.

최근 국민의 권리 의식이 향상되었음에도 실제 환경피해와 관련한 소송은 극히 제한적으로 이루어지고 있는 것이 현실이다. 이것은 권리구제의 필요성을 인식하면서도 구제의 실효화를 위해 필요한 제도나 해석론이 이에 미치지 못하기 때문이라고 할 수 있다. 비체계적인 법적 장치, 법의 공백상태, 또는 규정 자체의 한계 등은 필연적으로 효율적인 피해구제를 막고 있다. 그 동안 제도의 구비나 합리적 해석론이 제대로 발전하지 못한 것은 정치 · 사회 · 행정적 이유 등 현실적인 면이 지나치게 많이 작용하였기 때문이라고 생각된다.

우리나라의 개별 환경법은 「환경정책기본법」, 「토양환경보전법」의 단편적인 일부 책임조항을 제외하고는 피해구제를 위한 법적 장치를 제대로 갖추고 있지 않다. 뿐만 아니라 책임규정이 산발적으로 구비되어 있어 「환경정책기본법」과 개별 환경법, 그리고 개별 환경법들간의 관계가 불분명하고, 경우에 따라서는 관련 규정들간의 적용에 있어서 충돌이 예상되는 등 피해구제를 위한 체계적인 법적 장치를 갖추고 있지 못하다. 단편적으로 존재하는 책임규정도 구체적 효력의 인정 여부 및 책임의 성질, 범위, 주체, 내용 등을 둘러싸고 끊임없는 논란이 제기되고 있다. 이러한 논란은 관련 규정의 실효성을 약화시키는 요인으로 작용한다. 또한 오염매체에 따른 대책법적인 성질을 갖는 개별 환경법이 오존층파괴, 산성비, 기후변화, 전자파, 환경호르몬, 유전자변형물질 등 새로운 오염문제에 대한 대책을 정립하여 법률화하지 아니한 관계로 이들 문제로 인한 피해구제와 관련하여서는 법의 공백도 우려되고 있다.

환경오염피해에 대한 사법(私法)상 구제수단으로는 불법행위(민법 제750조)와 소유자 또는 점유자의 물권(민법 제205조, 제206조, 제214조), 매연, 열기체 등에 의한 생활방해(민법 제217조), 하자담보책임(민법 제580조), 제조물책임(「제조물책임법」) 등에 기초한 손해배상청구나 유지청구(留止請求)를 들 수 있다.

한편, 환경법 영역에서 발생하는 책임 이슈를 정리하고 획기적으로 책임법체계를 마련하고 있는, 2014. 12. 31. 제정 「환경오염피해 배상책임 및 구제에 관한 법률」은 특히 손해배상 분야와 관련해서는 빼놓을 수 없는 중요한 법이라고 할 수 있다.

제1절 손해배상청구

우리나라의 개별 환경법은 피해구제를 위한 체계적인 법적 장치를 갖추고 있지 못하기 때문에 다수의 학자, 판례가 손해배상청구의 법적 근거로 삼는 민법 제750조는 큰 의미를 갖는다. 그러나 위 조항에 기한 손해배상청구는 장기간에 걸친 소송, 과다한 소송비용 등 일반 소송구조에서 나타나는 한계 외에 아래에서 살펴보는 것과 같이 환경소송의 특질상 많은 한계가 발견되고 있다.

Ⅰ. 고의 · 과실

1. 예견가능성의 범위의 확대 해석

우리 민법은 이른바, 과실책임의 원칙을 취하고 있는데, 즉 민법 제750조는 불법행위의 주관적 구성요건으로 고의 또는 과실을 들고 있다. 과실책임주의와 관련하여 학설과 판례에서 논의하는 중점은 과실의 기준에 모아지는데 대체로 일반인 · 보통인의 주의정도를 그 기준으로 삼고, 그 주의정도는 예견가능한 범위내라고 해석하는 것(예견가능성설)이 통설 · 판례의 입장이라 할 수 있다.[1] 문제는 고의 · 과실의 입증이 쉬운 것이 아니라는 것이다. 과실책임의 원칙을 고수한다고 하더라도 주의정도 내지 예견가능성의 범위를 확대 해석하면, 실제에 있어서는 무과실책임과 유사하게 운용할 수 있는데, 환경피해구제의 효율성을 제고하기 위하여는 이와 같은 탄력성이 요구된다.

---

1) 곽윤직, 채권각론, 박영사, 1995, 689면; 대법원 1973. 10. 10. 선고 73다974 판결; 대법원 1973. 10. 10. 선고 73다1253 판결.

2. 민법 제758조의 공작물책임의 활성화

민법 제758조는 공작물의 설치 또는 보존의 하자로 인하여 손해가 발생하였을 경우 점유자에게 이를 배상할 책임을 지우고 있는데, 환경침해를 유발하는 상당 부분이 공작물이라는 점에 비추어 환경침해로 인한 손해배상의 경우 위 공작물책임은 중요한 책임 근거로 작용할 수 있다. 특히 공작물의 소유자는 공작물의 설치·보존에 관하여 점유자에게 과실이 없는 때에도 이로 인한 손해를 배상할 무과실책임을 지우고 있으므로 설치·보존의 해석 여하에 따라 그 활용도는 더 커질 수 있다.

그러나 문제는 위 조항의 구성요건을 이루는 '설치·보존의 하자'와 관련하여 그 해석을 엄격히 하면 자칫 그 활용도가 제한될 수 있다는 것이다. 판례는 "공작물의 설치 및 보존의 하자라 함은 공작물의 축조 및 보존에 불완전한 점이 있어 이 때문에 그 공작물이 그 용도에 따라 통상 갖추어야 할 안전성을 갖추지 못한 상태에 있음을 말하는 것이므로 공작물의 설치 및 보존에 있어서 항상 완전무결한 상태를 유지할 정도의 고도의 안전성을 갖추지 않았다 하여 그 공작물의 설치 및 보존에 하자가 있는 것이라 할 수 없다"라고 판시함으로써, 완전무결성을 요구하고 있지 않다.[2)]

3. 위험책임법리의 실정화

최근에는 환경피해에 대하여 고의·과실이 없다고 하더라도 배상책임을 지우는 경향이 뚜렷해지고 있는데 우리나라의 환경관계법에서도 이 같은 규정을 다수 담고 있다. 예컨대, 「원자력손해배상법」 제3조 제1항에서는 "원자로의 운전 등으로 인하여 원자력손해가 생긴 때" 원자력사업자에게, 「유류오염손해배상보장법」 제5조 제1항에서는 "유류오염손해가 발생한 때" 사고 당시의 선박소유자에게 무과실책임을 지우고 있으며, 「토양환경보전법」 제10조의3에서는 "토양오염으로 인하여 피해가 발생하였을 때" 오염을 발생시킨 자가 무과실책임을 지도록 규정하고 있고, 「광업법」 제75조에서는 광해에 대하여 무과실책임을 규정하고 있으며, 「수산업법」 제82조는 "산업시설이나 그 밖의 사업장의 건설 또는 조업, 선박 또는 해양시설(「해양환경관리법」 제2조 제17호에 따른 해양시설을 말

2) 대법원 1987. 5. 12. 선고 86다카2773 판결; 대법원 1980. 1. 29. 선고 79다2160 판결; 대법원 1994. 10. 28. 선고 94다16328 판결; 대법원 1996. 2. 13. 선고 95다22351 판결.

함)과 해저광구의 개발 등에 의한 수질오염으로 인하여 면허받은 어업에 피해가 발생한 때" 오염발생시설의 경영자에게 무과실책임을 지우고 있다.

위와 같은 규정들은 위험책임의 법리를 실정화한 것으로, 환경오염 피해자는 가해자의 고의 내지 과실을 입증할 필요 없이 손해배상을 받을 수 있으므로, 환경피해 구제의 효율성을 높인다. 위와 같은 무과실책임 규정이 적용되는 경우에는 책임 유무를 가리기 위하여 가해자의 고의 내지 과실의 유무를 살피는 것이 의미가 없을 것이다. 그러나 고의 내지 과실의 존재가 뒤에서 살펴보는 위법성 여부나 유지청구의 인정 여부를 판단하는 데 중요한 기준으로 작용할 수 있으므로 그 범위 내에서는 여전히 의미를 갖게 된다.[3)]

4. 「환경정책기본법」 제44조와 「환경오염피해 배상책임 및 구제에 관한 법률」 제6조

「환경정책기본법」은 제44조 제1항에서 "환경오염 또는 환경훼손으로 인하여 피해가 발생한 경우에는 해당 환경오염 또는 환경훼손의 원인자가 그 피해를 배상하여야 한다"라고 규정하여 환경오염의 피해에 대한 원인자의 무과실책임을 인정하고 있다.

이 규정에 대하여는 구체적인 효력이 인정되어 그 적용 범위 내의 모든 환경피해에 대해 무과실책임을 인정할 수 있을 것인가가 크게 논란이 되고 있다. 이 규정의 구체적 효력을 부인하고, 방침규정에 불과한 것으로 보는 견해도 있으나,[4)] 「환경정책기본법」 제44조 제1항은 위험책임원리를 근거로 환경오염피해의 구제와 관련한 특수 법리를 규정한 책임규정으로, 구체적 효력이 있는 규정으로 보아야 한다.[5)] 더욱이 개별 환경법에 환경오염피해와 관련한 어떠한 책임 및 구제 규정

3) 무과실책임 규정이 적용되는 경우에도 배상책임을 인정하기 위해서는 수인한도론에 입각한 위법성이 요구된다는 견해가 있다. 이경춘, "소음과 환경소송", 환경법의 제문제(하), 재판자료 제95집, 법원도서관, 2002, 190면. 이에 반해 무과실책임, 즉 위험책임에서는 위법성이 요구되지 않으므로 민법 제217조의 인용의무가 무과실책임에는 적용되지 않는다는 견해가 있다. 전경운, "위법침해로 인한 위법성판단과 「환경정책기본법」 제31조의 효력", 민사법학 제22호, 2002. 9, 449 내지 450면. 법원은 과실 이외에 위법성 요건이 충족되어야 한다는 입장이다. 대법원 2001. 2. 9. 선고 99다55434 판결; 대법원 2003. 6. 27. 선고 2001다734 판결(판례 [16]); 대법원 2013. 10. 24. 선고 2013다10383 판결(무안국제공항 사건).

4) 이은영, 채권각론, 박영사, 1993, 714면; 손윤하, 환경침해와 민사소송, 청림출판, 2005, 66면, 318면 참조.

5) 이상규, 환경법론, 법문사, 1998, 242면; 오석락, 환경소송의 제문제, 삼영사, 1996, 77면; 서희원, 환경소송, 북피디닷컴, 2004, 214면; 전경운, "환경침해피해의 사법상 구제원리", 환

이 없는 상황에서는 위 규정의 구체적 효력을 쉽게 부인하여서는 안 될 것이다. 법원은 이 규정의 구체적 효력을 인정한 바 있다.6) 결국, 위 규정의 구성요건에 해당되는 환경오염피해를 입은 자는 오염원인자에게 무과실책임을 지울 수 있을 것이다(자세한 내용은 제1장 참조). 한편 「환경오염피해 배상책임 및 구제에 관한 법률」(피해구제법)은 시설의 설치 · 운영과 관련하여 환경오염피해가 발생한 때에는 해당 시설의 사업자가 그 피해를 배상하여야 한다고 규정함으로써(제6조 제1항), 사업자의 무과실 배상책임을 인정하고 있다(자세한 내용은 제11장 제2절 참조).

환경오염피해가 「원자력손해배상법」, 「유류오염손해배상 보장법」, 「토양환경보전법」, 「광업법」, 「수산업법」 등 무과실책임 규정이 적용되는 피해일 경우에는 마땅히 당해 법 규정이 적용되므로 「환경정책기본법」 등의 무과실책임 규정이 중요한 의미를 갖는 경우는 개별 환경법에 환경오염피해와 관련한 어떠한 책임 또는 구제 규정이 없는 경우일 것이다. 위와 같이 환경오염의 피해에 대하여 무과실책임을 인정하게 되면 피해자는 고의 · 과실 자체에 대한 입증이 불필요하게 되므로 환경오염피해에 대한 구제는 그만큼 충실해진다.

Ⅱ. 위 법 성

1. 수인한도론

환경 침해의 경우 불법행위를 원인으로 하는 배상책임을 지우기 위해서는 침해 행위가 위법한 것이어야 하는데, 구체적인 경우 위법성이 있는지 여부를 판단하기는 결코 쉬운 일이 아니다. 예컨대, 설치허가를 받은 배출시설에서 배출허용기준 이하의 오염물질이 배출된다고 하여 당연히 위법성이 없다고 단정할 수 없는 것이기 때문이다.7) 배출당시에 규제법규가 존재하지 않았는데, 배출된 물질이

경법연구 제25권 제2호, 2003, 384 내지 385면; 조은래, "환경소송상의 입증문제에 대한 소고", 환경법연구 제28권 제3호, 2006, 331 내지 332면. 위험책임의 규정을 특별 입법에 의한 제한적 열거보다는 한정적으로 환경오염의 위험분야를 일반조항 형식으로 하는 것이 합리적이므로 「환경정책기본법」의 민사책임 규정은 합리성이 있다. 안법영, "환경오염 사고와 위험책임", 환경오염의 법적 구제와 개선책, 소화, 1996, 316 내지 317면.

6) 대법원 2001. 2. 9. 선고 99다55434 판결; 대법원 2003. 6. 27. 선고 2001다734 판결(판례 [16]); 대법원 2008. 9. 11. 선고 2006다50338 판결; 대법원 2011. 11. 10. 선고 2010다98863 판결; 서울고법 2015. 4. 30. 선고 2014나2007924 판결(확정); 대법원 2017. 2. 15. 선고 2015다23321 판결(판례 [19]).

유해물질로서 그로 인하여 지금의 피해가 발생한 경우 배출행위에 위법성이 인정될 수 있는지도 논란이 될 수 있는데, 책임의 소급효와 맞물리면서 어려운 문제를 제기할 수 있다. 이와 같이 위법성 여부를 밝히기 어려운 현실적 한계를 극복하기 위한 하나의 수단으로 '수인한도론'이 발전되었다. 수인한도론에 의하면 환경피해가 사회 공동생활을 함에 있어서 일반적으로 용인될 수 있는 범위 내의 것인 때에는 위법성이 없는 것으로 볼 수 있으나, 그러한 수인의 한도를 넘는 것이면 위법성이 있는 것으로 하여 배상책임이 인정된다는 것이다. 최근에는 위법성과 고의·과실을 1원적으로 파악하려는 이른바, 신수인한도론도 주장되고 있다.[8] 판례는 위법성 판단에 수인한도론을 적용하고 있음을 분명히 하고 있다(판례 [1] 내지 [8]).

[1] 수인한도론: 대법원 2000. 5. 16. 선고 98다56997 판결

사회통념상 수인한도를 넘었는지의 여부는 피해의 정도, 피해이익의 성질 및 그에 대한 사회적 평가, 가해건물의 용도, 지역성, 토지이용의 선후관계, 가해 방지 및 피해회피의 가능성, 공법적 규제의 위반여부, 교섭경과 등 모든 사정을 종합적으로 고려하여 판단하여야 한다.

* 동지: 대법원 1999. 1. 26. 선고 98다23850 판결; 대법원 2002. 12. 10. 선고 2000다72213 판결; 대법원 2004. 9. 13. 선고 2003다64602 판결; 대법원 2005.1.27.선고 2003다49566 판결; 대법원 2007. 6. 15. 선고 2004다37904 판결; 대법원 2007. 9. 7. 선고 2005다72485 판결; 대법원 2010. 7. 15. 선고 2006다84126 판결; 대법원 2015. 9. 24. 선고 2011다91784 판결; 대법원 2016. 12. 29. 선고 2014다67720 판결; 대법원 2021. 6. 3. 선고 2016다33202, 33219 판결.

[2] 수인한도의 판단 기준: 대법원 2007. 6. 28. 선고 2004다54282 판결

가. 일조의 이익 침해

가해건물의 신축으로 인하여 일조피해를 받게 되는 건물이 이미 다른 기존

7) 판례는 오염배출이 행정적인 배출허용기준치 이하였다고 하더라도 통상의 수인한도를 넘어 손해가 발생한 경우에는 피해자에게 그 손해를 배상할 책임이 있다고 하고 있다. 서울민사지법 1992. 10. 13. 선고 92가합 4135 판결; 대구고법 1990. 1. 12. 선고 88나3049 판결; 대전지법 1995. 2. 8. 선고 93가합3237 판결.

8) 이 견해는 환경피해가 수인한도를 넘는 경우 가해자의 과실이 인정될 뿐만 아니라 가해행위는 위법한 것이 된다는 것이므로 실질적인 무과실책임을 인정하게 된다. 천병태·김명길, 환경법론, 삼영사, 1997, 263면; 오석락(각주 5), 77면; 이상규(각주 5), 244면; 이은영(각주 4), 718면.

건물에 의하여 일조방해를 받고 있는 경우 또는 피해건물이 남향이 아니거나 처마가 돌출되어 있는 등 그 구조 자체가 충분한 일조를 확보하기 어렵게 되어 있는 경우에는, 가해건물 신축 결과 피해건물이 동짓날 08시부터 16시 사이에 합계 4시간 이상 그리고 동짓날 09시부터 15시 사이에 연속하여 2시간 이상의 일조를 확보하지 못하게 되더라도 언제나 수인한도를 초과하는 일조피해가 있다고 단정할 수는 없고(한편, 피해건물이 종전부터 위와 같은 정도의 일조를 확보하지 못하고 있었던 경우라도 그 일조의 이익이 항상 보호의 대상에서 제외되는 것은 아니다), 가해건물이 신축되기 전부터 있었던 일조방해의 정도, 신축 건물에 의하여 발생하는 일조방해의 정도, 가해건물 신축 후 위 두 개의 원인이 결합하여 피해건물에 끼치는 전체 일조방해의 정도, 종전의 원인에 의한 일조방해와 신축 건물에 의한 일조방해가 겹치는 정도, 신축 건물에 의하여 발생하는 일조방해시간이 전체 일조방해시간 중 차지하는 비율, 종전의 원인만으로 발생하는 일조방해시간과 신축 건물만에 의하여 발생하는 일조방해시간 중 어느 것이 더 긴 것인시 등을 종합석으로 고려하여 신축 건물에 의한 일조방해가 수인한도를 넘었는지 여부를 판단하여야 한다.

나. 생활이익에 관한 수인한도

일조방해, 사생활 침해, 조망 침해, 시야 차단으로 인한 압박감, 소음, 분진, 진동 등과 같은 생활이익에 대한 침해가 사회통념상의 수인한도를 초과하여 위법한지를 판단하고 그에 따른 재산상 손해를 산정함에 있어서는, 생활이익을 구성하는 요소들을 종합적으로 참작하여 수인한도를 판단하여야만 형평을 기할 수 있는 특별한 사정이 없다면, 원칙적으로 개별적인 생활이익별로 침해의 정도를 고려하여 수인한도 초과 여부를 판단한 후 수인한도를 초과하는 생활이익들에 기초하여 손해배상액을 산정하여야 하며, 수인한도를 초과하지 아니하는 생활이익에 대한 침해를 다른 생활이익 침해로 인한 수인한도 초과 여부 판단이나 손해배상액 산정에 있어서 직접적인 근거 사유로 삼을 수는 없다.[9)]

[3] 조망침해율의 증가: 대법원 2014. 2. 27. 선고 2009다40462 판결

인접 토지에 건물 등이 건축되어 발생하는 시야 차단으로 인한 폐쇄감이나 압박감 등의 생활이익의 침해를 이유로 하는 소송에서 침해가 사회통념상 일반적으로 수인할 정도를 넘어서서 위법하다고 할 것인지 여부는, 피해 건물의 거

9) 가해건물 신축 후 피해건물의 일조시간이 감소하였으나 그 피해건물이 서향인데다가 종전부터 다른 기존 건물로 인하여 일조를 방해받고 있던 점, 가해건물 신축으로 인하여 추가된 일조방해시간이 전체 일조방해시간의 1/4에 미달하고, 종전부터 있던 일조방해시간의 1/3에 미달하는 점 등에 비추어, 가해건물의 신축으로 인한 일조 침해의 정도가 수인한도를 초과한다고 보기 어렵다고 한 사례.

> 실이나 창문의 안쪽으로 일정 거리 떨어져서 거실 등의 창문을 통하여 외부를 보았을 때 창문의 전체면적 중 가해 건물 외에 하늘이 보이는 면적비율을 나타내는 이른바 천공률이나 그중 가해 건물이 외부 조망을 차단하는 면적비율을 나타내는 이른바 조망침해율뿐만 아니라, 피해건물과 가해건물 사이의 이격거리와 가해 건물의 높이 및 이격거리와 높이 사이의 비율 등으로 나타나는 침해의 정도와 성질, 창과 거실 등의 위치와 크기 및 방향 등 건물 개구부 현황을 포함한 피해 건물의 전반적인 구조, 건축법령상의 이격거리 제한 규정 등 공법상 규제의 위반 여부, 나아가 피해 건물이 입지하고 있는 지역에 있어서 건조물의 전체적 상황 등의 사정을 포함한 넓은 의미의 지역성, 가해건물 건축의 경위 및 공공성, 가해자의 방지조치와 손해회피의 가능성, 가해자 측이 해의를 가졌는지 유무 및 토지 이용의 선후관계 등 모든 사정을 종합적으로 고려하여 판단하여야 한다.[10]

다만 수인한도법리와 관련한 대다수의 판례는 소음 · 진동, 일조, 통풍, 조망, 빛반사 등 침해와 관련한 것인데,[11] 이러한 침해가 아닌 다른 종류의 환경침해에 대하여도 수인한도법리를 폭넓게 적용할 것인지는 의문이 제기된다. 법원은 일반 환경오염피해에서도 수인한도론을 거론하고 있다.[12]

---

10) 피해 아파트의 일부 세대 소유자들이 인접 토지에 신축된 가해 아파트의 시행사를 상대로 조망침해(개방감 상실)에 따른 손해배상을 구한 사안에서, 가해 아파트와 피해 아파트 각 피해 세대 사이의 이격거리와 가해 아파트의 높이 및 이격거리와 높이의 비율 등 가해 건물과 피해 건물 사이의 배치관계가 그 지역에서 이례적인 것으로 보기 어려운데도, 이른바 조망침해율의 증가만을 이유로 시행사의 가해 아파트 신축으로 피해 아파트 소유자들에게 수인한도를 초과한 시야차단으로 폐쇄감이나 압박감이 발생하였다고 본 원심판결에는 시야차단으로 인한 폐쇄감이나 압박감의 수인한도에 관한 법리오해 등 위법이 있다고 한 사례.

11) 소송실무에서는 조망 또는 경관이익이 일조권과 관련하여 부차적으로 다루어지고 있다. 원고는 일조권 침해를 주장하면서 흔히 조망권, 경관권, 프라이버시권, 천공권 등의 침해를 주장하고 있으며, 법원은 일조침해에 초점을 맞추고 부수적으로 조망 또는 경관문제를 다루고 있다. 예컨대, 주거환경을 좌우하는 영향요소로서 일조, 조망, 프라이버시 순으로 분류한 다음, "일조저해율이 수인한도 범위 내인 이상, 조망 및 압박감의 저해나 프라이버시의 침해가 개별적으로 수인한도를 넘든, 넘지 않든 전체적으로 고찰하면 수인한도의 범위 내라 할 것이다"라는 판결(판례 [4]), "일조권의 침해가 수인한도 내에 있다면 조망권 및 사생활권 침해도 다른 특별한 사정이 없는 한 전체적으로 수인한도 내에 있다고 봄이 상당하다"는 판결(서울지법 2003. 11. 12. 선고 2002가합3921 판결) 등이 좋은 예이다.

12) 대법원 1991. 7. 23. 선고 89다카1275 판결(판례 [10]); 대법원 1991. 7. 26. 선고 90다카26607, 26614 결정; 서울민사지법 1989. 1. 12. 선고 88가합2897 판결; 대법원 2003. 6. 27. 선고 2001다734 판결(판례 [16], 원자력발전소에서의 온배수 배출행위로 양식장의 어류가 집단폐사한 경우 손해배상을 인정한 사례); 부산지법 2011. 2. 10. 선고 2009가합10372 판결(악취로 인한 인근 아파트 주민들이 입은 피해에 대하여 손해배상을 인정한 사례); 대법원 2012. 1. 12. 선고 2009다84608 판결(어민들이 수도권매립지관리공사를 상대로 수질오염으로 인한

[4] 일조권 침해와 수인한도: 서울고법 1996. 3. 29. 선고 94나11806 판결(확정)

건축관계 법령에 규정된 일조권 등의 확보를 위한 높이제한 규정, 이웃나라 일본의 규정과 실무와의 대비 등을 고려하여 볼 때 경인지역에 있어서의 아파트와 같은 공동주택의 경우에는 동지일을 기준으로 9시부터 15시까지 사이의 6시간 중 일조시간이 연속하여 2시간 이상 확보되는 경우 또는 동지일을 기준으로 8시에서 16시까지 사이의 8시간 중 일조시간이 통틀어서 최소한 4시간 정도 확보되는 경우에는 이를 수인하여야 하고, 그 두 가지 중 어느 것에도 속하지 아니하는 일조 저해의 경우에는 수인한도를 넘는다고 봄이 상당하다.[13]

[5] 일조권 침해의 판단기준: 서울중앙지법 2008. 7. 8. 선고 2007가합79119 판결(확정)

가해건물의 신축으로 피해건물의 일조량이 감소하였다는 사실만으로 곧바로 일조이익의 침해를 이유로 한 손해배상청구가 인정된다고 단정할 수 없고, 일조량의 감소를 기본 전제로 여러 요건들을 고려하여 그것이 사회적으로 용인할 수 있는 수인한도를 초과하였다고 평가할 수 있어야 하는데, 그러한 한도의 초과 여부는 다음의 여러 가지 사정을 종합하여 판단하여야 한다. 즉, 피해자에 관하여는 ① 원칙적으로 피해건물이 주거지역에 위치해 있어야 하며, 주거용으로 건축되고 실제로도 주거용으로 사용되고 있어야 하고, ② 가해건물의 골조가 완성되기 전에 피해건물의 거주자가 상당한 기간 일조이익 등과 관련된 침해 없이 거주함으로써 그들에게 보호받을 만한 충분한 생활이익이 형성되었다고 인정할 수 있어야 한다. 가해자에 관하여는 ③ 피해건물 및 가해건물의 인접지역의 상황에 비추어 가해건물에 건물의 형상과 이용방식 등 여러 면에서 상당한 정도의 이례성이 있어야 하고, ④ 가해건물이 피해건물로부터 피해건물의 거주자들에게 직접적인 압박감을 느끼게 할 정도의 상당한 거리 이내에 위치하고 있어야 한다. 일조량에 관하여는 ⑤ 일조량 감소로 인한 피해의 정도가 상당한 정도의 것이이야 한다는 각 요건이 충족되어야 한다. 마지막으로 이상의 각 요건에 더하여 ⑥ 피해이익의 성질 및 그에 대한 사회적 평가, 토지이용의 선후관계, 가해방지 및 피해 회피의 가능성, 공법적 규제의 위반 여부, 교섭 경과, 가해건물이 주거지역에 위치하고 있는지 여부 등 모든 사정을 종합적으로 고려하여 일조이익의 침해를 이유로 한 손해배상청구의 인정 여부를 판단하여야 한다.[14]

손해배상을 구한 사안에서, 그 손해는 수인한도를 넘는 것이어서 위법성이 인정된다고 한 사례); 대법원 2013. 10. 24. 선고 2013다10383 판결.

13) 이 판결은 특별한 설시없이 일조시간이 가장 짧은 동지일을 기준으로 일조침해 여부를 측정하고 있는데, 이후 많은 판결이 같은 입장을 취하고 있다. 대법원 1999. 1. 26. 선고 98다23850 판결(판례 [20]) 참조.

14) 일조량이 감소한 점만으로는 수인한도를 넘어 원고들에게 배상되어야 할 정도의 손해가 발생하였다고 하기에 부족하다면서 원고들의 청구를 기각한 사례. 실무상으로는 법원이 제시하고

[6] 지역성의 결정 기준: 대법원 2004. 10. 28. 선고 2002다63565 판결

쾌적하고 건강한 생활에 필요한 생활이익으로서 법적 보호의 대상이 되는 주거의 일조는 현재 살고 있는 지역주민을 보호하기 위한 것이므로 일조방해행위가 수인한도를 넘었는지 여부를 판단하기 위한 지역성은 그 지역의 토지이용 현황과 실태를 바탕으로 지역의 변화 가능성과 변화의 속도 그리고 지역주민들의 의식 등을 감안하여 결정하여야 할 것이고, 바람직한 지역 정비로 토지의 경제적 · 효율적 이용과 공공의 복리증진을 도모하기 위한 도시계획법 등 공법에 의한 지역의 지정은 그 변화 가능성 등을 예측하는 지역성 판단의 요소가 된다.

구체적인 수인한도를 판단하기 위하여는 일조피해를 받는 건물이 이미 다른 기존 건물에 의하여 일조방해를 받고 있는 경우에는 그 일조방해의 정도와 신축 건물에 의한 일조방해와의 관련성 등도 고려하여 신축 건물에 의한 일조방해가 수인한도를 넘었는지 여부를 판단하여야 한다.[15)]

[7] 조망권 및 사생활권 침해와 수인한도: 서울고법 2000. 7. 7. 선고 99나52567 판결

주택에 있어서 일조, 조망 등의 확보 및 사생활의 노출차단 등은 쾌적하고 건강한 주거생활을 영위하기 위한 필요불가결의 요소이고 따라서 이는 환경권 및 사생활권의 내용으로서 당연히 보호되어야 하며 이러한 권리의 침해는 피해자에 대하여 불법행위를 구성한다고 보아야 할 것이다.

다만, 대도시 인구의 과밀화와 토지의 효율적 이용을 위한 건물의 고층화 경향을 고려할 때 이 ○○아파트와 같은 공동주택의 경우, 사회공동생활상 일조권, 조망권 등의 침해를 어느 정도 참아주는 것은 불가피하다고 할 것이므로 일조권, 조망권 등의 침해가 사회통념상 일반적으로 인정되는 수인한도를 초과하지 아니하는 경우에는 위법성이 조각된다고 할 것이다.

있는 일조피해시간에 해당하기만 하면 일조권 침해가 인정되는 경향이 있는데, 여기에 대해서는 일조권 침해 여부가 기계적으로 판단 · 운영된다는 비판이 있을 수 있다. 일조권 침해 여부를 판단할 시 지역이나 용도 등에 대한 적극적인 고려도 필요하다고 생각한다. 이러한 관점에서 일조권 침해 판단기준 6가지를 제시한 이 판결은 주목할 만하다. 특히 이 판결은 일조량 자체에 대한 요건과 관련해서 "동지일을 기준으로 한 조건이 충족된다고 하여 기계적으로 손해배상의 청구가 가능해진다고 할 수는 없다"고 하면서 종전 판례들이 제시하고 있는 일조피해시간 외에 다른 요건을 추가 · 강화하고 있다.

15) 다세대주택 거주자 원고 11명이 주택 옆에 9층짜리 숙박시설이 들어서면서 일조권을 침해당했다면서 숙박업자를 상대로 제기한 손해배상청구소송에서 일조방해행위가 수인한도를 넘었는지 여부를 판단함에 있어 건물이 들어선 곳(일반 상업지역)의 지역성과 다른 기존의 건물(19층 상가빌딩)에 의하여 일조방해를 받을 가능성 등이 있다는 사정을 고려하지 않은 채 신축 건물로 인한 일조방해의 정도가 수인한도를 넘었다고 판단한 원심이 위법하다고 한 사례. 같은 취지의 판결은 대법원 2007. 6. 14. 선고 2005다72058 판결; 대법원 2011. 2. 24. 선고 2010다13107 판결.

그러므로 수인한도에 관하여 보건대, 우선 일조에 관하여는 일조권확보를 위한 광○군 건축조례 등에 비추어 이 ○○아파트가 위치한 공동주택의 경우 동지일을 기준으로 9시부터 15시까지 사이의 6시간 중 일조시간이 연속하여 2시간 이상 확보되는 경우, 조망율에 관하여는 시야차단에 따른 압박감 등을 고려하여 40% 이상, 사생활 침해는 6등급 이상의 경우에 이를 수인하여야 할 것으로 봄이 상당한데, 다만 조망은 시야를 상하, 좌우로 이동함으로써, 사생활의 노출은 커텐 등으로 이를 차단함으로써 보다 나은 상태를 창출할 수 있음에 반하여 일조량은 인공적으로 이를 증가할 수 없다는 점 등을 종합하여 고려하여 보면, 위 요소 중 일조량의 확보가 보다 근본적이고 중요하다 할 것이므로 동지일을 기준으로 9시부터 15까지 사이의 6시간 중 일조시간이 2시간이 확보되지 아니한다면 조망권 및 사생활의 침해가 수인한도 내에 있다 하더라도 전체적으로 수인한도를 초과한다 할 것이고, 일조시간이 4시간 이상 확보된다면 조망권 및 사생활의 침해가 수인한도를 초과한다 하더라도 전체적으로 수인한도 내에 있다 할 것이다.[16)]

[8] 태양반사광 피해(빛반사 시각장애): 대법원 2021. 3. 11. 선고 2013다59142 판결

인접 토지에 외벽이 유리로 된 건물 등이 건축되어 과도한 태양반사광이 발생하고 이러한 태양반사광이 인접 주거지에 유입되어 거주자가 이로 인한 시

16) 이 사건에서 법원은 조망률(0%란 눈을 움직이지 않은 상태에서 시야 전체가 다른 건물에 의해 완전히 가려지는 정도이고, 36.3%란 같은 상태의 시야에서 다른 건물에 의해 가려지지 않는 범위가 36.3% 정도라는 의미이다)에 관하여는 40% 이상, 아파트 내에서 가족간의 공동생활이 타인에게 노출되는 정도를 나타내는 사생활침해율(침해를 당하는 세대의 내부생활모습은 물론 사람의 표정까지 인식할 수 있는 정도(10m 이내의 거리)를 1등급으로 하고, 어렴풋이 사람의 거동은 구분할 수 있지만 정확하게 무슨 행동인지 구별할 수 없는 정도(74m 이상)를 10등급이라 하여 1등급에서 10등급까지로 구분)에 대하여는 6등급(사람의 행위를 판단할 수 있는 정도) 이상인 경우에 수인한도 내에 있다고 판단하였다. 한편, 서울고법 1996. 3. 29. 선고 94나11806 판결(판례 [4])은 조망률과 관련해서 “인간의 시야는 60°의 원추체로서 일상생활에서 작용하는 시야의 범위는 시선의 좌우측 및 상하로 30°인 60°가 한계인데, 시야의 중심을 기준으로 좌우 및 위쪽으로 27°의 범위 내에서 마주보는 건물 밖의 외부공간의 조망이 확보되어야 폐쇄감 혹은 압박감이 현저히 감소한다고 하며, 마주보는 건물에서 조망, 압박감과 관련하여 수직시야의 범위는 외부공간을 고려할 때 특히 위쪽(앙각)이 고려대상이 된다”고 적시하고, 정남향에 아무런 건물이 없는 경우를 0으로 기준하고 0~2를 보통, 3~5를 불량으로 분류하여 이를 수치화하면서 침해수치 4를 초과하는 경우 수인한도를 넘는다고 판단하였다. 또한 사생활침해율과 관련해서는 사람은 얼굴의 표정을 분별할 수 있는 최대 거리가 12m 정도이고, 얼굴을 인식할 수 있는 최대거리가 24m, 동작을 분별할 수 있는 최대거리가 135m 정도 된다고 하면서, 이 사건 아파트의 경우 프라이버시가 보호된다고 볼 수 있는 경우를 0으로 하고, 약간 침해받는 경우를 1, 침해받는 경우를 3으로 하되, 특히 돌출구조인 경우 0.5 정도의 수치를 가산하여 그 침해 정도를 수치화하고, 침해수치 2를 넘는 세대의 경우 수인한도를 초과하는 것으로 판단하였다.

야방해 등 생활에 고통을 받고 있음(이하 '생활방해'라 한다)을 이유로 손해배상을 청구하려면, 그 건축행위로 인한 생활방해의 정도가 사회통념상 일반적으로 참아내야 할 정도(이하 '참을 한도'라 한다)를 넘는 것이어야 한다. 건축된 건물 등에서 발생한 태양반사광으로 인한 생활방해의 정도가 사회통념상 참을 한도를 넘는지는 태양반사광이 피해 건물에 유입되는 강도와 각도, 유입되는 시기와 시간, 피해 건물의 창과 거실 등의 위치 등에 따른 피해의 성질과 정도, 피해이익의 내용, 가해 건물 건축의 경위 및 공공성, 피해건물과 가해 건물 사이의 이격거리, 건축법령상의 제한 규정 등 공법상 규제의 위반 여부, 건물이 위치한 지역의 용도와 이용현황, 피해를 줄일 수 있는 방지조치와 손해회피의 가능성, 토지 이용의 선후관계, 교섭 경과 등 모든 사정을 종합적으로 고려하여 판단하여야 한다.[17)]

[9] 네이버 사건(태양반사광): 대법원 2021. 6. 3. 선고 2016다33202, 33213 판결

태양직사광과 태양반사광은 모두 빛으로 인하여 발생하는 것이다. 그러나 태양반사광은 건물 외벽의 빛반사로 인하여 주택 내 또는 발코니에 있는 사람에게 빛반사 시각장애를 일으키는 인위적이고 왜곡된 빛으로, 자연의 빛인 태양직사광과는 그 발생 원인이 다르다. 태양직사광으로 인한 생활방해는 어떠한 책임도 발생시키지 않는 '자연에 의한' 생활방해인 반면, 태양반사광으로 인한 생활방해는 태양광이 '인위적으로 축조된' 건물 외벽에 의한 반사 효과와 결합해서 그 생활방해를 발생시키기 때문이다. 태양직사광이 건물 외벽 같은 인공적인 매개물에 반사되면서, 원래의 각도가 변경되어 태양반사광이 주거 내에 있는 사람의 눈에 직접 유입되어 눈부심이 발생하거나, 자연스럽게 창밖을 바라볼 수 없을 정도의 빛반사 시각장애를 일으키게 된다. 이로 인해 태양반사광은 거주자들의 주거의 본질적인 이용을 방해하고, 건강을 해치게 할 수 있으며, 경우에 따라서는 그 정도가 참을 한도를 넘을 수 있다.

건물의 신축으로 인하여 그 이웃 건물의 거주자에게 직사광선이 차단될 때 발생하는 일조방해와 태양반사광 침해로 인한 생활방해의 각 정도가 참을 한도를 넘는지 여부를 판단할 때 앞서 본 바와 같은 여러 사정들을 종합적으로 고려하여야 한다는 점에서 서로 다르지 않다. 그러나 양자는 고려하여야 할 여러 사정들 중 특히 '피해의 성질과 내용'의 점에서 서로 큰 차이가 있다. 일

17) 甲 회사가 시공한 건물의 외벽에서 반사되는 강한 햇살로 주거생활권을 침해당하고 있다는 이유로 피해 아파트 주민인 乙 등이 甲 회사를 상대로 손해배상을 구한 사안에서, 아파트에 빛반사 시각장애 현상이 나타나는 일수와 지속시간, 유입되는 빛의 강도 등 여러 사정을 고려하여 甲 회사가 시공한 건물의 외벽 유리에 아파트로 유입되는 강한 햇빛으로 인하여 乙 등이 수인한도를 넘는 침해를 입고 있다는 이유로, 甲 회사는 乙 등에게 그로 인한 손해를 배상할 책임이 있다고 한 사례.

반적으로 거주자가 하루 종일 직사광선을 계속 받아야만 쾌적하고 안정적인 주거생활을 누린다고 볼 수는 없고, 상당 시간의 직사광선 차단이 연중 계속 발생한다고 하여 거주자에게 곧바로 건강상의 장애를 일으킨다고 보기는 어렵다. 예컨대 아파트와 같은 공동주택의 경우 여러 사정들을 종합적으로 고려하면서도, 특히 일조감소 시간을 중시하여 동지를 기준으로 09시부터 15시까지 사이의 6시간 중 일조시간이 연속하여 2시간 이상 확보되는 경우 또는 동지를 기준으로 08시부터 16시까지 사이의 8시간 중 일조시간이 통틀어 4시간 이상 확보되는 경우에는 참을 한도를 넘는 것으로 보기 어려운 경우도 있다(대법원 2007. 9. 7. 선고 2005다72485 판결, 대법원 2010. 6. 24. 선고 2008다23729 판결 등 참조). 반면 태양반사광 침해는, 반사되는 강한 태양빛이 직접 눈에 들어와 시각장애를 일으키는 점에서 그 침해행위의 태양이 일조방해의 경우보다 더 적극적인 침습의 형태를 띠므로, 거주자가 입게 되는 피해의 성질과 내용이 일조방해의 그것과 동일하다고 볼 수 없다. 태양반사광 침해가 거주자의 주거 내에서 연중 상당 시간 지속적으로 발생할 경우에는 안정과 휴식을 취하여야 할 공간인 주거로서의 본질적인 기능이 훼손될 수 있고, 이 경우 태양반사광의 주거 내 유입시간이 일조가 감소되는 시간과 동일한 정도에 이르러야만 참을 한도를 넘는다고 보는 것은 그 피해의 성질과 내용이 다르다는 점을 간과한 것이므로 타당하지 않다. 그러므로 태양반사광으로 인한 생활방해의 참을 한도를 판단하는 때에는 일조방해의 판단 기준과는 다른 기준을 적용할 필요가 있고, 이때 빛반사 밝기가 빛반사 시각장애를 초래하는 정도를 얼마나 초과하는지 여부 및 그 지속 시간은 중요한 고려 요소가 되는 것이다.

공작물에 하자가 있는 경우 민법 제758조에 따른 공작물 책임을 물을 수 있을 것이다.[18] 공작물에 대하여 국가 또는 지방자치단체에 대해 책임을 묻는 경우가 있는데(도로소음의 경우를 생각해 보라), 이 경우는 엄밀하게 말하면 민법 제758조가 아니라 「국가배상법」 제5조에 따른 영조물로서의 책임이 문제가 될 것이다. 그러나 이러한 두 법적 근거는 해당 공작물의 소유자 또는 관리자가 누구인가에 의한 차이일 뿐, 원칙적으로 동일한 법리가 적용되어야 할 것이다. 판례는 영조물의 설치 · 관리상의 '하자'와 관련하여 물적 하자뿐만 아니라 '기능적 하자(내지 작용상 하자)'를 포함하며,[19] 나아가 기능상 하자의 판단 시 수인한도론을

18) 민법 제758조에 따른 공작물 책임을 물은 사건은 대법원 2007. 6. 15. 선고 2004다37904 판결; 대법원 2017. 2. 15. 선고 2015다23321 판결; 대법원 2019. 11. 28. 선고 2016다233538, 233545 판결(판례 [11]).

19) 대법원 2005. 1. 27. 선고 2003다49566 판결(김포공항 사건, 판례 [28]), 대법원 2004. 3. 12. 선고 2002다14242 판결(매향리사격장 사건) 참조.

확장 적용하고 있다. 그 판단 요소는 위법성의 판단 요소와 유사하다. 이러한 접근은 공작물책임의 성질이 기본적으로 무과실책임이라는 점까지 고려할 때 고의·과실 요건과 위법성 요건을 '하자' 요건으로 대치하고 있는 것이라고 할 수 있다.

2. 공법적 규제와 수인한도

공법적 규제에 의하여 확보하고자 하는 이익은 원래 사법상 보호되는 이익을 공법적인 면에서도 가능한 한 보증하려는 것으로서 특별한 사정이 없는 한 사법상 보호되는 이익을 보호하기 위한 '최소한도의 기준'으로 봄이 상당하다. 그렇기 때문에 공법적 규제에 형식적으로 적합하다고 하더라도 현실적인 침해의 정도가 현저하게 커 사회통념상 수인한도를 넘은 경우에는 위법행위로 평가될 수 있는 것이다(판례 [10]).[20] 건축 후에 신설된 새로운 공법적 규제 역시 위법성의 평가에 있어서 중요한 자료가 될 수 있다.[21] 법 개정 이전의 상황에 대해서도 개정 이후의 기준이 수인한도 기준으로 채택될 수 있다.[22]

[10] 환경기준과 수인한도(나전모방 사건): 대법원 1991. 7. 23. 선고 89다카1275 판결

피고공장에서 배출된 아황산가스의 농도가 환경보전법에 의하여 허용된 기준치 이내라 하더라도 그 유해의 정도가 수인한도를 넘어 원고 농장의 관상수를 고사케 하는 한 원인이 된 이상 그 배출행위로 인한 손해배상책임을 면치 못한다.

수인한도법리는 환경이익의 보호와 "모든 국민의 재산권은 보장된다"는 헌법 제23조 제1항에 따른 사유재산권보호 양자를 서로 조화시켜서 상호간의 충돌을 합리적으로 조정하는 중요한 수단으로 작용하게 된다. 이 점은 산업재해, 교통사고 등 타인의 재산권 행사가 전제되지 아니하는 일반 손해배상청구소송에서는 수인한도론이 거론되지 아니하고 유독 타인의 재산권 행사와 충돌 가능성이 높은 환경피해소송에서 많이 거론된다는 점에 비추어 분명해진다. 주의할 것은 환경피

20) 서울민사지법 1989. 1. 12. 선고 88가합2897 판결(진폐증 사건); 대법원 1999. 1. 26. 선고 98다23850 판결(판례 [20]); 대법원 2000. 5. 16. 선고 98다56997 판결(판례 [1]); 대법원 2004. 9. 13. 선고 2003다64602 판결.

21) 대법원 1999. 1. 26. 선고 98다23850 판결(판례 [20]) 참조.

22) 서울중앙지법 2009. 8. 26. 선고 2008가합72566 판결(확정).

해소송이라고 해서 항상 수인한도가 거론되지는 않는다는 점이다(유해화학물질 피해소송을 생각해 보라). 이러한 점에서 그 동안 환경피해소송의 위법성 판단은 수인한도론이라는 공식은 수정되어야 한다.

같은 맥락에서 일조 · 조망 등의 소극적인 환경침해의 경우에는 위법성의 판단기준과 방법으로 수인한도론이 적용되어야 하나 유해물질을 배출하는 적극적인 환경침해와 같은 경우에는 배출되는 유해물질이 사회공동생활을 영위함에 있어 당연히 수반되는 유해물질이나 방해물질인 경우에는(예컨대, 일반적인 생활소음이나 분진, 공사장의 소음 등) 수인한도론이 적용되지만, 사회공동생활에 당연히 수반되지 아니하는 물질의 경우에는(예컨대, 사업장의 폐수, 유독물, 난파선의 기름 등) 위법성의 판단 시 수인한도론을 적용하지 아니하고 그러한 침해행위(고의나 과실)에 위법성이 있으면 인과관계가 있는 손해에 관하여 배상하여야 한다는 견해는 경청할 만하나.[23] 이와 관련하여 환경권을 절대권으로 인식하고 '수인한도론'을 부인하면서 환경권의 침해가 있으면 그 자체로 손해배상청구소송에서 요구하는 위법성이 충족된다는 견해도 있다.[24]

3. 복수의 행위가 개재된 경우 위법성 판단 기준

복수의 관련 행위가 매개된 된 경우 위법성 여하를 관련 행위 전체를 일체로 종합적으로 판단하여야 하는가, 아니면 문제가 되는 행위마다 개별적 · 상대적으로 판단하여야 하는가. 판례는 후자의 입장이다(판례 [11]).[25] 이는 개별적으로는 수인한도 내에 있다고 할 수 있는 여러 행위를 일체로 판단하여 결정하게 되면, 각 행위별로 수인한도 기준을 정할 필요와 그 기준 초과 여부를 판단할 필요가 없게 되면서 법원의 편의적, 자의적인 위법성 인정이 가능해 진다는 점에서 타당하다고 생각된다.

[11] 대법원 2019. 11. 28. 선고 2016다233538, 233545 판결

불법행위 성립요건으로서의 위법성은 관련 행위 전체를 일체로만 판단하여 결정하여야 하는 것은 아니고 문제가 되는 행위마다 개별적 · 상대적으로 판단

---

23) 손윤하(각주 4), 69 내지 70면.
24) 이용우, 공해문제와 재판, 법원행정처, 1979, 227 내지 228면.
25) 그 밖에 대법원 2001. 2. 9. 선고 99다55434 판결; 부산고법 2013. 6. 25. 선고 2011나474 판결 참조.

하여야 할 것이므로, 어느 시설을 적법하게 가동하거나 공용에 제공하는 경우에도 그로부터 발생하는 유해배출물로 인하여 제3자가 손해를 입은 경우에는 그 위법성을 별도로 판단하여야 한다. 이 경우 판단 기준은 유해의 정도가 사회통념상 일반적으로 참아내야 할 정도를 넘는 것인지 여부이다.[26)]

Ⅲ. 인과관계

1. 개연성이론

일반 불법행위로 인한 손해배상을 청구하는 경우 피해자는 가해자의 행위로 인해 피해자가 손해를 입은 사실, 즉 가해행위와 손해 사이에 인과관계가 있다는 것을 입증해야 하는데 그것이 쉽지 않다는 것은 주지의 사실이다. 환경 피해로 인한 손해배상을 청구하는 경우에는 더욱 그러하다. 환경오염의 경우에는 그 오염원인의 복잡성과 불명확성, 피해의 누적성, 광역성 등으로 그 인과관계를 규명하기가 쉬운 일이 아닐 뿐만 아니라 원인물질의 성분, 오염 경로 등을 과학적으로 일일이 밝히는 것도 쉬운 일이 아니다.

물론 이러한 상황이 모든 환경소송에 일률적으로 적용되는 것은 아니다. 예컨대, 소음, 진동 등으로 인한 균열, 누수, 또는 건축공사에 따른 지반침하, 상린관계에서의 일조권 분쟁 등의 경우에는 가해자가 특정되어 있기 때문에 인과관계의 입증이 비교적 쉽다고 할 수 있다. 그러나 사업장의 생산공정에서 나오는 오염물질 또는 폐기물 등이 대기, 하천, 또는 해양에 배출됨에 따라 대기 및 수질오염이나 토양오염이 발생한 경우 등에 있어서는 가해원인이 복수로 작용하기 때문에 인과관계의 입증이 여간 어려운 것이 아니다. 이러한 상황에서 전문적, 과학적 접근이 어려운 일반인에게 엄격한 인과관계의 입증을 요구한다면 이는 사실상 소송에서 이길 가능성을 봉쇄하는 것이고, 결과적으로 제소 자체를 제한하는 결과를 초래할 것이다. 이러한 상황을 우리는 전자파,[27)] 고엽제,[28)] 담배 사건[29)] 등에

26) 한국도로공사가 설치·관리하는 고속도로에서 발생한 매연과 한국도로공사가 살포한 제설제의 염화물 성분 등이 甲이 운영하는 과수원에 도달함으로써, 과수가 고사하거나 성장과 결실이 부족하고 상품판매율이 떨어지는 피해가 발생하였을 뿐만 아니라, 이는 통상의 참을 한도를 넘는 것이어서 위법성이 인정된다고 보아 한국도로공사의 손해배상책임을 인정한 사례.

27) 대법원 2001. 3. 9. 선고 2000두8806 판결(백혈병의 발병 내지 악화와 망인의 업무 사이에 상당인과관계가 있다고 보기 어렵다고 하면서 원고의 유족보상금지급청구를 거절한 피고의 처분이 적법하다고 한 사례); 대법원 2002. 4. 15. 선고 2002다15160 판결; 대법원 2004. 10.

서 무수히 경험하였다.

위와 같은 견지에서 환경오염피해 배상소송의 경우 인과관계의 입증책임을 완화 또는 전환하려는 시도는 자연스러운 것이다. '개연성이론'이 바로 이러한 시도 중의 하나인데, 개연성이론이란 환경침해로 인한 손해배상청구소송에서 인과관계의 입증은 자연과학적으로 엄격한 증명을 요구하는 것이 아니고, 가해행위와 손해 사이에 상당정도의 가능성, 즉 개연성이 있다는 입증으로 족하다는 것이다.[30] 대법원은 1974년 이른바, '한국전력 사건'에서 개연성이론을 도입한 이래 개연성설의 입장을 확고하게 고수하고 있다.[31]

나아가 최근에는 인과관계 인정에 필요한 주요사실을 배출요건, 유해성요건, 도달요건, 손해발생요건 등으로 유형화하고 그 요건의 전부 또는 일부가 모순 없이 개연성을 인정할 수 있을 정도로 증명되면 인과관계의 증명이 있다고 보는 입장(신개연성설, 일명 간접반증이론)이 정착되고 있다(판례 [12], [13]).[32]

---

15. 선고 2003두6573 판결 참조.

28) 대법원 2013. 7. 12. 선고 2006다17539 판결 참조.

29) 대법원 2014. 4. 10. 선고 2011다22092 판결(판례 [14]); 대법원 2014. 4. 10. 선고 2011다23422 판결.

30) 개연성이론의 이론적 근거로는 흔히 사실상의 추정이론과 영미법상의 증거우월의 이론(preponderance of evidence)이 들어지고 있다. 천병태 · 김명길(각주 8), 265면; 오석락(각주 5), 96면 내지 99면; 홍천룡, "환경오염 피해의 구제 -손해배상청구와 유지청구-", 환경법연구 제14권, 1992, 29면.

31) 대법원 1974. 12. 10. 선고 72다1774 판결(한국전력 사건); 대법원 1991. 7. 23. 선고 89다카1275 판결(판례 [10]) 등 참조.

32) 혹자는 이러한 입장을 종래의 막연히 개연성의 증명만으로 인과관계의 증명이 족하다는 개연성설과 구별하기 위하여 '신개연성설'이라고 부르고 있다. 이는 막연하게 피해자의 입증의 부담을 경감하는 것이 아니라 일정한 경우에 가해자에게 간접반증의 책임을 과하는 견해이다. 천병태 · 김명길(각주 8), 266면; 오석락(각주 5), 79면. 이러한 입장을 취하는 판례는 대법원 1984. 6. 12 선고 81다558 판결(진해화학 사건); 인천지법 1999. 8. 8. 선고 96가합8303 판결(비산유리섬유 사건); 서울중앙지법 2007. 1. 25. 선고 99가합10497 판결(담배 사건); 서울중앙지법 2010. 2. 3. 선고 2007가합16309 판결; 대법원 2012. 1. 12. 선고 2009다84608 판결(수도권매립지 침출수처리장 사건, 어민 갑 등이 수도권매립지관리공사를 상대로 수질오염으로 인한 손해배상을 구한 사안에서, 갑 등이 조업하는 어장에 발생한 피해는 공사가 배출한 침출처리수에 포함된 오염물질이 해양생물에 작용함으로써 발생하였다는 상당한 개연성이 인정되므로 공사의 오염물질 배출과 어장의 피해 사이에 인과관계가 일응 증명되었고, 인과관계를 부정하기 위한 반증도 인정되지 않으며, 그 손해는 수인한도를 넘는 것이어서 위법성이 인정된다고 한 사례) 등 참조. 개연성이론과 신개연성이론에 대하여 자세한 내용은 권용우, 불법행위론, 신양사, 1998, 258 내지 284면 참조.

[12] 현대자동차 폐수배출 사건: 대법원 1997. 6. 27. 선고 95다2692 판결

오염물질인 폐수를 배출하는 등의 공해로 인한 손해배상을 청구하는 소송에 있어서는 기업이 배출한 원인물질이 물을 매체로 하여 간접적으로 손해를 끼치는 수가 많고 공해문제에 관하여는 현재의 과학수준으로도 해명할 수 없는 분야가 있기 때문에 가해행위와 손해의 발생 사이의 인과관계를 구성하는 하나하나의 고리를 자연과학적으로 증명한다는 것은 극히 곤란하거나 불가능한경우가 대부분이므로, 이러한 공해소송에 있어서 피해자인 원고에게 사실적인 인과관계의 존재에 관하여 과학적으로 엄밀한 증명을 요구한다는 것은 공해로 인한 사법적 구제를 사실상 거부하는 결과가 될 우려가 있는 반면에 가해기업은 기술적, 경제적으로 피해자보다 훨씬 원인조사가 용이한 경우가 많을 뿐만 아니라 그 원인을 은폐할 염려가 있고 가해기업이 어떠한 유해한 원인물질을 배출하고 그것이 피해물건에 도달하여 손해가 발생하였다면 가해자측에서 그것이 무해하다는 것을 입증하지 못하는 한 책임을 면할 수 없다고 보는 것이 사회 형평의 관념에 적합하다고 할 것(대법원 1984. 6. 12. 선고 81다558 판결 참조)이라고 전제하고, 따라서 수질오염으로 인한 손해배상을 구하는 이 사건에 있어서는 ① 피고의 주행시험장 설치공사현장에서 농어 양식에 악영향을 줄 수 있는 황토와 폐수를 배출하고, ② 그 황토 등 물질의 일부가 물을 통하여 이 사건 양식어장에 도달되었으며, ③ 그 후 양식 농어에 피해가 있었다는 사실이 각 모순 없이 증명되는 이상 피고의 위 황토와 폐수의 배출과 원고가 양식하는 농어가 폐사하여 입은 손해와 사이에 일응 인과관계의 증명이 있다고 보아야 할 것이고, 이러한 사정 아래에서 황토와 폐수를 배출하는 피고로서는 ① 피고의 공사현장에서 배출하는 황토와 폐수 중에는 양식 농어의 생육에 악영향을 끼칠 수 있는 원인물질이 들어 있지 않고, ② 원인물질이 들어 있다고 하더라도 그 혼합률이 안전농도 범위 내에 속한다는 사실에 관하여 반증을 들어 인과관계를 부정하지 못하는 이상 그 불이익은 피고에게 돌려야 마땅할 것이다.[33)]

[13] 여천공단 사건(신개연성이론과 증명책임의 분배): 대법원 2004. 11. 26. 선고 2003 다2123 판결

공해로 인한 손해배상청구소송에 있어서는 가해행위와 손해발생 사이의 인과관계의 고리를 모두 자연과학적으로 증명하는 것은 곤란 내지 불가능한 경우가 대부분이고, 가해기업은 기술적 · 경제적으로 피해자보다 원인조사가 용이할 뿐 아니라 자신이 배출하는 물질이 유해하지 않다는 것을 입증할 사회적 의무를 부담한다고 할 것이므로, 가해기업이 배출한 어떤 물질이 피해 물건에 도달하여

33) 공사장에서 배출되는 황토 등이 양식어장에 유입되어 농어가 폐사한 경우, 개연성 이론에 의하여 인과관계가 증명되었다고 본 사례.

> 손해가 발생하였다면 가해자측에서 그 무해함을 입증하지 못하는 한 책임을 면할 수 없다고 봄이 사회 형평의 관념에 적합하다.
>
> 따라서 수질오염으로 인한 공해소송인 이 사건에서 (1) 피고들 공장이 위치한 여천공단에서 재첩 양식에 악영향을 줄 수 있는 폐수가 배출되고, (2) 그 폐수 중 일부가 물의 흐름에 따라 이 사건 재첩 양식장에 도달하였으며, (3) 그 후 재첩에 피해가 있었다는 사실이 각 모순 없이 증명되면 여천공단 공장들의 폐수 배출과 재첩 양식이 폐사함으로 발생한 손해 사이의 인과관계가 일응 증명되었다고 할 것이므로, 피고들이 반증으로 (1) 피고들이 배출하는 폐수 중에는 재첩의 생육에 악영향을 끼칠 수 있는 원인물질이 들어 있지 않으며, (2) 원인물질이 들어 있다 하더라도 안전농도 범위 내에 속한다는 사실을 입증하거나, 간접반증으로 재첩 양식장의 피해는 피고 공장들이 배출한 폐수가 아닌 다른 원인이 전적으로 작용하여 발생한 것임을 입증하지 못하는 이상 피고들은 그 책임을 면할 수 없다고 할 것이다.[34)]

개연성이론이란 판례 [12], [13]에서 밝히고 있는 것과 같이 원인 사실을 몇 개의 주요사실로 분석(예컨대, 원인물질의 배출, 피해 발생, 유해성, 도달 등)하고, 간접사실의 증명과 경험칙을 종합하여 인과관계 존재의 추인을 인정하고, 가해자의 반증의 범위를 확대함으로써 결과적으로 피해자의 입증의 범위를 완화 내지 경감하는 것이라고 할 수 있다.

그러나 이러한 개연성설에 대하여는 개연성의 정도가 명확하지 않고,[35)] 환경소송의 피고를 다른 소송의 피고에 비해 특별히 불리한 지위에 두는 이유가 분명하지 않으며, 사안을 지나치게 유형화 · 고정화하여 사실인정을 경직시키고, 인과관계의 구성사실 상호간의 관계적 파악이 미흡하다는 등의 비판이 제기되고 있다.[36)] 판례는 원고가 ① 물질의 배출, ② 배출물질의 도달, ③ 피해의 발생 등을 입증한 경우 인과관계를 추정하고 있지만 원고의 입장에서 배출물질의 도달을 증명하는 것은 쉽지 않으며, 실제 법원은 많은 비용이 소요되는 감정결과에 기대어 도달 여부를 판단하는 경향이 있으며, 도달 요건이 인정되지 않는다고 인과관계를 부정하는 경우가 많다.

---

34) 여천공단 내 공장들의 폐수 배출과 재첩 양식장에 발생한 손해 사이에 인과관계가 인정된다고 한 사례.

35) 개연성의 정도와 관련해서 '고도의 개연성'이 아니라 사실 존재의 개연성이 부존재의 개연성보다 우월하다면 사실의 증명이 이루어졌다고 보는 '우월적 개연성'으로 족하다는 견해가 있다. 조은래(각주 5), 342면.

36) 황진호, "환경오염에 대한 손해배상", 환경문제연구총서 VI, 대한변호사협회, 1996, 64면; 조은래(각주 5), 341 내지 342면 참조.

2. 역학적 인과관계

최근에는 어느 정도 증명이 있어야 개연성의 입증이 된다고 할 것인가에 대한 문제 인식을 바탕으로 자연과학적 인과관계의 증명수단으로 이용되는 역학(疫學: epidemiology)상의 인과관계가 인정된다면 가해자가 피해자의 생명 · 건강 침해에 관하여 다른 원인이 존재한다는 반증을 하지 못하는 한 법적 인과관계가 인정될 수 있다는 주장이 제기되고 있다.[37] 환경오염피해가 집단적 병리현상으로서 문제되고, 임상의학 또는 병리학적으로 당해 오염물질이 문제된 질병의 원인이 되는지 여부와 당해 오염물질로 인한 발병의 기전이 아직 명확히 밝혀지지 않았으며, 나아가 개개 피해자가 당해 오염물질에 노출되었는지 여부나 그 노출 정도를 입증할 과학적 방법조차 확립되지 않은 경우에는, 앞서 본 바와 같은 개연성이론에 의하더라도 그 인과관계를 입증하기란 쉽지 않다.

따라서 이러한 경우에는 인간을 집단적으로 관찰하여 해당 오염물질과 그 질병 발생 사이에 역학적으로 인과관계가 있음을 밝히고, 이러한 역학적 인과관계에 기초하여 개개 피해자에게 해당 오염물질이 도달한 후 해당 질병이 발생한 사실로부터 개개 피해자의 질병이 해당 오염물질의 노출로 인하여 발생하였을 상당한 개연성이 있다고 인정할 수 있고, 이로써 그 인과관계가 일응 증명되었다고 할 것이다.[38]

판례는 역학상의 인과관계를 인정하기 위하여 요구되는 요건 가운데, ① 특정의 인자가 발병의 일정 기간 전에 작용 또는 존재한 것일 것(시간적 선후관계), ② 그 인자가 작용하는 정도가 현저할수록 질병의 발생률이 높을 것(용량-반응관계), ③ 그 인자가 제거된 경우 그 질병의 발생률이 저하하거나 또는 그 인자를

---

37) 홍천룡(각주 30), 32면 내지 33면; 소재선 · 박노일, "환경소송을 통한 사법적 구제와 역학적 인과관계", 국제법무연구 제2호, 1999. 2, 272면; 장영민 · 박기석, 환경형법의 이론적 문제점에 관한 연구, 한국형사정책연구원, 1996, 96면 이하. 역학상의 인과관계가 인정되기 위한 조건으로는 시간적 선후관계(temporal relationship), 생물학적 개연성(biological plausibility), 일관성(consistency), 관련성의 강도(strength of association), 용량-반응관계(dose-response relationship), 가역성(reversibility), 연구 설계(study design), 특이성(specificity) 등을 들고 있다. 이경환, "환경소송에서의 역학적 인과관계론", 환경문제연구총서 IX, 2001. 12, 80 내지 82면.

38) 서울고법 2006. 1. 26. 선고 2002나32662 판결(고엽제 사건[항소심], 베트남전 당시 대한민국군의 일원으로 복무한 참전자들이 베트남의 대한민국군 작전지역에 광범위하게 살포된 고엽제의 유해물질에 직 · 간접적으로 노출됨으로써 질병 발생의 피해를 입게 되었음을 원인으로 하여 그 손해배상을 구한 사건에서 피고 회사들이 제조, 납품한 고엽제(TCDD)와 원고들의 염소성여드름, 폐암, 전립선암 등 후유증, 후유의증의 역학적 인과관계를 인정한 사례).

가지지 않는 집단에서 그 질병의 발생률이 극히 낮을 것(가역성), ④ 그 인자가 원인으로써 작용하는 과정이 생물학적으로 모순 없이 설명될 것(생물학적 개연성) 등의 네 가지 요건이 충족되면, 특정 인자와 질병 발생 사이에 상당한 개연성이 존재한다고 보아 역학적 인과관계를 긍정할 수 있다고 본다.[39]

역학적 인과관계론이란 역학상의 연구를 인과관계의 인정 유무의 판단에 이용하고자 하는 접근이라고 할 수 있다. 법원은 역학적 인과관계의 인정을 위해 2단계 인과관계의 증명을 요구하고 있다. 일반적으로 인체가 해당 유해 물질에 노출될 경우 문제된 질병이 야기될 수 있다는 '일반적 인과관계'와 피해자가 해당 유해 물질에 노출된 후 질병이 발생하였다는 '개별적 인과관계'가 그것이다. 대법원은 특히 원인과 결과가 명확히 대응하지 않는 비특이성질환의 경우 엄격히 개별적 인과관계의 입증을 요구하고 있다. 이 과정에서 대법원은 '역학적 상관관계'라는 표현을 사용하고 있다. 즉 "역학적 상관관계가 인정되더라도 이는 개인이 위험인자에 노출된 사실과 비특이성 질환에 걸린 사실의 증명만으로 양자 사이의 인과관계를 인정할 만한 개연성이 증명되었다고 볼 수 없다"라고 하면서 개별적 인과관계의 증명을 별도로 요구하고 있다(판례 [14]).[40] 말하자면 법원은 역학적 상관관계를 기초로 인과관계를 인정하고 있는 셈이다.

역학에 따르면 역학적 상관관계가 인정된다고 하더라도 이는 통계적 관련성(statistical association)의 정도를 나타낼 뿐이므로 '인과적 관련성'이 별도로 요구된다. '인과적 관련성'의 추론을 위해 역학에서 일반적으로 사용하는 기준이 이른바, 힐(Bradford Hill) 기준인데, 여기에는 시간적 선후관계, 용량-반응관계, 생물학적 개연성 등이 포함된다.[41] 그러나 대법원의 입장은 '역학적 상관관계'와 인과적 관련성의 의미를 명확히 하지 않고 있으며 인과적 관련성을 어떻게 추론할 것인지에 대해서도 분명한 기준을 제시하지 않고 있다. 이는 역학에서의 논의와 차이가 있는 것이다. 역학에서는 흔히 통계적 관련성에 추가하여 인과적 관련성이 인정되는 경우 '일반적 인과관계(general causation)'가 인정되는 것으로 이해하고 있는바,[42] 이는 원고 개인의 위험인자에의 '노출'에 초

39) 서울고법 2006. 1. 26. 선고 2002나32662 판결(고엽제 사건[항소심]).

40) 그 밖에 대법원 2013. 7. 12 선고 2006다17539 판결(고엽제 사건); 대법원 2014. 9. 4. 선고 2011다7437 판결(자동차대기오염 사건).

41) 가습기살균제 노출과 질환 간 역학적 상관관계 검토보고서, 국립환경과학원, 2021, 282 내지 284면. 최근에는 고디스(Gordis) 기준이 활용되기도 한다.

42) 천경송, "공해소송에 있어서의 인과관계의 입증", 사법논집 제8집, 1977, 140면. 이러한 접근에 충실한 입장이 고엽제 사건(항소심)이라고 할 수 있다.

점을 두고 구체적 관련성을 의미하는 개별적 인과관계와 구분되는 것이다.[43] 이에 따를 경우 대법원은 역학적 상관관계와 일반적 인과관계를 혼동하거나 사실상 동일시하고 있다고 할 수 있다.[44]

이러한 이해를 기초로 할 경우 인과관계 입증과 관련해서 정도의 차이는 있을지 몰라도 특이성질환의 경우에도 비특이성질환과 마찬가지로 개별적 인과관계에 대한 입증이 여전히 필요하다는 점에서 양자의 구별 실익은 많지 않아 보인다.[45] 다만 비특이성 질환의 경우에 증명력의 정도가 더 낮아질 뿐이라고 이해할 수 있기 때문이다.[46] 특기할 것은 2020. 3. 24. 개정 「가습기살균제 피해구제를 위한 특별법」(가습기살균제피해구제법)에서는 대법원이 사용하고 있는 '역학적 상관관계'가 있음이 확인된 경우 인과관계를 추정하고 있다(제5조).

---

43) 역학이 일반적 인과관계에 초점이 있다면 법학은 개별적 인과관계에 보다 초점이 있다고 할 수 있다.

44) 특히 자동차대기오염 사건(1심)에서는 "통계적 연관성을 입증하는 방법으로 일반적 인과관계를 인정하는 방법도 허용되어야 한다"고 판시함으로써 양자를 동일시하고 하고 있다. 상고심에서는 "위험인자에 노출된 집단과 노출되지 않은 다른 일반 집단을 대조하여 역학조사를 한 결과 그 위험인자에 노출된 집단에서 그 비특이성 질환에 걸린 비율이 그 위험인자에 노출되지 않은 집단에서 그 비특이성 질환에 걸린 비율을 상당히 초과한다는 점을 증명"할 것을 요구함으로써, 일반적 인과관계를 역학적 인과관계의 영역으로 끌어들이고 있는데, 역학적 상관관계와 일반적 인과관계를 엄밀히 구분하지 않고 있는 셈이다.

45) 여기에 더하여 특이성질환을 상대위험도가 상당히 높은, 말하자면 생물학적인 개념이 아닌 양적인 개념으로 이해할 경우 양자의 구별은 쉽지 않다고 할 수 있다. 예컨대, 특이성 질환의 대표적인 예로 들어지는 악성중피종이 석면 외에 에리오나이트(erionite), 바이러스 감염, 유전적 소인 등에 의해서도 발생할 수 있다는 점에 비추어 원인과 결과가 100% 대응하는 질환이 없다고 한다면 양자를 엄격히 구별해야 할 논리적 필연성은 그만큼 줄어드는 것이다.

46) 일반적 인과관계가 인정되는 경우 사실상 추정력이 생겨 개별적 인과관계에 대한 입증책임이 피고에게 전환되는 것으로 보아야 한다는 주장이 가능해진다(이른바 담배 사건 1심에서는, 비록 법원에서는 배척하였지만, 인과관계 추정문제가 제기된 바 있다).

≪역학과 인과관계≫47)

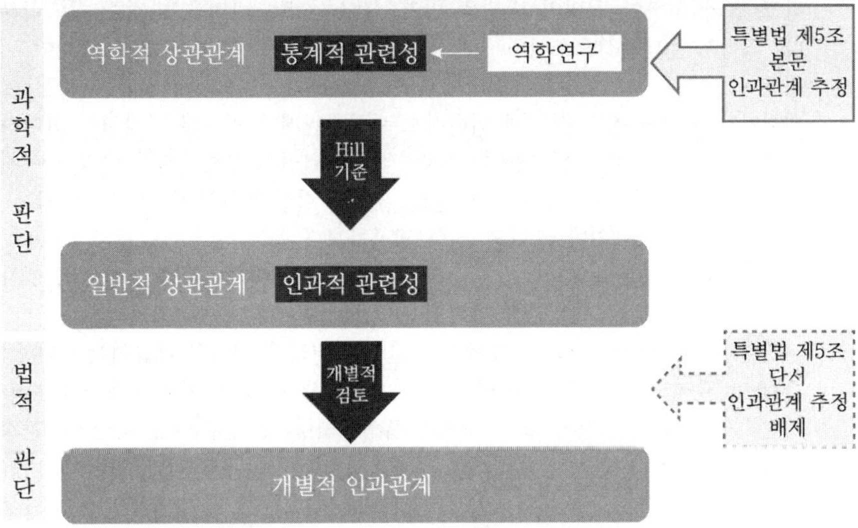

주의할 것은 역학은 보건학적 연구의 기초가 되는 학문으로서 인구집단을 대상으로 하고 있는바, 역학적 인과관계의 적용 대상은 과수, 어장 등 물질적 피해에 대해서는 적용하기 어렵다. 역학이라는 것은 사람에 국한되는 문제이고, 그것은 집단에 대한 문제이기 때문에 인구집단의 건강침해와 관련된 소송에 적용될 뿐이다.[48] 또한 원인과 결과가 명확히 대응하지 않는 비특이성 질환에 적용하기 어렵다.[49]

[14] 담배 사건: 대법원 2014. 4. 10. 선고 2011다22092 판결

역학이란 집단현상으로서의 질병의 발생, 분포, 소멸 등과 이에 미치는 영향

47) 가습기살균제 노출과 질환 간 역학적 상관관계 검토보고서(각주 41), 25면 참조.
48) 이경환(각주 37), 80 내지 82면.
49) 악성중피종을 석면에 대한 비직업적·환경적 노출로 인해 발생한 특이성 질환(signal tumor)으로 보아 그 인과관계를 인정한 판례는 부산지법 2012. 5. 10. 선고 2008가합21566 판결(甲 주식회사가 운영하던 석면공장 인근에서 거주한 후 악성중피종이 발병하여 사망한 乙 등의 유족들이 甲 회사를 상대로 손해배상을 구한 사안에서, 甲 회사는 乙 등이 입은 손해를 배상할 책임이 있다고 한 사례). 반면 COPD와 같은 호흡기 질환을 비특이성 질환으로 보아 인과관계를 부정한 판례는 서울고법 2015. 5. 28. 선고 2014나7300 판결(시멘트 공장에서 배출된 시멘트 분진이 COPD 발생 원인이 될 수 없다고 한 사례) 참조.

을 분석하여 여러 자연적 · 사회적 요인과의 상관관계를 통계적 방법으로 규명하고 그에 의하여 질병의 발생을 방지 · 감소시키는 방법을 발견하려는 학문이다. 역학은 집단현상으로서의 질병에 관한 원인을 조사하여 규명하는 것이고 그 집단에 소속된 개인이 걸린 질병의 원인을 판명하는 것이 아니다. 따라서 어느 위험인자와 어느 질병 사이에 역학적으로 상관관계가 있다고 인정된다 하더라도 그로부터 그 집단에 속한 개인이 걸린 질병의 원인이 무엇인지가 판명되는 것은 아니고, 다만 어느 위험인자에 노출된 집단의 질병 발생률이 그 위험인자에 노출되지 않은 다른 일반 집단의 질병 발생률보다 높은 경우 그 높은 비율의 정도에 따라 그 집단에 속한 개인이 걸린 질병이 그 위험인자로 인하여 발생하였을 가능성이 얼마나 되는지를 추론할 수 있을 뿐이다.

한편 특정 병인에 의하여 발생하고 원인과 결과가 명확히 대응하는 '특이성질환'[50]과 달리, 이른바 '비특이성 질환'은 그 발생 원인 및 기전이 복잡다기하고, 유전 · 체질 등의 선천적 요인, 음주, 흡연, 연령, 식생활습관, 직업적 · 환경적 요인 등 후천적 요인이 복합적으로 작용하여 발생하는 질환이다. 이러한 비특이성 질환의 경우에는 특정 위험인자와 그 비특이성 질환 사이에 역학적으로 상관관계가 있음이 인정된다 하더라도, 그 위험인자에 노출된 개인 또는 집단이 그 외의 다른 위험인자에도 노출되었을 가능성이 항시 존재하는 이상, 그 역학적 상관관계는 그 위험인자에 노출되면 그 질병에 걸릴 위험이 있거나 증가한다는 것을 의미하는 데 그칠 뿐, 그로부터 그 질병에 걸린 원인이 그 위험인자라는 결론이 도출되는 것은 아니다.

따라서 비특이성 질환의 경우에는 특정 위험인자와 비특이성 질환 사이에 역학적 상관관계가 인정된다 하더라도, 어느 개인이 그 위험인자에 노출되었다는 사실과 그 비특이성 질환에 걸렸다는 사실을 증명하는 것만으로 양자 사이의 인과관계를 인정할 만한 개연성이 증명되었다고 볼 수 없다. 이러한 경우에는 그 위험인자에 노출된 집단과 노출되지 않은 다른 일반 집단을 대조하여 역학조사를 한 결과 그 위험인자에 노출된 집단에서 그 비특이성 질환에 걸린 비율이 그 위험인자에 노출되지 않은 집단에서 그 비특이성 질환에 걸린 비율을 상당히 초과한다는 점을 증명하고, 그 집단에 속한 개인이 위험인자에 노출된 시기와 노출 정도, 발병시기, 그 위험인자에 노출되기 전의 건강상태, 생활습관, 질병 상태의 변화, 가족력 등을 추가로 증명하는 등으로 그 위험인자에 의하여 그 비특이성 질환이 유발되었을 개연성이 있다는 점을 증명하여야 한다(판례 [46]과 동일 판례).[51]

* 동지: 대법원 2013. 7. 12. 선고 2006다17539 판결(고엽제 사건, 판례 [47])[52]; 대법원 2014. 9. 4. 선고 2011다7437 판결(자동차대기오염 사건);[53] 서울고법 2015. 5. 28. 선고 2014나7300 판결(시멘트공장 분진 사건).

3. 인과관계의 추정

개연성이론은 기본적으로 입증책임의 완화 내지 경감에 그칠 뿐 입증책임을 전환하는 것이 아니므로 피해 구제에 일정한 한계를 지니고 있다. 또한 개연성이론은 입법적 근거를 사실상 결하고 있기 때문에 그 요건상의 명확성을 기할 수 없고 더 나아가 법적 안정성에 문제가 발생한다는 등의 비판도 있다.[54] 이에 입증책임의 전환을 시도하는 노력은 경청할 만한 것이다. 그러나 모든 사안에 대하여 통일적으로 입증책임을 전환하는 것은 민사소송의 기본 원칙이라고 할 수 있는 입증책임분배의 원칙을 정면으로 거스르고 기존의 소송 구조와도 조화되지 아니하므로, 그 시도에 신중을 기하여야 한다. 이러한 관점에서 엄격하고 구체적인 요건하에 추정 규정을 두는 한편, 일정한 경우에는 인과관계 추정의 효력이 배제되도록 하는 방식을 고려할 필요가 있다.[55]

피해구제법은 인과관계 추정 방식을 택하고 있다. 즉 "시설이 환경오염피해 발생의 원인을 제공한 것으로 볼 만한 상당한 개연성이 있는 때에는 그 시설로 인하여 환경오염피해가 발생한 것으로 추정한다(제9조 제1항)." 상당한 개연성이 있는지의 여부는 시설의 가동과정, 사용된 설비, 투입되거나 배출된 물질의 종류와 농도, 기상조건, 피해발생의 시간과 장소, 피해의 양상과 그 밖에 피해발생에

---

50) 대부분 석면 노출에 의해 발생하는 악성중피종이 특이성 질환의 좋은 예로 들어진다.

51) 흡연과 비특이성 질환인 비소세포암, 세기관지 폐포세포암의 발병 사이에 역학적 인과관계가 인정될 수 있다고 하더라도, 어느 개인이 흡연을 하였다는 사실과 위 비특이성 질환에 걸렸다는 사실이 증명되었다고 하여 그 자체로서 양자 사이의 인과관계를 인정할 만한 개연성이 증명되었다고 단정하기는 어렵다고 한 사례.

52) 베트남전 참전군인들이 외국법인 등에 의해 제조되어 베트남전에서 살포된 고엽제 때문에 당뇨병 등 각종 질병에 걸렸다며 법인 등을 상대로 제조물책임 등에 따른 손해배상을 구한 사안에서, 고엽제 노출과 당뇨병 등 비특이성 질환 사이에 인과관계를 인정할 수 없다고 한 사례(고엽제 사건).

53) 서울에 거주하는 주민이 자동차배출가스 때문에 천식이 발병 또는 악화되었다고 주장하면서 국가와 서울특별시 및 국내 자동차 제조 · 판매회사들을 상대로 대기오염물질의 배출 금지와 손해배상을 청구한 사안에서, 미세먼지나 이산화질소, 이산화황 등의 농도변화와 천식 등 호흡기 질환의 발병 또는 악화 사이의 유의미한 상관관계를 인정한 연구 결과들이 다수 존재하고 있는 것은 사실이나 그 역학연구 결과들의 내용에 따르더라도 각 결과에 나타난 상대위험도가 크다고 보기 어려운 점 등을 고려하면 위 역학연구 결과만으로 대기오염물질과 천식 사이의 인과관계를 인정하기 어렵다는 등의 이유로 위 청구를 배척한 원심판단이 정당하다고 한 사례.

54) 최광준, "독일환경책임법의 기본구조와 주요내용", 재산법연구 제21권 제2호, 2005, 321면; 복진승 · 고수윤, "시멘트먼지로 인한 건강피해 분쟁사건 처리와 사법상 입증책임", 환경법과 정책 제11권, 2013. 11, 71면.

55) 김재호, "환경피해의 구제", 환경법연구 제26권 제2호, 2004. 6, 150면.

영향을 준 사정 등을 고려하여 판단한다(동조 제2항).

한편 2020. 3. 24. 개정 가습기살균제피해구제법에서는 ① 가습기살균제에 노출된 사실, ② 가습기살균제 노출 이후 질환이 발생하였거나 기존 질환이 악화되었다는 사실, ③ 대통령령으로 정하는 조사 · 연구에 따라 가습기살균제 노출과 질환 간에 역학적 상관관계가 있음이 확인된 사실 등이 모두 증명된 경우에는 독성 화학물질을 함유한 가습기살균제로 인하여 생명 또는 건강상의 피해가 발생한 것으로 추정한다는 규정을 두고 있다(제5조).

인과관계의 추정을 위해 '역학적 상관관계'라는 용어를 사용하고 있는데, 그 의미가 무엇인지 논란이 있을 수 있다. 종래 '상당한 개연성이 있는 때' 인과관계를 추정함으로써,[56] 피해자의 입증책임을 완화하였고, 2020. 3. 24. 개정 법에서 '역학적 상관관계'가 있음이 확인된 경우 인과관계를 추정함으로써 인과관계 입증을 더욱 용이하게 하고 있다는 점, 법원에서 역학적 인과관계라는 표현과 달리 역학적 상관관계라는 표현을 사용하고 있는 점,[57] 특히 그 의미를 통계적, 일반적 관련성의 의미로 사용하고 있는 점,[58] 역학에서는 흔히 통계적 관련성(statistical association)에 추가하여 인과적 관련성이 인정되는 경우 '일반적 인과관계(general causation)'가 인정되는 것으로 이해하고 있는 점[59] 등을 고려할 때 '역학적 상관관계'는 일반적 인과관계의 수준이 아닌 통계적 관련성을 의미하는 것이 합리적인 해석이라고 생각된다.[60] 이에 따를 경우 원고가

---

56) 2017. 2. 8. 제정 시 제5조는 "생명 또는 건강상의 피해가 독성 화학물질을 함유한 가습기살균제에 의한 것으로 볼만한 상당한 개연성이 있는 때에는 해당 가습기살균제로 인하여 생명 또는 건강상의 피해가 발생한 것으로 추정한다"고 규정하고 있었다. 「환경오염피해 배상책임 및 구제에 관한 법률」과 달리 상당한 개연성을 판단하기 위한 요소를 별도로 제시하고 있지는 않았다. 그러나 이러한 규정 방식은 법원에서 개연성이론을 확고히 받아들이고 있는 상태이고, 상당한 개연성 기준 자체가 추상적이며, 그 판단이 법관의 자유심증에 의존할 수밖에 없다는 점에서 피해자의 입증책임 완화에 크게 도움이 되지 못하다고 할 수 있다. 결국 이는 「환경오염피해 배상책임 및 구제에 관한 법률」상의 추정규정보다 후퇴한 규정이라고 할 수 있다.

57) 대법원 2013. 7. 12. 선고 2006다17539 판결(고엽제 사건); 대법원 2014. 4. 10. 선고 2011다22092 판결(담배 사건); 대법원 2014. 9. 4. 선고 2011다7437 판결(자동차대기오염 사건).

58) 서울중앙지법 2010. 2. 3. 선고 2007가합16309 판결(자동차대기오염 사건, 1심). 인과관계(causation)와 구별하여 통계학적 연관성(statisticalassociation)이라는 표현을 사용하는 판례는 대법원 2013. 7. 12. 선고 2006다17539 판결(고엽제 사건).

59) 천경송, "공해소송에 있어서의 인과관계의 입증", 사법논집 제8집, 1977, 140면. 이러한 접근에 충실한 입장이 고엽제 사건(항소심)이라고 할 수 있다. 역학연구에 추가하여 힐(Hill) 기준이 충족되는 경우 일반적 인과관계가 인정되는바, 힐 기준의 적용이 힘든 경우에는 동물실험, 기전연구 등을 통해 이를 보완하는 방식으로 인과적 관련성을 인정하는 경우가 있다.

역학적 상관관계를 입증할 경우 일반적 인과관계의 입증이 없어도 가습기살균제로 인하여 생명 또는 건강상의 피해가 발생한 것으로 추정되고 가해자가 그 추정을 깨기 위해 일반적 인과관계 여하에 대하여 입증책임을 진다는 것을 의미하므로 그 만큼 피해구제 가능성은 커졌다고 할 수 있다.

4. 원인의 경합

가. 공동불법행위

수인이 공동으로 오염물질을 배출하여 환경피해를 야기한 경우 과연 누구에 의해 피해가 발생한 것인지를 밝히기란 쉬운 일이 아니다. 이러한 환경피해에 대한 책임소재 규명의 어려움을 해결하기 위하여는 우선 민법상의 공동불법책임이 적용될 수 있을 것이다. 즉 민법 제760조 제1항은 "수인이 공동의 불법행위로 다인에게 손해를 가한 때에는 연대하여 그 손해를 배상할 책임이 있다"라고 규정하고 있는데, 위 공동불법행위책임을 지우기 위해서는 공동행위자의 각 행위가 독립하여 불법행위의 요건을 갖추고 있으면서 객관적으로 관련되고 공동으로 위법하게 피해자에게 손해를 가하여야 한다.[61] 나아가 동법은 "공동 아닌 수인의 행위 중 어느 자의 행위가 그 손해를 가한 것인지를 알 수 없는 때에도 전항과 같다(동조 제2항)"고 규정함으로써, 공동불법행위가 아니더라도 연대책임을 지울 수 있는 경우를 상정하고 있다.

그러나 환경오염 피해의 경우에는 피해의 만성적, 누적적 성격 때문에 이러한 요건을 충족하는지 규명하기가 쉬운 것이 아니다. 이러한 점 때문에 환경오염 피해의 경우에는 공동불법행위에 대한 특수한 법리가 요구되는데, 「환경정책기본법」 제44조 제2항의 "환경오염 또는 환경훼손의 원인자가 둘 이상인 경우에 어느 원

60) 역학적 상관관계는 통계적 관련성의 정도를 나타낼 뿐이므로 '인과적 관련성'이 별도로 요구된다. 역학연구에 추가하여 힐(Hill) 기준이 충족되는 경우 일반적 인과관계가 인정되는바, 힐 기준의 적용이 힘든 경우에는 동물실험, 기전연구 등을 통해 이를 보완하는 방식으로 인과적 관련성을 인정하는 경우가 있다. 가습기살균제 노출과 질환 간 역학적 상관관계 검토보고서(앞의 책), 105면.

61) 대법원 2006. 1. 26. 선고 2005다47014, 47021, 47038 판결; 대법원 2000. 4. 11. 선고 99다41749 판결; 대법원 1996. 5. 14. 선고 95다45767 판결; 대법원 1994. 11. 25. 선고 94다35671 판결; 대법원 1993. 1. 26. 선고 92다4871 판결; 1989. 5. 23. 선고 87다카2723 판결; 대법원 1988. 4. 12. 선고 87다카2951 판결; 곽윤직(각주 1), 766면. 이에 반해 공동불법행위가 성립하기 위해서는 가해자들 사이에 공모 내지 공동의 인식, 즉 주관적 공동이 있어야 한다는 견해가 있다. 이은영(각주 4), 612 내지 613면.

인자에 의하여 제1항에 따른 피해가 발생한 것인지를 알 수 없을 때에는 각 원인자가 연대하여 배상하여야 한다"라는 규정과 「토양환경보전법」 제10조의3 제2항의 "오염원인자가 둘 이상인 경우에 어느 오염원인자에 의하여 제1항의 피해가 발생한 것인지를 알 수 없을 때에는 각 오염원인자가 연대하여 배상하고 오염토양을 정화하여야 한다"라는 규정은 이러한 요구에 부응하는 것이다.

이들 규정은 민법과 달리 공동불법행위 규정을 두지 않고 여러 사람의 행위가 경합하여 손해가 발생한 경우 인과관계가 불명하더라도 연대책임을 지울 수 있도록 하고 있다. 이들 규정을 객관적 관련공동성이 없는 경우에도 개개의 행위와 환경오염 사이에, 그리고 환경오염과 피해 사이에 인과관계가 인정되는 경우에는 연대책임을 인정할 수 있다고 이해할 경우[62] 민법 제760조보다 강화된 형태를 규정하고 있는 셈이다.

한편, 공동불법행위자의 책임은 부진정연대채무라고 이해된다.[63] 따라서 공동불법행위가 인정되면 피해자는 가해자 가운데 임의의 1인에 대하여 피해액 전부의 배상을 청구하거나, 모든 가해자에 대하여 피해액 전부의 배상을 청구할 수 있다. 공동불법행위자인 가해자 사이의 내부적 분담부분은 각자의 오염물질 배출정도, 즉 관여도에 따라 결정되며,[64] 책임을 면하기 위하여는 환경피해에 기여하지 아니하였음을 입증하여야 한다.[65] 법원은 공장들에서 배출된 각종 유해가스 및 분진 등으로 인하여 발생된 피해에 대하여 공장주들에게 연대책임을 물음으로써 공동불법행위책임 법리를 적용하고 있다.[66]

---

62) 조홍식, 환경법원론, 박영사, 2019, 772면.

63) 대법원 1995. 10. 12. 선고 93다31078 판결; 대법원 1983. 5. 24. 선고 83다카208 판결; 곽윤직(각주 1), 769면.

64) 이은영(각주 4), 716면.

65) 복수의 사업장 중에서 어느 사업장이 오염물질을 배출하였는지 밝혀지지 않는 가해자 불명의 경우에는, 자기가 전혀 오염물질을 배출하지 않았음을 증명하는 것만으로는 책임을 면할 수 없고, 그와 더불어 다른 사업자가 오염물질을 배출하였다는 것을 증명하여야만 책임을 면할 수 있다. 또한 각 사업장 단독으로는 손해가 발생하지 않으나 여러 사업장의 오염물질이 집적되어 손해가 발생한 복합오염피해의 경우에는, 각 사업장이 단독으로 당해 손해를 발생시키지 않았다는 것을 증명하더라도 면책될 수 없다고 하여야 할 것이다. 이은영(각주 4), 716면; 최상호, "독일의 환경책임법과 우리나라의 환경정책기본법의 비교 고찰", 민사법학 제16호, 1998. 6, 386면; 이승우, "공해무과실책임입법에 관한 고찰", 환경법연구 제29권 제1호, 2007. 4, 277면. 가해자 불명의 공동불법행위의 경우 개별 행위와 손해 발생 사이의 인과관계에 관한 증명책임의 소재(개별 행위자)에 관련해서는 대법원 2008. 4. 10. 선고 2007다76306 판결(민법 제760조 제2항에 따른 공동불법행위책임을 면하려면 자기의 행위와 위 손해 발생 사이에 상당인과관계가 존재하지 아니함을 적극적으로 주장 · 입증하여야 한다고 본 사례) 참조.

[15] 여천공단 사건: 대법원 2006. 2. 24. 선고 2005다57189 판결

민법 제760조 제2항은 같은 조 제1항에서 말하는 공동의 불법행위로 보기에 부족한, 여러 사람의 행위가 경합하여 손해가 생긴 경우, 입증책임을 덜어줌으로써 피해자를 보호하려는 입법정책상의 고려에 따라 각각의 행위와 손해 발생 사이의 인과관계를 법률상 추정한 것이므로, 이러한 경우 개별 행위자가 자기의 행위와 손해 발생 사이에 인과관계가 존재하지 아니함을 입증하면 면책되고, 손해의 일부가 자신의 행위에서 비롯된 것이 아님을 입증하면 배상책임이 그 범위로 감축된다.

공동불법행위책임 법리는 피해자 보호라는 관점에서 환영할 만한 것이나 경우에 따라서는 오염물질을 소량 배출한 자도 엄격한 연대채무를 지게 되는 결과 영세사업자에게 지나치게 가혹한 결과를 초래할 가능성이 있다. 이와 같은 불합리를 극복하기 위하여는 미국에서 판례로써 인정되고 있는 '시장점유율 책임이론(market share theory)',[67] 일본 「대기오염방지법(大氣汚染防止法)」상 책임경감 규정[68] 등을 눈여겨볼 필요가 있다. 공평의 관념에서 소량의 오염물질을 배출한 사람을 책임대상에서 제외하는 것도 검토해 볼 만하다.[69]

나. 자연력의 기여

피해가 자연력과 가해자의 행위가 경합되어 발생한 경우 손해배상의 범위를 산정함에 있어서는 공평 부담의 차원에서 자연력의 기여분을 고려해야 할 것이다

66) 대구고법 1987. 1. 16. 선고 85나111 판결; 대법원 1991. 7. 26. 선고 90다카26607, 26614 판결(온산공단 사건).

67) '시장점유율 책임이론'이란 공동피고들이 원고에게 발생한 손해에 대하여 책임 없음을 입증하지 못하는 한 공동피고들 각자에게 총생산품시장 판매에 대한 각자의 시장점유율에 상응하는 비율의 책임을 지우는 이론이다. *Sindell v. Abbott Laboratories*, 607 F.2d 924 (Cal. 1980). 그러나 이 이론은 원인물질과 손해 간의 인과관계의 입증을 완화하는 것이 아니고, 피고의 특정을 완화하는 것이라는 점에서 일정한 한계가 발견된다.

68) 일본 「大氣汚染防止法」은 민법 제719조 제1항에 의해 부담하는 연대책임에 대한 특칙으로 손해 발생의 원인이 되는 정도가 현저하게 적은 사업자가 있는 경우 법원이 그 사업자의 손해배상액을 정함에 있어 그 사정을 참작할 수 있다고 규정함으로써(제25조의2), 기여도가 적은 사업자의 책임을 경감할 수 있도록 하고 있다.

69) 참고적으로 미국의 「자원보전회수법(RCRA)」은 월간 1,000kg 미만의 유해폐기물을 발생시키는 소량의 발생자를 동법의 규제대상에서 제외하고 있다. 또한 이른바, 브라운필드(Brownfields)법은 유해물질의 발생자 또는 운반자로서 유해물질의 총량이 일정량 이하인 경우, 즉 액체의 경우 110갤런 이하, 고체의 경우 200톤 이하인 경우, 대응비용에 관한 CERCLA 책임을 면하도록 하는 소량 배출자에 대한 면책 규정을 두고 있다. CERCLA § 107(o)(1)(A).

(판례 [16] 참조).70) 이는 결국 기여도의 과실상계를 의미하게 된다.

[16] 자연력 기여분의 제한: 대법원 2003. 6. 27. 선고 2001다734 판결

불법행위에 기한 손해배상 사건에 있어서 피해자가 입은 손해가 자연력과 가해자의 과실행위가 경합되어 발생된 경우 가해자의 배상범위는 손해의 공평한 부담이라는 견지에서 손해발생에 대하여 자연력이 기여하였다고 인정되는 부분을 공제한 나머지 부분으로 제한하여야 함이 상당하고, 다만 피해자가 입은 손해가 통상의 손해와는 달리 특수한 자연적 조건 아래 발생한 것이라 하더라도 가해자가 그와 같은 자연적 조건이나 그에 따른 위험의 정도를 미리 예상할 수 있었고 또 과도한 노력이나 비용을 들이지 아니하고도 적절한 조치를 취하여 자연적 조건에 따른 위험의 발생을 사전에 예방할 수 있었다면, 그러한 사고방지 조치를 소홀히 하여 발생한 사고로 인한 손해배상의 범위를 정함에 있어서 자연력의 기여분을 인정하여 가해자의 배상범위를 제한할 것은 아니다.71)

5. 누적적 인과관계와 격지간 인과관계

환경피해의 한 특성으로 누적성과 격지성을 들 수 있다. 즉 환경피해는 흔히 시간상 장기간에 걸쳐 누적적·반복적으로 이루어지고, 거리상 환경오염의 발생지와 피해의 발생지가 장거리에 걸치고 있다. 이러한 누적성과 격지성은 인과관계를 밝히는 데 있어 큰 장애로 작용하는데, 극단적으로는 손해는 분명히 발생하였는데도 책임자가 없는 어처구니없는 결과가 발생할 수 있다. 이와 같은 경우를 대비하여 국가가 그 피해에 대한 책임을 지도록 하거나 잠재적 환경오염 원인자들에게 기여금을 부과, 피해에 대한 보상을 목적으로 하는 일정한 기금(Funds)을 형성하여 해결하는 방법 등을 고려해 볼 수 있다.72)

---

70) 그 밖에 대법원 1991. 7. 23. 선고 89다카1275 판결(판례 [10]); 대법원 1991. 12. 27. 선고 90다카5198 판결(판례 [23]); 대법원 1993. 2. 23. 선고 92다52122 판결; 대법원 2019. 11. 28. 선고 2016다233538, 233545 판결(판례 [11]) 참조.

71) 원자력발전소에서의 온배수 배출행위와 해수온도의 상승이라는 자연력이 복합적으로 작용하여 온배수배출구 인근 양식장의 어류가 집단폐사한 경우, 손해배상 범위 결정시 자연력의 기여도를 고려하는 것이 타당하다고 판단한 사례. 한편, 자연력의 기여도를 인정하지 아니한 판결은 대법원 1995. 2. 28. 선고 94다31334 판결; 대법원 2001. 2. 23. 선고 99다61316 판결(임도 개설공사 이후 집중호우로 인한 산사태로 말미암아 발생한 손해의 배상범위를 정함에 있어서 자연력의 기여분을 인정하지 아니한 사례); 대법원 2009. 6. 11. 선고 2006다13001 판결 참조.

72) 박기갑, "환경보호에 관한 국제법상의 문제", 환경오염의 법적 구제와 개선책, 소화, 1996, 188면.

Ⅳ. 손 해

1. 손해의 종류 및 범위

구체적으로 '손해'의 범위를 어디까지로 할 것인지는 쉬운 일이 아니다. 일반적으로 환경오염으로 인한 손해에는 크게 재산적 손해와 정신적 손해로 나누어 볼 수 있다. 재산적 손해에는 치료비, 오염 제거를 위해 지출된 비용, 방음시설 설치비용, 일조 침해의 결과 난방·조명 등을 위하여 지출된 광열비, 건조비, 난방비, 냉방비 등과 같은 적극적 손해와 환경오염으로 인한 토지·가옥의 가액과 영업수익의 저하 등과 같은 소극적 손해가 있다.73) 또한 사회통념상 수인한도를 넘는 위법한 행위는 피해자에게 재산적 손해 외에 정신적 고통을 야기한다. 이에 가해자는 재산적 손해와 별도로 정신적 손해를 배상할 책임이 있다(판례 [26]).

[17] 부동산의 시가 하락: 대법원 1968. 11. 19. 선고 68나1522 판결

소주 공장에서 나는 매연, 소음 및 악취 등으로 인하여 그 인접 부동산의 시가가 저락하였다는 사실만으로는 그 소유자에게(육체적, 정신적 손해는 별론) 그 만큼의 손해가 발생하였다고 단정 할 수는 없다.

[18] 이전비용과 교환가치: 대법원 2011. 4. 28. 선고 2009다98652 판결

일조방해로 인하여 인근 공작물 등 토지상에 정착한 물건을 더 이상 본래의 용법대로 사용할 수 없게 되었다면, 공작물 등 소유자로서는 공작물 등 이전이 불가능하거나, 이전으로 인하여 공작물 등을 종래 용법대로 사용할 수 없게 되거나, 공작물 등 이전비용이 공작물 등의 교환가치를 넘는다는 등 특별한 사정이 없는 한, 이전비용 상당액을 통상의 손해로서 청구할 수 있고, 이전 과정에서 불가피하게 발생한 손해 역시 통상의 손해로서 청구할 수 있으며, 위와 같은 특별한 사정이 있는 경우에는 공작물 등의 교환가치 상당액을 통상의 손해로서 청구할 수 있다. 한편 이와 같이 이전비용 등을 통상의 손해로서 청구하는 경우 장래 공작물 등을 사용·수익하여 얻을 수 있었을 이익은 이전비용 등에 포함되어 있어 이를 따로 청구할 수 없다.74)

---

73) 서울고법 1996. 3. 29. 선고 94나11806 판결(판례 [4])에서 법원은 가격하락분 또는 정상가격에서 시장형성가격을 공제한 금원을 일조권 등의 침해로 인한 재산적 손해로 인정하였다.

74) 고층 아파트 신축으로 비닐하우스에 일조방해가 발생하여 더 이상 정상적인 난 재배를 하기 어렵게 된 사안에서, 특별한 사정이 없는 한 비닐하우스와 그 안에서 재배되는 난들에 대한

[19] 휴업손해: 대법원 2017. 2. 15. 선고 2015다23321 판결

이 사건 철로를 통한 열차 운행으로 생긴 소음 · 진동으로 이 사건 농장은 한우 사육시설로서의 입지를 상실하였다. 피고들은 농장의 이전비용과 그 이전 과정에서 불가피하게 발생하는 피해를 통상손해로서 배상하여야 한다. 그리고 이 사건 농장은 축사건물로서 물리적으로 이전이 불가능하다는 특별한 사정이 존재하므로, 이 사건 농장의 교환가치에 해당하는 금액을 배상할 책임이 있다. 또한 원고가 이 사건 농장을 폐업한 2012. 10. 5.부터 이 사건 농장을 위한 대체지와 한우 농장시설을 확보하는 데 드는 통상의 기간으로 볼 수 있는 9개월 동안 휴업손해를 배상할 책임이 있다.

[20] 정상가격의 감소액: 대법원 1999. 1. 26. 선고 98다23850 판결

일조장해, 사생활 침해, 시야차단으로 인한 압박감, 소음, 분진, 진동 등과 같은 생활이익의 침해로 인하여 발생한 재산적 손해의 항목 중 토지 · 가옥의 가격저하에 의한 손해를 산정함에 있어서는 광열비 · 건조비 등의 지출 증대와는 별도로 일조장해 등과 상당인과 관계가 있는 정상가격의 감소액을 부동산감정 등의 방법으로 평가하여야 할 것이고, 분양된 아파트가 일조피해를 입고 있는 경우 그 아파트의 시세가 분양대금에 물가상승률이나 예금금리를 감안한 금액보다 높게 유지된다고 하여 그 소유자에게 당해 아파트의 가격저하로 인한 손해가 발생하지 아니하였다고 볼 수 없다.

[21] 토지 · 가옥의 가격 저하에 의한 손해의 산정 방법: 대법원 2007. 9. 7. 선고 2005다72485 판결

건물의 신축으로 인하여 그 이웃 토지상의 주택이나 아파트 소유자가 수인한도를 넘어서는 일조장해를 받고 있음은 물론 시야차단으로 인한 압박감(개방감의 상실) 등도 그 수인한도를 넘어서는 경우에는, 일조장해, 시야차단으로 인한 압박감 등과 같은 생활이익의 침해로 인하여 발생한 재산적 손해의 항목 중 토지 · 가옥의 가격 저하에 의한 손해를 부동산 감정 등의 방법으로 산정함에 있어서 일조장해 뿐만 아니라 개방감의 상실 등과 상당인과관계가 있는 정상가격의 감소액도 아울러 평가하여야 할 것이다.

이전비용과 이전 과정에서 불가피하게 발생하는 손해를 통상의 손해로서 청구할 수 있고, 만약 비닐하우스 등을 이전하는 것이 불가능하다는 등 특별한 사정이 있다면 그 교환가치 상당액을 통상의 손해로서 청구할 수 있다고 한 사례.

[22] 대법원 2016. 11. 10. 선고 2013다71098 판결

항공기가 토지의 상공을 통과하여 비행하는 등으로 토지의 사용·수익에 방해가 되어 손해배상책임이 인정되면, 소유자는 항공기의 비행 등으로 토지를 더 이상 본래의 용법대로 사용할 수 없게 됨으로 인하여 발생하게 된 재산적 손해와 공중 부분의 사용료 상당 손해의 배상을 청구할 수 있다.

[23] 손해액에 관한 입증이 불충분한 경우의 평균수익액 산출방법: 대법원 1991. 12. 27. 선고 90다카5198 판결

원심은, 이 사건 백합폐사로 원고측이 입은 손해의 범위를 산정함에 있어서, 손해액 산정의 기초로서 이 사건 백합종폐의 대량폐사가 시작된 1973년 이전에는 백합생산량이 다소 많았던 때도 있었으나 1973년도를 분기점으로 하여 그 이후에는 그 생산량이 격감하고 있는 점, 1년에 2회에 걸쳐 계속적으로 종패를 살포하고, 성패를 수확하고 있어 수확되는 백합이 일마만한 년석에 언제 살포한 백합종패로부터 얻어진 것인가를 판별해 내기가 곤란함 점등을 감안하여 위 1973년도의 생산량과 실제 생산시설면적(면허면적이 아님)을 기준으로 하고 있으며, 생산량에 관하여는 일반적인 통계숫자나, 상호모순되는 생산량기재를 배척하고, 원고측 백합양식장이 소재한 전북 부안군의 백합생산량이 거의 전부(1973년의 경우 전라북도 생산량 3,557톤 중 약 3,500톤 가량으로 약 98% 차지)를 차지하고 있는 전라북도의 백합생산량을 기준으로 하여 원고측 백합양식장의 헥타르당 백합생산량을 산출하고 있는 바, 이는 이 사건과 같이 피고의 손해배상책임이 인정되나 그 손해액에 관한 입증이 불충분한 경우에 있어서의 평균 수익액 산출방법으로서 공평성과 합리성을 갖춘 타당한 방법이라고 보여지므로(대법원 1984. 4. 12. 선고 87다카 1129 판결 참조) 원심의 손해액 산정에 관한 조치는 옳고 거기에 소론과 같이 채증법칙에 위배하여 손해범위 산정의 기초사실을 오인하고 손해액 산정에 관한 법리를 오해한 위법이 있다 할 수 없다.[75)]

[24] 소극적 손해의 범위: 대법원 2003. 9. 5. 선고 2001다68358 판결

고속도로 확장공사 및 차량통행에 따른 소음·진동으로 인하여 종전 사업장에서 더 이상 양돈업을 할 수 없게 된 경우, 양돈업자들이 입은 소극적 손해는 그곳에서의 양돈장을 폐업, 이전함으로 인하여 상실하게 된 수입이라고 할 것인바, 그 손해기간은 차량통행으로 인한 소음·진동으로 양돈장의 정상적인 영업

---

75) 백합폐사로 인한 손해의 범위를 산정함에 있어 대량폐사가 시작된 특정 연도를 분기점으로 하여 그 이후 생산량이 격감하고 있는 점 등을 감안하여 위 특정 연도의 생산량과 실제 생산시설면적을 기준으로 삼은 원심의 조치를 수긍한 사례.

이 불가능하여 이를 폐업한 때부터 위 양돈장과 유사한 정도의 시설물 건설 및 양돈상태 조성에 드는 기간에 정상적인 노력으로 위 양돈장을 위한 대체지와 양돈 영업시설을 확보하는 데 소요되는 통상의 기간을 더한 기간이다.[76)]

[25] 대법원 2018. 9. 13. 선고 2016다35802 판결

불법행위로 영업을 중단한 자가 영업 중단에 따른 손해배상을 구하는 경우 영업을 중단하지 않았으면 얻었을 순이익과 이와 별도로 영업 중단과 상관없이 불가피하게 지출해야 하는 비용도 특별한 사정이 없는 한 손해배상의 범위에 포함될 수 있다(대법원 2006. 9. 8. 선고 2004다55230 판결, 대법원 2015. 1. 15. 선고 2012다110880 판결 등 참조). 위와 같은 순이익과 비용의 배상을 인정하는 것은 이중배상에 해당하지 않는다. 이러한 법리는 환경정책기본법 제44조 제1항에 따라 그 피해의 배상을 인정하는 경우에도 적용된다.[77)]

[26] 정신적 손해: 대법원 1991. 6. 11. 선고 90다20206 판결

일반적으로 타인의 불법행위로 인하여 재산권이 침해된 경우에는 그 재산적 손해의 배상에 의하여 정신적 고통도 회복된다고 보아야 할 것이나 재산적 손해의 배상만으로는 회복할 수 없는 정신적 손해가 있다면 이는 특별한 사정으로 인한 손해로서 그로 인한 위자료를 인정할 수 있다.[78)]

그러나 그 손해액을 산정하여 재산적 손해로 인정하는 것은 쉬운 일이 아니다. 예컨대, 오염지역 정화의 경우 오염정화기준이 설정되어 있지 아니한 상태에서 어느 정도까지 정화하여야 하는지 그 판단이 어려울 뿐만 아니라,[79)] 오염

76) 고속도로 확장공사 및 차량통행에 따른 소음 · 진동으로 인하여 종전 사업장에서 더 이상 양돈업을 할 수 없게 된 경우의 소극적 손해의 범위를 산정함에 있어 그 손해기간에 종전 양돈장과 유사한 정도의 시설물 건설 및 양돈 상태 조성에 드는 기간 외에 양돈장 폐업일 다음날부터 원심 변론종결일까지의 기간을 포함시킨 원심을 파기한 사례.

77) 사업활동 등을 하던 중 고철을 방사능에 오염시킨 자가 오염된 환경을 회복 · 복원할 책임을 지지 않고, 방사능에 오염된 고철을 타인에게 매도하는 등으로 유통시킴으로써 거래 상대방이나 전전 취득한 자가 방사능오염으로 피해를 입게 된 경우, 원인자가 방사능오염 사실을 모르고 유통시켰더라도 환경정책기본법 제44조 제1항에 따라 피해자에게 피해를 배상할 의무가 있다고 한 사례.

78) 대법원 1989. 8. 8. 선고 88다카27249 판결; 대법원 1990. 1. 12. 선고 88다카28518 판결 참조.

79) 참고적으로 미국의 「종합환경대응보상책임법(CERCLA)」상 정화의 정도는 국가비상계획(National Contingency Plan: NCP)에 따라야 하는데, 국가비상계획은 미 환경보호처(EPA), 주 또는 책임당사자가 오염제거사업 또는 정화작업을 수행할 때 따라야 할 절차를 정하고 있다.

제거기술에 따라 그 비용도 다를 수밖에 없기 때문에 그 손해액 산정은 어려울 수밖에 없다. 더욱이 가치를 수치화하기가 어려운 생태계나 자연 경관이 침해되었을 경우 그 구체적 손해액을 산정하기는 여간 어려운 일이 아닐 것이다.[80] 이러한 견지에서, 환경피해배상청구에서의 정신적 손해에 대한 배상이 상당한 의미를 갖는다.[81]

실무상으로는 정신적 손해에 대한 실제 인정금액이 극소액에 그치고 있는데, 실질적인 피해 구제를 위하여는 정신적 손해에 대한 인정 액수를 과감히 높이는 것이 요망된다. 손해액 산정의 곤란성을 극복하기 위한 방안으로는 징벌적 손해(punitive damage)배상제도[82]의 도입도 고려해 볼 수 있다.

불법행위로 인한 손해배상청구권의 성립 시기는 현실적으로 손해가 발생한 때이다(판례 [27]).

[27] 대법원 2021. 3. 11. 선고 2017다179, 186 판결

불법행위로 인한 손해배상청구권은 현실적으로 손해가 발생한 때에 성립하는 것이고, 현실적으로 손해가 발생하였는지 여부는 사회통념에 비추어 객관적이고 합리적으로 판단하여야 한다(대법원 2003. 4. 8. 선고 2000다53038 판결 등 참조). 만일 이 사건 소송에서 피고들이 이 사건 인접 토지와 이 사건 유류저장소에 대한 각 소유권을 취득한 이후 추가로 원고들 소유의 이 사건 토지에 토양오염을 유발한 사실이 인정될 수 있다면, 피고들은 토양환경보전법 제10조의3 제1항에 따른 오염토양 정화의무를 부담한다고 볼 수 있고, 피고들이 이러한 오염토양 정화의무를 이행하지 않음에 따라 원고들로서는 이 사건 토

CERCLA § 105(a), 40 C.F.R. 300.

80) 미국의 「종합환경대응보상책임법」과 「유류오염법(Oil Pollution Act: OPA)」은 자연자원의 침해에 대한 고려를 하고 있다. 즉 종합환경대응보상책임법상 책임자는 자연자원의 손상, 파괴, 상실(이를 평가하는 합리적인 비용을 포함)에 대한 피해에 대하여 책임을 진다. CERCLA § 107(a)(1-4)(C). 「유류오염법」은 자연자원의 손상, 파괴, 상실뿐만 아니라 이용의 상실과 피해를 평가하는 데 소요되는 합리적인 비용도 자연자원에 대한 피해로 보고 있다. OPA § 1002(b)(2)(A).

81) 서울고법 1983. 11. 17. 선고 83나1174 판결은, 부동산 시가의 하락 사실만으로써 곧 원고에게 손해가 현실적으로 발생하였다고 단정하기 어렵다고 하면서 원고의 재산적 손해에 대한 주장을 받아들이지 아니하고 다만 위자료 산정에 이를 참작하고 있는바, 이는 환경오염피해소송에서 정신적 손해에 대한 배상의 중요성 내지 효용성을 엿보게 하는 대목이라 할 것이다.

82) 징벌적 손해는 흔히 가해자의 행위가 무분별(reckless)하거나, 악의적(malicious)일 경우 인정되고 있다. 2018. 6. 12. 개정 「환경보건법」에서는 환경유해인자로 인한 환경성질환 피해에 대하여 사업자의 고의 또는 손해발생의 우려를 인식한 정도, 손해발생을 줄이기 위하여 노력한 정도, 환경유해인자의 유해성 등을 고려하여 그 피해액의 3배를 넘지 아니하는 범위에서 배상하도록 함으로써, 징벌적 손해배상을 인정하고 있다(제19조 제2항).

지 소유권을 완전하게 행사하기 위하여 원고들의 비용으로 오염토양을 정화할 수밖에 없게 되었다고 볼 수 있다. 이런 상황이라면 사회통념상 오염토양 정화비용 상당의 손해가 원고들에게 현실적으로 발생한 것으로 볼 수 있다.

2. 위험에의 접근이론과 책임감면

소음 등으로 인한 피해가 존재하고 있는 지역으로 뒤늦게 이주해 들어온 자에 대하여는 종전부터 그 지역에 거주하고 있던 사람들과 구별하여 이른바 '위험에의 접근이론'을 적용할 수 있을 것이다. 이는 이미 환경피해를 입은 자의 손해배상청구나 유지청구를 판단함에 있어서 피해자가 위험에 스스로 접근한 사실을 고려해야 한다는 이론이다. 법원은 피해자의 위험에의 접근 여부를 책임감면사유로 보고 있다(판례 [28]).[83] 여기에서 말하는 위험은 주로 정신적 고통이나 생활방해를 의미하기 때문에 생활방해의 정도를 넘는, 예컨대 생명·신체에 대한 침해의 경우는 포함하지 않는다.

[28] 김포공항 사건: 대법원 2005. 1. 27. 선고 2003다49566 판결

소음 등을 포함한 공해 등의 위험지역으로 이주하여 들어가서 거주하는 경우와 같이 위험의 존재를 인식하면서 그로 인한 피해를 용인하며 접근한 것으로 볼 수 있는 경우에, 그 피해가 직접 생명이나 신체에 관련된 것이 아니라 정신적 고통이나 생활방해의 정도에 그치고 그 침해행위에 고도의 공공성이 인정되는 때에는, 위험에 접근한 후 실제로 입은 피해 정도가 위험에 접근할 당시에 인식하고 있었던 위험의 정도를 초과하는 것이거나 위험에 접근한 후에 그 위험이 특별히 증대하였다는 등의 특별한 사정이 없는 한 가해자의 면책을 인정하여야 하는 경우도 있을 수 있을 것이나(대법원 2004. 3. 12. 선고 2002다14242 판결 참조), 일반인이 공해 등의 위험지역으로 이주하여 거주하는 경우라고 하더

83) 판례는 피해를 인식하였거나 과실로 인식하지 못한 것만 가지고 피해를 용인하였다고 보기는 어렵다면서 손해액의 30%를 감액하는 경향이 있다. 서울지법 2004. 1. 27. 선고 2002가합 2002가합33132 판결(군산비행장 사건); 서울중앙지법 2008. 1. 22. 선고 2004가합106508 판결(청주비행장 사건); 서울중앙지법 2006. 10. 31. 선고 2005가합56815 판결(충주비행장 사건); 서울남부지법 2009. 10. 9. 선고 2006가합14470 판결(김포공항 사건); 대법원 2010. 11. 25. 선고 2007다74560 판결(대구비행장 사건); 대법원 2012. 6. 14. 선고 2012다13569 판결(다른 주민들이 제기한 종전 소송에서 국가의 배상책임을 인정한 대법원 판결 내용이 언론보도 등을 통하여 널리 알려졌다고 보이는 2011. 1. 1. 이후 전입한 주민들에 대하여 손해액을 50% 감액한 사안).

라도 위험에 접근할 당시에 그러한 위험이 존재하는 사실을 정확하게 알 수 없는 경우가 많고, 그 밖에 위험에 접근하게 된 경위와 동기 등의 여러 가지 사정을 종합하여 그와 같은 위험의 존재를 인식하면서 굳이 위험으로 인한 피해를 용인하였다고 볼 수 없는 경우에는 손해배상액의 산정에 있어 형평의 원칙상 과실상계에 준하여 감액사유로 고려하는 것이 상당하다.[84)]

3. 손해의 일원적 파악

환경오염 피해소송은 피해자의 다수성을 한 특성으로 하고 있는데 실제 다수 피해자가 소송을 제기하였을 경우 피해자 각자의 특수한 사정을 고려하여 구체적 배상액을 결정하려고 하면 심리의 복잡성으로 자칫 소송 지연을 초래함으로써, 오히려 구제의 실효성을 약화시킬 가능성이 있다. 이에 재산적 손해와 정신적 손해를 구별하지 아니하고 포괄하여 청구하는 '일괄청구(一括請求)'와 피해자 개개인이 배상액을 일률적으로 청구하거나 몇 개의 군으로 나누어 군별로 일정액을 일률적으로 청구하는 '일률청구(一律請求)'가 그 해결 방안으로 제시되고 있다.[85)]

피해자 개개인의 구체적 사정을 고려하지 않는 일률청구나 일괄청구는 변론주의나 공평의 견지에서 받아들이기 어려운 점이 있으나,[86)] 정신적 손해, 즉 위자료를 다액 인정함으로써 실제에 있어서는 일괄청구와 동일한 효과를 갖게 할 수 있을 것이다. 실무상으로는 원고들이 피해의 정도와 지역성이 동일하거나 비슷한 몇 개의 부류로 분류하여 일정액의 위자료를 일률적으로 구하고 있으며, 법원은 이러한 청구에 대하여 경험칙이나 법원의 현저한 사실로 인정하는 경향이 있다.[87)] 김포공항 사건(판례 [29])에서 법원은 일률배상의 여지를 인정한 바 있다.

---

84) 이에 따르면 위험에의 접근이론이 적용되기 위해서는 다음 4가지 요건이 요구된다: ① 피해를 용인하며 접근한 것으로 볼 수 있을 것, ② 피해가 직접 생명이나 신체에 관련된 것이 아니라 정신적 고통이나 생활방해의 정도에 그칠 것, ③ 침해행위에 고도의 공공성이 인정될 것, ④ 피해 정도가 위험에 접근할 당시에 인식하고 있었던 위험의 정도를 초과하는 것이거나 위험에 접근한 후에 그 위험이 특별히 증대하였다는 등의 특별한 사정이 없을 것. 같은 취지의 판결은 대법원 2010. 11. 11. 선고 2008다57975 판결; 대법원 2010. 11. 25. 선고 2007다74560 판결(대구비행장 사건); 대법원 2010. 12. 23. 선고 2009다10928 판결(평택비행장 사건); 대법원 2012. 6. 14. 선고 2012다13569 판결.

85) 오석락(각주 5), 42 내지 62면.

86) 대법원 1984. 11. 13. 선고 84다카722 판결.

87) 손윤하(각주 4), 334면. 서울고법 2003. 8. 20. 선고 2002나55207 판결(판례 [29]); 서울중앙지법 2008. 12. 17. 선고 2007가합96794 판결(일조) 참조.

[29] 김포공항 사건(항소심): 서울고법 2003. 8. 20. 선고 2002나55207 판결

피고 대한민국은, 선정자들이 항공기 소음으로 인하여 입었다는 피해에 대하여는 각 개인별로 구체적인 입증이 있어야 한다고 주장하므로 살피건대, 다수인이 겪는 생활이익의 침해에 있어서 선정자들의 청구는 선정자 개개인의 권리 침해를 근거로 한 것이기 때문에 선정자들이 어떠한 피해를 입었는지에 관해서는 개별적으로 판단할 수밖에 없고, 그 피해의 발생에 관하여는 이를 주장하는 자가 입증하여야 하는 것이지만, 이 사건에 있어 평온하고 안전한 일상생활을 영위할 권리는 선정자 개개인의 생활 조건의 차이에 관계없이 기본적인 부분에서 동일하고 이에 대한 침해행위도 동일하기 때문에 그 침해로 인한 정신적 고통의 성질 및 정도도 구체적인 면에 있어서 약간의 차이는 있을지는 몰라도 그 주요 부분에 있어서는 동일하다고 볼 수 있고, 일정한 정도 이상의 소음에 노출된 선정자들이 정신적 고통을 입게 됨은 경험칙상 인정할 수 있으므로 피고 대한민국의 위 주장도 이유 없다(선정자들의 개별적 사정은 주거지에서의 거주기간을 참작함으로써 어느 정도 반영할 수 있다).

Ⅴ. 청구권자

1. 범 위

토지나 건물의 소유자나 점유자가 환경침해로 인해 손해를 입었을 경우 민법 제750조에 근거하여 그 손해배상을 청구할 수 있는 것은 당연하다. 다만, 그 피해가 사회 공동생활을 하면서 일반적으로 용인될 수 있는 범위 내의 것인 경우에는 배상책임이 제한될 수 있을 것이다. 한편, 민법 제217조의 이른바, '안온방해의 금지 및 인용' 규정은 보상 규정을 가지고 있지 않기 때문에 상린관계자가 위 규정에 정하여진 요건이 충족되었다고 하여 위 규정을 근거로 손해배상을 청구할 수는 없다. 이러한 관점에서 손해배상책임의 근거를 민법 제750조에 두는 것이 일반적이나, 환경침해에 대한 유지청구의 법적 근거를 둘러싸고는 뒤에서 보는 바와 같이 다툼이 있는 것이 사실이다.

한편, 청구권자의 범위는 침해되는 권리(이익)의 성질을 무엇으로 보는가와 밀접한 관련이 있다. 환경침해행위를 피해자의 소유권이나 점유권의 내용을 침해하는 것으로 이해할 경우에는 소유권자나 점유권자가 청구권자가 되나 그 침해행위를 인격권이나 환경권의 침해행위로 볼 경우에는 소유권자나 점유권자가 아니더라도 인격권이나 환경권의 침해를 받은 자가 손해배상을 청구할 수 있을 것이다. 예컨대, 일조·조망권의 성질을 어떻게 파악하는가에 따라 피해자인 원고가 달라질 수 있다. 말하자면 일조침해를 상린관계 또는 소유권의 침해로 볼 경우에는 일조침해를 당하는 건물이나 토지 소유자가, 일조침해를 법률상 보호되는 생활이익의 침해로 이해하는 입장에서는 종래부터 향유하던 생활이익을 침해당한 피해자가 원고가 될 것이다. 판례는 소유자는 물론이고 지상권자, 전세권자 또는 임차인[88] 등의 거주자도 일조이익을 향유하는 주체로 보고 있다. 그러나 토지·건물을 일시적으로 이용하는 것에 불과한 사람은 제외된다.[89] 한편, 일조침해를 인격권 또는 환경권의 침해로 보는 입장에서는 인격권[90]이나 환경권을 침해당한 피해자가 원고가 될 것이다. 이러한 점에 착안하여 최근에는 피해 범위를 단순한 물적 침해뿐만 아니라 인간의 건강하고 쾌적한 생활이익의 침해 내지 환경이익의 침해로 확장하는 인격권 내지 환경권 개념이 확산되고 있다. 이러한 견해들에 대해서는 그 구체적인 내용이 불명확하다는 비판이 있지만 피해자의 범위를 확대하여 그 보호를 충실히 할 수 있다는 시대적 당위성과 필요성을 가지고 있다.

2. 집단소송(Class Action)

흔히 환경피해자가 다수이므로 환경피해소송은 다수 당사자가 소를 제기하였을 경우 흔히 볼 수 있는 소송 비경제가 나타날 수 있다. 이에 현재 「증권관련 집단소송법」이나 미국에서 운영되고 있는 집단소송제도가 소송경제를 위한 하나의 대안으로 제기될 수 있다. 집단소송이란 공통의 이해관계를 가진 집단의 1인 또는 수인이 그 전체를 위하여 제소하거나 피소될 수 있는 소송형태로 그 판결은

---

88) 서울중앙지법 2008. 12. 17. 선고 2007가합96794 판결(주택별로 산정한 일조이익의 방해로 인한 손해액 중 소유권자에게 소유권을 근거로 하여 귀속되어야 할 부분[소유권 부분]을 90%, 임차인 등 점유자에게 생활이익 등을 근거로 하여 귀속되어야 할 부분[비소유권 부분]을 10%로 보고, 10%의 비소유권 부분은 가해 건물의 골조완성 당시 피해 건물의 임차인 등 점유자들에게 귀속시켜야 하며, 그 당시 소유자가 피해 건물의 일부를 점유하고 있었다면, 그 부분은 소유자에게 귀속시켜야 한다고 한 사례).

89) 대법원 2008. 12. 24. 선고 2008다41499 판결(초등학교 학생들 760여명이 아파트 시공사를 상대로 한 손해배상청구소송에서 학생들은 공공시설인 학교시설을 일시적으로 이용하는 지위에 있을 뿐이고, 학교를 점유하면서 지속적으로 거주하고 있다고 할 수 없어서 생활이익으로서의 일조권을 법적으로 보호받을 수 있는 지위에 있지 않다고 한 사례).

90) 대법원 2008. 4. 17. 선고 2006다35865 전원합의체 판결(판례 [30])에서 소수의견은 일조방해가 단순한 재산권의 침해에 그치는 것이 아니라 건강하고 쾌적한 환경에서 생활할 개인의 인격권을 침해하는 성격도 지니고 있다고 지적하였다.

대표당사자뿐만 아니라 집단 구성원 모두에게 효력이 있다.[91] 피해자 한 사람의 피해액은 작을 수 있지만 피해가 광범위하고 피해자가 다수이기 때문에 전체 피해액이 엄청나게 크다는 환경피해의 특징으로 인해 집단소송은 상당히 매력적인 대안으로 다가오고 있다. 집단소송은 개별 소액 피해자의 법적 구제를 가능케 할 뿐만 아니라 중복 소송으로 인한 행정비용을 절약케 할 수 있다.

집단소송은 당사자주의를 취하는 우리나라 법제도에 배치되는 것으로, 집단의 1인이 원고로서 소송을 제기하여 패소하게 되는 경우 다른 구성원의 재판권이 침해되는 중대한 결함을 갖고 있다.[92] 그러므로 집단소송을 인정하더라도 그 요건을 엄격히 할 필요성이 있다. 소송법상의 일반제도로 받아들일 것인지 여부는 별론으로 하더라도, 소송 전단계로서의 역할을 하는 「환경분쟁조정법」에 이미 수용되어 있는 이상(동법 제4장 참조) 환경분쟁조정제도하에서 적극적인 활용이 요망된다.

3. 소송구조 · 법률구조

흔히 환경피해를 당한 피해자는 가해자에 비하여 경제적 약자인 경우가 많은데, 실제로 단순히 경제적 사정만으로 소송 제기를 엄두조차 못내는 경우가 있을 수 있다. 「민사소송법」 제128조는 "법원은 소송비용을 지출할 자금능력이 부족한

91) 미국의 현행 집단소송제도는 미국 연방민사소송규칙에 기초하고 있다. 집단소송(class action)이 법원의 인가를 받기 위해서는 다음 6가지의 요건을 충족하여야 한다. 처음 2가지 요건, 즉 집단의 존재와 대표당사자가 집단구성원일 것이라는 요건은 법원 판례로 인정되어 온 것이며 나머지 요건은 미국 연방민사소송규칙 제23조(a)에 규정된 제소요건(prerequisities)이다: ① 다수성(numerosity), ② 공통성(commonality), ③ 전형성(typicality), ④ 대표의 적절성(adequacy of representation). The Federal Rules of Civil Procedure § 23(a). 이러한 제소요건에 더하여 집단소송은 다음 3가지 유형의 범주에 해당하여야 한다: ① 개별적 소송에 의하면 모순적인(inconsistent) 판결이 나오거나 집단 구성원 개인의 소송이 소송당사자가 아닌 구성원의 이익을 해칠 가능성이 있는 경우; ② 집단에 반대하는 당사자가 집단 구성원 전부에 일반적으로 적용될 수 있는 이유에 기하여 어떤 행위를 하거나 어떤 행위를 하는 것을 거부하기 때문에 집단 전체와 관련하여 유지명령(injunctive relief) 또는 선언적 구제(declaratory relief)를 하는 경우; ③ 집단 구성원에 공통한 법률상 또는 사실상의 문제가 구성원 개인에게만 영향을 미치는 문제를 압도하고(predominance), 분쟁의 공정하고 효율적인 해결을 위한 방법으로서 집단소송이 다른 방법보다 우수한 경우(superiority). *Id.* § 23(b). 집단소송에 대하여 자세한 내용은 석인선, "미국의 환경관련집단소송제 도입과정 및 시사점", 환경법연구 제26권 제3호, 2004. 9, 95면 이하; 김홍균, "환경관련 다수당사자 분쟁과 집단소송", 환경법연구 제33권 제3호, 2011. 11, 121면 이하 참조.

92) 집단소송(class action)의 가장 큰 장점은 제소가 쉽다는 데 있다. 그러나 이 제도와 관련해서는 남소의 가능성, 재판청구권의 침해, 상대방과의 결탁 가능성, 변호사 중심의 소송, 복잡한 손해배상금의 분배절차 등 문제점이 지적되고 있다.

사람의 신청에 따라 또는 직권으로 소송구조를 할 수 있다. 다만, 패소할 것이 분명한 경우에는 그러하지 아니하다"라고 규정하고 있다. 소송구조의 중요한 요건으로는 '소송당사자의 무자력'과 '패소할 것이 분명하지 않을 것' 등인데, 그 요건을 완화하여 법률구조의 범위를 확대하는 것이 요망된다.93) 같은 맥락에서 소송비용의 유예 또는 소가의 감액도 적극적으로 고려할 필요가 있다.

Ⅵ. 피청구권자의 책임 담보

흔히 환경피해는 광범위하고, 현실적인 피해액이나 복구비용은 엄청나므로 어려운 입증과정을 거쳐 책임자가 규명되더라도 막상 그 책임자가 고액의 비용을 부담할 능력이 없는 상황을 쉽게 생각해 볼 수 있다. 이러한 경우를 대비하여 피청구권자의 책임을 담보하는 방법이 고려되어야 한다.

잠재적 오염원인자로 하여금 보험에 가입토록 강제하는 방법이 좋은 예이다. 2014. 12. 31. 제정된 「환경오염피해 배상책임 및 구제에 관한 법률」은 배상책임의 이행을 담보함으로써, 충실한 피해구제를 도모하기 위하여 일정한 시설을 설치·운영하는 사업자로 하여금 환경책임보험에 가입하도록 하고 있다(제17조 제1항). 한편, 우리나라 개별 환경법에서 보험관련 규정이 다소 발견되는데, 「폐기물관리법」(제40조), 「야생생물 보호 및 관리에 관한 법률」(제51조), 「유류오염손해배상 보장법」(제14조), 「원자력손해배상법」(제5조 제2항) 등이 그 대표적인 예이다.

그러나 우리나라는 환경오염위험만을 담보하는 독자적인 환경오염배상책임보험이 개발되어 있는 것이 아니라 일반배상책임보험의 형태인 영업배상책임의 담보특약에 의하여 운영되고 있으므로 순수한 의미의 환경보험은 가지고 있지 않다. 그 내용도 지나치게 단순하고, 비체계적이며, 사용되는 개념이 명료하지 아니하다. 일부 환경관계법에서는 제한된 영역에서 보험의 가입을 요구하고 있는

93) 대법원의 "소송상 구조의 신청을 하는 데 있어서는 무자력과 승소의 가망이 없지 않다는 것을 주장하고 그것을 구체적으로 소명해야 한다"는 종래 입장(대법원 1995. 11. 22. 선고 95마1180 결정; 대법원 1994. 12. 10. 선고 94마2159 결정; 대법원 1992. 8. 31. 선고 92마102 결정)에 비해 "패소할 것이 명백하지 않다는 것은 소극적 요건이므로 신청인이 승소의 가능성을 적극적으로 진술하고 소명해야 하는 것이 아니라, 법원이 당시까지의 재판설차에서 나온 자료를 기초로 패소할 것이 명백하다고 판단할 수 있는 경우가 아니라면 그 요건은 구비된 것으로 봐야 한다"는 결정(대법원 2001. 6. 9. 선고 2001마1044 결정)은 소송구조 요건을 크게 완화하는 것으로 고무적이다.

데, 흔히 공제조합의 가입 등과 선택적으로 요구함으로써, 대부분 임의보험의 형태를 전제하고 있으며, 강제되는 경우에도 전형적인 환경보험을 전제하고 있지 아니하다. 환경오염에 대한 담보특약에 의한 배상책임보험의 영업실적은 저조하며,[94] 기업체는 별도의 준비금으로 오염사고에 대처하는 것으로 알려지고 있다.[95] 이러한 상황에서 피해구제를 철저히 하기 위한 환경보험제도의 개발 및 활성화 요구는 설득력을 갖는다.[96]

보험제도의 도입 및 활성화를 위해서는 해결해야 할 문제들이 많다. 예컨대, 보험제도의 효율성을 높이기 위하여 강제보험형식으로 할 것인지, 강제보험으로 할 경우 그 대상자의 범위는 어디까지로 할 것인지, 보상범위는 어디까지로 할 것인지, 점진적이고 누적적인 손해에 대하여도 보상하여야 하는지, 적정한 보험요율은 어느 정도인지, 최고보상액을 설정해야 할 것인지 등이 그것이다. 더욱이 우리나라는 환경보험이 발달되어 있지 아니한 관계로 기초적으로 해결해야 할 과제도 너무 많다.

그 밖에 공제조합의 도입이나 기금의 형성도 피청구권자의 책임을 담보하거나 보완하는 수단이 될 수 있는데, 빈번한 환경피해의 발생, 막대한 환경피해 등에 비추어 그 필요성이 증대하고 있다.

Ⅶ. 소멸시효

불법행위로 인한 손해배상청구권은 피해자나 그 법정대리인이 그 손해 및 가해자를 안 날로부터 3년간, 불법행위를 한 날로부터 10년간 이를 행사하지 아니하면 시효로 소멸하게 된다(민법 제766조 제1항, 제2항). 환경피해는 흔히 장기간에 걸쳐 누적적으로 이루어지고, 원인 규명도 곤란한 관계로 자칫 위 소멸시효기간을 지나치기 쉬울 수 있다. 월남전 참전 시 접촉하였을 고엽제와 현재의 질병 사이의 인과관계의 입증문제는 차치하더라도 월남전 참전 20여년이 지난 지

94) 대규모 정유공장, 석유화학공장, 비료공장 등 일부 기업만이 동 보험에 가입하고 있을 뿐이며, IMF 구제금융의 여파 등 어려운 경제여건 등 이유로 대부분의 중소제조업체는 동 보험에 가입하지 못하고 있는 실정이다. 강만옥 외 2, 환경피해보상제도의 개선방안 연구, 한국환경정책 · 평가연구원, 2000. 12, 51면.

95) 김상민, 배상책임보험의 도입방안에 관한 연구, 경희대 행정대학원 석사논문, 1993, 39면.

96) 환경보험제도에 대하여 자세한 내용은 김홍균, "환경보험제도의 도입과 정착화를 위한 제언", 저스티스, 2002. 2, 143면 이하 참조.

금에 와서 과연 고엽제 피해배상청구소송이 가능한가 하는 최근 논의가 이를 극명하게 나타내 주고 있다.

환경오염으로 인한 피해는 흔히 장기적, 누적적 성격을 갖고 있으므로 소멸시효의 기산점을 어디로 하느냐에 따라 피해 구제의 범위가 달라질 수 있게 된다. 법원은 민법상 손해배상청구권에 대한 (단기)소멸시효의 기산점으로서 "손해 및 가해자를 안 날"이라 함은 손해가 가해자의 불법행위로 인한 것임을 안 때라고 할 것이므로, 손해 및 가해자를 알았다고 하기 위하여는 위법한 가해행위의 존재, 가해행위와 손해의 발생사이의 인과관계가 있다는 것까지도 알 것을 요하고,[97] 손해를 안 날이라는 뜻은 손해의 "발생사실뿐만 아니라 그 행위가 불법행위를 구성한다고 하는 사실까지 안 날을 의미하며",[98] (장기)소멸시효의 기산점으로서 "불법행위를 한 날"이라 함은 가해자의 위법행위로 인한 손해의 발생이 현실화되어 그 손해가 발생하는 것이 확정적으로 된 날을 가리킨다고 해서하고 있다.[99] 그러나 막상 환경오염으로 인한 손해의 발생이 문제되는 경우 일반인의 관점에서 그 피해의 정도가 수인한도를 넘는다는 것을 판단하기가 쉽지 않으므로 어느 시점부터 피해자가 그 손해 및 가해자를 안 것으로 보아야 하는지 문제될 수 있다.[100]

법원은 이와 같이 소멸시효의 기산점에 대하여 비교적 유연한 태도를 보이고 있으나 보다 명확한 해석을 위해서는 입법적 고려가 요망된다. 「제조물책임법」에서와 같이 "신체에 누적되어 사람의 건강을 해하는 물질에 의하여 발생한 손해 또는 일정한 잠복기간이 경과한 후에 증상이 나타나는 손해에 대하여는 그 손해가 발생한 날부터 기산한다(제7조 제2항)"와 같은 명시적인 규정을 두어 소멸시효를 장기간으로 하는 것도 하나의 방안이 될 수 있다.

한편, 불법행위가 계속적으로 행하여지는 결과 손해도 역시 계속적으로 발

---

97) 대법원 1997. 12. 26. 선고 97다28780 판결; 대법원 1995. 11. 10. 선고 95다32228 판결; 대법원 2013. 7. 12. 선고 2006다17539 판결(고엽제 사건).

98) 대법원 1994. 7. 29. 선고 92다22831 판결; 대법원 1989. 9. 12. 선고 89다카2285 판결.

99) 대법원 1998. 5. 8. 선고 97다36613 판결; 대법원 1993. 7. 27. 선고 93다357 판결; 서울민사지법 1992. 10. 13. 선고 92가합4135 판결.

100) 공항 또는 사격장이 설치 된 날(대법원 2010. 11. 11. 선고 2008다57975 판결[웅천사격장 사건]; 서울중앙지법 2006. 10. 31. 선고 2005가합56815 판결[충주비행장 사건]), 소음피해지역 또는 소음피해예상지역으로 지정 · 고시된 날(서울남부지법 2009. 10. 9. 선고 2006가합14470 판결[김포공항 사건]), 군용비행장에 민간항공기가 취항하는 등 항공기소음의 정도가 급격하게 증가한 날([군산비행장 사건]), 주민들이 관계 당국에 피해대책을 요구하기 시작한 시기(서울지법 2002. 1. 9. 선고 2001나29253 판결[매향리사격장 사건]) 등으로 법원마다 소멸시효 기산점이 다소 다르다.

생하는 경우에는 특별한 사정이 없는 한 그 손해는 날마다 새로운 불법행위에 기하여 발생하는 손해로서 민법 제766조 제1항을 적용함에 있어서 그 각 손해를 안 때로부터 별개의 소멸시효가 진행된다고 보아야 한다.[101] 다만 판례는 일조침해는 예외적인 경우(위법성이 커 철거의무를 부담하는 경우)에 한하여 계속적 침해가 발생한다고 보고 있다. 나아가 소멸시효는 건물 등이 준공되거나 최상층의 외부골조공사가 완료되는 시점부터 진행된다고 밝히고 있다(판례 [30]).

[30] 일조방해와 소멸시효 기산점: 대법원 2008. 4. 17. 선고 2006다35865 전원합의체 판결

[다수의견]

(가) 토지의 소유자 등이 종전부터 향유하던 일조이익(日照利益)이 객관적인 생활이익으로서 가치가 있다고 인정되면 법적인 보호의 대상이 될 수 있는데, 그 인근에서 건물이나 구조물 등이 신축됨으로 인하여 햇빛이 차단되어 생기는 그늘, 즉 일영(日影)이 증가함으로써 해당 토지에서 종래 향유하던 일조량이 감소하는 일조방해가 발생한 경우, 그 일조방해의 정도, 피해이익의 법적 성질, 가해 건물의 용도, 지역성, 토지이용의 선후관계, 가해 방지 및 피해 회피의 가능성, 공법적 규제의 위반 여부, 교섭 경과 등 모든 사정을 종합적으로 고려하여 사회통념상 일반적으로 해당 토지 소유자의 수인한도를 넘게 되면 그 건축행위는 정당한 권리행사의 범위를 벗어나 사법상(私法上) 위법한 가해행위로 평가된다.

(나) 일반적으로 위법한 건축행위에 의하여 건물 등이 준공되거나 외부골조공사가 완료되면 그 건축행위에 따른 일영의 증가는 더 이상 발생하지 않게 되고 해당 토지의 소유자는 그 시점에 이러한 일조방해행위로 인하여 현재 또는 장래에 발생 가능한 재산상 손해나 정신적 손해 등을 예견할 수 있다고 할 것이므로, 이러한 손해배상청구권에 관한 민법 제766조 제1항 소정의 소멸시효는 원칙적으로 그 때부터 진행한다. 다만, 위와 같은 일조방해로 인하여 건물 등의 소유자 내지 실질적 처분권자가 피해자에 대하여 건물 등의 전부 또는 일부에 대한 철거의무를 부담하는 경우가 있다면, 이러한 철거의무를 계속적으로 이행하지 않는 부작위는 새로운 불법행위가 되고 그 손해는 날마다 새로운 불법행위에 기하여 발생하는 것이므로 피해자가 그 각 손해를 안 때로부터 각별로 소멸시효가 진행한다.

[대법관 고현철, 김영란, 이홍훈, 김능환의 반대의견]

(가) 일조방해란 태양의 직사광선이 차단되는 불이익을 말하는 것이고, 그

101) 대법원 1999. 3. 23. 선고 98다30285 판결.

일조방해의 정도가 사회통념상 일반적으로 인용하는 수인한도를 넘게 되면 사법상 위법한 가해행위로 평가된다. 헌법 제35조 제1항에 비추어 볼 때, 위법한 일조방해는 단순한 재산권의 침해에 그치는 것이 아니라 건강하고 쾌적한 환경에서 생활할 개인의 인격권을 침해하는 성격도 지니고 있다.

(나) 위법한 일조방해행위로 인한 피해 부동산의 시세 하락 등 재산상의 손해는 특별한 사정이 없는 한 가해 건물이 완성될 때 일회적으로 발생한다고 볼 수 있으나, 위법한 일조방해로 직사광선이 차단되는 등 생활환경이 악화됨으로써 피해 건물의 거주자가 입게 되는 정신적 손해는 가해 건물이 존속하는 한 날마다 계속적으로 발생한다고 보아야 하므로, 그 위자료 청구권의 소멸시효는 가해 건물이 피해 부동산의 일조를 방해하는 상태로 존속하는 한 날마다 개별적으로 진행한다.[102)]

102) 아파트의 신축으로 인하여 발생한 일조방해의 정도가 사회통념상 일반석으로 인용해야 할 수인한도를 초과하는 것이지만 그 위법성의 정도가 피고에게 철거의무를 부과해야 할 정도에는 이르지 않는다고 보고, 건축주가 사용승인을 받은 날로부터 3년이 경과함으로써 손해배상 청구권의 소멸시효가 완성되었다고 한 사례.

제2절 환경오염피해 배상책임 및 구제에 관한 법률

2014. 12. 31. 「환경오염피해 배상책임 및 구제에 관한 법률」이 제정되었다. 동법률의 후폭풍이 어느 정도일지 쉽게 가늠할 수 없지만 우리나라 환경책임 및 구제체계를 근본적으로 뒤흔드는 큰 사건임에 틀림없다. 환경오염피해 배상책임 및 구제 규정은 환경책임 체계의 전반과 맞물리는 중요한 것이고 어떻게 적용되는가에 따라 잠재적 책임 당사자의 운명이 크게 엇갈릴 수 있기 때문이다.

피해구제는 주로 소송에 의지하게 되는데, 이 과정에서 고의 · 과실, 인과관계, 위법성, 피해 등의 입증이 필요하다. 문제는 어느 하나도 쉽지 않다는 것이다. 그 결과 피해구제는 더디고, 불충분할 때가 많다. 소송기간과 비용이 많이 들고 사회적으로는 불필요한 논쟁이 시작되고 지루한 소모전이 전개되곤 한다. 피해구제는 신속하고 적절히 이루어져야 한다. 그러나 기존 법체계로 이러한 대원칙을 충족하는 것이 한계에 다다르고 있다. 가해자 측에 자금이 없어서가 아니라 구제장치의 미비로 구제가 제대로 이루어지 않는 측면이 많기 때문이다.

민법 제750조에 따른 불법행위책임을 묻기 위해서는 고의 · 과실, 인과관계 등을 입증하여야 하는데, 이는 쉽지 아니하다. 「환경정책기본법」은 환경오염의 피해에 대하여 원인자의 무과실책임 규정을 두고 있다. 즉 환경오염 또는 환경훼손으로 피해가 발생한 경우에는 해당 환경오염 또는 환경훼손의 원인자가 그 피해를 배상하여야 한다(제44조 제1항). 그러나 이 규정은 피해구제를 하기에는 무책임할 정도로 단순하고 모호하다. 무엇보다도 그 요건의 불명확성으로 인하여 구체적 효력의 인정 여부를 둘러싸고 치열한 논란이 진행되고 있다.

궁극적으로는 피해자의 권리보호에 충실하기 위해 오래 전부터 환경책임체계를 총괄하는 별도의 법을 제정할 필요성이 제기되었다.[1)] 2012년 9월 발생한 구미

1) 환경책임을 총괄하는 법의 좋은 예가 1991년 1월 1일부터 시행되고 있는 독일 「환경책임법」이다. 환경책임을 총괄하는 별도의 환경책임법이 제정되어야 한다는 견해로는 유지태, "환경책임법연구", 공법연구 제22집 제3호, 1994. 6, 345면 이하; 조일환, "환경권보호의 사법적 실효화를 위한 환경책임법 제정의 필요성", 인권과 정의 제202호, 1993. 6, 54면 이하; 오석락, "'환경책임법' 시안", 환경법연구 제15권, 1993, 157면 이하; 김홍균, "환경법상의 환경책임제도", 법조, 2001. 1, 65면; 김홍균, 환경오염 피해에 대한 책임법체계의 정비방안, 환경부, 2001. 12, 83면 이하; 전경운, "환경책임법 제정의 필요성과 그 내용", 환경법연구 제25권 제1호, 2003. 9, 27면 이하; 전재경, 환경책임 법제 연구, 한국법제연구원, 2003. 11; 한상운 · 오대균, 환경책임과 환경피해보험제도의 제도화 방안에 관한 기초연구, 한국환경정책 · 평가연구원, 2009. 11, 68면; 전경운, "'환경오염피해 구제에 관한 법률안'에 대한 소고", 환경법연구

불산 누출사고는 「환경오염피해 배상책임 및 구제에 관한 법률」 제정의 기폭제가 되었다. 이 사고는 피해액이 천문학적 규모인데, 피해구제는 지연되고 사고를 낸 기업은 공장 문을 닫음으로써 환경책임체계가 효율적으로 작동하지 않은 한계를 그대로 보여주었다. 그 결과는 아이러니하게도 법적 대응체계의 근본적인 변화를 요구하였다. 환경책임법제의 마련은 같은 해 말 제18대 대통령 대선공약으로 등장하였고, 곧이어 2013년 5월 정부의 주요 국정과제로 부상하였다. 학계에서의 오랜 논의에도 불구하고 그 결과는 지지부진하였는바, 정부의 공격적이고 발빠른 움직임은 법 제정의 원동력이 되었다. 이 때 환경오염피해에 대한 배상책임을 법제화한 1990년 12월 19일 제정된 독일 「환경책임법」은 중요한 모델이 되었다.

그 제정은 순탄치 않았는바, 2013년 7월 말 발의된 '환경오염피해 구제에 관한 법률'을 비롯하여 같은 시기에 앞서거니 뒤서거니 발의된 '화학사고 손해배상 및 피해구제에 관한 법률'과 '환경책임법' 등 3개 법안이 통합되어 1년여가 지난 2014년 말, 그것도 법명이 3개 법안의 법명을 합친 듯한 「환경오염피해 배상책임 및 구제에 관한 법률」로 제정에 이른 것이 이를 상징적으로 말해 주고 있다. 법제정 과정에서 산업계, 시민단체 등의 반발이 있었고, 특히 과잉 입법, 추가비용의 발생 등 차원의 산업계의 강한 반발은 법제정의 지연을 초래하였다. 이해관계자의 입장에서 워낙 예민하고 중요한 법이었기 때문에 조문 하나하나에 대한 합의가 쉽지 않았지만 마지막까지 큰 쟁점이 되었던 것은 인과관계 추정 규정이었다. 이러한 배경에서 「환경오염피해 배상책임 및 구제에 관한 법률」이 어렵게 탄생하였는바, 동 법률의 목적은 환경오염피해에 대한 신속하고 충실한 구제이다. 이와 관련해서 동법은 제1조에서 "환경오염피해에 대한 배상책임을 명확히 하고, 피해자의 입증부담을 경감하는 등 실효적인 피해구제 제도를 확립함으로써 환경오염피해로부터 신속하고 공정하게 피해자를 구제하는 것을 목적으로 한다"고 적절히 밝히고 있다.

Ⅰ. 내 용

신속하고 충실한 구제를 위하여 동법은 사업자의 무과실책임, 환경책임보험의 가입, 인과관계 추정, 정보청구권, 구제급여의 지급 등을 규정하고 있다. 특히 손

35권 제2호, 2013. 8, 359 내지 361면 참조.

해배상과 함께 보상 차원에서 이루어지는 국가의 구제급여 지급은 특기할 만하다. 그러나 무과실책임 등은 사업자에게 과중한 책임을 부과할 수 있기 때문에 사업자에 대한 배려도 고려하고 있다. 배상책임한도의 설정, 인과관계 추정의 배제 등이 그 좋은 예이다.

≪환경오염피해 배상책임 및 구제 체계≫

	구제급여 (3단계: 국 가)	– 국가가 배상책임한도 초과, 원인자 불명/부존재/무자력 등의 경우 구제계정을 통해 피해구제
배상책임한도 (최대 2천억원)	배상책임한도 (2단계: 사업자)	– 사업자가 배상책임한도까지 자력 또는 보험을 통해 피해자에게 배상
보장계약 금액 (30~300억)	환경책임보험 (1단계: 보험사)	– 사업자가 가입한 환경책임보험을 통해 보험사와 사업자가 약정한 보장계약 금액까지 보험사가 피해자에게 배상

1. 무과실책임

시설의 설치 · 운영과 관련하여 환경오염피해가 발생한 때에는 해당 시설의 사업자가 그 피해를 배상하여야 한다(제6조 제1항). '환경오염피해'란 시설의 설치 · 운영으로 인하여 발생되는 대기오염, 수질오염, 토양오염, 해양오염, 소음 · 진동, 그 밖에 대통령령으로 정하는 원인[2]으로 인하여 다른 사람의 생명 · 신체(정신적 피해를 포함) 및 재산에 발생된 피해(동일한 원인에 의한 일련의 피해를 포함)를 말한다. 다만, 해당 사업자가 받은 피해와 해당 사업자의 종업원이 업무상 받은 피해는 제외한다(제2조 제1호). 책임의 성질은 무과실책임이다. 그 기초는 위험책임이라고 할 수 있다.[3] 이에 따라 환경오염피해를 유발하거나 기여한 자는 사고로 인해 발생된 피해뿐만 아니라 정상운영과정에서 발생하는 피해에 대하여도 책임을 지게 된다.[4] 다만, 동법은 뒤에서 보는 바와 같이 사업자가 환경 · 안전 관계 법

2) '대통령령으로 정하는 원인'이란 진동이 그 원인 중 하나가 되는 지반침하(광물 채굴이 주된 원인인 경우는 제외), 「화학물질관리법」에 따른 화학사고를 말한다(시행령 제2조).

3) 정남철, "새로운 환경책임법제의 도입과 피해구제절차의 문제점 –특히 「환경오염피해 배상책임 및 구제에 관한 법률」의 내용과 문제점을 중심으로–", 환경법연구 제37권 제3호, 2015. 11, 256면.

4) 전경운(각주 1), 368 내지 369면.

령 및 인허가조건을 모두 준수하고 사업자의 책무를 다하였다는 사실을 증명하는 경우에는 인과관계 추정이 배제되도록 함으로써(제9조 제3항), 책임을 면할 수 있는 여지를 주고 있다.

2. 적용대상

동법은 시설책임을 채택하고 있다. 환경책임을 시설책임으로 할 것인지, 행위책임을 포함할 것인지 논란이 있을 수 있다. 시설책임은 무엇보다도 책임 대상시설과 책임 당사자를 한정함으로써 법적 안정성을 도모할 수 있다. 이에 반해 행위책임은 적용범위가 확대될 수 있어서 잠재적 피해자에게 유리한 장점도 있을 수 있으나 아이러니하게도 개념이 모호해지고 무한정 확대될 가능성이 있어 구체적 효력이 부인될 가능성도 존재한다. 이러한 점을 고려할 때 동법이 시설책임을 채택하고 있는 것은 타당해 보인다.

시설책임으로 할 경우 대상시설을 정하는 문제는 가장 중요하고 민감한 사항이 될 수밖에 없다. 동법은 환경위험이 크다고 할 수 있는 대기오염물질배출시설, 폐수배출시설, 폐기물처리시설, 가축분뇨배출시설, 토양오염관리대상시설, 유해화학물질 취급시설, 소음 · 진동배출시설, 잔류성유기오염물질 배출시설, 대통령령으로 정하는 해양시설[5] 등 10개 시설을 적용대상으로 하고 있다.[6] 시설의 규모는 묻지 않고 있는데, 환경오염사고가 규모의 내 · 소와 관계없이 발생하며 규모 여하에 따라 위해성이 달라지는 것도 아니기 때문에 소규모 시설을 책임대상에서 제외하지 않은 것은 적절해 보인다. 나아가 동법은 '시설'을 해당 시설의 설치 · 운영과 밀접한 관계가 있는 사업장, 창고, 토지에 정착된 설비, 그 밖에 장소 이동을 수반하는 기계 · 기구, 차량, 기술설비 및 부속설비를 포함한다고 정의하고 있다(제2조 제2호). 그 결과 시설은 기본적으로 토지에 정착된, 즉 고정성이 있을 것을 요하나 자동차나 선박과 같이 이동성이 있는 것도 해당 시설과 공간적으로나 운용기술상 관련성이 있는 경우 그로 인하여 발생한 환경오염피해에 대하여 책임을 물을 수 있다.

---

5) 여기에는 ① 기름 및 유해액체물질 저장(비축을 포함)시설 중 합계 용량 300kL 이상인 시설, ②「해양환경관리법」 제38조에 따른 오염물질저장시설 중 합계 용량 300kL 이상인 시설이 포함된다(시행령 제3조, 별표 1).

6) 독일「환경책임법」은 96종의 시설 보유자로 하여금 배상책임을 부담하도록 하고 있다.

3. 책임 당사자: 사업자

시설의 소유자 또는 설치·운영자와 포괄승계인은 해당 시설로 인하여 발생된 환경오염피해에 대하여 무과실 책임을 지게 된다. 동법은 사업자라는 개념을 도입하여 책임을 묻고 있다. '사업자'란 해당 시설에 대한 '사실적 지배관계'에 있는 시설의 소유자, 설치자 또는 운영자를 말하는바(제2조 제3호), 여기에서 사실적 지배관계란 시설의 운영을 위하여 비용을 조달하고 이에 관한 의사결정을 하는 등으로 시설을 현실적, 경제적으로 지배하는 자라고 봄이 타당하다.[7]

소유자가 설치·운영자와 연대책임을 지는 것인지, 설치·운영자가 부담하는 책임에 대한 보충책임을 지는 것인지는 입법 정책의 문제로 될 수 있으나 동법은 침묵하고 있다. 시설책임의 본질이 위험책임이라는 점, 소급책임을 인정하지 않을 경우 소유자에게 너무 과중한 책임을 부담한다고 할 수 없다는 점 등에 비추어 양자의 책임은 연대책임으로 이해하여야 한다.

시설을 양수한 자의 면책 가능성을 염두에 두고 양수인 개념을 도입하자는 견해가 있을 수 있다. 그러나 양수인은 시설의 소유자와 중복되는 측면이 있기 때문에 양수인 개념을 별도로 도입하지 않더라도 책임의 공백은 발생하지 아니한다고 할 수 있다. '소급책임'을 인정한다는 전제하에서는 양수인이라는 개념이 특별한 의미가 있을 수 있으나 소급책임을 인정하지 않는 상황에서 굳이 양수인 개념을 끌어들여 책임체제를 복잡하게 할 필요는 없다고 생각한다. 독일 「환경책임법」이 양수인이라는 별도 개념을 사용하지 않고 책임 당사자를 단순하게 시설의 보유자[8]로 하고 있는 것도 주목할 필요가 있다. 다만 후에 시설을 취득하여 소유자가 된 경우에는 피해발생에 기여한 바가 없고 인과관계가 성립되지 않는 등의 이유로 책임 당사자로 할 것인지 논란이 될 수 있다. 시설책임을 원칙적으로 시설을 지배하고 있다는 사실만으로 인정되는 상태책임으로 이해할 경우 원칙적으

---

7) 사실적 지배관계는 법적 지배관계와 다소 다른 개념으로 시설의 소유자보다는 설치자 또는 운영자를 이해하는 데 더 큰 의미를 갖는다고 할 것이다. 입법자의 의도가 불분명하나 사실적 지배관계를 부가요건으로 요구하기 때문에 사업자의 책임이 순수한 상태책임은 아니라고 이해된다.

8) 시설보유자는 시설을 자신의 재산으로 수익하고 사용하며 이를 위하여 요구되는 처분권을 가지고 그 유지를 위해 비용을 지출한 자를 말한다. 흔히 시설이 있는 토지의 소유자가 여기에 해당하지만, 소유자는 아니면서 사실상의 시설지배자인 간접점유자도 시설보유자이다. 최상호, "독일의 환경책임법과 우리나라 환경정책기본법의 비교 고찰", 민사법학 제16호, 1998. 6, 364면.

로 양수인도 책임을 지도록 하는 것이 타당해 보인다. 이와 같이 양수인에게 책임을 묻는 것은 양수인에게 잠재적인 위험을 관리해야 한다는 신호를 주는 기능을 하게 된다.

환경오염피해를 발생시킨 사업자가 둘 이상인 경우에 어느 사업자에 의하여 그 피해가 발생한 것인지를 알 수 없을 때에는 해당 사업자들이 연대하여 배상하여야 한다(제10조).

4. 면 책

환경오염피해가 전쟁 · 내란 · 폭동 또는 천재지변, 그 밖의 불가항력으로 인한 경우에는 면책된다(제6조 단서). 선의 · 무과실로 시설을 취득한 자에 대하여 면책할 것인지는 논란이 있을 수 있다. 오염행위에 일체 기여하지 않은 자에게까지 책임을 부과하는 것은 자기책임의 원칙에 반할 수 있기 때문이다. 선의의 양수인에 대한 면책은 과잉금지원칙 위반 논란을 차단하는 역할을 한다. 그러나 선의 · 무과실로 시설을 취득한 자에 대하여 면책을 인정할 경우 선의 · 무과실의 경우가 어떤 것인지 논란이 될 수 있을 것이다. 동법은 이와 관련하여 아무런 규정을 두고 있지 않기 때문에 선의 · 무과실 면책은 인정되지 않는다고 해석된다.

5. 책임의 내용

책임의 내용은 원칙적으로 배상책임이다. 이는 개인의 이익 침해에 대한 구제를 주안으로 하기 때문이다. 동법이 기본적으로 사적 영역에 속하고, 민법의 특별법적 성격을 가질 수밖에 없는바, 민법은 금전배상을 원칙으로 하고 있기 때문이다.[9] 동법도 이를 확인하고 있다. 다만, 배상 금액에 비하여 과도한 비용을 들이지 아니하고 원상으로 회복할 수 있는 경우에는 피해자는 원상회복을 청구할 수 있다(제13조).

금전배상과 구별되는 것이 원상회복이라고 할 수 있는데, 뒤에서 살펴보는 바와 같이 원상회복은 공익적 성격을 띠는 자연환경피해(예컨대, 생태계 피해, 자연자원의 피해)에 대한 구제 방법으로 보다 적절하다는 점, 자연환경피해는 소송 당사자가 흔히 국가나 지방자치단체 또는 환경단체 등이 되고, 공익 실현 차원에서

9) "다른 의사표시가 없으면 손해는 금전으로 배상한다(민법 제394조)."

행정소송, 단체소송 등을 통한 원상회복이 보다 효과적일 수 있다는 점, 법체계와 접근방식이 다른 형태를 하나의 법에서 다루는 것은 효율적이지 못하고 입법기술적으로도 어려운 문제가 제기될 수 있다는 점 등에 비추어 별도의 개별법에서 다루는 것이 보다 효율적이라고 생각한다.

다만, 동법은 소유권 침해 등 개인적 이익의 침해에 수반하여 자연환경피해가 발생한 경우와 같이 제한된 범위에서 원상회복을 인정하여 자연환경피해에 대한 복원 가능성을 열어두고 있다. 이에 따르면 시설로 인하여 발생된 환경오염피해가 동시에 「자연환경보전법」 제2조 제1호에 따른 자연환경이나 같은 법 제2조 제10호에 따른 자연경관의 침해를 발생시킨 경우 피해자는 해당 사업자에게 원상회복을 요청하거나 직접 원상회복을 할 수 있다(제14조 제1문). 동법은 자연환경피해자에게 원상회복의 선택을 강요하지 않으며, 피해자가 직접 원상회복을 한 때에는 '그에 상당한 범위'에서 해당 사업자에게 그 비용을 청구할 수 있도록 하고 있다(동조 제2문).

원상회복비용이 복원의 대상인 자연환경이나 자연경관의 교환가치를 초과할 수 있는가? 이러한 문제는 피해자의 입장에서 자연환경이나 자연경관이 갖는 금전 배상보다는 원상회복을 선호할 수 있으며, 원상회복에 지출되는 비용이 물건의 가액을 훨씬 상회하는 경우가 종종 있을 수 있기 때문에 발생할 수 있다. "그에 상당한 범위"라는 것이 '배상금액을 초과하는 경우'도 포함할 수 있다고 유연하게 해석할 수 있으나 독일 「환경책임법」 제16조 제1항[10]에 상응하는 규정이 없는 상황에서 반드시 명쾌한 것은 아니다.

6. 책임범위

책임범위를 어떻게 할 것인지도 예민하고도 중요한 문제이다. 그러나 그 피해범위와 한계를 정하는 것은 쉽지 않다. 이는 환경오염피해를 어떻게 볼 것인지와도 관련이 있다. 동법은 환경오염피해로 인한 제3자의 생명 · 신체에 대한 피해와 재산적 피해를 포함하고 있다(제2조 제1호).[11] 환경오염은 대기오염, 수질오염,

10) 물건의 훼손이 동시에 자연이나 경관의 침해를 수반한 경우 피해자가 침해를 발생하지 아니하였으면 존재할 상태를 복구하게 된 때에는 민법 제251조 제2항은 원상회복비용이 물건의 가액을 초과한다는 이유만으로 부당하게 되지 않는 한도에서 적용된다.

11) 책임범위와 관련하여 일본 「大氣汚染防止法」(제25조 제1항)과 「水質汚濁防止法」(제19조 제1항)은 재산적 침해를 제외하고 있는 반면, 독일 「환경책임법」은 생명 · 신체에 대한 침해는 물론이고 재산적 침해도 그 범위에 넣고 있다.

토양오염, 해양오염, 소음 · 진동, 악취 등을 포함한다.[12] 환경오염은 토양오염을 포함하고 있기 때문에 「토양환경보전법」상의 원인자의 무과실(배상)책임(제10조의 3)은 여기에 포섭될 수 있다. 이는 동법상의 관련 규정의 삭제나 개정을 예고하고 있다. 제3자의 피해이기 때문에 가해행위를 한 자 자신이나 그의 피용자에 대한 피해는 포함되지 않는다(제2조 제1호 단서). 생명 · 신체에 대한 피해는 정신적 피해를 포함한다. 재산적 피해에는 토지나 가옥의 재산가치의 저하는 물론이고 치료비, 오염제거비용, 소송방어비용 등도 포함될 것이다.

피해구제법은 원상회복비용에 대해서도 고려하고 있다. 즉 동법은 제3자에 대한 피해로서 물건의 훼손이 동시에 자연이나 경관의 침해를 수반한 경우에 한하여 피해자가 직접 원상회복을 한 때에는 그에 상당한 범위에서 해당 사업자에게 그 비용을 청구할 수 있도록 함으로써(제14조 제2문), 일정한 제한하에 원상회복 비용을 인정하고 있다.[13] 그러나 이에 따르면 자연환경피해가 개인적 이익 침해에 수반된 경우에 한하여 원상회복이 인정되기 때문에 개인 소유권에 대한 침해를 야기하지 않는 생태계나 자연자원의 침해, 기후변화 등과 같은 일반적 자연환경피해에 대하여는 원상회복 책임을 물을 수 없다. 또한 피해자가 원상회복을 한 경우에만 적용되기 때문에 원상회복이 아닌 금전배상을 원할 경우, 원상회복을 포기하거나 비용의 과다 등으로 원상회복이 사실상 불가능한 경우에는 적용될 수 없다는 한계가 있다.[14]

자연환경피해에 대한 배상책임을 인정할 것인지는 어려운 문제를 제기한다. 자연환경피해에 대한 구제는 사법상(민사) 책임이 아니라 공법상 책임의 형태로,

12) 환경피해를 독일 「환경책임법」과 같이 물질뿐만 아니라 불가량물인 압력, 빛, 가스, 증기 열 등으로 인한 손해로 개념 정의하는 것이 타당하다는 견해가 있다. 전경운(각주 1), 364면. 이러한 개념 정의는 환경매체의 오염을 요구하지 않고 광범위한 손해를 환경피해로 흡수할 수 있다는 점에서 환경피해에 대한 보다 정확한 개념 정의가 될 수 있다. 그러나 환경매체의 오염을 요구하지는 않지만 환경매체에 영향을 주어 이를 통해 손해가 발생한 경우를 문제삼는 이러한 개념 정의는 환경오염에 대한 해석을 유연하게 하면 실제 적용에 있어서 큰 차이가 발생하지는 않을 것으로 보인다. 또한 환경오염이라는 개념을 출발점으로 하는 기존 환경법체제의 변화를 요구하기 때문에 그 채택은 현실적으로 어려워 보인다.

13) 이와 유사하게 독일 「환경책임법」은 "물건의 훼손이 동시에 자연이나 경관의 침해를 수반한 경우 피해자가 침해를 발생하지 아니하였으면 존재할 상태를 복구하게 된 때에는 민법 제251조 제2항은 원상회복비용이 물건의 가액을 초과한다는 이유만으로 부당하게 되지 않는 한도에서 적용된다"고 규정함으로써(제16조), 자연환경피해에 대한 원상회복도 가능하도록 하고 있다.

14) 김현준, "공법상 환경책임론의 전개를 위한 기초연구 –공법상 환경책임론(1)–", 법제연구 제36호, 2009. 6, 314면.

금전배상이 아니라 원상회복 중심의 접근이 보다 적합하다는 점[15]에서 사인간의 이익 침해의 구제에 초점이 있는 피해구제법과 달리 별도의 법체계와 접근이 요구되는 영역이라고 할 수 있다. 또한 자연환경피해의 구제를 위해서는 환경단체의 역할을 무시할 수 없다는 점에서 환경단체에 원고적격을 인정하거나 단체소송과 결부하는 것도 고려할 필요가 있다.[16] 이러한 점을 인식하고 동법은 자연환경피해에 대한 배상을 언급하고 있지 않은 것으로 보이는 바, 향후 별도의 개별법(예컨대, 가칭 '자연환경피해구제법') 제정에 대한 입법적 검토가 요망된다.[17]

7. 배상책임한도

앞서 구미 불산사고의 가해자 측인 (주)휴브글로벌이 단 한 번의 실수로 554억원의 배상책임을 지고 하루아침에 사업을 접는 것이 국가경제적으로나 이 회사를 통해 생계를 꾸려나가는 이들에게는 큰 손해가 될 수 있지는 않겠는가? 이러한 고민은 책임 당사자에게 무한책임을 지워야 하는지, 책임한도를 정할 필요가 있는지 입법정책적 선택을 요구한다. 책임한도를 정하는 것이 잠재적 책임 당사자의 도덕적 해이를 유발하고 자칫 책임자에게 면제부를 주는 결과를 초래할 수 있다. 그러나 무한책임을 지도록 하는 것은 책임 당사자에게 지나치게 가혹할 수 있다. 경제력을 넘어서는 책임을 부담시키는 것이 실제에 무익한 일일 수 있다. 무한책임을 인정하는 것은 민법상 과실책임과의 구별을 희석함으로써 별도의 입법 필요성을 감소시킬 수 있다. 이에 아무리 피해규모가 크더라도 책임 당사자가 정해진 배상책임의 한도에서만 책임을 지도록 하는 입법적 고려가 요구된다. 이

---

15) 김현준(앞의 글), 318면.

16) 행정청이 자연환경피해에 대한 예방조치나 책임당사자에게 원상회복명령 등을 이행하지 아니할 경우 환경단체에 원고적격을 인정하여 이 문제를 해결하는 방법을 강력한 대안으로 생각해 볼 수 있다. 특히 우리나라는 의무이행소송을 인정하지 않아 거부처분에 대한 취소소송, 부작위위법확인소송 등 우회적인 방법으로 구제가 이루어질 수밖에 없고, 주관소송체계를 고집하는 한 환경단체의 사익과 무관한 자연환경피해 자체에 대하여 환경단체에 원고적격을 인정하기는 어려울 것이다.

17) 함태성, "환경행정법의 최근 동향과 쟁점 및 과제", 환경법연구 제41권 제1호, 2019. 4, 114면. 2007. 5. 10. 제정된 독일의 「환경손해의 방지 및 정화에 관한 법률」(Umweltschadensgesetz)은 종(種) 및 자연적 생활공간에 대한 손상, 물(Gewässer)에 대한 손상, 토양기능의 침해에 의한 토양에 대한 손상 등과 관련해서 관할 행정청에게 정보제공의무, 위험방지의무, 정화의무를 부담하는 것을 내용으로 하고 있다. 김연태, "환경공익의 침해에 대한 행정의 책임과 그에 대한 소송 –환경단체 소송에 대한 독일의 입법례를 중심으로–", 고려법학 제90호, 2018, 179면.

는 한 번의 사고로 기업활동이 불가능해 질 수 있는 상황을 막을 수 있다는 점, 그 기업활동이 우리 사회에 여전히 필요하다는 점, 책임한도를 넘는 피해에 대해서는 보험이나 기금 등을 통한 국가 차원의 보상이 필요할 수 있다는 점 등을 고려한 고도의 입법기술이라고 할 수 있다. 말하자면 배상책임한도는 시설 소유자가 부담하는 무과실책임에 대응하여 시설 소유자를 배려하는 것으로써, 이미 위험책임을 인정하고 있는 유류오염피해, 원자력피해 등 영역에서 일반화되고 있는 입법적 조치이다.[18]

동법은 2천억원을 책임한도로 하고 있다(제7조 본문). 책임한도 금액은, 법에서 인적인 피해와 물적인 피해를 구분하고 있지 않기 때문에 인적 · 물적 피해를 합산한 금액이라고 이해된다.[19] 배상책임한도를 일률적으로 정할 경우에는 대기업과 중소기업 간의 형평성을 해칠 수 있다는 비판이 있을 수 있는바, 동법은 2천억원의 범위에서 시설의 규모 및 발생될 피해의 결과 등을 감안하여 차등적으로 정할 수 있도록 하고 있다. 이에 따라 시행령에서는 가군(2천억), 나군(1천억), 다군(500억)으로 구분하여 시설의 범위 및 배상책임한도금액을 정하고 있다(제4조, 별표 2).

배상책임한도의 적용 단위는 시설인가? 사업장인가? 시설별로 배상책임한도를 적용할 경우 피해자 구제에 유리한 측면이 있지만 여러 시설이 혼재해 있는 사업장의 경우 배상책임한도 금액이 2천억원을 초과할 가능성도 배제할 수 없다. 시행령에서는 그 논란을 차단하기 위하여 배상책임한도의 적용 단위는 사업장이라고 못 박고, 동일한 사업자가 설치 · 운영하는 1개의 사업장 내에 시설이 둘 이상 설치되어 있는 경우에는 그 중 많은 금액을 그 사업장의 배상책임한도 금액으로 한다고 명시하고 있다(별표 2, 비고 제1호).

동법은 이와 같이 책임한도를 두어 가해자를 배려하는 한편, 책임한도의 예외를 두어(예외를 둔다는 것은 무한책임을 지게 된다는 것을 의미한다) 면책 우려를 불식시키고 있다. 즉 ① 환경오염피해가 사업자의 고의 또는 중대한 과실로 발생한 경우, ② 환경오염피해의 원인을 제공한 시설에 대하여 사업자가 시설의 설치 · 운영과 관련하여 안전관리기준을 준수하지 아니하거나 배출허용기준을 초과하여 배출하는 등 관계 법령을 준수하지 아니한 경우, ③ 환경오염피해의 원인을

18) 「유류오염피해에 대한 민사책임에 관한 국제협약(CLC)」 제5조 제1항; 「핵에너지 분야에서 제3자 책임에 관한 협약(파리협약)」 제7조; 「원자력손해배상법」 제3조의2; 「유류오염손해배상보장법」 제8조, 「우주손해배상법」 제5조.

19) 참고로 독일 「환경책임법」은 사고 당 인적 피해와 물적 피해 각 8,500만 유로를 책임한도로 하고 있다(제15조).

제공한 사업자가 피해의 확산방지 등 환경오염피해의 방제(防除)를 위한 적정한 조치를 하지 아니한 경우에는 무한책임을 지게 된다(동조 단서). 예외 사유에 대한 입증책임은 피해자가 부담한다고 보아야 할 것이다.

이러한 예외 규정은 책임 당사자의 도덕적 해이를 방지할 수 있을 것이다. 예외를 폭넓게 인정할수록 가해자는 사실상 무한책임을 지게 될 것이다.[20] 동법은 책임한도를 넘는 피해에 대하여는 국가가 개입하여 보상급여를 지급하는 방식으로 해결하고 있다(제23조 제1항).

8. 입증책임 완화: 인과관계의 추정

인과관계의 입증이 환경소송에서 가장 어려운 부분이라는 것은 주지의 사실이다. 이에 환경구제를 목적으로 하는 법은 당연히 인과관계의 추정 등을 통해 입증책임을 완화해 주는 조치를 포함하여야 한다. 입증책임 완화 규정은 신속한 구제를 위한 핵심적인 규정이라고 할 수 있다. 환경소송에서 인과관계의 입증을 완화한다는 차원에서 개연성이론이 확고하게 자리하고 있다.[21] 이러한 점을 고려하여 인과관계 추정 규정이 아니라 판례에서 정립된 개연성이론을 입법화하자는 견해가 있을 수 있다.[22] 그러나 동법은 인과관계 추정 방식을 택하고 있다. 즉 "시설이 환경오염피해 발생의 원인을 제공한 것으로 볼 만한 상당한 개연성이 있는 때에는 그 시설로 인하여 환경오염피해가 발생한 것으로 추정한다(제9조 제1항)." 상당한 개연성이 있는지의 여부는 시설의 가동과정, 사용된 설비, 투입되거나 배출된 물질의 종류와 농도, 기상조건, 피해발생의 시간과 장소, 피해의 양상과 그 밖에 피해발생에 영향을 준 사정 등을 고려하여 판단한다(동조 제2항).[23]

---

20) 참고로 미국 「유류오염법(OPA)」은 선박소유자가 책임제한을 주장할 수 없는 사유를 사고가 소유자의 중대한 과실이나 고의(willful misconduct)에 기인한 경우뿐만 아니라 선박소유자의 안전, 건조, 운행 등과 관련한 연방규정 위반의 경우, 사고에 대한 보고를 하지 아니한 경우 또는 복구행위에 협력하지 않은 경우 등 폭넓게 인정하고 있다. 33 U.S.C. § 2704(b), (c).

21) 개연성이론이란 원인 사실을 몇 개의 주요 사실로 분석(예컨대, 원인물질의 배출, 배출물질의 도달, 피해의 발생 등)하고, 간접사실의 증명과 경험칙을 종합하여 인과관계 존재의 추인을 인정하고, 가해자의 반증의 범위를 확대함으로써 결과적으로 피해자의 입증의 범위를 완화 내지 경감하는 것이라고 할 수 있다. 개연성이론을 따르는 판례는 대법원 1997. 6. 27. 선고 95다2692 판결; 대법원 2004. 11. 26. 선고 2003다2123 판결; 대법원 2012. 1. 12. 선고 2009다84608 판결 등 참조.

22) 전경운, "환경소송에서 인과관계의 입증에 관한 소고", 환경법연구 제32권 제2호, 2011. 11, 90 내지 91면.

23) 동규정이 '상당한 개연성'이라는 표현을 사용함으로써, 마치 개연성이론을 도입하고 있는

한편, 상당한 개연성이 있는지 여부의 판단 요소는 피해자에게 자칫 입증의 부담이 될 수 있는 측면이 있을 있는 바, 동법은 정보청구권을 인정하여 관련 정보의 제공과 열람을 보장해 주고 있다(제15조).

신속한 구제를 위해 개연성이론을 입법화하는 것이 효과적인지, 인과관계 추정 규정을 두는 것이 효과적인지는 쉽게 결론을 내릴 수 없다. 그러나 개연성이론을 도입하는 것은 그 규정이 없어도 실무상 인정되고 있기 때문에 입법적 효과가 그리 크지 않다고 할 수 있다. 또한 법조문화하기 위해서는 세밀한 조문화 작업이 필요한데, 그 작업이 쉬운 일이 아닐 것이다.[24] 개연성이론의 조문화 작업은 기껏해야 판례로 확립되어 있는 것을 성문화한다는 확인 의미밖에 없으며, 조문화하더라도 종국적인 판단은 종전과 마찬가지로 법원이 하는 것이며 오히려 법원의 판단에 맡기는 것이 적합하다는 점을 고려할 때 개연성이론을 충실히 입법화하는 것은 큰 의미가 없다고 생각한다. 오히려 개연성이론에 기저를 두더라도 입증책임 선환을 쉽게 인정하는 법원의 역할이 중요하다고 생각한다. 이러한 점을 모두 고려할 때 동법과 같이 인과관계 입증과 관련한 여러 요소를 제시하여 상황에 따라 법원이 인과관계를 쉽게 인정하도록 유도하는 것이 보다 효과적이라고 생각된다.[25]

인과관계 추정규정은 피해자가 입증책임으로부터 완전히 해방되는 것을 의미하는 것이 아니다. 피해자는 문제의 시설이 오염물질 배출과 관련이 있다는 점, 배출된 오염물질과 피해 사이에 시간적 · 장소적 관련성이 있다는 점, 배출된 오염물질이 문제된 피해를 발생시키기에 적합하다는 점 등을 입증해야 비로소 추정의 효력이 생긴다. 이러한 입증은 개연성이론에서 요구되는 입증보다 완화된 것이라고 할 수 있다.[26] 말하자면 추정규정은 피해자의 입증책임을 '시설적합성'에

것처럼 오해를 불러일으키고 있는데, '상당한 개연성'이 추정을 위한 판단요소들과의 연결고리를 위한 수식어로 사용되고 있을 뿐이다.

24) 판례가 인과관계를 추정하기 위해 원고에게 요구하는 ① 물질의 배출, ② 배출물질의 도달, ③ 피해의 발생, 그리고 인과관계를 부정하기 위해 피고에게 요구하는 ① 배출물질 중에 피해 원인물질이 들어 있지 않은 사실, ② 원인물질이 들어 있다 하더라도 안전농도 범위 내에 속한다는 사실(반증), 그리고 ③ 피해는 피고가 배출한 물질이 아닌 다른 원인이 전적으로 작용하여 발생한 사실(간접반증)을 한 조문에 담는 것은 쉽지 않아 보인다.

25) 이러한 시도는 독일 「환경책임법」에서 엿볼 수 있다. 즉 독일 「환경책임법」은 "개별적인 사건에 있어서 시설이 손해발생의 원인이 되기에 적합한 사정이 있는 때에는 그 손해는 그 시설로 인하여 발생된 것으로 추정한다. 이러한 적합성은 시설의 가동과정, 사용된 설비, 투입되거나 배출된 물질의 종류와 농도, 기상조건, 손해발생의 시간 및 장소, 손해의 양상과 기타 손해의 원인을 개별적으로 지시하거나 지시하지 않는 일체의 사정을 종합하여 판단한다"고 규정하고 있다(제6조 제1항).

대한 입증책임으로 대체, 완화하고 있다고 할 수 있다.[27)]

이러한 입법 방식에 따를 경우 '상당한 개연성이 있는지 여부'에 대한 판단 주체는 궁극적으로 법원이 될 것이다. 그러나 그 판단을 위한 요소가 구체적으로 제시되기 때문에 법원은 그 판단에 큰 압박을 받을 수 있으며 동법의 입법 목적을 존중하여 쉽게 인과관계를 부인하지 못할 것이다. 결국 이러한 조문을 적용하는 것이 판례가 인정하고 있는 개연성이론을 적용하는 것보다 피해자에게 우호적인 결과가 나올 수 있다고 예상한다. 말하자면 법원에 재량의 여지를 주면서, 법원으로 하여금 입법 취지를 고려하여 상당한 개연성과 관련하여 우호적인 결정을 내릴 가능성을 높일 수 있을 것이다.[28)] 그러나 이러한 입법 방식은 인과관계를 간주하고 있지 않기 때문에 거꾸로 법원에 의해 상당한 개연성이 없다는 이유로 인과관계가 부인될 수 있는 소지를 제공할 수도 있다. 결국은 이러한 규정에도 불구하고 인과관계를 인정할지 여부는 자유심증주의에 따라 법원의 몫이라고 할 수 있다.

한편, 형평성 차원에서 동법은 ① 환경오염피해가 다른 원인으로 인하여 발생하였거나,[29)] ② 사업자가 대통령령으로 정하는 환경오염피해 발생의 원인과 관련된 환경·안전 관계 법령[30)] 및 인허가조건을 모두 준수하고 환경오염피해를 예방하기 위하여 노력하는 등 제4조 제3항에 따른 사업자의 책무를 다하였다는 사실을 증명하는 경우에는 제1항에 따른 추정이 배제되도록 하고 있다(동조 제3항). 이와 같이 광범위한 법령상의 기준 및 조건을 모두 준수하고 이에 더하여 모호한 사업자의 책무를 다한 경우에 비로소 인과관계 추정을 배제하고 있기 때문에 추정이 배제되는 경우는 상당히 제한적이라고 할 수 있다. 동법의 제정 과정에서 논란이 컸던 것은 인과관계 추정 배제 규정을 둘 것인지였다. 특히 독일 「환경책임법」에서 인정하고 있는 것과 같이 적법한 시설운영의 추정을 배제해

---

26) 판례는 원고가 ① 물질의 배출, ② 배출물질의 도달, ③ 피해의 발생 등을 입증한 경우 인과관계를 추정하고 있지만 원고의 입장에서 배출물질의 도달을 증명하는 것은 쉽지 않으며, 실제 법원은 많은 비용이 소요되는 감정결과에 기대어 도달 여부를 판단하는 경향이 있으며, 도달 요건이 인정되지 않는다고 인과관계를 부정하는 경우가 많다.

27) 한상운, "환경책임과 환경보험 –환경피해구제법(2013. 7. 30. 국회발의)을 중심으로–", 사법 제26호, 2013. 12, 124면. 최광준, "독일환경책임법의 기본구조와 주요내용", 재산법연구 제21권 제2호, 2005, 322면.

28) 한상운(앞의 글), 124면.

29) 이는 판례가 인정하고 있는 이른바 '간접반증이론'을 도입하고 있는 것으로 이해할 수 있다.

30) 시행령에서는 해당 시설의 근거 법령 외에 「위험물안전관리법」, 「산업안전보건법」, 「소방시설 설치·유지 및 안전관리에 관한 법률」, 「고압가스 안전관리법」, 「액화석유가스의 안전관리 및 사업법」, 「전기사업법」 등을 추가하고 있다(제5조).

줄 것인지[31]는 마지막까지 큰 쟁점이 되었고, 제정을 오랫동안 지연시켰다. 동법은 산업계의 부담을 완화한다는 차원에서 독일 「환경책임법」과 같이 추정을 배제하는 규정을 두되, '환경 · 안전 관계 법령 및 인허가조건의 준수'와 '제4조 제3항에 따른 사업자의 책무 준수'를 요구함으로써 인과관계 추정배제 규정이 책임 면제를 위한 수단으로 전락하지 않도록 배려하고 있다. 이러한 입법 배경과 1990년 독일 「환경책임법」이 제정된 후 추정배제를 인정한 사례가 보이지 않는 점 등을 고려할 때 향후 「환경오염피해 배상책임 및 구제에 관한 법률」의 운용과정에서 인과관계 추정배제는 엄격하게 제한될 필요가 있다.

9. 담보의 제공: 보험 가입

환경오염피해는 흔히 규모와 범위가 크고 배상액이 고가인 경우가 많기 때문에 가해자의 배상능력에 한계가 발생할 수 있다. 이에 배상책임의 이행을 담보하기 위한 수단을 마련하는 것은 충실한 피해구제를 위하여 중요하다. 이러한 차원에서 동법은 일정한 시설을 설치 · 운영하는 사업자[32]로 하여금 환경책임보험에 가입하도록 하고 있다. 보험 가입이 강제되는 시설에는 ① 특정대기유해물질을 배출하는 시설, ② 특정수질유해물질을 배출하는 시설, ③ 지정폐기물 처리시설, ④ 특정토양오염관리대상시설로서 대통령령으로 정하는 시설,[33] ⑤ 유해화학물질 취급시설로서 대통령령으로 정하는 시설,[34] ⑥ 해양시설, ⑦ 그 밖에 환경오염피

---

31) 독일 「환경책임법」은 제6조 제2항에서 "시설이 적법하게 가동되고 있는 때에는 제1항의 규정을 적용하지 아니한다"고 규정함으로서 인과관계를 추정하지 않고 있는바, 인과관계 여하는 시설의 적법 가동 여부와 무관하다고 할 수 있으며, 시설의 적법 가동 여부는 인과관계의 문제가 아니라 위법성의 문제와 결부될 수 있다는 점에서 이러한 규정은 우리나라 법체제에 잘 맞지 않다고 생각된다. 오히려 이러한 규정은 가해자의 면책 가능성을 높이고 소송 지연의 빌미를 제공할 수 있을 것이다.

32) 동법은 보험가입 의무자를 "시설을 설치 · 운영하는 사업자"로 하고 있는데, 여기에서 소유자가 배제되는지 논란이 제기될 수 있다. 사업자에 소유자가 포함되고 입법 취지상 상태책임자인 소유자를 배제할 이유가 없다는 점에서 소유자도 보험가입 의무자로 보는 것이 합리적인 해석이라고 할 수 있으나 다른 한편, 설치 · 운영이라는 제한적 문구가 유의미하기 위해서는 소유자가 배제되어야 한다는 해석도 가능하기 때문이다. 논란을 해소하기 위해서는 추후 개정을 통해서 이를 분명히 할 필요가 있다. 소유자가 운영에 관리 · 감독 권한을 갖는 경우에는 소유자에게 보험가입 의무를 부과하는 것이 타당하다는 견해는 박균성 · 함태성, 환경법, 박영사, 2017, 784면.

33) 여기에는 ① 저장용량 1천㎘ 이상인 석유류 제조 · 저장시설, ② 「화학물질관리법」 제2조 제6호에 따른 사고대비물질을 같은 법 제23조 제4항에 따른 기준 이상으로 취급하는 시설이 설치 · 운영되는 사업장의 유해화학물질 제조 · 저장시설, ③ 「송유관 안전관리법」 제2조 제2호에 따른 송유관 등이 포함된다(시행령 제7조 별표 3).

해를 유발할 위험성이 높은 시설로서 대통령령으로 정하는 시설[35] 등이 포함된다(제17조 제1항). 환경책임보험의 가입 시점은 원칙적으로 시설의 운영 이전이다. 그러나 운영시점을 특정하기 어려운 토양오염관리대상시설, 화학물질취급시설, 해양시설은 시설의 설치 이전에 환경책임보험에 가입하도록 하고 있다(동조 제3항).

환경책임보험의 가입단위가 시설인지, 사업장인지 분명치가 않다. 사업장에 여러 시설이 혼재해 있는 경우가 많고 시설별로 보험을 가입하도록 할 경우 자칫 책임보험금이 수직 상승할 가능성도 배제할 수 없다는 점에서 사업장별로 가입하도록 하는 것이 합리적이라고 보이지만 동법의 규제 대상단위가 시설 또는 시설의 설치 · 운영자(사업자)라는 점을 고려할 경우 시설별로 가입하여야 한다는 해석도 가능하다. 논란을 차단한다는 차원에서 시행령에서는 환경책임보험 또는 보장계약은 시설이 설치된 사업장별로 가입하거나 체결하여야 한다고 함으로써, 가입단위가 사업장임을 밝히고 있다(제8조 제1항).

한편, 환경책임보험의 보장계약 금액, 보장 범위 등은 대통령령에 위임되어 있다(동조 제4항). 이에 따라 시행령에서는 가, 나, 다 3개 군별로 구분한 후 다시 소기업과 소기업 외의 시설로 세분하여 30억원 내지 300억원까지 보장 금액을 각 정하고 있다(동조 제2항, 별표 4). 환경책임보험 또는 보장계약의 보장 범위에는 사업장에 설치된 시설로 인한 환경오염피해(피해배상금, 오염정화비용, 긴급조치비용, 쟁송비용 및 위자료 등)가 모두 포함된다(동조 제3항).

보험자는 환경부장관과 환경책임보험 사업의 약정을 체결하여야 하고, 환경책임보험의 원활한 운영 차원에서 조업중지 중인 경우 등 대통령령으로 정하는 경우 이외에는 보험계약의 체결을 거부할 수 없다(제18조 제3항). 특히 동법은 보험금 일부의 선지급을 규정하고 있는데(제20조),[36] 이는 신속한 구제와 깊은 관련이 있다.

일정 시설에 대하여 보험 가입을 강제하는 것은 피해자를 철저히 보호할 수

---

34) '대통령령으로 정하는 시설'이란 「화학물질관리법」 제2조 제6호에 따른 사고대비물질을 같은 법 제23조 제4항에 따른 기준 이상으로 취급하는 시설이 설치 · 운영되는 사업장의 유해화학물질 취급시설을 말한다(시행령 제7조 별표 3).

35) '대통령령으로 정하는 시설'이란 ① 「대기환경보전법」 제25조에 따른 1종사업장의 대기오염물질배출시설, ② 「물환경보전법 시행령」 제44조 및 같은 영 별표 13에 따른 제1종사업장의 폐수배출시설 또는 폐수무방류배출시설 등을 말한다(시행령 제7조, 별표 3).

36) 보험자가 피해자에게 보험자가 추정한 보험금 일부를 선지급하는 경우 선지급 금액은 보험자가 추정한 보험금의 100분의 50 이내에서 피해자가 청구하는 금액으로 한다(시행규칙 제13조).

있고, 보험재정을 충실히 한다는 점에서 중요하다. 보험 가입을 강제하지 않고 임의적으로 할 경우 기업은 보험 가입에 소극적이 될 수밖에 없고 이는 대형 사고에도 불구하고 피해자가 피해구제를 제대로 받을 수 없는 상황을 초래하게 된다. 역선택의 문제도 발생할 수 있다. 즉 사고다발업체만 보험에 가입하여 환경오염이 증가하고 사고업체의 도덕적 해이가 심화되는 한편, 보험사의 손실이 증가함으로써 보험시장이 붕괴될 가능성이 있다. 그렇다고 모든 사업장에게 보험 가입을 강제하는 것은 자칫 국가 경제 내지 산업발전을 지나치게 저해할 수 있으므로 그 범위를 제한적으로 정할 필요가 있다. 이러한 관점에서 동법에서 환경오염의 위험성이 큰 유해 · 위험시설을 기준으로 보험 가입 대상시설을 특정하고 있는 것은 타당하다고 할 수 있다. 동법은 7개 시설로 환경책임보험 가입대상시설을 제한하고 있는데, 보험제도가 정착화되면서 그 범위를 점차 확장할 필요가 있다. 보험대상자의 확대는 보험료율의 저하, 평등원칙 위반의 차단, 소규모 기업에 의한 대형 사고 가능성에 대한 대비 등에 기여할 수 있을 것이다. 보험강제를 위하여는 미가입에 따른 제재가 철저히 이루어져야 한다. 환경책임보험에 가입한 후가 아니면 해당 시설을 설치 · 운영할 수 없도록 하고, 이를 위반한 경우 사업자를 처벌하도록 하는 것이 대표적인 예이다(제47조, 제17조 제2항).

보험제도를 어떻게 설계하여야 하는가는 배상책임과 맞물리기 때문에 중요한 문제이다. 그러나 보험설계를 잘해야 한다는 것과 제도 전반에 대하여 법으로 규율해야 한다는 것은 다른 문제라고 할 수 있다. 가해자에 대한 책임 추구가 철저하고 배상책임이 강화되면서 기업의 배상책임 가능성과 빈도가 증가하면 기업의 보험 수요가 증가할 것이고, 보험사는 이에 부응하여 다양한 보험상품을 개발할 가능성이 높다. 말하자면 보험제도는 시장경제에 잘 부합하는 제도이기 때문에 제도 전반(예컨대, 담보범위, 보험요율, 면책, 보상한도, 자기부담금 등)에 대하여 자세한 규정을 법에서 정하고 국가가 그 운영 · 관리와 관련하여 주도적 책임을 질 필요는 많지 않다고 생각된다. 국가의 지나친 간섭은 보험시장을 오히려 왜곡할 수 있다. 그럼에도 불구하고 동법에서 환경오염피해 배상보장계약의 체결(제17조 제3항), 보험자(제18조), 환경책임보험의 운영 · 관리(제19조), 피해배상청구권의 우선(제21조), 재보험사업(제22조) 등 불필요하다고 할 수 있는 규정까지 두면서 비교적 자세한 규정을 두고 있는 것은 보험 가입의 안정적인 초기 정착을 위한 입법적 고려로 이해된다.

10. 정보청구권

인과관계의 추정을 통해 입증책임을 완화한다고 하더라도 피해자의 입장에서는 관련 증거를 수집·확보하여 법원에 제출하는 것이 필요하다. 가해 사업자에 비해 관련 정보에 대한 접근이 절대적으로 취약한 피해자에게 정보청구권을 인정하지 않을 경우에는 구제 자체가 이루어지기 어려울 수 있다. 이에 정보에 대한 접근을 쉽게 하여 실질적 구제가 가능하도록 하여야 한다. 말하자면 피해배상청구권의 성립과 범위를 확정하기 위해서 정보청구권의 인정은 필수불가결한 조치라고 할 수 있다. 가뜩이나 인과관계 추정 규정을 두고 이와 관련하여 상당한 개연성이 있는지의 여부의 판단 요소를 제시하는 경우에는 그 판단 주체가 종국적으로 법원이 된다는 점에서 시설의 가동과정, 사용된 설비, 투입되거나 배출된 물질의 종류와 농도, 기상조건, 피해발생의 시간과 장소, 피해의 양상과 그 밖에 피해발생에 영향을 준 사정 등 이러한 상당한 개연성의 판단 요소와 관련한 내용이 정보공개청구권에 포함되어 관련 정보가 법원에 쉽게 현출되도록 하여야 한다. 이에 동법은, 정보청구권과 열람권의 우선순위나 관계에 대해서는 침묵한 채, 피해자가 가해자에게 관련 정보의 제공 또는 열람을 청구할 수 있도록 하고 있다(제15조 제1항).

동법은 무기대등의 원칙에 따라 피해자의 정보청구권뿐만 아니라 사업자의 정보청구권도 규정하고 있다.[37] 가해자 자신의 면책이나 다른 가해자에 대한 구상권의 범위 확정을 위해 관련 정보가 필요할 수 있어 정보공개청구권은 가해자에게도 인정될 필요가 있기 때문이다. 이에 피해배상 청구를 받은 사업자는 피해자에 대한 피해배상이나 다른 사업자에 대한 구상권의 범위를 확정하기 위하여 다른 사업자에게 관련 정보의 제공 또는 열람을 청구할 수 있다(동조 제2항).

정보 제공 여부에 대한 피해자와 사업자 간의 분쟁은 피해구제를 지연시킬 수 있다. 사업자는 영업상 비밀 또는 피해발생의 원인자가 아니라는 이유로 정보제공을 거부할 가능성이 있고, 피해자는 무분별하고 과도한 정보를 요구할 가능성이 있기 때문에 신속하면서도 그 남용을 방지할 수 있는 정보제공 절차가 필요하다. 동법은 신속한 정보제공 절차의 확립 차원에서 피해자 및 사업자로 하여금 영업상 비밀 등을 이유로 정보 제공 또는 열람이 거부된 경우에는 환경부장관에게 정보

37) 피해자의 행정청에 대한 정보청구권은 「공공기관의 정보공개에 관한 법률」에 따르면 될 것이다.

제공 또는 열람 명령을 신청할 수 있도록 하고(동조 제4항), 환경부장관으로 하여금 환경오염피해구제정책위원회의 심의를 거쳐 정보 제공 또는 열람 명령 여부를 결정하고, 그 결정에 따라 해당 사업자에게 정보 제공을 하도록 하거나 열람하게 하도록 명할 수 있도록 하고 있다(동조 제5항).

정보청구권의 인정은 가해자의 영업상의 비밀이나 제3자의 이익을 해칠 수 있는바, 이를 고려하여 정보청구권의 예외로 사업자의 중대한 이익의 침해 등 예외적인 경우를 인정하는 것을 생각해 볼 수 있다.[38] 그러나 이러한 예외는 자칫 가해자의 정보공개 거부 또는 지연을 유발하여 피해자의 신속한 정보수집을 막고 피해구제를 어렵게 하거나 지연시킬 가능성이 있다. 이러한 점을 의식해서인지 동법은 이에 대해 명시적인 규정을 두고 있지 않다. 그 결과 여기에서의 정보는 영업상 비밀을 포함한 모든 정보로 이해된다. 이는 피해자자 영업상 비밀 등을 포함한 모든 정보에 대하여 제공 또는 열람 명령을 신청할 수 있다는 것을 의미한다. 정보청구의 실효성을 제고하기 위하여 정보공개 여부에 대한 결정 기한과 함께 거부에 대한 이의신청의 길을 열어 둘 필요가 있으나 동법은 이에 대하여 침묵하고 있다.

한편, 비진정(非眞正) 피해자(제3자, 환경단체)의 정보청구 남용 및 진정(眞正) 피해자의 무제한 또는 과도한 정보제공 청구는 자칫 지속가능한 경영을 해칠 수 있다. 이러한 점을 인식하고 동법은 정보청구권자 및 범위 등의 타당성을 판단하는 환경오염피해구제정책위원회의 심의를 거쳐 환경부장관으로 하여금 정보 제공 또는 열람 여부, 범위 등을 명할 수 있도록 하고 있다. 같은 맥락에서 동법은 정보의 부당 목적 사용을 금지하도록 하고(동조 제6항), 이를 위반한 경우 처벌하도록 하고 있으며(제47조), 정보청구의 절차 및 정보공개 방법 등을 환경부령으로 정하도록 하고 있다(동조 제7항).

11. 구제급여

동법은 원인자 불명 등으로 보험을 통한 피해배상이 사실상 불가능한 경우, 피해자 또는 유족에게 환경오염피해 구제를 위한 구제급여 지급을 할 수 있도록

38) 독일 「환경책임법」에 따르면 법률의 규정에 기하여 비공개로 된 사항이나 비공개가 시설의 보유자나 제3자의 중대한 이익에 부합하는 것인 때에는 예외적으로 정보청구권이 인정되지 아니한다(제6조 제2항). 정보공개의 내용으로는 정보 제공이 원칙이나 정보 제공이 가해자나 제3자의 이익을 지나치게 침해하는 등 부적절한 경우에는 차선책으로 정보 열람을 허용하도록 하여야 할 것이다.

하고 있다. 보상차원에서 이루어지는 이러한 구제급여는 두말 할 것도 없이 충실한 피해구제를 위한 것이다. 이는 사실상 국가가 주도하여 배상책임의 한계를 보완하려는 것으로 선진 외국에서도 찾아보기 힘든 선진적인 입법례라 할 수 있다.

가. 구제대상

환경부장관은 피해자가 다음의 어느 하나에 해당하는 사유로 환경오염피해의 전부 또는 일부를 배상받지 못하는 경우에는 피해자 또는 그 유족(피해자등)에게 환경오염피해의 구제를 위한 급여(구제급여)를 지급할 수 있다: ① 환경오염피해의 원인을 제공한 자를 알 수 없거나 그 존부(存否)가 분명하지 아니하거나 무자력인 경우; ② 배상책임한도를 초과한 경우(제23조 제1항). 동법은 구제급여의 대상이 되는 유족의 범위 및 순위를 정하고 있으며(제27조), 해당 환경오염피해를 원인으로 하여 이 법 또는 그 밖의 법령에 따른 피해배상이나 구제 등을 받을 수 있는 피해자나 그 유족을 구제급여의 대상에서 제외하고 있다(제34조 제1항).

나. 구제급여의 종류와 한도금액

구제급여의 종류와 한도금액 등은 대통령령으로 정하도록 위임되어 있다(제23조 제3항). 이에 따라 시행령에서는 구제급여의 종류로 의료비, 요양생활수당, 장의비, 유족보상비, 재산피해보상비 등 5종류를 들고, 지급기준, 한도금액 등을 정하고 있으며, 환경부장관이 이를 지급하도록 하고 있다(시행령 제13조 내지 제18조). 기본적으로 구제급여는 민사상 배상책임에 근거한 것이 아니라, 사회보장적인 견지에서 위로금적 지급을 하는 것이라 할 수 있다. 따라서 그 지급 내용도 일실이익이나 적극적 손해, 위자료 등을 모두 전보하는 것이 아니라, 의료비를 포함한 요양생활수당, 장의비 등을 포함하는 위로금적인 것이라 할 수 있다. 특기할 것은 재산피해보상비도 구제급여의 내용에 포함되어 있는데, 그 지원 한도금액은 가구당 또는 법인당 5천만원이다(시행령 제17조).

다. 구제급여의 신청 및 지급

동법은 구제급여의 신청 및 인정절차(제25조), 불복절차(제28조 이하) 등에 대하여 구체적으로 규정하고 있다. 특기할 것은 예비조사 후 지급요건에 해당될 경우에는 구제급여 일부를 선지급할 수 있도록 함으로써(제25조 제3항), 신속한 피해구제를 도모하고 있다는 것이다. 구제급여의 신청 및 지급 과정에서 환경오염

피해구제심의회(제24조)와 구제급여심사위원회(제29조)가 중요한 역할을 수행하게 되는데, 자칫 가해자와 피해자간 분쟁 해결의 전초기지가 될 가능성이 있으며, 그에 따라 업무 폭주가 예상된다. 한편, 구제급여의 지급과 불복에 관한 사항의 심의·결정이라는 중대한 업무를 수행하게 될 심의회와 심사위원회를 어떻게 구성·운영하는가는 구제제도의 성공을 위해 중요하다.

라. 환경오염피해구제계정의 설치·운용

환경오염피해를 입은 자에게 구제급여를 지급하기 위해서는 당연히 재원의 확보가 요구된다. 동법은 구제급여의 지급 비용을 충당하기 위하여 환경오염피해구제계정을 설치하고(제35조 제1항), 이를 재보험료, 보장계약금, 수익금, 차입금, 구상금, 기부금 등의 재원으로 조성하도록 하고 있으며, 정부의 출연도 염두에 두고 있다(동조 제2항). 환경오염피해구제계정의 관리·운용은 환경부령으로 정하는 운영기관이 한다.

12. 재정지원 및 취약계층 소송지원

동법은 소기업 중 환경관리 의무를 성실하게 이행하는 사업자에 대한 보험료의 일부의 지원(제41조),[39] 저소득층, 노약자, 장애인 등 취약계층의 피해자에 대한 피해배상청구소송 수행의 지원과 환경오염피해소송지원변호인단의 구성·운영의 법적 근거를 두고 있다(제42조).

13. 환경오염피해구제정책위원회

환경오염피해 구제에 관한 중요 내용의 심의·결정을 위하여 환경오염피해구제정책위원회를 설치하고, 다양한 분야의 전문가로 위원을 구성하도록 하고 있다. 위원회의 소관업무는 광범위하며, 다음의 사항을 포함한다: ① 환경책임보험의 약정에 관한 사항; ② 보험자의 선정에 관한 사항; ③ 보험 가입자의 지원에 관한 사항; ④ 환경오염피해 평가의 방법과 절차에 관한 사항; ⑤ 제9조 제2항에

39) 지원 대상 사업자의 기준은 ① 최근 3년 이내에 환경오염피해가 발생한 사실이 없을 것; ② 최근 3년 이내에 환경·안전 관계 법령을 위반하여 행정처분이나 형사처벌을 받은 사실이 없을 것; ③ 법 제4조 제3항에 따른 사업자의 책무를 이행하였을 것; ④ 연간 보험료가 해당 사업자의 연간 영업이익의 일정기준을 초과할 것이다(시행령 제27조).

서 규정하는 환경오염피해 발생에 영향을 준 사정과 같은 조 제3항에서 규정하는 환경오염피해의 원인과 관련 있는 환경·안전 관계 법령 및 인허가조건의 준수 여부 등에 관한 사항[40]; ⑥ 제15조 제4항 및 제5항에 따른 정보 제공 및 열람에 관한 사항; ⑦ 제23조에 따른 환경오염피해 구제에 관한 사항; ⑧ 제33조에 따른 재심사청구의 심의(제16조).

14. 기 타

그 밖에 동법은 구제법의 성격에는 잘 맞지 않지만 그 실효성을 확보한다는 차원에서 행정규제적 성격의 규정을 다수 두고 있다. 예컨대, 환경오염 사고가 발생한 경우 신속하고 효과적인 대응을 위해 해당 사업자로 하여금 관계 행정기관에 신고하고 응급조치를 할 의무를 부과하고(제8조), 환경부령으로 정하는 사업자로 하여금 시설의 설치·운영에 관한 업무를 도급(하도급을 포함)하는 경우 배상책임의 배분 등에 관한 내용을 도급계약서에 명시하고 이를 시설의 인·허가기관에 신고하고, 수급인을 관리·감독하도록 하는 것이 대표적이다(제12조). 동법에 따른 일정한 행위를 이해하지 않는 자에 대한 벌칙(제47조)이나 과태료(제49조)의 부과도 같은 맥락으로 이해할 수 있다.

Ⅱ. 타법과의 관계

1. 민법상 불법행위책임과의 관계

피해구제법이 상정하고 있는 환경오염피해에 대한 무과실책임 규정이 민법 제750조의 불법행위책임 규정에 대하여 특별법적 지위를 갖는가에 대하여 논란이 제기될 수 있다. 이는 앞에서 본 바와 같이 동법에서 배상책임한도를 둠으로써 발생하는 예민한 문제와 관련이 있다. 예컨대 피해자의 입장에 따라서는 과실을 입증해야 하는 부담은 있지만 무한책임을 물을 수 있는 민법 제750조에 기해서 (무한)배상책임을 추구할 가능성이 있을 것이다. 이는 동법상 무과실책임 규정

40) 인과관계 사항과 관련한 환경오염피해구제정책위원회의 심의는 인과관계의 인정에 영향을 미칠 수 있기 때문에 배상책임 및 구제 전반에 걸쳐 중요하면서도 예민하다. 이러한 점을 고려할 때 위원회가 이러한 사항에 대하여 제대로 심의·결정할 수 있는 전문가로 구성·운영되는 것이 중요해 보인다.

에 따른 배상청구와 민법 제750조에 따른 배상청구 중 어느 청구를 주위적 청구로 하고 어느 청구를 예비적 청구로 할 수 있는가의 문제와도 관련된다.

동법상의 조항이 불법행위에 관한 민법 규정에 대한 특별 규정이라면 동법상의 무과실책임 조항은 불법행위에 관한 민법 제750조에 우선하여 적용되어야 할 것이다. 피해구제법이 시설책임(민법은 행위책임을 염두에 두고 있음)을 근간으로 하고 환경오염피해의 배상을 원활하게 하기 위하여 인과관계의 추정, 일정한 시설의 설치·운영자의 보험 가입, 환경오염피해구제계정을 통한 피해자에 대한 구제급여 등을 염두에 두고 있기 때문에 피해자에 유리한 측면이 많다고 할 수 있다. 그러나 배상책임한도를 정하고 있다는 점에서 무한책임을 물을 수 있는 민법에 비해 피해자 보호에 소홀할 수 있는 측면도 존재한다. 그 결과 예컨대, 인과관계가 명확한 경우에는 피해구제법이 아닌 민법상 불법행위책임을 묻는 것이 유리할 수 있다. 결국 양법 중 어느 법이 특별법적인 지위에 있다고 단정할 수 없다.[41] 오히려 환경오염피해에 대해 구제를 보다 두텁게 한다는 측면에서 양법에 따른 배상책임 규정이 청구권경합의 관계에 있다고 보는 것이 타당하다.

양법의 관계를 분명히 한다는 차원에서 "시설의 설치·운영과 관련한 환경오염피해의 배상에 관하여 이 법에 규정된 것을 제외하고는 민법의 규정을 따른다(제5조 제1항)"는 규정은 자칫 동법이 민법에 대해서 특별법적 지위에 있다는 해석의 여지를 줄 뿐이다. 이러한 점을 의식해서인지 동법은 적절하게 "이 법에 따른 청구권은 민법 등 다른 법률에 따른 청구권에 영향을 미치지 아니한다"는 점을 명기하여(동조 제2항) 청구권경합의 관계에 있음을 밝히고 있다.

2. 「토양환경보전법」상 오염을 발생시킨 자의 무과실책임과의 관계

「토양환경보전법」 제10조의3은 "토양오염으로 인하여 피해가 발생한 경우 그 오염을 발생시킨 자는 그 피해를 배상하고 오염된 토양을 정화하는 등의 조치를 하여야 한다"고 규정함으로써, 오염을 발생시킨 자의 무과실책임을 인정하고 있다. 이 규정이 피해구제법상의 배상책임 규정에 대하여 특별법적 지위를 갖는가에 대하여 논란이 제기될 수 있다. 「토양환경보전법」은 피해 원인을 '토양오염'에 국한하고, '토양오염물질'을 한정하고 있으며, '토양오염물질'을 한정하고 있으며, 피해자로 하여금 손해배상뿐만 아니라 '정화'책임도 물을 수 있도록 하고 있으며,

41) 한상운(각주 27), 115면.

무엇보다도 가해자의 무한책임을 인정하고 있다. 한편, 피해구제법상의 배상책임 규정은 토양오염관리대상시설을 적용대상으로 하고, 사업자를 책임 주체로 하며, 배상책임한도를 정하고 있어 「토양환경보전법」이 피해자 입장에서 유리한 측면이 있다. 그러나 인과관계의 추정, 시설의 설치 · 운영자의 보험 가입, 피해자에 대한 구제급여 등 피해구제법의 규정은 피해자에 유리한 측면이 많다고 할 수 있다. 결국 어느 법이 특별법의 지위에 있는지 판단이 쉽지 않다. 그 결과 토양오염인지 여부가 문제되어 「토양환경보전법」 제10조의3의 적용 여부가 쟁점이 되는 경우에, 원고는 동 규정에 의하지 않고 피해구제법에 기한 손해배상을 청구할 수 있다고 해석된다(청구권경합설).[42]

3. 「환경정책기본법」상 원인자의 무과실책임과의 관계

「환경정책기본법」은 제44조 제1항은 "환경오염 또는 환경훼손으로 피해가 발생한 경우에는 해당 환경오염 또는 환경훼손의 원인자가 그 피해를 배상하여야 한다"고 규정하면서 원인자의 무과실책임을 인정하고 있다. 이 규정이 구체적 효력이 있는지에 대해서 논란이 있음은 주지의 사실이다. 이 조항은 불법행위에 관한 민법 조항에 대한 특별 규정이라고 보아야 하므로 「환경정책기본법」상의 무과실책임 조항은 불법행위에 관한 민법 제750조에 우선하여 적용되어야 할 것이다. 판례도 이러한 견해를 취하는 것으로 보인다.[43] 그러나 피해구제법상 배상책임 규정과 「환경정책기본법」상 무과실책임 규정과의 관계는 앞서 피해구제법과 민법 제750조와의 관계에서 논한 것과 유사한 이유로 어느 법이 특별법적인 지위에 있다고 단정할 수 없기 때문에 양법에 따른 배상책임 규정이 청구권경합의 관계에 있다고 보는 것이 타당하다.

Ⅲ. 평 가

민법 제750조에 따른 불법행위책임을 묻기 위해서는 고의 · 과실, 인과관계 등을 입증하여야 하는데, 이는 만만치 아니하다. 「환경정책기본법」상의 무과실책임

42) 같은 취지는 한상운(앞의 글), 116면.

43) 인천지법 2004. 10. 22. 선고 2002가단23361 판결(확정); 대법원 2008. 9. 11. 선고 2006다50338 판결.

규정은 피해구제를 하기에는 무책임할 정도로 단순하다. 「환경정책기본법」 규정을 개정하려고 해도 대폭적인 손질이 불가피하다. 법개정으로는 근본적인 해결이 힘들고, 입법 기술적으로 어려운 점도 많다. 그렇다면 어떻게 할 것인가. 환경오염피해 구제만을 다루는 별도의 법을 제정하는 것이 해답이라고 생각한다. 이러한 관점에서 2014. 12. 31. 제정 · 공포된 피해구제법은 고무적이라고 할 수 있다.

책임 문제는 법 영역에서 항상 뜨거운 이슈이며, 영원한 주제이다. 동법의 제정은 환경법 영역에서 발생하는 책임 이슈를 정리하고 획기적으로 책임법체계를 마련하고 있다는 점에서 환경법 역사에서 큰 발을 내디딘 사건이라고 할 수 있다. 동법의 목적은 한마디로 충실하고 신속한 구제이다. 신속한 구제를 위하여 동법은 사업자의 무과실책임, 인과관계 추정, 정보청구권, 환경오염피해구제정책위원회의 인과관계 심의, 보험금과 구제급여 일부의 선지급 등을 두고 있다. 충실한 구제를 위하여는 사업자의 환경책임보험의 가입, 구제급여의 지급, 취약계층 소송지원 등을 두고 있다. 그러나 그 핵심은 무엇보다도 사업자의 '무과실'배상책임의 인정과 인과관계의 추정이다. 손해배상책임을 인정함에 있어서 그동안 가장 큰 걸림돌이 되었던 장애를 제거할 수 있기 때문이다. 이러한 점 때문에 동법이 향후 환경구제체계에 미칠 폭발력은 클 것으로 보인다.

무과실책임 등은 사업자에게 과중한 책임을 부과할 수 있기 때문에 동법은 사업자에 대하여도 세밀한 배려를 하고 있다. 배상책임한도의 설정, 인과관계 추정의 배제 등이 그 좋은 예이다. 말하자면 동법은 가해자와 피해자의 입장을 균형적, 체계적으로 살펴 절충하면서 치밀하게 제도설계하고 있다고 할 수 있다. 이러한 배려는 기업의 지속가능한 경영에도 기여할 것이다. 보험 가입, 소기업에 대한 보험료 일부 지원도 같은 맥락으로 이해할 수 있다. 말하자면 동법은 피해자만을 위한 법이 아니라 피해자와 함께 잠재적 가해자인 기업도 고려하는 법이라고 할 수 있다.

동법은 배상책임을 보험제도와 구제급여의 지급을 통한 국가 차원의 피해보상과도 연계하고 있다. 이들 제도는 손해배상과 불가분의 관계에 있는, 말하자면 피해구제제도의 또 다른 축을 형성한다. 무엇보다도 이들 제도는 손해배상이 충분히 이루어지지 않는 것을 보충하는 훌륭한 장치가 될 수 있다. 특히 배상한도를 초과하는 부분에 대한 보상차원에서의 국가의 구제급여 지급은 선진 외국에서도 쉽게 찾아볼 수 없는 의욕적인 것이라고 할 수 있다.

한편, 동법이 제정됨에 따라 「환경정책기본법」상 무과실책임 규정(제44조)과

「토양환경보전법」상의 무과실책임 규정(제10조의3)은 의미가 크게 퇴색되었다고 할 수 있다. 배상책임을 중심으로 하는 동법에 집단소송제나 자연환경피해에 대한 구제와 관련한 내용을 담는 것이 체제상으로나 입법기술상 어려운 점이 있어 동법에 담기지 않은 것으로 보이나 이는 차후의 입법 과제임에 틀림없다.

제 3 절 유지청구

손해배상청구의 경우에는 이미 발생한 손해를 금전으로 전보하는 데 그치므로, 원상회복이 거의 불가능한 환경피해의 경우 손해배상청구만으로는 그 구제에 분명한 한계가 있다. 오히려 사전에 환경피해가 아예 발생하지 아니하도록 조치하거나 피해가 이미 발생되었을 경우에는 더 이상 피해가 확대되지 않도록 조치하는 것이 중요하다. 사전적 구제조치라고 할 수 있는 유지청구(留止請求)[1]의 중요성이 강조되는 이유가 여기에 있다. 그러나 유지청구는 그 중요성에도 불구하고 실제에 있어서는 환경오염에 대한 인식부족과 뒤에서 보는 바와 같이 법적 근거에 대한 명쾌한 이론 정립이 내려져 있지 않는 등의 이유로 활용이 미미한 실정이다. 실무상으로 유지청구의 대부분은 가처분의 형태를 띠는데, 일조, 소음, 통풍, 조망 등 제한된 범위에서의 방해금지가처분이 대부분이고,[2] 손해배상을 함께 청구하는 것이 일반적이다.

Ⅰ. 법적 근거

우리나라 헌법 제35조 제1항은 "모든 국민은 건강하고 쾌적한 환경에서 생활할 권리를 가지며, 국가와 국민은 환경보전을 위하여 노력하여야 한다"고 규정하여 기본권으로서의 환경권을 인정하고 있다. 그런데 이러한 환경권을 사법상의 구체적인 권리로까지 인정하여 환경권 자체의 침해 또는 침해의 우려에 대하여 그 배제청구권을 인정할 수 있을 것인지에 대하여는 환경의 범위, 내용, 주제, 법적 안정성의 문제 등을 놓고 논란이 있다. 즉 환경권도 사인에 대하여 효력을 가지지

---

1) 중지청구, 방해배제 · 예방청구 등으로 이해되고 있다. 천병태 · 김명길, 환경법론, 삼영사, 1997, 270면, 이상돈 · 이창환, 환경법, 이진출판사, 1999, 320면. 법원도 '유지청구'라는 표현을 사용하고 있다. 대법원 2007. 6. 15. 선고 2004다37904 판결(판례 [2]). '방지청구'라는 표현을 사용하고 있는 판례는 대법원 2015. 9. 24. 선고 2011다91784 판결(판례 [7]). 여기에서의 논의 초점인 사법상 유지청구에 대비되는 개념으로 공법상 유지청구가 있을 수 있는데 이에는 개선명령, 조업정지명령, 시설의 이전명령, 위법시설에 대한 폐쇄조치 등이 거론될 수 있다.

2) 대법원 1979. 11. 13. 선고 79다484 판결; 대법원 1981. 3. 10. 선고 80다2832 판결; 대법원 1995. 9. 15. 선고 95다23378 판결(부산대 사건, 판례 [1]); 대법원 1997. 7. 22. 선고 96다56153 판결(봉은사 사건); 대법원 1999. 7. 27. 선고 98다47528 판결 참조.

만 이는 사법의 일반조항을 통하여 사인에게 간접 적용된다는 설[3]과 헌법이 명문의 규정을 가지고 국민의 환경보전의무를 규정하고 있는 이상 환경권은 사인 상호간의 관계에도 직접 적용된다고 하여 사인에 대하여도 헌법 제35조 제1항을 근거로 오염의 배제나 손해배상을 청구할 수 있다는 설[4] 등이 그것이다.

환경권이 사인 상호간에 직접 적용된다고 할 경우에는 그 논리의 귀결상 침해배제청구권 또는 침해예방청구권을 쉽게 인정할 수 있을 것이다. 환경권이 사인 상호간에 직접 효력을 미치지 않는다고 하더라도 사법법규의 해석과 적용에 있어서 헌법이 환경권을 국민의 기본권의 하나로서 승인하고 있는 마당에 이러한 기본권이 충분히 보장되도록 고려하여야 할 것인바, 이러한 점에서 사인이 환경오염을 발생하여 다른 사인의 생명, 신체, 재산 등에 대한 피해를 가하거나 가할 우려가 있을 때에는 손해배상은 물론 방해배제청구권 또는 방해예방청구권을 행사할 수 있다고 보아야 할 것이다.[5]

학설이나 판례상 환경침해에 대한 손해배상청구의 법적 근거를 민법 제750조에 기한 불법행위책임으로 보는 데 별 이론이 없다. 그러나 유지청구의 법적 근거로는 물권적청구권, 상린권, 불법행위, 인격권, 환경권 등 견해의 대립이 심하다. 위 각 견해들은 각자 일면의 근거를 가지고 있는 것이 사실이지만, 어떠한 것도 명쾌한 근거를 제시하고 있지 아니한 것도 사실이다. 통설, 판례는 물권적청구권설의 입장을 취하고 있다고 이해된다. 최근에는 인격권 내지 환경권을 유력한 근거로 하는 견해가 확산되고 있다. 그러나 여기에 대해서는 과연 인격권 내지 환경권을 사법상의 구체적인 권리로 볼 수 있느냐 하는 반대론이 만만치 않은 실정이다.

1. 물권적청구권

이 견해에 의하면 환경침해를 토지 · 건물의 소유권 내지 점유권 등 물권에 대한 침해로 보고 유지청구를 소유권 내지 점유권에 근거하여 청구할 수 있다는 것이다.[6] 대법원 판결은 "헌법 제35조의 규정이 구체적인 사법상의 권리를 부여

---

3) 김철수, 헌법학개론, 박영사, 1999, 743면.
4) 권영성, 헌법학원론, 법문사, 1999, 651면.
5) 환경권은 국가의 환경침해에 대한 방어권, 국가 이외의 제3자가 일으키는 환경오염을 막아줄 것을 요구할 수 있는 공해배제청구권, 건강하고 쾌적한 생활환경조성권 등을 그 내용으로 한다. 허영, 한국헌법론, 박영사, 1999, 422 내지 425면.
6) 조홍식, "유지청구 허용 여부에 관한 소고", 민사판례연구 XXII, 박영사, 2000, 87 내지

한 것이 아니고 달리 사법상의 권리로서의 환경권을 인정하는 명문의 법률규정이 없는데도 원심이 마치 신청인이 환경권에 기하여 방해배제를 청구할 수 있는 것처럼 설시하고, 또한 원심이 불법행위나 인격권에 기한 방해배제청구권을 피보전권리의 하나로 들고 있는 것은 잘못이다"라고 적시하고(판례 [1]), "어느 토지나 건물의 소유자가 종전부터 향유하고 있던 경관이나 조망, 조용하고 쾌적한 종교적 환경 등이 그에게 하나의 생활 이익으로서의 가치를 가지고 있다고 객관적으로 인정된다면 법적인 보호의 대상이 될 수 있는 것이라 할 것이므로, 인접 대지에 어떤 건물을 신축함으로써 그와 같은 생활이익이 침해되고 그 침해가 사회통념상 일반적으로 수인할 정도를 넘어선다고 인정되는 경우에는 위 토지 등의 소유자는 그 소유권에 기하여 그 방해의 제거나 예방을 위하여 필요한 청구를 할 수 있다고 할 것이다"라고 판시함으로써,[7] 유지청구의 법적 근거가 소유권에 기한 방해배제청구임을 분명히 하고 있다.

[1] 부산대 사건: 대법원 1995. 9. 15. 선고 95다23378 판결

가. 환경권에 관한 헌법 제35조의 규정이 개개의 국민에게 직접으로 구체적인 사법상의 권리를 부여한 것이라고 보기는 어렵고, 사법상의 권리로서의 환경권이 인정되려면 그에 관한 명문의 법률규정이 있거나 관계 법령의 규정취지 및 조리에 비추어 권리의 주체, 대상, 내용, 행사방법 등이 구체적으로 정립될 수 있어야 함은 소론이 주장하는 바와 같다(당원 1995. 5. 23. 선고 94마2218 결정 참조).

그러나 원심 판시와 같이 피신청인이 건축하는 이 사건 아파트가 24층까지 완공되는 경우 신청인 산하 부산대학교 구내의 그 판시 첨단과학관에서의 교육 및 연구활동에 커다란 지장이 초래되고, 위 첨단과학관 옥상에 설치된 자동기상관측장비 등의 본래의 기능 및 활용성이 극도로 저하되며, 위 부산대학교의 대학교로서의 경관, 조망이 훼손되고, 조용하고 쾌적한 교육환경이 저해되며, 소음의 증가 등으로 교육 및 연구활동이 방해받게 된다면, 위 부산대학교의 부지 및 건물을 교육 및 연구시설로서 활용하는 것을 방해받게 되는 그 소유자인 신청인으로서는 위와 같은 방해가 사회통념상 일반적으로 수인할 정도를 넘어선다고 인정되는 한 그것이 민법 제217조 제1항 소정의 매연, 열기체,

---

88면; 김재호, "환경오염 피해에 대한 법적 구제 -사법적 측면을 중심으로-", 천봉석종현박사 화갑논문집, 현대 공법이론의 제문제, 2003, 644면; 손윤하, 환경침해와 민사소송, 청림출판, 2005, 370면; 안경희, "환경침해에 대한 민사법적 구제", 환경법연구 제28권 제3호, 2006. 11, 16면.

7) 대법원 1997. 7. 22. 선고 96다56153 판결(봉은사 사건).

액체, 음향, 진동 기타 이에 유사한 것에 해당하는지 여부를 떠나 그 소유권에 기하여 그 방해의 제거나 예방을 청구할 수 있다할 것이므로, 적어도 원심이 소유권에 기한 방해배제청구권을 이 사건 가처분의 피보전권리로 삼은 부분만큼은 정당하고(신청인의 신청원인사실 주장 속에는 이러한 취지의 주장도 포함되어 있는 것으로 보인다), 따라서 헌법 제35조의 규정이 구체적인 사법상의 권리를 부여한 것이 아니고 달리 사법상의 권리로서의 환경권을 인정하는 명문의 법률규정이 없는데도 원심이 마치 신청인이 환경권에 기하여 방해배제를 청구할 수 있는 것처럼 설시하고, 또한 원심이 불법행위나 인격권에 기한 방해배제청구권을 이 사건 피보전권리의 하나로 들고 있는 데에 설령 소론과 같은 잘못이 있다 하더라도, 그와 같은 잘못은 판결 결과에 영향을 미치지 못한다 할 것이다.

나. 이 사건과 같은 경우 그 침해가 사회통념상 일반적으로 수인할 정도를 넘어서는지 여부는 피해의 성질 및 정도, 피해이익의 공공성과 사회적 가치, 가해행위의 태양, 가해행위의 공공성과 사회적 가치, 방지조치 또는 손해회피의 가능성, 공법적 규제 및 인·허가 관계, 지역성, 토지이용의 선후관계 등 모든 사정을 종합적으로 고려하여 판단하여야 할 것이다.

원심은, 이 사건 토지 주변의 지역성, 피신청인이 이 사건 아파트를 건축하게 된 경위, 이 사건 아파트 건축공사를 시작할 당시와 현재의 주위 상황, 이 사건 아파트의 완성으로 인하여 예상되는 위 부산대학교에 대한 교육환경 침해의 태양과 정도, 이 사건 아파트 건축공사가 금지됨에 따라 피신청인이 입게 될 손해의 정도 등에 관하여 그 판시와 같은 사실을 확정한 다음, 이 사건 아파트가 24층까지 완공됨으로 인하여 위 부산대학교가 받게 될 교육환경 등의 침해는 사회통념상 수인한도를 초과한다고 판단하고, 나아가 공사금지의 범위를 최소화하면서도 신청인이 입게 되는 침해를 상당히 감소시킬 수 있는 조화점을 찾아 임시로 이 사건 아파트 건축공사 중 18층을 초과하는 부분에 대한 공사를 금지시켰는바, 기록에 의하여 살펴보면 원심의 위와 같은 조처는 수긍이 가고, 거기에 소론과 같이 이익교량에 관한 법리를 오해하고 정의와 형평에 어긋나는 판단을 한 위법이 있다 할 수 없다.

[2] 경인고속도로 소음: 대법원 2007. 6. 15. 선고 2004다37904 판결

건물의 소유자 또는 점유자가 인근의 소음으로 인하여 정온하고 쾌적한 일상생활을 영유할 수 있는 생활이익이 침해되고 그 침해가 사회통념상 수인한도를 넘어서는 경우에 건물의 소유자 또는 점유자는 그 소유권 또는 점유권에 기하여 소음피해의 제거나 예방을 위한 유지청구를 할 수 있다(대법원 1999. 7. 27. 선고 98다47528 판결 참조)(판례 [8]과 동일 판례).

환경침해가 일정한 토지나 건물의 이용가치를 저하시키고 배타적 권리인 물권의 행사가 방해받고 있거나 방해받을 염려가 있을 경우 소유권 또는 점유권에 기하여 그 배제를 구할 수 있다는 것은 두말할 나위가 없다. 그러나 환경침해가 물권 자체의 침해도 침해지만 본질적으로 쾌적한 생활을 영위할 수 있는 신체적 자유나 정신적 자유에 대한 침해를 수반하므로 물권의 침해와는 분명히 다른 양상을 갖고 있으므로 물권적청구권설은 일정한 한계를 갖는다. 이 견해는 물권의 존재를 전제하므로 법적 안정성이 높다는 장점이 있을 수 있으나 소유권 또는 점유권 등의 물권을 가지고 있지 아니한 자(예컨대, 통행인, 방문객, 입원환자, 학생 등)의 보호에는 등한히 하고 있음을 부인할 수 없으며,[8] 또한 소유권(또는 점유권)이 절대적, 배타적 권리라는 점에서 위 판례들이 한결같이 거론하고 있는 수인한도법리와는 이론상 모순이 발생된다.

2. 상린권(相隣權)

이 견해는 민법 제217조를 유력한 근거로 제시하고 있다.[9] 비록 환경문제와 직접적인 관련은 없지만 대법원 1974. 12. 24. 선고 68다1489 판결(판례 [3])은 병원시체실의 설치로 인한 악취의 확산, 유족이나 조객들의 곡성 및 시체의 운구 등으로 인하여 그 인접지 거주자가 피해와 고통을 받는 경우에 위 방해 요인의 제거 내지 예방을 청구할 수 있다고 하면서 그 근거로써 민법 제217조를 든 바 있다.

[3] 병원 시체실 사건: 대법원 1974. 12. 24. 선고 68다1489 판결

이 사건 피고 경영의 ○○병원과 같은 종합병원의 경우에 있어서 시제실의 설치는 필요불가결한 것이라 할 것이고, 또 그 인접지 거주자인 원고가 그로 인하여 불쾌감 등 고통을 받게 될지라도 그 정도가 사회관념상 일반적으로 수인하여야 할 정도의 것일 때에는 원고로서는 이를 수인함으로써 종합병원의 사회적

---

8) 홍천룡, "환경오염 피해의 구제 −손해배상청구와 유지청구−", 환경법연구 제14권, 1992, 50면.

9) 이 견해는 흔히 민법 제214조와 함께 상린관계 규정을 유지청구의 근거로 들고 있다. 김상용, 불법행위법, 법문사, 1997, 289면; 윤철홍, "환경이익침해에 관한 사법적 구제", 비교사법 제7권 제1호, 2000. 6, 548면; 김재호, "환경피해의 구제", 환경법연구 제26권 제2호, 2004. 6, 139면; 김종률, "소방권의 법적 구성론", 법조 제559호, 2003. 4, 111면; 손윤하(각주 6), 66면, 370면. 다만 환경침해의 경우 피해이익을 재산권으로 포섭할 수 있는 경우에는 제214조에 의하여, 피해이익을 재산권으로 포섭하기 어려운 경우에는 제217조의 생활이익으로 포섭하여야 한다는 견해가 있다. 조홍식(각주 6), 87 내지 88면.

> 인 기능과 일반시민의 보건생활에 지장이 없도록 하여야 할 것임은 당연한 사리라 할 것이다. 그러나 만일 원고가 입는 고통이 위 정도를 초과할 때에는 그 수인의무가 없고 오히려 그 방해사유의 제거 내지 예방을 청구할 수 있으며, 따라서 피고는 그 방해사유의 제거 내지 예방을 위하여 적당한 조치를 할 의무가 있음은 민법 제217조에 비추어 분명하다 할 것인바, 원심이 인정한 전시한 바와 같은 일련의 사정을 종합하여 보면, 피고 경영의 ○○병원이 이 사건 시체실을 그곳에 안치한 시체로부터 발산하는 악취의 확산방치나 제거를 위한 조치, 유족이나 조객들의 곡성이 외곽에 전파되지 않도록 하는 조치, 시체봉구시의 시체의 일반인에의 노출방지 조치 등 적절한 조치를 취하지 않고 원심이 인정한 상태대로 계속 사용한다면, 원고와 그의 가족들은 시체에서 발산하는 악취, 유족이나 조객들의 곡성 및 일반시민이 직접 보기를 꺼려하는 시체의 운구를 빈번이 보게 됨으로 인하여 죽음에 대한 공포와 생에 대한 불안감 기타 신경의 긴장을 일으켜 정신위생상 유해한 결과를 낳고 또 생활환경상의 안정이 심히 저해받게 될 것이고, 원고가 받게 되는 위 피해와 고통은 사회관념상 일반적으로 요구되는 수인의 정도를 초과함을 인정할 수 있으므로 원고는 피고에 대하여 위 방해요인의 제거 내지 예방을 청구할 수 있다 할 것인즉 원판결이 위와 같은 사정을 들어 피고의 소위를 소유권의 남용으로 허용할 수 없다고 한 판단은 그 이유 설시에 미흡한 감이 없지 아니하나 위와 같은 사정을 들어 피고의 이 사건 소위는 원고가 수인할 한도를 초과한 위법한 것으로서 허용할 수 없다는 취지에서 원고의 청구를 인용한 판단은 결론에 있어서 정당하고 원판결이 피고의 소위를 권리남용이라고 본 판시는 결국 판결 결과에 영향을 미친 것이 아니라 하겠다. 또한 원판결은 피고가 위 설시와 같은 원고의 고통 방지를 위한 적절한 조치를 취하지 않고 이 사건 시체실을 그대로 시체실로 사용하고 있기 때문에 그 사용을 금한 취지임이 분명하고 위에서 본 일련의 사정과 일건기록에 비추어 볼 때, 원고의 이 사건 청구를 정당한 권리행사의 범위를 벗어난 권리남용이라고 말할 수도 없다.[10]

위 견해는 동조 제2항의 '인용의무' 규정에 비추어 수인한도법리와 충돌되지 않는 이론상의 장점을 가진다 할 수 있다. 문제는 문제의 환경침해가 위 규정에 정하여진 요건을 충족할 경우, 즉 토지소유자가 매연 · 열기체 · 액체 · 음향 · 진동 기타 이와 유사한 것으로 이웃 토지의 사용을 방해하거나 이웃 거주자의 생활에 고통을 준 경우에는 위 규정에 근거하여 유지청구를 할 수 있으나, 그 구성요건

10) 병원시체실의 설치로 그 인접지 거주자가 받을 피해와 고통이 사회관념상 일반적으로 수인하여야 할 정도의 것일 때에는 거주자가 이를 수인하여야 하나 그 정도를 초과할 때에는 수인의무가 없고 오히려 방해사유의 제거 내지 예방조치를 청구할 수 있다고 한 사례.

이 충족되지 아니할 경우에는 근거를 일거에 상실할 수 있다는 것이다. 위 규정은 항공기소음, 오존층 파괴, 이상기후, 전자파, 유전자변형물질에 의한 환경피해, 다이옥신 등 환경호르몬에 의한 농작물 · 가축, 나아가 인간의 생명 · 신체에 대한 피해 발생 등 현대의 복잡한 환경문제를 예상치 아니하고 소박한 생활방해 침해를 해결하기 위해 만들어졌던 것이므로 위 규정으로 오늘날의 환경오염문제를 모두 해결하려 함에는 일정한 한계가 있다.

3. 불법행위

환경침해에 대하여 불법행위가 성립되고, 불법행위의 효과로써, 손해배상청구뿐만 아니라 유지청구를 할 수 있다는 견해이다.[11] 이에 대하여는 불법행위의 일반원칙 규정, 즉 불법행위의 피해자가 가해자에게 금전배상책임을 지울 수 있는 근거 규정으로 작용하는 민법 제750조가 배상책임만을 허용할 뿐이고, 유지청구를 허용하고 있지 않다는 비판이 제기될 수 있다.

4. 인 격 권

환경침해가 인간의 생활 자체에 대한 침해, 즉 인격권[12]의 침해라고 보고 절대적, 배타적 성격의 인격권을 침해하는 경우 이러한 인격권에 근거하여 침해배제 또는 예방을 청구할 수 있다는 것이다.[13] 비록 대법원에서 파기되었지만 하급심 판결은, “민법 제217조 소정의 생활방해나 주거환경의 침해는 토지 소유권의

11) 권성 외 4, 가처분의 연구, 박영사, 1995, 435면, 438면. 불법행위에 기한 유지청구를 인정한 판례는 대법원 2010. 8. 25. 선고 2008마1541 결정; 대법원 2011. 10. 13. 선고 2010다63720 판결.

12) 환경문제를 다룬 것은 아니지만 대법원과 헌법재판소는 인격권의 개념을 인정하고 있다. 대법원 1980. 1. 15. 선고 79다1883 판결; 대법원 1988. 10. 11. 선고 85다카29 판결; 헌재 1990. 9. 10. 선고 89헌마82 결정. 대법원 2008. 4. 17. 선고 2006다35865 전원합의체 판결에서 소수의견은 일조방해가 단순한 재산권의 침해에 그치는 것이 아니라 건강하고 쾌적한 환경에서 생활할 개인의 ‘인격권’을 침해하는 성격도 지니고 있다고 지적하였다.

13) 인격권에 대하여 자세한 내용은 권용우, 불법행위론, 신양사, 1998, 240 내지 242면; 이용우, “공해방지소송”, 공해문제와 재판, 재판자료 제2집, 법원행정처, 1979, 224면 참조. 인격권을 취하는 견해는 손윤하(각주 6), 58면. 생명침해 및 건강침해(질병의 발생)의 경우에는 인격권의 침해가 바로 인정될 수 있을 것이고, 질병에 이르지 아니하는 경우에도 현저한 정신적 고통을 입게 하거나 현저하게 생활상의 방해를 가져오는 행위는 인격권의 침해로 볼 수 있을 것이나, 단순하고 경미한 정신적 침해는 인격권의 침해라고 볼 필요가 없다는 견해가 있다. 윤진수, “환경권 침해를 이유로 하는 유지청구의 허용 여부”, 판례월보, 1996. 12, 42면.

침해의 범주에 넣어 볼 수 있는 것이지만, 그 주된 법익은 인간의 건강하고 쾌적한 생활이익으로서 이러한 주거환경의 이익은 그 법익의 법적 성격으로 보아 종래의 생명, 신체, 자유, 명예, 정조, 초상권, 신용권 등과 마찬가지로 인격권의 일종에 속한다고 보아야 하고, 이러한 인격권의 지배권 내지 절대권적 성격으로부터 물권적청구권에 준하는 방해배제청구권이 인정되고 있다"라고 판시함으로써 인격권을 유지청구의 한 근거로 원용한 바 있다.[14)]

이 견해에 대하여는 인격권의 내용이 명확치 아니하여 법적 안정성을 해친다거나 물권적청구권설에서와 같이 지배권 내지 절대권인 인격권의 성질이 수인한도론과 조화되지 않는다는 비판이 있을 수 있다.

5. 환 경 권

환경권이라는 하나의 절대권을 인정하면서 쾌적한 환경을 향수하고 이것을 지배할 수 있는 권리를 침해한 경우 그 자체로써 위법성을 인정할 수 있다고 보는 견해가 있다.[15)] 이 견해는 환경권을 절대권으로 인식하고 '수인한도론' 및 '위법성 2단계설'[16)]을 부인하고 있다. 이에 따르면 환경권의 침해가 있으면 그 자체로 위법하여 침해배제 또는 예방청구를 할 수 있게 되며, 손해배상청구소송이나 유지청구소송에서 요구하는 위법성은 같다(1단계설).[17)]

이러한 견해에 대하여는 환경권의 내용이 불명확하여 사법상의 구체적 권리로 인정할 수 없고, 법적 안정성을 해칠 수 있다는 반론이 제기되고 있다.[18)] 환경권의 구체적 효력을 부인하는 유력한 근거로는 헌법 제35조 제2항, 즉 "환경권의 내용과 행사에 관하여는 법률로 정한다"라는 규정이 들어지고 있다. 판례도 "환경권은 명문의 법률규정이나 관계 법령의 규정 취지 및 조리에 비추어 권리의 주체, 대상, 내용, 행사 방법 등이 구체적으로 정립될 수 있어야만 인정되는 것이므로,

---

14) 부산고법 1995. 5. 18. 선고 95카합5 판결(부산대 사건, 판례 [4]); 서울민사지법 1995. 9. 7. 선고 94카합6253 판결(봉은사 사건).

15) 권용우(각주 13), 242 내지 245면; 이용우(각주 13), 226 내지 227면 참조.

16) 이에 따르면 유지청구에서 요구되는 위법성(수인한도) 기준은 손해배상청구에서 요구되는 위법성 기준보다 높다. 천병태 · 김명길(각주 1), 272면.

17) 이용우(각주 13), 227면.

18) 천병태 · 김명길(각주 1), 275면; 윤철홍(각주 9), 538면; 문광섭, "환경침해에 대한 유지청구", 환경법의 제문제, 재판자료 제94집, 2002. 6, 300면; 김재호(각주 6), 636면; 손윤하(각주 6), 369면. 생명, 신체 등에 대한 직접적인 피해가 없는 경우에도 단순히 환경의 보전을 위하여 환경권에 기하여 유지청구를 하는 것까지 허용된다고 할 수 없다. 윤진수(각주 13), 41면.

사법상의 권리로서의 환경권을 인정하는 명문의 규정이 없는데도 환경권에 기하여 직접 방해배제청구권을 인정할 수 없다"라고 판시함으로써 환경권을 사법상의 구체적 권리로 볼 수 없다는 입장을 유지하고 있다.[19]

그러나 최근에는 환경권의 구체적 효력을 인정하는 견해가 만만치 않게 나타나고 있다.[20] 하급심 법원도 이를 인정한 바 있다(판례 [4]).[21] 그런데 이와 관련한 법원의 판단은 혼란스러운 측면이 있다. 예컨대, ① 교육 · 연구활동의 지장은 소유권 침해(민법 제217조), ② 일조, 통풍, 소음 등 피해는 환경권 침해, ③ 불쾌감, 압박감은 인격권 침해라고 할 수 있는데, 법원은 이를 명확히 구분하지 않고 있다. 나아가 환경권이라는 직설적인 표현을 쓰지 않고 "환경이익의 부당침해방지권을 가진다"는 식으로 '환경이익'이라는 다소 모호한 개념을 사용하고 있다.[22] 자세한 설시는 없지만 소유권과 함께 명시적으로 환경권을 공사중지와 금지를 청구할 권리의 한 근거로 들고 있는 대법원 결정도 있어 주목받고 있다(판례 [5]).[23]

---

19) 대법원 1995. 5. 23. 선고 94마2218 판결; 대법원 1995. 9. 15. 선고 95다23378 판결(부산대 사건, 판례 [1]); 대법원 1997. 7. 22. 선고 96다56153 판결(봉은사 사건); 대법원 1999. 7. 27 선고 98다47528 판결; 대법원 2001. 10. 23. 선고 99다36280 판결(부산지역 환경운동단체회원 등 시민 1백명이 국가와 지방자치단체를 상대로 낙동강 등 상수원 수질오염으로 인해 환경권이 침해당했다면서 손해배상을 구한 이른바, '낙동강 물 사건'에서 상수원수에 관한 원고들의 권리나 이익을 사법상 구제가 가능한 구체적 환경권으로 볼 수 없다면서 원고들의 청구를 기각한 사례); 대법원 2006. 3. 16. 선고 2006두330 전원합의체 판결(새만금 사건).

20) 구체적 효력을 인정하는 견해로는 조성민, "환경침해와 방해배제청구권의 인부", 고시계, 1996. 4, 188 내지 191면; 송기춘, "환경권의 대사인적 효력", 공법연구 제28집 제3호, 2000. 3, 153면; 김춘환, "공권적 환경권이론", 공법연구 제29집 제2호, 2001, 355면; 황진호, "국가 · 지방자치단체의 환경보전의무위반으로 인한 손해배상책임", 한국의 환경 및 에너지에 관한 법원리, 환경문제연구총서 X, 대한변호사협회, 2003, 45면; 정사언, "환경권의 규범화방안에 관한 검토", 천봉석종현박사 화갑논문집, 현대 공법이론의 제문제, 2003, 1492면; 김형성, "헌법상 환경규정의 규범적 의의", 환경법연구 제26권 제4호, 2004. 12, 126면; 홍준형, 환경법, 박영사, 2005, 37면; 석인선, 환경권론, 이화여자대학출판부, 2007, 233면 참조.

21) 그 밖에 서울지법 1995. 9. 7. 선고 94카합6253 판결(봉은사 사건); 청주지법 1998. 2. 26. 선고 97카합613 판결(문장대온천 사건, 「환경정책기본법」 및 「먹는물관리법」의 관계 규정의 취지, 조리에 비추어 오염되지 않은 식수를 음용할 구체적인 사법상 권리로서의 환경권이 예외적으로 인정된다고 하여 사업자에게 공사중지를 명한 사례).

22) 이와 관련해서 현행 사법체계 아래에서 헌법상 환경이익은 생활이익의 형태로 전환되는 경우 보호를 받을 수 있다는 견해가 있다. 박태현, "환경권에 기초한 금지청구권의 인정," 환경판례백선, 박영사 2019, 16면.

23) 논란과 의문이 지속되는 상황에서 뚜렷한 근거를 제시하지 않은 채 '환경권'에 기초하여 유지청구를 할 수 있다는 결론은 너무 단순하거나 다소 무책임한 측면이 있다.

[4] 부산대 사건(하급심): 부산고법 1995. 5. 18. 선고 95카합5 판결

1. 피보전권리의 성격

가. 헌법 제35조 제1항은 "모든 국민은 건강하고 쾌적한 환경에서 생활할 권리를 가지며, 국가와 국민은 환경보전을 위하여 노력하여야 한다"라고 규정하고 있는바, 위 헌법상 규정된 '환경권'은 사람이 인간다운 생활을 영위함으로써 인간으로서의 존엄을 유지하기 위하여 필요적으로 요구되는 것이기 때문에 인간의 생래적인 기본권의 하나로서 인간다운 생활을 위한 필수적인 절대권이며, 모든 사람에게 다같이 보장되는 보편적인 권리로서의 성질을 가진다 할 것이고, 이러한 환경권의 내용인 환경에는 자연적 환경은 물론이고, 역사적, 문화적 유산인 문화적 환경도 환경권의 대상인 환경의 범주에 포함시켜야 하며, 그 뿐만 아니라 사람이 사회적 활동을 하는데 필요한 사회적 시설도 인간의 생활에 필요 불가결한 사회적 환경으로서 이에 포함됨은 당연하며, 신청인이 내세우는 주장의 요지 또한 교육환경의 일종으로서 역시 위 사회적, 문화적 환경의 범주에 속한다고 할 것이다.

그런데 이러한 '환경권'의 법적 성질에 관하여는 사법상의 구체적인 권리로까지 인정하여 환경권 자체의 침해 또는 침해의 우려에 대하여 그 배제청구권을 인정할 수 있을 것인지의 여부를 놓고 권리의 대상이 된 환경의 범위와 이에 대한 지배의 내용, 권리의 주체, 객체 및 그 내용, 나아가 법적 안정성의 문제를 둘러싸고 다툼이 있는 것은 주지의 사실이다.

그러나 신청인이 내세우고 있는 교육환경은 넓은 의미의 주거환경의 범주에 속하는 것으로서 이러한 주거환경에는 일조(日照), 통풍(通風), 정온(靜穩), 청정(淸淨)한 대기(大氣), 조망(眺望), 압박감(壓迫感) 없는 상태 등 자연적 환경이익이 포함되고, 이러한 주거환경은 사회의 진보에 응하여 필연적으로 변화하는 것이기 때문에 정지된 일시점에 있어서의 환경, 그 상태를 영속시키는 것을 목적으로 하는 취지의 권리를 인정하는 것은 곤란하지만, 그것은 주로 인위적 변화이기 때문에, 때에 따라서는 부당한 환경변화나 유해무익(有害無益)한 환경파괴를 초래하는 경우가 있을 수 있고, 이 경우 현재 환경이익을 누리고 있는 구성원들은 그 환경이익이 아무런 합리적 이유도 없이 박탈되거나 부당한 환경악화를 강요당하는 것은 도저히 묵과할 수 없는 중대한 사태이고 특히 그 손해는 물질적으로나 정신적으로 현저함은 명백하다. 따라서 그 구성원이 현재 누리고 있는 환경이익은 그 환경으로부터 받고 있는 현재의 이익에 대한 정당한 보지(保持)를 목적으로 하는 법익으로서 정당하게 보호받아야 할 필요가 있고, 이러한 환경이익에 대한 부당한 침해 즉 부당하게 환경을 악화시켜 손해를 주는 것은 당연히 법률상 불법행위를 구성하여 그 손해배상책임을 부담한다고 할 것이나, 환경이익은 그 법익의 성질상 원래 금전에 의한 평가가 극히 곤란하고 금전배상만으로는 거의 그 목적을 달성할 수 없는 것이므로 환경이익 보호의 방법으로서는 손해배상만으로는 충분하지 않고 그 부당한 침해행위 즉 환경의 부당악화 그 자체를 유효 적절하게 금지시키는 방법이 강구되어야 한다.

그래서 현재 환경이익을 누리는 구성원은 그 환경이 명백히 부당하게 파괴될 우려, 다시 말하면 환경이익이 명백히 부당하게 침해될 위험이 발생한 경우에는 그와 같은 부당한 침해를 사전에 거절하거나 미리 방지할 수 있는 권리, 이른바 '환경이익의 부당침해 방지권'을 가진다고 봄이 상당하고, 따라서 현실적으로 부당한 침해의 위험이 있거나 이미 부당한 침해가 발생하고 있는 경우에는 특단의 사정, 예를 들면 금전적 보상에 의한 해결을 수인(受忍)할 수 있는 사유 등이 없는 한 위 방지권에 기하여 위험방지를 위한 충분하고 필요한 한도 내에서 구체적인 금지청구권을 취득하고 이를 행사함으로써 환경이익을 보전할 수 있는 것으로 해석함이 상당하다 할 것이다.

나. 한편 민법 제217조는 "토지소유자는 매연, 소음, 진동 등 기타 이에 유사한 것으로서 이웃 토지의 사용을 방해하거나 이웃 거주자의 생활에 고통을 주지 아니하도록 적당한 조치를 할 의무가 있다"고 규정하고 있는바, 이는 토지 그 자체의 지배 내지 이용과는 별도로 그 토지 위에 영위하는 인간의 건강하고 쾌적한 생활이익이 소음, 진동, 매연 등으로 인하여 적극적으로 침해되었을 때에는 생활이익의 침해를 토지 소유권의 침해와 동일시하여 토지 소유권에 터잡아 이러한 생활이익의 침해행위에 대한 방해배제청구권을 인정한 것이다.

그리고 앞서 본 일조, 통풍, 정온, 조망 등 교육환경을 포함한 주거환경도 넓은 의미의 '토지' 위의 '자원'으로 보고 이러한 주거환경은 자연으로부터 부여받은 만인 공유의 공동자원이기 때문에 어느 한 사람의 토지 소유자만의 독점물로 하는 것은 부당하고 상린지 토지 소유자 상호간에 민법의 위 규정에서 정한 상호배려의무를 부과시키고, 동시에 이러한 환경이익이 이웃 토지의 통상의 용도에 적당하지 않음으로 인하여 사회 통념상 수인할 수 있는 정도를 초과하여 침해당하거나 방해당할 염려가 있을 때에는 당해 토지의 소유자는 그 토지의 소유권에 기하여 위 침해나 방해행위에 대하여 방해배제청구권을 가진다고 할 것이다.

다. 또한 민법 제217조 소정의 생활방해나 앞서 본 주거환경의 침해는 토지 소유권의 침해의 범주에 넣어 볼 수 있는 것이지만, 그 주된 피해법익은 인간의 건강하고 쾌적한 생활이익으로서 이러한 주거환경의 이익은 그 법익의 법적 성격으로 보아 종래의 생명, 신체, 자유, 명예, 정조, 초상권, 신용권 등과 마찬가지로 인격권의 일종에 속한다고 보아야 하고 이러한 인격권은 그 지배권 내지 절대권적 성격으로부터 물권적 청구권에 준하는 방해배제청구권이 인정되고 있다.

따라서 위 생활방해나 주거환경의 침해는 실질적으로는 신체적 자유 내지 정신적 자유의 침해에 속하는 것이고 이 경우 일정한 한도를 초과하는 침해에 대하여는 방해배제청구권이 인정되는 토지 소유권 기타 물권을 가지고 있지 않는 자라고 하더라도 막바로 인격권의 침해를 이유로 인격권에 터잡아 방해배제 또는 방해예방청구권을 행사할 수 있다고 봄이 상당하다.

2. 환경이익의 부당침해방지권 등의 행사

이러한 환경이익의 부당침해 또는 생활방해 등에 대하여 앞서 본 환경이익 그 자체의 침해로서의 부당침해방지청구권, 또는 토지 등의 소유권 침해로서의 물권적 청구권, 쾌적한 생활이익의 침해로서의 인격권에 기한 방해배제청구권 등 어느 권리에 근거하더라도 그 권리의 행사는 일정한 요건하에서만 그 행사가 가능하다고 할 것이므로, 그것이 타인의 사유재산권의 행사와 저촉되는 경우에는 "모든 국민의 재산권은 보장된다"는 헌법 제23조 제1항의 사유재산권의 보호와 환경이익의 보호 및 상린관계 등 양자를 서로 조화시켜서 상호간의 충돌을 합리적으로 조정할 수밖에 없다 할 것이다.

즉 신청인이 내세우는 건전한 교육환경의 이익이 상린관계에 있는 다른 주민의 사유재산권 행사로 인하여 침해를 받게 되더라도 그 침해가 이웃 토지의 통상의 용도에 적당한 것으로서 사회 통념상 수인할 수 있는 정도의 경우에는 그 사유재산권의 행사를 막을 수 없는 것이다. 그리고 이러한 수인한도를 판정하는 요소는 양 당사자를 둘러싸고 있는 주변 장소의 지역성, 피해자가 입은, 혹은 입게 될 피해법익의 성질 및 정도, 이에 대한 사회적 평가, 가해자의 의도와 사유재산권 행사의 공공성 여부, 양 당사자 중 누가 먼저 토지이용을 시작했는지의 선후관계, 가해자의 방지조치 또는 손해회피가능성, 금지에 의한 예측불가능한 손해의 유무 등 그 개별, 구체적인 모든 사정을 광범위하게 종합한 이익형량에 따라 판단하여야 함은 당연하다.

특히 이 사건에서의 이익형량에 있어서는 부산대학교가 대한민국 교육의 근본이념에 입각하여 국가와 인류의 문화발전에 필요한 심오한 이론과 광범위하고 정치한 응용방법을 교수, 연구함으로써 사회의 급격한 변화에 적응할 수 있는 지도자적 인격의 도야를 교육이념으로 하여 설립된 국립대학교이므로, 헌법 제31조 제4항의 "교육의 자주성, 전문성, 정치적 중립성 및 대학의 자율성은 법률이 정하는 바에 의하여 보장된다"는 대학의 자율성 보장의 정신과, 헌법 제22조 제1항의 "모든 국민은 학문과 예술의 자유를 가진다"는 학문의 자유보장의 정신도 함께 고려되어야 할 것이다.[24)]

[5] 음성광산 사건: 대법원 2008. 9. 25. 선고 2006다49284 판결

원고가 광산에서 금광의 탐광 및 채광을 위한 굴진공사를 계속 진행할 경우, 광산 지하를 통과하는 지하수가 고갈되고, 이로 인하여 인근 토지가 침하되며, 지하수와 토양이 심하게 오염될 가능성에 대한 충분한 개연성이 인정되고, 이러

24) 부산대학교의 교육환경 침해를 이유로 그 인접 대지 위에 건축 중인 24층 아파트 중 18층 초과부분에 대한 건축공사를 금지한 사례.

한 환경침해가 발생할 경우 광산 이웃 토지 소유자이거나 근접 토지 거주자들은 종전부터 향유하고 있던 자연환경 및 생활환경에 대하여 수인한도를 넘는 침해가 발생하며, 또 그 침해되는 환경적 이익이 그들의 생명, 건강 기타 금전으로 배상하기 어려운 생활상의 이익에 관련된 것임이 충분히 증명되었으므로 피고들을 포함한 인근 주민들은 토지 소유권 및 환경권에 기초하여 공사의 중지와 금지를 청구할 권리가 있다.

6. 소 결

환경침해는 인간의 쾌적한 생활과 인체의 건강을 침해함은 물론 행복추구권에 대한 침해로 인식될 수 있다. 이러한 건강하고 쾌적한 환경에서의 생활은 법으로 보호해 주어야 하는 중대한 이익이고, 이러한 이익이 침해되었거나 침해될 우려가 있을 경우 당연히 그 배제를 청구할 수 있다고 하여야 한다.

최근에는 유지청구의 법적 근거와 관련하여 점차 환경권설이 확산되는 추세라고 판단된다. 헌법이나 「환경정책기본법」에 명문규정을 두고 있다는 점, 현재 70여 개 정도의 환경관계법이 존재하고 있다는 점, 이러한 법률들이 환경권의 내용과 행사방법을 나름대로 제시하고 있다는 점, 환경권의 제한 법리로 작용하는 "법령의 규정취지와 조리"의 합리적 해석이 가능하다는 점 등에 비추어 환경권에 대하여 충분히 구체적 효력을 인정할 수 있다고 생각된다. 그러나 판례는 물권적 청구권설의 입장에 서 있다고 할 수 있다. 환경침해가 본질적으로 물적인 손해보다는 정신적 손해 내지 건강하고 쾌적한 생활에 대한 중대한 침해를 수반한다는 점에서 물권 이외의 침해를 고려하는 환경권설이 다른 견해들보다 본질을 꿰뚫는 것이라 할 것이다. 환경권설은 손해배상청구의 법적 근거와 유지청구의 법적 근거를 통일적으로 파악할 수 있는 가능성을 제공하고, 청구권자의 범위를 확대함으로써, 피해자의 보호에도 충실하다는 장점이 있다.

다만 기존 환경권설이 전제로 하고 있는 환경권의 절대적, 배타적 성질에 대해서는 쉽게 동의할 수 없다고 생각된다. 환경권의 내용이 분명하지 않고 시대에 따라 변하는 내용을 담을 수밖에 없으며, 구체적인 내용에 따라서는 절대권적 성질을 가지지 않은 경우도 충분히 있을 수 있기 때문이다. 어떤 면에서는 이러한 경우가 흔하고, 그렇기 때문에 실제로는 많은 환경침해의 경우 이익형량이 요구될 것이다. 결국 환경권설은 이익형량을 고려하는 수인한도 법리와도 밀접한 관련을 갖는다. 혹자는 "환경권설은 환경침해가 발생한 경우에 별도의 이익형량 없이 유지청구를 할 수 있다는 점에서 (다른) 학설과는 다른 특징을 가지고 있다. 그러나 실제로는 환경권설에서도 유지청구에 있어서의 권리남용 문제라든가 위법성 이외의 또 다른 이익형량 과정을 상정하고 있어서 다른 학설들과 차이점이 거의 없게 되었다"[25]고 지적하고 있는데, 이러한 점에 착안한 정확한 지적이라고 생각한다.

Ⅱ. 요 건

유지청구를 위하여는 ① 피해의 성질과 정도에 비추어 금전적 평가가 곤란할 것, ② 금전보상만으로는 피해회복이 어려울 것, ③ 피해가 일시적인 것이 아니라 계속적으로 중대하고 명백하게 부당한 것일 것, ④ 피해가 수인한도를 초과할 것 등이 그 요건으로 요구된다.[26]

유지청구는 손해배상청구와 달리 피해가 발생할 우려가 있을 경우에도 발하여질 수 있으므로 그 요건이 손해배상청구의 요건보다 까다롭다(위법성 2단계설). '위법성 2단계설'에 따라 사후적인 금전배상만으로는 피해 회복이 실질적으로 이루어질 수 없는 경우에 한하여 유지청구가 가능하다고 본다면, 본안소송에서 유지청구가 인용될 가능성은 손해배상청구가 인용될 가능성보다 낮아지게 된다. 또한 동일한 환경침해에 대하여 손해배상청구와 유지청구를 병합하여 제기된 경우 이익형량에 따라서는 손해배상청구가 인용되더라도 유지청구가 기각될 있다는 결론에 이른다.

[6] 대법원 2003. 3. 28. 선고 2003다5917 판결

소유권에 기한 방해배제청구권에 있어서 '방해'라 함은 현재에도 지속되고 있는 침해를 의미하고, 법익 침해가 과거에 일어나서 이미 종결된 경우에 해당하는 '손해'의 개념과는 다르다 할 것이어서, 소유권에 기한 방해배제청구권은 방해결과의 제거를 내용으로 하는 것이 되어서는 아니 되며(이는 손해배상의 영역에 해당한다 할 것이다) 현재 계속되고 있는 방해의 원인을 제거하는 것을 내용으로 한다.[27]

---

25) 안경희(각주 6), 15면.
26) 서울지법 1995. 9. 7. 선고 94카합6253 판결(봉은사 사건); 부산고법 1995. 5. 18. 선고 95카합5 판결(부산대 사건, 판례 [4]).

[7] 피해의 계속성(소극): 대법원 2019. 7. 10. 선고 2016다205540 판결

이 사건 토지 지하에 매립된 생활쓰레기는 매립된 후 30년 이상 경과하였고, 그 사이 오니류와 각종 생활쓰레기가 주변 토양과 뒤섞여 토양을 오염시키고 토양과 사실상 분리하기 어려울 정도로 혼재되어 있다고 봄이 타당하며, 이러한 상태는 과거 甲 지방자치단체의 위법한 쓰레기매립행위로 인하여 생긴 결과로서 토지 소유자인 乙이 입은 손해에 불과할 뿐 생활쓰레기가 현재 乙의 소유권에 대하여 별도의 침해를 지속하고 있는 것이라고 볼 수 없으므로, 乙의 방해배제청구는 인용될 수 없다.[28]

Ⅲ. 한계: 수인한도

유지청구는 가해자의 이익과 피해자가 입는 손해의 교량을 전제하기 때문에 수인한도론이 갖는 의미는 손해배상청구에서의 그것보다 큰 것이다. 유지청구에서 수인한도 기준은 손해배상청구에서의 수인한도 기준과는 다르다고 보는 것이 일반적이다(위법성 2단계설, 판례 [8], [9]). 오염발생을 이유로 오염발생시설의 가동중지나 행위의 금지를 명하게 되면 오염으로 피해자가 입을 손해에 비하여 가해자가 입는 손해가 막대한 경우가 많은 점, 오염발생시설인 공장이나 공사장, 교통시설의 가동을 중지하는 것은 공익적인 관점에서 바람직하지 못하다는 점, 오염발생에 대한 대책으로는 오염발생을 막는 것이 아니라도 오염방지시설 · 방음막 등의 설치 등 다른 방법을 강구할 수 있다는 점이 그 이유가 될 수 있다. 유지청구에서 수인한도를 판단할 때에는 손해배상청구에서 살펴본 수인한도의 요소 외에도 손해배상으로써 전보될 수 없을 정도로 법익 침해가 심한지와 가해자 및 제3자에게 발생할 손실을 함께 고려하여야 한다.[29]

---

27) 쓰레기 매립으로 조성한 토지에 소유권자가 매립에 동의하지 않은 쓰레기가 매립되어 있다 하더라도 이는 과거의 위법한 매립공사로 인하여 생긴 결과로서 소유권자가 입은 손해에 해당한다 할 것일 뿐, 그 쓰레기가 현재 소유권에 대하여 별도의 침해를 지속하고 있다고 볼 수 없다는 이유로 소유권에 기한 방해배제청구권을 행사할 수 없다고 한 사례.

28) 甲 지방자치단체가 30여 년 전 쓰레기매립지에 쓰레기를 매립하는 과정에서 매립지와 경계를 같이하는 인접 토지에 상당한 양의 쓰레기가 매립되었고, 그 후 인접 토지의 소유권을 취득한 乙이 토지를 굴착한 결과 지하 1.5~4m 지점 사이에 비닐, 목재, 폐의류, 오니류, 건축폐기물 등 각종 생활쓰레기가 뒤섞여 혼합된 상태로 매립되어 있었고 주변 토양은 검게 오염되어 있었으며, 이에 乙이 甲 지방자치단체를 상대로 매립물제거 등을 구한 사안에서, 생활쓰레기가 현재 乙의 소유권에 대하여 별도의 침해를 지속하고 있는 것이라고 볼 수 없다면서 乙의 방해배제청구권을 부인한 사례.

29) 대법원 2016. 11. 10. 선고 2013다71098 판결.

[8] 부산지법 2009. 8. 28. 선고 2009카합1295 결정

일조방해의 정도가 사회통념상 일반적으로 인용되는 수인한도를 넘어서는 경우에는 위법한 것으로 평가되어 그 방해사유의 제거 내지 예방으로 공사의 금지를 구할 수 있고, 그 침해가 사회통념상 일반적으로 수인할 정도를 넘어서는지의 여부는 피해의 정도, 피해이익의 성질 및 그에 대한 사회적 평가, 가해행위의 태양, 가해행위의 공공성, 가해방지 및 피해회피의 가능성, 공법적 규제의 위반 여부, 지역성, 토지 이용의 선후관계, 교섭경과 등 모든 사정을 종합적으로 고려하여 판단하여야 할 것이다. 다만, 그러한 일조의 침해에 대하여 불법행위를 원인으로 손해배상을 구하는 것이 아니라 공사 자체의 금지를 구하는 경우에는 상대방의 헌법상 보장된 재산권 행사 자체를 전면적으로 제한하게 되는 점에 비추어 위와 같이 수인한도를 넘는지 여부에 대하여 더욱 엄격히 심사할 필요가 있다.

[9] 도로소음과 '참을 한도': 대법원 2015. 9. 24. 선고 2011다91784 판결

도로소음으로 인한 생활방해를 원인으로 소음의 예방 또는 배제를 구하는 방지청구는 금전배상을 구하는 손해배상청구와는 내용과 요건을 서로 달리하는 것이어서 같은 사정이라도 청구의 내용에 따라 고려요소의 중요도에 차이가 생길 수 있고, 방지청구는 그것이 허용될 경우 소송당사자뿐 아니라 제3자의 이해관계에도 중대한 영향을 미칠 수 있어, 방지청구의 당부를 판단하는 법원으로서는 청구가 허용될 경우에 방지청구를 구하는 당사자가 받게 될 이익과 상대방 및 제3자가 받게 될 불이익 등을 비교·교량하여야 한다.[30]

* 동지: 대법원 2015. 10. 15. 선고 2013다89433 판결.

법원은 유지청구의 법적 근거를 소유권에 기한 방해배제청구권에서 구하면서 "침해가 사회통념상 일반적으로 수인할 정도를 넘어서는지의 여부는 피해의 성질 및 정도, 피해이익의 공공성, 가해행위의 태양, 가해행위의 공공성, 가해자의 방지조치 또는 손해회피의 가능성, 인·허가관계 등 공법적 기준에의 적합 여부, 지역성, 토지 이용의 선후관계 등 모든 사정을 종합적으로 고려하여 판단하여야 할 것이다"라고 판시하고 있는데,[31] 구체적으로 어느 정도의 피해가 수인한도를 넘는가를 판단하는 것은 결코 쉬운 문제가 아니다.

---

30) 이미 운영 중인 또는 운영이 예정된 고속국도에 근접하여 주거를 시작한 경우의 '참을 한도' 초과 여부는 보다 엄격히 판단하여야 한다고 한 사례.

31) 대법원 1995. 9. 15. 선고 95다23378 판결(부산대 사건, 판례 [1]); 대법원 1997. 7. 22. 선고 96다56153 판결(봉은사 사건).

한편, 법원이 취하고 있는 물권적청구권설은 절대적인 소유권의 성질이 수인한도론과 조화되지 않는다는 이론적 모순이 발견되는데, 환경권설은 다른 이익과의 형량과정을 통해 수인한도론과 그 조화를 꾀할 수 있다고 생각된다.

Ⅳ. 추상적 유지청구

유지청구는 강제집행이 가능하도록 구체적이고 명확하게 특정되어야 한다. 이는 피고에게 방어기회를 보장한다는 의미도 있다. 대기오염소송이나 소음 · 진동소송에서는 종종 피고가 준수하여야 할 구체적 행위를 적시하지 아니한 채 일정한 행위나 상태를 금지하는 부작위 명령을 구하는 경우가 있는데, 일정 수치 이상을 추과하여 배출해서는 아니 된다는 식의 추상적 명령을 구하는 경우가 그 예이다(예컨대, 50dB을 초과하는 소음을 도달하게 하여서는 아니 된다). 어떠한 조치를 취하면 일정 기준치를 초과하는 피해를 발생시키지 아니할 수 있다는 점에 대하여 흔히 피고측에게 전문 지식이 있고, 달성 수단을 원고가 선택하도록 하면 청구가 인용된 경우 피고의 입장에서 선택의 폭이 좁을 수 있다는 불합리가 발생할 수도 있다는 점에서 이러한 청구를 엄격히 적용하는 것이 타당하지 않을 수 있다. 강제집행의 방법은 「민사집행법」에 따른 간접강제(제261조)가 가능하기 때문에 강제집행의 가능성은 긍정된다. 판례는 이러한 추상적 유지청구를 인용한 바 있다(판례 [10]).

[10] 경인고속도로 소음: 대법원 2007. 6. 15. 선고 2004다37904 판결

고속도로로부터 발생하는 소음이 피해 주민늘 수택을 기순으로 일성 한노를 초과하여 유입되지 않도록 하라는 취지의 유지청구는 소음발생원을 특정하여 일정한 종류의 생활방해를 일정 한도 이상 미치게 하는 것을 금지하는 것으로 청구가 특정되지 않은 것이라고 할 수 없고, 이러한 내용의 판결이 확정될 경우 민사집행법 제261조 제1항에 따라 간접강제의 방법으로 집행을 할 수 있으므로, 이러한 청구가 내용이 특정되지 않거나 강제집행이 불가능하여 부적법하다고 볼 수는 없다(판례 [2]와 동일 판례).[32]

---

32) 고속도로로부터 발생하는 소음이 피해 주민들 주택을 기준으로 일정 한도를 초과하여 유입되지 않도록 하라는 취지의 유지청구가 적법하다고 한 사례.

[판례색인]

[사항색인]

[저자약력]

고려대학교 법과대학 졸업
S. J. D., University of Wisconsin, Law School
제27회 사법시험 합격(연수원 18기)
변호사
한양대학교 법학전문대학원 교수
(전)한국환경법학회 회장

[저서 및 논문]

환경법
환경법 –문제 · 사례–
국제환경법
환경법연습
Stopping Environmental Injustice: Hazardous Waste Trade(S. J. D. 학위논문)
환경영향평가와 사법심사
토양환경보전법상 오염원인자 조항의 위헌성과 위헌성 제거방안
환경오염피해 배상책임 및 구제에 관한 법률의 평가와 향후 과제
Is the Korean Soil Environment Conservation Act's Liability Too Severe?: Learning from CERCLA 외 다수

제 3 판 **로스쿨환경법**

2016년 2월 20일 초 판 발행
2019년 2월 20일 제2판 발행
2022년 2월 20일 제3판 발행

저 자 김 홍 균
발행인 임 권 규
발행처 홍 문 사

05855 서울시 송파구 송파대로 167 테라타워 B동 802호
登錄 1993. 6. 24 第 1－1543 號
TEL : (02) 712－5311(代) FAX : (02) 716－5311

값 43,000원

ISBN 978-89-7770-717-7 93360